Konstantin Meskouris | Klaus-G. Hinzen |
Christoph Butenweg | Michael Mistler

Bauwerke und Erdbeben

Konstantin Meskouris | Klaus-G. Hinzen |
Christoph Butenweg | Michael Mistler

Bauwerke
und Erdbeben

Grundlagen – Anwendung – Beispiele

3., aktualisierte und erweiterte Auflage

PRAXIS

**VIEWEG+
TEUBNER**

Bibliografische Information der Deutschen Nationalbibliothek
Die Deutsche Nationalbibliothek verzeichnet diese Publikation in der
Deutschen Nationalbibliografie; detaillierte bibliografische Daten sind im Internet über
<http://dnb.d-nb.de> abrufbar.

1. Auflage 2003
2. Auflage 2007
3. Auflage 2011

Alle Rechte vorbehalten
© Vieweg+Teubner Verlag | Springer Fachmedien Wiesbaden GmbH 2011

Lektorat: Dipl.-Ing. Ralf Harms | Sabine Koch

Vieweg+Teubner Verlag ist eine Marke von Springer Fachmedien.
Springer Fachmedien ist Teil der Fachverlagsgruppe Springer Science+Business Media.
www.viewegteubner.de

Umschlaggestaltung: KünkelLopka Medienentwicklung, Heidelberg
Druck und buchbinderische Verarbeitung: AZ Druck und Datentechnik, Berlin
Gedruckt auf säurefreiem und chlorfrei gebleichtem Papier.
Printed in Germany

ISBN 978-3-8348-0779-3

Vorwort zur erweiterten dritten Auflage

Dem Ziel der früheren Auflagen folgend orientiert sich die Neuauflage des Buches an dem Wunsch der Leser, die Seismologie, die baudynamischen Grundlagen und die Anwendung der Erdbebennormen an einfachen und nachvollziehbaren Berechnungs- und Bemessungsbeispielen zu illustrieren. Es wird versucht, hierbei sowohl den geophysikalischen als auch den ingenieurmäßigen Aspekten des Erdbebeningenieurwesens gerecht zu werden, um die notwendige Zusammenarbeit von Geophysikern mit Bauingenieuren angesichts ständig komplexer werdender gemeinsamer Aufgaben zu fördern. Unter diesem Leitgedanken ist das Buch für den praktisch tätigen Ingenieur und den Studierenden verschiedener Fachrichtungen ein Nachschlagewerk und Lehrbuch.

Gegenüber der letzten Auflage haben sich durch neue Tendenzen in den Rechenverfahren und durch den unmittelbar bevorstehenden Übergang zum europäischen Normenkonzept zahlreiche Änderungen ergeben. Im Kapitel 3 wurde die Beschreibung der statisch nichtlinearen Verfahren ergänzt. Das Kapitel 4 wurde um das Normkonzept der DIN EN 1998-1 und neue Berechnungsbeispiele ergänzt. Das Thema „Untersuchung weiterer Bauwerke und Anlagen" ist nun in drei eigenständige Kapitel aufgeteilt. Im Kapitel 6 werden die aktuellsten Forschungsergebnisse aus dem Bereich der seismischen Auslegung von Mauerwerksbauten vorgestellt. Das Kapitel 7 beinhaltet die seismische Berechnung von Silos und Tanks und im Kapitel 8 werden Absperrbauwerke am Beispiel von Erddämmen behandelt. Die Kapitel 1, 2, 5 und 7 der letzten Auflage blieben bis auf redaktionelle Änderungen weitestgehend unverändert. Die Rechenprogramme sind nicht wie in den ersten beiden Auflagen als CD-ROM beigelegt, sondern stehen im Internet zum Herunterladen zur Verfügung.

Der Erstautor bedankt sich aufs Herzlichste bei seinen ehemaligen und aktiven Mitarbeiterinnen und Mitarbeitern, Diplomandinnen und Diplomanden am Lehrstuhl für Baustatik und Baudynamik der RWTH Aachen, die fleißig zu diesem Buch beigetragen haben. Der Dank gilt weiterhin Frau Tatjana Ulke für die Erstellung von Zeichnungen und Herrn Dipl.-Math. (FH) Stephan Dreyer für die programmtechnische Zusammenstellung der Rechenprogramme.

Der Zweitautor bedankt sich bei den Mitarbeiterinnen und Mitarbeitern der Erdbebenstation Bensberg der Universität zu Köln für die unterstützenden Arbeiten und besonders bei Frau Dr. Sharon Kae Reamer für viele hilfreiche Diskussionen.

Der Drittautor bedankt sich bei Herrn Dipl.-Ing. Philipp Cornelissen für die tatkräftige Unterstützung bei der Fertigstellung von Kapitel 7, bei Herrn Dr.-Ing. Christoph Gellert für die wertvolle Mitarbeit am Kapitel 6, bei Frau Dr.-Ing. Britta Holtschoppen für die umfassenden und grundlegenden Arbeiten zu Kapitel 7, bei Frau Dipl.-Ing. Verena Jungeblut für die Mitarbeit im Kapitel 4, bei Frau Dipl.-Ing. Hannah Norda für die Unterstützung und zahlreichen Diskussionen über die verformungsbasierten Verfahren und bei Herrn Dipl.-Ing. Lukas Reindl für die Zuarbeit zu Teilen des Kapitels 6. Weiterhin gilt der Dank Herrn Dipl.-Ing. Jin Park und Frau Dipl.-Ing. Julia Rosin für die kritische Durchsicht des Manuskriptes. Herrn Dipl.-Math. (FH) Stephan Dreyer und Herrn Dipl.-Inform. Christoph Schulte-Althoff sei schließlich für die Unterstützung bei technischen Fragen und Programmanwendungen gedankt. Der größte Dank geht aber an meine liebe Familie für das Verständnis, die Unterstützung und den gewährten Freiraum an zahlreichen Wochenenden.

Unser Dank geht auch an den Vieweg+Teubner Verlag für die stete Gesprächsbereitschaft, Unterstützung und Geduld und an die Deutsche Forschungsgemeinschaft und weitere Geldgeber für die finanzielle Förderung der Projekte, deren Ergebnisse teilweise in dieses Buch einflossen.

Aachen, Juni 2011

Konstantin Meskouris   Klaus-Günter Hinzen   Christoph Butenweg   Michael Mistler

Aus dem Vorwort zur ersten Auflage

In diesem Buch wird der Versuch unternommen, eine Einführung in das weite Feld der Erdbebenbeanspruchung von Baukonstruktionen zu präsentieren, die sowohl den geophysikalischen als auch den ingenieurmäßigen Aspekten des Problems gerecht wird. Dass es zwischen Naturwissenschaftlern und Ingenieuren allgemein zu „Sprachschwierigkeiten" kommen kann, ist nichts Neues, so auch auf dem Gebiet des Erdbebeningenieurwesens, wo die Zusammenarbeit von Geophysikern mit Bauingenieuren angesichts ständig komplexer werdenden Aufgaben immer wichtiger wird. Nach den in den ersten beiden Kapiteln behandelten Grundlagen der Baudynamik und der Seismologie werden in diesem Buch die gängigen Rechenverfahren für die Ermittlung der seismischen Beanspruchung von Bauwerken erläutert, es wird auf die maßgebenden Normen eingegangen und dazu Themen wie die seismische Vulnerabilität von Gebäuden, seismische Isolierungsmaßnahmen und Methoden zur Untersuchung von Bauteilen und speziellen Bauwerken (Mauerwerksscheiben, Schüttgutsilos, Erddämme) vorgestellt. Getreu der Philosophie des „learning by doing" enthält das Buch viele durchgerechnete Zahlenbeispiele und dazu die benötigten gebrauchsfertigen Rechenprogramme auf der beiliegenden CD-ROM. Damit wird der Lehrbuchcharakter in Richtung auf die praktische Anwendung erweitert und dem Leser die Möglichkeit gegeben, den Schritt vom Leser zum Anwender im Selbststudium zu vollziehen.

Aus dem Vorwort zur zweiten Auflage

Die durch die erfreulich rege Nachfrage notwendig gewordene Neuauflage des Buches ermöglichte eine wesentlich stärkere Fokussierung auf Belange der Praxis, insbesondere durch die Berücksichtigung des Weißdrucks der DIN 4149 vom April 2005, der zur Zeit bauaufsichtlich eingeführt wird. Dem Wunsch vieler Leser entsprechend wird deshalb in der vorliegenden Ausgabe die Vorgehensweise bei der seismischen Auslegung von Beton-, Stahl- und Mauerwerksbauten anhand ausgearbeiteter Beispiele in allen Einzelheiten erläutert, die so direkt als Hilfe für den praktisch tätigen Ingenieur dienen können.

Die dadurch notwendig gewordene Vergrößerung des Umfangs wurde durch den Verzicht auf das Kapitel über seismische Isolierung zumindest teilweise kompensiert. Weitere Änderungen gegenüber der ersten Auflage betreffen das Kapitel 5, in dem das Konzept der Vulnerabilitätsuntersuchungen für Wohngebäude auf speziellere Bauwerkstypen wie Brücken und Industrieanlagen erweitert wurde. Weiterhin wird in dem Kapitel 6 anstelle der Vorstellung von numerischen Modellen für Mauerwerk ein praxisorientiertes Verfahren für die verformungsbasierte Bemessung von Mauerwerksbauten auf Grundlage der Kapazitätsspektrum-Methode vorgestellt.

Inhaltsverzeichnis

1 Baudynamische Grundlagen

In diesem Abschnitt werden die wichtigsten baudynamischen Werkzeuge bereitgestellt, die in den weiteren Kapiteln dieses Buches benötigt werden. Die theoretischen Herleitungen werden durchwegs auf ein Minimum beschränkt, dafür werden die praktischen Anwendungen in den Vordergrund gerückt. Für die meisten Algorithmen werden Rechenprogramme bereitgestellt, deren Gebrauch anhand von ausgeführten Beispielen illustriert wird.

1.1 Bewegungsdifferentialgleichungen, d'ALEMBERTsches Prinzip

Die Wahl eines konsistenten Einheitensystems ist in der Baudynamik besonders wichtig, da in den auftretenden Beziehungen in der Regel sowohl Kräfte als auch Massen vorkommen, womit sich leicht Fehler einschleichen können, die auf die Wahl inkompatibler Einheiten zurückzuführen sind. Um solche Fehler zu vermeiden, wird in diesem Buch das Internationale Einheitensystem („Système International", SI) mit den in Tabelle 1-1 angegebenen Einheiten (und nur mit diesen!) allen Berechnungen zugrunde gelegt:

Tabelle 1-1 In diesem Buch ausschließlich verwendete Einheiten

Physikalische Größe	Bezeichnung	Einheit
Länge	l, ℓ	Meter, m
Masse	M, m	Tonnen, t
Kraft	F, P	Kilonewton, kN
Zeit	t	Sekunde, s
Druck, Spannung	σ	Kilopascal, 1 kPA = 1 kN/m^2

Beim konsequenten, ausschließlichen Gebrauch dieser Einheiten entfällt jede Kraft/Masse–Umrechnung, da eine Masse von einer Tonne (entsprechend z.B. einem Wasserwürfel mit 1 m Kantenlänge) im Erdschwerefeld rund 10 kN wiegt, wodurch der Faktor g im zweiten NEWTONschen Gesetz F = mg zahlenmäßig bereits berücksichtigt ist (definitionsgemäß ist 1 N = 1 kg · 1 m/s^2 und damit gilt auch 10 kN = 1 t · 10 m/s^2).

Bei der mathematischen Beschreibung von Schwingungsproblemen wird häufig das Prinzip von d' ALEMBERT benutzt, wonach bei formaler Einführung der Trägheitskraft $\underline{F}_I$ gemäß

$$\underline{F}_I = -m \cdot \underline{a}, \tag{1.1}$$

mit der Masse m und der Beschleunigung $\underline{a}$ als weitere Kraftwirkung zusätzlich zu den sonstigen Kräften $\underline{F}$ das Kräftegleichgewicht wie in der Statik üblich angeschrieben werden kann:

$$\Sigma \underline{F} = \underline{F} + \underline{F}_I = 0. \tag{1.2}$$

Vektoren und Matrizen werden hier wie im Folgenden durch Unterstreichung kenntlich gemacht. Als erstes Beispiel für die Aufstellung der Bewegungsdifferentialgleichungen eines Systems sei der in Bild 1-1 skizzierte Einmassenschwinger betrachtet, bei dem sich die Masse m unter der Einwirkung der zeitabhängigen Last F(t) um den Betrag u(t) verschiebt. Dabei ist die Trägheitskraft gleich dem Produkt aus Masse und Beschleunigung:

$$F_I = m \cdot \ddot{u}(t). \tag{1.3}$$

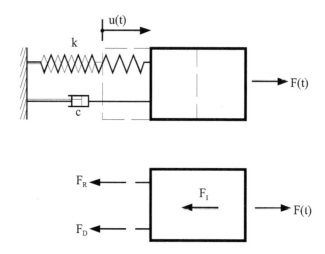

Bild 1-1 Einmassenschwinger und freigeschnittene Masse

Freischneiden der Masse und Formulierung des Kräftegleichgewichts in horizontaler Richtung ergibt die Gleichung

$$F_I + F_D + F_R = F \tag{1.4}$$

mit der Trägheitskraft F_I, der Dämpfungskraft F_D und der Rückstellkraft F_R, die mit der äußeren Last $\underline{F}$ in Gleichgewicht stehen. Die Rückstellkraft ergibt sich als

$$F_R = k \cdot u \tag{1.5}$$

mit der Federsteifigkeit k in kN/m und der Verschiebung u in m. Der einfache linear-viskose Dämpfungsansatz setzt die Dämpfungskraft proportional zur 1. Potenz der Geschwindigkeit an, gemäß

$$F_D = c \cdot \dot{u} \tag{1.6}$$

mit der Dämpfungskonstante c in kNs/m und der Geschwindigkeit $\dot{u}$ in m/s. Somit ergibt sich die Bewegungsdifferentialgleichung des Einmassenschwingers in der Form

$$m \cdot \ddot{u} + c \cdot \dot{u} + k \cdot u = F(t). \tag{1.7}$$

Als weiteres Beispiel sei der vierstöckige Rahmen des Bildes 1-2 betrachtet. Die Masse der Stützen wird gegenüber den Massen der Decken vernachlässigt, darüber hinaus werden die Riegel als starr angenommen (Scherbalkenmodell). Der Rahmen wird durch die horizontale Bodenbeschleunigung $\ddot{u}_g$ beansprucht; gesucht sind die Bewegungsdifferentialgleichungen in den Freiheitsgraden u_1, u_2, u_3 und u_4, die als horizontale Relativverschiebungen der jeweiligen Stockwerksdecke in Bezug auf den Fußpunkt definiert sind. Bei der Biegesteifigkeit EI der Einzelstütze in kNm^2 und einer Stockwerkshöhe von h in m (in diesem Beispiel wurden EI und h für alle Stützen und Stockwerke gleich gewählt), beträgt die horizontale Federsteifigkeit k eines Stockwerks mit zwei Stützen in kN/m:

$$k = 2 \cdot \frac{12 \cdot EI}{h^3} \qquad (1.8)$$

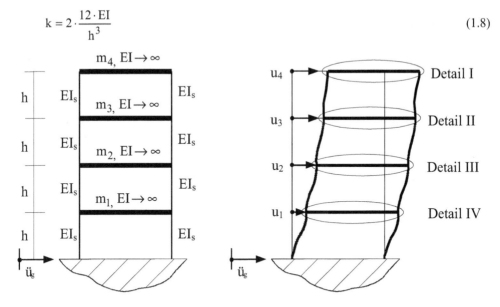

Bild 1-2 Stockwerkrahmen mit starren Riegeln

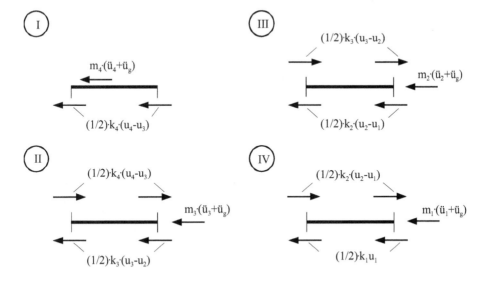

Bild 1-3 Freigeschnittene Decken

Die Trägheitskräfte ergeben sich als Produkte der Stockwerkmassen mit der jeweiligen Decken-Absolutbeschleunigung, wobei sich letztere als Summe der Fußpunktbeschleunigung $\ddot{u}_g$ und der Deckenbeschleunigung relativ zum Fundament ergibt. Andererseits sind die Rückstellkräfte gleich den Produkten der Stockwerkssteifigkeiten k nach (1.8) mit den jeweiligen Decken-Relativverschiebungen u_i. Durch das Freischneiden der einzelnen Decken und Ansetzen der wirkenden Trägheits- und Rückstellkräfte, wie in Bild 1-3 skizziert, ergeben sich folgende Beziehungen aus der Gleichgewichtsbetrachtung $\Sigma H = 0$ (Kräftegleichgewicht in Horizontalrichtung):

4. OG (Detail I):

$$m_4 \cdot \left(\ddot{u}_4 + \ddot{u}_g\right) + 2 \cdot \frac{1}{2} \cdot k_4 \cdot \left(u_4 - u_3\right) = 0$$

$$m_4 \cdot \ddot{u}_4 + k_4 \cdot \left(u_4 - u_3\right) = -m_4 \cdot \ddot{u}_g \tag{1.9}$$

3. OG (Detail II):

$$m_3 \cdot \left(\ddot{u}_3 + \ddot{u}_g\right) + 2 \cdot \frac{1}{2} \cdot k_3 \cdot \left(u_3 - u_2\right) - 2 \cdot \frac{1}{2} \cdot k_4 \cdot \left(u_4 - u_3\right) = 0$$

$$m_3 \cdot \ddot{u}_3 + u_2 \cdot \left(-k_3\right) + u_3 \cdot \left(k_3 + k_4\right) + u_4 \cdot \left(-k_4\right) = -m_3 \cdot \ddot{u}_g \tag{1.10}$$

2. OG (Detail III):

$$m_2 \cdot \ddot{u}_2 + u_1 \cdot \left(-k_2\right) + u_2 \cdot \left(k_2 + k_3\right) + u_3 \cdot \left(-k_3\right) = -m_2 \cdot \ddot{u}_g \tag{1.11}$$

1. OG (Detail IV):

$$m_1 \cdot \ddot{u}_1 + u_1 \cdot \left(k_1 + k_2\right) + u_2 \cdot \left(-k_2\right) = -m_1 \cdot \ddot{u}_g \tag{1.12}$$

Die Zusammenfassung der vier Gleichungen (1.9) bis (1.12) liefert folgendes Differentialgleichungssystem für das (ungedämpfte) Scherbalkenmodell eines biegesteifen Stockwerkrahmens:

$$
\begin{bmatrix} m_1 & 0 & 0 & 0 \\ 0 & m_2 & 0 & 0 \\ 0 & 0 & m_3 & 0 \\ 0 & 0 & 0 & m_4 \end{bmatrix} \cdot \begin{bmatrix} \ddot{u}_1 \\ \ddot{u}_2 \\ \ddot{u}_3 \\ \ddot{u}_4 \end{bmatrix} + \begin{bmatrix} k_1 + k_2 & -k_2 & 0 & 0 \\ -k_2 & k_2 + k_3 & -k_3 & 0 \\ 0 & -k_3 & k_3 + k_4 & -k_4 \\ 0 & 0 & -k_4 & k_4 \end{bmatrix} \cdot \begin{bmatrix} u_1 \\ u_2 \\ u_3 \\ u_4 \end{bmatrix} = -\ddot{u}_g \cdot \begin{bmatrix} m_1 \\ m_2 \\ m_3 \\ m_4 \end{bmatrix} \tag{1.13}
$$

oder kürzer

$$\underline{M} \cdot \underline{\ddot{V}} + \underline{K} \cdot \underline{V} = -\ddot{u}_g \cdot \underline{M} \cdot \underline{r} \tag{1.14}$$

mit der Diagonalmassenmatrix $\underline{M}$, der symmetrischen Steifigkeitsmatrix $\underline{K}$, den Beschleunigungs-, bzw. Verschiebungsvektoren $\underline{\ddot{V}}$ und $\underline{V}$ und dem Vektor $\underline{r}$, der die Verschiebungen in den einzelnen Freiheitsgraden infolge einer Einheitsverschiebung des seismisch erregten Fußpunktes angibt. Im vorliegenden Fall ist

$$\underline{r} = \begin{bmatrix} 1 \\ 1 \\ 1 \\ 1 \end{bmatrix}. \tag{1.15}$$

Bei zusätzlicher Berücksichtigung einer linear-viskosen Dämpfung erhält Gleichung (1.14) die Form

$$\underline{M} \cdot \underline{\ddot{V}} + \underline{C} \cdot \underline{\dot{V}} + \underline{K} \cdot \underline{V} = -\ddot{u}_g \cdot \underline{M} \cdot \underline{r}. \tag{1.16}$$

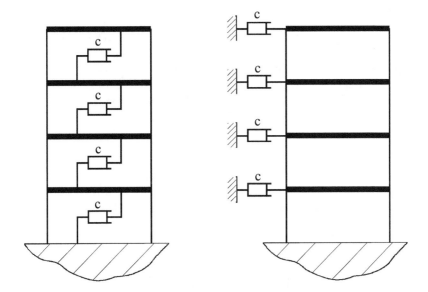

Bild 1-4 Viskose Dämpfung bezogen auf die Relativ- oder Absolutgeschwindigkeiten

Der Ansatz der viskosen Dämpfer kann bei diesem Beispiel entweder nach Bild 1-4 links oder nach Bild 1-4 rechts erfolgen. Im ersten Fall ergibt sich die Dämpfungsmatrix analog zur Steifigkeitsmatrix in der Form

$$\underline{C} = \begin{bmatrix} c_1 + c_2 & -c_2 & 0 & 0 \\ -c_2 & c_2 + c_3 & -c_3 & 0 \\ 0 & -c_3 & c_3 + c_4 & -c_4 \\ 0 & 0 & -c_4 & c_4 \end{bmatrix}, \tag{1.17}$$

während die Annahme nach Bild 1-4 rechts zu folgendem Differentialgleichungssystem führt:

$$\underline{M} \cdot \underline{\ddot{V}} + \begin{bmatrix} c_1 & 0 & 0 & 0 \\ 0 & c_2 & 0 & 0 \\ 0 & 0 & c_3 & 0 \\ 0 & 0 & 0 & c_4 \end{bmatrix} \cdot \begin{bmatrix} \dot{u}_1 \\ \dot{u}_2 \\ \dot{u}_3 \\ \dot{u}_4 \end{bmatrix} + \underline{K} \cdot \underline{V} = -\ddot{u}_g \cdot \underline{M} \cdot \underline{r} - \dot{u}_g \cdot \begin{bmatrix} c_1 \\ c_2 \\ c_3 \\ c_4 \end{bmatrix}. \tag{1.18}$$

Ein Nachteil dieser letzten Idealisierung ist, dass hierbei auch der zeitliche Verlauf der Boden-geschwindigkeit $\dot{u}_g(t)$ benötigt wird.

1.2 Zeitabhängige Vorgänge und Prozesse

Bei zeitabhängigen Prozessen spielen Variablen in Raum <u>und</u> Zeit eine Rolle, wobei eine Reihe von Begriffen zur geeigneten Beschreibung solcher Vorgänge eingeführt werden muss. Einige davon lassen sich anhand der stationären harmonischen Schwingung erläutern. So zeigt Bild 1-5 die graphische Darstellung der Funktion

$$x(t) = A \cdot \sin(\omega t + \varphi)$$ (1.19)

für die konkreten Werte A = 10 Einheiten, $\omega = \pi \, \text{rad}/\text{s}$, entsprechend 180° (Altgrad) pro Se-kunde und $\varphi = 45°$ oder $\pi/4$ im Bogenmaß (rad). A ist die Amplitude der Schwingung, ω ihre Kreisfrequenz, d.h. die Anzahl von Schwingungszyklen in 2π Sekunden (Einheit rad/s), und φ ist der Anfangsphasenwinkel. Wie Bild 1-5 zu entnehmen ist, liegt der dem Koordinatenur-sprung nächstgelegene positive (d.h. mit $\dot{x} > 0$) Nulldurchgang von x(t) im Abstand $t = -\varphi/\omega$ von ihm entfernt; hier beträgt dieser Abstand -0,25 s. Die Anzahl der Schwingungszyklen in einer Sekunde wird als Frequenz f (Einheit: 1/s oder Hertz, Hz) bezeichnet und ihr Kehrwert, d.h. die Dauer eines Schwingungszyklus, als Periode T (Einheit: s). Es gilt:

$$T = \frac{1}{f} = \frac{2\pi}{\omega}$$ (1.20)

Im Beispiel von Bild 1-5 beträgt die Frequenz $f = \omega/\pi = 0,5$ Hz und die Periode T = 2 s.

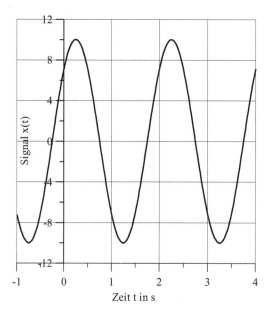

Bild 1-5 Stationäre Sinusschwingung

Zeitabhängige Prozesse sind deterministisch oder stochastisch. Während bei deterministischen Prozessen die entsprechenden Variablen als Funktionen von Zeit (und Raum) prinzipiell berechenbar sind, lassen sich bei stochastischen oder zufälligen Prozessen nur einige ihrer statistischen Erwartungswerte angeben, allerdings lassen sich bei entsprechender numerischer oder experimenteller Modellierung beliebig viele passende Realisationen oder Musterfunktionen generieren. Beispiele für deterministische Prozesse in der Baudynamik sind Maschinenkräfte und Auflagerkräfte von Glocken, dagegen lassen sich die meisten Belastungen natürlichen Ursprungs wie Wind und Erdbeben nur als stochastische Prozesse adäquat beschreiben. Selbstverständlich lassen sich auch zu stochastischen Prozessen deterministische Modelle als erste (z.T. recht genaue) Näherungen konstruieren.

Beim stationären stochastischen Prozess ändern sich die statistischen Kennwerte mit der Zeit nicht, beim so genannten ergodischen Prozess kann darüber hinaus davon ausgegangen werden, dass jede Musterfunktion für sich betrachtet imstande ist, diese statistischen Werte zu liefern. Damit lassen sich statistische Untersuchungen „quer durch das Ensemble", das ist die Gesamtheit aller möglichen Prozessrealisationen, durch Untersuchungen einer einzigen ausreichend langen Musterfunktion ersetzen. Im Folgenden werden die wichtigsten Kennfunktionen zur Beschreibung einer Musterfunktion x(t) des gleichnamigen Prozesses zusammengefasst.

1. Der Mittelwert (mean value) wird definiert als

$$\overline{x} = m = \frac{1}{T} \int_0^T x(t)\, dt \qquad (1.21)$$

bei ausreichend langem T. Liegt die Funktion x(t) als Zeitreihe $\{x_r\}$, $r = 1, 2, ..., N$ von Funktionsordinaten im konstanten Abstand (Abtastintervall) Δt vor, so lautet der Mittelwert

$$m = \frac{1}{N} \sum_{i=1}^{N} x_i \qquad (1.22)$$

2. Das quadratische Mittel (mean square), also der Mittelwert der quadrierten Musterfunktion über T, wird definiert als

$$\overline{x}^2 = \frac{1}{T} \int_0^T x^2(t)\, dt \qquad (1.23)$$

bzw. bei einer diskreten Zeitreihe

$$\overline{x}^2 = \frac{1}{N} \sum_{i=1}^{N} x_i^2 \qquad (1.24)$$

3. Die Varianz (variance) σ^2 als Quadrat der Standardabweichung (standard deviation) σ ergibt sich zu

$$\sigma^2 = \overline{x}^2 - m^2 \qquad (1.25)$$

Durch eine Koordinatentransformation kann das Mittel m immer zu Null gemacht werden, womit die Varianz gleich dem quadratischen Mittel wird.

4. Die Autokorrelationsfunktion (auto correlation function)

$$R_{xx}(\tau) = \frac{1}{T} \int_0^T x(t)\, x(t+\tau)\, dt \tag{1.26}$$

bzw. für eine Zeitreihe

$$R_{xx}(\tau = (k-1)\cdot \Delta t) = \frac{1}{N-(k-1)} \sum_{i=1}^{N-(k-1)} x_i \cdot x_{i+(k-1)}, \quad k=1,2,\ldots \tag{1.27}$$

ist eine gerade Funktion, $R_{xx}(\tau) = R_{xx}(-\tau)$ mit Werten zwischen (σ^2+m^2) und $(-\sigma^2+m^2)$. Es gilt weiter

$$R_{xx}(0) = \sigma^2 + m^2 \tag{1.28}$$

Auch Kreuzkorrelationsfunktionen (cross correlation functions) zwischen zwei verschiedenen Schrieben x(t) und y(t) lassen sich analog definieren:

$$R_{xy}(\tau) = \frac{1}{T} \int_0^T x(t)\, y(t+\tau)\, dt \tag{1.29}$$

Haben beide Prozesse x(t) und y(t) den Mittelwert Null, so gilt

$$-\sigma_x \sigma_y \leq R_{xy}(\tau) \leq \sigma_x \sigma_y \tag{1.30}$$

5. Die Leistungsspektraldichte eines Prozesses wird als FOURIER-Transformierte seiner Auto-korrelationsfunktion definiert, bzw. die Autokorrelationsfunktion ist die inverse FOURIER-Transformierte der Leistungsspektraldichte (WIENER-KHINTCHINE-Beziehung):

$$S_{xx}(\omega) = \frac{1}{2\pi} \int_{-\infty}^{\infty} R_{xx}(\tau)\, e^{-i\omega\tau}\, d\tau \tag{1.31}$$

$$R_{xx}(\tau) = \int_{-\infty}^{\infty} S_{xx}(\omega)\, e^{i\omega\tau}\, d\omega \tag{1.32}$$

Da $R_{xx}(\tau)$ eine gerade Funktion ist, lautet ihre FOURIER-Transformierte:

$$S_{xx}(\omega) = \frac{1}{2\pi} \int_{-\infty}^{\infty} R_{xx}(\tau)\, \cos \omega\tau \, d\tau = \frac{1}{\pi} \int_0^{\infty} R_{xx}(\tau)\, \cos \omega\tau \, d\tau \tag{1.33}$$

$S_{xx}(\omega)$ ist wie R_{xx} reell und gerade. Für $\tau = 0$ gilt:

$$R_{xx}(0) = \int_{-\infty}^{\infty} S_{xx}(\omega)\, d\omega = \overline{x}^2 \tag{1.34}$$

Das bedeutet, dass die Fläche unterhalb der Spektraldichtefunktion gleich dem quadratischen Mittel des Prozesses ist.

Kreuzspektraldichten werden analog eingeführt:

$$S_{xy}(\omega) = \frac{1}{2\pi} \int_{-\infty}^{\infty} R_{xy}(\tau)\, e^{-i\omega\tau}\, d\tau = A(\omega) - iB(\omega) \tag{1.35}$$

Im Gegensatz zu Autospektraldichten sind sie im Allgemeinen komplex. Mit der zu $S_{xy}(\omega)$ konjugiert komplexen Kreuzspektraldichte $S_{xy}^*(\omega)$ gilt:

$$S_{xy}^*(\omega) = S_{yx}(\omega) \tag{1.36}$$

Die Leistungsspektraldichten von abgeleiteten Prozessen $\dot{x}$, $\ddot{x}$ etc. ergeben sich zu:

$$S_{\dot{x}\dot{x}}(\omega) = \omega^2\, S_{xx}(\omega) \tag{1.37}$$

$$S_{\ddot{x}\ddot{x}}(\omega) = \omega^4\, S_{xx}(\omega) \tag{1.38}$$

Dadurch ist die Möglichkeit gegeben, bei Kenntnis der Leistungsspektraldichte einer Verschiebung auch für die Geschwindigkeit und die Beschleunigung Kennwerte wie etwa das quadratische Mittel zu bestimmen.

Maßeinheit der Leistungsspektraldichte $S_{xx}(\omega)$ ist das Quadrat der Einheit von x pro Einheit der Kreisfrequenz (rad/s). Oft wird anstelle von $S_{xx}(\omega)$ die einseitige Leistungsdichte $G_{xx}(\omega)$ betrachtet, die nur positive Frequenzanteile enthält. Es ist

$$G_{xx}(\omega) = 2\, S_{xx}(\omega) \tag{1.39}$$

Wird anstelle der Kreisfrequenz ω in rad/s die Frequenz f in 1/s verwendet, so hängen die Ordinaten der zugehörigen Leistungsspektraldichte $W_{xx}(f)$ wie folgt mit denjenigen von $S_{xx}(\omega)$ zusammen:

$$W_{xx}(f) = 4\pi S_{xx}(\omega) \tag{1.40}$$

Als Grenzfall eines Breitbandprozesses ergibt sich der als „weißes Rauschen" (white noise) bezeichnete stationäre Prozess, bei dem alle Frequenzanteile gleichmäßig zur (unendlich großen) Varianz beitragen. Seine Autokorrelationsfunktion ist eine DIRACsche Delta-Funktion, d.h. die Ordinaten der Musterfunktionen sind vollkommen unkorreliert. Da sich der Prozess durch einen einzigen Parameter, nämlich die konstante Leistungsspektraldichte S_0 beschreiben lässt, stellt er das einfachste Modell für stationäre stochastische Prozesse dar. Der zugehörige allgemeinere instationäre Prozess wird als Stoßrauschen (shot noise) bezeichnet. Er kann unter anderem als Produkt von „weißem Rauschen" mit einer deterministischen Zeitfunktion realisiert werden. In Bild 1-6 sind einige Autokorrelationsfunktionen und Leistungsspektraldichten typischer Prozesse gegenübergestellt.

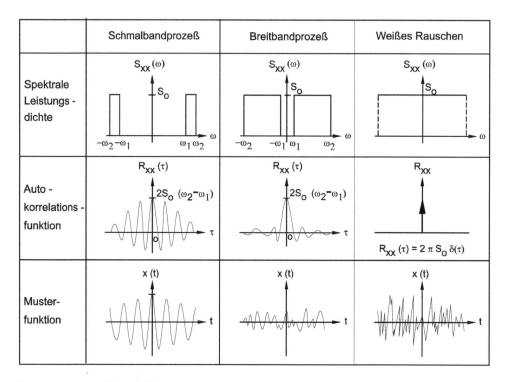

Bild 1-6 Autokorrelationsfunktionen, zugehörige Spektraldichten und Musterfunktionen

1.3 Der Einmassenschwinger

Der viskos gedämpfte Einmassenschwinger, dessen Differentialgleichung gemäß (1.7) bereits vorliegt, stellt ein für viele baudynamischen Anwendungen sehr nützliches Modell dar und hat zudem den Vorzug der einfachen mathematisch-numerischen Handhabung. In diesem Abschnitt werden Lösungsalgorithmen für lineare und nichtlineare Einmassenschwinger diskutiert und anhand von Beispielen erläutert. Die praktische Durchführung der Berechnungen erfolgt mit Hilfe der angegebenen Computerprogramme, deren Ein- und Ausgabe im Einzelnen erläutert wird.

1.3.1 Der Einmassenschwinger im Zeitbereich

Ausgangspunkt ist die allgemeine Bewegungsdifferentialgleichung des viskos gedämpften line-aren Einmassenschwingers gemäß (1.7). Mit der Verschiebung $u(t)$, der Geschwindigkeit $\dot{u}(t)$ und der Beschleunigung $\ddot{u}(t)$ lautet sie

$$m \cdot \ddot{u} + c \cdot \dot{u} + k \cdot u = F(t) \tag{1.41}$$

bzw. nach Division durch die Masse m

$$\ddot{u} + \frac{c}{m}\dot{u} + \frac{k}{m}u = \frac{F(t)}{m} = f(t) \tag{1.42}$$

Zunächst wird die homogene Differentialgleichung, F(t)=0 betrachtet. Mit dem Ansatz

$$u = \exp(\lambda \cdot t) \tag{1.43}$$

ergibt sich die charakteristische Gleichung

$$\lambda^2 + \frac{c}{m}\lambda + \omega_1^2 = 0; \quad \omega_1^2 = \frac{k}{m} \tag{1.44}$$

mit ω_1 als Kreiseigenfrequenz des Einmassenschwingers. Die Lösungen von (1.44) sind

$$\lambda_{1,2} = -\frac{c}{2m} \pm \sqrt{\left(\frac{c}{2m}\right)^2 - \omega_1^2} \tag{1.45}$$

Das Verhalten des Systems hängt vom Vorzeichen des Wurzelausdrucks ab. Für hohe Dämpfungswerte ist der Radikand positiv, die Lösungen λ_1 und λ_2 sind reell und die allgemeine Lösung der Differentialgleichung

$$u = C_1 e^{\lambda_1 t} + C_2 e^{\lambda_2 t} \tag{1.46}$$

stellt eine asymptotisch gegen Null strebende Funktion dar. Nur für Dämpfungswerte kleiner als

$$c = c_{krit} = 2 \cdot m \cdot \omega_1 \tag{1.47}$$

tritt eine Schwingung überhaupt auf. Das Verhältnis zwischen dem vorhandenen Dämpfungswert c und c_{krit} wird als LEHRsches Dämpfungsmaß D oder Prozentsatz der kritischen Dämpfung ξ bezeichnet. Es ist

$$D = \xi = \frac{c}{c_{krit}} = \frac{c}{2 \cdot m \cdot \omega_1} \tag{1.48}$$

Mit $\frac{c}{m} = 2 \cdot D \cdot \omega_1$ ergibt sich aus der Differentialgleichung (1.42):

$$\ddot{u} + 2 \cdot D \cdot \omega_1 \cdot \dot{u} + \omega_1^2 \cdot u = f(t) \tag{1.49}$$

Für f(t)=0 lautet die homogene Lösung

$$u(t) = e^{-D\omega_1 t}\left(C_1 \cos\sqrt{1-D^2}\,\omega_1 t + C_2 \sin\sqrt{1-D^2}\,\omega_1 t\right) \tag{1.50}$$

Für den allgemeinen Fall der Anfangsbedingungen $u(0)=u_0, \dot{u}(0)=\dot{u}_0$ lautet sie:

$$u(t) = e^{-D\omega_1 t}\left(u_0 \cos\sqrt{1-D^2}\,\omega_1 t + \frac{(\dot{u}_0 + D\omega_1 u_0)}{\omega_1\sqrt{1-D^2}}\sin\sqrt{1-D^2}\,\omega_1 t\right) \tag{1.51}$$

Zu beachten ist dabei die reduzierte Kreiseigenfrequenz ω_D des gedämpften Systems

$$\omega_D = \omega_1 \cdot \sqrt{1-D^2} \tag{1.52}$$

Die allgemeine Lösung der inhomogenen Differentialgleichung (1.49) ergibt sich als Summe von (1.51) und einer partikulären Lösung $u_p(t)$. Letztere kann als DUHAMEL- oder Faltungsintegral wie folgt dargestellt werden:

$$u_p(t) = \frac{1}{\omega_D} \int_0^t f(\tau)\, e^{-D\omega_1(t-\tau)} \sin \omega_D(t-\tau)\, d\tau \tag{1.53}$$

Zur praktischen Lösungsermittlung empfiehlt sich die direkte numerische Integration der inkrementellen Form (1.54) der Differentialgleichung unter Verwendung eines geeigneten Algorithmus:

$$m \cdot \Delta\ddot{u} + c \cdot \Delta\dot{u} + k \cdot \Delta u = \Delta F \tag{1.54}$$

mit den Inkrementen über den Zeitschritt $\Delta t = t_2 - t_1$:

$$\begin{aligned}
\Delta\ddot{u} &= \ddot{u}(t_2) - \ddot{u}(t_1) = \ddot{u}_2 - \ddot{u}_1 \\
\Delta\dot{u} &= \dot{u}(t_2) - \dot{u}(t_1) = \dot{u}_2 - \dot{u}_1 \\
\Delta u &= u(t_2) - u(t_1) = u_2 - u_1 \\
\Delta F &= F(t_2) - F(t_1) = F_2 - F_1
\end{aligned} \tag{1.55}$$

In diesem Buch wird ausschließlich der weit verbreitete NEWMARK β-γ– Integrator verwendet. Es wird je nach Wahl der Parameter β und γ ein konstanter ($\beta = 0{,}25$ und $\gamma = 0{,}50$) oder ein linearer ($\beta = 1/6$ und $\gamma = 0{,}50$) Verlauf der Beschleunigung $\ddot{u}$ im Zeitschritt Δt unterstellt. Die Inkremente der Geschwindigkeit und der Beschleunigung über Δt ergeben sich zu

$$\begin{aligned}
\Delta\dot{u} &= \frac{\gamma}{\beta\Delta t}\Delta u - \frac{\gamma}{\beta}\dot{u}_1 - \Delta t\left[\frac{\gamma}{2\beta}-1\right]\ddot{u}_1 \\
\Delta\ddot{u} &= \frac{1}{\beta(\Delta t)^2}\Delta u - \frac{1}{\beta\Delta t}\dot{u}_1 - \frac{1}{2\beta}\ddot{u}_1.
\end{aligned} \tag{1.56}$$

und das Verschiebungsinkrement berechnet sich aus

$$\Delta u = \frac{f^*}{k^*} = \frac{m\dfrac{1}{\beta\Delta t^2} + c\dfrac{\gamma}{\beta\Delta t} + k}{\Delta F + m\left(\dfrac{\dot{u}_1}{\beta\Delta t} + \dfrac{\ddot{u}_1}{2\beta}\right) + c\left(\dfrac{\gamma\dot{u}_1}{\beta} + \ddot{u}_1\Delta t\left(\dfrac{\gamma}{2\beta}-1\right)\right)} \tag{1.57}$$

Zur Durchführung dieser Berechnung steht das Programm LEINM zur Verfügung. Es benötigt eine selbst zu erstellende Eingabedatei mit dem Namen RHS.txt, in der die Belastungsfunktion (rechte Seite) f(t) oder F(t) abgelegt ist, und zwar zweispaltig im Format 2E16.7 (zwei Spalten mit je 16 Zeichen), mit den Zeitmarken im konstanten Abstand Δt in der ersten und den Belastungsordinaten in der zweiten Spalte. Alle Kenndaten des Einmassenschwingers werden nach dem Programmstart interaktiv abgefragt, dazu auch der Faktor $(1/m)$ zur Gewinnung von f(t) durch Skalierung von F(t). In der Ausgabedatei TIMHIS.txt stehen in fünf Spalten nebeneinander die Zeitpunkte sowie die berechneten Werte der Auslenkung, der Geschwindigkeit, der Beschleunigung und der Rückstellkraft (Auslenkung mal Federkonstante) des Systems; wegen der Ausgabe der Beschleunigung in g-Einheiten ist es notwendig, den gültigen Umrechnungsfaktor bei der verwendeten Längeneinheit (die Zeit wird stets in s gemessen) interaktiv einzugeben (z.B. mit 9,81 bei Verwendung von m als Längeneinheit). Es werden zusätzlich die erreichten Maximalwerte (Absolutwerte) der Auslenkung, der Geschwindigkeit, der Beschleunigung (letztere in g) sowie der Trägheits-, Dämpfungs- und Rückstellkraft mit den zugehörigen Zeiten in der Datei MAXL.txt ausgegeben.

Ist die Belastungsfunktion stückweise linear, kann das Programm LININT herangezogen werden, um mittels linearer Interpolation Funktionswerte im konstanten Abstand Δt zu ermitteln. Das Programm benötigt eine Eingabedatei FKT.txt, in der in zwei Spalten die Zeitpunkte und die Ordinaten an den Knickpunkten des Polygonzuges formatfrei angegeben sind; in der Ausgabedatei RHS.txt stehen dann die Zeitmarken und die interpolierten Funktionswerte im Format 2E16.7.

Beispiel 1-1 (Programme und Daten im Verzeichnis BSP1-1):

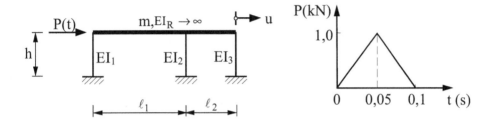

Bild 1-7 Einstöckig-zweifeldriger Rahmen mit starrem Riegel

Als Beispiel wird der in Bild 1-7 dargestellte Rahmen unter der angegebenen Belastung betrachtet, mit folgenden Angaben:

$\ell_1 = 6{,}5\,\text{m}, \ell_2 = 4{,}5\,\text{m}$

$h = 4{,}5\,\text{m}$

$m = 7\,\text{t}$

$EI_1 = 65.000\,\text{kNm}^2, EI_2 = 80.000\,\text{kNm}^2, EI_3 = 55.000\,\text{kNm}^2$

Als Dämpfung wird ein LEHRsches Dämpfungsmaß von D = 1 % angenommen. Beim starren Riegel beträgt die horizontale Steifigkeit des Rahmens

$$k = \frac{12 \cdot EI_1}{h^3} + \frac{12 \cdot EI_2}{h^3} + \frac{12 \cdot EI_3}{h^3} = 26337{,}45\,\frac{\text{kN}}{\text{m}}$$

Damit lautet die Kreiseigenfrequenz des Systems

$$\omega_1 = \sqrt{\frac{k}{m}} = \sqrt{\frac{26337{,}45}{7{,}0}} = 61{,}34\,\frac{\text{rad}}{\text{s}}$$

entsprechend einer Periode $T_1 = 2\pi/61{,}34 = 0{,}102\,\text{s}$. Für die Lösung der Differentialgleichung durch Direkte Integration empfiehlt sich im Allgemeinen die Wahl eines Zeitschritts Δt von etwa einem Zehntel der Periode des Einmassenschwingers; hier wird jedoch ein halb so großer Zeitschritt mit $\Delta t = 0{,}005\,\text{s}$ angenommen.

Für das Programm LININT lässt sich die Belastungsfunktion durch folgende vier Punkte beschreiben: (0;0), (0,05;1,0), (0,1;0) und (100;0); sie werden mit Hilfe des Editors in die neu zu
erstellende Eingabedatei FKT.txt eingetragen (siehe Verzeichnis BSP1-1). Zur Bestimmung der
Zeitverläufe bis t = 0,5 s werden damit 0,5/0,005=100 Punkte der Lastfunktion benötigt. Nach
Aufruf von LININT und Eingabe der Anzahl der Punkte, welche die zu interpolierende Kurve
beschreiben (hier 4), der konstanten Interpolationsschrittweite (gleich dem Zeitschritt, hier
0.005) und der Anzahl der auszugebenden Punkte (100) entsteht die Datei RHS.txt. Es ist zu
beachten, dass bei der Eingabe Dezimalpunkte anstelle von Kommas zu verwenden sind. Beim
Aufruf von LEINM sind nacheinander einzugeben die Kreiseigenfrequenz des Einmassenschwingers (61.34), das LEHRsche Dämpfungsmaß (0.01), die Masse des Einmassenschwingers (7,0), die Anfangsverschiebung zum Zeitpunkt t = 0 (hier 0), die Anfangsgeschwindigkeit
zum Zeitpunkt t = 0 (hier ebenfalls 0), die Anzahl der Zeitschritte (100), die Zeitschrittweite
(0.005), der Wert von g (9.81) und schließlich der Normierungsfaktor (1/Masse) der Lastfunktion F(t) nach (1.42), hier 1/7 = 0.1428. In MAXL.txt stehen als Ergebnis die Maximalwerte
der Systemantworten $u, \dot{u}, \ddot{u}$ mit den zugehörigen Zeitpunkten, hier als Maximalverschiebung
$u_{max} = 0{,}56 \cdot 10^{-4}$ m zum Zeitpunkt 0,075 s, die Maximalgeschwindigkeit
$\dot{u}_{max} = 0{,}29 \cdot 10^{-2}$ m/s (t = 0,105 s) und die Maximalbeschleunigung $\ddot{u}_{max} = 0{,}0179\,g$ zum
Zeitpunkt t = 0,130 s, sowie die max. Rückstellkraft von 1,48 kN, die max. Dämpfungskraft
(0,025 kN) und die max. Trägheitskraft (1,23 kN). In der Ausgabedatei TIMHIS.txt stehen in
fünf Spalten die Zeitverläufe der Verschiebungen, Geschwindigkeiten, Beschleunigungen (in g)
und Rückstellkräfte des Rahmenriegels. Bild 1-8 zeigt den Zeitverlauf der Auslenkung.

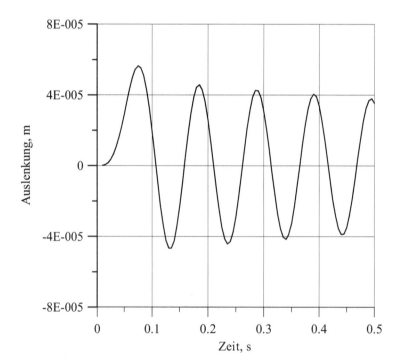

Bild 1-8 Zeitverlauf der Riegelauslenkung

Beispiel 1-2 (Programme und Daten im Verzeichnis BSP1-2):

Betrachtet wird wiederum der Rahmen von Bild 1-7, allerdings diesmal mit nichtstarrem Riegel und unter Erdbebenbelastung. Zur Berücksichtigung der Biegesteifigkeit des Riegels muss die Federsteifigkeit k des Einmassenschwingers als Reziprokwert der Auslenkung δ in Richtung u infolge einer Eins-Last P = 1 bestimmt werden. Dies kann mittels einer statischen Berechnung erfolgen (Einzelheiten dazu siehe unter 1.4.1) oder durch statische Kondensation (siehe Abschnitt 1.4.3). Für eine Riegelsteifigkeit EI_R = 120.000 kNm^2 und P = 1 kN ist δ = 4,742 10^{-5} m, entsprechend einer Steifigkeit von k = 21087,29 kN/m. Die Eigenkreisfrequenz ist in diesem Fall 54,886 rad/s und die Periode 0,114 s. Beansprucht wird der Rahmen durch die Bodenbeschleunigung gemäß Bild 1-9, das ist die in Bergheim in Nord-Süd-Richtung gemessene Komponente des Roermond-Bebens von 1992.

Die zu lösende Differentialgleichung lautet nach (1.16):

$$m \cdot \ddot{u} + c \cdot \dot{u} + k \cdot u = -m \cdot \ddot{u}_g \qquad (1.58)$$

oder, nach Division durch die Masse m:

$$\ddot{u} + 2 \cdot D \cdot \omega_1 \cdot \dot{u} + \omega_1^2 \cdot u = -\ddot{u}_g \qquad (1.59)$$

mit D = 0,01, ω_1 = 54,886 rad/s und dem Bodenbeschleunigungsverlauf $\ddot{u}_g$ nach Bild 1-9. Die Berechnung mit dem Programm LEINM liefert den in Bild 1-10 skizzierten Zeitverlauf der Beschleunigung ü des Rahmenriegels mit dem Maximalwert 0,136 g.

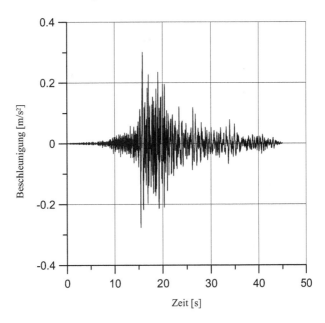

Bild 1-9 In Bergheim gemessene NS Komponente des Roermond-Bebens

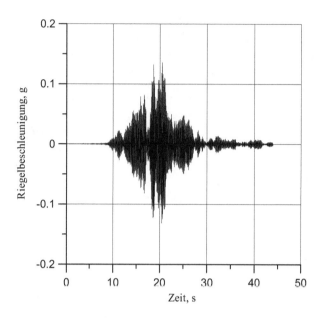

Bild 1-10 Beschleunigung des Rahmenriegels infolge des Roermond-Bebens

1.3.2 Der Einmassenschwinger im Frequenzbereich

Die Lösung u(t) der Differentialgleichung (1.49) lässt sich im Zeitbereich als Faltung der so genannten Impulsreaktionsfunktion h(t) mit der Belastung f(t) darstellen, gemäß

$$u(t) = \int_{-\infty}^{+\infty} f(\tau) \cdot h(t-\tau) d\tau \tag{1.60}$$

mit

$$h(t) = \frac{\sin \omega_1 \sqrt{1-D^2}\, t}{\omega_1 \sqrt{1-D^2}} e^{-D\omega_1 t} \tag{1.61}$$

Dabei stellt die Impulsreaktionsfunktion die Systemantwort auf einen Einheitsimpuls dar. Durch die Einführung der FOURIER-Transformierten U(ω), F(ω) und H(ω) der Zeitfunktionen u(t), f(t) und h(t) gemäß

$$X(\omega) = \frac{1}{2\pi} \int_{-\infty}^{+\infty} x(t) \cdot e^{-i\omega t}\, dt \tag{1.62}$$

erhält (1.60) die Form:

$$U(\omega) = H(\omega) \cdot F(\omega) \tag{1.63}$$

mit $H(\omega)$ als Übertragungsfunktion des Systems, die analog zur Impulsreaktionsfunktion des Zeitbereichs die Systemantwort auf eine stationär-harmonische Einheitserregung beschreibt. Für die Einheitserregung $f(t) = 1 \cdot \exp(i\omega t)$ lautet die Antwort $u(t)$ des Einmassenschwingers nach (1.49) definitionsgemäß $u(t) = H \cdot \exp(i\omega t)$ und die (komplexe) Übertragungsfunktion ergibt sich daraus zu

$$H(\omega) = \frac{1}{\omega_1^2 - \omega^2 + i \cdot 2 \cdot D \cdot \omega_1 \cdot \omega} \tag{1.64}$$

Die „Faltung" der Funktionen $h(t)$ und $f(t)$ in (1.60) wird im Frequenzbereich gemäß (1.63) durch die komplexe Multiplikation ihrer FOURIER-Transformierten H und F ersetzt. Der numerische Aufwand ist jedoch nicht unbedingt geringer, da nach Hintransformation der Belastungsfunktion $f(t)$ in den Frequenzbereich, Ermittlung der Übertragungsfunktion und Durchführung der komplexen Multiplikation zur Bestimmung von $U(\omega)$ diese Lösung noch mit Hilfe der inversen FOURIER-Transformation zurück in den Zeitbereich transformiert werden muss. Die entsprechende Beziehung als Gegenstück zu (1.62) lautet:

$$x(t) = \int_{-\infty}^{+\infty} X(\omega) \cdot \exp(i\omega t)\, d\omega \tag{1.65}$$

In der Praxis liegen die Funktionen in der Regel digital als Zeitreihen f_r oder Frequenzreihen F_k mit jeweils N diskreten Werten (reell oder komplex) im konstanten Zeitabstand Δt bzw. im Frequenzabstand $\Delta \omega$ vor. Anstelle der Integrale (1.62), (1.65) treten damit Summenausdrücke der „Diskreten FOURIER-Transformation" (DFT) auf:

$$F_k = \frac{1}{N} \sum_{r=0}^{N-1} f_r \cdot \exp\left(-i\frac{2\pi kr}{N}\right) \tag{1.66}$$

$$f_r = \sum_{k=0}^{N-1} F_k \cdot \exp\left(i\frac{2\pi kr}{N}\right) \tag{1.67}$$

Hierbei umfasst die Zeitreihe f_r eine Zeitdauer von $T = N \cdot \Delta t$ Sekunden, wobei implizit unterstellt wird, dass sich die Funktion nach T s wiederholt. Bei aperiodischen Vorgängen muss zur Vermeidung von Überlappungseffekten T ausreichend groß gewählt werden, so dass nach dem Abklingen der Funktion genügend viele Nullordinaten bis zum Periodenende vorhanden sind. Für eine Zeitreihe f_r mit N Ordinaten im Abstand Δt liefert (1.66) N komplexe Koeffizienten F_k im Frequenzabstand $\Delta \omega = 2\pi/T\,[\text{rad}/\text{s}]$, wovon allerdings nur die erste Hälfte ($k = 0, 1, ... N/2-1$) von Bedeutung ist, da die Koeffizienten F_k für $k=N/2$ bis N Spiegelbilder der ersten Hälfte sind (Spiegelung um die sog. NYQUIST-Frequenz $\omega_{NYQ} = \pi/\Delta t$, wobei die Realteile gleich bleiben, während die Imaginärteile mit umgekehrtem Vorzeichen vorkommen). Enthält die Zeitreihe höhere Frequenzanteile als ω_{NYQ}, was sich darin manifestiert, dass die Koeffizienten F_k mit k in der Nähe von N/2 nicht praktisch Null sind, tritt eine Verfälschung des Frequenzspektrums F_k auf, was unter Umständen das Entfernen dieser hochfrequenten Anteile durch eine Tiefpassfilterung vor Durchführung der Frequenzanalyse notwendig macht. Zur Durchführung der Diskreten FOURIER Transformation werden nicht etwa (1.66) und (1.67) direkt programmiert, sondern so genannte Fast-FOURIER-Algorithmen wie das klassische COOLEY-TUKEY-Verfahren verwendet, die den numerischen Aufwand drastisch herabsetzen.

Für die Hin- und Rücktransformation von Zeitreihen in den Frequenz- und zurück in den Zeitbereich stehen die Programme FFT1 und FFT2 zur Verfügung. Sie basieren auf dem COOLEY-TUKEY-Verfahren und setzen voraus, dass die Anzahl N der Punkte eine Potenz von 2 ist. Die Eingabedatei zum Programm FFT1 für die Hintransformation vom Zeit- in den Frequenzbereich heißt ZEITRE.txt. Sie enthält in zwei Spalten die NANZ (maximal 8192) Zeitpunkte und die entsprechenden Ordinaten im konstanten Zeitabstand Δt im Format 2E16.7, mit den Zeitpunkten in der ersten und den Ordinaten in der zweiten Spalte. Die Ausgabedatei OMCOF.dat von FFT1 enthält die ermittelten (NANZ/2) komplexen FOURIER-Koeffizienten mit den Kreisfrequenzen in der ersten, dem Realteil in der zweiten und dem Imaginärteil in der dritten Spalte (Format 3E16.7). In der zweiten Ausgabedatei OMQUA.txt von FFT1 werden die Kreisfrequenzen und die Quadrate der FOURIER-Koeffizienten zweispaltig abgelegt (Format 2E16.7).

Bei der Rücktransformation mit dem Programm FFT2 werden die (maximal 4096) komplexen FOURIER-Koeffizienten aus der Datei OMCOF.txt eingelesen. Die berechnete zugehörige Zeitbereichsfunktion (mit maximal 8192 Werten) wird in die Ausgabedatei ERGZEI.txt geschrieben, mit den Zeitwerten in der ersten und den Ordinaten in der zweiten Spalte (Format 2E16.7).

Beispiel 1-3 (Programme und Daten im Verzeichnis BSP1-3):

Betrachtet wird der in Bild 1-10 dargestellte, im Beispiel 1-2 berechnete Beschleunigungszeitverlauf des Rahmenriegels bei Beanspruchung durch das Roermond- Beben. Es wird eine Zeitreihe bestehend aus den ersten 4096 Punkten der vierten Spalte der Ausgabedatei TIMHIS.txt von Beispiel 1-2 mit Hilfe des Programms UFORM erstellt. Dazu werden nach Aufruf von UFORM interaktiv die Namen TIMHIS.txt für die Eingabedatei und ZEITRE.txt für die Ausgabedatei eingegeben, die Zahl 4096 als Anzahl der einzulesenden und auszugebenden Ordinaten, (48X, E16.7) als FORTRAN-Format zum Einlesen der vierten Spalte von TIMHIS.txt, der Multiplikationsfaktor mit 1,0, und eine 1 um die Ausgabe der Zeitpunkte zu erreichen. Weiter beträgt das Zeitinkrement 0,01 Sekunden und schließlich wird als Ausgabeformat (2E16.7) eingegeben. Die dadurch aus TIMHIS.txt erzeugte Datei ZEITRE.txt dient als Eingabedatei von FFT1. Nach Eingabe der Zahl 4096 als Anzahl der Werte der Zeitreihe und auch als nächsthöhere Potenz von 2 (=12) sowie des Zeitschritts 0,01 liefert FFT1 die Ausgabedateien OMCOF.txt und OMQUA.txt. Bild 1-11 zeigt einen Ausschnitt von OMQUA.txt mit den quadrierten FOURIER-Koeffizienten im Kreisfrequenzbereich bis 100 rad/s. Die Eigenkreisfrequenz des Rahmens von 54,9 rad/s ist klar zu erkennen.

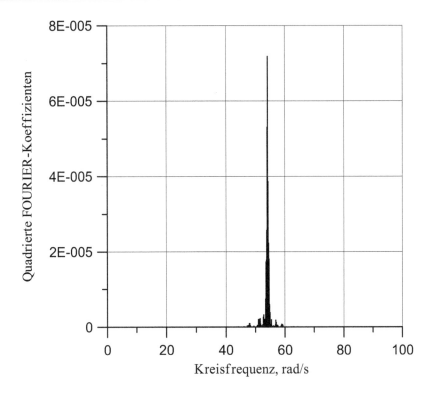

Bild 1-11 Quadrierte FOURIER-Koeffizienten im Bereich bis 100 rad/s

Ein Aufruf des Programms FFT2 mit der von FFT1 aufgestellten Datei OMCOF.txt als Eingabedatei liefert wie erwartet die ursprüngliche Zeitreihe (Datei ERGZEI.txt). Als Kreisfrequenzschritt $\Delta\omega = \dfrac{2\pi}{N \cdot \Delta t}$ ist interaktiv der Wert $\dfrac{2\pi}{4096 \cdot 0.01} = 0.1534$ einzugeben.

1.3.3 Der Einmassenschwinger mit nichtlinearer Rückstellkraft

Der viskos gedämpfte Einmassenschwinger mit nichtlinearer Rückstellkraft F_R wird durch die Differentialgleichung beschrieben:

$$m \cdot \ddot{u} + c \cdot \dot{u} + F_R(u) = F(t) \tag{1.68}$$

Beispiele für einfache polygonale Modelle für die nichtlineare Rückstellkraft sind die in Bild 1-12 dargestellten Beziehungen (elastisch-ideal plastisches, bilineares und UMEMURA-Modell). Sie werden definiert durch die Anfangssteifigkeit k der Feder und den Grenzwert u_{el} des linearen Bereichs, bzw. beim bilinearen Modell zusätzlich durch die Steigung pk nach Erreichen der Fließgrenze. Während bei dem elastisch-ideal plastischen und dem bilinearen Modell die Be- und Entlastungssteifigkeit unabhängig von der Anzahl der Zyklen und der erreichten Maximalverschiebung konstant bleibt, berücksichtigt das UMEMURA-Modell den progressiven Steifigkeitsabfall bei wachsender nichtlinearer Verformung.

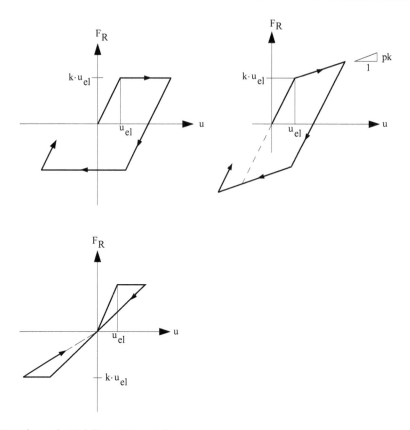

Bild 1-12 Polygonale Nichtlinearitätsmodelle

Als Lösungsmöglichkeit der nichtlinearen Differentialgleichung (1.68) bieten sich Verfahren auf der Basis der Direkten Integration an, da sie die Möglichkeit bieten, von Zeitschritt zu Zeitschritt die Systemeigenschaften zu modifizieren (Programm NLM). Es enthält die drei in Bild 1-12 gezeigten Nichtlinearitätsmodelle und entspricht in Aufbau und Handhabung dem Programm LEINM für den linearen Einmassenschwinger. Wie LEINM benötigt es eine Eingabedatei RHS zur Beschreibung der Belastungsfunktion F(t), während alle anderen Daten interaktiv abgefragt werden. In der Ausgabedatei THNLM.txt stehen auf fünf Spalten die Zeitpunkte, die Werte der Auslenkung, der Geschwindigkeit und der Beschleunigung (in g) sowie der Rückstellkraft F_R. Die Handhabung von NLM wird im Beispiel 1-4 erläutert.

Beispiel 1-4 (Programme und Daten im Verzeichnis BSP1-4):

Gegeben ist der (als masselos betrachtete) Kragträger des Bildes 1-13 mit der Biegesteifigkeit EI =17.600 kNm^2 und der konzentrierten Masse m = 0,50 t am freien Ende. Die Belastung P(t) ist ebenfalls in Bild 1-13 dargestellt. Zu untersuchen ist das dynamische Verhalten des Systems unter der Annahme einer maximalen elastischen Durchbiegung des freien Endes von u_{el} = 0,008m. Als Dämpfung ist D = 1 % anzunehmen. Die Steifigkeit des Einmassenschwingers ergibt sich zu

$$k = \frac{3EI}{\ell^3} = \frac{3 \cdot 17600}{2^3} = 6600 \frac{kN}{m}$$

Damit beträgt die Kreiseigenfrequenz des Einmassenschwingers

$$\omega_1 = \sqrt{\frac{6600}{0,5}} = 114,89 \frac{rad}{s}$$

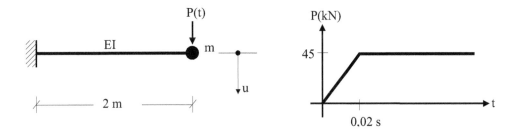

Bild 1-13 Kragträger mit dynamischer Belastung

Die zugehörige Periode liegt bei 0,0547 s. Als Zeitschritt für die numerische Untersuchung wird $\Delta t = 0,001$ s gewählt und mit Hilfe des Programms LININT werden 500 Ordinaten der Belastungsfunktion F(t) erzeugt. Zu Vergleichszwecken wird das nichtlineare Systemverhalten für zwei Hysteresemodelle untersucht, nämlich für das bilineare Modell mit p=1% der ursprünglichen Steifigkeit und für das UMEMURA-Modell, dazu für lineares Systemverhalten. Die entsprechenden Ausgabedateien im Verzeichnis BSP1-4 wurden mit THLIN.txt, THBIL.txt und THUME.txt bezeichnet. Bild 1-14 zeigt die Zeitverläufe der Durchbiegung der Trägerspitze für alle drei Modelle, Bild 1-15 die zugehörigen Verschiebungs-Rückstellkraft-Diagramme. Der „statische" Wert der Durchbiegung beträgt zum Vergleich

$$u_{stat} = P / k = 45 / 6.600 == 0,00682 \, m$$

Bei den nichtlinearen Modellen beträgt die Rückstellkraft nach Erreichen der elastischen Grenzverschiebung u_{el}

$$F_R = u_{el} \cdot k = 0,008 \cdot 6.600 = 52,8 \, kN$$

Interessant ist die in Bild 1-14 für das UMEMURA-Modell zu erkennende Vergrößerung der Periode im nichtlinearen Bereich wegen der reduzierten Systemsteifigkeit. Die Diagramme des Bildes 1-15, die die Rückstellkraft als Funktion der Auslenkung des Kragträgerendes darstellen, entsprechen den in Bild 1-12 skizzierten theoretischen Nichtlinearitätsmodellen. Beim ursprungsorientierten UMEMURA-Modell (jeder Ast der Be- oder Entlastungskurve zeigt zum Koordinatenursprung im (u-F_R)-Diagramm) nimmt die Steifigkeit nach jeder plastischen Verformung ab, während beim bilinearen Modell keine Änderung der Be- und Entlastungssteifigkeit vorgesehen ist. Damit ist klar, dass das bilineare Modell keine besonders genaue Erfassung des Verhaltens von bis in den inelastischen Bereich hinein wechselbeanspruchten Stahlbetontragwerken liefern kann, denn deren Steifigkeit sinkt nach dem Fließen der Zugbewehrung um mehr als die Hälfte.

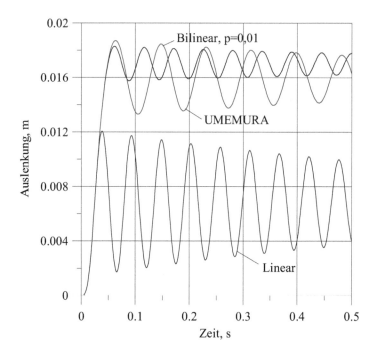

Bild 1-14 Zeitverläufe der Durchbiegung am freien Ende des Kragträgers

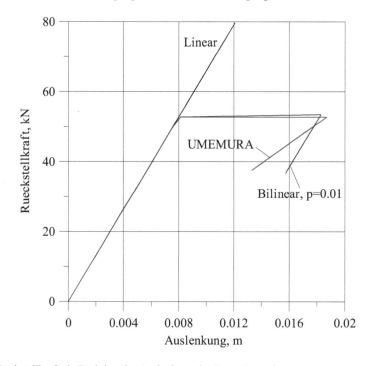

Bild 1-15 Rückstellkraft als Funktion der Auslenkung der Kragträgerspitze

1.3.4 Lineare Antwortspektren von Beschleunigungszeitverläufen

Zur Beschreibung der Verteilung der in einem Beschleunigungszeitverlauf (Akzelerogramm) enthaltenen Energie über den Frequenzbereich leisten „seismische Antwortspektren" gute Dienste. Lineare Antwortspektren für ein bestimmtes Akzelerogramm $\ddot{u}_g(t)$ werden gewonnen, indem viskos gedämpfte Einmassenschwinger (Dämpfungsmaß D) mit variabler Eigenkreisfrequenz ω_1 dem betreffenden Beschleunigungszeitverlauf als Fußpunkterregung unterworfen werden. Die resultierende Bewegungsdifferentialgleichung

$$\ddot{u} + 2 \cdot D \cdot \omega_1 \dot{u} + \omega_1{}^2 \cdot u = -\ddot{u}_g(t) \tag{1.69}$$

wird numerisch gelöst und die absolut größte Auslenkung des Einmassenschwingers relativ zu seinem Fußpunkt, $u_{max} = S_d$, bestimmt. Das Minuszeichen auf der rechten Seite von (1.69) wird üblicherweise unterdrückt, da es ja nur auf den Absolutwert der maximalen Verschiebung ankommt. Die S_d-Werte stellen bereits Verschiebungs-Spektralordinaten (Index d für displacement) dar. Mit der Kreisfrequenz ω_1 des Einmassenschwingers werden zugehörig zu S_d auch Spektralordinaten S_v für die Pseudo-Relativ-Geschwindigkeit (PSV, velocity) und S_a für die Pseudo-Absolut-Beschleunigung (PSA, acceleration) eingeführt. Sie ergeben sich aus S_d gemäß

$$S_d = \frac{1}{\omega_1} \cdot S_v = \frac{1}{\omega_1{}^2} \cdot S_a \tag{1.70}$$

Sie stellen damit nicht unbedingt die tatsächlichen Maximalwerte von Geschwindigkeit und Beschleunigung des Einmassenschwingers dar (worauf der Zusatz „Pseudo..." bei der jeweiligen Bezeichnung hinweist). Ein weiterer Parameter ist der Spektralwert der Absolutbeschleunigung (SA), der jedoch im üblichen Periodenbereich weitgehend mit dem PSA-Wert übereinstimmt. Zur Bestimmung des Antwortspektrums werden mit Hilfe eines Rechenprogramms (wie SPECTR, s. unten) die Maximalverschiebungen S_d für ein festes D und mehrere ω_1 ermittelt und daraus die Geschwindigkeits- und Beschleunigungsspektralordinaten gemäß (1.70) ausgewertet. Besonders empfehlenswert ist das Auftragen der Spektralordinaten in ein doppeltlogarithmisches Diagramm wie in Bild 1-16 gezeigt, wobei auf der Abszisse die Perioden (bzw. alternativ die Eigenfrequenzen) und auf der Ordinate die Pseudo-Relativ-Geschwindigkeiten abgelesen werden können.

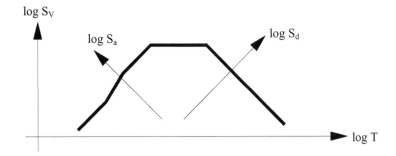

Bild 1-16 Doppeltlogarithmische Darstellung eines Antwortspektrums (schematisch)

In diesem doppeltlogarithmischen Diagramm lassen sich längs der 45°-Winkelhalbierenden und senkrecht dazu die Werte S_d bzw. S_a direkt ablesen. Für kleine Perioden (steife Systeme) liest man eine konstante Spektralbeschleunigung gleich der maximalen Bodenbeschleunigung, und für weiche Systeme (große Perioden) eine konstante Spektralverschiebung entsprechend der maximalen bebeninduzierten Bodenverschiebung ab.

Zur Berechnung von linearen Antwortspektren dient das Programm SPECTR. Es benötigt als Eingabe den Beschleunigungszeitverlauf (Datei ACC.txt, Zeitverlauf mit konstantem Zeitintervall zwischen den Ordinaten, den Zeitmarken in der ersten und den Beschleunigungsordinaten in der zweiten Spalte im Format 2E16.7) und liefert in der Ausgabedatei SPECTR.txt in den Spalten 2, 3, 4 und 5 die Spektralordinaten der Verschiebung in cm, der Pseudo-Relativ-Geschwindigkeit in cm/s (PSV), der Pseudo-Absolut-Beschleunigung (PSA) und der Absolutbeschleunigung (SA), die beiden letzten Werte in g. In Spalte 1 sind die Perioden in Sekunden abgelegt. Zusätzlich wird im Programm die Spektralintensität SI nach HOUSNER als Fläche des Pseudogeschwindigkeitsspektrums im Periodenbereich von 0,1 s bis 2,5 s berechnet und in DATEN.txt ausgegeben.

Beispiel 1-5 (Programme und Daten im Verzeichnis BSP1-5):

Gesucht wird das Antwortspektrum des in Bild 1-9 dargestellten Beschleunigungszeitverlaufs für ein Dämpfungsmaß D = 5%. Die Eingabedatei ACC.txt enthält 4499 Zeilen mit den Beschleunigungsordinaten (in m/s^2) in der zweiten und den Zeitmarken in der ersten Spalte; die konstante Zeitschrittweite beträgt 0,01 s. Beim Aufruf von SPECTR wird D mit 0,05 eingegeben, die Anzahl NANZ der Punkte mit 4499, der konstante Zeitschritt mit 0.01 s, der Faktor FAKT mit 1.0, weil die Beschleunigungsordinaten bereits in der Einheit m/s^2 vorliegen. Als Anfangsperiode wird 0.05 s eingegeben, und das Programm soll 200 Ordinaten mit einem Periodeninkrement von 0.025 s ausrechnen. Die Ausgabedatei liefert die gesuchten Antwortspektren; Bild 1-17 zeigt das Beschleunigungsspektrum in linearer Darstellung, Bild 1-18 die entsprechende doppeltlogarithmische Darstellung. In letzterer können entlang der Winkelhalbierenden (45°) die Verschiebungsspektralordinaten in cm und senkrecht dazu die Pseudoabsolutbeschleunigungen in g direkt abgelesen werden. Die Bezeichnung $\mu = 1$ deutet auf das lineare Antwortspektrum hin (Maximalduktilität gleich 1; vgl. Bild 1-19). Die berechnete Spektralintensität beträgt 5,11 cm.

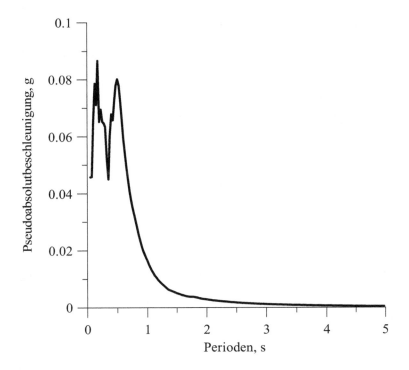

Bild 1-17 Beschleunigungsspektrum des Roermond- Bebens, lineare Darstellung

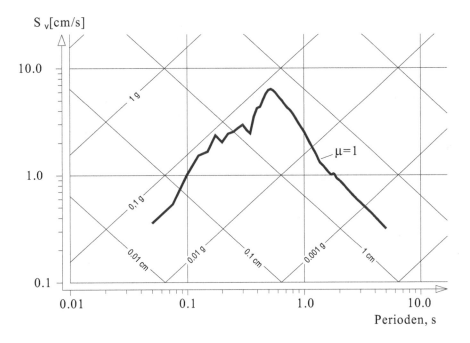

Bild 1-18 Doppeltlogarithmische Darstellung des Roermond-Beben-Spektrums

1.3.5 Nichtlineare (inelastische) Antwortspektren

Inelastische Antwortspektren können gewonnen werden, indem anstelle von linearen Einmassenschwingern solche mit nichtlinearer (meist elastisch-ideal plastischer) Federkennlinie mit dem Beschleunigungszeitverlauf beaufschlagt werden. Als neuer Parameter kommt das Verhältnis der erreichten maximalen absoluten Auslenkung u_{max} zum elastischen Grenzwert u_{el} hinzu, das als „Maximalduktilität" μ bezeichnet wird:

$$\mu = \frac{u_{max}}{u_{el}} \qquad (1.71)$$

Die Spektralordinaten beziehen sich auf die maximale elastische Auslenkung u_{el} und es gilt

$$S_d = u_{el}$$
$$S_v = u_{el} \cdot \omega$$
$$S_a = u_{el} \cdot \omega^2 . \qquad (1.72)$$

Mit dem Rechenprogramm NLSPEC können inelastische Antwortspektren vorgegebener Beschleunigungszeitverläufe zu gewünschten Duktilitätswerten μ punktweise errechnet werden. Als Eingabedatei dient das in ACC.txt enthaltene Akzelerogramm, und in der Ausgabedatei NLSPK.txt stehen in fünf Spalten nebeneinander die Perioden in s, die Spektralordinaten für Verschiebung (in cm), Pseudo-Relativgeschwindigkeit (in cm/s) und Pseudo-Absolutbeschleunigung (in g) sowie, in Spalte 5, die tatsächlich erreichte Duktilität, die mit der Zielduktilität nicht immer genau übereinstimmt. Die relativ langen Rechenzeiten des Programms NLSPEC hängen mit dem iterativen Prozess zur Ermittlung der inelastischen Spektralordinaten zusammen. Unter Umständen kann zu einer gewünschten Zielduktilität kein zufriedenstellendes Ergebnis innerhalb der intern vorgegebenen Maximalanzahl der Iterationen gefunden werden; in diesem Fall wird die bislang beste Approximation als Ergebnis genommen.

Beispiel 1-6 (Programme und Daten im Verzeichnis BSP1-6):

Gesucht sei das Antwortspektrum des in Bild 1-9 dargestellten Beschleunigungszeitverlaufs für eine Zielduktilität $\mu = 2,5$. Die Eingabedaten des Programms NLSPEC entsprechen weitgehend denjenigen des Programms SPECTR, und das in NLSPK.txt abgelegte Ergebnis für das elastisch-ideal plastische Federgesetz ist in Bild 1-19 als doppeltlogarithmische Darstellung des Spektrums der Absolutbeschleunigung dargestellt. Zum Vergleich wurde das lineare Spektrum (Maximalduktilität gleich 1) mit ins Bild aufgenommen.

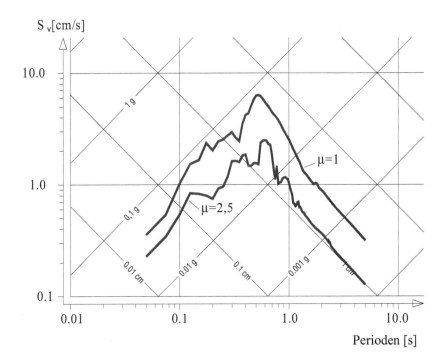

Bild 1-19 Lineares und nichtlineares Beschleunigungsantwortspektrum des Roermond-Bebens

1.3.6 Spektrumkompatible Beschleunigungszeitverläufe

Der Ingenieur steht oft vor der Aufgabe, zu einem vorgegebenen Antwortspektrum eine Reihe von „passenden" Beschleunigungszeitverläufen zu generieren, z.B. um damit mittels Direkter Integration das nichtlineare Systemverhalten einer Konstruktion zu untersuchen. Natürlich reicht die Information, die in dem Antwortspektrum steckt, nicht aus, um zu einem einzigen, in allen seinen Eigenschaften wohldefinierten Beschleunigungszeitverlauf zu gelangen. Es müssen in jedem Fall eine Reihe weiterer Annahmen sinnvoll getroffen werden, wie etwa die Dauer des zu erstellenden Beschleunigungszeitverlaufs und der Periodenbereich, innerhalb dessen das Antwortspektrum des generierten Akzelerogramms das vorgegebene „Zielspektrum" mehr oder weniger gut wiedergeben soll. Eine Möglichkeit, dieses Ziel zu erreichen, besteht darin, den synthetischen Beschleunigungszeitverlauf als Summe einiger Hundert von Sinuswellen mit zufallsverteilten Phasenwinkeln zu erstellen und iterativ an das Zielspektrum anzupassen. Diese Möglichkeit ist in dem Programm SYNTH realisiert, dessen Gebrauch im Folgenden erläutert wird.

In SYNTH wird der (zunächst) stationäre Beschleunigungszeitverlauf durch eine trapezförmige Intensitätsfunktion moduliert, mit einem linear ansteigenden Ast vom Zeitpunkt t=0 bis t=t_1, einem konstanten Verlauf für $t_1 \leq t \leq t_2$ und schließlich einem linear abfallenden Ast für $t_2 \leq t \leq t_3$, mit t_3 als Zeitpunkt des Endes des Bebens. Der konstante Zeitschritt ist mit 0,01 s fest definiert, und die Zeiten t_1, t_2 und t_3 werden als ganzzahlige Vielfache dieses Zeitinkrements angegeben. Das Zielspektrum wird durch NK Wertepaare beschrieben, die jeder der NK Perioden T_i die zugehörige Pseudo-Relativgeschwindigkeit $S_{v,i}$ in cm/s zuweisen; es wird unterstellt, dass das Zielspektrum im doppeltlogarithmischen (S_v,T)-Diagramm linear zwischen den NK vorgegebenen Stützstellen verläuft. Ferner ist die Dämpfung D des Zielspektrums einzugeben sowie die Perioden TANF und TEND (mit TANF < TEND), zwischen welchen das Spektrum des zu erstellenden Beschleunigungszeitverlaufs dem Zielspektrum entsprechen soll. Die Eingabedatei ESYN.txt von SYNTH enthält damit folgende Daten:

1. Beliebige ganze Zahl IY (zwischen 1 und 1000) zur Initialisierung des Zufallszahlgenerators,

2. Anzahl NK der einzulesenden (T, Sv)-Wertepaare zur Beschreibung des Zielspektrums,

3. Anzahl N der Ordinaten des zu erzeugenden Beschleunigungszeitverlaufs, entsprechend der Dauer t_3 dividiert durch die konstante Zeitschrittweite $\Delta t = 0{,}01$ s, d.h. $N = t_3/0{,}01$ s,

4. Nummer des Zeitschritts, mit dem die Anlaufphase der trapezförmigen Intensitätsfunktion endet, d.h. $t_1/0{,}01$ s,

5. Nummer des Zeitschritts, mit dem die abklingende Phase der trapezförmigen Intensitätsfunktion beginnt, d.h. $t_2/0{,}01$s,

6. Anzahl der gewünschten Iterationszyklen, in der Regel 5 bis 10,

7. Perioden TANF und TEND zur Eingrenzung des zu approximierenden Bereichs,

8. Dämpfung des Zielspektrums,

9. NK Wertepaare (T, Sv) zur Beschreibung des Zielspektrums, mit T in s und Sv in cm/s; nur ein Wertepaar pro Zeile.

Die Eingabedaten werden zur Kontrolle in die Ausgabedatei KONTRL.txt geschrieben, während das ermittelte Akzelerogramm (im Format 2E16.7 mit den Zeitpunkten in der ersten und den Beschleunigungsordinaten in der Einheit (m/s^2) in der zweiten Spalte) in der Datei ASYN.txt steht.

Beispiel 1-7 (Programme und Daten im Verzeichnis BSP1-7):

Gegeben sei das in Bild 1-20 skizzierte Beschleunigungsantwortspektrum (D = 5%), das in Bild 1-21 in doppeltlogarithmischer Darstellung als Pseudogeschwindigkeitsspektrum zu sehen ist. Es wird durch folgende Wertepaare näherungsweise definiert:

Perioden, s	S_v, cm/s
0,01	0,21
0,05	1,99
0,20	7,96
2,00	7,96
2,50	6,37

Es soll mit dem Programm SYNTH ein 10 s langer künstlicher Beschleunigungszeitverlauf
erzeugt werden, dessen Antwortspektrum dem Zielspektrum im Periodenbereich zwischen 0,1
und 2 s weitgehend entspricht. In die Eingabedatei ESYN.txt stehen folgende Daten:

```
17
5
1000
100
750
20
0.10
2.00
0.05
0.01,  0.21
0.05,  1.99
0.20,  7.96
2.00,  7.96
2.50,  6.37
```

Das Ergebnis steht in ASYN.txt. Bild 1-22 zeigt den berechneten Beschleunigungszeitverlauf
und Bild 1-23 die gute Übereinstimmung von dessen (mit dem Programm SPECTR berechneten) Antwortspektrum mit dem Zielspektrum.

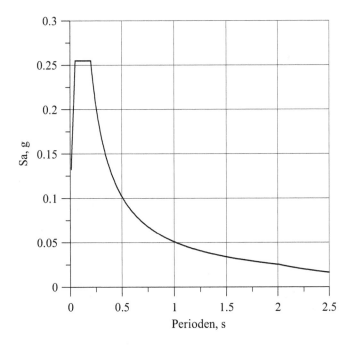

Bild 1-20 Beschleunigungs- Zielspektrum in linearer Darstellung

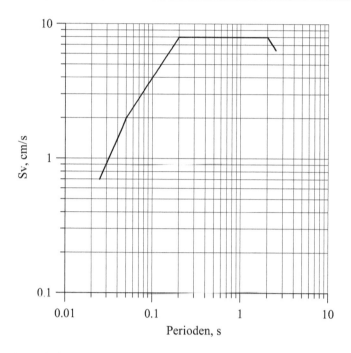

Bild 1-21 Zielspektrum in doppeltlogarithmischer Darstellung

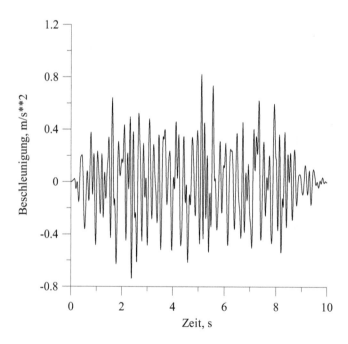

Bild 1-22 Ermittelter spektrumkompatibler Beschleunigungszeitverlauf

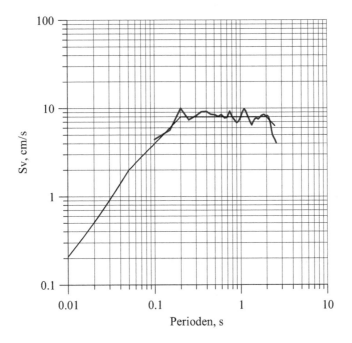

Bild 1-23 Vergleich Zielspektrum – Spektrum des synthetischen Beschleunigungszeitverlaufs

1.4 Stabtragwerke als diskrete Mehrmassenschwinger

1.4.1 Statische Beanspruchung

Es empfiehlt sich, an dieser Stelle an die wichtigsten Beziehungen aus der computergestützten Matrizenstatik zu erinnern. Darin werden Stabtragwerke üblicherweise mit Hilfe des allgemeinen Weggrößenverfahrens untersucht, das zu der Matrixgleichung

$$\underline{P} = \underline{K} \cdot \underline{V} \tag{1.73}$$

führt. Hier sind $\underline{P}$ und $\underline{V}$ Spaltenvektoren mit n Zeilen, in denen die äußeren Lasten ($\underline{P}$) bzw. die Verformungen ($\underline{V}$) in den n aktiven kinematischen Freiheitsgraden des Tragwerks zusammengefasst werden. Die symmetrische (n,n)-Steifigkeitsmatrix $\underline{K}$ wird (vom Computerprogramm) erstellt, indem die Einzelsteifigkeitsmatrizen $\underline{k}_{glob}$ aller Stabelemente im globalen Koordinatensystem nacheinander generiert und ihre Koeffizienten unter Verwendung der in der so genannten Inzidenzmatrix vorhandenen Information in $\underline{K}$ „eingemischt", d.h. an der richtigen Stelle aufaddiert werden. Dabei gibt die i-te Zeile der Inzidenzmatrix als Inzidenzvektor des Stabelements i die Nummern der aktiven kinematischen Systemfreiheitsgrade an, die den (im globalen System definierten) Stabfreiheitsgraden entsprechen. Bei bekannten Lasten $\underline{P}$ wird sodann Gleichung (1.73) nach den Verschiebungen $\underline{V}$ gelöst, und die gesuchten Stabendschnittkräfte $\underline{s}_{glob}$ im globalen Koordinatensystem ergeben sich durch Multiplikation des Verschiebungsvektors $\underline{v}_{glob}$ des Einzelstabes mit der Stabsteifigkeitsmatrix $\underline{k}_{glob}$ gemäß

$$\underline{S}_{\text{glob}} = \underline{k}_{\text{glob}} \, \underline{v}_{\text{glob}} \tag{1.74}$$

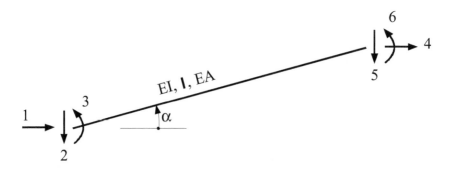

Bild 1-24 Ebener Biegestab

Bild 1-24 zeigt die 6 Freiheitsgrade des ebenen Biegestabelements. Die (6,6)-Steifigkeitsmatrix $\underline{k}$ dieses (schubstarren) Elementes mit der Biegesteifigkeit EI (in kNm^2) als Produkt des Elastizitätsmoduls E mit dem Trägheitsmoment I des Stabquerschnitts, der Dehnsteifigkeit EA (in kN) als Produkt von E mit der Querschnittsfläche A und der Länge ℓ lautet für den Sonderfall $\alpha = 0$:

$$\underline{k} = \frac{EI}{\ell^3} \begin{bmatrix} \dfrac{A\ell^2}{I} & & & & & \\ 0 & 12 & & \text{symm.} & & \\ 0 & -6\ell & 4\ell^2 & & & \\ -\dfrac{A\ell^2}{I} & 0 & 0 & \dfrac{A\ell^2}{I} & & \\ 0 & -12 & 6\ell & 0 & 12 & \\ 0 & -6\ell & 2\ell^2 & 0 & 6\ell & 4\ell^2 \end{bmatrix} \tag{1.75}$$

Für geneigte Stäbe $(\alpha \neq 0)$ lautet die Steifigkeitsmatrix $\underline{k}_{\text{glob}}$ im globalen (x,z)-Koordinatensystem:

$$\underline{k}_{\text{glob}} = \underline{C}^{\text{T}} \, \underline{k} \, \underline{C} \tag{1.76}$$

mit der geometrischen Transformationsmatrix

$$\underline{C} = \begin{bmatrix} \cos\alpha & -\sin\alpha & 0 & 0 & 0 & 0 \\ \sin\alpha & \cos\alpha & 0 & 0 & 0 & 0 \\ 0 & 0 & 1 & 0 & 0 & 0 \\ 0 & 0 & 0 & \cos\alpha & -\sin\alpha & 0 \\ 0 & 0 & 0 & \sin\alpha & \cos\alpha & 0 \\ 0 & 0 & 0 & 0 & 0 & 1 \end{bmatrix} \tag{1.77}$$

Die Multiplikation liefert für $\underline{k}_{glob}$ die (6,6)-Matrix:

$$
\begin{bmatrix}
c^2 k_{aa} + s^2 k_{vv} & & & & & \\
-csk_{aa} + csk_{vv} & s^2 k_{aa} + c^2 k_{vv} & & \text{symm.} & & \\
-sk_{vm} & -ck_{vm} & k_{mm} & & & \\
-c^2 k_{aa} - s^2 k_{vv} & csk_{aa} - csk_{vv} & sk_{vm} & c^2 k_{aa} + s^2 k_{vv} & & \\
csk_{aa} - csk_{vv} & -s^2 k_{aa} - c^2 k_{vv} & ck_{vm} & -csk_{aa} + csk_{vv} & s^2 k_{aa} + c^2 k_{vv} & \\
-sk_{vm} & -ck_{vm} & k_{mc} & sk_{vm} & ck_{vm} & k_{mm}
\end{bmatrix}
\tag{1.78}
$$

mit

$$
c = \cos\alpha,\ s = \sin\alpha,\ k_{aa} = \frac{EA}{\ell},
$$

$$
k_{mm} = \frac{4EI}{\ell},\ k_{mc} = \frac{2EI}{\ell},
\tag{1.79}
$$

$$
k_{vv} = \frac{12EI}{\ell^3},\ k_{vm} = \frac{6EI}{\ell^2}
$$

Zur statischen Untersuchung allgemeiner ebener Rahmentragwerke kann das Programm RAHMEN verwendet werden. Dessen Eingabedatei ERAHM.txt enthält zunächst für alle NELEM Stabelemente die Daten EI, ℓ, EA und α, also Biegesteifigkeit, Länge, Dehnsteifigkeit und Neigungswinkel bezogen auf die horizontale x-Achse (im Gegenuhrzeigersinn positiv). Es folgen NELEM Zeilen mit den Inzidenzvektoren aller Stäbe, und zum Schluss die NDOF äußeren Lasten (Einzelkräfte und Momente) im Sinne der NDOF vorhandenen aktiven kinematischen Freiheitsgrade. Verteilte Lasten können erfasst werden, indem ihre Volleinspannmomente und –auflagerkräfte von Hand berechnet und beim Lastvektor $\underline{P}$ berücksichtigt werden; beim Ergebnis sind anschließend die entsprechenden Schnittkraftverläufe des beidseitig eingespannten Stabelements „einzuhängen". Die Vorgehensweise wird anhand des folgenden Zahlenbeispiels erläutert.

Beispiel 1-8 (Programme und Daten im Verzeichnis BSP1-8)

Beim dargestellten Rahmen (Bild 1-25) besitzen sämtliche Riegel die Biegesteifigkeit EI = $3{,}71 \cdot 10^5$ kNm². Bei den Außenstützen in den beiden ersten Geschossen beträgt die Biegesteifigkeit EI = $1{,}10 \cdot 10^5$ kNm² und die Dehnsteifigkeit EA = $0{,}75 \cdot 10^7$ kN, bei den Innenstützen in den beiden ersten Geschossen ist EI = $1{,}85 \cdot 10^5$ kNm² und EA = $1{,}25 \cdot 10^7$ kN. In den beiden oberen Geschossen haben die Außenstützen die Werte EI = $0{,}64 \cdot 10^5$ kNm² und EA = $0{,}48 \cdot 10^7$ kN, die Innenstützen EI = $1{,}60 \cdot 10^5$ kNm² und EA = $0{,}90 \cdot 10^7$ kN. Darüber hinaus sind bei den Stützenfüßen Drehfederkonstanten von jeweils $k_\Phi = 3{,}0 \cdot 10^5$ kNm/rad zu berücksichtigen. Gesucht ist für einen aus Horizontallasten in Höhe der Stockwerksdecken (von unten nach oben) bestehenden Lastvektor

$$
\underline{P}^T = (3{,}0\quad 5{,}3\quad 7{,}7\quad 10{,}0)\ \text{kN}
\tag{1.80}
$$

der Verlauf der Biegemomente und der Querkräfte im Tragwerk.

Als erstes wird der Rahmen durch Einführung der aktiven kinematischen Freiheitsgrade und Durchnummerierung der Stabelemente diskretisiert; die Anzahl der Stabelemente ist NELEM=28 und die Anzahl der aktiven kinematischen Freiheitsgrade NDOF=40. Es empfiehlt sich, Anfang und Ende jedes Stabelements durch einen Pfeil zu kennzeichnen, damit eine eindeutige Angabe des Stabneigungswinkels α erfolgen kann. Die Normalkraft in den Riegeln ist in der Regel gering, so dass deren Längenänderung vernachlässigt werden kann und die Einführung eines einzigen Freiheitsgrades für die Horizontalverschiebung jeder Deckenscheibe ausreicht. Da die Riegel durch die Diskretisierung als dehnstarr eingeführt wurden, spielt ihre Dehnsteifigkeit keine Rolle und kann in der Eingabedatei ERAHM.txt beliebig angegeben werden, man beachte jedoch, dass sich dadurch die Normalkraft in den entsprechenden Stäben unzutreffenderweise zu Null ergibt. Bild 1-26 zeigt die gewählte Stabnummerierung, Bild 1-27 die eingeführten Freiheitsgrade. Die Drehfedern an den Stützenfüßen verknüpfen den jeweiligen Drehfreiheitsgrad mit der Erdscheibe (Freiheitsgrad 0); ihre (2,2)-Steifigkeitsmatrizen $\underline{k}_{Fed}$ sind von der Form

$$\underline{k}_{Fed} = \begin{bmatrix} k_{\phi} & -k_{\phi} \\ -k_{\phi} & k_{\phi} \end{bmatrix} \tag{1.81}$$

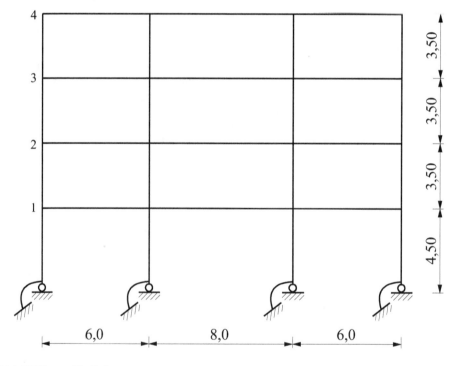

Bild 1-25 Biegesteifer Rahmen

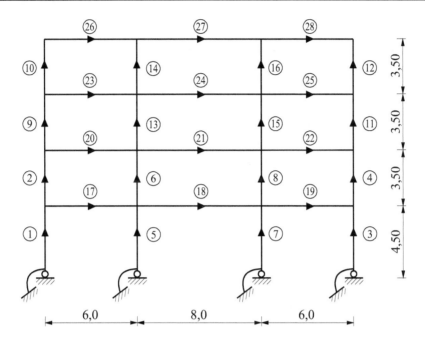

Bild 1-26 Stabnummerierung

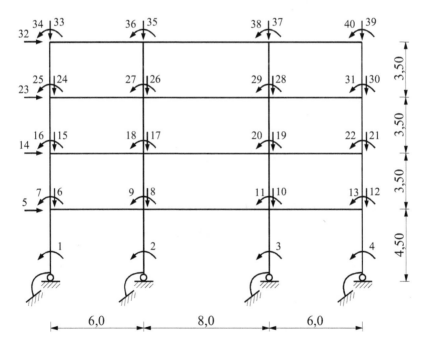

Bild 1-27 Aktive kinematische Freiheitsgrade

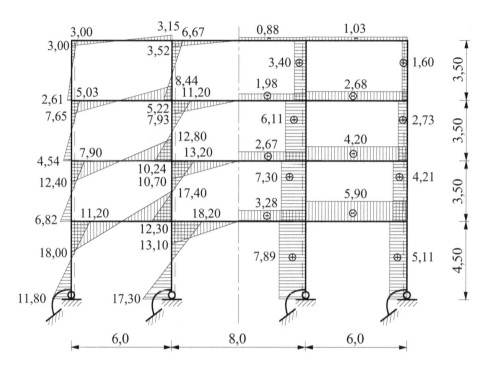

Bild 1-28 Biegemomenten- und Querkräfteverläufe unter statischer Belastung in kNm und kN

Die vier Federmatrizen für die vier Drehfedern (NFED=4) werden in die Eingabedatei FEDMAT.txt eingetragen, die zugehörigen Inzidenzvektoren (mit jeweils zwei Komponenten) in die Datei INZFED.txt. Der Programmaufruf von RAHMEN liefert die Ausgabedatei ARAHM.txt. Darin stehen neben den Verformungen in allen 40 Freiheitsgraden die Verschiebungs- und Schnittkraftvektoren jedes Stabelements, und zwar in der ersten Zeile $\underline{v}_{glob}$ und in der zweiten $\underline{s}_{glob}$. Innerhalb der Vektoren $\underline{v}_{glob}$ und $\underline{s}_{glob}$ stehen die Zustandsgrößen in der Reihenfolge der Freiheitsgrade (horizontal, vertikal, Drehung) zuerst für den Anfangs- und dann für den Endknoten des Stabes. Im Bild 1-28 sind die resultierenden Schnittkraftverläufe für das Biegemoment in kNm und die Querkraft in kN dargestellt.

1.4.2 Differentialgleichungssystem des Diskreten Mehrmassenschwingers

Im Abschnitt 1.1 wurden bereits Systeme mit mehreren Freiheitsgraden behandelt, und zwar im Zusammenhang mit der Aufstellung von Systemen von Bewegungsdifferentialgleichungen mit Hilfe des Schnittprinzips. Es handelte sich dabei um Systeme mit diskreten Massen, Feder- und Dämpferelementen, deren Bewegungsdifferentialgleichungen allgemein die Form hatten

$$\underline{F}_I + \underline{F}_D + \underline{F}_R = \underline{P} \tag{1.82}$$

mit dem Lastvektor $\underline{P}$, dem Vektor der Trägheitskräfte $\underline{F}_I$, dem Vektor der Dämpfungskräfte $\underline{F}_D$ und dem Vektor der Rückstellkräfte $\underline{F}_R$. Gleichung (1.82) entspricht der Gleichgewichtsbeziehung beim Einmassenschwinger mit dem Unterschied, dass in ihr Vektoren an die Stelle von skalaren Größen getreten sind. Analog zum Einmassenschwinger liefert auch hier das vektorielle Gleichgewicht zwischen Trägheits-, Dämpfungs-, Rückstellkräften und der äußeren Belastung die Beziehung

$$\underline{M}\ddot{\underline{V}} + \underline{C}\dot{\underline{V}} + \underline{K}\underline{V} = \underline{P} \tag{1.83}$$

$$\underline{V}(0) = \underline{V}_0$$

$$\dot{\underline{V}}(0) = \dot{\underline{V}}_0$$

mit dem Vektor $\underline{V}$ der Verschiebungen (bzw. $\dot{\underline{V}}$, $\ddot{\underline{V}}$ für Geschwindigkeiten und Beschleunigungen), der Steifigkeitsmatrix $\underline{K}$, der Massenmatrix $\underline{M}$ und der Dämpfungsmatrix $\underline{C}$ sowie den Anfangsbedingungen zum Zeitpunkt t=0. Die Vektoren haben n Komponenten entsprechend den n Freiheitsgraden des diskreten Systems, und die Matrizen $\underline{M}$, $\underline{C}$ und $\underline{K}$ sind (n,n)-Matrizen. Grundsätzlich besitzen wirkliche Tragwerke verteilte Massen-, Dämpfungs- und Steifigkeitseigenschaften und somit unendlich viele Freiheitsgrade, die jedoch im Zuge der Diskretisierung durch eine endliche Anzahl (physikalischer oder verallgemeinerter) Freiheitsgrade bzw. Koordinaten ausgedrückt werden. Dies kann formal (z.B. über eine Weggrößendiskretisierung des Kontinuums im Rahmen von Finite-Element-Approximationen) oder empirisch-anschaulich durch Einführung von Punktmassen und Verwendung rechnerisch oder experimentell ermittelter „statischer" Steifigkeitsmatrizen und Dämpfungswerte geschehen.

Der Schwerpunkt der folgenden Ausführungen liegt auf diskreten Mehrmassenschwingern mit Punktmassenidealisierungen (so genannten „lumped-mass"-Modellen), wie sie in praktischen Anwendungen am häufigsten Verwendung finden. Für diesen Fall ist die Massenmatrix eine Diagonalmatrix, und die Behandlung des Systems (1.83) gestaltet sich besonders einfach, vor allem wenn die übliche Annahme einer „modalen Dämpfung" getroffen wird.

1.4.3 Wesentliche Freiheitsgrade, statische Kondensation, Eigenwertproblem

Bei der Diskretisierung eines Tragwerks für eine dynamische Untersuchung ist es ratsam, die Anzahl der mitzunehmenden Freiheitsgrade auf ein Minimum zu beschränken. Dies kann erfolgen, indem nur solche kinematischen Freiheitsgrade als „wesentlich" bezeichnet und mitgenommen werden, die mit nicht zu kleinen Massenkräften (als Produkt von Masse und Beschleunigung) einhergehen. Die Verformungen in allen weiteren aktiven kinematischen Freiheitsgraden lassen sich als Linearkombination der Verformungen in den wesentlichen Freiheitsgraden ausdrücken. Bei Stockwerkrahmen wie im Beispiel 1-8 werden die Massen üblicherweise auf Höhe der Deckenebenen zusammengefasst, und da bei einer horizontalen Schwingungsbeanspruchung (z.B. infolge Erdbeben) die Verschiebungen (und Beschleunigungen) in den Freiheitsgraden 5, 14, 23 und 32 wesentlich größer sind als in allen anderen Freiheitsgraden empfiehlt sich deren Wahl als wesentliche Freiheitsgrade. Dieses „Ersetzen" einer Reihe von Variablen durch andere kommt auch zum Zug, wenn Teile („Unterstrukturen") einer Konstruktion unabhängig voneinander untersucht und erst später zum Gesamtsystem zusammengesetzt werden sollen. Hier dienen die Freiheitsgrade, welche die jeweilige Unterstruktur mit dem Resttragwerk verbinden, als wesentliche Freiheitsgrade, durch welche die Zustandsvariablen der Unterstruktur (die jetzt als „Makroelement" auftritt) ausgedrückt werden.

Allgemein wird eine Unterscheidung in wesentliche (unabhängige, beizubehaltende, „master") Freiheitsgrade $\underline{V}_u$ und in unwesentliche (abhängige, zu eliminierende, „slave") Freiheitsgrade

$\underline{V}_\varphi$ zu treffen sein. Es wird eine entsprechende Partitionierung der Systemmatrizen laut folgendem Schema vorgenommen:

$$\begin{pmatrix} \underline{M}_{uu} & \underline{M}_{u\varphi} \\ \underline{M}_{\varphi u} & \underline{M}_{\varphi\varphi} \end{pmatrix} \cdot \begin{pmatrix} \underline{\ddot{V}}_u \\ \underline{\ddot{V}}_\varphi \end{pmatrix} + \begin{pmatrix} \underline{K}_{uu} & \underline{K}_{u\varphi} \\ \underline{K}_{\varphi u} & \underline{K}_{\varphi\varphi} \end{pmatrix} \cdot \begin{pmatrix} \underline{V}_u \\ \underline{V}_\varphi \end{pmatrix} = \begin{pmatrix} \underline{P}_u \\ \underline{P}_\varphi \end{pmatrix} \tag{1.84}$$

Hier wird zunächst von einer Berücksichtigung der Dämpfung abgesehen, die getrennt betrachtet wird. Der Ersatz der unwesentlichen Freiheitsgrade durch die wesentlichen lässt sich als lineare Transformation

$$\underline{V}_\varphi = \underline{a}\underline{V}_u,$$
$$\underline{\dot{V}}_\varphi = \underline{a}\underline{\dot{V}}_u, \tag{1.85}$$
$$\underline{\ddot{V}}_\varphi = \underline{a}\underline{\ddot{V}}_u$$

darstellen. Damit ist

$$\underline{V} = \begin{bmatrix} \underline{V}_u \\ \underline{V}_\varphi \end{bmatrix} = \begin{bmatrix} \underline{V}_u \\ \underline{a}\underline{V}_u \end{bmatrix} = \begin{bmatrix} \underline{I} \\ \underline{a} \end{bmatrix} \underline{V}_u = \underline{A}\,\underline{V}_u \tag{1.86}$$

mit entsprechenden Gleichungen für die Geschwindigkeits- und Beschleunigungsvektoren $\underline{\dot{V}}, \underline{\ddot{V}}$. Das ursprüngliche Problem (ohne Dämpfung) wird reduziert auf

$$\underline{M}\,\underline{A}\,\underline{\ddot{V}}_u + \underline{K}\,\underline{A}\,\underline{V}_u = \underline{P}$$
$$\underline{A}^T\underline{M}\,\underline{A}\,\underline{\ddot{V}}_u + \underline{A}^T\underline{K}\,\underline{A}\,\underline{V}_u = \underline{A}^T\underline{P} \tag{1.87}$$

bzw.

$$\underline{\widetilde{M}}\underline{\ddot{V}}_u + \underline{\widetilde{K}}\underline{V}_u = \underline{\widetilde{P}} \tag{1.88}$$

mit

$$\underline{\widetilde{M}} = \underline{A}^T\underline{M}\underline{A}$$
$$\underline{\widetilde{K}} = \underline{A}^T\underline{K}\underline{A} \tag{1.89}$$
$$\underline{\widetilde{P}} = \underline{A}^T\underline{P}$$

Die Matrix $\underline{\widetilde{K}}$ wird als kondensierte oder reduzierte Steifigkeitsmatrix bezeichnet, der Lastvektor $\underline{\widetilde{P}}$ ist der zugehörige reduzierte Lastvektor. Sind die Unbekannten $\underline{V}_u, \underline{\dot{V}}_u, \underline{\ddot{V}}_u$ ermittelt worden, so lassen sich die übrigen Zustandsvariablen in den abhängigen Freiheitsgraden mit Hilfe von (1.84) bestimmen.

Bei der „statischen Kondensation", eine der einfachsten Techniken einer großen Gruppe von „Reduktionsalgorithmen", sind die Bedingungen zur Elimination der abhängigen Freiheitsgrade statische Beziehungen. In (1.84) wird die zweite Zeile explizit ausgeschrieben. Mit $\underline{K}_{u\varphi}^T = \underline{K}_{\varphi u}$ gilt

$$\underline{P}_\varphi = \underline{M}_{\varphi u}\underline{\ddot{V}}_u + \underline{M}_{\varphi\varphi}\underline{\ddot{V}}_\varphi + \underline{K}_{u\varphi}^T\underline{V}_u + \underline{K}_{\varphi\varphi}\underline{V}_\varphi \tag{1.90}$$

Voraussetzungsgemäß sind die Massenkräfte in den abhängigen Freiheitsgraden klein, so dass es zulässig ist, in diesem Ausdruck nur den „statischen Anteil" beizubehalten:

$$\underline{P}_\varphi = \underline{K}_{u\varphi}^T \underline{V}_u + \underline{K}_{\varphi\varphi} \underline{V}_\varphi$$
$$\underline{V}_\varphi = \underline{K}_{\varphi\varphi}^{-1}(\underline{P}_\varphi - \underline{K}_{u\varphi}^T \underline{V}_u) \tag{1.91}$$

In den abhängigen Freiheitsgraden dürfen außerdem in der Regel keine äußeren Kraftgrößen angreifen, $\underline{P}_\varphi = 0$, so dass die folgende Transformationsgleichung entsteht

$$\underline{V}_\varphi = -\underline{K}_{\varphi\varphi}^{-1} \underline{K}_{u\varphi}^T \underline{V}_u \tag{1.92}$$

Damit gilt auch

$$\underline{V} = \begin{bmatrix} \underline{V}_u \\ \underline{V}_\varphi \end{bmatrix} = \begin{bmatrix} \underline{I} \\ -\underline{K}_{\varphi\varphi}^{-1} \underline{K}_{u\varphi}^T \end{bmatrix} \underline{V}_u = \underline{A} \underline{V}_u \tag{1.93}$$

Die reduzierte Massenmatrix und die reduzierte Steifigkeitsmatrix ergeben sich damit zu

$$\widetilde{\underline{M}} = \underline{M}_{uu} - \underline{K}_{u\varphi} \underline{K}_{\varphi\varphi}^{-1} \underline{M}_{u\varphi}^T - \underline{M}_{u\varphi} \underline{K}_{\varphi\varphi}^{-1} \underline{K}_{u\varphi}^T + \underline{K}_{u\varphi} \underline{K}_{\varphi\varphi}^{-1} \underline{M}_{\varphi\varphi} \underline{K}_{\varphi\varphi}^{-1} \underline{K}_{u\varphi}^T \tag{1.94}$$

$$\widetilde{\underline{K}} = \underline{K}_{uu} - \underline{K}_{u\varphi} \underline{K}_{\varphi\varphi}^{-1} \underline{K}_{u\varphi}^T \tag{1.95}$$

während der Lastvektor voraussetzungsgemäß mit

$$\widetilde{\underline{P}} = \underline{P}_u \tag{1.96}$$

vorliegt. In der Praxis werden nur den wesentlichen Freiheitsgraden Massen zugewiesen, so dass die Diagonal-Massenmatrix direkt aufgestellt werden kann, ohne auf (1.94) zurückgreifen zu müssen. Die rechnerische Durchführung der statischen Kondensation für ebene Rahmentragwerke wird vom Programm KONDEN durchgeführt, dessen Eingabedatei EKOND.txt der Eingabedatei ERAHM.txt des Programms RAHMEN entspricht, mit dem Unterschied, dass anstelle des Lastvektors die Nummern der wesentlichen Freiheitsgrade einzutragen sind. In der Ausgabedatei KMATR.txt steht die kondensierte (NDU, NDU)-Steifigkeitsmatrix des Tragwerks in den NDU wesentlichen Freiheitsgraden; die zugehörige Matrix A nach (1.86) steht in der Datei AMAT.txt.

Beispiel 1-9 (Programme und Daten im Verzeichnis BSP1-9)

Beim Stockwerkrahmen des Bildes 1-25 soll eine statische Kondensation auf die vier Horizontalverschiebungen der einzelnen Stockwerke (in der Reihenfolge von unten nach oben) durchgeführt werden. Die entsprechenden Freiheitsgrade 5, 14, 23 und 32 erscheinen in der letzten Zeile der Eingabedatei EKOND.txt nach der Inzidenzmatrix. Der Aufruf von KONDEN liefert die kondensierte (4,4)-Steifigkeitsmatrix $\widetilde{\underline{K}}$ (Datei KMATR.txt) und die (40,4)-Transformationsmatrix $\underline{A}$ (Datei AMAT.txt). Zur Kontrolle wird mit dem Programm EQSOLV (Eingabedateien KOEFMAT.txt und RSEITE.txt, Ausgabedatei ERGVEKT.txt) das Gleichungssystem $\underline{P}_u = \widetilde{\underline{K}} \cdot \underline{V}_u$ mit dem Lastvektor $\underline{P}^T = (3,0 \quad 5,3 \quad 7,7 \quad 10,0)$ nach $\underline{V}_u$ gelöst. Es ergeben sich in der Tat diejenigen Verschiebungen in den wesentlichen Freiheitsgraden, die bereits in der Datei ARAHM.txt des Beispiels 1-8 für die Freiheitsgrade 5, 14, 23 und 32 berechnet wurden. Darüber hinaus wird zur Kontrolle von (1.93) die (40,4)-Matrix $\underline{A}$ mit dem berechneten Vektor $\underline{V}_u$ multipliziert (Programm MAMULT mit den Eingabedateien AMAT.txt und BMAT.txt und der Ausgabedatei CMAT.txt, $\underline{C} = \underline{A}\ \underline{B}$). Auch hier stimmen die Verschiebungen in allen Freiheitsgraden mit den Werten in ARAHM.txt überein.

Werden die den wesentlichen Freiheitsgraden zugeordneten Massen als Koeffizienten der Diagonal-Massenmatrix $\underline{M}$ bestimmt, lassen sich durch Lösung des allgemeinen Eigenwertproblems

$$\underline{K}\ \Phi = \underline{M}\ \Phi\ \underline{\omega}^2 \tag{1.97}$$

die Eigenwerte (Quadrate der Kreiseigenfrequenzen) des Tragwerks sowie seine Eigenformen (Eigenvektoren) bestimmen. Erstere sind die Koeffizienten der Diagonalmatrix $\underline{\omega}^2$, letztere die Spalten der so genannten Modalmatrix Φ. Ein dazu geeignetes Programm ist JACOBI; es benötigt als Eingabe die Diagonale der Massenmatrix (Datei MDIAG) und die kondensierte Steifigkeitsmatrix des Tragwerks (Datei KMATR) und liefert in den Ausgabedateien OMEG und PHI die entsprechenden Werte der Kreiseigenfrequenzen und der Eigenvektoren. Letztere sind derart normiert, dass sich für alle Eigenformen i eine Modalmasse vom Betrag Eins ergibt, gemäß

$$\underline{\phi_i}^T\underline{M}\ \underline{\phi_i} = m_i - 1 \tag{1.98}$$

Während die Dateien OMEG und PHI als Eingabe für weitere Berechnungen dienen, steht in der Datei AUSJAC eine Zusammenfassung der Rechenergebnisse mit allen Eigenvektoren, Eigenkreisfrequenzen und Perioden.

Beispiel 1-10 (Programme und Daten im Verzeichnis BSP1-10)

Für Stockwerksmassen $m_1 = 150$, $m_2 = m_3 = 145$ und $m_4 = 130$ Tonnen sind die Eigenfrequenzen und Eigenformen des Stockwerkrahmens nach Bild 1-25 zu bestimmen. Als Eingabedateien dienen die bereits im Zahlenbeispiel 1-9 ermittelte Steifigkeitsmatrix (Datei KMATR.txt) und die neu erstellte Datei MDIAG.txt, mit den vier Massen korrespondierend zu den vier Systemfreiheitsgraden. Das Programm JACOBI liefert als Perioden Werte von $T_1 = 0,878$, $T_2 = 0,283$, $T_3 = 0,157$ und $T_4 = 0,114$ s, Bild 1-29 zeigt die entsprechenden Eigenformen. Zur Lösung des Differentialgleichungssystems (1.83) können Verfahren auf Basis der Direkten Integration, Frequenzbereichsmethoden und auch die Modale Analyse herangezogen werden. Letztere wird im folgenden Abschnitt besprochen, während Abschnitt 1.4.6 dem NEWMARKschen Direkte-Integrations-Algorithmus gewidmet ist.

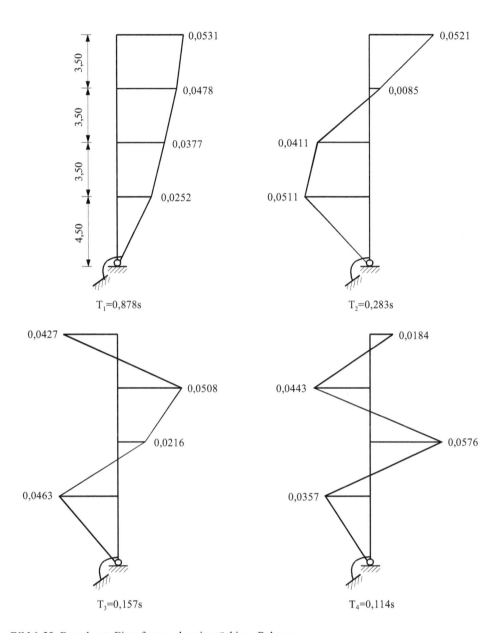

Bild 1-29 Berechnete Eigenformen des vierstöckigen Rahmens

1.4.4 Modale Analyse

Ausgangspunkt ist das Differentialgleichungssystem mit Anfangsbedingungen (1.83). Die Massenmatrix $\underline{M}$ ist in der hier gewählten Idealisierung eine Diagonalmatrix, nicht jedoch die kondensierte Steifigkeitsmatrix, so dass letztere eine „Steifigkeitskopplung" der einzelnen Freiheitsgrade bewirkt. Um zu einem entkoppelten Differentialgleichungssystem zu gelangen, müssen neue, „generalisierte" Koordinaten $\underline{\eta}$ anstelle von $\underline{V}$ eingeführt werden, die als Amplituden zueinander orthogonal stehender Systemverschiebungskonfigurationen gedeutet werden können. Als solche „Biegelinien" werden üblicherweise die Eigenschwingungsformen des Tragwerks verwendet, die sich durch Lösung des zugehörigen Eigenwertproblems (EWP) ergeben.

Die formale Einführung der „Modalkoordinaten" $\underline{\eta}$ erfolgt gemäß

$$\underline{V} = \underline{\Phi}\,\underline{\eta}$$
$$\underline{\dot{V}} = \underline{\Phi}\,\underline{\dot{\eta}} \tag{1.99}$$
$$\underline{\ddot{V}} = \underline{\Phi}\,\underline{\ddot{\eta}}$$

mit der (n,r)-Modalmatrix $\underline{\Phi}$, deren Koeffizienten von der Zeit unabhängig sind. Ihre r Spalten (wobei r in der Regel wesentlich kleiner ist als die Zeilenanzahl n von $\underline{V}$) sind Eigenvektoren des Tragwerks. Es gilt

$$\underline{M}\,\underline{\Phi}\,\underline{\ddot{\eta}} + \underline{C}\,\underline{\Phi}\,\underline{\dot{\eta}} + \underline{K}\,\underline{\Phi}\,\underline{\eta} = \underline{P}(t) \tag{1.100}$$

und weiter

$$\underline{\Phi}^T\,\underline{M}\,\underline{\Phi}\,\underline{\ddot{\eta}} + \underline{\Phi}^T\,\underline{C}\,\underline{\Phi}\,\underline{\dot{\eta}} + \underline{\Phi}^T\,\underline{K}\,\underline{\Phi}\,\underline{\eta} = \underline{\Phi}^T\,\underline{P}(t) \tag{1.101}$$

Um zu einem entkoppelten System zu gelangen, wird gefordert, dass die Steifigkeitsmatrix durch die Einführung der Modalkoordinaten diagonalisiert wird. Darüber hinaus wird der Einfachheit halber gefordert, dass die Massenmatrix nach der Ähnlichkeitstransformation mit der Modalmatrix zu einer Einheitsmatrix wird, wodurch alle modale Massen der r Modalbeiträge den Betrag Eins erhalten:

$$\underline{\Phi}^T\underline{M}\underline{\Phi} = \underline{I} \tag{1.102}$$

$$\underline{\Phi}^T\underline{K}\,\underline{\Phi} = \underline{\omega}^2 = \mathrm{diag}\,[\omega_i^2] \tag{1.103}$$

Die Dämpfungsmatrix $\underline{C}$ bleibt zunächst außer Betracht. Diese Bedingungen lassen sich umformen, indem Gleichung (1.103) von links mit der Einheitsmatrix multipliziert wird, wobei rechts vom Gleichheitszeichen anstelle der Einheitsmatrix die ähnlichkeitstransformierte Massenmatrix nach Gleichung (1.102) als Faktor Verwendung findet:

$$\underline{\Phi}^T\underline{K}\,\underline{\Phi} = \underline{\Phi}^T\,\underline{M}\,\underline{\Phi}\,\underline{\omega}^2 \tag{1.104}$$

Das führt zum allgemeinen Eigenwertproblem

$$\underline{K}\,\underline{\Phi} = \underline{M}\,\underline{\Phi}\,\underline{\omega}^2 \tag{1.105}$$

dessen Lösungsmatrix $\underline{\Phi}$ wie gezeigt eine Diagonalisierung der Matrix $\underline{K}$ bewirkt. Zur Berücksichtigung der Dämpfung wird zunächst unterstellt, dass sich die Dämpfungsmatrix $\underline{C}$ ebenfalls durch die Modalmatrix $\underline{\Phi}$ diagonalisieren lässt („Bequemlichkeitshypothese"):

$$\underline{\tilde{C}} = \underline{\Phi}^T\,\underline{C}\,\underline{\Phi} = \mathrm{diag}\,[\tilde{c}_{ii}] \tag{1.106}$$

Analog zum Einmassenschwinger wird das Diagonalelement $\tilde{c}_{ii}$ wie folgt angenommen:

$$\tilde{c}_{ii} = 2\,D_i\,\omega_i \tag{1.107}$$

Hier ist D_i der Dämpfungsgrad und ω_i die Kreiseigenfrequenz der i-ten Modalform. Damit ergibt sich das entkoppelte Differentialgleichungssystem

$$\ddot{\underline{\eta}} + \tilde{\underline{C}}\,\dot{\underline{\eta}} + \underline{\omega}^2\,\underline{\eta} = \underline{\Phi}^T\,\underline{P} \tag{1.108}$$

mit r Differentialgleichungen 2. Ordnung der Form

$$\ddot{\eta}_i + 2 D_i\,\omega_i\,\dot{\eta}_i + \omega_i^{\,2}\,\eta_i = \underline{\Phi}_i^{\,T}\,\underline{P}, \quad i = 1, 2, ..r \tag{1.109}$$

Jede einzelne dieser Gleichungen kann für sich gelöst werden, wozu allerdings noch die Verschiebungs- und Geschwindigkeitsanfangsbedingungen in den Modalkoordinaten benötigt werden. Um diese zu erhalten, kann Gleichung (1.102) umgeschrieben werden als

$$\underline{\Phi}^{-1} = \underline{\Phi}^T\,\underline{M} \tag{1.110}$$

und mit den Definitionen (1.99) der Modalkoordinaten ergibt sich

$$\underline{\eta}(0) = \underline{\eta}_0 = \underline{\Phi}^T\,\underline{M}\,\underline{V}_0 \tag{1.111}$$

$$\dot{\underline{\eta}}(0) = \dot{\underline{\eta}}_0 = \underline{\Phi}^T\,\underline{M}\,\dot{\underline{V}}_0 \tag{1.112}$$

Der besondere Vorteil der Modalanalyse liegt darin, dass ausreichend genaue Lösungen in der Regel bereits bei Verwendung von nur einigen wenigen Modalformen möglich sind. Die relative Bedeutung eines Modalbeitrags kann durch die Größe der „generalisierten Last" $\underline{\Phi}_i^{\,T}\,\underline{P}$ abgeschätzt werden, bzw. durch die in der Zeitfunktion enthaltenen Frequenzanteile in Relation zur Eigenfrequenz der jeweiligen Eigenform. Nachteil der Modalanalyse ist der bei größeren Systemen beträchtliche Aufwand für die Lösung des Eigenwertproblems, dazu die Tatsache, dass wegen der Überlagerung der Ergebnisse der einzelnen Modalbeiträge nur lineare Systeme, für die das Superpositionsgesetz gilt, behandelt werden können. Sind die zeitlichen Verläufe der Modalkoordinaten $\eta_i(t)$, $i = 1,2,...r$ sowie der entsprechenden Ableitungen $\dot{\eta}_i(t)$ und $\ddot{\eta}_i(t)$ bekannt, so ergeben sich die Verschiebungen, Geschwindigkeiten und Beschleunigungen in den ursprünglichen Koordinaten aus Gleichung (1.99), wobei, wie bereits erwähnt, die Anzahl r der berücksichtigten Modalbeiträge in der Regel wesentlich kleiner ist als die Anzahl der wesentlichen Systemfreiheitsgrade.

Die Durchführung einer modalanalytischen Untersuchung eines Rahmentragwerks kann mit Hilfe des Programms MODAL durchgeführt werden. Es benötigt die Eigenfrequenzen und Eigenformen des Systems, wie sie mit Hilfe des Programms JACOBI bestimmt und in die Dateien OMEG.txt und PHI.txt abgelegt wurden, dazu die Anfangsbedingungen $\underline{V}_0$ und $\dot{\underline{V}}_0$ (jeweils n Werte in den Dateien V0.txt bzw. VP0.txt) und die Systembelastung $\underline{P}(t)$ (Datei LASTV.txt). Darin sind die Werte der n Lastkomponenten $P_1(t),....,P_n(t)$ zu jedem der NT Zeitpunkte im konstanten Abstand Δt enthalten. Diese Datei kann bei einer gemeinsamen Zeitfunktion für alle Komponenten mit Hilfe des Programms INTERP erstellt werden. INTERP benötigt als Eingabe die Zeitfunktion (Datei FKT.txt wie beim Programm LININT) sowie die Amplituden aller n Komponenten von $\underline{P}$ (Datei AMPL.txt); seine Ausgabe ist die Datei LASTV.txt, wobei bei einer Verwendung von LASTV.txt als Eingabe zu MODAL die Option ohne Ausgabe der Zeitpunkte gewählt werden muss. MODAL liefert vier Ausgabedateien: In THMOD.txt stehen die Zeitverläufe der Verschiebungen der wesentlichen Freiheitsgrade (Zeitpunkte in der ersten Spalte, Verschiebungswerte in weiteren NDU Spalten), in THISDG.txt die Verschiebungszeitverläufe in allen (NDU + NDPHI) Freiheitsgraden (ohne Zeitpunkte), in THISDU.txt die Verschiebungen in den wesentlichen Freiheitsgraden ohne Zeitpunkte und in MAXM.txt das absolute Maximum der Auslenkung des Systems.

Beispiel 1-11 (Programme und Daten im Verzeichnis BSP1-11)

Der vierstöckige Rahmen von Bild 1-25 ist mit dem Belastungsvektor

$$\underline{P}^T = \begin{pmatrix} 3{,}0 & 5{,}3 & 7{,}7 & 10{,}0 \end{pmatrix} \cdot f(t)$$

belastet, wobei die Zeitfunktion f(t) in Bild 1-30 skizziert ist. Gesucht sind die Zeitverläufe der Systemverformungen in allen Freiheitsgraden.

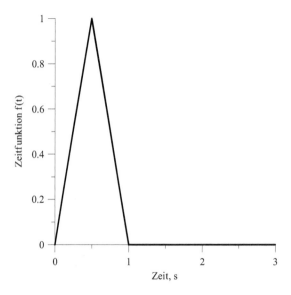

Bild 1-30 Zeitfunktion für die Tragwerksbelastung

Die vier Eigenwerte und Eigenvektoren des Tragwerks wurden bereits im Beispiel 1-10 bestimmt (Dateien OMEG.txt und PHI.txt). Benötigt werden auch die Massenmatrix (Datei MDIAG.txt), die Transformationsmatrix $\underline{A}$ (Datei AMAT.txt aus Beispiel 1-9), die neu zu erstellenden Dateien V0.txt und VP0.txt mit den Verschiebungs- und Geschwindigkeitsanfangsbedingungen zum Zeitpunkt $t = 0$ (hier wie üblich gleich Null) und der in der Datei LASTV.txt niedergelegte Lastvektor. Um diese letzte Datei zu erzeugen, wird das Programm INTERP mit den Amplituden der einzelnen Lastkomponenten (Datei AMPL.txt) und dem Verlauf der Zeitfunktion (Datei FKT.txt) als Eingabe aufgerufen. Als Zeitschritt wird 0.01 s gewählt, und es werden 300 Punkte der Lastfunktionen ermittelt. Beim Aufruf von MODAL werden alle vier Modalbeiträge berücksichtigt, und alle modale Dämpfungswerte werden mit $D = 0.02$ angenommen. Bild 1-31 zeigt den resultierenden Zeitverlauf der Auslenkung des Dachgeschosses.

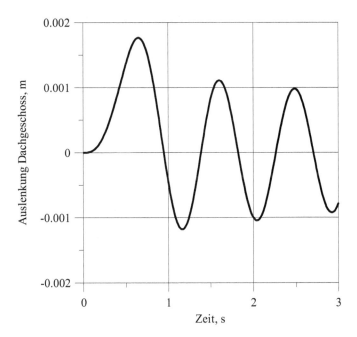

Bild 1-31 Zeitverlauf der Horizontalverschiebung des Dachgeschosses

1.4.5 Viskoser Dämpfungsansatz

In vielen Fällen erlaubt das linear-viskose Dämpfungsmodell trotz seiner Einfachheit eine zutreffende Berücksichtigung des Dämpfungseinflusses. Lässt sich die viskose Dämpfungsmatrix $\underline{C}$ durch eine Ähnlichkeitstransformation mit der Matrix $\underline{\Phi}$ der Eigenvektoren des ungedämpften Systems diagonalisieren, handelt es sich um proportionale Dämpfung. Ist das nicht möglich, liegt der allgemeine Fall der nichtproportionalen viskosen Dämpfung vor. In der Regel ist die viskose Dämpfungsmatrix nicht bekannt, und es können bestenfalls modale Dämpfungswerte $2D_i\omega_i$ für die im Rahmen einer modalanalytischen Untersuchung mitgenommenen Modalbeiträge i=1, ... r geschätzt werden. Für die Modale Analyse wird eine explizite Dämpfungsmatrix $\underline{C}$ nicht benötigt, sondern es genügt die Angabe des Dämpfungswerts D_i für jede Modalform. Wird jedoch bei bekannten oder angenommenen modalen Dämpfungswerten die Dämpfungsmatrix $\underline{C}$ in expliziter Form verlangt, z.B. für die Lösung mittels Direkter Integration, so lässt sich $\underline{C}$ mit Hilfe des RAYLEIGH- Dämpfungsansatzes oder des vollständigen modalen Dämpfungsansatzes berechnen. Während bei der RAYLEIGH- Dämpfung höchstens zwei vorgegebene Dämpfungswerte D_1, D_2 bei den Perioden T_1 und T_2 eingestellt werden können, erlaubt der vollständige modale Dämpfungsansatz die Berücksichtigung aller modalen Dämpfungswerte. Der oft verwendete steifigkeitsproportionale RAYLEIGH- Ansatz stellt die Dämpfungsmatrix als Produkt der Steifigkeitsmatrix mit einem Faktor

$$\beta = \frac{D_1 \cdot T_1}{\pi} \tag{1.113}$$

dar, wobei D_1 die angenommene Dämpfung für die Periode T_1 ist. Das Programm SMULT führt die Multiplikation einer Matrix mit einem skalaren Faktor durch und kann zur Ermittlung der steifigkeitsproportionalen Dämpfungsmatrix $\underline{C} = \beta \cdot \underline{K}$ bei bekannter Matrix $\underline{K}$ herangezogen werden.

Die Beziehung $\underline{\Phi}^T \underline{C} \underline{\Phi} = \text{diag}\left[2D_i\,\omega_i\right]$ lässt sich schreiben als

$$\underline{C}\,\underline{\Phi} = \left(\underline{\Phi}^T\right)^{-1} \text{diag}\left[2D_i\,\omega_i\right]$$

$$\underline{C} = \left(\underline{\Phi}^T\right)^{-1} \text{diag}\left[2D_i\,\omega_i\right]\,\underline{\Phi}^{-1} \tag{1.114}$$

und mit $\left(\underline{\Phi}^T\right)^{-1} = \underline{M}\,\underline{\Phi}$ ergibt sich daraus:

$$\underline{C} = \underline{M}\,\underline{\Phi}\,\text{diag}\left[2D_i\,\omega_i\right]\underline{\Phi}^T\underline{M} \tag{1.115}$$

Damit können alle gewünschten Modaldämpfungswerte D_i, $i = 1, 2, \ldots, r$ mitgenommen werden. Das Programm CMOD führt diese Berechnung durch, wobei es als Eingabedaten neben MDIAG.txt, PHI.txt und OMEG.txt auch die in der Datei DAEM.txt zusammengefassten r gewünschten modalen Dämpfungswerte benötigt. In der Ausgabedatei CMATR.txt steht die berechnete Dämpfungsmatrix $\underline{C}$.

1.4.6 Direkte Integration

Direkte numerische Integrationsverfahren erfordern keine Modalzerlegung und sind auch bei nichtproportional gedämpften und sogar bei nichtlinearen Systemen allgemein anwendbar. Besonders beliebt bei baudynamischen Anwendungen sind implizite Einschritt- Integratoren wie die NEWMARK- Methode. Darin wird die Lösung zum Zeitpunkt $t + \Delta t$ angegeben als

$$\underline{\dot{V}}_{t+\Delta t} = \underline{\dot{V}}_t + \int\limits_{t}^{t+\Delta t} \underline{\ddot{V}}(\tau)\ d\tau \tag{1.116}$$

$$\underline{V}_{t+\Delta t} = \underline{V}_t + \underline{\dot{V}}_t \cdot \Delta t + \int\limits_{t}^{t+\Delta t} \underline{\ddot{V}}(\tau)\,(t+\Delta t - \tau)\ d\tau \tag{1.117}$$

wobei die Integrale numerisch ausgewertet werden. Das führt zu den Ausdrücken

$$\underline{\dot{V}}_{t+\Delta t} = \underline{\dot{V}}_t + \Delta t \cdot (1 - \gamma)\,\underline{\ddot{V}}_t + \Delta t \cdot \gamma \cdot \underline{\ddot{V}}_{t+\Delta t} \tag{1.118}$$

$$\underline{V}_{t+\Delta t} = \underline{V}_t + \underline{\dot{V}}_t \Delta t + (\Delta t)^2 \cdot \left(\frac{1}{2} - \beta\right) \cdot \underline{\ddot{V}}_t + (\Delta t)^2 \cdot \beta \cdot \underline{\ddot{V}}_{t+\Delta t} \tag{1.119}$$

Die Parameter β und γ nehmen bei dem unbedingt stabilen „Konstante-Beschleunigungs-Schema" die Werte $\beta = 0{,}25$ und $\gamma = 0{,}50$ an. Die Beschleunigung innerhalb des Zeitschrittes ($t \leq \tau \leq t + \Delta t$) beträgt hier

$$\underline{\ddot{V}}(\tau) = \frac{1}{2}\left(\underline{\ddot{V}}_t + \underline{\ddot{V}}_{t+\Delta t}\right) \tag{1.120}$$

Für β= 1/6 und γ=0,50 verläuft die Beschleunigung innerhalb des Zeitschritts $0 \leq \tau \leq \Delta t$ linear, gemäß

$$\underline{\ddot{V}}(\tau) = \underline{\ddot{V}}_t + \frac{\tau}{\Delta t}\left(\underline{\ddot{V}}_{t+\Delta t} - \underline{\ddot{V}}_t\right) \tag{1.121}$$

Das „Lineare-Beschleunigungs-Schema" ist zwar genauer als das „Konstante-Beschleunigungs-Schema", jedoch im Gegensatz zu diesem nur bedingt stabil, so dass letzterem der Vorzug gebührt. Das für die Durchführung der Berechnung vorgesehene Rechenprogramm NEWMAR verwendet die quadratischen Systemsteifigkeits- und Dämpfungsmatrizen $\underline{K}$ und $\underline{C}$, die in den Dateien KMATR.txt und CMATR.txt vorhanden sein müssen, und liest die Diagonale der Massenmatrix $\underline{M}$ aus der Datei MDIAG.txt ein. Die Erstellung von CMATR.txt kann mit Hilfe des Programms CMOD erfolgen, oder durch Multiplikation von $\underline{K}$ mit dem Faktor β nach (1.113) mit Hilfe des Programms SMULT.txt. Die Ausgabedateien des Programms NEWMAR heißen THNEW.txt und THISDU.txt. In THNEW.txt stehen in der ersten Spalte die Zeitpunkte und in den weiteren Spalten wahlweise die Verschiebungen, Geschwindigkeiten oder Beschleunigungen (letztere in m/s^2) in den NDU wesentlichen Freiheitsgraden; in THISDU.txt werden die Verschiebungen in den wesentlichen Freiheitsgraden ohne Zeitpunkte ausgegeben.

Beispiel 1-12 (Programme und Daten im Verzeichnis BSP1-12)

Gesucht sind die Verformungen des in Beispiel 1-11 auf modalanalytischem Weg untersuchten Rahmens, diesmal sind sie jedoch mittels Direkter Integration zu berechnen. Die bereits für die modalanalytische Untersuchung verwendeten Dateien LASTV.txt, AMAT.txt, V0.txt, VP0.txt und MDIAG.txt werden auch hier benötigt, zusätzlich die kondensierte Steifigkeitsmatrix KMATR.txt aus Beispiel 1-9. Das Programm CMOD liefert für Dämpfungsgrade von 2% für alle vier Modalbeiträge die in CMATR.txt abgelegte Dämpfungsmatrix. Zur Kontrolle kann die berechnete Dämpfungsmatrix $\underline{C}$ mit der Modalmatrix PHI.txt transformiert werden und es ergibt sich

$$\underline{\widetilde{C}} = \underline{\Phi}^T\underline{C}\,\underline{\Phi} = \begin{bmatrix} 0,286 & 0 & 0 & 0 \\ 0 & 0,887 & 0 & 0 \\ 0 & 0 & 1,605 & 0 \\ 0 & 0 & 0 & 2,203 \end{bmatrix}$$

Dazu wird das Programm FTCF verwendet, mit den Eingabedateien PHI.txt und CMATR.txt und der Ausgabedatei CCMAT.txt. Die Diagonalelemente der transformierten Matrix sind in der Tat gleich den Produkten $2D_i\omega_i$. Soll die steifigkeitsproportionale RAYLEIGH- Dämpfung verwendet werden, kann alternativ mit dem Programm SMULT die Steifigkeitsmatrix KMATR mit dem Faktor β nach (1.113) multipliziert werden um die entsprechende Dämpfungsmatrix zu erhalten. Als Ergebnis des Aufrufs von NEWMAR ergibt sich der in Bild 1-32 dargestellte Zeitverlauf der Horizontalbeschleunigung des obersten Riegels. Ein Vergleich der ermittelten Systemantwort mit den in Beispiel 1-11 auf modalanalytischem Weg berechneten Ergebnissen zeigt eine völlige Übereinstimmung.

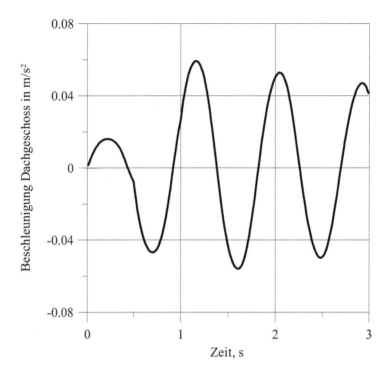

Bild 1-32 Zeitverlauf der Horizontalbeschleunigung des Dachgeschosses

1.4.7 Berechnung der Schnittkräfte ebener Rahmen aus den Verformungen

Um die Schnittkräfte eines Rahmentragwerks zu berechnen, müssen zunächst die Verschiebungen des Tragwerks in allen Freiheitsgraden ermittelt werden, was mit Hilfe der Beziehung $\underline{V} = \underline{A}\,\underline{V}_u$ geschehen kann. Die Verformungen werden sodann den einzelnen Stabelementen zugewiesen, und das Produkt der Einzelsteifigkeitsmatrix $\underline{k}$ des jeweiligen Elements mit dem Vektor der Stabendverformungen $\underline{v}$ liefert die Schnittkräfte $\underline{s}$ gemäß $\underline{s} = \underline{k}\cdot\underline{v}$. Dazu dient das Programm INTFOR, das die Schnittkräfte und Verschiebungen des Tragwerks sowie deren Maximalwerte und, optional, deren Zeitverlauf ermittelt. INTFOR benötigt als Eingabe die Ausgabedatei THISDU.txt von MODAL oder NEWMAR, dazu die Eingabedatei EKOND.txt des Programms KONDEN und die Datei AMAT.txt, die von KONDEN erstellt wurde. Als Ergebnis liefert INTFOR zum einen die Maxima und Minima von Schnittkräften mit den zugehörigen Auftretenszeitpunkten und den zu diesen Zeitpunkten vorhandenen weiteren Schnittkräften (Datei MAXMIN.txt), zum anderen den vollständigen Schnittkraft- und Verformungsverlauf des Systems zu einem bestimmten Zeitpunkt (Datei FORSTA.txt) sowie, nach Wunsch, den Zeitverlauf einer bestimmten Stabendschnittkraft oder -verformung (Datei THHVM.txt). INTFOR verlangt interaktiv die Eingabe der Zeitschrittnummer, für die der Schnittkraft- und Verformungsverlauf ermittelt werden soll; im Allgemeinen wird derjenige Zeitpunkt gewählt, zu dem eine Verformung ihr Maximum erreicht; dieser Wert mit dem zugehörigen Zeitpunkt steht bei MODAL in der Datei MAXM.txt. Die Ausgabedatei FORSTA.txt von INTFOR enthält für jeden Stab die Verformungen $u_1, w_1, \varphi_1, u_2, w_2, \varphi_2$ am Anfangs- und am Endknoten jeden Stabes (u positiv von links nach rechts, w von oben nach unten entsprechend dem globalen x, z-Koordinatensystem, φ positiv im Gegenuhrzeigersinn), dazu in einer zweiten Zeile die Horizontal- und Vertikalkomponenten der Stabendkräfte sowie die Biegemomente in der Reihenfolge $H_1, V_1, M_1, H_2, V_2, M_2$. Diese sind ebenfalls auf das globale (x,z)-System bezogen.

Beispiel 1-13 (Dateien in BSP1-13)

Gesucht sind jetzt die Schnittkräfte des in den Beispielen 1-11 und 1-13 untersuchten Rahmens. Für die betrachtete Belastung erreicht die Verschiebung des obersten Riegels ihren Maximalwert bei t = 0,65 s, das ist bei dem verwendeten Inkrement von $\Delta t = 0,01$ s der 65. Zeitschritt.

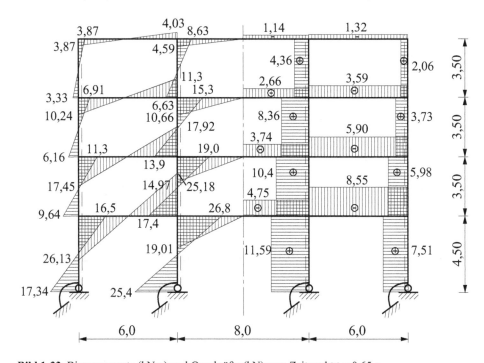

Bild 1-33 Biegemomente (kNm) und Querkräfte (kN) zum Zeitpunkt t = 0,65 s.

Der Momenten- und Querkraftverlauf zu diesem Zeitpunkt (Datei FORSTA.txt) ist in Bild 1-33 dargestellt. In der Datei MAXMIN.txt stehen die im Lauf der Belastung aufgetretenen maximalen Biegemomente zusammengefasst, und in der Datei THHVM.txt steht der Zeitverlauf des Biegemoments am Fuß der linken Erdgeschossstütze (in Bild 1-34 zu sehen).

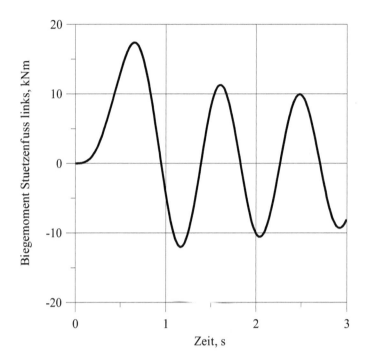

Bild 1-34 Zeitverlauf des Biegemoments am Fuß der linken Erdgeschossstütze

Literatur Kapitel 1: Allgemeine Nachschlagewerke (Auswahl)

Bachmann, H.: Erdbebensicherung von Bauwerken. Basel: Birkhäuser Verlag, 1995.

Bozzo, L.M., Barbat, A.H.: Diseño sismorresistente de edificios. Barcelona: Editorial Reverté 2000.

Chen, W.-F., Scawthorn, C. (eds.): Earthquake Engineering Handbook. London: CRC Press, 2003.

Chopra, A.: Dynamics of Structures, Theory and Application to Earthquake Engineering. 2. Auflage, Prentice Hall 2000.

Clough, R.W., Penzien, J.: Dynamics of Structures. McGraw Hill Education, 1993.

Filiatrault, A.: Éléments de Génie parasismique et de calcul dynamique des structures. Montréal : Éditions de l'École Polytechnique de Montréal, 1996.

Géradin, M., /Rixen, D.: Mechanical Vibrations -Theory and Applications to Structural Dynamics. New York: J. Wiley & Sons 1997.

Hart, G.C., Wong, K.: Structural Dynamics for Structural Engineers, J. Wiley Sons, 2000.

Hurty, W.C., Rubinstein, M.F.: Dynamics of Structures. Englewood Cliffs: Prentice-Hall, 1964.

Meskouris, K.: Baudynamik. Modelle, Methoden, Praxisbeispiele. Bauingenieur-Praxis, Berlin: Ernst & Sohn 1999.

Meskouris, K.: Structural Dynamics-Models, Methods, Examples. Structural Engineering Practice, Berlin: Ernst & Sohn/ J. Wiley 2000.

Müller, F.P., Keintzel, E.: Erdbebensicherung von Hochbauten. 2. Auflage, Berlin: Ernst & Sohn, 1984.

Natke, H.G.: Baudynamik. Stuttgart: Teubner 1989.

Naeim, F., Kelly, J. M.: Design of Seismic Isolated Structures. New York: J. Wiley & Sons, 1999.

Paulay, T., Bachmann, H. und Moser, K. : Erdbebenbemessung von Stahlbetonhochbauten. Basel: Birkhäuser Verlag 1994.

Paulay, T., Priestley, M.J.N.: Seismic Design of Reinforced Concrete and Masonry Buildings. J. Wiley & Sons, Chichester 1992.

Paulay, Th., Bachmann, H. und Moser, K.: Erdbebensicherung von Stahlbetonhochbauten. Basel: Birkhäuser Verlag 1990.

Penelis, G.G., Kappos, A.J.: Earthquake-Resistant Concrete Structures. London: E & FN Spon, 1997.

Petersen, Chr.: Dynamik der Baukonstruktionen. Braunschweig / Wiesbaden: F. Vieweg & Sohn, 1996.

Rosman, R.: Erdbebenwiderstandfähiges Bauen. Berlin: Ernst und Sohn, 1983.

2 Seismologische Grundlagen

Die Wirkungskette seismischer Phänomene (Bild 2-1) besteht aus drei Gliedern, dem Entstehungsort seismischer Wellen, dem Ausbreitungsmedium und dem Einwirkort. Jedes der drei Glieder der Kette prägt den zeitlichen Verlauf und die Stärke der Erschütterungen, die letztendlich ein Bauwerk dynamisch belasten.

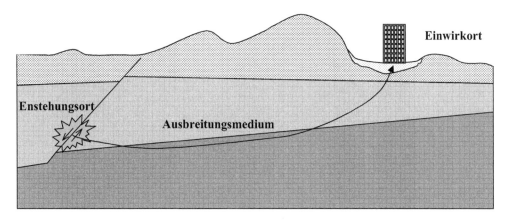

Bild 2-1 Die Wirkungskette seismischer Phänomene.

In Kapitel 2.1 werden wesentliche Aspekte der Ausbreitung seismischer Wellen besprochen, in Kapitel 2.2 wird die generelle Struktur von Seismogrammen analysiert und in Kapitel 2.3 und 2.4 werden der Einfluss des lokalen Untergrundes bzw. der Erdbebenquelle behandelt. Ausführliche Darstellungen der Elastizitätstheorie, der Wellengleichung, der Beschreibung von Raum- und Oberflächenwellen und seismischer Quellen finden sich in Lehrbüchern der Wellenausbreitung und der allgemeinen Seismologie (z.B. Ewing et al., 1957; Aki und Richards, 2002; Lay und Wallace, 1995).

2.1 Wellenausbreitung

In den meisten Fällen wird in der Seismologie die Ausbreitung seismischer Wellen in elastischen Medien betrachtet, das heißt in Medien, in denen zwischen den Spannungen σ und den Dehnungen ε eine lineare Beziehung besteht. Bei kleinen Dehnungen folgen die meisten Gesteine einem solchen linearen Materialgesetz. In der Herdregion von starken Beben allerdings sind die Dehnungen oft so groß, dass gerade die weicheren Materialien der oberen Erdschichten ein stark nichtlineares Materialverhalten zeigen. Um die Wellenausbreitung in ihren Grundzügen zu verstehen, wird das Problem zunächst auf den Fall einer rein elastischen Wellenausbreitung in einem homogenen, isotropen Medium beschränkt. Homogen und isotrop heißt, dass die Materialeigenschaften des Ausbreitungsmediums nicht vom Ort bzw. der Richtung abhängen und elastisch bedeutet, dass nach dem Durchlaufen einer seismischen Welle das Medium in den Ausgangszustand zurückkehrt.

2.1.1 Bewegungsgleichung

Um die Bewegungsgleichung seismischer Wellen aufzustellen, wird ein aus dem homogenen, isotropen, elastischen Vollraum genommener Quader betrachtet. Zunächst wird die Summe der Kräfte ermittelt, die auf dieses Element wirken. Unter Anwendung des 2. NEWTONschen Gesetzes und einer geeigneten Spannungs-Dehnungsbeziehung, wie dem HOOKEschen Gesetz, kommt man zur dreidimensionalen Bewegungsgleichung. Bild 2-2 zeigt den Quader mit den Abmessungen Δx, Δy und Δz, auf welchen die Normalspannungen σ_x, σ_y und σ_z sowie die Tangentialspannungen τ_{xy}, τ_{xz} und τ_{yz} wirken.

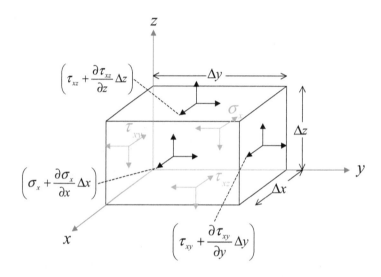

Bild 2-2 Quader im elastischen Vollraum mit den darauf wirkenden Normalspannungen σ und Tangentialspannungen τ

Die Kräfte ergeben sich aus der Multiplikation der Spannungen σ mit den Flächen A auf denen die Spannungen wirken

$$F = \sigma\, A \tag{2.1}$$

In der x-Richtung beträgt die Kräftesumme F_x:

$$F_x = \left(\sigma_x + \frac{\partial \sigma_x}{\partial x}\Delta x\right)\Delta y\, \Delta z - \sigma_x \Delta y \Delta z + \left(\tau_{xy} + \frac{\partial \tau_{xy}}{\partial y}\Delta y\right)\Delta x\, \Delta z -$$
$$\tau_{xy}\, \Delta x\, \Delta z + \left(\tau_{xz} + \frac{\partial \tau_{xz}}{\partial z}\Delta z\right)\Delta x\, \Delta y - \tau_{xz}\, \Delta x\, \Delta y \tag{2.2}$$

Für die y- und z-Richtung ergeben sich die (2.2) entsprechenden Gleichungen. Das 2. NEWTONsche Gesetz besagt, dass die Kraft F gleich dem Produkt aus der Beschleunigung a und der Masse m ist

$$F = a\, m \tag{2.3}$$

Schreibt man die Beschleunigung in x-Richtung als zweite Ableitung der Verschiebung in x-Richtung u nach der Zeit t und die Masse als Produkt aus Dichte ρ und dem Volumen, $V = \Delta x\,\Delta y\,\Delta z$, dann ergibt sich aus (2.3) für die x-Richtung:

$$\left(\frac{\partial \sigma_x}{\partial x} + \frac{\partial \tau_{xy}}{\partial y} + \frac{\partial \tau_{xz}}{\partial z}\right) \Delta x\,\Delta y\,\Delta z = \rho(\Delta x\,\Delta y\,\Delta z)\frac{\partial^2 u}{\partial t^2} \tag{2.4}$$

Wenn die Verschiebungen in y-Richtung und z-Richtung als v bzw. w geschrieben werden, so lauten die Bewegungsgleichungen für die drei Raumrichtungen:

$$\rho\frac{\partial^2 u}{\partial t^2} = \frac{\partial \sigma_x}{\partial x} + \frac{\partial \tau_{xy}}{\partial y} + \frac{\partial \tau_{xz}}{\partial z}$$

$$\rho\frac{\partial^2 v}{\partial t^2} = \frac{\partial \sigma_y}{\partial y} + \frac{\partial \tau_{yx}}{\partial x} + \frac{\partial \tau_{yz}}{\partial z} \tag{2.5}$$

$$\rho\frac{\partial^2 w}{\partial t^2} = \frac{\partial \sigma_z}{\partial z} + \frac{\partial \tau_{zx}}{\partial x} + \frac{\partial \tau_{zy}}{\partial y}$$

Um weiter fortzufahren braucht man eine Beziehung zwischen den Spannungen und den Verschiebungen. Viele empirische Untersuchungen von Gesteinsmaterialien haben gezeigt, dass die Spannungs-Dehnungs Beziehungen bestimmten Gesetzmäßigkeiten folgen. Bild 2-3 zeigt schematisch eine typische Spannungs-Dehnungs-Beziehung aus einem einaxialen Kompressionsversuch.

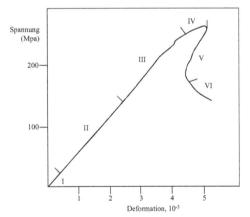

Bild 2-3 Spannungs-Dehnungs-Kurve aus einem typischen einaxialen Kompressionsversuch an Gesteinen. Im Abschnitt I werden Mikrorisse im Material durch den zunehmenden Druck geschlossen. Der Abschnitt II ist der linear elastische Bereich. In den Abschnitten III und IV kommt es zu Dilatanzerscheinungen. Mikrorisse führen zu einer lateralen Expansion der Probe. Im Abschnitt V verliert die Probe an Festigkeit, es kommt zu Spannungskonzentrationen und zu makroskopischen Scherbrüchen. Im Abschnitt VI bestimmt die Restreibung in der erzeugten Scherzone die Spannungen (Scholz, 1990).

Vor dem Eintreten von bleibenden Verformungen gibt es einen ausgedehnten Bereich mit rein elastischem Materialverhalten. Bei kleinen Deformationen ($10^{-5} - 10^{-4}$), die in der Seismologie meist betrachtet werden, kann das Verhalten einer Gesteinsprobe wie in Bild 2-3 als linear elastisch angesehen werden.

Das HOOKEsche Gesetz verbindet Spannungen und Dehnungen gemäß

$$\sigma = C\,\varepsilon \tag{2.6}$$

Dabei enthält C die als elastische Module bezeichneten Proportionalitätskonstanten. Im allgemeinsten Fall ist C ein Tensor 3. Ordnung mit 81 Termen, die Spannungen und Dehnungen verbinden. Für ein allgemeines anisotropes Medium, also ein Medium, in dem die elastischen Eigenschaften richtungsabhängig sind, lässt sich mit Symmetriebeziehungen die Zahl der Konstanten auf 21 Unabhängige reduzieren.

Für viele Materialien sind die elastischen Eigenschaften aber weitgehend richtungsunabhängig. In diesem Fall eines isotropen elastischen Mediums reduzieren sich die unabhängigen Moduli auf zwei, die so genannten LAMEschen Konstanten λ und μ. Verwendet man für die volumetrische Dehnung die abkürzende Schreibweise

$$\theta = \frac{\partial u}{\partial x} + \frac{\partial v}{\partial y} + \frac{\partial w}{\partial z} \tag{2.7}$$

und den Laplace-Operator, ∇^2, der definiert ist als

$$\nabla^2 = \frac{\partial^2}{\partial x^2} + \frac{\partial^2}{\partial y^2} + \frac{\partial^2}{\partial z^2} \tag{2.8}$$

dann lässt sich die Bewegungsgleichung für die drei Richtungen x, y, und z schreiben als

$$\rho \frac{\partial^2 u}{\partial t^2} = (\lambda + \mu)\frac{\partial \theta}{\partial x} + \mu \nabla^2 u$$

$$\rho \frac{\partial^2 v}{\partial t^2} = (\lambda + \mu)\frac{\partial \theta}{\partial y} + \mu \nabla^2 v \tag{2.9}$$

$$\rho \frac{\partial^2 w}{\partial t^2} = (\lambda + \mu)\frac{\partial \theta}{\partial z} + \mu \nabla^2 w$$

2.1.2 Lösung der Bewegungsgleichung

Gleichung (2.9) beschreibt also die Bewegungsgleichung in einem ideal elastischen und isotropen Medium. Für diese Gleichung lassen sich zwei Lösungen finden. Leitet man die drei Gleichungen aus (2.9) jeweils nach den Raumrichtungen x, y und z ab und addiert die drei Komponenten, so erhält man:

$$\rho \frac{\partial^2 \theta}{\partial t^2} = (\lambda + 2\mu)\nabla^2 \theta \tag{2.10}$$

Teilt man durch die Dichte ρ, so erhält man eine Wellengleichung mit der zweiten Ableitung der volumetrischen Dehnung nach der Zeit auf der linken und der zweiten Ableitung dieser Größe nach den Richtungen auf der rechten Seite:

$$\frac{\partial^2 \theta}{\partial t^2} = \frac{(\lambda + 2\mu)}{\rho}\nabla^2 \theta \tag{2.11}$$

Die Proportionalitätskonstante in einer Wellengleichung ist das Quadrat der Geschwindigkeit mit der sich die Welle ausbreitet. Vereinfacht lässt sich (2.11) dann schreiben als:

$$\frac{\partial^2 \theta}{\partial t^2} = v_P^2 \nabla^2 \theta \quad \text{mit } v_P = \sqrt{\frac{\lambda + 2\mu}{\rho}} \tag{2.12}$$

Dabei ist v_P die P-Wellen-, oder Primärwellengeschwindigkeit, manchmal auch als Kompressionswellen- oder Druckwellengeschwindigkeit bezeichnet. Die wichtigsten physikalischen Eigenschaften dieser Wellenart werden in 2.1.4 beschrieben. Die zweite Lösung von (2.11) erhält man, indem man zunächst die Gleichung für v nach z und die Gleichung für w nach y ableitet und anschließend beide Gleichungen subtrahiert. Dadurch fällt der Term der volumetrischen Deformation heraus und die Gleichung lautet:

$$\rho \frac{\partial^2}{\partial t^2}\left(\frac{\partial w}{\partial y} - \frac{\partial v}{\partial z}\right) = \mu \nabla^2 \left(\frac{\partial w}{\partial y} - \frac{\partial v}{\partial z}\right) \tag{2.13}$$

Der Term in den Klammern stellt eine Rotation um die x-Achse dar und kann als ω_x abgekürzt werden. Dividiert man wieder beide Seiten durch die Dichte, so erhält man eine Wellengleichung in der Form:

$$\frac{\partial^2 \omega_x}{\partial t^2} = v_S^2 \nabla^2 \omega_x \quad \text{mit} \quad v_S = \sqrt{\frac{\mu}{\rho}} \tag{2.14}$$

Hier ist v_S die S-Wellengeschwindigkeit, auch Sekundärwellengeschwindigkeit oder Scherwellengeschwindigkeit genannt.

Anstelle der Lösung für den Vollraum wird oft die Wellenausbreitung in einem dünnen, unendlich ausgedehnten Stab betrachtet (Lay and Wallace, 1995). Auch hier ergeben sich zwei Wellentypen, die sich in beide Richtungen des Stabes ausbreiten. Den P-Wellen entsprechen hier die Longitudinalwellen und den S-Wellen die Transversalwellen. Während im Stab die S-Wellengeschwindigkeit gleich derjenigen im Vollraum ist, haben die P-Wellen im Stab die Geschwindigkeit

$$v_{P\,\text{Stab}} = \sqrt{\frac{E}{\rho}} \tag{2.15}$$

Dabei ist E der Elastizitätsmodul (E-Modul).

Bei allen Termen der Wellengeschwindigkeit steht im Zähler unter der Wurzel die Steifigkeit des Materials und im Nenner die Dichte:

$$v = \sqrt{\frac{\text{Steifigkeit}}{\text{Dichte}}} \tag{2.16}$$

Es ist leicht einzusehen, dass die Wellengeschwindigkeiten in Materialien mit größerer Steifigkeit höher sind als in weicherem Material. Auf den ersten Blick verwundert manchmal, dass die Geschwindigkeiten mit wachsender Dichte abnehmen. Da bei der Ausbreitung der Wellen die Bewegungsenergie von einem Masseteilchen zum nächsten übergehen muss, sorgt die größere Massenträgheit einer Einheitsmasse bei größerer Dichte für eine Verringerung der Ausbreitungsgeschwindigkeit.

2.1.3 Elastische Konstanten

In 2.1.2 wurden bereits mehrere elastische Konstanten angesprochen. Wie bei der Wellengleichung gezeigt, reichen zur Beschreibung des Materialverhaltens im ideal elastischen und isotropen Fall zwei Konstanten aus. Je nach Fragestellung ist es aber günstiger, mit jeweils anderen Konstanten zu arbeiten. Die folgende Auflistung nennt die wichtigsten Konstanten und Tabelle 2-1 zeigt die Umrechnungen.

μ   Schermodul, Maß des Materialwiderstandes gegen Scherkräfte.

k   Kompressionsmodul (Inkompressibilität), Materialwiderstand gegen eine Volumenänderung. Er ist die Proportionalitätskonstante zwischen hydrostatischem Druck und der Volumenänderung.

λ   zweite LAMEsche Konstante. λ hat keine anschauliche physikalische Bedeutung, vereinfacht aber immens die Darstellung des HOOKEschen Gesetzes.

E   Elastizitätsmodul (Young's modulus), Proportionalitätskonstante zwischen einer uniaxialen Spannung und der Deformation in der Spannungsrichtung.

ν   Die Poissonzahl ist das Verhältnis zwischen radialer und axialer Deformation eines Körpers, wenn eine uniaxiale Spannung wirkt.

Tabelle 2-1 Beziehung zwischen den elastischen Konstanten

μ	k	λ	E	ν
$\dfrac{3(k-\lambda)}{2}$	$\lambda + \dfrac{2\mu}{3}$	$k - \dfrac{2\mu}{3}$	$\dfrac{9k\mu}{3k+\mu}$	$\dfrac{\lambda}{2(\lambda+\mu)}$
$\lambda\left(\dfrac{1-2\nu}{2\nu}\right)$	$\mu\left[\dfrac{2(1+\nu)}{3(1-2\nu)}\right]$	$\dfrac{2\nu\mu}{(1-2\nu)}$	$2\mu(1+\nu)$	$\dfrac{\lambda}{(3k-\lambda)}$
$3k\left(\dfrac{1-2\nu}{2+2\nu}\right)$	$\lambda\left(\dfrac{1-\nu}{3\nu}\right)$	$3k\left(\dfrac{\nu}{1+\nu}\right)$	$\mu\left(\dfrac{3\lambda+2\mu}{\lambda+\mu}\right)$	$\dfrac{3k-2\mu}{2(3k+\mu)}$
$\dfrac{E}{2(1+\nu)}$	$\dfrac{E}{3(1-2\nu)}$	$\dfrac{E\nu}{(1+\nu)(1-2\nu)}$	$3k(1-2\nu)$	$\dfrac{3k-E}{6k}$

2.1.4 Raumwellen

Die P- und S-Wellen bilden zusammen die Gruppe der Raumwellen, also der Wellen, die sich in einem Vollraum (oder auch Halbraum) ausbreiten. Sie unterscheiden sich von den Oberflächenwellen (Abschnitt 2.1.6), deren Existenz an eine Grenz- und/oder Oberfläche im Ausbreitungsmedium gebunden ist. Die P- und S-Wellen erhielten ihre Bezeichnungen in den frühen Tagen der instrumentellen Erdbebenseismologie. Früh erkannte man in den ersten Seismogrammen diese zwei zeitlich versetzt eintreffenden Wellenphasen. Vom lateinischen *primae undae* und *secundae undae* wurden die ersten Buchstaben verwendet. Physikalisch gesehen sind die P-Wellen sehr ähnlich den Schallwellen in der Luft. Kompressionen und Dilatationen breiten sich im Material aus. Betrachtet man ein Bodenteilchen beim Durchgang einer P-Welle, so schwingt das Teilchen in Ausbreitungsrichtung der Welle (Bild 2-4).

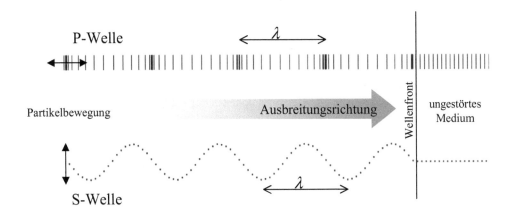

Bild 2-4 Schematisierte Teilchenbewegung beim Durchgang von P-Wellen (oben) und S-Wellen (unten) durch ein Medium. Die Größe λ bezeichnet hier eine Wellenlänge.

In einem homogenen Halbraum ist die direkt von der Quelle zum Empfänger laufende P-Welle immer die zuerst eintreffende Welle.

S-Wellen oder Scherwellen zeigen Partikelschwingungen in einer Ebene senkrecht zu der Ausbreitungsrichtung der Welle. Die Orientierung der Schwingung innerhalb der Ebene senkrecht zur Ausbreitungsrichtung wird durch die Polarisationsrichtung der S-Welle beschrieben. Bild 2-5 zeigt die dabei verwendete Nomenklatur.

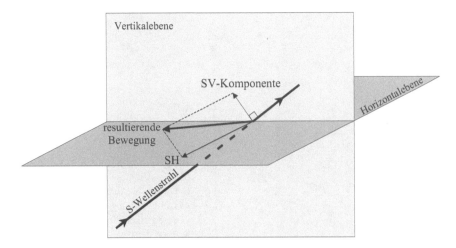

Bild 2-5 Polarisation von Scherwellen. Im allgemeinen Fall haben S-Wellen einen horizontal und einen vertikal polarisierten Anteil. Die resultierende Schwingungsrichtung ergibt sich aus der vektoriellen Addition der SH und der SV Komponente.

Das Verhalten von P- und S-Wellen in einem homogenen isotropen Medium ist relativ einfach zu beschreiben. Die Wellenstrahlen, also quasi die Ausbreitungsrichtungen sind per Definition immer senkrecht zu den Wellenfronten, also den Orten mit gleicher Phasenlage der schwingenden Teilchen. Diese Wellenstrahlen sind in dem homogenen isotropen Medium Geraden. Die Situation bei Anisotropie ist dagegen wegen der Richtungsabhängigkeit der Wellenausbreitungseigenschaften des Mediums recht komplex. In einem anisotropen homogenen Medium existieren drei Raumwellen mit zueinander senkrecht stehenden Schwingungsebenen. Dabei handelt es sich um quasi-Kompressionswellen *qP* und quasi-Scherwellen *qSV* und *qSH*. Im Allgemeinen sind bei Anisotropie des Ausbreitungsmediums die Wellenfronten nicht mehr senkrecht zu den Wellenstrahlen. Die Geschwindigkeiten der Wellen variieren mit den Trajektorien durch das Medium. Läuft eine Raumwelle von einem isotropen in ein anisotropes Medium, so ist ein wichtiger Effekt die Aufspaltung der isotropen S-Welle in zwei quasi-Scherwellen (Scherwellensplitting). Verantwortlich hierfür sind die Spannungs-Dehnungsbeziehungen, die ein HOOKEsches Gesetz mit 21 unabhängigen Konstanten beinhalten. Oft jedoch kann aus Symmetriegründen die Anzahl der Konstanten kleiner sein. Bei den Ausbreitungsbedingungen im Erdkörper findet man auf Grund der Schichtung von Gesteinen oft vertikale Symmetrieachsen und man spricht von Transversalisotropie.

Die P- und S-Wellenfelder werden zunehmend komplexer, wenn es Materialdiskontinuitäten und lokale Inhomogenitäten im Ausbreitungsmedium gibt. Es kommt zu Phänomenen wie Reflexion, Refraktion und Konversion der Wellentypen sowie frequenzabhängiger Streuung und Diffraktion. Die Tatsache allerdings, dass die Inhomogenität der Erde in erster Linie eindimensional ist, sich nämlich im Wesentlichen in der vertikalen Richtung manifestiert, erlaubt es, die Raumwellenfelder weitgehend zu interpretieren.

Das Verhältnis der beiden Raumwellengeschwindigkeiten ist abhängig von der Poissonzahl (Bild 2-6). Im ideal elastischen Fall beträgt die Poissonzahl

$$\nu = 0{,}25 \tag{2.17}$$

und das Geschwindigkeitsverhältnis der P- und S-Welle beträgt:

$$\frac{v_P}{v_S} = \sqrt{3} \approx 1{,}73 \tag{2.18}$$

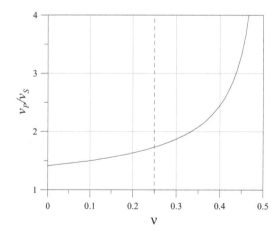

Bild 2-6 Beziehung zwischen dem Verhältnis der Geschwindigkeit von P- und S-Wellen in Abhängigkeit von der Poissonzahl. Für $\nu \rightarrow 0.5$ erfolgt der Übergang zu einer Flüssigkeit. In der Flüssigkeit existiert wegen $\mu = 0$ keine S-Welle und damit ist auch $v_S = 0$ und das Geschwindigkeitsverhältnis geht gegen unendlich. Die gestrichelte Linie kennzeichnet den rein elastischen Fall.

2.1.5 Raumwellen in geschichteten Medien

In diesem Abschnitt werden die wesentlichen Gesetze besprochen, die Auskunft darüber geben, wohin und in welchen Zeiten Raumwellen in homogenen und geschichteten isotropen Medien laufen und was beim Auftreffen auf ebene Grenzflächen geschieht.

2.1.5.1   FERMATsches Prinzip und SNELLIUSsches Gesetz

Völlige Homogenität und Isotropie über weite Bereiche ist im Ausbreitungsmedium ‚Erde' nur selten anzutreffen. Der Laufweg der Raumwellen wird stark von der Verteilung der seismischen Geschwindigkeiten im Untergrund beeinflusst. Das FERMATsche Prinzip besagt, dass Wellen immer einem Minimum-Zeit-Pfad folgen. Auch seismische Raumwellen nehmen daher nur in einem homogenen Medium den räumlich gesehen kürzesten Laufweg. In Medien mit ungleich-mäßig verteilter Ausbreitungsgeschwindigkeit ist der räumlich kürzeste Weg nicht notwendi-gerweise derjenige mit der kürzesten Laufzeit. Bild 2-7 vergleicht die Laufwege in einem Me-dium mit konstanter Ausbreitungsgeschwindigkeit und in einem Medium mit einem positiven Geschwindigkeitsgradienten, also mit einer steten Geschwindigkeitszunahme mit wachsender Tiefe. Die stete Geschwindigkeitsänderung zwingt den Wellenstrahl zu einer steten Richtungs-änderung auf den Minimum-Zeit-Pfad.

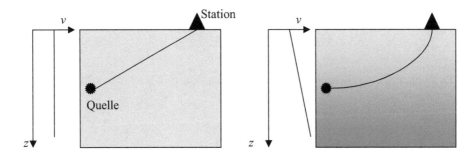

Bild 2-7 Vergleich der Wellenwege von Raumwellen in einem Medium mit konstanter Geschwindigkeit (links) und mit positivem Geschwindigkeitsgradienten (rechts). Die Diagramme (jeweils links) zeigen die Geschwindigkeitstiefenfunktion und rechts daneben ist schematisch der Wellenweg dargestellt.

Mittels des FERMATschen Prinzips und der Strahlengeometrie lässt sich das SNELLIUSsche Brechungsgesetzt für seismische Wellen ableiten und der Strahlparameter p definieren. Be-trachtet wird dazu die Situation in Bild 2-8. Ein Strahl einer Raumwelle (P oder S) trifft unter dem Winkel i_1 auf die Grenzfläche zwischen zwei Medien mit den Ausbreitungsgeschwindig-keiten v_1 und v_2 (mit $v_2 > v_1$). Wenn die Geschwindigkeit hier ohne Index P oder S geschrieben wird, so gelten die Gleichungen gleichermaßen für P- und S-Wellen. Während sich in dem Medium mit Geschwindigkeitsgradienten wie in Bild 2-7 die Strahlrichtung kontinuierlich ändert, hat man im Fall der Grenzschicht (Bild 2-8) einen Sprung in der Strahlrichtung an der Stelle mit dem Geschwindigkeitssprung.

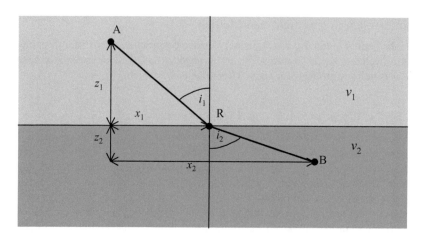

Bild 2-8 Strahlweg einer Raumwelle an einer ebenen Grenzfläche zwischen zwei Medien mit unterschiedlichen Ausbreitungsgeschwindigkeiten. Der Wellenstrahl läuft von Punkt A nach Punkt B. Die Wellengeschwindigkeit im unteren Medium ist größer als im Oberen.

Die Laufzeit von Punkt A nach Punkt B über den Refraktionspunkt R ergibt sich aus der Geometrie zu:

$$T_{\overline{AB}} = \frac{\overline{AR}}{v_1} + \frac{\overline{RB}}{v_2} = \frac{\sqrt{z_1^2 + x_1^2}}{v_1} + \frac{\sqrt{z_2^2 + (x_2 - x_1)^2}}{v_2} \tag{2.19}$$

Um die Forderung nach der minimalen Laufzeit aus dem FERMATschen Prinzip zu erfüllen, muss die Ableitung $dT/dx = 0$ sein. Das heißt:

$$\frac{dT}{dx} = 0 = \frac{\overline{AR}}{v_1\sqrt{z_1^2 + x_1^2}} - \frac{x_2 - x_1}{v_2\sqrt{z_2^2 + (x_2 - x_1)^2}} \tag{2.20}$$

Unter Berücksichtigung der Winkelbeziehungen

$$\sin i_1 = \frac{x_1}{\sqrt{z_1^2 + x_1^2}} \quad \text{und} \quad \sin i_2 = \frac{x_2 - x_1}{\sqrt{z_2^2 + (x_2 - x_1)^2}} \tag{2.21}$$

erhält man:

$$\frac{\sin i_1}{v_1} = \frac{\sin i_2}{v_2} \tag{2.22}$$

Das ist die aus der Optik bekannte Form des SNELLIUSschen Brechungsgesetzes. Verallgemeinert kann man schreiben:

$$\frac{\sin i}{v} = p = \text{const.} \tag{2.23}$$

Der Strahlparameter p ist auf dem gesamten Laufweg konstant. Folglich muss sich der Winkel i, den der Strahl mit der Vertikalen bildet, ändern, wenn der Strahl in ein Medium mit geänderter Geschwindigkeit tritt. Läuft der Strahl in ein Medium mit einer höheren Ausbreitungsgeschwindigkeit, dann wird er vom Lot auf die Grenzfläche weg gebrochen und umgekehrt.

2.1.5.2   Laufzeit und Laufweg eines Strahls

Die Konstanz des Strahlparameters hat eine Reihe interessanter Aspekte. Zu jedem Winkel unter dem ein Wellenstrahl die Quelle verlässt, gehört ein spezifischer, alleine durch diesen Winkel und die Geschwindigkeitsstruktur des Ausbreitungsmediums festgelegter Laufweg der Welle. Der Abstrahlwinkel bestimmt damit auch, wann und wo ein Strahl wieder die Erdoberfläche erreicht. Betrachtet wird das Modell eines Halbraums mit linearer Geschwindigkeitszunahme mit der Tiefe z (Bild 2-9). Liegen die Quelle und der Empfänger an der Erdoberfläche, wie in Bild 2-9 gezeigt, so ergibt sich ein Verlauf des Wellenstrahls, dessen abwärts laufender Anteil symmetrisch zum aufwärts laufenden Anteil ist. Für jeden infinitesimal kleinen Abschnitt des Wellenweges muss (2.23) gelten:

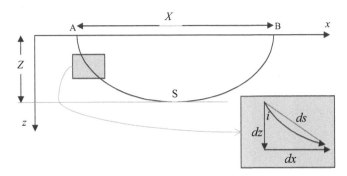

Bild 2-9   Geometrie eines Wellenstrahls vom Punkt A zum Punkt B in einem Medium mit konstanter Geschwindigkeitszunahme mit der Tiefe. Der vergrößerte Ausschnitt zeigt ein Strahlsegment der Länge ds. S ist der tiefste Punkt den der Strahl erreicht, der Scheitelpunkt.

$$\sin i = vp = \frac{dx}{ds} \tag{2.24}$$

wobei ds ein kleines Segment des Wellenstrahls ist. Wird das Segment durch eine Gerade angenähert, dann gilt:

$$\cos i = \frac{dz}{ds} = \sqrt{1 - \sin^2 i} = \sqrt{1 - v^2 p^2} \tag{2.25}$$

$$\Rightarrow dx = ds \sin i = \frac{dz}{\cos i} vp = \frac{vp}{\sqrt{1 - v^2 p^2}} dz \tag{2.26}$$

Integriert man (2.26) über den vom Strahl abgedeckten Tiefenbereich bis zur Maximaltiefe Z so ergibt sich die Entfernung X in der der Strahl wieder die Oberfläche erreicht zu:

$$X(p) = 2 \int_0^Z \frac{vp}{\sqrt{1 - v^2 p^2}} dz \tag{2.27}$$

Der Faktor 2 vor dem Integral resultiert aus der Laufwegsymmetrie. Gleichung (2.27) beantwortet also die Frage nach dem WO. Analog lässt sich auch die Frage nach dem WANN beantworten, also die Zeit berechnen, die vergeht bis der Strahl von A über S nach B gelaufen ist. Die Laufzeit T ergibt sich aus:

$$dT = \frac{ds}{v} \tag{2.28}$$

$$T = 2\int_0^Z \frac{1}{v^2 \sqrt{1/v^2 - p^2}} dz \tag{2.29}$$

Die Schreibweise lässt sich noch vereinfachen mit den Abkürzungen $\gamma = 1/v$ und $\eta = \sqrt{\gamma^2 - p^2}$. Berücksichtigt man ferner die Ähnlichkeit der Gleichungen (2.27) und (2.29), so erhält man:

$$T = pX + 2\int_0^Z \eta\, dz \tag{2.30}$$

Diese Gleichung enthält auf der rechten Seite zwei Terme, von denen der erste nur von x und der zweite nur von z abhängt. Man kann die Laufzeit entlang des Wellenweges also in einen Anteil der horizontalen und in einen der vertikalen Laufzeit aufteilen. In der Seismologie werden daher für die Größen p und η die Begriffe horizontale bzw. vertikale Langsamkeit (slowness) verwendet, beide haben die Dimension Zeit/Weg, also die reziproke Dimension einer Geschwindigkeit.

2.1.5.3   Kritische Refraktion

Im Bild 2-8 wurde das Grundprinzip der Refraktion (Brechung) einer Welle erläutert, die von einem Medium niedriger Ausbreitungsgeschwindigkeit in ein Medium mit einer höheren Ausbreitungsgeschwindigkeit läuft. In diesem Fall ist der Winkel i_2 größer als i_1. Interessant wird der Fall, wenn der Einfallswinkel einen Wert annimmt, der den Refraktionswinkel i_2 zu 90° werden lässt. Dieser Fall wird als kritische Refraktion bezeichnet und mit i_c als kritischen Einfallswinkel gilt:

$$\frac{\sin i_c}{v_1} = \frac{\sin 90°}{v_2} = \frac{1}{v_2} \text{ oder } i_c = \sin^{-1}\left(\frac{v_1}{v_2}\right) \tag{2.31}$$

In diesem Fall der kritischen Refraktion entsteht eine Welle, die unmittelbar unter der Grenzschicht zwischen den beiden Medien läuft, aber laufend Energie in das obere Medium abstrahlt. Diese Energie kann wieder die Erdoberfläche erreichen. Wenn die Laufzeit dieser Welle entlang eines Profils beobachtet wird, kann man hiermit direkt eine Information über die Geschwindigkeit in der unteren Schicht bekommen. Die Wellen, die bei der kritischen Refraktion entstehen, werden auch als Kopfwellen oder Mintrop-Wellen bezeichnet. Ludger Mintrop war Geophysiker am ersten Geophysikinstitut der Welt in Göttingen ab 1908. Er erkannte bald den wirtschaftlichen Wert der Kopfwelle für die Erkundung von Salzstöcken und damit vom Kohlenwasserstofflagerstätten. Er erwirkte ein Patent über den Einsatz dieser Welle und begründete mit der SEISMOS eine der ersten Explorationsfirmen weltweit (Barth, 2002).

2.1.5.4   Laufzeitkurven

Für den einfachen Fall einer Schicht über einem Halbraum werden für die Raumwellen die Laufzeiten als Funktion der Entfernung als so genannte Laufzeitkurven ermittelt. Neben der

Welle, die in Bild 2-9 direkt von A nach B läuft, wird nach 2.1.5.3 auch die Kopfwelle zu berücksichtigen sein, wenn die Geschwindigkeit im Halbraum größer als in der Schicht ist. Zusätzlich zur Refraktion an der Grenzfläche wird die Welle an dieser Schicht aber auch reflektiert. Da auch die reflektierte Welle dem SNELLIUSschen Gesetz folgt und die Ausbreitungsgeschwindigkeit vor und hinter dem Reflexionspunkt gleich ist, muss der Reflexionswinkel gleich dem Einfallswinkel sein.

Die Laufzeit der direkten Welle in Bild 2-10 ist

$$T_{direkt} = \frac{X}{v_1} = Xp \tag{2.32}$$

und die Laufzeit der reflektierten Welle beträgt:

$$T_{reflekt.} = \frac{2h}{\cos i} \frac{1}{v_1} \tag{2.33}$$

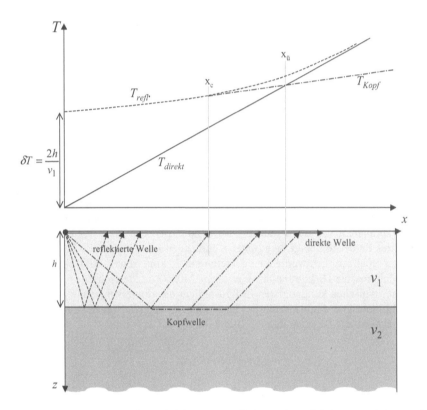

Bild 2-10 Strahlengeometrie und Laufzeitkurven der direkten, der reflektierten und der Kopfwelle im Modell einer Schicht über einem Halbraum. Der obere Teil zeigt das Laufzeitdiagramm der Raumwellen in dem einfachen Modell. Im unteren Teil ist das Schichtmodell mit den Wellenwegen in Form der Wellenstrahlen dargestellt. Die Geschwindigkeit v_2 ist größer als v_1.

Die Laufzeit der Kopfwelle ist gleich der Zeit der reflektierten Welle, die mit dem kritischen Winkel auf die Grenzfläche trifft, also der Zeit für das Abwärts- und Aufwärtslaufen, plus einem Term, der die Laufzeit entlang des Teilweges r unter der Grenzfläche im Halbraum berücksichtigt:

$$T_{Kopf} = \frac{2h}{\cos i_c} \frac{1}{v_1} + \frac{r}{v_2} \quad \text{mit} \quad r = X - 2h \tan i_c \tag{2.34}$$

Der Geometrie in Bild 2-10 ist zu entnehmen, dass erst ab einer gewissen Minimalentfernung, die von der Schichtmächtigkeit und dem Geschwindigkeitsverhältnis abhängt, eine Kopfwelle an der Oberfläche beobachtet werden kann. Diese Entfernung wird in Anlehnung an den kritischen Winkel als kritische Entfernung x_c bezeichnet. Die Entfernung, ab der die Kopfwelle auf Grund der höheren Geschwindigkeit v_2 früher an einem Beobachtungspunkt ankommt als die direkte Welle, wird als Überholentfernung $x_ü$ bezeichnet. Während die Laufzeitkurven der direkten Welle und der Kopfwelle Geraden sind, deren Steigung ein direktes Maß für die Langsamkeit in der Schicht bzw. dem Halbraum darstellen, ist die Laufzeitkurve der reflektierten Welle eine Hyperbel. Die Laufzeit von $T_{refl.}$ bei der Entfernung x = 0 gibt bei Kenntnis von v_1 die Tiefe der Quelle an. Die Geometrie zeigt auch anschaulich, dass sich die Laufzeit der reflektierten Welle bei großen Entfernungen von der Quelle asymptotisch der Laufzeit der Kopfwelle nähert. Bei einer Quelle, die nicht an der Oberfläche liegt und bei geneigten Schichten werden die Laufzeitgleichungen etwas komplizierter (Sheriff und Geldart, 1995). Nach dem gleichen Prinzip lassen sich auch die Laufzeitkurven für Raumwellen in einem Medium mit einer Vielzahl von Schichten über einem Halbraum herleiten. Im Fall von n Schichten gilt für die Kopfwelle:

$$T_{Kopf} = pX + 2\sum_{i=1}^{n} h_i \eta_i \tag{2.35}$$

Der kroatische Geophysiker Andrija Mohorovicic entdeckte anhand von Laufzeitkurven einer Kopfwelle die weltweit beobachtete seismische Diskontinuität zwischen der Erdkruste und dem oberen Erdmantel (Skoko und Mokrovic, 1982). Hier steigt die P-Wellengeschwindigkeit mehr oder weniger sprunghaft von 6 km/s auf 8 km/s (Bild 2-14). Die Tiefe der Diskontinuität, die den Namen ihres Entdeckers trägt, liegt unter Kontinenten im Mittel bei 30 km, unter Ozeanen bei 8 km, unter Hochgebirgen werden auch Tiefen um 70 km erreicht. Bild 2-11 zeigt die Tiefenlage der Mohorovicic-Diskontinuität oder kurz „Moho" im Bereich der nördlichen Rheinlande. Bei einer typischen kontinentalen Erdkruste liegt die Überholentfernung meist zwischen 100 km und 120 km. Die direkte Welle in der Erdkruste trägt die Bezeichnung P_g und die an der Moho refraktierte die Bezeichnung P_n (Bild 2-11).

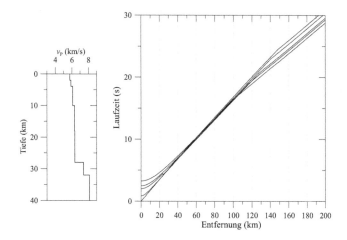

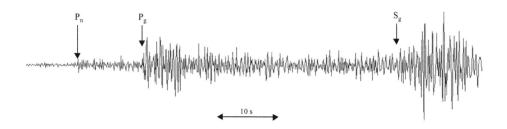

Bild 2-11 Eindimensionales Modell der Verteilung der P-Wellengeschwindigkeit mit der Tiefe für die Erdkruste in der Niederrheinischen Bucht (Reamer und Hinzen, 2004) (links). Daneben sind die Laufzeitkurven für die erste an einer Station ankommende Welle dargestellt bei der Annahme von Quellen in den Tiefen 0 km, 5 km, 10 km, 15 km und 20 km.

Bild 2-12 Seismogrammbeispiel einer Vertikalkomponente mit Einsätzen der Kopfwelle der Mohorovicic Diskontinuität (Pn) und der direkten Welle (Pg). Zusätzlich ist die Ankunftszeit der direkten S-Welle markiert. Das Seismogramm wurde in einer Entfernung von 370 km vom Bebenherd aufgezeichnet, die deutlich größer als die kritische Entfernung ist. Somit kommt die refraktierte Welle vor der direkten Welle an (Bild 2-10).

2.1.5.5 Aufteilung der seismischen Energie an Grenzflächen

Nachdem nun die Fragen nach dem WO und WANN der Raumwellenausbreitung behandelt wurden, bleibt noch die wichtige Frage nach dem WIEVIEL zu klären. Bild 2-13 zeigt, dass aus einer einfallenden Raumwelle an der Grenzfläche zwischen zwei Schichten mit unterschiedlichen Ausbreitungsgeschwindigkeiten sowohl reflektierte als auch refraktierte Wellen entstehen. Da in der einfallenden Welle nur eine endliche Menge seismischer Energie transportiert wird, muss diese Energie an der Grenzfläche notwendigerweise auf die beiden neuen Wellen verteilt

werden. Im weiteren Verlauf dieses Abschnittes wird gezeigt, dass (1) Raumwellen an Grenzflächen die Wellenart wechseln können und (2) die Energieaufteilung stark abhängt vom Einfallswinkel der Wellen.

Da P- und SV-Wellen (Scherwelle mit Bewegungskomponente nur in der Vertikalebene,
Bild 2-5) beim Auftreffen auf eine Grenzfläche sowohl vertikale als auch horizontale Anteile in
ihren Bewegungskomponenten haben, entstehen im allgemeinen Fall an der Grenzfläche vier
neue Wellen, nämlich jeweils die reflektierten Wellen (Index ‚R') und die refraktierten oder
auch transmittierten (Index ‚T') Wellen vom gleichen Bewegungstyp und zusätzlich zwei
konvertierte Wellen, also bei einfallender P-Welle auch zwei SV-Wellen und umgekehrt. Bild
2-13 zeigt den Fall einer einfallenden P-Welle. Natürlich gilt auch für die konvertierten Wellen
das SNELLIUSsche Gesetz:

$$\frac{\sin i_P}{v_{P1}} = \frac{\sin i_{PR}}{v_{P1}} = \frac{\sin i_{PT}}{v_{P2}} = \frac{\sin i_{SR}}{v_{S1}} = \frac{\sin i_{ST}}{v_{S2}} \tag{2.36}$$

Für das Zahlenbeispiel $i_P = 40°$, $v_{P1} = 4$ km/s, $v_{P2} = 6$ km/s, $v_{S1} = 3$ km/s, $v_{S2} = 4.5$ km/s erhält
man:

$$i_{PR} = \sin^{-1}\left(\frac{v_{P1}}{v_{P1}}\sin 40°\right) = \sin^{-1}(1 \times 0.64) = 40°$$

$$i_{PT} = \sin^{-1}\left(\frac{v_{P2}}{v_{P1}}\sin 40°\right) = \sin^{-1}(1.5 \times 0.64) = 74.6° \tag{2.37a}$$

$$i_{SR} = \sin^{-1}\left(\frac{v_{S1}}{v_{P1}}\sin 40°\right) = \sin^{-1}(0.75 \times 0.64) = 28.8°$$

$$i_{ST} = \sin^{-1}\left(\frac{v_{S2}}{v_{P1}}\sin 40°\right) = \sin^{-1}(1.13 \times 0.64) = 46.3° \tag{2.37b}$$

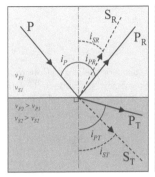 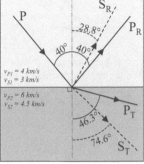

Bild 2-13 Strahlengeometrie der
Reflexion, Transmission und Konversion einer auf eine ebene Grenzschicht einfallenden P-Welle. Links
ist die verwendete Nomenklatur
gezeigt, Index ‚R' bezeichnet die
reflektierten und Index ‚T' die
transmittierten oder refraktierten
Wellen. Rechts ist ein Zahlenbeispiel mit konkreten Geschwindigkeiten und Winkeln angegeben.

Wenn dagegen die einfallende Welle eine SH-Welle ist, also eine Welle mit einer Bewegungskomponente nur parallel zur Grenzschicht, dann wird auch nur eine SH-Welle reflektiert und
transmittiert, es kommt zu keiner Konversion.

Die Aufteilung der Energie einer Welle oder auch der Verschiebungsamplituden bei Reflexion
und Refraktion wird im Allgemeinen durch die Reflexions- bzw. Transmissionskoeffizienten

ausgedrückt. Diese Koeffizienten geben jeweils das Verhältnis zwischen der entsprechenden Größe der einfallenden Welle, also Verschiebungsamplitude oder Energie, und der entsprechenden Größe der reflektierten bzw. transmittierten Welle an.

Bei der Bestimmung der Wellenrichtungen nach der Reflexion oder Transmission wurde festgestellt, dass diese Richtungen nur von den Wellengeschwindigkeiten der beteiligten Schichten abhängen(Gl. (2.22)). Bei den Koeffizienten der Energie- bzw. Amplitudenaufteilung kommt zusätzlich eine Abhängigkeit von der Dichte der Medien hinzu. Das Produkt aus Wellengeschwindigkeit und Dichte

$$I = \rho v \tag{2.38}$$

wird als akustische Impedanz eines Mediums bezeichnet. Betrachtet wird zunächst der Einfachheit halber den Fall einer P-Welle in einer geschichteten Flüssigkeit. Hier können keine S-Wellen als konvertierte Phasen entstehen, was die Koeffizienten deutlich einfacher aussehen lässt als bei der Grenze zwischen zwei festen Schichten. Zur weiteren Vereinfachung wird eine Welle betrachtet, die senkrecht auf die Grenzfläche trifft. In diesem Fall lauten die Koeffizienten für die Reflexion R bzw. die Transmission T für die Verschiebungen der Welle:

$$R = \frac{u_{\text{reflektiert}}}{u_{\text{einfallend}}} = \frac{\rho_1 v_{P1} - \rho_2 v_{P2}}{\rho_1 v_{P1} + \rho_2 v_{P2}} = \frac{I_1 - I_2}{I_1 + I_2}$$

$$T = \frac{u_{\text{refraktiert}}}{u_{\text{einfallend}}} = \frac{1/v_{P2}^2}{1/v_{P1}^2} \frac{2\rho_1 v_{P1}}{\rho_1 v_{P1} + \rho_2 v_{P2}} = \frac{v_{P1}}{v_{P2}} \frac{2 I_1}{I_1 + I_2} \tag{2.39}$$

Bei Einfallswinkeln, die nahe dem senkrechten Einfallen, also einem Winkel von annähernd Null Grad liegen, können diese Gleichungen auch für die Schichtgrenze zwischen zwei festen Medien verwendet werden, ohne große Fehler zu machen. Der Reflexionskoeffizient *R* kann Werte zwischen −1 und +1 annehmen. Das Vorzeichen bestimmt die Polarität der Welle. Der Wertebereich des Transmissionskoeffizienten liegt zwischen 0 und 2.

Im Fall der freien Erdoberfläche liegt der Reflexionskoeffizient bei vertikalem Einfall bei −1, die Welle wird mit der gleichen Amplitude reflektiert mit der sie einfällt, aber die Schwingungsrichtung dreht sich um. Die Amplitude der transmittierten Welle ist in diesem Fall Null.

Für Einfallswinkel, die nicht mehr nahezu Null sind, werden die Terme für R und T längliche Ausdrücke. Im Fall zweier fester Medien sind acht Koeffizienten zu betrachten, die alle möglichen Konversionen (Wechselwellen), berücksichtigen, sechs für P-SV und zwei für SH. Wenn der erste Index für den Typ der einfallenden Welle und der zweite Index für den Typ der reflektierten bzw. transmittierten Welle steht, denn lauten die Koeffizienten R_{PP}, R_{PS}, T_{PP}, T_{PS}, R_{SS}, R_{SP}, R_{SS} (SH) und T_{SS} (SH). Für die Gleichungen der Koeffizienten sei auf die Geophysikfachbücher verwiesen (z.B. Lay and Wallace, 1995). Bild 2-14 zeigt als Beispiel die Koeffizienten R_{PP}, und T_{PP} in Abhängigkeit vom Einfallswinkel beim Auftreffen einer P-Welle auf eine ebene Grenzfläche. Die Geschwindigkeit im oberen Medium ist kleiner als im unteren. Beim Einfallen der Welle von oben liegt der kritische Winkel bei 48.5°. Beim Auftreffen der Welle von unten gibt es keine kritische Refraktion.

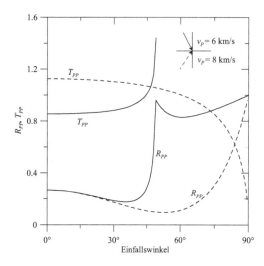

Bild 2-14 Reflexions- und Transmissionskoeffizienten R_{PP} bzw. TPP beim Einfall einer P-Welle auf eine ebene Grenze zwischen zwei festen, elastischen Medien. Die P-Wellengeschwindigkeit und die Dichte betragen im oberen Medium 6 km/s und 2.52 t/m^3 und im unteren Medium 8 km/s und 3.23 t/m^3. Die durchgezogenen Linen gelten für den Fall der von oben einfallenden Welle vom schallweicheren ins schallhärtere Medium. Die gestrichelten Linien gelten für den Einfall der Welle von unten.

2.1.6 Oberflächenwellen

Wie in Kapitel 2.1.5 beschrieben existieren im Vollraum die beiden Raumwellentypen der P-und S-Welle. Die Erde ist aber bekanntlich in erster Näherung ein Ellipsoid und kann bei kleinen Entfernungen zwischen der seismischen Quelle und dem Einwirkort (kleiner als etwa 1000 km) im Modell auch durch eine ebene Erde angenähert werden. Alle seismischen Messungen werden an oder nahe der Erdoberfläche gemacht, die bisher bei dem Vollraummodell unberücksichtigt gelassen wurde. Die freie Oberfläche eines elastischen Mediums ist bezüglich der Spannungen durch spezielle Randbedingungen gekennzeichnet.

Hier gilt:

$$\sigma_z = \tau_{xz} = \tau_{yz} = 0 \tag{2.40}$$

das heißt die Oberfläche muss spannungsfrei sein. Trifft in einem solchen Halbraum eine Welle auf die Oberfläche, so koexistieren hier gleichzeitig die einfallende Welle und eine reflektierte Welle. Die resultierende Bewegung, also auch die mit Seismometern gemessene Bodenbewegung, setzt sich aus der vektoriellen Summe der Amplituden dieser beiden Wellen zusammen. Bei einer reinen SH-Welle hat die an einer Grenzfläche reflektierte Welle die gleiche Amplitude wie die einfallende Welle. An der freien Oberfläche hat eine SH-Welle daher die doppelte Amplitude gegenüber der aus dem Halbraum her einfallenden Welle. Auch P- und SV-Wellen zeigen Amplitudenverstärkungen bei der Reflexion an der freien Oberfläche, allerdings hängen diese hier vom Einfallswinkel und dem Geschwindigkeitsverhältnis der beiden Raumwellen ab. Noch wichtiger ist, dass die Wechselwirkung der P- und S-Wellen mit der freien Erdoberfläche eine Grenzflächenwelle entstehen lässt, die sich entlang der Erdoberfläche ausbreitet. Dieser Wellentyp wurde erstmals von Lord RAYLEIGH im Jahr 1885 beschrieben und trägt seinen Namen (RAYLEIGH- oder R-Welle).

2.1.6.1   RAYLEIGH-Welle

Es lässt sich zeigen, dass die Geschwindigkeit der RAYLEIGH-Welle v_R im homogenen Halbraum immer kleiner als die Scherwellengeschwindigkeit ist. Sie wird festgelegt durch (Aki und Richards, 1980):

$$\frac{v_R^2}{v_S^2}\left[\frac{v_R^6}{v_S^6} - 8\frac{v_R^4}{v_S^4} + v_R^2\left(\frac{24}{v_S^2} - \frac{16}{v_P^2}\right) - 16\left(1 - \frac{v_S^2}{v_P^2}\right)\right] = 0 \tag{2.41}$$

Für gegebene Werte von v_P und v_S lässt sich immer eine Lösung der Gleichung (2.41) finden für die $0 < v_R < v_S$ ist. Im Falle des ideal elastischen Mediums (Poisson-Körper) ist $v_P^2 = 3v_S^2$ und Gleichung (2.41) wird zu

$$\left[\frac{v_R^6}{v_S^6} - 8\frac{v_R^4}{v_S^4} + \frac{56}{3}\frac{v_R^2}{v_S^2} - \frac{32}{3}\right] = 0 \tag{2.42}$$

Diese in $\left(v_R^2/v_S^2\right)$ kubische Gleichung hat Lösungen bei

$$\frac{v_R^2}{v_S^2} = 4, \ \left(2 + 2/\sqrt{3}\right), \ \left(2 - 2/\sqrt{3}\right) \tag{2.43}$$

Nur bei der letzten Lösung ist $V_R < v_S$. Das liefert die RAYLEIGH-Wellengeschwindigkeit im homogenen Halbraum zu $v_R = 0.9194 \, v_S$ und $v_R = 0.531 \, v_P$. Bild 2-15 zeigt die Geschwindigkeitsverhältnisse zwischen der RAYLEIGH-Welle und der P- bzw. der S-Welle für verschiedene Poissonzahlen. Im Bereich gängiger Poissonwerte, wie sie in der Erde vorkommen, also etwa zwischen 0.2 und 0.4, liegt die RAYLEIGH-Wellengeschwindigkeit bei 90% bis 95% der S-Wellengeschwindigkeit.

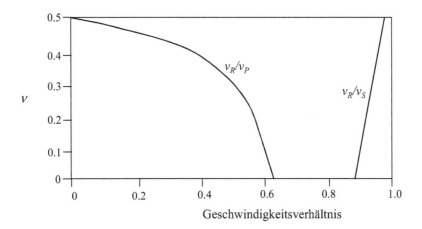

Bild 2-15 Verhältnis der RAYLEIGH-Wellengeschwindigkeit im homogenen Halbraum zur P- bzw. S-Wellengeschwindigkeit in Abhängigkeit von der Poissonzahl.

Die RAYLEIGH-Wellen sind nahe mit Wasserwellen, wie man sie am Strand beobachten kann, verwandt. Bei beiden ist die Teilchenbewegung elliptisch. Da die RAYLEIGH-Wellen aus P- und SV-Wellen entstehen, erfolgt die Bewegung nur in der vertikalen Ebene in Ausbreitungs-richtung der Welle. Schreibt man die Wellenzahl der RAYLEIGH-Welle als

$$k = \frac{\omega}{v_R} \tag{2.44}$$

an, wobei ω die Kreisfrequenz ist und betrachtet eine RAYLEIGH-Welle, die in die positive x-Richtung läuft, dann lassen sich die horizontale und vertikale Komponente der Bewegung u bzw. w folgendermaßen angeben:

$$u = -Ak\sin(kx - \omega t) \cdot \left(e^{-0.85kz} - 0.58 e^{-0.39kz} \right)$$
$$w = -Ak\cos(kx - \omega t) \cdot \left(0.85 e^{-0.85kz} - 1.47 e^{-0.39kz} \right) \tag{2.45}$$

Die Exponentialterme beschreiben die Tiefenabhängigkeit der Bewegungsamplituden, A ist die Ausgangsamplitude. An der Erdoberfläche werden die Exponentialterme zu Null und die Be-wegungen lauten:

$$u = -0.42\,Ak\sin(kx - \omega t)$$
$$w = 0.62\,Ak\cos(kx - \omega t) \tag{2.46}$$

Die Bewegungskomponenten u und w hängen harmonisch von der Ortskoordinate x und expo-nentiell von der Tiefe z ab. Die Verschiebungen in x-und z-Richtung sind um 90° phasenver-schoben. Bild 2-16 zeigt die Partikelbewegung im Zeit- und Ortsbereich. Im oberen Scheitel-punkt der Ellipse ist die Bewegungsrichtung eines Teilchens der Ausbreitungsrichtung der Welle entgegengesetzt. Eine solche Bewegung wird als retrograd bezeichnet. Wasserwellen weisen übrigens eine prograde Bewegung auf. An der Oberfläche ist die vertikale Komponente der Bewegung um den Faktor 1.48 größer als die horizontale Komponente.

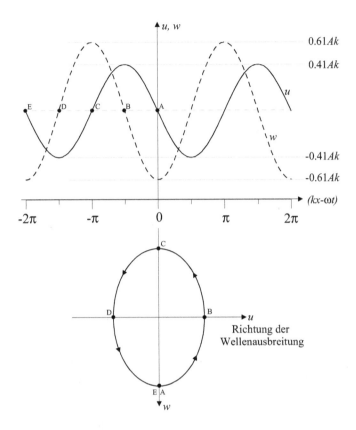

Bild 2-16 Die Bodenbewegung an der Erdoberfläche beim Durchgang einer RAYLEIGH-Welle. Im oberen Teil sind die horizontale und die vertikale Bewegung, u bzw. w, als Funktion vom (kx-ωt) dargestellt. Der untere Teil zeigt die retrograde elliptische Partikelbewegung als Funktion der Zeit (Lay und Wallace, 1995).

In Bild 2-17 ist die Tiefenabhängigkeit der beiden Bewegungskomponenten dargestellt. In einer Tiefe $z = h$, wobei h etwa ein Fünftel einer Wellenlänge der RAYLEIGH-Welle entspricht, wird die horizontale Komponente der Bewegung zu Null. Das heißt hier entartet die Bewegungsellipse zu einer vertikalen Linie. Bei Tiefen größer als h kehrt sich das Vorzeichen der horizontalen Bewegungskomponente um und damit auch der Drehsinn der Partikelbewegung. Die RAYLEIGH-Welle zeigt also bei solchen Tiefen eine prograde Bewegung.

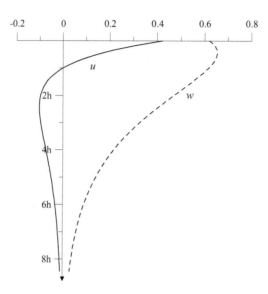

Bild 2-17 Tiefenabhängigkeit der horizontalen und vertikalen Bewegungskomponenten u bzw. w einer RAYLEIGH-Welle in einem homogenen Halbraum.

Da die Amplituden der RAYLEIGH-Wellen vom Verhältnis der Tiefe zur Wellenlänge abhängen, haben Wellen mit größerer Wellenlänge in derselben Tiefe auch größere Amplituden als Wellen mit kleinerer Wellenlänge. Im Falle des homogenen Halbraumes ist die Geschwindigkeit der RAYLEIGH-Wellen nicht von der Frequenz abhängig. In einem vertikal geschichteten Medium aber sind RAYLEIGH-Wellen dispersiv, das heißt, die Ausbreitungsgeschwindigkeit hängt von der Wellenlänge ab.

Liegt eine Quelle nahe der Erdoberfläche, so ist in der Regel mit stärkeren RAYLEIGH-Wellen zu rechnen als bei einem tief liegenden seismischen Herd. Gerade auch an der Oberfläche durchgeführte Sprengungen, z.B. Gewinnungssprengungen in der Rohstoffindustrie, erzeugen starke RAYLEIGH-Wellenamplituden. Bild 2-18 zeigt die starken Amplituden der RAYLEIGH-Wellen bei einem Beben mit sehr flach liegendem Herd (Herdtiefe < 2km), das in einem Bergbaugebiet stattfand. Die Lokalmagnitude (Abschnitt 2.7.4) des Bebens lag bei 4.1 und die Entfernung zwischen dem Herd und der Station betrug 154 km.

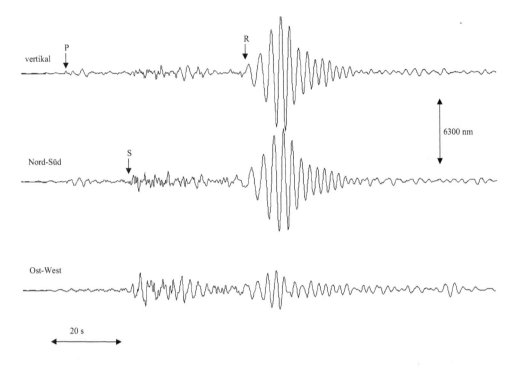

Bild 2-18 Seismogramm der Bodenverschiebung eines Bebens in 154 km Entfernung mit einer Herdtiefe von weniger als 2 km und einer Lokalmagnitude von 4.1. Das Beben ereignete sich nördlich der Station. Daher sind in der Ost-West Komponente der Bewegung, die annähernd quer zur Ausbreitungsrichtung der Wellen liegt, die RAYLEIGH-Wellen kaum wirksam. Die größten Verschiebungsamplituden wurden im Bereich der RAYLEIGH-Welle in der vertikalen Komponente gemessen.

2.1.6.2 LOVE-Welle

In Abschnitt 2.1.6.2 wurde gezeigt, dass im homogenen Halbraum die bloße Existenz der freien Oberfläche dazu führt, dass dort eine RAYLEIGH-Welle aus der Kopplung von P- und SV-Wellen entstehen kann. Der horizontal polarisierte Anteil der S-Wellen, die SH-Komponente, hat definitionsgemäß eine Bewegungsrichtung der Bodenpartikel parallel zur Oberfläche (Bild 2-19). Da die SH-Wellen nicht konvertieren, werden sie an der freien Oberfläche nur totalreflektiert. Um die SH-Wellen-Energie nahe der Oberfläche ‚einzufangen‘, muss der Halbraum eine Geschwindigkeitsverteilung aufweisen, die mit zunehmender Tiefe höhere S-Wellen Geschwindigkeiten zeigt. Im einfachsten Fall reicht hier eine Schicht niederer Geschwindigkeit über einem homogenen Halbraum. Bild 2-19 zeigt eine solche Situation. Erreicht ein Wellenstrahl einer SH-Welle die Grenzfläche zwischen der Schicht mit der S-Wellengeschwindigkeit v_{S1} und dem Schermodul μ_1 und dem Halbraum mit den Parametern v_{S2} und μ_2 unter einem Winkel jenseits des kritischen Winkels der Totalreflexion, so wird alle Energie der SH-Wellen in der oberen Schicht geführt. Die Wellenfront PQ ist zurzeit t an der Position A, die Wellenfront P'Q' wurde gerade bei B an der freien Oberfläche reflektiert.

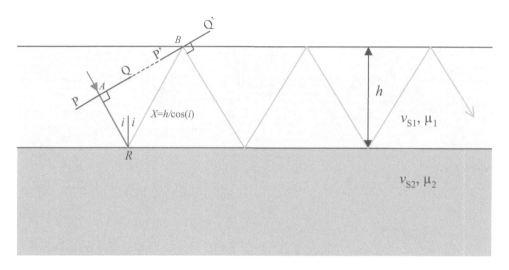

Bild 2-19 Geometrie einer SH-Welle, die in einer Schicht niederer S-Wellengeschwindigkeit über einem Halbraum mehrfach reflektiert wird. Positionen der ebenen Wellenfront sind durch schwarze Linien angegeben, die Wellenstrahlen sind grau gezeichnet. Die Teilchenbewegung der SH-Welle steht senkrecht zur Zeichenebene.

Damit die Bewegungen der ebenen Wellen bei A und B konstruktiv miteinander interferieren, muss die Phasendifferenz ein Vielfaches ganzer Schwingungen sein. Wenn Φ_A und Φ_B die Phasen der Wellenfronten bei A und B sind, dann muss für die Phasendifferenz gelten:

$$\Phi_B - \Phi_A = 2n\pi \tag{2.47}$$

Wenn Λ die Wellenlänge und Φ_R die Phasenänderung bei der Reflexion der Welle am Reflexionspunkt R ist, dann lässt sich die Phasendifferenz schreiben als

$$\Phi_B - \Phi_A = 2n\pi = \overline{ARB}\left(\frac{2\pi}{\Lambda}\right) + \Phi_R \tag{2.48}$$

Hier ist $\overline{ARB}\,(2\pi/\Lambda)$ die Phasenänderung entlang des Laufweges von A über R nach B, der sich durch die Schichtmächtigkeit h und den Einfallswinkel i ausdrücken lässt ($\overline{ARB} = 2h\cos i$). Die Phasenänderung bei der überkritischen Reflexion an der Grenzfläche ist abhängig von den Materialparametern der Schicht und des Halbraumes:

$$\Phi_R = -2\tan^{-1}\left(\frac{\mu_2\sqrt{v_L^{-2} - v_{S2}^{-2}}}{\mu_1\sqrt{v_{S1}^{-2} - v_L^{-2}}}\right) \tag{2.49}$$

Damit kann die Bedingung der konstruktiven Interferenz geschrieben werden als:

$$2n\pi = \frac{2h\cos i\,2\pi}{\Lambda\sin i} - 2\tan^{-1}\left(\frac{\mu_2\sqrt{v_L^{-2} - v_{S2}^{-2}}}{\mu_1\sqrt{v_{S1}^{-2} - v_L^{-2}}}\right) \tag{2.50}$$

oder mit $\sin i = v_{S1}/v_L$, $\cos i = \sqrt{1 - v_{S1}^2/v_L^2}$ und $\omega/v_L = 2\pi/\Lambda$:

$$\tan\left(h\omega\sqrt{v_{S1}^{-2} - v_L^{-2}}\right) = \frac{\mu_2\sqrt{v_L^{-2} - v_{S2}^{-2}}}{\mu_1\sqrt{v_{S1}^{-2} - v_L^{-2}}} \qquad (2.51)$$

Gleichung 2.51 ist die so genannte Dispersionsgleichung der LOVE-Wellen. Die Lösungen dieser Gleichung, die mit der Schichtmächtigkeit h auch von der Geometrie abhängt, werden am Besten graphisch erläutert. Führt man die Größe $y = h\sqrt{v_{S1}^{-2} - v_L^{-2}}$ ein, die in dem Intervall $0 < y < h\sqrt{v_{S1}^{-2} - v_{S2}^{-2}}$ definiert ist und trägt man $\tan \omega y$ und die rechte Seite der Gleichung 2.51 im Definitionsbereich auf, so liefern die Schnittpunkte der beiden Funktionen die diskreten Lösungen (Bild 2-20). Für gegebene Werte der Kreisfrequenz existiert eine endliche Zahl von Lösungen, die üblicherweise mit n = 0, 1, ... bezeichnet werden. Die Lösung mit n = 0 ist dabei die Grundmode oder Fundamentalmode für die entsprechende Frequenz und die weiteren Lösungen mit n > 0 sind die höheren Moden oder Obertöne des Schwingungssystems.

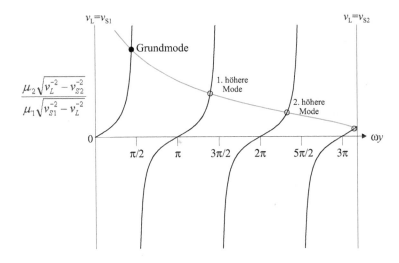

Bild 2-20 Graphische Lösung der Dispersionsgleichung (2.51) einer LOVE-Welle in einem Medium mit einer Schicht über einem homogenen Halbraum. Der ausgefüllte Kreis gibt die Grundmode, die offenen Kreise die höheren Moden der Lösungen an.

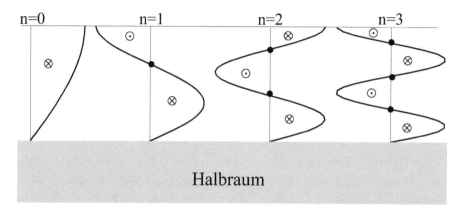

Bild 2-21 Physikalische Interpretation der Grundmode und der ersten 3 höheren Moden einer LOVE-Welle in einer Schicht über einem Halbraum. Die harmonischen Kurven geben die Amplitudenverteilung der senkrecht zur Zeichenebene schwingenden Teilchen an. Die gefüllten Kreise markieren die Tiefenlage der jeweiligen Nodalflächen. Die gekreuzten bzw. gepunkteten Kreise geben den Bewegungssinn der schwingenden Teilchen an.

Die Moden haben eine einfache physikalische Interpretation. Bei der Fundamentalmode ist die Amplitude der in y-Richtung schwingenden Teilchen (Bild 2-21) entsprechend einer harmonischen Viertelschwingung, die zwischen der Oberfläche und der Grenze zwischen der Schicht und dem Halbraum passt, verteilt. Alle Teilchen in der Schicht befinden sich zu einem bestimmten Zeitpunkt entweder vor oder hinter der Zeichenebene. Bei den höheren Moden gibt es in der Schicht Nodalflächen der Schwingungsamplitude, und zwar in Abhängigkeit von der Modenzahl. Ober- und unterhalb einer solchen Nodalebene sind die Momentanauslenkungen der Teilchen entgegengesetzt. Mit wachsendem ω in der Dispersionsgleichung (2.51) wächst auch die Zahl der Tangens-Funktionen im Definitionsintervall und damit die Zahl der Lösungen (Moden). Bild 2-22 fasst die Schwingungsrichtungen von Teilchen beim Durchgang von Raum- und Oberflächenwellen zusammen.

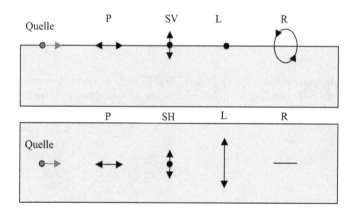

Bild 2-22 Übersicht der Schwingungsrichtungen von Partikeln bei der Ausbreitung seismischer Raum- und Oberflächenwellen. Ausbreitungsrichtung ist von links nach rechts. Oben sind die Schwingungen in der vertikalen Ebene zu sehen, unten in der horizontalen Ebene. Die Pfeile geben die Schwingungsrichtungen an und sind von links nach rechts entsprechend der zunehmenden Laufzeit angeordnet (Bath, 1973).

2.1.7 Dämpfung

Bisher sind wir bei der Betrachtung der Wellenausbreitungsphänomene von einer rein elastischen Wellenausbreitung ausgegangen. Die Natur lehrt, dass dies in der Erde natürlich nicht der
Fall ist. In einer ideal elastischen Erde würden Erschütterungen, einmal durch ein Beben ausgelöst, nie abklingen. Der wahre Erdkörper ist nicht ideal elastisch und seismische Wellen werden
bei ihrer Ausbreitung durch mehrere Mechanismen gedämpft. Die laufende Umwandlung von
potentieller Energie in kinetische Energie und umgekehrt ist nicht völlig verlustfrei. Es wird
durch die Wellenbewegungen im Gesteinmaterial Arbeit verrichtet, etwa durch Reibungen an
Korngrenzen oder bei der Erwärmung des Gesteinsmaterials durch die Bewegungen. Diese
unterschiedlichen physikalischen Phänomene werden unter dem Begriff der inneren Reibung
zusammengefasst. Die Dämpfung einer harmonischen Schwingung, $x(t)$, mit der Ausgangsamplitude A_0, lässt sich durch den Absorptionskoeffizienten ε ausdrücken:

$$x(t) = A_0 e^{-\varepsilon \omega_0 t} \sin\left(\omega_0 t \sqrt{1 - \varepsilon^2} \right) \tag{2.52}$$

Dabei nimmt die Amplitude exponentiell mit wachsender Zeit ab. Schaltet man mit $\varepsilon = 0$ die
Dämpfung aus, so ist (2.52) eine einfache harmonische Schwingung. In der Seismologie wird
die Dämpfung oft in Form des sogenannten Qualitätsfaktors oder kurz Q-Faktors Q ausgedrückt, der den Energieverlust einer Welle innerhalb einer Schwingung angibt:

$$\frac{1}{Q} = \frac{-\Delta E}{2\pi E} \tag{2.53}$$

wobei ΔE der Betrag des Energieverlustes ist. Zwischen dem Q-Faktor und dem Ab-
sorptionsgskoeffizienten besteht der Zusammenhang:

$$\varepsilon = \frac{1}{2Q} \tag{2.54}$$

Damit lässt sich die Amplitude der gedämpften Schwingung sowohl zeit- als auch ortsabhängig
ausdrücken durch:

$$\begin{aligned} A(t) &= A_0 e^{-\omega_0 t / 2Q} \\ A(x) &= A_0 e^{-(\pi f / Q v_{P,S}) x} \end{aligned} \tag{2.55}$$

Aus Gleichung (2.55) ist ersichtlich, dass bei einem konstanten Q-Wert höherfrequente Wellenanteile schneller gedämpft werden als niederfrequente Anteile. Das liegt einfach daran, dass
bei einer vorgegebenen Entfernung die höherfrequenten Wellenanteile mehr Schwingungen
durchlaufen als die niedrigen. Große Zahlenwerte der dimensionslosen Größe Q stehen also für
eine schwache Dämpfung und umgekehrt. Q-Werte für P-Wellen sind in der Regel größer als
für S-Wellen und man unterscheidet somit zwischen Q_P und Q_S. Oft wird $Q_P \approx 9/4 \cdot Q_S$ angesetzt. Aus Beobachtungen wurde ermittelt, dass Q-Werte seismischer Wellen bei Frequenzen
zwischen 0.001 Hz und 1 Hz weitgehend frequenzunabhängig sind. Bei höheren Frequenzen,
also auch bei bauwerksrelevanten Frequenzen, nimmt Q in der Regel mit der Frequenz zu.
Während Q-Werte für Krustengesteine meist zwischen 100 und 400 liegen, können bei weichen
Lockersedimenten durchaus Q-Werte unter 10 beobachtet werden.

2.2   Die Struktur von Seismogrammen

Seismogramme sind zeitabhängige Aufzeichnungen von Bodenbewegungen an einem bestimmten Ort. Seit Ende des 19. Jahrhunderts existieren Messgeräte, die in der Lage sind, auswertbare Aufzeichnungen von Bodenbewegungen zu erzeugen. Die überwiegende Zahl dieser Messgeräte arbeitet nach dem Trägheitsprinzip; sie werden als Inertialseismometer bezeichnet. Für einige Spezialanwendungen werden auch Messgeräte verwendet, die Dehnungen des Gesteins im Untergrund beim Durchgang seismischer Wellen messen. Diese Strainseismometer spielen jedoch für ingenieurseismologische Fragestellungen keine Rolle. Es gibt eine Reihe von Begriffen, die seismische Messinstrumente bezeichnen, die zum Teil unterschiedlich definiert werden. Hier wird die von C.F.Richter (1958) eingeführte Definition verwendet. Hiernach sind Seismoskope Geräte, die eine Bodenbewegung anzeigen, möglicherweise auch den Zeitpunkt der Bewegung festhalten, nicht aber den Ablauf der Bodenbewegung wiedergeben. Liefern Geräte Seismogramme, so handelt es sich um Seismographen. Wenn für diese Seismographen die Übertragungseigenschaften vollständig bekannt sind, so nennt Richter diese Geräte Seismometer.

Der Begriff Geophon hat sich für Seismometer eingebürgert, die ein Ausgangssignal liefern, das im eigentlichen Messbereich der Schwinggeschwindigkeit des Bodens proportional ist. Eine weitere Gerätefamilie, die in der Ingenieurseismologie eine wichtige Rolle spielt, sind *strong-motion*-Messgeräte. Während viele Seismometer so konstruiert werden, dass sie eine möglichst große Empfindlichkeit haben, also extrem kleine Bodenbewegungen auflösen können, zielen *strong-motion*-Geräte darauf, sehr starke Bodenbewegungen, zum Beispiel in unmittelbarer Herdnähe von starken Beben, verzerrungsfrei registrieren zu können. Die meisten dieser Geräte zeichnen Signale auf, die proportional zur Bodenbeschleunigung sind.

Die Bodenbewegung an einem Punkt beim Durchlaufen einer seismischen Welle ist eine zeitabhängige vektorielle Größe. Der Boden bewegt sich in der Regel in allen drei Raumrichtungen gleichzeitig. Um die Bodenbewegung komplett zu erfassen wird daher meist mit Seismometern gearbeitet, die in drei orthogonalen Richtungen jeweils eine Komponente der Bodenbewegungen erfassen. In der Erdbebenseismologie werden die Komponenten standardmäßig vertikal, in Nord-Süd Richtung und in Ost-West Richtung registriert. Manche Seismometer messen auch in anderen Orientierungen und es werden dann rechnerisch die ‚klassischen' Komponenten bestimmt oder die Komponenten werden rechnerisch so ausgerichtet, dass eine der Horizontalkomponenten parallel und die andere quer zur Wellenausbreitung liegt. Das geht natürlich erst, wenn der Bebenherd bekannt ist, um die entsprechenden Richtungskosinus aus dem Azimut, d.h. dem Winkel zwischen der Nordrichtung und der Verbindung von Herd zur Station, berechnen zu können. Bei mehr technisch orientierten Anwendungen wie im Erschütterungsschutz und in der Ingenieurseismologie werden die Horizontalkomponenten auch oft an Bauwerksachsen ausgerichtet.

Die folgenden Beispiele sollen die Ähnlichkeit von teleseismischen-, Lokalbeben- und *strong-motion*-Seismogrammen in ihrer Struktur zeigen und gleichzeitig die mehrere Größenordnungen umfassenden Unterschiede in den Bodenbewegungsamplituden und die Unterschiede der Zeitmassstäbe erläutern.

2.2.1 Strong-motion-Seismogramm

Unter dem Begriff *strong-motion* Seismogramm werden oft alle Registrierungen verstanden, die mit *strong-motion* Messgeräten erfasst werden In der Regel liefern diese Messgeräte beschleunigungsproportionale Aufzeichnungen. Man verwendet den Begriff also auch häufig für Aufzeichnungen gar nicht so starker Bodenbewegungen, wenn sie denn mit einem entsprechenden *strong-motion* Gerät aufgezeichnet wurden. Für die Ingenieurseismologie haben geschwindigkeitsproportionale und verschiebungsproportionale Aufzeichnungen sicher eine gleich große, wenn nicht im Hinblick auf die Bauwerksrelevanz sogar größere Bedeutung. Aus technischen Gründen werden aber starke Bodenbewegungen bisher meist mit Beschleunigungssensoren gemessen. Bild 2-23 zeigt eine *strong-motion* Registrierung des Duzce Erdbebens in der Türkei am 12.11.1999. Die Daten stammen aus der europäischen *strong-motion* Datenbasis (Ambraseys et al., 2000). Das Beben hatte eine Oberflächenwellenmagnitude von 7.3. Die Messstation hatte eine Epizentralentfernung von 39 km. In dem 30 Sekunden langen Zeitfenster erreicht die Bodenbeschleunigung in der horizontalen Richtung Maximalwerte von ca. 80% der Erdbeschleunigung. In der Vertikalen ist die maximale Beschleunigung mit 1.88 m/s^2 deutlich kleiner. Man erkennt den zeitlichen Abstand zwischen dem Eintreffen der P-Welle, die in der Vertikalkomponente am deutlichsten ist, und der S-Welle, die in den horizontalen Komponenten die starken Bodenbeschleunigungen einleitet und in der Vertikalen kaum zu erkennen ist. Die Oberflächenwellen folgen direkt der S-Phase, was auf die Herdnähe und den relativ langen Herdprozess zurückzuführen ist.

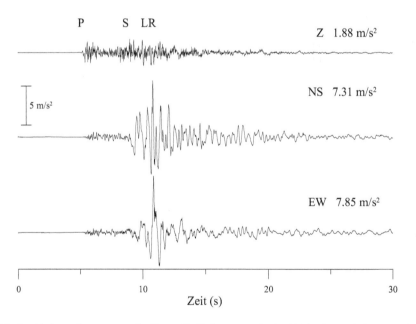

Bild 2-23 Starkbebenseismogramm des Duzce Erdbebens am 12.11.1999 in der Türkei. Das Beben hatte eine Oberflächenwellenmagnitude von 7.3. Die Beschleunigungsseismogramme wurden an einer Station in 39 km Epizentralentfernung aufgezeichnet. Die Beschleunigungen in der Horizontalkomponente (EW) betragen 80% der Erdbeschleunigung.

2.2.2 Seismogramm eines Lokalbebens

Bild 2-24 zeigt die Bodenbewegung eines Lokalbebens der Magnitude 4 an einer Station in 125 km Entfernung in einem 90 s langen Zeitfenster. Von oben nach unten sind jeweils die drei Komponenten der Verschiebung, der Geschwindigkeit und der Beschleunigung des Bodens dargestellt. Die Seismogramme wurden ursprünglich mit einem geschwindigkeitsproportionalen Seismometer gemessen. Der Hochpass-Filter-Effekt des Seismometers wurde rechnerisch beseitigt und durch einmalige Integration bzw. Differentiation nach der Zeit wurde aus der Geschwindigkeit des Bodens am Seismometerstandort die Verschiebung bzw. die Beschleunigung berechnet. In den Verschiebungsseismogrammen liefern die relativ niederfrequenten RAYLEIGH-Wellen in der Vertikalkomponente die Schwingungen mit den größten Amplituden. In den Geschwindigkeits- und Beschleunigungsseismogrammen zeigen die S- und L-Wellen, die bei dieser Herdentfernung nur schwer zu trennen sind, die größten Amplituden. Wie komplex eigentlich die Bodenbewegung ist wird in Bild 2-25 deutlich, das auf der gleichen Registrierung beruht wie die Seismogramme in Bild 2-24. Hier wurden zunächst die Verschiebungen in einem Frequenzbereich von 0.8 Hz bis 8 Hz berechnet und dann die Vektoren der Momentanauslenkung in der Z-N, Z-E und N-E Ebene entlang der Zeitachse aufgetragen. Die Bewegungen des P-Wellen Einsatzes zeigen, dass der Wellenstrahl unter einem Winkel von ca. 30° gegen die Vertikale auf die freie Oberfläche traf und Bewegungen in der horizontalen N-E Ebene zeigen ein Eintreffen aus nordwestlicher Richtung.

Wegen der schräg einfallenden Raumwellen ist der S-Welleneinsatz sowohl in der horizontalen als auch in den vertikalen Schnittebenen deutlich zu erkennen. Die RAYLEIGH-Welle zeigt klar ihre retrograde Drehrichtung in den beiden vertikalen Schnittebenen.

Die Kurve der kumulativen seismischen Energie am Messort in Bild 2-25 macht deutlich, dass beim Eintreffen und Durchlaufen einer seismischen Welle an einem Beobachtungspunkt die Energie nicht zeitlich gleichverteilt eintrifft. Die Kurvenabschnitte mit einer großen Steigung kennzeichnen kurze Zeitabschnitte mit relativ hohem Energieeintrag und die flachen Abschnitte kennzeichnen Zeitspannen im Seismogramm mit geringem Beitrag zur Gesamtenergie. Der größte Energieeintrag ist mit der S-Wellenphase verbunden.

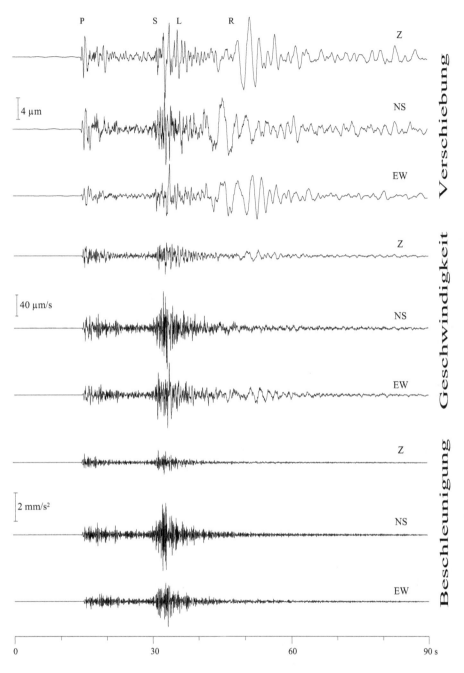

Bild 2-24 Die neun Seismogramme zeigen die Bodenbewegung an einer Station in 125 km Entfernung von einem Lokalbebens der Magnitude 4.1 als Verschiebung (oben), Geschwindigkeit (Mitte) und Beschleunigung (unten). Z, NS und EW stehen für vertikal, Nord-Süd bzw. Ost-West Komponente. Die Seismogramme einer Bewegungsgröße sind jeweils gleich skaliert.

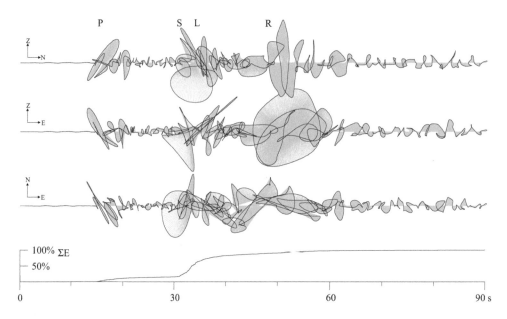

Bild 2-25 Momentane Verschiebungsvektoren (Polarigramm) des Seismogramms aus Bild 2-24. Die grauen Linien sind die momentanen Verschiebungsvektoren, entlang der Zeitachse angeordnet. Die Linien verbinden die Endpunkte der Verschiebungsvektoren. Von oben nach unten zeigen die Spuren die Bewegung in der vertikalen Ebene Richtung Nord, in der vertikalen Ebene Richtung Osten und in der Horizontalebene. Die unterste Spur zeigt die relative kumulative Energie am Stationsort. Die Buchstaben P, S, L und R kennzeichnen die Ankunft der P-, S- LOVE- und RAYLEIGH- Wellen.

2.2.3 Seismogramm eines Fernbebens

In Seismogrammen von Fernbeben (Bild 2-26), die viele Tausend Kilometer vom Ort des Erdbebens entfernt sind, können zwischen dem Eintreffen der einzelnen Wellentypen viele Minuten liegen. Bei einem Beben in 9000 km Entfernung liegt der zeitliche Abstand zwischen der P- und S-Welle bei ca. 10 Minuten und die Oberflächenwellen treffen ca. 20 Minuten später als die P-Wellen ein.

Die Dauer des Herdprozesses, der die seismische Energie freisetzt, ist selbst bei den stärksten bekannten Beben auf 2-3 Minuten beschränkt. Die zeitlichen Abstände der einzelnen Wellentypen im Seismogramm sind daher nicht Ausdruck des Herdvorganges, sondern sind Resultat unterschiedlicher Laufwege und unterschiedlicher Ausbreitungsgeschwindigkeiten der Wellen im Erdinneren.

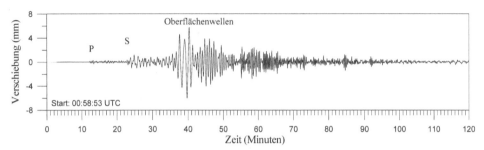

Bild 2-26 Seismogramm eines Fernbebens bei Sumatra, aufgezeichnet an der Erdbebenstation Bensberg in einer Entfernung von 9860 km mit einer maximalen Bodenverschiebung von ca. 6 mm. Das Beben vom 26.12.2004 hatte eine Magnitude von 9.3 und führte mit dem folgenden Tsunami zu großen Zerstörungen an den Küsten des Indischen Ozeans. Der Zeitausschnitt beginnt mit der Herdzeit und umfasst 2 Stunden. Die Einsätze der P und S Wellen und die Oberflächenwellen sind markiert.

2.2.4 Parameter zur Beschreibung der Bewegung

Im Laufe der Zeit wurden eine Reihe von Parametern beschrieben oder definiert, die dazu dienen die Bodenbewegung bei Erdbeben zu quantifizieren. Grob lassen sich diese in Zeitbereichs- und Frequenzbereichsgrößen gliedern. Im Folgenden werden einige der wichtigsten Definitionen zusammengefasst.

2.2.4.1 Zeitbereichsgrößen

In Bild 2-24 wurden Schwingweg, Schwinggeschwindigkeit und –beschleunigung von ein und derselben Bodenbewegung gezeigt. Hieraus leiten sich fundamentale Größen der jeweils maximalen Bewegung ab. Die maximale Beschleunigung wird oft als **PGA**, *peak ground acceleration*, bezeichnet (Kramer, 1996). Da gerade bei den ingenieurseismologischen Anwendungen die Bewegungsrichtung eine entscheidenden Rolle spielt, wird in einigen Arbeiten auch zwischen der maximalen horizontalen Beschleunigung **PHA,** *peak horizontal acceleration*, und der maximalen vertikalen Beschleunigung **PVA**, *peak vertical acceleration,* unterschieden. Da alle Formen der Maximalbeschleunigung keine Informationen über die Dauer oder den Frequenzinhalt der Bodenbewegung enthalten, sind ergänzende Angaben erforderlich, um eine Bodenbewegung zu charakterisieren. Nicht selten zeigen Beschleunigungsseismogramme die Maximalwerte als isolierte Einzelwerte, die nur in einem sehr kleinen Zeitabschnitt bei einer oder sehr wenigen Schwingungen vorkommen.

Oft zeigt die Schwinggeschwindigkeit und damit auch deren Extremwerte, die **PGV**, *peak ground velocity*, **PHV**, *peak horizontal velocity* und der Maximalwert in der vertikalen Richtung **PVV**, *peak vertical velocity* eine bessere Korrelation mit der Verteilung von Gebäudeschäden bei Erdbeben als die maximalen Beschleunigungswerte. Gerade für Strukturen, die nicht so sehr auf Anregungen bei hohen Frequenzen reagieren, sondern eher auf Anregung in einem mittleren Frequenzbereich wie hohe flexible Gebäude oder auch Brücken, sind die Maximalwerte der Schwinggeschwindigkeit oft der bessere Parameter zur Lastquantifizierung als die Beschleunigungsgrößen.

Maximalverschiebungen **PGD,** *peak ground displacement*, sind in der Regel an die niederfrequenten Anteile der Bodenbewegungen gebunden. Da die meisten Messungen geschwindigkeits- oder beschleunigungsproportional erfolgen, werden die maximalen Verschiebungen sel-

tener verwendet. Es ist mitunter nicht immer trivial, durch einfache Integration Verschiebungszeitverläufe aus Geschwindigkeits- oder gar Beschleunigungsmessungen zu berechnen (Abschnitt 2.2.4.4).

Allen Maximalamplituden ist gemein, dass sie nur die Maximalamplitude einer einzigen Halb-
schwingung angeben und ihr Zustandekommen oft an Zufälle gebunden ist. Das zeigt sich beim
Vergleich von Maximalamplituden, die an sehr nahe beieinander liegenden Stationen bei einem
Ereignis aufgezeichnet wurden. Selbst bei identisch erscheinenden Aufstellungsbedingungen
der Messgeräte streuen die Maximalamplituden oft erheblich. Die PGA kann durchaus aussagekräftig im Hinblick auf das Schadenspotential einer Bodenbewegung sein. Oft bedarf es aber
mehrer Schwingungen in einem Seismogramm mit Amplituden in der Größenordnung der PGA,
eine einzelne Schwingung mit dieser Amplitude hingegen hat aber möglicherweise keine Schadenswirkung. Man hat daher versucht Parameter zu definieren, die größere Aussagekraft über
die Natur der Bodenbewegung haben, als die reinen Maximalwerte. Nachteil ist manchmal,
dass für Parameter mit der gleichen Bezeichnung unterschiedliche Definitionen existieren, wie
zum Beispiel bei der effektiven Beschleunigung. Newmark und Hall (1982) entwickelten das
Konzept einer effektiven Beschleunigung, die das Schadenspotential einer Bodenbewegung
besser beschreiben soll als die PGA. Um zu starken Einfluss von hochfrequenten Beschleuni-
gungsspitzen zu verhindern werden hier nur spektrale Werte des Antwortspektrums im Periodenbereich zwischen 0.1 und 0.5 s berücksichtigt. Die effektive Beschleunigung ist geringer als
die im Freifeld außerhalb von Bauwerken gemessene PGA.

Die totale Intensität I_T wurde als die Fläche unter dem quadrierten Beschleunigungsseismogramm definiert, wobei T_d die Dauer der (Stark-) Bodenbewegung ist:

$$I_T = \int_0^{T_d} [a(t)]^2 \, dt \tag{2.56}$$

Eine Abwandlung von (2.56) ist die rms Beschleunigung:

$$a_{rms} = \sqrt{\frac{1}{T_d} \int_0^{T_d} [a(t)]^2 \, dt} \tag{2.57}$$

das Quadrat von a_{rms} wird auch als mittlere quadratische Beschleunigung, *mean squared accele-*
ration, bezeichnet. Der Einfluss einer nur in einem kurzen Zeitabschnitt auftretenden Maximalbeschleunigung auf den Zahlenwert von a_{rms} ist klein, entscheidend ist die Dauer T_d. Da die
Dauer wiederum unterschiedlich definiert werden kann (Abschnitt 2.2.4.2), ändert sich damit
auch der Wert von a_{rms}.

Wenn anstelle der Beschleunigung a(t) die Schwinggeschwindigkeit v(t) oder der Schwingweg
d(t) in (2.57) eingesetzt wird erhält man entsprechend die rms Geschwindigkeit:

$$v_{rms} = \sqrt{\frac{1}{T_d} \int_0^{T_d} [v(t)]^2 \, dt} \tag{2.58}$$

und die rms Verschiebung:

$$d_{rms} = \sqrt{\frac{1}{T_d} \int_0^{T_d} [d(t)]^2 \, dt} \tag{2.59}$$

Bei der von Arias (1970) definierten und nach ihm benannten Intensität, *Arias intensity*, entfällt
die Notwendigkeit der Definition der Dauer, da die Integration (theoretisch) bis unendlich läuft:

$$I_A = \frac{\pi}{2g} \int_0^\infty [a(t)]^2 \, dt \tag{2.60}$$

Die Arias-Intensität hat die Einheit einer Geschwindigkeit. Sie wird zum Beispiel als Parameter
der Bodenbewegung benutzt, um die Gefahr von erdbebeninduzierten Hangrutschungen zu
quantifizieren (Wilson, 1993).

Die charakteristische Intensität, *characteristic intensity*, ist definiert als:

$$I_c = (a_{rms})^{\frac{2}{3}} \sqrt{T_d} \tag{2.61}$$

Die spezifische Energiedichte, *specific energy* density, ist:

$$SED = \int_0^{T_d} [v(t)]^2 \, dt \tag{2.62}$$

und die kumulative absolute Geschwindigkeit, *cumulative absolute velocity*, ist:

$$CAV = \int_0^{T_d} |a(t)|^2 \, dt \tag{2.63}$$

Benjamin (1988) verwenden die effektive Auslegungsbescheunigung EDA, *effective design
acceleration*. Das ist die PGA eines Seismogramms nachdem dieses zuvor mit einem Tiefpassfilter mit der Eckfrequenz von 9 Hz gefiltert wurde. Dadurch wird vermieden, dass hochfre-
quente Signalspitzen die Belastungsgröße bestimmen.

2.2.4.2 Dauer der Bodenbewegung

Die Dauer der Bodenbewegung, insbesondere der starken Erschütterungen, an einem Standort
hat einen großen Einfluss auf das Schadenspotential. Standorte auf weichen, flachen Sedimentschichten tendieren zu wesentlich längeren Erschütterungseinwirkzeiten als Felsstandorte in
gleicher Herdentfernung. Bei sehr starken Beben, etwa ab Magnitude 7.5, nehmen die Maximalwerte der Bodenbewegungsgrößen kaum noch zu, deutlich wächst aber die Dauer der starken Bodenbewegungen wegen der längeren Herdzeitfunktion. Während der Beginn der Er-
schütterung mit der Ankunft der ersten P-Welle meist leicht und klar festzulegen ist, kann man
für die Definition des Endes der Bodenbewegung durchaus unterschiedliche Definitionen ansetzen. Bolt (1969) definierte die Dauer der starken Bodenbewegung als die Zeit zwischen dem
ersten und letzten Überschreiten einer Beschleunigungsschwelle, die er zu 0.05 g annahm. Eine
alternative Definition der Dauer (Trifunac und Brady, 1975) beziffert die Zeit zwischen dem
erreichen von 5% und 95% der totalen Energie an einem Standort.

Als signifikante Dauer, *significant duration*, D_s wird die Zeit bezeichnet, in der ein bestimmter
Prozentsatz der Arias Intensität am Standort akkumuliert. Meist wird auch hier die Zeit zwischen dem Erreichen von 5% und 95% der Arias Intensität verwendet. Als geklammerte Dauer
D_b, *bracketed duration*, wird die Zeit gemessen, die zwischen dem ersten und letzten Überschreiten eines bestimmten Beschleunigungsniveaus liegt, meist 5% der PGA. Die einheitliche
Dauer D_u, *uniform duration*, hingegen ist die Summe der Zeiten in denen die Beschleunigung

über einem bestimmten Niveau liegt. Folglich ist Letztere immer kleiner als die geklammerte Dauer, wenn das gleiche Niveau verwendet wird. Ausführlich befassen sich z.B. Bommer und Martínez-Pereira (1999) mit dem Begriff der Dauer von starken Bodenbewegungen.

2.2.4.3 Frequenzbereichsgrößen

Natürlich lassen sich Parameter zur Beschreibung der Stärke von Bodenbewegungen auch im Frequenzbereich definieren. Das Parsevalsche Theorem verknüpft zum Beispiel die Definition der totalen Intensität I_T im Zeitbereich mit der im Frequenzbereich:

$$I_T = \frac{1}{\pi} \int_0^{\omega_N} c_n^2 d\omega \tag{2.64}$$

wobei ω_N die Nyquistkreisfrequenz ist und c_n die Fourierkoeffizienten des frequenztransformierten Seismogramms sind.

Die dominante Periode, die Periode die zu den Schwingungen mit den größten Spektralamplituden gehört, wird manchmal als einfaches Frequenzcharakteristikum verwendet. Meist wird die dominante Periode aus geglätteten Amplitudenspektren bestimmt, so dass die Zahlenwerte vom Glättungsverfahren abhängen. Nachteil der dominanten Periode ist, ähnlich wie bei den Maximalamplituden im Zeitbereich, dass nichts über die Form des Spektrums ausgesagt wird. Bei gleicher dominanter Periode kann die zu Grunde liegende Zeitreihe sehr unterschiedlich sein. Die Form des Spektrums kann über die Bandbreite parametrisiert werden. Meist wird der Frequenzbereich in einem Powerspektrum gemessen, zwischen dem die spektralen Amplituden größer als die Hälfte des Maximalwertes sind. Im Fourierspektrum entspricht dieses Amplitudenniveau dem $1/\sqrt{2}$-fachen der maximalen Fourieramplitude. Auch hier hängen die Ergebnisse stark von den numerischen Glättungsverfahren ab, die meist auf die Spektren angewandt werden.

Von Thun et al. (1988) führten eine spektrale Beschleunigungsintensität ASI, *acceleration spectrum intensity*, ein, die sich aus der Integration des Antwortspektrums für 5% Dämpfung über das feste Periodenintervall von 0.1 bis 0.5 s ergibt:

$$ASI = \int_{0.1}^{0.5} S_a(\xi = 0.5, T)dT \tag{2.65}$$

wobei S_a die Amplitude des Beschleunigungsantwortspektrums ist. Bei Integration von 0.1 bis 2.5 s über die Amplitude des Geschwindigkeitsantwortspektrums S_v ergibt sich entsprechend die spektrale Geschwindigkeitsintensität VSI, *velocity spectral intensity*.

Seit den 1970er Jahren wird als einfach zu bestimmenden Parameter auch des Verhältnis der maximalen Geschwindigkeit zur maximalen Beschleunigung v_{max}/a_{max} verwendet. Wäre die Bodenbewegung eine einfache harmonische Schwingung, so ist $v_{max}/a_{max}=T/2\pi$. Für die unregelmäßigen Schwingungen des Bodens bei einem Erdbeben steckt so in der Größe v_{max}/a_{max} indirekt Information über die signifikanten Perioden der Bodenbewegung.

2.2.4.4   Beispiel

Bild 2-27 zeigt mehrere aus einem Beschleunigungsseismogramm abgeleitete Größen. Das Seismogramm wurde während des ChicChi Erdbebens (20.09.1999, Magnitude 7.3) registriert. Auf das gemessene Seismogramm wurden eine Basislinienkorrektur und ein Bandpassfilter angewandt. Die Basislinienkorrektur ist unerlässlich, wenn aus Beschleunigungsseismogrammen a(t) nach:

$$v(t) = \int_0^{T_d} a(t)dt \; ; \quad d(t) = \int_0^{T_d} v(t)dt \tag{2.66}$$

Geschwindigkeiten v(t) und/oder Verschiebungen d(t) durch ein- bzw. zweimalige zeitliche Integration berechnet werden sollen. Eine simple Nullpunktverschiebung, *offset*, die technisch bedingt bei den meisten gemessenen Seismogrammen vorhanden ist, führt bei der einmaligen Integration zu einer Rampenfunktion, die um so steiler ist je größer der *offset* ist. In der Regel wird bei der Basislinienkorrektur ein Polynom durch Regressionsrechnung an die Messdaten angepasst und anschließend werden von den Messdaten die sich aus der Polynomfunktion ergebenden Werte abgezogen. Das Polynom ist meist 0-ten bis 3-ten Grades, so dass die Korrekturwerte mit der Zeit konstant, linear, quadratisch oder kubisch verlaufen. Im gezeigten Beispiel wurde eine lineare Basislinienkorrektur durchgeführt und ein Butterworth-Bandpassfilter 4-ten Grades mit den Eckfrequenzen 0.1 und 25 Hz angewandt. Das unkorrigierte Beschleunigungsseismogramm unterscheidet sich nur wenig von der korrigierten und gefilterten Spur. Bei dem Geschwindigkeits- und Verschiebungsseismogramm sind der große Einfluss und die Notwendigkeit der Basislinienkorrektur aber erkennbar. Die Geschwindigkeit muss nach Abklingen der Bodenbewegungen auf Null bzw. den Wert der Bodenunruhe zurückgehen. Dieses ist eine gute Kontrolle dafür wie effektiv die Basislinienkorrektur war. Bei der Verschiebung ist es in Herdnähe durchaus möglich, dass am Ende der Registrierung eine bleibende Verschiebung angezeigt wird. Zusätzlich ist in Bild 2-27 der zeitliche Verlauf der Arias Intensität (2.60) dargestellt. Bei der Arias Intensität ist die signifikante Zeit, zwischen 5% und 95% des Gesamtwerts, besonders gekennzeichnet.

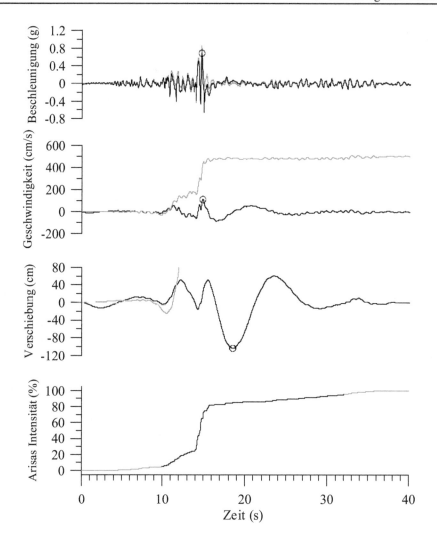

Bild 2-27 Das obere Diagramm zeigt den Beschleunigungszeitverlauf einer horizontalen Komponente gemessen während des Chi-Chi Bebens (20.09.1999, Magnitude 7.3), in Taiwan. Die graue Spur ist die Originalregistrierung, die schwarze Spur zeigt das Ergebnis der Basislinienkorrektur (Polynom 1. Ordnung) und Bandpassfilterung (0.1 bis 25 Hz). Das zweite Diagramm zeigt die Zeitbereichsdaten nach einmaliger Integration als Schwinggeschwindigkeit und das dritte Diagramm die Verschiebung nach zweimaliger Integration des Beschleunigungsseismogramms. Die schwarzen Spuren sind wieder das Ergebnis nach der Basislinienkorrektur im Beschleunigungsseismogramm. Die Kreise kennzeichnen die Maximalamplituden der Beschleunigung, Geschwindigkeit und Verschiebung. Das vierte Diagramm zeigt den zeitlichen Verlauf der Arias Intensität (grau), der schwarz gekennzeichnete Abschnitt ist die signifikante Zeit.

Die Zahlenwerte der wichtigsten Parameter zur Beschreibung der Bodenbewegung des Beispielseismogramms aus Bild 2-27 sind:

PGA	0.687 g bei t = 14.68 s
PGV	113.4 cm/s bei t = 14.85 s
PGD	103.8 cm bei t = 18.5 s
v_{max}/a_{max}	165.1 s
a_{rms}	0.0838 g
v_{rms}	26.71 cm/s
d_{rms}	32.32 cm
I_A	4.338 m/s
I_c	0.153
CAV	2.000 cm/s
ASI	0.6375 g
VSI	306.48 cm/s
EDA	0.6843 g
D_s	22 .0 s
D_b	35.3 s
D_u	18.8 s

Bild 2-28 zeigt das elastische Beschleunigungsantwortspektrum für unterschiedliche Dämpfungen zu dem Beschleunigungsseismogramm aus Bild 2-27.

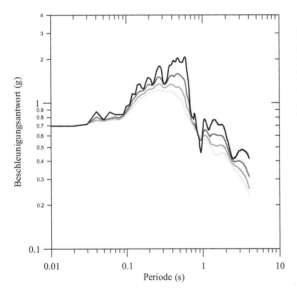

Bild 2-28 Beschleunigungsantwortspektrum des Beispiel Beschleunigungszeitverlaufes aus Bild 2-27. Die schwarze (obere) Kurve ist das Spektrum für eine Dämpfung von 5%. Die übrigen drei Kurven sind die Spektren für 10%, 15% und 20% Dämpfung.

2.3   Einfluss des lokalen Untergrundes

Einer der wichtigsten Schritte bei der Beurteilung des Standortes eines Bauwerkes ist die Ermittlung des dynamischen Verhaltens des Untergrundes im Falle einer Anregung durch Erdbebenwellen. Die beiden Seismogramme in Bild 2-29 wurden in annähernd gleicher Entfernung vom selben Beben aufgezeichnet. Bei gleichen Übertragungseigenschaften der Messgeräte unterschieden sich aber die Messorte deutlich hinsichtlich des geologischen Untergrundes. Einmal wurde mit einer Station auf Festgesteinsuntergrund und einmal mit einer Station auf weichen Lockersedimenten gemessen. Man erkennt nicht nur die um mehr als den Faktor 3 größeren Maximalamplituden bei Lockergesteinsstationen sondern auch, dass die Dauer der Bodenbewegung auf Grund von Reflexionen (Reverberationen) in den Sedimentschichten deutlich größer als beim Festgestein ist. In diesem Kapitel wird der zum Teil enorme Einfluss des Untergrundes auf den Charakter der Bodenbewegungen an einem Standort erläutert. Zur Beschreibung der Prozesse und aus Praktikabilitätsgründen hat sich dabei eine Zweiteilung des Untergrundes durchgesetzt: Die oberen 30 m (ca.) werden oft als Baugrund, die darunter liegenden Schichten bis hin zum Festgestein als geologischer Untergrund bezeichnet. Dieses ist auch in der Erdbeben Baunorm DIN4149 der Fall (Kapitel 4). Diese Einteilung hat natürlich keine physikalische oder geologische Bedeutung, der Untergrund und die seismischen Wellen kennen ja diese Aufteilung nicht. Es gibt aber durchaus Prozesse (Bodenverflüssigung, Verdichtung, dynamisch induzierte Rutschung), die nur nahe der Erdoberfläche ablaufen und mit der Zusammensetzung des tieferen Untergrundes nichts zu tun haben, wohingegen die Grundeigenfrequenz weicher Schichten wesentlich durch die Mächtigkeit des gesamten Paketes der Lockergesteinsschichten bestimmt wird.

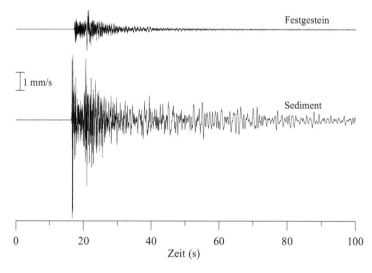

Bild 2-29 Vertikalkomponente der Schwinggeschwindigkeit an zwei Stationen in jeweils ca. 28 km Epizentralentfernung eines Bebens der Lokalmagnitude 5.0. Das obere Seismogramm wurde an einer Station auf Festgesteinsuntergrund (Eifel) registriert, das Seismogramm in der unteren Spur stammt von einer Station auf Lockersedimenten der Niederrheinischen Bucht. Die maximale Schwinggeschwindigkeit beträgt oben 1.2 mm/s und unten 4 mm/s.

2.3.1 Verstärkungsfunktion eines Schichtpaketes

Ein Erdbebenherd erzeugt Raumwellen, die sich in alle Richtungen vom Herd aus fortbewegen. An Grenzflächen, an denen sich die Wellengeschwindigkeit (und/oder die Dichte) ändern, werden die Raumwellen reflektiert und refraktiert. Nahe der Oberfläche sind die seismischen Geschwindigkeiten meist deutlich niedriger als im tieferen Untergrund, insbesondere wenn an der Oberfläche Lockersedimente anstehen. Wellenstrahlen vom Erdbebenherd zum Standort werden wegen der niedrigen Geschwindigkeiten in den standortnahen Schichten oft in eine annähernd vertikale Richtung gelenkt (Bild 2-7). Im einfachsten Fall bietet sich daher ein eindimensionales Modell an, um die Phänomene der Standortantwort auf eine seismische Anregung zu ermitteln. In diesem Modell werden die Lockergesteinsschichten als planparallel und eben betrachtet. Da Bauwerke in der Regel auf eine horizontale Anregung deutlich empfindlicher reagieren als auf eine vertikale Anregung und SH-Wellen keine Wechselwellen erzeugen, betrachtet man zunächst nur die Ausbreitung vertikal propagierender SH-Wellen. Weiter wird angenommen, dass die eindimensionale Struktur lateral unendlich ausgedehnt ist, Effekte der Topographie des Untergrundes, wie etwa im Bereich sedimentärer Becken werden also hier nicht berücksichtigt. Dennoch haben Vergleiche der Standortantwortfunktionen, die mit solchen einfachen Modellen ermittelt wurden, mit am Standort gemessenen Antwortfunktionen in vielen Fällen eine gute Übereinstimmung gezeigt (Kwok und Stewart, 2006).

Die Bewegung am Standort auf einem Sedimentpaket wird als die Bewegung der freien Oberfläche, Freifeld- oder Standortbewegung (*free surface motion*) bezeichnet. Die Bewegung an der Basis des Sedimentpaketes, also an der Oberkante der Festgesteinsschicht, ist die Festgesteinsbewegung (*bedrock motion*) und die Bewegung im Bereich von direkt zu Tage tretendem Festgestein ist die Bewegung des anstehenden Festgesteins (*rock outcropping motion*). Wenn keine Sedimentschichten vorhanden sind, sind die letzten beiden Bewegungen identisch (Bild 2-30).

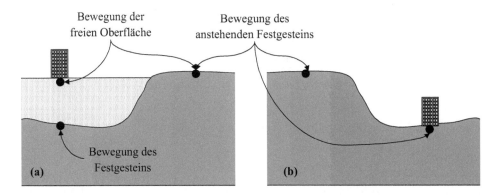

Bild 2-30 Bezeichnung der Bodenbewegungen im Zusammenhang mit der Ermittlung von Standorteffekten. Im Fall (a) ist der Standort auf einem Sedimentpaket, im Fall (b) ist der Standort auf anstehendem Festgestein.

Wichtige Techniken um die Standortantwort zu beschreiben beruhen auf dem Prinzip der Übertragungsfunktion. Diese Übertragungsfunktionen können für unterschiedliche Antwortparameter verwendet werden wie Schwingweg (Verschiebung), Schwinggeschwindigkeit oder Schwingbeschleunigung aber auch Scherspannung oder Scherdeformation. Diese Größen am

Standort können mittels der entsprechenden Übertragungsfunktion zum Beispiel zur Beschleunigung an der Oberkante der Festgesteinsschicht in Beziehung gesetzt werden. Dabei wird ein als bekannt vorausgesetzter oder simulierter zeitlicher Verlauf der Beschleunigung an der Festgesteinsoberkante mittels FFT in den Frequenzbereich transformiert (Abschnitt 1.3.2). Jeder Term dieser FOURIER-Reihe wird mit der zugehörigen Ordinate der Übertragungsfunktion multipliziert, um die FOURIER-Transformierte des Ausgangssignals, der Bewegung an der freien Oberfläche, zu erhalten. Mittels inverser FOURIER-Transformation kann hieraus wieder ein zugehöriger Zeitverlauf berechnet werden. So bestimmt die Übertragungsfunktion, wie jede Amplitude des Eingangssignals bei einer bestimmten Frequenz durch das Sedimentpaket verstärkt oder abgeschwächt wird. Da dieses Vorgehen auf dem Prinzip der Superposition beruht ist es auf lineare Systeme beschränkt. Nichtlineare Systeme, also solche, bei denen die Übertragungsfunktion von der Amplitude der Eingangsgröße abhängt, können durch iterative Prozeduren näherungsweise modelliert werden.

2.3.1.1   Homogene Sedimentschicht auf steifer Festgesteinsschicht ohne Dämpfung

Das einfachste eindimensionale Modell ist dasjenige einer homogenen Lockersedimentschicht auf einem steifen Festgestein (Halbraum) nach Bild 2-31. Eine harmonische Horizontalbewegung des Festgesteins erzeugt in der Sedimentschicht eine vertikal propagierende S-Welle.

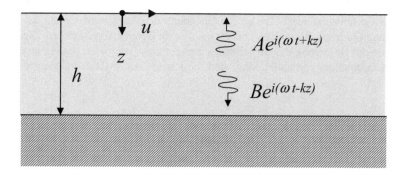

Bild 2-31 Sedimentschicht der Mächtigkeit h mit linear elastischen Eigenschaften auf einem steifen Felsgestein (Halbraum)

Die von der Tiefe z abhängige horizontale Verschiebung kann geschrieben werden als

$$u(z,t) = Ae^{i(\omega t + kz)} + Be^{i(\omega t - kz)} \tag{2.67}$$

wobei ω die Kreisfrequenz der Bodenbewegung ist, $k = \omega / v_S$ die Wellenzahl und A und B die Amplituden der aufwärts (-z) bzw. abwärts (+z) laufenden Welle bedeuten. An der freien Erdoberfläche bei $z = 0$ muss die Scherspannung und damit auch die Scherdeformation verschwinden:

$$\tau(0,t) = \mu \frac{\partial u(0,t)}{\partial z} = 0 \tag{2.68}$$

Durch Einsetzen von 2.60 in 2.61 und Differentiation ergibt sich:

$$\mu i k \left(Ae^{ik(0)} - Be^{-ik(0)} \right) e^{i\omega t} = \mu i k (A - B) e^{i\omega t} = 0 \tag{2.69}$$

Eine nichttriviale Lösung ergibt sich für A = B und die Verschiebung kann geschrieben werden in der Form

$$u(z,t) = 2A\frac{e^{ikz} + e^{-ikz}}{2}e^{i\omega t} = 2A\cos kz\, e^{i\omega t} \tag{2.70}$$

Gleichung (2.70) beschreibt eine stehende Welle der Amplitude $2A\cos kz$. Gebildet wird die stehende Welle durch die konstruktive Interferenz der aufwärts und abwärts laufenden Wellen. Gleichung (2.70) kann benutzt werden, um die Übertragungsfunktion der Schicht, die das Verhältnis der Verschiebungsamplituden an zwei beliebigen Punkten in der Schicht festlegt, zu bestimmen. Wählt man diese beiden Punkte an der Basis (Festgesteinsoberkante) und an der Oberkante (freie Erdoberfläche) der Schicht so lautet die Übertragungsfunktion F (Kramer, 1996):

$$F(\omega) = \frac{u_{max}(0,t)}{u_{max}(h,t)} = \frac{2Ae^{i\omega t}}{2A\cos kh\, e^{i\omega t}} = \frac{1}{\cos kh} = \frac{1}{\cos(\omega h / v_S)} \tag{2.71}$$

Der Betrag der komplexen Übertragungsfunktion ist die Amplitudenverstärkungsfunktion der Schicht:

$$|F(\omega)| = \sqrt{\{Re(F(\omega))\}^2 + \{Im(F(\omega))\}^2} = \frac{1}{|\cos(\omega h / v_S)|} \tag{2.72}$$

Da der Nenner der Übertragungsfunktion nie größer als 1 werden kann, ist die Verschiebungsamplitude an der Erdoberfläche immer mindestens so groß wie an der Oberkante des Festgesteins. Bei bestimmten Frequenzen ist die Bewegung an der Erdoberfläche aber viel größer als an der Festgesteinsoberkante. Wegen des als starr angenommenen Festgesteins gibt es keine Rückwirkungen von den Bewegungen in der Sedimentschicht auf das Festgestein und die Bewegung an der Festgesteinsoberkante ist gleich der Bewegung des anstehenden Festgesteins (Bild 2-32). Wenn $\omega h / v_S$ gegen $\pi/2 + n\pi$ strebt, so geht der Nenner der Übertragungsfunktion gegen Null und damit wird die Amplitude der Verschiebung an der Oberfläche unendlich; es liegt Resonanz vor.

Bild 2-32 zeigt die Übertragungsfunktion dieses einfachen Modells. Gerade dieses einfache Beispiel zeigt deutlich, dass die Bewegungen an einem Standort auf einer weichen Schicht in starkem Maße von dem Frequenzinhalt der anregenden Bewegung (an der Oberkante des Festgesteins), aber auch von den geometrischen Verhältnissen (Schichtdicke) und den Materialeigenschaften (S-Wellengeschwindigkeit) abhängen.

Ist in einem Zahlenbeispiel die Mächtigkeit der Lockerschicht bei 10 m und die Scherwellengeschwindigkeit bei 300 m/s, so finden sich die Resonanzfrequenzen bei $n \cdot 7.5$ Hz. Eine einfache Plausibilitätsbetrachtung führt zum gleichen Ergebnis: Resonanz passiert immer dann, wenn ungerade Vielfache einer Viertelwellenlänge in die Schichtmächtigkeit passen.

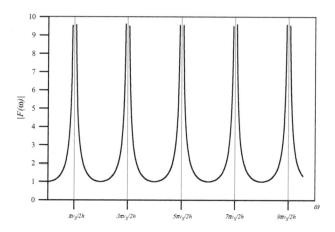

Bild 2-32 Frequenzabhängigkeit der Übertragungsfunktion einer Lockergesteinsschicht auf einem steifen Festgesteinshalbraum

2.3.1.2 Homogene Sedimentschicht mit Dämpfung auf steifer Festgesteinsschicht

Es ist offensichtlich, dass Resonanzstellen mit Verstärkungsfaktoren, die gegen Unendlich streben, in einem physikalisch sinnvollen Modell nicht auftreten können. Das Modell ging bisher von einem vollkommenen Erhalt der Wellenenergie in der Sedimentschicht aus. Es muss aber hier, wie in allen Materialien, eine endliche Dämpfung vorhanden sein, es ist also realistischer, beim Modell die Wellendämpfung im Material zu berücksichtigen. Durch die Dämpfung wird der Schermodul zu einer komplexen Größe:

$$\mu^* = \mu(1 + i2\xi) \tag{2.73}$$

dabei bezeichnet ξ die Materialdämpfung. Wenn der Schermodul komplex ist, müssen auch die Wellenzahl und die S-Wellengeschwindigkeit komplex sein:

$$v_S^* = \sqrt{\frac{\mu^*}{\rho}} \approx v_S(1 + i\xi) \quad \text{und} \quad k^* = \frac{\omega}{v_S^*} \approx k(1 - i\xi) \tag{2.74}$$

In diesem Fall ergibt sich die Übertragungsfunktion zu (Kramer, 1996):

$$|F(\omega)| \approx \frac{1}{\sqrt{\cos^2 kh + (\xi kh)^2}} = \frac{1}{\sqrt{\cos^2(\omega h / v_S) + [\xi(\omega h / v_S)]^2}} \tag{2.75}$$

Ein Vergleich von Bild 2-32 und Bild 2-33 zeigt deutlich den Einfluss der Dämpfung auf die Übertragungsfunktion. Da für $\xi > 0$ der Nenner von (2.75) nicht mehr zu Null werden kann, bleiben die Verstärkungsfaktoren immer endlich.

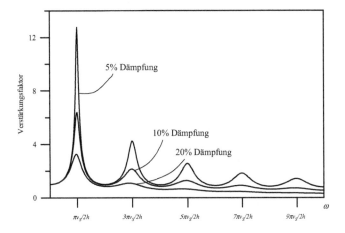

Bild 2-33 Frequenzabhängigkeit der Übertragungsfunktion einer Lockergesteinsschicht mit Dämpfungen von 5%, 10% und 20% auf einem steifen Festgesteinshalbraum.

Die Frequenzen der lokalen Maxima in der Verstärkungsfunktion sind die Eigenfrequenzen der Sedimentschicht. Die n-te Oberschwingung bei kleiner Dämpfung liegt bei

$$\omega_n \approx \frac{v_S}{h}\left(\frac{\pi}{2}+n\pi\right) \quad n = 0, 1, 2,\ldots,\infty \tag{2.76}$$

Der Dämpfungseffekt wird stärker mit wachsender Frequenz, da bei höheren Frequenzen einfach mehr Wellenlängen betroffen sind. Der größte Verstärkungsfaktor im gedämpften Modell findet sich daher bei der Grundresonanzfrequenz (n=0):

$$\omega_0 = \frac{\pi v_S}{2h} \tag{2.77}$$

Die dazugehörige Periode

$$T_0 = \frac{2\pi}{\omega_0} = \frac{4h}{v_S} \tag{2.78}$$

wird auch als die charakteristische Standortperiode bezeichnet. Die charakteristische Standortperiode ist gut geeignet, um erste Abschätzungen bezüglich des Resonanzverhaltens des lokalen Untergrundes und eines potentiellen Bauwerkes am Standort anzustellen.

2.3.1.3 Homogene Sedimentschicht mit Dämpfung auf elastischer Festgesteinsschicht

In 2.3.1.1 und 2.3.1.2 wurde der tiefere Untergrund als starrer Halbraum modelliert, das heißt, alle Wellenenergie die von unten in die Sedimentschicht läuft bleibt in dieser ‚gefangen'. Wellen, die an der Erdoberfläche reflektiert werden und als abwärts laufende Wellen auf die Grenze zum steifen Halbraum treffen, werden hier total reflektiert. Auch das Festgestein des Halbraumes ist realistischerweise nicht starr, im Modell eines elastischen Halbraumes kann daher auch Wellenenergie von der Sedimentschicht in den Halbraum zurückfließen. Selbst wenn die Sedimentschicht keine Dämpfung hätte, käme es bei einem elastischen Halbraum nicht mehr zu unendlichen Verstärkungsfaktoren, da ständig Energie von der Schicht in den Halbraum abgegeben wird. Bild 2-34 zeigt das Modell mit dem elastischen Halbraum.

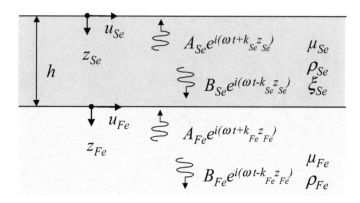

Bild 2-34 Homogene elastische Sedimentschicht mit Dämpfung der Mächtigkeit h auf elastischem Felsgestein (Halbraum).

Gibt man den Größen in der Sedimentschicht den Index ‚Se' und im Festgestein den Index ‚Fe', so lassen sich die Verschiebungsamplituden von vertikal propagierenden S-Wellen in den beiden Medien schreiben als:

$$u_{Se}(z_{Se}t) = A_{Se}e^{i\left(\omega t + k_{Se}^* z_{Se}\right)} + B_{Se}e^{i\left(\omega t - k_{Se}^* z_{Se}\right)}$$
$$u_{Fe}(z_{Fe}t) = A_{Fe}e^{i\left(\omega t + k_{Fe}^* z_{Fe}\right)} + B_{Fe}e^{i\left(\omega t - k_{Fe}^* z_{Fe}\right)} \tag{2.79}$$

A und B bezeichnen wieder die maximalen Amplituden der auf- bzw. abwärts laufenden Wellenanteile. Zu der Randbedingung der vorigen Modelle, dass an der Erdoberfläche die Spannungen verschwinden müssen, kommt in diesem Modell die Forderung hinzu, dass die Verschiebungen und die Spannungen an der Grenze zwischen Sedimentschicht und Festgestein kontinuierlich sein müssen. Definiert man in diesem Fall die Übertragungsfunktion als das frequenzabhängige Verhältnis der Bewegungen an der freien Oberfläche auf der Sedimentschicht zu den Bewegungen auf dem anstehenden Festgestein, dann ergibt sich (Kramer, 1996):

$$F(\omega) = \frac{1}{\cos\left(\omega h / v_{SSe}^*\right) + iI^* \sin\left(\omega h / v_{SSe}^*\right)} \tag{2.80}$$

Dabei ist I* das komplexe Impedanzverhältnis, das durch die Dichten $\rho_{Se,Fe}$ und die komplexen S-Wellengeschwindigkeiten v*$_{Se,Fe}$ im Sediment und Festgestein bestimmt wird:

$$I^* = \frac{\rho_{Se}v_{SSe}^*}{\rho_{Fe}v_{SFe}^*} = \frac{\mu_{Se}k_{Se}^*}{\mu_{Fe}k_{Fe}^*} \tag{2.81}$$

Die Amplitudenübertragungsfunktion lässt sich in diesem Fall nicht einfach in Abhängigkeit von der Dämpfung ausdrücken, der Unterschied des elastischen gegenüber dem steifen Halbraum lässt sich aber besser für den Spezialfall einer Sedimentschicht ohne Dämpfung erläutern. In diesem Fall werden die komplexen Wellengeschwindigkeiten aus (2.80) wieder zu reellen Größen und es folgt:

$$\left|F(\omega, \xi = 0)\right| = \frac{1}{\sqrt{\cos^2 k_{Se}h + I^2 k_{Se}h}} \qquad (2.82)$$

Der Grad der Steifigkeit des Festgesteins drückt sich im Impedanzverhältnis I aus. Je größer das Impedanzverhältnis ist, desto schallweicher ist das Festgestein und desto mehr Wellenenergie kann in den Halbraum zurück. Bild 2-35 zeigt, dass der Effekt eines elastischen Halbraumes unter der Sedimentschicht dem einer Materialdämpfung in der Sedimentschicht sehr ähnlich ist. Ein von Null verschiedenes Impedanzverhältnis verhindert in Gleichung (2.82) dass der Nenner Null wird, verhindert also eine gegen unendlich gehende Resonanzüberhöhung. An den Resonanzstellen ist der Verstärkungsfaktor gleich dem Kehrwert des Impedanzverhältnisses. Bei gleicher Sedimentschicht führt also eine Verringerung der Steifigkeit des Festgesteins zu kleineren Resonanzüberhöhungen.

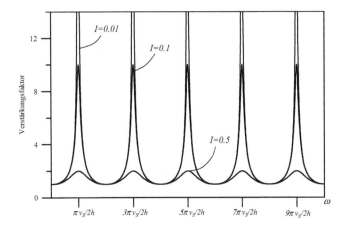

Bild 2-35 Frequenzabhängigkeit der Übertragungsfunktion einer Lockergesteinsschicht ohne Dämpfung auf einem elastischen Festgesteinshalbraum bei Impedanzverhältnissen I von 0.01, 0.1 und 0.5.

2.3.1.4 Sedimentschichtpaket mit Dämpfung auf elastischer Festgesteinsschicht

Bei praktischen Anwendungen ist es meist erforderlich, die Sedimente durch ein Schichtpaket zu beschreiben, um wechselnden Steifigkeiten in den Tiefenhorizonten gerecht zu werden. Dazu muss das Modell von einer Sedimentschicht auf N Schichten über dem elastischen Festgesteinshalbraum erweitert werden (Bild 2-36). Die Bewegungsgleichung hat nach wie vor die Form von (2.67). Auch müssen an allen Schichtgrenzen die Randbedingungen der stetigen Verschiebungen und Spannungen erfüllt sein. Wenn das komplexe Impedanzverhältnis zwischen der Schicht m und der Schicht m+1 als I_m geschrieben wird, können die Amplituden der Schicht m+1 mittels die Amplituden der Schicht m ausgedrückt werden:

$$A_{m+1} = \frac{1}{2} A_m \left(1 + I_m^*\right) e^{ik_m^* h_m} + \frac{1}{2} B_m \left(1 - I_m^*\right) e^{-ik_m^* h_m}$$

$$B_{m+1} = \frac{1}{2} A_m \left(1 - I_m^*\right) e^{ik_m^* h_m} + \frac{1}{2} B_m \left(1 + I_m^*\right) e^{-ik_m^* h_m}$$

$$(2.83)$$

Die Amplituden in einer Schicht m sind damit Funktionen der Amplituden in der Schicht m=1 gemäß:

$$A_m = a_m(\omega)A_1$$
$$B_m = b_m(\omega)B_1 \tag{2.84}$$

Damit liegen zwei Rekursionsgleichungen vor, die es erlauben, die Bewegungen in einer beliebigen Schicht zu bestimmen, wenn die Bewegungen an anderer Stelle in dem Modell bekannt sind. Die Übertragungsfunktion der Verschiebungsamplituden in einer Schicht i gegenüber den Amplituden in der Schicht j lautet:

$$F_{ij}(\omega) = \frac{|u_i|}{|u_j|} = \frac{a_i(\omega) + b_i(\omega)}{a_j(\omega) + b_j(\omega)} \tag{2.85}$$

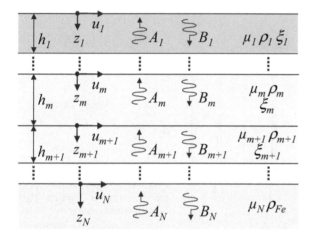

Bild 2-36 Schichtpaket aus N-1 elastischen Schichten mit Dämpfung auf elastischem Felsgestein (Halbraum)

2.3.2 Beispiele von Standorteffekten

Das junge Senkungsgebiet der Niederrheinischen Bucht, die einen Teil des rheinischen Riftsystems bildet, ist ein geeignetes Beispiel für die dynamische Wirkung der Lockergesteine in einem flachen Sedimentbecken. Bild 2-37 zeigt einen vereinfachten geologischen Schnitt durch den Ostteil der Niederrheinischen Bucht. Am östlichen Profilende stehen die devonischen Festgesteine praktisch an der Erdoberfläche an bzw. sind nur in Tälern von geringmächtigen Lockergesteinsschichten überlagert. Weiter Richtung Westen nimmt die Lockergesteinsmächtigkeit stetig zu und erreicht im Bereich des Kölner Stadtgebietes etwa 240 m. Im Westen des Profils ist eine markante Verwerfung zu sehen. Dabei handelt es sich um das Erftsprung-System, eine bis heute aktive Abschiebungszone. Westlich hiervon ist die Lockergesteinsschicht ca. 1 km mächtig (Hinzen et al., 2004).

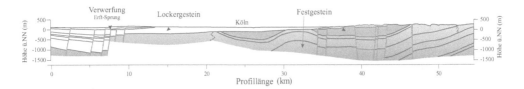

Bild 2-37 Vereinfachter geologischer Schnitt durch dem östlichen Teil der Niederrheinischen Bucht als Beispiel eines flachen Sedimentbeckens. Köln liegt etwa in der Mitte des Profils, das von nordöstlicher in südwestliche Richtung läuft (Geologischer Karte NRW, Geologischer Dienst NRW).

Bild 2-38 zeigt im unteren Teil viermal drei Diagramme mit der Tiefenverteilung der S-Wellengeschwindigkeit, der Dichte und des Q-Faktors, der die Dämpfung quantifiziert. Der Teil A zeigt die Verhältnisse westlich des Erftsprung-Systems bei 1000 m Lockergesteinsmächtigkeit. Das Material besteht aus einer Wechsellagerung von Sanden, Kiesen und Tonen. Eingelagert bei einer Tiefe von 400 m ist ein 60 m mächtiges Braunkohlenflöz mit einer geringen S-Wellengeschwindigkeit und Dichte. Diese Schicht bildet einen Kanal niedriger Geschwindigkeit. Die Verstärkungsfunktionen wurden hier alternativ für ein Modell mit und ohne diesen Kanal niedriger Geschwindigkeit gerechnet. Der Teil B repräsentiert die Verhältnisse im Bereich des Kölner Stadtgebietes mit einer Sedimentüberdeckung von 250 m. Die Situation rechts des Rheines im flachen Teil des Beckens gibt der Teil C mit nur 25 m Lockergesteinsschicht an und der Teil D zeigt die Verhältnisse im Bergischen Land bei einer Talfüllung von 7 m. Mit dem Programm SIMUL (Scherbaum, 1994), in dem der Thomson-Haskell Algorithmus implementiert ist, wurden zu den Modellen A bis D die Übertragungsfunktionen der Lockergesteinsschichten und synthetische Seismogramme berechnet. Stets wurde angenommen, dass im oberen Bereich der Festgesteine eine 40 m mächtige Schicht mit verwittertem Festgestein ansteht. Dadurch verringert sich der Impedanzkontrast zwischen Festgestein und Sediment und damit auch die Verstärkungsfaktoren. Als Beben wurde ein Ereignis mit der Momentmagnitude 5 in 5 km Epizentraldistanz und 10 km Tiefe angenommen. Die Bodenverstärkungsfunktionen sind in Bild 2-38 gezeigt. Sie berücksichtigen auch den Effekt der freien Erdoberfläche. Daher resultiert der Verstärkungsfaktor 2 bei niedrigen Frequenzen. Die Verschiebung der Grundresonanzfrequenz von niedrigen zu höheren Frequenzen bei Abnahme der Sedimentmächtigkeit ist deutlich. Tabelle 2-2 fasst die wesentlichen Ergebnisse der Beispielrechnung zusammen.

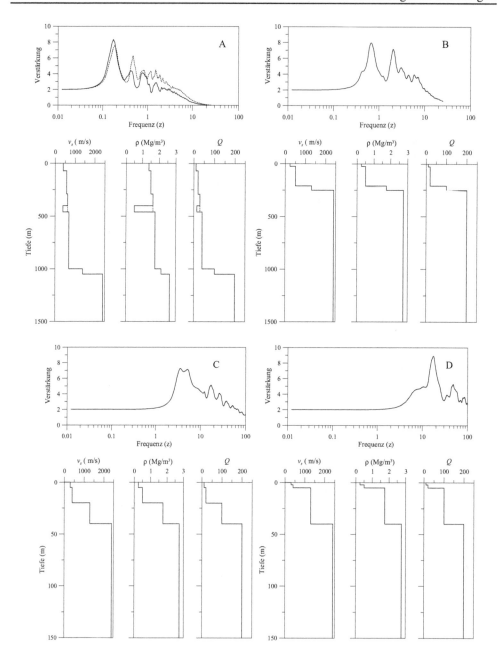

Bild 2-38 In der zweiten und vierten Reihe sind für vier Situationen aus Bild 2-37 die Tiefenverteilungen der S-Wellengeschwindigkeit v_S, der Dichte ρ und des Q-Faktors dargestellt. Man beachte die unterschiedliche Tiefenskala bei A, B und C, D. Für den Fall A mit der 1000 m mächtigen Lockergesteinsschicht ist mit gestrichelter Linie ein alternatives Modell gezeigt, bei dem die Niedriggeschwindigkeitsschicht (Braunkohle) ausgelassen wurde. In der ersten und dritten Reihe sind die Verstärkungsfunktionen vertikal propagierender SH-Wellen gezeigt. Die gestrichelte Kurve im Fall A gilt für das gestrichelte Modell.

Tabelle 2-2 Sedimentmächtigkeiten, Grundresonanzfrequenzen, maximale Verstärkungsfaktoren und maximale Beschleunigungswerte der Modellrechnungen zu den Profilen A bis D aus Bild 2-37.

Profil	A	B	C	D
Sedimentmächtigkeit	1000 m	250 m	25 m	7 m
Grundresonanzfrequenz	0.17 Hz	0.67 Hz	3.61 Hz	17.3 Hz
Max. Verstärkung	8.3	7.9	7.2	8.9
PGA	0.043 g	0.331 g	0.281 g	0.851 g

Die synthetischen Seismogramme in Bild 2-39 zeigen wie entscheidend die Lockergesteinsschichten für die Amplituden- und Frequenzinhalte der bauwerksanregenden Bodenbewegungen sind. Im Fall D mit der nur 7 m mächtigen Lockergesteinsschicht sind die Maximalbeschleunigungen um mehr als den Faktor 20 größer als bei der 1000 m mächtigen Lockergesteinsschicht. Die großen Beschleunigungswerte sind aber an hohe Frequenzen gebunden. Bei den mächtigen Lockergesteinsschichten (A und B) sind die Beschleunigungsseismogramme deutlich niederfrequenter als bei C und D.

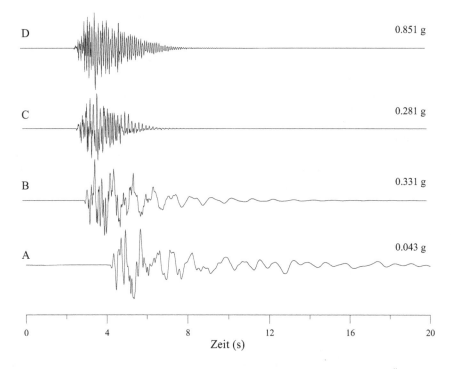

Bild 2-39 Synthetische Beschleunigungsseismogramme zu den in Bild 2-38 dargestellten Übertragungsfunktionen für die Profile A, B, C und D. Es wurde jeweils ein Beben der Momentmagnitude 5 in 5 km Entfernung und 10 km Herdtiefe angenommen. Die Zahlen am Spurende geben die maximalen Bodenbeschleunigungen (PGA) der auf das jeweilige Maximum normierten Seismogramme.

2.3.3 Nichtlineares Materialverhalten

Nichtlineares Materialverhalten des Baugrundes hat oft einen entscheidenden Einfluss auf das Schadensbild eines Erdbebens. Bekannte Beispiele der jüngeren Vergangenheit sind etwa das Loma Prieta Beben in Kalifornien von 1989, das Kobe Beben in Japan von 1995 und das Ismit Beben in der Türkei von 1999. Bei diesen Beben wurde ein großer Teil der Schäden durch sekundäre Effekte hervorgerufen. Hier haben nicht etwa die Erschütterungen zu einem Überschreiten der Materialfestigkeiten in der Gebäudestruktur geführt, vielmehr war der Baugrund den dynamischen Belastungen nicht gewachsen. Besonders betroffen sind dabei weiche, wassergesättigte Materialien (Bild 2-85).

Im Folgenden werden die wesentlichen Aspekte der sekundären Effekte bei Beben durch nichtlineares Materialverhalten des Baugrundes angesprochen. Für eine tiefer gehende Beschäftigung mit diesen Phänomenen sei auf die Fachliteratur des geotechnischen Ingenieurwesens verwiesen (Aki, 1993; Kramer, 1996)

2.3.3.1 Dynamische Setzung

Sande tendieren dazu, bei dynamischer Belastung in eine dichtere Lagerung überzugehen. An der Erdoberfläche wird eine solche Konsolidierung (Kompaktion) von Sanden im Baugrund als Setzung in Erscheinung treten. Erdbebeninduzierte Setzungen richten häufig Schäden an flach gegründeten Bauwerken an und können flach verlegte Leitungen beschädigen. Während trockene Sande meist unmittelbar während der Erschütterungen eines Bebens verdichtet werden, können Setzungen bei wassergesättigten Sanden durchaus mit Zeitverzögerungen im Minutenbereich, aber auch bis zu einem Tag eintreten. Die Zeitspanne ist abhängig von der Kompressibilität und der Permeabilität der Sandschichten. Erst wenn der von den Erschütterungen erzeugte Porendruck abgebaut ist treten die Setzungen ein. Bei genügend starker Bebenbelastung (meist ab Magnituden von etwa 7) und entsprechenden Untergrundverhältnissen können die dynamisch induzierten Setzungen mehr als ein Dezimeter betragen. Es gibt eine Reihe von ingenieurgeologischen Verfahren, um dynamisch induzierte Setzungen vorauszuberechnen (z.B. Ishihara und Yoshimine, 1992), aber die Fehlerbandbreiten solcher Berechnungen sind nach wie vor sehr hoch, was nicht verwundert, wenn man bedenkt, dass selbst bei dem einfacheren Problem der Berechnung statischer Setzungen von Lockermaterialien Fehler von 25% bis 50% keine Seltenheit sind.

2.3.3.2 Bodenverflüssigung

Bodenverflüssigung ist bei weitem das wichtigste, aber auch komplexeste Phänomen des gesamten geotechnischen Erdbebeningenieurwesens (Castro, 1969; Arulmoli et al., 1985; de Alba et al., 1984; Haldar, 1981, Mitchel und Tseng, 1990; Ishihara, 1993). Schon im Lawsen 1908 Report, der akribisch die Auswirkungen des San Franzisko Erdbebens von 1906 dokumentiert, wurden Schäden beschrieben, die durch Bodenverflüssigung hervorgerufen wurden. Angestoßen wurde die Forschung der verflüssigungsinduzierten Schäden im Jahre 1964; innerhalb von drei Monaten ereigneten sich zwei starke Beben, die viele sekundäre Phänomene produzierten, nämlich das Karfreitagbeben in Alaska am 27. März 1964 mit Momentmagnitude 9.2 und das Niigata Beben ($M_W = 7.4$) am 16. Juni 1964 in Japan. Photos von geneigten Häuserblocks beim Niigata Beben zeigen die Folgen des Tragfähigkeitsverlustes des Baugrundes durch Bodenverflüssigung (Bild 2-100). Wenn kohäsionslose Lockergesteine gesättigt sind, können schnelle Wechsellasten (Beschleunigungen durch Bebenerschütterungen) zu einem Anstieg des Porendruckes und einer Abnahme der effektiven Spannungen im Boden führen, wenn das Porenwasser nicht entweichen kann. Unter dem Sammelbegriff Bodenverflüssigung (*liquefaction*) werden unterschiedliche Phänomene zusammengefasst, die zwar alle mit dem Einfluss von dynamischen Wechsellasten auf gesättigte, kohäsionslose Lockergesteine zu tun haben, aber durchaus unterschiedlicher Natur sein können (Idriss et al., 1978; Kramer, 1996). Sogenannte *flow liquefaction* kann eintreten, wenn die Scherspannungen in einem gesättigten Lockergestein die Scherfestigkeit überschreiten. Einmal ausgelöst, was meist plötzlich passiert, können hier verflüssigte Materialien über große Entfernungen transportiert werden. Meist graduell während der einwirkenden Bodenbeschleunigungen bei einem Beben entwickelt sich hingegen das *lateral spreading*. Hier bleibt die Scherspannung kleiner als die Scherfestigkeit des verflüssigten Materials. Die zyklische Belastung durch das Beben führt an wenig geneigten Hängen, oder auch bei söhlig (horizontal) gelagertem Material in der Nähe von Fluss- oder Seeufern zu horizontalen Materialbewegungen. Wenn hiervon Baustrukturen betroffen sind, kann es zu großen Schäden kommen. Ein Spezialfall ist die *level-ground liquefaction* bei der keine horizontalen Scherspannungen existieren, die zu lateralen Deformationen führen könnten. Es können hier während des Bebens chaotische Bodenbewegungen entstehen, die aber wenig permanente laterale Umlagerungen von Material zur Folge haben.

Bei einer Analyse des Erdbebenrisikos sollte das Potential von Bodenverflüssigung miteinbezogen werden (Haldar und Tang, 1981). Neben der primären Frage, ob Lockergesteine vorkommen, die von ihren Materialeigenschaften her eine Verflüssigungsgefahr aufweisen, ist zu prüfen, ob die anzunehmenden Beben für die entsprechenden Standorte eine Verflüssigung auslösen können und, falls ja, ob hierdurch Schäden an Bauwerken produziert werden können. Wenn verflüssigbare, wassergesättigte Lockergesteine vorhanden sind, so bestimmt die Magnitude eines Bebens weitgehend, bis in welche Entfernungen vom Bebenherd mit Verflüssigungen zu rechnen ist. Bild 2-40 zeigt eine empirische Beziehung, die von Ambraseys (1988) anhand weltweiter Datensätze ermittelt wurde.

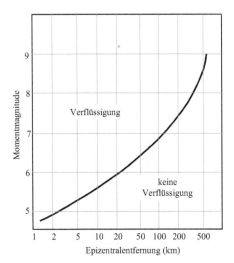

Bild 2-40 Beziehung zwischen der maximalen Epizentralentfernung bei der noch Phänomene der Bodenverflüssigung zu erwarten sind und der Momentmagnitude eines Bebens. Die Kurve, die Bereiche mit Verflüssigung von Bereichen ohne Verflüssigungsphänomene trennt, wurde von Ambraseys (1988) für Beben mit Herdtiefen kleiner als 50 km aus Beobachtungen bestimmt.

2.3.4 Einfluss der dreidimensionalen Struktur des Untergrundes

In den letzten Jahren ist die Untersuchung von dreidimensionalen Strukturen des Untergrundes im Hinblick auf deren Einfluss auf die Form und Dauer von Bodenbewegungen bei Erdbeben ins Blickfeld der aktuellen Forschung gerückt. Die Dreidimensionalität führt schnell zu sehr großen und komplexen Modellen, die nur mit großnumerischen Verfahren bearbeitbar sind.

Ein Beispiel für 3D Untersuchungen sind Arbeiten von Ewald et al. (2006). Bei stärkeren Beben kann die Struktur flacher Sedimentbecken einen erheblichen Einfluss auf die Schwingungsgrößen an der Erdoberfläche haben. Es spielen dann nicht nur die unter 2.3.1 beschriebenen Phänomene der Resonanz einer eindimensionalen Bodensäule eine Rolle, sondern es können Wellen in den Lockergesteinen eines Sedimentbecken, gleiches gilt auch für Talfüllungen, von den Rändern mehrfach reflektiert werden und dazu können sich stehende Wellen in den Becken ausbilden (Bild 2-41).

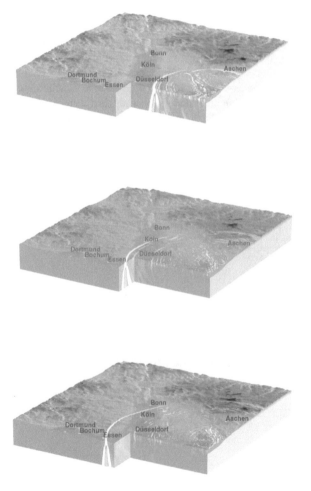

Bild 2-41 Die Bilder zeigen Momentaufnahmen des simulierten Wellenfeldes des Roermond Erdbebens von 1992 in einem 3D-Modell der nördlichen Rheinlande. Wellenberge und –täler sind durch unterschiedliche Grautöne ausgedrückt. Im Bereich der Niederrheinischen Bucht zwischen Düsseldorf, Bonn und Aachen sind deutlich die Reflexionen der Wellen von den Rändern des flachen Sedimentbeckens zu erkennen. Die Momentaufnahmen zeigen die Situation 8, 12 und 14 s nach der Herdzeit an (Ewald, 2001).

Aber auch in kleinerem Maßstab können Erdbebenauswirkungen in 3D-Modellen zu untersuchen sein. Ein Beispiel ist das Verhalten von untertägigen Bauwerken, insbesondere solchen zur Lagerung von gefährlichen und gefährdeten Stoffen. Die hohen Sicherheitsanforderungen z.B. an Endlagern hochradioaktiver Abfälle machen detaillierte Studien zur dynamischen Sicherheit solche Bauwerke erforderlich (Alheid und Hinzen, 1991).

2.4 Ermittlung ingenieurseismologischer Standortparameter

Die Vielfalt und Komplexität der zu ermittelnden ingenieurseismologischer Parameter, die dazu dienen, die dynamischen Eigenschaften des Untergrundes zu beschreiben, wird von der Bedeutung des zu errichtenden Bauwerkes oder der zu erstellenden Anlagen abhängen. Diese Untersuchung kann von einer pauschalen Beurteilung anhand von existierenden geotechnischen oder geologischen Karten bis hin zu einem ausgedehnten ingenieurgeophysikalischen Erkundungsprogramm einschließlich Bohrlochmessungen reichen. Einen praxisbezogenen Überblick von geophysikalischen Erkundungsverfahren geben Knödel et al. (1997).

2.4.1 Wellengeschwindigkeiten

Wichtigste Größe ist zunächst die Verteilung der S-Wellengeschwindigkeit mit der Tiefe. In der Regel werden 1-D Modelle ausreichen, um die Verhältnisse zu beschreiben. Bei sehr ausgedehnten Gebäuden und wechselnden Untergrundverhältnissen müssen u.U. mehrere 1-D Modelle oder ein 2-D Modell erstellt werden. Eine komplette 3-D Modellierung der S-Geschwindigkeit wird nur selten erforderlich sein. Refraktions- und reflexionsseismische Verfahren und die Analyse von Oberflächenwellen sind Werkzeuge zur Bestimmung der Geschwindigkeiten seismischer Wellen.

2.4.1.1 *Refraktionsseismik*

Die Refraktionsseismik ist das einfachste Verfahren um direkt Wellengeschwindigkeiten in der Tiefe zu messen. Es beruht auf der Registrierung der Ersteinsätze von direkt gelaufenen und von refraktierten Wellen, also solchen, die auf ihrem Wellenweg Brechungseffekte erfahren haben. Im einfachsten Fall kommt man mit einem Geophon aus, das sukzessive in immer größeren Abständen von der Quelle platziert wird. Als Quelle kommt ein Schlaghammer in Frage, mit dem auf eine metallene Schlagplatte am Boden geschlagen wird. Im Moment des Auftreffens des Hammers auf die Schlagplatte wird ein Kontakt geschlossen, der die Registrierung auslöst und so die Messung von Laufzeiten erlaubt. Heute stehen handliche Apparaturen mit 12 bis 48 oder auch mehr Messkanälen zur Verfügung. Die hohe Kanalzahl hat den Vorteil, dass seltener angeregt werden muss. Diese Geräte gestatten auch eine Stapelung der Messungen, das heißt, es wird bei gleich bleibender Quell-Empfängergeometrie mehrmals angeregt. Durch Summierung und Mittelung der Messwerte wird das Verhältnis zwischen Nutz- und Störsignal (Bodenunruhe) verbessert, vorausgesetzt, die Störsignale haben Zufallscharakter. Bild 2-42 zeigt schematisch die Messanordnung einer refraktionsseismischen Messung.

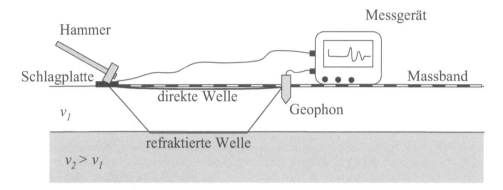

Bild 2-42 Schema einer refraktionsseismischen Messung. Im Moment des Aufschlagens mit dem Hammer auf die Schlagplatte wird die Aufzeichnung gestartet.

Die Eindringtiefe entspricht nach einer Daumenregel etwa einem Drittel des maximalen Quell-Geophonabstandes. Mit einer einfachen Hammerschlagquelle können, je nach Untergrundverhältnissen, Auslagen bis etwa 100 m Länge gemessen werden. Für größere Entfernungen sind energiereichere Quellen erforderlich (Fallgewichte, beschleunigte Fallgewichte, Sprengungen). Nach wie vor ist die gezielte und energiereiche Erzeugung von S-Wellen der schwierigste Teil einer Refraktionsmessung, wenn es um die Bestimmung der für die Standortproblematik wichtigen S-Wellengeschwindigkeiten geht. Einfachste S-Wellenquelle ist eine seitlich angeschlagene Bohle am Boden. Es empfiehlt sich, die S-Quelle stets in beiden möglichen Richtungen einzusetzen. Die Überlagerung der mit entgegen gesetzter Quellorientierung gemessenen Seismogramme erleichtert meist sehr die Bestimmung der S-Wellenersteinsätze. Bild 2-43 zeigt die Feldsituation bei einer Baugrunduntersuchung.

Bild 2-43 Feldsituation einer refraktionsseismischen Messung zur Baugrunderkundung mit einer 24-Kanalapparatur. Die Erzeugung der seismischen Wellen erfolgt mit einem Schlaghammer.

2.4.1.2 Reflexionsseismik

Aufwendiger bei der Messung und der Datenbearbeitung als die Refraktionsseismik ist die Reflexionsseismik. Dafür liefert sie von allen seismischen Verfahren die auflösungsstärksten Bilder des Untergrundes. Da die Einsätze der reflektierten Wellen, anders als bei den Kopfwellen, keine direkten Angaben über die Wellengeschwindigkeiten in der Tiefe zulassen, müssen aufwendige Verfahren der Geschwindigkeitsanalyse eingesetzt werden, um die Geschwindigkeitstiefenverteilung zu ermitteln (Sheriff und Geldart, 1995). Vorteil ist, dass auch nicht ebene Horizonte und Schichten niedriger Geschwindigkeit ausgewertet werden können. Zur Baugrunderkundung wird die Reflexionsseismik nur selten verwendet.

2.4.1.3 Spektrale Analyse von Oberflächenwellen

Unter dem Namen *Spectral Analysis of Surface Waves* (SASW) haben Nazarian and Stokoe (1983) ein Verfahren vorgeschlagen, dass für Flacherkundungen mit ähnlich geringem Aufwand wie die Refraktionsseismik auskommt. Ziel des Verfahrens ist die Ermittlung der Dispersionskurve eines Standortes, also der Abhängigkeit der Ausbreitungsgeschwindigkeit von Oberflächenwellen von der Frequenz bzw. Wellenlänge. Der Verlauf der Dispersionskurve an einem Standort ist geprägt durch die Geschwindigkeitstiefenverteilung der Raumwellen. Bei der Messung wird mit zwei Vertikalgeophonen und einer Impuls- oder Rauschquelle die Dispersionskurve direkt gemessen. Dazu werden die mit den Geophonen gemessenen Signale in den Frequenzbereich transformiert, oft wird direkt mit einem FOURIER-Analysator gemessen. Für jede Frequenz wird die Phasendifferenz zwischen den Signalen der beiden Aufnehmer ermittelt. Mit dem bekannten Abstand zwischen den Geophonen und der gemessenen Phasendifferenz lassen sich die Phasengeschwindigkeiten und Wellenlängen der RAYLEIGH-Wellen berechnen. Durch sukzessives Vergrößern des Geophonabstandes werden tiefere Untergrundsbereiche erfasst. In einigen Fällen wurde die Erkundung bis in Tiefen von über 100 m erfolgreich durchgeführt. Die Schichtdicken und S-Wellengeschwindigkeiten in dem Modell werden solange variiert, bis eine befriedigende Übereinstimmung zwischen der gemessenen und der modellierten Dispersionskurve besteht. Vorteil der Methode, zum Beispiel gegenüber der Refraktionsseismik ist, dass auch Schichten niederer Geschwindigkeit erkannt werden können.

2.4.1.4 Bohrlochmessungen

Seismische Bohrlochmessungen reichen von einfachen Einzelloch-Verfahren wie zum Beispiel Abzeitmessungen (*Downhole*) (Bild 2-44) bis zu dreidimensionalen tomographischen Aufnahmen mit vielen Bohrlöchern. Bei der Abzeitmessung wird an der Oberfläche mit einer wiederholbaren Quelle angeregt. In der Regel wird man mit Scherwellenquellen arbeiten, die in Bohrlochnähe platziert werden. In der Bohrung wird ein Bohrlochgeophon versenkt, das meist mechanisch oder pneumatisch an die Bohrlochwand gepresst wird. In regelmäßigen Tiefenintervallen wird die Laufzeit von der Quelle zum jeweiligen Geophonpunkt gemessen. Es können auch aufwendigere Apparaturen mit einer Geophonkette mit vielen Einzelgeophonen in regelmäßigem Abstand eingesetzt werden. Das verringert die Zahl der notwendigen Anregungen. Aufwendiger ist die Messung der Wellenlaufzeiten zwischen (mindestens) zwei Bohrlöchern (Bild 2-45). Bei diesem *cross-hole* Verfahren können oft Laufzeiten innerhalb ein- und derselben Schicht gemessen werden, da die Schichten häufig annähernd horizontal gelagert sind. Mit mechanischen Impulsquellen, die in Bohrungen (maximal 30-50 m Tiefe) eingesetzt werden, und gegenüberliegenden Geophonen können auch Schichten niedrigerer Geschwindigkeit gefunden werden. Scherwellenerzeugung in Bohrungen ist deutlich problematischer als die Erzeugung von P-Wellen. Beim Einsatz von kalibrierten Geophonen in mehreren hintereinander gestaffelten Bohrungen können die gemessenen Amplituden der Seismogramme auch für Dämpfungsbestimmungen (vergleiche 2.4.2) verwendet werden.

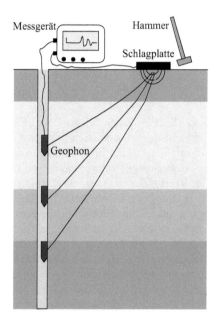

Bild 2-44 Prinzip einer Geophonversenkmessung oder Abzeitmessung (*downhole*) zur Ermittlung von Scherwellengeschwindigkeiten im Baugrund

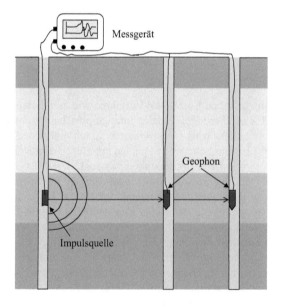

Bild 2-45 Prinzip einer seismischen *cross-hole* Messung zur Ermittlung der Wellengeschwindigkeiten.

2.4.2 Ermittlung der Materialdämpfung

Die Dämpfungseigenschaften der Lockergesteine eines Standortes können aus den anelastischen Materialeigenschaften von Proben in dynamischen Laborversuchen ermittelt werde. Vorzuziehen sind allerdings *in situ* Methoden. Dabei wird die Dämpfung aus der Amplituden- oder Energieabnahme des seismischen Signals mit der Entfernung bestimmt. Die Amplituden- bzw. Energieabnahme setzt sich aus einem geometrischen Anteil und aus einem materialspezifischen anelastischen Anteil zusammen.

Die geometrische Abnahme ist abhängig vom Wellentyp. Bei Raumwellen, die sich dreidimensional ausbreiten, nimmt die Energiedichte pro Flächenelement mit dem Quadrat der Entfernung ab. Da die Signalamplitude proportional zur Quadratwurzel der Energie ist, ist die geometrische Amplitudenabnahme $1/\Delta r$, wenn Δr die zurückgelegte Entfernung ist.

Die anelastische Absorption ist ebenfalls abhängig von der zurückgelegten Wegstrecke und zusätzlich vom Absorptionskoeffizienten. Durch die Messung der Amplituden in mehreren Entfernungen kann mit Gleichung (2.55) der Q-Faktor bestimmt werden.

2.4.3 Dichte

Die Dichte in Lockergesteinen kann stark variieren. Da in vielen Modellen die Impedanz und nicht die Wellengeschwindigkeit alleine gebraucht wird, wird auch die Dichte am besten *in situ* gemessen. Ein gängiges allerdings an ein Bohrloch gebundenes Verfahren, ist die Gamma-Gamma-Dichtemessung.

Das Verfahren beruht auf der dichteabhängigen Absorption und Streuung von Gamma-Strahlen. Dazu wird eine Gammastrahlenquelle im Bohrloch versenkt und die zurück gestreute Strahlung wird mit einem Szintillationsdetektor gemessen, der sich in einigen Dezimetern Entfernung von der Strahlungsquellen befindet. Die gemessene Zählrate ist umso geringer, je höher die Materialdichte in der Umgebung der Sonde ist. Aus den resultierenden Zählraten kann dann die Dichte berechnet werden.

2.4.4 Passive Messungen

Passive Messungen werden in der Regel nur bei sehr aufwendigen Erkundungsprogrammen (zum Beispiel für kerntechnische Anlagen) in Frage kommen. Dabei werden am Standort oder in Standortnähe ein oder mehrere seismische Dauermessstationen aufgebaut. Falls möglich bietet es sich an, eine Referenzstation auf Felsuntergrund zu errichten. Zum einen kann mit diesen Stationen die mikroseismische Aktivität in unmittelbarer Standortnähe untersucht werden, woraus sich unter Umständen Rückschlüsse darauf ziehen lassen, ob Verwerfungen rezente seismische Aktivität zeigen oder nicht. Zum anderen können kleine Beben selbst dazu dienen, die Standorteffekte zu untersuchen.

2.4.5 H/V Methode

In den letzten Jahren ist sind eine Reihe von Verfahren beschrieben worden, die zum Ziel haben aus der Messung von Bodenunruhe (*ambient noise*) Informationen über den geologischen Untergrund abzuleiten. Da hier keine aktiven Quellen zum Einsatz kommen sind diese Verfahren den zerstörungsfreien passiven Erkundungsmethoden zuzuordnen. Oft rangieren diese Methoden unter Bezeichnungen wie H/V Methode, Nakamura (1989) Methode.

Im einfachsten Fall werden die Daten von einer einzigen Station verwendet und versucht aus dem Quotienten des Spektrums der horizontalen Komponente(n) und der vertikalen Komponente (daher H/V) die Grundresonanzfrequenz der Sedimentschichten eines Standortes zu ermitteln und möglicherweise durch empirische Beziehungen der Mächtigkeit der Sedimentschichten zuzuordnen. Da die Methode von der experimentellen und der Datenbearbeitungsseite her sehr einfach anzuwenden ist, wird sie häufig eingesetzt. Oft werden aber auch die Ergebnisse überinterpretiert. Eine Reihe von angewandten und theoretischen Arbeiten hat gezeigt, daß im Falle eines starken Impedanzkontrastes zwischen den unteren Sedimentschichten und dem darunter liegenden Festgestein zwar die Grundresonanzfrequenz eingegrenzt werden kann aber es sei ausdrücklich davor gewarnt, die H/V Amplituden als Verstärkungsfaktoren anzusehen oder gar die H/V Spektren als Übertragungsfunktionen zu verwenden.

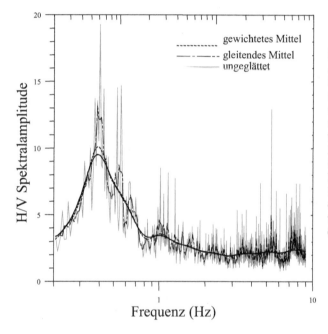

Bild 2-46 Verhältnis der Amplitudenspektren der horizontalen zur vertikalen Komponente der Bodenunruhe gemessen an einem Standort in der Niederrheinischen Bucht. Neben dem ungeglätteten Spektrum sind die Ergebnisse unterschiedlicher Glättungsverfahren dargestellt. Die Maximalamplitude im H/V Spektrum liegt bei 0.4 Hz was in diesem Fall einer Sedimentmächtigkeit von ca. 420 m entspricht (Bild 2-49) (Hinzen et al., 2004)

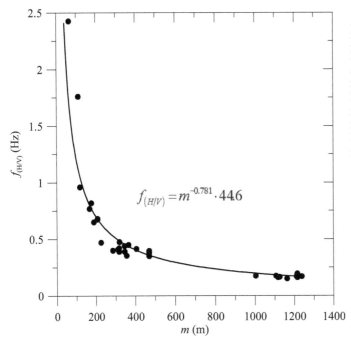

Bild 2-47 Empirische Beziehung zwischen der Frequenz der größten Amplitude im H/V Spektrum f(H/V) zur Mächtigkeit der Sedimentschicht m für die östliche Niederrheinische Bucht. Die Koeffizienten der Exponentialbeziehung wurden an die beobachteten Datenpunkte angepasst (Hinzen et al., 2004)

$$f_{(H/V)} = m^{-0.781} \cdot 446$$

Um mittels Bodenunruhe den Untergrund zu erkunden und letztendlich Verstärkungsfunktionen abzuleiten sind Arraymessungen erforderlich. Mittels Arrays aus meist etwa 5-20 oder mehr Stationen kann die Dispersionskurve von Oberflächenwellen ermittelt werden, die wiederum durch Modellrechungen in die Verteilung der S-Wellengeschwindigkeiten im Untergrund invertiert werden kann (z.B. Scherbaum et al., 2003). Die Geschwindigkeitsprofile können dann zur Berechnung von Übertragungsfunktionen dienen.

2.5   Der seismische Herdprozess

Recht unterschiedliche Quell-Phänomene können die Ausbreitung seismischer Energie im Untergrund zur Folge haben. Die wichtigsten Ursachen sind tektonische Spannungen, vulkanische Aktivitäten, das Einbrechen von Hohlräumen und Eingriffe des Menschen in das Spannungsgefüge der oberen Erdkruste. Der weitaus überwiegende Teil der Erdbeben sind tektonische Beben, also solche, bei denen mechanische Spannungen in spröden Gesteinen im Untergrund abgebaut werden. Erschütterungen auf Grund vulkanischer Aktivitäten und Einsturzbeben sind lokale Phänomene, die eng an entsprechende geologische Verhältnisse gebunden und zahlenmäßig gegenüber den tektonischen Ereignissen vernachlässigbar sind. So genannte ,man made' Ereignisse, die in der Regel durch Bergbauaktivitäten ausgelöst werden, sind nur in seltenen Fällen energiereich genug, um Bauwerksschäden zu verursachen. Mitunter können aber lokal erhebliche Schäden eintreten, die oft allerdings mehr auf begleitende Setzungen als auf die seismischen Erschütterungen selbst zurückzuführen sind. Bei der Betrachtung des Herdmechanismus von Beben werden im Folgenden nur tektonische Ereignisse betrachtet.

In den frühen Tagen der Erdbebenseismologie ging man davon aus, dass Beben immer eine Bewegung mit sich bringen, die vom Erdbebenherd weggerichtet ist. Sehr bald erkannte man aber anhand von Seismogrammen, dass die ersten Bewegungen durchaus auch auf den Erdbebenherd zu gerichtet waren. Man beobachtete sogar bei ein und demselben Ereignis beide Fälle, also eine vom Herd weg gerichtete erste Bewegung und eine zum Herd hinzeigende Bewegung. Bei einigen Erdbeben waren in den Bewegungsrichtungen symmetrische Muster zu erkennen und man konnte in einigen Fällen vier Azimutalbereiche (Winkelbereiche) abgrenzen, von denen jeweils zwei benachbarte Regionen einen unterschiedlichen Bewegungssinn der Erstausschläge hatten.

2.5.1 Scherverschiebung

Das klassische Modell des Herdes eines tektonischen Erdbebens ist eine Scherverschiebung. Zwei durch eine bereits vorhandene oder bei dem Beben entstehende Trennfläche separierte Gesteinsblöcke verschieben sich mehr oder weniger ruckartig gegeneinander.

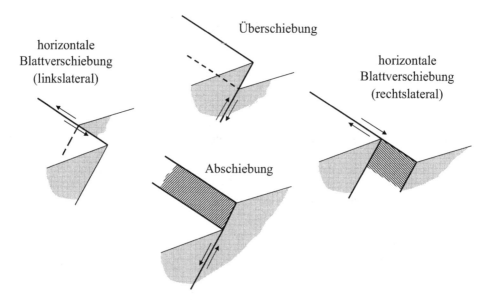

Bild 2-48 Nach Raumlage der Verwerfungsfläche und Bewegungssinn der beteiligten Gesteinsblöcke klassifizierte Bebentypen

Entsprechend der Raumlage der Trennfläche und der Bewegungsrichtung der Blöcke unterscheidet man drei Basistypen (Bild 2-48):

- Abschiebung (*normal fault*)
- Auf- oder Überschiebung (*thrust fault*)
- Horizontalverschiebung (*strike slip*)

Die drei Basistypen spiegeln bis zu einem gewissen Grad das Gefüge der mechanischen Spannungen in der Herdregion wieder, die letztendlich bei Überschreiten der Gesteinsfestigkeit zu dem Beben geführt haben. Abschiebungen sind Ausdruck von horizontal gerichteten Zugspannungen, die insbesondere in Regionen mit Extensionsbewegungen der Erdkruste beobachtet werden. Aufschiebungsmechanismen entstehen bei horizontalen Kompressionsspannungen und sind typische Mechanismen in Kollisionszonen. Viele Beben haben auch gemischte Formen der Mechanismen, also zum Beispiel Abschiebungen mit starkem Horizontalverschiebungsanteil (Bild 2-49) etc.

Anfang des 20. Jahrhunderts wurde von Reid (1910,1911) die Scherbruch-Hypothese entwickelt, die als Basismodell für tektonische Beben bis heute Bestand hat. Danach passiert eine Scherverschiebung, wenn die elastischen Spannungen in der Herdregion soweit akkumulieren, dass lokal die statischen Reibungsspannungen im Gesteinsmaterial überschritten werden. Eine gleitende Bewegung nimmt dann an einem Punkt (Hypozentrum) ihren Anfang und eine Verschiebungsfront breitet sich über die Verwerfungsfläche aus (Bild 2-48). Diese Front bildet eine Grenze zwischen Bereichen, die bereits eine Bewegung erfahren haben, oder sich gerade bewegen und einem Bereich, der noch keine Scherverschiebungen erfahren hat. Der Ausbreitungsvorgang der Bruchfront ist damit eine Funktion von Raum und Zeit. Gleiches gilt auch für die Verteilung der Verschiebungen auf der Herdfläche. Die vor dem Beben in der Herdregion gespeicherte mechanische Energie wird während des Bebens in Wärme und in seismische Energie umgewandelt. Während die Wärme auf die Herdregion beschränkt bleibt, kann sich die seismische Energie in Form seismischer Wellen bei genügend starken Beben im gesamten Erdkörper ausbreiten.

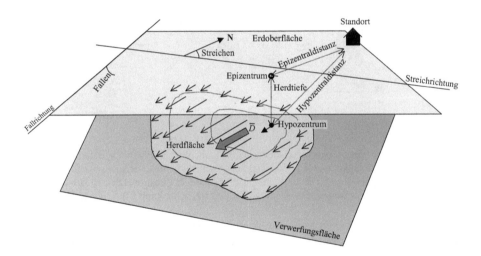

Bild 2-49 Begriffe zur Beschreibung eines Erdbebenherdes als Scherverschiebungsquelle

2.5.2 Punktquellenapproximation und äquivalente Kräfte

Während das Hypozentrum durch die Ortskoordinaten (in der Seismologie in der Regel durch geographische Koordinaten ausgedrückt) und die Herdtiefe beschrieben wird, ist das Epizentrum die Projektion des Hypozentrums an die Erdoberfläche und daher durch zwei Koordinaten beschrieben (Bild 2-49). Neben den Ortsangaben wird der Bruchbeginn im Erdinneren durch die Herdzeit angegeben. Bei vielen seismologischen Fragestellungen, etwa bei der routinemäßigen Ortung von Bebenherden, werden Daten benutzt, bei denen die Wellenlängen der Signale groß sind im Vergleich zu den Dimensionen des Erdbebenherdes. In solchen Fällen wird der Herd durch eine Punktquelle approximiert, was die Berechnungen zunächst vereinfacht. In der Ingenieurseismologie ist diese vereinfachte Modellierung des seismischen Herdes nicht immer zulässig (Abschnitt 2.5.3).

Anhand der Vereinfachung des seismischen Herdes zu einer Punktquelle lässt sich das Konzept der Abstrahlmuster einer seismischen Quelle erläutern. Da das Verschiebungsfeld einer Scherverschiebung in einem Medium mathematisch schwer zu beschreiben ist, hat es sich eingebürgert, stattdessen das Verschiebungsfeld von Kräften zu betrachten. Da gezielt solche Kraft-Modelle betrachtet werden, die (zumindest im Fernfeld) die gleichen Verschiebungen hervorrufen wie die Scherverschiebung, spricht man bei den Kräften von äquivalenten Raumkräften. Das Konzept der äquivalenten Raumkräfte ist in Bild 2-50 schematisch dargestellt. Im wahren Erdbebenherd ist davon auszugehen, dass komplexe Bruch und Gleitreibungsprozesse auf einer sich ausbreitenden Bruchfläche stattfinden. Diese Prozesse führen zu einer Raum-zeitlichen Verschiebungsgeschichte, die durch ein Dislokationsmodell mit einer Dislokations-Zeitfunktion, D(t), angenähert werden kann. Der zweite Idealisierungsschritt besteht dann in der Wahl eines äquivalenten Raumkraftsystems. Hier tritt an die Stelle der Dislokationsfunktion eine Kraft-Zeit Funktion f(t) die direkt in den Bewegungsgleichungen verwendet werden kann.

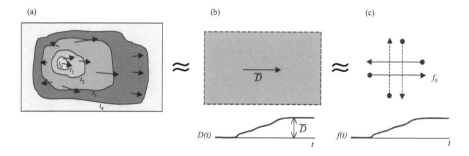

Bild 2-50 Idealisierung eines Scherverschiebungserdbebenherdes zu einem Raumkraftmodell. (a) die Verwerfungsfläche mit einer komplexen Verschiebungsgeschichte, (b) idealisiertes Dislokationsmodell hier mit einer rechteckigen Herdfläche und der Dislokations-Zeit Funktion D(t), (c) Idealisierung des Herdes durch ein äquivalentes Raumkraftsystem mit der Kraft-Zeit Funktion f(t) (Lay und Wallace, 1995)

Bild 2-51 zeigt fünf Basistypen von Raumkraftmodellen, die insbesondere auch wegen der historischen Entwicklung der seismischen Herdmechanik von Bedeutung sind. Bild 2-51a zeigt den einfachsten Fall einer einzelnen Kraft, die im Ursprung des Koordinatensystems in dem unendlich ausgedehnten homogenen und elastischen Medium angreift und in Richtung der positiven x-Achse wirkt.

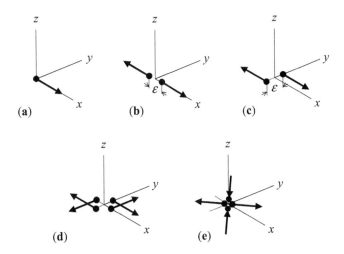

Bild 2-51 Fünf Punktquellen ausgedrückt durch Kraftsysteme. (a) Einzelkraft in *x*-Richtung, (b) ein Paar gleich starker Kräfte in entgegen gesetzter Richtung als Zugkräfte, (c) ein Paar gleich starker Kräfte mit einem Moment (Drehung um *z*-Achse, *single-couple*), (d) gekreuztes Kräftepaar mit verschwindendem Nettomoment (*double-couple*) und (e) zwei senkrecht zueinander wirkende Zug- und Druckkräftepaare.

Das Verschiebungsfeld einer solchen Einzelkraft ist nach Maruyama (1968) und Keilis-Borok (1950):

$$u = \frac{1}{4\pi\rho}\left[\frac{\partial^2}{\partial x^2}(\Phi - \Psi) + \nabla^2\Psi\right],$$

$$v = \frac{1}{4\pi\rho}\frac{\partial^2}{\partial x \partial y}(\Phi - \Psi),$$

$$w = \frac{1}{4\pi\rho}\frac{\partial^2}{\partial x \partial z}(\Phi - \Psi)$$

(2.86)

Dabei sind u, v und w die Komponenten des Verschiebungsfeldes in der x, y bzw. z-Richtung. Die Dichte des Mediums ist ρ φ und Φ und Ψ sind Kugelwellen der Form:

$$\Phi = \frac{1}{r}F\left(t - \frac{r}{v_P}\right),$$

$$\Psi = \frac{1}{r}F\left(t - \frac{r}{v_S}\right)$$

(2.87)

Diese Wellen breiten sich bis zu der Entfernung r von der Quelle mit der Geschwindigkeit der P- bzw. S-Welle, v_P bzw. v_S, aus. Zwischen der Funktion F(t) und dem zeitabhängigen Verlauf der Stärke der Kraft im Herd, f(t) besteht die Beziehung:

$$f(t) = \frac{d^2F(t)}{dt^2}$$

(2.88)

Aus dem Verschiebungsfeld (2.86) der Einzelkraft kann das Verschiebungsfeld der übrigen Kraftmodelle in Bild 2-47 durch Superposition zusammengesetzt werden. Die Einzelkraft aus Bild 2-51a ist zwar ein einfaches mathematisches Modell einer Kraftquelle, aber physikalisch wenig hilfreich. Die Existenz einer singulären Einzelkraft als Ursache eines Bebens ist kaum vorstellbar. Plausibler sind Modelle, die Kräftepaare beinhalten, also entgegengesetzt gerichtete Kräfte, die gleichzeitig auf benachbarte Regionen des Mediums wirken, so dass die nach außen resultierende Kraft gleich Null ist. Im Modell des Bildes Bild 2-51b wirken die beiden entgegengesetzt gerichteten Kräfte in der positiven bzw. in der negativen x-Richtung. Die Ansatzpunkte der Kräfte sind durch die kleine Entfernung ε voneinander getrennt. Die Kräfte halten einander das Gleichgewicht, so dass die resultierende Kraft außerhalb der Quelle gleich Null ist. Das Kräftemodell in Bild 2-51c mit den beiden entgegen gesetzten Kräften, bei denen die Strecke ε als Hebelarm wirkt, wird als einfaches Kräftepaar (*single-couple*) bezeichnet. Hier halten sich die Kräfte zwar das Gleichgewicht, aber durch den Hebelarm wird mit diesem Modell ein Moment (mit Drehrichtung um die z-Achse) eingeführt. Ein Modell bei dem die Kräfte im Gleichgewicht sind und kein resultierendes Moment im Medium besteht, ist das in Bild 2-51d gezeigte Modell eines gekreuzten Kräftepaares (*double-couple*). Das *double-couple* Model ist das gängige Modell äquivalenter Raumkräfte, die das gleiche Verschiebungsfeld hervorrufen, wie eine Scherverschiebungs-Punktquelle. Bei den Kräftepaaren mit Moment tritt an die Stelle der Kraft-Zeit Funktion die Moment-Zeit Funktion $M_0(t) = \varepsilon f(t)$. Das Verschiebungsfeld einer *double-couple* Quelle ergibt sich zu:

$$u = -\frac{1}{4\pi\rho}\left[2\frac{\partial^3}{\partial x^2 \partial y}(\Phi - \Psi) + \frac{\partial}{\partial y}\nabla^2\Psi\right],$$

$$v = -\frac{1}{4\pi\rho}\left[2\frac{\partial^3}{\partial x \partial y^2}(\Phi - \Psi) + \frac{\partial}{\partial x}\nabla^2\Psi\right], \tag{2.89}$$

$$w = -\frac{1}{4\pi\rho}\left[2\frac{\partial^3}{\partial x \partial y \partial z}(\Phi - \Psi)\right]$$

Das fünfte Kraftmodell in Bild 2-51e mit je einem Zug- und Druckkräftepaar gleicher Stärke, die um 90° gegeneinander gedreht und gegenüber dem *double-couple* Modell um 45° rotiert sind, erzeugt das gleiche Verschiebungsfeld wie in (2.89) angegeben.

Führt man anstelle des kartesischen Koordinatensystems ein Polarkoordinatensystem ein, wie in Bild 2-52 gezeigt, und beschränkt man sich zunächst auf das Verschiebungsfeld in großer Entfernung von der Quelle, dann kann man die Verschiebungen in den drei Raumrichtungen r, θ und Φ schreiben als:

$$u_r = \frac{1}{4\pi\rho}\frac{1}{v_P^3}\frac{1}{r}\dot{M}_0\left(t - \frac{r}{v_P}\right)\sin^2\theta\sin 2\phi,$$

$$u_\theta = \frac{1}{4\pi\rho}\frac{1}{v_S^3}\frac{1}{r}\dot{M}_0\left(t - \frac{r}{v_S}\right)\sin\theta\cos\theta\sin 2\phi, \tag{2.90}$$

$$u_\phi = \frac{1}{4\pi\rho}\frac{1}{v_S^3}\frac{1}{r}\dot{M}_0\left(t - \frac{r}{v_S}\right)\sin\theta\cos 2\phi$$

Die trigonometrischen Therme in Gleichung (2.90) ergeben die so genannten Abstrahlmuster oder Abstrahlcharakteristiken der double-couple-Quelle in den drei Richtungen der Polarkoordinaten, deren Form in Bild 2-53 gezeigt wird. Die Komponente u$_r$ ist für die P-Wellen allein verantwortlich.

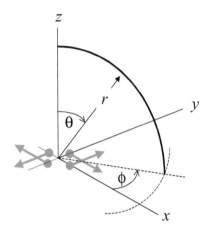

Bild 2-52 Kartesische- und Polarkoordinaten einer double-couple Kraftquelle in der *xy*-Ebene

Das Abstrahlmuster der P-Wellen, die nur eine radiale Komponente haben, zeigt vier Quadranten mit jeweils wechselnder Polarität. Positive Polarität bedeutet, dass die erste Bewegung vom Herd weggerichtet ist, negative Polarität ist entsprechend eine auf die Quelle zu gerichtete Bewegung. Es existieren zwei Nodalebenen, in deren Richtung die P-Wellenabstrahlung gleich Null ist. Eine dieser Nodalebenen ist mit der Lage der Herdfläche identisch, die zweite steht senkrecht dazu. Diese Tatsache wird im Verfahren der Herdflächenlösung dazu benutzt, die Herdorientierung zu ermitteln. Dabei werden die Polaritäten, also erste Bodenbewegungsrichtung der P-Welle nach oben oder nach unten, an möglichst vielen Stationen bestimmt. Dann werden diese Werte auf einer stereographisch projizierten, imaginären Kugel um den Herd herum aufgetragen. Anschließend wird die Orientierung von zwei senkrecht zueinander stehenden Flächen gesucht, die positive von negativen Polaritäten trennen. Eine der Flächen entspricht der Herdfläche. Die Herdflächenlösung alleine erlaubt aber wegen der Symmetrieeigenschaften der Abstrahlmuster nicht, zwischen der Herdfläche selbst und der zweiten Nodalebene zu unterscheiden. Die S-Wellenbewegungen ergeben sich aus der Kombination der u$_\Phi$ und der u$_\Theta$ Komponente. In der xy-Ebene ist die Abstrahlung der u$_\Theta$ Komponente gleich Null, also beinhaltet hier die u$_\Phi$ Komponente die gesamte S-Wellenbewegung. Für die S-Wellen existieren keine Nodalebenen mit verschwindender S-Bewegung, sondern nur Nodalpunkte. Das wird deutlich in Bild 2-54, das die aus den beiden Transversalkomponenten resultierenden Amplituden der S-Abstrahlung zeigt. An den Nodalpunkten der S-Abstrahlung, zum Beispiel bei $\phi = 45°$, $\theta = 90°$ ist die P-Abstrahlung maximal (Bild 2-53).

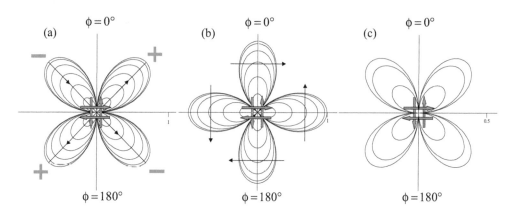

Bild 2-53 Abstrahlcharakteristik einer *double-couple* Kraftquelle in der xy-Ebene für die Verschiebungen in Polarkoordinaten im Fernfeld der Quelle. (a) azimutales (Richtungs-) Muster der relativen Abstrahlungsamplitude der u_r Komponente. Von außen nach innen geben die Kurven der Werte für $\theta = 90°$, 75°, 60°, 45°, 30° und 15° an. Positive Vorzeichen kennzeichnen Quadranten, in denen die Bewegung vom Herd weg gerichtet ist, negatives Vorteichen bedeutet eine auf den Herd zu gerichtete Bewegung. (b) azimutales Muster der relativen Fernfeldabstrahlung der u_ϕ Komponente. Von außen nach innen geben die Kurven der Werte für $\theta = 90°$, 75°, 60°, 45°, 30° und 15° an. Die Pfeile zeigen die Bewegungsrichtung. (c) Azimutales Abstrahlmuster der u_θ Komponente. Für $\theta = 0°$ und 90° ist die Abstrahlung gleich Null. Die drei Kurven geben von außen nach innen die relativen Abstrahlamplituden für $\theta = 45°$, 30° bzw. 60° und 15° bzw. 75° an. Die maximale relative Abstrahlung ist hier 0.5 während bei (a) und (b) die maximale Abstrahlung 1 ist.

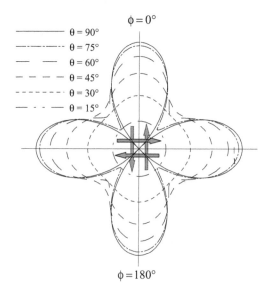

Bild 2-54 Resultierende S-Wellenabstrahlung einer double-couple Quelle in der xy-Ebene

Im Fernfeld nehmen sowohl die P-Wellenamplituden als auch die S-Wellenamplituden mit 1/r ab. Aus (2.90) wird auch klar, dass P- und S-Wellen sich zwar mit unterschiedlichen Geschwindigkeiten ausbreiten, die Signalform aber gleich ist und nur durch $\dot{M}(t)$ bestimmt wird. Das heißt, für P- und S-Wellen werden Bewegungen im Fernfeld erwartet, die in ihrer Form der zeitlichen Ableitung der Moment-Zeit Funktion entsprechen. Bild 2-55 zeigt schematisch die Wellenformen bei einer rampenförmigen Moment-Zeit Funktion.

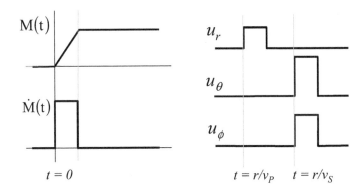

Bild 2-55 Schematische Wellenformen von seismischen Signalen einer *double-couple* Quelle mit einer rampenförmigen Moment-Zeit Funktion.

Die Größe M_0 als zeitunabhängiger Parameter wird auch als das skalare seismische Moment bezeichnet. Es ist der wichtigste Parameter zum Messen der Stärke eines Erdbebens, das sich durch die Verschiebungen einer Verwerfung beschreiben lässt:

$$M_0 = \mu \overline{D} A = \mu \times \text{mittlere Verschiebung} \times \text{Herdfläche} \qquad (2.91)$$

Das seismische Moment ergibt sich aus dem Produkt der Materialfestigkeit in der Herdregion, ausgedrückt durch den Schermodul, der mittleren Verschiebung auf der Herdfläche und der Größe der Herdfläche selbst. Damit ist das Moment ein Stärkemaß eines Bebens, das direkt mit physikalischen Parametern des Herdes verknüpft ist. Die erste Bestimmung eines seismischen Moments wurde von Aki (1966) für das Niigata Beben 1964 aus langperiodischen LOVE-Wellen vorgenommen. Es gibt den Vorschlag, auf die Verwendung der Magnitude als Stärkemaß ganz zu verzichten und stattdessen das sinnvollere seismische Moment zu verwenden (Jones, 2000). Die weite Verbreitung der Magnitude wird dieses sicher verhindern, obwohl das Moment, da es keine logarithmische Größe ist, sicher auch für Laien einfacher zu verstehen wäre. Die gemessenen Werte des seismischen Moments von Beben umfassen viele Größenordnungen. Während Mikrobeben es auf etwa 10^{10} Nm bringen, erreichten die stärksten je registrierten Erdbeben von Chile, 1960 und Alaska, 1964, Werte um 10^{23} Nm.

Während sich das Produkt aus der mittleren Verschiebung und der Herdfläche aus den Registrierungen im Fernfeld eines Bebens ableiten lässt, liefern die seismischen Messungen keinerlei Werte der Materialfestigkeit in der Herdregion. Dieser Teil des Momentes wird meist als ein ‚plausibler' Zahlenwert angenommen, jedoch durchaus unterschiedlich je nach Autor/in. Im Grunde führt diese Annahme des Schermoduls nur zu einer subjektiven Streuung der Stärkewerte von Beben. Ben Menhem und Singh (1981) schlagen daher vor, anstelle des Momentes die so genannte potency P_0 zu betrachten. King (1978) bezeichnet die gleiche Größe als geometrisches Moment.

$$P_0 = \overline{D} A \qquad (2.92)$$

Bisher wurden bei der Ableitung der Wellenabstrahlung nur die Näherungen im Fernfeld betrachtet, d.h. in einem Bereich, wo die Wellenlängen deutlich größer als die Herddimensionen sind. Im näheren Umfeld einer seismischen Scherverschiebungsquelle sind aber neben dem Fernfeldterm noch weitere Terme zu beachten, die hier nicht zu vernachlässigen sind. Es wurde gezeigt, dass die Amplitudenabnahme der P- und S-Wellen im Fernfeldterm mit $1/r$ verläuft. Bei der kompletten Lösung von (2.89) ergeben sich aber auch Terme mit einer Entfernungsabhängigkeit von $1/r^2$ und $1/r^4$, die als Zwischenfeldterm und Nahfeldterm bezeichnet werden. Komplette Ableitungen finden sich zum Beispiel bei Aki und Richards (1980). In Folgenden werden nur die wesentlichen Eigenschaften dieser Terme diskutiert. Im Zwischenfeld mit der $1/r^2$ –Abhängigkeit existieren wie im Fernfeld zwei Anteile, die sich mit der P- und der S-Wellengeschwindigkeit ausbreiten. Die Signalform ist für diese Terme proportional der Moment-Zeit Funktion selbst und nicht derer zeitlicher Ableitung. Beim Nahfeldterm kann nicht mehr zwischen P- und S-Wellen getrennt werden. Bild 2-56 zeigt die Abstrahlmuster der Zwischenfeld-Terme und des Nahfeldterms. Man beachte die deutlich unterschiedliche Skalierung der Diagramme in Bild 2-56.

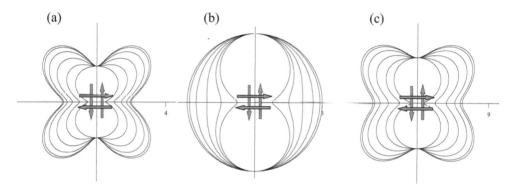

Bild 2-56 Abstrahlmuster der Zwischenfeld- und Nahfeldterme einer *double-couple* Quelle. (a) zeigt den sich mit P-Wellengeschwindigkeit ausbreitenden Anteil des Zwischenfeldterms und (b) den Anteil des Zwischenfeldterms, der mit S-Wellengeschwindigkeit läuft, (c) gibt das Abstrahlmuster des Nahfeldterms wieder.

2.5.3 Momententensor

Eine universellere Größe zur Beschreibung einer seismischen Punktquelle als die gekreuzten Kräftepaare der double-couple Quelle ist der Momententensor M, eine Größe, die nicht nur reine Scherverschiebungsquellen mit beliebiger Raumorientierung, sondern auch z.B. einen Zugbruch oder eine Explosionsquelle beschreiben kann. Der Momententensor beinhaltet alle Informationen über die Quelle, die aus Wellen im Fernfeld, die Wellenlängen haben, die deutlich größer als die Herddimension sind, abgeleitet werden können. Er ist ein Tensor zweiter Ordnung, dessen Elemente die Stärke von Kräftepaaren angeben. Bei drei prinzipiellen Raumrichtungen der Kräfte und drei prinzipiellen Orientierungen der Hebelarme der Kräftepaare ergeben sich neun Tensorelemente. Bild 2-57 zeigt die Kombinationsmöglichkeiten von Kraft- und Hebelarmrichtungen.

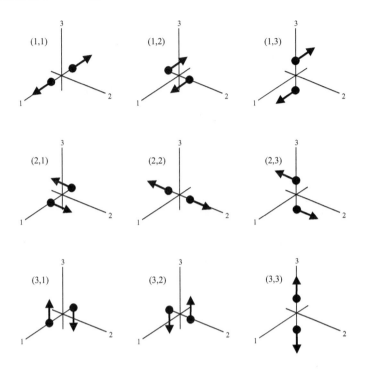

Bild 2-57 Die neun möglichen Orientierungen von Kräftepaaren in einem kartesischen Koordinatensystem mit den Raumrichtungen 1, 2 und 3. Die Paare liefern die äquivalenten Kräfte, um eine allgemein orientierte Verschiebungsdiskontinuität in einem Medium zu beschreiben (Aki und Richards, 1980)

Der Momententensor lässt sich schreiben als:

$$M = \begin{pmatrix} M_{11} & M_{12} & M_{13} \\ M_{21} & M_{22} & M_{23} \\ M_{31} & M_{32} & M_{33} \end{pmatrix} \tag{2.93}$$

Bezeichnet man die drei kartesischen Raumrichtungen mit 1, 2 und 3, (anstelle von x, y und z), dann kann man den ersten Index der Tensorelemente als Kraftrichtung und den zweiten Index als Hebelarmorientierung auffassen. Die zuvor betrachtete Scherverschiebung mit den gekreuzten Kräftepaaren in der xy-Ebene besitzt somit einen Momententensor der Form:

$$M = \begin{pmatrix} 0 & M_0 & 0 \\ M_0 & 0 & 0 \\ 0 & 0 & 0 \end{pmatrix} \tag{2.94}$$

Betrachtet man einen Momententensor, bei dem nur die Diagonalelemente von Null verschieden sind,

$$M = \begin{pmatrix} M_{11} & 0 & 0 \\ 0 & M_{22} & 0 \\ 0 & 0 & M_{33} \end{pmatrix} \tag{2.95}$$

so beschreibt dieser eine Explosionsquelle, also eine Quelle, bei der die Kräfte in allen Richtungen nach außen gerichtet sind.

Beschreibt man die Erdbebenquelle durch einen zeitabhängigen Momententensor, der die Herdzeitfunktion beinhaltet, dann können durch Konvolution des Momententensors mit der GREENschen Funktion des Ausbreitungsmediums komplette synthetische Seismogramme berechnet werden. Die GREENsche Funktion enthält dabei die kompletten Übertragungseigenschaften des Laufweges des seismischen Wellen (Jost und Herrmann, 1989).

2.5.4 Der ausgedehnte seismische Herd

Bisher wurden nur Punktquellen als seismische Herde betrachtet, d.h., Phänomene, die mit der Ausdehnung von Bruchflächen einhergehen, blieben bisher unberücksichtigt. Da viele Bauwerkschäden gerade in der Nähe der seismischen Bruchflächen auftreten, macht es Sinn, die wichtigsten Eigenschaften von ausgedehnten Herden zu betrachten. Bei starken Krustenbeben können die Herdflächen durchaus Längen von einigen hundert Kilometern erreichen. In der Vergangenheit wurden viele empirische Untersuchungen zwischen dem Zusammenhang von Bebenstärke (Abschnitt 2.7.1) und der Ausdehnung der Bruchfläche und der Verschiebungsbeträge gemacht. Eine in diesem Zusammenhang viel zitierte Arbeit ist die von Wells und Koppersmith (1994), die umfangreiche Regressionsanalysen zwischen den Herdparametern und der Momentmagnitude einer weltweiten Datenbasis durchführten. Die wichtigsten Beziehungen sind in Bild 2-58 dargestellt.

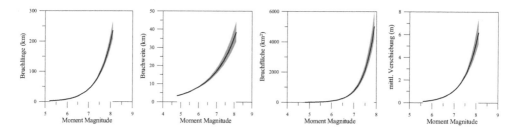

Bild 2-58 Empirisch ermittelte Beziehungen zwischen der Momentmagnitude und Herdparametern nach Wells und Coppersmith (1994). Die Kurven geben die jeweilige Beziehung in dem von den Autoren angegebenen Magnitudengültigkeitsbereich an. Die grauen Bereiche kennzeichnen die einfache Standardabweichung. Bruchlänge ist hier die Bruchlänge an der Erdoberfläche, die Bruchweite gibt die Tiefenerstreckung der Bruchfläche in Richtung des Einfallens der Herdfläche und die Verschiebung ist die mittlere Verschiebung auf der Herdfläche.

Der weite Wertebereich der Herdparameter wird in Bild 2-58 deutlich. Ein Beben der Momentmagnitude 7 hat Bruchlängen um 40 km und eine Herdfläche von über 700 km^2 bei einem Verschiebungsbetrag im Meter-Bereich.

Die Abstrahlung der seismischen Wellen von einem Scherbruch auf einer ausgedehnten Herdfläche wird im Wesentlichen von vier Größen beeinflusst, der endgültigen mittleren Verschiebung $\overline{D}$, den Dimensionen der Herdfläche, also Länge L und Weite oder Tiefenerstreckung in Einfallsrichtung w, der Bruchgeschwindigkeit v_r, also der Geschwindigkeit mit der sich die Bruchfront ausbreitet und der Partikelgeschwindigkeit, der Geschwindigkeit mit der sich ein Partikel auf der Bruchfläche von seiner Ausgangsposition in die neue Ruhelage bewegt. Zur

Abschätzung der Effekte der einzelnen Parameter wird ein einfaches Modell eines ausgedehnten Herdes, wie in Bild 2-59 gezeigt, betrachtet, bei dem sich der Bruch in einer Richtung (unilateral) ausbreitet. Viele Punkte entlang der ausgedehnten Bruchfläche erfahren die selbe Verschiebungsgeschichte während die Bruchfront sich ausbreitet, aber dieses geschieht zu unterschiedlichen Zeitpunkten. Die Quelle kann gedanklich in Einzelquellen zerlegt werden, die als Punktquellen betrachtet werden können. Damit wird die Quelle quasi zu einer Linienquelle. Dieses einfache Bruchmodell wird auch als Haskell-Modell bezeichnet (Haskell, 1964). Die Seismogramme aller Einzelquellen müssen mit den entsprechenden Zeitverschiebungen aufaddiert werden, mit denen sie an einem Standort eintreffen.

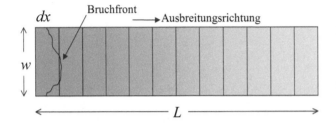

Bild 2-59 Geometrie eines einfachen Scherverschiebungsmodells (Haskell, 1964) mit der Bruchlänge L und der Weite w. Einzelne Bruchsegmente haben die Länge dx und die Bruchgeschwindigkeit ist v_r

Die Fernfeldverschiebung eines Bruchsegmentes soll die Form einer Rechteckfunktion (*boxcar*) mit der Zeitdauer τ_r, die auch als Anstiegszeit (*rise time*) bezeichnet wird, haben. Die Bruchabfolge der Einzelsegmente kann ebenfalls durch eine Rechteckfunktion dargestellt werden, deren Dauer τ_c sich aus der Herdlänge und der Bruchgeschwindigkeit ergibt: $\tau_c = L/v_r$. Der Verschiebungsimpuls der ausgedehnten Quelle an einem Ort senkrecht zum Streichen der Herdfläche ergibt sich aus der Konvolution der beiden Rechteckfunktionen. Wie in Bild 2-60 gezeigt, hat der Verschiebungsimpuls im Fernfeld dann eine Trapezform.

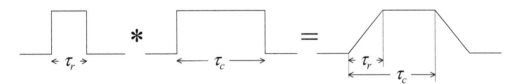

Bild 2-60 Konvolution zweier Rechteckfunktionen mit der Länge der Anstiegszeit, also der Bruchdauer eines einzelnen Bruchsegmentes (Bild 2-59) und der Bruchdauer der Gesamtfläche. Das Resultat der Konvolution ist eine Trapezfunktion mit der Anstiegs- und Abklingzeit τ_r und einer Länge des geraden Teils von $\tau_c - \tau_r$.

Diese Form der Fernfeldverschiebung gilt sowohl für die P- als auch die S-Wellen. Geht man davon aus, dass man einen solchen Verschiebungsimpuls gemessen hat und korrigiert man den Impuls bezüglich der Ausbreitungseffekte und der Abstrahlung am Herd, dann erhält man aus der zeitlichen Integration des Verschiebungsimpulses das seismische Moment:

$$4\pi r\rho v_{P,S}^3 \frac{1}{R^{P,S}} \int_{-\infty}^{\infty} u(r,t)dt = M_0 \tag{2.96}$$

Dabei ist $R^{P,S}$ die relative P- bzw. S-Amplitudenabstrahlung der *double-couple* Quelle für die Richtung in der der Standort der Messung der Bodenbewegung u(r,t) liegt. Die zeitliche Integration der Verschiebungsimpulse von Raumwellen stellt also eine Möglichkeit dar, das seismische Moment zu messen.

Es wurde bereits erwähnt, dass die Zeit der Bruchausbreitung, wie sie an einem Standort gesehen wird, von der Bruchlänge L und der Bruchgeschwindigkeit v_r abhängt. Darüber hinaus hat aber auch die relative Lage des Standortes zur Bruchfläche einen Einfluss auf die Signalform. Im Allgemeinen ist die Bruchgeschwindigkeit kleiner als die S-Wellengeschwindigkeit in der Herdregion. In diesem Fall werden die Raumwellen eines gerade brechenden Bruchsegmentes später an einem Standort eintreffen als die Wellen eines Segmentes, das früher gebrochen ist. Folgt man der Geometrie in Bild 2-59, dann lässt sich die an einem Standort beobachtete Zeit τ_c schreiben als:

$$\tau_c = \frac{L}{v_r} - \left(\frac{L\cos\theta}{v_{P,S}} \right) \qquad\qquad (2.97)$$

In (2.97) kann entweder die P- oder die S-Wellengeschwindigkeit eingesetzt werden. Der Effekt der endlichen Bruchlänge und Bruchgeschwindigkeit ist schematisch in Bild 2-61 gezeigt. Die azimutale (Richtungs-) Abhängigkeit der Verschiebungsimpulse durch die Bruchausbreitung wird als Direktivität (*directivity*) bezeichnet und sollte nicht mit der Abstrahlung der einfachen *double-couple* Punktquelle (*radiation pattern*) verwechselt werden. Bei Standorten in Ausbreitungsrichtung der Bruchfront ($\theta = 0°$) ergibt sich ein relativ kurzer Verschiebungsimpuls mit einer relativ großen Amplitude. In der entgegen gesetzten Richtung, also an Standorten, von denen sich der Bruch weg bewegt, ist der Impuls deutlich länger mit einer kleineren Amplitude. Die Fläche unter den Impulsen ist an allen Standorten proportional zum seismischen Moment, das unabhängig von der Richtung (Azimut) ist.

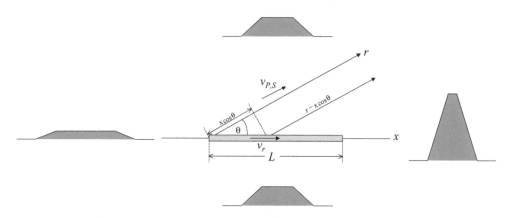

Bild 2-61 Geometrie eines entlang der *x*-Achse laufenden Bruches und des Weges zu einem Standort. Die Trapezfunktionen zeigen schematisch die azimutale (Richtungs-) Abhängigkeit der Form der Verschiebungsimpulse der Raumwellen. Die Impulslänge und Amplitude ändern sich, die dem seismischen Moment proportionale Fläche bleibt erhalten. (Kasahara, 1981 und Lay und Wallace, 1995)

Der Direktivitätseffekt ist bei den S-Wellen ausgeprägter aus als bei den P-Wellen, da hier die Bruchgeschwindigkeit näher an der Wellenausbreitungsgeschwindigkeit liegt. Er ist besonders dann intensiv, wenn die Bruchgeschwindigkeit sehr nahe bei der S-Wellengeschwindigkeit liegt. Bild 2-62 zeigt die relative Änderung von τ_c für den S-Wellenimpuls über den gesamten Richtungsbereich für unterschiedliche Verhältnisse zwischen der Bruchgeschwindigkeit und der S-Wellengeschwindigkeit.

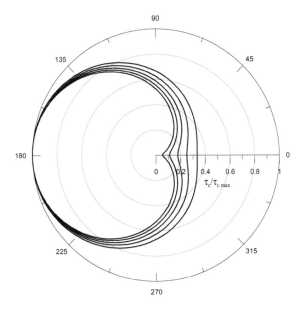

Bild 2-62 Abhängigkeit der Bruchdauer τ_c der S-Wellenverschiebungsimpulse an einem Standort in einer Entfernung r>>L. Die Bruchausbreitung ist in Richtung von 0° angenommen. Die Kurven geben von außen nach innen die $\tau_c/\tau_{c\,max}$ Werte für die Verhältnisse von S-Wellengeschwindigkeit zur Bruchgeschwindigkeit von 0.5, 0.6, 0.7, 0.8 bzw. 0.9.

Die aus Bild 2-53 bekannten richtungsabhängigen Abstrahlmuster für die Amplituden der Raumwellen zeigen bei einem Bruch nach dem Haskell-Modell mit endlicher Bruchgeschwindigkeit deutliche Vorzugsrichtungen. Als Beispiel sind in Bild 2-63 die Abstrahlmuster der Raumwellen bei einer Bruchgeschwindigkeit von 80% der S-Wellengeschwindigkeit gezeigt. Hieraus wird deutlich, dass bei der Beurteilung eines Standortes neben der Entfernung auch die relative Lage zu relevanten Verwerfungsflächen in der Umgebung eine wichtige Rolle spielen kann.

Das einfache Haskell-Modell mit der Bruchausbreitung in einer Richtung ist natürlich nicht für alle Beben anwendbar. Neben der unilateralen Bruchausbreitung können auch Modelle mit einer bilateralen Bruchausbreitung erforderlich sein, wenn der Bruch im Zentrum einer lang gestreckten Bruchfläche beginnt und dann in zwei entgegen gesetzte Richtungen läuft. Auch eine kreisförmige Bruchausbreitung wurde beobachtet. Mit Hilfe numerischer Simulationen werden heute auch kompliziertere Bruchabfolgen erfolgreich modelliert (z.B. Wald et al., 1991; Wald und Heaton, 1994).

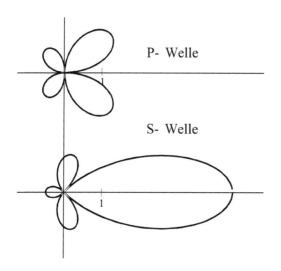

P- Welle

S- Welle

Bild 2-63 Abstrahlmuster der P-Wellen (oben) und SH-Wellen (unten) bei einem von links nach rechts laufenden unilateralen Bruch der sich mit 80% der Scherwellengeschwindigkeit ausbreitet

2.5.5 Das Herdspektrum

In 2.5.4 wurde gezeigt, dass auch bei einfachen Herdmodellen die Impulsform, insbesondere die Dauer, von der Dimension eines ausgedehnten Herdes abhängt. In Bild 2-60 wurde die Fernfeldverschiebung des Haskell Modells als die Konvolution zweier Rechteckfunktionen dargestellt. Im Frequenzbereich entspricht der Konvolution zweier Signale die Multiplikation der FOURIER-Spektren der Signale. Das Spektrum einer Rechteckfunktion wird durch die *sink*-Funktion sin(x)/x beschrieben. Die Fernfeldverschiebung erhält man daher aus der Multiplikation zweier *sink*-Funktionen, die einmal durch die Anstiegszeit τ_r und einmal durch die Bruchdauer τ_c bestimmt sind:

$$\hat{u}(\omega) = M_0 \left| \frac{\sin(\omega\tau_r/2)}{\omega\tau_r/2} \right| \left| \frac{\sin(\omega\tau_c/2)}{\omega\tau_c/2} \right| \tag{2.98}$$

Bild 2-64 zeigt die FOURIER-Amplitudenspektren zweier Rechteckfunktionen bei denen angenommen wurde, dass die Anstiegszeit 0.4 s und die Bruchdauer 5 s beträgt. Die spektrale Amplitude der Spektren nimmt mit zunehmender Frequenz ab. Für Frequenzen kleiner als $2/\tau_r$ haben die Spektren ein Plateau, dann fällt die Amplitude mit $1/\omega$ ab. Die Frequenz, bei der sich das extrapolierte Plateau und die $1/\omega$ Asymptote schneiden, wird als Eckfrequenz des Spektrums bezeichnet. Multipliziert man die Spektren von zwei Rechteckfunktionen mit unterschiedlichen Impulsdauern, so erhält man ein Spektrum mit drei Bereichen (Bild 2-64b). Im niederfrequenten Bereich zeigt das Spektrum ein Plateau, dessen Höhe durch das seismische Moment bestimmt wird, in einem mittleren Bereich nimmt die Amplitude mit $1/\omega$ ab und im hochfrequenten Bereich erfolgt die Amplitudenabnahme mit $1/\omega^2$.

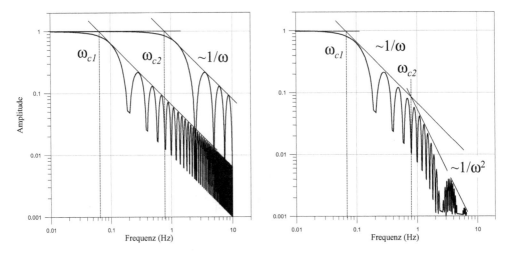

Bild 2-64 (a) FOURIER-Amplitudenspektren von zwei Rechteckfunktionen, deren Impulsdauer 0.4 bzw. 5.0 s beträgt. Die Spektren zeigen unterhalb einer Eckfrequenz einen flachen Plateaubereich, oberhalb der Eckfrequenz nimmt die spektrale Amplitude proportional zu $1/\omega$ ab. (b) Die Multiplikation der beiden Spektren aus (a) ergibt ein Spektrum mit zwei Eckfrequenzen. Im hochfrequenten Teil nimmt die spektrale Amplitude proportional zu $1/\omega^2$ ab.

Näherungsweise gilt für die spektralen Amplituden in diesem Modell:

$$\hat{u}(\omega) \approx \begin{cases} M_0 & \omega < \dfrac{2}{\tau_c} \\[2mm] \dfrac{M_0}{\omega \tau_c / 2} & \dfrac{2}{\tau_c} < \omega < \dfrac{2}{\tau_r} \\[2mm] \dfrac{M_0}{\omega^2 (\tau_r \tau_c / 4)} & \omega > \dfrac{2}{\tau_r} \end{cases} \tag{2.99}$$

Mit anderen Worten, man erwartet ein flaches Plateau im Spektrum für Perioden, die größer als die Bruchdauer sind. Bei Perioden, die zwischen der Bruchdauer und der Anstiegszeit liegen, nimmt die spektrale Amplitude mit $1/\omega$ ab und bei Perioden kleiner als die Dauer der Anstiegszeit nimmt die Amplitude im Spektrum mit $1/\omega^2$ ab. Entsprechend dieser Amplitudenabnahme im Spektrum wird dieses Modell auch als ω^2-Modell bezeichnet. In der Praxis lässt sich oft nur eine Eckfrequenz bestimmen, die im Schnittpunkt der $1/\omega^2$ –Asymptote und des Plateaus liegt. Bild 2-65 zeigt das Spektrum des Verschiebungsimpulses eines Lokalbebens der Magnitude 3.8 in 95 km Herdentfernung, das bezüglich der Amplitudenabnahme durch die Wellenausbreitung korrigiert wurde. Aus dem Plateau-Wert des Spektrums und der Eckfrequenz von ca. 2.7 Hz ergibt sich eine Herdlänge von etwa 1 km und ein seismisches Moment von 2.5 10^{14} Nm.

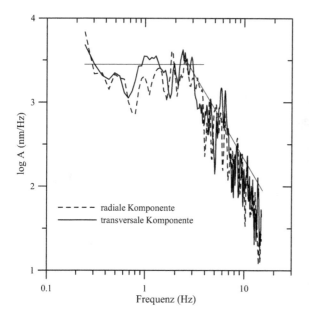

Bild 2-65 Beispiel eines gemessenen Herdspektrums eines Lokalbebens der Magnitude 3.8 in 95 km Epizentralentfernung. Die Spektren sind bezüglich der Wellenausbreitung korrigiert (geometrische Amplitudenabnahme und anelastische Dämpfung). Sie wurden aus den S-Wellen der Bodenbewegung in Ausbreitungsrichtung der Wellen (radiale Komponente) und quer zur Ausbreitungsrichtung (transversale Komponente) berechnet. Die eingezeichneten Linien geben das Niveau des niederfrequenten Spektralplateaus und der hochfrequenten Asymptote mit einer $1/\omega^2$ Proportionalität an.

2.5.6 Spannungsabfall

Das Haskell-Modell ist ein rein kinematisches Herdmodell, also ein Modell, das nur die Einflüsse des zeitlichen Ablaufs des Bruchvorganges vorhersagt. Ein wichtiger Parameter die Bruchdynamik betreffend ist der Spannungsabfall, also der Betrag der mechanischer Spannung, der durch den Erdbebenherdvorgang abgebaut wird. Dieser Spannungsabfall (*stress drop*) kann auf der Herdfläche stark unterschiedlich sein. Der statische Spannungsabfall wird definiert als der Spannungsabfall integriert über die Herdfläche und dividiert durch die Herdfläche. Geht man davon aus, dass die Deformation, die mit der mittleren Verschiebung $\overline{D}$ einhergeht, proportional zu dem Quotienten aus mittlerer Verschiebung und einer charakteristischen Längendimension des Herdes $\tilde{L}$ ist, dann kann man die Deformationsänderung mittels des HOOKEschen Gesetze in eine Spannungsänderung $\Delta\sigma$ übertragen (Lay und Wallace, 1995):

$$\Delta\sigma = C\mu\left(\frac{\overline{D}}{\tilde{L}}\right),\tag{2.100}$$

Dabei ist C eine dimensionslose Konstante, die von der Herdgeometrie abhängt. Im Allgemeinen ist der Spannungsabfall der am schwersten zu bestimmende Herdparameter. Zahlenwerte liegen meist zwischen 0.1 und 10 MPa.

2.5.7 Abschätzung maximaler Bodenbewegungen

In 2.5.2 bis 2.5.5 wurde gezeigt, dass die räumliche Orientierung der Scherverschiebungsquelle und die Bruchkinematik eine wichtige Rolle bei der Abschätzung der Abstrahlungseigenschaften der seismischen Quelle spielen. Dennoch kann man mittels einfacher Beziehungen eine erste Abschätzung der maximalen Bodenbewegungsamplituden, wie etwa der Partikelgeschwindigkeit, in der Nähe einer Herdfläche wagen, wenn wenige Parameter des Herdes bekannt sind (Schneider, 1980). Lassen sich die effektive Spannung, das ist die Scherspannung vor dem Beben vermindert um die Reibungsspannung auf der Herdfläche, der Schermodul und die Scherwellengeschwindigkeit in der Herdregion abschätzen, so ist die maximale Schwinggeschwindigkeit in Herdnähe:

$$v_{max} = \frac{\sigma_{eff}}{\mu} v_S \qquad (2.101)$$

Setzt man als plausible Zahlenwerte für die Spannung 100 bar, für den Schermodul $3 \cdot 10^{10} \, N/m^2$ und für die Scherwellengeschwindigkeit 3000 m/s an, dann erhält man etwa 1 m/s als maximale Schwinggeschwindigkeit.

Eine zweite grobe Abschätzung basiert auf einer bekannten mittleren Dislokation im Herd, der S-Wellen- und Bruchgeschwindigkeit sowie der Herdausdehnung L:

$$v_{max} = \frac{2}{\pi} \overline{D} \frac{v_S}{v_r} \frac{v_S}{L} \qquad (2.102)$$

Nimmt man hier als Zahlenbeispiel Werte an, die etwa denen des Roermond-Erdbebens von 1992 entsprechen, so ergibt sich mit $\overline{D} = 0.2 \, m$, v_S=3000 m/s, einer Bruchgeschwindigkeit mit 80% der Scherwellengeschwindigkeit und einer Herddimension von 4000 m eine maximale Schwinggeschwindigkeit von 0.12 m/s.

2.6 Ingenieurseismologische Parameter

Bei den ingenieurseismologischen Parametern kann man grob unterscheiden zwischen solchen, die sich auf den Erdbebenherd beziehen und solchen, die eher standortspezifisch sind. Das trifft auch auf die Versuche der Quantifizierung der Erdbebenstärke zu. Während sich die Magnitude, genau wie das seismische Moment, auf die Stärke des Herdes bezieht und aus seismischen Messungen der Verschiebungsamplituden bestimmt wird, ist die Intensität ein makroskopisch bestimmtes Maß der Stärke von Erschütterungen an einem Standort.

2.6.1 Erdbebenstärke

Stärkemaße für Erdbeben lassen sich grob in instrumentelle und nichtinstrumentelle Größen einteilen. Die nichtinstrumentellen, aus makroskopischen Beobachtungen stammenden Angaben werden meist als Intensitäten bezeichnet. Bei den instrumentellen Stärkemaßen ist die, oder, besser gesagt, sind die Magnituden die am meisten verwendeten.

2.6.1.1 *Magnitude*

Das wohl bekannteste, aber oft auch am wenigsten verstandene Stärkemaß für ein Beben ist seine Magnitude. Die Magnitude wurde von dem japanischen Wissenschaftler WADATI eingeführt, bekannt wurde sie aber durch C.F. Richter (1935, 1958), dem später langjährigen Direktor des seismologischen Institutes der Universität in Berkeley. Zunächst nur für Beben in Kalifornien und einen Entfernungsbereich bis 1000 km konzipiert, ist die Magnitude ein dimensionsloses logarithmisches Maß für die entfernungskorrigierten maximalen Bodenverschiebungen. Richter hat aus einem Datensatz kalifornischer Beben eine empirische Beziehung abgeleitet, die die Entfernungsabnahme der Maximalamplituden in Seismogrammen beschreibt, die mit einem bestimmten Seismometertyp, dem Wood-Anderson-Seismometer, gemessen wurden. Die Formel zur Berechnung der Magnitude nach Richter, die auch als Lokalbebenmagnitude oder Lokalmagnitude M_L bezeichnet wird ist denkbar einfach:

$$M_L = \log A - \log A_0 \tag{2.103}$$

Dabei sind A und A_0 die gemessenen Bodenverschiebungen des betrachteten Erdbebens bzw. die Verschiebung eines Referenzbebens in einer festgelegten Entfernung.

Beben mit $M_L \le 2.5$ werden selten gespürt und als Mikrobeben bezeichnet. Die kleinsten messbaren Beben, auch im Bereich von bergbauinduzierten Ereignissen, haben durchaus Magnituden kleiner als Null und die stärksten Lokalmagnituden liegen bei etwa 6.5 bis 7. Ab hier tritt eine Sättigung der Lokalbebenskala ein, weshalb bei stärkeren Beben andere Magnituden anzuwenden sind. Nach wie vor wird die Lokalmagnitude viel verwendet. Sie hat nicht zuletzt deshalb ihren Stellenwert auch nach der Einführung des seismischen Momentes behalten, da sie, bedingt durch die Übertragungseigenschaften des Wood-Anderson-Seismometers, etwa bei der Frequenz 1.2 Hz bestimmt wird, und dadurch eine empirische Korrelation mit Bauwerksschäden aufweist.

Seit Mitte der dreißiger Jahre des letzten Jahrhunderts ist die Magnitude aus der Seismologie nicht mehr wegzudenken, obwohl heute bessere, sprich physikalisch sinnvollere Stärkemaße wie das seismische Moment existieren (2.91). Da die Richtersche Definition nur für die Lokalbeben (und strenggenommen auch nur in Kalifornien) galt, wurden bald neue Magnitudenbeziehungen entwickelt, die auch andere Entfernungsbereiche abdecken. Es lässt sich grob sagen, dass Beben in einer Entfernung, in der die seismischen Wellen im Wesentlichen in der Erdkruste laufen, noch mit der Lokalmagnitude beschrieben werden können. In Entfernungen, bei denen die Wellen wesentlich durch den oberen Erdmantel laufen (ab ca. 1000 km Herdentfernung), wird nach der Raumwellenmagnitude klassifiziert und bei noch größeren Entfernungen benutzt man Oberflächenwellenamplituden in der Oberflächenwellenmagnitude.

Die Raumwellenmagnitude, m_b wird aus den Amplituden der ersten Schwingungen der direkt gelaufenen P-Welle ermittelt:

$$m_b = \log(A/T) + Q(\Delta, h) \tag{2.104}$$

Dabei ist A die Amplitude der wahren Bodenbewegung in Mikrometern (nicht die Seismogrammamplitude wie bei M_L) und T die Periode der Schwingung, bei der die Maximalamplitude ermittelt wurde, meist um 1.0 s. Der empirisch bestimmte Korrekturterm ist hier nicht nur von der Entfernung Δ, sondern auch stark von der Herdtiefe h abhängig. Während die Lokalmagnitude nur für Krustenbeben definiert ist, kann die Raumwellenmagnitude auch für Tiefbeben bis 700 km angewandt werden.

Bei Entfernungen jenseits von ca. 6000 km werden die Seismogramme von flachen Beben durch die Amplituden der Oberflächenwellen dominiert, speziell von Wellen mit Perioden um 20 s. Diese erfahren natürlich eine andere Entfernungsabnahme als die Raumwellen und die Stärke der Oberflächenwellen hängt auch von der Herdtiefe ab. Die Oberflächenwellenmagnitude, M_S ist definiert durch:

$$M_S = \log A_{20} + 1.66 \log \Delta + 2.0 \tag{2.105}$$

Der Index, 20' an der Amplitude kennzeichnet die Periode der Schwingung bei der dieser Wert gemessen werden soll. Die Maßeinheit der Amplituden ist dabei µm.

Die Skalen M_S und m_b wurden so angelegt, dass sie möglichst kompatibel mit der Lokalmagnitude sind. Da die drei Magnituden aber bei unterschiedlichen Referenzfrequenzen gemessen werden, nämlich etwa 1.2, 1.0 und 0.05 Hz für M_L, m_b bzw. M_S, ist angesichts des seismischen Herdspektrums (Bild 2-63) leicht einzusehen, dass die Zahlenwerte nur bei kleineren Beben mit kurzen Herddimensionen und Eckfrequenzen deutlich über 1 Hz übereinstimmen werden. Für Beben über einer bestimmten Stärke werden M_L und m_b bei Frequenzen bestimmt, die im Bereich der mit ω^{-2} abfallenden Flanke des Spektrums liegen und für alle Beben oberhalb dieser Stärke dieselben Magnitudenwerte liefern werden. Man spricht von der Sättigung dieser Magnitudenskalen.

Das seismische Moment als physikalisches Stärkemaß eines Bebens zeigt kein Sättigungsphänomen. Von Kanamori (1977) wurde daher vorgeschlagen, eine Momentmagnitude zu benutzen, die Zahlenwerte in Anlehnung an die existierenden Magnitudenwerte liefert, aber auf dem nicht von Sättigung beeinflusstem Moment beruht:

$$M_W = \left(\frac{\log M_0}{1.5} \right) - 6.07 \tag{2.106}$$

Diese Definition lehnt sich an M_S an und das Moment muss in der Einheit Nm angegeben werden. Im Allgemeinen ist die Bestimmung vom M_0 aufwendiger als die Magnitudenermittlung, für Beben ab einer Stärke von $M_W = 5.0$ wird das Moment aber routinemäßig, zum Teil auch durch automatisierte Verfahren, bestimmt.

2.6.1.2 *Seismische Energie*

Mit der Magnitude und dem seismischen Moment wurden bereits zwei Stärkemaße eines Bebenherdes eingeführt, die auf seismischen Messungen beruhen. Ein anderer, nahe liegender Parameter, ist die bei einem Beben in Form seismischer Wellen freigesetzte Energie. Diese Energie stellt natürlich nur einen Teil der im seismischen Herd umgesetzten Gesamtenergie dar. Große Teile der in der Herdregion in Form mechanischer Spannungen gespeicherten Energie werden bei dem Beben im Bruchvorgang selbst abgebaut, also letztendlich über Reibung in Wärme umgewandelt oder zur Bewegung der Gesteinpartien umgesetzt. Zur Ableitung der seismischen Energie eines Bebens aus Seismogrammaufzeichnungen wird die Situation in Bild 2-66 betrachtet, worin eine von einer Punktquelle ausgehende harmonische Welle eine Station an der Erdoberfläche eines homogenen Halbraumes erreicht.

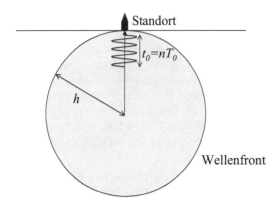

Bild 2-66 Schema eines Wellenzuges, der von einer Punktquelle mit der Herdtiefe h einen Standort an der Erdoberfläche erreicht (Kasahara, 1981).

Die Gleichung der Schwingung mit der Maximalamplitude A und der Periode T_0 lautet:

$$x = A \cos\left(\frac{2\pi t}{T_0}\right)$$

(2.107)

Durch Differentiation erhält man die Schwinggeschwindigkeit des Bodens zu:

$$v = -A \frac{2\pi}{T_0} \sin\left(\frac{2\pi t}{T_0}\right)$$

(2.108)

Die kinetische Energie einer Einheitsmasse am Messort, E_{kin} beträgt

$$E_{kin} = \frac{1}{2}\rho v^2$$

(2.109)

Durch Integration über eine Periode erhält man die kinetische Energiedichte, e, zu:

$$e = \rho \pi^2 \left(\frac{A}{T}\right)^2$$

(2.110)

Hat der Wellenzug, der die Station erreicht, die Dauer $t_0 = n\, T_0$, ist es eine S-Welle, die sich mit v_S ausbreitet, und vernachlässigt man zunächst den Effekt der freien Oberfläche, dann ist der Energiefluss pro Einheitsfläche an der Station gleich $v_S t_0 e$. Die gesamte kinetische Energie im Ursprung ergibt sich dann durch Integration über die Kugelwellenfront, die in dem Beispiel aus Bild 2-66 den Radius h hat, was der Herdtiefe entspricht:

$$E_k = 4\pi h^2 (v_S t_0 e) = 4\pi^3 h^2 v_S t_0 \rho \left(\frac{A}{T_0}\right)^2$$

(2.111)

Um die gesamte seismische Energie zu ermitteln, muss erstens die potentielle Energie der Welle, die im Mittel gleich der kinetischen ist, zweitens der Effekt der freien Oberfläche, die zu einer Verdopplung der Wellenamplitude führt und drittens zusätzlich zu den S-Wellen die P-Wellenenergie berücksichtigt werden, die nach Kasahara (1981) als halb so groß wie die S-Wellenenergie angenommen werden kann. Damit ist die Gesamtenergie:

$$E = 3\pi^3 h^2 v_S t_0 \rho \left(\frac{A}{T_0} \right)^2 \tag{2.112}$$

Gutenberg und Richter (1956) haben die folgenden, viel zitierten empirischen Beziehungen zwischen der Energie eines seismischen Herdes und der sog. *unified magnitude*', m, die eng mit m_B verwandt ist bzw. der Oberflächenwellenmagnitude ermittelt; in diesen Beziehungen wird die Energie in Joule angegeben:

$$\begin{aligned} \log E &= 2.4m - 1.2 \\ \log E &= 1.5M_S + 4.8 \end{aligned} \tag{2.113}$$

Aus (2.120) ergibt sich, dass ein Punkt (eine Einheit) auf der Skala der Oberflächenwellenmagnituden einem Energieverhältnis von ca. 31.6 entspricht. Mit anderen Worten, die Energiefreisetzung in Form von seismischen Wellen bei einem Beben der Magnitude 6.0 ist ca. 30-fach größer als die Energiefreisetzung bei einem Beben der Magnitude 5.0.

Kanamori (1983) stellte eine Beziehung zwischen der Lokalmagnitude und der seismischen Energie auf:

$$\log E = 1.96M_L + 2.05 \tag{2.114}$$

Sie gilt für den Magnitudenbereich von 1.5 bis 6.0, denn bei stärkeren Beben läuft M_L in den Sättigungsbereich hinein. Die von Kanamori ermittelte Proportionalitätskonstante von 1.96 entspricht ungefähr den Werten, die z.B. von Seidl und Berckhemer (1982) zu 2.0 und von Gutenberg und Richter (1956) zu 1.92 ermittelt wurden.

Bei der Anwendung von Gleichungen wie (2.121) auf Beben einer bestimmten Region sollte man immer daran denken, dass diese Gleichungen empirisch aus einer weltweiten Verteilung von Beben bestimmt wurden. Begründet durch die große Bandbreite unterschiedlicher Parameter in einem Herdprozess, wie Spannungsabfall, Geometrie etc. kann die freigesetzte Energie Beben mit gleichem Moment in unterschiedlichen seismischen Regionen durchaus um Faktoren von zwei bis drei differieren. Falls möglich, sollte man von daher auf regionale oder lokale Kalibrierungen solcher empirischen Beziehungen zurückgreifen.

Bild 2-67 zeigt eine Beziehung zwischen der Momentmagnitude und den Magnituden, die bei bestimmten Frequenzen des Herdspektrums bestimmt werden. Der Effekt der Magnitudensättigung wird hier deutlich, da im Bereich der starken Beben alle Magnituden kleinere Zahlenwerte als die Momentmagnitude ergeben.

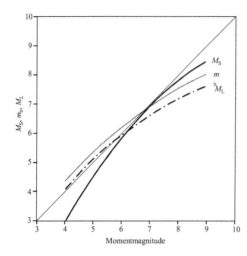

Bild 2-67 Beziehung zwischen der Moment-magnitude, der Oberflächenwellenmagnitude, der Raumwellenmagnitude und der Lokalmagnitude (Boore, und Joyner, 1994).

2.6.1.3 Beziehungen zwischen Moment und Magnitude

Auch zwischen dem wichtigsten Stärkemaß, dem Moment, und den unterschiedlichen Magnituden wurden eine Vielzahl von empirischen Beziehungen ermittelt. Für einen Datensatz globaler Beben ermittelten Ekström und Dziewonski (1988) Beziehungen zwischen Moment und Oberflächenwellenmagnitude, wobei für schwächere, mittlere und stärkere Beben jeweils unterschiedliche Korrelationen bestehen:

$$
\begin{aligned}
M_S &= \log M_0 - 12.24 & M_0 &< 3.2 \cdot 10^{17} \, \text{Nm} \\
M_S &= \log M_0 - 0.088(\log M_0 - 24.5)^2 - 19.24 & 3.2 \cdot 10^{17} &\leq M_0 < 2.5 \cdot 10^{19} \, \text{Nm} \\
M_S &= 0.667 \log M_0 - 10.73 & M_0 &\geq 2.5 \cdot 10^{19} \, \text{Nm}
\end{aligned}
\tag{2.115}
$$

Beziehungen zwischen der Raumwellenmagnitude und dem Moment werden z.B. von Chen und Chen (1989) angegeben:

$$
\begin{aligned}
\log M_0 &= 1.5 m_b + 9.0 & 3.8 &< m_b \leq 5.2 \\
\log M_0 &= 3.0 m_b + 1.2 & 5.2 &< m_b \leq 6.5
\end{aligned}
\tag{2.116}
$$

Insbesondere bei Beziehungen zwischen der Lokalmagnitude und dem Moment spielen die lokalen oder regionalen Verhältnisse eine große Rolle. Für die nördlichen Rheinlande zum Beispiel wurde von Reamer und Hinzen (2004) die Beziehung

$$
M_W = 0.722 M_L + 0.743
\tag{2.117}
$$

ermittelt.

2.6.1.4 Beziehungen zwischen Momentmagnitude und Herddimension

Die Beziehungen zwischen Magnitude und Herddimension von Wells und Coppersmith (1994) wurden bereits in 2.5.4 erwähnt (Bild 2-58). Die Autoren untersuchten Beben getrennt nach

Bebenmechanismen, gaben aber auch Beziehungen an, in die alle Bebentypen eingeflossen sind. Zwischen Momentmagnitude und Größe der Herdfläche, RA in km², der Risslänge an der Oberfläche, SRL, der Risslänge im Untergrund, RLD, und der mittleren Verschiebung AD, jeweils in Metern, stellten sie die Beziehungen auf:

$$M_W = (4.07 \pm 0.06) + (0.98 \pm 0.03) \log RA$$
$$M_W = (5.08 \pm 0.10) + (1.16 \pm 0.07) \log SRL$$
$$M_W = (4.38 \pm 0.06) + (1.49 \pm 0.04) \log RLD$$
$$M_W = (6.93 \pm 0.05) + (0.82 \pm 0.10) \log AD$$

$$(2.118)$$

2.6.2 Standortbezogene Parameter

2.6.2.1 Makroseismische Intensität

Die wahrscheinlich erste systematische und umfassende Aufzeichnung der Schadenswirkung eines Erdbebens wurde von Robert Mallet nach dem Beben am 15. Dezember 1857 bei Neapel in Italien vorgenommen. Alle Phänomene, die während oder unmittelbar nach einem Beben eintreten und ohne Instrumente beobachtet werden können, werden unter dem Begriff der makroseismischen Beobachtungen zusammengefasst. Klassifiziert werden die makroseismischen Effekte mit der sog. makroseismischen Intensität oder kurz nur Intensität. Seit Mallets ersten Untersuchungen wurden in vielen Regionen der Erde die unterschiedlichsten makroseismischen Skalen entwickelt, die aber alle artverwandt sind. In Europa und den U.S.A. haben sich 12-teilige Skalen durchgesetzt, in Japan wird oft eine 7-teilige Skala verwendet.

Die Skalen haben im Laufe der Jahrzehnte eine gewisse Entwicklung durchgemacht; diese wurde zum Teil deshalb erforderlich, da die Skalen an neue Bauweisen angepasst werden mussten. Ein Schaden an der Konstruktion eines sorgfältig bemessenen Stahlbetongebäudes ist sicher anders zu bewerten als ein vergleichbarer Schaden in einem einfachen („non-engineered") Mauerbau. Alle makroseismischen Skalen basieren in den niedrigen Intensitätsstufen auf der subjektiven, physiologischen Wahrnehmung von Erschütterungen durch Menschen, die das Beben miterlebt haben. In den mittleren Stufen kommt die Klassifizierung von Gebäudeschäden hinzu. Dieser Bereich ist für die Ingenieurseismologie wegen des direkten Bauwerksbezuges besonders wichtig. Bei sehr starken Beben können dann noch boden- und felsdynamische Effekte, die landschaftsverändernd wirken und eventuell Auswirkungen auf Wassermassen haben, hinzukommen.

In Europa wurde lange Zeit die 12-stufige Medwedew-Sponheuer-Karnik Skala (MSK-Skala) angewandt. Aufbauend auf der MSK-Skala wurde die *European Macroseismic Scale* EMS (Grünthal, 1998) entwickelt, die auch neuere Entwicklungen der Bautechnik berücksichtigt. In den U.S.A. ist die modifizierte Mercalli-Skala (MM) weit verbreitet und in Japan findet die 7-stufige Skala des Japanischen Wetterdienstes (JMA-Skala) Anwendung. Eine zehnteilige Skala wurde in Italien von Rossi-Forel (RF) entwickelt. Bild 2-68 vergleicht die Intensitäten verschiedener Skalen.

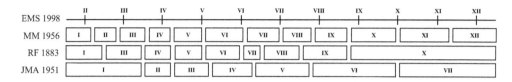

Bild 2-68 Vergleich der europäischen makroseismischen Skala von 1998 (EMS) mit der modifizierten Mercalli- Skala (MM), der zehnteiligen Rossi-Forel Skala (RF) und der Skala des japanischen Wetterdienstes (JMA).

Nun könnte man meinen, dass nach der Einführung von modernen Seismometern und Starkbebenmessgeräten eine makroseismische Erhebung des Schadenbildes eines Bebens überflüssig sei. Makroseismische Untersuchungen haben aber nach wie vor eine sehr große Bedeutung für die Ingenieurseismologie. Mit dem Lawson-Report (1908), der nach dem großen Beben von San Franzisko am 18. April 1906 angefertigt wurde, wurde ein Maßstab für den Tiefgang und die Genauigkeit der Dokumentation von Bebenauswirkungen gelegt, der heute noch Gültigkeit hat. Die heute manchmal als neue Erkenntnis dargestellten Effekte des Baugrundes auf die Schadenswirkung eines Bebens, die längst noch nicht in allen Normen ausreichend berücksichtigt werden, sind bereits von der Lawson-Kommission in ihrer Bedeutung erkannt und beschrieben worden und finden sich auch in Lehrbüchern wie dem von Gutenberg (1923). Die genaue Dokumentation der Schadensbilder ist für die Weiterentwicklung der Bautechnik unerlässlich. So hart es sein mag, aber gerade auch in beim erdbebensicheren Bauen gilt die Regel, dass man insbesondere aus Fehlern klug wird, wobei jedes Schadenbeben neue Erkenntnisse liefert. Der zweite Aspekt, welcher der Makroseismik eine wichtige Bedeutung zukommen lässt, sind historische Beben. Um die Erdbebengefährdung einer Region zu beurteilen (Abschnitt 2.7) ist es unerlässlich, sich mit historischen Beben auseinander zu setzen. Die Beben aus vorinstrumenteller Zeit sind aber nur über die Makroseismik einer quantifizierten Auswertung zugänglich. Für diese quantitative Auswertung, wie zum Beispiel der Bestimmung einer makroseismischen Magnitude, sind Vergleiche mit rezenten Beben, die sowohl makroseismisch bearbeitet als auch an Hand von instrumentellen Daten analysiert wurden, unerlässlich. Ein weiterer wichtiger Punkt ist, dass die Intensität eine standortbezogene Größe ist, also durchaus Effekte der lokalen Geologie beinhaltet, was bei den instrumentell für den Bebenherd ermittelten Größen wie Moment und Magnitude oder seismische Energie nicht der Fall ist.

2.6.2.2 Die europäische makroseismische Skala

Die neueste Fassung der makroseismischen Schadensklassifizierung ist die *European Macroseismic Scale* (Grünthal, 1998). Tabelle 2-3 benennt die 12 Intensitätsstufen dieser Skala und ordnet grob Amplituden der Maximalbeschleunigung zu. Die EMS beinhaltet eine detaillierte Klassifizierung von Bauwerken und Schadensbildern. Grob werden die Bauten in Mauerwerksbauten, Stahlbetonbauten, Stahlbauwerke und Holzbauten unterteilt. Die Mauerwerks- und Stahlbetonbauten werden in Unterklassen geteilt, und die Anfälligkeit jeder Bauwerksklasse wird von ‚hoch' bis ‚gering' in die Stufen A bis F klassifiziert (Bild 2-69).

Tabelle 2-3 Vereinfachte Fassung der Intensitätseinteilung der EMS und grobe Zuordnung von maximalen Beschleunigungen.

Intensität	Beschreibung	Max. Beschleunigung in Bruchteilen von g
I	nicht gespürt	
II	kaum spürbar	
III	schwach	
IV	von vielen wahrgenommen	< 3%
V	stark	< 3%
VI	leichte Schäden	3 – 10%
VII	Schäden	10 – 20%
VIII	starke Schäden	20 – 40%
IX	zerstörend	40 – 80%
X	vernichtend	80 – 150%
XI	Katastrophe	> 150%
XII	große Katastrophe	> 150%

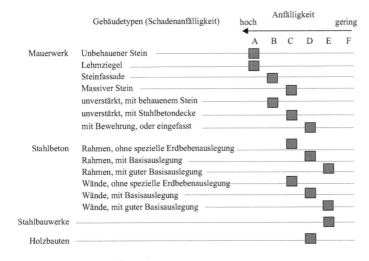

Bild 2-69 Klassifizierung der Schadensanfälligkeit von Bauwerken nach der EMS

Bezeichnungen wie ‚wenige, einige, viele etc.‘ sind in den meisten makroseismischen Skalen durchaus als quantitative Angaben zu verstehen. Die EMS nennt drei solcher Häufigkeitsangaben von Beobachtungen (Bild 2-70). Zeigen in einem Gebiet zum Beispiel zwischen 10% und 60% der Bauten einer bestimmten Bauwerksklasse Schäden vom Grad 3, so würde man von ‚vielen‘ Bauwerken sprechen.

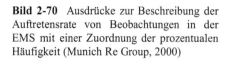 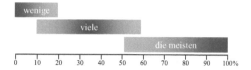

Bild 2-70 Ausdrücke zur Beschreibung der Auftretensrate von Beobachtungen in der EMS mit einer Zuordnung der prozentualen Häufigkeit (Munich Re Group, 2000)

Welche Intensität letztendlich einem begrenzten Gebiet zugeordnet wird hängt von allen Beobachtungen in dem Gebiet ab. Dazu zählen sowohl die Beobachtungen und Empfindungen von befragten Einwohnern als auch die Schadensbilder.

Tabelle 2-4 Beschreibung der fünf Schadengrade der EMS mit typischen Schadenbildern bei Ziegel- und Stahlbetonbauten

Scha-dengrad	Schadensbild Ziegelbauten	Beschreibung	Schadensbild Stahlbetonbauten
1		Vernachlässigbarer bis leichter Schaden (kein struktureller, leichter nicht-struktureller Schaden)	
2		Mäßiger Schaden (leichter struktureller, mittlerer nicht- struktureller Schaden)	
3		Erheblicher bis schwerer Schaden (mittlerer struktureller, erheblicher nicht-struktureller Schaden)	
4		Schwerer Schaden (erheblicher struktureller, schwerer nicht-struktureller Schaden)	
5		Zerstörung (sehr schwere strukturelle Schäden)	

Für die Definition der Intensitätsstufen wird in den meisten Skalen, so auch in der EMS, unterschieden zwischen a) Wirkung auf Menschen, b) Wirkung auf Objekte und auf die Natur und c) Gebäudeschäden. Die folgende Liste der EMS gibt die Zuordnung der Effekte a), b) und c) zu den einzelnen Intensitätsstufen:

I. Nicht gespürt

a) Auch unter den günstigsten Bedingungen nicht gespürt

b) Keine Wirkung

c) Kein Schaden

II. Selten gespürt

a) Erschütterungen werden nur vereinzelt (<1%) von ruhenden Personen in Gebäuden wahrgenommen

b) Keine Wirkung

c) Kein Schaden

III.   Schwach

a) Das Beben wird in Gebäuden von wenigen Personen wahrgenommen. Ruhende Personen spüren ein Schwingen oder leichte Erschütterungen.

b) Hängende Gegenstände schwingen leicht

c) Keine Schäden

IV.   Weitgehend beobachtet

a) Das Beben wird in Gebäuden von vielen gespürt, im Freien nur von sehr wenigen Personen. Weinige erwachen, die Stärke der Erschütterungen ist nicht erschreckend. Die Schwingungen sind moderat. Beobachter spüren leichtes Zittern oder Schwingen von Gebäuden, eines Zimmers, des Bettes, Sessels etc.

b) Geschirr, Fenster und Türen klappern. Hängende Gegenstände schwingen. Wenige leichte Möbel wackeln sichtbar. Holzteile im Bau knarren in wenigen Fällen.

c) Keine Schäden

V.   Stark

a) Das Beben wird in Gebäuden von den meisten Personen gespürt, im Freien von Wenigen. Wenige Personen erschrecken und verlassen Gebäude. Viele Menschen erwachen. Beobachter spüren starke Erschütterungen des ganzen Gebäudes, Zimmers oder der Möbel.

b) Hängende Gegenstände schwingen stark. Geschirr und Gläser schlagen aneinander. Kleine, kopflastige und/oder wenig standfeste Gegenstände werden verschoben oder fallen herunter. Türen und Fenster schwingen auf oder schlagen zu. In wenigen Fällen zerbrechen Fensterscheiben. Flüssigkeiten schwingen und können bei gut gefüllten Gefäßen überschwappen. Tiere in Gebäuden werden unruhig.

c) Schäden vom Grad 1 an wenigen Gebäuden der Klassen A und B.

VI.   Geringe Schäden

a) Von den meisten in Gebäuden und von vielen im Freien gespürt. Wenige Personen verlieren das Gleichgewicht. Viele Personen erschrecken und rennen ins Freie.

b) Kleine Gegenstände mit normaler Standfestigkeit können umfallen und Möbelstücke können verschoben werden. In weinigen Fällen können Geschirr oder Gläser zerbrechen. Nutzvieh, auch im Freien, kann verängstigt werden.

c) Schäden vom Grad 1 an vielen Gebäuden der Klassen A und B. Wenige Bauwerke der Klassen A und B erleiden Schäden vom Grad 2. Wenige Bauwerke der Klasse C zeigen Schäden vom Grad 1.

VII.   Schadenverursachend

a) Viele Menschen werden verängstigt und versuchen ins Freie zu laufen. Viele empfinden es als schwierig, das Gleichgewicht zu halten, insbesondere in höheren Stockwerken.

b) Möbelstücke werden verschoben und kopflastige Möbel können umfallen. Gegenstände fallen aus Regalen. Wasser schwappt aus Behältern, Tanks und Schwimmbecken.

c) Viele Gebäude der Klasse A erleiden Schäden vom Grad 3, wenige vom Grad 4. Viele Gebäude der Klasse B erleiden Schäden vom Grad 2, wenige vom Grad 3. Wenige Gebäude der Klasse C erleiden Schäden vom Grad 2. Wenige Gebäude der Klasse D erleiden Schäden vom Grad 1.

VIII.   Starke Schäden

a)   Viele Menschen haben Probleme damit, stehen zu bleiben, auch im Freien.

b)   Möbelstücke können umfallen. Gegenstände wie Fernsehgeräte, Schreibmaschinen etc. fallen zu Boden. Grabsteine können in einigen Fällen verschoben oder gedreht werden oder umfallen. Bei sehr weichem Untergrund können Wellenbewegungen beobachtet werden.

c)   Viele Gebäude der Klasse A erleiden Schäden vom Grad 4, wenige vom Grad 5. Viele Gebäude der Klasse B erleiden Schäden vom Grad 3, wenige vom Grad 4. Viele Gebäude der Klasse C erleiden Schäden vom Grad 2, wenige vom Grad 3. Wenige Gebäude der Klasse D erleiden Schäden vom Grad 2.

IX.   Zerstörend

a)   Allgemeine Panik. Menschen können zu Boden geworfen werden

b)   Viele Denkmäler oder Säulen fallen um oder werden gedreht. Wellen werden bei weichem Untergrund beobachtet.

c)   Viele Gebäude der Klasse A erleiden Schäden vom Grad 5. Viele Gebäude der Klasse B erleiden Schäden vom Grad 4, wenige vom Grad 5. Viele Gebäude der Klasse C erleiden Schäden vom Grad 3, wenige vom Grad 4. Viele Gebäude der Klasse D erleiden Schäden vom Grad 2, wenige vom Grad 3. Wenige Gebäude der Klasse E erleiden Schäden vom Grad 2.

X.   Sehr zerstörend

a)   Die meisten Gebäude der Klasse A erleiden Schäden vom Grad 5. Viele Gebäude der Klasse B erleiden Schäden vom Grad 5. Viele Gebäude der Klasse C erleiden Schäden vom Grad 4, wenige vom Grad 5. Viele Gebäude der Klasse D erleiden Schäden vom Grad 3, wenige vom Grad 4. Viele Gebäude der Klasse E erleiden Schäden vom Grad 2, wenige vom Grad 3. Wenige Gebäude der Klasse F erleiden Schäden vom Grad 2.

XI.   Katastrophe

a)   Die meisten Gebäude der Klasse B erleiden Schäden vom Grad 5. Die meisten Gebäude der Klasse C erleiden Schäden vom Grad 4, wenige vom Grad 5. Viele Gebäude der Klasse D erleiden Schäden vom Grad 4, wenige vom Grad 5. Viele Gebäude der Klasse E erleiden Schäden vom Grad 3, wenige vom Grad 4. Viele Gebäude der Klasse F erleiden Schäden vom Grad 2, wenige vom Grad 3.

XII.   Totale Katastrophe

a)   Alle Gebäude der Klassen A und B und fast alle der Klasse C werden zerstört. Die meisten Gebäude der Klassen D, E und F werden zerstört. Die Erdbebeneffekte erreichen das denkbare Maximum.

2.6.2.3   *Makroseismische Begriffe und Auswerteverfahren*

Die wichtigsten Begriffe der Makroseismik werden in Bild 2-71 erläutert. Allgemein ist davon auszugehen, dass die Intensität vom Epizentrum aus gesehen mit wachsender Herdentfernung abnimmt. Das ist in der Praxis allerdings auch häufig nicht der Fall. Wenn in größerer Herdentfernung ungünstige Untergrundverhältnisse für erhöhte Erschütterungen sorgen, wird dort auch eine größere Intensität beobachtet. Die Intensität im Epizentrum ist die Epizentralintensität. Unterschieden wird weiter zwischen der größten beobachteten Intensität und der Maximalintensität. Letztere kann sich zum Beispiel aus Modellrechnungen ergeben. Man kann nicht ohne weiteres davon ausgehen, dass die größte Intensität auch wirklich beobachtet wurde. Das hängt entscheidend von der Siedlungsdichte ab. Die Intensität an einem bestimmten Ort wird als Standortintensität bezeichnet. Isolinien der Intensität werden als Isoseisten bezeichnet.

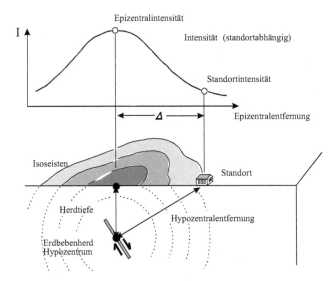

Bild 2-71 Schematische Darstellung der Intensitätsverteilung eines Bebens mit den wichtigsten Begriffen der Makroseismik (Gutenberg, 1923).

Bakun und Wentworth (1997, 1999) entwickelten ein Verfahren, mit dem man den Ort (Lokation) und die Magnitude von historischen Beben aus makroseismischen Daten ermitteln kann. Hinzen und Oemisch (2001) wandten die Methode modifiziert auch auf Beben der nördlichen Rheinlande an. Zunächst wird mit einem Satz instrumenteller Beben eine Beziehung zwischen der (instrumentell ermittelten) Magnitude und der Entfernungsabnahme der Intensität aufgestellt. Mittels *grid-search-* Algorithmen kann dann auch für die Verteilung der Intensitäten historischer Beben der Region die Magnitude und die Lokation ermittelt werden. Bild 2-72 zeigt die Anwendung auf die makroseismischen Daten des stärksten deutschen historischen Bebens bei Düren im Jahr 1756.

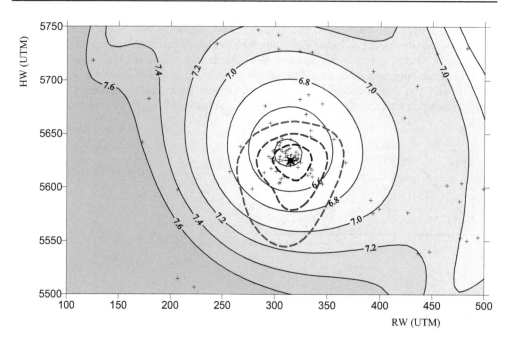

Bild 2-72 Ermittlung der Magnitude und der Lokation des Bebens bei Düren von 1756 mit der Methode nach Bakun und Wentworth (1997, 1999). Die durchgezogenen dünnen Linien sind Isolinien der Magnitude, die am jeweiligen Punkt erforderlich wäre, um die kleinsten Abweichungen zwischen beobachteten Intensitäten und der mit einer empirisch ermittelten Intensitätsabnahmefunktion berechneten Intensitäten zu bekommen. Die Kreuze geben die Lage der Orte an, von denen makroseismische Beobachtungen vorliegen. Die gestrichelten Linien geben von außen nach innen Konfidenzbereiche (50%, 80% und 95%) für die Lage der Epizentrums an. Die wahrscheinlichste Herdlage nach dem verwendeten Modell ist mit einem Stern gekennzeichnet. Die Magnitude wurde zu 6.4 + 0.2 ermittelt. Koordinaten sind Rechts- und Hochwerte im UTM Gitter (Hinzen und Oemisch, 2001).

Sponheuer (1960) hat aufbauend auf Arbeiten von Koveslighety (1907) ein relativ einfaches Verfahren zur Bestimmung der Herdtiefe und der Epizentralintensität aus makroseismischen Daten entwickelt. Vorausgesetzt wird eine Punktquelle, eine flache Erdoberfläche im Gebiet, in dem das Beben verspürt wird (Schüttergebiet), ein isotropes und homogenes Ausbreitungsmedium sowie eine einheitliche mittlere Periode aller Phasen auch bei wachsender Herdentfernung. Die makroseismischen Intensitäten werden auf einer Karte eingetragen, dann werden Regionen gleicher Intensität durch Isolinien (Isoseisten) abgegrenzt. Die Konstruktion dieser Isoseisten enthält meist subjektive Einflüsse seitens des oder der Auswertenden, was ein gewisses Problem mit der Reproduzierbarkeit von Resultaten mit sich bringt. Insbesondere bei sehr unregelmäßigem Verlauf der Isoseisten, z.B. bedingt durch die lokale Geologie, ist es nicht immer einfach, die Isolinien zu zeichnen. Aus der von den Isolinien umschlossenen Fläche wird der Isoseistenradius, der Radius eines Kreises gleicher Fläche, berechnet. Mittels der von Sponheuer entwickelten Beziehung

$$I_{0-I} = 3\log\left(\frac{1}{h}\sqrt{h^2 + s^2}\right) + 3\alpha\log(e)\left(\sqrt{h^2 + s^2} - h\right) \tag{2.119}$$

werden Intensität, Isoseistenradius und Herdtiefe verknüpft. Parameter sind dabei die Absorption $\alpha\varphi$ und eine empirische Konstante, die hier zu 3 angenommen wurde. Mit der Beziehung (2.119) lassen sich Diagramme zeichnen, in denen die Differenz I_0-I in Abhängigkeit des Isoseistenradius s dargestellt wird (Bild 2-73).

Als Faustformel gilt: Je größer die Absorption α ist, desto kleiner sind die Epizentralentfernungen für einen bestimmten Wert der Intensitätsdifferenz I_0-I. Da die zu den einzelnen Intensitäten I_n gehörenden s_n aus der Isoseistenkarte ermittelt werden können, lassen sich bei bekanntem oder angenommenem I_0 die entsprechenden Wertepaare in die Diagramme eingetragen. Damit kann eine Abschätzung der Herdtiefe erfolgen.

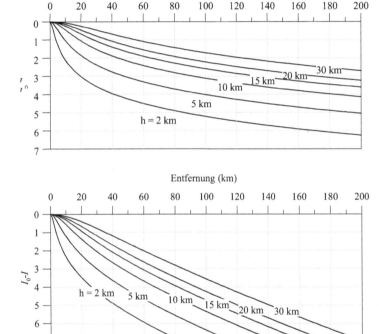

Bild 2-73 Abhängigkeit des Radius der Isoseisten (Entfernung) von der Intensitätsdifferenz I_0-I für Absorptionskoeffizienten von $\alpha = 0.001$ (oben) und $\alpha = 0.02$ (unten). Die Parameter an den Kurven geben die jeweilige Herdtiefe an.

2.6.2.4 Beziehungen zwischen Intensität und Beschleunigung

Schon in den Anfängen der Erdbeben-Geologie wurde der Versuch unternommen, die für das Bauwesen wichtige Bodenbeschleunigung mit der makroseismischen Intensität zu verknüpfen. Sieberg bearbeitete die Mercalli-Cancani Skala der Makroseismik, die dann als Mercalli-Cancani-Sieberg Skala bezeichnet wurde. Er stellte die in Bild 2-74 gezeigten Zuordnungen der maximalen Bodenbeschleunigungen zu den makroseismischen Intensitäten auf. Auch die EMS gibt Wertebereiche der Bodenbeschleunigung für Intensitäten zwischen 4 und 12, die ebenfalls in Bild 2-74 gezeigt werden.

Eine häufig in Gutachten verwendete empirische Beziehung:

$$\log a_h = 0.25 + 0.25 I \tag{2.120}$$

wurde von Murphy und O'Brian (1977) entwickelt. Während die frühen Abschätzungen von Sieberg deutlich unter den empirischen Werten von Murphy und O'Brian liegen, tendieren die Angaben der EMS zu höheren Werten. Dabei ist allerdings zu berücksichtigen, dass in den drei Fällen die Beschleunigungen jeweils auf andere Intensitätsdefinitionen bezogen werden.

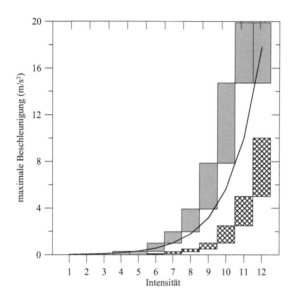

Bild 2-74 Beziehungen zischen makroseismischer Intensität horizontaler und Maximalbeschleunigung. Die schraffierten Balken sind Werte von Sieberg (1923). Die grauen Balken sind Angaben der Europäischen Makroseismischen Skala EMS (Grünthal, 1998). Die Kurve zeigt die empirische Beziehung von Murphy und O'Brian (1977).

2.6.2.5 Beziehungen zwischen Magnitude und Beschleunigung

Seit der Messung der ersten *strong-motion* Seismogramme in den vierziger Jahren wurde eine Vielzahl von Modellen entwickelt, die empirische Beziehungen zwischen der Magnitude und der Stärke der Bodenbewegungen herstellen. Für Beben in stabilen kontinentalen Regionen liegen aber meist nur sehr wenige *strong-motion* Seismogramme vor. Hier wurden Amplitudenabnahmefunktionen auch aus numerisch simulierten Bodenbewegungen anstelle von gemessenen Seismogrammen abgeleitet. Da die Bodenbewegungsamplituden besonders im Nahbereich wichtig sind, versuchen viele der Amplitudenabnahmefunktionen, die Geometrieeinflüsse in unmittelbarer Nähe der Bruchflächen durch angepasste Definitionen der Entfernung Rechnung zu tragen. Bild 2-75 fasst die wichtigsten Entfernungsdefinitionen zusammen. Die Hypozentralentfernung eines Standortes ist die direkte Entfernung zu dem Punkt auf der Bruchfläche, an dem der Bruch begann. Bei Erdbeben in der kontinentalen Kruste existiert in den meisten Regionen eine seismogene Zone, in der Spannungen durch Bruchvorgänge abgebaut werden. Die Tiefenerstreckung diese Zone ist von der regionalen Struktur der Erdkruste und den Temperaturbedingungen in der Kruste abhängig. Während die oberen Kilometer der Erdkruste meist kaum Beben aufweisen, gibt es darunter oft eine Zone mit einer relativ scharfen Untergrenze, in der Beben stattfinden. Der obere Teil der Kruste ist zu weich, um mit Sprödbrüchen auf die Spannungen zu reagieren. Mit zunehmender Tiefe steigt die Festigkeit des Materials nicht zuletzt wegen des wachsenden Umgebungsdruckes. Die ebenfalls mit der Tiefe steigende Temperatur führt ab einer kritischen Tiefe dazu, dass unterhalb dieser Tiefe das Material eher mit duktiler Verformung auf Spannungen reagiert als mit Scherbrüchen. Da sich die größten mechanischen Spannungen bis in die Nähe dieser Tiefe aufbauen, liegt das Hypozentrum stärkerer Krustenbeben oft nahe an der Unterkante der seismogenen Zone. Im Bereich der nördlichen Rheinlande etwa reicht die seismogene Zone von knapp 5 km bis ca. 20 km Tiefe. Bei Beben mit Momentmagnituden über 6 können die Rissflächen dann aber durchaus bis zur Erdoberfläche hin wachsen. In manchen Modellen der Amplitudenahme wird als Entfernung die kürzeste Distanz zwischen einem Standort und der Bruchfläche r_{rup} betrachtet. Eine Alternative ist die kürzeste Entfernung des Standortes zur Bruchfläche innerhalb der seismogenen Zone r_{seis}. Nach den Autoren JOYNER und BOORE (1981) wurde die Entfernung zwischen dem Standort und dem nächstgelegenen Punkt der Projektion der Bruchfläche an die Erdoberfläche r_{JB} benannt. Die JOYNER-BOORE Entfernung eines Standortes, der über einer geneigten Bruchfläche liegt ist somit gleich Null (Bild 2-75).

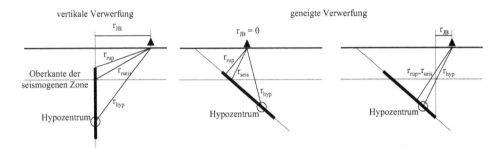

Bild 2-75 Definitionen der Entfernung in Modellen der Amplitudenabnahme zu einem Standort. Die gestrichelte Linie ist die Oberkante der sesismogenen Zone (Abrahamson und Shedlock, 1997).

Die meisten Modelle unterscheiden Untergrundsklassen nach unterschiedlichen Merkmalen. Die einfachste Einteilung ist die in Festgesteins- und Lockergesteinsuntergrund, wobei meist die S-Wellengeschwindigkeit als Kriterium genommen wird. Bei Scherwellengeschwindigkeiten ab ca. 600 m/s aufwärts betrachtet man den Untergrund als Festgestein. Empirischen Beziehungen zwischen M_W und PGA bzw. PGV ermittelten Joyner und Boore (1981) aus *strong-motion* Registrierungen überwiegend in Kalifornien:

$$\log PGHA = -1.02 + 0.249 M_W - \log\sqrt{r_{JB}^2 + 7.3^2} -$$

$$0.00255\sqrt{r_{JB}^2 + 7.3^2} + 0.26P \qquad 5.0 \leq M_W \leq 7.7$$

$$\log PGHV = -0.67 + 0.489 M_W - \log\sqrt{r_{JB}^2 + 7.3^2} -$$

$$0.00256\sqrt{r_{JB}^2 + 7.3^2} + 0.17S + 0.22P \quad 5.3 \leq M_W \leq 7.4$$

(2.121)

Dabei ist S = 1 bei Lockergesteinsuntergrund und S = 0 bei Festgesteinsuntergrund. Zur Ermittlung von Mittelwerten ist P = 0 und für die 84% Fraktile ist P = 1 zu setzen. Bild 2-76 zeigt die Amplitudenabnahmekurven für mehrere Magnitudenwerte als Funktion von r_{JB}. Während einige Modelle die Maximalbeschleunigung als Vektorsumme beider Horizontalkomponenten betrachten (z.B. Campbell, 1981) wird bei dem Modell von Joyner und Boore die größere der beiden Horizontalkomponenten berücksichtigt.

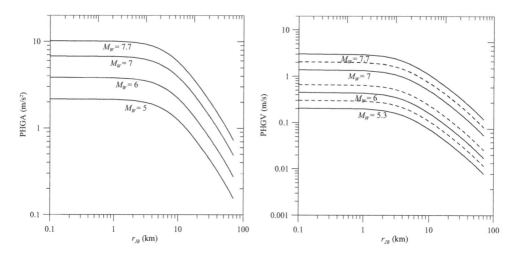

Bild 2-76 Amplitudenahe mit wachsender Entfernung in dem empirischen Modell von Joyner und Boore (1981). Die Entfernung r_{JB} ist der Abstand des Standortes von dem nächstgelegenen Punkt der Projektion der Bruchfläche an die Erdoberfläche (Bild 2-75). Das linke Diagramm zeigt die Abnahme der maximalen horizontalen Bodenbeschleunigung. Im rechten Diagramm ist die Abnahme der maximalen horizontalen Schwinggeschwindigkeit dargestellt. Die Zahlen unter den Kurven geben die Momentmagnitude. Die durchgezogenen Linien gelten für Festegesteinsuntergrund, die gestrichelten Linien für Lockergestein.

Neben Modellen, die Maximalwerte der Beschleunigung und/oder Geschwindigkeit vorhersagen wurden auch solche entwickelt, die frequenzabhängige Amplituden von Antwortspektren (Abschnitt 1.3.4) vorhersagen. Das Modell SEA99 (Spudich et al., 1999) basiert auf Beben in tektonischen Extensionsregimen (Gebiete, in denen die Erdkruste gedehnt wird, wie z.B. in der rheinischen Erdbebenzone), in denen Abschiebungsereignisse überwiegen. Der Anwendungsbereich erstreckt sich auf Beben mit Momentmagnituden zwischen 5.0 und 7.7 bei $0 \leq r_{JB} \leq 100 \, \text{km}$. Bild 2-77 zeigt die empirischen Antwortspektren der Beschleunigung für eine Dämpfung von 5% für die Entfernungen 0 km bzw. 70 km. Das Modell von Ambraseys (1996) und Ambraseys und Simpson (1996) verwendet die Oberflächenwellenmagnitude als Parameter; es wurde für Magnituden zwischen 4.0 und 7.5 entwickelt und beruht im Wesentlichen auf *strong-motion* Registrierungen in Europa. Das Modell gilt im Entfernungsbereich zwischen 0 km und 200 km. Die Antwortspektren für Festgesteinsuntergrund bei Entfernungen von 0 km und 70 km zeigt Bild 2-77.

Beispiel 2-1 (Programme und Daten im Verzeichnis BSP2-1):

Das Programm SEA99 berechnet empirische horizontale Beschleunigungsantwortspektren im Frequenzbereich zwischen 0.5 und 10 Hz nach dem Modell von Spudich et al. (1999). Bei Wahl eines Festgesteinsuntergrundes und Momentmagnituden von 5, 6, 7 und 7.7 ergeben sich die in Bild 2-77 dargestellten Beschleunigungswerte. Die gestrichelten Antwortspektren gelten bei einer Joyner-Boore Entfernung von 70 km, die durchgezogenen Linien sind die entsprechenden Antwortspektren bei 0 km Entfernung. Nach dem gleichen Schema arbeitet des Programm RSAM, nur dass hier die horizontalen Beschleunigungsantwortspektren im Frequenzbereich zwischen 0.5 und 10 Hz nach dem Modell von Ambraseys et al. (1996) bestimmt werden. Bei Wahl eines Festgesteinsuntergrundes und Oberflächenwellenmagnituden von 4, 5, 6, und 7

ergeben sich die in Bild 2-77 dargestellten Beschleunigungswerte. Die gestrichelten Antwortspektren gelten bei einer Joyner-Boore Entfernung von 70 km, die durchgezogenen Linien
sind die entsprechenden Antwortspektren bei 0 km Entfernung.

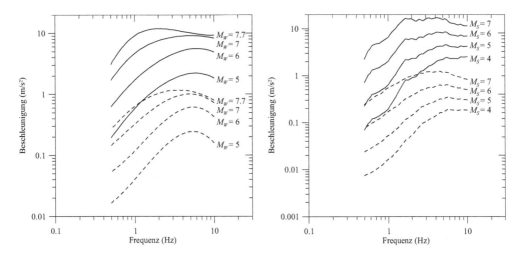

Bild 2-77 Empirische Antwortspektren der Bodenbeschleunigung für eine Dämpfung von 5%. Die bei-
den Diagramme zeigen die Spektren des SEA99 Modells (Spudich et al., 1999) auf der linken und
Ambraseys et al. (1996) auf der rechten Seite. Die durchgezogenen und gestrichelten Spektren wurden für
Joyner-Boore Entfernungen von 0 km bzw. 70 km berechnet.

2.7 Erdbebenstatistik und Erdbebengefährdung

In Kapitel 2.4 wurden im Wesentlichen die physikalischen Phänomene der Entstehung, Ausbreitung und Einwirkung von seismischen Wellen behandelt. Das Ziel aller ingenieurseismologischen Bemühungen im Rahmen der Erdbebenvorsorge muss sein, dem Bauingenieur, der die
Auslegung, insbesondere die dynamische Auslegung von Bauwerken durchführt, so präzise
Angaben wie möglich darüber zu machen, mit welchen Bodenbewegungen an einem konkreten
Standort zu rechnen ist. Selbst wenn alle Parameter des Untergrundes so gut bekannt wären,
dass sich synthetische Seismogramme berechnen ließen, die wirklichkeitsnah genug sind, um
der Bemessung zugrunde gelegt zu werden, stellt sich immer noch die Frage, mit welchen Erdbeben nach Wiederkehrhäufigkeit und Stärke an diesem Standort überhaupt gerechnet werden
muss. Auf den ersten Blick mag verwundern, dass hier die Frage nach dem Zeitpunkt des zukünftigen Bebenereignisses ausgespart bleibt, doch mit dieser Frage würde man sich in den
Bereich der Erdbebenvorhersage begeben. Aus ingenieurseismologischer Sicht und insbesondere auch aus Sicht des Bauingenieurs besitzt eine Erdbebenvorhersage eher einen unterge-
ordneten Stellenwert, denn die Kenntnis, wann ein bestimmtes Beben eintreten wird, ist für die
erdbebengerechte Auslegung eines Bauwerkes nicht unbedingt von Bedeutung. Wichtig ist
vielmehr die Frage, mit welchen Erschütterungen man während der Lebensdauer des Bauwerks
rechnen muss und welche Sicherheitsfaktoren dabei zu berücksichtigen sind. Die „eingebaute"
Erdbebenvorsorge muss in der Regel bei der Planung und beim Bau einer Struktur realisiert

werden, während nachträgliche Ertüchtigungsmassnahmen (*retrofitting*) eher die Ausnahme bilden.

Grundsätzlich lassen sich die Verfahren zur Gefährdungsanalyse eines Standortes oder einer Region in probabilistische Verfahren und in deterministische Verfahren einteilen. Bei Ersteren geht es darum, eine Aussage über die Verteilung der Eintrittswahrscheinlichkeiten bestimmter Erschütterungsstärken und/oder anderer ingenieurseismologischer Parameter zu machen. Bei den deterministischen Verfahren ist das Ziel, Parameter der Bebeneinwirkung (z.B. Spektren) zu definieren, die als Grundlage der Bauwerksauslegung dienen können.

2.7.1 Rezente, historische und Paläoerdbeben

Am Anfang der Ermittlung der Erdebengefährdung einer Region steht in jedem Fall die Erfassung der für die Region relevanten Seismizität, also der Raum- und Zeitverteilung der bisher bekannten Erdbeben. Bei der Gefährdungsanalyse für wichtige Bauwerke, insbesondere solche mit erhöhtem Sekundärrisiko, wie etwa kerntechnische Anlagen, kann das soweit gehen, dass jedes wichtige bekannte Beben der Vergangenheit von Grund auf neu untersucht wird. Bei üblichen Hochbauten, von denen keine sekundäre Gefährdung ausgeht, wird man im Regelfall auf die Angaben in Erdbebenkatalogen zurückgreifen. Erdbebenkataloge sind publizierte Listen der bekannten Beben einer Region mit Angaben über Datum, Zeit und Stärke der Beben. Hinsichtlich der Datengrundlage, auf der die Einträge in solchen Erdbebenkatalogen beruhen, lassen sich die Beben einteilen in rezente oder auch instrumentelle Beben, historische Beben und Paläobeben. Instrumentelle Beben sind solche, die mit Seismometern oder zumindest Seismographen gemessen wurden. Bestenfalls können diese Beben also gut 100 Jahre alt sein, ältere seismische Registrierungen gibt es nirgendwo auf der Welt. Für die meisten Bereiche ist die Zeitspanne der instrumentellen Seismizität aber deutlich geringer, und es fehlen besonders bei den frühen instrumentell erfassten Erdbeben brauchbare Aufzeichnungen in Herdnähe, da solche Messungen erst in den vierziger Jahren des letzten Jahrhunderts begannen. Beben, die nicht instrumentell erfasst wurden, von denen aber schriftliche Zeugnisse vorliegen, werden als historische Beben bezeichnet. Daraus ist leicht abzuleiten, dass auch die Zeitspanne historischer Beben sehr unterschiedlich ist. Während in China oder Ägypten solche geschriebenen Quellen mehrere tausend Jahre alt sein können, werden sich in den U.S.A. kaum Aufzeichnungen finden, die älter als zwei oder dreihundert Jahre sind. In einem Gebiet wie den nördlichen Rheinlanden geht man heute davon aus, dass die Geschichte der signifikanten Beben etwa der letzten 350 Jahre aus den schriftlichen Quellen vollständig bekannt ist. Je weiter man in der Geschichte zurückgeht, desto unsicherer wird die Quellenlage.

Aber auch Zeiten, aus denen keine schriftlichen Zeugnisse vorliegen, verschließen sich nicht ganz der Bewertung hinsichtlich der Seismizität. Voraussetzung dafür, dass sich auch Beben aus solchen Zeiten auswerten lassen, ist, dass diese Spuren hinterlassen haben, die heute noch auffindbar und interpretierbar sind. Gerade in Regionen mit relativ geringer seismischer Aktivität, in denen starke Beben sehr seltene Ereignisse sind, kommt der Analyse dieser sogenannten Paläobeben eine besondere Bedeutung zu. In den 90-er Jahren des letzten Jahrhunderts hat sich mit der Paläoseismologie eine Wissenschaftsdisziplin entwickelt, die auf die Interpretation solcher Beben abzielt (McClapin, 1996).

Bild 2-78 Paläoseismologischer Suchgraben in der Nähe von Jülich. Senkrecht zum Verlauf einer Abschiebungsstörung wurde ein ca. 5 m tiefer Schurf angelegt, der die jüngeren Sedimentschichten aufschließt. Versetzte Schichtgrenzen können Indizien für Paläobeben liefern.

Die Paläoseismologie ist eine über viele Fachdisziplinen reichende Wissenschaft. Neben den geologischen Fachrichtungen wie Quartärgeologie und Mikrotektonik sind auch tektonische Geomorphologie, physikalische Methoden der Altersbestimmung und natürlich die Seismologie gefragt. Auch geophysikalische Methoden der Erkundung des flachen Untergrundes sind für die Auswahl der genauen Lage von Schürfen und für die Ortung von Verwerfungen wichtige Werkzeuge der Paläoseismologie. Lassen sich in Suchgräben an Verwerfungen (Bild 2-78) Spuren von Beben nachweisen, so kommt der möglichst präzisen Altersbestimmung eine Schlüsselrolle zu. Ohne eine zeitliche Einordnung des oder der Ereignisse sind die Ergebnisse aus paläoseismologischen Untersuchungen nur schwer in der Erdbebenstatistik verwendbar.

2.7.2 Archäoseismologie

In den letzten zehn Jahren hat sich eine neue Fachrichtung etabliert, die als Archäoseismologie bezeichnet wird. Untersuchungsgegenstand sind hier archäologisch aufgeschlossene Befunde, die Spuren möglicher Erdbeben zeigen. Während in der Paläoseismologie das Bauingenieurwesen kaum eine Rolle spielt, sind Beiträge dieser Fachrichtung in der Archäoseismologie umso wichtiger. Während in frühen archäoseismologischen Arbeiten meist beschreibend von möglichen Erdbebenschäden in archäologischen Befunden berichtet wurde, sind in letzter Zeit mehr quantitative Untersuchungen publiziert worden.

Galladini et al. (2006) beschreiben den aktuellen Stand der Arbeitsmethoden in der Archäoseismologie. Eine typische *in situ* Untersuchung eines möglichen archäoseismologischen Befundes beinhaltet danach:

- Die Rekonstruktion der lokalen archäologischen Stratigraphie mit dem Ziel die korrekte Lage und Chronologie von Zerstörungshorizonten, als deren Ursache Erdbeben vermutet werden, festzulegen.

- Die Analyse der Deformationen von Bauwerken, die möglicherweise von Erdbebenerschütterungen oder Sekundäreffekten von Beben hervorgerufen wurden.

- Die Analyse der inneren Struktur von kollabierten Bauwerksteilen.

- Die Untersuchung der lokalen Geologie und Morphologie zur Ermittlung natürlicher Ursachen von Zerstörungen.

- Die Untersuchung lokaler Untergrundeffekte (Bodenverstärkung) die zum Schadensbild beigetragen haben können.

- Abschätzung der Art der dynamischen Erregung (Amplituden und Dauer der Bodenbewegungen).

- Modellierung des Bauwerkverhaltens unter dynamischer Last.

Wichtig ist auch ein ‚territorialer Ansatz', wie Galladini et al. (2006) die Suche nach synchronen Ereignissen in einer Region bezeichnen. Dieser Ansatz ist unerläßlich, wenn es darum geht, eine Hypothese über die von Einzelereignissen betroffenen Regionen aufzustellen, und damit letztendlich die Stärke des verursachenden Erdbebens einzugrenzen.

Bei den meisten archäoseismologischen Fallstudien wird eine eindeutige Klärung der Ursachen schwierig sein, insbesondere, wenn wegen einer schmalen Datenbasis der territoriale Ansatz keine über einen Einzelfund hinausgehenden Informationen liefert. Um dennoch das Ergebnis zu quantifizieren kann eine Plausibilitätsmatrix aufgestellt werden (Hinzen, 2005; Galladini et al., 2006). In den Spalten der Matrix werden Schadensbefunde aufgeführt, in den Zeilen mögliche Ursachen. Die Matrixelemente enthalten die Zahlen 1, 0 und −1, abhängig davon, ob ein Erdbeben als Ursache des Einzelbefundes plausibel, fraglich oder unplausibel ist. Die halbe Summe der Matrixfelder dividiert durch deren Zahl plus die Konstante 0.5 ergibt dann eine Zahl zwischen 0 und 1. Dabei bedeutet ‚0', dass eine Bebenursache unplausibel ist und ‚1', dass eine koseismische Natur der Schäden sehr wahrscheinlich ist. Hierüber lässt sich einfach quantifizieren, wie hoch die Wahrscheinlichkeit einer seismogenen Ursache der Befunde ist was wiederum in probabilistischen Analysen der Erdbebengefährdung Verwendung finden kann.

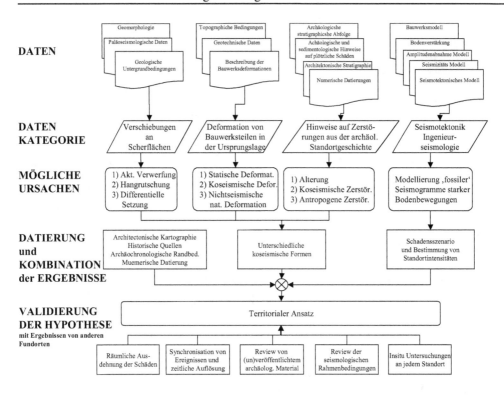

Bild 2-79 Schematisiertes Vorgehen in einer kompletten archäoseismologischen Untersuchung (Galladini et al., 2006)

Bild 2-79 lässt die Komplexität und Interdisziplinarität einer kompletten archäoseismologischen Untersuchung von Schadensbefunden mit möglicher seismogener Ursache erkennen.

Während die ersten archäoseismologischen Fallstudien meist im mediterranen Raum angesiedelt waren, gibt es aus jüngerer Zeit auch einige Untersuchungen von Befunden nördlich der Alpen, z.B. in Karnuntum, Österreich (Decker et al., 2006), Augusta Raurica, Schweiz (Fäh et al., 2006), und Tolbiakum, dem heutigen Zülpich (Hinzen, 2004). Bild 2-80 zeigt die mit hoher Wahrscheinlichkeit koseismischen Schäden an der Römischen Stadtbefestigung von Tolbiakum. Die über 3 m breite Stadtmauer ist an mehreren Stellen durchgebrochen. Setzungen sind als Ursache auf Grund der Befundlage auszuschließen. Ein mehr als 3 m breiter Mauerabschnitt ist am Mauerfuß um fast 1 m versetzt und geneigt. Die Fundamente eines Rundturmes der Befestigung, der einen Durchmesser von 8.35 m hatte sind 22° gegen die Vertikale geneigt. Ingenieurseismologische Modelle ergeben, dass ein Beben der Magnitude 6.5 an einer nahe gelegenen Verwerfung eine plausible Ursache der beobachteten Schäden ist.

Bild 2-80 Das große Foto zeigt einen Teil der römischen Stadtbefestigung von Tolbiacum, dem heutigen Zülpich, während der Ausgrabung durch das Rheinische Amt für Bodendenkmalpflege. Im rechten
Bildteil ist ein 3.37 m langer Abschnitt der mehr als 3 m breiten Mauer abgerissen und an der Basis um
0.95 m versetzt. Das kleinere Bild rechts zeigt die Abrisskanten. Im linken Bildteil sind die um 22°
gegen die Vertikale geneigten Fundamente eines Rundturmes mit 8.35 m Durchmesser zu erkennen. Die
mir ‚R‘ markierten Mauern sind römisch, die mit ‚M‘ bezeichneten Mauern sind jünger (Mittelalter).

2.7.3 Charakterisierung der seismischen Quellen

Die klassische seismische Gefährdungsanalyse verlangt die Identifizierung und Charakterisierung aller potentiellen Erdbebenquellen, die signifikante Bodenbewegungen am Standort, für
den die Analyse durchgeführt wird, erzeugen können. Erdbebenquellen werden definiert basierend auf geologischen, tektonischen und seismologischen Erkenntnissen.

2.7.3.1 *Räumliche Bebenverteilung*

Zonierungen von Erdbeben wurden bereits von Gutenberg und Richter (1944) vorgenommen.
Feinere Einteilungen folgten später, z.B. durch Flinn et al. (1974). Ziel dieser Arbeiten war
allerdings vorrangig eine geographische Einteilung des Globus in Erdbebenzonen mit festgelegten Namen, damit ein und dasselbe Beben nicht in den Katalogen mit unterschiedlichen
Regionsbezeichnungen erscheinen konnte. Während bei Flinn/Engdahl der Globus grob in 50
Zonen mit 729 Subregionen eingeteilt wurde, kommen Leydecker und Aichele (1998) allein
für Deutschland und die angrenzenden Gebiete auf mehr als 50 Zonen (Bild 2-81). Sie bezeichnen die Zonen als seismogeographische Einheiten. Bei vielen praktischen Ermittlungen
der seismischen Gefährdung, gerade auch in Gutachten zu kerntechnischen Anlagen, werden
diese Einteilungen auch als seismotektonische Einheiten aufgefasst.

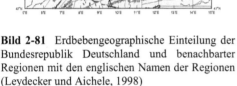
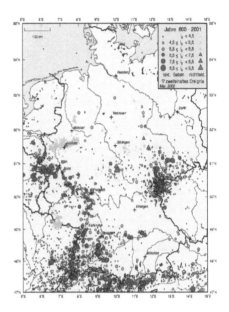

Bild 2-81 Erdbebengeographische Einteilung der Bundesrepublik Deutschland und benachbarter Regionen mit den englischen Namen der Regionen (Leydecker und Aichele, 1998)

Bild 2-82 Karte der Erdbebenepizentren in der Bundesrepublik Deutschland mit Randgebieten für die Jahre 800 bis 2001. Kreise kennzeichnen diel Epizentren von tektonischen Beben und Dreiecke geben die Lage von bergbaulich bedingten Ereignissen (Leydecker, 2002)

Alternative räumliche Zonierungen für in etwa das gleiche Gebiet findet sich bei Grünthal (1998). Da die Zonierung immer eine subjektive Komponente hat, sollten alternative Modelle bei einer konkreten Standortbewertung immer in Betracht gezogen werden. Für die probabilistische Gefährdungsanalyse muss die Unsicherheit der Erdbebenlokation für jede Quelle durch eine Wahrscheinlichkeitsdichtefunktion der Quell-Standort Entfernung angegeben werden. Diese Angabe erfordert neben der Festlegung der Geometrie der Quellregion auch die Festlegung der Verteilung der Beben innerhalb einer jeden Region.

Neben großräumigen Gefährdungsanalysen gewinnen regionale und lokale Untersuchungen mehr und mehr an Bedeutung, in denen kleinräumig mit hoher Auflösung gearbeitet wird. Zum Beispiel ist in der Versicherungswirtschaft eine klare Tendenz dahin, Gefährdungs- und Risikomodelle bis hinunter zu ,Hausnummer-Genauigkeit' aufzulösen. Für solche Studien sind lokale Erdbebenkataloge und Seismizitätsanalysen erforderlich. Bild 2-83 zeigt eine Seismizitätskarte der nördlichen Rheinlande in der historische und rezente Beben aufgeführt sind.

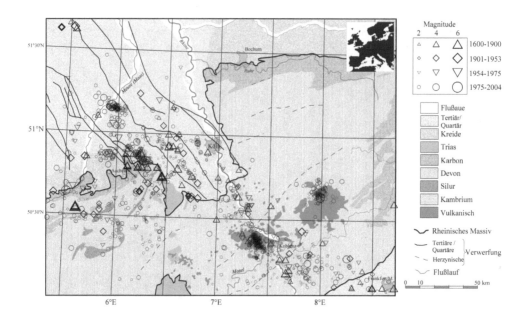

Bild 2-83 Geologie, Tektonik und Seismizität für die Zeit von 1650 bis 2004 der nördlichen Rehinlande. Die Legende zeigt die zeitliche Einordnung der Erdbeben (historisch, frühinstrumentell, Registrierung mit einzelnen lokalen Stationen und Registrierung mit lokalen Meßnetzen) und die Magnitude. (Hinzen and Reamer, 2006)

2.7.3.2 Zeitliche Bebenverteilung

Ein wichtiger Aspekt bei der zeitlichen Verteilung der Beben sind so genannte Vollständigkeitsanalysen. Dabei geht es darum, zu ermitteln, über welche Zeiträume man davon ausgehen kann, dass Beben einer bestimmten Stärke, meist ausgedrückt durch die Magnitude, in einer bestimmten Region vollständig bekannt sind. Es liegt in der Natur der Sache, dass die Vollständigkeit bei Mikrobeben z.B. der Magnitude 2, zumindest in klassischen Siedlungsregionen, nicht so weit zurückreicht wie bei moderaten Beben der Magnitude 6.

2.7.4 Deterministische Verfahren der Gefährdungsanalyse

Deterministische Verfahren zur Untersuchung der Erdbebengefährdung einer Region zielen darauf ab, ingenieurseismologische Parameter eines für einen konkreten Standort ‚relevanten‘ Bebens zu ermitteln. Das große Problem der deterministischen seismischen Gefährdungsanalyse **DSHA** (*deterministic seismic hazard analysis*) besteht in der Definition, was das relevante Beben eigentlich ist. Gerade auch in den internationalen seismischen Baunormen wurden viele unterschiedliche Beben definiert. Die in Deutschland verbindlichen Regeln des Kerntechnischen Ausschusses (KTA, 1990) definieren z.B.: „Als Bemessungserdbeben ist das Erdbeben mit der für den Standort größten Intensität anzunehmen, das unter Berücksichtigung einer größeren Umgebung des Standorts (bis etwa 200 km vom Standort) nach wissenschaftlichen Erkenntnissen auftreten kann."

Unabhängig davon, welche Definition des zu ermittelnden deterministischen Bebens verwendet wird, sind die Schritte zur Ermittlung der ingenieurseismologischen Parameter im Wesentlichen gleich. Reiter (1990) hat die vier Hauptschritte beschrieben (Bild 2-84):

- **Schritt 1**: Identifikation und Charakterisierung aller Erdbebenquellen, die am Standort signifikante Bodenbewegungen erzeugen können. Erdbebenquellen können dabei Punktquellen sein, etwa wenn kurze Verwerfungen in größerer Herdentfernung identifizierbar sind (Quelle 1 in Bild 2-84). Auch Linienquellen mit einer oder mehreren Einzelverwerfungen sind möglich (Quellen 2 in Bild 2-84), wenn die aktiven Verwerfungen einer Region genügend genau bekannt sind. Kann man in einer bestimmten geographischen Region und einem bestimmten Herdtiefenbereich Herdgeometrie und Erdbebenpotential gleichsetzen, so wird eine Volumenquellregion festgelegt. Auch die Seismizität aus weiter entfernten Bereichen kann (gerade in Regionen geringer Seismizität) eine Rolle spielen und wird als Hintergrundaktivität berücksichtigt.

- **Schritt 2**: Für jede Quellregion wird eine charakteristische Entfernung festgelegt. Oft ist das die Minimalentfernung vom Standort zu einem Punkt auf dem Rand einer Quellregion bzw. einer Verwerfungslinie. Je nach den geometrischen Verhältnissen kommen Epizentral- und Hypozentralentfernungen in Frage. Die Wahl hängt auch davon ab, ob für eine Region charakteristische Herdtiefen festlegbar sind und welche Verfahren im Schritt 3 angewandt werden.

- **Schritt 3**: Die bestimmenden (relevanten) Erdbeben jeder Quelle sind festzulegen. Das sind jeweils die Beben einer Quelle, die am Standort die voraussichtlich größten Bodenbewegungen hervorrufen. Die Ermittlung der Bodenbewegung am Standort kann z.B. über empirische Beziehungen zwischen Bebenstärke, Entfernung und Bodenbewegung, aber auch über Modellrechnungen und Erzeugung synthetischer Seismogramme erfolgen, wenn genügend Eingangsparameter bekannt sind. Die relevanten Beben werden durch ihre Stärke beschrieben; meist wird eine Magnitude (Abschnitt 2.6.1.1) verwendet, aber es gibt auch Ansätze, die das Beben über die Epizentralintensität (Abschnitt 2.6.2.1) festlegen.

- **Schritt 4**: Die Gefährdung des Standortes wird in der Regel über Parameter der Bodenbewegung festgelegt. Das kann im einfachsten Fall die Standortintensität sein, aber auch frequenzabhängige Amplituden eines Antwortspektrums sind denkbar.

Bei allen Schritten ist darauf zu achten, wie groß die Unsicherheiten der verwendeten Eingangsparameter und der benutzten Beziehungen, z.B. zur Bestimmung der Maximalbeschleunigung in Abhängigkeit der Magnitude, sind. Es ist auch denkbar, bei einzelnen Größen aus Gründen der Konservativität Zuschläge anzunehmen. Gerade darin liegt jedoch eine Schwäche des deterministischen Verfahrens: Viele Entscheidungsschritte beruhen auf subjektiven Annahmen, und da die Aspekte einer Begutachtung der seismischen Gefährdung je nach Interessenslage deutliche Unterschiede aufweisen können, ist es oft schwierig, zwischen dem Bauherrn oder dem Betreiber einer Anlage, den Bauausführenden und den Genehmigungsbehörden einen Konsens über die Erdbebengefährdung zu erreichen.

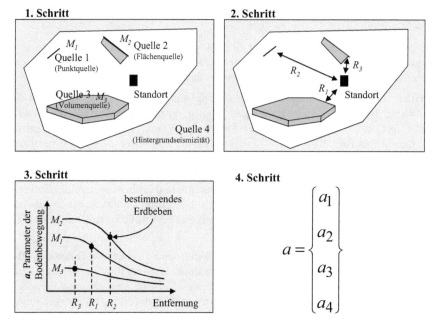

Bild 2-84 Die vier grundlegenden Schritte einer deterministischen seismischen Gefährdungsanalyse (Reiter, 1990).

2.7.5 Probabilistische Verfahren

Probabilistische Verfahren der Erdbebenprognose sind weniger anspruchsvoll, was die Aussagen für ein bestimmtes Ereignis angeht, als die eigentliche Erdbebenvorhersage. Sie zielen darauf ab, statistische Eintrittswahrscheinlichkeiten abzuschätzen, wobei in der Regel die betrachtete Region in Zonen unterschiedlicher Gefährdung eingeteilt wird. Als Gefährdung ist hier das Produkt aus der zu erwartenden Stärke eines Ereignisses und der Wahrscheinlichkeit seines Auftretens gemeint. Die Dimension der Zonen kann vom globalen Maßstab, wie etwa den Gefährdungskarten aus den GSHAP Projekt (Grünthal, 1999), über regionale Dimensionen bis hin zu sehr kleinräumiger Aufteilung im Hundert-Meter Bereich (Mikrozonierung) reichen. Gefährdungskarten, die mittels solcher Regionalisierungen ermittelt wurden, gehen davon aus, dass die in der Vergangenheit beobachtete räumliche und zeitliche Verteilung der Erdbeben für die Prognose der zukünftigen Seismizität ausreichend ist. Bei der Einteilung einer Region in „seismotektonische Einheiten oder Zonen" stützt man sich auf (1) die beobachtete Erdbebentätigkeit, also Anzahl und Stärke der bekannten Erdbeben, (2) die tektonischen Verhältnisse der Region, also dem Verlauf und dem Bewegungssinn von Verwerfungen, insbesondere in der jüngeren geologischen Vergangenheit, (3) dem Spannungssystem, soweit es aus Herduntersuchungen von Beben und Bohrlochmessungen ableitbar ist und (4) auf rezente Krustenbewegungen aus geologischen Beobachtungen und/oder geodätischen Messungen. Die Vielfalt der hier zusammenkommenden Kriterien zeigt schon an, dass für eine Einteilung, insbesondere bei kleinen Skalenlängen, kaum eine eindeutige Lösung zu finden sein wird. Unterschiedliche Autorinnen oder Autoren werden zu unterschiedlichen Ergebnissen bei der Einteilung kommen.

Daher ist es bei der Analyse der Gefährdung einer Region wichtig, durchaus konkurrierende Modelle der Regionalisierung zu berücksichtigen, die im Gesamtprozess dann zum Beispiel gewichtet berücksichtigt werden können. Methoden des logischen Baums (z.B. ATAKAN, 2000) werden heute oft verwendet um systematisch den Einfluss der Unsicherheiten einzelner Parameter auf das Gesamtergebnis zu untersuchen.

Die probabilistische seismische Gefährdungsanalyse **PSHA** (*probabilistic seismic hazard analysis*) hat eine Reihe von Parallelen zur DSHA. Folgt man Reiter (1990) so ergeben sich auch hier vier Schritte auf dem Weg zum Ziel:

- **Schritt 1**: Die Identifikation und Charakterisierung der seismischen Quellen, die den Standort betreffen, erfolgt wie bei der DSHA. Davon abweichend muss hier allerdings auch die Wahrscheinlichkeitsverteilung der Beben innerhalb einer Quelle bestimmt werden. Meist wird innerhalb einer Quellregion von einer Gleichverteilung der Erdbebenquellen ausgegangen. Die Bebenverteilung wird mit der jeweiligen Entfernung zum Standort kombiniert, um Wahrscheinlichkeitsverteilungen der Herd-Standortentfernungen zu erhalten. Bei der DSHA wird dagegen immer von der Wahrscheinlichkeit 1 eines Herdes bei der kleinstmöglichen Entfernung einer Quellregion zum Standort ausgegangen.

- **Schritt 2**: Als nächstes muss die zeitliche Verteilung der Beben beschrieben werden. Für jede Quellregion wird die Rate ermittelt, mit der Beben einer bestimmten Stärke auftreten. Dazu kann auch die Festlegung einer Maximalmagnitude für ein Quellgebiet gehören, was jedoch gerade bei relativ kleinen Beobachtungszeiträumen ein Problem sein kann.

- **Schritt 3**: Auch bei der PSHA müssen die Parameter der Bodenbewegung ermittelt werden, welche von Beben der Quellregionen am Standort hervorgerufen werden, allerdings sind die Bewegungen hier für jedes mögliche Beben an jedem möglichen Quellort zu bestimmen.

- **Schritt 4**: Im letzten Schritt werden die Unsicherheiten der Bebenstärke, der Lokation und der Ableitung der Bewegungsgrößen am Standort kombiniert, um eine Wahrscheinlichkeit zu bestimmen, dass eine Bodenbewegung einer bestimmten Stärke am Standort in einem festgelegten Zeitraum eintritt oder überschritten wird.

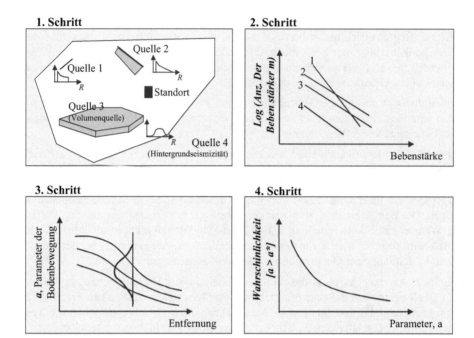

Bild 2-85 Die vier grundlegenden Schritte einer probabilistischen seismischen Gefährdungsanalyse (Reiter, 1990).

Eine wichtige Annahme bei der PSHA ist, dass die aus den bekannten Beben der Vergangenheit (rezente, historische und Paläobeben) abgeleitete Eintrittsrate oder Wiederkehrperiode auch in Zukunft Gültigkeit hat. Dem Gesetz, das die Wiederkehrrate der Beben einer Quelle beschreibt, kommt daher in der PSHA eine Schlüsselrolle zu. Das einfachste Gesetz ist das Gutenberg-Richter-Gesetz (1944) (Bild 2-85a). Die beiden Autoren unterstellen, dass die Magnitudenhäufigkeiten exponentiell verteilt sind. Zwei Parameter, a und b, beschreiben in ihrem Gesetz die Verteilung der Bebenstärke:

$$\log \lambda_M = a - bM \qquad\qquad (2.122)$$

Dabei ist λ_M die mittlere jährliche Rate des Überschreitens der Magnitude M und 10^a ist die mittlere jährliche Zahl der Beben, der Parameter b (auch als b-Wert) bezeichnet, beschreibt die relative Wahrscheinlichkeit von kleinen zu großen Beben. Ein wachsender *b*-Wert bedeutet eine Abnahme der Zahl von großen Beben im Vergleich zur Zahl der kleineren Beben. Die Anwendung der Gutenberg-Richter-Beziehung auf eine Vielzahl von Quellregionen in der Welt zeigte, dass der b-Wert gewisse Korrelationen zu den tektonischen Gegebenheiten zeigt. Er steht quasi für den „Grad der Zerbrochenheit" einer Region.

Eine andere Art der Darstellung des Standard- Gutenberg-Richter Gesetzes lautet

$$\lambda_M = \exp(\alpha - \beta m) \qquad\qquad (2.123)$$

wobei $\alpha = \ln(10)$ a $= 2.30$ a und $\beta = \ln(10)$ b $= 2{,}30$ b ist.

Ein Problem bei dem einfachen Gutenberg-Richter-Gesetz ist, dass es einen unendlichen Magnitudenbereich abdeckt. Da beliebig kleine Beben in der Praxis gar nicht erfasst werden und zum anderen Beben mit Magnituden kleiner als etwa 4 für das Erdbebeningenieurwesen ohnehin nicht relevant sind, ist es für die praktische Seite der PSHA üblich, mit begrenzten Gutenberg-Richter-Gesetzen (Bild 2-86b) zu arbeiten und eine untere Magnitudenschwelle M_{min} zu definieren. Auf der anderen Seite sagt ein Standard-Gutenberg-Richter-Gesetz endliche mittlere Überschreitensraten für unendlich große Magnituden voraus. Dieses ist natürlich physikalisch unmöglich und es bietet sich die Festlegung einer Maximalmagnitude M_{max} für eine Quellregion an. Diese M_{max} ist allerdings mitunter nur mit sehr großen Unsicherheiten bestimmbar oder abschätzbar. Gerade in Regionen mit relativ geringer Seismizität kann man nicht davon ausgehen, dass ein Beben mit der für die Quellregion anzusetzenden Maximalmagnitude im Beobachtungszeitraum auch wirklich eingetreten ist. Auch die Heranziehung von tektonischen Beobachtungen wie maximalen Verwerfungslängen und mittleren Verschiebungsraten lässt einen großen Unsicherheitsbereich für die obere Magnitudengrenze zu. Wenn aber beide Magnitudengrenzen festlegbar sind, dann ist die mittlere jährliche Überschreitensrate nach McGuire und Arabaz (1990):

$$\lambda_M = \exp(\alpha - \beta M_{min}) \frac{\exp[-\beta(M - M_{min})] - \exp[-\beta(M_{max} - M_{min})]}{1 - \exp[-\beta(M_{Max} - M_{min})]} \tag{2.124}$$

$$\text{mit}: M_{min} \leq M \leq M_{max}$$

Beim Übergang von Quellregionen auf Flächenquellen, die einzelne Verwerfungen repräsentieren, kommt häufig das Modell eines charakteristischen Erdbebens einer solchen Quelle zur Anwendung (Schwartz und Coppersmith 1984). Paläoseismologische Untersuchungen an Einzelverwerfungen haben gezeigt, dass diese Verwerfungen wiederholt Beben ähnlicher (charakteristischer) Stärke produzieren. Die zeitlichen Analysen dieser charakteristischen Beben zeigen, dass diese häufiger geschehen, als das Gutenberg-Richter-Gesetz, abgeleitet aus rezenten und historischen Beben, prognostiziert. Damit ergibt sich ein zweigeteiltes Verteilungsgesetz der charakteristischen Erdbeben (Bild 2-86c), bei dem der Bereich der niederen Magnituden durch rezente und historische Bebenbeobachtungen und der obere Bereich durch geologische Randbedingungen und/oder Paläobeben bestimmt wird.

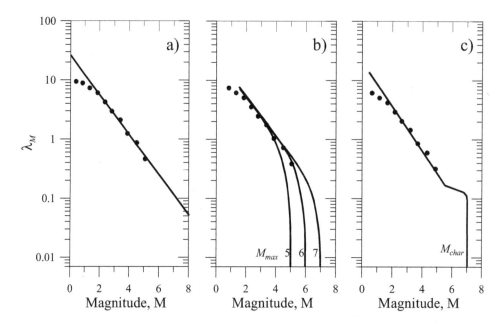

Bild 2-86 Magnituden-Häufigkeitsverteilungen. Die Punkte symbolisieren beobachtete mittlere jährliche Häufigkeiten von Erdbeben. Beim einfachen Gutenberg-Richter Gesetz (a) sind die Magnituden der Beben exponentiell verteilt. Theoretisch gibt es weder zu kleinen noch zu großen Magnituden hin eine Begrenzung. Beim begrenzten Gutenberg-Richter Gesetz (b) kann auf Grund begrenzter Beobachtungen eine untere Magnitudengrenze M_{min} eingeführt werden. Die Bestimmung der Maximalmagnitude M_{max} ist meist mit großen Unsicherheiten behaftet. Im charakteristischen Erdbebenmodell (c) wird die Inkonsistenz der mittleren jährlichen Überschreitenswahrscheinlichkeit aus Seismizitätsdaten und geologischen Beobachtungen deutlich.

2.7.6 Erdbebengefährdungskarten

Grundlage vieler Gefährdungsbeurteilungen von Standorten bei konkreten Baumaßnahmen sind oft Erdbebengefährdungskarten. Zur Berechnung der Karten werden die Verfahren der PSHA nicht auf einen einzelnen Standort angewandt, sondern es wird systematisch die Überschreitenswahrscheinlichkeit einer bestimmten seismischen Belastungsgröße für die Punkte eines Gitters berechnet. Daraus lassen sich dann Gefährdungskarten erstellen. Die Belastungsgrößen können im einfacheren Fällen seismische Intensitäten sein, es gibt aber auch durchaus die Möglichkeit, maximale Bodenbewegungsgrößen wie Schwinggeschwindigkeit oder Beschleunigung, oder frequenzabhängige Bewegungsparameter in Karten darzustellen. Anschauliche Beispiele für die USA finden sich unter http://geohazards.cr.usgs.gov/eq/. Diese wurden im Rahmen des *National Seismic Hazard Mapping Project* erstellt. Für solche Karten haben sich Standardwerte der Überschreitenswahrscheinlichkeiten entwickelt; üblich sind Angaben über eine 10%-ige Überschreitenswahrscheinlichkeit in einem Zeitraum von 50 Jahren. Umgerechnet auf Wiederkehrperioden von Beben würde dies einem Zeitraum von 475 Jahren entsprechen. Diese Werte werden oft (auch in Baunormen) für übliche Hochbauten für die Auslegung benutzt. Für sicherheitsempfindliche Bauwerke sind Überschreitenswahrscheinlichkeiten von 2% in 50 Jahren üblich.

2.8 Seismologische Praxis

In diesem Kapitel werden einige Grundlagen der seismischen Datenerfassung und praktische Hinweise zur Lokalisierung und zur Bestimmung der Magnitude von (lokalen) Erdbeben gegeben. Ausführlicher sind diese Auswertetechniken in Seismologie-Lehrbüchern (z.B. Lay und Wallace, 1995 und Aki und Richards, 1980) beschrieben.

2.8.1 Messtechnik

Bei allen Varianten seismischer Messdatenerfassungen lässt sich die Messkette in der Regel immer in drei Bereiche teilen: Das sind Messwertwandler, welche die Bodenbewegung in eine Anzeigegröße umsetzen, z.B. Seismometer, Zwischenglieder zur Messdatenanpassung, wie etwa Verstärker und Frequenzfilter und schließlich Komponenten zur Messdatenaufzeichnung, die heute digital erfolgt. In Folgenden wird das Grundprinzip eine Seismometers beschrieben; auf die Beschreibung der technischen Komponenten der Signalaufbereitung und Erfassung wird hier verzichtet, stattdessen wird der Aufbau seismischer Stationen an Beispielen erläutert.

2.8.1.1 Seismometer

Die Seismometrie, also die Lehre vom Bau und von der Funktion seismischer Instrumente, ist ein wesentlicher Bestandteil der Seismologie. Immer wieder waren es Fortschritte in der Instrumentierung, die zu Entdeckungen und Verfeinerungen der Kenntnisse über den Aufbau der Erde und die Natur von Erdbeben geführt haben. Viele erfolgreiche Instrumente wurden in den vergangenen 120 Jahren konstruiert. Fast alle basieren auf dem Konzept einer inertialen Pendelmasse. Die Aufgabe für ein Seismometer besteht darin, die transienten Bodenbewegungen, hervorgerufen durch Erdbeben, zu erfassen, während das Messgerät sich selbst mitbewegt. Es muss kontinuierlich arbeiten und einen weiten Bereich von Bodenbewegungsamplituden erfassen können. Darüber hinaus müssen zumindest für seismologische Fragestellungen die Messwerte mit einer absoluten Zeitskala versehen sein. Besonders für die ingenieurseismologischen Anwendungen ist es wichtig, dass die Übertragungseigenschaften der Messgeräte vollständig bekannt sind, um aus den Messwerten die wahre Bodenbewegung ableiten zu können. Der erste Seismograph, der die Relativbewegung zwischen einer Pendelmasse und dem Erdboden aufzeichnen konnte wurde 1875 von Filippo Cecchi in Italien entwickelt. Ein wichtiger Meilenstein in der Seismometrie und Seismologie wurde von Ernst Rebeur-Paschwitz gesetzt, der mit einem von ihm konstruierten photographisch registrierenden Horizontalseismometer am 17. April 1889 in Potsdam das erste Fernbebenseismogramm eines Bebens in Japan aufzeichnete und als solches erkannte.

Seismometer wurden für die unterschiedlichsten Aufgaben und Messbereiche, sowohl die Frequenzen als auch die Amplituden betreffend, konstruiert. Die Anforderungen an seismische Messgeräte sind am besten zu verstehen, wenn man die Amplituden- und Frequenzbereiche betrachtet, die in der Seismologie und Ingenieurseismologie messtechnisch erfasst werden müssen, um die entsprechenden Bodenbewegungen komplett zu erfassen. Bild 2-87 zeigt schematisch die bei Beben unterschiedlicher Magnitude zu erwartenden Bodenbewegungen von P-, S- und Oberflächenwellen. Im Frequenzbereich sind hier nur 4 Dekaden berücksichtigt, obwohl durchaus auch Phänomene mit Perioden weit größer als 100 s in der Seismologie untersucht werden (Eigenschwingungen der Erde). Die Amplitudenachse, im Beispiel durch Beschleunigungswerte ausgedrückt, umfasst mehr als 12 Dekaden. Diese vielen Größenordnungen der Bodenbewegungen seismischer Phänomene sind der Grund für Vielfalt der Seismometerkonstruktionen.

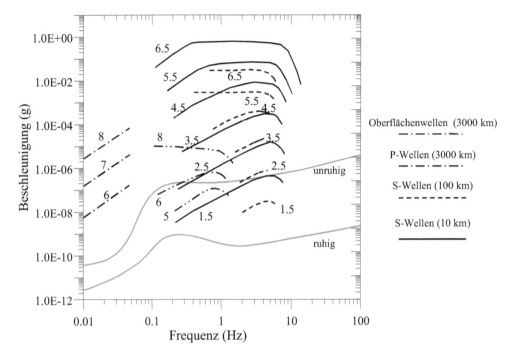

Bild 2-87 Schematische Darstellung der Amplituden und Frequenzen von Raum- und Oberflächenwellen bei Beben unterschiedlicher Magnituden in mehreren Entfernungsbereichen. Die grauen Linien geben die Bodenunruhe an einem ruhigen bzw. einem unruhigen Standort. Die Legende erklärt die Wellenarten und Entfernungen. Die Zahlen an den Amplitudenkurven geben die Magnituden an. (Heaton et al., 1989)

Um zu verstehen, wie diese Geräte im Prinzip arbeiten betrachtet man am Besten die dynamische Übertragungsfunktion eines einfachen Seismometers, wie es in Bild 2-88 dargestellt ist.<

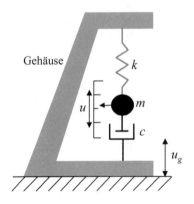

Bild 2-88 Schema eines einfachen Feder-Masse Seismometers zur Messung der vertikalen Bodenbewegung mit einer geschwindigkeitsproportionalen Dämpfung c. Die Masse m ist mit einer Feder (Federkonstante k) am steif angenommenen Gehäuse aufgehängt. Das Gerät wandelt die Bodenbewegung u_g in die Anzeigegröße u um.

Wenn u_g die Bodenbewegung und u die Relativbewegung der Masse m zum Gehäuse des Seismometers ist, das eine Feder mit der Federkonstante k enthält und eine Dämpfung mit der Dämpfungskonstanten c hat, dann ergibt sich durch Gleichsetzen der Kräfte die Bewegungsgleichung zu:

$$m\ddot{u} + c\dot{u} + ku = -m\ddot{u}_g \qquad (2.125)$$

Die Relativbewegung ist die Anzeigegröße des Seismometers. Wenn die Bodenbewegung eine einfache harmonische Schwingung ist, mit der Kreisfrequenz ω_g, dann beträgt das Verhältnis zwischen der Verschiebungsamplitude des Bodens und der Anzeigegröße des Seismometers

$$\frac{|u|}{|u_g|} = \frac{v^2}{\sqrt{\left(1-v^2\right)^2 + (2\xi v)^2}} = V_{dyn,u} \qquad (2.126)$$

Hier ist v das Abstimmungsverhältnis

$$v = \omega_g / \omega_0 \qquad (2.127)$$

mit der ungedämpften Eigenkreisfrequenz des Seismometers

$$\omega_0 = \sqrt{k/m} \qquad (2.128)$$

und dem Dämpfungsverhältnis (Abschnitt 1.3.1):

$$\xi = c/2\sqrt{km}. \qquad (2.129)$$

Bild 2-89 zeigt die Änderung der Verschiebungsantwort, die auch als dynamische Vergrößerung der Verschiebung $V_{dyn,u}$ bezeichnet wird, als Funktion des Abstimmungsverhältnisses.

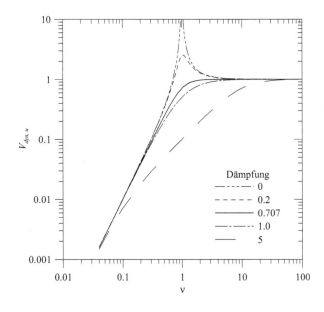

Bild 2-89 Dynamische Vergrößerung eines Seismometers zur Messung der Bodenverschiebung bei unterschiedlichen Dämpfungen.

Für große Werte von ν, also Frequenzen weit oberhalb der Eigenfrequenz des Feder-Masse Systems, ist die Amplitude der Anzeigegröße gleich der Amplitude der Bodenbewegung ($V_{dyn}=1$). Hier liegt der eigentliche Messbereich des Seismometers. Die untere Frequenzgrenze hängt von dem Dämpfungsverhältnis ab. Durch Extremwertrechnung kann man zeigen, dass bei Zulassen einer 1%-igen Abweichung, also einem $V_{dyn,u}$ von maximal 1.01, der Messbereich am größten wird, wenn eine Dämpfung von 0.656 eingestellt wird.

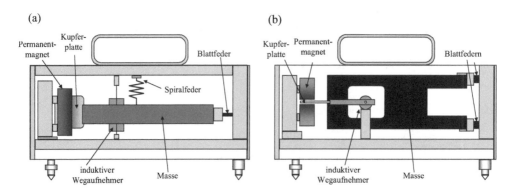

Bild 2-90 Bauprinzip eines vertikalen und horizontales Wegaufnehmers (System Baule). Beim Vertikalseismometer (a) kompensiert eine Spiralfeder die Gewichtskraft der Seismometermasse. Beim Horizontalseimometer (b) ist die Masse nach dem Prinzip einer ‚schiefen Tür‘ aufgehängt. Je mehr die beiden Blattfedern in eine Linie mit der Vertikalachse gebracht werden, desto geringer wird die Rückstellkraft durch die Schwerkraft. Bei beiden Seismometern wird die Dämpfung technisch durch eine Wirbelstrombremse (bewegte Kupferplatte im Feld eines Permanentmagneten) realisiert. Ein induktiver Wegaufnehmer mit einer nachgeschalteten Messbrücke wandelt die Relativbewegung zwischen Masse und Gehäuse in eine der Verschiebung proportionale Spannung um.

Genauso wie die Verschiebungsantwort kann auch die Geschwindigkeits- und Beschleunigungsantwort eines Seismometers abgeleitet werden. Setzt man die Anzeigegröße ins Verhältnis zur Bodengeschwindigkeit bzw. Bodenbeschleunigung, so erhält man:

$$\frac{|u|}{|\dot{u}_g|} = \frac{\nu}{\sqrt{\left(1-\nu^2\right)^2 + (2\xi\nu)^2}} = V_{dyn,\dot{u}} \tag{2.130}$$

$$\frac{|u|}{|\ddot{u}_g|} = \frac{1}{\sqrt{\left(1-\nu^2\right)^2 + (2\xi\nu)^2}} = V_{dyn,\ddot{u}} \tag{2.131}$$

Bild 2-91 zeigt die Beschleunigungsantwort eines Seismometers der Bauart wie sie in Bild 2-90 gezeigt ist. Die Anzeigegröße ist unterhalb der Eigenfrequenz proportional zur Beschleunigung des Erdbodens. Für die Bandbreite des Messbereiches gilt die gleiche Abhängigkeit von dem eingestellten Dämpfungsverhältnis wie beim Schwingwegmesser.

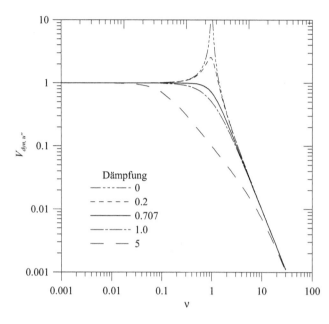

Bild 2-91 Dynamische Vergröße-rung eines Seismometers zur Mes-sung der Bodenbeschleunigung bei unterschiedlichen Dämpfungen.

Abhängig von der Methode, wie die Relativbewegungen zwischen Masse und Gehäuse eines Seismometers in elektrische Spannungen umgesetzt werden, spricht man bei den Geräten von Weg-, Geschwindigkeits- oder Beschleunigungsaufnehmern. Beispielsweise ist bei Geräten, bei denen die Wandlung mittels elektrodynamischer Induktion geschieht, die induzierte Spannung proportional der Schwinggeschwindigkeit (Geophone). Grundsätzlich kann man zwar jede der drei Bewegungsgrößen aus den jeweils anderen durch einfache zeitliche Integration bzw. Diffe-rentiation berechnen, man muss aber beachten, dass die Empfindlichkeiten der Geräte stark frequenzabhängig sind. Um zum Beispiel Verschiebungen aus Beschleunigungsseismogrammen zu berechnen, müssen diese Seismogramme eine große Dynamik haben, damit bei niedrigen Frequenzen die Auflösung noch ausreichend über dem Rauschpegel liegt. Bild 2-92 zeigt die frequenzabhängigen dynamischen Vergrößerungen für Weg, Geschwindig-keit und Beschleunigung jeweils für Geräte zur Weg-, Geschwindigkeits- und Beschleuni-gungsmessung.

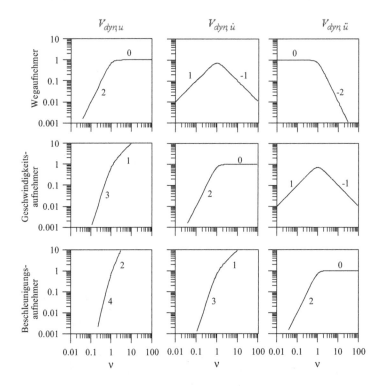

Bild 2-92 Dynamische Vergrößerungen als Funktion des Abstimmungsverhältnisses für Schwingweg (linke Spalte), Schwinggeschwindigkeit (mittlere Spalte) und Beschleunigung (rechte Spalte) von Seismometern mit Messwertwandlern, die oberhalb der Eigenfrequenz zu weg-, geschwindigkeits- oder beschleunigungsproportionalen Ausgangssignalen führen. Die Ziffern geben die Steigungen der Übertragungskurven jeweils unter- und oberhalb der Eigenfrequenz der Seismometer an.

2.8.1.2 Messstation

Die Gestaltung von seismischen Messstationen hängt sehr vom Messziel ab. Die Ziele der Erdbebenseismologie und der Ingenieurseismologie sind mitunter gegensätzlicher Natur. In der klassischen Seismologie geht es darum seismische Wellen, wie sie vom Bebenherd abgestrahlt wurden, möglichst ungestört bis hinab zu kleinsten Amplituden zu erfassen. Störungen sind alle Quellen von Bodenunruhe (künstliche und natürliche) aber auch Einflüsse durch Lockersedimentschichten und Gebäude. Man wird hier also immer versuchen Stationen an möglichst ruhigen Festgesteinsstandorten zu errichten. In der Ingenieurseismologie hingegen sind die Effekte durch Lockersedimente oder auch gerade das Verhalten bestimmter Bauwerke oft im Zentrum des Interesses. Außerdem ist hier die unverzerrte Erfassung auch großer Bodenbewegungsamplituden entscheidend.

Bild 2-93 zeigt schematisch den Aufbau einer typischen kurzperiodischen Seismometerstation, wie sie zur Überwachung der lokalen Seismizität eingesetzt wird. Das Seismometer ist in einem Schacht untergebracht, der möglichst die Lockergesteinsschicht oder Verwitterungsschicht durchteuft, so dass am Boden des Schachtes ein Betonfundament auf Felsgestein gegründet werden kann.

Als Seismometer werden Dreikomponentengeräte oder drei Einzelseimometer verwendet, gemessen wird in den Richtungen Vertikal (Z), Nord-Süd (NS) und Ost-West (EW). Verstärker zur Konditionierung der analogen Messsignale werden möglichst nahe am Seismometer platziert, um elektrische Störungen klein zu halten. Heute werden meist PC-basierte Messdatenerfassungssysteme verwendet. Nach der Analog-Digital-Wandlung, heute typischerweise mit 24 Bit AD-Wandlern, untersucht ein Detektor-Programm die Messdaten auf potentielle Bebensignale. Zum Teil werden auch Programme eingesetzt, die automatisch die Ankunftszeiten von P- und S-Wellen messen. Die Synchronisation der Daten erfolgt über Radiozeit mittels des *Global Positioning Systems* (GPS) oder in Mitteleuropa mit Signalen des Zeitzeichensenders DCF. Meist sind die Permanentstationen über (digitale) Telefonleitungen mit der Messzentrale verbunden.

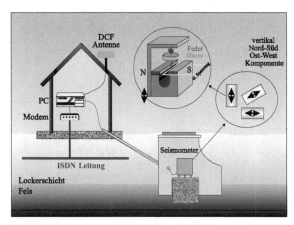

Bild 2-93 Schematischer Aufbau einer kurzperiodischen Seismometerstation zur Erfassung von Lokalbeben. Als Seismometer werden meist Geräte mit elektrodynamischer Wandlung eingesetzt, so dass die Messsignale im eigentlichen Messbereich proportional zur Schwinggeschwindigkeit des Bodens sind.

Die Fotos in Bild 2-94 zeigen die Komponenten einer kompletten kurzperiodischen seismischen Station, und die Situation der Messstation BGG in der Burg Eltz am Südrand der Eifel.

Bild 2-94 Schematischer Die technischen Geräte einer kompletten seismischen Messstation mit einem Dreikomponentensatz von kurzperiodischen Seismometern, Signalkonditionierung und Analog-Digital-Wandler, Datenerfassungs-PC mit Uhr (links). Das Vertikalseismometer hat zur Anschauung ein durchsichtiges Gehäuse. Rechts: Seismometer der Station BGG am Südrand der Eifel, die in einem Verlies der Burg Eltz untergebracht ist.

Die Seismometer von strong-motion Geräten sind bauartbedingt meist deutlich kleiner als bei konventionellen Erdbebenstationen. Die Beschleunigungsaufnehmer werden fest mit dem Untergrund verschraubt da bei Beschleunigungen über etwa 0.2 g mit einem Kippeln freistehender Aufnehmer gerechnet werden muss. Bild 2-95 zeigt die Installation einer *strong-motion* Station, die Teil des seismischen Forschungsnetzes Niederrheinische Bucht (SeFoNiB) ist. Dieses Netzwerk besteht aus 23 Stationen an 19 Standorten. Die meisten Stationen sind Freifeldstationen, das heißt hier liegt kein Gebäudeeinfluss vor. Die Maximalbeschleunigung, die erfasst werden kann liegt bei 1g. Die Stationskonfiguration (Bild 2-96) verfolgt im Wesentlichen zwei Ziele: (1) die Stationsstandorte decken unterschiedliche Sedimentmächtigkeiten ab, die Spannweite reicht von 0 m bei drei Festgesteinsstationen bis 1300 m im Zentralteil der Bucht; (2) die Stationen stehen entlang der Verwerfungen an denen mit größeren Beben zu rechnen ist, so dass in der Regel der Entfernungsbereich von kleiner 10 km bis 80 km gut abgedeckt ist.

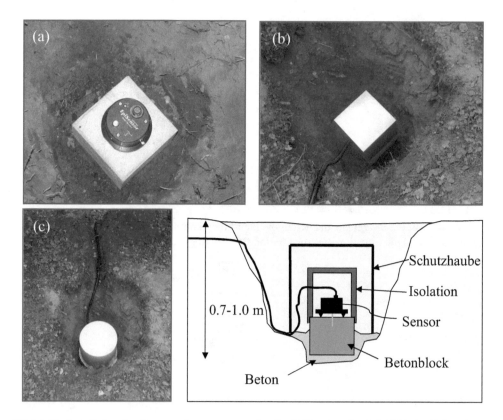

Bild 2-95 Installation des Sensors einer strong-motion Freifeldstation des SeFoNiB der Universität zu Köln. (a) Der Dreikomponentensensor ist fest auf einem vorgefertigten Betonblock montiert. Der Block selbst wurde in einer ca. 1 m tiefen Grube einbetoniert. (b) Der Sensor ist mit einer thermischen und mechanischen Isolation aus Edelstahl und Mineralwolle abgedeckt. Das Datenkabel ist durch ein Leerrohr geführt. (c) Eine Schmutzabdeckung aus Kunststoff schützt die Installation bevor die Grube wieder verfüllt wird. Unten links ist ein schematischer Schnitt durch den Stationsaufbau dargestellt.

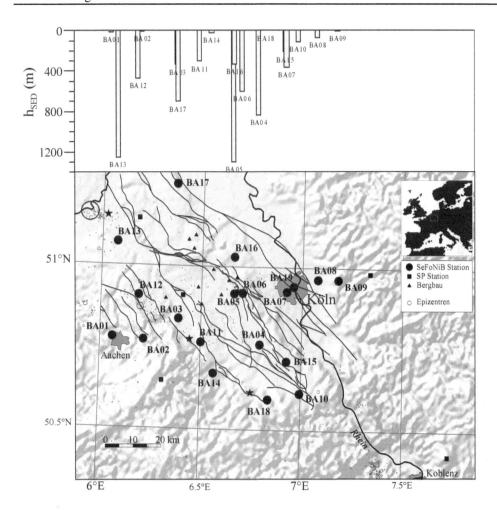

Bild 2-96 Stationskonfiguration des ‚seismischen Forschungsnetzes Niederrheinische Bucht' (SeFoNiB).
SP Stationen sind kurzperiodische Mikroseismik Stationen und die Bergbau Stationen dienen der Überwachung von Tagebauen. Offene Kreise kennzeichnen die Epizentren von Erdbeben, die sich zwischen
1975 und 2005 ereignet haben (Reamer and Hinzen, 2004). Die angenommenen Epizentren, dargestellt
durch Sterne dienten zur Berechnung der Entfernungsverteilung in Bild 2-97.

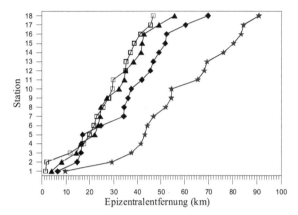

Bild 2-97 Verteilung der Epizentralentfernungen zwischen den Stationen des SeFoNiB und vier angenommenen Epizentren in der Niederrheinischen Bucht, orientiert an bekannten historischen und rezenten Schadensbeben.

2.8.2 Lokalisierung

Voraussetzung für die instrumentelle Lokalisierung des Epizentrums eines Erdbebens ist ein brauchbares Modell der Verteilung der seismischen Geschwindigkeiten zwischen dem Herd und den Messstationen. Jede Lokalisierung ist nur so gut wie das zu Grunde liegende Modell die wahren Verhältnisse der Wellenausbreitung beschreibt. Mit dem Geschwindigkeitsmodell lassen sich die Laufzeiten der P- und S-Wellen in Abhängigkeit von der Herdentfernung und der Herdtiefe berechnen und als Laufzeitkurven darstellen. Kann man an mindestens drei Stationen die Laufzeitdifferenz zwischen der S-Welle und der P-Welle messen, dann lassen sich hieraus über die Laufzeitkurven die Herdentfernungen der Stationen bestimmen. Kreise mit den Herdentfernungen als Radius auf einer Stationskarte eingetragen schneiden sich dann am Ort des Epizentrums (Bild 2-98). In der Praxis wird die Lokalisierung heute in der Regel als Minimalwertproblem behandelt. Es wird versucht, das Residuum zwischen Laufzeiten aus Messungen und theoretischen Laufzeiten nach dem Geschwindigkeitsmodell zu minimieren. Man beginnt mit einer angenommenen Startlösung und variiert dann systematisch die Herdlage. Allerdings ist die Lokalisierung ein nichtlineares Problem und das Ergebnis kann zum Beispiel von der angenommenen Startlösung abhängen. Neben der Qualität des Geschwindigkeitsmodells entscheiden die Stationsverteilung und die relative Lage der Stationen zum Erdbebenherd über die erzielbaren Genauigkeiten der Lokalisierung. Günstig ist in jedem Fall, wenn der Erdbebenherd relativ zentral zwischen den Stationen liegt. Bei einem Herd, der (weit) außerhalb eines Stationsnetzes liegt, nimmt die Güte der Lokalisierung schnell ab. Insbesondere die Herdtiefe ist in diesem Fall kaum bestimmbar.

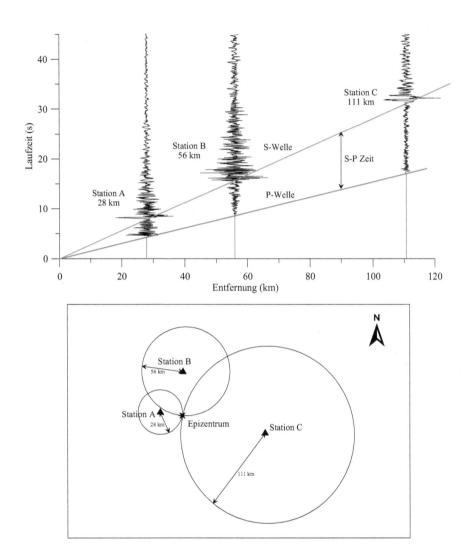

Bild 2-98 Schema der Lokalisierung eines Erdbebenherdes. Das Laufzeitdiagramm (oben) zeigt die Laufzeiten von P- und S-Wellen als Funktion der Herdentfernung. Im Beispiel wurde ein Herd an der Erdoberfläche angenommen. Bei einem Herd mit endlicher Tiefe wäre die Laufzeit der Wellen im Epizentrum ungleich Null. Die Seismogramme von drei Stationen A, B und C sind eingetragen. Die beiden grauen Linien sind die Laufzeitkurven der P- und S-Wellen in einem homogenen Halbraum. Aus den Laufzeitdifferenzen von S- und P- Wellen ergeben sich drei Entfernungen, die in der Stationskarte (unten) als Radien der Umkreise der Stationen verwendet wurden. Der Schnittpunkt der Kreise ist das Epizentrum.

2.8.3 Bestimmung der Magnitude

Neben der Lokalisierung eines Bebens ist heute die Bestimmung der Magnitude eine wichtige praktische Routineaufgabe von Observatorien. Wie in Gleichung (2.103) beschrieben, bezog Richter in seiner Magnitudendefinition die gemessene Bodenbewegung auf die eines Referenzbebens. Er wählte als Referenzbeben ein Ereignis, das in einer Epizentralentfernung von 100 km zu einer Amplitude von 1×10^{-3} m im Seismogramm führt. Diese Amplitude bezieht sich hier also nicht auf die Bodenbewegung, sondern auf die Amplitude im Seismogramm eines Standardseismometers vom Typ Wood-Anderson (Bild 2-99). Ein solches Gerät hat eine Eigenperiode von 0.8 s bei 80 % der kritischen Dämpfung und eine statische Vergrößerung von 2800. Bauartbedingt (Torsionsseismometer) kann das Gerät nur Horizontalbewegungen messen und damit ist die Lokalmagnitude auch nur aus den Horizontalkomponenten einer Messung bestimmbar.

Heute wird in der Regel eine digitale Aufzeichnung so gefiltert, dass das Ergebnis dem eines Wood-Anderson Seismogramms entspricht. Nach Richter wird dann in beiden Horizontalkomponenten die Maximalamplitude gemessen, für die jeweilige Komponente der Magnitudenwert bestimmt und der Mittelwert als Stationsmagnitude genommen. Die Magnitude eines Bebens wird dann aus den zur Verfügung stehenden Stationsmagnituden gemittelt. Die einzelnen Stationsmagnituden können dabei durchaus große Schwankungen (bis hin zu einer Magnitude) aufweisen. Grund dafür kann eine unzureichende Stationskorrektur sein, das ist ein Wert, der die lokalen Untergrundeigenschaften einer Station berücksichtigt und in der Abstrahlcharakteristik des Bebens (Abschnitte 2.5.2 und 2.5.4) begründet liegt. Der Wert von log A_0 über der Entfernung aufgetragen entspricht quasi der Amplitudenabnahme in der Region. Daher ist Richters ursprüngliche Tabelle der log A_0 Werte auch nur für Kalifornien gültig. Inzwischen wurde log A_0 für viel Regionen ermittelt und wird meist als Funktion der Entfernung und nicht mehr als Wertetabelle verwendet.

Bild 2-99 zeigt ein einfaches Nomogramm mit dessen Hilfe die Magnitude als Zahlenwert ermittelt werden kann. Der Zeitunterschied zwischen dem Eintreffen einer S-Welle und einer P-Welle, die so genannte S-P-Zeit, ist vorgegeben durch die Geschwindigkeitsstruktur der Region als Maß für die Entfernung vom Erdbebenherd. Man kann anhand des Nomogramms leicht feststellen, dass ein Beben mit der zehnfachen Amplitude bei gleicher Entfernung zu einer um einen Punkt höheren Magnitude führt. Als Beispiel sind Beben der Magnitude 5 und der Magnitude 3 bei gleicher Herdentfernung eingetragen.

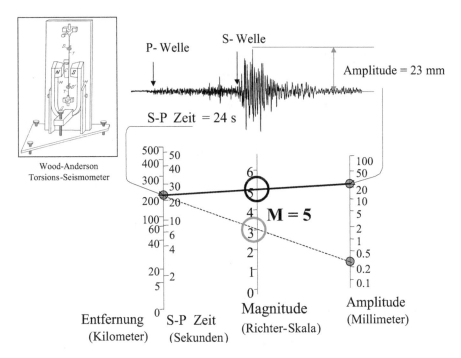

Bild 2-99 Nomogramm zur Ermittlung der Lokalmagnitude. Die linke Skala enthält die Zeitdifferenz zwischen dem Eintreffen der S-Welle und der P-Welle, die ein Maß der Entfernung vom Bebenherd ist. Auf der rechten Skala wird der Amplitudenwert aus dem Seismogramm eines Standardseismometers eingetragen. Standardseismometer in Richters Definition ist ein Wood-Anderson Torsionsseismometer (oben links) mit einer Eigenperiode von 0.8 s und 2800-facher Vergrößerung. Die Verbindungslinie ergibt in der mittleren Skala die Magnitude. Die durchgezogene Linie entspricht der eines Bebens der Magnitude 5 in 200 km Entfernung. Die gestrichelte Linie zeigt ein Beben der Magnitude 3 bei 100-fach kleinerer Seismogrammamplitude. (Bath 1973).

2.9 Beispiele typischer Erdbebenschäden

Am 16 Juni 1964 ereignete sich in Japan das folgenschwere Niigata Beben. Das Ereignis wurde bereits bei der Behandlung der Momentmagnitude erwähnt, da AKI am Beispiel dieses Bebens erstmals das seismische Moment eines Ereignisses berechnete. Bei dem Beben kamen 26 Menschen ums Leben, es wurden 3018 Häuser zerstört und im Raum Niigata 9750 Gebäude mittelschwer bis schwer beschädigt. Großen Einfluss auf die vielen Gebäudeschäden hatten sekundäre Effekte, insbesondere Bodenverflüssigung und dynamisch induzierte Setzungen. Bei unzureichenden Gründungen der Bauwerke im Lockergestein kam es zu Schadensbildern wie in Bild 2-100. Die Gebäude sind zwar fast intakt, also nicht wesentlich durch direkte Erschütterungseinwirkungen beschädigt, aber die Setzungen haben zum Teil zu dramatischen Neigungen kompletter Wohnblocks geführt.

Bild 2-100   Luftaufnahme von geneigten Apartmenthäusern in Niigata, Japan. Bei dem Niigata Beben am 16. Juni 1964 mit einer Momentmagnitude von 7.4 kam es zu ausgedehnten Sekundäreffekten. In dem gezeigten Beispiel führte Bodenverflüssigung zusammen mit nicht ausreichenden Gebäudegründungen zu schweren Schäden durch differentielle Setzungen. (Foto: National Geophysical Data Center)

Bild 2-101 zeigt Schäden an einer Stahlbrückenkonstruktion, bei der die Verschiebungen zwischen den Fahrbahnteilen größer waren als es die Auflager zuließen. Gerade Schäden an wichtigen Brückenbauwerken können im Katastrophenfall große zusätzliche Probleme bereiten, da die Brückenverbindungen gerade in Großstädten, die sich zu beiden Seiten eines Flusses ausdehnen, oft wichtige Rettungswege sind.

Bild 2-101 Diese Brücke war erst kurz vor dem Niigata Beben in Betrieb genommen worden. Erschütterungen führten zum Versagen von zwei der Stahlpfeiler und der zugehörige Fahrbahnabschnitt aus Stahlbeton stürzte in den Fluss. Die Fahrbahnabschnitte waren einseitig fest und am anderen Ende verschieblich gelagert. Die Auflagertiefe von 30 cm reichte nicht aus, um die Verschiebungen während des Bebens aufzufangen.

Das Erdbeben im Raum Campania, Italien, am 23 November 1980 hatte bei einer Magnitude von 6.8 katastrophale Folgen. Mehr als 3000 Menschen starben, 7750 wurden verletzt und weit über 1000 als vermisst gemeldet. Auf einer Fläche von 25000 km^2 gab es zum Teil schwerste Bauwerksschäden. Die für ein Magnitude 6.8 sehr hohen Verlustzahlen waren zu einem erheblichen Teil auf die schlechte Bausubstanz zurückzuführen (Bild 2-102).

Bild 2-102 Völlig zerstörtes Fabrikgebäude in Campania, Italien. Durch das Versagen von konstruktiven Verbindungen brach ein Teil des Bauwerkes zusammen. Im noch stehenden Teil wurden Zwischenwände zerstört. (Foto National Academy Press)

Eine der folgenschwersten Erdbebenkatastrophen des vergangenen Jahrhunderts ereignete sich am 7. Dezember 1988 um 11 Uhr 41 Minuten Lokalzeit in Armenien. Betroffen waren insbesondere die Städte Leninakan, Spitak, Stepanavan und Kirovakan sowie deren Umland. In einem Gebiet mit ca. 80 km Durchmesser kam es zu schwersten Zerstörungen, obwohl das Beben ,nur' eine Magnitude von 6.9 hatte. Etwa 25000 Menschen kamen ums Leben, weitere 15000 wurden verletzt und über eine halbe Million wurden obdachlos. Spitak mit 25000 Einwohnern wurde fast völlig zerstört und in Leninakan (250000 Einwohner) wurde etwa die Hälfte der Gebäude zerstört. Mehrere Faktoren trugen zu den dramatischen Verlusten bei. Dazu gehören die lokalen Baugrundbedingungen, Bauplanungsfehler, mangelnde Bauausführung, aber auch die Tageszeit des Hauptbebens und die winterlichen Temperaturen. Viele der notfallmedizinischen Einrichtungen wurden zerstört oder schwer beschädigt und 80% des medizinischen Fachpersonals kam ums Leben, was bei der Katastrophenbewältigung zu großen Problemen führte. Insbesondere neuere mehrstöckige Bauwerke wurden zerstört (Bild 2-103, Bild 2-104).

Bild 2-103 Dieses fünfstöckige Gebäude in Spitak war aus Fertigbetonteilen errichtet. Ein Teil des Rahmens steht noch im rückwärtigen Teil des Bauwerkes. Die Decken dieser typischen Fertigteilbauwerke waren aus hohlen Betonelementen zusammengesetzt, die zueinander keine oder ungenügende Verbindungen hatten. Das führte zum Zusammenbruch des Mittelteils des Gebäudes, während die seitlichen Scheiben stehen blieben (Foto: U.S. Geological Survey; C.J. Langer).

Bild 2-104 Schwere Schäden an Ziegelbauten in Spitak. Das fünfstöckige Gebäude im linken Bild wurde völlig zerstört. Ein Teil der vorgefertigten hohlen Betonelemente der Decken hängt noch am stehengebliebenen Rest des Bauwerkes. Ähnliche Schäden zeigt das ebenfalls fünfstöckige Gebäude im rechten Bild. (Foto: U.S. Geological Survey, C.J. Langer).

Am 17. Oktober 1989 ereignete sich in den Santa Cruz Mountains in Kalifornien ein Beben der Magnitude 7.1. Das nach dem Herdgebiet als Loma Prieta Beben bezeichnete Ereignis wird auch manchmal *San Francisco World Series* Erdbeben genannt. Zum Zeitpunk des Bebens um 17 Uhr warteten viele Tausend Zuschauer im Football Stadium von San Francisco auf den Start des Endspiels des Saison. Bei dem Beben bewegte sich die Erde in einem ca. 40 km langen Abschnitt der San Andreas Verwerfung. Messungen an der Erdoberfläche zeigten eine Bewegung der Pazifischen Platte gegenüber der Nordamerikanischen Platte von 1.9 m nach Nordwest und 1.3 m nach oben. Obwohl das Epizentrum ca. 80 km südlich von Oakland und San Franzisko lag, gab es in beiden Städten z.T. starke Schäden. Der Sachschaden wurde auf ca. sieben Milliarden U.S. $ geschätzt, 414 Wohnhäuser wurden zerstört, hinzu kamen 97 gewerblich genutzte und drei öffentliche Gebäude. 67 Menschen starben, nach offiziellen Angaben wurden 3757 verletzt und 12000 obdachlos. Bei vielen der Schäden in San Francisco und Oakland spielten sekundäre Effekte und hohe Bodenverstärkungen der Erschütterungen eine entscheidende Rolle. Insbesondere im Marina Distrikt, einem ehemaligen lagunenartigen Teil der Bucht von San Francisco, der durch künstliche Aufschüttungen zum ‚Bauland' geworden war entstanden schwere Schäden bis hin zum völligen Zusammenbruch von einzelnen Gebäuden (Bild 2-105). Ironie des Schicksals ist, dass die meisten Auffüllungen die hier zur Landgewinnung genutzt wurden, aus Trümmern und Schutt des schweren San Francisco Bebens von 1906 stammten. Die unverfestigten Lockergesteine im Untergrund führten zu Verstärkungen der Erschütterungsamplituden, die den Abriss von 35 Gebäuden und strukturelle Schäden an weiteren 150 Bauwerken in dem Distrikt zur Folge hatten. Die meisten Menschen kamen auf einem Autobahnabschnitt in Oakland ums Leben. Die auf Betonpfeilern aufgeständerte obere Fahrbahn des Nimitz Freeway fiel auf die darunter liegende Fahrbahn (Bild 2-106). Dabei kamen 41 Autoinsassen ums Leben. Im Mission Distrikt kamen fünf Menschen ums Leben, als herabfallende Trümmer eines beschädigten Ziegelbauwerkes auf ihre Fahrzeuge fielen.

Große Probleme bereiteten auch Schäden an Ver- und Entsorgungsleitungen. Durch geborstene Gasleitungen kam es zu Bränden und gebrochene Wasserleitungen erschwerten die Löscharbeiten.

Bild 2-105 Teile der Ziegelmauer-werksfassade im vierten Stock dieses Bauwerkes im Mission Distrikt fielen auf die Straße und begruben Fahrzeuge unter sich. Dabei kamen fünf Menschen ums Leben, im Gebäude wurde niemand verletzt (Foto: U.S. Geological Survey, E.V. Leyendecker).

Bild 2-106 Bilder aus dem Marina Distrikt in San Francisco. Bodenverstärkung der Erschütterungen im Bereich der sehr weichen Lockergesteine des Baugrundes und Konstruktionsfehler führten zum Einsturz (links) oder zu schweren Schäden des Erdgeschosses (rechts). Bei einigen Gebäuden wurde durch eine Umnutzung des Erdgeschosses die Konstruktion geschwächt. Beim Einbau von Garagen wurde die horizontale Aussteifung der Erdgeschosse reduziert (Foto: U.S. Geological Survey, D. Perkins).

Bild 2-107 Bei vielen Straßen im Marina Distrikt in San Franzisko riss der Straßenbelag auf (links). Bei den großen Deformationen im darunter liegenden Lockermaterial wurden auch Ver- und Entsorgungsleitungen zerstört. Insbesondere geborstene Gasleitungen führten zu weiteren Schäden durch Brände. Neben Bauwerken wurden auch viele geparkte Fahrzeuge zerstört (rechts). (Fotos: K.-G. Hinzen).

Bild 2-108 Ein Teilstück des zweistöckig angelegten Nimitz Freeway in Oakland wurde bei dem Loma Prieta Beben von 1989 zerstört. Bei 51 Teilstücken brachen die Pfeiler und die obere Fahrbahn fiel auf die untere. In der Bildmitte sieht man den einzigen Teilabschnitt, der nicht zusammenbrach. Im zerstörten Bereich steht der Verkehrsweg auf künstlichen Aufschüttungen in einem ehemaligen Lagunenbereich. Die Bodenverstärkung des sehr weichen Aufschüttungen führte zu dem Schadensbild (Foto: U.S. Geological Survey, E.V. Leyendecker).

Bild 2-109 Das linke Bild zeigt einen Blick auf die beim Loma Prieta Beben beschädigte Oakland Bay Brücke, die San Francisco und Oakland verbindet. Am Pfeiler E9 fiel ein ca. 15 m langer Abschnitt der oberen Fahrbahn auf die untere. Die Detailaufnahme (rechts) zeigt die Grundplatte eines Trägers am Pfeiler E9, die mit 20 Nieten befestigt war. Alle Nieten brachen und die Farbreste zeigen, dass es zu einer Verschiebung der Grundplatte von ca. 15 cm kam.

Sehr großen Sachschaden richtete das Northridge Beben am 17. Januar 1994 an. Es starben 57 Menschen und der Sachschaden belief sich auf ca. 10 Milliarden US-$. Das Epizentrum des Bebens der Magnitude 6.8 lag etwa 30 km WNW von der Innenstadt von Los Angeles. Die stärksten Schäden wurden im San Fernando Valley und dem nördlichen Teil des Los Angeles Beckens angerichtet.

Bild 2-110 Garage eine Apartmenthauses in Northridge nach dem Beben am 17.1.1994. Das Schadensbild von zerstörten Garagen im Erdgeschoss war typisch für diese Gegend. Die große Einfahrt in die Garage schwächte das Aussteifungssystem.

Bild 2-111 Das teilweise zerstörte Parkhaus auf dem Campus der California State University in Northridge. Das Gebäude war aus vorgefertigten und nachgespannten Bauteilen drei Jahre vor dem Beben errichtet worden. Die Stützen im Inneren des Bauwerkes zerbrachen. Dadurch senkten sich mit jedem Nachbeben die Decken und die äußeren Stützen neigten sich immer weiter nach innen (Fotos: M. Celebi, U.S. Geological Survey)

Am 21 September 1999 ereignete sich um 1 Uhr 47 Minuten Ortszeit ein Beben mit der Momentmagnitude 7.6, das auf der gesamten Insel Taiwan stark gespürt wurde. Die Region um die Stadt Taichung war am stärksten betroffen. Es wurden 2405 Todesopfer und 10718 Verletzte gezählt, etwa 82000 Gebäude wurden beschädigt oder zerstört. Das führte dazu, dass 600000 Menschen vorübergehend oder auf immer ihre Wohnungen verlassen mussten. Entlang der Chelongpu-Verwerfung kam es zu deutlichen vertikalen Verschiebungen, die zum Teil mehrere Meter betrugen (Bild 2-112, Bild 2-113). Auch einige Hochhäuser wurden schwer beschädigt (Bild 2-114).

Bild 2-112 Ein spektakulärer vertikaler Versatz von 8 m ließ in dem Tachia Fluss, nordöstlich von Fengyuen einen neuen Wasserfall entstehen.

Bild 2-113 Die Verwerfung quert ein Reisfeld nahe der Stadt Fengyuan. Die Bäume links im Bild haben sich durch die Verschiebungen an der Erdoberfläche geneigt. Der große Baum in der Bildmitte stirbt ab, wahrscheinlich wurde das Wurzelsystem beschädigt.

Bild 2-114 Teilweise zerstörtes 15-stöckiges Gebäude in Taichung. Die Aussteifung erfolgt durch Stahlbetonrahmen mit Ziegelmauerwerksausfachungen. Die Verbindungen zwischen Stützen und Riegeln versagten zum Teil und das erste Stockwerk im rechten Gebäudeteil stürzte ein.

Literatur Kapitel 2

Abrahamson, N.A. und K.M. Shedlock: Overview. Seismological Research Letters, 68, 9-23, 1997.

Aki, K.: Generation and propagation of G waves from the Niigata earthquake of June 16, 1964. 2. Estimation of earthquake moment,released energy, and stress-strain drop from G wave spectrum. Bulletin of the Earthquake Research Institute, 44, 23-88, 1996.

Aki, K.: Local site effects on weak and strong ground motions. Tectoniphysics, 218, 93-112, 1993.

Aki, K. und Richards, P.: Quantitative seismology: Theory and Methods. Volumes 1 and 2, W.H. Freeman, San Francisco, California, 1980.

Aki, K. und P. Richards: Quantitative seismology second edition. University Science Books, New York, pp. 700, 2002.

Alheid, H.-J. und K.-G. Hinzen: Numerical analysis and measurements of the seismic response of galleries. In: Soil Dynamics and Earthquake Engineering V, edited by IBF Karlsruhe, Elsevier, 719-730, 1991.

Ambraseys, N., Smit, P, Brardi, R., Rinaldis, D., Cotton, F. und Berge, C.: European strong motion database. European Council, Environment and Climate Research Programe, 2000.

Ambraseys, N.N. und Simpson, K.A: Prediction of vertical response spectra in Europe. Earthquake Engineering and Structural Dynamics, 25, 401-412, 1996.

Ambraseys, N.N., Simpson, K.A. und Bommer, J.J.: Prediction of horizontal response spectra in Europe. Earthquake Engineering and Structural Dynamics, 25, 371-400, 1996.

Arias, A.: A measure of earthquake intensity. In: R.J. Hansen (ed.). Seismic Design for Nuclear Power Plants, MIT press, Cambridge, Massachusetts, 438-483, 1970.

Arulmoli, K., Arulanadan, K., und Seed, H.B.: A new method for evaluating liquefaction potential. Journal of the Geotechnical Engineering Division, ASCE, 111, 95-114, 1985.

Atakan, K., Midzi, V., Moreno Toiran, B., Vanneste K., Camelbeeck, T. und Meghraoui, M.: Seismic hazard in regions of present day low seismic activity: uncertainties in the paleoseismic investigations along the Bree Fault Scarp (Roer Graben, Belgium). Soil Dynamics and Earthquake Engineering, 2000.

Bakun, W.H. und C.M. Wentworth: Estimating earthquake location and magnitude from seismic intensity data, Bulletin of the Seismological Society of America, 87, 1502-1521, 1997.

Bakun, W.H. und C.M. Wentworth: Erratum to Estimating earthquake location and magnitude from seismic intensity data, Bulletin of the Seismological Society of Amreica, 89, 557, 1999.

Bath, M.: Introduction to seismology. Birkhäuser, Basel und Stuttgart, 1973.

Bart, A. Ludger Mintrop: www.uni-geophys.gwdg.de/~eifel/Seismo_HTML/mintrop.html, 2002.

Ben-Menahem, A. & Singh, S.J.: Seismic waves and sources, Springer Verlag, New York, 1981.

Ben-Menahem, A. und Singh, S.J.: Seismic waves and sources. Springer-Verlag, Berlin, 1981.

Benjamin J.R. and Associates: A criterion for determining exceedance of the Operating Basis Earthquake. EPRI Report NP-5930, Electric Power Research Institute, Palo Alto, Cali-fornia, 1988.

Bolt, B.A.: Duration of strong motions. Proceedings of the 4th World Conference an Earthquake Engineering, Santiago, Chile, 1304-1315, 1969.

Bommer J.J. and Martínez-Pereira A.: The effective duration of earthquake strong mo-tion. Journal of Earthquake Engineering, 3, pp. 127-172, 1999.

Boore, D.M. und Joynerm W.B.: Prediction of ground motion in North America. In: Proceedings of the ATC-35 Seminar on new Developments on Earthquake Ground Motion, 1994.

Estimates an Implications for Engineering Design Practice, Applied Technology Council, Redwood City, 1-14.

Campbell, K.W.: Near-source attenuation of peak horizontal acceleration. Bulletin of the Seismological Society of America, 71, 2039-270, 1981.

Castro, G.: Liquefaction of sands. Harvard Soil Mechanics Series 87, Harvard University, Cambridge, Massachusetts, 1969.

Chen, P. und Chen, H.: Scaling law and its applications to earthquake statistical relations, Tectonophysics, 166, 53-72, 1989.

DeAlba, P., Baldwin, K., Janoo, V., Roe, G., und Chelikkel, B.: Elastic wave velocities an liquefaction potential. Geotechnical Testing Journal, ASTM, 7, 77-88, 1984.

Decker, K., G. Gangl und M. Kandler: The earthquake of Carnuntum in the 4th century AD - archaeological results, seismologic scenario and seismotectonic implications for the Vienna Basin Fault, Austria. Journal of Seismology, in press, 2006.

Ekström, G. and Dziewonski, A.M.: Evidence of bias in estimations of earthquake size. Nature, 3322, p. 319-323, 1988.

Ewald, M., H. Igel, K. G. Hinzen, and F Scherbaum: Basin-related effects on ground motion for earthquake scenarios in the Cologne basin, Germany, Geophysical Journal International, 166, 197-212, 2006.

Ewald, M.: Numerical simulation of site effects with application to the Cologne basin. Diplomarbeit, Institut für Angewandte Geophysik, LMU München, 2001.

Ewing, M., Jardesky, W., und Press, F.: Elastic waves in layered media. McGraw-Hill, New York, 380, 1957.

Fäh, D., S. Steimen, I. Oprsal, J. Ripperger, J. Wössner, R. Schatzmann, P. Kästli, I. Spottke und P. Huggenberger: The earthquake of 250 A.D. in Augusta Raurica, a real event with a 3D site-effect? Journal of Seismology, in press, 2006.

Flinn, E.A., Engdahl, E.R. und Hill, A.R.: Seismic and geographical regionalization. Bulletin of the Seismological Society of America, 64, 770-793, 1074.

Galladini, F., K.-G. Hinzen und S. Stiros: Archaeoseismology: methodological issues and procedure. Journal of Seismology, in press, 2006.

Grünthal, G. (ed.): European macroseismic scale. Cahiers du Centre Europeéen de Géodynamique et de Séismologie, Luxembourg, 15, 1998.

Grünthal, G. und GSHAP working group: Seismic hazard assessment for Central, North and Northwest Europe: GSHAP Region 3. Annali di Geofisica, 42, 999-1011, 1999.

Gutenberg, B.: Lehrbuch der Geophysik. Gebrüder Borntraeger, Berlin, 1017, 1929.

Gutenberg, B. und C.F. Richter: Earthquake magnitude, intensity, energy, and acceleration. Bulletin of the Seismological Society of America, 46, 104-145, 1956.

Gutenberg, B. und C.F. Richter: Frequency of earthquakes in California. Bulletin of the Seismological Society of America, 34, 1985-1988, 1944.

Gutenberg, B. und C.F. Richter: Seismicity of the earth and related phenomena. Princeton University Press, New Jersey, 310, 1944.

Haldar, A. und Tang, W.H.: Probabilistic evaluation of liquefaction potential. Journal of the Geotecnical Engineering Division, ASCE, 107, 577-589, 1981.

Haskell, N.A.: Total energy und energy spectral density of elastic waves from propagating faults. Bulletin of the Seismological Society of America, 54, 1811-1841, 1964.

Heaton, T.H., Anderson, D.L., Arabasz, W.J., Buland, R., Ellsworth, W.L., Hartzell, S.H., Lay, T. und Spudich, P.: National seismic system science plan. Geol. Surv. Curic, 1031, 1989.

Hinzen, K.-G., Scherbaum, F. und Weber, B.: Study of the lateral resolution of H/V measurements across a normal fault in the Lower Rhine Embayment, Germany, Journal of Earthquake Engineering, 8, 909-926, 2004.

Hinzen, K,.G.: Archaeological case study of the main buildung of Kerkrade-Holzkuil. In: Techelmann, G., Het villacomplex Kerkrade-Holzkuil, ADC ArchaeProjecten, Rapport 155, Amersfoort, 2005.

Hinzen, K.-G. und Oemisch, M.: Location and magnitude from seismic intensity data of recent and historic earthquakes in the Northern Rhine area, Central Europe. Bulletin Seismological Society America, 91, 40-56, 2001.

Hinzen, K.-G., Reamer, S.K.: Seismicity, seismotectonics, and seismic hazard in the Northern Rhine Area, In: Stein, S., Mazzotti, S.:Intraplate Seismicity, GSA books, in press, 2006.

Idriss, I.M., Dobry, R., und Singh, R.D.: Nonlinear behavior of soft clays during cyclic loading. Journal of the Geotechnical Engineering Divison,, ASCE, 104, 1427-1447, 1978.

Ishihara, K.: Liquefaction and flow failure during earthquakes. Geotechnique, 43, 351-415, 1993.

Ishihara, K. und Yoshimine, M.: Evaluation of settlement in sand deposits following liquefaction during earthquakes. Soils and Foundations, 32,173-188, 1992.

Jones, L.: True confessions from a magnitude-weary seismologist. Seismological Reseach Letters. 71, 395-396, 2000.

Jost, M. L., und R. B. Herrmann: A student's guide to und review of moment tensors, Seismological Research Letters 60, 37-57, 1989.

Joyner W.J. und Boore, D.M.: Peak horizontal acceleration and velocity from strong ground motion recordings including records from the 1979 Imperial Valley, California earthquake. Bulletin of the Seismological Society of America, 71, 2011-2038, 1981.

Kanamori, H.: The energy release in great earthquakes. Journal of Geophysical Research, 82, 2981-2987, 1977.

Kanamori, H.: Magnitude scale and quantification of earthquakes. Tectonophysics, 93, 185-199, 1983.

Kasahara, K.: Earthquake machanichs. Cambridge University Press, Cambridge, 1981.

Keilis-Borok, V. I.: Concerning the determination of the seismic parameters of a focus. TR. Geogiz. Inst. Akad. Nauk. SSSR, 9, 3-19. (in Russisch), 1950.

King, G. C. P.: Geological faults, fractures, creep and strain, Philosophical Transactions Royal Society London, A., 288, 197-212, 1978.

Knödel, K., Krummel, H. und Lange, G.: Handbuch zur Erkundung des Untergrundes von Deponien und Altlasten – Geophysik. Springer, Berlin, 1063, 1997.

Kövesligethy, R.: Seismischer Stärkegrad und Intensität der Beben. Gerlands Beiträge zur Geophysik. VIII, Leipzig, 1907.

Kramer, S.L.: Geotechnical earthquake engineering. Prentice Hall, New Jersey, 653, 1996.

Kwok, A.O. und Stewart, J.P.: Evaluation of the Effectiveness of Theoretical 1D Amplification Factors for Earthquake Ground-Motion Prediction. Bulletin of the Seismological Society of America, 96, 1422 – 1436, 2006.

Lawson, A.C. (chairman): The California earthquake of April 18, 1906: Report of the State Earthquake Investigation Commission: Carnegie Institution of Washington Publication 87, 2 vols, 1908.

Lay, T. und Wallace, T.C.: Modern global seismology. Academic Press, San Diego, California, 517, 1995.

Leydecker, G.: Erdbebenkatalog für die Bundesrepublik Deutschland mit Randgebieten für die Jahre 800 - 2001. - Datenfile, BGR Hannover, 2002.

Leydecker, G. und Aichele, H.: The Seismogeographical Regionalisation for Germany: The Prime Example of Third-Level Regionalisation. -Geologisches Jahrbuch, Hannover, E 55, 85-98, 1998.

Maruyama, T.: Basic Theory of Seismic Waves. Part I of Earthquakes, Volcanoes, and Rock-mechanics (ed. S. Miyamura), Kyoritsu Shuppan Co., Tokyo.(in Japanisch), 1968.

McClapin (ed.): Paleoseismology. Academic Press, London, 588, 1996.

McGuire, R.K. und Arabasz, W.J.: An introduction to probabilistic seismic hazard analysis. In: S.H. Ward, (ed.), Geotechnical and Environmental Geophysics, Society of Exploration Geophysicists, 1, 333-353, 1990.

Mitchell, J.K. und Tseng, D.-J.: Assessment of liquefaction potential by cone penetration resistance. In: J.M. Duncan, (ed.), Proceedings, H. Bolton Seed Memorial Symposium, Berkeley, California, 2, 335-350, 1990.

Munich Re Group: World of natural hazards. CD Rom, München, 2000.

Murphy, J.R. und O'Brian, L.J.: The correlation of peak ground acceleration with seismic intensity und other physical parameters. Bulletin of the Seismological Society of America, 67, 877-915, 1977.

Nakamura, Y.: A method for dynamic characteristic estimation of subsurface using microtremors on the ground surface, QR of RTRI 30, 25-33, 1989.

Nazarian, S, und Stokoe, K.H.: Use of spectral analysis of surface waves for determination of moduli and thickness of pavement systems. Transportation Research Record 954, Transportation Road Board, Washington, D.C., 1983.

Newmark, N.M. und Hall, W.J.: Earthquake spectra and design. EERI Monograph, Earthquake Engineering Research Institute, Berkeley, California, 103, 1982.

Reamer, S.K., K.-G. Hinzen: An earthquake catalog for the Northern Rhine Area, Central Europe (1975-2002), Seismological Research Letters, 74, 575-882, 2004.

Reid, H.F.: The California earthquake of April 18, 1906. Publication 87, 21, Carnegie Institute of Washington, Washington, D.C., 1910.

Reid, H.F.: The elastic rebound theory of earthquakes. Bulletin of the Department of Geology, University of Berkeley, 6, 413-444, 1911.

Reiter, L.: Earthquake hazard analysis – Issues und insights. Columbia University Press, New York, 254, 1990.

Richter, C.F.: An instrumental earthquake scale. Bulletin of the Seismological Society of America, 25, 1-32, 1935.

Richter, C.F.: Elementary seismology. W.H. Freeman, San Francisco, 1958.

Scherbaum, F., Hinzen, K.-G. und Ohrnberger: Determination of shallow shear wave velocity profiles in the cologne, germany area using ambient vibrations. Geophys. Journal Int. 152, 597-612, 2003.

Scherbaum, F.: Modelling the Roermond Earthquake of April 13, 1992 by stochastic simulation of its high frequency strong ground motion, Geophysical Journal International, 119, 31-43, 1994.

Schneider, G.: Naturkatastrophen. Enke Verklag, Stuttgart, 364, 1980.

Scholz, C. H.: The mechanics of earthquakes and faulting. Cambridge University Press, Cambridge, UK, 1990.

Schwarz, D.P. und Coppersmith, K.J.: Fault behavior and characteristic earthquakes: examples from the Wasatch and San Andreas fault zones. Journal of Geophysical Research, 89, 5681-5698, 1984.

Seidl, D. und Berckhemer, H.: Determination of source moment and radiated seismic energy from broadband recordings. Physics of the Earth and Planetary Interior, 30, 209-213, 1982.

Sheriff, R.E. und Geldart, L.P.: Exploration seismology. Cambridge University Press, Cambridge, 592, 1995.

Skoko, D. und Mokrovic, J.: Andrija Mohorovicic. Skolska Knjiga, Zagreb, 147, 1982.

Sponheuer, W.: Methoden zur Herdtiefenbestimmung in der Makroseismik. Freiberger Forschungshefte, 88, 10-117, 1960.

Spudich, P., Joyner, A.G., Lindh, A.G., Boore, D.M., Margaris, B.M. und Fletcher, J.B.: SEA99: A revised ground motion prediction relation for use in extensional tectionic regimes. Bulletin of the Seismological Society of America, 89, 1156-1170, 1999.

Trifunac, M.D. und Brady, A.G.: A study of the duration of strong earthquake ground motion. Bulletin of the Seismological Society of America, 65, 581-626, 1975.

Von Thun J.L., Rochim L.H., Scott G.A. and Wilson J.A.: Earthquake ground motions for design and analysis of dams. Earthquake Engineering and Soil Dynamics II - Recent Ad-vances in Ground-Motion Evaluation, Geotechnical Special Publication, 20, pp. 463-481, 1988.

Wald D.J. und Heaton, T.H.: Spatial and temporal distribution of slip for the 1992 Landers, California, earthquake, Bulletin of the Sesimological Society of America, 84, 668-691, 1994.

Wald, D.J., Heaton, T.H. und Helmberger, D.V.: Rupture model of the 1989 Loma Prieta earthquake from the inversion of strong motion and broadband teleseismic data, Bull. Seis. Soc. Am., 81, 1540-1572, 1991.

Wells, D.L. und Coppersmith, K.J.: New empirical relationships among magnitude, rupture length, rupture width, rupture area, and surface displacement. Bulletin of the Seismological Society of America, 84, 974-1002, 1994.

Wilson, R.C.: Relation of Arias intensity to magnitude and distance in California. Open File Report 93-556, U.S. Geological Survey, Reston, Virginia, 42, 1993.

3 Seismische Beanspruchung von Konstruktionen

In den beiden ersten Kapiteln wurden die wichtigsten Zusammenhänge aus der Baudynamik und der Ingenieurseismologie erläutert und Werkzeuge zusammengestellt, die in diesem Kapitel auf konkrete Fälle zur rechnerischen Erfassung der seismisch induzierten Beanspruchung von Tragwerken angewendet werden. Wegen ihrer besonderen Bedeutung für die Praxis beziehen sich die Herleitungen und Beispiele dieses Kapitels vor allem auf mehrstöckige Gebäude, deren Aussteifung für Horizontallasten durch senkrecht stehende ebene Scheiben erfolgt, wie z.B. biegesteife Rahmen, Stahlbetonwände oder Fachwerkscheiben. Auch hier wird eine Reihe von Rechenprogrammen vorgestellt und ihr Gebrauch anhand von Zahlenbeispielen erläutert. Im Mittelpunkt dieses Abschnitts stehen allgemein anwendbare Verfahren und Algorithmen, während normenrelevante Annahmen, Formeln und Zahlenwerte im Zusammenhang mit den im Kapitel 4 erläuterten normengestützten Entwurfs- und Nachweisverfahren gebracht werden.

3.1 Rechenverfahren

Die Beschreibung des Tragverhaltens von Konstruktionen durch mathematische Modelle, z.B. mittels der Finite-Element-Methode, gehört mittlerweile zum Stand der Technik. Theoretisch lässt sich die Verteilung der Steifigkeits-, Massen-, Dämpfungs- und auch Festigkeitseigenschaften im jeweiligen Tragwerk mit Hilfe räumlicher Modelle zuverlässig wiedergeben, allerdings ist der dazugehörige Aufwand nicht zu unterschätzen, vor allem wenn realistische Steifigkeits- und Festigkeitswerte (z.B. bei gerissenen Stahlbetontraggliedern) eingegeben werden sollen. Erfüllt das Tragwerk hinsichtlich der Verteilung seiner Steifigkeit und Masse in Grund- und Aufriss gewisse Regelmäßigkeitsbedingungen (z.B. kompakte Grundrissform ohne einspringende Ecken, Vermeidung von Steifigkeitssprüngen zwischen benachbarten Geschossen), können zwei ebene Modelle in den Hauptrichtungen des Tragwerks anstelle eines räumlichen Modells verwendet werden. Die Berücksichtigung von Torsionseffekten infolge der tatsächlich vorhandenen oder zufälligen Exzentrizitäten (Abstand zwischen Massen- und Steifigkeitsmittelpunkt) erfolgt am einfachsten in einem räumlichen Modell des Tragwerks. Die jeweiligen Normen und Regelwerke geben nähere Hinweise, die eine Reduzierung des numerischen Aufwands ermöglichen. So wird meistens davon ausgegangen, dass bei Hochbauten die Decken in ihrer Ebene starr sind, womit die Anzahl der einzuführenden Freiheitsgrade stark reduziert wird.

Im Kapitel 1.1 wurde bereits das System der Bewegungsdifferentialgleichungen eines fußpunkterregten n-stöckigen Stockwerkrahmens (Bild 1-2) angeschrieben, in der Form

$$\underline{M} \cdot \underline{\ddot{V}} + \underline{C} \cdot \underline{\dot{V}} + \underline{K} \cdot \underline{V} = -\ddot{u}_g \cdot \underline{M} \cdot \underline{r} \tag{3.1}$$

Darin ist $\underline{K}$ die kondensierte (n,n)-Steifigkeitsmatrix des Stockwerkrahmens; die Massenmatrix $\underline{M}$ enthält als Diagonalmatrix die n Stockwerksmassen und die viskose Dämpfungsmatrix $\underline{C}$, die nur bei Lösung von (3.1) mit Hilfe Direkter Integrationsmethoden explizit benötigt wird, kann bei Bedarf nach den Methoden des Abschnitts 1.4.5 aufgestellt werden. Der Spaltenvektor $\underline{r}$ gibt die Verschiebungen in den einzelnen wesentlichen Freiheitsgraden bei einer Einheitsverschiebung des Fußpunkts in Erregungsrichtung an (hier sind alle seine Komponenten gleich 1). Analog dazu führt die zusätzliche Berücksichtigung der Vertikalkomponente der Bodenbeschleunigung bei ebenen Modellen bzw. aller drei Beschleunigungskomponenten bei räumlichen Idealisierungen zu Belastungsvektoren, die sich als Produkte der jeweils angeregten Masse jeden Freiheitsgrades mit der zugehörigen Beschleunigung ergeben.

Die Ermittlung der Schnittkräfte und Verformungen seismisch beanspruchter Tragwerke ist prinzipiell auf verschiedenen Wegen möglich:

1. Modalanalytisches Vorgehen (Antwortspektrenverfahren),

2. Anbringung vereinfacht ermittelter statischer Ersatzlasten in horizontaler Richtung,

3. Frequenzbereichsuntersuchungen mit dem Leistungsspektrum der Bodenbeschleunigung als Eingangsgröße,

4. nichtlineare, statische Verfahren,

5. Zeitverlaufsuntersuchungen mit Beschleunigungszeitverläufen als Eingangsgrößen.

Die beiden ersten Methoden sind für die Praxis am wichtigsten, nicht zuletzt wegen der einfachen Erfassung der Belastungsseite. Für die Untersuchung mittels Direkter Integration werden explizite Bodenbeschleunigungszeitverläufe benötigt, bei Frequenzbereichsuntersuchungen entsprechende Leistungsspektraldichten, die in der Regel gesondert bestimmt werden müssen, während die beim Antwortspektrenverfahren als Eingang dienenden Spektren im Normalfall direkt der jeweiligen Norm entnommen werden können. Der Aufwand bei dem Antwortspektrenverfahren kann weiter reduziert werden, indem nur eine einzige Modalform (in der Regel die Grundeigenform) berücksichtigt wird. Nichtlineare, statische Verfahren sind zusammen mit Zeitverlaufsuntersuchungen die einzigen beiden Verfahren, die nichtlineares Systemverhalten abbilden können, d.h. die bei stärkeren Beben in jedem Fall zu erwartende nichtlineare Schädigung lässt sich durch sie genauer beurteilen.

3.1.1 Modalanalytisches Antwortspektrenverfahren

Ausgangspunkt ist die Differentialgleichung (3.1) des diskreten Mehrmassenschwingers, deren modale Zerlegung bei angenommener Proportionaldämpfung $\underline{\Phi}^T \underline{C} \underline{\Phi} = \text{diag}[2D_i \omega_i]$ insgesamt n entkoppelte Gleichungen in den Modalkoordinaten η_i, $i = 1, 2, \dots n$ liefert:

$$\ddot{\eta}_i + 2D_i \omega_i \dot{\eta}_i + \omega_i^2 \eta_i = \underline{\Phi}_i^T \underline{P} \qquad (3.2)$$

Darin ist $\underline{\Phi}_i$ der i-te Eigenvektor des Systems mit der Kreiseigenfrequenz ω_i rad/s, dessen modales Dämpfungsmaß D_i in geeigneter Weise angenommen werden muss. Für jede Eigenform i lässt sich ein Anteilfaktor gemäß

$$\beta_i = \frac{\underline{\Phi}_i^T \underline{M} \, \underline{r}}{\underline{\Phi}_i^T \underline{M} \underline{\Phi}_i} = \frac{L_i}{1} = \underline{\Phi}_i^T \underline{M} \, \underline{r} \qquad (3.3)$$

definieren, wobei die modale Masse $M_i = \underline{\Phi}_i^T \underline{M} \, \underline{\Phi}_i$ bei der im Programm JACOBI enthaltenen Normierung den Wert Eins hat. Der Anteilfaktor β_i der i-ten Modalform lässt sich auch auf einen beliebigen Punkt des ebenen Modells beziehen (meistens auf das Dachniveau), indem er mit der entsprechenden Ordinate $\Phi_{\text{Dach},i}$ dieser Eigenform multipliziert wird:

$$\beta_{\text{Dach},i} = \beta_i \cdot \phi_{\text{Dach},i} \qquad (3.4)$$

Mit dem Anteilfaktor β_i erhält Gleichung (3.2) die Form

$$\ddot{\eta}_i + 2 \cdot D_i \cdot \omega_i \cdot \dot{\eta}_i + \omega_i^2 \cdot \eta_i = \beta_i \cdot \ddot{u}_g(t) \tag{3.5}$$

Die Lösung dieser gewöhnlichen Differentialgleichung lautet

$$\eta_i(t) = \beta_i \cdot \overline{S}_{d,i} \tag{3.6}$$

mit dem DUHAMEL-Integral

$$\overline{S}_{d,i}(t) = \frac{1}{\omega_{Di}} \int_0^t \ddot{u}_g \cdot e^{-D_i\omega_i(t-\tau)} \cdot \sin\omega_{Di}(t-\tau)\,d\tau \tag{3.7}$$

Der dem Absolutbetrag nach maximale Wert des Integrals ist gleich der Ordinate S_d des Verschiebungsantwortspektrums nach Gleichung (1.70):

$$\max\left|\overline{S}_d(t)\right| = S_d = (1/\omega_1)\cdot S_v = \left(1/\omega_1^2\right)\cdot S_a \tag{3.8}$$

Mit den Ordinaten des Verschiebungsspektrums $S_{d,i}$, des Pseudo-Geschwindigkeitsspektrums $S_{v,i}$ oder des Pseudo-Absolutbeschleunigungsspektrums $S_{a,i}$ für die vorgegebenen Werte ω_i und D_i ergibt sich der Maximalwert der Modalkoordinate η_i zu

$$\max\eta_i = \beta_i \cdot S_{d,i} = \beta_i \cdot \frac{S_{v,i}}{\omega_i} = \beta_i \cdot \frac{S_{a,i}}{\omega_i^2} \tag{3.9}$$

Die Maximalwerte der modalen Verformungen der i-ten Modalform lauten damit:

$$\max\underline{V}_i = \max\eta_i \cdot \underline{\Phi}_i = \beta_i\,S_{d,i}\,\underline{\Phi}_i = \beta_i \cdot \frac{S_{v,i}}{\omega_i} \cdot \underline{\Phi}_i = \beta_i \cdot \frac{S_{a,i}}{\omega_i^2} \cdot \underline{\Phi}_i \tag{3.10}$$

Aus den modalen Verschiebungen lassen sich die modalen Schnittgrößen mit Hilfe der bekannten Verfahren der Matrizenstatik bestimmen. Alternativ können modale statische Ersatzlasten ermittelt und als äußere Lasten auf das System aufgebracht werden. Die maximalen elastischen Rückstellkräfte in der i-ten Modalform ergeben sich zu

$$\max\left(\underline{K}\cdot\underline{V}\right)_i = \underline{K}\cdot\beta_i\cdot S_{d,i}\cdot\underline{\Phi}_i \tag{3.11}$$

und sind zahlenmäßig gleich den Trägheitskräften, wie die folgende Überlegung zeigt:

$$\max\left(\underline{K}\cdot\underline{V}\right)_i = \underline{K}\,\beta_i\,S_{d,i}\,\underline{\Phi}_i = \omega_i^2\,\underline{M}\,\beta_i\,S_{d,i}\,\underline{\Phi}_i = \underline{M}\,\beta_i\,S_{d,i}\,\omega_i^2\,\underline{\Phi}_i$$
$$= \underline{M}\cdot\beta_i\cdot S_{a,i}\cdot\underline{\Phi}_i = \max\left(\underline{M}\cdot\underline{\ddot{V}}_{abs}\right)_i \tag{3.12}$$

Die statische Ersatzlast $F_{k,i}$ am Freiheitsgrad k der i-ten Modalform beträgt damit

$$F_{k,i} = \beta_i\,S_{a,i}\,m_k\,\Phi_{i,k} \tag{3.13}$$

Hier ist m_k die dem Freiheitsgrad k zugeordnete Masse und $\Phi_{i,k}$ die entsprechende Ordinate der i-ten Eigenform.

Von großer praktischer Bedeutung ist die Frage, wie viele Modalbeiträge mitgenommen werden müssen, um eine ausreichende Genauigkeit der Ergebnisse zu ermöglichen. Dazu wird die „effektive modale Masse" der i-ten Eigenform wie folgt eingeführt:

$$M_{i,eff} = \beta_i^2 \, M_i = \beta_i^2 \cdot (\underline{\Phi}_i^T \underline{M} \, \underline{\Phi}_i) = \beta_i^2 \qquad (3.14)$$

Die Summe der effektiven modalen Massen ist nach dieser Berechnungsformel bei einer Normierung $\underline{\Phi}_i^T \underline{M} \, \underline{\Phi}_i = 1$ für die Eigenvektoren gleich der Summe der quadrierten Anteilsfaktoren β_i^2. Es lässt sich zeigen, dass die Summe aller n effektiven Modalmassen gleich der effektiven Gesamtmasse $M_{Tot,eff}$ ist:

$$M_{Tot,eff} = \underline{r}^T \underline{M} \underline{r} = \sum_{i=1}^n M_{i,eff} \qquad (3.15)$$

Das Verhältnis der effektiven Modalmasse $M_{i,eff}$ zur effektiven Gesamtmasse des Systems $M_{Tot,eff}$ beträgt

$$\alpha_i = \frac{M_{i,eff}}{M_{Tot,eff}} = \frac{L_i^2 \cdot M_i}{M_{Tot,eff}} = \frac{L_i^2}{M_{Tot,eff}} \qquad (3.16)$$

mit L_i nach Gleichung (3.3). Die Summe der berücksichtigten Modalmassen soll mindestens 90% der effektiven Gesamtmasse $M_{Tot,eff}$ betragen; zusätzlich sollten alle Modalformen mit einer effektiven Modalmasse größer als 5% der effektiven Gesamtmasse in der Summe berücksichtigt werden. Bei ebenen Modellen, wie dem Hochhaus des Bildes 1-2, ist die effektive Gesamtmasse gleich der Gesamtmasse des Systems, da die Komponenten des Vektors $\underline{r}$ allesamt Eins sind.

Das Produkt der effektiven Modalmasse mit der spektralen Beschleunigung S_a stellt die modale seismische Gesamtkraft F_i dar, die in der Fundamentfuge auftritt. Es ist

$$F_i = M_{i,eff} \cdot S_{a,i} \qquad (3.17)$$

Entsprechend lässt sich für das Gebäude eine seismische Horizontalkraft als Produkt der effektiven Gesamtmasse mit der spektralen Beschleunigung für die Grundperiode des Tragwerks bestimmen; sie wird als „Gesamterdbebenkraft" F_b (base shear) bezeichnet und zu

$$F_b = S_a(T_1) \cdot M_{Tot,eff} \cdot \alpha_1 \qquad (3.18)$$

angesetzt. Darin ist $S_a(T_1)$ die Beschleunigungsordinate des Antwortspektrums zur Periode T_1, $M_{Tot,eff}$ die wirksame Masse des Gebäudes und α_1 der Koeffizient gemäß Gleichung (3.16) für die Grundeigenform. Die in Abschnitt 3.1.2 diskutierten Verfahren basieren auf dieser Gesamterdbebenkraft, die in geeigneter Art und Weise auf die einzelnen Stockwerke verteilt wird.

Die skizzierte modalanalytische Untersuchung unter Verwendung eines Antwortspektrums zur Definition der seismischen Einwirkung kann für ebene Rahmensysteme mit Hilfe des Programms MDA2DE durchgeführt werden und liefert als Ergebnis modale Verschiebungen und modale statische Ersatzlasten (Ausgabedatei ERSATZ.txt). Zuvor müssen die Eigenformen und Eigenfrequenzen ermittelt werden (z.B. durch das Programm JACOBI). Als Eingabedateien werden MDIAG.txt, OMEG.txt, PHI.txt und RVEKT.txt benötigt, wobei in letzterer der Vektor der Verschiebungen in allen Freiheitsgraden bei einer Einheitsverschiebung des Fundaments in Richtung der seismischen Erregung steht.

Beispiel 3-1 (Daten BSP3-1)

Der vierstöckige Rahmen von Bild 1-25, dessen Eigenfrequenzen und Eigenformen in Beispiel 1-10 bestimmt wurden, wird einem Beben unterworfen, dessen Spektralordinaten bei seinen vier Eigenperioden nachfolgend in Tabelle 3-1 angegeben sind. Gesucht sind die modalen Verschiebungen und statischen Ersatzkräfte in allen vier Modalformen sowie die Verläufe des Biegemoments und der Querkraft in der 1. Modalform.

Die Tabelle 3-1 stellt alle Eingabedaten für das Programm MDA2DE und die damit gewonnenen Ergebnisse zusammen. Angegeben sind die berechneten Anteilfaktoren und modalen Massen, dazu für die eingegebenen Spektralordinaten die ermittelten Schubkräfte F_i in Höhe des Fundaments, die Horizontalverschiebungen V_i der Stockwerke 1 bis 4 und die entsprechenden horizontalen Ersatzlasten F_{Ei}.

Tabelle 3-1 Eingabedaten und Ergebnisse der modalanalytischen Untersuchung

	Modalbeitrag 1	Modalbeitrag 2	Modalbeitrag 3	Modalbeitrag 4
Perioden T_i	0.878 s	0.283 s	0.157 s	0.114 s
Anteilfaktoren $\lvert\beta_i\rvert$	23.09	5.63	2.00	1.02
„Dach-Anteilfaktor" $\lvert\beta_{i,D}\rvert$	1.23	0.29	0.09	0.02
Koeffizienten α_i	0.936	0.056	0.007	0.002
Modale Massen $M_{i,eff}$	533.23 t	31.72 t	3.99 t	1.05 t
Spektralbeschl. S_a	0.230 m/s^2	0.647 m/s^2	0.865 m/s^2	0.875 m/s^2
Fundamentschub F_i	122.64 kN	20.53 kN	3.45 kN	0.92 kN
V_1	2.620 mm	0.379 mm	0.050 mm	0.0105 mm
V_2	3.912 mm	0.305 mm	-0.023 mm	-0.017 mm
V_3	4.961 mm	-0.063 mm	-0.055 mm	0.013 mm
V_4	5.513 mm	-0.386 mm	0.046 mm	-0.005 mm
$F_{E,1}$	20.11 kN	27.94 kN	12.01 kN	4.80 kN
$F_{E,2}$	29.03 kN	21.74 kN	-5.41 kN	-7.49 kN
$F_{E,3}$	36.82 kN	-4.49 kN	-12.73 kN	5.75 kN
$F_{E,4}$	36.68 kN	-24.66 kN	9.59 kN	-2.15 kN

Die erste Modalform aktiviert rund 94% der Gesamtmasse des Systems, so dass deren alleinige Berücksichtigung ausreicht. Zur Bestimmung der Schnittkräfte des Rahmens in der 1. Modalform wird das Programm RAHMEN herangezogen (Beispiel 1-10) mit den statischen Ersatzlasten der 1. Modalform als Belastungsvektor. Die resultierenden Biegemomenten- und Querkraftflächen zeigt Bild 3-1.

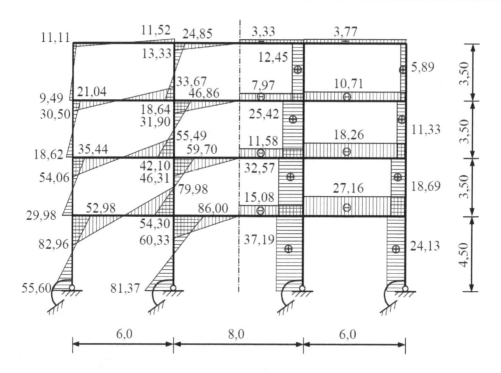

Bild 3-1 Biegemomenten- und Querkraftverlauf der Grundeigenform (in [kNm] bzw. [kN])

Das modalanalytische Antwortspektrenverfahren ist weit verbreitet und steht im Mittelpunkt vieler Vorschriften, wie der DIN 4149 (2005) und der DIN EN 1998-1 (2010). Ihr hauptsächlicher Nachteil liegt in der Schwierigkeit einer korrekten Überlagerung der gewonnenen maximalen Modalschnittkräfte und -verformungen, die im Allgemeinen zu verschiedenen Zeitpunkten auftreten. Üblich ist die Verknüpfung von allen p ermittelten Modalwerten von Schnittkräften oder Verformungen E_i zum rechnerischen Höchstwert E_E mit Hilfe der Quadratsummenwurzel-Regel (SRSS-Regel), wobei das Ergebnis als Quadratwurzel der Summe der quadrierten Modalkomponenten gewonnen wird:

$$E_E = \sqrt{E_1^{\,2} + E_2^{\,2} + \ldots + E_p^{\,2}} \tag{3.19}$$

Selbstverständlich dürfen nur resultierende modale Schnittkräfte oder Verformungen überlagert werden, nicht jedoch die statischen Ersatzlasten jeder Modalform, da die Vorzeicheninformation bei der SRSS-Überlagerung zerstört wird. Aus diesem Grund ist auch das statische Gleichgewicht (z.B. die Bedingung, dass die Summe der Biegemomente an einem Knoten verschwindet) bei den überlagerten Schnittkräften nicht mehr gegeben.

Sind (z.B. bei der Untersuchung räumlicher Modelle mit gemischten Torsions-/Translations-Eigenformen) benachbarte Modalformen vorhanden, deren Perioden sich um weniger als 10% unterscheiden, gemäß

$$\frac{T_i}{T_j} \geq 0{,}90; \quad T_i < T_j \tag{3.20}$$

muss anstelle der SRSS-Regel die genauere „Vollständige quadratische Kombination" (Complete Quadratic Combination, CQC)-Regel angewandt werden. Sie liefert Schnittkräfte $\underline{S}_E$ unter Berücksichtigung von p Modalbeiträgen $\underline{S}^T = (E_1, E_2, ..., E_p)$ gemäß:

$$\underline{S}_E = \sqrt{\sum_{i=1}^{p} \sum_{j=1}^{p} E_i E_j \varepsilon_{ij} \alpha_{ij}} \tag{3.21}$$

mit

$$\varepsilon_{ij} = \frac{8 \cdot \sqrt{D_i D_j} \, (D_i + r \, D_j) \, r^{1,5}}{(1-r^2)^2 + 4 D_i D_j r (1+r^2) + 4 (D_i^2 + D_j^2) \, r^2}; \qquad r = \frac{\omega_j}{\omega_i} \leq 1 \tag{3.22}$$

und

$$\alpha_{ij} = \frac{\beta_i \beta_j}{|\beta_i \beta_j|} \tag{3.23}$$

mit Werten gleich +1 oder −1 je nach Vorzeichen der Anteilsfaktoren. Sind alle modalen Dämpfungsmaße gleich, vereinfacht sich (3.22) zu

$$\varepsilon_{ij} = \frac{8 D^2 (1+r) r^{1,5}}{(1-r^2)^2 + 4 D^2 r (1+r)^2} \tag{3.24}$$

Die Korrelationskoeffizienten ε_{ij} sind für r = 1 gleich Eins; ist (3.20) nicht erfüllt, können alle ε_{ij}, $i \neq j$, vernachlässigt werden und man erhält die übliche SRSS-Überlagerungsvorschrift.

Bei Verwendung eines räumlichen Modells für das Antwortspektrenverfahren wird die planmäßige Exzentrizität (Abstand des Steifigkeits- oder Festigkeitsmittelpunktes von dem Massenmittelpunkt) automatisch berücksichtigt; hinzu kommt jedoch eine unvermeidliche Exzentrizität, die z.B. durch Verschieben des Massenmittelpunkts jeden Stockwerks um ± 5% von der Gebäudelänge senkrecht zur seismischen Belastungsrichtung grob erfasst werden kann. Für ebene Idealisierungen geben die Normen unterschiedliche Beziehungen zur Berücksichtigung der Torsionswirkungen an, wie in Kapitel 4 dargelegt.

Die Problematik der Überlagerung der verschiedenen Modalbeiträge bei der mehraxialen (räumlichen) Beanspruchung des Tragwerks kann durch die soeben angesprochene Ermittlung wahrscheinlicher Maximalwerte nicht als abschließend geklärt betrachtet werden, denn zu jedem Maximalwert einer Schnittkraft (z.B. des Biegemoments) werden die gleichzeitig auftretenden weiteren Zustandsgrößen (z.B. die Normalkraft und die Querkraft) benötigt, um eine Bemessung bzw. eine Überprüfung der vorhandenen Sicherheit vornehmen zu können. Im einfachsten Fall haben wir es mit einer einzigen bemessungsrelevanten Schnittkraft zu tun, wie z.B. mit dem Biegemoment bei vernachlässigbar kleiner Normalkraft; in diesem Fall reicht die Angabe des nach der SRSS- oder CQC-Regel ermittelten seismischen Schnittkraftmaximums aus. Bei zwei oder drei bemessungsrelevanten Größen (z.B. Biegemoment, Normalkraft und Querkraft bei einer Stütze) ist es üblich, von einem gleichzeitigen Auftreten der Maxima auszugehen. Anleitungen für die Bestimmung maßgebender Schnittkraftkombinationen werden in den Vorschriften wie DIN EN 1998-1 (2010) und DIN 4149 (2005) gegeben.

3.1.2 Verfahren mit statischen Ersatzlasten

Eine einfache Vorgehensweise zur Beanspruchungsermittlung, die zumindest für regelmäßige Tragwerke ausreichend genaue Ergebnisse liefert, basiert auf der Ermittlung einer „Gesamt-Erdbebenkraft" F_b („base shear", Querkraft in Fundamenthöhe) als Produkt der wirksamen Masse des Tragwerks mit einer geeignet gewählten Bodenbeschleunigung (meistens der Beschleunigungs-Spektralordinate zur berechneten oder geschätzten Grundperiode des Gebäudes), vgl. Gleichung (3.18). Diese Gesamt-Erdbebenkraft wird in einem zweiten Schritt nach einem einfachen Gesetz auf die einzelnen Stockwerke verteilt und die nachfolgende statische Berechnung liefert die Schnittkräfte und Verformungen des Tragwerks. Es ist besonders vorteilhaft, dass bei diesem Vorgehen die Erdbebenbeanspruchung formal als ein weiterer statischer Lastfall behandelt werden kann.

Die Verteilung der Gesamterdbebenkraft auf die einzelnen Stockwerke kann nach der berechneten Grundmodalform erfolgen, aber auch nach einer vereinfacht angenommenen dreiecksförmigen Eigenform (lineare Zunahme der Ordinaten mit der Höhe). Für ein n-stöckiges Gebäude ergibt sich die am Geschoss i angreifende Horizontalkraft F_i zu

$$F_i = F_b \frac{s_i W_i}{\sum_{j=1}^{n} s_j W_j} \tag{3.25}$$

mit den Stockwerksgewichten W und den horizontalen Verschiebungen s der n Stockwerksmassen in der Grundeigenform. Bei Annahme einer dreiecksförmigen Grundeigenform mit der Spitze auf Höhe der Fundamentebene können die Werte s_i in (3.25) durch die Höhen z_i des jeweiligen Stockwerks bezogen auf die Fundamentoberkante ersetzt werden:

$$F_i = F_b \frac{z_i W_i}{\sum_{j=1}^{n} z_j W_j} \tag{3.26}$$

Auch bei dieser Methode lassen sich Torsionseinwirkungen analog zur Vorgehensweise beim modalanalytischen Antwortspektrenverfahren berücksichtigen.

3.1.3 Direkte Integrationsverfahren

Der in Abschnitt 1.4.6 erläuterte NEWMARK-Algorithmus kann dazu verwendet werden, das Differentialgleichungssystem (3.1) im Zeitbereich zu lösen, und zwar entweder direkt als gekoppeltes DGL-System in den n wesentlichen Freiheitsgraden oder nach vorangegangener modalanalytischer Zerlegung und Direkter Integration nur einiger Modalgleichungen. Bei linearem Systemverhalten ist diese letzte Vorgehensweise immer zu empfehlen, da erfahrungsgemäß einige wenige Modalformen ausreichen, um das Systemverhalten ausreichend genau wiederzugeben. Sie versagt allerdings bei nichtlinearem Systemverhalten, während die direkte Integration des ursprünglichen gekoppelten Differentialgleichungssystems auch in diesem Fall uneingeschränkt anwendbar bleibt.

Als Eingabedaten für die Direkte Integration können gemessene (und eventuell in geeigneter Weise skalierte) oder synthetisch erzeugte Beschleunigungszeitverläufe dienen, wie in Abschnitt 1.3.6 besprochen. Im Gegensatz zu den durch SRSS-Überlagerung ermittelten Resultaten des modalanalytischen Antwortspektrenverfahrens erfüllen die bei der Zeitintegration gewonnenen Zustandsgrößen zu jedem Zeitpunkt die Gleichgewichtsbedingungen. Dazu ergeben sich zu jeder Schnittkraft (z.B. einem Biegemoment) die zugehörigen, zum gleichen Zeitpunkt auftretenden Werte weiterer Schnittkräfte (z.B. der Normal- und Querkraft), was für die Bemessung und den Nachweis besonders wichtig ist.

Für die Durchführung der Direkten Integration linearer ebener Stabtragwerke stehen die Programme MODBEN und NEWBEN zur Verfügung, die für den praktisch wichtigen Fall der seismischen Erregung des Systems allein durch eine horizontale Bebenkomponente konzipiert sind. Soll auch die Vertikalkomponente Berücksichtigung finden, können die allgemeineren Programme MODAL oder NEWMAR verwendet werden. MODBEN führt die Berechnung nach zuvor erfolgter Lösung des Eigenwertproblems für ausgesuchte Modalformen durch, während NEWMAR das gekoppelte Differentialgleichungssystem (3.1) löst.

MODBEN benötigt als Eingabe die Ausgabedateien OMEG.txt und PHI.txt des Programms JACOBI, die Datei MDIAG.txt mit den Massen und den NDU wesentlichen Freiheitsgraden, die Datei AMAT.txt als Ausgabedatei des Programms KONDEN, den Beschleunigungszeitverlauf (Datei ACC.txt), den $\underline{r}$-Vektor in RVEKT.txt und zusätzlich die zwei Dateien V0.txt und VP0.txt mit den Anfangsverschiebungen und -geschwindigkeiten der NDU Freiheitsgrade (in der Regel Null). Es liefert folgende Ausgabedateien: In THMOD.txt stehen die Zeitverläufe der Verschiebungen der wesentlichen Freiheitsgrade (Zeitpunkte in der ersten Spalte, Verschiebungswerte in weiteren NDU Spalten), in THISDG.txt die Verschiebungszeitverläufe in allen (NDU + NDPHI) Freiheitsgraden (ohne Zeitpunkte), in THISDU.txt die Verschiebungen in den wesentlichen Freiheitsgraden ohne Zeitpunkte und in MAXM.txt das Verschiebungsmaximum. THISDU.txt dient als Eingabe für das Programm INTFOR, das die Schnittkräfte und Verschiebungen des Tragwerks sowie deren Maximalwerte und, optional, deren Zeitverlauf ermittelt. INTFOR benötigt als Eingabe neben THISDU.txt die Eingabedatei EKOND.txt des Programms KONDEN und die Datei AMAT.txt, die von KONDEN erstellt wurde. Als Ergebnis liefert INTFOR zum einen die Maxima und Minima von Schnittkräften mit den zugehörigen Auftretenszeitpunkten und den zu diesen Zeitpunkten vorhandenen weiteren Schnittkräften (Datei MAXMIN.txt), zum anderen den vollständigen Schnittkraft- und Verformungsverlauf des Systems zu einem bestimmten Zeitpunkt (Datei FORSTA.txt) sowie, nach Wunsch, den Zeitverlauf einer bestimmten Stabendschnittkraft oder -verformung (Datei THHVM.txt).

NEWBEN benötigt als Eingabedateien MDIAG.txt, V0.txt, VP0.txt, RVEKT.txt und ACC.txt wie beim Programm MODBEN, dazu die Steifigkeitsmatrix KMATR.txt in den wesentlichen Freiheitsgraden (erstellt vom Programm KONDEN) und die Dämpfungsmatrix (Datei CMATR.txt). Letztere kann z.B. mit dem Programm CMOD (Abschnitt 1.4.5) erzeugt werden, oder als Vielfaches der Steifigkeitsmatrix KMATR.txt (steifigkeitsproportionale RAYLEIGH-Dämpfung nach Gleichung (1.113)). Als Ausgabe werden die Zeitverläufe der Verschiebungen, Geschwindigkeiten oder Beschleunigungen in den wesentlichen Freiheitsgraden ausgegeben (Datei THNEW.txt); die Ausgabedatei THISDU.txt dient wie bei MODBEN als Eingabe für das Programm INTFOR.

Beispiel 3-2 (Daten BSP3-2)

Die Zustandsgrößen des vierstöckigen Rahmens von Bild 1-25 werden mit Hilfe des Programms MODBEN für eine Fußpunkterregung mit dem in Beispiel 1-7 (Bild 1-22) ermittelten spektrumkompatiblen Beschleunigungszeitverlauf berechnet. Zum Vergleich wird das Tragwerk zusätzlich mit Hilfe des modalanalytischen Antwortspektrenverfahrens (Programm MDA2DE) für das dem künstlichen Beschleunigungszeitverlauf zugrunde liegende Zielspekt-

rum (Bild 1-20) und die tatsächlichen Spektralordinaten des Beschleunigungszeitverlaufs untersucht. Es werden in MODBEN die ersten drei Modalbeiträge berücksichtigt, mit den in der
dritten Zeile der Tabelle 3-2 angegebenen spektralen Pseudogeschwindigkeitsordinaten als
Eingabe. Es wurde ein Dämpfungswert von 5% für alle drei Modalformen angenommen. Mit
dem im Verzeichnis BSP3-2 vorhandenen Programm DRIFT (Eingabedatei THMOD.txt, Ausgabedatei DRIFT.txt) werden aus den Ergebnissen der Zeitverlaufsuntersuchung (Verläufe der
Horizontalverschiebungen in den vier wesentlichen Freiheitsgraden) die gegenseitigen Stock-
werksverschiebungen ausgerechnet und in die Datei DRIFT.txt geschrieben. Die gegenseitigen
Stockwerksverschiebungen sind kennzeichnend für die während des Bebens zu erwartende
Schädigung des Tragwerks und seiner nicht tragenden Teile und werden deshalb z.B. in der
DIN EN 1998-1 (2010) für Nachweise im Zustand der Gebrauchstauglichkeit herangezogen.

In Bild 3-2 sind die Zeitverläufe der Dachauslenkung und der Auslenkung der Decke über dem
Erdgeschoss zu sehen. Bild 3-3 zeigt die Zeitverläufe für die gegenseitigen Stockwerksverschiebungen im Erdgeschoss sowie im 1. Stock und im Dachgeschoss (3. Stock). Aus der Ausgabedatei THISDU.txt von MODBEN liefert INTFOR den Zeitverlauf des Biegemoments am
Fuß der linken Erdgeschossstütze (Bild 3-4) sowie das in Bild 3-5 in der linken Rahmenhälfte
gezeichnete Biegemomentendiagramm zum Zeitpunkt t = 5,59 s (d.h. beim Erreichen des Ma-
ximums der Dachgeschossauslenkung, wie in Bild 3-2 zu erkennen).

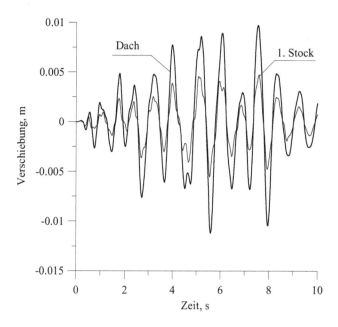

Bild 3-2 Zeitverläufe der Verschiebung des Dachs und der Decke über dem Erdgeschoss

Die modalanalytische Untersuchung mit MDA2DE liefert zum Vergleich die in Tabelle 3-2
zusammengefassten Ergebnisse; diese Untersuchung erfolgte sowohl für die Spektralordinaten
des „glatten" Spektrums, als auch für die tatsächlich vorhandenen Ordinaten des verwendeten
spektrumskompatiblen Beschleunigungszeitverlaufs. Das Biegemomentendiagramm für die
Grundeigenform mit den Spektralordinaten des „glatten" Spektrums ist in der rechten Rahmen-

hälfte von Bild 3-5 dargestellt. Ersichtlicherweise machen sich die Unterschiede in den Spektralordinaten des Zielspektrums und des synthetischen Beschleunigungszeitverlaufs deutlich bemerkbar, weshalb Zeitverlaufsuntersuchungen mit mehreren, voneinander unabhängigen synthetischen Beben erfolgen sollten, deren Ergebnisse anschließend in geeigneter Weise gemittelt werden.

Tabelle 3-2 Eingabedaten und Ergebnisse der Untersuchung für den Rahmen

	Modalbeitrag 1	Modalbeitrag 2	Modalbeitrag 3
Perioden T_i	0.878 s	0.283 s	0.157 s
Ordinaten S_v, "glattes Spektrum"	7.96 cm/s	7.96 cm/s	6.23 cm/s
Fundamentschub F_i	303.65 kN	55.98 kN	9.98 kN
V_1	6.49 mm	1.03 mm	0.14 mm
V_2	9.69 mm	0.83 mm	-0.07 mm
V_3	12.3 mm	-0.17 mm	-0.16 mm
V_4	13.7 mm	-1.05 mm	0.13 mm
$F_{E,1}$	49.80 kN	76.19 kN	34.69 kN
$F_{E,2}$	71.87 kN	59.29 kN	-15.64 kN
$F_{E,3}$	91.15 kN	-12.24 kN	-36.78 kN
$F_{E,4}$	90.82 kN	-67.26 kN	27.70 kN
Ordinate S_v, synthetisches Beben	6.44 cm/s	8.45 cm/s	5.37 cm/s
Fundamentschub F_i	245.66 kN	59.43 kN	8.60 kN
V_1	5.25 mm	1.10 mm	0.12 mm
V_2	7.84 mm	0.88 mm	-0.06 mm
V_3	9.94 mm	-0.18 mm	-0.14 mm
V_4	11.1 mm	-1.12 mm	0.11 mm
$F_{E,1}$	40.29 kN	80.88 kN	29.90 kN
$F_{E,2}$	58.15 kN	62.94 kN	-13.48 kN
$F_{E,3}$	73.75 kN	-13.00 kN	-31.70 kN
$F_{E,4}$	73.48 kN	-71.40 kN	23.88 kN

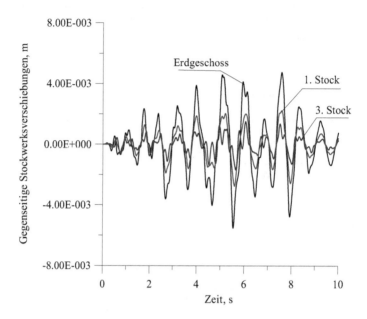

Bild 3-3 Gegenseitige Stockwerksverschiebungen (EG, 1. Stock und Dachgeschoss)

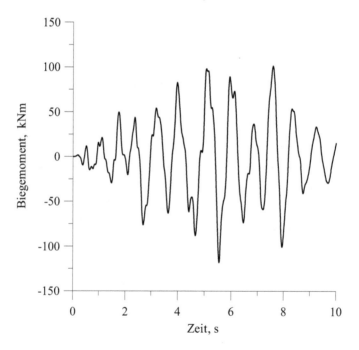

Bild 3-4 Zeitverlauf des Biegemoments am Fuß der linken Erdgeschossstütze

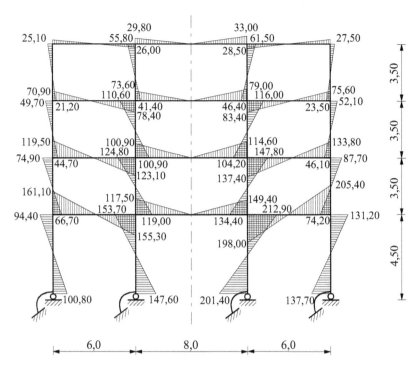

Bild 3-5 Biegemomente (kNm) zum Zeitpunkt t=5,59 s (links) und Modalmaxima in der Grundeigenform beim glatten Spektrum (rechts)

3.1.4 Nichtlineare Verfahren

Grundsätzlich sind lineare Tragwerksmodelle und entsprechende Rechenverfahren nicht in der Lage, das Versagensverhalten seismisch erregter Konstruktionen zu beschreiben. Die Nichtlinearität macht sich vielfach bereits bei relativ geringen Beanspruchungsniveaus bemerkbar, etwa bei der starken Abnahme der Steifigkeit von Stahlbetonkonstruktionen durch die Entstehung von Rissen. Besonders wichtig sind jedoch nichtlineare Verfahren zur Verfolgung der Schädigungsevolution infolge langer, energiereicher Beben, die durch die hohe Anzahl von Lastzyklen eine starke Abnahme der Steifigkeit und Festigkeit der Konstruktion induzieren. Das folgende konkrete Beispiel soll diese Aussage erhärten:

Bild 3-6 zeigt die 5%-Beschleunigungsantwortspektren zweier skalierter Beschleunigungszeitverläufe, nämlich des in Abschnitt 1.3.6 (Bild 1-22) erzeugten künstlichen Akzelerogramms (Skalierungsfaktor 2,5) und der in Bild 3-7 dargestellten, beim Mexico-City-Beben 1985 gemessenen, SCTN90W-Bebenkomponente (Skalierungsfaktor 0,197).

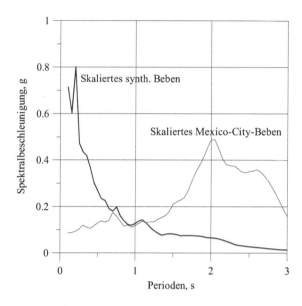

Bild 3-6 Spektren der skalierten Akzelerogramme

Die Skalierungsfaktoren wurden so gewählt, dass beide Antwortspektren bei der Grundperiode (T_1=0,88 s) des vierstöckigen Rahmens von Bild 1-25 die gleiche Ordinate aufweisen. Lineare Zeitverlaufsberechnungen für die skalierten Akzelerogramme liefern die in Bild 3-8 dargestellten Verläufe der gegenseitigen Stockwerksverschiebung im Erdgeschoss (Horizontalverschiebung der Erdgeschossdecke).

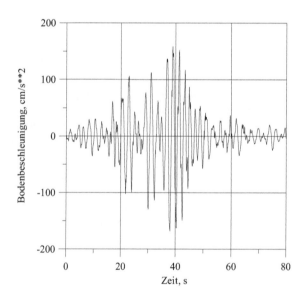

Bild 3-7 Beschleunigungszeitverlauf Mexico-City-Beben (SCTN90W)

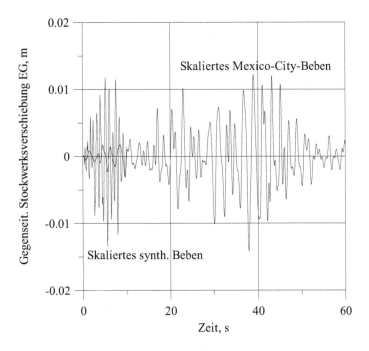

Bild 3-8 Gegenseitige Stockwerksverschiebung im EG, lineares Systemverhalten

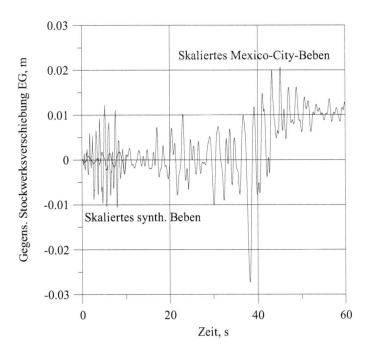

Bild 3-9 Gegenseitige Stockwerksverschiebung im EG, nichtlineares Verhalten

Während die unterschiedlich langen Beben beim linearen System zu gleichen Maximalwerten führen, stellen sich die Verhältnisse bei Berücksichtigung des nichtlinearen Tragverhaltens des Tragwerks ganz anders dar (Bild 3-9). Beim relativ kurzen, energiearmen, spektrumskompatiblen Beben bleibt die maximale gegenseitige Stockwerksverschiebung im Erdgeschoss im wesentlichen so wie beim linearen System; im Gegensatz dazu führt das energiereiche Mexico-City-Beben zu einer starken Schädigung, die durch die lineare Analyse nicht vorausgesagt werden konnte.

Das Vorhandensein duktiler Tragreserven („Selbsthilfe des Systems"), die Spannungsspitzen gefahrlos durch Umlagerung auf weniger stark beanspruchte Teile der Konstruktion abbauen können, wird im Regelfall bei allen Tragwerken vorausgesetzt. Je höher die nachweislich vorhandenen Duktilitätsreserven sind, desto niedriger kann die für die Bemessung maßgebende seismische Belastung angesetzt werden; anschaulich kann das durch die niedrigeren Ordinaten des inelastischen Antwortspektrums von Abschnitt 1.3.5 für höhere Zielduktilitätswerte μ (Bild 1-19) dargestellt werden. Die verschiedenen Duktilitätsklassen und die entsprechenden Reduktionsfaktoren für die elastischen Spektren (so genannte Verhaltensbeiwerte q) werden in Kapitel 4 im Zusammenhang mit den dort erläuterten Normen erläutert.

Zentrale Begriffe bei allen nichtlinearen Untersuchungen sind die Duktilität (oder Zähigkeit) und die Schädigung, die unmittelbar mit der in Anspruch genommenen Duktilität zusammenhängt. Das einfachste Duktilitätsmaß, die Maximalduktilität, wird als Verhältnis der maximal erreichbaren oder erreichten Verformungsgröße u_{ult} zu ihrem elastischen Grenzwert u_{el} definiert (Bild 3-10 links, Gleichung (1.71) in Abschnitt 1.3.5). Es gilt:

$$\mu_{max} = \frac{u_{ult}}{u_{el}} = \frac{u_{el} + u_{pl}}{u_{el}} \tag{3.27}$$

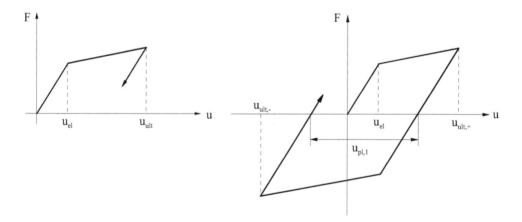

Bild 3-10 Maximale und kumulative Duktilität

Maximalduktilitäten können sowohl auf der Angebotsseite als im Tragwerk „eingebaute" Zähigkeitsreserven betrachtet werden als auch auf der Nachfrageseite die bei einem bestimmten Beben maximal erreichten Duktilitäten quantifizieren. In diesem Fall können sie auch als Schädigungsindikatoren dienen. Maximalduktilitäten können die Versagensgefahr bei monotoner Belastung bis zum Kollaps gut beschreiben, sind jedoch für den bei seismischen Beanspruchungen typischen „low cycle fatigue"-Versagensmechanismus weniger gut geeignet. Bei diesem wird der Kollaps durch progressive Schädigung infolge einer Reihe von Lastzyklen unterhalb der monotonen Versagenslast verursacht. Zyklische und kumulative Duktilitätswerte (Bild 3-10 rechts), letztere definiert als Summe der plastischen Verformungsanteile aller Beanspruchungszyklen dividiert durch die elastische Grenzverformung, gemäß

$$\mu_{kum} = \frac{\sum_i u_{pl,i}}{u_{el}} \tag{3.28}$$

sind für diese Art von Versagensprozessen besser geeignet. Die in Bild 3-10 verwendeten Achsenbezeichnungen F und u stehen für eine verallgemeinerte Kraftgröße bzw. Weggröße und umfassen die Definition von Duktilitätskennwerten auf verschiedenen Ebenen (vom Materialpunkt bis zum Gesamttragwerk). Tabelle 3-3 stellt die gängigsten Modellierungsebenen und Bezeichnungen zusammen; der Index „y" weist auf das Verlassen des elastischen Bereiches hin (z.B. $\kappa_y = \kappa_{el}$), während die Werte im Zähler sowohl von der Angebots- als auch von der Nachfrageseite stammen können. Im ersten Fall (Angebotsseite) ist die maximal erreichbare Zustandsgröße einzusetzen (z.B. die Krümmung beim Erreichen des Bruchmomentes des Querschnitts), im zweiten (Nachfrageseite) der infolge einer bestimmten Beanspruchung erreichte Maximalwert der Zustandsgröße.

Tabelle 3-3 Duktilitätsdefinitionen auf verschiedenen Ebenen

Modellierungsebene	Bezeichnung	Definition
Materialpunkt	Dehnungsduktilität	$\mu_\varepsilon = \varepsilon/\varepsilon_y$
Querschnitt	Krümmungsduktilität	$\mu_\kappa = \kappa/\kappa_y$
Stab/Bauteil	Rotationsduktilität	$\mu_\theta = \theta/\theta_y$
Unterstruktur/Tragwerk	Verschiebungsduktilität	$\mu_\delta = \delta/\delta_y$

Zur zahlenmäßigen Erfassung der plastischen Eigenschaften von Rahmentragwerken können verschiedene Idealisierungen verwendet werden. Im Normalfall werden die plastischen Zonen an den Stabenden durch diskrete Fliessgelenke abgebildet, deren vollplastische Momente aus Querschnittsanalysen ermittelt werden. Es können jedoch auch genauere Modelle zugrunde gelegt werde, bei denen die endliche Ausdehnung der plastischen Zonen berücksichtigt wird. Bei gewalzten Stahlprofilen beträgt das vollplastische Moment M_{pl} (ohne Normalkraft)

$$M_{pl} = 1,14 \cdot f_y \cdot W \tag{3.29}$$

mit der Stahlstreckgrenze f_y und dem Widerstandsmoment W des Querschnitts um die Biegeachse. Das Vorhandensein einer Normalkraft (und/oder einer Querkraft) reduziert das aufnehmbare vollplastische Moment. Für Normalkräfte, die 10% der vollplastischen Normalkraft $N_{pl} = f_y \cdot A$ (A = Querschnittsfläche des Profils) nicht übersteigen, braucht das vollplastische Moment nicht abgemindert zu werden; für höhere Normalkräfte kann der reduzierte Wert $M_{pl,red}$ aus folgender Gleichung ermittelt werden:

$$0{,}9 \cdot \frac{M_{pl,red}}{M_{pl}} + \frac{N_{vorh}}{N_{pl}} = 1 \tag{3.30}$$

Beim Verbundwerkstoff Stahlbeton sind die Verhältnisse etwas komplizierter. Wird ein Stahl-betonquerschnitt durch ein monoton wachsendes Biegemoment beansprucht, tritt zunächst ein Reißen des Betons in der Zugzone auf (Übergang vom Zustand I zum Zustand II), womit ein abrupter Abfall der Biegesteifigkeit EI um etwa 60% einhergeht. Das Verhalten bei anwach-sender Biegebeanspruchung hängt wesentlich von der vorhandenen Bewehrung ab. Im Normal-fall des schwach bewehrten Querschnitts erfolgt als nächstes ein Fließen der Zugbewehrung nach Erreichen der Stahlstreckgrenze, während die Betonstauchung am Druckrand unterhalb des kritischen Wertes von 0,0035 bleibt. Bei weiterer Zunahme der Beanspruchung werden die Risse immer größer, wobei allmählich ein duktiles, angekündigtes Versagen eingeleitet wird. Ist jedoch der Querschnitt so stark bewehrt, dass die Betonstauchung am Druckrand den Wert 0,0035 erreicht, bevor die Stahlbewehrung zu fließen anfängt, ist mit einem verformungsarmen, nicht angekündigten, spröden Versagensmodus zu rechnen, der unter allen Umständen vermie-den werden muss. Bild 3-11 zeigt die üblichen Bezeichnungen für Rechteckquerschnitte. Für rechteckige Betonquerschnitte mit Normalkraft liefert das Programm STUETZ das M-N-Interaktionsdiagramm, wie im folgenden Beispiel 3-3 erläutert. Zur Ermittlung des Rissmomen-tes (Übergang vom Zustand I in den Zustand II), des Fließmomentes (Erreichen der Streckgren-ze der Zugbewehrung) und des Bruchmomentes (Erreichen der Betonstauchung von 0,35%) eines mit einem positiven Biegemoment (Zug unten) beanspruchten Rechteckquerschnitts (ohne Normalkraft) mit den dazugehörigen Verkrümmungswerten kann das Programm RECHTE verwendet werden, wie ebenfalls im Beispiel 3-3 gezeigt.

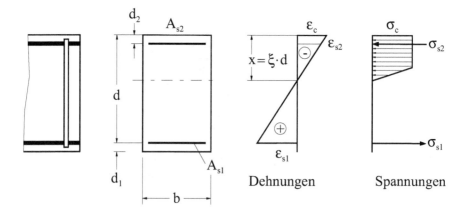

Bild 3-11 Stahlbeton-Rechteckquerschnitt mit Bezeichnungen

Beispiel 3-3 (Daten BSP3-3)

Gesucht ist zum einen das (N, M)-Interaktionsdiagramm eines Stützenquerschnitts (Programm STUETZ), zum anderen das Riss-, Fließ- und Bruchmoment eines Rechteckquerschnitts mit den zugehörigen Krümmungen (Programm RECHTE).

Der Stützenquerschnitt ist quadratisch mit einer Seitenlänge von 30 cm. In der Eingabedatei ESTUET.txt stehen formatfrei folgende Daten, wobei die in eckigen Klammern gesetzten Werte den hier untersuchten Querschnitt beschreiben:

- Breite des Rechtecks in m   [0.30]
- Gesamthöhe des Rechtecks (h) in m   [0.30]
- Abstand der oberen Bewehrung vom oberen Rand in m   [0.05]
- Abstand der unteren Bewehrung vom unteren Rand in m   [0.05]
- Untere Bewehrung in cm^2 [6.0]
- Obere Bewehrung in cm^2 [6.0]
- Betondruckfestigkeit f_{cm} in kN/m^2 [38000]
- Betonzugfestigkeit f_{ctm} in kN/m^2 [2900]
- E-Modul des Betonstahls in kN/m^2 [2.0 10^8]
- Streckgrenze des Stahls in kN/m^2 [5.0 10^5]

Diese Daten werden zusammen mit den berechneten Riss- und Fließmomenten in der Datei KONTRL.txt ausgegeben, während das Interaktionsdiagramm in die Datei INTERA.txt abgelegt wird. In den ersten beiden Spalten von INTERA.txt stehen die Moment-Normalkraft-Wertepaare der Interaktionskurve mit ihren tatsächlichen Beträgen, während in den Spalten 3 und 4 die M-N-Wertepaare in normierter Form als M/(f_{cm}·b·h^2) und N/(f_{cm}·b·d) erscheinen.

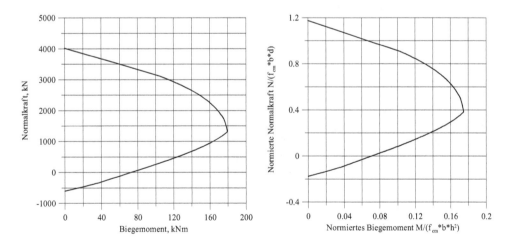

Bild 3-12 Interaktionsdiagramm eines Rechteckquerschnitts, ohne und mit Normierung

Bild 3-12 zeigt das berechnete Interaktionsdiagramm, und zwar sowohl ohne als auch mit Normierung der Ergebnisse. Von besonderem Interesse ist der dem maximalen Moment zugeordnete Punkt, der dem Fall entspricht, dass gleichzeitig die Zugbewehrung ihre Streckgrenze und die Betonstauchung den Wert 0,0035 erreicht (balance point).

Der mit dem Programm RECHTE zu untersuchende Querschnitt wird durch folgende geometrische und mechanische Eigenschaften beschrieben (Eingabedatei EREC.txt):

- Breite des Rechtecks in m   [0.20]
- Abstand oberer Rand – untere Bewehrung in m   [0.45]
- Untere Bewehrung in cm^2 [4.0]
- Obere Bewehrung in cm^2 [4.0]
- Abstand untere Bewehrung – unterer Rand in m   [0.05]
- Abstand obere Bewehrung - oberer Rand in m   [0.05]
- Betonzugfestigkeit f_{ctm} in kN/m^2 [2900]
- Betondruckfestigkeit f_{cm} in kN/m^2 [38000]
- E-Modul Beton in kN/m^2 [3.2 10^7]
- E-Modul Betonstahl in kN/m^2 [2.0 10^8]
- Stahlstreckgrenze in kN/m^2 [5.0 10^5]

In der Ausgabedatei AREC.txt erscheinen neben einem Kontrollausdruck der Eingabedaten folgende Ergebnisse:

Rissmoment Rechteck   = .24167E+02 kNm
zugehoerige Kruemmung   = .36250E-03 1/m
Fliessmoment Rechteck   = .83280E+02 kNm
zugehoerige Kruemmung   = .70235E-02 1/m
Bruchmoment Rechteck   = .88308E+02 kNm
zugehoerige Kruemmung   = .83632E-01 1/m

Bild 3-13 zeigt die drei geradlinig verbundenen (M – κ)-Punkte. In Wirklichkeit weist das (M – κ) -Diagramm einen gekrümmten Verlauf auf. Bei seiner genauen Bestimmung müssen weitere Parameter berücksichtigt werden, darunter vor allem die Art und Menge der Verbügelung, da die Druckfestigkeit des Betons auch davon abhängt. Eine Reihe von Rechenprogrammen wie ZNSQ (Meskouris et al., 1988) oder RCCOLA (Mahin und Bertero, 1977) bieten diese Möglichkeit. Manche Programme, wie ZNSQ, erlauben auch die Simulation des nichtlinearen Verformungsverhaltens einzelner Riegel und Stützen unter Berücksichtigung der Rissverteilung, der Mitwirkung des Betons zwischen den Rissen, des Abplatzens der Betondeckung und des Bewehrungsschlupfes. Die Krümmungsduktilität auf der Querschnittsebene (Angebotsseite) wird auf der Grundlage des (M – κ)-Diagramms als Verhältnis $\mu_\kappa = \kappa_{bruch}/\kappa_y$ definiert.

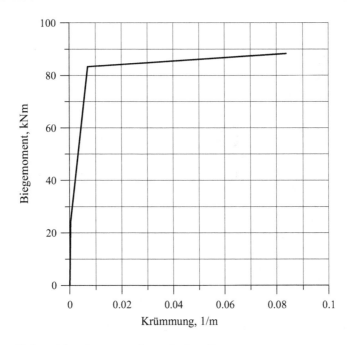

Bild 3-13 Riss-, Fließ- und Bruchmoment mit zugehörigen Krümmungswerten

Die Integration der Krümmungen längs eines Trägers liefert die zugehörigen Verdrehungen. Bild 3-14 stellt diesen Sachverhalt für einen Balken auf zwei Stützen unter antimetrischer Momentenbelastung dar.

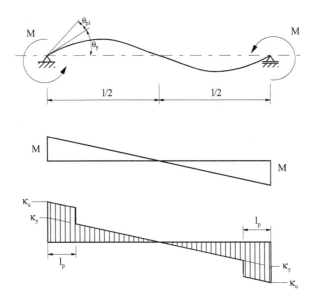

Bild 3-14 Krümmung und Verdrehung bei antimetrischer Momentenbelastung

Die Verdrehung θ_y der Endquerschnitte bei Belastung durch das Fließmoment $M = M_y$ beträgt

$$\theta_y = \frac{M_y \cdot 1}{6 \cdot EI_{eff}} \tag{3.31}$$

Die effektive Biegesteifigkeit EI_{eff} entspricht dabei der Sekantensteigung zwischen dem Koordinatenursprung des $(M\text{-}\kappa)$ -Diagramms (Bild 3-13) und dem Punkt (Fließmoment, Fließkrümmung). Wächst das Moment weiter, entstehen an den Elementenden plastische Zonen, deren Länge wegen des Schubeinflusses größer ist als diejenige, die sich allein aus dem Biegemomentendiagramm für $M > M_y$ ergibt. Es ist üblich, die plastische Krümmung näherungsweise gleichmäßig über eine „plastische Länge" l_p zu „verschmieren", wie in Bild 3-14 schematisch dargestellt. Insgesamt hängt l_p von mehreren Faktoren ab, darunter der Form des Querschnitts, der Beanspruchungsart, und auch von der Bewehrung (Festigkeit und Durchmesser). Eine Reihe von empirischen Formeln stellen einen Zusammenhang zwischen l_p und dem Abstand l_0 des bemessungsrelevanten Querschnitts (maximales Biegemoment) vom Momentennullpunkt (üblicherweise $l_0=0,5\ l$), dem Durchmesser der Bewehrung und auch der effektiven Querschnittshöhe d (Abstand der Bewehrung vom gegenüberliegenden Rand) her. Von Mattock (Mattock, 1967) stammt der Ausdruck

$$l_p = 0,05 \cdot l_0 + 0,5 \cdot d \tag{3.32}$$

Für eine Stützenhöhe von 4 m und d = 45 cm ergibt sich damit l_p= 0,325 m, also rund 8% der Länge.

Auf der Elementebene beträgt die Rotationsduktilität angebotsseitig $\mu_\theta = \theta_{ges}/\theta_y$, mit $\theta_{ges} = \theta_y + \theta_{pl}$. Dieser Ausdruck kann auch in der Form

$$\mu_\theta = 1 + \frac{\theta_{pl}}{\theta_y} \tag{3.33}$$

geschrieben werden. Mit der erwähnten äquivalenten Länge l_p der plastischen Zone beträgt die „plastische" Verdrehung θ_{pl} näherungsweise:

$$\theta_{pl} = l_p \cdot (\kappa_u - \kappa_y) \tag{3.34}$$

Zahlenmäßig liegen die Werte der Rotationsduktilität unter denjenigen der Krümmungsduktilität. Noch geringer als die Rotationsduktilitäten μ_θ sind die Verschiebeduktilitäten $\mu_\delta = \delta_{ult}/\delta_y$. Für den Fall eines unten eingespannten Kragträgers nach Bild 3-15 geben Priestley und Park (Priestley und Park, 1987) folgende Beziehung für die Verschiebeduktilität in Abhängigkeit von der Stützenlänge, der plastischen Länge l_p an der Einspannung und der Krümmungsduktilität des Einspannquerschnitts an:

$$\mu_\delta = 1 + 3 \cdot (\mu_\kappa - 1) \cdot \frac{l_p}{1} \cdot \left(1 - 0,5 \cdot \frac{l_p}{1}\right) \tag{3.35}$$

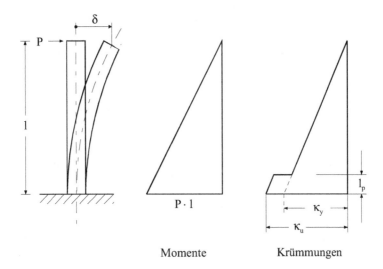

Momente   Krümmungen

Bild 3-15 Verschiebungsduktilität beim unten eingespannten Kragträger

Auch für Stahlbetonwände lassen sich Verschiebungsduktilitäten in Abhängigkeit von den Krümmungen und der plastischen Länge definieren. Sasani und Kiureghian (Sasani und Kiureghian, 2001) geben folgende Formel für die Verschiebung Δ_f am oberen Rand der Wand an:

$$\Delta_f = \alpha \cdot \Phi_y \cdot H^2 + (\Phi_u - \Phi_y) \cdot l_p \cdot \left(H - \frac{l_p}{2} \right) \tag{3.36}$$

Darin ist α ein Faktor zur Berücksichtigung der Belastungsform (α=11/40 bei Dreieckslast mit der Spitze unten), H ist die Höhe der Wand, Φ_y die Fließkrümmung am Wandfuß, Φ_u die entsprechende Bruchkrümmung bei zyklischer Beanspruchung und l_p die Länge der plastischen Zone.

Die erwähnten Duktilitätsfaktoren können auf der Nachfrageseite auch als Schädigungsindikatoren dienen. Allgemein können Schädigungsindikatoren auf verschiedenen physikalischen Größen basieren; neben den bereits verwendeten Weggrößen (Dehnungen, Krümmungen, Verschiebungen) können dies z.B. hysteretisch dissipierte Energieanteile (Banon, Biggs, Irvine, 1981), Steifigkeitswerte (Lybas und Sozen, 1976) und auch Eigenfrequenzen sein. Für die praktische Verwendbarkeit ist es besonders wichtig, dass der jeweilige Indikator normiert ist, d.h. Werte zwischen 0 und 1 liefert, entsprechend der unbeschädigten (D=0) und der völlig zerstörten (D=1) Konstruktion. Der wohl am häufigsten verwendete Schädigungsindikator für Stahlbetonbauteile gehört in diese Gruppe. Er wurde von Park und Ang (Park und Ang, 1985) eingeführt und seine Definitionsgleichung lautet:

$$D_{PA} = \frac{\delta_{max}}{\delta_{ult}} + \frac{\beta}{P_y \delta_{ult}} \int dE_h \tag{3.37}$$

Das Integral stellt die Summe der hysteretisch dissipierten Energie dar, die durch das Produkt aus der Verformung im Bruchzustand δ_{ult} mit der Kraft bei Fließbeginn P_y normiert wird; β ist ein empirischer Parameter, der auf Grund vieler Versuche mit 0,15 angenommen werden kann.

Der erste Summand in (3.37) ist das Verhältnis der während der Beanspruchung maximal erreichten Verformung δ_{max} zu δ_{ult}. Die Werte des Indikators liegen bei $D_{PA} \approx 0 - 0,3$ für keine bzw. geringe Schädigung und $D_{PA} \approx 0,4 - 1,0$ für starke Schäden bis hin zum Kollaps. Der Park-Ang-Indikator ist in vielen Rechenprogrammen zur nichtlinearen dynamischen Untersuchung von Stahlbetonrahmen integriert, z.B. im Programm IDARC (Valles et al., 1996). Nachteilig ist die relativ willkürliche Gewichtung des Energieanteils durch den Faktor β; für mitteleuropäische Beben, die üblicherweise hochfrequent und energiearm sind, spielt dieser Summand allerdings keine große Rolle.

Die bislang betrachteten Schädigungsindikatoren betrafen nur die Schädigung der tragenden Struktur; Schäden an nicht tragenden Bauteilen, am Gebäudeinhalt oder die Kosten, die durch Unterbrechung der im Gebäude ablaufenden Produktionsprozesse bzw. Geschäftstätigkeiten anfallen, spielten dabei keine Rolle. In Kapitel 5 wird im Zusammenhang mit der Gebäudevulnerabilität auf entsprechende Kennwerte eingegangen, die speziell auf die monetären Aspekte zugeschnitten sind. Als nächstes werden in den beiden folgenden Unterabschnitten Verfahren zur quantitativen Erfassung der nichtlinearen Tragwerkseigenschaften durch statische und dynamische Berechnungen vorgestellt.

3.1.4.1 Inelastische statische Untersuchungen („Pushover-Analysis")

Nichtlinear-inelastische Untersuchungen unter monoton wachsenden Horizontallasten bei konstant gehaltenen Vertikallasten können mit Vorteil zur Beurteilung des Verhaltens seismisch beanspruchter Konstruktionen herangezogen werden. Sie erlauben eine genauere Abschätzung der inelastischen Strukturantwort als lineare statische Methoden, da sie Umlagerungseffekten infolge Nichtlinearitäten wie z.B. der Bildung von Fließgelenken berücksichtigen, vermeiden aber komplexe nichtlineare dynamische Zeitverlaufsberechnungen.

International gesehen sind diese Verfahren heute in zahlreichen Normen und Richtlinien verankert ATC-40 (1996), FEMA 273 (1997), FEMA 274 (1997), FEMA 356 (2000). Auch die europäische Norm DIN EN 1998-1 (2010) sieht die Möglichkeit des rechnerischen Nachweises auf Basis nichtlinearer statischer Analysen vor.

Grundlage nichtlinearer statischer Methoden ist die Ermittlung der „Bauwerkskapazität". Sie drückt die Fähigkeit aus, der seismischen Beanspruchung standzuhalten und wird im Wesentlichen von der Festigkeit und dem Verformungsverhalten beeinflusst. Beschreiben lässt sich die Kapazität mittels einer inelastischen statischen Last-Verformungskurve unter monoton wachsender Horizontallast bei konstant gehaltenen Vertikallasten (Bild 3-16). Eine solche Untersuchung wird auch als „Pushover"-Analyse bezeichnet und die Last-Verformungsbeziehung als Kapazitäts- bzw. „Pushover-Kurve".

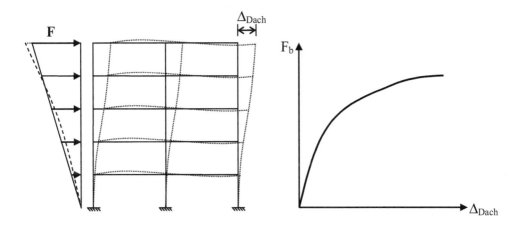

Bild 3-16 Ermittlung der Last-Verformungskurve (Pushover-Kurve)

Die übliche Form dieser Kurve stellt die Dachverschiebung Δ_{Dach} als Funktion des resultierenden Fundamentschubs F_b dar. Die Bestimmung der Pushover-Kurve erfolgt durch monotone Steigerung der horizontal wirkenden Stockwerkskräfte, die aus dem Produkt der jeweiligen Stockwerksmassen mit den Ordinaten der gewählten Verformungsfigur berechnet werden. Die daraus resultierenden Verschiebungen werden unter Berücksichtigung der Effekte nach Theorie II. Ordnung ermittelt. In der Regel ist als Verformungsfigur die erste Eigenform zu verwenden, die unter Berücksichtigung reduzierter Systemsteifigkeiten durch Schädigungseffekte zu bestimmen ist. Einfachheitshalber werden aber auch dreieckförmige, d. h. höhenproportionale Kräfteverteilungen verwendet (DIN EN 1998-1, 2010). In diesem Fall sollte aber wenigstens eine weitere Untersuchung durchgeführt werden, und zwar mit einer gleichförmigen (rechteckförmigen) Verteilung, damit sowohl das Verhalten im Ausgangs- als auch im Versagenszustand berücksichtigt wird.

Für die Traglastbestimmung ebener und räumlicher Rahmentragwerke unter monoton steigender statischer Belastung können neben bekannten allgemeinen Finite-Element-Programmsystemen wie ANSYS (www.ansys.com) und SAP2000 (www.csiberkeley.com) auch spezielle Rechenprogramme herangezogen werden, die üblicherweise mit Fließgelenkmodellen arbeiten, wie z.B. ULARC (Sudhakar, Sudhakar et al., 1972). Auch mit normalen Stabwerksprogrammen wie RAHMEN lässt sich eine Traglastuntersuchung etappenweise durchführen, indem die Systemdiskretisierung nach Einführung des jeweils nächsten Fließgelenks „von Hand" entsprechend modifiziert wird.

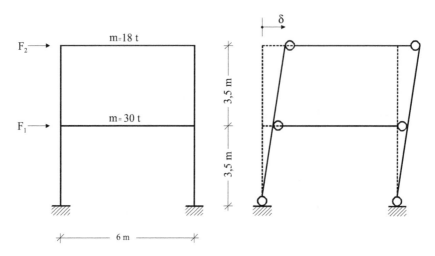

Bild 3-17 Zweistöckiger Rahmen und Verschiebungsfigur mit Fließgelenken (schematisch)

Als Beispiel zeigt Bild 3-17 einen zweistöckigen Rahmen mit folgenden Eigenschaften: Die Stützen haben Biegesteifigkeiten von 120.000 kNm^2 und vollplastische Momente von 700 kNm, die Riegel Biegesteifigkeiten von 70.000 kNm^2 und vollplastische Momente von 300 kNm. Mit den in Bild 3-17 angegebenen Massen ergibt sich eine Grundperiode von $T_1 = 0,318$ s. Für eine zugehörige Spektralbeschleunigung von 1,0 m/s^2 liefert dies statische Ersatzlasten in der Grundeigenform in der Größe von $F_1 = 17,41$ kN und $F_2 = 23,59$ kN. Wird diese Belastung monoton gesteigert ergibt sich das in Bild 3-18 skizzierte Diagramm (Kapazitätskurve). Aufgetragen ist der Fundamentschub in Abhängigkeit von der Horizontalverschiebung des Dachs, wobei sich die Bildung der einzelnen Fließgelenke in Form von Knicken in der Kurve, entsprechend einer abrupten Abnahme der Systemsteifigkeit, bemerkbar macht.

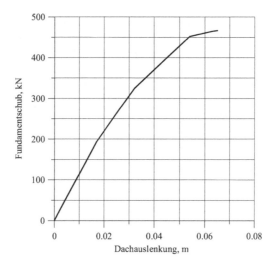

Bild 3-18 Kapazitätskurve des zweistöckigen Rahmens aus Bild 3-17

Zur Aufstellung der Kapazitätskurve des Gesamtgebäudes können die Kurven der in der jeweiligen Belastungsrichtung vorhandenen aussteifenden Elemente (biegesteife Rahmen, Wandscheiben aus Stahlbeton oder Mauwerk, gemischte Systeme) einzeln bestimmt und anschließend aufaddiert werden, falls nicht einer Gesamtidealisierung des Systems (z.B. mit ANSYS oder einem anderen Finite-Elemente Programmsystem) der Vorzug gegeben wird. Die Last-Verformungskurven für Stahlbetonwände können sowohl mit Hilfe genauerer Modelle („Mikromodelle") als auch mittels vereinfachter „Makromodelle" (Weitkemper, 2000) erfolgen. Für Wandscheiben aus Mauerwerk geben Bachmann und Lang (Bachmann und Lang, 2002) weitere Informationen.

Als Beispiel zeigt Bild 3-19 die Verformungsfigur und das Rissbild kurz vor dem Versagen einer 8 m hohen, 5,0 m langen, 30 cm dicken Stahlbetonwand aus B35, bewehrt mit 1,9 cm^2/m Mattenbewehrung beidseitig, dazu 14,6 cm^2 Längsbewehrung an den Wandenden (BSt 500 S), ermittelt von Noh (2001). Sie steift ein zweistöckiges Gebäude aus (2 x 4,0 m Geschosshöhe), und die horizontale Belastung besteht aus einer Einzellast P = 10 kN in 4,0 m Höhe und 20,0 kN in 8,0 m Höhe. Bild 3-20 zeigt dazu die Kapazitätskurve (Fundamentschub als Funktion der Horizontalverschiebung auf 8,0 m Höhe.)

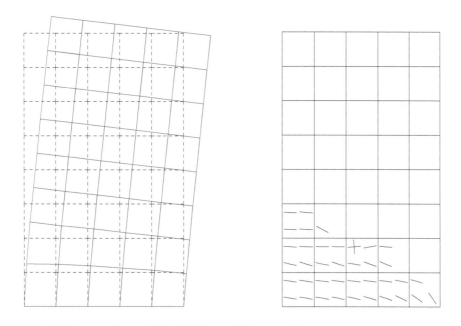

Bild 3-19 Verformungsfigur und Rissbild einer Stahlbetonwand unter horizontaler Belastung

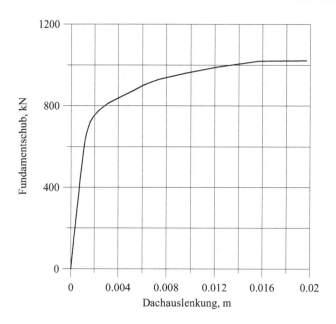

Bild 3-20 Kapazitätskurve der Stahlbetonwand

3.1.4.2 Kapazitätsspektrum-Methode

Unter den verschiedenen kraft- oder verschiebungsbasierten Ansätzen nichtlinearer statischer Pushover-Analysen stellt die Kapazitätsspektrum-Methode eine der bekanntesten und am weitesten verbreitete nichtlineare statische Methode dar und soll deshalb im Folgenden genauer erläutert werden.

Die Kapazitätsspektrum-Methode von Freeman et al. (1975) ist im Rahmen eines Pilotprojektes zur Beurteilung der seismischen Vulnerabilität von Gebäuden im Gebiet des Pudget-Sound Militärareals entwickelt worden und wird seitdem insbesondere in den USA als anerkannte Methode zur Tragwerksanalyse herangezogen (ATC-40, 1996). Bei dieser Methode werden die seismische Beanspruchung mit Hilfe eines Antwortspektrums und die Kapazität des Gebäudes durch eine inelastische statische Last-Verformungskurve beschrieben. Beide Kurven werden in ein gemeinsames Spektralverschiebungs-Spektralbeschleunigungsdiagramm überführt (Bild 3-21). Der Schnittpunkt beider Kurven (Performance Point) gibt die maximale Spektralverschiebung an. Anzumerken ist, dass in diesem Diagramm die Steigung der Sekante des Kapazitätsspektrums durch den Ursprung des Koordinatensystems dem Quadrat der Kreisfrequenz ω^2 entspricht.

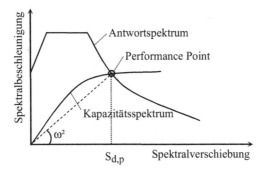

Bild 3-21 Kapazitätsspektrum-Methode: Überlagerung von Antwort- und Kapazitätsspektrum

Transformation der Bauwerkskapazität

Die Anwendung der Kapazitätsspektrum-Methode erfordert, dass die Kapazitätskurve bzw. Last-Verformungskurve F_b - Δ_{Dach} in ein Spektralbeschleunigungs-Spektralverschiebungs-diagramm (S_a als Funktion von S_d) transformiert wird. Diese Transformation basiert auf dem Modell eines äquivalenten Einmasseschwingers. Die Umrechnung erfolgt mittels der Grundeigenform, indem jeder Punkt der Kapazitätskurve ($F_{b,i}$, $\Delta_{Dach,i}$) durch die Beziehungen

$$S_{a,i} = \frac{F_{b,i}}{M_{Tot,eff} \cdot \alpha_1} \tag{3.38}$$

und

$$S_{d,i} = \frac{\Delta_{Dach,i}}{\beta_1 \cdot \phi_{1,Dach}} \tag{3.39}$$

in den zugehörigen Punkt ($S_{a,i}$, $S_{d,i}$) des Kapazitätsspektrums transformiert wird. Gleichung (3.38) kann direkt aus (3.18), die Gleichung (3.39) aus (3.10) abgeleitet werden. Die dabei auftretenden Parameter haben folgende Bedeutung: $\phi_{1,Dach}$ ist die Ordinate der Grundeigenform auf Höhe des Daches, β_1 der Anteilsfaktor für die erste Grundeigenform $\underline{\Phi}_1$ des Systems gemäß Gleichung (3.3) und α_1 ist das Verhältnis der effektiven Modalmasse $M_{1,eff}$ zur effektiven Gesamtmasse $M_{Tot,eff}$ des Systems für die erste Grundeigenform $\underline{\Phi}_1$ nach (3.16). Hierbei sind bei der Bestimmung der effektiven Gesamtmasse des Gebäudes $M_{Tot,eff}$ die Anteile aus veränderlichen Verkehrslasten als Massen zu berücksichtigen.

Abminderung des Antwortspektrums

Bei der Kapazitätsspektrum-Methode wird zur Beschreibung der Erdbebeneinwirkung am Standort wie beim Antwortspektrenverfahren in der Regel ein elastisches Antwortspektrum verwendet. Die Umrechnung des Antwortspektrums in das Spektralbeschleunigungs-Spektral-verschiebungsdiagramm (S_a als Funktion von S_d) erfolgt für jeden Punkt i des Spektrums nach folgender Gleichung:

$$S_{d,i} = \frac{T_i^2}{4\pi^2} \cdot S_{a,i} \tag{3.40}$$

Der Einfluss der Energiedissipation im nichtlinearen Bereich der Last-Verformungskurve auf das Bauwerksverhalten findet durch die Ermittlung einer äquivalenten elastischen Dämpfung und einer entsprechenden Abminderung des elastischen Antwortspektrums Berücksichtigung. Nach Chopra (2001) wird die äquivalente viskose Dämpfung ξ_{eq} gemäß folgender Formel berechnet:

$$\xi_{eq} = \frac{1}{4\pi} \frac{E_D}{E_{So}} \tag{3.41}$$

Dabei ist E_{So} die maximale Dehnungsenergie und E_D die Hystereseenergie. E_D entspricht der von der Hystereseschleife umschlossenen Fläche im Last-Verformungsdiagramm.

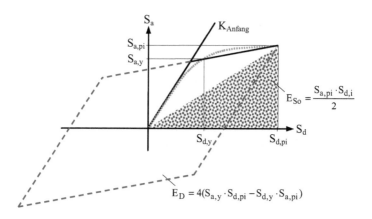

Bild 3-22 Ableitung der äquivalenten viskosen Dämpfung

Wird ein bilinearer Verlauf der Last-Verformungskurve und damit eine als Parallelogramm idealisierte Hystereseschleife vorausgesetzt, so kann mit der in Bild 3-22 dargestellten physikalischen Interpretation des hysteretischen Dämpfungsanteils die äquivalente viskose Dämpfung ξ_{eq} wie folgt berechnet werden (ATC-40, 1996):

$$\xi_{eq} = 0{,}637 \cdot \frac{S_{a,y} \cdot S_{d,pi} - S_{d,y} \cdot S_{a,pi}}{S_{a,pi} \cdot S_{d,pi}} \tag{3.42}$$

Die effektive Gesamtdämpfung des Systems ξ_{eff} ergibt sich als Summe der viskosen Bauteildämpfung ξ_0 und der äquivalenten viskosen Dämpfung ξ_{eq} zu:

$$\xi_{eff} = \xi_0 + \xi_{eq} \tag{3.43}$$

Da der tatsächliche Hystereseverlauf nicht dem in Bild 3-22 dargestellten Parallelogramm entspricht, wird im ATC-40 eine um den Korrekturfaktor κ (Damping Modification Factor) reduzierte äquivalente viskose Dämpfung benutzt:

$$\xi_{eff} = \xi_0 + \kappa \cdot \xi_{eq} \tag{3.44}$$

Die Werte für den Korrekturfaktor κ bestimmen sich aus dem Verhältnis der Fläche, die von der tatsächlichen Hystereseschleife umschlossen wird, zu der Fläche, die sich aus dem bilinearen Ansatz ergibt. Sie können in Abhängigkeit des Verformungszustands $\Delta_{Dach,i}$ oder in Abhängigkeit von ξ_{eq} angegeben werden. Im ATC-40 (1996) werden die in Tabelle 3-4 aufgeführten Werte in Abhängigkeit vom Typ des hysteretischen Verhaltens des Bauwerks angegeben.

Tabelle 3-4 Werte für den Korrekturfaktor κ gemäß ATC-40 (1996)

Typ des hysteretischen Verhaltens	ξ_{eq} (%)	κ	Verlauf
A stabile Hystereseschleifen, hohe Energiedissipation	≤ 16,25	1,0	
	> 16,25	$1,13 - 0,51 \cdot \dfrac{S_{a,y} \cdot S_{d,pi} - S_{d,y} \cdot S_{a,pi}}{S_{a,pi} \cdot S_{d,pi}}$	
B relativ gering eingeschnürte Hystereseschleifen	≤ 25	0,67	
	> 25	$0,845 - 0,446 \cdot \dfrac{S_{a,y} \cdot S_{d,pi} - S_{d,y} \cdot S_{a,pi}}{S_{a,pi} \cdot S_{d,pi}}$	
C stark eingeschnürte Hystereseschleifen		0,33	

Typ A entspricht Tragwerken mit stabilen Hystereseschleifen und hohem Energiedissipationsvermögen. Typ C wird Tragwerken mit stark eingeschnürten Hystereseschleifen wie Mauerwerksbauten zugeordnet und Typ B solchen mit relativ gering eingeschnürten Hystereseschleifen.

Infolge der Abminderung des elastischen Antwortspektrums ist eine iterative Bestimmung des Schnittpunkts (Performance Point) notwendig, da jeder Spektralverschiebung eine unterschiedliche Dämpfung zugeordnet ist. Dies hat zur Folge, dass zu jeder Spektralverschiebung quasi ein anderes Antwortspektrum mit einer spezifischen Dämpfung gehört.

Im Abschnitt 8.2.2 des ATC-40 (1996) sind drei unterschiedliche Prozeduren (A, B, C) zur Bestimmung des Performance Points beschrieben. Die Prozeduren A und B lösen das Problem numerisch, während es sich bei der Prozedur C um eine grafische Lösung handelt. Die Bestimmung der äquivalenten viskosen Dämpfung erfolgt für alle drei Ansätze mit Hilfe einer bilinearen Annäherung der Kapazitätskuve. Das Verfahren B des ATC-40 arbeitet mit der vereinfachten Annahme einer für alle Verformungszustände konstanten Steigung im inelastischen Bereich und stellt somit eine Näherung dar. Die Prozedur A arbeitet nicht mit dieser Näherung und liefert exaktere Ergebnisse. Deshalb wird im Folgenden das grundsätzliche Vorgehen für die Anwendung der Prozedur A erläutert.

Dazu wird zunächst ein Ausgangspunkt ($S_{d,pi}$, $S_{a,pi}$) gewählt (Bild 3-23a). Zu diesem Punkt wird eine zugehörige bilineare Darstellung des Kapazitätsspektrums entwickelt, indem zuerst eine Gerade entsprechend der Anfangssteifigkeit durch den Koordinatenursprung gelegt wird. Eine zweite Gerade wird dann derart durch den Punkt ($S_{d,pi}$, $S_{a,pi}$) gelegt, dass die Fläche A_1 in Bild 3-23b gerade der Fläche A_2 entspricht.

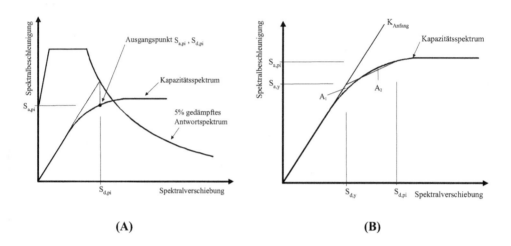

Bild 3-23 (a) Ausgangspunkt der Iteration und (b) bilineare Approximation des Kapazitätsspektrums

Nun wird die äquivalente viskose Dämpfung ξ_{eq} gemäß (3.44) unter Berücksichtigung des Korrekturfaktors κ berechnet. Liegt dann die Spektralverschiebung, bei welcher das Bemessungs- und das Kapazitätsspektrum sich schneiden, innerhalb der erlaubten Toleranz von

$$0{,}95 \cdot S_{d,pi} \leq S_{d,i} \leq 1{,}05 \cdot S_{d,pi}, \tag{3.45}$$

so ist der Performance Point ($S_{d,pi}$, $S_{a,pi}$) gefunden, und $S_{d,pi}$ stellt die zu erwartende maximale Spektralverschiebung für das Bemessungsbeben dar (Bild 3-24). Werden die zulässigen Toleranzen überschritten, muss ein neuer Ausgangspunkt gewählt und eine weitere Iteration durchgeführt werden. Als neuer Ausgangspunkt kann der Schnittpunkt des Kapazitätsspektrums mit dem reduzierten Antwortspektrum gewählt werden.

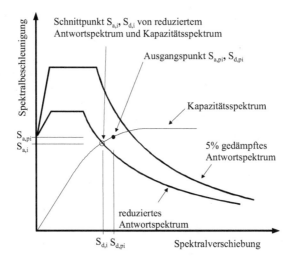

Bild 3-24 Zulässiger Toleranzbereich nach ATC-40 (1996)

In Bild 3-25 ist der iterative Ablauf zur Bestimmung des Performance Points in einem Flussdiagramm zusammenfassend dargestellt.

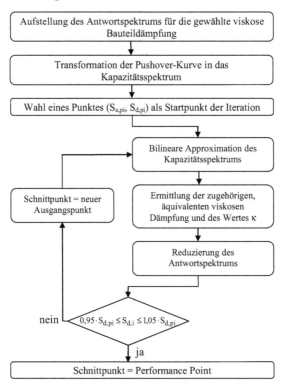

Bild 3-25 Flussdiagramm zur iterativen Bestimmung des Performance Points

3.1.4.3 Verformungsbasierter Nachweis nach DIN EN 1998-1 (2010), Anhang B

Der informative Anhang B der DIN EN 1998-1 (2010) enthält einen verformungsbasierten nichtlinearen Nachweis für Gebäude, deren dynamisches Schwingungsverhalten maßgeblich durch die erste Eigenform bestimmt wird. Grundlage des Nachweises ist die von Fajfar (1999) entwickelte N2-Methode, die auf von Vidic et al. (1994) hergeleitete inelastischen Antwortspektren zurückgreift. Im Folgenden werden zunächst die Grundlagen der inelastischen Spektren vorgestellt. Im Anschluss daran wird die N2-Methode erläutert und die Anwendung an einem Berechnungsbeispiel demonstriert. Abschließend wird die N2-Methode mit der Kapazitätsspektrummethode verglichen und hinsichtlich der Anwendungsgrenzen bewertet.

3.1.4.3.1 Inelastische Antwortspektren

Vidic et al. (1994) leiteten inelastische Antwortspektren auf Grundlage von nichtlinearen Zeitverlaufsberechnungen an Einmassenschwingern durch umfangreiche statistische Auswertungen her. Für die nichtlinearen Berechnungen wurde zum einen ein bilineares Modell mit dem Ansatz von 10 % Reststeifigkeit nach Fließen verwendet. Zum anderen wurde das von Saiidi und Sozen (1979) für Stahlbetonrahmentragwerke entwickelte Q-Modell verwendet. In dem Q-Modell wird zusätzlich zur 10 % Reststeifigkeit nach dem Fließen eine Steifigkeitsdegradation mit einem Degradationskoeffizienten von 0,5 angesetzt. Zur Berücksichtigung der Dämpfung wurden Ansätze mit massenproportionaler und steifigkeitsproportionaler Dämpfung gewählt. Durch die Kombination der nichtlinearen Materialmodelle mit den Dämpfungsansätzen ergeben sich insgesamt vier mögliche Kombinationen von Dämpfungsverhalten und Hystereseform. Die seismische Einwirkung für die nichtlinearen Berechnungen wurde durch fünf Gruppen von gemessenen Erdbebenzeitverläufen definiert: Standard, USA, Montenegro, Friuli, Banja Luka und Chile. Hierbei enthält die Gruppe Standard die Beben USA und Montenegro. Durch eine statistische Auswertung der Berechnungsergebnisse im Periodenbereich von 0,1 s – 2,5 s wurde von Vidic et al. (1994) ein bilinearer Verlauf des Reduktionsfaktors R_μ zur Abminderung der elastischen Antwortspektren festgelegt. Dieser Verlauf wird durch folgende Reduktionsfunktionen R_μ beschrieben:

$$R_\mu = c_1 \cdot (\mu - 1)^{c_R} \cdot \frac{T}{T_0} + 1 \qquad \text{für } T \leq T_0$$

$$R_\mu = c_1 \cdot (\mu - 1)^{c_R} + 1 \qquad \text{für } T > T_0 \qquad\qquad (3.46)$$

$$\text{mit}: T_0 = c_2 \cdot \mu^{c_T} \cdot T_1 \quad \text{und} \quad \mu = \frac{d_{max}}{d_y}$$

Hierbei sind c_1, c_2, c_R und c_T Konstanten in Abhängigkeit vom hysteretischen Verhalten und dem Dämpfungsansatz. Die Werte der Konstanten sind in Tabelle 3-5 zusammengestellt. Weiterhin sind d_y die Fließverschiebung und d_{max} die maximale Verschiebung.

Tabelle 3-5 Werte der Konstanten für den Reduktionsfaktor R_μ für 5% Dämpfung, Vidic et al. (1994)

Hysteretisches Verhalten	Dämpfungsmodell	c_1	c_2	c_R	c_T
Q-Modell	massenproportional	1,00	1,00	0,65	0,30
Q-Modell	steifigkeitsproportional	0,75	1,00	0,65	0,30
Bilinear	massenproportional	1,35	0,95	0,75	0,20
Bilinear	steifigkeitsproportional	1,10	0,95	0,75	0,20

Die Periode T_1 ist die Übergangsperiode zwischen den durch Beschleunigungen (kurze Perioden) und Geschwindigkeiten (mittlere Perioden) dominierten Bereichen des Antwortspektrums. Eine Unterscheidung zwischen dem mittleren und langen Periodenbereich wird aus Gründen einer vereinfachten Anwendung in dem Ansatz nicht getroffen. Die Übergangsperiode T_1 kann nach Vidic et al. (1994) wie folgt berechnet werden:

$$T_1 = 2\pi \frac{c_v \cdot v_g}{c_a \cdot a_g} \tag{3.47}$$

Hierbei sind a_g die maximale Bodenbeschleunigung und v_g die maximale Bodengeschwindigkeit. Weiterhin sind c_a, c_v Erhöhungsfaktoren für elastische Spektren mit 5% Dämpfung, die abhängig von der seismischen Belastung und den Untergrundverhältnissen sind. Die Faktoren weisen große Streuungen auf und wurden von Vidic et al. (1994) in Abhängigkeit der fünf Gruppen von Zeitverläufen angegeben (Tabelle 3-6). Eine Berücksichtigung der spezifischen Untergrundbedingungen erfolgte nicht.

Tabelle 3-6 Werte der Konstanten für die Übergangsperiode T_1 nach Vidic et al. (1994)

Hysteretisches Verhalten	c_a	c_v
Standard	2,5	2,0
USA	2,5	1,8
Monenegro	2,5	2,2
Friuli	2,5	2,0
Banja Luka	2,5	1,6
Chile	2,5	2,6

Auf Grundlage der statistischen Auswertung der inelastischen Spektren von Vidic et al. (1994) entwickelte Fajfar (1999) einen noch weiter vereinfachten Ansatz für die inelastischen Spektren. Zu diesem Zweck nahm er eine übergreifende Mittelung der mit den nichtlinearen Einmassenschwingern ermittelten Antwortspektren vor und ersetzte die Periode T_0 durch die in den normativen Spektren angegebene Kontrollperiode T_C:

$$R_\mu = (\mu - 1) \cdot \frac{T}{T_c} + 1 \qquad \text{für } T \leq T_c$$

$$R_\mu = \mu \qquad\qquad\qquad \text{für } T > T_c \tag{3.48}$$

Die Reduktionsfunktion ist Grundlage für die N2-Methode des informativen Anhangs B der DIN EN 1998-1 (2010). Bild 3-26 zeigt exemplarisch die Verläufe des Reduktionsfaktors R_μ für Duktilitätsfaktoren von $\mu = 1,1$ bis $\mu = 5$. Bild 3-27 zeigt die abgeminderten inelastischen Spektren für das elastische Spektrum nach DIN EN 1998-1 (2010) vom Typ I und Baugrundklasse E. Es wird deutlich, dass mit zunehmendem Duktilitätsfaktor μ die Spektren stärker abgemindert werden.

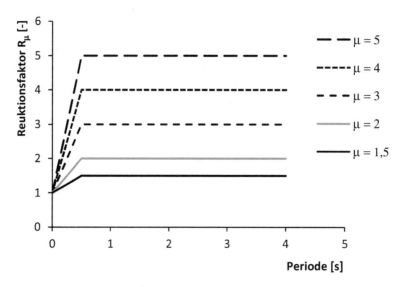

Bild 3-26 Reduktionsfaktor R_μ in Abhängigkeit der Periode für μ = 1,5 bis 5

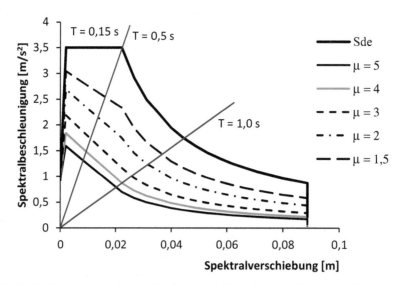

Bild 3-27 Elastisches Antwortspektrum S_{de} mit abgeminderten Spektren für μ = 1,5 bis μ = 5

3.1.4.3.2 Berechnungsablauf der N2-Methode

Die N2-Methode ist ein vereinfachtes verformungsbasiertes Nachweisverfahren, dass es dem Anwender mit wenigen Schritten ermöglicht, den Schnittpunkt („Performance Point") zwischen dem Antwortspektrum und der Pushoverkurve des Bauwerks zu ermitteln. Anders als bei der Kapazitätsspektrummethode ist bei der N2-Methode eine grafische Darstellung der Kurven und des „Performance Points" auf Grund vieler Vereinfachungen nicht erforderlich. Die fehlende grafische Überlagerung erschwert die Nachvollziehbarkeit der Ergebnisse, insbesondere da das Verfahren auf wenige formale Schritte heruntergebrochen wurde. Die N2-Methode ist nur anwendbar bei Systemen, deren Schwingungsverhalten durch die erste Eigenform dominiert wird und die nach DIN EN 1998-1 (2010) als ebene Systeme betrachtet werden können. Weiterhin ist die Anwendung auf Bauwerke beschränkt, die in dem hysteretischen Verhalten den von Vidic et. al (1994) verwendeten Material- und Dämpfungsmodellen entsprechen. Im Folgenden werden die einzelnen Berechnungsschritte der N2-Methode erläutert.

Schritt 1: Bestimmung des elastischen Antwortspektrums

Für die Anwendung des Verfahrens wird das elastische Antwortspektrum ohne Berücksichtigung von Energiedissipationseffekten als Eingangswert benötigt. Bei Ansatz des Bemessungsspektrums ist ein Verhaltensbeiwert von q = 1 anzusetzen.

Schritt 2: Erstellung des dynamischen Systems

Die regelmäßigen Tragwerke werden als Mehrmassenschwinger mit konzentrierten Massen auf den Geschossebenen abgebildet. Für den Mehrmassenschwinger ist ein Kontrollknoten festzulegen, der in der Regel auf der obersten Geschossebene gewählt wird. Die Verschiebungen der Geschossmassen können affin zur ersten Eigenform oder linear über die Höhe angenommen werden, wobei der Verschiebungsvektor $\underline{\Phi}$ auf die Verschiebung des Kontrollknotens normiert wird. Bild 3-28 zeigt beispielhaft einen viergeschossigen Rahmen mit dynamischem Ersatzsystem. Als Kontrollknoten wird der Knoten der Masse m_n auf der obersten Geschossebene gewählt, so dass die normierte Verschiebung $\Phi_n = 1$ beträgt.

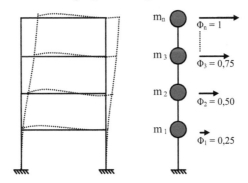

Bild 3-28 Dynamisches Ersatzsystem mit normierten Verschiebungen

Schritt 3: Ermittlung der Pushoverkurve

Die Ermittlung der Pushoverkurve erfolgt durch eine sukzessive Steigerung der in den Stockwerksmassen angreifenden Erdbebenbelastung, die entsprechend des Verschiebungsvektors $\underline{\Phi}$ und den Stockwerksmassen zu verteilen ist. Für die Durchführung der Pushoveranalyse ist die Lastverteilung zu normieren und mit dem Lastfaktor λ zu skalieren (Bild 3-29):

$$\underline{F}_{norm} = \lambda \cdot \frac{M \cdot \underline{\Phi}}{m_n \cdot \Phi_n} \tag{3.49}$$

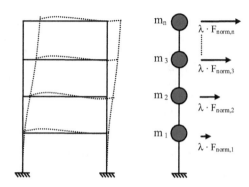

Bild 3-29 Dynamisches Ersatzsystem mit normierter Kräfteverteilung

Die DIN EN 1998-1 (2010) verlangt den Ansatz von mindestens zwei Verteilungen der horizontalen Lasten und eine vereinfachte pauschale Berücksichtigung von Torsionseffekten nach Abschnitt 4.3.3.4.2.7. Durch Forschungstätigkeiten stehen mittlerweile jedoch weiterentwickelte und praxistaugliche Ansätze zur Berücksichtigung der Torsionswirkungen bei der Bestimmung der Pushoverkurve zur Verfügung (Mistler, 2006; Mistler et al., 2007).

Das Ergebnis der Pushoveranalyse ist eine nichtlineare Verformungskurve, auf deren Grundlage die Fließverschiebung d_m, die maximale Fließkraft F_y und die Maximalverschiebung d_{max} zur Definition der bilinearen Idealisierung festzulegen sind (Bild 3-30). Aus der Energieäquivalenz der Flächen unter der wirklichen und idealisierten Last-Verformungskurve wird die Anfangssteifigkeit der bilinearen Kurvenidealisierung bestimmt, mit der die Fließverschiebung d_y festgelegt wird, die den Übergang zwischen dem elastischen und plastischen Bereich festlegt. Die Fließverschiebung ergibt sich mit der Verformungsenergie E_m unter der wirklichen Last-Verformungskurve:

$$d_y = 2\left(d_m - \frac{E_m}{F_y}\right) \tag{3.50}$$

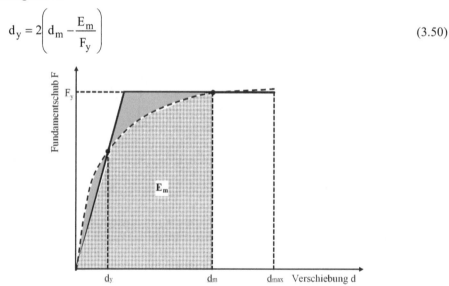

Bild 3-30 Nichtlineare Pushoverkurve mit bilinearer Näherung über Energieäquivalenzbetrachtung

Schritt 4: Bestimmung der Pushoverkurve für den äquivalenten Einmassenschwinger

Die idealisierte Pushoverkurve (Bild 3-31) des äquivalenten Einmassenschwingers ergibt sich durch Transformation mit dem Transformationsbeiwert Γ:

$$F^* = \frac{F}{\Gamma} \tag{3.51}$$

$$d^* = \frac{d}{\Gamma} \tag{3.52}$$

Der Transformationsbeiwert Γ berechnet sich zu:

$$\Gamma = \frac{m^*}{\sum m_i \Phi_i^2} \tag{3.53}$$

Hierbei ist m^* die Masse des äquivalenten Einmassenschwingers:

$$m^* = \sum m_i \Phi_i \tag{3.54}$$

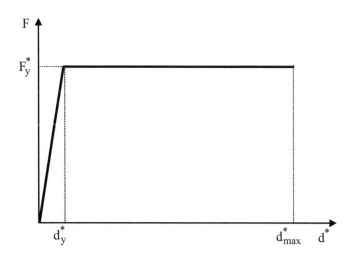

Bild 3-31 Idealisierte Pushoverkurve des äquivalenten Einmassenschwingers

Schritt 5: Bestimmung der Periode für den äquivalenten Einmassenschwinger

Die Periode T^* des äquivalenten Einmassenschwingers berechnet sich zu:

$$T^* = 2\pi \sqrt{\frac{m^* \cdot d_y^*}{F_y^*}} \tag{3.55}$$

Schritt 6: Bestimmung der Zielverschiebung des äquivalenten Einmassenschwingers

Die elastische Zielverschiebung d_{et}^* des äquivalenten Einmassenschwingers mit der Periode T^* unter der Annahme von unbeschränkt linear elastischem Verhalten ergibt sich aus:

$$d_{et}^* = S_e(T^*)\left[\frac{T^*}{2\pi}\right]^2 \tag{3.56}$$

Hierbei ist $S_e(T^*)$ die Ordinate des in Schritt 1 definierten elastischen Antwortspektrums für die Periode T^*. Aus d_{et}^* ist die gesuchte Zielverschiebung d_t^* des äquivalenten Einmassenschwingers in Abhängigkeit der Periodenbereichs und des Materialverhaltens zu bestimmen. Insgesamt sind drei Fälle für die Berechnung der Zielverschiebung zu unterscheiden:

Fall 1: $T^* < T_C$ und $\dfrac{F_y^*}{m^*} \geq S_e(T^*)$

Es liegt lineares Verhalten im kurzen Periodenbereich vor. Die gesuchte Zielverschiebung d_t^* ist gleich der Zielverschiebung d_{et}^* bei Annahme eines uneingeschränkt linearen Materialverhaltens:

$$d_t^* = d_{et}^* \tag{3.57}$$

Fall 2: $T^* < T_C$ und $\dfrac{F_y^*}{m^*} < S_e(T^*)$

Es liegt nichtlineares Verhalten im kurzen Periodenbereich vor. Damit ist die gesuchte Zielverschiebung d_t^* aus der Zielverschiebung bei Annahme uneingeschränkt linearen Materialverhaltens d_{et}^* unter Berücksichtigung der benötigten Duktilität zu berechnen:

$$d_t^* = \frac{d_{et}^*}{q_u}\left(1 + (q_u - 1)\frac{T_C}{T^*}\right) \geq d_{et}^* \tag{3.58}$$

Hierbei ist q_u das Verhältnis der Beschleunigung im Tragwerk bei unbeschränkt elastischem Verhalten $S_e(T^*)$ und derjenigen bei beschränkter Tragwerksfestigkeit F_y^* / m^*:

$$q_u = \frac{S_e(T^*)m^*}{F_y^*} \tag{3.59}$$

Fall 3: $T^* \geq T_C$

Für den Bereich mittlerer und langer Perioden ist die gesuchte Zielverschiebung d_t^* gleich der Zielverschiebung d_{et}^* bei Annahme uneingeschränkt linearen Materialverhaltens:

$$d_t^* = d_{et}^* \tag{3.60}$$

Schritt 7: Berechnung der Zielverschiebung des Mehrmassenschwingers

Die auf den Kontrollknoten bezogene Verschiebung des Mehrmassenschwingers berechnet sich mit dem Transformationsfaktor Γ zu:

$$d_t = \Gamma \cdot d_t^*$$ (3.61)

Schritt 8: Überprüfung der Zulässigkeit der Zielverschiebung

Der Nachweis ist erfüllt, wenn sich die ermittelte Zielverschiebung einstellen kann. Dies ist der Fall, wenn das Verformungsvermögen des plastischen Bereichs der idealisierten Pushoverkurve ausreichend ist. Da nicht sämtliche plastische Reserven ausgenutzt werden sollen, schreibt die DIN EN 1998-1 (2010) in Abschnitt 4.3.3.4.2.3 vor, dass die Zielverschiebung d_t folgende Bedingung einhalten muss:

$$d_t \leq \frac{d_{max}}{1,5}$$ (3.62)

Schritt 9: Ermittlung der Duktilität μ

Aus der ermittelten Zielverschiebung kann die Duktilität μ als Quotient der Zielverschiebung d_t und der Fließverschiebung d_y ermittelt werden:

$$\mu = \frac{d_t}{d_y}$$ (3.63)

Schritt 10: Grafische Kontrolle im S_a-S_d- Diagramm

Die Ermittlung der Zielverschiebung kann grafisch dargestellt und überprüft werden, indem das Antwortspektrum und die Pushoverkurve gemeinsam in dem Spektralbeschleunigungs- Spektralverschiebungsdiagramm (S_a-S_d-Diagramm) dargestellt werden. Hierzu ist das abgeminderte Spektrum mit dem Reduktionsfaktor R_μ nach Gleichung (3.48) zu bestimmen, wobei die in Schritt 8 ermittelte Duktilität μ anzusetzen ist. In Bild 3-32 bis Bild 3-34 sind die in Schritt 6 beschriebenen 3 Fälle qualitativ dargestellt. Der Performance Point (PP) ist, wie schon bei der Kapazitätsspektrummethode, der Schnittpunkt der beiden Kurven und liefert die identische Zielverschiebung d_t^*.

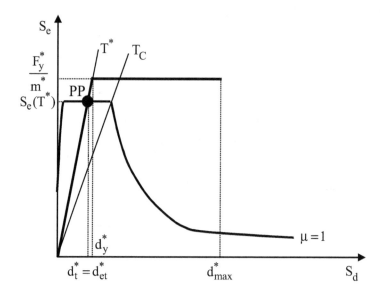

Bild 3-32 Fall 1: T* < T_C, Lineares Materialverhalten

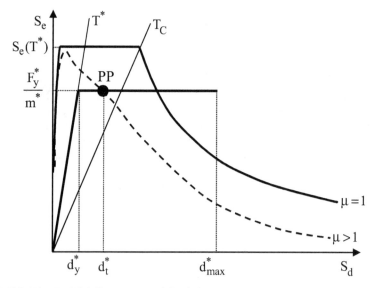

Bild 3-33 Fall 2: T* < T_C, Nichtlineares Materialverhalten

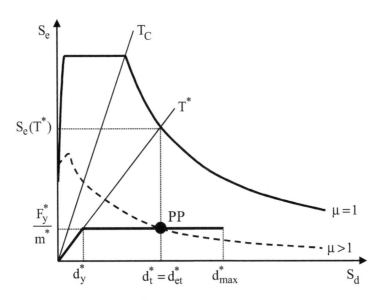

Bild 3-34 Fall 3: T* ≥ T_C, Nichtlineares Materialverhalten

3.1.4.3.3 Berechnungsbeispiel: N2-Methode nach DIN EN 1998-1, Anhang B

Der Ablauf der N2-Methode wird am Beispiel eines vierstöckigen Stahlbetonrahmengebäudes demonstriert. Das dynamische Verhalten des dreistöckigen Gebäudes wurde am Joint Research Center in Ispra mit einem pseudodynamischen Versuch im Maßstab von 1:1 untersucht (Fajfar, 1998). Die Versuchsergebnisse werden genutzt, um die Ergebnisse der N2-Methode zu überprüfen. Bild 3-35 zeigt den Grundriss und Aufriss des Stahlbetonrahmentragwerks.

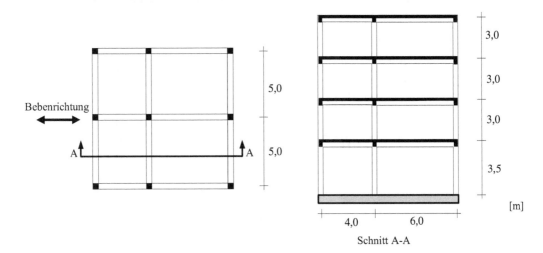

Bild 3-35 Grundriss und Aufriss des Gebäudes (Fajfar, 1998)

Schritt 1: Bestimmung des elastischen Antwortspektrums

Gewählt wird ein Spektrum nach DIN EN 1998-1 (2010) vom Typ I, Baugrundklasse B mit $\gamma_I = 1{,}0$, $q = 1{,}0$ und $a_g = 6{,}0$ m/s².

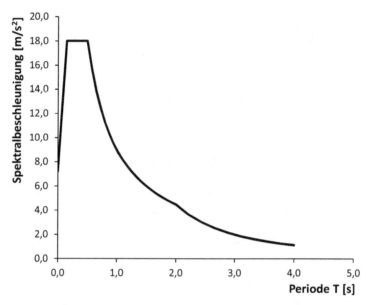

Bild 3-36 Bemessungsspektrum nach DIN EN 1998-1 (2010)

Schritt 2: Erstellung des dynamischen Ersatzsystems

Das Stahlbetonrahmentragwerk wird als Mehrmassenschwinger mit konzentrierten Massen auf den Geschossebenen abgebildet. Als Kontrollknoten wird der Knoten der Masse m_4 auf der obersten Geschossebene gewählt.

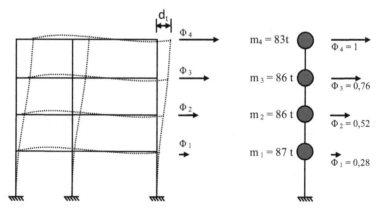

Bild 3-37 Linear über die Gebäudehöhe verteilte Geschossverschiebungen

Schritt 3: Ermittlung der Pushoverkurve

Die Ermittlung der Pushoverkurve erfolgt durch die sukzessive Steigerung der horizontalen Erdbebenbelastung mit dem Lastfaktor λ, die vereinfachend als normierte Belastung linear und massenproportional über die Gebäudehöhe verteilt wird (Bild 3-38).

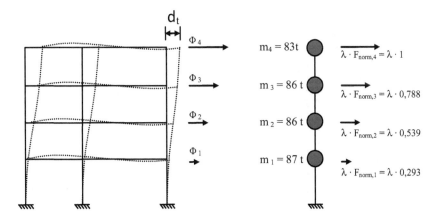

Bild 3-38 Linear und massenproportional verteilte Erdbebenbelastung

Mit den normierten Verschiebungen und den Massen m_i auf den einzelnen Geschossebenen ergibt sich die Lastverteilung zu:

$$\underline{P} = \begin{bmatrix} \Phi_1 \\ \Phi_2 \\ \Phi_3 \\ \Phi_4 \end{bmatrix} \cdot \begin{bmatrix} m_1 \\ m_2 \\ m_3 \\ m_4 \end{bmatrix} = \begin{bmatrix} 0,28 \\ 0,52 \\ 0,76 \\ 1,00 \end{bmatrix} \cdot \begin{bmatrix} 87 \\ 86 \\ 86 \\ 83 \end{bmatrix} = \begin{bmatrix} 24,36 \\ 44,72 \\ 65,37 \\ 83,00 \end{bmatrix}$$

Die Normierung des Lastvektors und die Einführung des Laststeigerungsfaktors λ liefert die Belastung für die Pushoverberechnung:

$$\underline{P}_{Pushover} = \lambda \cdot \begin{bmatrix} 24,36 \\ 44,72 \\ 65,37 \\ 83,00 \end{bmatrix} \cdot \frac{1}{83,0} = \lambda \cdot \begin{bmatrix} 0,293 \\ 0,539 \\ 0,788 \\ 1,000 \end{bmatrix}$$

Die Pushoverberechnung muss mit einem nichtlinearen Tragwerksprogramm durchgeführt werden. Für das vorliegende Gebäude ergeben sich die in Bild 3-39 dargestellte nichtlineare und idealisierte Pushoverkurve, die für das experimentell untersuchte Stahlbetonrahmentragwerk von Fajfar (1999) übernommen wurden.

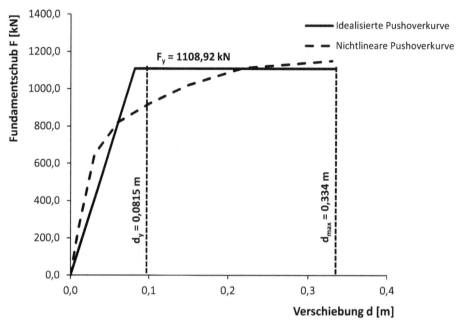

Bild 3-39 Nichtlineare und idealisierte Pushoverkurve nach Fajfar (1999)

Schritt 4: Bestimmung der Pushoverkurve für den äquivalenten Einmassenschwinger

Die Pushoverkurve des äquivalenten Einmassenschwingers ergibt sich durch Transformation mit dem Transformationsbeiwert Γ, der sich wie folgt berechnet:

$$\Gamma = \frac{m^*}{\sum m_i \Phi_i^2} = \frac{(0,28 \cdot 87 + 0,52 \cdot 86 + 0,76 \cdot 86 + 1,0 \cdot 83}{(0,28^2 \cdot 87 + 0,52^2 \cdot 86 + 0,76^2 \cdot 86 + 1,0^2 \cdot 83} \quad \frac{217,44}{162,75} = 1,336$$

Mit dem Transformationsbeiwert ergibt sich die in Bild 3-40 dargestellte Pushoverkurve des äquivalenten Einmassenschwingers durch Anwendung der Gleichungen (3.51) und (3.52).

Schritt 5: Bestimmung der Periode für den äquivalenten Einmassenschwinger

Die Periode T^* des idealisierten äquivalenten Einmassenschwingers ergibt sich aus:

$$T^* = 2\pi \sqrt{\frac{m^* d_y^*}{F_y^*}} = 2\pi \sqrt{\frac{217,44 \cdot 0,061}{830}} = 0,794 \text{ s}$$

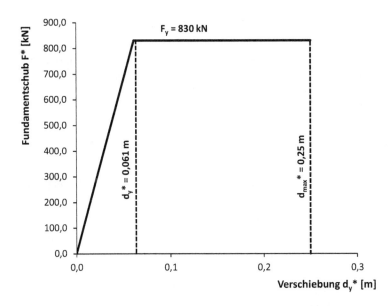

Bild 3-40 Pushoverkurve des äquivalenten Einmassenschwingers

Schritt 6: Bestimmung der Zielverschiebung des äquivalenten Einmassenschwingers

Die Zielverschiebung d_{et}^* mit Periode der $T^* = 0,794$ s beträgt:

$$d_{et}^* = S_e(T^*)\left[\frac{T^*}{2\pi}\right]^2 = 11,331 \cdot \left[\frac{0,794}{2\pi}\right]^2 = 0,181\,\text{m}$$

Fall 3: $T^* = 0,794\,\text{s} > T_C = 0,5\,\text{s}$

Für den Bereich mittlerer und langer Perioden ist die Zielverschiebung gleich der Verschiebung für uneingeschränkt linear elastisches Materialverhalten:

$$d_t^* = d_{et}^* = 0,181\,\text{m}$$

Schritt 7: Berechnung der Zielverschiebung des Mehrmassenschwingers

Die auf den Kontrollknoten bezogene Verschiebung des Mehrmassenschwingers berechnet sich mit dem Transformationsfaktor Γ zu:

$$d_t = \Gamma \cdot d_t^* = 1,336 \cdot 0,181 = 0,242\,\text{m}$$

Schritt 8: Überprüfung der Zulässigkeit der Zielverschiebung

Der Nachweis ist erfüllt, wenn sich die ermittelte Zielverschiebung einstellen kann. Dies ist der Fall, wenn das Verformungsvermögen des plastischen Bereichs der idealisierten Pushoverkurve ausreichend ist. Da nicht sämtliche plastische Reserven ausgenutzt werden sollen, schreibt die DIN EN 1998-1 (2010) in Abschnitt 4.3.3.4.2.3 vor, dass die Zielverschiebung folgende Bedingung einhalten muss:

$$d_t = 0{,}242\,\text{m} \leq \frac{d_m}{1{,}5} = \frac{0{,}334}{1{,}5} = 0{,}22\,\text{m} \;\Rightarrow \text{Nicht erfüllt!}$$

Damit wird das 150 % Kriterium nach der DIN EN 1998-1 (2010) nicht eingehalten.

Schritt 9: Ermittlung der Duktilität μ

Aus der ermittelten Zielverschiebung kann die erforderliche Duktilität μ aus der Zielverschiebung d_t und der Fließverschiebung d_y ermittelt werden:

$$\mu = \frac{d_t}{d_y} = \frac{0{,}242}{0{,}0815} = 2{,}97$$

Schritt 10: Grafische Kontrolle im S_a - S_d – Diagramm

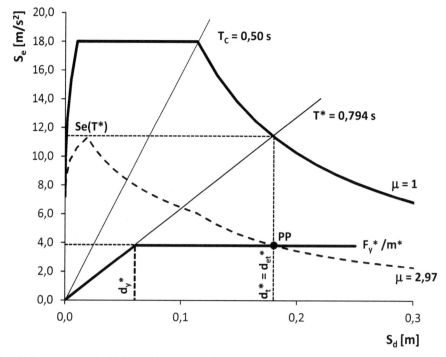

Bild 3-41 Bestimmung der Zielverschiebung und des Performance Points (PP)

3.1.4.3.4 Vergleich: N2-Methode und Kapazitätsspektrummethode

Die Grundidee der N2-Methode und der Kapazitätsspektrummethode ist die Bestimmung des Schnittpunktes (Performance Points) zwischen dem Antwortspektrum und der Kapazitätskurve des Bauwerks im S_a-S_d-Diagramm. Kann dieser Schnittpunkt ermittelt werden, so ist die seismische Standsicherheit nachgewiesen. Die Unterschiede in den beiden Methoden liegen in der Ermittlung der Pushoverkurve und des reduzierten Antwortspektrums.

Bei Anwendung der Kapazitätsspektrummethode wird in der Regel die nichtlineare Pushoverkurve als Eingangswert für die Berechnung verwendet. Bei der N2-Methode bildet hingegen immer eine bilineare Idealisierung der Pushoverkurve die Grundlage der Berechnung. Somit erlaubt die Kapazitätsspektrummethode eine realistischere Erfassung des nichtlinearen Tragwerksverhaltens.

Das reduzierte Antwortspektrum wird bei der Kapazitätsspektrummethode durch die Einführung einer äquivalenten viskosen Dämpfung bestimmt. Die Dämpfung ist in Abhängigkeit von der Form der Hystereseschleifen und der Entwicklung der Hystereseschleifen mit zunehmenden Tragwerksverformungen zu bestimmen. Eine relativ genaue Dämpfungsbestimmung ist möglich, wenn experimentelle Untersuchungen vorliegen. Ist dies nicht der Fall, kann auf die Ansätze im ATC 40 (1996) zurückgegriffen werden, der zwischen drei Typen von Hystereseschleifen differenziert (Abschnitt 3.1.4.2).

Die Reduktion der Antwortspektren bei Anwendung der N2-Methode erfolgt durch Ansatz inelastischer Antwortspektren. Die inelastischen Antwortspektren basieren auf Parameterstudien an nichtlinearen Einmassenschwingern, die mit Beschleunigungszeitverläufen am Fußpunkt angeregt werden. Bei Ansatz entsprechender nichtlinearer Materialmodelle für den Einmassenschwinger ergeben sich reduzierte Antwortspektren, aus denen durch statistische Auswertungen Reduktionsfunktionen abgeleitet werden. Die Ergebnisse für die Reduktionsfunktionen sind von dem gewählten Materialmodell, den Untergrundbedingungen und den gewählten Zeitverläufen abhängig.

Die wohl bekanntesten inelastischen Spektren gehen auf Newmark und Hall (1982) zurück. Für die N2-Methode werden jedoch die von Vidic et al. (1994) vorgeschlagenen inelastischen Spektren verwendet. Die inelastischen Spektren von Vidic et al. (1994) setzen stabile und füllige Hystereseschleifen voraus und sind anwendbar auf Tragwerke im mittleren und hohen Periodenbereich. Die Spektren sind grundsätzlich nicht anwendbar auf Bauwerke, deren Verhalten durch stark eingeschnürte Hystereseschleifen mit Tragfähigkeits- und Steifigkeitsabfall charakterisiert ist. Ein typisches Beispiel für ein derartiges Verhalten sind Mauerwerksbauten, die grundsätzlich im niedrigen Periodenbereich liegen und deren hysteretisches Verhalten eindeutig aus dem Anwendungsbereich der N2-Methode herausfällt. Als Beispiel für ein derartiges hysteretisches Verhalten zeigt Bild 3-42 das Ergebnis eines Schubwandversuchs einer Mauerwerkswand mit drei verschiedenen vertikalen Auflasten (Mistler et al., 2007). Deutlich sind sowohl die Einschnürung als auch der Steifigkeitsabfall bei zunehmenden Verformungen in Abhängigkeit der Auflast zu erkennen.

Obwohl die N2-Methode in der Form der DIN EN 1998-1 (2010) nicht auf Mauerwerksbauten anwendbar ist, wird diese Methode unter anderem von Lu (2009) ohne weitere Modifikationen häufig auch für Mauerwerksbauten empfohlen. Für eine Anwendung auf Mauerwerksbauten sind aber dann an Stelle der inelastischen Spektren von Vidic et al. (1994) andere inelastische Spektren unter Berücksichtigung des spezifischen nichtlinearen Material- und Dämpfungsverhaltens von Mauerwerkbauten herzuleiten und in der Methode zu verwenden. Dies ist grundsätzlich möglich, Ergebnisse hierzu liegen aber zurzeit noch nicht vor.

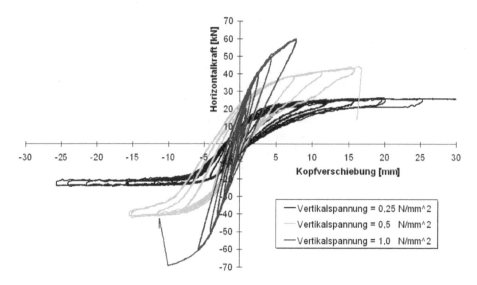

Bild 3-42 Last-Verformungskurven einer Schubwand für drei Auflastniveaus (Mistler et al., 2007)

Als Fazit ist festzuhalten, dass sowohl die Kapazitätsspektrummethode als auch die N2-Methode auf vielen Annahmen basieren, um die nichtlinearen Tragwerksreserven unter seismischen Beanspruchungen vereinfachend durch ein statisch nichtlineares Rechenverfahren beschreiben zu können. Grundsätzlich sind beide Verfahren in allgemeiner Form anwendbar, wenn die Eingangsdaten in Form der Pushoverkurve und der Beschreibung der reduzierten Spektren zur Verfügung stehen. Die Form der N2-Methode in der DIN EN 1998-1 (2010) ist jedoch auf Grund der fest in die Methode eingearbeiteten inelastischen Spektren nicht allgemein anwendbar und führt insbesondere bei Bauwerken mit keinem ausgeprägt duktilen Verhalten (z.B. Mauerwerksbauten) zu nicht kalkulierbaren Sicherheitsdefiziten.

Abschließend sollen noch die Transformationsformeln der N2-Methode und der Kapazitätsspektrummethode ineinander überführt werden, da auf Grund der unterschiedlichen Bezeichnungen eine Äquivalenz nicht direkt sichtbar ist. Berücksichtigt wird nur die erste Eigenform. Zunächst wird die Transformation des Fundamentschubs in die Spektralbeschleunigung betrachtet. Nach der Kapazitätsspektrummethode gilt entsprechend Gleichung (3.38):

$$S_{a,j} = \frac{F_{b,j}}{M_{Tot,eff} \cdot \alpha_i} = \frac{F_{b,j}}{M_{Tot,eff} \cdot \dfrac{M_{1,eff}}{M_{Tot,eff}}} = \frac{F_{b,j}}{M_{1,eff}} = \frac{F_{b,j} \cdot (\underline{\Phi}_1{}^T \underline{M}\, \underline{\Phi}_1)}{(\underline{\Phi}_1{}^T \underline{M}\, \underline{r})^2} \tag{3.64}$$

Analog ergibt sich nach DIN EN 1998-1 (2010) folgende gleichwertige Transformation:

$$S_{a,j} = \frac{F_{b,j}}{\Gamma \cdot m^*} = \frac{F_{b,j} \cdot \sum m_i\, \Phi_i^2}{m^* \cdot m^*} = \frac{F_{b,j} \cdot \sum m_i\, \Phi_i^2}{\left(\sum m_i \cdot \Phi_i\right)^2} \tag{3.65}$$

Die Transformation der Verschiebungen d_j in Spektralverschiebungen $S_{d,j}$ erfolgt in Anlehnung für die Kapazitätsspektrummethode nach Gleichung (3.39):

$$S_{d,j} = \frac{d_{n,j}}{\beta_1 \cdot \Phi_{1,d_n}} = \frac{d_{n,j} \cdot (\Phi_1^T \underline{M} \, \Phi_1)}{(\Phi_1^T \underline{M} \, \underline{r}) \cdot \Phi_{1,d_n}}$$

Analog ergibt sich nach DIN EN 1998-1 (2010) unter der Annahme dass die spektrale Verschiebung $\Phi_{i,dn}$ des Kontrollknotens 1 ist, folgende gleichwertige Transformation:

$$S_{d,j} = \frac{d_{n,j}}{\Gamma} = \frac{d_{n,j} \cdot \sum m_i \, \Phi_i^2}{\sum m_i \cdot \Phi_i}$$

3.1.4.4 Inelastische dynamische Untersuchungen (Zeitverlaufsmethode)

Die umfassendste Methode zur Untersuchung seismisch beanspruchter Tragwerke im Bereich jenseits der Elastizitätsgrenze ist die Direkte Integration der Bewegungsdifferentialgleichungen, wie in Abschnitt 1.4.6 besprochen. Dazu können verschiedene Programme und Programmsysteme unterschiedlicher Leistungsfähigkeit herangezogen werden, vom „akademischen", an einem Lehrstuhl entwickelten Programm zur Lösung einer bestimmten Aufgabe bis zum komfortablen kommerziell erhältlichen großen Programmsystem.

Wichtige Unterscheidungsmerkmale aller Programme sind ihre Möglichkeiten neben den ebenen auch räumliche Systeme zu behandeln, die im jeweiligen Programmsystem zur Verfügung stehenden Elementtypen (Linienelemente wie Biegebalken und Fachwerkstäbe, dazu Flächenelemente für Scheiben, Platten und Schalen und auch Volumenelemente für die Abbildung entsprechender Tragwerksteile), die bereits implementierten Materialgesetze und, nicht zuletzt, die Möglichkeiten hinsichtlich einer benutzerfreundlichen Ein- und Ausgabe (Pre- und Postprocessing). Grob gesprochen lassen sich zwei Klassen von Programmen unterscheiden:

Zum einen sind es „general purpose"- Programmsysteme auf Finite-Element-Basis wie etwa ANSYS und SAP2000, die dazu in der Lage sind, sowohl statische („pushover") als auch dynamische nichtlineare Berechnungen für ebene und räumliche Systeme durchzuführen, und zwar für eine breite Palette von Konstruktionstypen (Stabtragwerke, Scheiben-, Platten- und Schalentragwerke sowie massive dreidimensionale Konstruktionen). Bei diesen Programmsystemen ist das nichtlineare Materialgesetz meistens auf der Faserebene implementiert, so dass z.B. zur Beschreibung eines Stahlbetonquerschnitts diskrete Beton- und Stahllamellen definiert werden müssen, was den Rechenaufwand rasch in die Höhe schnellen lässt. Manchmal muss das Materialgesetz jedoch auch vom Benutzer vorgegeben, bzw. an entsprechend definierten Schnittstellen eingeführt werden.

Die zweite Gruppe umfasst sogenannte „special purpose"- Programme, die besonders auf die nichtlineare Zeitverlaufsuntersuchung von seismisch erregten Stabtragwerken, oft in Kombination mit Wandscheibenelementen, zugeschnitten sind. Zu nennen wären beispielhaft Programme wie DRAIN-2DX (bzw. DRAIN-3DX) (Prakash et al., 1993) und IDARC 2D (Valles et al., 1996), die neben der Ermittlung der Zustandsgrößen (Verformungen und Schnittkräfte) auch eine Reihe von Schädigungsindikatoren auswerten. Innerhalb dieser Gruppe unterscheiden sich die Programme bezüglich der verfügbaren nichtlinearen Finiten Elemente und der konstitutiven Beziehungen.

Die Beschreibung der nichtlinearen Phänomene kann zudem auf verschiedenen Diskretisie-rungsebenen erfolgen, bei Biegestäben etwa in Form von Momenten-Krümmungs- oder Mo-menten-Verdrehungs-Beziehungen, wobei endlich lange plastische Zonen oder diskrete Fließ-gelenke betrachtet werden. Zur Reduzierung des numerischen Aufwands (Einsparung von akti-ven kinematischen Freiheitsgraden) werden oft auch Annahmen getroffen wie die Nichtver-formbarkeit der Decken von Geschossbauten in ihrer eigenen Ebene, womit die zwei horizonta-len Verschiebungskomponenten und die Drehung um die Vertikalachse für alle Knoten einer Deckenebene linear abhängig sind. Die Berechtigung einer solchen Annahme ist natürlich stark von der jeweiligen konstruktiven Form abhängig.

Nichtlineare dynamische Untersuchungen sind in der Regel relativ aufwendig. Für ebene Rah-men lässt sich für überschlägige Untersuchungen auch das bekannte Scherbalkenmodell ver-wenden, das eine Modellierung der Nichtlinearität auf Stockwerksebene erlaubt. Die Bewe-gungsdifferentialgleichungen für einen biegesteifen Stockwerkrahmen sind in Kapitel 1, Glei-chung (1.13) hergeleitet worden. Die Federkonstanten für die einzelnen Stockwerke lassen sich am besten dadurch bestimmen, dass der Rahmen wie in Bild 3-43 gezeigt mit einer statischen Dreieckslast $\underline{P}$ (Spitze unten) beaufschlagt wird und die entsprechenden horizontalen Verschie-bungen δ_i der einzelnen Stockwerke bestimmt werden. Die Federkonstanten k_i der n Stockwer-ke ergeben sich aus den Formeln:

$$k_n = \frac{P_n}{u_n - u_{n-1}} \tag{3.66}$$

$$k_i = \frac{P_i + k_{i+1}(u_{i+1} - u_i)}{u_i - u_{i-1}}, \qquad i = n-1, n-2, \ldots, 2 \tag{3.67}$$

$$k_1 = \frac{P_1 + k_2(u_2 - u_1)}{u_1} \tag{3.68}$$

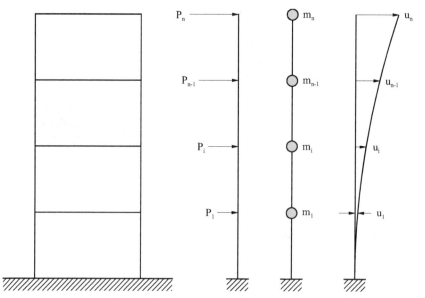

Bild 3-43 Bezeichnungen zur Bestimmung von Stockwerksfederkonstanten

Zur Beschreibung des nichtlinearen Verhaltens werden den Federn einfache nichtlineare Kennlinien zugeordnet. Beim oft verwendeten bilinearen Typ nach Bild 1-12 beträgt die Steifigkeit nach Erreichen der (einzugebenden) maximalen elastischen gegenseitigen Stockwerksverschiebung $u_{el,max}$ nur noch $p \cdot k_i$, mit k_i als ursprünglicher elastischer Federkonstante gemäß (3.66)-(3.68). Die Verwendung des entsprechenden Rechenprogramms mit dem Namen NLNEW wird anhand des folgenden Beispiels 3-4 erläutert.

Beispiel 3-4 (Daten BSP3-4)

Zu untersuchen ist der in Bild 3-44 dargestellte Rahmen für die in Bild 3-45 wiedergegebene, in Petrovac gemessene Komponente des starken Montenegro-Bebens vom Jahr 1979. Bild 3-46 zeigt das dazugehörige 5%-Antwortspektrum. Der Beschleunigungszeitverlauf besteht aus 1375 Beschleunigungsordinaten im Abstand von 0,02 s. Die Biegesteifigkeit der Rahmenriegel beträgt $3,19 \cdot 10^5$ kNm^2, diejenige der Außenstützen $9,86 \cdot 10^4$ kNm^2, der Innenstützen $1,51 \cdot 10^5$ kNm^2, und schließlich betragen die Massen (Eigengewicht und anteilige Verkehrslast) jeweils 56 t für die unteren vier Geschosse und 45 t für das Dach.

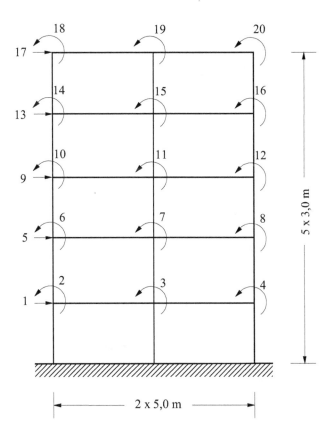

Bild 3-44 Zu untersuchender Stockwerkrahmen, Abmessungen und Diskretisierung

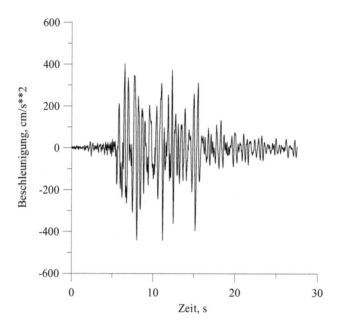

Bild 3-45 Beschleunigungszeitverlauf Petrovac-Beben

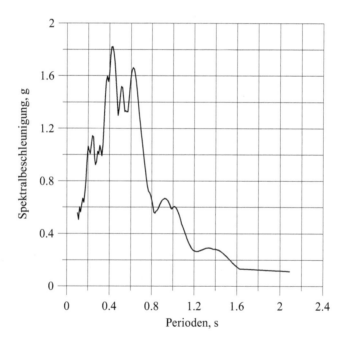

Bild 3-46 5%-Antwortspektrum des Petrovac-Bebens

Zunächst wird mit dem Programm KONDEN (Eingabedatei EKOND.txt) die kondensierte Steifigkeitsmatrix KMATR.txt erzeugt, die als Eingabedatei für das Programm NLNEW benötigt wird. Eine zu Kontrollzwecken vorgenommene Bestimmung der Eigenperioden des Rahmens mit dem Programm JACOBI (mit den in der Datei MDIAG.txt enthaltenen Massen) liefert eine Grundperiode von 0,53 s. Neben KMATR.txt und MDIAG.txt werden vom Programm NLNEW folgende weitere Dateien benötigt: ACC.txt für den Beschleunigungszeitverlauf, HOEH.txt mit den Abständen der einzelnen Deckenmassen vom Fundament und UELMAX.txt mit den elastischen Grenzwerten der gegenseitigen Stockwerksverschiebungen. Zu einer Verprobung der Ergebnisse durch Vergleich mit der bekannten Systemantwort bei linearem Systemverhalten (berechnet mit dem Programm NEWBEN) werden die Werte in UELMAX.txt zunächst sehr hoch angesetzt (1,0 m), so dass alle Stockwerksfedern elastisch bleiben. Für die Dämpfungsmatrix wird in NLNEW der steifigkeitsproportionale RAYLEIGH- Dämpfungsansatz herangezogen, indem zu einer vorzugebenden Periode (hier 0,5298 s) die gewünschte modale Dämpfung (hier 5%) interaktiv eingegeben wird. In der Ausgabedatei THNEWNL.txt stehen die Zeitverläufe der Auslenkungen aller Stockwerke, in FRUECK.txt die gegenseitige Verschiebung im Erdgeschoss mit der zugehörigen Rückstellkraft und in der Datei DUKINF.txt Daten zur ermittelten Duktilitätsnachfrage (maximale und kumulative Duktilitäten in allen Stockwerken, Anzahl der plastischen Exkursionen) sowie die Maximalwerte der Auslenkung, der gegenseitigen Stockwerksverschiebung, der Stockwerksquerkraft und des Kippmoments längs der Höhe des Rahmens.

Bild 3-47 zeigt im Vergleich die „linearen" Zeitverläufe der Dachauslenkung, berechnet mit den Programmen NLNEW und NEWBEN. Sie fallen praktisch zusammen, was die Brauchbarkeit des Scherbalkenmodells im linearen Bereich mit den nach Gleichungen (3.66) bis (3.68) ermittelten Federsteifigkeiten bestätigt.

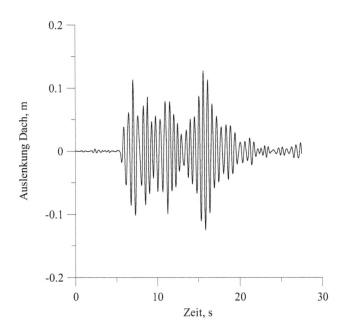

Bild 3-47 Verläufe Dachauslenkung bei linearem Systemverhalten (Scherbalken- und Rahmenmodell)

Die in der Datei DUKINF.txt enthaltenen Maximalwerte für die Auslenkung (in m), die gegenseitige Stockwerksverschiebung (in m), die Stockwerksquerkraft (in kN) und das Kippmoment (in kNm) für alle fünf Stockwerke werden hier reproduziert:

```
1    0.0288731    0.0288731    3160.827    33555.597
2    0.0645561    0.0357790    2967.282    24171.816
3    0.0950673    0.0305863    2499.317    15313.661
4    0.1164683    0.0216206    1770.915     7815.709
5    0.1265608    0.0102503     834.321     2502.964
```

Als nächstes wird die maximale elastische gegenseitige Stockwerksverschiebung im Erdgeschoss zu 2,0 cm angenommen, mit anschließender Abnahme der Geschoss-Federsteifigkeit k_1 auf 10% ihres Wertes. Die maximalen elastischen gegenseitigen Stockwerksverschiebungen in den anderen Stockwerken werden mit 3,75 cm vorgegeben, so dass diese im elastischen Bereich verbleiben. Ein Richtwert für die zulässige gegenseitige Stockwerksverschiebung d ist nach DIN EN 1998-1 (2010), d = 0,0125 · h, mit h als Stockwerkshöhe. Mit der elastischen Grenzverschiebung der Erdgeschossdecke von 2,0 cm und einer Verfestigung von 10% (p = 0,10) erreicht die maximale Stockwerksduktilität im Erdgeschoss den Wert 1,69 bei 9 plastischen Exkursionen; die Maximalwerte für Auslenkung, gegenseitige Stockwerksverschiebung, Stockwerksquerkraft und Kippmoment lauten jetzt:

```
1    0.0337863    0.0337863    2340.386    27564.791
2    0.0603149    0.0294298    2441.451    20963.263
3    0.0856496    0.0265712    2171.316    13821.924
4    0.1038721    0.0199390    1633.157     7307.974
5    0.1125572    0.0098635     802.834     2408.503
```

Die mit der plastischen Verformung des Erdgeschosses erkaufte Reduzierung der Schnittkräfte ist evident; bekanntlich beruht auf diesem Prinzip die seismische Basisisolierung von Tragwerken, wobei spezielle Federlager für die benötigte Nachgiebigkeit sorgen. Bild 3-48 stellt die berechneten Maximal-Zustandsgrößen für den linearen und nichtlinearen Fall einander gegenüber. Selbstverständlich dürfen an die Genauigkeit der mit Hilfe von NLNEW ermittelten Duktilitätswerte auf Substrukturebene wegen der groben Systemidealisierung keine übertriebenen Anforderungen gestellt werden, ihre Aussagekraft reicht jedoch aus, um das globale nichtlineare Verhalten ebener Biegerahmen zu beurteilen. In Bild 3-49 ist schließlich die Hystereseschleife der Erdgeschossfeder (Rückstellkraft als Funktion des Federweges) zu sehen.

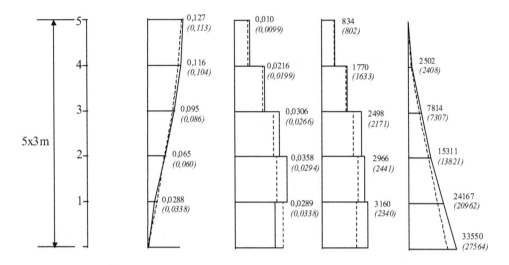

Bild 3-48 Auslenkung (m), gegenseitige Stockwerksverschiebung (m), Querkraft (kN) und Kippmoment (kNm) (durchgezogen: lineares, gestrichelt: nichtlineares Systemverhalten)

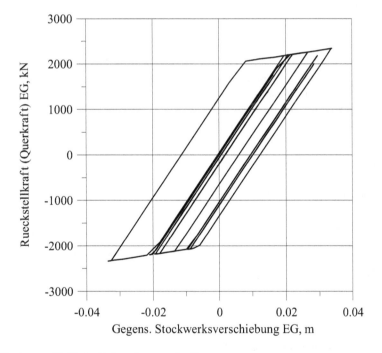

Bild 3-49 Hystereseschleife der Erdgeschossquerkraft

3.2 Asynchrone multiple seismische Erregung

Bei Gebäuden üblicher Abmessungen führt die Annahme einer identischen seismischen Erregung an allen Fundamentpunkten, d.h. die Vernachlässigung der zeitlichen und räumlichen Variabilität der seismischen Wellen, zu ausreichend genauen Ergebnissen. Dies ist jedoch nicht mehr der Fall bei „langen" Konstruktionen wie z.B. Brücken, bei denen die Entfernung der einzelnen Lagerpunkte mehrere hundert Meter betragen kann. In diesem Abschnitt werden die zur Untersuchung dieses Phänomens benötigten Werkzeuge bereitgestellt.

Wie in Kapitel 2 erläutert, sorgt die endliche Fortpflanzungsgeschwindigkeit der seismischen Wellen in Abhängigkeit von den Eigenschaften des Bodens dafür, dass die Lagerpunkte des Tragwerks nicht simultan, sondern mit einer entsprechenden zeitlichen Verschiebung erregt werden. Die vielfältigen Reflektions-, Refraktions- und Überlagerungsphänomene des seismischen Wellenfeldes bewirken außerdem, dass die Beschleunigungszeitverläufe an jedem einzelnen Punkt von ihrem Amplituden- und Phaseninhalt her etwas anders ausfallen. Schließlich kann die örtliche Situation bezüglich des Bodenprofils und des geologischen Untergrunds unter Umständen erheblichen Einfluss auf die tatsächliche seismische Erregung an verschiedenen Punkten haben, während Boden-Bauwerks-Wechselwirkungseffekte das Gesamtbild zusätzlich verkomplizieren.

Zur mathematischen Modellierung des an mehreren Auflagerpunkten mit unterschiedlichen Lastfunktionen erregten Mehrmassenschwingers wird das bekannte Differentialgleichungssystem

$$\underline{M} \cdot \ddot{\underline{V}} + \underline{C} \cdot \dot{\underline{V}} + \underline{K} \cdot \underline{V} = (-)\underline{M} \cdot \underline{r} \cdot \ddot{u}_g \tag{3.69}$$

erweitert. In Gleichung (3.69) stehen in $\underline{V}, \dot{\underline{V}}, \ddot{\underline{V}}$ die Verschiebungen, Geschwindigkeiten und Beschleunigungen in den wesentlichen aktiven kinematischen Freiheitsgraden der Struktur bezogen auf das Fundament (Index s); es werden jetzt zusätzliche, mit dem Boden verbundene Freiheitsgrade eingeführt, die mit dem Index g gekennzeichnet werden. Damit ergibt sich das erweiterte System der Bewegungsdifferentialgleichungen in der Form:

$$\begin{pmatrix} \underline{M}_{ss} & 0 \\ 0 & \underline{M}_{gg} \end{pmatrix} \cdot \begin{pmatrix} \ddot{\underline{V}}_s^{ges} \\ \ddot{\underline{V}}_g \end{pmatrix} + \begin{pmatrix} \underline{C}_{ss} & \underline{C}_{sg} \\ \underline{C}_{gs} & \underline{C}_{gg} \end{pmatrix} \cdot \begin{pmatrix} \dot{\underline{V}}_s^{ges} \\ \dot{\underline{V}}_g \end{pmatrix} + \begin{pmatrix} \underline{K}_{ss} & \underline{K}_{sg} \\ \underline{K}_{gs} & \underline{K}_{gg} \end{pmatrix} \cdot \begin{pmatrix} \underline{V}_s^{ges} \\ \underline{V}_g \end{pmatrix} = \begin{pmatrix} 0 \\ \underline{P}_g(t) \end{pmatrix} \tag{3.70}$$

Wie bereits erwähnt, kennzeichnet der Index s die eigentliche Struktur; die Untermatrizen $\underline{M}_{ss}$, $\underline{C}_{ss}$ und $\underline{K}_{ss}$ beziehen sich auf die Tragwerksfreiheitsgrade und entsprechen somit $\underline{M}$, $\underline{C}$ und $\underline{K}$ in Gleichung (3.69). Im Vektor $\underline{V}_s^{ges}$ sind jetzt sowohl die dynamischen als auch die „statischen" Verschiebungen $\underline{V}_s^{stat}$ enthalten, die sich infolge von Verschiebungen und Verdrehungen in den Bodenfreiheitsgraden $\underline{V}_g$ ergeben. Es gilt:

$$\underline{V}_s^{ges} = \underline{V}_s^{stat} + \underline{V}_s^{dyn} \tag{3.71}$$

Um den Zusammenhang zwischen den Verschiebungen in den Strukturfreiheitsgraden und denjenigen in den Gründungsfreiheitsgraden herzustellen, werden letztere einzeln statisch aufgebracht, wobei sich folgende Formel ergibt (Chopra 2001):

$$\begin{pmatrix} \underline{K}_{ss} & \underline{K}_{sg} \\ \underline{K}_{gs} & \underline{K}_{gg} \end{pmatrix} \cdot \begin{pmatrix} \underline{V}_s^{\,stat} \\ \underline{V}_g^{\,stat} \end{pmatrix} = \begin{pmatrix} 0 \\ \underline{P}_g^{\,stat} \end{pmatrix} \tag{3.72}$$

Die Kräfte $\underline{P}_g^{\,stat}$ auf der rechten Seite entstehen infolge der Verformungen in den Gründungsfreiheitsgraden. Aus der ersten Zeile von Gleichung (3.72) ergibt sich

$$\underline{K}_{ss} \cdot \underline{V}_s^{\,stat} + \underline{K}_{sg} \cdot \underline{V}_g^{\,stat} = 0 \tag{3.73}$$

und damit

$$\underline{V}_s^{\,stat} = -\underline{K}_{ss}^{\,-1} \cdot \underline{K}_{sg} \cdot \underline{V}_g^{\,stat} \tag{3.74}$$

Durch Einführung der Matrix $\underline{R} = -\underline{K}_{ss}^{\,-1} \cdot \underline{K}_{sg}$ entsteht daraus

$$\underline{V}_s^{\,stat} = \underline{R} \cdot \underline{V}_g^{\,stat} \tag{3.75}$$

Die Anzahl der Zeilen der Matrix $\underline{R}$ entspricht der Anzahl NS der Strukturfreiheitsgrade, die Spaltenanzahl von $\underline{R}$ der Anzahl NG der Gründungsfreiheitsgrade. Bei Beachtung von

$$\underline{V}_s^{\,ges} = \underline{R} \cdot \underline{V}_g^{\,stat} + \underline{V}_s^{\,dyn} \tag{3.76}$$

und Einsetzen in das System (3.70) ergibt sich nach einigen Zwischenrechnungen:

$$\begin{aligned} &\underline{M}_{ss} \cdot \underline{\ddot{V}}_s^{\,dyn} + \underline{C}_{ss} \cdot \underline{\dot{V}}_s^{\,dyn} + \underline{K}_{ss} \cdot \underline{V}_s^{\,dyn} \\ &= (-)\left[\underline{M}_{ss} \cdot \underline{R} \cdot \underline{\ddot{V}}_g + \left(\underline{C}_{ss} \cdot \underline{R} + \underline{C}_{sc}\right) \cdot \underline{\dot{V}}_g\right] \end{aligned} \tag{3.77}$$

Üblicherweise werden die Dämpfungskräfte auf der rechten Seite vernachlässigt, so dass sich folgendes System von Bewegungsdifferentialgleichungen einstellt:

$$\underline{M}_{ss} \cdot \underline{\ddot{V}}_s^{\,dyn} + \underline{C}_{ss} \cdot \underline{\dot{V}}_s^{\,dyn} + \underline{K}_{ss} \cdot \underline{V}_s^{\,dyn} = (-)\left[\underline{M}_{ss} \cdot \underline{R} \cdot \underline{\ddot{V}}_g\right] = \underline{P}_{eff} \tag{3.78}$$

Anstelle des einen Beschleunigungszeitverlaufs $\ddot{u}_g$ in Gleichung (3.69) können jetzt in $\underline{\dot{V}}_g$ NG unabhängige Beschleunigungszeitverläufe entsprechend der Anzahl der Fundamentfreiheitsgrade vorgegeben werden. Diese Beschleunigungszeitverläufe ergeben sich im Idealfall aus einem drei- oder zweidimensionalen geophysikalischen Modell des Standortes, sie können aber auch als voneinander unabhängige synthetische Beschleunigungszeitverläufe mit einer Vielzahl von Methoden erzeugt werden. Hier wird eine einfache Methode präsentiert, die auf der Filterung von digital erzeugtem weißem Rauschen mit einer Kombination aus Hochpass-, Tiefpass- und Bandpassfilter basiert, deren Parameter den örtlichen Gegebenheiten angepasst werden können. Es sei daran erinnert, dass die Grundperiode einer Bodenschicht (Scherwellengeschwindigkeit v_s (m/s) und Mächtigkeit H (m) über dem Felsuntergrund) folgenden Wert hat:

$$T_1 = \frac{4 \cdot H}{v_s} \tag{3.79}$$

Nun zu den einzelnen Filterkomponenten. Als Hochpassfilter dient das lineare System 1. Ordnung mit der komplexen Übertragungsfunktion

$$H(i\omega) = \frac{\omega^2 + i \cdot \omega \cdot \omega_H}{\omega_H^2 + \omega^2} \qquad (3.80)$$

Als einziger Parameter tritt die Eckkreisfrequenz ω_H auf, die bei rund 10 rad/s liegt. Als Tiefpassfilter wird das bekannte KANAI-TAJIMI-System verwendet, das einem Einmassenschwinger mit der Resonanzfrequenz ω_0 und dem Dämpfungsmaß D_0 entspricht. Diese Parameter können als Eigenkreisfrequenz bzw. Dämpfung des Baugrundes interpretiert werden und liegen bei festem Boden etwa bei 40 rad/s bzw. 50%. Die Übertragungsfunktion des KANAI-TAJIMI-Filters lautet:

$$H(i\omega) = \frac{1 + \dfrac{\omega^2}{\omega_0^2}\left(4 \cdot D_0^2 - 1\right) - i \cdot 2 \cdot D_0 \cdot \dfrac{\omega^2}{\omega_0^2}}{\left[1 - \left(\dfrac{\omega}{\omega_0}\right)^2\right]^2 + 4 \cdot D_0^2 \cdot \left(\dfrac{\omega}{\omega_0}\right)^2} \qquad (3.81)$$

Schließlich können bestimmte Frequenzanteile gezielt mit Hilfe eines Bandpassfilters verstärkt werden, dessen Übertragungsfunktion als Kombination des Hochpassfilters (3.80) mit dem Tiefpassfilter 1. Ordnung

$$H(i\omega) = \frac{\omega_T^2 - i \cdot \omega \cdot \omega_T}{\omega_T^2 + \omega^2} \qquad (3.82)$$

gewonnen wird. ω_T ist hier die „tiefe" Eckkreisfrequenz des Tiefpassfilters 1. Ordnung.

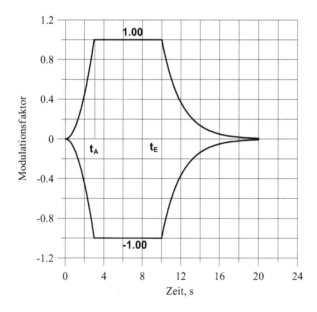

Bild 3-50 Einhüllende für die Erzeugung künstlicher Beschleunigungszeitverläufe

Das resultierende „farbige" Rauschen wird noch durch eine Einhüllende geformt, wie sie in Bild 3-50 dargestellt ist (Clough, Penzien 1975). Die Gleichungen der einzelnen Äste lauten wie folgt:

$$0 \leq t \leq t_A \quad : \; I(t) = \left(\frac{t}{t_A} \right)^a$$

$$t_A \leq t \leq t_E : \; I(t) = 1,0 \tag{3.83}$$

$$t_E \leq t \quad\quad : \; I(t) = e^{-b \cdot (t - t_E)}$$

Für die in Bild 3-51 dargestellte Funktion beträgt $t_A = 3$ s, $t_E = 10$ s, $a = 2,0$ und $b = 0,5$. Das Programm FARBIG erstellt synthetische Beschleunigungszeitverläufe nach dieser Methode, wie im folgenden Beispiel 3-5 vorgeführt.

Beispiel 3-5 (Daten BSP3-5)

Es soll ein künstlicher Beschleunigungszeitverlauf durch mehrfache Filterung von weißem Rauschen mit Hilfe des Programms FARBIG erstellt werden und auch dessen Antwortspektrum ($D = 5\%$) berechnet werden. Die Eingabedaten des Programms gehen aus folgender Übersicht hervor, wobei die aktuell verwendeten Werte in eckigen Klammern stehen:

- Anzahl der Ordinaten des zu erzeugenden Beschleunigungszeitver-   [11]
  laufs. Sie muss eine Potenz von 2 sein, und einzugeben ist der jeweilige Exponent von 2, also z.B. 10 bei $2^{10} = 1024$ Werten und 11
  bei 2048 Werten. Es können maximal 2048 Ordinaten erzeugt werden

- Ganze Zahl unter 256 zur Initialisierung des Zufallszahlgenerators   [13]

- Eckkreisfrequenz des Hochpassfilters in rad/s   [10.0]

- Kreisfrequenz beim Kanai-Tajimi-Filter   [40.0]

- Dämpfung beim Kanai-Tajimi-Filter   [0.40]

- Hohe Eckkreisfrequenz des Bandpassfilters   [15.0]

- Tiefe Eckkreisfrequenz des Bandpassfilters   [5.0]

- Zeitpunkt t_A der Modulationsfunktion   [3.0]

- Zeitpunkt t_E der Modulationsfunktion   [10.0]

- Exponent „a" für den aufsteigenden Ast $t < t_A$ [2]

- Exponent „b" für den abfallenden Ast $t > t_E$ [0.5]

- Skalierungsfaktor für die berechneten Beschleunigungsordinaten   [10.0]

Der ermittelte Beschleunigungszeitverlauf wird in die Datei ACCF.txt geschrieben und ist hier in Bild 3-51 zu sehen, während Bild 3-52 dessen 5%-Pseudogeschwindigkeitsspektrum in logarithmischer Darstellung zeigt.

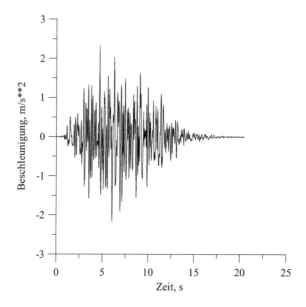

Bild 3-51 Künstlicher Beschleunigungszeitverlauf aus gefiltertem weißem Rauschen

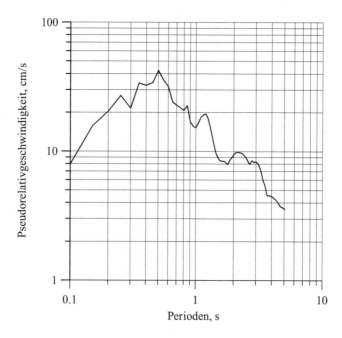

Bild 3-52 Antwortspektrum des Beschleunigungszeitverlaufs Bild 3-29

Im folgenden Zahlenbeispiel 3-6 wird ein praktischer Fall asynchron-multipler seismischer Erregung untersucht.

Beispiel 3-6 (Daten BSP3-6)

Betrachtet wird eine vierfeldrige Talbrücke (in Bild 3-53 ist ihre Diskretisierung senkrecht zur Brückenebene zu sehen), deren Deck quer zur Brückenebene eine Biegesteifigkeit von $EI = 4,25 \cdot 10^9 \, kNm^2$ besitzt.

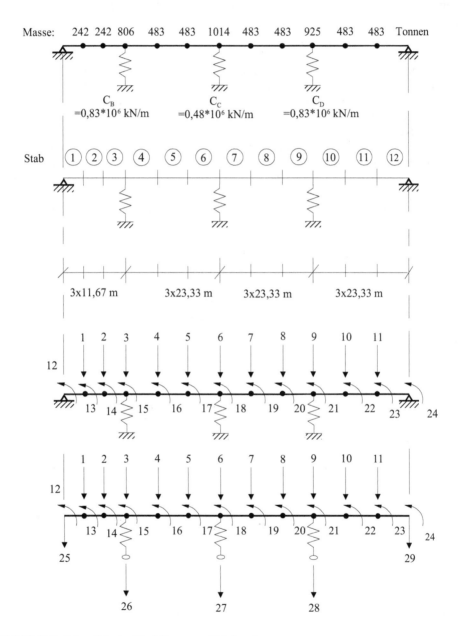

Bild 3-53 Talbrücke, diskretes Modell quer zur Brückenebene

In dem Modell wurden die Steifigkeitseigenschaften der Pfeiler näherungsweise durch elastische Federn abgebildet, während ihre Massen bei den Massen des Überbaus Berücksichtigung fanden. Wie im Bild 3-53 zu sehen, wurden diskrete Massen und entsprechende aktive kinematische Freiheitsgrade jeweils in den Drittelspunkten jeder Öffnung vorgesehen; damit ergeben sich im Überbau NU = 11 wesentliche und NFI = 13 unwesentliche (Rotations-)Freiheitsgrade. Zusätzlich wurden die NG = 5 Gründungsfreiheitsgrade 25 bis 29 eingeführt.

Das Programm RMATR liefert anhand dieser Information die (NU, NG)-Matrix $\underline{R}$ (Datei RMATR.txt), die gemäß Gleichung (3.75) die Verschiebungen in den wesentlichen Freiheitsgraden des Überbaues mit den Fundamentverschiebungen verknüpft. Die Eingabedatei ERMATR.txt entspricht weitgehend der Eingabedatei EKOND.txt des Programms zur statischen Kondensation, mit dem Unterschied, dass die Gründungsfreiheitsgrade bei der Inzidenzmatrix berücksichtigt werden und der dritte Eingabeblock mit den Nummern der wesentlichen Freiheitsgrade entfällt. Es muss jedoch bei der Nummerierung der Freiheitsgrade eine bestimmte Reihenfolge eingehalten werden: Zunächst werden die wesentlichen Freiheitsgrade des Überbaus sequentiell durchnummeriert, anschließend die unwesentlichen Freiheitsgrade des Überbaus und ganz zum Schluss die Gründungs-Freiheitsgrade. Um die Bedeutung der Matrix $\underline{R}$ anschaulich zu erläutern und eine willkommene Erprobung des Programms RMATR durchzuführen, wird eine Einheitsverschiebung entsprechend dem Freiheitsgrad 27 (Gründung des mittleren Pfeilers) dem System aufgezwungen. Das mit Hilfe des Matrizenmultiplikationsprogramms MAMULT gebildete Produkt $\underline{R} \cdot \underline{V}_g^{stat}$ mit $\underline{V}_g^{stat} = (0.0 \quad 0.0 \quad 1.0 \quad 0.0 \quad 0.0)^T$ liefert für die Verschiebungen $\underline{V}_s^{stat}$ in den 11 wesentlichen Freiheitsgraden folgende Werte:

(0.0186 0.0534 0.121 0.368 0.640 0.768 0.638 0.357 0.0896 -0.0383 -0.0490)

Die berechnete Biegelinie ist in Bild 3-54 skizziert; ihre Richtigkeit kann leicht durch eine statische Berechnung mit dem Programm RAHMEN bestätigt werden.

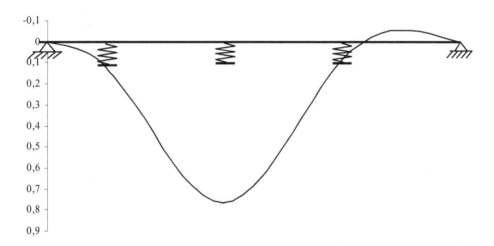

Bild 3-54 Statische Biegelinie infolge einer Einheitsverschiebung am Freiheitsgrad 27

Nun wird diese Brücke einem natürlichen Beschleunigungszeitverlauf unterworfen, und zwar einmal für den Fall, dass die Erregung synchron alle Auflagerpunkte erreicht, zum anderen unter der Annahme einer zeitlichen Verschiebung der Erregung. Diese beträgt, bezogen auf das Auflager A, 0,05 s für das Auflager B, 0,15 s für das Auflager C und 0,25 bzw. 0,35 s für die Auflager D und E. Die Zeitverlaufsberechnung erfolgt mit dem Programm NEWMAR, dessen Eingabedateien wie in Kapitel 1 beschrieben erstellt werden, mit Ausnahme des Lastvektors LASTV.txt, der von dem neuen Programm RLASTV erstellt werden muss. Die benötigte Dämpfungsmatrix $\underline{C}$ wurde hier als Vielfaches der Steifigkeitsmatrix gemäß $\underline{C} = \beta \cdot \underline{K}$ (steifig-keitsproportionale RAYLEIGH-Dämpfung) mit

$$\beta = \frac{D_1 \cdot T_1}{\pi} \tag{3.84}$$

ausgerechnet, wobei für T_1 und D_1 Werte von 0,4 s bzw. 5% angenommen wurden. Bei der Bestimmung der kondensierten Steifigkeitsmatrix der Struktur (Datei KMATR.txt) mit Hilfe des Programms KONDEN ist zu beachten, dass in der Inzidenzmatrix keine Gründungsfrei-heitsgrade vorkommen. Das Programm RLASTV liefert den Lastvektor $\underline{P}_{eff}$ gemäß Gleichung (3.78) unter Verwendung der vom Programm RMATR berechneten Matrix $\underline{R}$, der bereits vor-handenen Diagonale der Massenmatrix in den 11 Freiheitsgraden des Überbaus (Datei MDIAG.txt) sowie der Beschleunigungszeitverläufe in den Dateien ACCi.txt, hier i=1 bis 5 entsprechend ACC1.txt bis ACC5.txt.

Die Information, welcher Beschleunigungszeitverlauf welchem Gründungsfreiheitsgrad ent-spricht, wird der Datei NGACC.txt entnommen, in der einfach die Nummern i der Dateien ACCi.txt in der Reihenfolge „ihrer" Gründungsfreiheitsgrade stehen. Für synchrone Erregung aller Fußpunkte mit ACC1.txt enthält somit NGACC.txt fünfmal die 1, für die asynchrone Er-regung wie oben beschrieben nacheinander die Werte 1, 2, 3, 4 und 5.

Die Ergebnisse dieser Untersuchung werden in Bild 3-55, Bild 3-56 und Bild 3-57 präsentiert. Bild 3-55 zeigt einen Abschnitt der Zeitverläufe der horizontalen Verschiebung am Freiheits-grad 6 (mittlerer Pfeiler), Bild 3-56 die mit dem Programm INTFOR berechneten Zeitverläufe des Biegemoments an diesem Querschnitt. Darüber hinaus zeigt Bild 3-57 die Momentenlinien des Überbaus infolge beider Erregungsarten zu denjenigen Zeitpunkten, an denen jeweils die Verschiebungsmaxima erreicht werden (0,003179 m für V_6 zum Zeitpunkt 18,95 s für die syn-chrone Erregung und 0,002029 m für V_5 zum Zeitpunkt 18,79 s für die asynchrone Erregung). Der Verstimmungseffekt infolge der zeitversetzten Erregung bewirkt hier eine Reduzierung der resultierenden Zustandsgrößen.

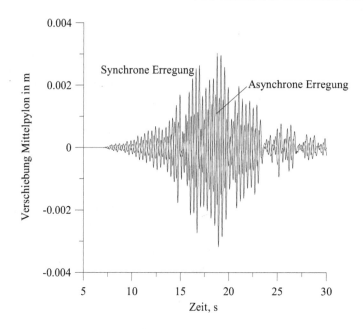

Bild 3-55 Zeitverläufe der Auslenkung am Kopf des mittleren Pfeilers

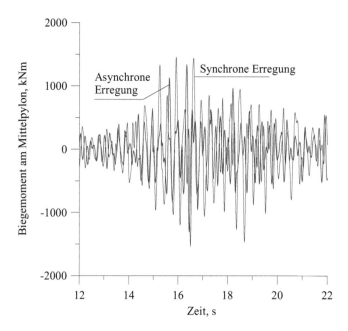

Bild 3-56 Biegemomente Brückendeck über dem mittleren Pfeiler

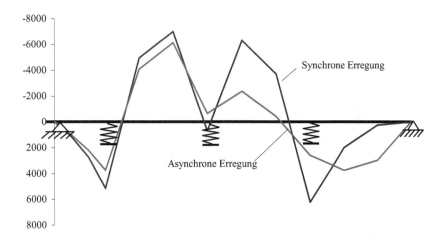

Bild 3-57 M-Linien in (kNm) zu den Zeitpunkten 18,95 s (synchron) und 18,79 s (asynchron)

3.3 Boden-Bauwerk Interaktion

In den letzten Jahren ist der Bedarf nach zuverlässigen Berechnungsverfahren zur Erfassung der dynamischen Baugrund-Bauwerk Interaktion deutlich gestiegen, da zurückliegende Erdbeben gezeigt haben, dass die korrekte Erfassung der Interaktion die Standsicherheit entscheidend beeinflussen kann. Grundsätzlich handelt es sich bei der Boden-Bauwerk Interaktion um ein komplexes Phänomen, bei dem Faktoren wie die Form des Baukörpers, die Art der Gründung, die Heterogenität der Bodeneigenschaften, das Geländeprofil und die Art der Belastung eine Rolle spielen. Für ingenieurmäßig vereinfachte Untersuchungen genügt es meist, den Baugrund als ein (halb-) unendliches Medium aufzufassen, womit auch die wichtige Eigenschaft der geometrischen Dämpfung (Wellenausbreitung ins Unendliche) erfasst wird. Je nach Formulierung des Problems kann allerdings die Berücksichtigung dieser so genannten Abstrahlbedingung mit Schwierigkeiten verbunden sein. Allgemein bedingt die Komplexität des Problems einen beträchtlichen analytisch/numerischen Aufwand, weshalb die Verfolgung der Boden-Bauwerk Interaktion nur in speziellen Fällen vorgenommen wird.

3.3.1 Allgemeines zur Boden-Bauwerk Interaktion

Bild 3-58 zeigt ein Bauwerk, das auf einem nichtstarren Halbraum gegründet ist. Das Gebäude kann über den Boden durch seismische Wellen angeregt werden oder es können Schwingungen im Bauwerk selbst (z.B. infolge laufender Maschinen) den Boden zu Schwingungen anregen. Es gilt, die daraus resultierende dynamische Antwort des Tragwerks zu bestimmen.

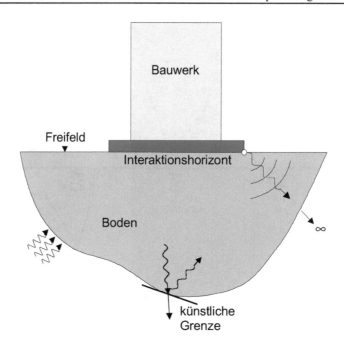

Bild 3-58 Boden-Bauwerk Interaktion

3.3.2 Untersuchungsmethoden

3.3.2.1 Direkte Methode und Substrukturmethode

Es stellt sich die Frage, wie die Energieabstrahlung konkret berücksichtigt werden kann. Wie in Bild 3-58 angedeutet, pflanzen sich Wellen, die von einem vibrierenden Gebäude ausgehen, bis ins Unendliche fort, es gibt in diesem Fall also keine Wellen, die zurückreflektiert werden. Zur Problembeschreibung können zwei Methoden herangezogen werden, nämlich die direkte Methode und die Substrukturmethode.

Bei der direkten Methode wird, wie in Bild 3-59 zu sehen, der Bereich des umliegenden Bodens bis zu gewissen willkürlich eingeführten Rändern mitmodelliert (z.B. mit Hilfe der Finiten Elemente Methode, mit der meistens auch das Bauwerk abgebildet wurde). Werden keine geeigneten „durchlässigen" Ränder mit entsprechenden Bedingungen eingeführt, können Wellenreflektionen zu erheblichen Verfälschungen der Ergebnisse führen.

Bei der Substrukturmethode (Bild 3-60) wird das Gesamtsystem in mehrere Teilsysteme (Substrukturen) zerlegt, deren Diskretisierung unabhängig voneinander erfolgen kann. Die Modellierung der Teilsysteme muss sicherstellen, dass die Kopplung der einzelnen Substrukturen an das Gesamtsystem an vorher definierten Schnittflächen (dem Interaktionshorizont) erfolgen kann. Damit wird jede Substruktur zu einem Makroelement mit den an den Schnittstellen definierten Kopplungsfreiheitsgraden als wesentliche Freiheitsgrade. Durch diese Zerlegung ist es möglich, für jedes Teilsystem eine geeignete Abbildung und ein dazu passendes Berechnungsverfahren zu wählen wie später noch genauer erläutert.

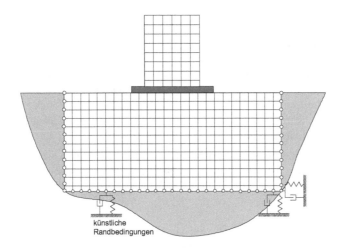

Bild 3-59 Direkte Methode

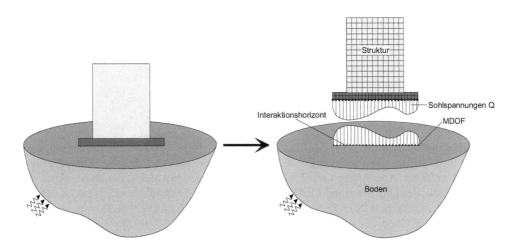

Bild 3-60 Substrukturmethode

3.3.2.2 Frequenzbereich und Zeitbereich

Die Beschreibung des Problems kann je nach Wahl der Methode im Frequenz- oder im Zeitbereich erfolgen. Bei Analysen im Frequenzbereich wird die Erregung in eine FOURIER-Reihe zerlegt und die Lösung für jeden Term einzeln bestimmt. Im Frequenzbereich treten (nach erfolgter Integraltransformation) einfache algebraische Gleichungen auf anstelle von Differentialgleichungen, jedoch hat diese Formulierung zwei gewichtige Nachteile: Einerseits ist die FOURIER-Transformation vom Zeit- in den Frequenzbereich und zurück für Bauingenieure relativ ungewohnt, andererseits können auf diesem Weg wegen des implizit gültigen Superpositionsprinzips nur lineare Systeme untersucht werden. Anschaulicher ist die Formulierung im Zeitbereich, die es zudem ermöglicht, Nichtlinearitäten zu berücksichtigen.

3.3.2.3 Einfache physikalische Modelle und Randelementmethode

Das Hauptaugenmerk einer dynamischen Boden-Bauwerk Interaktionsanalyse mit der Substruk-turmethode liegt auf der Berechnung der gekoppelten Kraft-Verschiebungs-Beziehungen längs des Interaktionshorizontes. Dabei kann die dynamische Steifigkeit des unbegrenzten viskoelas-tischen Bodens mit Hilfe der Randelementmethode oder auch mit der klassischen Finite-Element-Methode bestimmt werden. Eine weitere Möglichkeit ergibt sich durch die Verwen-dung von infiniten Elementen (Plaßmann et al., 1999) und absorbierenden Elementen, auf die aber in diesem Kapitel nicht weiter eingegangen wird.

Die Randelementmethode (engl. Boundary Element Method, BEM) ist ein semianalytisches Verfahren, das die Diskretisierung der Boden-Bauwerk Schnittstelle enthält und geschlossene analytische Lösungen benutzt, die die Randbedingungen im Unendlichen enthalten. Sie ist mathematisch recht anspruchsvoll, liefert jedoch ein brauchbares Werkzeug, um Boden-Bauwerk Interaktions-Probleme „exakt" und mit vertretbarem Aufwand zu lösen. (Antes 1993, Antes und von Estorff 1988, Beer 2001). Für viele Untersuchungen reichen allerdings einfache-re physikalische Modelle aus, um den Halbraum abzubilden. Auch wenn sie ungenauer sind, haben sie den Vorteil der einfachen Handhabung, zumal die meist geringe Zuverlässigkeit der Eingangsparameter eine hohe Genauigkeit der Ergebnisse von Haus aus ausschließt. Natürlich können einfache Modelle nicht alle Fragestellungen abdecken; so kann z.B. der Einfluss von benachbarten Bauwerken auf die zu untersuchende Struktur nicht mit einem Modell untersucht werden, das nur den Boden direkt unterhalb der zu untersuchenden Struktur abbildet.

3.3.3 Berechnungsmodelle

3.3.3.1 Bettungszahlmodell nach Winkler

Die mechanischen Eigenschaften des Baugrundes sind infolge der Schichtung, seiner plasti-schen Eigenschaften, des veränderlichen Grundwasserstandes und anderer Parameter nur schwer zu erfassen. Aus diesem Grund wird für die Beschreibung des Zusammenwirkens von Bauwerkfundament und Baugrund häufig das nach Winkler benannte Bettungszahlmodell an-gewandt, das zwar physikalisch nicht ganz „richtig", dafür aber mathematisch sehr einfach ist und sich leicht an Hand von anderweitig gewonnenen Ergebnissen skalieren lässt. Die Einfach-heit des Verfahrens entspricht zudem den üblichen Unsicherheiten bei der Bestimmung der mechanischen Kennwerte des Bodens. Bei dem Verfahren wird angenommen, dass, unabhängig von der Form des Fundamenblockes, elastische Kräfte nur an der Sohle des Fundamentes, nicht aber an den Seitenflächen auftreten. Da an den Fundamentseitenflächen häufig ein feiner Spalt zwischen Baugrund und Fundament entsteht, erscheint dies gerechtfertigt. Weiterhin wird vo-rausgesetzt, dass die auftretenden elastischen Sohlspannungen in jedem Punkt der Sohlfläche allein von den Verschiebungen dieses Punktes abhängen und zu diesen direkt proportional sind. Als Federkonstante erscheint die Bettungszahl C; sie entspricht der Bodenpressung, die eine Vertikalverschiebung der Flächeneinheit um eine Längeneinheit hervorrufen kann. C wird ent-weder aufgrund von experimentellen Daten oder aus Vorschriften in Abhängigkeit von der Bodenart und dem Dichteindex I_D bzw. dem Konsistenzindex I_C bei bindigen Böden festgelegt; es können Werte im Bereich von $2 \cdot 10^4$ kN/m^3 bis $14 \cdot 10^4$ kN/m^3 vorkommen.

In vielen Fällen, z.B. bei Blockfundamenten, kann die Verformung des Fundaments im Ver-gleich zu derjenigen des Bodens vernachlässigt werden. Das starre Blockfundament besitzt 6

Freiheitsgrade im Raum und die Bettung wird durch entsprechende Federn realisiert (Bild 3-61).

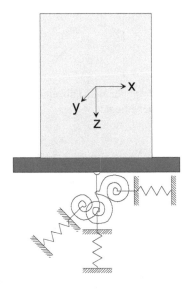

Bild 3-61 Bettungszahlmodell nach Winkler

Die Bewegungsgleichung eines ungedämpften elastisch gestützten starren Körpers für kleine Verschiebungen lautet

$$\underline{M}\ddot{u} + \underline{K}u = \underline{F}. \tag{3.85}$$

Darin ist $\underline{M}$ die Massenmatrix und $\underline{K}$ die Steifigkeitsmatrix des Systems. Für ein beliebig gelegenes kartesisches Koordinatensystem, dessen x, y-Ebene zur Sohlfläche parallel ist und in dem x_s, y_s, z_s die Abstände des Schwerpunkts vom Koordinatenursprung darstellen, lautet die Massenmatrix:

$$\underline{M} = \begin{bmatrix} m & 0 & 0 & 0 & z_s m & -y_s m \\ 0 & m & 0 & -z_s m & 0 & x_s m \\ 0 & 0 & m & y_s m & -x_s m & 0 \\ 0 & -z_s m & y_s m & I_{xx} & -I_{xy} & -I_{xz} \\ z_s m & 0 & -x_s m & -I_{xy} & I_{yy} & -I_{yz} \\ -y_s m & x_s m & 0 & -I_{xy} & -I_{yz} & I_{zz} \end{bmatrix}. \tag{3.86}$$

Die Massenträgheitsmomente in dieser Formel sind um die entsprechenden Achsen zu bilden; m ist die Masse der Gesamtstruktur. In der Praxis wird meistens versucht, Fundamente mit zwei lotrechten Symmetrieebenen herzustellen. Fällt das Koordinatensystem mit den Hauptträgheitsachsen zusammen, wird die Massenmatrix zu einer Diagonalmatrix. Für den Fall, dass der Sohlflächenschwerpunkt lotrecht unter dem Schwerpunkt des Fundamentes liegt und das Koordinatensystem ein Hauptachsenkreuz ist vereinfacht sich die Massenmatrix zu

$$\underline{M} = \begin{bmatrix} m & 0 & 0 & 0 & 0 & 0 \\ 0 & m & 0 & 0 & 0 & 0 \\ 0 & 0 & m & 0 & 0 & 0 \\ 0 & 0 & 0 & I_{xx} & 0 & 0 \\ 0 & 0 & 0 & 0 & I_{yy} & 0 \\ 0 & 0 & 0 & 0 & 0 & I_{zz} \end{bmatrix}. \tag{3.87}$$

Die Steifigkeitsmatrix $\underline{K}$ lautet wie folgt für den Fall eines kartesischen Koordinatensystems, dessen x, y-Ebene parallel zur Sohlfläche liegt:

$$\underline{K} = C \cdot s \begin{bmatrix} 0{,}7A_s & 0 & 0 & 0 & 0{,}7A_s z_{ss} & -0{,}7A_s y_{ss} \\ 0 & 0{,}7A_s & 0 & -0{,}7A_s z_{ss} & 0 & 0{,}7A_s x_{ss} \\ 0 & 0 & A_S & A_s y_{ss} & -A_s x_{ss} & 0 \\ 0 & -0{,}7A_s z_{ss} & A_s y_{ss} & A_{ss}(0{,}7z_{ss}^2 + y_{ss}^2) + 2I_{xs} & -A_s x_{ss} y_{ss} - 2I_{xys} & -0{,}7A_s x_{ss} z_{ss} \\ 0{,}7A_s z_{ss} & 0 & -A_s x_{ss} & -A_s x_{ss} y_{ss} - 2I_{xys} & A_s(0{,}7z_{ss}^2 + x_{ss}^2) + 2I_{ys} & -0{,}7A_s z_{ss} y_{ss} \\ -0{,}7A_s y_{ss} & 0{,}7A_s x_{ss} & 0 & -0{,}7A_s x_{ss} z_{ss} & -0{,}7A_s z_{ss} y_{ss} & 0{,}7A_s(x_{ss}^2 + y_{ss}^2) + 1{,}05I_{zs} \end{bmatrix} \tag{3.88}$$

In dieser Formel sind x_{ss}, y_{ss} und z_{ss} die Koordinaten des Sohlflächenschwerpunkts, A_s die Sohlfläche, I_{xs} und I_{ys} die Sohlflächenträgheitsmomente um die zum globalen Koordinatensystem parallelen Achsen durch ihren Schwerpunkt, I_{xys} das Sohlflächendeviationsmoment und I_{zs} das entsprechende polare Trägheitsmoment. Auch die Steifigkeitsmatrix $\underline{K}$ lässt sich vereinfachen, wenn das Koordinatensystem in die Hauptträgheitsachsen gelegt wird und der Sohlflächenschwerpunkt die Koordinaten $(0, 0, z_{ss})$ hat (Bild 3-61); sie lautet dann:

$$\underline{K} = C \cdot \begin{bmatrix} 0{,}7A_s & 0 & 0 & 0 & 0{,}7A_s z_{ss} & 0 \\ 0 & 0{,}7A_s & 0 & -0{,}7A_s z_{ss} & 0 & 0 \\ 0 & 0 & A_S & 0 & 0 & 0 \\ 0 & -0{,}7A_s z_{ss} & 0 & 0{,}7A_s z_{ss}^2 + 2I_{xs} & 0 & 0 \\ 0{,}7A_s z_{ss} & 0 & 0 & 0 & 0{,}7A_s z_{ss}^2 + 2I_{ys} & 0 \\ 0 & 0 & 0 & 0 & 0 & 1{,}05I_{zs} \end{bmatrix} \tag{3.89}$$

Es tritt in diesem Fall eine weitgehende Entkopplung des Differentialgleichungssystems (3.85) ein.

Die Dämpfung kann nach dem Ansatz von Savinov (Korenev und Rabinovic, 1980) berücksichtigt werden. Es wird ein Dämpfungswert $d = 2 \cdot D = \Theta \, \omega_m$ bei harmonischer Erregung und $d = 2 \cdot D = \Theta \, \omega$ bei transienter Erregung angenommen, wobei D das Lehrsche Dämpfungsmaß wie in Gleichung (1.48), ω_m die Erregerkreisfrequenz bei stationär-harmonischer Erregung und ω die jeweils angeregte Eigenfrequenz darstellen. Für Θ werden in Abhängigkeit vom Bodentyp Werte im Bereich von 0,002 s bis 0,008 s angenommen. In Gleichung (3.85) kommt links vom Gleichheitszeichen ein weiterer Term der Form $d \cdot \omega \cdot \underline{M} \cdot \underline{\dot{u}}$ hinzu, mit der Massenmatrix $\underline{M}$ und dem Vektor der Geschwindigkeiten $\underline{\dot{u}}$.

3.3.3.2 Kegelstumpfmodell nach Wolf

Für auf der Oberfläche homogener Böden gelagerte Fundamente sind von Wolf (1994) einfache Kegelstumpfmodelle entwickelt worden, in denen der Boden als homogenes, linearelastisches, halbunendliches Medium mit der Dichte ρ idealisiert wird. Für jeden der 6 Freiheitsgrade wird ein passender Kegelstumpf angenommen, wobei unterschiedliche Systeme für die Translation und die Rotation betrachtet werden (Bild 3-62).

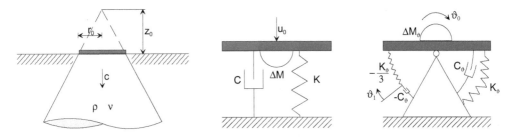

Bild 3-62 Kegelmodelle und diskrete Modelle für Translation und Rotation nach Wolf (1994)

Für jede Bewegungsrichtung wird das Verhalten eines starres Fundament mit der Fläche A_0 und dem Trägheitsmoment I_0 auf dem Boden mit der Querkontraktionszahl v, der Scherwellengeschwindigkeit c_s, der Kompressionswellengeschwindigkeit c_P und der Dichte ρ anhand eines Kegelstumpfes mit dem äquivalenten Deckradius r_0 (entsprechend einem Ersatzkreis der Fläche A_0) beschrieben.

Tabelle 3-7 Parameter zur Modellierung eines Fundaments auf einem homogenen Halbraum (nach Wolf)

Bewegungs-richtung	Horizontal	Vertikal		Kippen		Torsion
Äquivalenter Radius r_0	$\sqrt{\dfrac{A_0}{\pi}}$	$\sqrt{\dfrac{A_0}{\pi}}$		$\sqrt[4]{\dfrac{4I_0}{\pi}}$		$\sqrt[4]{\dfrac{2I_0}{\pi}}$
Verhältnis $\dfrac{z_0}{r_0}$	$\dfrac{\pi}{8}(2-v)$	$\dfrac{\pi}{4}(1-v)\left(\dfrac{c}{c_s}\right)^2$		$\dfrac{9\pi}{32}(1-v)\left(\dfrac{c}{c_s}\right)^2$		$\dfrac{9\pi}{32}$
Querkontrakti-onszahl v	alle v	$\leq \dfrac{1}{3}$	$\dfrac{1}{3} < v \leq \dfrac{1}{2}$	$\leq \dfrac{1}{3}$	$\dfrac{1}{3} < v \leq \dfrac{1}{2}$	Alle v
Wellenge-schwindigkeit c	c_s	c_p	$2c_s$	c_p	$2c_s$	c_s
Angeschlossene Masse ΔM, ΔM_η	0	0	$2{,}4\left(v-\dfrac{1}{3}\right)\rho A_0 r_0$	0	$1{,}2\left(v-\dfrac{1}{3}\right)\rho I_0 r_0$	0
Diskrete Mo-dellparameter	$K = \rho c^2 A_0 / z_0$ $C = \rho c A_0$			$K_\vartheta = 3\rho c^2 I_0 / z_0$ $C_\vartheta = \rho c I_0$		

Die Steifigkeits- und Dämpfungskoeffizienten sind frequenzunabhängig. Ergebnisse dieser Idealisierung sind in Tabelle 3-7 für Kreis- bzw. quadratische Fundamente zusammengefasst (Wolf 1994), wobei in den Formeln für c jeweils c_s oder c_p einzusetzen ist.

Das diskrete Rotationsmodell ist physikalisch nicht direkt interpretierbar, da es zu negativen Federsteifigkeiten und Dämpferkonstanten führen kann. Von Wolf (1994) stammt ein verbessertes Modell (Bild 3-63), das statt der Dämpfungskonstanten C_ϑ die veränderte Dämpfungskonstante C^*_ϑ und ein zusätzliches Moment M^*_0, welches im Verlauf der Berechnung bestimmt wird, enthält.

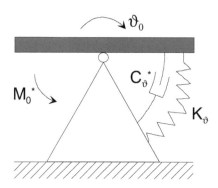

Bild 3-63 Verbessertes diskretes Modell für Rotation

3.3.3.3 Geometrische Dämpfung und Materialdämpfung

Bei der Analyse der Boden-Bauwerk Interaktion müssen zwei Arten von Dämpfung berücksichtigt werden, nämlich die geometrische Dämpfung (Abstrahldämpfung), die aus der Entfernung der Erregerquelle zum Objekt stammt und die Materialdämpfung, die auf die Reibung zwischen den einzelnen Bodenpartikeln zurückzuführen ist. Letztere kann durch Substitution von G durch $G(1+2i\zeta)$ und E durch $E(1+2i\zeta)$ berücksichtigt werden, mit ζ als Dämpfungsgrad des Bodens. Die Materialdämpfung ist unabhängig von der Erregerfrequenz. Zusätzlich kann auch eine Reibungsdämpfung numerisch berücksichtigt werden, etwa durch ein geeignetes nichtlineares Reibungselement.

3.3.3.4 Randelementmethode

Allgemein wird bei der Randelementmethode das Problem durch Integralgleichungen beschrieben, die sowohl Gebiets- als auch Randintegrale enthalten. Im Gegensatz zur Methode der Finite Elemente, bei der die Randintegrale verschwinden, versucht man bei der Randelementmethode durch eine entsprechende Formulierung des Problems die Gebietsintegrale zu eliminieren. Es gibt unterschiedliche Möglichkeiten zur Herleitung der Randelementmethode und zwar sowohl im Frequenz- als auch im Zeitbereich.

Ausgangspunkt ist das Bewegungsdifferentialgleichungssystem

$$\underline{M} \cdot \underline{\ddot{u}}(t) + \underline{C} \cdot \underline{\dot{u}}(t) + \underline{K} \cdot \underline{u}(t) = \underline{P}(t) - \underline{Q}(t) \tag{3.90}$$

Darin ist $\underline{u}$ der Verschiebungsvektor mit seinen entsprechenden Ableitungen, $\underline{M}$ die Massenmatrix, $\underline{C}$ die Dämpfungsmatrix und $\underline{K}$ die Steifigkeitsmatrix der Struktur. $\underline{P}$ ist der Lastvektor und $\underline{Q}$ der Vektor der Bodenreaktionen, die aus den Sohlspannungen resultierende Knotenkräfte darstellen. Bis auf $\underline{Q}$ sind alle Größen von den klassischen FEM-Formulierungen dynamischer Probleme her bekannt. Die Ankopplung der Substruktur „Baugrund" an das Bauwerk erfolgt über die Bodenreaktionskräfte Q. Freiheitsgrade des Interaktionshorizonts erhalten den Index I, alle anderen den Index R, womit sich (3.90) in der Form ergibt:

$$\begin{bmatrix} M_{RR} & M_{RI} \\ M_{IR} & M_{II} \end{bmatrix} \cdot \begin{Bmatrix} \ddot{u}_R \\ \ddot{u}_I \end{Bmatrix} + \begin{bmatrix} C_{RR} & C_{RI} \\ C_{IR} & C_{II} \end{bmatrix} \cdot \begin{Bmatrix} \dot{u}_R \\ \dot{u}_I \end{Bmatrix} + \begin{bmatrix} K_{RR} & K_{RI} \\ K_{IR} & K_{II} \end{bmatrix} \cdot \begin{Bmatrix} u_R \\ u_I \end{Bmatrix} = \begin{Bmatrix} P_R \\ P_I \end{Bmatrix} - \begin{Bmatrix} 0 \\ Q_I \end{Bmatrix} \quad (3.91)$$

Die übliche Randelement-Herleitung, z.B. nach Brebbia et al. (1984) führt zu einer Integralgleichung folgender Form:

$$c_{ij}(\xi)w_j(\xi) + \int_\Gamma T_{ij}(x,\xi)w_j(x)d\Gamma = \int_\Gamma G_{ij}(x,\xi)q_j(x)d\Gamma \quad (3.92)$$

Darin sind w_j und q_j die unbekannten Verschiebungen und Spannungen des Bodens, Γ der Rand und G_{ij}, T_{ij} die Fundamentallösungen bezüglich der Verschiebungen und Spannungen in j-Richtung, hervorgerufen durch eine Einheitslast im Punkt ξ in i-Richtung. Bezüglich weiterer Einzelheiten wird auf die entsprechende reichhaltige Literatur verwiesen.

Halbraumlösung

Durch Benutzung der GREENschen Funktionen für den geschichteten Halbraum lässt sich eine Lösung für (3.92) im Frequenzbereich finden. Das Integral auf der linken Seite von Gleichung (3.92) verschwindet in allen nichtsingulären Punkten. Es entsteht nach der Diskretisierung mit Randelementen ein lineares Gleichungssystem der Form

$$u = \underline{F} \cdot \underline{q} \quad (3.93)$$

$\underline{F}$ repräsentiert die Bodensteifigkeitsmatrix, $\underline{u}$ die Verschiebungen und $\underline{q}$ die Sohlspannungen im Interaktionshorizont. Die Steifigkeitsmatrix $\underline{F}$ des Bodens ist im Allgemeinen nicht quadratisch und auch nicht symmetrisch und ihre Koeffizienten sind frequenzabhängig. Um eine Ankopplung an das Finite-Element-Modell des Bauwerks zu ermöglichen muss sie quadratisch und invertierbar sein, was dadurch erreicht werden kann, dass rechteckige Elemente mit gleichen Ansatzfunktionen für die Verschiebungen und die Spannungen gewählt werden.

Die Kopplung von Randelementen mit Finiten Elementen fordert, dass das Gleichgewicht und die Kompatibilität im Interaktionshorizont erfüllt werden. Nach Anwendung von Transformationsmatrizen und der Kombination mit (3.70) führt dies zu

$$\underline{Q} = \underline{T}_q \cdot \underline{F}^{-1} \cdot \underline{T}_u \cdot \underline{u} = \underline{S}_{Boden} \cdot \underline{u} \quad (3.94)$$

mit $\underline{S}_{Boden}$ als komplexe Steifigkeitsmatrix des Bodens. Gleichung (3.94) lässt sich in die im Frequenzbereich formulierte Bewegungsgleichung

$$(-\underline{\omega}^2 \underline{M} + i\underline{\omega}\underline{C} + \underline{K}) \cdot \underline{u} = \underline{S} \cdot \underline{u} = \underline{P} - \underline{Q} \quad (3.95)$$

einsetzen. Das dabei entstehende lineare Gleichungssystem lässt sich wie üblich lösen.

Im Zeitbereich lautet das Differentialgleichungssystem für die Knotenverschiebungen $\underline{u}$:

$$\underline{M} \cdot \ddot{\underline{u}} + \underline{C} \cdot \dot{\underline{u}} + \underline{K} \cdot \underline{u} = \underline{P} - \underline{Q}(\underline{u}) . \quad (3.96)$$

Im Vergleich zur Frequenzbereichformulierung ist es hier schwierig, eine geeignete Fundamentallösung zu finden. Weitere Erläuterungen sind z.B. in Gaul & Fiedler (1997) zu finden.

Der Zusammenhang zwischen den Spannungen und Verschiebungen ist im Zeitbereich durch das Faltungsintegral (3.97) gegeben. Darin sind $\underline{u}$ die Verschiebungen an den Knoten des Interaktionshorizontes, $\underline{q}$ die Spannungen im Interaktionshorizont und $\underline{F}(t)$ die Bodensteifigkeitsmatrix als Impuls-Antwortmatrix. $\underline{F}(t)$ kann durch die Inverse FOURIER-Transformation aus dem im Frequenzbereich formulierten Gegenstück $\underline{F}(\omega)$ berechnet werden.

$$\underline{u}(t) = \int_0^t \underline{F}(t-\tau) \cdot \underline{q}(\tau)\, d\tau \tag{3.97}$$

Nach Auswertung des Faltungsintegrals ergibt sich folgende Beziehung für die Verschiebungen:

$$\underline{u}^{akt} = \underline{u}^{hist} + \underline{F}^{akt} \cdot \underline{q}^{akt}. \tag{3.98}$$

Hierbei sind $\underline{u}^{akt}$ und $\underline{q}^{akt}$ der Verschiebungsvektor und der Sohlspannungsvektor im aktuellen Zeitschritt, $\underline{F}^{akt}$ ist die aktuelle Steifigkeitsmatrix und $\underline{u}^{hist}$ ist der Verschiebungsvektor infolge der vorangegangenen Belastung durch die Sohlspannungen. Das oben beschriebene Vorgehen ist eine hybride Zeitbereichsformulierung, da die im Frequenzbereich formulierten GREENschen Funktionen verwendet wurden. Darüber hinaus gibt es auch nur im Zeitbereich formulierte GREENsche Funktionen (Bode, 2000).

Analog zur Vorgehensweise des vorangegangenen Abschnitts ergibt sich für die Bodenreaktionskräfte $\underline{Q}^{akt}$

$$\underline{Q}^{akt} = \underline{T}_q \cdot (\underline{F}^{akt})^{-1} \cdot \underline{T}_u \cdot \underline{u}^{akt} - \underline{T}_q \cdot (\underline{F}^{akt})^{-1} \cdot \underline{w}^{hist} = \underline{K}_{Boden}^{akt} \cdot \underline{u}^{akt} - \underline{Q}^{hist}. \tag{3.99}$$

mit $\underline{K}_{Boden}^{akt}$, als aktuelle Steifigkeitsmatrix des Bodens, kondensiert auf die Knoten im Interaktionshorizont. Der Einbau in die Bewegungsdifferentialgleichungen führt zu

$$\begin{bmatrix} M_{RR} & M_{RI} \\ M_{IR} & M_{II} \end{bmatrix} \cdot \begin{Bmatrix} \ddot{u}_R \\ \ddot{u}_I \end{Bmatrix} + \begin{bmatrix} C_{RR} & C_{RI} \\ C_{IR} & C_{II} \end{bmatrix} \cdot \begin{Bmatrix} \dot{u}_R \\ \dot{u}_I \end{Bmatrix} + \begin{bmatrix} K_{RR} & K_{RI} \\ K_{IR} & K_{II} + K_{Boden}^{akt} \end{bmatrix} \cdot \begin{Bmatrix} u_R \\ u_I \end{Bmatrix} =$$
$$\begin{Bmatrix} P_R \\ P_I + Q^{seism} \end{Bmatrix} + \begin{Bmatrix} 0 \\ Q^{hist} \end{Bmatrix} \tag{3.100}$$

wobei $\underline{Q}^{seism}$ den Vektor der seismischen Lasten darstellt. Diese Gleichung kann nun mit geeigneten Zeitintegrationsverfahren gelöst werden, wobei in jedem Zeitschritt die Bodensteifigkeitsmatrix $\underline{K}_{Boden}^{akt}$ aktualisiert werden muss. Der interessierte Leser wird bezüglich der Lösung der Randelementmethode mit GREENschen Funktionen und der Ankopplung der BEM an die FEM auf die Arbeiten von Bode (2000) und Hirschauer (2001) verwiesen.

Vollraumlösung

Im vorangegangenen Abschnitt ist als Fundamentallösung ein Ansatz mit einer Halbraumlösung benutzt worden. Der Vorteil liegt darin, dass nur die Kontaktfläche im Interaktionshorizont diskretisiert werden muss, dem Anwender bleibt es somit erspart, sich Gedanken darüber zu machen, wie weit das Freifeld diskretisiert werden muss um genaue Ergebnisse zu erhalten. Die Halbraumlösungen enthalten bereits die Bedingung, dass die Knoten an der Oberfläche keine Spannungskomponenten orthogonal zur Fläche aufweisen dürfen. Den Halbraumlösungen stehen die Vollraumlösungen gegenüber, die zwar eine Diskretisierung des Freifeldes erfordern, jedoch wesentlich einfacher zu formulieren sind. Die Spannungsfreiheit an der Oberfläche wird hierbei erst später als Randbedingung eingefügt. Auch bei den Vollraumlösungen erhält man unsymmetrische Steifigkeitsmatrizen. Es gibt allerdings mittlerweile Verfahren um dieses Problem zu umgehen und symmetrische, und damit invertierbare Steifigkeitsmatrizen zu erhalten (Sirtori et al., 1992). Die Ankopplung an das FE-Modell erfolgt in ähnlicher Weise wie oben beschrieben. Diese Vorgehensweise findet sich bei von Estorff und Firuziaan (2000). Eine übersichtliche Herleitung einer Vollraumlösung im Zeitbereich ist in der Arbeit von Pflanz (2001) zu finden.

3.3.4 Berechnungsbeispiel

3.3.4.1 Problemstellung

Die vorgestellten Rechenmodelle sollen nun auf einen Modellbrückenpfeiler angewendet werden. Der Brückenpfeiler wurde im Rahmen des europäischen Forschungsprojektes EUROSEIS-RISK (2001) von der Aristotle Universität von Thessaloniki geplant und auf dem in der Nähe von Thessaloniki liegenden Testgelände bei Volvi errichtet. Mit dem Brückenpfeiler im Modellmaßstab 1:5 wurden im Rahmen des Projektes zur Untersuchung der Boden-Bauwerk Interaktion verschiedene Tests durchgeführt. Bild 3-64 zeigt den endgültigen Brückenpfeiler mitsamt Überbau auf dem Testgelände. Der Pfeiler wurde für Horizontalbelastungen untersucht, die im Rahmen von Ausschwingversuchen mittels vorgespannter Seile aufgebracht wurden.

Bild 3-64 Brückenpfeiler auf dem Testgelände bei Thessaloniki im Modellmaßstab 1:5

3.3.4.2 Modellbeschreibung

Für die durchzuführenden Berechnungen müssen die Geometrie des Pfeilers und die Materialparameter von Brückenpfeiler und Boden bekannt sein. Bild 3-65 zeigt die Abmessungen des Pfeilers, des Überbaus und der Gründung und in Tabelle 3-8 sind sämtliche Materialparameter zusammengestellt.

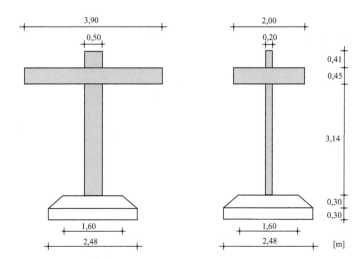

Bild 3-65 Abmessungen des Brückenpfeilers

Tabelle 3-8 Boden- und Strukturparameter

Boden	Schubmodul: $G = 21 \cdot 10^6$ N/m²
	Elastizitätsmodul: $E = 54{,}6 \cdot 10^6$ N/m²,
	Querkontraktionszahl: $\upsilon = 0{,}3$
	Scherwellengeschwindigkeit: $c_s = 100$ m/s
	Kompressionswellengeschwindigkeit: $c_p = 187{,}1$ m/s
	Dichte: $\rho = 2{,}1$ t/m³
	Dämpfung: $\xi = 0{,}01 - 0{,}02$
Brückenpfeiler (Stahlbeton)	Elastizitätsmodul: $E = 32 \cdot 10^9$ N/m²
	Querkontraktionszahl: $\upsilon = 0{,}3$
	Dichte: $\rho = 2{,}4$ t/m³

3.3.4.3 Brückenpfeiler unter Vertikallast

Vor der Durchführung der Ausschwingversuche wurde die Montage des Überbaus dazu genutzt die installierte Messtechnik zu testen. Hierzu wurde der Überbau mit den Abmessungen von 3,9 x 2,0 x 0,45 m und einem Gewicht von 10 t mit einem Kran in Position gebracht und nach Einführen des Pfeilers in die Aussparung des Überbaus schlagartig vom Ankerhaken gelöst. Für die daraus resultierenden Vertikalverschiebungen wurden vorab Simulationsrechnungen mit den in Abschnitt 3.3.3 vorgestellten Berechnungsmodellen durchgeführt. Konkret wurden die Berechnungen mit folgenden Ansätzen durchgeführt:

- Vereinfachter Ansatz mit einer Winkler Bettung
- Kegelstumpfmodell von Wolf (1994)
- Abbildung des Bodens mit finiten Volumenelementen (FEM)
- Abbildung des Bodens mit der Randelementemethode (BEM)

Die in den Berechnungen angesetzten Parameter der einzelnen Rechenmodelle sind in der Tabelle 3-9 zusammengefasst.

Tabelle 3-9 Bodenparameter und Parameter der einzelnen Modelle

Winkler Bettung	$K = 170 \cdot 10^6$ N/m
Kegelstumpfmodell	$r_{eq} = 1{,}41$ m; $I_0 = 3{,}26$ m^4; $v_s = 100$ m/s; $\rho = 2{,}1$ t/m^3
FEM	$E = 54{,}6 \cdot 10^6$ N/m^2; $\rho = 2{,}1$ t/m^3
BEM	$G = 21 \cdot 10^6$ N/m^2; $v_s = 100$ m/s

Bild 3-66 zeigt die Verläufe der vertikalen Verschiebungen des Fundaments infolge der vertikalen Stoßbelastung über die Zeit. Es ist zu erkennen, dass alle Modelle die tatsächlich gemessene Endsetzung von 0,61 mm sehr gut abbilden. Im Bereich der Anfangsbelastung hingegen ist deutlich sichtbar, dass mit dem Winkler Modell die Amplitude überschätzt wird und mit dem Federmodell von Wolf und der FEM-Lösung die Verschiebungsmaxima am Belastungsbeginn nicht abgebildet werden können. Die Randelementmethode zeigt hingegen ein realitätsnahes Verhalten mit einer moderaten Anfangsspitze und einem rasch abklingenden Schwingungsverhalten.

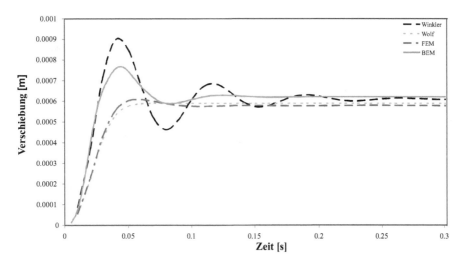

Bild 3-66 Vertikale Verschiebung des Fundaments für die verschiedenen Modelle

3.3.4.4 Brückenpfeiler unter Horizontallast

Der Brückenpfeiler wurde am Kopf mittels einer Abspannung mit einer Kraft von 1950 N in horizontaler Richtung beaufschlagt. Die Abspannung wurde dann schlagartig gelöst und mit entsprechenden Messaufnehmern wurde die freie Schwingung in Richtung der starken Achse des Brückenpfeilers aufgenommen. Gemessen wurden die Beschleunigungen in alle drei Raumrichtungen am kurzen Rand des Überbaus auf der gegenüberliegenden Seite des Krafteinleitungspunktes. Während des Versuchs war aufgrund des weichen Untergrundes eine deutliche Kippbewegung des Fundamentes feststellbar.

Für diese horizontale Belastung wurde eine Berechnung mit der Randelementemothode durchgeführt. Hierbei wurde für den Überbau linear elastisches Materialverhalten angenommen, da der Pfeiler für dieses Belastungsniveau vollständig im ungerissenen Zustand verbleibt. Die Ergebnisse der Berechnungen sind den Messergebnissen für die Beschleunigungen in horizontaler (Bild 3-67) und vertikaler Richtung (Bild 3-68) gegenübergestellt. Sie zeigen eine gute Übereinstimmung des Ausschwingverhaltens zwischen Berechnung und Messung.

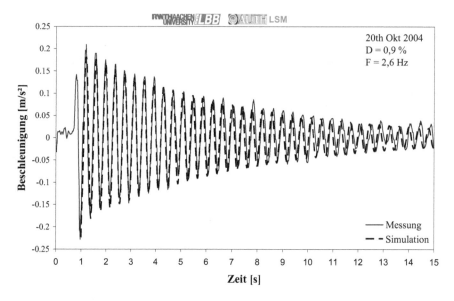

Bild 3-67 Vergleich von Messung und Berechnung der horizontalen Beschleunigungen des Überbaus

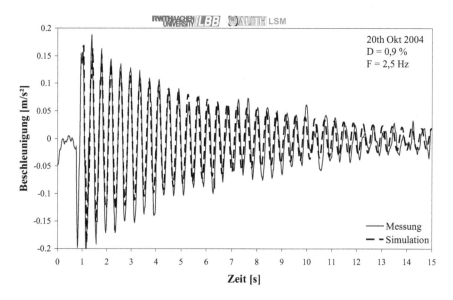

Bild 3-68 Vergleich von Messung und Berechnung der vertikalen Beschleunigungen des Überbaus

Weitere Anwendungen der hier vorgestellten Randelementmethode zur Untersuchung von Boden-Bauwerk Interaktionen finden sich im Endbericht des EU-Projektes EUROSEIS-RISK (Pitilakis, 2005).

Literatur Kapitel 3

Antes, H.: Boundary element methods in dynamic interaction problems, Minisymposium 2: Randelemente in der Dynamik, GAMM-Tagung Leipzig 1992. Z. angew. Math. Mech. 73, T63-T67, 1993.

Antes, H., von Estorff, O.: Seismic response amplification due to topographic influences. Proc. 9th. World Conf. Earthquake Engineering, Vol.III, 411-416. Tokyo/Kyoto, 1988.

ATC-40: Seismic Evaluation and Retrofit of Concrete Buildings. Applied Technology Council, Vol. 1, 1996.

Bachmann, H., Lang, K.: Zur Erdbebensicherung von Mauerwerksbauten. IBK Bericht Nr. 274, ETH Zürich, Mai 2002.

Banon, H., Biggs, J.M., Irvine, H.M.: Seismic Damage in Reinforced Concrete Frames. ASCE J. Struct. Div. Vol. 107, 1981.

Beer, G.: Programming the boundary element method. Wiley, 2001.

Bode, Ch.: Numerische Verfahren zur Berechnung von Baugrund-Bauwerk-Interaktion im Zeitbereich mittels Greenscher Funktionen für den Halbraum. Veröffentlichungen des Grundbauinstitutes der Technischen Universität Berlin, Heft 28, 2000.

Brebbia, C.A., Telles, J.C.F. & Wrobel, L.C.: Boundary Element Techniques. Springer-Verlag, Berlin/New York, 1984.

Chopra, A.K.: Dynamics of Structures, Theory and Applications to Earthquake Engineering. Prentice Hall, 2001.

Clough, R.W., Penzien, J.: Dynamics of Structures. McGraw-Hill Kogakusha, Tokyo, 1975.

DIN 4149: Bauten in deutschen Erdbebengebieten. Normenausschuss Bauwesen (NABau) im Deutsches Institut für Normung e.V., Beuth-Verlag, Berlin, April 2005.

DIN EN 1998-1: Eurocode 8: Auslegung von Bauwerken gegen Erdbeben – Teil 1: Grundlagen, Erdbebeneinwirkungen und Regeln für Hochbauten, Deutsche Fassung EN 1998-1:2004+AC:2009, Deutsches Institut für Normung (DIN), Berlin, Dezember 2010.

DIN EN 1998-1/NA: Nationaler Anhang – National festgelegte Parameter, Eurocode 8: Auslegung von Bauwerken gegen Erdbeben – Teil 1: Grundlagen, Erdbebeneinwirkungen und Regeln für Hochbauten, Deutsches Institut für Normung (DIN), Berlin, Januar 2011.

EUROSEISRISK: http://euroseis.civil.auth.gr, 2001.

Fajfar, P. , Drobnič, D.: Nonlinear seismic analysis of the ELSA buildings, Proc. 11th European Conference on Earthquake Engineering, Paris. CD-ROM, Balkema, Rotterdam, 1998.

Fajfar, P.: Capacity spectrum method based on inelastic demand spectra. Earthquake Engineering and Structural Dynamics, Vol. 28, 1999.

FEMA 273: NEHRP guidelines for the seismic rehabilitation of buildings. Federal Emergency Management Agency. Washington, D.C., USA, 1997.

FEMA 274: NEHRP commentary on the guidelines for the seismic rehabilitation of buildings. Federal Emergency Management Agency. Washington, D.C., USA, 1997.

FEMA 356: Prestandard and Commentary for the seismic rehabilitation of buildings. American Society of Civil Engineers (ASCE), Reston, VA., USA, 2000.

Gaul, L., Fiedler, Ch.: Methode der Randelemente in Statik und Dynamik. Vieweg-Verlag, Braunschweig/Wiesbaden, 1997.

Hirschauer, R.: Kopplung von Finiten Elementen mit Rand-Elementen zur Berechnung der dynamischen Baugrund-Bauwerk-Interaktion. Veröffentlichungen des Grundbauinstitutes der Technischen Universität Berlin, Heft 31, VDI-Verlag, 2001.

Korenev, B.G., Rabinovic, I.M.: Baudynamik. Berlin, VEB Verlag für Bauwesen, 1980.

Lu, S.: Mauerwerk und Erdbeben, Bemessungsansätze, aktuelle Forschung und Normungslage in Europa. Mauerwerk Kalender, Ernst & Sohn, 2010.

Lybas, J., Sozen, M.A.: Effect of Beam Strength and Stiffness on Dynamic Behaviour of Reinforced Concrete Rectangular and T-Beams. EERC Report 76-2, Berkeley, California, 1976.

Mahin, S.A., Bertero, V.V.: RCCOLA- A Computer Program for Reinforced Concrete Column Analysis. Department of Civil Engineering, University of California, Berkeley, August 1977.

Mattock, A.H.: Diskussionsbeitrag zu "Rotational Capacity of Reinforced Concrete Beams" von W.G. Corley. Journal of the Structural Division, ASCE, Vol. 93(2), 519-522, 1967.

Meskouris, K., Krätzig, W.B., Elenas, A., Heiny, L., Meyer, I.F.: Mikrocomputerunterstützte Erdbebenuntersuchung von Tragwerken. Wiss. Mitteilungen des SFB 151, Ruhr-Universität Bochum, Heft Nr. 8, Februar 1988.

Mistler, M.: Verformungsbasiertes seismisches Bemessungskonzept für Mauerwerksbauten. Dissertation, Lehrstuhl für Baustatik und Baudynamik, RWTH-Aachen, 2006.

Mistler, M., Butenweg, C., Fehling, E., Stürz, J.: Verformungsbasierte seismische Bemessung von Mauerwerksbauten auf Grundlage zyklischer Schubwandversuche. Bauingenieur, DACH-Einlage, S. 1-11, März 2007.

Newmark, N. M., Hall, W. J.: Earthquake spectra and design. EERI, Berkley, 1982.

Noh, S.-Y.: Beitrag zur numerischen Analyse der Schädigungsmechanismen von Naturzugkühltürmen. Dissertation, RWTH Aachen, Schriftenreihe des Lehrstuhls für Baustatik und Baudynamik, Heft 01/1, 2001.

Park, Y.J., Ang, A.H-S.: Mechanistic Seismic Damage Model for Reinforced Concrete. Journal of Structural Engineering, ASCE, Vol. 111, Nr. 4, S. 722-739, 1985.

Penelis, G.G., Kappos, A.J.: Earthquake Resistant Concrete Structures. E & FN Spon, London, 1997.

Pflanz, G.: Numerische Untersuchung der elastischen Wellenausbreitung infolge bewegter Lasten mittels der Randelementmethode im Zeitbereich. Fortschritt-Berichte VDI, Reihe 18 Mechanik/Bruchmechanik, Nr. 265, 2001.

Pitilakis, K.: EUROSEIS-RISK: Seismic Hazard Assessment, Site Effects and Soil Structure Interaction Studies in an Instrumented Basin / European Commission, Research Directorate-

General. URL http://euroseis.civil.auth.gr/ (EVG1-CT-2001-00040). – Forschungsbericht – Elektronische Ressource, 2005.

Plaßmann, B., Kirsch, F., Löhr, M. Vittinghoff, T. (1999): Implementierung infiniter Elemente im ANSYS Open System und deren Anwendungen bei Halbraumberechnungen in der Geotechnik. 17. CAD-FEM USERS MEETING in Sonthofen, 1999.

Prakash, V., Powell, G.H., Campbell, S. (1993): DRAIN-2DX, Base Program Description and User Guide Version 1.10. Report No. UCB/SEMM-93/17, University of California, Berkeley, November 1993.

Priestley, M.J.N, Park, R.: Strength and ductility of concrete bridge columns under seismic loading. ACI Struct. Journal, Vol. 84, Nr.1, S. 61-76, 1987.

Saiidi, M., Sozen, M.: Simple and complex models for nonlinear seismic response of reinforced concrete structures. Report, 1979.

Sasani, M., Kiureghian, A.: Fragility of reinforced concrete structural walls: displacement approach. Journal of Structural Engineering, ASCE, Vol.127 (2), 219-228, 2001.

Sirtori, S., Maier, G., Novati, G., Miccoli, S.: A Galerkin symmetric boundary element method in elasticity: formulation and implementation. Int. J. Num. Methods in Eng., 35, 255-282, 1992.

Sudhakar, A.: ULARC - Computer Program for Small Displacement Elasto-Plastic Analysis of Plane Steel and Reinforced Concrete Frames. Report No. CE/299-561, University of California, Berkeley, December 1972.

Sudhakar, A., Powell, G.H., Orr, G., Wheaton, R.: ULARC: Small Displacements Elasto-Plastic Analysis of Plane Frames. User's Manual, 1972.

Valles, R.E., Reinhorn, A,M., Kunnath, S.K., Li, C., Madan, A.: IDARC 2D Version 4.0 – A Computer Program for the Inelastic Damage Analysis of Buildings. Technical Report NCEER-96-0010, National Center for Earthquake Engineering Research, SUNY Buffalo 1996.

Vidic, T. Fajfar, P., Fischinger, M.: Consistent inelastic design spectra: strength and displacement. Earthquake Engineering and structural Dynamics, Vol. 23, 1994.

von Estorff, O., Firuzziaan, M.: Coupled BEM/FEM approach for nonlinear soil/structure interaction. Eng. Analysis with Boundary Elements 24 (10), 715-725, Elsevier, 2000.

Weitkemper, U.: Zur numerischen Untersuchung seismisch erregter Hochbauten mit Aussteifungssystemen aus Stahlbetonwandscheiben. Dissertation, RWTH Aachen, Schriftenreihe des Lehrstuhls für Baustatik und Baudynamik, Heft 00/1, 2000.

Wolf, J.P.: Foundation vibration analysis using simple physical models. Prentice Hall, 1994.

4 Erdbebenbemessung von Bauwerken nach DIN 4149 und DIN EN 1998-1

In diesem Kapitel wird zunächst ein Überblick über die Inhalte der DIN 4149 (2005) gegeben, der darauf abzielt, dem Ingenieur in der Praxis einen einfachen Einstieg in die Berechnungs- und Bemessungsverfahren der Erdbebennorm zu ermöglichen. Konkret werden die Aspekte des erdbebengerechten Tragwerksentwurfs, die Definition der Bemessungsspektren unter Berücksichtigung von Verhaltens- und Bedeutungsbeiwerten, die anwendbaren Rechenverfahren und die Nachweise der Standsicherheit vorgestellt. Im Anschluss daran werden die wesentlichen Änderungen der zukünftigen Erdbebennorm DIN EN 1998-1 (2010) gegenüber der DIN 4149 (2005) zusammengefasst. Abgeschlossen wird das Kapitel mit der Anwendung der Normen auf einfache und übersichtliche Bauwerke verschiedener Baumaterialien.

4.1 Inhaltliche Erläuterung der DIN 4149

4.1.1 Stand der Erdbebennormung in Deutschland

Die Erdbeben in Albstadt 1978 (Magnitude 5,7), Roermond 1992 (Magnitude 5,9) oder in Waldkirch 2004 (Magnitude 5,1) haben verdeutlicht, dass die erdbebensichere Auslegung von Bauwerken auch in Deutschland von großer Bedeutung ist. Dem wurde bereits im Jahr 1981 mit der Einführung der DIN 4149 (1981) „Bauten in deutschen Erdbebengebieten – Lastannahmen, Bemessung und Ausführung üblicher Hochbauten" Rechnung getragen. Diese Norm wurde durch den NABau-Arbeitsausschuss „Erdbeben; Sonderfragen" des Deutschen Instituts für Normung e.V. (DIN) auf Grundlage des Eurocode 8 (2004) vollständig überarbeitet. Auf Grundlage der DIN 4149 (2005) wurde mittlerweile das Nationale Anwendungsdokument DIN EN 1998-1/NA (2011) zur DIN EN 1998-1 (2010) erarbeitet. Diese Dokumente werden voraussichtlich ab 2012 bauaufsichtlich eingeführt und ersetzen dann die DIN 4149 (2005).

4.1.2 Anwendungsbereich und Zielsetzung

Die DIN 4149 (2005) gilt für den Entwurf, die Bemessung und die Konstruktion baulicher Anlagen des üblichen Hochbaus aus Stahlbeton, Stahl, Holz oder Mauerwerk in deutschen Erdbebengebieten. Zielsetzung der Norm ist der Schutz von Menschenleben, die Begrenzung von Schäden und die Gewährleistung der Funktionstüchtigkeit von baulichen Anlagen, die von Bedeutung für die öffentliche Sicherheit und Infrastruktur sind.

Besonders wichtig bei der Anwendung der Norm ist die Einhaltung der Gültigkeitsgrenzen auf übliche Hochbauten. Dies bedeutet, dass die Norm auf bauliche Anlagen und Teile baulicher Anlagen, von denen im Falle eines Erdbebens zusätzliche Gefahren ausgehen können, nicht angewendet werden kann. Gemeint sind hier Bauwerke aus den Bereichen der Verkehrsinfrastruktur (z.B. Brücken), der Wasserversorgung (z.B. Talsperren und Dämme), der Energieversorgung (z.B. Kraftwerke, Strommaste) oder der Industrie (z.B. Produktionsanlagen). Dies sind nur einige Beispiele, wo eine direkte Anwendung der Norm nicht zulässig ist. Hintergrund für die Einschränkung ist, dass das Sicherheitsniveau für übliche Hochbauten nicht auf diese „Sonderbauwerke" übertragbar ist und die DIN 4149 (2005) keine speziellen Regelungen für derartige Bauwerke enthält.

An dieser Stelle sei darauf hingewiesen, dass diese Einschränkungen größtenteils mit der Einführung des Eurocode 8 (2004) hinfällig sind, da dieser im Teil 2 für Brücken, im Teil 4 für Silos, Tanks und Rohrleitungen sowie im Teil 6 für Maste und Schornsteine spezielle Regelungen für Sonderbauwerke anbietet. Für den Teil 2 ist für Deutschland bereits die DIN EN 1998-2 (2010) mit dem Nationalen Anwendungsdokument DIN EN 1998-2/NA (2011) im Weißdruck erschienen. Die Teile 4 und 6 werden aktuell umgesetzt. Die Problematik des unterschiedlichen Sicherheitsniveaus wird in den Teilen 2, 4 und 6 durch die Anhebung der Erdbebeneinwirkung mit einem Bedeutungsbeiwert gelöst, der in Abhängigkeit von dem potentiellen Schadenspotential des Bauwerks als nationaler Parameter definiert wird.

4.1.3 Gliederung der DIN 4149

Der Blick auf die inhaltliche Gliederung (Tabelle 4-1) der Norm zeigt, dass den Regeln für den Entwurf und die Ausführung von erdbebengerechten Bauwerken eine hohe Bedeutung zukommt. Bei Einhaltung dieser Regeln kann der Berechnungsingenieur durch die Wahl einfacher ebener Rechenmodelle zeitsparend und ohne großen Aufwand die Berechnung mit der anschließenden Bemessung durchführen. Bei Nichteinhaltung schreibt die Norm komplexere Rechenmodelle vor, da das dynamische Verhalten durch einfache Modelle nicht ausreichend genau prognostiziert werden kann. Die Gliederung zeigt weiterhin, dass die materialspezifischen Regelungen für Stahl-, Beton-, Holz- und Mauerwerksbauten sehr ausführlich behandelt werden. Gründe hierfür sind die Erfassung der dissipativen Effekte in Form eines Verhaltensbeiwertes q, der für die Abminderung der Erdbebeneinwirkung herangezogen wird, und die Festlegung konstruktiver Regelungen zur Sicherstellung der erforderlichen Bauwerksduktilität.

Tabelle 4-1 Gliederung der DIN 4149 (2005)

Abschnitt	Titel	Seitenumfang
1	Anwendungsbereich	1
2	Normative Verweisungen	1
3	Begriffe	1
4	Entwurf und Bemessung	3
5	Erdbebeneinwirkung	10
6	Tragwerksberechnung	11
7	Nachweise der Standsicherheit	3
8	Besondere Regeln für Betonbauten	24
9	Besondere Regeln für Stahlbauten	8
10	Besondere Regeln für Holzbauten	1
11	Besondere Regeln für Mauerwerksbauten	4
12	Besondere Regeln für Gründungen und Stützbauwerke	2

Ein weiterer wichtiger Aspekt ist die Definition der Erdbebeneinwirkung auf Grundlage einer Erdbebenzonenkarte unter Berücksichtigung der tiefen und oberflächennahen Untergrundeigenschaften. Aus den beschriebenen Inhalten ergeben sich die in Bild 4-1 dargestellten Schwerpunkte: Definition der Erdbebeneinwirkung, erdbebengerechter Entwurf, Berechnungsverfahren und materialspezifische Regelungen. Diese Schwerpunkte werden im Folgenden detaillierter beschrieben.

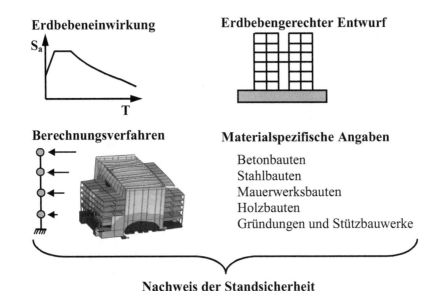

Erdbebeneinwirkung

Erdbebengerechter Entwurf

Berechnungsverfahren

Materialspezifische Angaben

Betonbauten
Stahlbauten
Mauerwerksbauten
Holzbauten
Gründungen und Stützbauwerke

Nachweis der Standsicherheit

Bild 4-1 Inhaltliche Gliederung der DIN 4149 (2005)

4.1.4 Erdbebengerechter Entwurf

Bei der Planung von Bauwerken in Erdbebengebieten ist es sinnvoll, bestimmte Entwurfs-grundsätze zu beachten, um die aus zurückliegenden Erdbeben bekannten Schäden schon bei der Grundkonzeption des Bauwerks zu vermeiden. Die Beachtung dieser Grundsätze ist von großer Wichtigkeit, da eine nicht erdbebengerechte Konzeption eines Bauwerks, wenn über-haupt, nur mit hohem Mehraufwand in den rechnerischen Nachweisen und in der Ausführung kompensiert werden kann. Die in der Erdbebennorm im Abschnitt 4 aufgeführten Entwurfs-grundsätze beinhalten allgemeine Regeln sowie Grundsätze für die Gestaltung von Grund- und Aufriss. Diese werden im Folgenden erläutert.

4.1.4.1 Grundrissgestaltung

Eine für den Erdbebenfall günstige Grundrissgestaltung kann anschaulich aus dem Lastabtrag der Horizontallasten abgeleitet werden. In diesem Lastabtrag haben die Geschossdecken die Aufgabe, die horizontalen Erdbebenkräfte auf die aussteifenden Elemente entsprechend ihrer Steifigkeit zu verteilen. Die Deckenscheiben werden in der Regel starr ausgeführt, so dass es zu keinen Relativverschiebungen zwischen den aussteifenden Elementen kommt. Für eine günstige Lastabtragung sollte der Gebäudegrundriss möglichst kompakt sein, damit die Decken ihre Form und Steifigkeit bei einem Erdbeben behalten.

Bild 4-2 zeigt Beispiele für ungünstige und günstige Grundrissformen. Aufgelöste Grundrisse mit einspringenden Ecken oder eine nachteilige Anordnung der Aussparungen können zu loka-len Überbeanspruchungen und damit zu plastischen Verformungen der Deckenscheiben im Erdbebenfall führen. Vermeiden lassen sich die ungünstigen Effekte durch die Unterteilung des Bauwerks in einzelne rechteckige Teilbauwerke, die durch ausreichend große Fugen voneinan-der getrennt sind. Zusätzlich sollten Aussparungen im Grundriss so angeordnet werden, dass die Querschnittsreduzierung zu keinen Überbeanspruchungen führt.

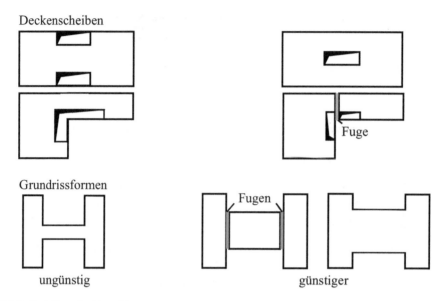

Bild 4-2 Gestaltung im Grundriss

Neben der Grundrissform ist auch die Anordnung der horizontal lastabtragenden Elemente von entscheidender Bedeutung für einen erdbebengerechten Entwurf. Zielsetzung ist es hierbei immer, die Steifigkeiten der lastabtragenden Elemente und Bauwerksmassen so zu verteilen, dass Steifigkeitsmittelpunkt und Massenschwerpunkt möglichst nahe beieinander liegen. Wenn dies der Fall ist, entstehen keine unerwünschten Torsionsschwingungen, die zu einer zusätzlichen Belastung des Bauwerks führen. Bild 4-3 verdeutlicht dies an einem Beispiel für eine symmetrische und eine unsymmetrische Anordnung von Schubwänden. Im Fall der unsymmetrischen Anordnung treten durch den Abstand von Steifigkeitsmittelpunkt und Massenschwerpunkt Torsionsschwingungen auf, wodurch zusätzliche Momente entstehen, die von den Wänden aufgenommen werden müssen.

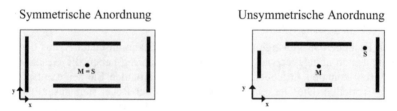

Bild 4-3 Beispiele für die Anordnung von Schubwänden

4.1.4.2 Aufrissgestaltung

Die Aufrissgestaltung hat ebenfalls einen großen Einfluss auf das Schwingungsverhalten eines Bauwerks. In Tabelle 4-2 sind exemplarisch ungünstige und günstigere Konfigurationen von Aufrissen gegenübergestellt.

Tabelle 4-2 Gestaltung im Aufriss

	Ungünstig	Günstiger
Hohe schlanke Bauwerke		
Massen in großer Höhe		
Horizontal versetzte Stützen		
Vertikaler Versatz von Geschossdecken		
Verbindung von Gebäudeteilen		
Gebäude mit Höhendifferenzen		Fuge

Im Falle von hohen und schlanken Bauwerken sowie bei Massen in großer Höhe kommt es zu extremen Beanspruchungen der Gründungen. Horizontal versetzte Stützen führen zu großen Biegebeanspruchungen der Decken, und bei Gebäuden mit Höhenversatz sollten auf Grund des unterschiedlichen Schwingungsverhaltens Fugen angeordnet werden. Weiterhin kann es bei einem vertikalen Versatz von Geschossdecken zu großen Querkraftbeanspruchungen in den Aussteifungselementen kommen. Zusätzlich sollten zwischen zwei Bauwerken die Verbindungen nicht starr ausgebildet werden, da es auf diese Weise zu schädigenden Interaktionen kommen kann. Ein weiterer Aspekt der Aufrissgestaltung ist die Verteilung der Steifigkeit über die Höhe. Es ist anzustreben, die Steifigkeit zur Vermeidung „weicher" Geschosse gleichmäßig über die Höhe zu verteilen. Besitzt ein Geschoss eine wesentlich geringere Steifigkeit, so kann es zum vollständigen Geschossversagen kommen (Bild 4-4).

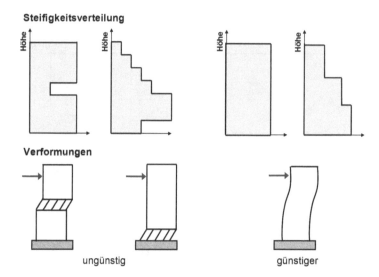

Bild 4-4 Steifigkeitsverteilung im Aufriss (Bachmann, 2002)

4.1.4.3 Ausbildung der Gründung

Die Gründung ist so zu konzipieren, dass es zu einheitlichen Verschiebungen für das gesamte Bauwerk kommt. Als praktische Umsetzung ist die Verbindung von Einzel- oder Streifenfundamenten durch Zerrbalken zu empfehlen, so dass Verschiebungsdifferenzen vermieden werden. Ist die Gründung nicht zusammenhängend, so ist die Konstruktion auf die zu erwartenden Differenzverschiebungen infolge der seismischen Bodenbewegungen auszulegen. Zusätzlich sollte bei der Gründung darauf geachtet werden, dass alle Gründungselemente eines Bauwerks auf Untergrund mit ähnlichen bodenmechanischen Eigenschaften gegründet werden. In Hanglagen ist die Gefahr von erdbebeninduzierten Hangrutschungen zu prüfen.

4.1.5 Erdbebeneinwirkung

4.1.5.1 Erdbebenzonenkarte und Untergrundbeschreibung

Die Erdbebengefährdung in Deutschland wird durch eine Erdbebenzonenkarte (Bild 4-5) mit der Zoneneinteilung von 0 bis 3 beschrieben. Die Referenz-Wiederkehrperiode für diese Karte beträgt 475 Jahre, was einer Wahrscheinlichkeit des Auftretens oder Überschreitens von 10 % in 50 Jahren entspricht. Jeder Erdbebenzone ist ein Bemessungswert der effektiven Bodenbeschleunigung a_g gemäß Tabelle 4-3 zugeordnet.

Die effektiven Beschleunigungen sind aussagekräftiger als maximale Bodenbeschleunigungen und können z.B. als quadratischer Mittelwert der Bodenbeschleunigung $a(t)$ über die Starkbebendauer T_B ermittelt werden:

$$a_{eff} = \sqrt{\frac{1}{T_B} \int_{0}^{T_B} [a(t)]^2 \, dt} \qquad\qquad (4.1)$$

Es ist zu beachten, dass die Effektivwerte der Beschleunigungen durch die Mittelung kleiner als die maximalen Bodenbeschleunigungen sind. Die Spektren der DIN 4149 (2005) stellen mit der Verwendung von Effektivwerten ein in sich geschlossenes Konzept dar, weshalb es nicht zulässig ist die Spektren abweichend von der Norm mit maximalen Bodenbeschleunigungen aufzustellen. Auch eine direkte Umrechnung der maximalen Bodenbeschleunigungen in Effektivwerte ist in einfacher Weise nicht möglich.

Tabelle 4-3 Erdbebenzonen mit zugehörigen Bodenbeschleunigungswerten

Erdbebenzone	Bemessungswert a_g der Bodenbeschleunigung in $[m/s^2]$
0	-
1	0,4
2	0,6
3	0,8

Zusätzlich wird der Einfluss der örtlichen Untergrundverhältnisse auf die Stärke des möglichen Bebens berücksichtigt und zwar sowohl hinsichtlich der Beschaffenheit der ersten 20 m des anliegenden Baugrundes als auch hinsichtlich der geologischen Untergrundverhältnisse. Der Baugrund wird in die Baugrundklassen A, B und C mit den in Tabelle 4-4 beschriebenen Eigenschaften klassifiziert. Die Klassifizierung erfolgt in der Regel im Rahmen eines Bodengutachtens. Liegen keine Informationen über den Baugrund vor, so ist auf der sicheren Seite die ungünstigste Baugrundklasse zu wählen.

Die geologischen Untergrundverhältnisse werden durch die Klassen R, S und T beschrieben (Tabelle 4-4), deren räumliche Verteilung einer Karte entnommen werden kann (Bild 4-5). Die in Bild 4-5 dargestellte Karte der Norm ist zu grobmaßstäblich, um für einen Standort verlässlich die Erdebenzone und geologische Untergrundklasse zu bestimmen. Zudem kann es zu Abweichungen der Karte von den Erdbebenkarten der einzelnen Bundesländer kommen, da in diesen in Übergangsbereichen häufig die Gemarkungsgrenzen zugrunde gelegt werden. Baurechtlich maßgebend sind deshalb immer die von den zuständigen Behörden der Bundesländer zur Verfügung gestellten Kartenwerke.

Tabelle 4-4 Baugrund- und Untergrundklassen

Baugrundklassen ($\leq$ 20m Tiefe)		Geologische Untergrundklassen (> 20 m)	
A	unverwitterte Festgesteine Scherwellengeschwindigkeiten: > 800 m/s.	R	Festgesteinsgebiete
B	mäßig verwitterte Festgesteine oder grob- bis gemischtkörnige Lockergesteine in fester Konsistenz Scherwellengeschwindigkeiten: 350 m/s – 800 m/s.	S	Gebiete flacher Sedimentbecken und Übergangszonen
C	gemischt- bis feinkörnige Lockergesteine in mindestens steifer Konsistenz Scherwellengeschwindigkeiten: 150 m/s - 350 m/s.	T	Gebiete tiefer Sedimentbecken

Als zulässige Kombinationen von geologischem Untergrund und Baugrund sind in der Norm die Untergrundkombinationen A-R, B-R, C-R, B-T, C-T, C-S angegeben. Die Kombinationen A-T, A-S oder B-S, also harter Baugrund über weichem geologischen Untergrund sind in der Norm nicht aufgenommen worden, da diese in der Realität nicht oder nur in wenigen Fällen vorkommen. Das gesamte Konzept der Erdbebenzonierung bezieht sich auf tektonische Beben und umfasst nur die in Deutschland im Falle von Erdbeben auftretende Schwingungsbelastung auf Bauwerke infolge der seismischen Wellenausbreitung. Dislokationseffekte mit bleibendem Versatz oder bis an die Oberfläche reichende Bruchflächen werden darin nicht berücksichtigt.

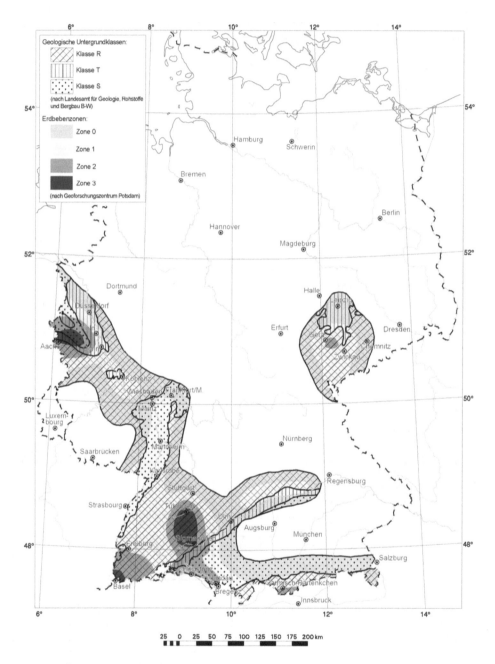

Bild 4-5 Erdbebenzonen und geologische Untergrundklassen (Meskouris, et al., 2004)

4.1.5.2 Elastisches Antwortspektrum

Die horizontale und vertikale Erdbebeneinwirkung wird durch elastische Antwortspektren beschrieben. Die Spektren sind definiert durch Funktionen zwischen den Einhängepunkten von A bis D an den so genannten Kontrollperioden T_A, T_B, T_C und T_D (Bild 4-6).

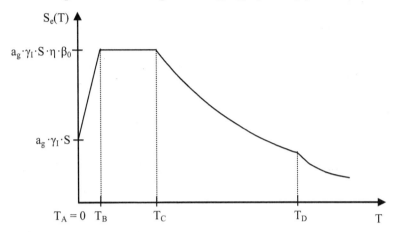

Bild 4-6 Elastisches Antwortspektrum

Die funktionalen Verläufe in den vier Bereichen sind wie folgt definiert:

$$T_A \leq T \leq T_B : \qquad S_e(T) = a_g \cdot \gamma_I \cdot S \cdot \left[1 + \frac{T}{T_B} \cdot (\eta \cdot \beta_0 - 1) \right] \tag{4.2}$$

$$T_B \leq T \leq T_C : \qquad S_e(T) = a_g \cdot \gamma_I \cdot S \cdot \eta \cdot \beta_0 \tag{4.3}$$

$$T_C \leq T \leq T_D : \qquad S_e(T) = a_g \cdot \gamma_I \cdot S \cdot \eta \cdot \beta_0 \cdot \frac{T_C}{T} \tag{4.4}$$

$$T_D \leq T : \qquad S_e(T) = a_g \cdot \gamma_I \cdot S \cdot \eta \cdot \beta_0 \cdot \frac{T_C T_D}{T^2} \tag{4.5}$$

mit:

$S_e(T)$	Spektralordinate des elastischen Spektrums
a_g	Bemessungswert der Bodenbeschleunigung (Tabelle 4-3)
T_{A-D}	Kontrollperioden des Spektrums
S	Bodenparameter
β_0	Verstärkungsfaktor der Spektralbeschleunigung; $\beta_0 = 2{,}5$ für 5 % Dämpfung
γ_I	Bedeutungsbeiwert nach Tabelle 4-7
η	Korrekturwert für Dämpfungswerte ungleich $\xi = 5$ %, $\eta = \sqrt{10/(5+\xi)} \geq 0{,}55$

Der Bemessungswert der effektiven Bodenbeschleunigung a_g wird mit der Erdbebenzonenkarte (Bild 4-5) und Tabelle 4-3 ermittelt. Die Kontrollperioden T_A, T_B, T_C und T_D und der Bodenparameter S werden in Abhängigkeit der geologischen Untergrundklasse und der Baugrundklasse (Tabelle 4-4) mit Tabelle 4-5 und Tabelle 4-6 bestimmt. Der Verstärkungsfaktor β_0 berücksichtigt die Erhöhung der Antwort des Einmassenschwingers gegenüber der effektiven Bodenbeschleunigung. Der Faktor stellt somit die Umrechnung in Spektralwerte dar. Da β_0 auf 5 % Dämpfung bezogen ist, erfolgt für andere Dämpfungswerte eine Korrektur mit dem Beiwert η.

Tabelle 4-5 Parameter des elastischen horizontalen Spektrums in [s]

Untergrundtyp	S	T_B	T_C	T_D
A-R	1,00	0,05	0,20	2,0
B-R	1,25	0,05	0,25	2,0
C-R	1,50	0,05	0,30	2,0
B-T	1,00	0,1	0,30	2,0
C-T	1,25	0,1	0,40	2,0
C-S	0,75	0,1	0,50	2,0

Tabelle 4-6 Parameter des elastischen vertikalen Spektrums in [s]

Untergrundtyp	S	T_B	T_C	T_D
A-R	1,00	0,05	0,20	2,0
B-R	1,25	0,05	0,20	2,0
C-R	1,50	0,05	0,20	2,0
B-T	1,00	0,1	0,20	2,0
C-T	1,25	0,1	0,20	2,0
C-S	0,75	0,1	0,20	2,0

Den angegebenen Spektren ist eine Referenz-Wiederkehrperiode von 475 Jahren mit einer Überschreitungswahrscheinlichkeit von 10 % in 50 Jahren zugeordnet. Um der Bedeutung von Bauwerken bei der Beschreibung der Erdbebeneinwirkung Rechnung zu tragen, werden die Spektren mit dem Bedeutungsbeiwert γ_I skaliert, wobei mit der Referenz-Wiederkehrperiode von 475 Jahren ein Bedeutungsbeiwert von 1,0 für gewöhnliche Wohngebäude verknüpft ist. Die Skalierung wird in Abhängigkeit der in Tabelle 4-7 angegebenen vier Bedeutungskategorien mit Bedeutungsbeiwerten von 0,8 bis 1,4 vorgenommen. Eine Modifikation des Bedeutungsbeiwertes kann interpretiert werden als eine Veränderung der Wiederkehrperiode bzw. der Überschreitungswahrscheinlichkeit, die durch eine Poisson-Verteilung beschrieben wird:

$$P_N = 1 - e^{-N/T_L} \tag{4.6}$$

Hierbei sind N die Anzahl der Jahre, für welche die Überschreitungswahrscheinlichkeit gesucht ist und T_L die gewünschte Wiederkehrperiode. Der Zusammenhang zum Bedeutungsbeiwert γ_I kann über die Referenz-Wiederkehrperiode T_{LR} hergestellt werden:

$$\gamma_I = \frac{1}{(T_{LR}/T_L)^{1/k}} \tag{4.7}$$

Der Exponent k ist von der Seismizität abhängig und kann nach DIN EN 1998-1 (2010) im Allgemeinen zu 3 angenommen werden. Alternativ kann der Bedeutungsfaktor auch mit den zu T_{LR} und T_L gehörigen Überschreitungswahrscheinlichkeiten P_{LR} und P_L ermittelt werden:

$$\gamma_I = \frac{1}{(P_L / P_{LR})^{1/k}} \tag{4.8}$$

In der Tabelle 4-7 sind die mit obigen Beziehungen berechneten Wiederkehrperioden für die einzelnen Bedeutungskategorien angegeben. Beispielsweise ergibt sich für den Bedeutungsfaktor $\gamma_I = 1{,}4$ eine Wiederkehrperiode von 1225 Jahre mit einer Überschreitungswahrscheinlichkeit von 4 % in 50 Jahren:

$$\gamma_{I,1225} = \frac{1}{(475/1225)^{1/3}} = 1{,}4 \quad \text{und} \quad P_{50,1225} = 1 - e^{-50/1225} = 0.04 = 4\%$$

Tabelle 4-7 Bedeutungskategorien mit Bedeutungsbeiwerten und Wiederkehrperioden (WKP)

Kategorie	Bauwerke	γ_I	WKP
I	Bauwerke von geringer Bedeutung für die öffentliche Sicherheit, z.B. landwirtschaftliche Bauten usw.	0,8	225 Jahre
II	Gewöhnliche Bauten, die nicht zu den anderen Kategorien gehören, z.B. Wohngebäude	1,0	475 Jahre
III	Bauwerke, deren Widerstandsfähigkeit gegen Erdbeben im Hinblick auf die mit einem Einsturz verbundenen Folgen wichtig ist, z.B. große Wohnanlagen, Verwaltungsgebäude, Schulen, Versammlungshallen, kulturelle Einrichtungen, Kaufhäuser usw.	1,2	825 Jahre
IV	Bauwerke, deren Unversehrtheit im Erdbebenfall von Bedeutung für den Schutz der Allgemeinheit ist, z.B. Krankenhäuser, wichtige Einrichtungen des Katastrophenschutzes und der Sicherheitskräfte, Feuerwehrhäuser usw.	1,4	1225 Jahre

Abschließend sei erwähnt, dass diese lineare Skalierung ein einfaches ingenieurmäßiges Vorgehen darstellt und aus ingenieurseismologischer Sicht nicht korrekt ist, da die Zonengrenzen für verschiedene Wiederkehrperioden nicht identisch sind. Da entsprechende Gefährdungskarten mit baurechtlicher Zulassung für Deutschland zurzeit noch nicht zur Verfügung stehen, ist die Skalierung mit Bedeutungsbeiwerten ein sinnvoller Ersatz.

4.1.5.3 Bemessungsspektrum für lineare Tragwerksberechnungen

Für lineare Berechnungen werden die in Abschnitt 4.1.5.2 vorgestellten elastischen Antwortspektren durch einen Verhaltensbeiwert q abgemindert. Der Verhaltensbeiwert q berücksichtigt pauschal die Bauwerksduktilität und überführt das elastische Antwortspektrum in ein inelastisches Bemessungsspektrum. Diese Vorgehensweise stellt eine starke Vereinfachung dar, da die Annahme getroffen wird, dass sich aus vorhandenen lokalen dissipativen Reserven eine globale Duktilität ergibt. Weiterhin ist die Verwendung der inelastischen Spektren für elastische Berechnungen nach dem Antwortspektrenverfahren mit anschließender Überlagerung der Ergebnisgrößen streng genommen nicht korrekt, da das Superpositionsprinzip nicht mehr gilt. Trotzdem ist dieser pragmatische Ansatz für den Einsatz in der Baupraxis gerechtfertigt und liefert eine Abschätzung des realen nichtlinearen dynamischen Tragwerksverhaltens. Der q-Faktor ist definiert als der Quotient zwischen der Reaktionskraft im elastischen System R_{el} und der Kraft R_{nl} im nichtlinearen System:

$$q = \frac{R_{el}}{R_{nl}} \qquad (4.9)$$

In der Norm wird der Verhaltensbeiwert q in Abhängigkeit des Baumaterials festgelegt. Die spezifischen Definitionen der q-Faktoren sind den Abschnitten 8 bis 11 der DIN 4149 (2005) den Regelungen für Beton-, Stahl-, Holz- und Mauerwerksbauten zu entnehmen. In Tabelle 4-8 sind die minimalen und maximalen q-Faktoren für die verschiedenen Materialien zusammengestellt.

Tabelle 4-8 Grenzen für die Verhaltensbeiwerte der unterschiedlichen Materialien

Verhaltensbeiwert	Stahlbeton	Stahl	Holz	Mauerwerk
min q	1,5	1,5	1,5	1,5
max q	3	8	4	2,5

Die angegebenen Verhaltensbeiwerte sind das Ergebnis von experimentellen und theoretischen Forschungsarbeiten (Chopra, 2001; Nensel, 1986; Tomazevic, 2004). Die Streubreite der Werte zeigt schon, dass die q-Faktoren Näherungswerte sind, die das nichtlineare Verhalten des Tragwerks, abhängig vom Tragwerkstyp und den zugehörigen Versagensmechanismen, integral zu beschreiben versuchen. Die q-Faktoren sind keine exakten Werte, da sie grundsätzlich das Ergebnis umfangreicher statistischer Auswertungen darstellen.

Aus den genannten Gründen sollten höhere q-Faktoren nur dann gewählt werden, wenn sichergestellt ist, dass vom Tragwerk die dafür notwendigen Verformungs- und Dissipationsmöglichkeiten zur Verfügung gestellt werden. Da die Erdbebeneinwirkung direkt mit diesen Faktoren abgemindert wird, sind die q-Faktoren sorgfältig und mit Bedacht zu wählen. Abschließend sei zum Vergleich noch erwähnt, dass in der alten Fassung der DIN 4149 (1981) ein Verhaltensbeiwert von 1,8 für alle Materialien implizit in den Antwortspektren eingearbeitet war.

4.1.6 Berechnungsverfahren

Der Einsatz nichtlinearer Rechenverfahren zur Ermittlung der Beanspruchungen ist im Gegensatz zur DIN EN 1998-1 (2010) in der DIN 4149 (2005) nicht zugelassen. Das Standard-Rechenverfahren ist das multimodale Antwortspektrenverfahren, bei dem alle durch das Erdbeben angeregten Frequenzen zur Berechnung der Kraft- und Verformungsgrößen des Tragwerks berücksichtigt werden.

Bei Erfüllung einer Reihe von den im Abschnitt 4.1.4 vorgestellten Merkmalen des erdbebengerechten Entwurfs kann alternativ das vereinfachte Antwortspektrenverfahren angewendet werden, bei dem nur die erste Grundschwingform berücksichtigt wird. Dafür sind folgende Bedingungen nach Abschnitt 6.2.2.1 der Norm zu erfüllen:

- Grundriss und Aufriss erfüllen die Regelmäßigkeitskriterien nach Abschnitt 4.3.2 und 4.3.3 der Norm

oder

- die Regelmäßigkeit für den Aufriss nach Abschnitt 4.3.3 der Norm ist erfüllt und es liegt eine symmetrische Verteilung von Horizontalsteifigkeit und Masse vor

und die Grundschwingzeit T_1 ist höchstens gleich $4 \cdot T_c$, wobei T_c die Kontrolleigenperiode nach Tabelle 4-5 ist. Sind die genannten Kriterien nicht erfüllt, ist das multimodale Antwortspektrenverfahren mit einem ebenen oder räumlichen Modell durchzuführen (Tabelle 4-9).

Es wird deutlich, dass der Aufwand für den Berechnungsingenieur bei Einhaltung der Regelmäßigkeitskriterien viel geringer ist. Damit kommt den Kriterien des erdbebengerechten Entwurfs (Abschnitt 4.1.4) eine größere Bedeutung zu, weshalb diese nach Möglichkeit schon in der Planungsphase durch den Architekten berücksichtigt werden sollten.

Tabelle 4-9 Rechenmodelle in Abhängigkeit der Regelmäßigkeitskriterien

Regelmäßig		Zulässige Vereinfachung	
Grundriss	Aufriss	Modell	Berechnung
Ja	Ja	eben	Vereinfachtes Antwortspektrenverfahren*
Ja	Nein	eben	Multimodales Antwortspektrenverfahren
Nein	Ja	räumlich**	Multimodales Antwortspektrenverfahren**
Nein	Nein	räumlich	Multimodales Antwortspektrenverfahren

* Falls die Bedingungen nach Abschnitt 6.2.2.1 der Norm erfüllt sind
** Bei Einhaltung der Kriterien nach Abschnitt 6.2.2.4 der Norm können die angegebenen Modelle verwendet werden

4.1.6.1 Vereinfachtes Antwortspektrenverfahren

Nach dem vereinfachten Verfahren ergibt sich die resultierende Gesamterdbebenkraft F_b als Produkt der Ordinate des Bemessungsspektrums $S_d(T_1)$ an der Stelle der Grundperiode T_1 mit der Gesamtmasse des Bauwerks M:

$$F_b = S_d\left(T_1\right) \cdot M \cdot \lambda \tag{4.10}$$

Der Faktor λ berücksichtigt die Tatsache, dass in Gebäuden mit mindestens drei Stockwerken und Verschiebungsfreiheitsgraden in jeder horizontalen Richtung die effektive modale Masse der Grundeigenform um etwa 15 % kleiner ist als die gesamte Gebäudemasse. Die Verteilung der Gesamterdbebenkraft auf das Tragwerk erfolgt affin zur ersten Eigenform oder vereinfacht linear über die Bauwerkshöhe. Die Einzelkräfte werden jeweils auf Höhe der Geschossdecken angesetzt. Die Bestimmungsgleichung der Geschosskräfte lautet:

$$F_i = F_b \cdot \frac{s_i\, m_i}{\sum s_j\, m_j} \tag{4.11}$$

Hierin sind m_i, m_j die Geschossmassen und s_i, s_j die zugehörigen Verschiebungen der Massen in der Grundschwingungsform. Bei der linearen Approximation der Grundschwingungsform entsprechen s_i, s_j den Höhen z_i, z_j der Massen m_i, m_j über dem Fundament. Anschaulich ist die Verteilung der Gesamterdbebenkraft in Bild 4-7 dargestellt.

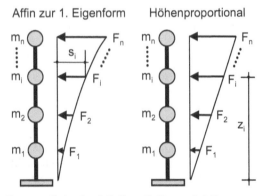

Bild 4-7 Verteilung der Gesamterdbebenkraft F_b über die Bauwerkshöhe

Zur Bestimmung der Perioden T_1 dürfen vereinfachte Beziehungen der Dynamik angewendet werden. So kann T_1 für Hochbauten mit einer Höhe von bis zu 80 m mit

$$T_1 = C_t \cdot H^{3/4} \tag{4.12}$$

abgeschätzt werden. Dabei ist H die Bauwerkshöhe in [m], und C_t ist mit 0,085 für biegebeanspruchte räumliche Stahlrahmen, mit 0,075 für biegebeanspruchte räumliche Stahlbetonrahmen und stählerne Fachwerkverbände mit exzentrischen Anschlüssen sowie mit 0,050 für alle anderen Tragwerke anzusetzen. Eine weitere Möglichkeit ist die Berechnung der ersten Eigenperiode am Ersatzstab nach Rayleigh:

$$T_1 = \left(\frac{1}{2\pi} \cdot \sqrt{\sum_{i=1}^{n} F_i d_i \left/ \sum_{i=1}^{n} m_i d_i^2 \right.} \right)^{-1} \tag{4.13}$$

In der Berechnungsformel sind m_i die Geschossmassen auf der jeweiligen Höhe h_i, F_i die Erdbebenersatzkräfte auf der Höhe h_i und d_i die horizontalen Verschiebungen auf der Höhe h_i infolge der Erdbebenersatzkräfte F_i. Alternativ wird von Müller und Keintzel (1984) eine Berechnungsformel unter Berücksichtigung der elastischen Einspannung ebenfalls basierend auf dem Ersatzstabverfahren von Rayleigh angegeben:

$$T_1 = 1,5 \cdot \sqrt{\left(\frac{h}{3EI} + \frac{1}{C_k I_F} \right) \cdot \sum_{j=1}^{n} \left(G_j + P_j \right) \cdot z_j^2} \tag{4.14}$$

mit:

h	Bauwerkshöhe in [m]
n	Anzahl der Geschosse [-]
z_j	Höhe der Geschossebene j [m]
E	Elastizitätsmodul des Bauwerks [MN/m^2]
I	Flächenträgheitsmoment des Ersatzstabes [m^4]
A	Fläche der Fundamentsohle [m^2]
I_F	Flächenträgheitsmoment der Fundamentsohle [m^4]
G_j	Eigengewicht auf Geschossebene j [MN]
P_j	Anteilige Verkehrslasten auf Geschossebene j [MN]
E_{sdyn}	Dynamischer Steifemodul des Baugrunds [MN/m^2]
$C_k = \dfrac{E_{sdyn}}{0,25\sqrt{A}}$	Dynamischer Kippbettungsmodul [MN/m^3]

4.1.6.2 Multimodales Antwortspektrenverfahren

4.1.6.2.1 *Anzahl der zu berücksichtigenden Eigenformen*

Das multimodale Antwortspektrenverfahren ist allgemein anwendbar und die Norm sieht, wie in Tabelle 4-9 angegeben, eine Anwendung auf ebene und räumliche Modelle vor. Bei räumlichen Modellen ist die Erdbebeneinwirkung entlang aller maßgebenden horizontalen Richtungen hinsichtlich der Grundrisskonfiguration und in den zugehörigen orthogonalen Achsen anzusetzen.

Die Norm gibt vor, dass die Beanspruchungsgrößen aus allen wesentlichen Schwingungsformen zu berechnen sind. Diese Bedingung ist erfüllt, wenn entweder die Summe der effektiven modalen Massen der berücksichtigten Schwingungsformen mindestens 90 % der Gesamtmasse des Tragwerks beträgt oder alle Schwingungsformen mit effektiven modalen Massen von mehr als 5 % der Gesamtmasse berücksichtigt werden. Diese Bedingungen sind bei räumlichen Modellen in jeder maßgebenden Richtung einzuhalten. Wenn keine dieser Bedingungen erfüllt werden kann, so sind mindestens k Eigenformen zu berücksichtigen:

$$k = 3 \cdot \sqrt{n} \text{ und } T_k \leq 0{,}20s \tag{4.15}$$

Hierin sind n die Anzahl der Geschosse über dem Fundament oder der Oberkante eines starren Kellergeschosses und T_k die Schwingzeit der k-ten Eigenform.

4.1.6.2.2   *Kombination der modalen Schnittgrößen*

Die Kombination der modalen Schnittgrößen der einzelnen Schwingungsformen kann mittels quadratischer Überlagerung nach der SRSS-Regel (Square root of sum squares mode combination method) erfolgen, wenn alle Eigenformen als linear unabhängig betrachtet werden können. Diese Bedingung ist erfüllt, wenn die Bedingung $T_i \leq 0{,}9\, T_j$ erfüllt ist. Liegen die Schwingungsformen sehr nahe beieinander (z.B. bei räumlichen Systemen mit gekoppelten Torsions- und Translationseigenformen), muss an Stelle der SRSS-Regel die CQC-Methode (Complete quadratic mode combination method) verwendet werden. Diese Methoden der Überlagerung werden in der Regel von allen gängigen Programmsystemen unterstützt.

4.1.6.2.3   *Kombination der Beanspruchungsgrößen infolge der Erdbebenkomponenten*

Das multimodale Antwortspektrenverfahren liefert bei Ansatz der entsprechenden Spektren die Beanspruchungsgrößen in die horizontalen Richtungen und die vertikale Richtung. Diese Beanspruchungsgrößen können quadratisch mit der SRSS-Regel überlagert werden, um die maßgebenden Bemessungsschnittkräfte zu erhalten.

Da die Norm in Abschnitt 6.2.4.2 angibt, dass es ausreichend ist, die Vertikalkomponente des Bebens auf Teilmodelle anzusetzen, kann die quadratische Überlagerung auch auf die horizontalen Richtungen reduziert werden. Für die Überlagerung der Schnittgrößen E_{Edx} und E_{Edy} in Folge der horizontalen Bebeneinwirkungen gibt die Norm alternativ zu der konservativen quadratischen Überlagerung folgende Kombinationsregel an:

$$\begin{aligned} E_{Edx} \oplus 0{,}30 \cdot E_{Edy} \text{ bzw.} \\ 0{,}30 \cdot E_{Edx} \oplus E_{Edy} \end{aligned} \tag{4.16}$$

Dabei muss jede einzelne Komponente in diesen Kombinationen mit dem für die betrachtete Schnittgröße ungünstigsten Vorzeichen angenommen werden.

4.1.7   Berücksichtigung von Torsionswirkungen

Bei Tragwerken mit symmetrischer Verteilung von Horizontalsteifigkeit und Masse können die nicht planmäßigen Torsionseffekte durch eine Erhöhung der ermittelten Schnittgrößen in den lastabtragenden Bauteilen mit einem Faktor δ berücksichtigt werden:

$$\delta = 1 + 0,6 \frac{x}{L_e} \tag{4.17}$$

Dabei ist x der Abstand des betrachteten Bauteils zum Massenmittelpunkt des Bauwerks, gemessen senkrecht zur Richtung der betrachteten Erdbebeneinwirkung, und L_e ist der Abstand zwischen den zwei äußersten horizontal last abtragenden Bauteilen, ebenfalls senkrecht zur Richtung der betrachteten Komponente des Bebens gemessen.

4.1.7.1 Tragwerke mit unsymmetrischer Verteilung von Steifigkeit und Masse

Bei Tragwerken mit unsymmetrischer Verteilung von Horizontalsteifigkeit und Masse, die mit einem dreidimensionalen Tragwerksmodell untersucht werden, ist nur die unplanmäßige Torsion durch eine in jedem Geschoss anzusetzende zufällige Exzentrizität in den maßgebenden Untersuchungsrichtungen zu berücksichtigen:

$$e_1 = 0,05 \cdot L_{1i}, \tag{4.18}$$

Hierbei ist L_i die Abmessung des Bauwerksgeschosses i senkrecht zur Erdbebenrichtung. Die zufällige Exzentrizität e_1 kann im Rechenmodell durch das Aufbringen von zusätzlichen Torsionsmomenten je Geschoss berücksichtigt werden. Dabei sind die Torsionsmomente mit wechselndem, aber für alle Geschosse gleichem Vorzeichen, aufzubringen. Alternativ können Tragwerke mit unsymmetrischer Verteilung von Horizontalsteifigkeit und Masse mit zwei ebenen Systemen in die Tragwerkshauptrichtungen untersucht werden, wenn folgende Anforderungen nach Abschnitt 6.2.2.4 der DIN 4149 (2005) erfüllt sind:

a) Die Bauwerkshöhe überschreitet 10 m nicht und das Bauwerk weist gut verteilte steife Außen- und Innenwände auf.

b) Die Deckenscheiben sind starr ausgebildet.

c) Die Steifigkeitsmittelpunkte und Massenschwerpunkte liegen näherungsweise auf einer vertikalen Geraden und es wird in jeder der beiden Berechnungsrichtungen folgende Bedingung eingehalten: $r^2 > l_s^2 + e_0^2$

In der Berechnungsformel ist l_s^2 das Quadrat des „Trägheitsradius", das dem Quotienten aus dem Massenträgheitsmoment des Geschosses für Drehungen um die vertikale Achse durch seinen Massenschwerpunkt und der Geschossmasse entspricht. Bei gleichmäßig verteilter Masse ergibt sich für einen Rechteckquerschnitt mit den Abmessungen L und B der Trägheitsradius zu:

$$l_s^2 = (L^2 + B^2)/12 \tag{4.19}$$

Mit r^2 wird das Quadrat des "Torsionsradius" bezeichnet, das dem Verhältnis zwischen der Torsions- und der Horizontalsteifigkeit des Geschosses in der betrachteten Berechnungsrichtung entspricht:

$$r_i^2 = \frac{k_T}{k_j} = \frac{\sum\limits_{i=1}^{n} k_i \cdot r_i^2 + \sum\limits_{j=1}^{l} k_j \cdot r_j^2}{k = \sum\limits_{i=1}^{n} k_j}, \quad r_j^2 = \frac{k_T}{k_i} = \frac{\sum\limits_{i=1}^{n} k_i \cdot r_i^2 + \sum\limits_{j=1}^{l} k_j \cdot r_j^2}{k = \sum\limits_{i=1}^{n} k_i} \tag{4.20}$$

mit:

h Bauwerkshöhe in [m]

k_i, k_j Steifigkeiten der Elemente parallel und senkrecht zur Erdbebenrichtung

k_T Torsionssteifigkeit des betrachteten Geschosses, $k_T = \sum\limits_{i=1}^{n} k_i \cdot r_i^2 + \sum\limits_{j=1}^{l} k_j \cdot r_j^2$

k Translationssteifigkeit in Erdbebenrichtung, $k = \sum\limits_{i=1}^{n} k_i$

n, l Anzahl der Aussteifungselemente parallel und senkrecht zur Erdbebenrichtung

r_i, r_j Abstände der Aussteifungselemente zum Steifigkeitsmittelpunkt

Für die gewählten ebenen Systeme bietet die Norm in Abhängigkeit vom Erfüllungsgrad der Bedingungen a), b) und c) verschiedene Möglichkeiten der Berücksichtigung von Torsionswirkungen an.

Werden die vorgenannten Bedingungen vollständig erfüllt, so können die Torsionswirkungen, nach (4.17) vereinfachend durch eine Erhöhung der linear elastisch ermittelten Schnittgrößen in den last abtragenden Bauteilen mit einem Faktor

$$\delta = 1 + 1{,}2\,\frac{x}{L_e}, \tag{4.21}$$

oder durch den Ansatz einer um den Faktor 2 vergrößerten zufälligen Exzentrizität

$$e_1 = \pm\, 0{,}1 \cdot L_i \tag{4.22}$$

berücksichtigt werden. Alternativ dazu kann ein genauerer rechnerischer Ansatz angewendet werden, wenn die Steifigkeitsmittelpunkte und Massenschwerpunkte der einzelnen Geschosse näherungsweise auf einer vertikalen Geraden liegen und in jeder der beiden Berechnungsrichtungen die Bedingung $r_x^2 > l_s^2 + e_{ox}^2$, $r_y^2 > l_s^2 + e_{oy}^2$ eingehalten ist. In dem Ansatz wird die Torsionswirkung in jeder Richtung unter Berücksichtigung der tatsächlichen Exzentrizität e_o, der zusätzlichen Exzentrizität e_2 (dynamische Wirkung von gleichzeitigen Translations- und Torsionsschwingungen) und der zufälligen Exzentrizität e_1 angesetzt. Hierbei ergibt sich die zusätzliche Exzentrizität e_2 sich als Minimum aus den folgenden Berechnungsformeln:

$$e_2 = 0{,}1 \cdot (L + B) \cdot \sqrt{\frac{10 \cdot e_0}{L}} \le 0{,}1 \cdot (L + B) \tag{4.23}$$

$$e_2 = \frac{1}{2 e_o} \left[l_s^2 - e_0^2 - r^2 + \sqrt{\left(l_s^2 + e_0^2 - r^2 \right)^2 + 4 \cdot e_0^2 \cdot r^2} \right] \tag{4.24}$$

Mit den Exzentrizitäten e_0, e_1 und e_2 sind je Geschoss die Exzentrizitäten e_{min} und e_{max} zu bestimmen (Bild 4-8):

$$e_{max} = e_0 + e_1 + e_2$$
$$e_{min} = 0{,}5\,e_0 - e_1 \tag{4.25}$$

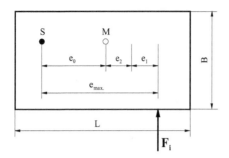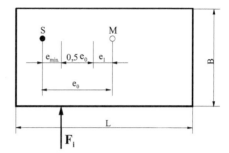

Bild 4-8 Ansätze der Exzentrizitäten in ebenen Modellen

Mit den Exzentrizitäten e_{min} und e_{max} können für ein Tragwerk mit in Erdbebenrichtung liegenden Aussteifungselementen (Index i) und senkrecht dazu liegenden Aussteifungselementen (Index j) die resultierenden Wandkräfte bestimmt werden. Dazu wird für jedes Aussteifungselement eines Geschosses eine Verteilungszahl bestimmt, die einen prozentualen Anteil der insgesamt vom Geschoss aufzunehmenden horizontalen Erdbebenersatzlast F_i darstellt. Die Verteilungszahlen für die Aussteifungselemente in die Richtungen parallel und senkrecht zur Belastungsrichtung ergeben sich zu:

$$s_i = \frac{k_i}{k}\left(1 \pm \frac{k \cdot r_i \cdot e}{k_T}\right), \quad s_j = \frac{k_j \cdot r_j \cdot e}{k_T} \tag{4.26}$$

Das Vorzeichen in dem Klammerausdruck ist positiv anzusetzen, wenn r_i und e auf der gleichen Seite des Steifigkeitsmittelpunktes liegen. Im anderen Fall ist das negative Vorzeichen zu wählen. Für die Variable e sind e_{max} oder e_{min} so einzusetzen, dass sich für jedes Aussteifungselement die maßgebenden Verteilungszahlen ergeben. Vorteilhaft ist, dass dieser genauere Ansatz, im Gegensatz zum vereinfachten Ansatz, auch angewendet werden kann, wenn nur die Bedingungen b) und c) erfüllt sind. Der genauere Ansatz ist wegen des hohen Rechenaufwands jedoch nur für eine automatisierte Nachweisführung mittels geeigneter Programme zu empfehlen. Da der Ansatz kleinere Beanspruchungsgrößen liefert und damit wirtschaftlicher ist, sollte dieser bei zur Verfügung stehenden Programmen verwendet werden.

Sind nur die Bedigungen a) und b) erfüllt, so kann die Berechnung mit dem vereinfachten oder dem genaueren Torsionsansatz durchgeführt werden, jedoch sind in diesem Falle alle Beanspruchungsgrößen infolge Erdbebeneinwirkung mit 1,25 zu multiplizieren. Ist keine der Bedingungen a), b) und c) erfüllt, so ist eine dreidimensionale Berechnung durchzuführen. Werden dreidimensionale Modelle verwendet, so sind die Torsionsschwingungen infolge der Bauwerksexzentrizitäten bereits im Modell enthalten. Die zufälligen Exzentrizitäten werden durch die Berücksichtigung zusätzlicher Torsionsmomente in allen Geschossen berücksichtigt:

$$M_{1i} = e_{1i} \cdot F_i \tag{4.27}$$

Dabei ist e_{1i} die zuällige Exzentrizität der Geschossmasse i gegenüber ihrer planmäßigen Lage, die für alle Geschosse in der gleichen Richtung anzusetzen ist:

$$e_{1i} = \pm 0,05 \cdot L_i \tag{4.28}$$

Hierbei ist L_i die Geschossabmessung senkrecht zur Richtung der Erdbebeneinwirkung. Bild 4-9 zeigt abschließend die verschiedenen Ansätze der Torsionswirkung im Gesamtüberblick.

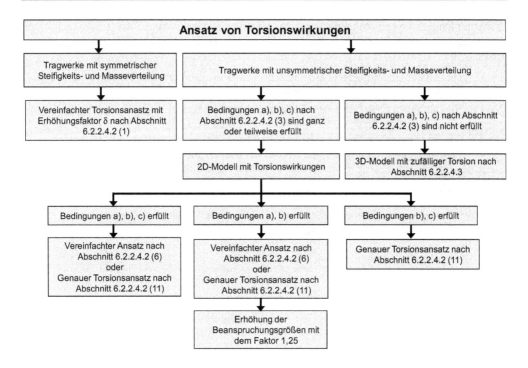

Bild 4-9 Ansatz von Torsionswirkungen

4.1.8 Nachweis der Standsicherheit

Der Nachweis der Standsicherheit nach DIN 4149 (2005) umfasst folgende Einzelnachweise:

- Tragfähigkeit
- Duktilität
- Gleichgewicht
- Tragfähigkeit der Gründungen
- Erdbebengerechte Fugen

Wie schon bei den Berechnungsverfahren können diese Nachweise bei Einhaltung bestimmter Konstruktionsmerkmale und Randbedingungen ganz oder teilweise entfallen.

4.1.8.1 Vereinfachter Nachweis der Standsicherheit

Die Nachweise der Standsicherheit für Hochbauten der Bedeutungskategorien I bis III können vollständig entfallen, wenn folgende Bedingungen erfüllt sind:

- Die mit einem Verhaltensbeiwert von q = 1,0 ermittelte horizontale Gesamterdbebenkraft ist kleiner als die Horizontalkraft, die sich aus anderen ständigen und vorübergehenden Bemessungssituationen ergibt (z.B. Wind in Kombination mit ständigen Lasten und Verkehrslasten).
- Die Kriterien des erdbebengerechten Entwurfs sind erfüllt.

Weiterhin kann auf einen rechnerischen Nachweis für den Grenzzustand der Tragfähigkeit bei Wohn- und ähnlichen Gebäuden verzichtet werden, wenn die folgenden Bedingungen eingehalten sind:

- Die Anzahl der Vollgeschosse überschreitet nicht die Werte der Tabelle 4-10.
- Die Kriterien des erdbebengerechten Entwurfs sind erfüllt.
- Bauten in den Erdbebenzonen 2 und 3 entsprechen zusätzlich den Regelmäßigkeitskriterien nach Abschnitt 4.3 der Norm.
- Die maximale Geschosshöhe beträgt 3,50 m.
- Für Mauerwerksbauten sind die Regeln nach Abschnitt 11.6 der Norm eingehalten.

Tabelle 4-10 Maximale Anzahl von Vollgeschossen Bauwerke ohne rechnerischen Nachweis

Erdbebenzone	Bedeutungskategorie	Maximale Anzahl an Vollgeschossen
1	I bis III	4
2	I bis II	3
3	I bis II	2

4.1.8.2 Grenzzustand der Tragfähigkeit

Die Ermittlung des Bemessungswertes der Beanspruchungen E_{dAE} erfolgt nach den Kombinationsregeln der DIN 1055-100 (2001) für die Bemessungssituation Erdbeben:

$$E_{dAE} = E\left\{\sum_{j\geq1} G_{k,j} \oplus P_k \oplus \gamma_1 \cdot A_{Ed} \oplus \sum_{i\geq1} \psi_{2,i} \cdot Q_{k,i}\right\} \tag{4.29}$$

mit:

E	„Summe" der entsprechenden Schnittgrößen
$\oplus$	„in Kombination mit"
$G_{k,j}$	Charakteristischer Wert der ständigen Einwirkung j
A_{Ed}	Bemessungswert der Erdbebeneinwirkung
$Q_{k,i}$	Charakteristischer Wert der veränderlichen Einwirkung i
$\psi_{2,i}$	Kombinationsbeiwert für die veränderliche Einwirkung i
P_k	Vorspannung
γ_1	Wichtungsfaktor für Erdbeben nach DIN 1055-100 (2001), ($\gamma_1 = 1,0$)

Der Bemessungswert der Erdbebeneinwirkung A_{Ed} wird hierbei unter Berücksichtigung aller permanent wirkenden Vertikallasten ermittelt:

$$A_{Ed} = A\left\{\sum G_{k,j} \oplus \sum \psi_{E,i} Q_{k,i}\right\} = A\left\{\sum G_{k,j} \oplus \sum \varphi \psi_{2,i} Q_{k,i}\right\} \tag{4.30}$$

Hierbei ist φ nach DIN 4149 (2005), Tabelle 6 und der Kombinationsbeiwert ψ_{2i} nach DIN 1055-100 (2001) anzusetzen. Der Nachweis der Tragfähigkeit erfolgt durch die Gegenüberstellung des Bemessungswertes der Beanspruchungen E_{dAE} mit der Bemessungstragfähigkeit R_d:

$$E_{dAE} < R_d = R \left\{ \frac{f_k}{\gamma_m} \right\} \tag{4.31}$$

Hierin sind f_k der charakteristische Wert der Festigkeit des verwendeten Baustoffs und γ_M der Teilsicherheitsbeiwert auf der Materialseite.

Bei der Ermittlung der Beanspruchungsgrößen kann der Einfluss der Theorie II. Ordnung (P-Δ-Effekt) vernachlässigt werden, wenn die Bedingung

$$\theta \approx \frac{P_{tot} \cdot d_t}{V_{tot} \cdot h} \leq 0{,}10 \tag{4.32}$$

erfüllt ist. Hierbei sind P_{tot} die vorhandene Vertikallast oberhalb des betrachteten Stockwerks, d_t die gegenseitige Stockwerksverschiebung, h die Stockwerkshöhe und V_{tot} die Geschossquerkraft infolge Erdbebeneinwirkung. Werte von $\theta > 0{,}3$ sind unzulässig und für Werte $0{,}1 < \theta \leq 0{,}2$ kann der P-Δ-Effekt näherungsweise durch Vergrößerung der Schnittkräfte aus Erdbeben mit dem Faktor $1/(1 - \theta)$ erfasst werden.

4.1.8.3 Nachweis der Duktilität

Der Duktilitätsnachweis kann durch Beachtung der baustoffbezogenen Regeln der Abschnitte 8 bis 12 der Norm geführt werden. Diese stellen sicher, dass sich in den kritischen Zonen, in denen inelastische Phänomene zu erwarten sind, das gewünschte duktile Verhalten einstellt. Die Regeln der Kapazitätsbemessung erlauben die gezielte Wahl der Bereiche, die als kritische Zonen fungieren sollen, damit sich die gewünschte Verteilung der Fließgelenke einstellt.

4.1.8.4 Nachweis des Gleichgewichts

Die globale Gleichgewichtsbedingung ist erfüllt, wenn Kippen und Gleiten des gesamten Baukörpers nach den Anforderungen der DIN 1054 (2010) ausgeschlossen werden können.

4.1.8.5 Nachweis der Tragfähigkeit von Gründungen

Nachzuweisen ist, dass die Gründung die ermittelten Auflagerkräfte sicher aufnehmen kann. Hierbei sind die Anforderungen nach Abschnitt 12 der Norm zu beachten. Die Bemessungsschnittgrößen sind auf der Grundlage der Kapazitätsbemessung unter Berücksichtigung von Überfestigkeiten zu ermitteln, wobei diese nicht größer angesetzt werden als die Schnittgrößen, die sich aus einer elastischen Berechnung mit dem Verhaltensbeiwert q = 1 ergeben.

4.1.8.6 Nachweis der erdbebengerechten Ausführung von Fugen

Ungewollte „pounding"- Effekte (Gegeneinanderschlagen benachbarter Bauwerke und Bauwerksabschnitte) sind nach Abschnitt 7.2.6 der Norm zu vermeiden. Ein Zusammenstoß kann ausgeschlossen werden, wenn der Abstand angrenzender Bauteile nicht kleiner ist als die Wurzel aus der Summe der Quadrate der jeweiligen Maximalwerte der Horizontalverschiebungen. Bei der Berechnung der Verschiebungen sind die mit dem Bemessungsspektrum ermittelten Verschiebungen mit dem Verhaltensbeiwert zu multiplizieren. Bei der Planung der Fugengröße ist die Zusammendrückbarkeit des eventuell eingebauten Fugenmaterials zu berücksichtigen. Falls kein genauerer Nachweis hierzu geführt wird, sollte die planmäßige Fugengröße auf das 1,5fache erhöht werden. Bei Reihenhäusern kann auf einen Nachweis verzichtet werden, wenn der Abstand zwischen zweischaligen Haustrennwänden mindestens 40 mm beträgt.

4.1.9 Baustoffspezifische Regelungen für Betonbauten

Der Verbundwerkstoff Stahlbeton bietet als Kombination aus dem natürlich duktilen Werkstoff Stahl und dem quasi-spröden Beton die Möglichkeit hohe Duktilitäten zu erzielen. Voraussetzung hierfür ist eine entsprechende konstruktive Durchbildung und Konzeption des Tragwerks zur Sicherstellung der Verformungsfähigkeit. Die Norm sieht für die Auslegung von Betonbauten zwei Duktilitätsklassen vor, die sich hinsichtlich der Duktilitätsanforderungen und damit auch dem Aufwand für den Tragwerksplaner deutlich unterscheiden. In der Norm beträgt der Umfang für Betonbauten auf Grund der vielen konstruktiven Detailanforderungen an die unterschiedlichen Bauteile mit 24 Seiten fast ein Drittel der Norm. Im Folgenden wird auf eine detaillierte Wiedergabe aller Regelungen verzichtet, vielmehr wird versucht das grundlegende Verständnis für die normativen Regelungen zu erläutern.

4.1.9.1 Teilsicherheitsbeiwerte

Der Nachweis im Grenzzustand der Tragfähigkeit erfolgt für die in Abschnitt 4.1.8.2 beschriebene außergewöhnliche Bemessungssituation. Als Sicherheitsbeiwerte auf der Materialseite sind die Teilsicherheitsbeiwerte $\gamma_s = 1,0$ für Stahl und $\gamma_c = 1,3$ für Beton nach DIN 1045-1 (2001) anzusetzen. Zusätzlich ist ein Festigkeitsabfall infolge der zyklischen Schädigung der Baustoffe zu berücksichtigen. Da hierfür in der Regel keine ausreichenden Informationen zur Verfügung stehen, können vereinfachend die Teilsicherheitsbeiwerte $\gamma_s = 1,15$ für Stahl und $\gamma_c = 1,5$ für Beton der ständigen und vorübergehenden Bemessungssituation nach DIN 1045-1 (2008) angesetzt werden.

4.1.9.2 Duktilitätsklasse 1

Die Duktilitätsklasse 1 umfasst Tragwerke mit natürlicher Duktilität, die im Wesentlichen nach DIN 1045-1 (2008) bemessen und konstruiert werden. Hierbei werden in horizontaler Richtung ein Verhaltensbeiwert q von 1,5 und in vertikaler Richtung von 1,0 unabhängig vom Tragsystem und der Regelmäßigkeit des betrachteten Bauwerks angesetzt. Der Einsatz von nichtlinearen Berechnungsverfahren ist vom Ansatz her nicht vorgesehen. Wenn diese zum Einsatz kommen, muss eine doppelte Ausnutzung von plastischen Reserven infolge q > 1 und nichtlinearen Rechenverfahren ausgeschlossen werden. Die Betonfestigkeitsklasse muss mindestens C 16/20 betragen. Zusätzlich sind folgende Anforderungen zur Sicherung einer ausreichenden lokalen und globalen Duktilität einzuhalten:

- Erdbebenkräfte abtragende Bauteile sind mit hochduktilen Stählen nach DIN 1045-1 (Typ B) auszuführen: $\varepsilon_{uk} \geq 5\ \%$, $(f_t / f_y)_k \geq 1,08$, $f_t / f_{yk} \geq 1,3$.

- In Schubwänden wird die Bemessungsquerkraft um den Faktor 1,5 erhöht. Dieser Faktor berücksichtigt die Biegeüberfestigkeit und stellt sicher, dass es zu einem duktilen Biegeversagen und nicht zu einem plötzlichen Schubversagen mit hohem Festigkeitsabfall kommt.

- In symmetrisch bewehrten Druckgliedern (Stützen, Wände), die für die Abtragung von horizontalen Erdbebenkräften über Biegebeanspruchung herangezogen werden, darf die bezogene Normalkraft $v_d = N_{sd}/(A_c \cdot f_{cd})$ die Grenzwerte $v_d = 0,25$ für Stützen und $v_d = 0,20$ für Wände nicht überschreiten. Die Beschränkung stellt eine ausreichende Krümmungsduktilität sicher, die bekanntlich mit zunehmender Normalkraft stark abnimmt (Bild 4-10).

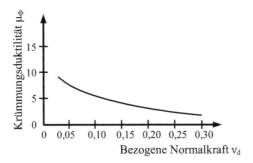

Bild 4-10 Krümmungsduktilität in Abhängigkeit der bezogenen Normalkraft v_d (Park und Pauly, 1975)

- In Rahmenriegelanschlüssen mit Rechteckquerschnitt ist der zulässige Bewehrungsgrad der Zugbewehrung auf $\rho_{max} = 0,03$ beschränkt. Durch diese Anforderung wird eine zu starke Abminderung der Krümmungsduktilität durch einen hohen Biegebewehrungsgehalt verhindert. Zusätzlich ist mindestens die Hälfte der Zugbewehrung als Druckbewehrung anzuordnen, um zyklische Belastungen sicher aufnehmen zu können. Diese Regelungen der Norm sind aus Versuchen abgeleitet. Exemplarisch zeigt Bild 4-11 die Zusammenhänge für einen Balken unter reiner Biegung mit einem Bewehrungsgehalt ρ_Z in der Zugzone und ρ_D in der Druckzone. Es wird deutlich, dass Querschnitte mit Zug- und Druckbewehrung zu einem duktileren Verhalten als einseitig bewehrte Querschnitte führten (Bild 4-11).

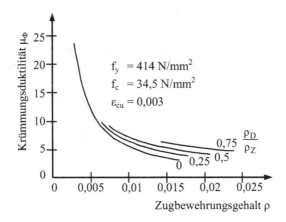

Bild 4-11 Bewehrungsgehalte ρ_Z, ρ_D und Krümmungsduktilität μ_Φ (Park und Pauly, 1975)

- Für die Verankerungslänge von Bewehrungsstäben in Stützen, die zur Biegetragfähigkeit in kritischen Bereichen beitragen, ist das Verhältnis der erforderlichen zur vorhandenen Querschnittsfläche der Bewehrung ohne Abminderung mit 1,0 anzusetzen. Damit wird sichergestellt, dass sämtliche Bewehrungsstäbe ausreichend verankert sind und ihre volle Fließkraft entwickeln können.

Auf eine Überprüfung der vorgenannten Anforderungen kann gänzlich verzichtet werden, wenn in den Druckgliedern (Stützen, Wände) die erforderliche Bewehrung um 20 % erhöht wird. Durch diese Vorgehensweise entspricht der Aufwand für den Tragwerksplaner einer konventionellen Bemessung, die trotz ihrer Einfachheit zu konstruktiv und wirtschaftlich sinnvollen Lösungen führt.

4.1.9.3 Duktilitätsklasse 2

In der Duktilitätsklasse 2 werden durch konstruktive Maßnahmen die lokale Duktilität kritischer Tragwerksbereiche und somit auch die globale Systemduktilität erhöht. Die Sicherstellung der Duktilität erfolgt durch die Einhaltung von spezifischen konstruktiven Regeln für sämtliche Bauteile des Gesamttragwerks. Grundlegendes Ziel ist es, immer ein duktiles Versagen infolge Biegung bei gleichzeitiger Vermeidung eines spröden Versagens infolge Schub zu erreichen.

4.1.9.3.1 Verhaltensbeiwerte

Der Verhaltensbeiwert q für die vertikale Erdbebeneinwirkung sollte mit 1,0 angenommen werden, wenn die Wahl eines höheren q-Faktors nicht rechnerisch begründet wird. In der horizontalen Erdbebenrichtung ist der Verhaltensbeiwert wie folgt zu bestimmen:

$$q = q_0 \cdot k_R \cdot k_w \geq 1,5 \tag{4.33}$$

mit:

q_0 Grundwert des Verhaltensbeiwertes nach Tabelle 4-11

k_R Beiwert zur Berücksichtigung der Regelmäßigkeit im Aufriss (Abschnitt 4.1.4.2)

$k_R = 1,0$ für regelmäßige Tragwerke

$k_R = 0,8$ für unregelmäßige Tragwerke

k_w Beiwert zur Berücksichtigung der vorherrschenden Versagensart bei Tragsystemen mit Wänden. Der Beiwert k_w ist für vorwiegend rahmenartige Systeme mit 1,0 anzusetzen. Für Systeme mit Wänden berechnet sich der Beiwert wie folgt:

$k_w = (1 + \alpha_0)/3 \leq 1$, aber $\geq 0,5$ für Tragwerkstyp 1 nach Tabelle 4-11.
Hierbei ist α_0 das vorherrschende Maßverhältnis H_w/l_w, wobei H_w die Höhe und l_w die Länge einer Wandscheibe sind. Unterscheiden sich die Maßverhältnisse nicht wesentlich, wird α_0 wie folgt berechnet:

$$\alpha_0 = \frac{\sum H_{wi}}{\sum l_{wi}}$$

Die Berechnungsformel für den Beiwert k_w berücksichtigt die vorherrschende Versagensart von Tragsystemen mit Wänden. Bei größeren H_w/l_w Verhältnissen handelt es sich um schlanke Tragwandsysteme, die sich biegestabähnlich und damit duktil verhalten. Bei kleineren H_w/l_w Verhältnissen nimmt der Schubabtrag zu und folglich die Duktilität ab.

Tabelle 4-11 Grundwerte des Verhaltensbeiwertes q_0, DIN 4149 (2005), Tabelle 9

Tragwerkstyp	q_0
1. Rahmensystem, Wandsystem, Mischsystem	3,0
2. Kernsystem	2,0
3. Umgekehrtes Pendel System	1,7

4.1.9.3.2 *Lokale Duktilität*

Die globale Duktilität eines Tragwerks kann dadurch sichergestellt werden, dass in den kritischen Tragwerksbereichen die Bildung von plastischen Gelenken ermöglicht wird. Dazu ist in diesen Bereichen die Bereitstellung einer ausreichenden Duktilität erforderlich, die maßgeblich von der Rotationsfähigkeit der Plastifizierungsbereiche abhängig ist. Diese wird im Wesentlichen von der Krümmungsduktilität μ_Φ auf Querschnittsebene bestimmt, die definiert ist als das Verhältnis der Krümmung Φ_u, die dem 0,85fachen Spitzenwert des aufnehmbaren Moments M_{max} im abfallenden Ast entspricht, und der Krümmung Φ_y bei Erreichen des Plastifizierungsbeginns (Bild 4-12). Nach DIN 4149 (2005) liegt eine ausreichende Krümmungsduktilität vor, wenn μ_Φ mindestens folgende Werte annimmt:

$$\mu_\phi = 1{,}5 \cdot (2q_0 - 1), \text{ wenn } T_1 \geq T_C \tag{4.34}$$

$$\mu_\phi = 1{,}5 \cdot \left[1 + 2 \cdot (q_0 - 1) \cdot T_C / T_1\right], \text{ wenn } T_1 < T_C \tag{4.35}$$

Dabei sind T_1 die Grundschwingzeit des Bauwerks, q_0 der Grundwert des Verhaltensbeiwertes (Tabelle 4-11) in der betrachteten Richtung der Erdbebeneinwirkung und T_C die Kontrollperiode des Spektrums (Abschnitt 4.1.5.2). Zusätzlich dürfen die Grenzdehnungen für Beton $\varepsilon_{cu} = 0{,}0035$ und Stahl $\varepsilon_{su,k}$ nicht überschritten werden.

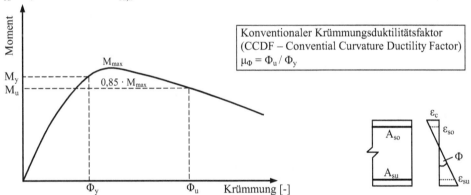

Bild 4-12 Momenten-Krümmungsdiagramm mit konventionalem Krümmungsduktilitätsfaktor (CCFD)

Neben einer ausreichenden Krümmungsduktilität muss durch entsprechende konstruktive Anforderungen ein Stabilitätsversagen von gedrückten Bewehrungsstäben in Balken, Stützen und Wänden verhindert werden. Zusätzliche Sicherheitsmaßnahmen sind zudem vorzusehen, um das Schubversagen von gedrungenen Wänden und Koppelbauteilen mit hohen Querkräften zu vermeiden. Weiterhin sind für die Bereitstellung lokaler Duktilitäten die Verwendung von hochduktilem Bewehrungsstahl nach DIN 1045-1 (Typ B) und Betonfestigkeitsklassen von mindestens C 20/25 vorgeschrieben.

4.1.9.3.3 *Verankerung der Bewehrung*

Der Abschnitt 8.3.5 der Norm enthält Anforderungen an die Verankerung der Bewehrung in Stützen, Wänden und Balken. Diese sollen sicherstellen, dass sämtliche Bewehrungsstäbe und Bügel so verankert sind, dass sie ihre volle Fließkraft erreichen. Aus den zahlreichen Festlegungen soll an dieser Stelle herausgehoben werden, dass Umschnürungsbügel in Balken, Stützen und Wänden als geschlossene Bügel mit 10 d_{bw} langen, um 135° nach innen abgebogenen Haken auszuführen sind, und dass bei der Berechnung der Verankerungslänge in Stützen das Verhältnis der erforderlichen zur vorhandenen Querschnittsfläche $A_{s,erf}/A_{s,vorh}$ immer mit 1,0 anzusetzen ist.

Besondere Bedeutung hat die Verankerung in hochbeanspruchten Rahmenknoten, da dort große Kräfte in den Beton eingeleitet werden müssen. Deshalb werden für diese in Abschnitt 8.3.5.2.2 der Norm weitergehende Maßnahmen gefordert, die ein Ausziehen oder Durchstoßen der Bewehrungsstäbe verhindern. Neben der Forderung, die in Knoten als Winkelhaken abgebogene Längsbewehrung immer in den Umschnürungsbügeln der Stützen anzuordnen, wird der Stabdurchmesser der Rahmenriegel begrenzt:

$$\text{Innenknoten: } d_{bL} \leq 6,0\left(\frac{f_{ctm}}{f_{yd}}\right) \cdot (1+0,8 \cdot \nu_d) \cdot h_c \tag{4.36}$$

$$\text{Aussenknoten: } d_{bL} \leq 7,5\left(\frac{f_{ctm}}{f_{yd}}\right) \cdot (1+0,8 \cdot \nu_d) \cdot h_c \tag{4.37}$$

Kann diese Begrenzung für Außenknoten wegen einer ungenügenden Stützenbreite h_c parallel zu den Bewehrungsstäben nicht eingehalten werden, so kann die Ausbildung des Knotens mit den in Bild 4-13 dargestellten Varianten erfolgen.

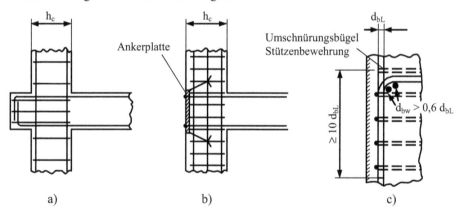

Bild 4-13 Ausbildung der Bewehrungsverankerung in Rahmenaußenknoten

4.1.9.3.4 *Stöße von Bewehrungsstäben*

Generell ist zu empfehlen, die Stöße von Bewehrungsstäben nicht in den kritischen Bauteilbereichen anzuordnen, da das Verformungsvermögen des plastischen Bereichs reduziert wird und die Überfestigkeit schwieriger abzuschätzen ist. Ist die Anordnung nicht zu vermeiden, so ist zu beachten, dass geschweißte Stöße in kritischen Bereichen tragender Bauteile nicht zulässig sind. Hingegen können Übergreifungsstöße und mechanische Verbindungsmittel bei nachgewiesener Eignung (bauaufsichtliche Zulassung) in Stützen und Wänden verwendet werden. Zusätzlich ist bei Übergreifungsstößen in Riegeln, Stützen und Wänden immer eine Querbewehrung nach Abschnitt 8.3.5.3 der Norm vorzusehen.

4.1.9.3.5 *Anforderungen an Balken*

Balkenbereiche, die sich innerhalb des kritischen Abstands $l_{cr} = 1,0 \cdot h_w$ von einem Rahmenknoten befinden, sind ausreichend duktil auszulegen. Gemäß der in Bild 4-11 dargestellten Zusammenhänge wird das duktile Verhalten durch folgende Maßnahmen erreicht:

- Begrenzung des Zugbewehrungsgehaltes
- Mindestdruckbewehrung von mindestens der Hälfte der Zugbewehrung
- Bügelbewehrung mit Durchmesser ≥ 6 mm mit maximalem Abstand s. Der erste Bügel darf hierbei maximal einen Abstand von 50 mm vom Rahmenknoten haben.

Die Ausbildung des kritischen Bereichs mit den geometrischen Zusammenhängen ist in Bild 4-14 dargestellt.

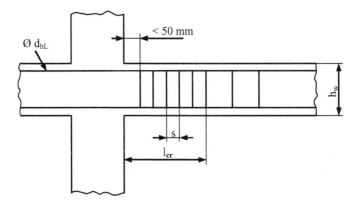

Bild 4-14 Ausbildung der Querbewehrung in kritischen Bereichen von Balken

4.1.9.3.6 *Anforderungen an Stützen*

Die kritischen Bereiche von Stützen sind die Endbereiche. Die Länge dieser kritischen Bereiche an den Enden von Stützen l_{cr} kann wie folgt berechnet werden:

$$l_{cr} = \text{Max}\left(d_c ; \frac{l_{cl}}{6} ; 450 \text{ mm} \right) \tag{4.38}$$

Hierbei sind d_c die größte Querschnittsabmessung der Stütze und l_{cl} die freie Stützenlänge. In den kritischen Bereichen ist der in den Gleichungen (4.34) und (4.35) geforderte konventionale Krümmungsduktilitätsfaktor μ_ϕ einzuhalten. Weiterhin ist bei einer Betondruckstauchung von über 0,0035 eine Umschnürung des Betonkerns vorzusehen, um die Festigkeit und die maximale Bruchstauchung des Betons zu erhöhen und gleichzeitig den Festigkeitsverlust durch das Abplatzen der Betondeckung zu kompensieren.

Diese Anforderungen sind erfüllt, wenn die Bedingungen zur Anordnung der Umschnürungsbügel nach Abschnitt 8.3.7.3 der Norm eingehalten werden. Sinnvolle Gestaltungsmöglichkei-
ten von Umschnürungsbügeln für Rechteckquerschnitte zeigt Bild 4-15.

Bild 4-15 Gestaltung von Umschnürungsbügeln für Rechteckquerschnitte

Die positive Wirkung einer Umschnürungsbewehrung auf das Spannungs-Dehnungsverhalten
ist in Bild 4-16 qualitativ dargestellt. Es wird deutlich, dass die Druckfestigkeit und die Bruch-
dehnung des Betons durch eine Umschnürung deutlich zunehmen. Dadurch wird sichergestellt,
dass auch bei Abplatzung der Betondeckung und darüber hinaus noch eine ausreichende Quer-
schnittstragfähigkeit vorliegt. Erst mit dem Versagen der Bügel und damit dem Wegfall der
Umschnürungswirkung im Bereich größerer Dehnungen kommt es zu einem progressiven
Versagen des Stützenquerschnitts.

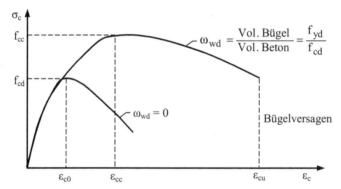

Bild 4-16 Einfluss der Umschnürungsbewehrung auf das Verhalten des Betons

Zusätzlich wird in der Norm für Stützen gefordert, dass der Bewehrungsgrad der Längsbewehrung zwischen 0,01 und 0,04 liegt und die bezogene Längskraft ν_d den Wert 0,65 nicht überschreitet.

4.1.9.3.7 *Anforderungen an aussteifende Wände*

Aussteifende Stahlbetontragwände werden bei Erdbeben vorwiegend durch Biegemomente und
Querkräfte infolge der horizontalen Erdbebenkräfte beansprucht. Der Anteil der Beanspruchungsart ist hierbei wesentlich von der Schlankheit der Wände abhängig. Schlanke Wände mit
einem H_w/l_w Verhältnis von größer als 2,0 tragen überwiegend auf Biegung ab, und gedrungene
Wände mit einem H_w/l_w Verhältnis von kleiner als 2,0 auf Querkraft. Schlanke Wände kommen in der Regel in höheren Gebäuden durch die Ausbildung von Kernen (Treppenhäuser,
Aufzüge) zum Einsatz, während gedrungene Wände eher in Gebäuden mittlerer Höhe vorliegen. Bei der Ausführung starrer Deckenscheiben wird aus den Einzelwänden in den Geschossen eines Tragwerks ein zusammenwirkendes Tragsystem, das durch die Geschossdecken ver-

bunden wird. Neben dieser Art des Zusammenwirkens kommen häufig auch durch biege- und schubsteife Riegel gekoppelte Tragwände zum Einsatz.

Die erdbebengerechte Bemessung von aussteifenden Wandscheiben (Bild 4-17a) zielt darauf ab, die erforderliche Duktilität durch das Fließen der vertikalen Biegebewehrung am Wandfuß zu erhalten (Bild 4-17b). Vermieden werden sollen in jedem Fall unkontrollierbare Schubversagensmechanismen. Diese Zielstellung kann mit einer konventionellen Bemessung in keinem Fall erreicht werden, da diese zu einer unzureichenden Schubbewehrung im plastischen Gelenk führt und somit schon beim Beginn des Fließens der Vertikalbewehrung am Wandfuß die Gefahr eines Schubbruchs (Bild 4-17c) besteht. Weiterhin besteht die Gefahr eines Gleitens entlang des duktil ausgebildeten Bereichs am Wandfuß (Bild 4-17d).

In der DIN 4149 (2005) werden auf Grund der unterschiedlich beanspruchten Wandtypen die Bemessungsanforderungen getrennt für schlanke, gedrungene und gekoppelte Wände mit Koppelbauteilen formuliert.

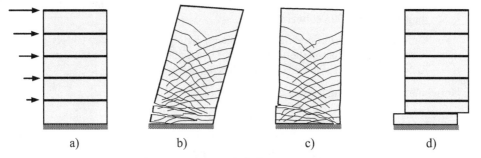

a)   b)   c)   d)

Bild 4-17 Versagensarten von eingespannten Wandscheiben unter Erdbebenbelastung

Der Bemessung schlanker Wände wird die Verteilung der Biegemomente über die Wandhöhe infolge der resultierenden statischen Ersatzkräfte zugrunde gelegt, die im Wesentlichen den Trägheitskräften aus der Grundschwingform des Tragwerks entsprechen (Bild 4-18). Durch höhere Eigenformen können jedoch auch größere Momente in den weiter oben liegenden Geschosswänden entstehen. Um diesen Effekt abzudecken, wird vereinfachend ein linearer Verlauf der Biegemomente über die Höhe angenommen. Zusätzlich wird der Einfluss der Querkraft auf die Biegezugkraft durch ein konservatives Versatzmaß von h_{cr} berücksichtigt, mit dem auch gleichzeitig die nach oben abnehmende Normalkraft abgedeckt ist (Bild 4-18).

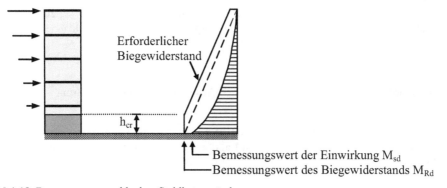

Erforderlicher
Biegewiderstand

h_{cr}

└── Bemessungswert der Einwirkung M_{sd}
└──Bemessungswert des Biegewiderstands M_{Rd}

Bild 4-18 Bemessung von schlanken Stahlbetonwänden

Für die Querkraftbemessung schlanker Wände wird die Bemessungsquerkraft V_{sd} mit dem Faktor $\varepsilon = 1,7$ erhöht, um die Überfestigkeiten an der Einspannung zu berücksichtigen. Weiterhin wird so der Einfluss höherer Eigenformen abgedeckt.

Gedrungene Wände hingegen besitzen einen hohen Biegewiderstand, so dass für diese die Bemessungsmomente M_{sd} ohne Erhöhungsfaktor angesetzt werden können. Die Bemessungsquerkraft V_{sd} wird zur Abdeckung spröder Effekte aus Schub jedoch mit dem Faktor $\varepsilon = 1,3$ erhöht. Der Nachweis von Koppelbauteilen miteinander verbundener Wände wird in Abschnitt 8.3.8.4 der Norm geregelt und soll an dieser Stelle nicht weiter vertieft werden.

Zur Sicherstellung der lokalen Duktilität in den kritischen Bereichen sind, ähnlich wie bei den Stützen, folgende in Abschnitt 8.3.8.5 der Norm definierte zusätzliche konstruktive Anforderungen zu erfüllen:

- Die kritischen Randbereiche müssen in vertikaler Richtung einen Mindestbewehrungsgrad von 0,005 aufweisen.
- Einhaltung des geforderten konventionalen Krümmungsduktilitätsfaktors μ_ϕ. Diese Forderung kann durch Anordnung einer Umschnürungsbewehrung in den kritischen Randbereichen der Wände erfüllt werden.

Die Umschnürungsbewehrung ist über die Höhe h_{cr}

$$h_{cr} = Max\left(l_w; \frac{H_w}{6}\right) \leq \begin{cases} 2\,l_w \\ h_s \text{ für } n \leq 6 \text{ Geschosse} \\ 2\,h_s \text{ für } n \leq 7 \text{ Geschosse} \end{cases} \tag{4.39}$$

und die Länge l_c einzulegen:

$$l_c = x_u \cdot (1 - \varepsilon_{cu2} / \varepsilon_{cu2,c}) \tag{4.40}$$

Hierin sind h_s die lichte Geschosshöhe, H_w die Höhe der durchgehenden Schubwand, l_w die Wandlänge und $\varepsilon_{cu2,c}$ die Bruchstauchung des umschnürten Betons, die mit dem auf das Volumen bezogenen mechanischen Bewehrungsgrad ω_{wd} der erforderlichen Umschnürungsbewehrung der Randelemente bestimmt wird:

$$\varepsilon_{cu2} = 0,0035 + 0,1 \cdot \alpha \cdot \omega_{wd} \tag{4.41}$$

Weiterhin kann x_u, die Länge der Betondruckzone beim Erreichen von $\varepsilon_{cu2,c}$, gemessen vom Bügelschenkel bis zum Druckrand der Wand, wie folgt berechnet werden (Bild 4-19):

$$x_u = (v_d + \omega_v) \cdot l_w \cdot \frac{b_w}{b_0} \tag{4.42}$$

Die Bügelanordnung erfolgt wie für Stützen nach Abschnitt 8.3.7.3 (6) der Norm.

Für die Sicherstellung der seitlichen Stabilität von Wänden sind die Mindestwanddicken b_{w0} für den Stegbereich und b_w für die kritischen Randbereiche von Wänden einzuhalten. Die Mindestanforderungen können Bild 4-20 entnommen werden.

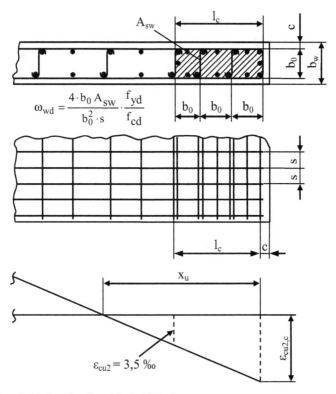

$$\omega_{wd} = \frac{4 \cdot b_0 \, A_{sw}}{b_0^2 \cdot s} \cdot \frac{f_{yd}}{f_{cd}}$$

Bild 4-19 Ausbildung kritischer Randbereiche bei Wänden

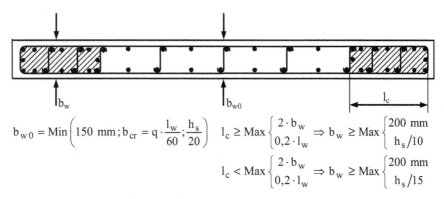

$$b_{w0} = Min\left(150 \text{ mm}; b_{cr} = q \cdot \frac{l_w}{60}; \frac{h_s}{20}\right) \quad l_c \geq Max\begin{cases} 2 \cdot b_w \\ 0,2 \cdot l_w \end{cases} \Rightarrow b_w \geq Max\begin{cases} 200 \text{ mm} \\ h_s/10 \end{cases}$$

$$l_c < Max\begin{cases} 2 \cdot b_w \\ 0,2 \cdot l_w \end{cases} \Rightarrow b_w \geq Max\begin{cases} 200 \text{ mm} \\ h_s/15 \end{cases}$$

Bild 4-20 Mindestwanddicken zur Vermeidung von Instabilitäten

Abschließend ist das gesamte Ablaufschema einer Erdbebenbemessung für die horizontalen Erdbebenkomponenten nach DIN 4149 (2005) in Bild 4-21 dargestellt. Hinsichtlich des Nachweises für die Vertikalkomponente der Erdbebeneinwirkung ist Abschnitt 6.2.4.2 der Norm zu beachten.

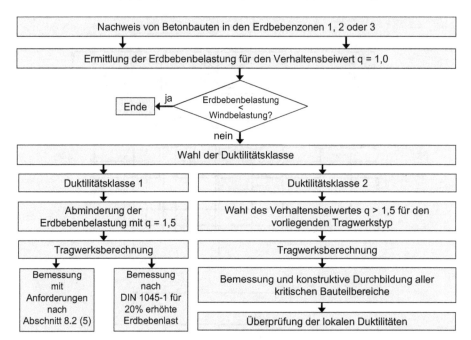

Bild 4-21 Ablaufschema für den Nachweis von Betonbauten für die horizontalen Erdbebenkomponenten

4.1.10 Baustoffspezifische Regelungen für Stahlbauten

Auf Grund der natürlichen Duktilität des Werkstoffes Stahl besteht bei Stahlbauten die Möglichkeit, auf Tragwerksebene hohe Duktilitäten zu erzielen. Voraussetzung hierfür ist eine entsprechende konstruktive Durchbildung und Konzeption der Tragwerke zur Sicherstellung der Verformungsfähigkeit durch die Festlegung des Versagensablaufes mit einer gezielten Ausbildung von dissipativen Bereichen (Fließgelenke). Die Norm bietet für die Auslegung von Stahlbauten drei Duktilitätsklassen an, die sich hinsichtlich der Duktilitätsanforderungen und damit auch dem Aufwand für den Tragwerksplaner und die Qualitätsüberwachung der Baustoffe unterscheiden.

4.1.10.1 Duktilitätsklasse 1

In der Duktilitätsklasse 1 wird nur die natürliche Duktilität mit einem geringen Dissipationsvermögen in Rechnung gestellt. Das Tragwerk soll hierbei im Wesentlichen im elastischen Bereich verbleiben und die Bauteile sollen nur beschränktes nichtlineares Verhalten aufweisen. Der Verhaltensbeiwert ist in den horizontalen Richtungen mit 1,5 und in vertikaler Richtung mit 1,0 anzusetzen. Zusätzlich sind folgende Festlegungen zu berücksichtigen:

- Alle Schrauben sind gegen Lösen zu sichern.

- Druckbeanspruchte Querschnitte sind beulsicher auszulegen. Es sind mindestens Querschnitte der Klasse 3 nach DIN EN 1993-1-1 (2010) zu wählen. Wird diese Bedingung nicht erfüllt, ist q = 1 anzusetzen.

- Bei Verwendung von starren K-Verbänden (Bild 4-22) mit Diagonalanschlüssen der Verbände an die Stützen ist q = 1 anzusetzen.

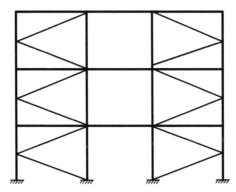

Bild 4-22 System mit K-Verbänden und Anschlüssen der Diagonalen an die Stützen

4.1.10.2 Duktilitätsklassen 2 und 3

In den Duktilitätsklassen 2 und 3 werden Tragwerke durch besondere konstruktive Maßnahmen so konzipiert, dass sich bei dem Bemessungserdbeben ein elastisch-plastisches Verhalten mit ausgeprägter Energiedissipation einstellt. Das ausreichende Verformungsvermögen wird durch dissipative Bauteile und durch eine Kapazitätsbemessung der angeschlossenen Bauteile und Anschlüsse sichergestellt.

In der Duktilitätsklasse 2 dürfen bei Einhaltung entsprechender Vorgaben Verhaltensbeiwerte zwischen 1,5 und 4 angesetzt werden. Dafür muss eine seitliche Verformungsfähigkeit von 2,5 % bezogen auf die Bauwerkshöhe vorhanden sein und druckbeanspruchte Querschnitte müssen mindestens die Querschnittsklasse 2 nach DIN EN 1993-1-1 (2010) aufweisen.

In der Duktilitätsklasse 3 dürfen durch weitergehende konstruktive Maßnahmen Verhaltensbeiwerte größer als 4 angesetzt werden und die seitliche Verformungsfähigkeit muss mindestens 3,5 % betragen. Für druckbeanspruchte Querschnitte ist nur Querschnittsklasse 1 zugelassen. Zusätzlich wird die Schlankheit von Druckstützen in Tabelle 12 der Norm begrenzt.

4.1.10.2.1 Kapazitätsbemessung

Bei der Kapazitätsbemessung werden vom Tragwerksplaner dissipative Tragwerksstellen definiert, an denen sich unter der Bemessungserdbebeneinwirkung plastische Gelenke ausbilden sollen. Hierbei sind die dissipativen Stellen so anzuordnen, dass es nach Ausbildung aller planmäßigen Gelenke zu keinem kinematischen Tragwerksversagen kommt. Zusätzlich müssen sie über ein ausreichendes plastisches Verformungsvermögen verfügen, um die globale Verformungsfähigkeit des Tragwerks sicherzustellen. Die nichtdissipativen Tragwerksbereiche werden mit einem erhöhten Widerstand ausgelegt, damit diese auch bei der Entwicklung von Überfestigkeiten in den plastischen Gelenken planmäßig im elastischen Bereich verbleiben. Damit wird dem Tragwerk vom Ingenieur ein plastischer Mechanismus vorgegeben, mit dem das Tragwerk in der Lage ist große Verformungen auszubilden.

Das beschriebene Vorgehen soll am einfachen Beispiel eines mehrstöckigen Rahmens erläutert werden (Bild 4-23). Wird der Rahmen nach dem Konzept „starke Stützen – schwache Riegel" konzipiert, so bilden sich die Fließgelenke nacheinander in den Riegeln aus (Bild 4-23a). Dies führt zu einem stabilen verformungsfähigen Tragwerk mit großer Energiedissipation. Wurde vom Ingenieur jedoch der Fehler gemacht die Stützen zu schwach auszulegen, so kommt es zur Bildung von plastischen Gelenken in den Stützen und damit zu instabilen Zuständen in allen Geschossen (Bild 4-23b) oder zur Ausbildung eines weichen Geschosses (Bild 4-23c).

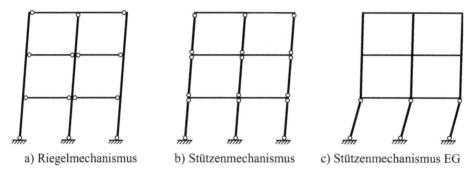

a) Riegelmechanismus   b) Stützenmechanismus   c) Stützenmechanismus EG

Bild 4-23 Plastische Mechanismen eines mehrstöckigen Rahmens

Für den gewählten plastischen Mechanismus ist nachzuweisen, dass es nicht zu einem Stabilitätsversagen einzelner Bauteile oder zum Versagen von Anschlüssen kommt. Dies kann durch den plötzlichen Verlust von Tragfähigkeit und Duktilität zu einem lokalen oder auch globalen Tragwerksversagen führen.

4.1.10.2.2 *Allgemeine Festlegungen nach DIN 4149 (2005)*

Die Norm enthält in Abschnitt 9.3 zahlreiche Festlegungen, um die Entstehung von gezielt gewählten plastischen Mechanismen mit der Kapazitätsbemessung sicherzustellen. Diese werden im Folgenden hinsichtlich ihrer grundsätzlichen Bedeutung erläutert. Zunächst werden in Abschnitt 9.3.1 der Norm Vorgaben für die zu verwendenden Werkstoffe gemacht (Tabelle 4-12), damit es von werkstofflicher Seite zu keinen ungewollten Einschränkungen hinsichtlich der Duktilität kommt. Hierbei ist darauf hinzuweisen, dass die Prüftemperatur mit -25°C falsch angegeben ist. Richtigerweise beträgt die Prüftemperatur -20°C, so dass genormte Stahlgüten zum Einsatz kommen können.

Tabelle 4-12 Anforderungen an die zu verwendenden Werkstoffe, DIN 4149 (2005), Abschnitt 9.3.1

Werkstoff	Anforderung
Baustahl	- Stähle nach DIN 18800, Teil 1-4 (2008) oder DIN EN 1993-1-1 (2010) - Mindestkerbschlagarbeit 27J bei Prüftemperatur -20°C - Bemessungswert $f_{y,max,d} \geq 0,9 \cdot f_{y,max}$ (Dissipative Anschlussbemessung)
Verbindungsmittel	- Schrauben der Festigkeitsklasse 8.8 oder 10.9 verwenden - Sicherung der Schrauben gegen Lösen
Schweißzusatzstoffe	- Nach DIN 18800, Teil 1-4 (1990) oder DIN EN 1993-1-1 (2010)

In Abschnitt 9.3.2 werden von der Norm Festlegungen zur Kapazitätsbemessung gemacht. Hierbei geht es im Wesentlichen darum zu verhindern, dass die nicht dissipativen Bauteile auf Grund der Überfestigkeit der dissipativen Bereiche vorzeitig versagen. Deshalb muss die Versagensfestigkeit R_d der nicht dissipativen Bereiche folgende Bedingung erfüllen:

$$R_d \geq R_{dy} \tag{4.43}$$

Hierbei ist R_{dy} die Versagensfestigkeit für den Bruttoquerschnitt des dissipativen Bauteils, die mit dem oberen Wert der Streckgrenzenverteilung $f_{y,max,d} = 1{,}20 \cdot f_{yk}$ zu bestimmen ist. Weiterhin wird festgelegt, dass die Kapazitätsbemessung anzuwenden ist auf:

- Riegel-Stützenverbindungen von Rahmen
- Anschluss von Diagonalen in aussteifenden Verbänden
- Verankerungen von Bauteilen in Fundamenten
- Druckdiagonalen und Stützen
- Sonstige Bauteile mit Bedeutung für die Dissipationsfähigkeit des Bauwerks

4.1.10.2.3 *Wahl des Verhaltensbeiwertes q*

Im Abschnitt 9.3.3 der Norm wird die Wahl des Verhaltensbeiwertes q festgelegt. In vertikaler Richtung ist q mit dem Wert 1,0 anzusetzen und für die horizontale Erdbebeneinwirkung ist der q-Faktor in Abhängigkeit der gewählten Duktilitätsklasse und des Aussteifungssystems und dem damit verbundenen Dissipationsmechanismus zu wählen. In Tabelle 4-13 sind die Maximalwerte der q-Faktoren für die verschiedenen Aussteifungssysteme zusammengestellt. Die Wahl höherer q-Faktoren ist erlaubt, muss aber durch genauere Berechnungen nachgewiesen werden.

Tabelle 4-13 Aussteifungssysteme mit zugehörigen maximalen Verhaltensbeiwerten q

Tragwerkstyp und Beschreibung	max q
1. Rahmenkonstruktionen	8
2. Rahmen mit konzentrischen Verbänden - Diagonalverbände - V-Verbände	4 2
3. Rahmen mit exzentrischen Verbänden	8
4. Eingespannte (Kragarm)-Konstruktionen	2
5. Dualtragwerke: Biegesteife Rahmen kombiniert mit Diagonalverbänden	4
6. Mischtragwerke (z.B. ausgesteifte biegesteife Rahmen) - Ausfachung ohne Verbundwirkung, mit Kontakt zum Rahmen - Ausfachung aus Stahlbeton oder Mauerwerk mit Verbund wirkung - Ausfachung mit konstruktiver Trennung vom Rahmen	2 DIN 4149 (2005), Abschn. 8, 11 8
7. Stahlkonstruktionen mit Anschluss an Betonkerne	DIN 4149 (2005), Abschn. 8

Im Folgenden werden die wichtigsten Aspekte der konstruktiven Ausbildung und Bemessung der einzelnen Tragwerkstypen erläutert.

4.1.10.2.4 *Rahmenkonstruktionen*

Biegesteife Rahmenkonstruktionen sind so auszulegen, dass sich die plastischen Gelenke in den Riegeln einstellen. Dies wurde bereits zuvor im Abschnitt zur Kapazitätsbemessung ausführlich erläutert. Um dies zu erreichen, stellt die DIN 4149 (2005) in Abschnitt 9.3.5.3 besondere Anforderungen an die Auslegung der Riegel, der Stützen und deren Verbindungen.

Die Riegel sind unter der Annahme der maßgebenden plastischen Gelenkkette auf Stabilität nachzuweisen. Weiterhin ist sicherzustellen, dass die plastische Biegetragfähigkeit und die Rotationsfähigkeit nicht durch gleichzeitig wirkende Normalkräfte oder Querkräfte abgemindert werden. Dies ist erfüllt, wenn in den plastischen Gelenken folgende Bedingungen eingehalten werden:

$$\frac{M_{sd}}{M_{plRd}} \le 1{,}0; \quad \frac{N_{sd}}{N_{plRd}} \le 0{,}15; \quad \frac{V_{sd}}{V_{plRd}} \le 0{,}5 \tag{4.44}$$

Hierbei ist der Bemessungswert der Querkraft V_{sd} aus der Querkraft V_{SG} infolge nichtseismischer Lasten der Erdbeben-Bemessungssituation und dem Bemessungswert der Querkraft V_{SM} infolge der an den Riegelenden A und B angesetzten plastischen Momente $M_{plRd,A}$ und $M_{plRd,B}$ zu berechnen:

$$V_{sd} = V_{SG} \pm V_{SM} \quad \text{mit:} \quad V_{SM} = \frac{M_{plRd,A} - M_{plRd,B}}{L} \tag{4.45}$$

Die Stützen sind für die ungünstigste Kombination der Normalkraft N_{sd} und der Biegemomente $M_{sd,y}$, $M_{sd,z}$ zu bemessen. Um die Ausbildung von Fließgelenken in den Riegeln zu sicherzustellen wird gefordert, dass in jeder Richtung die Summe der plastischen Momente der anschließenden Riegel kleiner ist als die Summe der Stützmomente ober- und unterhalb des Knotens (Bild 4-24):

$$\left| M_{sd,o} \right| - \left| M_{sd,u} \right| \ge \left| M_{plRd,re} - M_{plRd,li} \right| \tag{4.46}$$

Hierbei sind die plastischen Momente unter Berücksichtigung der erhöhten Streckgrenze $f_{y,max,d} = 1{,}2 \cdot f_{yk}$ zu ermitteln. Anschaulich wird durch diese Zusatzbedingung sichergestellt, dass das „überfeste" Differenzmoment aus den anschließenden plastischen Riegeln nach oben und unten auf die Stütze verteilt wird. In welchem Verhältnis die Verteilung erfolgt, wird durch die Wahl der Stützenquerschnitte in der Kapazitätsbemessung festgelegt.

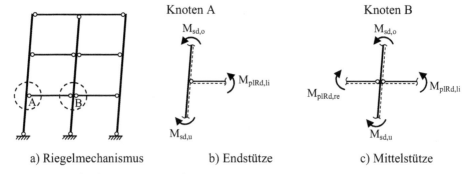

a) Riegelmechanismus   b) Endstütze   c) Mittelstütze

Bild 4-24 Kapazitätsbemessung von Rahmenstützen

Weiterhin ist für die Stützen der Bemessungswert der Querkraft V_{sd} auf 50 % der plastischen Schubtragfähigkeit V_{plRd} zu begrenzen, und die Stegfelder der Riegel-Stützen Verbindungen (Bild 4-25) sind für die maximale Schubkraft V_{wpsd} infolge der Bildung plastischer Gelenke an den Riegelanschlüssen auf Schubbeulen nachzuweisen:

$$\frac{V_{wpsd}}{V_{wpRd}} \le 1{,}0 \tag{4.47}$$

Hierbei darf der Einfluss aus Normalkräften und Biegemomenten vernachlässigt werden.

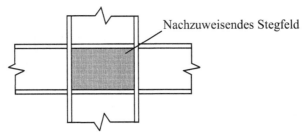

Nachzuweisendes Stegfeld

Bild 4-25 Stegfeld einer Stütze im Anschlussbereich der Riegel

Die Riegel-Stützenverbindungen sind mit der Kapazitätsbemessung mit Überfestigkeiten auszulegen, wobei die Überfestigkeit nach Gleichung (4.43) und die plastischen Tragfähigkeiten der Riegel zu berücksichtigen sind. Alternativ können die Verbindungen auch dissipativ ausgelegt werden, wenn folgende Bedingungen erfüllt sind:

- Ausreichende Rotationsfähigkeit der Verbindung
- Stabiles Verhalten unter zyklischer Belastung
- Einfluss der dissipativen Verbindungen auf die Stabilität und Verformung des Gesamttragwerks finden in der Tragwerksberechnung Berücksichtigung

4.1.10.2.5 *Rahmen mit konzentrischen Verbänden*

Die Verwendung von Verbänden mit konzentrisch angeordneten Zugdiagonalen oder auf Zug und Druck belasteten Diagonalen ist für den Lastfall Erdbeben eher ungünstig. Bei reinen Zugdiagonalen kann es durch die zyklische Beanspruchung zu größeren plastischen Längenänderungen kommen, so dass die Diagonale nach Entlastung im nächsten Zyklus schlagartig belastet wird und versagt. Damit Zugdiagonalen nicht unplanmäßig Druckkräfte übertragen, ist ihre Schlankheit mit $\lambda \geq 1{,}5$ zu wählen.

Bei planmäßig auf Druck belasteten Diagonalen von V-Verbänden besteht hingegen die Gefahr des Stabilitätsversagens, weshalb für diese Stäbe eine Schlankheit von $\lambda \leq 1{,}1$ gefordert wird. Bild 4-26 verdeutlicht dies am Beispiel eines V-Verbands und einer typischen aus experimentellen Untersuchungen ermittelten zyklischen Last-Verformungskurve für eine Verbandsdiagonale (Popov et al., 1979). Die Kurve zeigt deutlich den Festigkeitsabfall im Druckbereich durch Stabilitätsversagen und die Abnahme der Steifigkeit im Zugbereich infolge zunehmender Plastifizierung.

Die Verbände sind im Tragwerk so anzuordnen, dass sich ein gleichmäßiges Verformungsverhalten über alle Stockwerke einstellt. Diese Bedingung kann als erfüllt angesehen werden, wenn die inversen Ausnutzungsgrade

$$\Omega_i = \frac{N_{plRi}}{N_{sdi}} \tag{4.48}$$

der einzelnen Verbinder um nicht mehr als 20 % vom kleinsten Wert Ω_i abweichen. Das restliche Tragwerk ist mit der Kapazitätsbemessung auszulegen. Dies betrifft insbesondere die Anschlüsse der dissipativen Diagonalen und den Nachweis von druckbeanspruchten Riegeln und Stützen, die wie folgt auf Stabilitätsversagen nachzuweisen sind:

$$N_{plRd}(M_{sd}) \geq (1,2 \cdot (N_{SG} + \Omega \cdot N_{SE})) \tag{4.49}$$

mit:

$N_{plRd}(M_{sd})$	Bemessungswert der Knickbeanspruchbarkeit nach DIN 18800 (2008) oder DIN EN 1993-1-1 (2010), ermittelt unter Berücksichtigung der Interaktion mit den Biegemomenten M_{sd} der seismischen Bemessungssituation
N_{SG}	Druckkraft nichtseismischer Lasten der Erdbeben-Bemessungssituation
N_{SE}	Druckkraft infolge seismischer Bemessungseinwirkung
Ω	kleinster inverser Ausnutzungsgrad aller Diagonalen des Verbandes

Der Faktor 1,2 in der Berechnungsformel berücksichtigt die Überfestigkeit der Diagonalen.

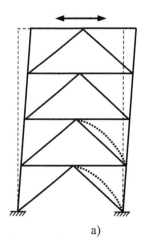
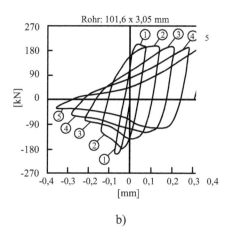

a)   b)

Bild 4-26 a) Zyklisch belasteter K-Verband, b) Hysteresekurven von Diagonalen (Popov et al., 1979)

4.1.10.2.6 *Rahmen mit exzentrischen Verbänden*

Rahmenkonstruktionen mit exzentrisch angeschlossenen Verbänden bilden zwischen den Anschlussstellen gezielt plastische Biege- oder Schubgelenke aus. Diese „Verbinder" genannten Bereiche verhalten sich wie kurze Balken, die in der Regel an beiden Enden durch Schubkräfte gleicher Größe und unterschiedlicher Richtung belastet werden.

Für den daraus folgenden konstanten Querkraftverlauf ergeben sich der in Bild 4-27 dargestellte lineare Momentenverlauf und s-förmige Verformungsverlauf. Die Momente an den Endpunkten sind hierbei linear abhängig von der Länge e des Verbinders. Daraus ist sofort ersichtlich, dass mit kürzer werdender Verbinderlänge die Querkräfte zunehmend dominieren, so dass für den Binder Schubversagen maßgebend wird. Das Schubversagen ist sehr duktil und auf Grund des größeren Dissipationsvermögens dem Biegeversagen des Verbinders vorzuziehen.

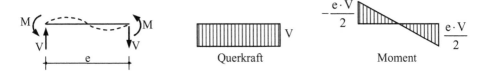

Bild 4-27 Typische Belastungssituation von seismischen Verbindern

Experimentelle Untersuchungen haben gezeigt, dass sich in Abhängigkeit der Länge des Verbinders die auftretenden Versagensformen nach Abschnitt 9.3.5.5 der DIN 4149 (2005) wie folgt unterscheiden lassen:

Kurze Verbinder (Schubversagen): $e \leq 1{,}6 \dfrac{M_{pl,Verb}}{V_{pl,Verb}}$ $\qquad\qquad$ (4.50)

Lange Verbinder (Biegeversagen): $e \geq 3{,}0 \dfrac{M_{pl,Verb}}{V_{pl,Verb}}$ $\qquad\qquad$ (4.51)

Mittlere Verbinder (Schub- und Biegeversagen):

$$1{,}6 \frac{M_{pl,Verb}}{V_{pl,Verb}} < e < 3{,}0 \frac{M_{pl,Verb}}{V_{pl,Verb}} \qquad\qquad (4.52)$$

Hierbei sind $V_{pl,Verb}$, $M_{pl,Verb}$ die plastischen Schub- und Biegekapazitäten des Verbinders. Der gezielte Einbau von Verbindern hat zur Folge, dass sich im Tragwerk zwischen den Verbindern und den Bauteilen außerhalb der Verbinder Rotationswinkel θ einstellen, die wie im Bild 4-28 am Beispiel eines exzentrischen V-Verbands dargestellt, aus den Stockwerksverschiebungen f bestimmt werden können. Es empfiehlt sich folgende Grenzwerte für θ einzuhalten (DIN EN 1998-1, 2010):

Kurze Verbinder: $\theta \leq 0{,}08$ rad $\qquad\qquad$ (4.53)

Lange Verbinder: $\theta \leq 0{,}02$ rad $\qquad\qquad$ (4.54)

Ausgehend von diesen Grenzwerten können die Werte für mittlere Verbinder linear interpoliert werden. Diese Grenzkriterien finden sich in der DIN 4149 (2005) in Bild 23 wieder, deren Einhaltung wird aber im Gegensatz zum DIN EN 1998-1 (2010) nicht explizit verlangt.

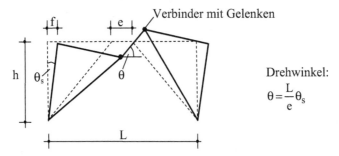

Drehwinkel:

$$\theta = \frac{L}{e} \theta_s$$

Bild 4-28 Rotationswinkel durch den Einbau von Verbindern

Die Bemessungswiderstände für die als Verbinder häufig verwendeten I-Träger können wie folgt bestimmt werden:

$$M_{pl,Verb} = f_{yk} \cdot b \cdot t_f \cdot (d - t_f) \qquad (4.55)$$

$$V_{pl,Verb} = \left(f_{yk} / \sqrt{3}\right) \cdot t_s \cdot (d - t_f) \qquad (4.56)$$

Hierbei sind t_f und t_s die Flansch- bzw. die Stegdicke, b die Trägerbreite und d die Trägerhöhe. Es ist nachzuweisen, dass die Bemessungswerte der Schnittgrößen V_{sd}, M_{sd} an den Enden des Verbinders für $N_{sd}/N_{plRd} \leq 0,15$ kleiner als die Bemessungswiderstände $V_{pl,Verb}$ und $M_{pl,Verb}$ sind:

$$V_{sd} \leq V_{pl,Verb} \text{ und } M_{sd} \leq M_{pl,Verb} \qquad (4.57)$$

Für Verbinder der Querschnittsklasse 1 nach DIN EN 1993-1-1 (2010) mit $N_{sd}/N_{plRd} \geq 0,15$ ist der Nachweis gegen die reduzierten Bemessungswiderstände $V_{pl,Verb,r}$, $M_{pl,Verb,r}$ unter Berücksichtigung der plastischen Interaktionsbeziehungen zu führen:

$$V_{sdr} \leq V_{pl,Verb,r} = V_{pl,Verb}\left[1 - (N_{sd} / N_{plRd})^2\right]^{0,5} \qquad (4.58)$$

$$M_{sdr} \leq M_{pl,Verb,r} = M_{pl,Verb}\left[1 - (N_{sd} / N_{plRd})\right] \qquad (4.59)$$

Zur Sicherstellung eines gleichmäßigen Verformungsverhaltens über alle Stockwerke und Rahmen ist nachzuweisen, dass die inversen Ausnutzungsgrade Ω_i der einzelnen Verbinder um nicht mehr als 20 % vom kleinsten Wert abweichen:

$$\text{Kurze Verbinder: } \Omega_i = \frac{V_{pl,Verb,i}}{V_{sdi}} \qquad (4.60)$$

$$\text{Lange Verbinder } \Omega_i = \frac{M_{pl,Verb,i}}{M_{sdi}} \qquad (4.61)$$

Druckbeanspruchte Riegel und Stützen, sind für die ungünstigste Kombination aus Normalkräften und Momenten auf ausreichende Druckfestigkeit nachzuweisen:

$$N_{plRd}(M_{sd}, V_{sd}) \geq 1,2 \cdot (N_{SG} + \Omega \cdot N_{SE}) \qquad (4.62)$$

mit:

$N_{plRd}(M_{sd}, V_{sd})$	Bemessungswert der Knickbeanspruchbarkeit nach DIN 18800 (2008) oder DIN EN 1993-1-1 (2010), ermittelt unter Berücksichtigung der Interaktion von Biegemomenten M_{sd} und Querkräften V_{sd} der seismischen Bemessungssituation.
N_{SG}	Druckkraft nichtseismischer Lasten.
N_{SE}	Druckkraft infolge seismischer Bemessungseinwirkung.
Ω	Kleinster inverser Ausnutzungsgrad aller Verbinder.

Für die Berücksichtigung der Wiederverfestigung in den Gelenken der Verbinder sind die plastischen Tragfähigkeiten $V_{pl,Verb,i}$ und $M_{pl,Verb,i}$ zur Bestimmung von Ω_i mit zusätzlichen Überfestigkeitsfaktoren zu multiplizieren. Diese sind im Abschnitt 9.3.5.5 der Norm für einen in Riegelmitte angeordneten Verbinder eines I-Trägers angegeben. Die Werte betragen für kurze Verbinder 1,5 und für lange Verbinder 1,2. Hinweise für andere Ausführungen von Verbindern sind in der DIN 4149 (2005) nicht angegeben. Deshalb wird für andere Typen von

Verbindern empfohlen, dem DIN EN 1993-1-1 (2010) folgend, einen Wert von 1,5 anzusetzen. Die Anschlüsse der seismischen Verbinder sind für folgende Schnittgrößen E_d zu bemessen:

$$E_d \geq 1,2 \cdot (E_{d,G} + \Omega_i \cdot A_{Ed}) \tag{4.63}$$

mit:

$E_{d,G}$ Schnittgrößen in den Anschlüssen infolge nichtseismischer Einwirkungen, die in der Kombination für die Erdbeben-Bemessungssituation enthalten sind.

A_{Ed} Schnittgrößen in den Anschlüssen infolge seismischer Einwirkungen.

Ω_i Kleinster inverser Ausnutzungsgrad aller Verbinder.

4.1.10.2.7 Eingespannte (Kragarm-)Konstruktionen, Dualtragwerke, Mischtragwerke

Für diese Tragwerkstypen finden sich in den Abschnitten 9.3.5.6 bis 9.3.5.8 der Norm einige grundlegende leicht verständliche Hinweise, auf deren Wiedergabe hier verzichtet werden soll.

4.1.10.3 Ablaufschema für den Nachweis von Stahlbauten

Bild 4-29 zeigt den Ablauf für den Nachweis von Stahlbauten unter Ansatz der horizontalen Erdbebenkomponenten. Hinsichtlich des Nachweises für die Vertikalkomponente der Erdbebeneinwirkung ist Abschnitt 6.2.4.2 der DIN 4149 (2005) zu beachten.

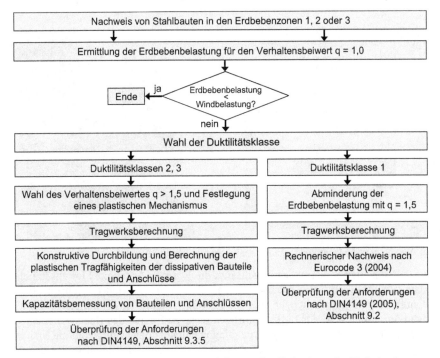

Bild 4-29 Ablaufschema für den Nachweis von Stahlbauten für die horizontalen Erdbebenkomponenten

4.1.11 Baustoffspezifische Regelungen für Mauerwerksbauten

4.1.11.1 Anforderungen an Mauerwerksbaustoffe und Konstruktionsregeln

Als Mauerwerksbaustoffe dürfen in deutschen Erdbebengebieten generell alle Mauersteine und Mauermörtel nach DIN 1053-1 (1996) und Mauersteine mit allgemeiner bauaufsichtlicher Zulassung durch das DIBt verwendet werden. Auf Grund der hohen und zyklischen Schubbeanspruchung von Mauerwerkswänden im Erdbebenfall dürfen jedoch gemäß Abschnitt 11.2 der Norm in den Erdbebenzonen 2 und 3 Mauersteine ohne durchlaufende Innenstege in Wandlängsrichtung nur dann verwendet werden, wenn sie eine mittlere Steindruckfestigkeit von mindestens 2,5 N/mm^2 in Wandlängsrichtung aufweisen. Diese Anforderung ist für Kalksandsteine nach DIN V 106 (2003) für die in der Praxis angebotenen Steinfestigkeitsklassen (SFK ≥ 10) stets erfüllt.

Wichtigste allgemeine Konstruktionsregel sind die Ausbildung der Decken als starre Scheiben in allen Vollgeschossen und die verschärften Anforderungen an Schlankheit, Wandstärke und Länge der aussteifenden Schubwände gegenüber der DIN 1053-1 (1996) (Tabelle 4-14). Durch diese Anforderungen soll sichergestellt werden, dass die aussteifenden Wände infolge von Querbeschleunigungen nicht senkrecht zu ihrer Ebene versagen. Vornehmlich tritt dieses Versagen in Wandbereichen mit geringen vertikalen Auflasten auf. In Bild 4-30 sind das Versagen einer Giebelwand und das Versagen einer Außenwand im obersten Stockwerk dargestellt. In beiden Fällen war die horizontale Auflast gering. Als Gegenmaßnahmen eignen sich die Anordnung von Ringbalken, Querwänden oder Pfeilervorlagen.

Bild 4-30 Versagen von Mauerwerkswänden senkrecht zur Wandebene

Neben den allgemeinen Konstruktionsregeln gibt die Norm in Abschnitt 11.4 zusätzliche Konstruktionsregeln für eingefasstes Mauerwerk vor. Bei diesem handelt es sich um Stahl- oder Stahlbetonrahmen mit Ausfachungen aus Mauerwerk. Da die Ausfachungen gegenüber der Rahmenstruktur anfänglich sehr steif sind, tragen diese zu Beginn des Bebens den Hauptanteil der Erdbebenkräfte durch Bildung von Druckdiagonalen ab. Gleichzeitig sind die Mauerwerksausfachungen vertikal nur gering belastet, so dass es auf Grund der damit verbundenen geringen Schubfestigkeit zu einem Versagen in den Lagerfugen kommt. In der Folge erfahren die Rahmenstützen enorme Zusatzbelastungen. Weiterhin besteht für die Ausfachungen die Gefahr des Herausfallens infolge von Querbeschleunigungen. Die konstruktiven Regelungen in Abschnitt 11.4 der Norm dienen dazu, die beschriebenen Effekte zu vermeiden. Abschnitt 11.5 der Norm beinhaltet zusätzliche Konstruktionsregeln für bewehrtes Mauerwerk, die Art, Umfang und Führung der Bewehrung festlegen.

Tabelle 4-14 Mindestanforderungen an aussteifende Schubwände nach DIN 4149 (2005), Tabelle 14

Erdbebenzone	h_k / t	t [mm]	l [mm]
1	nach DIN 1053-1 (1996)		≥ 740
2	≤ 18	$\geq 150^a$	≥ 980
3	≤ 15	≥ 175	≥ 980
h_k: Knicklänge, t: Wanddicke, l: Wandlänge ^{a}Wände der Wanddicke ≥ 115 mm dürfen zusätzlich berücksichtigt werden, wenn $h_k/t \leq 15$ ist			

4.1.11.2 Einhaltung konstruktiver Regeln, DIN 4149, Abschnitt 11.1-11.3

In vielen Fällen kann auf den rechnerischen Erdbebennachweis im GZT von Mauerwerksbauten verzichtet werden, wenn zusätzlich zu den allgemeinen Anforderungen der Abschnitte 11.1 bis 11.3 auch folgende wesentliche konstruktive Regeln nach Abschnitt 11.6 der Norm eingehalten werden:

- Kompakter Grundriss mit einem Längenverhältnis von b/L $\geq 0{,}25$,
- Maximale Anzahl der Vollgeschosse $\leq$ Grenzwert nach Tabelle 8 der Norm,
- Maximale Geschosshöhe $\leq 3{,}50$ m,
- Steifigkeitsmittelpunkt und Massenschwerpunkt liegen nahe beieinander,
- Ausreichende Torsionssteifigkeit muss sichergestellt sein,
- Aussteifende Wände müssen über alle Geschosse durchgehen,
- Aussteifende Wände müssen hauptsächlich Vertikallasten tragen,
- Vertikallast muss auf die Wände in beiden Gebäuderichtungen verteilt sein,
- Je Gebäuderichtung mindestens zwei Wände mit L $\geq 1{,}99$ m,
- Einhaltung der Mindestwerte für die auf die Geschossgrundrissfläche bezogene Schubwandquerschnittsfläche je Gebäuderichtung (Tabelle 4-15).

Aus Tabelle 4-15 wird deutlich, dass die prozentuale Bestimmung der Mindestquerschnittsflächen der Schubwände je Gebäuderichtung von der Anzahl der Vollgeschosse, der Steinfestigkeitsklasse, dem Bemessungswert der Bodenbeschleunigung a_g, dem Untergrundparameter S sowie dem Bedeutungsbeiwert γ_I abhängig ist. Die Einhaltung der konstruktiven Regeln ist einfach durchzuführen und sollte, wenn möglich, dem rechnerischen Nachweis vorgezogen werden. Es ist zu ergänzen, dass dieser vereinfachte Nachweis auf Erfahrungswerten basiert und deshalb in vielen Fällen erbracht werden kann, in denen ein linearer rechnerischer Nachweis auf Grund der konservativen Vorgaben für den Verhaltensbeiwert q nicht mehr geführt werden kann.

Tabelle 4-15 Mindestanforderung an die auf die Grundrissfläche bezogene Querschnittsfläche von Schubwänden je Richtung nach DIN 4149 (2005), Tabelle 15

Anzahl der Voll-geschosse	$a_g \cdot S \cdot \gamma_I$								
	$\leq 0{,}06 \cdot g \cdot k^a$			$\leq 0{,}09 \cdot g \cdot k^a$			$\leq 0{,}12 \cdot g \cdot k^a$		
	Steinfestigkeitsklasse nach DIN 1053-1 (1996) [b,c]								
	4	6	≥12	4	6	≥12	4	6	≥12
1	0,02	0,02	0,02	0,03	0,025	0,02	0,04	0,03	0,02
2	0,035	0,03	0,02	0,055	0,045	0,03	0,08	0,05	0,04
3	0,065	0,04	0,03	0,08	0,065	0,05	Kein vereinfachter Nach- weis zulässig (KvNz)		
4	KvNz	0,05	0,04	KvNz					

[a] Für Gebäude, bei denen mindestens 70 % der betrachteten Schubwände in einer Richtung länger als 2 m sind, beträgt der Beiwert $k = 1 + (l_{ay} - 2)/4 \leq 2$. Dabei ist l_{ay} die mittlere Wandlänge der betrachteten Schubwände in m. In allen anderen Fällen beträgt k = 1. Der Wert γ_I wird nach Abschnitt 5.3 bestimmt.

[b] Bei Verwendung unterschiedlicher Steinfestigkeitsklassen, z.B. für Innen- und Außenwände, sind die Anforderungswerte im Verhältnis der Flächenanteile der jeweiligen Steinfestigkeitsklasse zu wichten.

[c] Zwischenwerte dürfen linear interpoliert werden

4.1.11.3 Rechnerischer Nachweis nach DIN 4149, Abschnitt 11.6

Der rechnerische Nachweis kann mit dem vereinfachten oder mit dem genaueren Verfahren nach DIN 1053-1 (1996) durchgeführt werden. Ersterer darf angewendet werden, sofern die Gebäudehöhe kleiner als 20 m und die Deckenstützweite kleiner als 6 m ist. Der anzusetzende Bemessungswert der Beanspruchungen E_{dAE} für die Nachweise ergibt sich nach Abschnitt 4.1.8 gemäß (4.29).

Hierbei muss nach der noch nicht auf Teilsicherheiten umgestellten Sicherheitsphilosophie der DIN 1053-1 (1996) der Nachweis bei dem vereinfachten Verfahren über zulässige Spannungen erfolgen, die wegen der kurzen Einwirkungsdauer der Erdbebenkräfte um 50 % erhöht werden dürfen. Für den genaueren Nachweis nach DIN 1053-1 (1996) ist ein globaler Sicherheitsbei-wert von $\gamma = 1{,}33$ anzusetzen. Bei dem Nachweis nach der zukünftigen Mauerwerksnorm DIN 1053-100 werden entsprechend dem semi-probabilistischen Sicherheitskonzept auf der Materialseite Teilsicherheitsbeiwerte von 1,2 für Mauerwerk und von 1,0 für den Betonstahl von bewehrtem Mauerwerk angesetzt. Die Berechnung des Bemessungswertes der Erdbeben-einwirkung A_{Ed} kann entweder durch das vereinfachte oder das multimodale Antwortspektren-verfahren erfolgen. Der Verhaltensbeiwert q zur Abminderung des elastischen Antwortspekt-rums ist in Abhängigkeit von der Mauerwerksart und der Schlankheit nach Tabelle 4-16 anzu-setzen.

Die Kriterien für die Wahl des Berechnungsverfahrens wurden bereits in Abschnitt 4.1.8 erläu-tert. Bei der Ermittlung der Eigenfrequenzen ist auf eine realistische Abschätzung der Steifig-keiten nach DIN 1053-1 (1996) zu achten. Die übereinander stehenden Wände werden in der Regel auf der sicheren Seite liegend als eingespannte Balken idealisiert. Hierbei ist immer zu prüfen, ob die Anwendung der Balkentheorie für das vorliegende Verhältnis von Höhe zu Brei-te noch zulässig ist. Bei der Berechnung der Wandsteifigkeiten sollten nur Rechteckquerschnit-te der Einzelwände berücksichtigt werden. Zusammengesetzte Querschnitte sollten nicht ange-setzt werden, es sei denn, die Schubübertragung zwischen Wand und Querwand ist durch eine ausreichende Verzahnung sichergestellt. Diese ist dann aber auch rechnerisch nachzuweisen.

Tabelle 4-16 Verhaltensbeiwerte von Mauerwerk nach DIN 4149 (2005), Tabelle 17

Mauerwerksart	q	
	$h/l \leq 1$	$h/l \geq 2$
unbewehrtes Mauerwerk [a]	1,5	2,0
eingefasstes Mauerwerk	2,0	
bewehrtes Mauerwerk	2,5	

[a] Die Verwendung von Verhaltensbeiwerten q > 1,5 ist nur zulässig, wenn im Gebrauchszustand die mittlere Normalspannung in den entsprechenden Wänden 50% der zulässigen Spannung nach DIN 1053-1 (1996) (ohne Inanspruchnahme der Erhöhung nach Absatz 2, Satz 2) nicht überschreitet.

Für Mauerwerksbauten ist in der Mehrzahl der Fälle eine Berechnung nach dem vereinfachten Antwortspektrenverfahren ausreichend. In diesem Fall wird die Gesamterdbebenkraft entweder linear oder affin zur ersten Eigenform je Geschoss unter Annahme in ihrer Ebene starrer Decken auf das gewählte Ersatzsystem aufgebracht.

Nach Ermittlung der Schnittgrößen erfolgt im Anschluss je Geschoss eine steifigkeitsproportionale Verteilung auf die vorhandenen aussteifenden Wände unter Berücksichtigung von Torsionseffekten infolge von Exzentrizitäten. Maßgebender Schnitt für den Nachweis ist in der Regel die Einspannung, wo das maximale Moment auftritt. Günstigerweise sind hier auch die Druckspannungen in der Wand maximal. Die Spannungsverteilung darf nach DIN 1053-1 (1996) linear angenommen werden. Es gilt die Bernoulli-Hypothese und die Annahme einer linearen Spannungs-Dehnungskurve. Zugspannungen dürfen nicht in Ansatz gebracht werden, und Schubspannungen können nur im überdrückten Querschnittsbereich übertragen werden. Dies führt durch die erhöhten Erdbebenlasten der DIN 4149 (2005) dazu, dass traditionelle Grundrisse nicht mehr nachweisbar sind.

Einen Lösungsweg stellt die Wahl realitätsnäherer Tragwerksmodelle dar. So lassen sich zum Beispiel durch die Berücksichtigung der Einspannwirkung von Wänden in Riegeln oder Deckenplatten die Beanspruchungen durch die auch tatsächlich vorhandenen Einspannwirkungen der Wände deutlich reduzieren. Modellierungsmöglichkeiten hierzu werden ausführlich im Kapitel 6 vorgestellt und diskutiert. Die für statische Belastungen von der DIN 1053-1 (1996) geforderte Begrenzung des Klaffens der Querschnitte bis maximal zum Schwerpunkt und die Einhaltung von Randdehnungen sind für die Erdbebenbemessung nach DIN 4149 (2005) aufgrund kurzen Einwirkungszeiten der seismischen Kräfte nicht zu berücksichtigen.

Bild 4-31 zeigt abschließend das gesamte Ablaufschema für den Nachweis von Mauerwerksbauten im GZT unter Ansatz der horizontalen Erdbebenkomponenten. Für den Nachweis der Vertikalkomponente der Erdbebeneinwirkung ist DIN 4149 (2005), Abschnitt 6.2.4.2 anzuwenden.

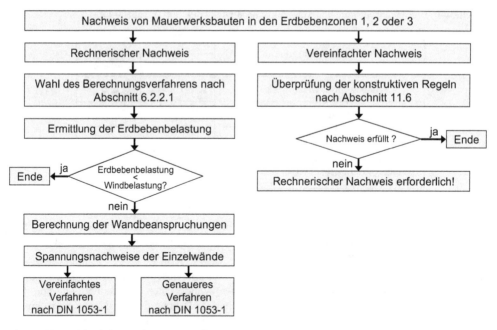

Bild 4-31 Ablaufschema für den Nachweis von Mauerwerksbauten im GZT unter Ansatz der horizontalen Erdbebenkomponenten

4.1.12 Baustoffspezifische Regelungen für Holzbauten

Für den Nachweis von Holzbauten stehen drei Duktilitätsklassen zur Verfügung. Die Duktilitätsklasse 1 (q = 1,5) entspricht im Wesentlichen einer elastischen Bemessung, die Duktilitätsklasse 2 (q = 2,5) legt die Tragwerke gering dissipativ aus, und in Duktilitätsklasse 3 (q = 4) wird ein dissipatives Verhalten mit hoher Duktilität gefordert. Die dafür notwendigen baulichen Regeln sind in Abschnitt 10.3 der Norm geregelt.

4.2 Inhaltliche Unterschiede zwischen DIN 4149 und DIN EN 1998-1

Die DIN EN 1998-1 (2010) wird in Kombination mit dem Nationalen Anwendungsdokument DIN EN 1998-1/NA (2011) in naher Zukunft die DIN 4149 (2005) als Erdbebennorm in Deutschland ablösen. Da die Konzeption der DIN 4149 (2005) auf Grundlage der Vorentwürfe der DIN EN 1998-1 (2010) erfolgte, erfordert der Normwechsel keine weitreichende Umstellung. Im Folgenden wird zunächst die Zielsetzung und die inhaltliche Gliederung der DIN EN 1998-1 (2010) vorgestellt. Im Anschluss daran werden die Unterschiede zur DIN 4149 (2005) im Hinblick auf den erdbebengerechten Entwurf, die Definition der Erdbebeneinwirkung, die Berechnungsverfahren, die Berücksichtigung von Torsionswirkungen, die Durchführung des Nachweises der Standsicherheit sowie die baustoffspezifischen Regelungen für Betonbauten, Stahlbauten und Mauerwerksbauten zusammengefasst. Die Zusammenfassung ist als Ergänzung zu den ausführlichen Erläuterungen der DIN 4149 (2005) in Abschnitt 4.1 zu verstehen, und dient nicht der Wiedergabe des gesamten normativen Inhalts.

4.2.1 Anwendungsbereich und Zielsetzung

Die DIN EN 1998-1 (2010) gilt für den Entwurf, die Bemessung und die Konstruktion von Bauwerken des Hoch- und Ingenieurbaus in deutschen Erdbebengebieten. Zielsetzung der Norm ist der Schutz von Menschenleben, die Begrenzung von Schäden und die Gewährleistung der Funktionstüchtigkeit von baulichen Anlagen, die von Bedeutung für die öffentliche Sicherheit und Infrastruktur sind. Sonderbauwerke, wie z.B. Kernkraftwerke, Off-Shore-Bauwerke und große Talsperren, fallen nicht in den Anwendungsbereich der Norm.

4.2.2 Gliederung der DIN EN 1998-1

Der Blick auf die inhaltliche Gliederung (Tabelle 4-17) der Norm zeigt, dass der Umfang der Norm gegenüber der DIN 4149 (2005) deutlich zugenommen hat. Dies ist darauf zurückzuführen, dass die DIN 4149 (2005) nur die für Deutschland wesentlichen seismischen Bemessungs- und Entwurfskonzepte beinhaltet. Die DIN EN 1998-1 (2010) ist allgemeiner konzipiert, um die Anforderungen an Bauwerke sowohl für Länder mit geringer Seismizität als auch für Länder mit hoher Seismizität in einer Norm zu regeln. Zudem sind gegenüber der DIN 4149 (2005) zusätzliche Abschnitte für die Bemessung von Verbundbauten aus Stahl und Beton (Abschnitt 7) und die Auslegung von Basisisolierungen (Abschnitt 10) aufgenommen worden.

Die Gliederung der DIN EN 1998-1 (2010) zeigt, dass die materialspezifischen Regelungen für Stahl-, Beton-, Verbund-, Holz- und Mauerwerksbauten sehr ausführlich behandelt werden. Wie schon aus der DIN 4149 (2005) bekannt, werden in den materialspezifischen Normabschnitten die dissipativen Effekte in Form eines Verhaltensbeiwertes q und die Festlegung konstruktiver Regelungen zur Sicherstellung der erforderlichen Bauwerksduktilität geregelt. Die DIN EN 1998-1 (2010) enthält an vielen Stellen national festzulegende Parameter (NDP), die für Deutschland in dem Nationalen Anwendungsdokument DIN EN 1998-1/NA (2011) festgelegt sind. Zusätzlich enthält das Nationale Anwendungsdokument für Deutschland einen informativen Anhang NA.D, der die Möglichkeit bietet den Erdbebennachweis für einfache Bauten des üblichen Hochbaus mit vereinfachten Auslegungsregeln zu führen. Der Umfang des Nationalen Anwendungsdokumentes beträgt 31 Seiten. Damit beträgt der Gesamtumfang von DIN EN 1998-1 (2010) und DIN EN 1998-1/NA (2011) insgesamt 227 Seiten gegenüber 84 Seiten der DIN 4149 (2005).

Tabelle 4-17 Gliederung der DIN EN 1998-1 (2010)

Abschnitt	Titel	Seitenumfang
1	Allgemeines, Zielsetzung und Anwendungsbereich	12
2	Funktionsanforderungen und Übereinstimmungskriterien	3
3	Baugrundbeschaffenheit und Erdbebeneinwirkung	39
4	Auslegung von Hochbauten	28
5	Besondere Regelungen für Betonbauteile	50
6	Besondere Regelungen für Stahlbauten	21
7	Besondere Regelungen für Verbundbauten aus Stahl und Beton	24
8	Besondere Regeln für Holzbauten	5
9	Besondere Regeln für Mauerwerksbauten	6
10	Basisisolierung	8

4.2.3 Erdbebengerechter Entwurf

Die Aspekte des erdbebengerechten Entwurfs entsprechen weitestgehend den Beschreibungen in der DIN 4149 (2005) und finden sich in Abschnitt 4.2 der DIN EN 1998-1 (2010). Die in Abschnitt 4.1.4 erläuterten Hinweise zur Grund- und Aufrissgestaltung sowie zur Gründungsausbildung gelten unverändert.

4.2.4 Erdbebeneinwirkung

Die Erdbebeneinwirkung wird für Deutschland in dem Nationalen Anwendungsdokument DIN EN 1998-1/NA (2011) festgelegt. Da in deutschen Erdbebengebieten die maximale Bodenbeschleunigung kleiner als 0,1g ist, werden diese als Gebiete geringer Seismizität eingestuft. Gebiete die keiner Erdbebenzone zugeordnet sind, werden als Gebiete sehr geringer Seismizität eingestuft.

Die Definition der horizontalen Spektren entspricht dem Konzept der DIN 4149 (2005), in der das Spektrum in Abhängigkeit von Untergrund- und Baugrundklasse zu bestimmen ist (Abschnitt 4.1.5). Abweichend von der DIN 4149 (2005) ist, dass für das elastische vertikale Antwortspektrum nun keine Untergrundparameter und Kontrollperioden (Tabelle 4-6) in Abhängigkeit der Untergrundverhältnisse mehr vorgegeben werden. Stattdessen entspricht die Definition des vertikalen Spektrums vollständig der DIN EN 1998-1 (2010). Hierbei wird der funktionale Verlauf des Vertikalspektrums wie folgt definiert:

$$T_A \leq T \leq T_B : \quad S_{ve}(T) = a_{vg} \cdot \left[1 + \frac{T}{T_B} \cdot (\eta \cdot 3,0 - 1) \right] \tag{4.64}$$

$$T_B \leq T \leq T_C : \quad S_{ve}(T) = a_{vg} \cdot \eta \cdot 3,0 \tag{4.65}$$

$$T_C \leq T \leq T_D : \quad S_{ve}(T) = a_{vg} \cdot \eta \cdot 3,0 \cdot \frac{T_C}{T} \tag{4.66}$$

$$T_D \leq T : \quad S_{ve}(T) = a_{vg} \cdot \eta \cdot 3,0 \cdot \frac{T_C \, T_D}{T^2} \tag{4.67}$$

mit:

E	„Summe" der entsprechenden Schnittgrößen
$S_{ve}(T)$	Spektralordinate des vertikalen elastischen Spektrums
a_{vg}	Bemessungswert der vertikalen Bodenbeschleunigung: $a_{vg} = 0,5 \cdot a_{gR} \cdot \gamma_I$
T_{A-D}	Kontrollperioden des Spektrums: $T_A = 0$, $T_B = 0,05$ s, $T_C = 0,2$ s, $T_D = 2,0$ s
γ_I	Bedeutungsbeiwert
η	Dämpfungskorrekturbeiwert $\eta = \sqrt{10/(5 + \xi)} \geq 0,55$

Das vertikale Bemessungsspektrum ergibt sich durch Einsetzen des Bemessungswertes der vertikalen Bodenbeschleunigung a_{vg} in die Gleichungen des horizontalen Bemessungsspektrums. Hierbei ist der Untergrundparameter $S = 1,0$ anzusetzen.

4.2.5 Berechnungsverfahren

Als Berechnungsverfahren sind in der DIN 4149 (2005) nur das vereinfachte und multimodale Antwortspektrenverfahren vorgesehen. Diese Verfahren sind linear und berücksichtigen die Energiedissipation näherungsweise durch einen Verhaltensbeiwert q. In der DIN EN 1998-1 (2010) sind zusätzlich zu den genannten Verfahren auch statisch nichtlineare Verfahren sowie nichtlineare Zeitverlaufsberechnungen zugelassen. Die Anwendung der nichtlinearen Verfahren ist in DIN EN 1998-1 (2010), Abschnitt 4.3.3.4 näher beschrieben. Über die Erforderlichkeit nichtlinearer Verfahren für die Baupraxis kann gestritten werden. Einerseits sollte die Bereitstellung nichtlinearer Verfahren nicht dazu führen, dass schon für die Bemessung von Neubauten bereits sämtliche Reserven in Rechnung gestellt werden. Andererseits kann der Einsatz der Verfahren im Rahmen von baulichen Änderungen im Bestand hilfreich sein, um die realen Tragwerksreserven in Rechnung zu stellen. Aber auch hier gibt es sicherlich Grenzen der Anwendbarkeit, denn die Berücksichtigung der Nichtlinearitäten im Rechenmodell setzt voraus, dass die werkstofflichen und konstruktiven Gegebenheiten des Tragwerks im Rechenmodell ausreichend genau beschrieben werden können. Die Anwendung nichtlinearer Verfahren ist als Alternative für Einzelfälle zu verstehen, die ein entsprechendes Spezialwissen voraussetzt.

4.2.6 Berücksichtigung von Torsionswirkungen

Die Berücksichtigung von Torsionswirkungen ist in der DIN EN 1998-1 (2010) abhängig von dem gewählten Rechenverfahren und den Regelmäßigkeitskriterien des Tragwerks an verschiedenen Stellen geregelt. Durch die Verteilung der Torsionsregelungen auf verschiedene Normkapitel leidet die Übersichtlichkeit, weshalb im Folgenden die Regelungen komprimiert wiedergegeben werden.

4.2.6.1 Ansatz zufälliger Torsionswirkungen

Um Unsicherheiten bezüglich der Lage von Massen und der räumlichen Veränderlichkeit der Erdbebenbewegung abzudecken, muss der berechnete Massenmittelpunkt von jedem Geschoss i um eine zufällige Ausmittigkeit e_{ai} von seiner planmäßigen Lage in beiden Richtungen verschoben werden:

$$e_{ai} = \pm 0{,}05 \cdot L_i \tag{4.68}$$

Mit:

e_{ai} zufällige Ausmittigkeit der Geschossmasse i von ihrer planmäßigen Lage, die für alle Geschosse in gleicher Richtung anzusetzen ist.

L_i Geschossabmessung senkrecht zur Richtung der Erdbebeneinwirkung

4.2.6.2 Ansatz von Torsionswirkungen im vereinfachten Antwortspektrenverfahren

Bei einer symmetrischen Verteilung von horizontaler Steifigkeit und Masse im Grundriss können die zufälligen Torsionswirkungen vereinfacht durch eine Erhöhung der Beanspruchungen in den lastabtragenden Bauteilen mit dem Faktor δ berücksichtigt werden:

$$\delta = 1 + 0{,}6 \cdot \frac{x}{L_e} \tag{4.69}$$

mit:

> x   Abstand des betrachteten Bauteils vom Massenmittelpunkt des Gebäudes im Grundriss, gemessen senkrecht zur Richtung der betrachteten Erdbebenwirkung
>
> L_e Abstand zwischen den beiden äußersten Bauteilen, die horizontale Lasten abtragen, gemessen senkrecht zur Richtung der betrachteten Erdbebenwirkung.

Wenn die Berechnung nach dem vereinfachten Antwortspektrenverfahren unter Verwendung von zwei ebenen Modellen durchgeführt wird, jeweils von einem für jede horizontale Hauptrichtung, dürfen Torsionswirkungen durch Verdopplung der zufälligen Ausmittigkeit e_{ai} nach (4.68) berücksichtigt werden. Alternativ kann die Berücksichtigung durch den Faktor δ nach (4.69) erfolgen, wobei in der Gleichung der Faktor 0,6 auf 1,2 zu erhöhen ist.

Die Anwendung von ebenen Modellen ist in DIN EN 1998-1 (2010), Abschnitt 4.3.3.1 (7) an bestimmte Bedingungen geknüpft, die zu überprüfen sind. Hierbei ist generell zwischen Bauwerken mit regelmäßigen und unregelmäßigen Grundrissen zu unterscheiden.

4.2.6.3 Regelmäßige Grundrisse

Nach DIN EN 1998-1 (2010), Abschnitt 4.3.3.1 (7) können ebene Modelle angewendet werden, wenn die Kriterien für die Reglmäßigkeit im Grundriss erfüllt sind. Diese Kriterien sind im Normabschnitt 4.2.3.2 zusammengestellt. Neben allgemeinen Kriterien sind für jedes Geschoss und in jede Berechnungsrichtung i folgende rechnerische Überprüfungen erforderlich:

$$e_{oi} \leq 0{,}30 \cdot r_i \text{ und } r_i \geq l_s \qquad (4.70)$$

mit:

> e_{oi} Abstand zwischen dem Steifigkeitsmittelpunkt und dem Massenmittelpunkt, gemessen senkrecht zur betrachteten Berechnungsrichtung
>
> r_i Quadratwurzel des Verhältnisses zwischen der Torsionssteifigkeit und der Horizontalsteifigkeit in y-Richtung ("Torsionsradius")
>
> l_s „Trägheitsradius", der dem Quotienten aus dem Massenträgheitsmoment des Geschosses für Drehungen um die vertikale Achse durch seinen Massenschwerpunkt und der Geschossmasse entspricht. Für Rechteckquerschnitte kann der Trägheitsradius nach (4.19) berechnet werden.

4.2.6.4 Unregelmäßige Grundrisse

Auch wenn die Kriterien für die Regelmäßigkeit im Grundriss nach DIN EN 1998-1 (2010), Abschnitt 4.2.3.2 nicht erfüllt sind, kann die Berechnung an zwei ebenen Modellen erfolgen, wenn die nachfolgend aufgeführten besonderen Regelmäßigkeitsbedingungen erfüllt werden:

a) Das Bauwerk weist gut verteilte und relativ starre Fassadenteile und Trennwände auf.

b) Die Höhe des Bauwerks darf 10 m nicht überschreiten.

c) Die Steifigkeit der Decken in ihrer Ebene muss im Vergleich zur horizontalen Steifigkeit der vertikalen tragenden Bauteile ausreichend groß sein, so dass eine starre Deckenwirkung angenommen werden kann.

d) Die Mittelpunkte der horizontalen Steifigkeit und der Masse müssen jeweils näherungsweise auf einer vertikalen Geraden liegen, und es werden in den beiden horizontalen Berechnungsrichtungen die Bedingungen $r_x^2 > l_s^2 + e_{ox}^2$, $r_y^2 > l_s^2 + e_{oy}^2$ erfüllt.

Wenn alle Bedingungen bis auf Bedingung d) eingehalten werden, kann trotzdem eine Betrachtung an zwei ebenen Modellen erfolgen, jedoch sind dann die Beanspruchungsgrößen mit dem Faktor 1,25 zu multiplizieren. Wenn mehrere Kriterien verletzt werden, so ist eine räumliche Berechnung durchzuführen.

4.2.6.5 Ansatz von Torsionswirkungen in räumlichen Tragwerksmodellen

Liegt der Berechnung ein räumliches Modell zugrunde, so dürfen die zufälligen Torsionswirkungen nach Abschnitt 4.2.6.1 als Umhüllende der Beanspruchungsgrößen durch zusätzliche statische Lastfälle berücksichtigt werden. Die Lastfälle bestehen aus Gruppen von Torsionsmomenten M_{ai}, die um die vertikale Achse eines jeden Geschosses i zu ermitteln sind:

$$M_{ai} = e_{ai} \cdot F_i \tag{4.71}$$

mit:

M_{ai}	Torsionsmoment, wirkend auf das Geschoss i um seine vertikale Achse
e_{ai}	zufällige Ausmittigkeit nach (4.68) für alle maßgebenden Richtungen
F_i	Horizontalkraft des Geschosses i

4.2.6.6 Vergleich mit DIN 4149 und Zusammenfassung

Die Torsionsregelungen in der DIN 4149 (2005) entsprechen weitestgehend den Regelungen der DIN EN 1998-1 (2010). Jedoch bietet die DIN 4149 (2005) noch eine weitere alternative Berechnungsmöglichkeit an, die einen genaueren Torsionsansatz beinhaltet (Abschnitt 4.1.7.1), der auch für Gebäudehöhen von mehr als 10 m angewendet werden kann.

Die genauere Torsionsberechnung kann angewendet werden, wenn die Steifigkeitsmittelpunkte und Massenschwerpunkte der einzelnen Geschosse näherungsweise auf einer vertikalen Geraden liegen und in jeder der beiden Berechnungsrichtungen die Bedingung $r_x^2 > l_s^2 + e_{ox}^2$ bzw. $r_y^2 > l_s^2 + e_{oy}^2$ eingehalten ist.

Die genauere Torsionsberechnung führt in der Regel zu geringeren Torsionsbeanspruchungen und stellt rechnerisch keinen wesentlichen Mehraufwand dar, da auch für die vereinfachten Torsionsansätze zur Überprüfung der Regelmäßigkeitskriterien die Exzentrizitäten, die Torsionsradien und die Trägheitsradien der einzelnen Geschosse aufwendig bestimmt werden müssen. Die Anwendung genauerer Torsionsberechnungen ist nach DIN EN 1998-1 (2010), Abschnitt 4.3.3.2.4 zugelassen, so dass die Anwendung des genaueren Rechenansatzes normkonform ist.

Insgesamt stellt die geschossweise Bestimmung der Exzentrizitäten sowie der Torsions- und Trägheitsradien für Handrechnungen einen großen Aufwand dar, so dass weder der vereinfachte noch der genauere Torsionsansatz bei korrekter Anwendung schnell und einfach anwendbar sind. Deshalb ist hier eine Programmunterstützung erforderlich. Hinsichtlich der Wirtschaftlichkeit ist dem genaueren Torsionsansatz Vorzug zu geben, da dieser die Torsionswirkungen realitätsnäher erfasst. Dieser Ansatz ist auch in den vereinfachten Auslegungsregeln im Anhang NA.D des Nationalen Anwendungsdokumentes DIN EN 1998-1/NA (2011) zu finden.

4.2.7 Nachweis der Standsicherheit

Die Sicherheitsnachweise nach DIN EN 1998-1 (2010) entsprechen im Wesentlichen den Nachweisen der DIN 4149 (2005). Zu berücksichtigen ist, dass bei der Ermittlung des Bemessungswertes der Erdbebeneinwirkung A_{Ed} der Beiwert φ nach DIN EN 1998-1/NA (2011), Tabelle NA.5 zu bestimmen ist (Tabelle 4-18). Die dort angegebenen Werte weichen von denen der Tabelle 6 in DIN 4149 (2005) ab. Weiterhin ist zu beachten, dass Schneelasten mit einem Kombinationsbeiwert von $\psi_2 = 0,5$ zu berücksichtigen sind. Dies entspricht den bisherigen Regelungen in den Einführungserlassen zur DIN 4149 (2005) der Bundesländer.

Tabelle 4-18 Beiwerte für φ zur Berechnung von ψ_{Ei} nach DIN EN 1998-1/NA (2011), Tabelle NA.5

Art der veränderlichen Einwirkung nach DIN EN 1991-1-1/NA	Lage im Gebäude	φ
Nutzlasten der Kategorien A – C einschließlich Nutzlasten der Kategorien T und Z	oberstes Geschoss	1,0
	andere Geschosse	0,7
Nutzlasten der Kategorien D – F einschließlich Nutzlasten der Kategorien T und Z	alle Geschosse	1,0

Nach DIN 4149 (2005), Abschnitt 6.2.4.1 darf für Bauwerke, die die Kriterien für die Regelmäßigkeit im Grundriss erfüllen oder bei denen Horizontallasten ausschließlich durch Wände abgetragen werden, die Erdbebeneinwirkung als getrennt in Richtung der zwei zueinander orthogonalen Hauptachsen des Bauwerks angreifend angenommen werden. Nach DIN EN 1998-1 (2010) entfällt eine Richtungsüberlagerung nur dann, wenn der Grundriss regelmäßig ist und die Horizontallasten vorwiegend über Schubwände abgetragen werden. Diese Regelung stellt eine Verschärfung der Anforderungen dar.

4.2.8 Baustoffspezifische Regelungen für Betonbauten

Betonbauten können nach DIN EN 1998-1 (2010) nach den Duktilitätsklassen DCL (niedrig dissipatives Tragwerksverhalten), DCM (mittleres dissipatives Tragwerksverhalten) und DCH (hohes dissipatives Tragwerksverhalten) ausgelegt werden. Die Klassen DCL und DCM entsprechen den Duktilitätsklassen 1 und 2 nach DIN 4149 (2005). Die Duktilitätsklasse 3 (DCH) war in der DIN 4149 (2005) nicht vorgesehen und wird auch im Nationalen Anwendungsdokument DIN EN 1998-1/NA (2011) für die Anwendung in Deutschland nicht empfohlen.

Die Bemessungsregeln und konstruktiven Anforderungen entsprechen weitestgehend den schon bekannten Regelungen der DIN 4149 (2005). In der Duktilitätsklasse DCL werden die Anforderungen an die bezogene Längskraft und die Schubbemessung mit erhöhten Querkräften fallen gelassen. Hier ist es ausreichend eine Bemessung nach DIN EN 1992-1-1 (2011) durchzuführen. Ein weiterer Unterschied ergibt sich bei der Bestimmung des Verhaltensbeiwertes für die Duktilitätsklassen DCM und DCH. Der Verhaltensbeiwert ist nach DIN EN 1998-1 (2010), Abschnitt 5.2.2.2 für im Aufriss regelmäßige Tragwerke wie folgt zu bestimmen:

$$q = q_0 \cdot k_W \tag{4.72}$$

Hierbei ist k_W ein Beiwert zur Beschreibung der vorherrschenden Versagensart bei Tragsystemen mit Wänden, der nach DIN EN 1998-1 (2010), Abschnitt 5.2.2.2 (11) zu bestimmen ist. Der Grundwert q_0 des Verhaltensbeiwertes ist nach DIN EN 1998-1 (2010), Tabelle 5.1 zu bestimmen (Tabelle 4-19). Für im Aufriss nicht regelmäßige Hochbauten ist der Wert von q_0 um 20 % zu reduzieren.

Tabelle 4-19 Beiwert q_0 zur Bestimmung des Verhaltensbeiwertes nach DIN EN 1998-1 (2010)

Tragwerkstyp	DCM	DCH
Rahmensystem, Mischsystem, System mit gekoppelten Wänden	$3,0\alpha_u/\alpha_1$	$4,5\alpha_u/\alpha_1$
Ungekoppelte Wandsystem	3,0	$4,0\alpha_u/\alpha_1$
Torsionsweiches System (Kernsystem)	2,0	3,0
Umgekehrtes-Pendel-System	1,5	2,0

Der Beiwert α_u/α_1 kann rechnerisch mittels einer Pushoveranalyse ermittelt werden. Alternativ kann der Beiwert pauschal in Abhängigkeit des vorliegenden Tragsystems angesetzt werden.

Für Rahmen- oder Mischsysteme, bei denen Rahmen überwiegen, beträgt der Beiwert:

Einstöckige Gebäude: $\alpha_u/\alpha_1{=}1,1$

Mehrstöckige, einschiffige Rahmen: $\alpha_u/\alpha_1{=}1,2$

Mehrstöckige, mehrschiffige Rahmen; Mischsysteme mit vorwiegend Rahmen: $\alpha_u/\alpha_1{=}1,3$

Für Wand-oder Mischsysteme, bei denen Wände überwiegen, beträgt der Beiwert:

Wandsysteme mit nur zwei ungekoppelten Wänden pro Horizontalrichtung: $\alpha_u/\alpha_1{=}1,0$

Andere ungekoppelte Wandsysteme: $\alpha_u/\alpha_1{=}1,1$

Mischsysteme, bei denen Wände überwiegen, oder gekoppelte Wandsysteme: $\alpha_u/\alpha_1{=}1,2$

Die Regelungen der DIN EN 1998-1 (2010) sind in Kombination mit der DIN EN 1992-1-1 (2011) und dem dazugehörigen Nationalen Anwendungsdokument DIN EN 1992-1-1/NA (2011) anzuwenden.

4.2.9 Baustoffspezifische Regelungen für Stahlbauten

Stahlbauten können entsprechend DIN EN 1998-1 (2010) nach den Duktilitätsklassen DCL (niedrig dissipatives Tragwerksverhalten), DCM (mittleres dissipatives Tragwerksverhalten) und DCH (hohes dissipatives Tragwerksverhalten) ausgelegt werden (Tabelle 4-20). Die Klassen DCL und DCM entsprechen den Duktilitätsklassen 1 und 2 der DIN 4149 (2005). Die Duktilitätsklasse 3 (DCH) war in der DIN 4149 (2005) nicht vorgesehen.

Im Nationalen Anwendungsdokument DIN EN 1998-1/NA (2011) wird empfohlen, die Höchstwerte der Verhaltensbeiwerte q nach DIN EN 1998-1 (2010), Tabelle 6.2 für deutsche Erdbebengebiete auf $q \leq 4$ zu begrenzen. Damit einher geht die Empfehlung, in Deutschland nur die Duktilitätsklassen DCL oder DCM zu anzuwenden.

Die Referenzwerte der Verhaltensbeiwerte sind in DIN EN 1998-1 (2010) in Abhängigkeit vom Tragwerkstyp begrenzt (Tabelle 4-21). Der Beiwert α_u/α_1 kann rechnerisch mittels einer Pushoveranalyse ermittelt werden. Alternativ kann der Beiwert pauschal in Abhängigkeit des vorliegenden Tragsystems nach DIN EN 1998-1 (2010), Abschnitt 6.3.1 angesetzt werden. Die angegebenen Höchstwerte in Tabelle 4-21 sind für Tragwerke mit einem unregelmäßigen Aufriss um 20% abzumindern.

In der Duktilitätsklasse DCL kann die Bemessung ohne weitere Anforderungen nach DIN EN 1993-1-1 (2010) durchgeführt werden, wenn der Verhaltensbeiwert nicht größer als 1,5 gewählt wird. Liegt der Verhaltensbeiwert zwischen 1,5 und 2,0, so müssen die primären seismischen Bauteile den Querschnittsklassen 1, 2 oder 3 angehören.

Tabelle 4-20 Auslegungskonzepte, Duktilitätsklassen der Tragwerke und Höchstwerte der Referenzwerte der Verhaltensbeiwerte q nach DIN EN 1998-1 (2010), Tabelle 6.1

Auslegungskonzept	Duktilitätsklasse des Tragwerks	Bereich der Referenzwerte der Verhaltensbeiwerte q
Konzept a) Niedrig-dissipatives Tragwerksverhalten	DCL (Niedrig)	$\leq 1,5 - 2$
Konzept b) Dissipatives Tragwerksverhalten	DCM (Mittel)	≤ 4 auch begrenzt nach DIN EN 1998-1 (2010), Tabelle 6.2
	DCH (Hoch)	nur begrenzt nach DIN EN 1998-1 (2010), Tabelle 6.2

Tabelle 4-21 Höchstbeträge für Referenzwerte der Verhaltensbeiwerte für im Aufriss regelmäßige Tragwerke nach DIN EN 1998-1 (2010), Tabelle 6.2

Tragwerkstyp	Duktilitätsklasse	
	DCM	DCH
a) Biegesteife Rahmen	4	$5\alpha_u/\alpha_1$
b) Rahmen mit konzentrischen Verbänden		
Diagonalverbände	4	4
V-Verbände	2	2,5
c) Rahmen mit exzentrischen Verbänden	4	$5\alpha_u/\alpha_1$
d) Umgekehrte-Pendel-Systeme	2	$2\alpha_u/\alpha_1$
e) Tragwerke mit Betonkernen oder Betonwänden	DIN EN 1998-1 (2010), Abschnitt 5	
f) Biegesteife Rahmen kombiniert mit Diagonalverbänden	4	$4\alpha_u/\alpha_1$
g) Ausgefachte biegesteife Rahmen		
Ausfachung aus Stahlbeton oder Mauerwerk ohne Verbundwirkung, mit Kontakt zum Rahmen	2	2
Ausfachung aus Stahlbeton mit Verbundwirkung	DIN EN 1998-1 (2010), Abschnitt 7	
Ausfachung mit konstruktiver Trennung von der Rahmenkonstruktion (siehe biegesteife Rahmen)	4	$5\alpha_u/\alpha_1$

In den Duktilitätsklassen DCM und DCH werden weitergehende Anforderungen gestellt. Hierbei müssen dissipative Bauteile im Freien müssen die Mindestzähigkeit $T_{27J} = -20\ °C$ aufweisen. Die wichtigste Bedingung ist, dass sich die dissipativen Bereiche in den dafür vorgesehenen Tragwerksteilen ausbilden. Diese Bedingung ist erfüllt, wenn die Streckgrenze des Stahls in den dissipativen Zonen eine der folgenden Bedingungen erfüllt:

a. In dissipativen Zonen muss der Maximalwert der Streckgrenze die Bedingung $f_{y,max} \leq 1,1 \cdot \gamma_{ov} \cdot f_y$ erfüllen. Der Überfestigkeitsbeiwert γ_{ov} ist mit 1,25 anzusetzen.

b. Die Bemessung des gesamten Tragwerks erfolgt für S235 und in den nicht dissipativen Bereichen wird ein S355 verwendet.

c. Messung der tatsächlichen Werte der Streckgrenze in jedem dissipativen Bereich und Bestimmung der vorhandenen Überfestigkeitsbeiwerte $\gamma_{ov,act} = f_{y,act}/f_y$. Für die Bemessung ist der größte ermittelte Überfestigkeitsbeiwert $\gamma_{ov,act}$ anzusetzen.

Der Höchstwert der Streckgrenze $f_{y,max}$ ist auf den Ausführungszeichnungen anzugeben. Zudem sind geschraubte Verbindungen von primären seismischen Bauteilen mit hochfesten Schrauben der Klassen 8.8 oder 10.9 auszuführen. Eine weitere Anforderung findet sich in DIN EN 1998-1 (2010), Abschnitt 6.5.3 für die Wahl der Querschnittsklasse in Abhängigkeit des angesetzten Verhaltensbeiwertes. Die Anforderungen sind in Tabelle 4-22 zusammengefasst.

Tabelle 4-22 Anforderungen an die Querschnittsklassen nach DIN EN 1998-1 (2010), Tabelle 6.3

Duktilitätsklasse	Referenzwert des Verhaltensbeiwerts q	Geforderte Querschnittsklasse
DCM	$1,5 < q \leq 2$	Klasse 1, 2 oder 3
	$2 < q \leq 4$	Klasse 1 oder 2
DCH	$q > 4$	Klasse 1

Die weiteren Bemessungs- und Konstruktionsregeln der DIN EN 1998-1 (2010) für die Duktilitätsklassen DCL und DCH entsprechen weitestgehend den aus der DIN 4149 (2005) bekannten Regelungen für die Duktilitätsklassen 1 und 2. Für die Duktilitätsklasse DCH sind umfangreichere konstruktive Anforderungen zu beachten, die in DIN 1998-1 (2010), Abschnitt 6.5 beschrieben sind.

4.2.10 Baustoffspezifische Regelungen für Mauerwerksbauten

Wie in der DIN 4149 (2005) kann auch in der DIN EN 1998-1 (2010) die Erdbebensicherheit von Mauerwerksbauten mit einem rechnerischen oder vereinfachten Nachweis durch Einhaltung konstruktiver Regeln nachgewiesen werden.

4.2.10.1 Vereinfachter Nachweis mit konstruktiven Regeln

Der vereinfachte Nachweis kann für einfache Mauerwerksbauten, die den Bedeutungskategorien I oder II angehören, angewendet werden. Der Nachweis ist erbracht, wenn die Anforderungen der Normabschnitte 9.2, 9.5 und 9.7.2 eingehalten werden. Die in diesen Abschnitten formulierten Anforderungen sind vergleichbar mit dem Vorgehen in DIN 4149 (2005), jedoch haben sich einige Tabellen zu den Mindestanforderungen geändert. Die Anforderungen an die Mindestwandlängen wurden in der Tabelle NA.10 (Tabelle 4-23) des Nationalen Anwendungsdokuments neu festgelegt. Zudem wurden die erforderlichen Schubwandquerschnittsflächen durch einen weiteren Korrekturfaktor und zusätzliche Bedingungen ergänzt. Das Ergebnis ist die Tabelle NA.12 des Nationalen Anwendungsdokuments (Tabelle 4-24).

Tabelle 4-23 Mindestanforderungen an Schubwände nach DIN EN 1998-1/NA (2011), Tabelle NA.10

Erdbebenzone	h_{ef}/t_{ef}	t_{ef} [mm]	l/h
1	nach DIN EN 1996-1-1 (2010)		$\geq 0{,}27$
2	≤ 18	$\geq 150^a$	$\geq 0{,}27$
3	≤ 15	≥ 175	$\geq 0{,}27$

h_{ef}	Knicklänge nach DIN EN 1996-1-1(2010)
t_{ef}	Wanddicke
l	Wandlänge

^{a} Wände der Wanddicke ≥ 115 mm dürfen zusätzlich berücksichtigt werden, wenn $h_{ef}/t_{ef} \leq 15$ ist.

Tabelle 4-24 Mindestanforderungen an die auf die Geschossgrundrissfläche bezogene Querschnittsfläche von Schubwänden[c, d], DIN EN 1998-1/NA (2011), NA.12

Anzahl der Vollgeschosse	$\dfrac{a_{gR} \cdot S \cdot \gamma_I}{\leq 0{,}6 \cdot k^a \cdot k_r^{\,e}}$			$\dfrac{a_{gR} \cdot S \cdot \gamma_I}{\leq 0{,}9 \cdot k^a \cdot k_r^{\,e}}$			$\dfrac{a_{gR} \cdot S \cdot \gamma_I}{\leq 1{,}2 \cdot k^a \cdot k_r^{\,e}}$		
	Steindruckfestigkeitsklasse nach DIN 1053-1 (1996)[b]								
	4	6	≥ 12	4	6	≥ 12	4	6	≥ 12
1	0,02	0,02	0,02	0,03	0,025	0,02	0,04	0,03	0,02
2	0,035	0,03	0,02	0,055	0,045	0,03	0,08	0,05	0,04
3	0,065	0,04	0,03	0,08	0,065	0,05	Kein vereinfachter Nachweis zulässig (KvNz)		
4	KvNz	0,05	0,04	KvNz					

[a] Für Gebäude, bei denen mindestens 70 % der betrachteten Schubwände in einer Richtung länger als 2 m sind, beträgt der Beiwert $k = 1 + (l_a - 2)/4 \leq 2$. Dabei ist l_a die mittlere Wandlänge der betrachteten Schubwände in m. In allen anderen Fällen beträgt $k = 1$. Der Wert γ_I wird nach Tabelle NA.6 bestimmt.

[b] Bei Verwendung unterschiedlicher Steinfestigkeitsklassen, z. B. für Innen- und Außenwände, sind die Anforderungswerte im Verhältnis der Steifigkeitsanteile der jeweiligen Steinfestigkeitsklasse zu wichten.

[c] Zwischenwerte dürfen linear interpoliert werden.

[d] Die Verwendung der Steinfestigkeitsklasse 2 für Außenwände ist zulässig, wenn in jeder Richtung wenigstens 50% der erforderlichen Wandquerschnittsfläche der Schubwände aus Mauerwerk der Festigkeitsklasse 4 oder höher bestehen. Die Gesamtquerschnittsfläche der Schubwände muss dann die in Tabelle NA11 für die Steinfestigkeitsklasse 4 geltenden Werte einhalten.

[e] Für Reihenhäuser mit Abmessungen von $B \leq 7$ m und $L \leq 12$ m und mindestens zwei parallelen Wänden in zwei orthogonalen Richtungen, wobei die Länge jeder dieser Wände mindestens 40 % der Bauwerkslänge in der betrachteten Richtung sein muss, kann k_r mit 1,25 angesetzt werden. In allen anderen Fällen beträgt $k_r = 1{,}0$.

4.2.10.2 Rechnerischer Nachweis

Für die Durchführung des rechnerischen Nachweises wurden in der DIN EN 1998-1/NA (2011), Tabelle NA.9 die Verhaltensbeiwerte in Anlehnung an die DIN 4149 (2005) leicht modifiziert, was sich aber auf die linearen Berechnungs- und Bemessungsverfahren nur untergeordnet auswirkt (Tabelle 4-25).

Tabelle 4-25 Verhaltensbeiwerte q nach DIN EN 1998-1/NA (2011), Tabelle NA.9

Mauerwerksart	Wandgeometrie	
	$h/l^{\,a} \leq 1$	$h/l \geq 1,6$
Unbewehrt[b,c]	1,5	2,0
Eingefasst	2,0	2,5
[a] h/l bezeichnet das Verhältnis der lichten Geschosshöhe zur Länge der längsten Wand in der betrachteten Gebäuderichtung.		
[b] Die Verwendung von Verhaltensbeiwerten q > 1,5 ist nur zulässig, wenn bei der Bemessungssituation infolge Erdbeben die mittlere Normalspannung in den entsprechenden Wänden 15 % der charakteristischen Mauerwerkdruckfestigkeit f_k nach DIN EN 1996-1-1(2010) nicht überschreitet.		
[c] Die Tragwerksmodellierung darf nach DIN EN 1996-1-1 (2010) erfolgen.		
Zwischenwerte dürfen linear interpoliert werden.		

Wesentlicher für die rechnerischen Nachweise ist die in DIN EN 1998-1/NA (2011), Abschnitt 9.4(6) geschaffene Möglichkeit nichtlineare Berechnungen mit Lastumlagerungseffekten unter Verwendung elastisch-ideal plastischer Lastverformungskurven der Einzelwände durchführen zu können. Hierbei darf die Tragwerksmodellierung nach DIN EN 1996-1-1 (2010) erfolgen. Zur Definition der Last-Verformungskurven sind für Biege- und Schubversagen folgende maximale Verformungskapazitäten angegeben:

- Biegeversagen: $0,006 \cdot H_0/L \cdot H$

- Schubversagen: $0,004 \cdot H$, wenn bei der Bemessungssituation infolge Erdbeben die mittlere Normalspannung 15 % der charakteristischen Mauerwerkdruckfestigkeit f_k nach DIN EN 1996-1-1 (2010) oder allgemeiner bauaufsichtlicher Zulassung nicht überschreitet. In allen anderen Fällen ist die Verformung für Schubversagen mit höchstens $0,003 \cdot H$ anzusetzen.

Hierbei sind H die Stockwerkshöhe, L die Wandlänge und H_0 der Abstand zwischen dem Querschnitt, in dem die Biegekapazität erreicht wird, und dem Wendepunkt, jeweils in m. Die Verformungswerte dürfen für eingefasstes Mauerwerk um den Faktor 2 vergrößert werden. Die Traglasten der Einzelwände können nach DIN EN 1996-1-1 (2010) berechnet werden. Die Anwendung dieses Verfahrens wird in den nachfolgenden Berechnungsbeispielen demonstriert. Zusätzlich wird es im Kapitel 6 ausführlich erläutert.

4.3 Rechenbeispiele zur DIN 4149 und DIN EN 1998-1

4.3.1 Stahlbetontragwerk mit aussteifenden Wandscheiben

In diesem Abschnitt wird der seismische Nachweis für ein 4-geschossiges Stahlbetongebäude geführt, das durch fünf Wandscheiben ausgesteift ist. Die Ermittlung der Beanspruchungen erfolgt auf vier unterschiedlichen Rechenwegen. Die konstruktive Durchbildung erfolgt am Beispiel der am höchsten belasteten Wand. Der Nachweis wird nach DIN 4149 (2005) durchgeführt und an den Stellen mit Abweichungen zur DIN EN 1998-1 (2010) durch entsprechende Anmerkungen ergänzt.

4.3.1.1 Tragwerksbeschreibung

Der Grund- und der Aufriss des Gebäudes mit unsymmetrischem Tragwandsystem sind in Bild 4-32 und Bild 4-33 dargestellt.

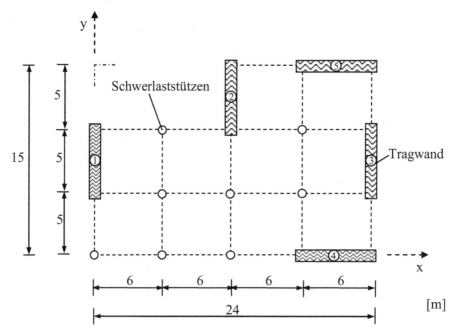

Bild 4-32 Grundriss des Stahlbetongebäudes

Das Bürogebäude ist durch 30 cm starke Wände aus Stahlbeton ausgesteift. Die Rundstützen mit einem Radius von 30 cm tragen nur vertikale Lasten ab, und die 20 cm starken Flachdecken sind als starre Deckenscheiben ausgebildet. Die Geschosshöhe beträgt 4 m. Die Baubeschreibung des Gebäudes beinhaltet folgende für die Berechnung relevante Informationen:

- Beton: C 20/25, Bewehrung: BSt 500 M (A), BSt 500 S (B).
- Standort: Aachen, Jülicher Str. (210 m über NN), Erdbebenzone 3
- Boden: Geologische Untergrundklasse R, Baugrundklasse B
- Bauwerkstyp: Bürogebäude, Bedeutungskategorie: II

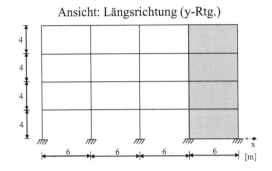

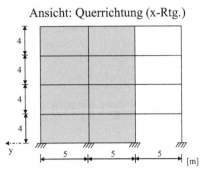

Bild 4-33 Ansichten des Gebäudes in x- und y-Richtung

4.3.1.2 Lastannahmen und Bemessungskombination

Die Lasten ergeben sich nach DIN 1055-100 (2001) bzw. DIN EN 1991-1-1 (2010) zu:

Eigengewicht

Geschossdecken:

EG Beton (d = 20 cm)	25 kN/m³
EG Putz (d = 1,5 cm)	21 kN/m³
Estrich (d = 5 cm)	22 kN/m³
Summe	6,42 kN/m²

Dach:

EG Beton (d = 20 cm)	25 kN/m³
EG Putz (d = 1,5 cm)	21 kN/m³
Dach	1,2 kN/m²
Summe	6,52 kN/m²

Trennwandzuschlag: 1,25 kN/m²

Verkehrslasten

Geschossdecken:

Deckenlast	2 kN/m²
Zuschlag für Trennwände	1,25 kN/m²
Summe	3,25 kN/m²

Dach:

Dachlast	0,75 kN/m²
Schneelast	0,75 kN/m²

Die Bemessung erfolgt nur für die Bemessungssituation Erdbeben nach Gleichung (4.29). Die hierfür anzusetzenden Teilsicherheitsbeiwerte und Kombinationsbeiwerte ψ für die Einwirkungen nach DIN 1045-1 (2008) bzw. DIN EN 1992-1-1 (2011) sind in Tabelle 4-26 und Tabelle 4-27 zusammengestellt. Der Kombinationsbeiwert ψ_2 für die Schneelasten ist nach dem Einführungserlass der DIN 4149 (2005) in Nordrhein Westfalen bzw. nach DIN EN

1998-1/NA (2011) abweichend von den Lastnormen mit 0,5 anzusetzen. Damit ist der Bemessungswert der Erdbebeneinwirkungen A_{Ed} wie folgt mit den Einwirkungen aus Eigengewicht, Verkehr und Schnee zu kombinieren:

$$E_{dAE} = E\{1,00 \cdot G_k + A_{Ed} + 0,3 \cdot Q_{Nutzlasten} + 0,5 \cdot Q_{Schneelasten}\}$$

Tabelle 4-26 Teilsicherheitsbeiwerte für Stahlbeton nach DIN 1045-1 (2008), DIN EN 1992-1-1 (2011)

	Ständige Einwirkung (G_k) γ_G	Veränderliche Einwirkung (Q_k) γ_Q
Günstige Auswirkung	1,00	0,00
Ungünstige Auswirkung	1,35	1,50

Tabelle 4-27 Kombinationsbeiwerte nach DIN 1055-100 (2001), DIN EN 1990 (2010)

Einwirkung	Kombinationsbeiwerte		
	ψ_0	ψ_1	ψ_2
Nutzlasten auf Decken in Büroräumen	0,7	0,5	0,3
Windlasten	0,6	0,5	0
Schneelasten	0,5	0,2	0

4.3.1.3 Elastische Antwortspektren

Gemäß der Erdbebenzoneneinteilung nach DIN 4149 (2005) bzw. DIN EN 1998-1/NA (2011) wird dem Standort Aachen die Erdbebenzone 3 zugeordnet. Nach Tabelle 4-3 ist damit ein Bemessungswert der Bodenbeschleunigung von $a_g = 0,8$ m/s² anzusetzen. Für die Untergrundklasse R und die Baugrundklasse B ergeben sich folgende Parameter für das horizontale Spektrum (Tabelle 4-5):

$S = 1,25$, $T_B = 0,05$ s, $T_C = 0,25$ s und $T_D = 2,0$ s

Der Bedeutungsbeiwert des Gebäudes (Bedeutungskategorie II) beträgt $\gamma_I = 1,0$ (Tabelle 4-7). Mit den aufgeführten Eingangsparametern ergibt sich nach Abschnitt 4.1.5.2 das in Bild 4-34 dargestellte elastische Bemessungsspektrum in horizontaler Richtung.

4.3.1.4 Vertikalkomponente der Erdbebeneinwirkung

Die Vertikalkomponente der Erdbebeneinwirkung ist nur bei Trägern, die Stützen tragen, zu berücksichtigen (DIN 4149 (2005), Abschnitt 6.2.4.2; DIN EN 1998-1 (2010), Abschnitt 4.3.3.5.2). Daher ist für das vorliegende Beispiel mit durchgehendem Abtrag der Vertikallasten über Wände und Stützen kein Nachweis für die Vertikalkomponente der seismischen Beanspruchung erforderlich.

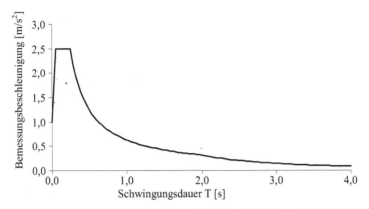

Bild 4-34 Horizontales elastisches Antwortspektrum, DIN 4149 (2005) bzw. DIN EN 1998-1/NA (2011)

4.3.1.5 Verhaltensbeiwerte

Duktilitätsklasse 1 (DCL)
Wird die Bemessung mit der Duktilitätsklasse 1 (DCL) durchgeführt, ist ein pauschaler Verhaltensbeiwert von q = 1,5 in die horizontalen Richtungen anzusetzen.

Duktilitätsklasse 2 (DCM)
Für die Duktilitätsklasse 2 (DCM) ergibt sich der Verhaltensbeiwert q in die horizontalen Richtungen für das Bürogebäude nach DIN 4149 (2005) zu:

$$q = q_0 \cdot k_R \cdot k_w \geq 1,5$$

Der Grundwert q_0 des Verhaltensbeiwerts beträgt für das vorliegende Wandsystem 3,0 (Tabelle 4-11). Der Parameter k_R ist auf Grund der Regelmäßigkeit im Aufriss mit 1,0 anzusetzen und der Beiwert k_w, der das im Bauwerk vorherrschende Maßverhältnis der Wände erfasst, ergibt sich nach Abschnitt 4.1.9.3 zu 1,0:

$$k_w = (1+\alpha_0)/3 = 1,32 \leq 1,0 \qquad\qquad => k_w = 1,0,$$

$$\text{mit: } \alpha_0 = \frac{\sum H_{wi}}{\sum l_{wi}} = \frac{5 \cdot 16\,m}{2 \cdot 6\,m + 3 \cdot 5\,m} = 2,96$$

Damit ist der Verhaltensbeiwert für die Duktilitätsklasse 2 (DCM) mit q = 3,0 in beide horizontalen Richtungen anzusetzen. Der gleiche Verhaltensbeiwert ergibt sich nach DIN EN 1998-1 (2010), Abschnitt 5.2.2.2.

4.3.1.6 Anzusetzende Vertikallasten für die seismische Berechnung

Für den Nachweis der Standsicherheit (Abschnitt 4.1.8.1) ist der Bemessungswert der Erdbebeneinwirkung A_{Ed} unter Berücksichtigung aller permanent wirkenden Vertikallasten nach Gleichung (4.30) zu bestimmen. Für das Bürogebäude ohne voneinander abhängig genutzte Geschosse ist der Beiwert φ nach DIN 4149 (2005) mit dem Wert 1,0 für das Dach und 0,5 für die Einzelgeschosse anzusetzen. Mit dem Kombinationsbeiwert $\psi_2 = 0,30$ für Verkehrslasten (Tabelle 4-27) $\psi_2 = 0,50$ für Schneelasten ergeben sich folgende Vertikallasten, die in der dynamischen Berechnung als äquivalente Massen zu berücksichtigen sind:

$G_k \oplus 0,3 \cdot Q_{Nutzlast} \oplus 0,5 \cdot Q_{Schneelast}$ für das Dach und

$G_k \oplus 0,15 \cdot Q_{Nutzlast}$ für die Geschosse

Nach DIN EN 1998-1/NA (2011) ist der Beiwert φ für die Einzelgeschosse mit 0,7 anzusetzen, so dass 21 % der Nutzlasten anstelle von 15 % für die Geschosse anzusetzen wären. Der Unterschied ist vernachlässigbar, da die anteiligen Verkehrslasten nur einen geringen Anteil der Gesamtmasse ausmachen.

4.3.1.7 Modellbildung

Das Bauwerk erfüllt die Bedingungen der Regelmäßigkeit im Aufriss, jedoch ist der Grundriss unregelmäßig. Nach Tabelle 4-9 ist daher ein räumliches Modell unter Berücksichtigung mehrerer Schwingungsformen für die Schnittgrößenermittlung zu verwenden. Werden von dem Tragwerk jedoch die Kriterien nach DIN 4149 (2005), Abschnitt 6.2.2.4 erfüllt, können auch einfachere Modelle eingesetzt werden. Diese Bedingungen betreffen die Gebäudehöhe, die Deckenausbildung und die Lage von Steifigkeitsmittelpunkt und Massenschwerpunkt in den einzelnen Geschossen. Die Höhe des Gebäudes ist mit 16 m größer als der Grenzwert von 10 m der Norm. Die Decken können als ausreichend steif in ihrer Ebene und damit als starr betrachtet werden. Zu überprüfen ist noch, ob die Steifigkeitsmittelpunkte und Massenschwerpunkte der einzelnen Geschosse näherungsweise auf einer vertikalen Geraden liegen. Dies ist erfüllt, wenn die Bedingung

$$r^2 > l_s^2 + e_0^2$$

in jeder Gebäuderichtung eingehalten ist. Dazu wird zuerst die Lage des Massenschwerpunktes und des Steifigkeitsmittelpunktes berechnet. Vereinfachend wird angenommen, dass die Massen auf den Geschossdecken gleichmäßig verteilt sind. Damit liegt der Massenschwerpunkt im Schwerpunkt der Decke:

$$x_m = (12 \cdot 24 \cdot 10 + 18 \cdot 5 \cdot 12)/300 = 13,2 \text{ m} , \quad y_m = (5 \cdot 24 \cdot 10 + 12,5 \cdot 5 \cdot 12)/300 = 6,5 \text{ m}$$

Die Lage des Massenschwerpunkts ist in Bild 4-35 eingetragen. Der Steifigkeitsschwerpunkt ergibt sich zu:

$$x_s = \frac{\sum_i (I_{x,i} \cdot x_i)}{\sum_i I_{x,i}} = \frac{112,5}{9,375} = 12,0 \text{ m} , \quad y_s = \frac{\sum_i (I_{y,i} \cdot y_i)}{\sum_i I_{y,i}} = \frac{81}{10,8} = 7,5 \text{ m}$$

Daraus ergeben sich als tatsächliche Exzentrizitäten in der x-Richtung $e_{0,y} = 1,0$ m, und in der y-Richtung $e_{0,x} = 1,2$ m (Bild 4-35). Das Quadrat des Torsionsradius r^2 wird nach Gleichung (4.20) berechnet:

$$r_x^2 = \frac{k_T}{k_y} = \frac{\sum k_x \cdot r_x^2 + \sum k_y \cdot r_y^2}{\sum k_y} , \quad r_y^2 = \frac{k_T}{k_x} = \frac{\sum k_x \cdot r_x^2 + \sum k_y \cdot r_y^2}{\sum k_x}$$

Hierbei sind k_x die Steifigkeiten der Einzelwände in x-Richtung und k_y die Steifigkeiten der Einzelwände in y-Richtung. Weiterhin sind r_x und r_y die jeweiligen Abstände der Wände zum Steifigkeitsmittelpunkt. Die Berechnung der quadrierten Torsionsradien ist in Tabelle 4-28 zusammengestellt.

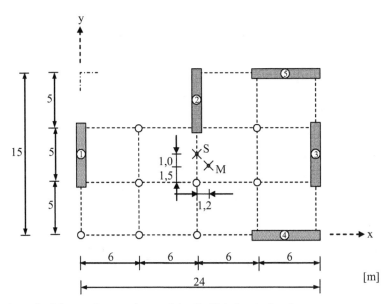

Bild 4-35 Lage des Massenschwerpunktes und des Steifigkeitsmittelpunktes

Tabelle 4-28 Berechnung der quadrierten Torsionsradien in x- und y- Richtung (1/E-fach)

Wand	k_x [m⁴]	k_y [m⁴]	r_x [m]	$r_x{}^2$ [m²]	$r_x{}^2 \cdot k_x$ [m⁶]	r_y [m]	$r_y{}^2$ [m²]	$r_y{}^2 \cdot k_y$ [m⁶]
1	0	3,125	-12,0	144,0	450,0	0,0	0,0	0
2	0	3,125	0	0	0	5,0	25,0	0
3	0	3,125	12,0	144,0	450,0	0,0	0,0	0
4	5,4	0	9,0	81,0	0	-7,5	56,3	303,8
5	5,4	0	9,0	81,0	0	7,5	56,3	303,8
Σ	10,8	9,375			900			607,5

Die Berechnung liefert in x-Richtung ein Quadrat des Torsionsradius von

$$r_x{}^2 = \frac{k_T}{\sum k_y} = \frac{(900 + 607{,}5)}{9{,}375} = 160{,}8 \text{ m}^2$$

und in y-Richtung von

$$r_y{}^2 = \frac{k_T}{\sum k_x} = \frac{(900 + 607{,}5)}{10{,}8} = 139{,}6 \text{ m}^2 .$$

Das Quadrat des Trägheitsradius $l_s{}^2$ ergibt sich als Quotient aus dem Massenträgheitsmoment des Geschosses für Drehungen um die vertikale Achse durch seinen Massenschwerpunkt und der Geschossmasse. Für seine Berechnung wird der Grundriss in zwei Rechtecke aufgeteilt, einmal mit 8 Feldern (24 m x 10 m) und einmal mit 2 Feldern (12 m x 5 m):

$$l_s^2 = \frac{8 \cdot \left(\dfrac{24^2 + 10^2}{12} + 1{,}2^2 + 1{,}5^2\right) + 2 \cdot \left(\dfrac{12^2 + 5^2}{12} + \left(18 - 13{,}2\right)^2 + \left(12{,}5 - 6{,}5\right)^2\right)}{10} = 62{,}6 \ \text{m}^2$$

Nach Einsetzen der Zahlenwerte für r^2, l_s^2 und e_0^2 ergibt sich, dass die Bedingungen in beide Berechnungsrichtungen eingehalten sind. Damit darf nach DIN 4149 (2005), Abschnitt 6.2.2.4.2, Absatz (9) die Berechnung mit zwei ebenen Modellen in jede Grundrisshauptrichtung durchgeführt werden. Dabei sind die Torsionseffekte nach dem genaueren Verfahren (Abschnitt 4.1.7) zu berücksichtigen, da das Bauwerk höher als 10 m ist.

Nach DIN EN 1998-1 (2010), Abschnitt 4.3.3.1 (8) ist die Bauwerkshöhe von 10 m überschritten, so dass ein räumliches Modell zur Anwendung kommen müsste. Der informative Anhang NA.D in DIN EN 1998-1/NA (2011) erlaubt jedoch die Berechnung mit zwei ebenen Modellen in jede Grundrisshauptrichtung bis zu einer Bauwerkshöhe von 20 m. Dabei muss nachgewiesen werden, dass das hier vorliegende im Grundriss unsymmetrische Bauwerk in der Lage ist die Torsionsauswirkungen aufzunehmen, wobei die Torsionseffekte nach Abschnitt NA.D.4 des Nationalen Anwendungsdokumentes mit dem genaueren Verfahren (Abschnitt 4.1.7) zu berücksichtigen sind. Durch den in DIN EN 1998/NA (2011) gegebenen Interpretationsspielraum kann somit auch eine Berechnung mit zwei ebenen Modellen in jede Grundrisshauptrichtung durchgeführt werden.

In den Berechnungsmodellen werden die ungerissenen Steifigkeiten der tragenden Stahlbetonbauteile angesetzt. Dies ist gerechtfertigt, da sich bei größeren Steifigkeiten auch niedrigere Eigenperioden des Bauwerks ergeben, die zu größeren Bemessungsspektralbeschleunigungen führen.

Im Folgenden werden die Bemessungsschnittgrößen zuerst mit dem vereinfachten, dann mit dem multimodalen Antwortspektrenverfahren unter Verwendung von zwei ebenen Systemen am Ersatzstab berechnet. Im Anschluss daran werden die Ergebnisse denen von zwei räumlichen Berechnungen gegenübergestellt. In diesen werden die Wände zum einen mit Balkenelementen und zum anderen mit Schalenelementen abgebildet. Abschließend erfolgt ein statisch nichtlinearer Nachweis des Bauwerks nach DIN EN 1998-1 (2010).

4.3.1.8 Vereinfachtes Antwortspektrenverfahren

4.3.1.8.1 Berechnung der Eigenfrequenzen

Die Eigenfrequenzen werden an einem starr eingespannten Ersatzbiegestab mit konstanter Steifigkeit und mit als Punktmassen idealisierten Geschossdecken bestimmt. Die Gesamtsteifigkeit EI des Ersatzstabes in x- und y-Richtung wird durch Summation der Einzelwandsteifigkeiten ermittelt in die beiden Hauptrichtungen ermittelt (Tabelle 4-29).

Tabelle 4-29 Steifigkeiten in x- und y-Richtung

Wand	k_y [m^4]	k_x [m^4]
1	3,13	0
2	3,13	0
3	3,13	0
4	0	5,4
5	0	5,4
Σ	9,38	10,8

Die Gewichtskräfte pro Geschoss ergeben sich mit den in den Abschnitten 4.3.1.2 und 4.3.1.6 angegebenen Lasten bei Vernachlässigung der Stützenmassen zu:

Geschossdecken

$G_{G,EG} = 6,415 \text{ kN/m}^2 \cdot 300 \text{ m}^2 + 32,4 \text{m}^3 \cdot 25 \text{ kN/m}^3$ $\quad = 2734,50 \text{ kN}$

$G_{G,V} = 0,15 \cdot (3,25 \text{ kN/m}^2 \cdot 300 \text{ m}^2)$ $\quad = 146,25 \text{ kN}$

$G_G = G_{G,V} + G_{G,EG}$ $\quad = 2881 \text{ kN}$

Dachdecke

$G_{D,EG} = 6,515 \text{ kN/m}^2 \cdot 300 \text{ m}^2 + 16,2 \text{ m}^3 \cdot 25 \text{ kN/m}^3$ $\quad = 2359,50 \text{ kN}$

$G_{D,V} = 0,30 \cdot (0,75 \text{ kN/m}^2 \cdot 300 \text{ m}^2)$ $\quad = 67,50 \text{ kN}$

$G_{D,S} = 0,50 \cdot (0,75 \text{ kN/m}^2 \cdot 300 \text{ m}^2)$ $\quad = 112,50 \text{ kN}$

$G_D = G_{D,V} + G_{D,S} + G_{D,EG}$ $\quad = 2540 \text{ kN}$

Mit den Steifigkeiten und Massen können die Grundschwingzeiten für einen Mehrmassenschwinger in jede Gebäuderichtung mit einem Stabwerksprogramm berechnet werden. Es ergeben sich in x-Richtung eine Grundschwingzeit $T_{1,x} = 0,29$ s und in y-Richtung von $T_{1,y} = 0,31$ s. Das Ersatzsystem und die Schwingformen sind in Tabelle 4-30 dargestellt. Alternativ können die Grundschwingzeiten auch mit den Gleichungen (4.12) bis (4.14) abgeschätzt werden.

Tabelle 4-30 Ersatzsystem und Grundschwingungen in x- und y-Richtung

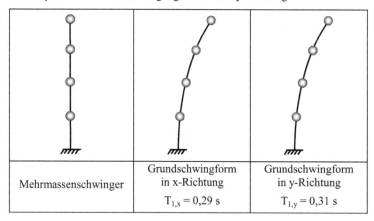

Mehrmassenschwinger	Grundschwingform in x-Richtung $T_{1,x} = 0,29$ s	Grundschwingform in y-Richtung $T_{1,y} = 0,31$ s

Mit den berechneten Schwingzeiten wird die Bedingung nach DIN 4149 (2005), Abschnitt 6.2.2 für die Anwendung des vereinfachten Antwortspektrenverfahrens mit zwei ebenen Modellen erfüllt:

x-Richtung: $T_{1,x} \le 4 \cdot T_c$ $\quad \Rightarrow \quad$ $0,29 \text{ s} \le 4 \cdot 0,25 \text{ s} = 1 \text{ s}$

y-Richtung: $T_{1,y} \le 4 \cdot T_c$ $\quad \Rightarrow \quad$ $0,31 \text{ s} \le 4 \cdot 0,25 \text{ s} = 1 \text{ s}$

Die Schwingzeiten erfüllen auch die zusätzliche Bedingung $T_{1x}, T_{1y} \le 2$ s nach DIN EN 1998-1 (2010), Abschnitt 4.3.3.2.

4.3.1.8.2 *Bemessungswerte der Beschleunigungen*

Mit den Grundschwingzeiten werden aus den im Bild 4-36 dargestellten Bemessungsspektren der Duktilitätsklassen 1 (DCL) und 2 (DCM) die Spektralbeschleunigungen S_{di} abgelesen:

Duktilitätsklasse 1 (DCL) $S_{dx} = 1{,}45 \text{ m/s}^2$

                                                $S_{dy} = 1{,}35 \text{ m/s}^2$

Duktilitätsklasse 2 (DCM) $S_{dx} = 1{,}45/2 = 0{,}725 \text{ m/s}^2$

                                                $S_{dy} = 1{,}35/2 = 0{,}675 \text{ m/s}^2$

Die Spektren wurden aus den elastischen Antwortspektren (Bild 4-34) durch Abminderung mit den in Abschnitt 4.3.1.5 bestimmten Verhaltensbeiwerten der Duktilitätsklassen ermittelt.

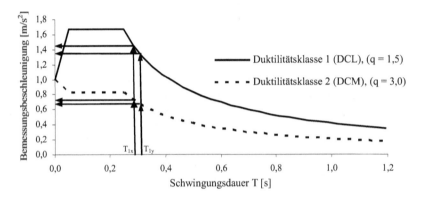

Bild 4-36 Bemessungsantwortspektren nach DIN 4149 (2005) bzw. DIN EN 1998-1 (2010)

4.3.1.8.3 *Ermittlung der horizontalen Erdbebenersatzkräfte*

Zunächst sind die Gesamterdbebenkräfte F_b nach Gleichung (4.10) in die horizontalen Richtungen zu bestimmen. In diesem Fall darf $\lambda = 0{,}85$ gewählt werden, da die Bedingung $T_1 < 2 \cdot T_c$ für die x- und y-Richtung eingehalten wird und das Gebäude mehr als zwei Geschosse aufweist (DIN 4149 (2005), Abschnitt 6.2.2.2; DIN EN 1998-1 (2010), Abschnitt 4.3.3.2.2). Bei einer Gesamtmasse des Gebäudes von $M = (3 \cdot 2881 + 2540)/9{,}81 = 1140 \text{ t}$ ergeben sich die Erdbebenkräfte zu:

Duktilitätsklasse 1 (DCL) $F_{bx} = 1405 \text{ kN}$

                                                $F_{by} = 1308 \text{ kN}$

Duktilitätsklasse 2 (DCM) $F_{bx} = 703 \text{ kN}$

                                                $F_{by} = 654 \text{ kN}$

Die Verteilung der Gesamterdbebenkraft auf die einzelnen Geschosse kann nach Gleichung (4.11) massen- und höhenproportional oder massen- und eigenformproportional erfolgen. Die entsprechenden Verteilungsfaktoren für diese beiden Möglichkeiten sind in Tabelle 4-31 zusammengestellt.

Tabelle 4-31 Verteilungsfaktoren für die Gesamterdbebenkraft F_b auf die einzelnen Geschosse

Geschoss	Verteilung der normierten Erdbebenlast mittels Höhe [-]	Verteilung der normierten Erdbebenlast mittels Modalform [-]
1	0,105	0,048
2	0,210	0,169
3	0,315	0,332
4	0,370	0,452
Σ	1	1

4.3.1.8.4 *Berücksichtigung von Torsionswirkungen und Verteilung der Erdbebenersatzkräfte*

Da der Steifigkeitsmittelpunkt nicht mit dem Massenschwerpunkt zusammenfällt, führen die je Geschoss anzusetzenden Erdbebenersatzkräfte zu Torsionsbeanspruchungen. Zur Berücksichtigung dieser Torsionsbeanspruchungen muss das in Abschnitt 4.1.7 beschriebene genauere Verfahren angewendet werden.

Die für den Massenschwerpunkt M ermittelten Horizontallasten werden im Abstand e_{max} bzw. e_{min} vom Steifigkeitsmittelpunkt S angesetzt. Das hierdurch entstehende Torsionsmoment M_T wird auf die einzelnen Aussteifungselemente verteilt, wobei für jede Wand die ungünstigere der beiden Werte anzusetzen ist.

Die Abstände e_{min} und e_{max} werden aus der tatsächlichen Exzentrizität e_0, einer zufälligen Exzentrizität e_1 und einer zusätzlichen Exzentrizität e_2 berechnet. Tabelle 4-32 beinhaltet die Zusammenstellung der einzelnen Exzentrizitäten und Tabelle 4-33 die resultierenden anzusetzenden Exzentrizitäten e_{min} und e_{max}.

Tabelle 4-32 Absolutwerte der tatsächlichen, zufälligen und zusätzlichen Exzentrizitäten

Beben-richtung	e_0 [m] (tatsächliche Exzentrizität)	e_1 [m] (zufällige Exzentrizität)	e_2 [m] (zusätzliche Exzentrizität)
x-Richtung	1,0	0,75	0,79
y-Richtung	1,2	1,2	0,75

Tabelle 4-33 Resultierende anzusetzende Exzentrizitäten e_{min} und e_{max}

Bebenrichtung	e_{min}	e_{max}
x-Richtung	-0,25 m	2,54 m
y-Richtung	-0,60 m	3,15 m

Die Verteilung der horizontalen Erdbebenersatzkräfte und die Aufteilung der Torsionsmomente auf die Aussteifungselemente eines Geschosses erfolgt proportional zu ihrem Anteil an der jeweiligen Gesamtsteifigkeit nach Gleichung (4.26):

$$s_i = \frac{k_i}{k}\left(1 \pm \frac{k \cdot r_i \cdot e}{k_T}\right), \quad s_j = \frac{k_j \cdot r_j \cdot e}{k_T}$$

In Tabelle 4-34 sind die resultierenden Verteilungszahlen für die x- und y-Richtung angegeben, die sich für eine Einheits-Stockwerksquerkraft $V = 1$ und dem daraus resultierenden maximalen Torsionsmoment $M_{T,max} = 1 \cdot e_{max}$ bzw. minimalen Torsionsmoment $M_{T,min} = 1 \cdot e_{min}$ ergeben. Für jede Wand ist der maximale Absolutbetrag hervorgehoben.

Tabelle 4-34 Aufteilung der Erdbebenersatzkraft auf die Einzelwände – Verteilungszahlen

Bebenrichtung	Angesetzte Ausmitte	Wand 1	Wand 2	Wand 3	Wand 4	Wand 5
x-Richtung	e_{min}	-0,0062	0,0000	0,0062	0,4933	**0,5067**
	e_{max}	**0,0633**	0,0000	**-0,0633**	**0,5684**	0,4316
y-Richtung	e_{min}	**0,3483**	**0,3333**	0,3184	0,0161	-0,0161
	e_{max}	0,2550	0,3333	**0,4116**	**-0,0846**	**0,0846**

4.3.1.8.5   *Bemessungsschnittgrößen der Wände*

Da beim vorliegenden Bauwerk die Horizontallasten ausschließlich durch Wände abgetragen werden, ist nach DIN 4149 (2005), Abschnitt 6.2.4.1 (5) keine Kombination der Horizontal-komponenten der Erdbebeneinwirkungen erforderlich. Nach DIN EN 1998-1 (2010) kann die Kombination nur entfallen, wenn es sich um wandausgesteifte mit regelmäßigen Grundriss handelt. Dieser Fall liegt nicht vor, so dass hier abweichend von der DIN 4149 (2005) eine Richtungsüberlagerung durchgeführt werden müsste (Abschnitt 4.2.7). Von der Richtungsüber-lagerung wird hier entsprechend DIN 4149 (2005) jedoch abgesehen, da diese bereits bei den nachfolgenden dreidimensionalen Modellen Anwendung findet.

Damit ergeben sich die in Tabelle 4-35 angegebenen Bemessungsschnittgrößen der einzelnen Wände für die Duktilitätsklasse 1 (DCL). Für die Duktilitätsklasse 2 (DCM) sind die Momente und Querkräfte der einzelnen Wände durch den höheren q-Faktor von 3,0 gerade halb so groß. Da die Wände von der Gründung bis zum Dach durchlaufen, ist der maßgebende Querschnitt die Wandeinspannung in die Gründung.

Tabelle 4-35 Bemessungsschnittgrößen; Vereinfachtes Antwortspektrenverfahren am Ersatzstab

Duktilitätsklasse 1 (DCL)	Wand 1	Wand 2	Wand 3	Wand 4	Wand 5
Min N_d [kN]	-1259	-1479	-1479	-1379	-1379
(+/-) M_d [kNm]	5808	5559	6864	10180	9076
(+/-) Q_d [kN]	456	436	538	798	712

4.3.1.8.6   *Verschiebungen / Theorie II. Ordnung*

Es ist zu prüfen, ob Effekte aus Theorie II. Ordnung berücksichtigt werden müssen. Dies ge-schieht an Hand der Horizontalverschiebungen in Folge seismischer Belastung. Exemplarisch werden nur die Verschiebungen in x-Richtung für die Duktilitätsklasse 1 (DCL) untersucht.

Die Verformungen infolge Erdbebeneinwirkung können vereinfachend auf der Grundlage der elastischen Verformungen des Tragsystems nach DIN 4149 (2010), Abschnitt 6.3 bzw. DIN EN 1998-1 (2010), Abschnitt 4.3.4 berechnet werden:

$$d_s = q \cdot d_e$$

Hierbei sind d_e die auf Basis des Bemessungsspektrums berechneten Verschiebungen und q ist der für die Ermittlung von d_e angesetzte Verhaltensbeiwert. In Tabelle 4-36 sind Werte für d_e, und d_s der Geschosse sowie die daraus resultierenden Bemessungswerte der gegenseitigen Stockwerksverschiebungen d_t angegeben. Mit den jeweiligen Vertikallasten über den Geschos-sen P_{tot}, den Geschossquerkräften V_{tot} und den Geschosshöhen h wird nach Gleichung (4.32) die Empfindlichkeit θ gegenüber Geschossverschiebungen in x-Richtung ermittelt.

Das Ergebnis für die x-Richtung zeigt, dass die Empfindlichkeitsfaktoren θ für alle Geschosse weit unterhalb von 10 % liegen. Gleiches Ergebnis ergibt sich auch für die y-Richtung, so dass die Effekte nach Theorie II. Ordnung vernachlässigt werden können. Auch für die Duktilitätsklasse 2 (DCM) müssen die Effekte nach Theorie II. Ordnung nicht berücksichtigt werden.

Tabelle 4-36 Berechnung der Empfindlichkeit θ gegenüber Geschossverschiebungen (x-Richtung)

Geschoss	d_e [mm]	d_s [mm]	d_t [mm]	h [m]	P_{tot} [kN]	V_{tot} [kN]	θ [%]
4	5,13	7,69	2,70	4,0	2539,5	634,4	0,27
3	3,32	4,98	2,45	4,0	5420,3	871,4	0,38
2	1,69	2,53	1,82	4,0	8301,0	1337,8	0,28
1	0,48	0,72	0,72	4,0	11181,8	1972,2	0,11

4.3.1.9 Multimodales Antwortspektrenverfahren auf Grundlage eines Ersatzstabs

4.3.1.9.1 Allgemeines

Das multimodale Antwortspektrenverfahren nach Abschnitt 4.1.6.2 wird mit dem schon in Abschnitt 4.3.1.8 verwendeten Ersatzstab in x- und y- Richtung durchgeführt.

4.3.1.9.2 Eigenfrequenzen und Modalbeiträge

Die modale Analyse mit dem Mehrmassenschwinger liefert die in Tabelle 4-37 dargestellten ersten vier Eigenformen. Bereits mit den ersten zwei Eigenformen werden in jeder Richtung mehr als 90 % der effektiven modalen Masse des Tragwerks aktiviert, so dass nach Abschnitt 4.1.6.2 keine weiteren Eigenformen berücksichtigt werden müssen.

Tabelle 4-37 Eigenschwingformen 1. bis 4. mit zugehörigen effektiven modalen Massen

Nummer	1		2		3		4	
Richtung	x	y	x	y	x	y	x	y
T [s]	0,287	0,309	0,046	0,049	0,016	0,018	0,009	0,010
Effektive modale Masse	789 t (69,2 %)		243 t (21,3 %)		80 t (7,0 %)		28 t (2,5 %)	

4.3.1.9.3 *Überlagerung der modalen Schnittkräfte*

Bild 4-37 zeigt die maximalen Biegemomente für die ersten zwei Eigenformen in x-Richtung. Es ist erkennbar, dass der Anteil des Biegemoments der 1. Eigenform, entsprechend der aktivierten effektiven Massen, dominant ist. Der Anteil des Biegemoments aus der zweiten Eigenform beträgt nur etwa 10 % des Biegemoments der ersten Eigenform.

Zur Bestimmung der Maximalantwort der Wände werden die Biegemomentenanteile der Eigenschwingungsformen nach der SRSS-Regel (Abschnitt 4.1.6.2) überlagert. Die resultierenden Momente sind aufgrund der quadratischen Überlagerung immer positiv. In der Bemessung sind diese jedoch entsprechend der zyklischen Einwirkung eines Erdbebens mit wechselndem Vorzeichen zu berücksichtigen.

4.3.1.9.4 *Berücksichtigung von Torsionswirkungen*

Wie bei der Vorgehensweise des vereinfachten Antwortspektrenverfahrens kann auch bei dem multimodalem Ansatz unter Verwendung zweier ebener Systeme die Torsion durch das genauere Verfahren nach Abschnitt 4.1.7 erfasst werden. Somit können die gleichen Verteilungszahlen nach Tabelle 4-34 verwendet werden. Auch in diesem Fall wird nach DIN 4149 (2005) auf eine Kombination der Horizontalkomponenten der Erdbebeneinwirkungen verzichtet, da die Horizontallasten ausschließlich durch Wände abgetragen werden. Nach DIN EN 1998-1 (2010) wäre jedoch eine Überlagerung erforderlich (Abschnitt 4.3.1.8.5).

1. Eigenschwingform	2. Eigenschwingform	Überlagerung (SRSS)
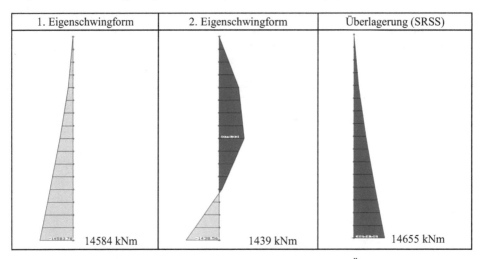		
14584 kNm	1439 kNm	14655 kNm

Bild 4-37 Biegemomente in x-Richtung für 1. und 2. Schwingungsform und Überlagerung, DK 1 (DCL)

4.3.1.9.5 *Bemessungsschnittkräfte der Wände*

Bei Annahme der Duktilitätsklasse 1 (DCL) mit q = 1,5 ergeben sich für die Wände die in Tabelle 4-38 zusammengestellten Schnittgrößen. Für die Duktilitätsklasse 2 (DCM) mit q = 3 sind die Schnittgrößen halb so groß. Das Ergebnis zeigt, dass sich kleinere Schnittgrößen als nach dem vereinfachten Antwortspektrenverfahren (Tabelle 4-35) ergeben. Die Ursache hierfür liegt darin, dass die Ersatzkraft beim vereinfachten Verfahren mit 85 % der totalen Gebäudemasse berechnet wird, der tatsächliche modale Massenanteilsfaktor beträgt jedoch nur 69,2 % (Tabelle 4-37).

Tabelle 4-38 Bemessungsschnittgrößen; Multimodales Antwortspektrenverfahren am Ersatzstab

Duktilitätsklasse 1 (DCL)	Wand 1	Wand 2	Wand 3	Wand 4	Wand 5
Min N_d [kN]	-1259	-1479	-1479	-1379	-1379
(+/-) M_d [kNm]	4761	4557	5628	8332	7428
(+/-) Q_d [kN]	398	381	471	690	615

4.3.1.9.6　*Verschiebungen / Theorie II. Ordnung*

Die Überprüfung des Einflusses der Effekte nach Theorie II. Ordnung erfolgt analog zu Abschnitt 4.3.1.8. Da bereits dort gezeigt wurde, dass die Effekte vernachlässigbar sind, wird hier auf einen erneuten Nachweis verzichtet.

4.3.1.10　*Multimodales Antwortspektrenverfahren: Räumliches Tragwerksmodell mit Balkenelementen*

4.3.1.10.1　*Allgemeines*

Um die Torsionseffekte genauer zu berücksichtigen, wird ein räumliches Modell verwendet. Generell ist bei Verwendung eines räumlichen Modells die Bemessungs-Erdbebeneinwirkung entlang aller maßgebenden horizontalen Richtungen anzusetzen. Da im vorliegenden Fall alle lastabtragenden Wände in zwei senkrechten Richtungen liegen, sind lediglich diese beiden Richtungen zu untersuchen.

4.3.1.10.2　*Modellaufbau*

Im Modell des räumlichen Tragwerks werden die Decken mit Schalenelementen, die Stützen mit Fachwerkelementen und die aussteifenden Wände mit Balkenelementen abgebildet. Das Modell ist in Bild 4-38 dargestellt. Die Abbildung der Wände als Balkenelemente ist einfach und schnell realisierbar, hat aber den Nachteil, dass der Vertikallastabtrag nicht gut erfasst werden kann. Zudem werden die zusammengesetzten Steifigkeiten von Wänden und Decken nicht genau erfasst, da die Balken nur punktuell an die Decken angeschlossen sind. Der horizontale Lastabtrag wird von dem Modell jedoch ausreichend genau abgebildet.

Bild 4-38 Dreidimensionales Finite-Elemente Modell des Bürogebäudes

4.3.1.10.3 *Eigenfrequenzen und Modalbeiträge*

Die ersten drei Eigenformen des Tragwerks mit den Eigenperioden 0,30 s, 0,28 s und 0,20 s sind in Bild 4-39 und Bild 4-40 dargestellt. Es wird deutlich, dass die erste Eigenform hauptsächlich von der Schwingung in Querrichtung, die zweite von der Schwingung in Längsrichtung und die dritte Eigenform von der Torsionsschwingung dominiert wird. Gegenüber den ebenen Ersatzstabmodellen der Abschnitte 4.3.1.8 und 4.3.1.9 haben sich die dominierenden ersten Eigenschwingzeiten je Richtung nur unwesentlich verändert (in x-Richtung 0,28 s gegenüber 0,29 s, in y-Richtung 0,30 s gegenüber 0,31 s). Die leichte Verringerung der Schwingperioden lässt sich auf den Steifigkeitszuwachs durch die Ausbildung der Rahmentragwirkung der Balken mit den biegesteif angeschlossenen Geschossdecken zurückführen.

Wie im vorhergehenden Abschnitt müssen bei der Verwendung eines räumlichen Modells alle Modalbeiträge berücksichtigt werden, die wesentlich zum globalen Schwingungsverhalten beitragen. Dies ist erfüllt, wenn entweder die Summe der effektiven modalen Massen der berücksichtigten Schwingungsformen mindestens 90 % der Gesamtmasse des Tragwerks beträgt, oder alle Schwingungsformen mit effektiven modalen Massen von mehr als 5 % der Gesamtmasse berücksichtigt werden (Abschnitt 4.1.6.2). Im vorliegenden Fall gehen daher auch noch höhere Modalbeiträge in die Berechnung ein, da die erste Eigenform in x-Richtung und diejenige in y-Richtung eine Ersatzmasse (effektive modale Masse) von nur 65 % der Gesamtmasse des Tragwerks aufweisen.

Anzumerken ist, dass bei einer räumlichen Diskretisierung oftmals Schwingungsformen auftreten, die im Wesentlichen lokalen Charakter haben, aber keine nennenswerten effektiven Modalmassen aufweisen. In diesem Beispiel weist das Modell eine Reihe von Modalformen auf, die vertikale Biegeschwingungen der Decken darstellen. Diese sind für eine Erdbebenbeanspruchung in horizontaler Richtung nicht von Interesse. Auch eine zusätzliche Untersuchung mit dem vertikalen Spektrum würde nur geringe prozentuale Zuwächse gegenüber der Eigengewichtsbelastung liefern. Damit bleibt eine Untersuchung in vertikaler Richtung, wie bereits Eingangs erläutert, auf gefährdete Träger, die Stützen tragen, beschränkt.

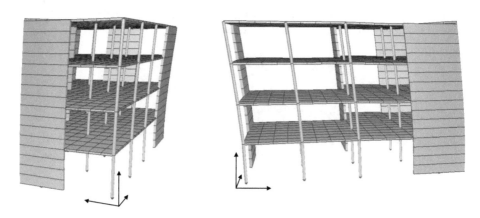

Bild 4-39 1. und 2. Eigenform, $T_1 = 0,3$ s, $T_2 = 0,28$ s (Translationsschwingungen in y- bzw. x-Richtung)

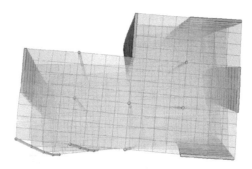

Bild 4-40 3. Eigenform, $T_3 = 0{,}2$ s des Bürogebäudes (Torsionsschwingung)

4.3.1.10.4 *Torsionswirkungen*

Wie in Abschnitt 4.1.7 beschrieben ist die zufällige Torsionswirkung in Folge der nicht genau bekannten Massenverteilung eines Stockwerkes zu berücksichtigen. Die hierfür anzusetzende Exzentrizität beträgt 5 % der Gebäudeabmessung senkrecht zur Erdbebenrichtung.

Für jedes Stockwerk ist diese Exzentrizität mit der am Geschoss wirkenden Horizontalkraft, die entsprechend dem Ersatzkraftverfahren berechnet wird, zu multiplizieren. Die so ermittelten Torsionsmomente sind als Lasten im Modell anzusetzen, wobei die Wirkung mit wechselndem Vorzeichen zu untersuchen ist.

Für das vorliegende Gebäude sind die Ergebnisse in Tabelle 4-39 zusammengestellt. Grundlage der Berechnungen ist die Gesamterdbebenkraft $F_b = S_d (T_1) \cdot M \cdot \lambda$. Mit einem anzusetzenden Gesamtgewicht des Bauwerks von 1140 t und einem aus der ersten Eigenperiode resultierenden Spektralwert von 1,465 m/s² in x-Richtung bzw. 1,383 m/s² in y-Richtung ergeben sich die Gesamterdbebenkräfte zu $F_{b,x} = 1420$ kN und $F_{b,y} = 1340$ kN. Bei einem Beben in x-Richtung beträgt die Exzentrizität in y-Richtung $\pm 0{,}05 \cdot 15$ m $= \pm 0{,}75$ m, bei einem Beben in y-Richtung beträgt die Exzentrizität in x-Richtung $\pm 0{,}05 \cdot 24$ m $= \pm 1{,}2$ m.

Tabelle 4-39 Ermittlung der Torsionsbeanspruchung für die Duktilitätsklasse 1 (DCL)

Geschoss	Höhe z [m]	Gewicht W [t]	Horizontal-kraft $F_{i,x}$ [kN]	M (Beben in x-Rtg.) [kNm]	Horizontal-kraft $F_{i,y}$ [kN]	M (Beben in y-Rtg.) [kNm]
1	4	293,7	149	111,8	141	168,8
2	8	293,7	298	223,5	281	337,7
3	12	293,7	447	335,2	422	506,5
4	16	258,9	525	394,0	496	595,3

Die so ermittelten Torsionsmomente werden unter Berücksichtigung der Lage des Steifigkeitsmittelpunktes als horizontale Schubkräfte auf die Wandscheiben mit folgenden Verteilungszahlen der Einzelwände in Anlehnung an Gleichung (4.26) aufgeteilt:

$$s_i = \frac{k \cdot r_i}{k_T}, \ s_j = \frac{k_j \cdot r_j}{k_T}$$

Die Aufteilung der Torsionsmomente auf die Schubwände kann Tabelle 4-40 und Tabelle 4-41 entnommen werden. Die Schubkräfte für die Duktilitätsklasse 2 (DCM) sind auf Grund des höheren q-Faktors gerade halb so groß. Damit ist ein weiterer Lastfall definiert, der zusätzlich zu den mit dem Antwortspektrenverfahren ermittelten Schnittgrößen zu berücksichtigen ist.

Tabelle 4-40 Schubwandkräfte in x-Richtung infolge zufälliger Torsionswirkung, DK 1 (DCL)

Geschoss	1	2	3	4
Moment [kNm]	111,75	223,50	335,24	394,04
Wand 1 [kN]	-2,78	-5,56	-8,34	-9,80
Wand 2 [kN]	0,00	0,00	0,00	0,00
Wand 3 [kN]	2,78	5,56	8,34	9,80
Wand 4 [kN]	-3,00	-6,00	-9,01	-10,59
Wand 5 [kN]	3,00	6,00	9,01	10,59

Tabelle 4-41 Schubwandkräfte in y-Richtung infolge zufälliger Torsionswirkung, DK 1 (DCL)

Geschoss	1	2	3	4
Moment [kNm]	168,83	337,66	506,49	595,32
Wand 1 [kN]	-4,20	-8,40	-12,60	-14,81
Wand 2 [kN]	0,00	0,00	0,00	0,00
Wand 3 [kN]	4,20	8,40	12,60	14,81
Wand 4 [kN]	-4,54	-9,07	-13,61	-15,99
Wand 5 [kN]	4,54	9,07	13,61	15,99

4.3.1.10.5 *Berechnung*

Für ein Beben in x-Richtung werden berechnet:

- Schnittgrößen in Folge des Erdbebens für alle mitzunehmenden Modalbeiträge
- Schnittgrößen $E_{Modal,x}$ in Folge des Erdbebens in x-Richtung durch Überlagerung der verschiedenen Modalbeiträge mit der SRSS-Regel
- Schnittgrößen E_{Mx} in Folge zufälliger Torsionseffekte für ein Beben in x-Richtung.
- Schnittgröße $E_{Ed,,x}$ durch "Summierung" der Schnittgrößen $E_{Modal,x}$ und E_{Mx}. Dies sind die Schnittgrößen in Folge der gesamten seismischen Belastung in x-Richtung.

Analog erfolgt die Berechnung der Schnittgrößen für ein Beben in y-Richtung. Wegen der Abtragung der Horizontallasten durch Wandscheiben, ist nach DIN 4149 (2005) keine Überlagerung der Erdbebenrichtungen erforderlich. Da nach DIN EN 1998-1 (2010) jedoch eine Überlagerung erforderlich ist, (Abschnitt 4.3.1.8.5), erfolgt für das räumliche Modell eine Kombination der beiden Richtungen. Die maßgebenden Schnittgrößen aus der seismischen Belastung ergeben sich dann aus dem jeweiligen Maximum der folgenden Kombinationen:

$$E_{Edx} \oplus 0,30 \cdot E_{Edy}$$

$$0,30 \cdot E_{Edx} \oplus E_{Edy}$$

Hierbei sind die Schnittgrößen mit positivem und negativem Vorzeichen ungünstigst zu überlagern. Daraus ergeben sich die Bemessungswerte der Erdbebeneinwirkung A_{Ed}, die im Anschluss mit den ständigen Lasten sowie anteiligen Verkehrs- und Schneelasten nach Gleichung (4.29) überlagert werden. Das Ablaufschema zur Berechnung der Bemessungsschnittgrößen für den Lastfall Erdbeben ist in Bild 4-41 zusammenfassend dargestellt.

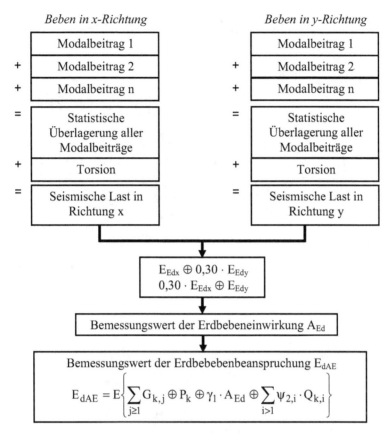

Bild 4-41 Ablaufschema zur Berechnung der Bemessungswerte der Erdbebenbeanspruchung

Für das vorliegende Beispiel werden nun die Schnittgrößen A_{Ed} entsprechend dem vorgestellten Ablaufschema mit Hilfe eines Rechenprogramms ermittelt. Für die zu bemessenden aussteifenden Stahlbetonwände ergeben sich die in Bild 4-42 und Bild 4-43 dargestellten Biegemomentenverteilungen sowie die in Bild 4-44 und Bild 4-45 dargestellten Querkraftverteilungen für die Duktilitätsklasse 1 (DCL).

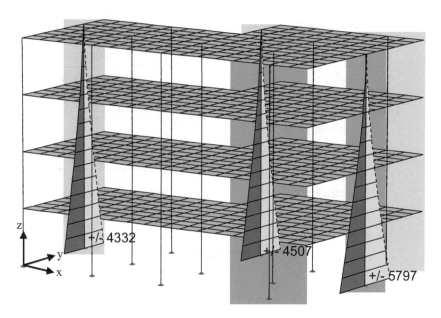

Bild 4-42 Momentenverteilung M_x infolge Erdbebeneinwirkung in [kNm]

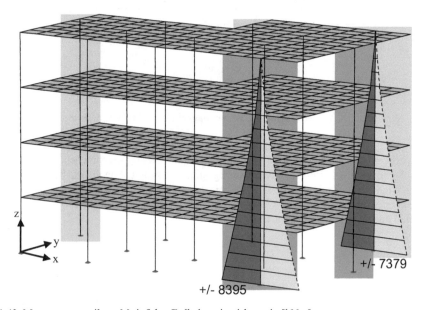

Bild 4-43 Momentenverteilung M_y infolge Erdbebeneinwirkung in [kNm]

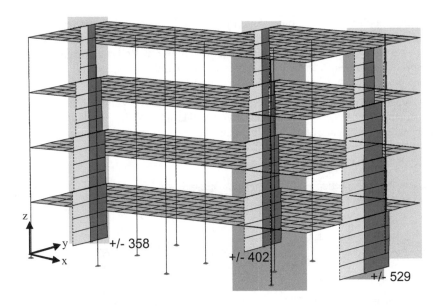

Bild 4-44 Querkraftverteilung Q_y infolge Erdbebeneinwirkung in [kN]

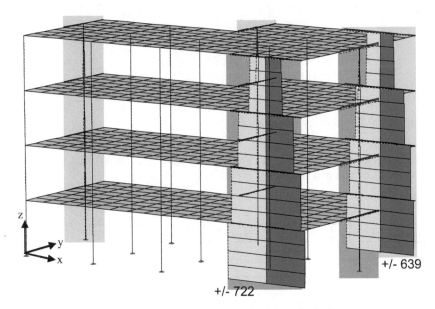

Bild 4-45 Querkraftverteilung Q_x infolge Erdbebeneinwirkung in [kN]

In dem räumlichen Modell werden die biegesteifen Balken infolge der sich ausbildenden Rahmentragwirkung auch unter Vertikallasten durch zusätzliche Momentenbeanspruchungen belastet. Diese Effekte sind jedoch für die gewählte Modellierung mit Balkenelementen gegenüber den Beanspruchungen aus Erdbeben vernachlässigbar. Damit entsprechen die dargestellten Schnittgrößen den Bemessungswerten der Erdbebenbeanspruchung E_{dAE}.

Die aus der Erdbebeneinwirkung resultierenden Normalkräfte sind im Vergleich zu den Normalkräften aus Eigengewicht, Verkehr und Schnee vernachlässigbar klein. Für die Bemessung werden deshalb nur die Normalkräfte aus Eigengewicht und den anteiligen Verkehrslasten angesetzt (Bild 4-46). Hierbei ist zu beachten, dass der Vertikallastabtrag auf Grund der Abbildung der Wände als Balken etwas ungenau ist.

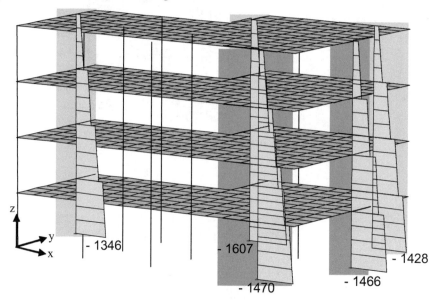

Bild 4-46 Normalkräfte N für Erdbebenkombination in [kN]

Zur besseren Übersicht sind die Ergebnisse bei Annahme der Duktilitätsklasse 1 (DCL) in Tabelle 4-42 nochmals zusammengefasst. Für die Duktilitätsklasse 2 (DCM) sind die Bemessungswerte der Biegemomente und Querkräfte gerade halb so groß.

Tabelle 4-42 Bemessungsschnittgrößen; Multimodales Antwortspektrenverfahren am räumlichen Balkenmodell, Duktilitätsklasse 1 (DCL)

Duktilitätsklasse 1 (DCL)	Wand 1	Wand 2	Wand 3	Wand 4	Wand 5
Min N_d [kN]	-1346	-1607	-1466	-1470	-1428
(+/-) M_d [kNm]	4332	4507	5797	8395	7379
Ausmitte (M_d/N_d) [m]	3,22	2,80	3,95	5,71	5,17
(+/-) Q_d [kN]	358	402	529	722	639

4.3.1.10.6 *Effekte aus Theorie II. Ordnung*

Die Effekte nach Theorie II. Ordnung können auf Grund der geringen Horizontalverschiebungen, wie bereits beim Ersatzstab nachgewiesen, vernachlässigt werden.

4.3.1.11 Multimodales Antwortspektrenverfahren: Räumliches Tragwerksmodell mit Schalenelementen

4.3.1.11.1 Allgemeines

Da das prinzipielle Vorgehen identisch mit dem in Abschnitt 4.3.1.10 vorgestellten räumlichen Modell mit Balkenelementen ist, werden nachfolgend nur noch die wesentlichen Berechnungsergebnisse angegeben. Die Berechnung erfolgt mit dem Programmsystem MINEA (2011).

4.3.1.11.2 Modellaufbau

Im Folgenden wird für die Bestimmung der Bemessungsschnittgrößen ein räumliches Modell eingesetzt, in dem die Wände und Decken durch Schalenelemente abgebildet werden. Durch die Abbildung der Wände mit Schalenelementen wird sowohl der horizontale als auch der vertikale Lastabtrag in dem Modell korrekt abgebildet. Die Stützen werden als Fachwerkstäbe idealisiert. Auch die Modellsteifigkeit wird durch die Erfassung der Interaktion zwischen Wänden und Decken realitätsnah erfasst. Das Gebäudemodell ist in Bild 4-47 dargestellt.

Da eine Auswertung der Spannungen in Flächenelementen für eine Bemessung problematisch ist, erfolgt eine Integration der Spannungen an Wandkopf und Wandfuß. Aus der Integration ergeben sich wie gewohnt die resultierenden Schnittkraftverläufe M, Q und N für jede Einzelwand über die Gebäudehöhe.

Bild 4-47 Dreidimensionales Finite-Elemente Schalenmodell des Bürogebäudes

4.3.1.11.3 Eigenfrequenzen und Modalbeiträge

Die ersten drei Eigenformen des Tragwerks mit den Eigenperioden 0,32 s, 0,30 s und 0,21 s sind in Bild 4-48 und Bild 4-49 dargestellt. Die erste Eigenform wird wie zuvor hauptsächlich von der Schwingung in y-Richtung, die zweite von der Schwingung in x-Richtung und die dritte Eigenform von der Torsionsschwingung dominiert. Gegenüber dem räumlichen Modell mit Balkenelementen aus Abschnitt 4.3.1.10 haben sich die drei Eigenschwingzeiten nur geringfügig verändert. Die leichte Erhöhung der Schwingperioden (in x-Richtung nun 0,30 s gegenüber 0,29 s, in y-Richtung nun 0,32 s gegenüber 0,31 s) lässt sich durch die Berücksichtigung der Steifigkeitskopplung zwischen Wänden und Decken erklären.

Wie in dem vorangehenden Abschnitt müssen bei der Verwendung eines räumlichen Modells alle Modalbeiträge berücksichtigt werden, die wesentlich zum globalen Schwingungsverhalten beitragen. Da die erste Eigenform in x-Richtung 68% und die erste Eigenform in y-Richtung 66,2% der effektiven modalen Masse aktivieren, werden auch in dieser Berechnung alle höheren Modalbeiträge berücksichtigt, die mehr als 5% der effektiven modalen Masse aktivieren. Auch treten, wie schon bei dem räumlichen Balkenmodell, lokale Schwingformen auf, die keinen nennenswerten Beitrag zur gesamten aktivierten Modalmasse leisten. Diese lokalen Schwingungen beinhalten im Wesentlichen vertikale Deckenschwingungen, die auch bei einem Ansatz des vertikalen Spektrums nur unwesentliche prozentuale Zuwächse gegenüber der Eigengewichtsbelastung liefern und deshalb vernachlässigt werden können.

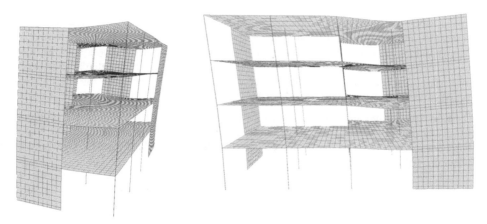

Bild 4-48 1. und 2. Eigenform, $T_1 = 0,32$ s, $T_2 = 0,30$ s (Translationsschwingungen in y- bzw. x-Richtung)

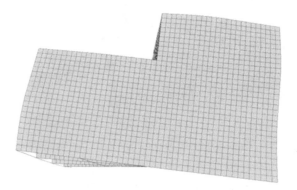

Bild 4-49 3. Eigenform, $T_3 = 0,21$ s des Bürogebäudes (Torsionsschwingung)

4.3.1.11.4 *Torsionswirkungen*

Die Torsionswirkungen werden äquivalent zu Abschnitt 4.3.1.10 durch den Ansatz von Torsionsmomenten je Geschoss berücksichtigt.

4.3.1.11.5 *Berechnung*

Die Berechnung erfolgt nach dem in Bild 4-41 dargestellten Ablaufschema für die Ermittlung der Bemessungswerte der Erdbebenbeanspruchung. Daraus ergeben sich für das gewählte Tragwerksmodell die in Bild 4-50 bis Bild 4-52 dargestellten Schnittgrößenverläufe der fünf Wände. Dargestellt sind die betragsmäßig größten Schnittgrößenverläufe aus der minimalen und maximalen Erdbebenkombination, also aus der Überlagerung der Schnittgrößen der Erdbebeneinwirkung mit denen aus Eigengewicht, sowie anteiligen Verkehrs- und Schneelasten entsprechend der Lastfallkombinationen der 30 %-Regel.

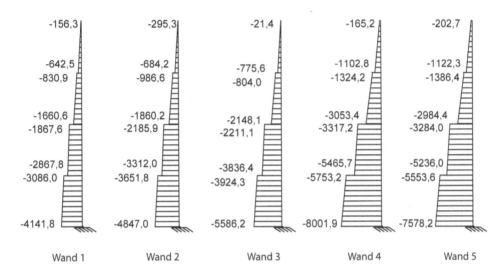

Bild 4-50 Momentenverteilungen M_x, M_y für die maßgebende Erdbebenkombination in [kNm]

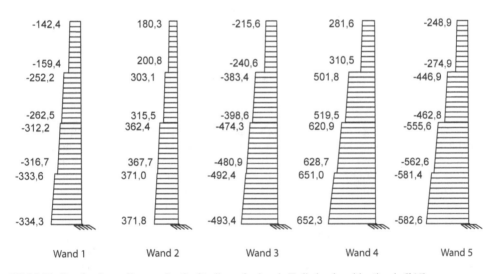

Bild 4-51 Querkraftverteilungen Q_x, Q_y für die maßgebende Erdbebenkombination in [kN]

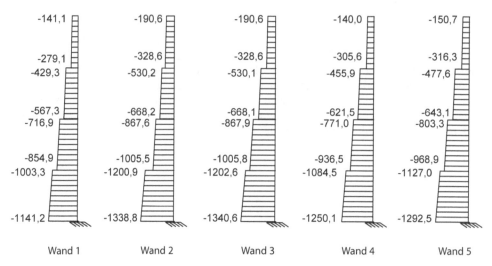

	-141,1		-190,6		-190,6		-140,0		-150,7
	-279,1		-328,6		-328,6		-305,6		-316,3
	-429,3		-530,2		-530,1		-455,9		-477,6
	-567,3		-668,2		-668,1		-621,5		-643,1
	-716,9		-867,6		-867,9		-771,0		-803,3
	-854,9		-1005,5		-1005,8		-936,5		-968,9
	-1003,3		-1200,9		-1202,6		-1084,5		-1127,0
	-1141,2		-1338,8		-1340,6		-1250,1		-1292,5

Wand 1   Wand 2   Wand 3   Wand 4   Wand 5

Bild 4-52 Normalkraftverteilungen N für maßgebende Erdbebenkombination in [kN]

Zur besseren Übersicht sind die Ergebnisse bei Annahme der Duktilitätsklasse 1 (DCL) in Tabelle 4-43 nochmals zusammengefasst. Für die Duktilitätsklasse 2 (DCM) sind die Bemessungswerte der Biegemomente und Querkräfte gerade halb so groß.

Tabelle 4-43 Bemessungsschnittgrößen; Vereinfachtes Antwortspektrenverfahren am räumlichen Schalenmodell, Duktilitätsklasse 1 (DCL)

	Wand 1	Wand 2	Wand 3	Wand 4	Wand 5
Min N_d [kN]	-1141	-1339	-1341	-1250	-1293
M_d [kNm]	4142	4847	5586	8002	7578
Ausmitte (M_d/N_d) [m]	3,63	3,62	4,17	6,40	5,86
Q_d [kN]	334	371,8	493	652,3	583

4.3.1.11.6 *Theorie II. Ordnung*

Die Effekte nach Theorie II. Ordnung können auf Grund der geringen Horizontalverschiebungen, wie bereits beim Ersatzstab nachgewiesen, vernachlässigt werden.

4.3.1.12 *Ergebnisvergleich der verschiedenen Rechenmodelle*

Ein Vergleich der Rechenergebnisse zwischen dem vereinfachten Antwortspektrenverfahren (Tabelle 4-35), dem multimodalen Antwortspektrenverfahren unter Verwendung eines Ersatzstabes (Tabelle 4-38), dem räumlichen Tragwerksmodell mit Balkenelementen (Tabelle 4-42) und dem räumlichen Tragwerksmodell mit Schalenelementen (Tabelle 4-43) zeigt eine im Rahmen der unterschiedlichen Modellannahmen gute Übereinstimmung der Schnittgrößen. Die größten Beanspruchungen liefert erwartungsgemäß das vereinfachte Antwortspektrenverfahren mit statischen Ersatzkräften. Bei den Normalkräften ergeben sich Abweichungen, da diese bei dem Ersatzstabverfahren näherungsweise über Lasteinzugsflächen bestimmt wurden. Auch zwischen den räumlichen Modellen ergeben sich Abweichungen, da die Wände zum einen mit punktuell angeschlossenen Balkenelementen und zum anderen mit Schalenelementen über die gesamte Wandlänge modelliert wurden.

4.3.1.13 Bemessung und konstruktive Durchbildung: Duktilitätsklasse 1 (DCL)

Beispielhaft wird im Folgenden eine Wandbemessung der am höchsten beanspruchten Wand 4 durchgeführt. Als Beanspruchungen werden die mit dem multimodalen Antwortspektrenverfahren unter Verwendung des räumlichen Balkenmodells ermittelten Schnittgrößen angesetzt.

4.3.1.13.1 Allgemeine Festlegungen

In der Duktilitätsklasse 1 (DCL) wird die Verwendung einer Betonfestigkeitsklasse von mindestens C 16/20 gefordert. Zusätzlich wird, für Bauteile die Erdbebenlasten abtragen, der Einsatz hochduktiler Stähle vom Typ B nach DIN 1045-1 (2008) vorgeschrieben. Nachfolgend erfolgt die Bemessung nach DIN 1045-1 (2008) bzw. DIN EN 1992-1-1 (2011). Die Betondeckung wird allseitig mit 5 cm angesetzt.

4.3.1.13.2 Bemessungsschnittkräfte

Die Bemessungsschnittgrößen nach Tabelle 4-42 am Wandfuß betragen für Wand 4:

$$N_{sd} = -1470 \text{ kN}$$
$$V_{sd} = 722 \text{ kN}$$
$$M_{sd} = 8395 \text{ kNm}$$

4.3.1.13.3 Bemessung auf Querkraft

Der Bemessungswert der Querkraft V_{sd} ist um den Faktor $\varepsilon = 1,5$ (DIN 4149 (2005), Abschnitt 8.2) zu erhöhen:

$$V_{sd} = 1,5 \cdot 0,722 = 1,083 \text{ MN}$$

Die maximal aufnehmbare Querkraft der Betondruckstrebe ergibt sich für einen angenommenen Druckstrebenwinkel von $\vartheta = 40°$ zu

$$V_{Rd,max} = \frac{b_w \cdot z \cdot \alpha_c \cdot f_{cd}}{\cot \vartheta + \tan \vartheta} = \frac{0,3 \cdot 0,9 \cdot 5,9 \cdot 0,75 \cdot 20,0 \cdot 0,85/1,5}{1,2 + 1,0/1,2} = 6,659 \text{ MN} > 1,083 \text{ MN}$$

und die rechnerisch erforderliche Bügelbewehrung berechnet sich für $\vartheta = 40°$ zu:

$$\text{erf } a_{sw} = \frac{V_{sd}}{f_{yd} \cdot z \cdot \cot \vartheta} = \frac{1,083}{500/1,15 \cdot 0,9 \cdot 5,9 \cdot 1,2} = 3,91 \text{cm}^2/\text{m}$$

Zur Abdeckung der erforderlichen Schubbewehrung wird beidseitig eine Matte Q 335 (A) angeordnet. Damit deckt die vorhandene Bewehrung $a_{sw,vorh} = 6,7$ cm²/m die rechnerisch erforderliche Bügelbewehrung ab. Die Randbereiche der Wand sind in beiden Richtungen zusätzlich mit Steckbügeln $\varnothing 10$ mm im Abstand von 15 cm zu bewehren, um die Bewehrung der Matten zu schließen. Die Anordnung einer hochduktilen Bewehrung ist für die Schubabtragung nicht erforderlich, da die Querkraft linear elastisch aufgenommen werden soll. Nach DIN EN 1998-1 (2010) entfällt die Anforderung der Querkraftsteigerung. Stattdessen ist es ausreichend eine Bemessung nach DIN EN 1992-1-1 (2011) durchzuführen. Die gewählte Bewehrung wäre damit auch nach DIN EN 1998-1 (2010) ausreichend.

4.3.1.13.4 *Bemessung auf Biegung und Längskraft*

Aus einer Biegebemessung mit symmetrischer Bewehrungsanordnung ergibt sich mit dem Bemessungsprogramm FriLo (2011) eine erforderliche Biegebewehrung von 16,41 cm² an den Wandenden. Die der Bemessung zugrundeliegende Dehnungsverteilung zeigt Bild 4-53. Gewählt werden 10 ∅16 hochduktiler Baustahl BSt 500 (B) zur Sicherstellung eines duktilen Wandverhaltens unter Biegebeanspruchung. Bei der Ermittlung der Biegebewehrung wurde die Mattenbewehrung Q 335 (A) rechnerisch nicht berücksichtigt.

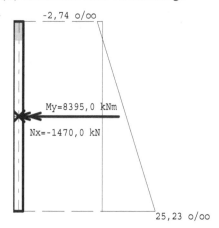

Bild 4-53 Dehnungsverteilung der Biegebemessung, Duktilitätsklasse 1 (DCL)

4.3.1.13.5 *Bemessungswert der bezogenen Längskraft*

Der Bemessungswert der bezogenen Längskraft v_d darf bei Wänden den Grenzwert von 0,2 nicht überschreiten, um eine ausreichende Krümmungsduktilität zu sichern (DIN 4149 (2005), Abschnitt 8.2):

$$v_d = \frac{N_{sd}}{A_c \cdot f_{cd}} = \frac{N_{sd}}{A_c \cdot \alpha \cdot f_{ck}/1,5} = \frac{-1,470}{6,0 \cdot 0,3 \cdot 0,85 \cdot 20/1,5} = -0,072 > -0,2$$

Die Forderung der Beschränkung der bezogenen Normalkraft entfällt in der DIN EN 1998-1 (2010). Es ist lediglich eine Bemessung nach DIN EN 1992-1-1 (2011) erforderlich.

4.3.1.14 *Bemessung und konstruktive Durchbildung: Duktilitätsklasse 2 (DCM)*

4.3.1.14.1 *Allgemeine Anforderungen*

In der Duktilitätsklasse 2 (DCM) wird nach DIN 4149 (2005) die Verwendung einer Betonfestigkeitsklasse von mindestens C 20/25 gefordert. In der DIN EN 1998-1 (2010) wird nur die Festigkeitsklasse C 16/20 gefordert. Zusätzlich wird für Bauteile, die Erdbebenlasten abtragen, der Einsatz hochduktiler Stähle vom Typ B nach DIN 1045-1 (2008) bzw. DIN EN 1992-1-1, Tabelle C.1 vorgeschrieben. Die nachfolgende Bemessung erfolgt nach DIN 1045-1 (2008) bzw. DIN EN 1992-1-1 (2011) unter Berücksichtigung der zusätzlichen Anforderungen an die lokale Duktilität. Die Betondeckung wird allseitig mit 5 cm angesetzt.

4.3.1.14.2 Bemessungsschnittkräfte

Die Bemessungsschnittkräfte für q = 3 am Wandfuß von Wand 4 betragen (Tabelle 4-42):

$$N_{sd} = -1470/2 \quad = -735 \text{ kN}$$

$$V_{sd} = 722/2 \quad = 361 \text{ kN}$$

$$M_{sd} = 8395/2 \quad = 4197,5 \text{ kNm}$$

4.3.1.14.3 Bemessung auf Querkraft

Der Bemessungswert der Querkraft V_{sd} ist nach DIN 4149 (2005), Abschnitt 8.3.2.2 um den Faktor ε = 1,7 zu erhöhen:

$$V_{sd} = 1,7 \cdot 0,361 = 0,614 \text{ MN}$$

Nach DIN EN 1998-1 (2010), Abschnitt 5.4.2.4 ist der Bemessungswert der Querkraft lediglich mit dem Faktor 1,5 zu erhöhen. Mit dem Ansatz von ε = 1,7 ist damit auch die Forderung nach DIN EN 1998-1 (2010) abgedeckt. Die maximal aufnehmbare Querkraft der Betondruckstrebe ergibt sich für einen angenommenen Druckstrebenwinkel von $\vartheta = 40°$ zu

$$V_{Rd,max} = \frac{b_w \cdot z \cdot \alpha_c \cdot f_{cd}}{\cot \vartheta + \tan \vartheta} = \frac{0,3 \cdot 0,9 \cdot 5,9 \cdot 0,75 \cdot 20,0 \cdot 0,85/1,5}{1,2 + 1,0/1,2} = 6,659 \text{ MN} > 0,614 \text{ MN}$$

und die rechnerisch erforderliche Bügelbewehrung berechnet sich für $\vartheta = 40°$ zu:

$$\text{erf } a_{sw} = \frac{V_{sd}}{f_{yd} \cdot z \cdot \cot \vartheta} = \frac{0,614}{500/1,15 \cdot 0,9 \cdot 5,9 \cdot 1,2} = 2,22 \text{ cm}^2 / \text{m}$$

Zur Abdeckung der erforderlichen Schubbewehrung wird beidseitig eine Matte Q 257 (A) angeordnet. Damit deckt die vorhandene Bewehrung $a_{sw,vorh} = 5,14 \text{ cm}^2/\text{m}$ die rechnerisch erforderliche Bügelbewehrung ab. Die Anordnung einer hochduktilen Bewehrung ist für die Schubabtragung nicht erforderlich, da die Querkraft linear elastisch aufgenommen werden soll.

4.3.1.14.4 Bemessung auf Biegung und Längskraft

Aus einer Biegebemessung mit symmetrischer Bewehrungsanordnung ergibt sich mit dem Bemessungsprogramm FriLo (2011) eine erforderliche Biegebewehrung von 7,92 cm² an den Wandenden. Die der Bemessung zugrundeliegende Dehnungsverteilung zeigt Bild 4-54. Gewählt werden 10 Ø12 hochduktiler Baustahl BSt 500 (B), zur Sicherstellung eines duktilen Biegeverhaltens. Bei der Ermittlung der Biegebewehrung wurde die Mattenbewehrung Q 257 (A) rechnerisch nicht berücksichtigt.

4.3.1.14.5 Maßnahmen zur Sicherstellung der lokalen Duktilität

Bei der Wand 4 handelt es sich nach Abschnitt 4.1.9.3 um eine schlanke Wand:

$$\frac{H_w}{l_w} = \frac{16}{6} = 2,7 > 2$$

Damit werden nach DIN 4149 (2005), Abschnitt 8.3.8.2.2 bzw. DIN EN 1998-1 (2010), Abschnitt 5.4.3.4.2 besondere Anforderungen an die Bemessung und konstruktive Ausbildung der Wand gestellt. Zunächst ist die Höhe des kritischen Bereichs am Wandfuß zu bestimmen:

$$h_{cr} = max\left[l_w, \frac{H_w}{6}\right] = 6\,m \quad \leq \quad \left[\begin{array}{c} 2l_w \\ h_s \text{ für } n \leq 6 \text{ Geschosse} \\ 2h_s \text{ für } n \geq 7 \text{ Geschosse} \end{array}\right] = 4 - 0,2 = 3,8\,m$$

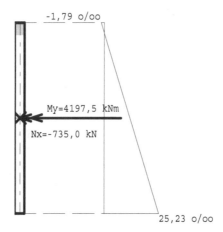

Bild 4-54 Dehnungsverteilung der Biegebemessung, DK 2 (DCM)

Damit ist für die Biegebemessung entsprechend Abschnitt 4.1.9.3 der in Bild 4-55 dargestellte Momentenverlauf anzusetzen. Dieser deckt Unsicherheiten im Momentenverlauf über die Höhe, den Einfluss der Querkraft auf die Biegezugkraft und den Effekt der abnehmenden Normalkraft über die Höhe durch das vertikale Versatzmaß h_{cr} ab.

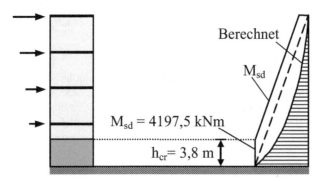

Bild 4-55 Verlauf des Bemessungsmomentes M_{sd} mit dem Versatzmaß h_{cr}

Die Länge des kritischen Bereichs l_c in Wandrichtung ist definiert als der Bereich zwischen der Randstauchung und der Betonstauchung bei -3,5 ‰ (Bild 4-56). Die sich einstellende Dehnungsverteilung in der Wand unter Ansatz der Stabstahl- und Mattenbewehrung als Vorgabebewehrung zeigt Bild 4-56. Da die maximale Randstauchung -0,47 ‰ beträgt, wird der Mindestwert des kritischen Bereichs nach DIN 4149 (2005), Abschnitt 8.3.8.5 bzw. DIN EN 1998-1 (2010), Abschnitt 5.4.3.4.2 maßgebend:

$$l_c \geq 0,15 \cdot l_w = 0,9\,m \ \ \text{oder} \ \ 1,50 \cdot b_w = 0,45\,m \ \ \Rightarrow l_c = 0,45\,m$$

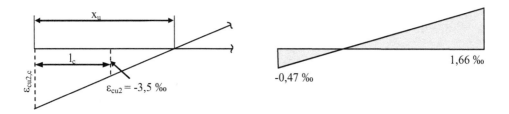

Bild 4-56 Länge des kritischen Bereichs l_c und vorhandene Dehnungsverteilung

In dem kritischen Bereich ist für die vertikale Bewehrung mindestens ein Bewehrungsgrad von $\rho_v = 0,005$ vorzusehen. Damit ergibt sich die mindestens erforderliche Vertikalbewehrung zu:

$$A_{sv,min} = 0,005 \cdot 45 \cdot 30 = 6,75\,cm^2$$

Die Abdeckung der Mindestbewehrung erfolgt durch die Anordnung von 10 Bewehrungsstäben $\varnothing 12$ verteilt über die Ränder des kritischen Bereichs. Die Stäbe liefern eine Bewehrung von 11,3 cm²/m. Damit ist die Mindestbewehrung von 6,75 cm²/m abgedeckt. Der vorhandene mechanische Bewehrungsgrad ω_v ergibt sich damit zu:

$$\omega_v = \rho_v \cdot \frac{f_{yd,v}}{f_{cd}} = \frac{11,3}{45 \cdot 30} \cdot \frac{500/1,15}{0,85 \cdot 20/1,5} = 0,32$$

Für die Umschnürungsbewehrung in den Randbereichen muss der auf das Volumen bezogene mechanische Bewehrungsrad ω_{wd} folgende Bedingung erfüllen (DIN 4149 (2005), Abschnitt 8.3.8.5; DIN EN 1998-1 (2010), Abschnitt 8.5.4.3.2):

$$\alpha \cdot \omega_{wd} \geq 30\mu_\Phi \cdot (v_d + \omega_v) \cdot \varepsilon_{sy,d} \cdot b_w / b_0 - 0,035 = 0,226$$

mit:

$$\mu_\Phi = 1,5 \cdot (2 \cdot q_0 - 1) = 1,5 \cdot (2 \cdot 3,0 - 1) = 7,5 \ \text{für} \ T_1 = 0,29\,s \geq T_C = 0,25\,s$$

$$v_d = \frac{N_{sd}}{A_c \cdot f_{cd}} = \frac{N_{sd}}{A_c \cdot \alpha \cdot f_{ck}/1,5} = \frac{0,735}{6,0 \cdot 0,3 \cdot 0,85 \cdot 20/1,5} = 0,036$$

$$\omega_v = 0,32$$

$$\varepsilon_{sy,d} = f_{yk}/(E_s \cdot 1,15) = 500/(200000 \cdot 1,15) = 0,00217$$

$$b_w = 0,30\,m$$

$$b_0 = 0,20\,m$$

Zur Überprüfung der Bedingung ist noch der Kennwert der Wirksamkeit der Umschnürungsbewehrung α nach DIN 4149 (2005), Abschnitt 8.3.7.3 bzw. DIN EN 1998-1 (2010), Abschnitt 5.4.3.4.2 zu berechnen:

$$\alpha = \alpha_n \cdot \alpha_s = 0,63 \cdot 0,67 = 0,42$$

mit:

$$\alpha_n = 1 - \sum_n b_i^2 / 6 b_0 \cdot d_0 = 1 - (8 \cdot (15^2 / 6 \cdot 20 \cdot 45) + 2 \cdot (10^2 / 6 \cdot 20 \cdot 45)) = 0,63$$

$$\alpha_s = (1 - s / 2 b_0)(1 - s / 2 d_0) = (1 - 10 /(2 \cdot 20)) \cdot (1 - 10 /(2 \cdot 45)) = 0,67$$

$$s = \min\left\{\frac{b_0}{2}; 200\,\text{mm}; 9\,d_{sL}\right\} = 10\,\text{cm}$$

Mit dem Faktor α ergibt sich der auf das Volumen bezogene mechanische Bewehrungsrad ω_{wd}:

$$\omega_{wd} \geq \frac{0,226}{0,42} = 0,54$$

Mit diesem kann die erforderliche Bügelbewehrung bestimmt werden:

$$V_{Bügel} = \omega_{wd} \cdot V_{Beton\,ker\,n} \cdot \frac{f_{cd}}{f_{yd}} = 0,54 \cdot 20 \cdot 45 \cdot 100 \cdot \frac{0,85 \cdot 20 / 1,5}{500 / 1,15} = 1266,8\,\text{cm}^3 / \text{m}$$

Als Mindestbügelabstand ist einzuhalten:

$$s = \min\left(\frac{200}{2}; 200;\ 9 \cdot 12\right) = 100\,\text{mm}$$

Gewählt werden Bügel $\varnothing 12$ mit einem Volumen je Bügel von:

$$V_{Bügel,\varnothing 12} = 1,13 \cdot (2 \cdot 20 + 2 \cdot 45) = 146,9\,\text{cm}^3$$

Damit ergibt sich für einen Bügelabstand von 10 cm folgendes Bügelvolumen pro Meter:

$$V_{Bügel,\varnothing 12/10} = 146,9 \cdot 10 = 1469,0\,\text{cm}^3/\text{m}$$

Im Gegensatz zur Duktilitätsklasse 1 (DCL) sind die Bügel hier zu schließen und am Ende mit 10 d_{bw} langen nach innen gerichteten Aufbiegungen mit dem Winkel von 135° zu versehen. Zusätzlich sind die mittleren Bewehrungsstäbe durch S-Haken $\varnothing 10$ zu sichern (Bild 4-57).

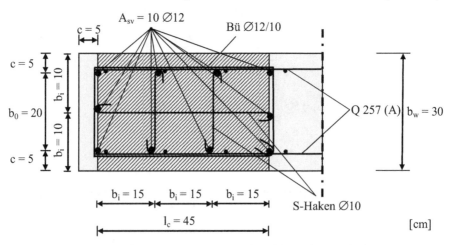

Bild 4-57 Konstruktive Durchbildung des kritischen Wandbereichs in der Draufsicht

4.3.1.15 Anmerkungen zur Bemessung von Stahlbetonbauten

Wie das Beispiel zeigt sind die konstruktiven Anforderungen in der Duktilitätsklasse 2 (DCM) wesentlich höher, aber die Durchbildung ist mit einiger Erfahrung durchaus mit einem vertretbaren Zeitaufwand realisierbar. Trotzdem erfolgt in der Baupraxis in den überwiegenden Fällen eine Einordnung der nachzuweisenden Bauwerke in die Duktilitätsklasse 1 (DCL), da mit dieser vereinfachten Vorgehensweise ohne großen Zeitaufwand konstruktiv sinnvolle Lösungen erzielt werden können. Wirtschaftlicher ist jedoch die Duktilitätsklasse 2 (DCM), da durch den höheren Verhaltensbeiwert Bewehrung eingespart werden kann. Die Bemessung nach Duktilitätsklasse 1 (DCL) entspricht nach DIN EN 1998-1 (2010) einer Regelbemessung nach DIN EN 1992-1-1 (2011). Demgegenüber stellt die DIN 4149 (2005) in der Duktilitätsklasse 1 (DCL) einige weitergehende Forderungen, die in der DIN EN 1998-1 (2010) nicht enthalten sind.

4.3.2 Stahltragwerk

Gegenstand der Untersuchung ist ein bereits existierendes symmetrisches Stahltragwerk mit starren Deckenscheiben (Bild 4-58). Auf Grund der Regelmäßigkeit des Tragwerks im Grund- und Aufriss kann die Erdbebenuntersuchung in x- und y-Richtung getrennt durchgeführt werden.

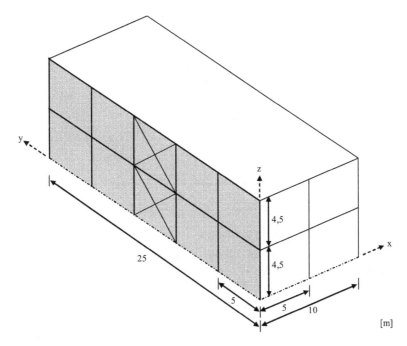

Bild 4-58 Räumliche Ansicht des Stahltragwerks

In x-Richtung erfolgt die Aussteifung über biegesteife Rahmen mit eingespannten Stützen (Bild 4-59), und in y-Richtung ist das Tragwerk symmetrisch durch zentrisch angeordnete Diagonalverbände in den zwei Außenrahmen mit fünf Feldern ausgesteift (Bild 4-60).

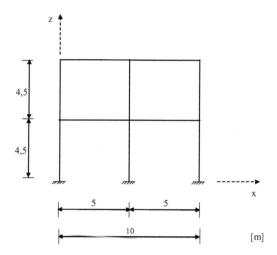

Bild 4-59 Ansicht des Aussteifungssystems in x-Richtung

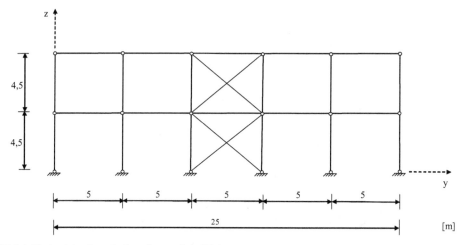

Bild 4-60 Ansicht eines Außenrahmens in y-Richtung

Die druckweichen Diagonalen haben im unteren Stockwerk einen Durchmesser von 16 mm und im oberen einen Durchmesser von 10 mm. Die Stützenprofile sind mit HEB 220 und die Riegel mit HEB 180 Profilen ausgeführt. Das Material aller Bauteile ist Stahl S235.

Der Gebäudestandort ist der Erdbebenzone 3 zugeordnet. Es liegen die geologische Untergrundklasse T und die Baugrundklasse C vor. Das Gebäude wird in die Bedeutungskategorie III mit einem Bedeutungsfaktor von $\gamma_I = 1,2$ eingeordnet. Mit diesen Eingangswerten ergibt sich das in Bild 4-61 dargestellte horizontale Antwortspektrum.

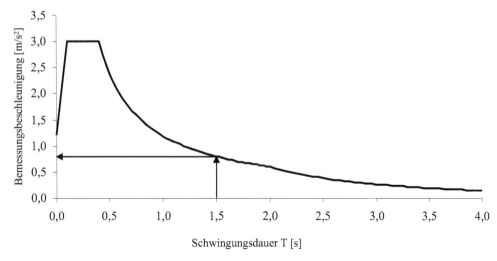

Bild 4-61 Elastisches horizontales Antwortspektrum nach DIN 4149 (2005) bzw. DIN EN 1998-1 (2010)

Zunächst wird überprüft, ob die in die Hauptgebäuderichtungen anzusetzenden Gesamterdbebenkräfte für einen Verhaltensbeiwert von q = 1,0 gegenüber den Windlasten maßgebend werden. Die Windlasten wurden in der Bestandsstatik für Windlastzone 3 in x- und y-Richtung unter Berücksichtigung des Teilsicherheitsbeiwertes γ_Q angesetzt:

$$W_x = \gamma_Q \cdot c_p \cdot q \cdot A_{wx} = 1{,}5 \cdot 1{,}3 \cdot 0{,}8 \cdot 9 \cdot 25 = 351 \text{ kN}$$

$$W_y = \gamma_Q \cdot c_p \cdot q \cdot A_{wy} = 1{,}5 \cdot 1{,}3 \cdot 0{,}8 \cdot 9 \cdot 10 = 140{,}4 \text{ kN}$$

Hierbei sind c_p der aerodynamische Kraftbeiwert, q der Geschwindigkeitsdruck und A_w die Windangriffsfläche nach DIN 1055-4 (2005).

Die Bemessungswerte der Erdbebeneinwirkungen in x-Richtung A_{Edx} und in y-Richtung A_{Edy} berechnen sich unter Berücksichtigung aller permanent wirkenden Vertikallasten nach Gleichung (4.30). Für das Stahltragwerk ohne abhängig voneinander belegte Geschosse nimmt der Beiwert φ den Wert 1,0 für das Dach und 0,5 für die Einzelgeschosse an. Mit dem Kombinationsbeiwert $\psi_2 = 0{,}30$ (Tabelle 4-27) ergeben sich folgende in der dynamischen Berechnung als äquivalente Massen zu berücksichtigende Vertikallasten:

$$G_k \oplus 0{,}3 \cdot Q_{Nutzlast} \quad \text{für das Dach und}$$

$$G_k \oplus 0{,}15 \cdot Q_{Nutzlast} \quad \text{für die übrigen Geschosse}$$

Nach DIN EN 1998-1/NA (2011) ist der Beiwert φ für die Einzelgeschosse mit 0,7 anzusetzen, so dass 21 % der Nutzlasten anstelle von 15 % anzusetzen wären. Der Unterschied ist vernachlässigbar, da die anteiligen Verkehrslasten nur einen geringen Anteil der Gesamtmasse ausmachen.

Tabelle 4-44 Flächenlasten aus Eigengewicht und Verkehr der Stockwerke

	1. Stockwerk	2. Stockwerk (Dach)
Eigengewicht	6 kN/m²	4 kN/m²
Verkehrslast	5 kN/m²	2 kN/m²

Entsprechend der Kombinationsvorschrift und der in Tabelle 4-44 angegebenen Stockwerkslasten sind auf Höhe des oberen Stockwerks eine Masse von 117,2 t und auf Höhe des unteren Geschosses eine Masse von 172,0 t anzusetzen Mit den Stockwerksmassen ergeben sich die in Bild 4-62 dargestellten maßgebenden ersten Eigenformen in x- und y- Richtung.

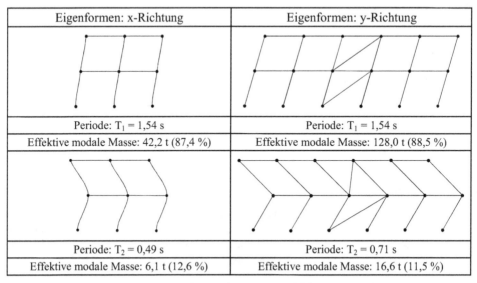

Eigenformen: x-Richtung	Eigenformen: y-Richtung
Periode: $T_1 = 1,54$ s	Periode: $T_1 = 1,54$ s
Effektive modale Masse: 42,2 t (87,4 %)	Effektive modale Masse: 128,0 t (88,5 %)
Periode: $T_2 = 0,49$ s	Periode: $T_2 = 0,71$ s
Effektive modale Masse: 6,1 t (12,6 %)	Effektive modale Masse: 16,6 t (11,5 %)

Bild 4-62 1. und 2. Eigenformen des Stahltragwerks in x- und y-Richtung

Das Gebäude erfüllt die Regelmäßigkeitskriterien im Grund- und Aufriss und die Bedingung $T_1 \leq 4\,T_c$ an die erste Eigenperiode in beiden Gebäuderichtungen. Die Schwingzeiten erfüllen zusätzlich auch die Bedingung T_{1x}, $T_{1y} \leq 2$ s nach DIN EN 1998-1 (2010), Abschnitt 4.3.3.2. Deshalb ist es ausreichend, das vereinfachte Antwortspektrenverfahren unter Berücksichtigung der ersten Eigenform anzuwenden. Mit diesem ergaben sich für einen Verhaltensbeiwert von $q = 1$ und einem Korrekturfaktor $\lambda = 1,0$ die Gesamterdbebenkräfte F_{bx}, F_{by} in x- und y- Richtung zu:

$$F_{bx} = S_d(T_1) \cdot M \cdot \lambda = 0,779 \text{ m/s}^2 \cdot 289,2 \text{ t} \cdot 1,0 = 225,4 \text{ kN}$$

$$F_{by} = S_d(T_1) \cdot M \cdot \lambda = 0,779 \text{ m/s}^2 \cdot 289,2 \text{ t} \cdot 1,0 = 225,4 \text{ kN}$$

Der Vergleich der Windkräfte mit den Erdbebenkräften zeigt, dass der Lastfall Erdbeben in y-Richtung (Längsrichtung) maßgebend wird, so dass der Nachweis der Erdbebenkräfte nur in dieser Richtung erfolgt.

Zur Berechnung der Schnittgrößen infolge Erdbeben wird die Gesamterdbebenkraft als Belastung auf die einzelnen Stockwerksebenen aufgebracht. Bei einer massen- und eigenformproportionalen Aufteilung entfällt 58 % der Last auf das obere und 42 % auf das untere Geschoss. Die resultierenden Normalkräfte infolge der Erdbebenersatzlasten sind in Bild 4-63 dargestellt. In Bild 4-64 bis Bild 4-66 sind die Bemessungsschnittgrößen infolge Eigengewicht zuzüglich den nach der Erdbebenkombination anzusetzenden 30 % Verkehrslasten dargestellt.

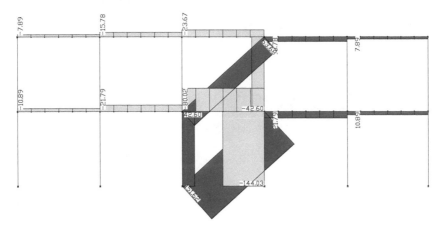

Bild 4-63 Normalkräfte infolge Erdbebenlasten [kN]

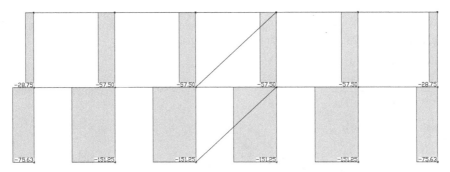

Bild 4-64 Normalkräfte in den Stützen infolge Eigengewicht zuzüglich 30 % Verkehrslast [kN]

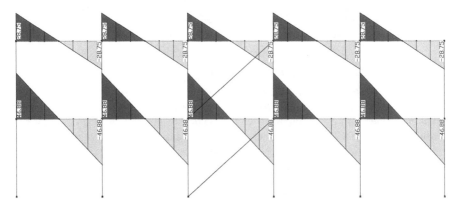

Bild 4-65 Querkräfte in den Riegeln infolge Eigengewicht zuzüglich 30 % Verkehrslast [kN]

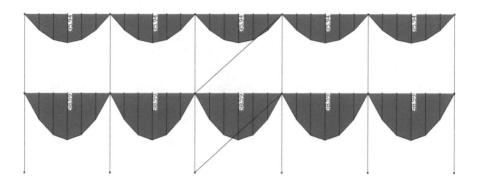

Bild 4-66 Biegemomente in den Riegeln infolge Eigengewicht zuzüglich 30 % Verkehrslast [kNm]

4.3.2.1 Nachweis in Duktilitätsklasse 1 (DCL)

Zunächst wird versucht, das Tragwerk vereinfacht in der Duktilitätsklasse 1 (DCL) nachzuweisen. Dies entspricht einer linear elastischen Querschnittsbemessung nach DIN EN 1993-1-1 (2010) mit den um den Faktor 1,5 abgeminderten Schnittkräften. Für die aussteifenden Diagonalen ergeben sich folgende Querschnittsausnutzungen:

Diagonalen oben (∅10):

$$\frac{N_{Ed}}{N_{Rd}} = \frac{63,7/1,5}{A \cdot f_{yk} / \gamma_M} = \frac{42,47}{0,79 \cdot 23,5} = 2,29 > 1 \Rightarrow \text{Diagonale } \varnothing 10 \text{ ist nicht ausreichend!}$$

Diagonalen unten (∅16):

$$\frac{N_{Ed}}{N_{Rd}} = \frac{151,6/1,5}{A \cdot f_{yk} / \gamma_M} = \frac{101,07}{2,01 \cdot 23,5} = 2,14 > 1 \Rightarrow \text{Diagonale } \varnothing 16 \text{ ist nicht ausreichend!}$$

Das Aussteifungssystem des bestehenden Tragwerks kann in der Duktilitätsklasse 1 (DCL) nicht nachgewiesen werden. In dieser Duktilitätsklasse ist die Wahl eines stärkeren Verbands notwendig. Deshalb wird im Folgenden der Nachweis durch eine dissipative Ausbildung der Diagonalen in der Duktilitätsklasse 2 (DCM) geführt.

4.3.2.2 Nachweis in Duktilitätsklasse 2 (DCM)

In der Duktilitätsklasse 2 (DCM) werden die Diagonalen dissipativ ausgelegt. Für den hier vorliegenden Fall konzentrisch angeschlossener Diagonalen kann nach Tabelle 4-13 maximal ein Verhaltensbeiwert von q = 4 angesetzt werden. Damit ist eine Einstufung des Tragwerks in die Duktilitätsklasse 3 (DCH) nicht möglich. Die Wahl des q-Faktors erfolgt auf Grundlage der vorhandenen Querschnittsausnutzung der Diagonalen:

Diagonalen oben (∅10): $\dfrac{N_{Ed}}{N_{Rd}} = \dfrac{N_{Ed}}{A \cdot f_y} = \dfrac{63,7}{0,79 \cdot 23,5} = 3,43$

Diagonalen unten (∅16): $\dfrac{N_{Ed}}{N_{Rd}} = \dfrac{N_{Ed}}{A \cdot f_y} = \dfrac{151,6}{2,01 \cdot 23,5} = 3,21$

Die Standsicherheit im Erdbebenlastfall wird nun für einen Verhaltensbeiwert von $q = 3,5$ nachgewiesen. Die inversen Ausnutzungsgrade berechnen sich damit zu:

Diagonalen oben ($\varnothing 10$): $\Omega = \dfrac{N_{Rd}}{N_{Ed}} = \dfrac{3,5 \cdot 0,79 \cdot 23,5}{63,7} = 1,02$

Diagonalen unten ($\varnothing 16$): $\Omega = \dfrac{N_{Rd}}{N_{Ed}} = \dfrac{3,5 \cdot 2,01 \cdot 23,5}{151,6} = 1,09$

Die Diagonalen müssen nach DIN 4149 (2005) eine bezogene Schlankheit von $\overline{\lambda}_k \geq 1,5$ aufweisen. Nach DIN EN 1998-1 (2010) wird in Abschnitt 6.5.4 nur darauf verwiesen, dass die Regelungen der DIN EN 1993-1-1 (2010), Abschnitt 6.2.3 (3) einzuhalten sind. Anforderungen an die Begrenzung des Schlankheitsgrades finden sich nicht. Die Überprüfung des bezogenen Schlankheitsgrades zeigt, dass die Forderung der DIN 4149 (2005) eingehalten wird:

$$\overline{\lambda}_k = \frac{\lambda_k}{\lambda_a} = \frac{s_k / i}{\pi \cdot \sqrt{21.000/24}} = \frac{673/0,25}{\pi \cdot \sqrt{21.000/24}} = \frac{2692}{92,93} = 28,97$$

$$\text{mit} : i = \sqrt{\frac{\pi/4 \cdot r^4}{\pi \cdot r^2}} = 0,25\,\text{cm}$$

Die druckbeanspruchten Stützen sind gemäß DIN 4149 (2005), Abschnitt 9.3.5.4 (8) für folgenden Bemessungswert der Druckkraft N_{sd} auszulegen:

$$N_{sd} = 1,2 \cdot \left(N_{SG} + \Omega \cdot N_{SE}\right) = 1,2 \cdot \left(-151,25 - 1,02 \cdot 144,03/3,5\right) = -231,87\ \text{kN}$$

Demgegenüber sind die druckbeanspruchten Stützen nach DIN EN 1998-1 (2010), Abschnitt 6.7.4 für folgenden Bemessungswert der Druckkraft N_{sd} auszulegen:

$$N_{sd} = N_{SG} \pm 1,1 \cdot \gamma_{ov} \cdot \Omega \cdot N_{SE} = -151,25 - 1,1 \cdot 1,25 \cdot 1,02 \cdot 144,03/3,5 = -208,96\ \text{kN}$$

Der Bemessungswert ist kleiner als die Knickbeanspruchbarkeit nach DIN EN 1993-1-1 (2010):

$$N_{Rd} = \chi \cdot N_{pl,d} = 0,69 \cdot 1945 = 1342\ \text{kN}$$

mit:

$$\chi = \frac{1}{\Phi + \sqrt{\Phi^2 - \overline{\lambda}^2}} = 0,69$$

$$\Phi = 0,5 \cdot \left[1 + \alpha(\overline{\lambda} - 0,2) + \overline{\lambda}^2\right] = 0,98$$

$$\overline{\lambda} = \sqrt{\frac{A \cdot f_y}{N_{cr}}} = \sqrt{\frac{91,0 \cdot 23,5}{2906,8}} = 0,86$$

$\alpha = 0,34$: Imperfektionsbeiwert der Knickspannungslinie b

$$N_{cr} = \frac{EI_z \pi^2}{s_{k,z}^2} = \frac{21000 \cdot 2840 \cdot \pi^2}{450^2} = 2906,8\,\text{kN} \text{ (Ideale Verzweigungslast)}$$

Damit ist der Stabilitätsnachweis für die Stützen erfüllt. Weiterhin sind die Riegel nachzuweisen. Die Bemessungsschnittkräfte für die Erdbebenkombination ergeben sich aus Bild 4-63 bis Bild 4-66 zu:

$$N_{Ed} = \pm 80,2 / 3,5 = \pm 22,91 \text{ kN}, \quad V_{Ed} = \pm 46,88 \text{ kN}, \quad M_{Ed} = 58,59 \text{ kNm}$$

Der Nachweis in Riegelmitte erfolgt für die gleichzeitige Wirkung von Biegung und Normalkraft:

$$M_{Ed} \leq M_{N,Rd}$$

Hierbei ist $M_{N,Rd}$ der durch den Bemessungswert der einwirkenden Normalkraft N_{Ed} abgeminderte Bemessungswert der plastischen Momentenbeanspruchbarkeit. Auf eine Abminderung kann verzichtet werden, da folgende Bedingungen nach DIN EN 1993-1-1 (2010), Abschnitt 6.2.9 eingehalten werden:

$$N_{Ed} = 22,91 \text{ kN} < 0,25 \cdot N_{pl,Rd} = 0,25 \cdot A \cdot f_y = 0,25 \cdot 65,3 \cdot 23,5 = 383,64 \text{ kN}$$

und

$$N_{Ed} = 22,91 \text{ kN} < \frac{0,5 \cdot h_w \cdot t_w \cdot f_y}{\gamma_{M0}} = \frac{0,5 \cdot 12,2 \cdot 0,85 \cdot 23,5}{1,0} = 121,85 \text{ kN}$$

Der Nachweis für das Moment ist erbracht, da M_{Ed} kleiner als $M_{pl,y,Rd}$ ist:

$$\frac{M_{Ed}}{M_{pl,y,Rd}} = \frac{58,59}{113,13} = 0,52 \leq 1$$

mit:

$$M_{pl,y,Rd} = \frac{W_{pl,y} \cdot f_y}{\gamma_{M0}} = \frac{481,4 \cdot 23,5}{1,0} = 113,13 \text{ kNm}$$

Zusätzlich ist die Querkraftbeanspruchung im Anschnitt zu den Stützen nachzuweisen:

$$\frac{V_{Ed}}{V_{pl,Rd}} = \frac{46,88}{274,8} = 0,17 \leq 1$$

mit:

$$V_{pl,Rd} = \frac{A_v \cdot (f_y / \sqrt{3})}{\gamma_{M0}} = \frac{0,3102 \cdot 65,3 \cdot (23,5/\sqrt{3})}{1,0} = 274,8 \text{ kN}$$

Auf einen Stabilitätsnachweis kann auf Grund der geringen Drucknormalkräfte in den Riegeln verzichtet werden. Abschließend ist noch ein gleichmäßiges Verformungsverhalten nachzuweisen. Dies gilt als gegeben, wenn die inversen Ausnutzungsgrade Ω_i der einzelnen Diagonalen vom kleinsten Wert nach DIN 4149 (2005) um nicht mehr als 20 % und nach DIN EN 1998-1 (2010) um nicht mehr als 25 % abweichen.

$$\frac{\Omega_{i,max}}{\Omega_{i,min}} = \frac{1,09}{1,02} = 1,07 < 1,20 \quad \text{bzw. } 1,25$$

Somit kann von einer Gleichartigkeit des Last-Verformungsverhaltens in den Stockwerken ausgegangen werden kann. Zusätzlich sind bei der hier angewandten Kapazitätsbemessung neben den Querschnitten auch die Diagonalanschlüsse überfest auszulegen, so dass sich die

Fließgelenke, wie beabsichtigt, in den dissipativ ausgelegten Diagonalen einstellen. Der Anschluss erfolgt an ein umlaufend verschweißtes Knotenblech. Für die Anschlüsse sind Schrauben, Anschlussblech und Schweißnähte für folgende Kapazitäten auszulegen:

Kapazitäten der Anschlüsse nach DIN 4149 (2005):

Diagonalen oben ($\varnothing$10): $R_{dy} = 1,2 \cdot N_{pl} = 1,2 \cdot 0,79 \cdot 23,5 = 22,27$ kN

Diagonalen unten ($\varnothing$16): $R_{dy} = 1,2 \cdot N_{pl} = 1,2 \cdot 2,01 \cdot 23,5 = 56,68$ kN

Kapazitäten der Anschlüsse nach DIN EN 1998-1 (2010):

Diagonalen oben ($\varnothing$10): $R_{dy} = 1,1 \cdot \gamma_{ov} \cdot N_{pl} = 1,1 \cdot 1,25 \cdot 0,79 \cdot 23,5 = 25,53$ kN

Diagonalen unten ($\varnothing$16): $R_{dy} = 1,1 \cdot \gamma_{ov} \cdot N_{pl} = 1,1 \cdot 1,25 \cdot 2,01 \cdot 23,5 = 64,95$ kN

Zusätzlich wird nach DIN EN 1998-1 (2010), Abschnitt 6.5.5 (5) gefordert, dass bei geschraubten Scher-Lochleibungsverbindungen der Bemessungswert der Grenzabscherkraft der Schrauben mindestens 1,2-fach höher sein muss als der Bemessungswert der Grenzlochleibungskraft.

Exemplarisch werden an dieser Stelle die Schrauben kapazitativ ausgelegt. Zugrunde gelegt werden die nach DIN EN 1998-1 (2010) höheren erforderlichen Tragfähigkeiten R_{Dy}. Für die Zuglasche und das umlaufend verschweißte Anschlussblech wird eine Dicke von t = 10 mm gewählt. Damit ergibt sich folgende Schraubenauslegung:

Schraubanschlüsse:

Diagonalen oben:

M12, 10.9, SLV, Schaft in Scherfuge: $V_{a,R,d} = 56,5$ kN $> 25,53$ kN

Lochleibung, Anschlussblech: 10 mm, e = 30: $V_{l,R,d} = 45,1$ kN $> 25,53$ kN

$V_{a,R,d} / V_{l,R,d} = 56,5 / 45,1 = 1,25 > 1,2$

Diagonalen unten:

M16, 10.9, SLV, Schaft in Scherfuge: $V_{a,R,d} = 101,0$ kN $> 64,95$ kN

Lochleibung, Anschlussblech: 10 mm, e = 45: $V_{l,R,d} = 72,9$ kN $> 64,95$ kN

$V_{a,R,d} / V_{l,R,d} = 101,0 / 72,9 = 1,39 > 1,2$

4.3.2.3 Anmerkungen zur Bemessung von Stahlbauten

Für die Bemessung von Stahlbauten unter Erdbebenlasten in Deutschland wird sich voraussichtlich als Standard die Bemessung in der Duktilitätsklasse 1 (DCL) etablieren. Diese liefert für die üblichen Bemessungsaufgaben keine unwirtschaftlichen Lösungen und hat den Vorteil, dass der Aufwand für die Berechnung und die Bauüberwachung geringer ist. Die Duktilitätsklassen 2 (DCM) und 3 (DCH) bleiben eher Ausnahmefällen vorbehalten.

4.3.3 Reihenhaus aus Mauerwerk

In Bild 4-67 und Bild 4-68 sind der Grundriss und der Aufriss eines typischen Reihenhauses dargestellt. Die Innenwände sowie die Außenwände des Wohnhauses sind aus Kalksandsteinen der Steinfestigkeitsklasse 12 ausgeführt. Das Gebäude liegt in der Erdbebenzone 1, die vorliegende Baugrundklasse ist B und die Untergrundklasse R.

Nach DIN 4149 (2005), Tabelle 3 bzw. DIN EN 1998-1/NA (2011), Tabelle NA.6 wird das Wohnhaus in die Bedeutungskategorie II mit einem Bedeutungsfaktor γ_I von 1,0 eingeordnet. Der Keller ist als steifer Kasten ausgebildet und die Masse der Dachkonstruktion beträgt weniger als 50% des darunter liegenden Geschosses. Damit verfügt das Haus über zwei anrechenbare Vollgeschosse. Für das Reihenhaus wird der vereinfachte Nachweis nach DIN 1045 (2005) und DIN EN 1998-1 (2010) geführt.

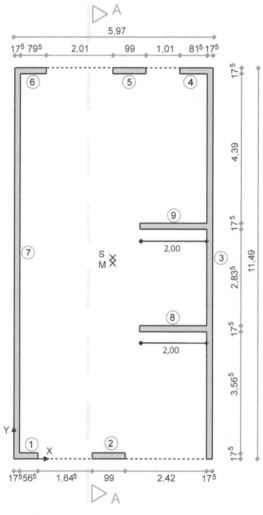

Bild 4-67 Grundriss des Reihenhauses

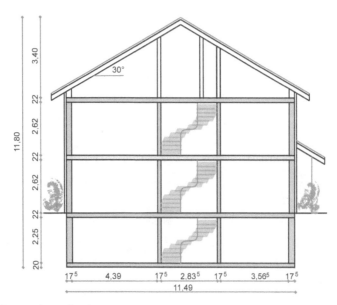

Bild 4-68 Schnitt A-A des Reihenhauses

4.3.3.1 Vereinfachter Nachweis mit konstruktiven Regeln nach DIN 4149

Der Massenschwerpunkt und der Schubmittelpunkt liegen nahe beieinander (Bild 4-67) und die Längswände stellen eine ausreichende Torsionssteifigkeit des Gebäudes sicher. Weiterhin tragen die zur Aussteifung angesetzten Wände sämtliche Vertikallasten des Wohnhauses ab. Das Wohnhaus erfüllt die Regelmäßigkeitskriterien im Grund- und Aufriss, so dass bei Einhaltung der konstruktiven Regeln nach DIN 4149 (2005), Abschnitt 11.6 auf einen rechnerischen Nachweis verzichtet werden kann. Im Folgenden werden die konstruktiven Regeln auf das Reihenhaus angewendet.

Voraussetzung für die Anwendung der vereinfachten konstruktiven Regeln ist nach Absatz 11.6 (1) der DIN 4149 (2005) die Einhaltung der in den Abschnitten 11.1 bis 11.3 festgelegten allgemeinen Anforderungen für Mauerwerksbauten. Die Überprüfung dieser Anforderungen für das Reihenhaus ist in Tabelle 4-45 zusammengefasst.

Tabelle 4-45 Anforderungen an Mauerwerksbauten nach DIN 4149, Absatz 11.1 bis 11.3

Absatz	Anforderung	Erfüllt
11.1 (1)	Horizontallastabtrag über Mauerwerksschubwände?	ja
11.2 (1)	Anforderungen an die Mauerwerksbaustoffe erfüllt? Kalksandsteine der Steinfestigkeitsklasse 12 nach DIN 1053-1 (1996) erfüllen die Anforderungen	ja
11.3 (1)	Einhaltung der Konstruktionsmerkmale nach DIN 4149 (2005), Abschnitt 4.2 ?	ja
11.3 (2)	Geschossdecken als starre Scheiben ausgebildet?	ja
11.3 (3)	Mindestanforderung an die Länge aussteifender Wände nach DIN 4149 (2005), Tabelle 14 für Erdbebenzone 1: l = 0,74 m erfüllt?	ja
	Mindestanforderungen für die Wandschlankheit (h_k/t) nach DIN 1053-1 (1996) erfüllt?	ja

Tabelle 4-46 Nachweis durch Einhaltung konstruktiver Regeln nach DIN 4149 (2005), Absatz 11.6

Absatz 11.6	Konstruktionsregel	Erfüllt
(1)	Erfüllung der allgemeinen Anforderungen der Abschnitte 11.1 – 11.3	ja
(2)	Kompakter, annähernd rechteckiger Grundriss	ja
	Längenverhältnis von $b/l = 5{,}97/11{,}49 = 0{,}52 \geq 0{,}25$	ja
(3)	Anzahl der Vollgeschosse: $2 < 4$ (DIN 4149, Tabelle 8 für EZ 1, BK II)	ja
	Maximale Geschosshöhe: $2{,}84\ \text{m} \leq 3{,}50\ \text{m}$	ja
(4)	Steifigkeitsmittelpunkt und Massenschwerpunkt liegen nahe beieinander	ja
	Ausreichende Torsionssteifigkeit	ja
(5)	Aussteifende Wände über alle Geschosse durchgehend	ja
(6)	Aussteifende Wände tragen den überwiegenden Teil der Vertikallasten	ja
	Vertikallasten verteilen sich auf die aussteifenden Wände in beiden Gebäuderichtungen	ja
(7)	Mindestschubwandflächen nach Tabelle 15 der Norm:	ja

Eingangswerte
$a_g = 0{,}4\ \text{m/s}^2$ (DIN 4149 (2005), Tabelle 2, Erdbebenzone 1)
$S = 1{,}25$ (DIN 4149 (2005), Tabelle 4, Untergrundkombination B-R)
$\gamma_I = 1{,}0$ (DIN 4149 (2005), Tabelle 3, Wohngebäude)
$A_g = 68{,}6\ \text{m}^2$ (Geschossgrundrissfläche)
$l_{ax} = 1{,}240\ \text{m}$ (mittlere Wandlänge in x-Richtung)
$l_{ay} = 11{,}23\ \text{m}$ (mittlere Wandlänge in y-Richtung)

Erforderliche Schubwandflächen

Querrichtung	Längsrichtung
Beiwert k_x	*Beiwert k_y*
$k_x = 1{,}0$	$k_y = 1 + (l_{ay} - 2)/4 = 3{,}31 \leq 2$
(Anteil Schubwände > 2 m: 29 % < 70 %)	(Anteil Schubwände > 2 m: 100 % > 70 %)
Linke Spalte in Tabelle 15	*Linke Spalte in Tabelle 15*
$a_g \cdot S \cdot \gamma_i = 0{,}5 \leq 0{,}06 \cdot 10{,}0 \cdot k_x = 0{,}6$	$a_g \cdot S \cdot \gamma_i = 0{,}5 \leq 0{,}06 \cdot 10{,}0 \cdot k_y = 1{,}2$
Erforderliche Schubwandfläche A_{sx}	*Erforderliche Schubwandfläche A_{sy}*
erf. $A_{Sx} = 2\% \cdot 68{,}6\ \text{m}^2 = 1{,}37\ \text{m}^2$	erf. $A_{Sy} = 2\% \cdot 68{,}6\ \text{m}^2 = 1{,}37\ \text{m}^2$

Vorhandene Schubwandflächen

Querrichtung	Längsrichtung
$A_{S1} = 0{,}175 \cdot 0{,}74 = 0{,}13\ \text{m}^2$	$A_{S3} = 0{,}175 \cdot 11{,}32 = 1{,}98\ \text{m}^2$
$A_{S2} = 0{,}175 \cdot 0{,}99 = 0{,}17\ \text{m}^2$	$A_{S7} = 0{,}175 \cdot 11{,}14 = 1{,}95\ \text{m}^2$
$A_{S4} = 0{,}175 \cdot 0{,}99 = 0{,}17\ \text{m}^2$	
$A_{S5} = 0{,}175 \cdot 0{,}99 = 0{,}17\ \text{m}^2$	
$A_{S6} = 0{,}175\ \ 0{,}97 = 0{,}17\ \text{m}^2$	
$A_{S8} = 0{,}175 \cdot 2{,}00 = 0{,}35\ \text{m}^2$	
$A_{S9} = 0{,}175 \cdot 2{,}00 = 0{,}35\ \text{m}^2$	
vorh. $A_{sx} = 1{,}51\ \text{m}^2 >$ erf. $A_{sx} = 1{,}37\ \text{m}^2$	vorh. $A_{sy} = 3{,}93\ \text{m}^2 >$ erf. $A_{sy} = 1{,}37\ \text{m}^2$

Absatz 11.6	Konstruktionsregel	Erfüllt
(8)	Je Gebäuderichtung mindestens zwei Wände mit $l \geq 1{,}99\ \text{m}$	ja

Tabelle 4-45 zeigt, dass die Anforderungen der Abschnitte 11.1 bis 11.3 der DIN 4149 (2005) erfüllt sind, so dass der vereinfachte Nachweis nach Abschnitt 11.6 erfolgen darf. Der gesamte Nachweis der Einhaltung der konstruktiven Regeln ist in Tabelle 4-46 zusammengestellt. Kern des Nachweises ist neben der Einhaltung weiterer konstruktiver Anforderungen die Überprüfung der erforderlichen Schubwandflächen nach DIN 4149 (2005), Tabelle 15. Die Schubwandflächen sind in jede Hauptrichtung des Gebäudes zu ermitteln. Für das untersuchte Reihenhaus können alle Wände berücksichtigt werden, da die Mindestwandlänge von 0,74 m von allen Wänden erfüllt wird.

Die Auswertung in Tabelle 4-46 zeigt, dass die Konstruktionsregeln eingehalten werden und somit auf einen rechnerischen Nachweis verzichtet werden kann. Der Nachweis gelingt jedoch nur in Erdbebenzone 1. Für die Erdbebenzone 2 kann der vereinfachte Nachweis in Querrichtung nicht mehr geführt werden, da die erforderliche Schubwandfläche nicht mehr ausreichend ist.

4.3.3.2 Vereinfachter Nachweis mit konstruktiven Regeln nach DIN EN 1998-1

Nach DIN EN 1998-1 (2010) können Bauwerke als einfache Mauerwerksbauten eingestuft werden, wenn diese den Bedeutungskategorien I oder II angehören und die Anforderungen der Normabschnitte 9.2, 9.5 und 9.7.2 erfüllen. Werden sämtliche Bedingungen eingehalten, so ist ein rechnerischer Nachweis nicht erforderlich.

Das Reihenhaus kann der Bedeutungskategorie II zugeordnet werden, und die Anforderungen an die Mauerwerksstoffe nach DIN EN 1998-1/NA (2011), NDP zu 9.2.2(1) sind für Kalksandsteine und Dünnbettmörtel nach den einschlägigen Normen automatisch erfüllt. Tabelle 4-47 zeigt, dass die allgemeinen Auslegungskriterien und Konstruktionsregeln nach DIN EN 1998-1 (2010), Abschnitt 9.5.1 erfüllt sind. Damit kann der vereinfachte Nachweis über die konstruktiven Regeln geführt werden.

Tabelle 4-47 Auslegung- und Konstruktionsregeln nach DIN EN 1998-1/NA (21011), Absatz 9.5

Absatz 9.5.1	Konstruktionsregel	Erfüllt
(1)	Hochbauten aus Mauerwerk müssen aus Decken und Wänden bestehen, die in zwei orthogonalen horizontalen und einer vertikalen Richtung miteinander verbunden sind.	ja
(2)	Die Verbindung zwischen Decken und Wänden muss durch Stahlanker oder Stahlbetonringbalken erfolgen.	ja
(3)	Jeder Deckentyp darf verwendet werden, vorausgesetzt, die allgemeinen Kontinuitätsanforderungen und eine wirksame Scheibenwirkung sind sichergestellt.	ja
(4)	Schubwände müssen in mindestens zwei orthogonalen Richtungen vorgesehen sein.	ja
(5a)	Die effektive Dicke von Schubwänden t_{ef} darf nicht geringer als ein Mindestwert $t_{ef,min}$ nach Tabelle NA.10 sein.	ja
(5b)	Das Verhältnis h_{ef}/t_{ef} der effektiven Knicklänge der Wand zu ihrer effektiven Dicke darf einen Höchstwert $(h_{ef}/t_{ef})_{max}$ nach Tabelle NA.10 nicht überschreiten.	ja
(5c)	Das Verhältnis der Wandlänge l zur größeren lichten Höhe h von an diese Wand angrenzenden Öffnungen darf nicht geringer als ein Mindestwert $(l/h)_{min}$ nach Tabelle NA.10 sein.	ja

Der vereinfachte Nachweis findet sich in Tabelle 4-48 und Tabelle 4-49. Kern des Nachweises ist neben der Einhaltung weiterer konstruktiver Anforderungen die Überprüfung der erforderlichen Schubwandflächen nach DIN EN 1998-1/NA (2011), Tabelle NA.12 (Tabelle 4-49). Die Schubwandflächen sind in jede Hauptrichtung des Gebäudes zu ermitteln. Für das Mehrfamilienhaus können alle Wände berücksichtigt werden, da die Mindestwandlänge von $0,27 \cdot 2,62 = 71$ cm von allen Wänden erfüllt wird. Die Auswertung zeigt, dass der vereinfachte Nachweis geführt werden kann und somit auch nach DIN EN 1998-1 (2010) auf einen rechnerischen Nachweis verzichtet werden könnte.

Tabelle 4-48 Regeln nach DIN EN 1998-1 (2010), Absatz 9.7.2 (1)

Absatz 9.7.2	Konstruktionsregel		Erfüllt
(1)	Mindestschubwandflächen nach DIN EN 1998-1/NA (2011), Tabelle NA.12:		ja
	Eingangswerte $a_g = 0,4$ m/s² (DIN EN 1998-1/NA (2011), Tabelle NA.3, Erdbebenzone 1) $S = 1,25$ (DIN EN 1998-1/NA (2011), Tabelle NA.4, UK C-S) $\gamma_I = 1,0$ (DIN EN 1998-1/NA (2011), Tabelle NA.6, Wohngebäude) $A_g = 68,6$ m² (Geschossgrundrissfläche)		
	Erforderliche Schubwandflächen		
	Querrichtung	**Längsrichtung**	
	Beiwert k_x $k_x = 1$ (Anteil Schubwände > 2 m: 29 % < 70 %)	*Beiwert k_y* $k_y = 1 + (l_{ay} - 2)/4 = 3,31 \leq 2$ (Anteil Schubwände > 2 m: 100 % > 70 %)	
	Beiwert $k_{r,x}$ (Fußnote e beachten) $k_{r,x} = 1,0$	*Beiwert $k_{r,y}$ (Fußnote e beachten)* $k_{r,y} = 1,0$	
	Linke Spalte in Tabelle NA.12 $a_g \cdot S \cdot \gamma_I = 0,5 \leq 0,6 \cdot k_x \cdot k_{r,x} = 0,6$	*Linke Spalte in Tabelle NA.12* $a_g \cdot S \cdot \gamma_I = 0,5 \leq 0,6 \cdot k_y \cdot k_{r,x} = 1,2$	
	Erforderliche Schubwandfläche A_{sx} erf. $A_{Sx} = 2\% \cdot 68,6$ m² $= 1,37$ m²	*Erforderliche Schubwandfläche A_{sy}* erf. $A_{Sy} = 2\% \cdot 68,6$ m² $= 1,37$ m²	
	Vorhandene Schubwandflächen		
	Querrichtung	**Längsrichtung**	
	$A_{S1} = 0,175 \cdot 0,74 = 0,13$ m² $A_{S2} = 0,175 \cdot 0,99 = 0,17$ m² $A_{S4} = 0,175 \cdot 0,99 = 0,17$ m² $A_{S5} = 0,175 \cdot 0,99 = 0,17$ m² $A_{S6} = 0,175 \quad 0,97 = 0,17$ m² $A_{S8} = 0,175 \cdot 2,00 = 0,35$ m² $A_{S9} = 0,175 \cdot 2,00 = 0,35$ m² vorh. $A_{sx} = 1,51$ m² > erf. $A_{sx} = 1,37$ m²	$A_{S3} = 0,175 \cdot 11,32 = 1,98$ m² $A_{S7} = 0,175 \cdot 11,14 = 1,95$ m² vorh. $A_{sy} = 3,93$ m² > erf. $A_{sy} = 1,37$ m²	

Tabelle 4-49 Regeln nach DIN EN 1998-1 (2010), Absatz 9.7.2 (2) – (6)

(2a)	Der Gebäudegrundriss sollte annähernd rechteckig sein.	ja
(2b)	Das Verhältnis zwischen der Länge der kürzeren und der Länge der längeren Seite im Grundriss sollte nicht kleiner als ein Mindestwert $\lambda_{min} = 0,5$ sein: $5,97/11,49 = 0,52 > 0,25$	ja
(2c)	Die Fläche der projizierten Abweichungen von der Rechteckform sollte nicht größer als ein Wert $p_{max} = 15\%$ in Prozent der gesamten Gebäudegrundrissfläche oberhalb der betrachteten Ebene sein.	ja
(3a)	Schubwände sollten symmetrisch in zwei orthogonalen Richtungen angeordnet sein.	ja
(3b)	Mindestens zwei parallele Wände sollten in zwei orthogonalen Richtungen angeordnet sein, wobei die Länge jeder Wand größer ist als 30% der Bauwerkslänge in der betrachteten Richtung. Querrichtung: $0,3 \cdot 5,97 = 1,8$ m < 2,0 m Längsrichtung: $0,3 \cdot 11,49 = 3,45$ m < 11,14 m *Hinweis:* In Zonen geringer Seismizität dürfen die Wände durch Öffnungen unterbrochen sein; mindestens eine Schubwand sollte aber in jeder Richtung eine Länge vom doppelten Mindestwert nach Tabelle NA.10 aufweisen!	ja
(3c)	Für die Wände in mindestens einer Richtung sollte der Abstand zwischen den Wänden > 75% der Gebäudelänge in der anderen Richtung sein (ausreichende Torsionssteifigkeit!).	ja
(3d)	Mindestens 75% der Vertikallasten sollten von Schubwänden getragen sein. *Hinweis:* Alternativ ist die Bedingung 9.7.2 (3d) auch erfüllt, wenn der überwiegende Teil der Vertikallasten von den Schubwänden in den beiden orthogonalen Hauptrichtungen abgetragen wird.	ja
(3e)	Schubwände sollten über alle Geschosse von der Gründung bis zum Dach durchgehend sein.	ja
(5)	Zwischen aufeinander folgenden Geschossen sollten der Massenunterschied und der Unterschied der horizontalen Querschnittsflächen von Schubwänden in beiden orthogonalen horizontalen Richtungen auf Größtwerte $\Delta_{m,max} = 20\%$ und $\Delta_{A,max} = 30\%$ beschränkt sein.	ja
(6)	Für unbewehrte Mauerwerksbauten sollten die Schubwände in einer Richtung mit Wänden in der dazu orthogonalen Richtung in einem maximalen Abstand von 7 m verbunden werden.	ja

4.3.4 Mehrfamilienhaus aus Kalksandsteinmauerwerk

Nachfolgend wird der Erdbebennachweis für ein zweigeschossiges Mehrfamilienhaus durchgeführt. Der Grundriss und der Aufriss des untersuchten Objektes sind in Bild 4-69 und Bild 4-70 dargestellt. Der Keller ist als steifer Kasten ausgebildet, dem sich zwei Vollgeschosse mit tragenden Mauerwerkswänden aus Kalksandstein und eine Dachkonstruktion in Satteldachform mit einer Dachneigung von 40° anschließen. Aus Schallschutzgründen werden die tragenden Treppenhaus- und Wohnungstrennwände mit einer Wanddicke von 240 mm (Steinfestigkeitsklasse 12) ausgeführt. Für die Außenwände und alle übrigen Innenwände erfolgt die Ausführung in der Wanddicke 175 mm (Steinfestigkeitsklasse 20). Gewählt werden KS-Plansteine mit Dünnbettmörtel. Die Wandkennwerte sind in Tabelle 4-50 zusammengestellt.

Für das Mehrfamilienhaus wird der rechnerische Standsicherheitsnachweis nach DIN 4149 (2005) in der Erdbebenzone 2 mit der Untergrundkombination C-S geführt. Die Berechnung und Bemessung erfolgt nachfolgend mit der Software MINEA (2011) unter Verwendung von Achsmaßen. Der Nachweis des Mehrfamilienhauses erfolgt auf drei verschiedenen Nachweiswegen. Zunächst werden vereinfachte Nachweise nach DIN 4149 (2005) und DIN EN 1998-1 (2010) geführt. Im Anschluss daran erfolgen rechnerische Nachweise mit dem vereinfachten Antwortspektrenverfahren am Ersatzstab und dem multimodalen Antwortspektrenverfahren am räumlichen Tragwerksmodell. Ergänzend dazu wird ein statisch nichtlinearer Nachweis geführt, der zukünftig nach DIN EN 1998-1 (2010) anwendbar ist.

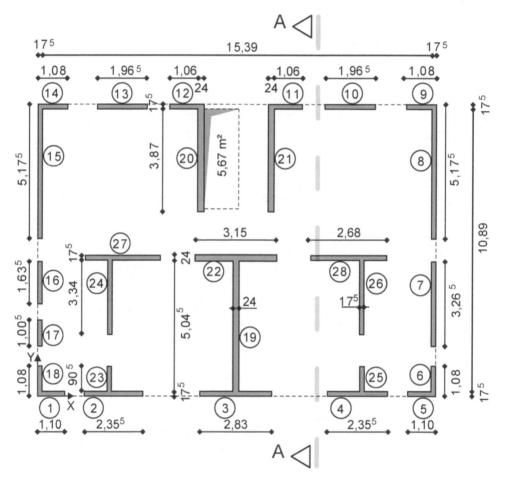

Bild 4-69 Grundriss des Mehrfamilienhauses

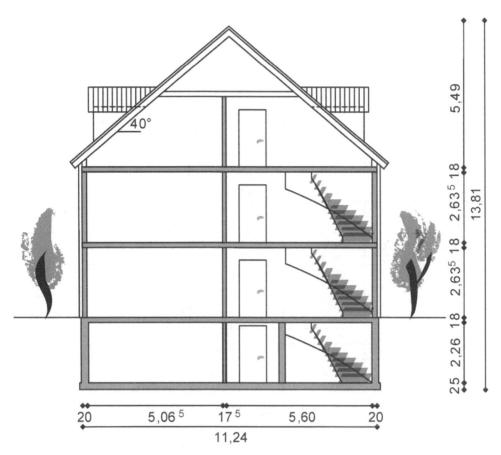

Bild 4-70 Schnitt A-A durch das Mehrfamilienhaus

4.3.4.1 Vereinfachter Nachweis mit konstruktiven Regeln nach DIN 4149

Voraussetzung für die Anwendung der vereinfachten konstruktiven Regeln ist nach Absatz 11.6 (1) der DIN 4149 (2005) die Einhaltung der in den Abschnitten 11.1 bis 11.3 festgelegten allgemeinen Anforderungen für Mauerwerksbauten. Die Überprüfung dieser Anforderungen für das vorliegende Mehrfamilienhaus ist in Tabelle 4-51 zusammengefasst.

Wie Tabelle 4-51 zeigt, sind die Anforderungen der Abschnitte 11.1 bis 11.3 der DIN 4149 (2005) erfüllt, so dass der vereinfachte Nachweis nach Abschnitt 11.6 erfolgen darf. Der Nachweis der Einhaltung der konstruktiven Regeln ist in Tabelle 4-52 zusammengestellt. Kern des Nachweises ist neben der Einhaltung weiterer konstruktiver Anforderungen die Überprüfung der erforderlichen Schubwandflächen nach Tabelle 15 der DIN 4149 (2005). Diese sind in jede Hauptrichtung des Gebäudes zu ermitteln. Für das Mehrfamilienhaus können alle Wände berücksichtigt werden, da die Mindestwandlänge von 0,98 m von allen Wänden erfüllt wird. Die Auswertung zeigt, dass der vereinfachte Nachweis geführt werden kann und somit auf einen rechnerischen Nachweis verzichtet werden könnte.

Tabelle 4-50 Wandkennwerte des Mehrfamilienhauses

Nr.	l	d	x_{SI}	y_{SI}	I_{Ex}/I_{Ey}	E-Modul	f_k	SFK	f_{bz}	f_{vk0}
	[m]	[m]	[m]	[m]	[m^4]	[kN/m²]	[MN/m²]	[-]	[MN/m²]	[MN/m²]
1	1,01	0,175	0,60	0,09	0,01	9500000	10,00	20	0,66	0,11
2	2,36	0,175	3,05	0,09	0,17	9500000	10,00	20	0,66	0,11
3	2,83	0,175	7,87	0,09	0,28	9500000	10,00	20	0,66	0,11
4	2,36	0,175	12,69	0,09	0,17	9500000	10,00	20	0,66	0,11
5	1,01	0,175	15,15	0,09	0,01	9500000	10,00	20	0,66	0,11
6	0,99	0,175	15,65	0,59	0,01	9500000	10,00	20	0,66	0,11
7	3,27	0,175	15,65	3,56	0,40	9500000	10,00	20	0,66	0,11
8	5,09	0,175	15,65	8,61	1,19	9500000	10,00	20	0,66	0,11
9	0,99	0,175	15,16	11,15	0,01	9500000	10,00	20	0,66	0,11
10	1,97	0,175	12,53	11,15	0,10	9500000	10,00	20	0,66	0,11
11	1,18	0,175	9,84	11,15	0,02	9500000	10,00	20	0,66	0,11
12	1,18	0,175	5,91	11,15	0,02	9500000	10,00	20	0,66	0,11
13	1,97	0,175	3,21	11,15	0,10	9500000	10,00	20	0,66	0,11
14	0,99	0,175	0,59	11,15	0,01	9500000	10,00	20	0,66	0,11
15	5,09	0,175	0,09	8,61	1,19	9500000	10,00	20	0,66	0,11
16	1,64	0,175	0,09	4,37	0,06	9500000	10,00	20	0,66	0,11
17	1,01	0,175	0,09	2,43	0,01	9500000	10,00	20	0,66	0,11
18	0,99	0,175	0,09	0,59	0,01	9500000	10,00	20	0,66	0,11
19	5,25	0,240	7,87	2,73	1,74	6555000	6,90	12	0,40	0,11
20	3,96	0,240	6,50	9,17	0,90	6555000	6,90	12	0,40	0,11
21	3,96	0,240	9,25	9,17	0,90	6555000	6,90	12	0,40	0,11
22	3,15	0,240	7,87	5,35	0,50	6555000	6,90	12	0,40	0,11
23	0,99	0,175	2,90	0,59	0,01	9500000	10,00	20	0,66	0,11
24	3,43	0,175	2,90	3,64	0,46	9500000	10,00	20	0,66	0,11
25	0,99	0,175	12,84	0,59	0,01	9500000	10,00	20	0,66	0,11
26	3,43	0,175	12,84	3,64	0,46	9500000	10,00	20	0,66	0,11
27	2,68	0,175	3,52	5,35	0,24	9500000	10,00	20	0,66	0,11
28	2,68	0,175	12,23	5,35	0,24	9500000	10,00	20	0,66	0,11

Tabelle 4-51 Anforderungen an Mauerwerksbauten nach DIN 4149, Absatz 11.1 bis 11.3

Absatz	Anforderung	Erfüllt
11.1 (1)	Horizontallastabtrag über Mauerwerksschubwände?	ja
11.2 (1)	Anforderungen an die Mauerwerksbaustoffe erfüllt? Kalksandsteine der Steinfestigkeitsklasse 12 und 20 nach DIN 1053-1 (1996) erfüllen die Anforderungen	ja
11.3 (1)	Einhaltung der Konstruktionsmerkmale nach DIN 4149 (2005), Abschnitt 4.2 ?	ja
11.3 (2)	Geschossdecken als starre Scheiben ausgebildet?	ja
11.3 (3)	Mindestanforderung an die Länge aussteifender Wände nach DIN 4149 (2005), Tabelle 14 für Erdbebenzone 2: l = 0,98 m erfüllt?	ja
	Mindestanforderungen für die Wandschlankheit (h_k/t) nach DIN 1053-1 (1996) erfüllt?	ja

Tabelle 4-52 Nachweis durch Einhaltung konstruktiver Regeln nach DIN 4149 (2005), Absatz 11.6

Absatz 11.6	Konstruktionsregel	Erfüllt
(1)	Erfüllung der allgemeinen Anforderungen der Abschnitte 11.1 – 11.3	ja
(2)	Kompakter, annähernd rechteckiger Grundriss	ja
	Längenverhältnis von $b/l = 0{,}714 \geq 0{,}25$	ja
(3)	Anzahl der Vollgeschosse: $2 < 3$ (DIN 4149 (2005), Tabelle 8 für EZ 2, BK II)	ja
	Maximale Geschosshöhe: $2{,}81$ m $\leq 3{,}50$ m	ja
(4)	Steifigkeitsmittelpunkt und Massenschwerpunkt liegen nahe beieinander	ja
	Ausreichende Torsionssteifigkeit	ja
(5)	Aussteifende Wände über alle Geschosse durchgehend	ja
(6)	Aussteifende Wände tragen den überwiegenden Teil der Vertikallasten	ja
	Vertikallasten verteilen sich auf die aussteifenden Wände in beiden Gebäuderichtungen	ja
(7)	Mindestschubwandflächen nach DIN 4149 (2005), Tabelle 15 der Norm:	ja

Innerhalb von (7):

Eingangswerte
$a_g = 0{,}6$ m/s² (DIN 4149 (2005), Tabelle 2, Erdbebenzone 2)
$S = 0{,}75$ (DIN 4149 (2005), Tabelle 4, Untergrundkombination C-S)
$\gamma_I = 1{,}0$ (DIN 4149 (2005), Tabelle 3, Wohngebäude)
$A_g = 176{,}92$ m² (Geschossgrundrissfläche)

Erforderliche Schubwandflächen

Querrichtung	Längsrichtung
Beiwert k_x	*Beiwert k_y*
$k_x = 1$	$k_y = 1$
(Anteil Schubwände > 2 m: < 70 %)	(Anteil Schubwände > 2 m: < 70 %)
Linke Spalte in Tabelle 15	*Linke Spalte in Tabelle 15*
$a_g \cdot S \cdot \gamma_i = 0{,}45 \leq 0{,}06 \cdot 10{,}0 \cdot k_x = 0{,}6$	$a_g \cdot S \cdot \gamma_i = 0{,}45 \leq 0{,}06 \cdot 10{,}0 \cdot k_y = 0{,}6$
Erforderliche Schubwandfläche A_{sx}	*Erforderliche Schubwandfläche A_{sy}*
erf. $A_{Sx} = 2\% \cdot 176{,}92$ m² $= 3{,}54$ m²	erf. $A_{Sy} = 2\% \cdot 176{,}92$ m² $= 3{,}54$ m²

Vorhandene Schubwandflächen

Querrichtung	Längsrichtung
vorh. $A_{sx} = 4{,}81$ m² > erf. $A_{sx} = 3{,}54$ m²	vorh. $A_{sy} = 7{,}87$ m² > erf. $A_{sy} = 3{,}54$ m²

Absatz 11.6	Konstruktionsregel	Erfüllt
(8)	Je Gebäuderichtung mindestens zwei Wände mit $l \geq 1{,}99$ m	ja
	x-Richtung: 6 Wände ≥ 2 Wände	
	y-Richtung: 8 Wände ≥ 2 Wände	

4.3.4.2 Vereinfachter Nachweis mit konstruktiven Regeln nach DIN EN 1998-1

Nach DIN EN 1998-1 (2010) können Bauwerke als einfache Mauerwerksbauten eingestuft werden, wenn diese den Bedeutungskategorien I oder II angehören und die Anforderungen der Normabschnitte 9.2, 9.5 und 9.7.2 erfüllen. Werden sämtliche Bedingungen eingehalten, so ist ein rechnerischer Nachweis nicht erforderlich.

Das Mehrfamilienhaus kann der Bedeutungskategorie II zugeordnet werden, und die Anforderungen an die Mauerwerksstoffe nach DIN EN 1998-1/NA (2011), NDP zu 9.2.2(1) sind für Kalksandsteine und Dünnbettmörtel nach den einschlägigen Normen automatisch erfüllt. Tabelle 4-53 zeigt, dass die allgemeinen Auslegungskriterien und Konstruktionsregeln nach DIN EN 1998-1 (2010), Abschnitt 9.5.1 erfüllt sind.

Der vereinfachte Nachweis findet sich in Tabelle 4-53 und Tabelle 4-54. Kern des Nachweises ist neben der Einhaltung weiterer konstruktiver Anforderungen die Überprüfung der erforderlichen Schubwandflächen nach DIN EN 1998-1/NA (2011), Tabelle NA.12 (Tabelle 4-54). Diese sind in jede Hauptrichtung des Gebäudes zu ermitteln. Für das Mehrfamilienhaus können alle Wände berücksichtigt werden, da die Mindestwandlänge von $0,27 \cdot 2,635 = 71$ cm von allen Wänden erfüllt wird. Die Auswertung zeigt, dass der vereinfachte Nachweis geführt werden kann und somit auch nach DIN EN 1998-1 (2010) auf einen rechnerischen Nachweis verzichtet werden könnte.

Tabelle 4-53 Auslegungskriterien und Konstruktionsregeln nach DIN EN 1998-1 (2010), Absatz 9.5.1

Absatz 9.5.1	Konstruktionsregel	Erfüllt
(1)	Hochbauten aus Mauerwerk müssen aus Decken und Wänden bestehen, die in zwei orthogonalen horizontalen und einer vertikalen Richtung miteinander verbunden sind.	ja
(2)	Die Verbindung zwischen Decken und Wänden muss durch Stahlanker oder Stahlbetonringbalken erfolgen.	ja
(3)	Jeder Deckentyp darf verwendet werden, vorausgesetzt, die allgemeinen Kontinuitätsanforderungen und eine wirksame Scheibenwirkung sind sichergestellt.	ja
(4)	Schubwände müssen in mindestens zwei orthogonalen Richtungen vorgesehen sein.	ja
(5a)	Die effektive Dicke von Schubwänden t_{ef} darf nicht geringer als ein Mindestwert $t_{ef,min}$ nach Tabelle NA.10 sein.	ja
(5b)	Das Verhältnis h_{ef}/t_{ef} der effektiven Knicklänge der Wand zu ihrer effektiven Dicke darf einen Höchstwert $(h_{ef}/t_{ef})_{max}$ nach Tabelle NA.10 nicht überschreiten.	ja
(5c)	Das Verhältnis der Wandlänge l zur größeren lichten Höhe h von an diese Wand angrenzenden Öffnungen darf nicht geringer als ein Mindestwert $(l/h)_{min}$ nach Tabelle NA.10 sein.	ja

Tabelle 4-54 Regeln nach DIN EN 1998-1 (2010), Absatz 9.7.2 (1-2)

Absatz 9.7.2	Konstruktionsregel	Erfüllt
(1)	Mindestschubwandflächen nach DIN EN 1998-1/NA (2011), Tabelle NA.12:	ja
	Eingangswerte $a_g = 0,6$ m/s² (DIN EN 1998-1/NA (2011), Tabelle NA.3, Erdbebenzone 2) $S = 0,75$ (DIN EN 1998-1/NA (2011), Tabelle NA.4, UK C-S) $\gamma_I = 1,0$ (DIN EN 1998-1/NA (2011), Tabelle NA.6, Wohngebäude) $A_g = 176,92$ m² (Geschossgrundrissfläche)	
	Erforderliche Schubwandflächen	
	Querrichtung / **Längsrichtung**	
	Beiwert k^a $k_x = 1$ (Anteil Schubwände > 2 m: < 70 %) *Beiwert $k_{r,x}$ (Fußnote e beachten)* $k_{r,x} = 1$ *Linke Spalte in Tabelle NA.12* $a_g \cdot S \cdot \gamma_I = 0,45 \leq 0,6 \cdot k_x \cdot k_{r,x} = 0,6$ *Erforderliche Schubwandfläche A_{sx}* erf. $A_{Sx} = 2\% \cdot 176,92$ m² $= 3,54$ m² ▮ *Beiwert k^a* $k_y = 1$ (Anteil Schubwände > 2 m: < 70 %) *Beiwert $k_{r,y}$ (Fußnote e beachten)* $k_{r,y} = 1$ *Linke Spalte in Tabelle NA.12* $a_g \cdot S \cdot \gamma_I = 0,45 \leq 0,6 \cdot k_y \cdot k_{r,y} = 0,6$ *Erforderliche Schubwandfläche A_{sy}* erf. $A_{Sy} = 2\% \cdot 176,92$ m² $= 3,54$ m²	
	Vorhandene Schubwandflächen	
	Querrichtung / **Längsrichtung**	
	vorh. $A_{sx} = 4,81$ m² > erf. $A_{sx} = 3,54$ m² ▮ vorh. $A_{sy} = 7,87$ m² > erf. $A_{sy} = 3,54$ m²	
(2a)	Der Gebäudegrundriss sollte annähernd rechteckig sein.	ja
(2b)	Das Verhältnis zwischen der Länge der kürzeren und der Länge der längeren Seite im Grundriss sollte nicht kleiner als ein Mindestwert $\lambda_{min} = 0,25$ sein.	ja
(2c)	Die Fläche der projizierten Abweichungen von der Rechteckform sollte nicht größer als ein Wert $p_{max} = 15\%$ in Prozent der gesamten Gebäudegrundrissfläche oberhalb der betrachteten Ebene sein.	ja

Tabelle 4-55 Regeln nach DIN EN 1998-1, Absatz 9.7.2 (3) – (6)

(3a)	Schubwände sollten symmetrisch in zwei orthogonalen Richtungen angeordnet sein.	ja
(3b)	Mindestens zwei parallele Wände sollten in zwei orthogonalen Richtungen angeordnet sein, wobei die Länge jeder Wand größer ist als 30% der Bauwerkslänge in der betrachteten Richtung.	ja
	Querrichtung: $0,3 \cdot 11,24 = 3,37$ m $< 5,175$ m (nicht erfüllt!) Längsrichtung: $0,3 \cdot 15,74 = 4,72$ m $> 3,15$ m	
	In der Längsrichtung ist der Nachweis nicht erfüllt. Aber in Zonen geringer Seismizität dürfen die Wände durch Öffnungen unterbrochen sein. Zusätzlich muss mindestens eine Schubwand in jeder Richtung eine Länge der doppelten Mindestwandlänge (0,71 m):	
	Mittelachse (Wände 22, 27,28): $2,68 \cdot 2 + 3,15 = 8,51$ m $> 4,2$ m Untere Achse: (Wände 1-5): $1,1 \cdot 2 + 2,355 \cdot 2 + 2,355 = 9,74$ m $> 4,2$ m Alle Wände in Quer- und Längsrichtung überschreiten die Mindestwandlänge von 0,71 m	
(3c)	Für die Wände in mindestens einer Richtung sollte der Abstand zwischen den Wänden $> 75\%$ der Gebäudelänge in der anderen Richtung sein (ausreichende Torsionssteifigkeit!).	ja
(3d)	Mindestens 75% der Vertikallasten sollten von Schubwänden getragen sein. *Hinweis:* Alternativ ist die Bedingung 9.7.2 (3d) auch erfüllt, wenn der überwiegende Teil der Vertikallasten von den Schubwänden in den beiden orthogonalen Hauptrichtungen abgetragen wird.	ja
(3e)	Schubwände sollten über alle Geschosse von der Gründung bis zum Dach durchgehend sein.	ja
(5)	Zwischen aufeinander folgenden Geschossen sollten der Massenunterschied und der Unterschied der horizontalen Querschnittsflächen von Schubwänden in beiden orthogonalen horizontalen Richtungen auf Größtwerte $\Delta_{m,max} = 20$ % und $\Delta_{A,max} = 30\%$ beschränkt sein.	ja
(6)	Für unbewehrte Mauerwerksbauten sollten die Schubwände in einer Richtung mit Wänden in der dazu orthogonalen Richtung in einem maximalen Abstand von 7 m verbunden werden.	ja

4.3.4.3 *Vereinfachtes Antwortspektrenverfahren am Ersatzstab*

Die Antwort des Gebäudes auf dynamische Beanspruchungen im Falle eines Erdbebens wird durch die Steifigkeit des horizontalen Aussteifungssystems und durch die Verteilung der Stockwerksmassen bestimmt. Das Gebäude wird durch einen Zweimassenschwinger mit konzentrierten Massen auf den Stockwerksebenen abgebildet (Bild 4-71) und die Berechnung erfolgt nach dem vereinfachten Antwortspektrenverfahren. Die Massen des Schwingers entsprechen dem Eigengewicht und den veränderlichen Masseanteilen infolge der Verkehrslasten auf den Stockwerksebenen. Die Steifigkeiten des Ersatzstabes sind die Geschosssteifigkeiten, die aus der Summe der einzelnen Wandsteifigkeiten zu berechnen sind. Die Ermittlung der Erdbebenersatzkräfte und der daraus resultierenden Wandbeanspruchungen erfolgt getrennt für die x- und y-Richtung. Eine Kombination der Beanspruchungsgrößen ist nach DIN 4149 (2005), Abschnitt 6.2.4.1 (5) nicht erforderlich, da die Regelmäßigkeitskriterien im Grundriss erfüllt sind und der Horizontallastabtrag ausschließlich über Wände erfolgt. Nach DIN EN 1998-1 (2010) kann die Kombination entfallen, wenn es sich um ein wandausgesteiftes Gebäude mit regelmäßigen Grundriss handelt. Letzteres Kriterium ist für den vorliegenden Grundriss nicht erfüllt. Trotzdem wird im Folgenden auf eine Richtungsüberlagerung verzichtet, die bei dem räumlichen Tragwerksmodell in Abschnitt 4.3.4.5 noch Anwendung findet.

Bild 4-71 Rechenmodell: Zweimassenschwinger

4.3.4.3.1 *Ermittlung der Stockwerksmassen*

Die Stockwerksmassen setzen sich aus den ständigen und veränderlichen Massen der Decken sowie dem Wandeigengewicht zusammen. Der Beiwert φ zur Beschreibung der Stockwerksnutzung wird nach DIN 4149 (2005), Tabelle 6 für eine unabhängige Stockwerksnutzung gewählt. Für die Decke über dem EG ist $\varphi = 0,5$ und für das Dachgeschoss mit $\varphi = 1,0$ anzusetzen. Nach DIN EN 1998-1/NA (2011) ist der Beiwert φ die Decke über dem Erdgeschoss mit 0,7 anzusetzen. Der Unterschied ist im Rahmen der weiteren Berechnungen vernachlässigbar, da die anteiligen Verkehrslasten nur einen geringen Anteil der Gesamtmasse ausmachen. Der Kombinationsbeiwert ψ_2 wird nach DIN 1055-100 (2001) bzw. DIN EN 1990 (2010) angesetzt.

Abweichend von der DIN 1055-100 (2001) wird gemäß der Einführungserlasse der Bundesländer bei der Bestimmung der Massen der Dachkonstruktion zusätzlich zum Eigengewicht eine Schneelast mit einem Kombinationsbeiwert $\psi_2 = 0,5$ angesetzt. Im vorliegenden Fall wurde die Schneelast für eine Dachneigung von 40° in der Schneelastzone II und eine Standorthöhe von 245 m über N.N. nach DIN 1055-5 (2005) ermittelt. Auch nach DIN EN 1998-1/NA (2010) ist abweichend von DIN EN 1990 (2010) der Kombinationsbeiwert $\psi_2 = 0,5$ anzusetzen.

Tabelle 4-56 beinhaltet die Zusammenstellung der Stockwerksmassen aus Eigengewicht und Verkehrslasten mit den dazugehörigen Kombinationsbeiwerten. Die Masse der Dachkonstruktion beträgt mit 25 t weniger als 50% der Masse des darunter liegenden Vollgeschosses mit 155 t. Dementsprechend wird das Dachgeschoss nicht als eigenständiges Vollgeschoss berücksichtigt, sondern die Masse der Dachkonstruktion wird dem darunter liegenden Vollgeschosses aufgeschlagen. Für das Ersatzsystem in Bild 4-71 ergeben sich damit folgende Massen:

$m_1 = 183$ t

$m_2 = 155$ t $+ 25$ t $= 180$ t

Tabelle 4-56 Massenermittlung

		Decke über EG	**Decke über OG**	**Dachkonstruktion**
Deckenlasten	Geschossfläche	$A_{EG} = 171,25$ m²	$A_{OG} = 171,25$ m²	$A_{Grundfl.} = 171,25$ m²
	Ständige Lasten	Stahlbetondecke inkl. Bodenaufbau	Stahlbetondecke inkl. Bodenaufbau	Satteldachkonstruktion
		$g_k = 6$ KN/m²	$g_k = 6$ KN/m²	$g_k = 1,2$ KN/m²
	Veränderliche Lasten	Nutzlast inkl. Trennwandzuschlag	Nutzlast inkl. Trennwandzuschlag	Schneelast
		$q_k = 2,7$ KN/m²	$q_k = 2,7$ KN/m²	$q_k = 0,45$ KN/m²
	φ - Beiwert	0,5 [-]	1,0 [-]	1,0 [-]
	ψ_2 - Beiwert	0,3 [-]	0,3 [-]	0,5 [-]
Wandlasten	Wandfläche	$A_W = 12,68$ m²	$A_W = 12,68$ m²	-
	Wandhöhe	$h = 2,81$ m	$h = 1,41$ m	-
	Dichte des MW	$\rho_{MW} = 2$ t/m³	$\rho_{MW} = 2$ t/m³	-
	Wandeigengewicht	$G_{k,MW} = 700$ KN	$G_{k,MW} = 350$ KN	-
Summen	$\sum G_{ki}$	$171,25 \cdot 6 + 700$ $= 1727,50$ KN	$171,25 \cdot 6 + 350$ $= 1377,50$ KN	$171,25 \cdot 1,2$ $= 205,50$ KN
	$\sum \varphi \cdot \psi_{2i} \cdot Q_{ki}$	$171,25 \cdot (2,7 \cdot 0,5 \cdot 0,3)$ $= 69,36$ KN	$171,25 \cdot (2,7 \cdot 1,0 \cdot 0,3)$ $= 138,71$ KN	$171,25 \cdot (0,45 \cdot 1,0 \cdot 0,5)$ $= 38,53$ KN
	$\sum G_{ki} + \sum \varphi \cdot \psi_{2i} \cdot Q_{ki}$	1.797 KN ~ 183 t	1.516 KN ~ 155 t	244 KN ~ 25 t $<$ $0,5 \cdot 155$ t $= 78$ t

4.3.4.3.2 *Ermittlung der Systemsteifigkeiten*

Die Systemsteifigkeit wird für die x- und die y-Richtung aus den Einzelwandsteifigkeiten berechnet. Für die Berechnung der Steifigkeit können alle Wände angesetzt werden, da sämtliche Wände die Anforderung der Mindestwandlänge von 98 cm nach DIN 4149 (2005), Tabelle 14 bzw. von 71 cm nach DIN EN 1998-1/NA (2011), Tabelle NA.10 einhalten. Die einzelnen Wandsteifigkeiten werden unter Berücksichtigung eines Abminderungsfaktors für Schubverformungen berechnet. Exemplarisch ergibt sich für die Wandscheibe 1 mit einer Dicke von d = 0,175 m und einer rechnerischen Länge von l = 1,01 m ein Steifigkeitsbeitrag in x-Richtung von

$$k_{x,1} = E \cdot I_{x,1} = E \cdot 0{,}175 \cdot 1{,}01^3/12 = E \cdot 0{,}015 \text{ KNm}^2.$$

Mit der Berücksichtigung der Schubverformung ergibt sich nach Müller und Keintzel (1984) die abgeminderte Steifigkeit der Einzelwand:

$$k_{x,1} = E \cdot I_{Ex,1} = E \cdot \cfrac{I}{\left(1 + \cfrac{3{,}64\,EI}{h^2 \cdot GA}\right)} = E \cdot \cfrac{0{,}015}{\left(1 + \cfrac{3{,}64 \cdot 0{,}015}{5{,}62^2 \cdot 0{,}4 \cdot 0{,}175 \cdot 1{,}01}\right)} = E \cdot 0{,}0146 \text{ KNm}^2$$

Die Steifigkeitswerte der übrigen Wandscheiben des Grundrisses können analog ermittelt werden. Der rechnerische Elastizitätsmodul wurde aus der charakteristischen Druckfestigkeit abgeleitet. Mit der charakteristischen Druckfestigkeit $f_k = 6{,}9$ N/mm² bzw. 10 N/mm² nach DIN 1053-100 (2006), Tabelle 5 für Kalksand-Plansteine als Vollsteine der Steinfestigkeitsklasse 12 bzw. 20 ergibt sich der jeweilige Elastizitätsmodul nach DIN 1053-100 (2006), Tabelle 3 zu:

SFK 12: $E = 950 \cdot f_k = 6.555.000$ kN/m²

SFK 20: $E = 950 \cdot f_k = 9.500.000$ kN/m²

Damit ergeben sich folgende resultierende Gesamtsteifigkeiten des Ersatzstabes:

$$k_x = \sum_{i=1} k_{x,i} = 16.591.456 \text{ KNm}^2$$

$$k_y = \sum_{i=1} k_{y,i} = 59.551.124 \text{ KNm}^2$$

4.3.4.3.3 *Ermittlung der Erdbebenersatzkräfte in x- und y-Richtung*

Für die Anwendung des vereinfachten Antwortspektrenverfahrens wird mit dem Zweimassenschwinger die erste Eigenfrequenz bzw. Periode des Tragwerks in den beiden Gebäuderichtungen berechnet. Dies kann mittels geeigneter Software über eine Modalanalyse oder mit den in Abschnitt 4.1.6.1 angegebenen Abschätzformeln erfolgen. In diesem konkreten Beispiel wird über eine Modalanalyse mit dem Programm MINEA (2011) die Grundschwingzeit zu 0,17 s in x-Richtung und zu 0,09 s in y-Richtung ermittelt.

Mit den ermittelten Perioden werden die zugehörigen Spektralbeschleunigungen nach DIN 4149 (2005) bzw. DIN EN 1998-1/NA (2011) aus dem Antwortspektrum des Gebäudestandorts bestimmt. Dabei wird ein Verhaltensbeiwert von $q = 1{,}5$ für unbewehrtes Mauerwerk nach DIN 4149 (2005), Tabelle 17 bzw. DIN EN 1998/NA (2011), Tabelle NA.9 angesetzt. Bild 4-72 zeigt, dass sich für die beiden Richtungen unterschiedliche Spektralbeschleunigungen (0,75 m/s² für die x-Richtung und 0,714 m/s² für die y-Richtung) ergeben.

Aus der Gesamtmasse des Tragwerks und den ermittelten Spektralbeschleunigungen werden die Gesamterdbebenkräfte berechnet. Sie ergeben sich mit dem Korrekturfaktor λ, der für Tragwerke mit nicht mehr als drei Stockwerken mit 1,0 anzusetzen ist, zu:

x-Richtung: $\quad F_{b,x} = S_d(T_1) \cdot M \cdot \lambda = 0{,}750 \cdot 363 \cdot 1{,}0 = 272{,}3 \text{ kN}$

y-Richtung: $\quad F_{b,y} = S_d(T_1) \cdot M \cdot \lambda = 0{,}714 \cdot 363 \cdot 1{,}0 = 259{,}2 \text{ kN}$

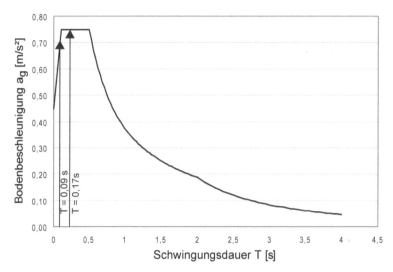

Bild 4-72 Bemessungsspektrum, EZ 2, UK C-S, q = 1,5, DIN 4149 (2005) bzw. DIN EN 1998-1 (2010)

Die Verteilung der Gesamterdbebenkräfte erfolgt vereinfachend höhen- und massenproportional auf die einzelnen Stockwerksebenen. Damit ergeben sich die in Tabelle 4-57 angegebenen Stockwerkskräfte.

Tabelle 4-57 Stockwerkskräfte aus höhen- und massenproportionaler Verteilung

Kraftverteilung		Erdbebenzone 2	
		x-Richtung	y-Richtung
F_2	F_2	180,3 KN	171,6 KN
F_1	F_1	92,0 KN	87,6 KN
F_b	F_b	272,3 KN	259,2 KN

4.3.4.3.4 *Verteilung der Erdbebenersatzkräfte auf die Wandscheiben*

Die Summe der Erdbebenlasten wird entsprechend der jeweiligen Wandsteifigkeiten auf die Einzelwände verteilt. Dafür werden die Verteilungszahlen s_{ix} für die Bebenkomponente in x-Richtung und s_{iy} für die Bebenkomponente in y-Richtung ermittelt. Die Verteilungszahlen werden dabei sowohl für die Aussteifungselemente parallel (Index i) und senkrecht (Index j) zur Belastungsrichtung unter Berücksichtigung der Torsionswirkung nach Abschnitt 4.1.7.1 berechnet.

Da bei dem untersuchten Grundriss eine unsymmetrische Verteilung der Horizontalsteifigkeit und der Masse vorliegt, wird die Torsionswirkung nach Abschnitt 6.2.2.4 der DIN 4149 (2005) berücksichtigt. Anhand der Kriterien in Tabelle 4-58 wird entschieden, wie die Torsionswirkung normgerecht in Ansatz zu bringen ist. Sind alle Bedingungen erfüllt, so kann die Torsion entweder über den vereinfachten Ansatz nach Abschnitt 6.2.2.4.2 (6) oder mit dem genaueren Torsionsansatz nach Abschnitt 6.2.2.4.2 (11) der DIN 4149 (2005) ermittelt werden. In der DIN EN 1998 (2010) werden vergleichbare Vorgaben gemacht, die in Tabelle 4-59 zusammengefasst sind.

Tabelle 4-58 Vereinfachter Nachweise der Torsionswirkung nach DIN 4149 (2005)

	Bedingungen nach DIN 4149, Abschnitt 6.2.2.4.2 (3)	**Erfüllt**
a)	Die Bauwerkshöhe überschreitet 10 m nicht und das Bauwerk weist gut verteilte steife Außen- und Innenwände auf.	ja
b)	Die Deckenscheiben sind starr ausgebildet.	ja
c)	Die Steifigkeitsmittelpunkte und Massenschwerpunkte liegen näherungsweise auf einer vertikalen Geraden.	ja
c)	In jeder der Berechnungsrichtungen ist folgende Bedingung eingehalten: $r^2 > l_s^2 + e_0^2$	ja (Tabelle 4-60)

Tabelle 4-59 Vereinfachter Nachweise der Torsionswirkung nach DIN EN 1998-1 (2010)

	Bedingungen nach DIN EN 1998-1 (2010), Abschnitt 4.3.3.1 (8)	**Erfüllt**
a)	Das Bauwerk weist gut verteilte und relativ starre Fassadenteile und Trennwände auf.	ja
b)	Die Höhe des Bauwerks darf 10 m nicht überschreiten.	ja
c)	Die Deckenscheiben sind starr ausgebildet.	ja
c)	Die Mittelpunkte der horizontalen Steifigkeit und der Masse müssen jeweils näherungsweise auf einer vertikalen Geraden liegen, und es werden in den beiden horizontalen Berechnungsrichtungen die Bedingungen $r_x^2 > l_s^2 + e_{ox}^2$, $r_y^2 > l_s^2 + e_{oy}^2$ erfüllt.	ja (Tabelle 4-60)

Nicht einfach überprüfbar ist hierbei die Bedingung, ob das Quadrat des Torsionsradius r^2 größer als die Summe aus dem Quadrat des Trägheitsradius l_s^2 und dem Quadrat der tatsächlichen Exzentrizitäten e_0^2 ist. Dies muss rechnerisch überprüft werden, da bei Verletzung dieser Bedingung unabhängig von dem Verfahren zur Berücksichtigung der Torsionswirkung die Erdbebenbeanspruchungen sowohl nach DIN 4149 (2005) als auch nach DIN EN 1998-1 (2010) zusätzlich pauschal mit dem Faktor 1,25 zu erhöhen sind. Das Quadrat des Trägheitsradius l_s^2 ergibt sich für den hier vorliegenden rechteckigen Grundriss zu:

$$l_s^2 = (L^2 + B^2)/12 = (15{,}74^2 + 11{,}24^2)/12 = 31{,}17 \, m^2$$

Das Quadrat des Torsionsradius wird getrennt für die x- bzw. die y-Richtung aus dem Verhältnis der Torsionssteifigkeit

$$k_T = \sum_{i=1}^{n} k_i \cdot r_i^2 + \sum_{j=1}^{1} k_j \cdot r_j^2 = 2.128.397.550\,KNm^2$$

zu den richtungsabhängigen Translationssteifigkeiten berechnet. Für das Mehrfamilienhaus ergeben sich mit den Steifigkeitsanteilen der Einzelwände folgende Werte:

$$r_x^2 = \frac{k_T}{k_y} = \frac{2.128.397.550}{59.551.124} = 35,74$$

$$r_y^2 = \frac{k_T}{k_x} = \frac{2.128.397.550}{16.591.456} = 128,28$$

Die tatsächliche Exzentrizität e_0 ist der Abstand zwischen dem Steifigkeitsmittelpunkt und dem Massenschwerpunkt. Der Masseschwerpunkt kann unter Vernachlässigung des Einflusses des Wandeigengewichtes und der Öffnung im Treppenhaus als Mittelpunkt der Deckenfläche ausreichend genau bestimmt werden mit:

$$x_M = 7,87\,m$$
$$y_M = 5,62\,m$$

Der Steifigkeitsmittelpunkt berechnet sich zu:

$$x_S = \frac{\sum_i E_{x,i} \cdot I_{x,i} \cdot x_{s,i}}{\sum_i E_{x,i} \cdot I_{x,i}} = 8,28\,m$$

$$y_S = \frac{\sum_i E_{y,i} \cdot I_{y,i} \cdot y_{s,i}}{\sum_i E_{y,i} \cdot I_{y,i}} = 4,33\,m$$

Aus der Differenz zwischen Steifigkeitsmittelpunkt und Massenschwerpunkt ergibt sich die tatsächliche Exzentrizität e_0. Mit e_0, dem Trägheitsradius l_s sowie den Torsionsradien r_x und r_y ergibt sich, dass die Bedingung c) nach Tabelle 4-58 bzw. Tabelle 4-59 in x- und y-Richtung des Gebäudes eingehalten wird (Tabelle 4-60).

Tabelle 4-60: Tatsächliche Exzentrizitäten, Torsionsradien und Trägheitsradien

	e_0	e_0^2	r^2	l_s^2	$r^2 > l_s^2 + e_0^2$
x-Richtung	8,28-7,87 = 0,41 m	0,17 m²	35,74 m²	31,17 m²	ja
y-Richtung	5,62-4,33 = 1,29 m	1,66 m²	128,28 m²	31,17 m²	ja

Damit kann die Torsionswirkung vereinfacht nach Abschnitt 6.2.2.4.2 (6) oder mit dem genaueren Torsionsansatz nach Abschnitt 6.2.2.4.2 (11) der DIN 4149 (2005) berücksichtigt werden. Im Rahmen dieser Berechnung wird die Torsion mit dem genaueren Torsionsansatz durch eine kombinierte Betrachtung der tatsächlichen Exzentrizität e_0, der zusätzlichen Exzentrizität e_2 und der zufälligen Exzentrizität e_1 berücksichtigt. Der genauere Torsionsansatz ist auch im

Nationalen Anwendungsdokument DIN EN 1998-1/NA (2011), Abschnitt NA.D.4 verankert, so dass der Weg des genaueren Torsionsansatzes auch nach DIN EN 1998-1 (2010) normativ abgedeckt ist. Die anzusetzenden Exzentrizitäten e_{min} und e_{max} sind bei diesem Ansatz getrennt für beide Untersuchungsrichtungen zu bestimmen (DIN 4149 (2005), Abschnitt 6.2.2.4.2; DIN EN 1998-1/NA (2011), NA.D.4):

$$e_{max} = e_0 + e_1 + e_2$$
$$e_{min} = 0,5 \cdot e_0 - e_1$$

Die zufällige Exzentrizität berechnet sich mit der Abmessung L_i des Bauwerksgeschosses senkrecht zur Erdbebenrichtung zu

$$e_1 = \pm 0,05 \cdot L_i \Rightarrow \begin{array}{l} e_{1,x} = \pm 0,05 \cdot 15,74 = 0,787 \, m \\ e_{1,y} = \pm 0,05 \cdot 11,24 = 0,562 \, m \end{array}$$

Die zusätzliche Exzentrizität e_2 ist jeweils für die x- und y-Richtung zu berechnen und ergibt sich als Minimum der folgenden beiden Berechnungsformeln:

$$e_2 = min \begin{cases} 0,1 \cdot (L+B) \cdot \sqrt{\dfrac{10 \cdot e_0}{L}} \leq 0,1 \cdot (L+B) \\[2mm] \dfrac{1}{2 \cdot e_0}\left[l_s^2 - e_0^2 - r^2 + \sqrt{\left(l_s^2 + e_0^2 - r^2\right)^2 + 4 \cdot e_0^2 \cdot r^2} \right] \end{cases}$$

Für die x-Richtung ergibt sich beispielhaft $e_{2,x}$ als Minimum folgender Ausdrücke:

$$\begin{cases} 0,1 \cdot (15,74+11,24) \cdot \sqrt{\dfrac{10 \cdot 0,41}{15,74}} = 1,377 \leq 0,1 \cdot (15,74+11,24) = 2,698 \\[2mm] \dfrac{1}{2 \cdot 0,41} \cdot \left[31,17 - 0,41^2 - 35,74 + \sqrt{\left(31,17 + 0,41^2 - 35,74\right)^2 + 4 \cdot 0,41^2 \cdot 35,74} \right] = 2,26 \end{cases}$$

Analog wird für die y-Richtung eine zusätzliche Exzentrizität von $e_{2,y} = 0,404$ m bestimmt. Eine Zusammenfassung der im untersuchten Grundriss anzusetzenden Exzentrizitäten und ihrer Kombinationswerte e_{min} und e_{max} ist in Tabelle 4-61 aufgeführt.

Tabelle 4-61 Tatsächliche, zufällige und zusätzliche Exzentrizitäten

Bebenrichtung	Exzentrizitäten				
	e_0	e_1	e_2	e_{min}	e_{max}
x-Richtung	1,287 m	0,562 m	0,404 m	0,082 m	2,253 m
y-Richtung	0,410 m	0,787 m	1,377 m	-0,582 m	2,574 m

Mit den ermittelten Exzentrizitäten können die Verteilungszahlen der Einzelwandscheiben s_{ix} für die Bebenkomponente in x-Richtung und s_{iy} für die Bebenkomponente in y-Richtung bestimmt werden. Exemplarisch ergeben sich für die Wandscheibe 1 folgende Verteilungszahlen:

$$s_{1x} = \frac{k_{1x}}{k_x} \cdot \left(1 + \frac{k_x \cdot r_{1y} \cdot e_{y,min}}{k_T}\right) = \frac{139.327}{16.591.456} \cdot \left(1 + \frac{16.591.456 \cdot (4,33 - 0,088) \cdot 0,082}{2.128.397.550}\right)$$

$$= 0,0084$$

$$s_{1y} = r_{1y} \cdot e_{x,max} \cdot \frac{k_{1x}}{k_T} = (4,33 - 0,088) \cdot 2,574 \cdot \frac{139.327}{2.128.397.550} = 0,0007$$

Dementsprechend können die Beanspruchungen der Wandscheibe 1 mit den Stockwerkskräften aus Tabelle 4-57 wie folgt ermittelt werden:

Bemessungswert der Beanspruchung in x-Richtung:

$$V_{ED} = 0,0084 \cdot 272,3 = 2,29 \, KN$$

$$M_{ED} = 0,0084 \cdot (180,3 \cdot 5,62 + 92,0 \cdot 2,81) = 10,65 \, KNm$$

Bemessungswert der Beanspruchung in y-Richtung:

$$V_{ED} = 0,0007 \cdot 259,2 = 0,18 \, KN$$

$$M_{ED} = 0,0007 \cdot (171,6 \cdot 5,62 + 87,6 \cdot 2,81) = 0,85 \, KNm$$

Für die Wandscheibe 1 ist damit die x-Richtung maßgebend. Die Verteilungszahlen und die Bemessungswerte der Beanspruchungen aller Wände können Tabelle 4-62 entnommen werden.

4.3.4.4 Standsicherheitsnachweis nach DIN 1053-100 (2006)

Zur Durchführung des Standsicherheitsnachweises sind die horizontalen Beanspruchungen infolge Erdbeben mit den Vertikallasten infolge Eigengewicht zuzüglich 30% der Verkehrslasten und 50% Schneelasten zu überlagern. Die Wandnormalkräfte werden über Lasteinzugsflächen (Bild 4-73) mit dem Programm MINEA (2011) ermittelt. Für die bereits vorher exemplarisch betrachtete Wandscheibe 1 ergibt sich ein Bemessungswert der einwirkenden Normalkraft von N_{ED} = 36,21 KN.

Mit den ermittelten Beanspruchungen werden die Nachweise im Grenzzustand der Tragfähigkeit für zentrische und exzentrische Druckbeanspruchung sowie für Schub am Wandfuß im Erdgeschoss geführt. Auf den Nachweis der Knicksicherheit wird hier verzichtet. Die Nachweise werden im Folgenden exemplarisch für die Wandscheibe 1 geführt. Sämtliche Nachweise werden nach DIN 1053-100 (2006) geführt, die in Kombination mit der DIN 4149 (2005) anzuwenden ist. Zukünftig muss mit die DIN EN 1998-1 (2010) zusammen mit der DIN EN 1996-1-1 (2011) und dem Nationalen Anwendungsdokument DIN EN 1996-1-1/NA (2011) angewendet werden. Da das Anwendungsdokument aktuell nur im Entwurf vorliegt, wird im Folgenden nur der Nachweis nach DIN 1053-100 (2006) geführt.

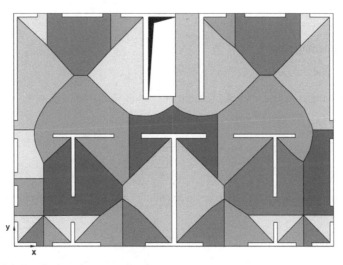

Bild 4-73 Wandeinflussflächen der Normalkräfte

4.3.4.4.1 *Nachweis der zentrischen und exzentrischen Druckbeanspruchung*

Der Nachweis der zentrischen und exzentrischen Druckbeanspruchung wird mit dem verein-fachten Verfahren geführt. Hierzu wird die einwirkende Normalkraft N_{ED} der aufnehmbaren Normalkraft N_{RD} gegenübergestellt. Der Bemessungswert der aufnehmbaren Normalkraft N_{RD} wird nach DIN 1053-100 (2006), Abschnitt 8.9.1.1 bestimmt:

$$N_{Rd} = \Phi_1 \cdot A \cdot f_d$$

mit:

Φ_1	Abminderungsfaktor zur Berücksichtigung der Schlankheit und Exzentrizitä-ten, $\Phi_1 = 1 - 2 \cdot e/b$
A	Gesamtfläche des Querschnitts
f_d	Bemessungswert der Druckfestigkeit des Mauerwerks, $f_d = \dfrac{\eta \cdot f_k}{\gamma_M}$
η	Abminderungsbeiwert zur Berücksichtigung von Langzeiteinflüssen
f_k	Charakteristische Druckfestigkeit des Mauerwerks
γ_M	Teilsicherheitsbeiwert
e	Exzentrizität der Last: $e = M_{ED}/N_{ED}$
b	Länge der Wandscheibe

Für den Lastfall Erdbeben ergibt sich der Abminderungsbeiwert η zu 1,0 und der Teilsicher-heitsbeiwert γ_M ist nach DIN 4149 (2005), Tabelle 16 mit 1,2 anzusetzen. Φ_1 ist der Abminde-rungsfaktor für vorwiegend biegebeanspruchte Wandscheiben und in Abhängigkeit von der Lastexzentrizität e und der Wandlänge b zu ermitteln. Hier beträgt die Lastexzentrizität e für Wandscheibe 1:

$$e = M_{ED}/N_{ED} = 10,65/36,21 = 0,29 \, m$$

Mit dem Abminderungsfaktor

$$\Phi_1 = 1 - 2 \cdot 0,29/1,01 = 0,417 \, m$$

und dem Bemessungswert der Druckfestigkeit des Mauerwerks

$$f_d = 1,0 \cdot 10/1,2 = 8,333 \, N/mm^2$$

ergibt sich damit der Widerstand am Wandfuß zu:

$$N_{Rd} = 0,417 \cdot 0,177 \cdot 8333 = 614,9 \, kN > 36,21 \, kN = N_{Ed}$$

Der Nachweis der exzentrischen Druckbeanspruchung ist somit für Wandscheibe 1 erbracht.

4.3.4.4.2 Schubnachweis

Der Schubnachweis wird mit dem genaueren Verfahren nach DIN 1053-100 (2006), Abschnitt 9.9.5 geführt. Zur Bestimmung des Schubwiderstandes wird die charakteristische Schubfestigkeit f_{vk} als Minimum der folgenden Ausdrücke bestimmt:

$$f_{vk} = \min \left\{ f_{vk0} + \overline{\mu} \cdot \sigma_{Dd} \; ; \; 0,45 \cdot f_{bz} \cdot \sqrt{1 + \frac{\sigma_{Dd}}{f_{bz}}} \right\}$$

mit:

f_{vk0}	Abgeminderte Haftscherfestigkeit, wobei der Wert unter der Annahme unvermörtelter Stoßfugen halbiert werden muss
$\overline{\mu}$	Abgeminderte Reibungsbeiwert, der mit 0,4 angenommen wird
f_{bz}	Steinzugfestigkeit, die sich aus dem charakteristischen Wert der Steindruckfestigkeit f_{bk} (Steinfestigkeitsklasse) wie folgt berechnet: $f_{bz} = 0,033 \cdot f_{bk}$

Der Bemessungswert der zugehörigen Druckspannung σ_{Dd} (Bild 4-74) ist der Quotient aus dem Bemessungswert der einwirkenden Druckkraft und der überdrückten Querschnittsfläche A_C:

$$\sigma_{Dd} = \frac{N_{Ed}}{A_C} \quad \text{mit } A_C = 1,5 \cdot (1 - 2 \cdot e) \cdot d$$

Mit der charakteristischen Schubfestigkeit f_{vk} kann der Bemessungswert des Bauteilwiderstandes V_{Rd} bei Querkraftbeanspruchung bestimmt werden:

$$V_{Rd} = \alpha_s \cdot \frac{f_{vk}}{\gamma_M} \cdot \frac{d}{c}$$

Hierbei ist der Schubtragfähigkeitsbeiwert α_s für die horizontale Beanspruchung infolge Erdbebeneinwirkung anzusetzen. Für Wandscheiben ergibt sich für α_s das Minimum aus den beiden Werten $1,125 \cdot 1$ und $1,333 \cdot l_c$, wobei l_c als Länge des überdrückten Querschnittes wie folgt zu berechnen ist:

$$l_c = 1,5 \cdot (1 - 2e)$$

Der Faktor c berücksichtigt die Schubspannungsverteilung im Querschnitt und nimmt in Abhängigkeit vom Verhältnis der Gesamtwandhöhe zur Wandlänge Werte zwischen 1 und 1,5 an.

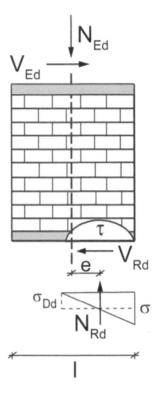

Bild 4-74 Wandnachweis im Grenzzustand der Tragfähigkeit

Mit den zusammengestellten Formeln wird der Schubnachweis für Wandscheibe 1 geführt. Die Druckspannungen σ_{Dd} der Wand berechnen sich mit dem überdrückten Querschnitt

$$A_C = 1,5 \cdot \left(1 - 2 \cdot \frac{10,65}{36,21}\right) \cdot 0,175 = 0,11 \, m^2$$

zu:

$$\sigma_{Dd} = \frac{36,21}{0,11} = 327,1 \, kN/m^2$$

Die Steinzugfestigkeit f_{bz} ist entsprechend DIN 1053-100 (2006), Abschnitt 9.9.5 wie folgt anzusetzen:

- $0,025 \cdot f_{bz}$ für Hohlblocksteine

- $0,033 \cdot f_{bz}$ für Hohlblocksteine und Steine mit Grifflöchern oder Grifföffnungen

- $0,040 \cdot f_{bz}$ für Vollsteine ohne Grifflöcher oder Grifföffnungen

Für die Steindruckfestigkeitsklasse 20 für Steine mit Grifföffnungen ergibt sich somit:

$$f_{bz} = 0,033 \cdot 20 \cdot 1000 = 660 \text{ kN/m}^2$$

Die charakteristische Schubfestigkeit f_{vk} ergibt sich als Minimum der folgenden Ausdrücke, wobei die Haftscherfestigkeit f_{vk0} für unvermörtelte Stoßfugen nach DIN 1053-100 (2006), Tabelle 6 mit 0,11 N/mm² angesetzt wird:

$$f_{vk} = \min \begin{cases} f_{vk0} + 0,4 \cdot \sigma_{Dd} \\ 0,45 \cdot f_{bz} \cdot \sqrt{1 + \dfrac{\sigma_{Dd}}{f_{bz}}} \end{cases}$$

mit

$$f_{vk0} + 0,4 \cdot \sigma_{Dd} = 110 + 0,4 \cdot 327,1 = 240,8 \text{ kN/m}^2$$

und

$$0,45 \cdot f_{bz} \cdot \sqrt{1 + \frac{\sigma_{Dd}}{f_{bz}}} = 0,45 \cdot 660 \cdot \sqrt{1 + \frac{327,1}{660}} = 363,2 \text{ kN/m}^2$$

Mit der Länge des überdrückten Querschnitts

$$l_c = 1,5 \cdot \left(1,01 - 2 \cdot \frac{10,65}{36,21} \right) = 0,633 \text{m} < 1,00 \text{m}$$

berechnet sich der Schubtragfähigkeitsbeiwert α_s für die kurzzeitig auftretenden Erdbebenbelastungen analog zur Windbeanspruchung zu:

$$\alpha_s = \min \begin{cases} 1,125 \cdot 1 = 1,125 \cdot 1,01 = 1,136 \\ 1,333 \cdot l_c = 1,333 \cdot 0,633 = 0,843 \end{cases}$$

Der Faktor c ergibt sich in Abhängigkeit vom Verhältnis der Gesamthöhe h_w zur Wandlänge l :

$$\frac{h_w}{l} = \frac{5,62}{1,01} = 5,56 > 2 \Rightarrow c = 1,5$$

Damit ergibt sich schließlich der Schubwiderstand am Wandfuß zu:

$$V_{Rd} = 0,843 \cdot \frac{240,8}{1,2} \cdot \frac{0,175}{1,5} = 19,74 \text{kN} > V_{Ed} = 2,29 \text{ kN}$$

Der Schubnachweis am Fuß der Wandscheibe 1 ist somit erbracht.

4.3.4.4.3 *Ergebnisse der Nachweise*

Die Ergebnisse der aller Wandnachweise sind in Tabelle 4-62 zusammen gestellt. Der Nachweis der exzentrischen Druckbeanspruchung am Wandfuß ist für alle Wände erfüllt. Die Schubnachweise können hingegen für die Wände 2, 3 und 4 des Mehrfamilienhauses in der Wandachse (y = 0) in x-Richtung des Mehrfamilienhauses nicht erbracht werden.

Die Überschreitungen der Schubtragfähigkeiten sind im Wesentlichen auf die großen bezogenen Ausmitten zurückzuführen. Da der Berechnung das ungünstigste Kramarmsystem zugrunde liegt, wird im Folgenden versucht, die Nachweise durch Ansatz einer Rahmentragwirkung mittels eines geeigneten Ersatzsystems für die kritische Wandachse (y = 0) mit den Wandscheiben 1 bis 5 zu führen.

Tabelle 4-62 Nachweisergebnisse der Einzelwände für das Ersatzstabverfahren

NR.	N_{Ed}	V_{Ed}	M_{Ed}	N_{Rd}	V_{Rd}	N_{Ed}/N_{Rd}	V_{Ed}/V_{Rd}	e/l	s_{Ix}	s_{Iy}
	[kN]	[kN]	[kNm]	[kN]	[kN]	[-]	[-]	[-]	[-]	[-]
1	36,21	2,29	10,65	614,86	19,74	0,06	0,12	0,29	0,008	0,000
2	108,87	26,14	122,09	163,90	16,66	0,66	n.e.	0,48	0,096	0,004
3	155,10	43,11	201,33	340,89	29,80	0,45	n.e.	0,46	0,158	0,007
4	108,87	26,14	122,09	163,90	16,66	0,66	n.e.	0,48	0,096	0,004
5	36,21	2,28	10,65	614,86	19,74	0,06	0,12	0,29	0,008	0,000
6	35,94	0,64	2,99	1201,04	19,11	0,03	0,03	0,08	0,002	0,002
7	150,45	18,72	87,42	3066,75	86,22	0,05	0,22	0,18	0,060	0,072
8	239,13	54,91	256,45	4295,06	185,52	0,06	0,30	0,21	0,177	0,212
9	39,36	2,68	12,50	517,46	19,25	0,08	0,14	0,32	0,010	0,001
10	154,11	19,60	91,56	1132,76	62,26	0,14	0,31	0,30	0,072	0,004
11	47,27	4,49	20,96	427,28	20,27	0,11	0,22	0,38	0,016	0,001
12	47,98	4,49	20,96	446,43	20,76	0,11	0,22	0,37	0,016	0,001
13	154,11	19,60	91,56	1132,76	62,26	0,14	0,31	0,30	0,072	0,004
14	39,36	2,68	12,50	517,46	19,25	0,08	0,14	0,32	0,010	0,001
15	239,13	63,95	298,70	3779,75	180,02	0,06	0,36	0,25	0,197	0,247
16	79,77	3,23	15,09	1832,62	36,97	0,04	0,09	0,12	0,010	0,012
17	58,71	0,78	3,64	1284,73	23,25	0,05	0,03	0,06	0,002	0,003
18	36,23	0,75	3,48	1163,38	19,41	0,03	0,04	0,10	0,002	0,003
19	351,55	50,49	235,81	5396,42	239,63	0,07	0,21	0,13	0,010	0,195
20	244,22	27,45	128,19	4016,05	149,71	0,06	0,18	0,13	0,022	0,106
21	317,50	26,15	122,13	4403,12	162,47	0,07	0,16	0,10	0,012	0,101
22	233,13	56,27	262,82	1235,49	77,05	0,19	0,73	0,36	0,207	0,002
23	48,75	0,69	3,20	1252,04	21,28	0,04	0,03	0,07	0,002	0,003
24	224,43	22,72	106,11	3618,70	105,56	0,06	0,22	0,14	0,050	0,088
25	48,75	0,61	2,87	1272,13	21,13	0,04	0,03	0,06	0,001	0,002
26	224,43	20,34	94,99	3763,26	103,30	0,06	0,20	0,12	0,042	0,078
27	259,78	38,68	180,64	1880,21	104,52	0,14	0,37	0,26	0,142	0,001
28	259,78	38,68	180,64	1880,21	104,52	0,14	0,37	0,26	0,142	0,001

4.3.4.4.4 *Berechnung unter Berücksichtigung der Rahmentragwirkung*

Für die betroffene Achse (y = 0) mit den Wandscheiben 1 bis 5 wird das in Bild 4-75 darge-stellte Rahmensystem betrachtet. Die Sützensteifigkeiten entsprechen hierbei den Steifigkeiten der jeweiligen Wandscheibe. Die Riegelsteifigkeiten werden als 1 m breiter Streifen der Decke angesetzt, um die Rückstellwirkung durch die Decken abzubilden. Dies stellt einen konservati-ven Ansatz dar, da die Sturzbereiche nicht mit herangezogen werden und die Rückstellwirkung der Decke durch die vorhandenen Querwände 6, 18, 19, 23 und 25 eher unterschätzt wird. Zusätzlich ist zu beachten, dass im Balkenmodell durch die Idealisierung mit Achsmaßen die freie Länge der Riegel 2,45 m und 4,82 m beträgt. Tatsächlich ist die freie Länge jedoch deut-lich geringer, da die Decke über die gesamte Wandlänge aufliegt. Da die Biegesteifigkeit der Riegel linear mit der Länge abnimmt, sind auch hier noch Reserven vorhanden. Bild 4-76 bis Bild 4-78 zeigen im Vergleich die Momentenverteilungen des Rahmensystems, die sich bei biegeweichen Riegeln (Bild 4-76), bei unendlich biegesteifen Riegeln (Bild 4-77) und bei Be-rücksichtigung eines 1m breiten Deckenstreifens (Bild 4-78) einstellen.

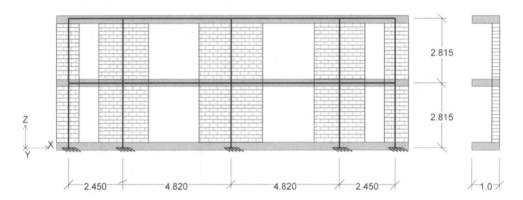

Bild 4-75 Idealisierung als Rahmensystem

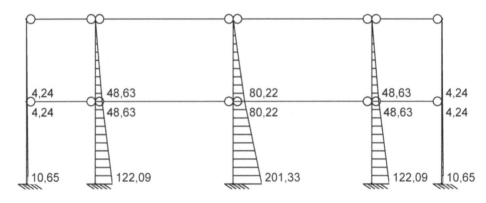

Bild 4-76 Momentenverlauf für biegeweiche Riegel [kNm]

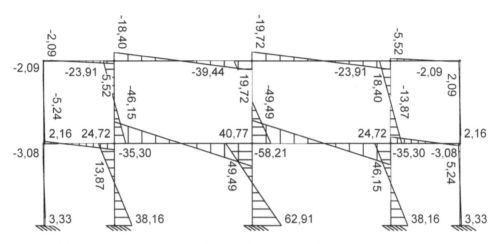

Bild 4-77 Momentenverlauf für unendlich biegesteife Riegel [kNm]

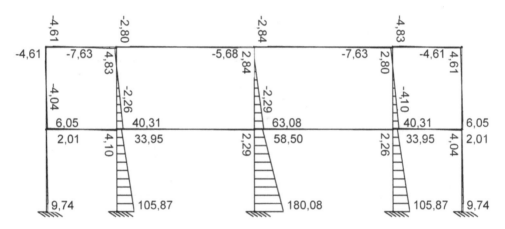

Bild 4-78 Momentenverlauf unter Berücksichtigung eines Riegels als 1 m breiter Deckenstreifen [kNm]

In der Realität wird sich eine Verteilung zwischen dem Fall des biegeweichen und unendlich biegesteifen Riegels einstellen. Es wird deutlich, dass der gewählte Einspanngrad durch 1 m Plattenbreite zu einer Momentenverteilung nahe an der biegeweichen Riegelabbildung liegt und nur zu Lastumlagerungen von etwa 10 % führt. Bei Ansatz eines Rahmens ist zusätzlich zu beachten, dass Zugkräfte in den Stützen (Bild 4-79) entstehen, die in den Nachweisen ungünstig wirkend berücksichtigt werden müssen.

Mit den Rahmenschnittkräften wird nun der Nachweis für die fünf Wandscheiben der kritischen Achse (y = 0) erneut geführt. Die Ergebnisse in Tabelle 4-63 zeigen, dass die Nachweise durch den konservativen Ansatz einer Rahmentragwirkung geführt werden können. Grund hierfür sind die geringeren Biegebeanspruchungen am Fußpunkt der Schubwände.

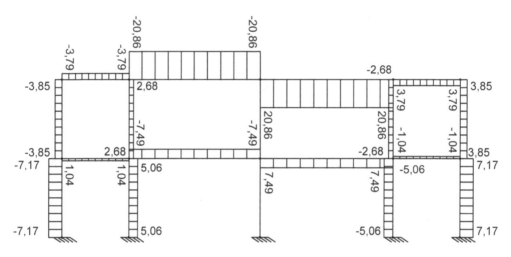

Bild 4-79 Normalkraftverlauf unter Berücksichtigung eines Riegels als 1 m breiten Deckenstreifen [kN]

Tabelle 4-63 Nachweisergebnisse der Wände in Achse (y = 0) mit Ansatz der Riegelsteifigkeit aus einem 1 m breiten Deckenstreifen

Nr.	N_{Ed}	V_{Ed}	M_{Ed}	N_{Rd}	V_{Rd}	N_{Ed}/N_{Rd}	V_{Ed}/V_{Rd}	e/l
	[kN]	[kN]	[kNm]	[kN]	[kN]	[kN]	[kN]	[-]
1	29,04	2,28	9,74	494,51	15,85	0,06	0,14	0,33
2	103,81	26,14	105,87	459,78	31,00	0,23	0,84	0,43
3	155,10	43,11	180,05	741,18	48,99	0,21	0,88	0,41
4	103,81	26,14	105,87	459,78	31,00	0,23	0,84	0,43
5	29,34	2,28	9,74	504,65	16,09	0,06	0,14	0,33

4.3.4.5 Multimodales Antwortspektrenverfahren mit räumlichem Tragwerksmodell

4.3.4.5.1 Modale Analyse

Der Nachweis des Mehrfamilienhauses erfolgt nun auf Grundlage des multimodalen Antwortspektrenverfahrens mit einem räumlichen Tragwerksmodell. Das räumliche Tragwerksmodell wird mit dem Programm MINEA (2011) erstellt, dass eine automatische Tragwerksmodellierung aus den Grundrissdaten der einzelnen Geschosse ermöglicht. Zur Überprüfung der Ergebnisse werden einige Vergleichsberechnung mit dem Programm InfoCAD (2011) durchgeführt. Die Modellierung des Gebäudes erfolgt für Wände und Decken mit Schalenelementen. Bild 4-80 zeigt das dreidimensionale Gebäudemodell und Bild 4-81 das automatisch generierte Finite-Elemente Modell des Mehrfamilienhauses. Der wichtigste Aspekt der dreidimensionalen Modellierung ist die Festlegung der Kopplungen zwischen Wänden und Decken sowie zwischen den Einzelwänden. Zwischen Decken und Wänden wird eine gelenkige Kopplung angesetzt. Daraus folgt, dass eine Zugkraftübertragung zugelassen wird. Dies entspricht nicht der Realität, muss aber in Kauf genommen werden, da es sich bei dem multimodalen Antwortspektrenverfahren um ein lineares dynamisches Rechenverfahren handelt. Die Wände selbst werden untereinander als entkoppelt betrachtet. Eine Wandentkopplung ist unbedingt zu empfehlen, da ansonsten der Schubübertrag in der Verbundfuge nachgewiesen werden muss. Hierzu sind in der Regel konstruktive Maßnahmen erforderlich, die in der praktischen Ausführung vor Ort häufig nicht beachtet werden. Zudem ist bei einer entkoppelten Wandbetrachtung der im drei-dimensionalen Modell komplexe Kraftverlauf im Tragwerk besser kontrollierbar.

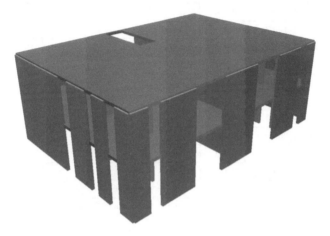

Bild 4-80 Gebäudemodell des Mehrfamilienhauses

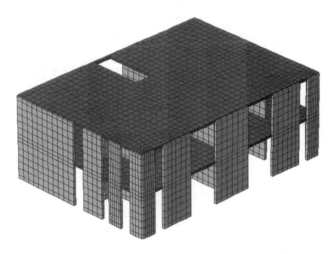

Bild 4-81 Finite-Elemente Modell des Mehrfamilienhauses

Zur Verdeutlichung der aufgeführten Aspekte der Modellbildung werden im Folgenden ausge-wählte Ergebnisse des Mehrfamilienhauses mit und ohne Wandkopplung gegenübergestellt. Zunächst wird eine modale Analyse durchgeführt. Diese liefert die in Tabelle 4-64 und Tabelle 4-65 angegebenen Eigenperioden für die beiden Modellvarianten.

Tabelle 4-64 Eigenformen und aktivierte Massen, ohne Wandkopplung

Eigenform	Frequenz [Hz]		Periode [s]		Aktivierte Masse [%] x-Richtung		Aktivierte Masse [%] y-Richtung	
	MINEA	*InfoCAD*	*MINEA*	*InfoCAD*	*MINEA*	*InfoCAD*	*MINEA*	*InfoCAD*
1	8,41	8,29	0,119	0,121	77,50	77,54	0	0
2	12,48	12,42	0,080	0,080	0	0	0	0
3	12,86	12,80	0,078	0,078	0	0	0	0
4	14,31	14,03	0,070	0,071	0	0	67,7	69,22
5	14,49	14,33	0,069	0,070	0	0	3,1	3,6
6	14,94	15,77	0,067	0,068	0	0	0	1,2
7	15,40	15,09	0,065	0,066	0	0	7,3	8,1
8	17,62	17,47	0,057	0,057	0	0	0	0
9	20,36	20,11	0,049	0,050	0	0	0	0
10	20,43	20,19	0,049	0,049	0	0	0	0
11	22,05	22,96	0,045	0,046	0	0	0	0
12	22,17	22,06	0,045	0,045	0	0	0	0
Summe					**77,5**	**77,6**	**78,4**	**78,7**

Hinweis: Aktivierte Massen < 1% wurden mit 0% angegeben. Die summierten Werte entsprechen der Programmausgabe.

Tabelle 4-65 Eigenformen und aktivierte Massen, gelenkige Wandkopplung

Eigenform	Frequenz [Hz]		Periode [s]		Aktivierte Masse [%] x-Richtung		Aktivierte Masse [%] y-Richtung	
	MINEA	*InfoCAD*	*MINEA*	*InfoCAD*	*MINEA*	*InfoCAD*	*MINEA*	*InfoCAD*
1	8,62	8,50	0,116	0,117	77,34	77,43	0	0
2	12,55	12,50	0,080	0,08	0	0	0	0
3	12,93	12,88	0,077	0,078	0	0	0	0
4	14,53	14,46	0,069	0,069	0	0	0	0
5	14,98	14,91	0,067	0,067	0	0	0	0
6	15,38	15,10	0,065	0,066	0	0	70,51	71,08
7	16,41	16,10	0,061	0,062	0	0	8,24	7,99
8	17,62	17,48	0,057	0,057	0	0	0	0
9	20,39	20,	0,049	0,049	0	0	0	0
10	20,43	20,23	0,049	0,049	0	0	0	0
11	22,54	22,14	0,045	0,045	0	0	0	0
12	22,28	22,71	0,045	0,044	0	0	0	0
Summe					**77,4**	**77,6**	**78,9**	**79,6**

Hinweis: Aktivierte Massen < 1% wurden mit 0% angegeben. Die summierten Werte entsprechen der Programmausgabe.

Zunächst ist festzustellen, dass die Ergebnisse der Schwingungsanalyse der Berechnungsprogramme MINEA (2011) und InfoCAD (2011) nahezu identisch sind. Berücksichtigt wurden insgesamt 12 Eigenformen, womit in beiden Modellvarianten in x- und y-Richtung ~80 % der effektiven modalen Masse aktiviert werden. Damit ist die normative Vorgabe 90 % der effektiven modalen Masse zu berücksichtigen nicht erfüllt. Dafür wird jedoch die alternative Vorgabe erfüllt, dass alle Eigenformen mit einem Masseanteil von mindestens 5 % zu berücksichtigen sind. Die höheren Eigenformen sind im Wesentlichen vertikale Deckenschwingungen, die keine nennenswerte Masse aktivieren.

Bei den Schwingungsformen zeigt sich, dass die Eigenperioden des Modells mit Wandkopplungen erwartungsgemäß kleiner sind als die Perioden des Modells ohne Wandkopplungen. Dies ist auf die zusätzliche Systemsteifigkeit durch die zusammengesetzten Wandquerschnitte zurückzuführen. Die wesentlichen drei Eigenformen der beiden Modellvarianten sind in Bild 4-83 bis Bild 4-88 dargestellt. Es handelt sich um zwei translatorische Eigenformen in Längs- und Querrichtung sowie um eine torsionale Eigenform. Die Darstellungen der maßgebenden Eigenformen zeigen deutlich die Veränderung des Schwingungsverhaltens im Falle zusammengesetzter Wandquerschnitte durch Wandkopplungen.

Ein Vergleich der Eigenperioden mit denen des Ersatzstabs zeigt, dass die Steifigkeit des dreidimensionalen Modells auf Grund der realistischeren Abbildung der Wände und der Erfassung der Wand-Decken Interaktionen größer ist. Dies führt dazu, dass sich die Schwingzeit in Längsrichtung gegenüber dem Modell des Ersatzstabs von 0,17 s auf 0,12 s verringert. In Querrichtung verschiebt sich die Periode von 0,09 s auf 0,07 s.

Die kleineren Eigenperioden führen dazu, dass die Eigenperiode in Querrichtung deutlich im ansteigenden Ast des Spektrums liegt und sich so eine wesentlich kleinere Spektralbeschleunigung ergibt. Die mit einem Tragwerksmodell berechneten Eigenperioden müssen jedoch in einem gewissen Bereich als streuende Größen betrachtet werden. Um diesem Umstand Rechnung zu tragen, wird der ansteigende Ast außer Acht gelassen und das Plateau bis zur Periode T = 0 s verbreitert. Dies ist aus seismologischer Sicht natürlich nicht korrekt, da als Einhängewert des Spektrums die Bodenbeschleunigung auftreten muss. Für die Bemessung ist dieses Vorgehen zur Abdeckung der Unsicherheiten aber gerechtfertigt und zu empfehlen. Die Problematik der hohen Eigenperioden ist insbesondere bei der dreidimensionalen Berechnung von Mauerwerksbauten zu beachten. Bild 4-82 zeigt das angesetzte Antwortspektrum mit dem verlängertem Periodenbereich und die Lage der maßgebenden Eigenperioden in Längs- und Querrichtung.

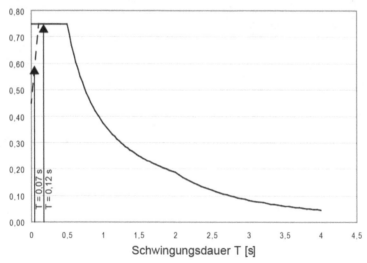

Bild 4-82 Antwortspektrum mit verlängertem Plateaubereich im niedrigen Periodenbereich

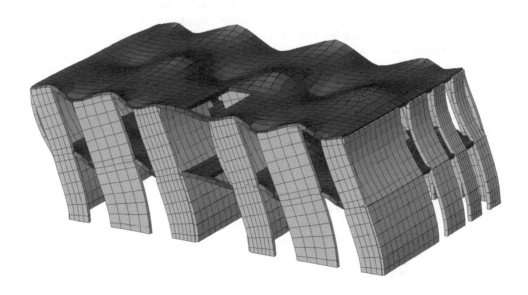

Bild 4-83 1. Eigenform: MINEA: 0,119 s; InfoCAD: 0,121 s (Wände ungekoppelt)

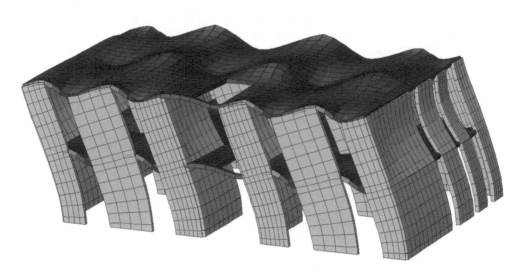

Bild 4-84 1. Eigenform: MINEA: 0,116 s; InfoCAD: 0,117 s (Wände gekoppelt)

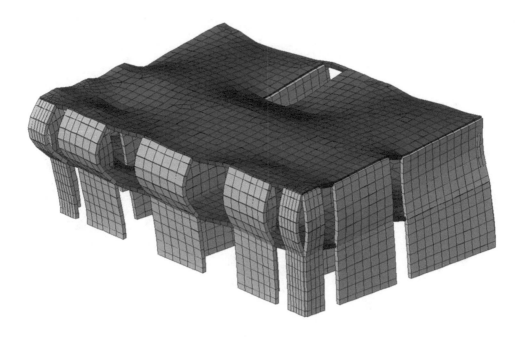

Bild 4-85 4. Eigenform: MINEA: 0,070 s; InfoCAD: 0,071 s (Wände ungekoppelt)

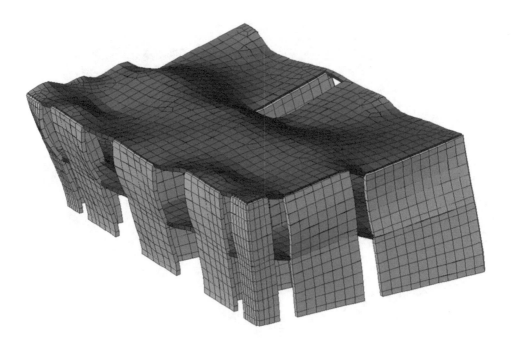

Bild 4-86 6. Eigenform: MINEA: 0,065 s; InfoCAD: 0,066 s (Wände gekoppelt)

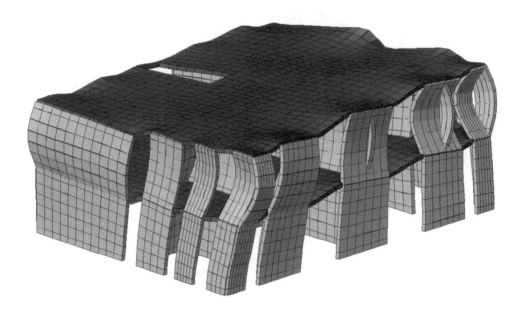

Bild 4-87 7. Eigenform: MINEA: 0,065; InfoCAD: 0,066 (Wände ungekoppelt)

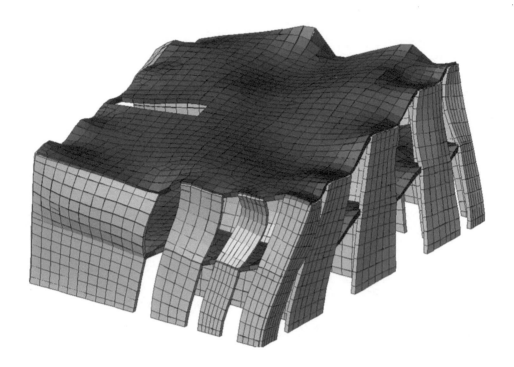

Bild 4-88 7. Eigenform: MINEA: 0,061 s; InfoCAD: 0,062 s (Wände gekoppelt)

4.3.4.5.2 *Ermittlung der Bemessungsschnittgrößen*

Die größte Problematik der dreidimensionalen Modelle liegt in der Auswertung der Ergebnisgrößen und deren Aufbereitung für die Tragwerksbemessung. Bei Mauerwerksbauten werden zur Führung der normativen Wandnachweise die resultierenden Schnittgrößen N, Q und M benötigt. Ein Nachweis mit den linear ermittelten Scheibenspannungen σ_x, σ_y, σ_{xy} ist problematisch, da diese in den Eckbereichen der Wände lokale Spitzen aufweisen und über die Wandhöhe stark veränderlich sein können. Eine typische Verteilung der Vertikalspannungen mit den die dazugehörigen Spannungsverteilungen über die Wandlänge in verschiedenen Schnitten zeigt Bild 4-89 für die Innenwand 22. Die Spannungswerte ergeben sich für den Anteil der ersten Eigenform in x-Richtung.

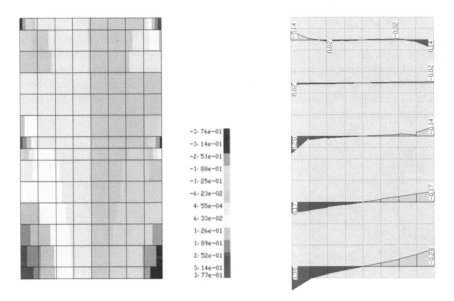

Bild 4-89 Innenwand 22: Vertikalspannungen [MN/m^2] für die 1. Eigenform in x-Richtung

Für die Bemessung ist es sinnvoll die einzelnen Komponenten der Scheibenspannungen in Wandrichtung zu integrieren, um daraus die Schnittgrößen N, Q und M der Wand zu berechnen. Die Integration muss entsprechend der DIN 1053-100 (2006) an den Bemessungsschnitten am Wandfuß, in Wandmitte und am Wandkopf durchgeführt werden. Die Integration wird in MINEA (2011) automatisch durchgeführt. In InfoCAD (2011) kann sie über die Definition von Bemessungsobjekten durchgeführt werden. Die Integration der Vertikalspannungen ergibt für die Innenwand 22 den in Bild 4-90 dargestellten resultierenden Momentenverlauf für den Anteil der 1. Eigenform in x-Richtung. Hierbei wurde die Integration je Geschoss jeweils am Wandfuß und Wandkopf durchgeführt. Die Integrationswerte wurden dann näherungsweise linear verbunden.

Die integrierten Wandschnittgrößen der einzelnen Erdbebenrichtungen sind für die Erdbebenkombination mit der 30%-Regel zu überlagern:

$$E_{Edx} \oplus 0{,}30 \cdot E_{Edy}$$
$$0{,}30 \cdot E_{Edx} \oplus E_{Edy}$$

Daraus ergeben sich insgesamt sechs Lastfälle, die noch mit den ständigen Lasten und den anteiligen Verkehrslasten zu überlagern sind. Die Wandnachweise müssen getrennt für jede dieser acht Kombinationen durchgeführt werden, da die Größe und der Verlauf der Bemessungsschnittkräfte durch die folgenden Aspekte beeinflusst werden:

- Durch die Rahmentragwirkung kann es durch die horizontalen Erdbebenkräfte zu einer Erhöhung oder Abminderung der Wandnormalkräfte aus den Vertikallasten kommen.

- In räumlichen Modellen stellen sich bereits unter der Wirkung von Vertikallasten aus Eigengewicht und Verkehr nicht vernachlässigbare Querkraft- und Momentenbeanspruchungen in den Wänden ein.

- Durch die Wandinteraktionen kann es zu richtungsabhängigen Kraftumlagerungen zwischen den Wänden kommen.

Dies bedeutet einen Mehraufwand gegenüber dem in Abschnitt 4.3.4.3 verwendeten Schubbalkenmodell, in dem der Abtrag von Vertikal- und Horizontallasten getrennt betrachtet wurde. Da auch die Einzelwandsteifigkeiten getrennt berücksichtigt und Wandrotationen vernachlässigt werden, ergeben sich die Bemessungsschnittgrößen bei Verwendung eines Mehrmassenschwingers in einfacher Weise als Minmal- bzw. Maximalwerte, so dass für die Bemessung nur der maßgebende Lastfall für den Einzelwandnachweis zu betrachten ist.

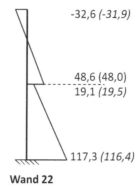

Wand 22

Bild 4-90 Innenwand 22: Resultierender Momentenverlauf [kN/m] aus vertikaler Spannungsverteilung für die 1. Eigenform in x-Richtung; ungekoppelte Wände; Klammerwert: Ergebnis InfoCAD

4.3.4.5.3 *Nachweisergebnisse für die Achse y = 0, Wände 1-5*

Der Einfluss der räumlichen Tragwerksberechnung auf die Bemessung soll an der kritischen Achse y = 0 mit den Wänden 1-5 aufgezeigt werden. Die mit dem Programm MINEA (2011) ermittelten Nachweisergebnisse für diese Achse auf Grundlage des Modells ohne Wandkopplungen sind in Tabelle 4-66 zusammengestellt. Die Ausnutzungsgrade des zweidimensionalen Modells mit Ansatz der Biegesteifigkeit eines 1 m breite Plattenstreifens (Tabelle 4-63) sind als Klammerwerte angegeben. Die Unterschiede in den Ausnutzungsgraden ergeben sich für die Wandscheiben 2 bis 4 im Wesentlichen aus der Reduktion der Fußmomente im räumlichen Modell. Die etwas höheren Ausnutzungsgrade in den Wänden 1 und 5 sind auf die im Vergleich zum zweidimensionalen Modell größeren Fußmomente zurückzuführen, die eine Folge der Rahmentragwirkung sind. Auf Grundlage der Berechnungsergebnisse des räumlichen Modells sind alle Nachweise erfüllt.

Tabelle 4-66 Nachweisergebnisse der Wände 1-5 in Achse (y = 0), ungekoppelte Wände;
Klammerwerte: Ausnutzungsgrade 2D-Modell und 1 m Plattenstreifen nach Tabelle 4-63

Nr.	N_{Ed}	V_{Ed}	M_{Ed}	N_{Rd}	V_{Rd}	N_{Ed}/N_{Rd}	V_{Ed}/V_{Rd}	Kombination
	[kN]	[kN]	[kNm]	[kN]	[kN]	[kN]	[kN]	
1	36,47	5,09	8,65	534,38	17,86	0,07 (0,06)	0,29 (0,14)	STAT + 1,0x + 0,3y
2	110,32	24,65	64,71	1171,92	65,64	0,09 (0,23)	0,38 (0,84)	STAT - 1,0x - 0,3y
3	139,81	28,51	97,54	1422,71	86,51	0,10 (0,21)	0,33 (0,88)	STAT + 1,0x + 0,3y
4	90,97	24,60	64,23	935,10	53,36	0,10 (0,23)	0,46 (0,84)	STAT + 1,0x + 0,3y
5	31,68	5,02	8,56	468,88	15,60	0,07 (0,06)	0,32 (0,14)	STAT + 1,0x + 0,3y

4.3.4.5.4 *Effekte der Wandkopplung*

Der Einfluss der Modellierung der Wandkopplung wird am Beispiel der Wand 3 illustriert. Bild 4-91 zeigt die Wandkonfiguration der Wand 3 mit der Querwand 19 und der anschließenden Wand 22 im Grundriss und im Finite-Elemente Modell.

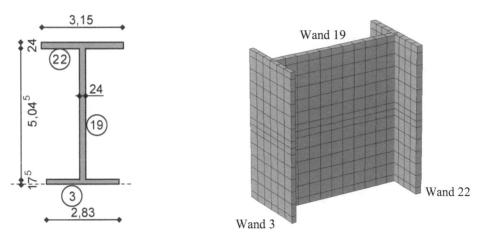

Bild 4-91 Wandkonfiguration: Wände 3, 19, 22

Bei der maßgebenden Eigenform in Querrichtung erhalten die Wände 3 und 22 zusätzliche Normalkraftbeanspruchungen, da diese bei einer Rotation der Querwand 19 aus Gründen der Verformungskompatibilität mit beansprucht werden. Dies zeigt auch die Verformungsfigur (Bild 4-92) und die dazugehörige vertikale Spannungsverteilung (Bild 4-93), bei der sich Spannungskonzentrationen im Verschneidungsbereich der Wände einstellen. Im Gegensatz dazu trägt die Wandscheibe 19 bei einer entkoppelten Modellierung die Horizontallast weitestgehend ohne eine Beteiligung der Wände 3 und 22 ab. Dies ist sehr gut an der Spannungsverteilung mit Spannungskonzentrationen in den Wandecken der Wand 19 zu erkennen.

Die Effekte des Zusammenwirkens zeigen sich an den Ergebnissen der integrierten Schnittgrößen für die Wand 3, die in Bild 4-94 und Bild 4-95 mit und ohne Wandkopplung dargestellt sind. Bei einer gelenkigen Wandkopplung ergeben sich in diesem Falle größere Normalkräfte und geringere Momentenbeanspruchungen. Neben dem Wandnachweis ist bei Ansatz der Kopplung auch die Verbundwirkung zwischen den Wänden rechnerisch nachzuweisen.

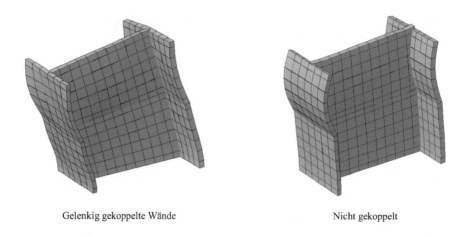

Gelenkig gekoppelte Wände   Nicht gekoppelt

Bild 4-92 Wandverformungen: Wände 3, 19, 22; maßgebende Eigenform in Querrichtung

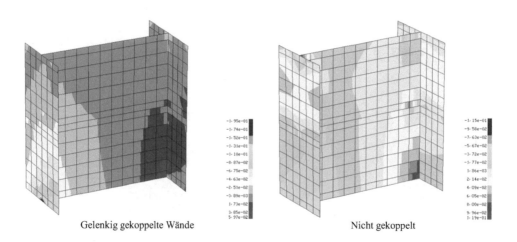

Gelenkig gekoppelte Wände   Nicht gekoppelt

Bild 4-93 Vertikalspannungen [MN/m²]: Wände 3, 19, 22; maßgebende Eigenform in Querrichtung

4.3.4.5.5 *Effekte der Wand- Decken Interaktion*

In dem gewählten räumlichen Tragwerksmodell ist für die Erdbebenkombination auch die Decke auf die Zusatzbeanspruchungen infolge der Wand-Decken Interaktion zu bemessen. Durch die Wandrotationen werden Kräfte lokal in die Decke eingetragen, deren Aufnahme im Rahmen der Biege- und Schubbemessung der Decke nachzuweisen sind. Gegebenenfalls ist eine Zulagebewehrung über den Wänden einzulegen. Auf die Deckenbemessung wird an dieser Stelle verzichtet. Weitere Hinweise zu der Thematik finden sich in Kapitel 6.

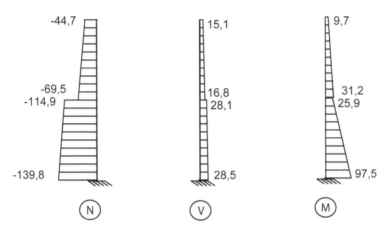

Bild 4-94 Schnittgrößen der Erdbebenkombination STAT + 1,0x + 0,3y; ohne Wandkopplung [kN, m]

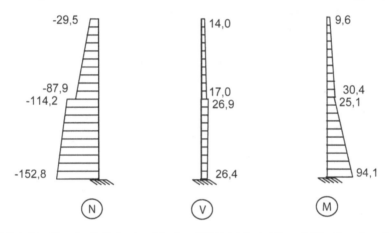

Bild 4-95 Schnittgrößen der Erdbebenkombination STAT + 1,0x + 0,3y; mit Wandkopplung [kN, m]

4.3.4.5.6 *Zusammenfassung*

Die Nachweisführung am räumlichen Modell zeigt, dass die Anschaulichkeit auf Grund vieler sich überlagernder Effekte abnimmt. Zudem hat die Festlegung der Modellrandbedingen hinsichtlich der Wandverbindungen (entkoppelt – gelenkig gekoppelt – biegesteif gekoppelt) und der Wand-Decken Verbindung (gelenkig gekoppelt – biegesteif gekoppelt) einen nicht vernachlässigbaren Einfluss auf die Bemessungsergebnisse. Bei Ansatz von Wandkopplungen sind die Verbundkräfte zwischen den Wänden rechnerisch nachzuweisen. Zusätzlich ist eine sorgfältige konstruktive Ausführung der Wandanschlüsse erforderlich, da ansonsten die mit dem Modell ermittelten Tragwerkskapazitäten in der Realität nicht vorhanden sind. Aus den genannten Gründen ist es sinnvoller auf eine Kopplung der Wände von vornherein zu verzichten. Zwischen Wand und Decke kann eine gelenkige Kopplung angesetzt werden. Wesentlich ist, dass bei räumlichen Modellen auch die Decke für die Erdbebenkombination zu bemessen ist, da diese Zusatzbeanspruchungen aus der Interaktion mit den Wänden erfährt. Für den vorliegenden Fall des Mehrfamilienhauses konnte der Erdbebennachweis mit dem räumlichen Modell auch für die kritischen Wände in der Achse y = 0 (Wände 1-5) geführt werden.

4.3.4.6 Statisch nichtlinearer Nachweis

Für das Mehrfamilienhaus wird abschließend ein statisch nichtlinearer Nachweis durchgeführt. Der Nachweis wird mit der Kapazitätsspektrummethode durchgeführt, die von Gellert (2010) in dem Programm MINEA-Research (2011) allgemein anwendbar umgesetzt wurde. Eine detaillierte Beschreibung des Verfahrens findet sich in Kapitel 6 und in weiterführenden Veröffentlichungen (Butenweg und Gellert, 2007, 2008; Butenweg et al., 2010).

Der erste Schritt der Berechnung besteht in der Berechnung der Last-Verformungskurven für die Einzelwände. In Abhängigkeit von der vertikalen Auflast, der Wandgeometrie und der Materialeigenschaften von Stein und Mörtel werden die Kapazitäten der Versagensformen Biegung und Längskraft (BL), Schubversagen (SS) und Steinzugversagen (SZ) nach Gellert (2010) ermittelt. Die zugehörigen Verformungsfähigkeiten zu den jeweiligen Versagensformen werden nach DIN EN 1998-1/NA (2011), Abschnitt 9.4(6) bestimmt. Der Einspanngrad wird mit 0,5 (voll eingespannt) angesetzt. In Tabelle 4-67 sind die Tragfähigkeiten und Verformungskapazitäten der Einzelwände zusammengestellt.

Tabelle 4-67 Tragfähigkeiten und Verformungskapazitäten der Einzelwände

Wand	Einspann-grad α	BL	SS	SZ	maßgebend	$\sigma_0 \leq 0,15 * f_k$	Verformungs-fähigkeit d_u
		kN	kN	kN			mm
w1	0,50	6,56	19,38	79,77	BL	ja	23,47
w2	0,50	52,21	55,89	185,46	BL	ja	10,09
w3	0,50	88,89	74,51	222,86	SS	ja	11,26
w4	0,50	51,75	55,59	185,46	BL	ja	10,09
w5	0,50	6,40	19,14	79,77	BL	ja	23,47
w6	0,50	6,22	18,87	78,20	BL	ja	23,94
w7	0,50	90,61	72,91	257,12	SS	ja	11,26
w8	0,50	236,25	118,50	400,68	SS	ja	11,26
w9	0,50	7,17	20,31	78,20	BL	ja	23,94
w10	0,50	65,44	69,83	154,74	BL	ja	12,10
w11	0,50	10,04	24,04	92,92	BL	ja	20,15
w12	0,50	9,99	23,98	92,92	BL	ja	20,15
w13	0,50	65,44	69,83	154,74	BL	ja	12,10
w14	0,50	7,24	20,43	78,20	BL	ja	23,94
w15	0,50	245,63	121,33	400,68	SS	ja	11,26
w16	0,50	24,24	37,94	128,76	BL	ja	14,54
w17	0,50	12,67	28,72	79,14	BL	ja	23,65
w18	0,50	6,61	19,47	78,20	BL	ja	23,94
w19	0,50	390,10	182,17	392,12	SS	ja	11,26
w20	0,50	182,85	122,00	294,95	SS	ja	11,26
w21	0,50	277,69	160,04	294,95	SS	ja	11,26
w22	0,50	181,80	130,41	234,74	SS	ja	11,26
w23	0,50	10,21	25,01	78,20	BL	ja	23,94
w24	0,50	172,29	109,36	269,96	SS	ja	11,26
w25	0,50	10,29	25,13	78,20	BL	ja	23,94
w26	0,50	175,42	110,80	269,96	SS	ja	11,26
w27	0,50	158,76	117,69	211,05	SS	ja	11,26
w28	0,50	160,13	118,53	211,05	SS	ja	11,26

*: Versagensmechanismen "Biegung und Längskraft" (BL), "reiner Schub" (SS), "Schub infolge Steinzugversagen" (SZ)

Im zweiten Schritt werden die Last-Verformungskurven der Einzelwände unter Berücksichtigung der Gebäudetorsion zur Kapazitätskurve überlagert. Die Kapazitätskurve wird im Anschluss mit dem Spektrum in ein gemeinsames S_a-S_d-Diagramm transformiert (Bild 4-96). Die Spektren werden hierbei entsprechend des im Tragwerk vorhandenen Dissipationsvermögens gedämpft.

Das Kapazitätsspektrum besitzt einen ansteigenden Ast mit linearem und leicht nichtlinearem Bereich, einen Plateaubereich sowie einen treppenförmigen abfallenden Ast. In dem abfallenden Ast kommt es zu einem sukzessiven Wandausfall, wobei die einzelnen treppenförmigen Abfälle dem Versagen von Einzelwänden entsprechen. Die mit den linearen Rechenverfahren als kritisch identifizierten Wände 2, 3, 4 der Achse y = 0 versagen auch beim nichtlinearen Nachweis als erste Wände.

In Bild 4-96 sind zwei Spektren dargestellt. Ein Spektrum mit einer konstanten Materialdämpfung von 5 %, das dem elastischen Spektrum der DIN 419 (2005) entspricht. Das andere Spektrum enthält eine konstante Materialdämpfung von 5 % und eine hysteretische Dämpfung von maximal 5 %. Daraus ergibt sich eine maximale Enddämpfung von 10 %. Für beide Spektren ergibt sich der Schnittpunkt mit dem Kapazitätsspektrum im linear ansteigenden Bereich des Kapazitätsspektrums, so dass der hysteretische Dämpfungsanteil noch nicht aktiviert wurde. Dies führt dazu, dass sich für beide Dämpfungswerte nahezu der gleiche Performance Point ergibt. Damit ist der Erdbebennachweis des Mehrfamilienhauses für beide Spektren erfüllt.

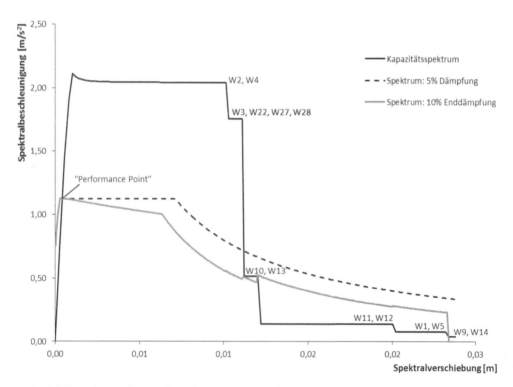

Bild 4-96 Kapazitätsspektrum mit Spektren (5% Materialdämpfung, 10 % Enddämpfung, EZ 2, UK C-S)

In Bild 4-97 sind die Verläufe für 5 und 10 % Dämpfung gegenübergestellt. Es ist deutlich zu erkennen, dass die zusätzliche hysteretische Dämpfung mit Beginn des Einsetzens nichtlinearer Dissipationsmechanismen aktiviert wird und dann zusammen mit der Materialdämpfung auf den Maximalwert von 10 % ansteigt. Die Sprünge in der Dämpfungskurve sind auf das Versagen von Einzelwänden zurückzuführen, deren Dissipationsvermögen nach dem Wandausfall bei der Bestimmung der Dämpfung für das Gesamtgebäude nicht mehr berücksichtigt wird.

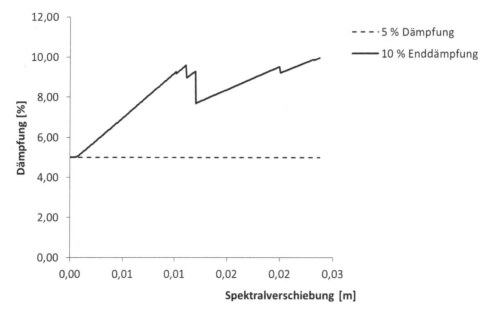

Bild 4-97 Verläufe für 5% Materialdämpfung und 10% Enddämpfung

Da das Mehrfamilienhaus in der Erdbebenzone 2, UK C-S nach dem Ergebnis des nichtlinearen Nachweises noch weitere Reserven besitzt, wird der Nachweis nochmals für Erdbebenzone 3, UK C-R geführt. Das Ergebnis des Nachweises in Bild 4-98 zeigt, dass ohne Ansatz einer hysteretischen Dämpfung die Tragfähigkeit voll ausgeschöpft ist. Unter Berücksichtigung einer hysteretischen Dämpfung kann der Nachweis allerdings deutlich geführt werden und der Performance Point liegt im Plateaubereich des Kapazitätsspektrums. Dies bedeutet, dass das Mehrfamilienhaus nur unter Ausnutzung der Verformungsfähigkeiten nachgewiesen werden kann. Das Ergebnis macht auch deutlich, dass die Tragreserven für die Belastung in der Erdbebenzone 3, UK C-R auch unter Ausnutzung der Verformungskapazitäten fast vollständig ausgeschöpft sind.

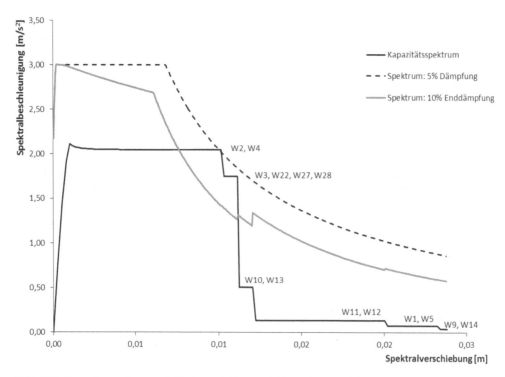

Bild 4-98 Kapazitätsspektrum mit Spektren (5% Materialdämpfung, 10 % Enddämpfung, EZ 3, UK C-R)

Literatur Kapitel 4

ANSYS, www.ansys.com, FE-Software, SAS IP Inc., 2003.

Bachmann, H.: Erdbebensicherung von Bauwerken. 2. Überarbeitete Auflage, Basel: Birkhäuser Verlag, 2002.

Bruestle, W., Schwarz, J.: Untergrundabhängige Bemessungsspektren für den Entwurf einer neuen Deutschen Erdbebenbaunorm DIN 4149. DGEB-Publikationen, Heft 11, S. 3-13, 2002.

Butenweg, C., Gellert, C.: Mauerwerkswände unter zyklischer Schubbeanspruchung. Mauerwerk 06/07, Verlag Ernst & Sohn, 2007.

Butenweg, C., Gellert, C., Meskouris, K.: Ein neuer Ansatz zum Nachweis von Mauerwerksbauten. Berichte der Fachtagung Baustatik-Baupraxis 10, Universität Karlsruhe, 2008.

Butenweg, C., Gellert, C., Meyer, U.: Erdbebenbemessung bei Mauerwerksbauten. Mauerwerk Kalender 2010, Verlag Ernst & Sohn, 2010.

Chopra, A. K.: Dynamics of structures, Theory and applications to earthquake engineering. Second Edition, Prentice Hall, New Jersey, 2001.

DIN V 106-1: Kalksandsteine - Teil 1: Voll-, Loch-, Block-, Hohlblock-, Plansteine, Planelemente, Fasensteine, Bauplatten, Formsteine. Februar 2003.

DIN V 106-2: Kalksandsteine - Teil 2: Vormauersteine und Verblender. Februar 2003.

DIN 1045-1: Tragwerke aus Beton, Stahlbeton und Spannbeton, Teil1: Bemessung und Konstruktion. Normenausschuss Bauwesen (NABau) im DIN Deutsches Institut für Normung e.V., Beuth-Verlag, Berlin, August 2008.

DIN 1053: Teil 1, Mauerwerk, Berechnung und Ausführung. Normenausschuss Bauwesen (NABau) im DIN Deutsches Institut für Normung e.V., Beuth-Verlag, Berlin, November 1996.

DIN 1053-100: Mauerwerk – Berechnung auf der Grundlage des semiprobabilistischen Sicherheitskonzepts. (NABau) im DIN Deutsches Institut für Normung e.V., Beuth-Verlag, Berlin, August 2006.

DIN 1054: Baugrund - Sicherheitsnachweise im Erd- und Grundbau. Normenausschuss Bauwesen (NABau) im DIN Deutsches Institut für Normung e.V., Beuth-Verlag, Berlin, Dezember 2010.

DIN 1055-4: Einwirkungen auf Tragwerke; Windlasten. Deutsches Institut für Normung (DIN), Beuth-Verlag, Berlin, 2005.

DIN 1055-5: Einwirkungen auf Tragwerke; Schnee- und Eislasten. Deutsches Institut für Normung (DIN), Beuth-Verlag, Berlin, 2005.

DIN 1055-100: Teil 100 Einwirkungen auf Tragwerke: Grundlagen der Tragwerksplanung, Sicherheitskonzept und Bemessungsregeln. Normenausschuss Bauwesen (NABau) im DIN Deutsches Institut für Normung e.V., Beuth-Verlag, Berlin, März 2001.

DIN 4149: Bauten in deutschen Erdbebengebieten. Deutsches Institut für Normung (DIN), Berlin Beuth-Verlag, Berlin, 2005.

DIN 4149 Teil 1: Bauten in deutschen Erdbebengebieten – Lastannahmen, Bemessung und Ausführung üblicher Hochbauten. Deutsches Institut für Normung (DIN), Beuth-Verlag, Berlin 1981.

DIN 18800-1: Stahlbauten, Teil 1: Bemessung und Konstruktion. Normenausschuss Bauwesen (NABau) im DIN Deutsches Institut für Normung e.V., Beuth-Verlag, Berlin, November 2008.

DIN 18800-2: Stahlbauten, Teil 2: Stabilitätsfälle. Knicken von Stäben und Stabwerken. Normenausschuss Bauwesen (NABau) im DIN Deutsches Institut für Normung e.V., Beuth-Verlag, Berlin, November 2008.

DIN 18800-3: Stahlbauten, Teil 3: Stabilitätsfälle. Plattenbeulen. Normenausschuss Bauwesen (NABau) im DIN Deutsches Institut für Normung e.V., Beuth-Verlag, Berlin, November 2008.

DIN 18800-4: Stahlbauten, Teil 4: Stabilitätsfälle. Schalenbeulen. Normenausschuss Bauwesen (NABau) im DIN Deutsches Institut für Normung e.V., Beuth-Verlag, Berlin, November 2008.

DIN EN 1990: Eurocode: Grundlagen der Tragwerksplanung. Deutsche Fassung EN 1990:2002+A1:2005+A1:2005/AC:2010. Deutsches Institut für Normung (DIN), Berlin, Dezember, 2010.

DIN EN 1990/NA: Nationaler Anhang - National festgelegte Parameter – Eurocode: Grundlagen Tragwerksplanung. Deutsches Institut für Normung (DIN), Berlin, Dezember, 2010.

DIN EN 1991-1-1: Eurocode 1: Einwirkungen auf Tragwerke, Teil 1-1: Allgemeine Einwirkungen auf Tragwerke, Wichten, Eigengewicht und Nutzlasten im Hochbau. Deutsche Fassung EN 1991-1-1:2002 + AC:2009. Deutsches Institut für Normung (DIN), Berlin, Dezember 2010.

DIN EN 1991-1-1/NA: Nationaler Anhang – National festgelegte Parameter – Eurocode 1: Einwirkungen auf Tragwerke, Teil 1-1: Allgemeine Einwirkungen auf Tragwerke – Wichten, Eigengewicht und Nutzlasten im Hochbau. Deutsches Institut für Normung (DIN), Berlin, Dezember 2010.

DIN EN 1991-1-3: Eurocode 1: Einwirkungen auf Tragwerke, Teil 1-3: Allgemeine Einwirkungen, Schneelasten. Deutsche Fassung EN 1991-1-3:2003 + AC:2009. Deutsches Institut für Normung (DIN), Berlin, Dezember 2010.

DIN EN 1991-1-3/NA: Nationaler Anhang, National festgelegte Parameter: Eurocode 1: Einwirkungen auf Tragwerke, Teil 1-3: Allgemeine Einwirkungen, Schneelasten. Deutsches Institut für Normung (DIN), Berlin, Dezember 2010.

DIN EN 1991-1-4: Eurocode 1: Einwirkungen auf Tragwerke, Teil 1-4: Allgemeine Einwirkungen, Windlasten. Deutsche Fassung EN 1991-1-4:2005+A1:2010+AC:2010. Deutsches Institut für Normung (DIN), Berlin, Dezember 2010.

DIN EN 1991-1-4/NA: Nationaler Anhang, National festgelegte Parameter: Eurocode 1: Einwirkungen auf Tragwerke, Teil 1-4: Allgemeine Einwirkungen, Windlasten. Deutsches Institut für Normung (DIN), Berlin, Dezember 2010.

DIN EN 1992-1-1/NA: Nationaler Anhang – National festgelegte Parameter - Eurocode 2: Bemessung und Konstruktion von Stahlbeton- und Spannbetontragwerken – Teil 1-1: Allgemeine Bemessungsregeln und Regeln für den Hochbau. Deutsches Institut für Normung (DIN), Berlin, Januar 2011.

DIN EN 1992-1-1, Eurocode 2: Bemessung und Konstruktion von Stahlbeton- und Spannbetontragwerken – Teil 1-1: Allgemeine Bemessungsregeln und Regeln für den Hochbau. Deutsche Fassung EN 1992-1-1:2004+AC:2010. Deutsches Institut für Normung (DIN), Berlin, Januar 2011.

DIN EN 1993-1-1, Eurocode 3: Bemessung und Konstruktion von Stahlbauten . Teil 1-1: Allgemeine Bemessungsregeln, Bemessungsregeln für den Hochbau. Deutsche Fassung EN 1993-1-1:2005 + AC:2009. Deutsches Institut für Normung (DIN), Berlin, Dezember 2010.

DIN EN 1996-1-1, Eurocode 6: Bemessung und Konstruktion von Mauerwerksbauten – Teil 1-1: Allgemeine Regeln für bewehrtes und unbewehrtes Mauerwerk. Deutsche Fassung EN 1996-1-1:2005+AC:2009. Deutsches Institut für Normung (DIN), Berlin, Dezember 2010.

DIN EN 1996-1-1/NA, Eurocode 6: Bemessung und Konstruktion von Mauerwerksbauten – Teil 1-1: Allgemeine Regeln für bewehrtes und unbewehrtes Mauerwerk. Deutsches Institut für Normung (DIN), Berlin, April 2011.

DIN EN 1993-1-1/NA: Nationaler Anhang – National festgelegte Parameter: Eurocode 3: Bemessung und Konstruktion von Stahlbauten . Teil 1-1: Allgemeine Bemessungsregeln, Bemessungsregeln für den Hochbau. Deutsches Institut für Normung (DIN), Berlin, Dezember 2010.

DIN EN 1998-1, Eurocode 8: Auslegung von Bauwerken gegen Erdbeben – Teil 1: Grundlagen, Erdbebeneinwirkungen und Regeln für Hochbauten. Deutsche Fassung EN 1998-1:2004+AC:2009. Deutsches Institut für Normung (DIN), Berlin, Dezember 2010.

DIN EN 1998-1/NA: Nationaler Anhang – National festgelegte Parameter, Eurocode 8: Auslegung von Bauwerken gegen Erdbeben – Teil 1: Grundlagen, Erdbebeneinwirkungen und Regeln für Hochbauten. Deutsches Institut für Normung (DIN), Berlin, Januar 2011.

DIN EN 1998-2: Auslegung von Bauwerken gegen Erdbeben – Teil 2: Brücken. Deutsche Fassung EN 1998-2:2005+AC:2010. Deutsches Institut für Normung (DIN), Berlin, Dezember 2010.

DIN EN 1998-2/NA: Nationaler Anhang – National festgelegte Parameter: Eurocode 2: Auslegung von Bauwerken gegen Erdbeben – Teil 2: Brücken. Deutsches Institut für Normung (DIN), Berlin, März 2011.

DIN EN 1998-4, Eurocode 8: Auslegung von Bauwerken gegen Erdbeben – Teil 4: Silos, Tanks und Pipelines. Deutsche Fassung EN 1998-4:2006. Deutsches Institut für Normung (DIN), Berlin, Januar 2007.

DIN EN 1998-5, Eurocode 8: Auslegung von Bauwerken gegen Erdbeben Teil 5: Gründungen, Stützbauwerke und geotechnische Aspekte. Deutsche Fassung EN 1998-5:2004. Deutsches Institut für Normung (DIN), Berlin, Dezember 2010.

DIN EN 1998-5/NA: Nationaler Anhang – National festgelegte Parameter, Eurocode 8: Auslegung von Bauwerken gegen Erdbeben Teil 5 : Gründungen, Stützbauwerke und geotechnische Aspekte. Entwurfsfassung, Deutsches Institut für Normung (DIN), Berlin, September 2009.

Eurocode 8: Part 1-6. European Standard, Draft No.6, Stage 51, Central Secretary: rue de Stassart 36, B1050 Brussels, Mai 2004.

Frilo Statik: Friedrich und Lochner GmbH, 2011.

Gellert, C.: Nichtlinearer Nachweis von unbewehrten Mauerwerksbauten unter Erdbebeneinwirkung. Dissertation, Lehrstuhl für Baustatik und Baudynamik, RWTH Aachen, 2010.

Infograph, InfoCAD Version 10.40b, Tragwerksanalysesoftware, 2011.

Key, D. E.: Earthquake design practice for buildings. Thomas Telford, London, 1988.

Nensel, R.: Beitrag zur Bemessung von Stahlkonstruktionen unter Erdbebenbelastung bei Berücksichtigung der Duktilität. Dissertation, RWTH Aachen, Schriftenreihe Heft 7, Lehrstuhl für Stahlbau, 1986.

Markmann, C.: Bemessung im Mauerwerkbau. Ernst & Sohn, Berlin 1998.

Meskouris, K., Brüstle, W., Schüter, F.-H.: Neufassung der Norm DIN 4149. Bauingenieur, Bd. 79, S3-S8, 2004.

MINEA: Programm für die Berechnung von wandausgesteiften Systemen, Version 2.0. SDA-engineering GmbH, Herzogenrath, 2011.

MINEA-Research: Programm für die Berechnung von wandausgesteiften Systemen. Lehrstuhl für Baustatik und Baudynamik, RWTH Aachen, 2011.

Müller, F. P., Keintzel, E.: Erdbebensicherung von Hochbauten. Ernst & Sohn, Berlin, 1984.

Park, R., Pauly, T.: Reinforced concrete structures, John Wiley & Sons, New York, 1975.

Paulay, T., Bachmann, H., Moser, K.: Erdbebenbemessung von Stahlbetonhochbauten. Birkhäuser Verlag, Basel 1990.

Popov, E. P., Zayas, V. A., Mahin, S. A.: Cyclic inelastic buckling of thin tubular columns. Journal Struct. Div., ASCE, 105(11), 1979, S. 2261-2277.

Tomazevic, M., Bosiljkov, V., Weiss, P., Klemenc, I.: Experimental research for identification of structural behaviour factor for masonry buildings. Part I –research report P 115/00-650-1. Im Auftrag der Deutschen Gesellschaft für Mauerwerksbau e.V. (DGfM). Ljubljana, Slowenien 2004.

5 Seismische Vulnerabilität bestehender Bauwerke

Der Begriff „Vulnerabilität" („Verletzlichkeit") wird verstanden als die mögliche Schädigung, die ein Bauwerk infolge eines Erdbebens, erleiden bzw. aushalten kann. Im Folgenden wird ein mehrstufiges Konzept zur Bestimmung der seismischen Vulnerabilität von bestehenden Bauwerken vorgestellt. Der Analyseaufwand wird hierbei durch die Bedeutung des Bauwerks, die seismische Standortgefährdung sowie durch die Ergebnisse in den aufeinander aufbauenden Untersuchungsstufen festgelegt. Das Konzept stellt für den Ingenieur in der Praxis ein Werkzeug dar, mit dem er die Vulnerabilität von Bauwerken problemorientiert und effizient bestimmen kann.

5.1 Grundlegendes Beurteilungskonzept

Für die Beurteilung der seismischen Vulnerabilität wird eine Vorgehensweise aus drei aufeinander aufbauenden Untersuchungsstufen mit steigendem Untersuchungsaufwand verwendet. Die hierarchische Abfolge der Untersuchungsstufen gewährleistet eine Minimierung des Aufwands, da das Ergebnis der jeweils niedrigeren Stufe über die Notwendigkeit weiterer Untersuchungen in der nächst höheren Stufe entscheidet.

In der Untersuchungsstufe I wird die seismische Vulnerabilität auf Grundlage allgemeiner Bauwerksdaten wie Baujahr, Bauwerkstyp, Material, Tragsystem usw. bestimmt. Der Zusammenhang zwischen Schädigung und Erdbebeneinwirkung wird durch Vulnerabilitätskurven beschrieben, die durch statistische Auswertung von Erdbebenschäden oder Expertenbefragungen aufgestellt werden.

In der Untersuchungsstufe II werden die vorhandenen Bauwerksunterlagen gesichtet und es wird eine Bauwerksbegehung mit Messung der Eigenfrequenzen und Aufnahme fehlender Bauteilabmessungen durchgeführt. Mit den vorhandenen Bauwerksinformationen werden dann vereinfachte dynamische Rechenmodelle zur Überprüfung des Aussteifungssystems erstellt. Ein etabliertes Berechnungsverfahren in dieser Stufe ist die in Abschnitt 3.1 ausführlich beschriebene Kapazitätsspektrumsmethode.

In der Untersuchungsstufe III wird basierend auf den vorhandenen Bauwerksunterlagen und einer Bauwerksbegehung ein detailliertes Modell des Bauwerks erstellt. Mit Hilfe dieses Modells werden die Zustandsgrößen infolge der Erdbebeneinwirkung mit dem multimodalen Antwortspektrenverfahren oder einer Zeitverlaufsberechnung bestimmt. Diese Stufe ist sehr aufwändig und wird nur durchgeführt, wenn bei den vorhergehenden Untersuchungsstufen kritische Punkte detektiert wurden.

Im Folgenden werden die für die Durchführung der Beurteilung notwendigen Bausteine vorgestellt. Konkret muss die Bauwerksschädigung durch geeignete Schädigungsindikatoren beschrieben, eine sinnvolle Bauwerksklassifizierung gewählt und die seismische Standortgefährdung durch geeignete Parameter definiert werden.

5.2 Bauwerksschädigung

Die durch Erdbeben an Bauwerken hervorgerufenen Schädigungen können in vier Kategorien unterteilt werden:

- Strukturelle Schädigung:

  Diese Kategorie beinhaltet die Schädigung an Bauelementen, die von Bedeutung für die Stabilität des Bauwerks sind.

- Nichtstrukturelle Schädigung:

  Man unterscheidet bei nichtstruktureller Schädigung zwischen beschleunigungs- und verschiebungsempfindlichen Elementen des Gebäudes. Nichtstrukturelle Schäden haben definitionsgemäß keinen Einfluss auf die Stabilität des Gebäudes.

- Beschleunigungsempfindliche Schäden:

  Dies sind größtenteils Schäden an technischen Einrichtungen wie Klimaanlagen oder Aufzügen.

- Verschiebungsempfindliche Schäden:

  Von dieser Schädigung sind vor allem allgemeine Gebäudeeinrichtungen wie Trennwände, abgehängte Decken oder Verkleidungen betroffen.

- Schädigung des Inventars:

  Diese Gruppe umfasst Schäden an beweglichen Gütern aller Art wie z.B. Computern, Büchern oder Möbeln.

- Betriebsunterbrechung:

  Diese Schädigung bezieht sich auf die Zeitspanne, während der die planmäßige Nutzung des Gebäudes nicht möglich ist. Die Betriebsunterbrechung variiert stark je nach Gebäudetyp und Nutzungsart und wird in Abhängigkeit von der strukturellen Schädigung ermittelt, die den besten Indikator für die Reparaturdauer darstellt.

5.2.1 Strukturelle Schädigungsindikatoren

Es kommen verschiedene Schädigungsindikatoren zum Einsatz, um die Gebäudeschädigung infolge seismischer Aktivität zu quantifizieren. Die auf diese Weise beschriebene strukturelle Schädigung bezieht sich nur auf die direkte Gebäudeschädigung. Inventarschäden, Betriebsunterbrechungen etc. werden dabei nicht berücksichtigt. Personenschäden finden ebenfalls keine Berücksichtigung, können aber in Abhängigkeit von der Nutzungsart und -fläche ermittelt werden.

5.2.1.1 Lokale Schädigungsindikatoren

- Relative Stockwerksverschiebung (*interstory drift*), ID

  Die relative Stockwerksverschiebung ID ist das Verhältnis der maximalen gegenseitigen Verschiebung $|u|_{max}$ zweier benachbarter Deckenebenen zur Etagenhöhe h:

$$ID = \frac{|u|_{max}}{h} \tag{5.1}$$

- Verschiebungsduktilität auf Stockwerksebene, μ_δ

  Sie wird definiert als:

$$\mu_\delta = \frac{ID}{u_y} \qquad (5.2)$$

mit der relativen Stockwerksverschiebung ID und der relativen Verschiebung u_y zu Beginn des inelastischen Tragwerksverhaltens; u_y kann durch den Schnittpunkt der Tangenten des elastischen und des plastischen Bereichs der Last-Verformungs-Kurve (Pushover-Kurve) bestimmt werden.

- Normalisierte dissipierte hysteretische Energie (*normalized hysteretic energy*), NHE

  NHE ist gleich der während aller Belastungszyklen hysteretisch dissipierten Gesamtenergie, die durch den Arbeitsbetrag $R_y \cdot u_y$ normiert wird:

$$NHE = \frac{\sum\limits_{1}^{N}\left(\oint R_u\, du\right)}{R_y \cdot u_y} \qquad (5.3)$$

Darin ist R_u die maximale Rückstellkraft jeder Etage, N die Anzahl der Belastungszyklen und R_y die Rückstellkraft beim Verlassen des elastischen Bereichs.

- PARK/ANG-Indikator, DI

  Er wurde bereits in Abschnitt 3.1.4 eingeführt, und seine Definitionsgleichung wird hier der Einfachheit halber wiederholt:

$$DI = \frac{|u|_{max}}{u_{ult}} + \beta \cdot \frac{HE}{R_y \cdot u_{ult}} \qquad (5.4)$$

Es bedeuten u_{ult} die maximale Verschiebungskapazität, β der Wichtungsfaktor (etwa 0,15) und HE die hysteretisch dissipierte Energie.

5.2.1.2 Globale Schädigungsindikatoren

- Globale Duktilität

  Sie wird definiert als Verhältnis der maximalen Verschiebung des Dachgeschosses relativ zum Fundament zur entsprechenden Grenzverschiebung im elastischen Bereich.

- Globale normalisierte dissipierte hysteretische Energie

  Sie ist gleich der gesamten hysteretisch dissipierten Energie dividiert durch das Produkt aus elastischer Grenzverschiebung und dem zugehörigen Schub am Fundament.

- Globaler Park/Ang-Indikator

  Gewichtete Summe der Park/Ang-Indikatoren aller Stockwerke, wobei der Wichtungsfaktor für jedes Stockwerk das Verhältnis der kumulativen hysteretischen Stockwerksenergie zur Summe der gesamten hysteretisch dissipierten Energie aller Stockwerke angibt (Park et al., 1985).

5.2.2 Ökonomische Schädigungsindikatoren

Die meisten strukturellen Schädigungsindikatoren können im Versicherungssektor nicht direkt verwendet werden, da sie die finanziellen Folgen der Schädigung nicht oder nur geringfügig berücksichtigen. Aus diesem Grund wurden strukturelle Schädigungsindikatoren unter Verwendung der im Projekt HAZUS99 (FEMA, 1999) entwickelten Beziehungen mit monetären Schädigungswerten verknüpft.

- Damage ratio, DR

  Dieser Wert ist definiert als (ASTME 2026-99, 1999; Dowrick et al., 1996):

$$DR = \frac{\text{Sanierungskosten des Gebäudes}}{\text{Bauwerkswert}} \tag{5.5}$$

- Mean damage ratio, MDR

  Das ist der Erwartungswert (oder die beste Schätzung) vom DR bei einer Erdbebenintensität I (Oliveira et al., 1996):

$$MDR(I) = E[DR|I] \tag{5.6}$$

  Er entspricht dem Verhältnis der Summe der Sanierungskosten einer Bauwerksgruppe zur Summe der Bauwerkswerte und wird auch zur Berechnung der Prämien in der Versicherungsindustrie herangezogen (Liu, 1998).

- Probable Loss, PL

  Die monetäre seismische Schädigung des Bauwerks (ohne Einrichtungen), die mit einer bestimmten Wahrscheinlichkeit in einer Zeitspanne überschritten wird, wird als Probable Loss bezeichnet. Dieser Wert wird ebenfalls im Verhältnis zum Bauwerkswert angegeben. Die PL-Werte werden in einem konsistenten statistischen Verfahren ermittelt, wobei die Wahrscheinlichkeitsdichtefunktionen der möglichen Erdbebenintensitäten und der Bauwerksschädigungen durch diese Intensitäten berücksichtigt werden. PL-Werte werden entweder für eine bestimmte Wiederkehrperiode oder für eine bestimmte Überschreitungswahrscheinlichkeit in einer Zeitperiode angegeben.

- Scenario loss, SL

  Dieser Parameter ist definiert als der Schaden am Bauwerk (ohne Einrichtungen), der durch ein bestimmtes Erdbebenszenario in einer bestimmten Bruchzone oder durch bestimmte Bodenbewegungen entstehen kann. Diese Bodenbewegung muss bei der Angabe des SL-Werts spezifiziert werden. Die SL-Werte werden ebenfalls im Verhältnis zum Bauwerkswert angegeben.

5.2.3 Bewertung der Schädigung

Um die Gesamtschädigung eines Bauwerks auf der Grundlage von Schädigungsindikatoren bewerten zu können, ist es notwendig, die einzelnen Schadensstufen näher zu betrachten. Dies kann durch die Einteilung in Schädigungsklassen und die Zuordnung von Grenzwerten der strukturellen Schädigungsindikatoren zu der jeweiligen Schädigungsklasse erfolgen. Als Beispiel wird hier die Vorgehensweise von HAZUS99 (FEMA, 1999) skizziert, die folgende Schädigungsklassen vorsieht:

- Leicht „*Slight Structural Damage*",
- Mittel „*Moderate Structural Damage*",
- Stark „*Extensive Structural Damage*",
- Zerstörung „*Complete Structural Damage*".

Die Zuordnung der Grenzwerte der Schädigungsindikatoren hängt von der jeweiligen Normenkategorie ab:

- Normenkategorie "Hoch" (*High-Code Seismic Design Level*),

- Normenkategorie "Mittel" (*Moderate-Code Seismic Design Level*),

- Normenkategorie "Niedrig" (*Low-Code Seismic Design Level*),

- Normenkategorie "Kein" (*Pre-Code Seismic Design Level*).

Das Baujahr, die verwendete seismische Norm und die entsprechende seismische Zone entscheiden über die zu wählende Kategorie. Für den gleichen Standort können je nach Alter des Gebäudes verschiedene Normenkategorien zutreffen; so wird etwa in HAZUS empfohlen, in Kalifornien die Normenkategorie „Hoch" für Gebäude zu verwenden, die nach 1973 gebaut wurden, dagegen die Normenkategorie „Kein" für Gebäude von vor 1940. Tabelle 5-1 gibt als Beispiel die Grenzen der Schädigungsklassen für ein Gebäude der Bauweise „Biegesteifer Stahlrahmen" der Normenkategorie „Hoch" in Abhängigkeit von der relativen Stockwerksverschiebung ID nach HAZUS99 (FEMA, 1999) an.

Tabelle 5-1 Schädigungsgrenzen für biegesteife Stahlrahmen; hohe Normenkategorie (FEMA, 1999)

Gebäudeeigenschaften		Relative Stockwerksverschiebung ID (%)			
Anzahl der Etagen	Mittlere Bauwerkshöhe (m)	Leicht (Slight)	Mittel (Moderate)	Stark (Extensive)	Zerstörung (Complete)
1-3	7,3	0,60	1,20	3,00	8,00
4-7	18,3	0,40	0,80	2,00	5,33
8+	47,5	0,30	0,60	1,50	4,00

5.3 Seismische Gefährdung

5.3.1 Klassifizierungsparameter

Die Parameter zur Klassifizierung der seismischen Aktivität werden in drei Gruppen unterteilt:

- Auf der Schädigung von Bauwerken basierende Parameter
  Dazu gehören in erster Linie Intensitätsskalen, wie sie in Kapitel 2 bereits besprochen wurden.

- Seismologische Parameter
  Hier wären z.B. die Magnitude (M) und die Epizentraldistanz (R) zu nennen, dazu das seismische Moment. Auch diese Größen wurden bereits in Kapitel 2 vorgestellt.

- Ingenieurseismologische Parameter
  Darunter fallen Zeitbereichs- oder Frequenzbereichsparameter und charakteristische Werte von Beschleunigungszeitverläufen wie die maximale Bodenbeschleunigung (*peak ground acceleration*, PGA), die effektive maximale Bodenbeschleunigung (*effective peak acceleration*, EPA), Antwortspektren, die ARIAS-Intensität, Effektivwerte der Bodenbeschleunigung (RMS-Wert) und auch Angaben zur Starkbebendauer (Meskouris, 1999).

5.3.2 Seismische Gefährdungskurven

Allgemein stellt die seismische Gefährdung die Verknüpfung zwischen der Erdbebenintensität und der Wiederkehrperiode oder Auftretenswahrscheinlichkeit eines Bebens dar. Die Funktion, welche diese Beziehung zwischen der Erdbebenintensität und der zugehörigen Wiederkehrperiode an einem Standort wiedergibt, wird Gefährdungskurve (*Site Hazard Curve*) genannt. Die Erdbebenintensität kann hierbei durch die im Abschnitt 5.3.1 erläuterten Klassifizierungsparameter beschrieben werden. Im Folgenden werden einige Möglichkeiten aufgezeigt, die Gefährdungskurven in Abhängigkeit von den zur Verfügung stehenden Standortinformationen zu bestimmen.

Die Spektralbeschleunigung $S_a(T_1, \xi)$ zugehörig zur Grundschwingzeit T_1 und zur Dämpfung ξ eines unbeschädigten Bauwerks ist als Parameter sehr gut dazu geeignet, das Schädigungspotential zu beschreiben. Untersuchungen haben gezeigt, dass dieser Wert gut mit der Erdbebenschädigung korreliert (Elenas et al., 2001; Schmitt, 2000).

Für die Ableitung der Gefährdungskurven in Abhängigkeit der Spektralbeschleunigung müssen Antwortspektren für verschiedene Wiederkehrperioden zur Verfügung stehen. Mit diesen können dann für die Grundschwingzeit des Bauwerks T_1 Wertepaare von Spektralbeschleunigungen und verschiedenen Überschreitungswahrscheinlichkeiten bestimmt werden. Zur Beschreibung des funktionalen Verlaufs zwischen diesen Wertepaaren kann der Ansatz von Bazzurro et al. (1998) und Cornell (1996) verwendet werden:

$$H(S_a) = k_0 \cdot S_a^{-k} \tag{5.7}$$

Hierbei sind die standortabhängigen Konstanten k_0 und k durch eine einfache Korrelationsanalyse zu bestimmen. Die Gefährdungskurven sind demnach für jeden Standort in Ahängigkeit der ersten Bauwerkseigenfrequenz zu ermitteln (Bazurro, 1998; Bazurro et al., 1994; Bazurro und Cornell, 1998; Carballo, 2000; Gupta, 1998; Gupta und Krawinkler, 1998). Bild 5-1 zeigt beispielhaft die Gefährdungskurven für verschiedene Bauwerksperioden für den Raum Los Angeles.

Häufig besteht jedoch das Problem, dass Antwortspektren verschiedener Wiederkehrperioden für den Bauwerksstandort nicht zur Verfügung stehen. In Deutschland steht beispielsweise nur das Antwortspektrum der DIN 4149 (2005) mit einer Wiederkehrperiode von 475 Jahren zur Verfügung. In diesem Fall kann alternativ eine probabilistische Gefährdungsanalyse (PSHA) für den Standort durchgeführt werden (Abschnitt 2.7.5). Das Ergebnis dieser Analyse ist in der Regel eine Gefährdungskurve in Abhängigkeit der Erdbebenintensität I. Da jedoch der Zusammenhang zwischen der Überschreitungswahrscheinlichkeit und der besser zur Erdbebenschädigung korrelierenden Spektralbeschleunigung gesucht ist, sind noch zwei weitere Schritte notwendig. Zunächst wird die Erdbebenintensität mit der Beziehung von Murphy und O'Brien (1977) in eine Bodenbeschleunigung umgerechnet. Diese wird dann als Grundbeschleunigung a_g für die Aufstellung der Antwortspektren nach DIN 4149 (2005) oder DIN EN 1998-1 (2010) verwendet. Dadurch können Antwortspektren für verschiedene Wiederkehrperioden aufgestellt werden, mit denen dann die Gefährdungskurven in Abhängigkeit der Spektralbeschleunigung nach Gleichung (5.7) bestimmt werden können. Der skizzierte Weg ist auf Grund der durchzuführenden PSHA mit einem höheren Aufwand verbunden, der sich jedoch bei unzureichenden seismischen Standortinformationen für verschiedene Wiederkehrperioden nicht vermeiden lässt.

Wenn der Aufwand einer PSHA aus wirtschaftlichen Gründen nicht gerechtfertigt ist, so können die Antwortspektren für verschiedene Wiederkehrperioden in Anlehnung an Abschnitt

4.1.5.2 skaliert werden. Die Skalierung erfolgt mit dem Bedeutungsfaktor γ_I entsprechend der DIN EN 1998-1 (2010) angegebenen Berechnungsformel:

$$\gamma_I = \frac{1}{(T_{LR}/T_L)^{1/k}} \tag{5.8}$$

Hierbei sind T_L die gewünschte Wiederkehrperiode und T_{LR} die Referenz-Wiederkehrperiode in der das Spektrum vorliegt. Der Faktor k kann in der Regel zu 3,0 gewählt werden (DIN EN 1998-1, 2010). Dieses Vorgehen entspricht einer linearen Skalierung und ist aus seismologischer Sicht natürlich nicht korrekt, da die Änderung der räumlichen Verteilung der Erdbebengefährdung nicht erfasst wird. Es handelt sich somit um eine ingenieurmäßige Näherung, die bei fehlenden Informationen zur Abschätzung herangezogen werden kann.

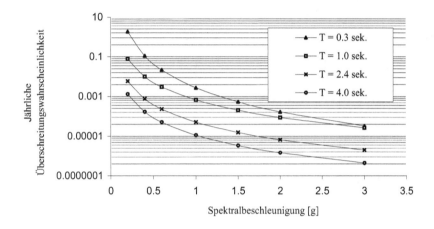

Bild 5-1 Gefährdungskurven für den Raum Los Angeles (Gunkel, 2001)

5.4 Methoden zur Bestimmung der seismischen Vulnerabilität

In der Literatur finden sich für die Durchführung von Vulnerabilitätsuntersuchungen zahlreiche Untersuchungsmethoden, mit denen eine Relation zwischen Bodenbewegung und Schädigung hergestellt werden kann. Diese Methoden werden im Folgenden den drei Genauigkeitsstufen zugeordnet und beschrieben.

5.4.1 Vereinfachte Methoden (Untersuchungsstufe I)

5.4.1.1 Vulnerabilitätskurven

Eine einfache und damit praktische Methode zur Vulnerabilitätsuntersuchung wurde im Sergisai-Projekt (1998) entwickelt. Dieses von der EU finanzierte Forschungsprojekt untersuchte Methoden zur seismischen Risikoermittlung auf regionaler Basis. Die Vulnerabilitätsuntersuchung basiert auf dem so genannten Vulnerabilitätsindex, der auf die Schadensanfälligkeit des Bauwerks im Erdbebenfall hinweist. Der Sergisai-Vulnerabilitätsindex wird durch folgende Gleichung definiert:

$$V = \sum_i p_i \cdot w_i \tag{5.9}$$

Hierbei ist p_i die Punktezahl in Abhängigkeit der Bewertungsklassen von A bis D und w_i der entsprechende Wichtungsfaktor für den jeweiligen Parameter i (Tabelle 5-2). Die Bewertungsklassen werden vom begutachtenden Ingenieur bestimmt und reichen von einer sehr guten Beurteilung A bis zur schlechtesten Bewertungsklasse D. Der Vulnerabilitätsindex liegt zwischen 0 für Bauwerke, die den aktuellen Normenanforderungen genügen, und 100 für Bauwerke, die sehr schädigungsanfällig sind. Negative Werte deuten auf ein Bauwerk hin, das ein besseres als von den Normen gefordertes seismisches Verhalten aufweist.

Tabelle 5-2 Parameter zur Bestimmung des Vulnerabilitätsindexes (Sergisai, 1998)

i	Parameter	Classes (p_i)				w_i
		A	B	C	D	
1	Resistance system organization	0	0	20	45	0,261
2	Resistance system quality	0	5	25	45	0,065
3	Conventional resistance	0	5	25	45	0,392
4	Position of the building and foundations	0	5	25	45	0,196
5	Diaphragms	0	5	15	45	var.
6	Plan configuration	0	5	25	45	0,131
7	Elevation configuration	0	5	25	45	var.
8	Maximum distance between walls	0	5	25	45	0,065
9	Roof type	0	15	25	45	var.
10	Nonstructural elements	0	0	25	45	0,065
11	Preservation state	0	5	25	45	0,261

Im nächsten Schritt wird der Schädigungsindex DI (*Damage Index*) bestimmt. Der Zusammenhang zwischen dem Schädigungsindex und dem Vulnerabilitätsindex wird durch die sogenannten Vulnerabilitätskurven (*Vulnerability Curves*) beschrieben. In Bild 5-2 sind die im Sergisai-Projekt verwendeten Vulnerabilitätskurven für verschiedene Erdbebenintensitäten dargestellt.

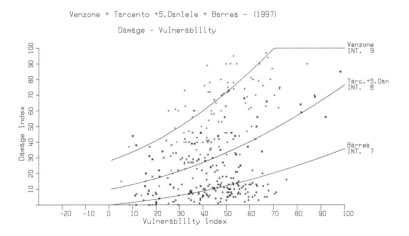

Bild 5-2 Vulnerabilitätskurven (Sergisai, 1998), Kurvenparameter Erdbebenintensität in MMI

Der Zusammenhang zwischen Vulnerabilitätsindex, Schädigung und Erdbebenstärke geht aus Bild 5-3 (Sergisai, 1998) hervor. Die Sergisai-Methode kann relativ einfach für die Vulnerabilitätsuntersuchung bestehender Bauwerke verwendet werden, wobei die Vulnerabilitätskurven durch Korrelationsanalysen der Erdbebenschäden in verschiedenen Gebieten hergeleitet werden. Nachteilig ist, dass die Kurven streng genommen nur für die Bauweisen gelten, die den Untersuchungen zugrunde lagen.

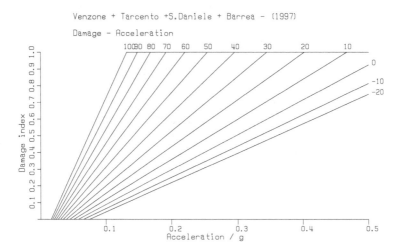

Bild 5-3 Vulnerabilitätskurven (Sergisai, 1998), Beschleunigung als PGA

Die von Sauter und Shah (1978) vorgeschlagenen Vulnerabilitätskurven stellen ein weiteres Beispiel dar. Sie zeigen den Zusammenhang zwischen der makroseismischen Erdbebenintensität (MMI) und dem DR für verschiedene Bauwerkstypen (Bild 5-4). Diese Kurven werden häufig in der Versicherungsindustrie zur Bestimmung von Versicherungsprämien benutzt. Sie wurden anhand von Korrelationsanalysen der Erdbebenschäden für übliche Bauwerksarten in Costa Rica erstellt, haben aber den Nachteil, dass die individuellen Bauwerkseigenschaften völlig außer Acht gelassen werden.

Weiter finden sich in der Literatur eine ganze Reihe von Untersuchungen, die zu unterschiedlichen Vulnerabilitätskurven führen (Cochrane et al., 1992; D'Ayla et al., 1996; Kishi et al., 1998; Sabetta et al., 1998; Spence et al., 1992; Visseh und Ghafory-Ashtiany, 1998). Da die Mehrzahl der Vulnerabilitätskurven auf der Auswertung statistischer Erdbebendaten beruht, ist ihre Anwendung auf bestimmte Länder bzw. Regionen begrenzt. Für eine Übertragbarkeit der Kurven auf andere Länder und Regionen mit differierenden Bauweisen ist deshalb in der Regel eine Anpassung erforderlich.

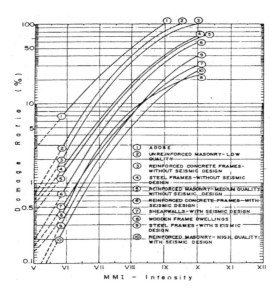

Bild 5-4 Vulnerabilitätskurven nach Sauter und Shah (1978)

5.4.1.2 Empirische Formeln

Die Vulnerabilitätsuntersuchung auf Grundlage empirischer Formeln arbeitet mit überschlägigen Formeln zur Berechnung der Schädigung als Funktion von relevanten Bauwerksparametern und der makroseismischen Erdbebenintensität. In den Formeln werden die charakteristischen Eigenschaften des Bauwerks nur unzureichend berücksichtigt, so dass ihre Anwendung auf Klassen von Bauwerken beschränkt ist.

Eine bekannte Formel zur Berechnung der Schädigungsparameter wurde von Tiedman unter Berücksichtigung von verschiedenen Bauwerks- und Intensitätsparametern entwickelt (Oliveira et al., 1996):

$$\text{MDR}\,[\%] = e^{K_1} \cdot \beta^{K_2} \tag{5.10}$$

Dabei können K_1 und K_2 wie folgt berechnet werden:

$$K_1 = 0{,}0188 \cdot I^3 - 0{,}5884 \cdot I^2 + 6{,}3515 \cdot I - 18{,}822 \tag{5.11}$$

$$K_2 = 0{,}0104 \cdot I^3 - 0{,}53047 \cdot I^2 + 3{,}1560 \cdot I - 11{,}938 \tag{5.12}$$

Der Koeffizient β hängt vom Bauwerkstyp ab, und I ist die makroseismische Erdbebenintensität nach der Modified Mercalli Skala (MMI). Diese Formeln basieren auf weltweiten Erdbebenstatistiken, die von Tiedman zusammengestellt wurden.

5.4.2 Methoden in Untersuchungsstufe II

Die am häufigsten verwendete Methode mit der in Untersuchungsstufe II eine Aussage über die Vulnerabilität von Bauwerken gemacht werden kann, ist die von FEMA (Federal Emergency Management Agency) entwickelte Methode HAZUS99 (FEMA, 1999). Die Methode basiert auf der Anwendung der in Abschnitt 3.1.4.2 vorgestellten Kapazitätsspektrums-methode. Für Gebäude wird in HAZUS99 (FEMA, 1999) zwischen 36 verschiedenen Gebäu-dekategorien differenziert. Die Zuordnung zu einer der Kategorien erfolgt aufgrund der beiden Merkmale Gebäudetyp und Anzahl der Stockwerke. Zusätzlich werden die Gebäude in 7 Nut-zungsgruppen unterteilt und einer der in Abschnitt 4.1.5.2 vorgestellten vier Normkategorien zugeordnet. Liegen alle Informationen vor, so kann mit der Methode HAZUS99 (FEMA, 1999) die jährliche Schädigungskurve in fünf Schritten bestimmt werden:

Schritt 1

Mit dem Gebäudetyp, der Gebäudenutzung und der Normenkategorie werden zunächst die Pushover-Kurve und die Fragilitätskurven für das zu untersuchende Gebäude bestimmt. Letzte-re beschreiben, mit welcher Wahrscheinlichkeit ein Gebäude in die jeweilige Schädigungsklas-se (Abschnitt 5.2.3) in Abhängigkeit der Spektralverschiebung einzuordnen ist.

Schritt 2

Im nächsten Schritt werden die für den Standort relevanten Antwortspektren mit verschiedenen Wiederkehrperioden auf Grundlage von Gefährdungskarten bestimmt (Abschnitt 5.3.2).

Schritt 3

Die Pushover-Kurve des Bauwerks wird mit den Antwortspektren der verschiedenen Wieder-kehrperioden in einem gemeinsamen $S_a - S_d$ Diagramm überlagert. Hierzu sind beide Kurven entsprechend der in Abschnitt 3.1.4.2 angegebenen Transformationsvorschriften in das ge-meinsame Diagramm zu transformieren.

Schritt 3

Die Überlagerung der Kapazitätsspektren mit der Kapazitätskurve liefert die maximalen Spekt-ralverschiebungen S_d für die verschiedenen Wiederkehrperioden. Damit können den maxima-len Spektralverschiebungen die jährlichen Überschreitungswahrscheinlichkeiten zugeordnet werden, mit denen die Kapazitätsspektren verknüpft sind.

Schritt 4

Aus den Fragilitätskurven ist die Schädigungskurve nach folgender Formel zu bestimmen:

$$DR = \sum_{ds=1}^{5} P_{ds} \cdot SG_{ds} \tag{5.13}$$

Hierbei ist DR der Schädigungsgrad zugehörig zu einer Spektralverschiebung S_d, P_{ds} ist die prozentuale Wahrscheinlichkeit für die Zuteilung in Schädigungsklasse ds und SG ist der zur Schädigungsklasse zugehörige Schädigungsgrad, der für die strukturelle Bauwerksschädigung Tabelle 5-3 entnommen werden kann. Auf diese Weise kann die gesamte Schädigungskurve aus den Fragilitätskurven Punkt für Punkt entwickelt werden.

Tabelle 5-3 Schädigungsgrad für die strukturelle Bauwerksbeschädigung, HAZUS99 (FEMA, 1999)

Schädigungsklasse	Schädigungsgrad [%]
keine	0
leicht	2
gemäßigt	10
stark	50
komplett	100

Schritt 5

Im letzten Schritt werden die Schädigungsgrade DR für die maximalen Spektralverschiebungen aus der Schädigungskurve abgelesen. Da den maximalen Spektralverschiebungen jährliche Überschreitungswahrscheinlichkeiten zugeordnet sind (Schritt 3), können die Schädigungsgrade mit der jährlichen Überschreitungswahrscheinlichkeit verknüpft werden. Damit ist schlussendlich die jährliche Schädigungskurve bekannt.

Der Ablauf mit den einzelnen Arbeitsschritten ist zusammenfassend in Bild 5-5 dargestellt. Insgesamt können mit HAZUS99 (FEMA, 1999) vier Typen von Schädigungen bestimmt werden:

• Strukturelle Schädigungen

• Beschleunigungsempfindliche nichtstrukturelle Schädigungen

• Verschiebungsempfindliche nichtstrukturelle Schädigungen

• Betriebsunterbrechungen

Für die jeweiligen Schädigungsarten werden von HAZUS99 (FEMA, 1999) jeweils die Schädigungsgrade zur Einstufung in die Schädigungsklassen, wie in Tabelle 5-3 für die strukturelle Schädigung, angegeben.

Die Betriebsunterbrechung wird über die strukturelle Schädigung bestimmt, weil diese der beste Indikator für die Reparaturdauer ist. Die Betriebsunterbrechung ist von der Wiederherstellungszeit zu unterscheiden. Die Wiederherstellungszeit besteht im Falle von Gebäuden aus drei Zeitabschnitten:

• Reparatur und Erneuerung:
  Hierunter fällt die gesamte Bauzeit, die notwendig ist, um Schäden zu reparieren oder Bauteile auszutauschen.

• Säuberung und Einrichtung:
  Dies ist die Zeit, die für das Ein- und Ausräumen des Mobiliars und die Säuberung des Gebäudes benötigt wird.

• Sonstiger Zeitaufwand:
  Diese Gruppe lässt sich nicht exakt definieren. Sie variiert in den verschiedenen Schadensklassen stark. Hierunter kann man unter anderem folgende Punkte verstehen:
  - Durchdenken der Möglichkeiten zur Finanzierung der Bauarbeiten,
  - Schadensmeldung an das Versicherungsunternehmen, Warten auf Antwort,
  - Überlegungen über den Neubau anstellen, Architekten beauftragen,
  - Bauunternehmen kontaktieren.

Die Wiederherstellungszeit ist häufig viel länger als die Betriebsunterbrechung, weil das Arbeiten oder das Wohnen in einem Gebäude auch unter Einschränkungen möglich ist. Die Berechnung der Betriebsunterbrechung bzw. der Wiederherstellungszeit erfolgt über die Fragilitätskurven der strukturellen Schädigung. HAZUS99 (FEMA, 1999) liefert Zeitangaben für Reparatur / Säuberung, Wiederherstellung und Betriebsunterbrechung, wobei bei der Einteilung zwischen den einzelnen Nutzungsgruppen und Nutzungsuntergruppen unterschieden wird. Die Zeiten für Wiederherstellung und Betriebsunterbrechung dienen auch als Grundlage zur Ermittlung von Miet- und Einkommensverlusten. Neben dem hier für Gebäude skizzierten Weg zur Bestimmung der Betriebsunterbrechung beinhaltet HAZUS99 (FEMA, 1999) auch Möglichkeiten z.B. die Ausfallzeiten von Anlagen oder infrastrukturellen Bauwerken zu bestimmen.

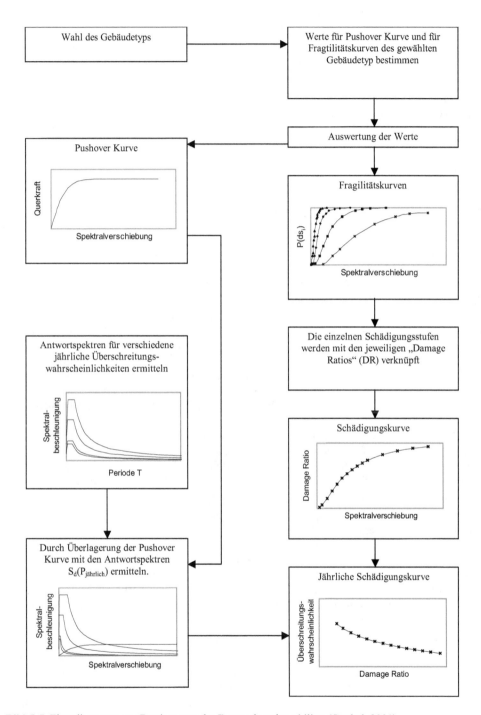

Bild 5-5 Flussdiagramm zur Bestimmung der Bauwerksvulnerabilität (Gunkel, 2001)

5.4.3 Methoden in Untersuchungsstufe III

Mit Hilfe einer Vulnerabilitätsuntersuchung in Untersuchungsstufe III wird schließlich die Bauwerksschädigung für vorgegebene Erdbebenintensitäten mittels einer detaillierten Bauwerksuntersuchung bestimmt, die je nach geforderter Genauigkeit durch lineare oder nichtlineare Simulationen quasi-statisch oder dynamisch durchgeführt wird.

Die lineare Berechnung wird in der Regel mit dem Antwortspektrenverfahren auf Grundlage normativer Antwortspektren durchgeführt. Die linearen Antwortspektren werden hierbei zur Berücksichtigung der dissipativen Tragwerksreserven mit einem Verhaltensbeiwert q abgemindert (Abschnitt 4.1.5.3). Dieser stark vereinfachte Ansatz hat sich als Standardberechnung in der Baupraxis etabliert.

Die nichtlineare statische Tragwerksanalyse dient der Abschätzung der globalen Tragwerksantwort (Shome, 1999). Diese Abschätzung ist aber nur dann aussagekräftig, wenn das Bauwerksverhalten durch die Grundeigenfrequenz dominiert wird. Weiterhin ist die Ableitung der lokalen Beanspruchungen aus der globalen Tragwerksantwort problematisch. Nur mit nichtlinearen Zeitverlaufsberechnungen können sowohl die globalen als auch die lokalen Beanspruchungen zuverlässig ermittelt werden, wobei es aufgrund des hohen numerischen Aufwands sinnvoll erscheint, die nichtlinearen Materialeigenschaften des Bauwerks durch spezielle nichtlineare Makroelemente zu beschreiben (Weitkemper, 2000).

Ein wichtiger Aspekt der nichtlinearen Tragwerksanalyse ist die Wahl des Typs und der Anzahl der erforderlichen Beschleunigungszeitverläufe. Die Zeitverläufe können spektrumskompatibel generiert werden oder aufgezeichnete Verläufe vergangener Erdbeben sein. In FEMA 273 (1997) wird empfohlen, drei bis sieben Beschleunigungszeitverläufe so zu wählen, dass das Spektrum der Beschleunigungszeitverläufe im Bereich der relevanten Frequenzen im Durchschnitt genauso hoch oder über dem Bemessungsspektrum liegt. Der Bereich der relevanten Frequenzen wird jedoch nicht näher spezifiziert. Nach dem Bericht von SEAOC (1998) sollen die Beschleunigungszeitverläufe „den Charakteristiken der aktiven Erdbebenherde am Standort entsprechen und energiereich im Bereich der relevanten Frequenzen sein". Die DIN EN 1998-1 (2010) schreibt vor, dass sowohl für künstliche als auch für aufgezeichnete Beschleunigungszeitverläufe mindestens 3 Beschleunigungszeitverläufe zu verwenden sind. Ein eindeutig beschriebenes Vorgehen mit einer exakten Angabe der Anzahl zu verwendender Beschleunigungszeitverläufe findet sich jedoch in keiner der Normen und Richtlinien.

In der Bemessungspraxis (DIN EN 1998-1, 2010; FEMA 302, 1998; FEMA 273, 1997) wird empfohlen, die seismische Beanspruchung für ein gegebenes Spektrum oder ein charakteristisches Ereignis zu berechnen und dann mit den zulässigen Werten der Norm/Richtlinie zu vergleichen. Dabei wird die Unsicherheit in den Spektralwerten durch eine probabilistische seismische Gefährdungsuntersuchung (PSHA) erfasst. Die Unsicherheiten in der Berechnung der Bauwerksantwort werden hierbei jedoch nur sehr überschlägig berücksichtigt. Die Bauwerksantwort wird somit nur für eine Erdbebenintensität mit einer bestimmten Wiederkehrperiode berechnet, während die Überschreitungswahrscheinlichkeiten anderer Schädigungsstufen nicht ermittelt werden können.

Die Überschreitungswahrscheinlichkeit $P[Y \geq y|$ Ereignis$]_i$ einer Schädigungsstufe y des Schädigungsindikators Y für eine bestimmte seismische Herdregion oder Bruchzone (Fault) i kann mittels Monte-Carlo Simulationen aus den Resultaten der nichtlinearen dynamischen Tragwerksanalyse mit verschiedenen, für diese Herdregion möglichen Akzelerogrammen ermittelt werden. Die Beschleunigungszeitverläufe können unter Berücksichtigung der jeweils gültigen Abnahmefunktion (Magnitude-Distanz-Beziehung) bestimmt werden. Abschließend kann die

Überschreitungswahrscheinlichkeit einer definierten Schädigungsstufe y durch die Aufsummierung aller Anteile der verschiedenen Herdregionen ermittelt werden:

$$P[Y \geq y] = \sum_i v_i \, P[Y \geq y| \text{Ereignis}]_i \qquad (5.14)$$

Dabei ist v_i die mittlere Aktivitätsrate der Ereignisse in der Bruchzone i. Der größte Nachteil dieser Monte-Carlo Simulation ist, dass eine große Anzahl von nichtlinearen Zeitverlaufsberechnungen durchgeführt werden müssen, um die seismische Beanspruchung zu ermitteln. Es ist aber praktisch unmöglich, eine solche Anzahl von Beschleunigungszeitverläufen zu erhalten, die jeweils den Magnitude/Distanz (M/R)-Charakteristiken aller möglichen Herdregionen genügen. Daher müssten auch simulierte, künstlich erzeugte Zeitverläufe Verwendung finden. Demzufolge kann diese Methode in der Praxis kaum für einzelne Bauwerke eingesetzt werden, obwohl sie bei korrekter Modellierung gute Resultate liefert.

Eine Vereinfachung der oben genannten Methode kann durch die Generierung von strukturspezifischen Abnahmefunktionen (*structure-specific attenuation laws*) erzielt werden (Shelock et al., 1998; SEAOC, 1998). In diesem Fall wird die Tragwerksanalyse für eine große Anzahl aufgezeichneter Beschleunigungszeitverläufe mit verschiedenen Magnituden und Entfernungen durchgeführt. Hieraus kann die Variation der Schädigungsindikatoren berechnet werden. Die Berechnung erfolgt in gleicher Weise wie die Ermittlung der Abnahmefunktionen der seismischen Erregung, bei der die Relation der spektralen Beschleunigung mit Magnitude und Entfernung hergestellt wird. Die Wahrscheinlichkeit der Überschreitung einer bestimmten Schädigungsstufe y kann dann wie folgt berechnet werden:

$$P[Y \geq y] = \sum_i v_i \cdot \iint P[Y \geq y|m,r] \cdot f_{M,R}(m,r) \, dm \, dr \qquad (5.15)$$

Der Nachteil ist auch hier, dass eine große Anzahl nichtlinearer Tragwerksanalysen durchgeführt werden muss, um die seismische Beanspruchung zu berechnen. Im Vergleich zur Monte-Carlo-Simulation ist diese Methode jedoch sehr viel effizienter.

Um dieses Verfahren effizienter zu nutzen, wurde von Han und Wen (1997) ein „äquivalentes" nichtlineares System in Form eines Einmassenschwingers eingeführt, welches das nichtlinear reagierende Bauwerk ersetzt. Diese Vereinfachung erlaubt es, nichtlineare Zeitverlaufsberechnungen mit geringem Rechenaufwand durchzuführen. Das eigentliche Ziel dieser Methode ist jedoch nicht die praktische Anwendung auf einzelne Bauwerke, sondern die Kalibrierung der Bemessungsparameter in Bemessungsnormen, so dass die Methode nur sehr beschränkt in der Praxis eingesetzt werden kann.

Cornell (Bazurro et al., 1998) schlägt vor, die probabilistische seismische Gefährdungsuntersuchung (PSHA) mit der nichtlinearen Tragwerksanalyse zu koppeln. Dieser Ansatz benötigt weniger nichtlineare Simulationen, da die standortspezifische Variabilität bereits in den PSHA berücksichtigt wird. Die restliche Variabilität kann mit einer deutlich reduzierten Anzahl von Beschleunigungszeitverläufen erfasst werden. Das nichtlineare Schädigungspotential wird von Cornell mit Hilfe eines strukturspezifischen nichtlinearen Antwortfaktors beschrieben. Der Ansatz von Cornell stellt im Vergleich zur direkten Monte-Carlo Simulation eine interessante Weiterentwicklung dar, da wegen der Einbindung der seismischen Gefährdungsberechnung in die nichtlineare Zeitverlaufsberechnung nur wenige Beschleunigungszeitverläufe benötigt werden.

5.5 Integriertes Gesamtkonzept

5.5.1 Bauwerksklassifizierung

Die Grundlage des Konzeptes bildet die in Bild 5-6 dargestellte Bauwerksklassifizierung. Für die dort angegebenen Bauwerksklassen erfolgt eine weitere Aufteilung in Unterklassen, für die jeweils die drei Untersuchungsstufen spezifiziert werden müssen. Die Spezifizierung beinhaltet in der ersten Untersuchungsstufe die Definition der Schädigung und die Auswahl geeigneter Vulnerabilitätskurven. In der zweiten Stufe sind die vereinfachten Rechenmodelle und die vor Ort zu bestimmenden Bauwerksparameter festzulegen und in der dritten Stufe sind die Aspekte der detaillierten Bauwerksmodellierung zu konkretisieren. Die Umsetzung der Methodik wird am Beispiel von Wohn- und öffentlichen Gebäuden, Brücken und Industrieanlagen exemplarisch vorgestellt.

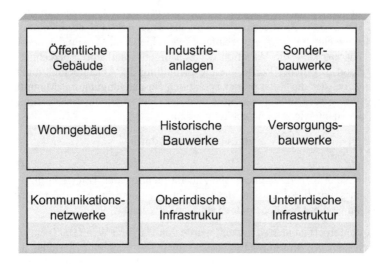

Bild 5-6 Übergeordnete Bauwerksklassifizierung (Meskouris et al., 2006)

5.5.2 Spezifikation für Hochbauten

Dieser Abschnitt beschreibt eine Methode, für die Bestimmung der seismischen Vulnerabilität von Gebäuden in den Untersuchungsstufen I bis III. Grundlage der Methode ist eine von Sadegh-Azar (Sadegh-Azar, 2002) in Zusammenarbeit mit Gerling Consult entwickelte Software zur seismischen Vulnerabilitätsuntersuchung. Die Software unterstützt den gesamten Prozess der Datenerfassung, Datenbearbeitung sowie Datenausgabe und kann an Ort und Stelle durchgeführt werden, so dass weitere Analysen und Auswertungen im Büro entfallen (Meskouris et al., 2001).

5.5.2.1 Untersuchungsstufe I

Untersuchungsstufe I besteht im Wesentlichen aus einer visuellen Bauwerksinspektion, wobei untersucht wird, ob das Bauwerk „auf den ersten Blick" den möglichen Erdbebenkräften widerstehen kann oder ob es begründete Zweifel daran gibt (*Rapid Visual Screening*). Der Inspektor besichtigt das Bauwerk und identifiziert die sichtbaren Bauwerks- und Baugrundeigenschaften, wie sie im Folgenden zusammengestellt werden. Nach der Inspektion werden die gesammelten Informationen in das Programm eingegeben, das eine Bauwerkspunktezahl Sc (*Structural Score*) in Abhängigkeit von den gewichteten Bauwerkseigenschaften errechnet. Diese Bauwerkspunktezahl charakterisiert die Versagenswahrscheinlichkeit des Bauwerks im Falle eines Erdbebens, wobei eine hohe Bauwerkspunktezahl Sc ein gutes seismisches Verhalten impliziert.

5.5.2.1.1 Berechnungsgrundlagen

Grundlage der Vulnerabilitätsbeurteilung ist die Berechnung einer Bauwerkspunktezahl Sc (*structural score*) für das zu untersuchende Bauwerk. Die Punktezahl Sc zeigt die Wahrscheinlichkeit einer seismischen Schädigung auf, und wird in Abhängigkeit der Bauwerksart und der seismischen Gefährdung ermittelt. Im Rahmen der Beurteilung wird eine „starke" Schädigung als eine Bauwerksschädigung von größer als 60 % des Bauwerkswertes ($DR \geq 60\%$) definiert. Die 60 %-Grenze der Schädigung wird aus folgenden Gründen festgelegt:

- Sie entspricht der unteren Grenze des „sehr starken" Schädigungszustandes (*Major Damage State*) aus ATC-13 (1985). Die Definitionen der verschiedenen Schädigungszustände sind in Tabelle 5-4 angegeben.

- Es hat sich gezeigt, dass bei Bauwerken mit einem Schädigungsgrad von größer als 60 % meist keine Sanierungsmaßnahmen vorgenommen werden, sondern das gesamte Bauwerk abgerissen wird.

- Bauwerke mit einem Schädigungsgrad größer als 60 % sind einsturzgefährdet, und stellen somit eine unmittelbare Bedrohung für Leben und Gesundheit dar.

Tabelle 5-4 Schädigungszustände nach ATC-13 (1985)

Schädigungszustand	„Damage Ratio" DR = Sanierungskosten eines Bauwerks/Bauwerkswert) (%)	Zentralwert des „Damage Ratio" DR (%)
1-„Keine" (*None*)	0	0
2-„Gering" (*Slight*)	0-1	0,5
3-„Leicht" (*Light*)	1-10	5
4-"Mittel" (*Moderate*)	10-30	20
5-"Stark" (*Heavy*)	30-60	45
6-„Sehr stark" (*Major*)	60-100	80

Die Bauwerkspunktezahl wird für eine gegebene mögliche Bodenbewegung (z.B. beschrieben durch ihre maximale effektive Bodenbeschleunigung EPA) folgendermaßen definiert:

$$Sc = -\log \text{ (Versagenswahrscheinlichkeit)} \tag{5.16}$$

oder

$$Sc = -\log \text{ (Versagenswahrscheinlichkeit größer oder gleich 60 \%)} \tag{5.17}$$

bzw.

$$Sc = -\log(P(y \geq 0{,}60) = -\log(F(\infty) - F(0{,}60)) \tag{5.18}$$

Es gilt auch:

$$Sc = -\log(1 - F(0{,}60))$$
(5.19)

Dabei gibt die Verteilungsfunktion $F(x)$ die Wahrscheinlichkeit an, dass der Schädigungsgrad kleiner als x bleibt. Die Bauwerkspunktezahl Sc entspricht näherungsweise (in der hier genutzten Größenordnung) dem Bauwerkssicherheitsindex β, wie er für statische Lasten Verwendung findet. Wie bereits erwähnt wird ein Schädigungsfaktor größer als 60 % als „Versagen" beim Lastfall Erdbeben definiert, welcher mit der Definition von „Versagen" unter statischen Lasten verglichen werden kann.

Die theoretische Basis zur Berechnung der Bauwerkspunktezahlen liefern die statistischen Daten im ATC-13 *"Earthquake Damage Evaluation Data for California"*. Der ATC-13 (1985) wurde verwendet, da es die vollständigste Schädigungsuntersuchung in Erdbebengebieten ist und dazu eine der wenigen systematisch zusammengestellten Erdbebenschädigungsuntersuchungen weltweit darstellt. Im ATC-13 (1985) werden die Schädigungsfaktoren für verschiedene Erdbebenintensitäten und Bauwerksklassen angegeben. Diese Schädigungsfaktoren korrespondieren zu dem Mittel einer Klasse, welche moderne normengerechte und ältere, nicht auf Erdbeben bemessene Bauwerke enthält.

Untersuchungen im ATC-13 (1985) sowie von Dowrick et al. (1996) und Shome (1999) zeigen, dass die Verteilung der Erbebenschädigung in einer bestimmten Erdbebenintensität als lognormal angenommen werden kann. Bild 5-7 zeigt eine solche typische Wahrscheinlichkeitsdichtefunktion $f_y(y)$ der Schädigung.

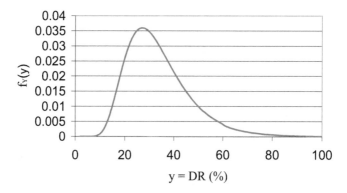

Bild 5-7 Typische Wahrscheinlichkeitsdichtefunktion der Erdbebenschädigung

Die Wahrscheinlichkeitsdichtefunktion $f_y(y)$ stellt die Basis zur Berechnung der Bauwerkspunktezahlen Sc dar. Sie gilt für $y \geq 0$ und ist definiert als:

$$f_Y(y) = \frac{1}{y \cdot \sqrt{2\pi} \cdot \sigma_{\ln Y}} \cdot \exp\left\{-\frac{1}{2}\left[\frac{1}{\sigma_{\ln Y}} \ln\left(\frac{y}{\tilde{m}_Y}\right)\right]^2\right\}$$
(5.20)

mit:

$\tilde{m}_Y$ Medianwert der Schädigung und

$\sigma_{\ln Y}$ Standardabweichung der natürlichen Logarithmen der Schädigungen.

Die Wahrscheinlichkeitsverteilungsfunktion $F_y(y)$ kann nun wie folgt berechnet werden:

$$F_Y(y) = P[Y \leq y] = \int_{-\infty}^{y} f_Y(u)du \tag{5.21}$$

Der Medianwert wird definiert durch:

$$F_Y(\tilde{m}) = 0,5 \tag{5.22}$$

Nun können die Bauwerkspunktezahlen aus Gleichung (5.17) berechnet werden. Meist wird durch folgende Transformation an Stelle der logarithmischen Normalverteilung die Normalverteilung eingeführt:

$$X = \ln Y \tag{5.23}$$

Damit kann die lognormal verteilte Variable Y durch die normal verteilte Variable X ersetzt werden:

$$\ln \tilde{m}_Y = m_X \tag{5.24}$$

mit m_X als Mittelwert der natürlichen Logarithmen der Schädigungswerte. Durch diese Transformation können alle Werte mit Hilfe der vertrauten Normalverteilung bestimmt werden. Damit können die Basispunktzahlen für die verschiedenen Bauwerksarten und Erdbebenintensitäten ermittelt und anhand der anderen Bauwerkseigenschaften modifiziert werden. Die Punktezahlen und die entsprechenden Schädigungswerte werden für verschiedene Erdbebenintensitäten berechnet und liefern somit die Schädigungskurve des Bauwerks.

Mit der Verknüpfung der Gefährdungs- und der Schädigungskurve können die wahrscheinliche jährliche Schädigung bzw. die technische Versicherungsprämie berechnet werden. Die wahrscheinliche jährliche Schädigung R_i ist gleich der technischen jährlichen Versicherungsprämie und wird berechnet zu:

$$R_i = E[MDR_i] = \int h(I) \cdot MDR_i(I) \cdot dI \tag{5.25}$$

mit:

R_i	Wahrscheinliche jährliche Schädigung der Bauwerksart i oder technische jährliche Versicherungsprämie in % des Bauwerkswertes,
$MDR_i(I)$	„Mean Damage Ratio" für die Bauwerksart i in der Intensität I,
$h(I)$	Standortspezifische Gefährdungskurve.

Vereinfacht kann auch folgende Gleichung angesetzt werden:

$$R_i = E[MDR_i] \approx \sum_I \frac{MDR_i(I)}{T(I)} \tag{5.26}$$

mit $T(I)$ als Wiederkehrperiode eines Bebens mit der Intensität I.

Nach der Ermittlung der Bauwerkspunktezahlen und der entsprechenden Schädigungswerte (MDR-Werte) müssen diese mit den zulässigen Werten verglichen werden.

5.5.2.1.2 Bauwerkseigenschaften und Geländedaten

Die wichtigsten der Bauwerks- und Geländedaten, die der Vulnerabilitätsbeurteilung zugrunde liegen, werden im Folgenden zusammengefasst und beschrieben:

- *Datum, Bauwerksname, Bauwerksnummer, Baufirma, nach Bedarf geographische Länge und Breite (mittels GPS), Adresse, Name der Projektdatei*

- *Name des Bauwerksinspektors*

- *Anzahl der Stockwerke, Stockwerkshöhe und Bauwerksgrundfläche*

  Die Ermittlung der Anzahl der Geschosse ist nicht immer einfach, wenn das Bauwerk auf unebenem Gelände errichtet ist oder verschiedene Dachhöhen besitzt. In der Regel sollte die maximale Anzahl der Stockwerke (gezählt vom tiefsten Teil des Gebäudes) angesetzt werden. Manchmal besitzt das Bauwerk auch Stockwerke unter der Erdoberfläche; hier werden nur die Stockwerke, die eine horizontale Verschiebungsmöglichkeit besitzen, berücksichtigt. Die Grundfläche eines Stockwerks wird primär in Untersuchungsstufe II zur Bestimmung der horizontalen Erdbebenersatzkräfte genutzt. Dieser Wert kann später zur Bestimmung des monetären Wertes des Gebäudes herangezogen werden.

- *Baujahr*

  Das ist einer der wichtigsten Parameter, auch wenn er nicht direkt in die Bewertung eingeht. Das Baujahr kann ein Kriterium für die Bemessung nach einer bestimmten seismischer Norm sein. Es ist jedoch auch möglich, dass die statische Berechnung und die konstruktive Durchbildung früheren Datums sind als der Bau selbst und somit einer älteren Normversion oder gar keiner seismischen Norm genügen.

- *Bauwerksnutzung/Bedeutungskategorie und Versicherungssumme*

  Diese Indikatoren weisen auf die Bedeutung des Gebäudes hin und tragen zur Wahl der erforderlichen Untersuchungsstufe bei. Es sind drei Bauwerksnutzungen/Bedeutungskategorien vorgesehen:

  - Kategorie I:
    Bauten, deren Unversehrtheit während des Erdbebens von hoher Bedeutung für den Schutz der Allgemeinheit ist, z.B. Krankenhäuser, Feuerwachen, Kraftwerke, etc.

  - Kategorie II:
    Bauten, deren Widerstandsfähigkeit gegen Erdbeben im Hinblick auf die mit einem Einsturz verbundenen Folgen wichtig ist, z.B. Schulen, Versammlungshallen, kulturelle Einrichtungen etc.

  - Kategorie III:
    Gewöhnliche Bauten, die nicht zu den anderen Kategorien gehören

  Die Bauwerksnutzung/Bedeutungskategorie hat keinen direkten Einfluss auf die Punktezahlen in Untersuchungsstufe I, während in Untersuchungsstufe II die horizontalen seismischen Ersatzkräfte als eine Funktion der Bedeutungskategorie berechnet werden.

- *Seismische Zone*

  Die Einteilung der Erdbebenzonen wird folgendermaßen festgelegt:

  - Niedrig (*Low*):   EPA $\leq$ 0,10g

  - Mittel (*Moderate*):   0,10g < EPA $\leq$ 0,20g

  - Hoch (*High*):   EPA > 0,20g

Die maximale effektive Bodenbeschleunigung EPA wurde hier als repräsentativer seismischer Eingangsparameter gewählt. Diese Einteilung genügt den Anforderungen in Untersuchungsstufe I und II, ist aber für eine Untersuchung in Stufe III zu ungenau. Der Wert der maximalen effektiven Bodenbeschleunigung EPA kann in der Regel den aktuellen Erdbebennormen entnommen werden. Oft werden darin maximale Bodenbeschleunigungswerte (PGA) angegeben; in erster Näherung kann dann EPA = 0,75 · PGA angenommen werden. Maßgebend ist der EPA-Wert des Bemessungsbebens; dieses wird definiert als das am Standort mögliche Beben, welches eine Überschreitungswahrscheinlichkeit von 10 % in 50 Jahren hat, was einer Wiederkehrperiode von T = 475 Jahren entspricht (jährliche Überschreitungswahrscheinlichkeit $2,1 \cdot 10^{-3}$). Die Wahl der seismischen Zone hat einen direkten Einfluss auf die Bauwerkspunktezahl.

- *Bodenbeschaffenheit*

  Bei weichen Böden ist generell mit einer größeren Schädigung zu rechnen. Normalerweise ist die Feststellung der Bodenbeschaffenheit vor Ort problematisch und muss daher im Rahmen der Vorarbeiten erfolgen. In Untersuchungsstufe I wird zwischen vier Bodenarten unterschieden während in Untersuchungsstufe II eine genauere Bodenuntersuchung durchgeführt wird. Die vier Bodenarten sind in Tabelle 5-5 angegeben.

Tabelle 5-5 Berücksichtigte Baugrundklassen (Sadegh-Azar, 2002)

Baugrundklasse (DIN EN 1998-1)	Baugrundklasse (NEHRP)	Beschreibung
A	S1	Fels oder andere geologische Formationen, die durch eine Scherwellengeschwindigkeit von mindestens 800 m/s gekennzeichnet sind oder steife Ablagerungen von Sand, Kies oder hochverdichtetem Ton mit einer Mächtigkeit kleiner als 70 m über dem Fels.
B	S2	Tiefe Ablagerungen von Sand, Kies oder verdichtetem Ton, mit Mächtigkeiten über 70 m .
C	S3	Weiche bis mitteldichte Ton- oder Sandablagerungen mit einer Mächtigkeit größer als 10 m oder weich bis mitteldichter Ton ohne Zwischenschichten aus Sand (oder anderen kohäsionslosen Bodenarten).
C	S4	Bodenschichten mit einer Mächtigkeit größer als 20 m aus weichem Ton oder Bodenarten mit einer Scherwellengeschwindigkeit unter 120 m/s.

- *Erdrutschgefahr und Gefahr des Entstehens einer seismischen Verwerfung*
- *Bodenverflüssigung* (Abschnitt 2.3.3.2).
- *Überschwemmung für Gebäude im Küstenbereich oder in Flussnähe.*
- *Bauweise des Gebäudes/Aussteifungssystems*

  Das ist mit der wichtigste Teil der Bauwerksuntersuchung in Untersuchungsstufe I und II, denn die Basispunktezahl des Bauwerks wird anhand der Bauwerksart und der seismischen Zone festgelegt und später in Abhängigkeit der anderen (im folgendem definierten) Bauwerks- und Baugrundeigenschaften modifiziert. Es sind 15 Bauwerkstypen vorgesehen, darunter:

- Biegesteife Stahlrahmen

- Stahlrahmen mit Diagonalaussteifungen

- Stahlrahmen und Stahlbeton-Schubwände

- Stahlrahmen und Schubwände aus Mauerwerk

- Biegesteife Stahlbetonrahmen

- Stahlbeton-Schubwände

- Stahlbetonrahmen und Mauerwerks-Schubwände

In den meisten Fällen kann ein erfahrener Inspektor die Bauweise ohne großen Aufwand identifizieren, manchmal können jedoch Fassadenelemente das Wesentliche verbergen. Es ist möglich, dass ein Bauwerk in Längs- und Querrichtung verschiedene Aussteifungssysteme besitzt. In diesem Fall sollte die Punktzahl für beide Systeme berechnet und die kleinere als maßgebend betrachtet werden.

Es folgen nun einzelne Aspekte des Bauwerks, die das seismische Bauwerksverhalten maßgeblich beeinträchtigen und die Bauwerkspunktezahl modifizieren. Die Endpunktzahl ergibt sich aus der Summe der Basispunktezahl (in Abhängigkeit von der Bauweise und der seismischen Zone) und dieser zusätzlichen Beiwerte, wobei deren Größe ebenfalls von der Bauwerksart/Bauweise abhängt.

- *Hohes Gebäude*

  Höhere Gebäude sind im allgemeinem für Erdbeben schädigungsanfälliger, deshalb wird dieser Beiwert berücksichtigt, wenn ein Gebäude mehr als acht Stockwerke (vier für unbewehrte Mauwerksbauten) besitzt.

- *Schlechter baulicher Zustand*

  Klassisches Beispiel sind sichtbare Risse oder beschädigte Bereiche. Bei Stahlbetonbauwerken ist auf rostige Streifen zu achten, die auf Korrosion der Bewehrung hinweisen, bei Mauerwerksbauten auf Fugen, wo der Mörtel mit der Hand oder mit einem Messer herausgekratzt werden kann.

- *Unregelmäßigkeit im Aufriss*

  Sprunghafte Änderung der Steifigkeit entlang der Höhe kann zu schweren Schäden durch örtliche Akkumulation der plastischen Verformung führen.

- *Weiches Geschoss*

  Nach SEAOC (1988) liegt ein „weiches Geschoss" vor, wenn seine horizontale Steifigkeit weniger als 70 % der Steifigkeit des Geschosses darüber oder weniger als 40 % der Summe der Steifigkeiten der drei Geschosse darüber beträgt. Das kommt gelegentlich in Gebäuden vor, wenn Schubwände in den oberen Geschossen aus architektonischen Gründen nicht bis zum Fundament durchgeführt, sondern über dem Erdgeschoss abgefangen wurden. Das Vorhandensein eines „weichen Geschosses" muss in beiden Richtungen kontrolliert werden.

- *Torsionsanfälligkeit*

  Bei im Grundriss unsymmetrischen Systemen führt der Abstand zwischen dem Massen- und dem Steifigkeitsmittelpunkt zu zusätzlichen Beanspruchungen aus Torsion. Beispiele sind Gebäude mit zur Strasse hin „offenen" Fassaden und massiven Schubwänden im rückwärts gerichteten Teil.

- *Unregelmäßigkeit im Grundriss*

  Bauwerke mit Grundrissen, die stark von der Rechteckform abweichen (z.B. durch einspringende Ecken) sind besonders gefährdet. Als Faustregel kann gelten, dass die Abmessung von versetzten Bereichen in einer Richtung 25 % der gesamten äußeren Grundrissabmessung des Bauwerks in der entsprechenden Richtung nicht überschreiten darf.

- *Gefahr des gegenseitigen Anstoßens benachbarter Gebäude*

  Bei ungenügendem Abstand zwischen benachbarten Gebäuden können durch das Aufeinanderschlagen schwere Schäden passieren, vor allem wenn die Stockwerke der beiden Bauwerke nicht in einer Höhe liegen und somit Stockwerksdecken gegen Stützen des Nachbargebäudes schlagen. Zur Vermeidung dieses Phänomens können spezielle „Stoßwände" (*bumper walls*) oder ein Mindestabstand von 10 cm dienen.

- *Gefahr durch schwere Fassadenfertigteile*

  Die Verankerung von schweren Fassadenfertigteilen sollte immer besonders sorgfältig erfolgen. Oft bewirken diese planmäßig nicht tragenden Elemente durch ihre tatsächlich vorhandene Steifigkeit ein ganz anderes seismisches Verhalten des Tragwerks als rechnerisch unterstellt.

- *Kurze Stützen*

  Der Schadensfall tritt bei Stahlbetonstützen auf, die sich infolge des Vorhandenseins von niedrigen Wänden und dergleichen nicht frei verformen können. Durch die niedrige Wand wird die Steifigkeit der Stütze in diesem Bereich erhöht, und damit auch die induzierten Kräfte, die zum gefürchteten spröden Schubversagen führen können. Das Anordnen von Fugen zwischen der Stütze und der Wand verhindert diesen Effekt.

- *Einhalten seismischer Normen und Vorschriften*

  Je jünger ein Gebäude ist, desto wahrscheinlicher ist es, dass es neueren und verbesserten seismischen Normen genügt. Da jedoch in manchen Ländern die Baupraxis die gültigen Normenvorschriften kaum zur Kenntnis nimmt, muss ggf. die Normkonformität durch andere Untersuchungen belegt werden (z.B. durch eine Untersuchung in Stufe II).

5.5.2.1.3 Resultate in Untersuchungsstufe I

Folgende Resultate werden durch die Software in Untersuchungsstufe I ausgegeben:

- Die ermittelte Bauwerkspunktezahl, die mit der Versagenswahrscheinlichkeit des Bauwerks in Verbindung gebracht werden kann.

- Die zu den verschiedenen Erdbebenintensitäten korrespondierenden mittleren Schädigungswerte (MDR) und die entsprechenden maximalen PL-Werte.

5.5.2.2 Untersuchungsstufe II

Ergänzend zur Untersuchungsstufe I werden zusätzliche Messungen durchgeführt. So müssen Abmessungen ermittelt und daraus resultierende Flächen berechnet und eingegeben werden, wie etwa die Summe aller horizontalen Querschnitte der Schubwände in einer Richtung. Um zu überprüfen, ob das Bauwerk den seismischen Kräften widerstehen kann, werden von der Software einige vereinfachte Berechnungen und Kontrollen durchgeführt, die im Folgenden beschrieben werden.

5.5.2.2.1 Berechnung der Erdbebenersatzkräfte und Kontrolle der Kippsicherheit

Zur Ermittlung horizontaler seismischer Ersatzkräfte werden folgende Parameter benötigt:

- Stockwerksgewicht einschließlich der anzusetzenden Verkehrslast

- Bemessungswert der Bodenbeschleunigung für DIN EN 1998-1 (2010)

- Verhaltensbeiwerte wie z.B. der Wert q_d für den DIN EN 1998-1 (2010) oder der „Response Modification Coefficient" R für NEHRP (FEMA 178, 1992)

- Bauwerksabmessung in x-Richtung

- Bauwerksabmessung in y-Richtung

Kann die Grundeigenfrequenz des Gebäudes nicht direkt gemessen werden, so lässt sie sich daraus durch empirische Formeln berechnen. Nach der Ermittlung der seismischen Ersatzkräfte in x- und y-Richtung kann das Kippmoment berechnet werden, wozu vereinfacht eine lineare Verteilung der Erdbebenkräfte entlang der Höhe des Bauwerks angenommen wird.

5.5.2.2.2 Verformungskontrolle für Rahmentragwerke

Für diesen Tragwerkstyp wird eine Abschätzung der relativen Stockwerksverschiebung vorgenommen, unter der Voraussetzung, dass die Stützen vom Fundament bis zum Dach kontinuierlich durchlaufen. Dazu werden Parameter wie E-Modul, Trägheitsmomente der Stützen, Spannweiten und Anzahl der Felder in beiden Richtungen benötigt. Der berechnete Wert wird dem normativen Grenzwert gegenübergestellt.

5.5.2.2.3 Schubspannungskontrolle bei Stahlbetonrahmenstützen

Dazu wird folgende vereinfachte Gleichung (FEMA 178, 1992) zur Berechnung der mittleren Schubspannungen v_{avg} in den Stützen verwendet:

$$\tau_{mittel} = \left[\frac{n_c}{n_c - n_f} \right] \frac{V_j}{A_c} \tag{5.27}$$

mit:

n_c Anzahl der Stützen,

n_f Anzahl der Rahmen in Belastungsrichtung,

A_c Summe aller Stützenquerschnittsflächen in der entsprechenden Etage,

V_j Seismischer Schub im jeweiligen Stockwerk.

Die Formel unterstellt, dass alle Stützen eines Stockwerks die gleiche Steifigkeit besitzen; benötigt werden Angaben über die Gesamtzahl der Stützen und Rahmen in beiden Richtungen sowie über die Stützenquerschnitte. Der berechnete Wert wird mit einem konservativen angenommenen zulässigen Wert der Schubspannung, in Abhängigkeit von der landesüblichen Betonqualität, verglichen.

5.5.2.2.4 Schubspannungskontrolle in den Schubwänden

Auch hier wird ein Schätzwert der Schubspannungen in den Schubwänden aus folgender Gleichung berechnet:

$$\tau_{avg} = \frac{V_j}{A_w} \tag{5.28}$$

Darin ist V_j der seismische Schub im jeweiligen Stockwerk und A_w die Summe der horizontalen Querschnittsflächen aller Schubwände in Belastungsrichtung. Die Fläche der Öffnungen in den Wänden muss hiervon abgezogen werden.

5.5.2.2.5 Kontrolle der Diagonalaussteifungen

Diese Kontrolle wird bei ausgesteiften Stahlrahmen vorgenommen, wobei zur Berechnung der Normalspannungen in den Aussteifungselementen ebenfalls eine vereinfachte Gleichung angesetzt wird. Einzugebende Daten für die x- und y-Richtung betreffen die mittlere Länge der Aussteifungen, deren Querschnittsfläche und deren Anzahl.

5.5.2.2.6 Bauwerk/Baugrund Frequenzkontrolle

Hier wird die Grundeigenfrequenz in x- und y-Richtung gemessen und mit der Bodeneigenfrequenz verglichen, wobei das Vorhandensein eines Abstands von 20 % gefordert wird. Zur Messung der Eigenfrequenz des Gebäudes wird der Beschleunigungsaufnehmer auf einem möglichst hohen Stockwerk im Gebäude installiert, da hier die Schwingungsamplituden am größten sind. Der Beschleunigungsaufnehmer wird mit dem Messrechner, der mit einer entsprechenden 3-Kanal Messkarte ausgestattet, verbunden.

Der Rechner ist mit einer benutzerfreundlichen Software zur „online" Spektralanalyse der einkommenden Signale ausgestattet. Als erstes wird die Bauwerksantwort auf die stets vorhandene natürliche Bodenunruhe (*Ambient Vibration*) gemessen und analysiert, was in der Regel ausreicht, um die Grundeigenfrequenz zu ermitteln. Dazu wird die Beschleunigung in den beiden Hauptrichtungen des Gebäudes gemessen und dann die entsprechenden Spektren bestimmt, die an den Eigenfrequenzen ausgeprägte Spitzen aufweisen. Bild 5-8 zeigt ein Beispiel mit den gemessenen Beschleunigungen in x- und y-Richtung und den zugehörigen Spektren. Wenn die Stärke der natürlichen Bodenunruhe nicht ausreicht oder wenn die Resultate verifiziert werden sollen, kann zusätzlich ein Unwuchterreger eingesetzt werden.

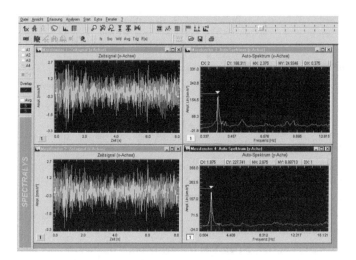

Bild 5-8 Beschleunigungszeitverläufe und die entsprechenden Spektren.

Zur Ermittlung der Bodeneigenfrequenz wird die H/V-Methode nach Nakamura verwendet. Zur Messung der Schwingungen reicht meist ein dreiaxialer Beschleunigungsaufnehmer aus (geschwindigkeitsbasierte Geophone können auch eingesetzt werden). Es ist wichtig, dass die Übertragungsfunktion des Beschleunigungsaufnehmers das zu untersuchende Frequenzband vollständig abdeckt. Aus den H/V-Spektren über 10 Hz kann in der Regel keine Information gewonnen werden, jedoch sind in machen Situationen die Werte unter 1 Hz von Bedeutung. Der Beschleunigungsaufnehmer sollte auf jeden Fall Frequenzen über 0,2 Hz messen können. Der Aufnehmer wird im freiem Feld im Boden fixiert, wobei sich keine starken Schwingungsquellen in der Nähe befinden sollten (z.B. viel befahrene Straßen); es kann dazu notwendig werden, die Messung nachts durchzuführen. Wenn keine Störungen auftreten, reicht im Allgemeinen eine Messung über 15 Minuten aus. Es werden die Beschleunigungen in horizontaler und vertikaler Richtung gemessen, die jeweiligen Spektren berechnet und der Quotient des Spektrums der Horizontalkomponente zum Spektrum der Vertikalkomponente gebildet, der die durch den Boden verstärkten Frequenzen wiedergibt. Eine typische H/V-Kurve ist in Bild 5-9 zu sehen.

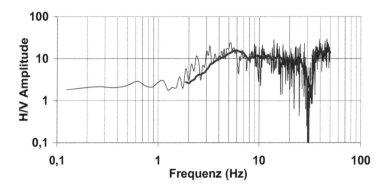

Bild 5-9 Typische H/V-Resonanzkurve des Bodens

5.5.2.2.7 Resultate in Untersuchungsstufe II

Zusätzlich zu den Ergebnissen in Stufe I werden folgende Resultate ausgegeben:

- Das Ergebnis der Strukturkontrolle, wobei dieser Test als bestanden gilt, wenn das Bauwerk keine wichtigen strukturellen Schwachpunkte aufweist.

- Das Ergebnis der Bauwerk/Baugrund Frequenzkontrolle.

- Die Anzahl und Art der strukturellen Schwachpunkte des Bauwerks.

Ein Bauwerk entspricht vereinfacht den wichtigen Anforderungen der Erdbebennorm, wenn es die Strukturkontrolle bestanden hat und die Anzahl der strukturellen Schwachpunkte gleich Null ist. Falls strukturelle Schwachpunkte identifiziert wurden, kann alternativ folgendermaßen vorgegangen werden:

- Das Bauwerk wird in Untersuchungsstufe III beurteilt, um festzustellen, ob die identifizierten Schwachpunkte einen maßgebenden Einfluss auf sein seismisches Verhalten haben.

- Die strukturellen Schwachpunkte werden durch Sanierungs- bzw. Ertüchtigungsmaßnahmen beseitigt.

5.5.2.3 Untersuchungsstufe III

5.5.2.3.1 Grundlagen der probabilistischen Schädigung

Untersuchungen aus ATC-13 (1985) haben gezeigt, dass die Verteilung der nichtlinearen Bauwerksantwort für ein bestimmtes Erdbebenszenario einer Lognormalverteilung entspricht. Da diese Verteilung asymmetrisch ist, stellt der Median θ der Gebäudeschädigung die beste Approximation der Bauwerksantwort dar. Für eine Lognormalverteilung ist dieser Wert identisch mit dem geometrischen Mittelwert

$$\theta = e^{\frac{\sum\limits_{i=1}^{n} \ln x_i}{n}} \tag{5.29}$$

mit den Bauwerksantworten x_i der Stichprobe und ihrer Anzahl n. Die Standardabweichung der natürlichen Logarithmen der Daten dient als Streuungsmaß:

$$\delta = \sqrt{\frac{\sum\limits_{i=1}^{n} (\ln x_i - \ln \theta)^2}{n-1}} \tag{5.30}$$

Die erforderliche Anzahl der Zeitverlaufsberechnungen kann durch eine Skalierung der Beschleunigungszeitverläufe reduziert werden, wobei die zu einer bestimmten Wiederkehrperiode zugehörige Spektralbeschleunigung bei der Grundperiode des Tragwerks als Zielparameter dient:

$$S_a(T = T_1) \tag{5.31}$$

Die erforderliche Anzahl der Beschleunigungszeitverläufe hängt von der gewählten Streuung der Schädigung ab. Näheres findet sich bei Sadegh-Azar (Sadegh-Azar, 2002).

5.5.2.3.2 *Korrelation zwischen Erdbebenintensität und Schädigungswerten*

Die Korrelation zwischen der Erdbebenintensität quantifiziert durch S_a und dem Median θ der durch die relative Stockwerksverschiebung ID quantifizierten Schädigung kann durch Gleichung (5.32) angegeben werden (Gupta und Krawinkler, 1998; Bazurro et al., 1998; Shome, 1999; Shome et al., 1998):

$$\theta = a \cdot S_a^{\,b} \tag{5.32}$$

Die Konstanten a und b müssen durch eine Regressionsanalyse bestimmt werden. Die Wahrscheinlichkeit $p_{f,q}$, mit der θ den zur Schädigungsklasse q gehörenden Grenzwert θ_q überschreitet, kann mit Hilfe von Gleichung (5.33) berechnet werden:

$$p_{f,q} = P\left[\theta > \theta_q\right] = H(S_{a,q}) \cdot C_f \tag{5.33}$$

mit:

$$C_f = e^{\frac{1}{2} \cdot k^2 \cdot \left(\frac{\sigma}{b}\right)^2} \tag{5.34}$$

Hierin ist σ der Mittelwert der Standardabweichungen der logarithmierten Bauwerksantworten θ bei den verschiedenen Spektralbeschleunigungen bzw. Erdbebenintensitäten S_a für die unterschiedlichen Wiederkehrperioden. C_f dient der Berücksichtigung der Streuung der Bauwerksantworten θ um die durch Gleichung (5.32) definierte Kurve (Cornell, 1996).

Es ist ebenfalls möglich, die Schädigungsklassen mit Hilfe von ökonomischen Schädigungsindikatoren, wie z.B. dem DR, abzugrenzen (FEMA, 1999). Über die relative Stockwerksverschiebung kann die Überschreitungswahrscheinlichkeit eines bestimmten DR indirekt ermittelt werden.

Die generelle Vorgehensweise ist in Bild 5-10 nochmals als Flussdiagramm zusammengefasst.

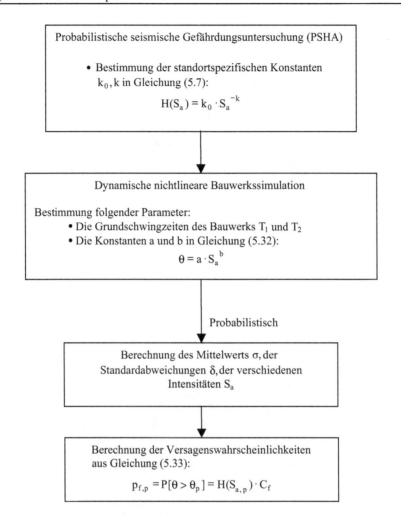

Bild 5-10 Ablauf der Vulnerabilitätsuntersuchung in Untersuchungsstufe III (Sadegh-Azar, 2002)

5.5.2.4 Beispiel 1: Verwaltungsgebäude in Istanbul: Untersuchungsstufen I und II

Verwaltungsgebäude mit Versorgungsfunktion müssen auch im Falle eines Erdbebens zur Aufrechterhaltung der Versorgung der Bevölkerung funktionsfähig bleiben. Im Rahmen einer Untersuchung der Erdbebengefährdung von Gebäuden in Istanbul wurde das in Bild 5-11 dargestellte Verwaltungsgebäude der städtischen Wasserversorgung untersucht. Es handelt sich um ein Gebäude mit 10 Geschossen, das in der höchsten Erdbebenzone der Türkei liegt. Nach DIN EN 1998-1 (2010) wird das Gebäude der Bedeutungskategorie I zugeordnet und muss demnach nach einem Erdbeben eine uneingeschränkte Nutzbarkeit aufweisen.

Bild 5-11 Verwaltungsgebäude der Wasserversorgung von Istanbul

Im Rahmen der Untersuchung wurden die charakteristischen Bauwerkseigenschaften unter Berücksichtigung gemessener Eigenfrequenzen ausgewertet. Zusätzlich wurde das laterale Aussteifungssystem durch vereinfachte Rechenmodelle überprüft. Für detaillierte Informationen sei an dieser Stelle auf Meskouris et al. (2003) verwiesen. Die Untersuchung ergab, dass das Gebäude die am Standort möglichen Erdbebenlasten nicht aufnehmen kann. Es ist daher mit Schäden zu rechnen, die eine uneingeschränkte Nutzbarkeit des Gebäudes gefährden. Bei der Beurteilung wurden auch die vor Ort aufgedeckten strukturellen Schäden an tragenden Stahlbetonbauteilen berücksichtigt (Bild 5-12).

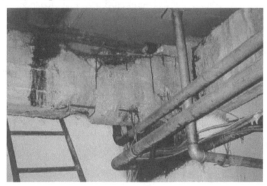

Bild 5-12 Vorhandene Schäden im Verwaltungsgebäude

In Tabelle 5-6 sind für die Erdbebenintensitäten von 6 bis 9 die zu erwartenden Schadensraten mit den in Abschnitt 5.2.2 definierten ökonomischen Schädigungsfaktoren angegeben.

Tabelle 5-6 Untersuchungsergebnisse der Stufen I und II (Meskouris et al., 2003)

Erdbebenintensität (MMI)	Mean damage ratio "MDR"	Probable Maximum Loss "PML"
6-7	4 %	10 %
8	15 %	27 %
9	33 %	55 %

5.5.2.5 Beispiel 2: Bürogebäude in Istanbul: Untersuchungsstufe III

5.5.2.5.1 Modellbeschreibung

Als Modellgebäude wird ein zehnstöckiges Bürogebäude in Stahlrahmenbauweise mit Standort in Istanbul betrachtet. Die Höhe des Gebäudes beträgt 40,84 m. Bis auf das Keller- und Erdgeschoss haben alle Stockwerke die gleiche Etagenhöhe. Die Grundfläche des Gebäudes ist quadratisch. Jede Seite des Bauwerks wird durch sechs Stützen in fünf Abschnitte von 9,15 m Länge unterteilt. Damit beträgt die Gesamtlänge 45,75 m. Bild 5-13 zeigt den Grundriss und die Ansicht des Bürogebäudes. Für eine detaillierte konstruktive Beschreibung des Gebäudes wird auf Kalker et al. (2002) verwiesen.

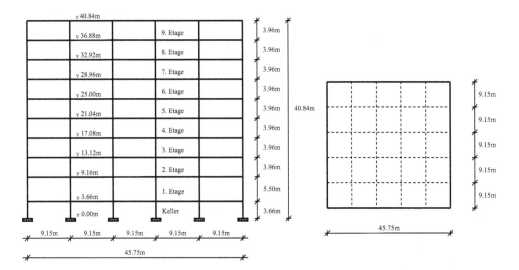

Bild 5-13 Ansicht und Grundriss des zehnstöckigen Bürogebäudes

5.5.2.5.2 Eigenfrequenzen des Gebäudes

Unter Berücksichtigung aller wirksamen Massen ergibt die Modalanalyse die beiden ersten Eigenfrequenzen des Gebäudes zu $f_1 = 0,46$ Hz and $f_2 = 1,24$ Hz.

5.5.2.5.3 Rayleigh-Dämpfung

Für die transiente Berechnung wird eine Rayleigh-Dämpfung unterstellt. Unter Berücksichtigung der beiden ersten Modalbeiträge und einer Dämpfung von jeweils D = 2 % ergeben sich die Faktoren für die Massen- und die Steifigkeitsmatrix zu $\alpha = 0,083776$ und $\beta = 0,003735$ aus den Gleichungen nach Meskouris (1999):

$$\alpha = 4\pi \frac{D}{T_1 + T_2}$$

$$\beta = \frac{D \cdot T_1 \cdot T_2}{\pi \cdot (T_1 + T_2)}$$

5.5.2.5.4 Seismische Gefährdungskurve von Istanbul, Türkei

Für die Stadt Istanbul (28,6° Länge, 41,0° Breite) ergeben sich die Bemessungsspektren für verschiedene Wiederkehrperioden wie in Bild 5-14 dargestellt (METU, TUR/94/006; Ministry of Public Works and Settlement, 1998). Daraus können die Spektralbeschleunigungen bei der Grundperiode des Modellgebäudes $T_1 = 2,2$ s abgelesen werden (Tabelle 5-7).

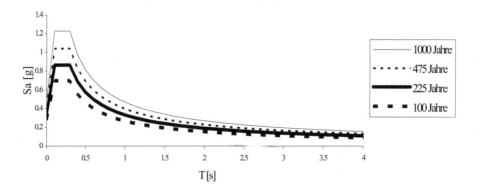

Bild 5-14 Bemessungsspektren für Istanbul, Türkei

Tabelle 5-7 Spektralbeschleunigungen für Istanbul, Türkei, T = 2,2 s

Wiederkehrperiode	H (S_a) (%)	S_a für T =2,2 s (g)
100 Jahre	1,000	0,142
225 Jahre	0,444	0,176
475 Jahre	0,211	0,211
1000 Jahre	0,100	0,249

Mit Hilfe einer Korrelationsanalyse kann die Funktion der seismischen Gefährdungskurve für Istanbul nach Gleichung (5.7) berechnet werden:

$$H(S_a) = 0,000003676 \cdot S_a^{-4,06254}$$

Die Gefährdungskurve ist in Bild 5-15 dargestellt.

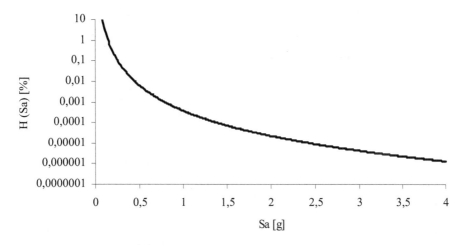

Bild 5-15 Gefährdungskurve für Istanbul, Türkei, Periode T = 2,2 s

5.5.2.5.5 Wahl der Beschleunigungszeitverläufe

Die gewählte Standardabweichung von $\delta = 10\,\%$ führt zu einer erforderlichen Anzahl von $n \approx 4$ Beschleunigungszeitverläufen (Sadegh-Azar, 2002). Für die Untersuchungen wurden die in Tabelle 5-8 aufgelisteten repräsentativen Erdbeben verwendet (Ambraseys et al., 2000). Zusätzlich enthält Tabelle 5-8 die Skalierungsfaktoren für die einzelnen Wiederkehrperioden.

Tabelle 5-8 Skalierungsfaktoren für die jeweiligen Beschleunigungszeitverläufe

Erdbeben, Datum und Messstation	100 Jahre	225 Jahre	475 Jahre	1000 Jahre
Dursunbey, 18.07.1979, Dursunbey-Kandili Gozlem Istasyonu	4,326	0,843	5,362	1,038
Balikesir, 29.03.1984, Balikesir-Bayindirlik ve Iskan Mudurlugu	5,572	0,687	6,906	0,841
Mugla, 06.12.1985, Koycegiz-Meteorological Station	4,888	0,773	6,058	0,958
Kusadasi, 01.06.1986, Kusadasi Meteoroloji Mudurlugu	8,006	0,644	9,923	0,871

5.5.2.5.6 Jährliche Schädigungskurve

Die statistische Auswertung der Daten liefert die Ergebnisse in Tabelle 5-9.

Tabelle 5-9 Mediane und Standardabweichungen der maximalen relativen Stockwerksverschiebung

Wiederkehrperiode	θ [%]	δ [%]
100 Jahre	0,733	12,0
225 Jahre	0,924	9,5
475 Jahre	1,094	10,1
1000 Jahre	1,243	11,6

Durch eine Korrelationsanalyse können die Konstanten a und b in Gleichung (5.32) ermittelt werden:

$$\theta = 4{,}6862 \cdot S_a{}^{0{,}9436}$$

Daraus kann schließlich die Beziehung zwischen den Schädigungswerten und der zugehörigen jährlichen Überschreitungswahrscheinlichkeit hergestellt werden (Bild 5-16).

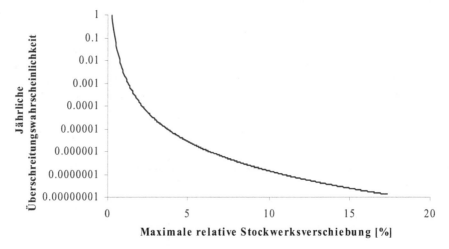

Bild 5-16 Jährliche Schädigungskurve des Gebäudes

5.5.3 Spezifikation für Brückenbauwerke

Im Rahmen eines Forschungsvorhabens für die Bundesanstalt für Straßenwesen (BASt) wurde am Lehrstuhl für Baustatik und Baudynamik der RWTH-Aachen ein dreistufiges Untersuchungskonzept zur Bestimmung der seismischen Vulnerabilität von Brückenbauwerken entwickelt und in das praxisorientierte Programmsystem SVBS (Seismisches Vulnerabilitätsbewertungssystem für Brücken, 2011) umgesetzt (Renault und Meskouris, 2006).

Im Folgenden werden der Aufbau des Programmsystems und die Inhalte der drei Untersuchungsstufen erläutert. Die praktische Anwendung der Methodik wird am Beispiel einer Hängebrücke demonstriert.

5.5.3.1 Programmsystem SVBS

Mit dem Programmsystem SVBS (2011) (Bild 5-17) wird dem Ingenieur ein Werkzeug für eine effiziente Durchführung der drei Untersuchungsstufen zur Verfügung gestellt. Konkret unterstützt das System die Erfassung der Brückendaten, die Ermittlung der seismischen Standortgefährdung, die Erstellung der Rechenmodelle, die Auswertung und Interpretation der Untersuchungsergebnisse und die strukturierte Archivierung der Daten auf einem zentralen Datenbankserver.

Für die Erfassung der Brückendaten wurde das Managementsystem an die bereits bestehende bundesweit eingesetzte Datenbank SIB-Bauwerke (BASt, 2006) angebunden. Um einen einfachen Datenaustausch sicherzustellen, wurde dazu die Brückentypisierung der Datenbank SIB-Bauwerke (BASt, 2006) weitestgehend übernommen.

Die seismische Standortgefährdung wird durch ein Bemessungsspektrum beschrieben, das in Abhängigkeit der Erdbebenzone, der Untergrund- und Baugrundklasse nach DIN 4149 (2005) oder DIN EN 1998-1 (2010) automatisch erstellt wird. Auf Grundlage dieses Spektrums werden auch die synthetischen Beschleunigungszeitverläufe für die Fußpunkterregung in der dritten Untersuchungsstufe generiert.

Die Erstellung des Rechenmodells der zweiten Untersuchungsstufe wird durch die Bereitstellung verallgemeinerter Schablonen für die einzelnen Brückentypen unterstützt. Dies ermöglicht eine weitgehend automatisierte Generierung der Rechenmodelle bei Vorgabe der wesentlichen Geometrie-, Material- und Querschnittsparameter.

Die Interpretation der Ergebnisse wird durch die Bereitstellung von statistischen Auswertungsmethoden, Visualisierungsmöglichkeiten und durch detaillierte Ergebnisprotokolle unterstützt.

Abschließend bietet das System die Möglichkeit sämtliche Brückendaten und Ergebnisse auf einem zentralen Datenbankserver abzulegen, so dass auch zukünftige Einflüsse wie lebensdauerbedingte Schädigungen oder Sanierungsmaßnahmen nachträglich in der Beurteilung berücksichtigt werden können.

 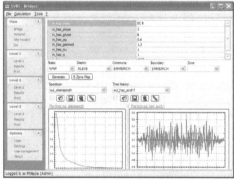

Bild 5-17 Programmoberfläche des Vulnerabilitätsbewertungssystems für Brücken (SVBS, 2011)

5.5.3.2 Untersuchungsstufe I

In der ersten Untersuchungsstufe wird das Verhalten der Brücke im Erdbebenfall durch die
Aufstellung von Fragilitätskurven beschrieben, die den Zusammenhang zwischen der Spektralbeschleunigung und der Wahrscheinlichkeit des Auftretens definierter Schadenszustände beschreiben. Die Kurven werden mit dem in HAZUS-MH (FEMA, 2004) beschriebenen Verfahren in Abhängigkeit vom Brückentyp, dem Standortantwortspektrum und der Brückengeomet-
rie auf der Grundlage statistischer Auswertungen von Erdbebenschäden ermittelt. Die für die
Aufstellung der Kurven notwendigen Brückendaten werden direkt aus der bundesweit einge-
setzten Bauwerksdatenbank (BASt, 2006) ausgelesen. Zusätzlich wird von dem Managementsystem für jeden Brückentyp ein umfangreiches Bewertungssystem zur Verfügung gestellt, mit
dem eine Erfassung der individuellen Brückeneigenschaften erfolgen kann. Für dieses Bewertungssystem sind genauere Brückendaten aus einer Begehung oder aus statischen Unterlagen
erforderlich. Das Ergebnis der ersten Untersuchungsstufe stellt eine erste Abschätzung dar, die
als Entscheidungsgrundlage für die Notwendigkeit weiterer Untersuchungsschritte dient.

5.5.3.3 Untersuchungsstufe II

Die zweite Untersuchungsstufe beinhaltet eine rechnerische Untersuchung der Brücke basierend auf einem vereinfachten linearen Stabwerksmodell der Brücke. Konstruktive Details werden in dem Modell noch nicht erfasst. Zur Ermittlung der Zustandsgrößen wird das multimodale Antwortspektrenverfahren unter Berücksichtigung der in DIN EN 1998-1 (2010) formulierten Anforderungen verwendet. Die Interaktion zwischen Boden und Bauwerk wird durch die
Verwendung der Kegelstumpfmodelle nach Wolf (1994) berücksichtigt. Diese Modelle ideali-
sieren den Boden als homogenes, linearelastisches, halbunendliches Medium und können für
Fundamente auf homogenen sowie geschichteten Böden angewendet werden. Der Zeitaufwand
in dieser Untersuchungsstufe hängt im Wesentlichen von der Zugänglichkeit der wesentlichen
Geometrie-, Material- und Querschnittsparameter ab. Diese werden in eine verallgemeinerte
Schablone des Managementsystems eingegeben, welche dann automatisch das vereinfachte
Rechenmodell erzeugt. Das Ergebnis der zweiten Untersuchungsstufe ist die Bewertung der
Erdbebensicherheit auf Grundlage der rechnerischen Nachweise mit den berechneten Schnitt-
größen und Verformungen. Diese Untersuchungsstufe ist in den meisten Fällen ausreichend,
um eine zuverlässige Aussage über die Erdbebensicherheit treffen zu können.

5.5.3.4 Untersuchungsstufe III

Die dritte Untersuchungsstufe basiert auf einer Auswertung der statischen Unterlagen, auf einer
Brückenbegehung mit einer Systemidentifikation durch Messung der maßgebenden Eigenfrequenzen und einer detaillierten rechnerischen Untersuchung mittels einer nichtlinearen Zeitverlaufsberechnung. Die Ergebnisse der Systemidentifikation werden hierbei für die Überprüfung
und Kalibrierung des numerischen Modells durch Variation der Steifigkeitsverteilung verwendet. Die Zeitverlaufberechnung für das kalibrierte Modell erfolgt mit aus dem elastischen Antwortspektrum synthetisch generierten Beschleunigungszeitverläufen, die auf die Fußpunkte
aufgebracht werden. Die Interaktion zwischen Boden und Bauwerk wird, wie schon in der
zweiten Untersuchungsstufe, durch die Verwendung der Kegelstumpfmodelle nach Wolf
(Wolf, 1994) berücksichtigt. Der Modellaufbau kann nicht vollständig verallgemeinert werden,
so dass der Zeitaufwand in dieser Stufe hoch ist. Deshalb bleibt eine Untersuchung auf dieser
Stufe kritischen Brückenbauwerken vorbehalten, deren Erdbebensicherheit nur durch Ausnutzung sämtlicher Systemreserven nachgewiesen werden kann.

5.5.3.5 Beispiel: Rheinbrücke Emmerich: Untersuchungsstufen I, II und III

Die Rheinbrücke Emmerich (Bild 5-18) ist eine Hängebrücke mit zwei Pylonen und erdverankerten Haupttragseilen. Sie wurde im Jahr 1965 nach 40 Monaten Bauzeit fertig gestellt. Über die Brücke führen die vierspurige Bundesstraße B220 und auf jeder Seite jeweils ein Fuß- und Radweg. Der tragende Überbau ist 22,50 m breit und als Stahlfachwerkträger ausgebildet, der auf Linienkipplagern aufliegt, welche eine Verschiebung in Längsrichtung ermöglichen. Die mächtigen 74,15 m hohen Pylone aus rechteckigen Stahlhohlkastenquerschnitten sind über einen Riegel zu einem biegesteifen Rahmen ausgebildet. Zwischen den Widerlagern sind 124 Seilkabel von je 14 t Gewicht über eine Länge von 922 m gespannt. Die Brücke hat ein Gesamtgewicht von 10.200 t.

Die beiden Widerlager des Bauwerks sind 28 m breit, 50 m lang und 22 m hoch und 18 m tief ins Erdreich gegründet. Jedes Widerlager wiegt 15.600 t. Die rechtsrheinische Vorlandbrücke, ausgeführt als Plattenbalkenbrücke aus Stahlbeton, ist im Rahmen der hier vorgestellten dynamischen Untersuchungen nicht berücksichtigt worden, da die Brücken nicht gekoppelt sind.

Bild 5-18 Rheinbrücke Emmerich

5.5.3.5.1 Erdbebengefährdung am Brückenstandort

Auf Grund der infrastrukturellen Bedeutung und der Größe der Rheinbrücke Emmerich wurde die spezifische seismische Gefährdungskurve des Brückenstandorts für die Untersuchungen zugrunde gelegt. Diese wurde von der Bundesanstalt für Geowissenschaften und Rohstoffe (Schmitt, 2005) mit einer probabilistischen Erdbebengefährdungsanalyse (PSHA) ermittelt. Hierbei wurde die maximal mögliche Intensität in der Niederrheinischen Bucht zu 8,5 MSK angenommen. Die größte historisch beobachtete Intensität beträgt 8,0 MSK. Das Ergebnis der Erdbebengefährdungsanalyse ist die in Bild 5-19 dargestellte Gefährdungskurve des Standorts. Die Standardabweichung der ermittelten Gefährdungskurve beträgt 0,5 MSK.

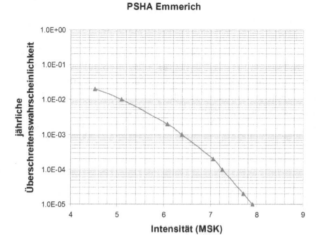

Bild 5-19 PSHA Kurve für den Brückenstandort (Schmitt, 2005)

Durch Umrechnung der Intensität in die Bodenbeschleunigung nach der Beziehung von Murphy und O'Brien (1977) ergibt sich der Zusammenhang zwischen jährlicher Überschreitungswahrscheinlichkeit und Bodenbeschleunigung. Mit diesem Zusammenhang, der Untergrundklasse T und der Baugrundklasse C wurden die Antwortspektren nach der DIN 4149 (2005) für verschiedene Überschreitungswahrscheinlichkeiten aufgestellt (Abschnitt 5.3.2).

5.5.3.5.2 Rechenmodelle

Im Folgenden werden die in den Untersuchungsstufen II und III verwendeten Rechenmodelle beschrieben. In beiden Rechenmodellen wurde zur Bestimmung der Ausgangsseillinie des Haupttragseils ein iterativer Formfindungsprozess durchgeführt, der in Talstra (2004) detailliert beschrieben ist.

Rechenmodell für Untersuchungsstufe II

In dem vereinfachten linearen Rechenmodell (Bild 5-20) wurden die Pylone, der Brückenüberbau und die Strompfeiler durch Balkenelemente mit äquivalenten Steifigkeitswerten abgebildet. Die Linienkipplager wurden durch lineare Feder-Dämpferelemente modelliert, und für die Seilelemente wurden druckweiche Stabelemente mit linearen Ansatzfunktionen verwendet. Die Interaktion zwischen Boden und Bauwerk wurde durch ein Kegelstumpfmodell nach Wolf (1994) für einen homogenen und ungeschichteten Boden berücksichtigt. Das gesamte Modell setzt sich aus etwa 700 eindimensionalen Elementen zusammen.

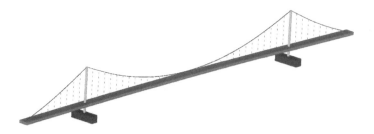

Bild 5-20 Vereinfachtes Modell der Rheinbrücke Emmerich

Rechenmodell für Untersuchungsstufe III

In dem nichtlinearen detaillierten Modell (Bild 5-21) wurde der Brückenüberbau aus Faltwerkelementen abgebildet. Der im mittleren Brückenteil zusätzlich eingebaute Schubverband zur Erhöhung der Torsionssteifigkeit wurde mit Stabelementen modelliert. Der rechteckige Hohlkastenquerschnitt mit innerer Verstärkung durch IPE-Profile wurde durch ein dünnwandiges Balkenelement mit äquivalenter rechteckiger Querschnittsform abgebildet. Das detaillierte Modell besteht aus etwa 1300 Elementen. Zur Erfassung eventuell auftretender physikalischer Nichtlinearitäten wurde für den Stahl ein bilineares Materialgesetz nach DIN EN 1993-1-1 (2010) verwendet.

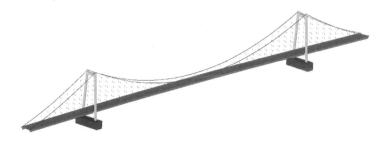

Bild 5-21 Detailliertes Modell der Rheinbrücke Emmerich

5.5.3.5.3 Schwingungsmessungen

Die Schwingungsmessungen der Rheinbrücke Emmerich erfolgten durch Beschleunigungsmessungen unter Anregung durch Wind und Verkehr. Die Messung unter den genannten Anregungen hat den Vorteil, dass keine Sperrung der Brücke notwendig ist. Da jedoch die Erregung unbekannt und stark schwankend ist, wurden mehrere Messungen durchgeführt und statistisch ausgewertet. Das Messraster wurde auf Grundlage der Ergebnisse der Modalanalyse mit dem vereinfachten Modell der Untersuchungsstufe II festgelegt. Gemessen wurde an sieben Positionen, wobei die Aufnehmer auf jeder Brückenseite auf den Radwegen platziert wurden (Bild 5-22).

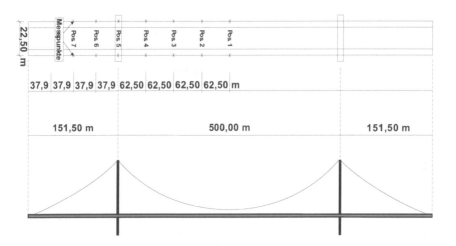

Bild 5-22 Verteilung der Messpunkte

An jeder Position wurden fünf Messungen mit einem hochempfindlichen piezoelektrischen triaxialen Aufnehmer auf der einen und einem einaxialen Beschleunigungsaufnehmer auf der anderen Brückenseite durchgeführt. Der einaxiale Aufnehmer wurde für die Messung der Vertikalbeschleunigungen simultan zu der Messung mit dem triaxialen Aufnehmer auf der anderen Brückenseite verwendet. Auf diese Weise konnten bei der Auswertung auch torsionale Eigenformen identifiziert werden. Beispielhaft ist in Bild 5-23 das durch Fast-Fourier-Transformation ermittelte Spektrum für die vertikale Beschleunigung in dem Messpunkt 3 dargestellt. Deutlich zu erkennen sind die Eigenfrequenzen als Peak-Werte des Spektrums.

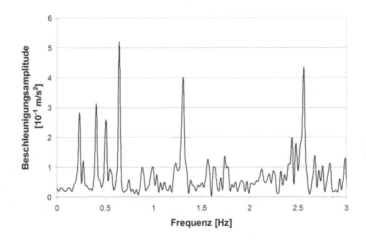

Bild 5-23 Spektrum der vertikalen Komponenten am Messpunkt 3

5.5.3.5.4 Modellkalibrierung

Die Kalibrierung erfolgte durch den Vergleich der berechneten und der gemessenen ersten Eigenfrequenz. Dazu wurde eine Variation der Steifigkeitsverteilung bei konstanter Masseverteilung durchgeführt. Dieser Ansatz ist gerechtfertigt, da die Geometrie und damit auch die Masseverteilung in der Regel genau bekannt sind. Im Falle der Rheinbrücke Emmerich war aufgrund der zur Verfügung stehenden detaillierten Dokumentation nur eine geringfügige Änderung der Steifigkeitsverteilung durch Anpassung der Seilvorspannungen notwendig. Tabelle 5-10 beinhaltet eine Gegenüberstellung der gemessenen und berechneten Eigenfrequenzen mit dem detaillierten Modell der Untersuchungsstufe III. Es sind nur die Eigenfrequenzen aufgelistet, die eine bedeutende effektive modale Masse besitzen, und im multimodalen Antwortspektrenverfahren berücksichtigt werden. Die Summe der effektiven modalen Masse der in Tabelle 5-10 angegebenen Eigenformen ist größer als 90 % der Gesamtmasse des Bauwerks. Damit ist die im DIN EN 1998-1 (2010) formulierte Anforderung erfüllt.

Tabelle 5-10 Vergleich der gemessenen und berechneten Eigenfrequenzen

Gemessene und berechnete Eigenfrequenzen in [Hz]					
torsional		transversal		vertikal	
Mess.	Ber.	Mess.	Ber.	Mess.	Ber.
0,527	0,525	0,254	0,251	0,234	0,247
0,547	0,553	0,430	0,389	0,273	0,273
0,781	0,635	0,742	-	0,410	0,419
0,898	0,753	1,445	1,147	0,508	0,544
1,269	1,163	1,482	1,305	0,645	0,654

Der Vergleich der gemessenen und berechneten Eigenfrequenzen zeigt eine gute Übereinstimmung der vertikalen, transversalen und torsionalen Eigenfrequenzen. In Bild 5-24 sind exemplarisch die ersten vier vertikalen Eigenformen überhöht dargestellt.

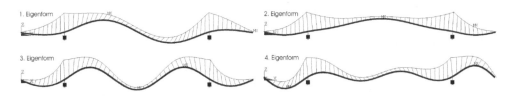

Bild 5-24 Qualitative Darstellung der vertikalen Eigenformen 1. – 4.

5.5.3.5.5 Lastfallkombinationen

In der DIN EN 1998-2 (2010) wird die Kombination der seismischen Lasten mit anderen Einwirkungen gefordert. Im Falle der Rheinbrücke Emmerich ergibt sich daraus, dass die seismischen Einwirkungen mit den ständigen Lasten, der Systemvorspannung und 20 % der Verkehrslast überlagert werden. Die Verkehrslasten wurden dabei nach dem DIN-Fachbericht 101 (2003) entsprechend dem Lastmodell 1 angesetzt. Dieses Lastmodell setzt sich aus Einzellasten sowie gleichmäßig verteilten Lasten zusammen. Diese decken die Einwirkungen aus LKW-und PKW-Verkehr sowie Fußgänger- und Radverkehr ab. Neben der vorgeschriebenen Lastfallkombination ist für Straßenbrücken 20 % der Verkehrslast als verteilte Masse in den Rechenmodellen zu berücksichtigen. Die Zusatzmasse wurde in dem Modell dem Brückenüberbau zugeschlagen.

5.5.3.5.6 Ergebnisse in den drei Untersuchungsstufen

Ergebnisse in Untersuchungsstufe I

In der Untersuchungsstufe I wurden zunächst die Fragilitätskurven für die Hängebrücke nach dem in HAZUS-MH (FEMA, 2994) vorgestellten Verfahren ermittelt. Diese Kurven stellen verallgemeinerte mittlere Kurven ohne Berücksichtigung der spezifischen Eigenschaften des Bauwerks dar. Dann wurde mit dem entwickelten Bewertungsschema eine Priorisierung der Brücke vorgenommen. Dabei wurde in der Bewertung die Gründungssituation hinsichtlich des Risikos eines Böschungsbruches sowie die Ausbildung und der Zustand des Kabelsattels berücksichtigt (Kosa und Tasaki, 2003). Die mit dem Ergebnis des Bewertungsschemas modifizierten Fragilitätskurven der Hängebrücke Emmerich sind in Bild 5-25 dargestellt.

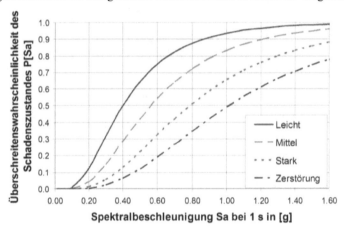

Bild 5-25 Fragilitätskurven für die Brücke Emmerich

Aus den Fragilitätskurven kann zu einer vorgegebenen Spektralbeschleunigung die Wahrscheinlichkeit für das Auftreten eines definierten Schadenszustandes abgelesen werden. Es werden dabei die Schadenszustände „Leicht", „Mittel", „Stark" und „Zerstörung" unterschieden. Ein leichter Schaden bedeutet, dass nur eine kosmetische Instandsetzung notwendig ist. Ein mittlerer Schaden bedeutet mäßige Bewegungen der Widerlager (< 5 cm) und die Möglichkeit dass es z.B. zu einem Versagen der Kipplager oder mäßigen Setzungen der Brückenrampe kommen kann. Ein starker Schaden ist definiert durch eine Pfeilerschädigung ohne komplette Zerstörung, durch signifikante bleibende Verformungen an Verbindungsstücken oder durch große Setzungen der Brückenrampe. Bei einer vollkommenen Zerstörung kann ein Pfeilerkollaps, ein Einsturz des Brückenüberbaus, oder ein Kippen der Stützkonstruktion infolge von Gründungsversagen eintreten.

Werden die ermittelten Fragilitätskurven ausgewertet, so ergeben sich bei Ansatz einer Spektralbeschleunigung von 0,5 m/s² für ein Spektrum mit einer Grundbeschleunigung von 0,4 m/s² wahrscheinlich nur leichte Schäden. Das Ergebnis der ersten Untersuchungsstufe zeigt demnach, dass es zu keinen nennenswerten Schäden kommt. Ob diese erste Abschätzung korrekt ist, wird in den Untersuchungsstufen II und III genauer untersucht.

Ergebnisse in Untersuchungsstufe II

Die Auswertung der Berechnungsergebnisse in dieser Untersuchungsstufe erfolgt mit den von Dicleli und Bruneau (1996) vorgeschlagenen Schadensindikatoren. An dieser Stelle werden beispielhaft die Ergebnisse der Indikatoren für den Anprall des Brückenüberbaus an die Widerlager und die Einhaltung der maximalen Spannungen im Pylonfuß vorgestellt. Bild 5-26 zeigt das Ergebnis dieser Indikatoren für verschiedene Erdbebenintensitäten. Dargestellt sind die Verhältnisse der berechneten Längsverschiebung des Brückenoberbaus zur Breite der Dehnfuge sowie die ermittelten Spannung im Pylonfuß zur maßgebenden maximal aufnehmbaren Spannung nach DIN EN 1993-1-1 (2010). Hierbei ist zu beachten, dass die ungünstigen Auswirkungen einer Temperaturausdehnung des Brückenüberbaus im Sommer berücksichtigt wurden.

Die Ergebnisse zeigen, dass ein Versagen der Pylone erst bei einer Erdbebenintensität größer als VIII auftritt. Dies entspricht einer jährlichen Überschreitungswahrscheinlichkeit von 10^{-5}. Mit einem Anprall der Widerlager muss bei einem Erdbeben ab einer Intensität von etwa VI-VII gerechnet werden, was einer jährlichen Überschreitungswahrscheinlichkeit von $5 \cdot 10^{-4}$ entspricht. Diese Wahrscheinlichkeiten sind verglichen mit den in der Norm angesetzten Wahrscheinlichkeiten von 10 % in 50 Jahren, was einer jährlichen Überschreitungswahrscheinlichkeit von $2 \cdot 10^{-2}$ entspricht, sehr klein. Dies bedeutet, dass ein hohes und ausreichendes Sicherheitsniveau vorhanden ist.

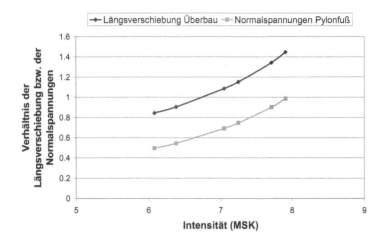

Bild 5-26 Ergebnisse in der Untersuchungsstufe II

Ergebnisse in Untersuchungsstufe III

Für die Bewertung des Schadenspotentials wurden wie in der Untersuchungsstufe II die Indikatoren des Anpralls des Brückenüberbaus an die Widerlager und die Einhaltung der maximalen Spannungen im Pylonfuß verwendet. Exemplarisch werden hier die Ergebnisse von drei Zeit-

verlaufsberechnungen mit synthetisch generierten Beschleunigungszeitverläufen für eine Erd-
bebendauer von 10 Sekunden vorgestellt. Bild 5-27 zeigt die maßgebenden Verläufe der Verhältnisse von Längsverschiebung des Brückenoberbaus zur Breite der Dehnfuge und der berechneten Spannung im Pylonfuß zur maximal aufnehmbaren Spannung für die drei Zeitverlaufsberechnungen. Die Beschleunigungszeitverläufe wurden für ein Erdbeben der Intensität
VII-VIII generiert, was einer mit der Beziehung von Murphy und O'Brien (1977) umgerechne-
ten Bodenbeschleunigung von 1,5 m/s^2 entspricht.

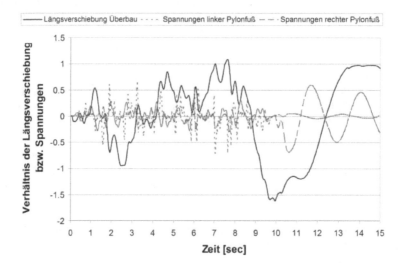

Bild 5-27 Ergebnisse in der Untersuchungsstufe III

Die Ergebnisse in der Untersuchungsstufe III bestätigen die Ergebnisse der Stufe II. Es kommt
zu keiner Spannungsüberschreitung im Pylonfuß, aber zu den Zeitpunkten 7 bzw. 7,6 und 9,5
Sekunden muss mit einem Anprall des Überbaus an die Widerlager gerechnet werden. Auch
diese Untersuchung zeigt, dass das Sicherheitsniveau bei einer jährlichen Überschreitungswahrscheinlichkeit von $5 \cdot 10^{-4}$ ausreichend ist.

5.5.4 Spezifikation für Industrieanlagen

Die Bewertung der Erdbebensicherheit von Industrieanlagen stellt aufgrund der Interaktion des
statischen Systems mit den Einbauten der Anlagen eine wesentlich komplexere Aufgabenstel-
lung als die Bewertung von Einzelbauwerken dar (ESCIS, 1994). Grundsätzlich muss unterschieden werden, ob eine Industrieanlage in ihrer Gesamtheit oder nur einzelne Komponenten
der Anlage beurteilt werden sollen.

Die Bewertung ganzer Industrieanlagen ist für die Versicherungsindustrie von Bedeutung, da
die Versicherungsprämien in der Regel für die vollständigen Anlagen festgelegt werden.
Grundlegendes Problem der Bewertung ist hierbei, dass im Normalfall nur der Standort, der
Industrietyp und die Versicherungssumme der Anlage bekannt sind, so dass eine detaillierte
Bewertung der Anlage nicht möglich ist. Um dennoch die seismische Vulnerabilität einer An-
lage abzuschätzen, wird die Anlage in folgende Komponentengruppen eingeteilt:

- Lagerung: Silos, Tanks, …
- Verknüpfung: Oberirdische und unterirdische Rohrleitungen
- Produktion: Produktionseinheiten
- Gebäude einfacher Struktur: Verwaltungsgebäude, Lagerhallen, …

Für jede dieser Komponentengruppen werden mit den im ATC-13 (1985) und HAZUS-MH (2004) statistisch ausgewerteten Erdbebenschäden gemittelte Vulnerabilitätskurven bestimmt. Im Anschluss können die Kurven der einzelnen Gruppen mit entsprechender Wichtung durch Anteils- und Bedeutungsfaktoren zur Gesamtvulnerabilität der Anlage überlagert werden (Karimi et al., 2005). Da die Anlagenzusammensetzung auf Grund der geringen zur Verfügung stehenden Informationen im Allgemeinen nicht bekannt ist, können zu deren Bestimmung Luftbildaufnahmen eingesetzt werden. In Bild 5-28 ist beispielhaft die Bestimmung der Flächenanteilsfaktoren p aus der Luftbildaufnahme einer Anlage mit Unterteilung in die genannten Komponentengruppen dargestellt. Zukünftig wird sich die Qualität dieser Auswertungen durch die allgemeine Verfügbarkeit von hoch auflösenden Satellitenbildern stark verbessern.

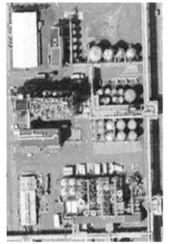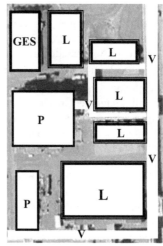

L: Lagerung   V: Verknüpfung   P: Produktion   GES: Gebäude einfacher Struktur

p = 55%   p = 5%   p =30%   p =10%

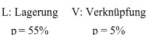

Bild 5-28 Bestimmung der Anteilsfaktoren der Komponentengruppen aus Luftbildaufnahmen

Für die Beurteilung der Erdbebensicherheit von Einzelkomponenten aus den vier Gruppen wird die in Abschnitt 5.1 vorgestellte Beurteilungsmethodik verwendet. Für den Bereich der Lagerung finden sich in der Literatur (ATC 13, 1985; FEMA, 2004) zahlreiche statistische Auswertungen von typischen Erdbebenschäden. Bild 5-29 zeigt exemplarisch den Erdbebenschaden eines dünnwandigen Lagertanks aus Stahl, der im Anschluss von einem Folgebrand in der Anlage erfasst wurde. Die Ergebnisse der statistischen Auswertungen bilden zusammen mit probabilistischen rechnerischen Simulationen (Talaslidis et al., 2004) die Grundlage für die Beurteilung der Erdbebensicherheit von einzelnen Anlagenkomponenten.

Bild 5-29 Schaden an einem Lagertank aus Stahl

Die Bewertung der Gebäude einfacher Struktur kann mit dem schon bei Hochbauten vorgestellten dreistufigen Bewertungsschema durchgeführt werden. Erweitert werden muss die Bewertung hinsichtlich der Bedeutung der Gebäude im Hinblick auf die Folgen durch Ausbreitung von den Gefahrenstoffen in Wasser, Boden und Luft. Die DIN EN 1998-4 (2010) gibt hier einige Hinweise zur Wahl der Bedeutungsfaktoren. Die Beurteilung der Verknüpfungen kann für unterirdische Rohrleitungen mit dem von Kuhlmann (2004) entwickelten mehrstufigen Konzept erfolgen. Für die oberirdischen Rohrleitungen wurden bereits erste methodische Ansätze für eine schnelle Abschätzung der Erdbebensicherheit entwickelt (Hellekes, 2004).

Besonders schwierig ist die Beurteilung von einzelnen Anlagen, die der Komponentengruppe Produktion zugeordnet sind. Die Produktionsanlagen bestehen aus einem tragenden statischen Grundsystem und anlagentechnischen Einbauten wie Kolonnen oder Behältern. Die Beurteilung der Anlagen erfolgt in der ersten Untersuchungsstufe auf Grundlage der Auswertung der vorhandenen Unterlagen und einer Begehung mit einer speziell entwickelten Fragebogenauswertung (Karimi et al., 2005). Ein wichtiger Aspekt ist hierbei die Beurteilung der Sicherheit der Anschlüsse der Einbauten an das eigentliche Tragsystem. Diese müssen in der Lage sein, die dynamischen Kräfte im Erdbebenfall aufzunehmen. Deshalb sind in der Fragebogenauswertung vereinfachte Nachweise der Anschlüsse enthalten. Die dynamischen Kräfte auf die Anschlüsse können näherungsweise mit geeigneten Einbautenformeln ermittelt werden (ATC 14, 1987; FEMA 450, 2003). Auf die Bedeutung der Verankerungen wird auch in der Literatur hingewiesen (MCEER, 1999). Zudem existieren zahlreiche dokumentierte Schadensfälle von Verankerungen. Als Ergebnis in der ersten Untersuchungsstufe ergibt sich die Identifikation von kritischen Anlagenpunkten.

In der zweiten Untersuchungsstufe werden vereinfachte ebene Rechenmodelle verwendet, um die Standsicherheit des Tragsystems und die ausreichende Dimensionierung der Einbautenverankerungen im Erdbebenfall zu überprüfen. Hierbei werden die Beschleunigungen auf die Einbauten mittels Etagenspektren ermittelt. Sind bei der Anlage jedoch strukturell oder durch ungleichmäßige Massenverteilung bedingte ausgeprägte Torsionseffekte zu erwarten, sollte die dritte Untersuchungsstufe mit einem dreidimensionalen Finite-Elemente Modell zur Anwendung kommen. In einer Berechnung nach dem multimodalen Antwortspektrenverfahren oder einer Zeitverlaufsberechnung können dann direkt alle Effekte inklusive der Interaktionen zwischen statischem System und Einbauten erfasst werden. Bild 5-30 zeigt ein dreidimensionales Anlagenmodell mit Kolonne, mit dem auch ein Anprall der Kolonne an das statische System rechnerisch überprüft werden kann.

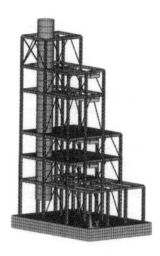

Bild 5-30 Detailliertes Modell einer Produktionsanlage

Literatur Kapitel 5

Ambraseys, N., Smit, P., Berardi, D., Rinaldis, F., Cotton, F., Berge-Thierry, C.: Dissemination of European Strong-Motion Data. CD-ROM Collection, European Council, Environment and Climate Research Programme, 2000.

ASTME 2026-99: Standard Guide for the Estimation of Building Damageability in Earthquakes. 1999.

ATC-13: Earthquake Damage Evaluation Data for California. Applied Technology Council, 1985.

ATC 14: Evaluating the Seismic Resistance of Existing Buildings. Applied Technology Council, Redwood City, California, 1987.

BASt - Bundesanstalt für Straßenwesen: SIB-Bauwerke, http://www.sib-bauwerke.bast.de, 2006.

Bazurro, P.: Probabilistic Seismic Demand Analysis. Ph.D. Thesis, Dept. of Civil Engineering, Stanford University, Stanford, CA, 1998.

Bazurro, P., Cornell, C.A.: Seismic Hazard Analysis of Nonlinear Structures. Journal of Structural Engineering, Vol. 120, No. 11, Paper No. 6458, 1994.

Bazurro, P., Cornell, C.A.: Spatial Disaggregation of Seismic Hazard. Proceedings of the 6th U.S. National Conference on Earthquake Engineering. Seattle, WA, 1998.

Bazurro, P., Cornell, C.A., Shome, N., Carballo, J.E.: Three Proposals for Characterizing MDOF Nonlinear Seismic Response. Journal of Structural Engineering, Vol. 124, No. 11, 1998.

Carballo, J.E.: Probabilistic Seismic Demand Analysis: Spectrum Matching and Design. Reliability of Marine Structures Program, Report No. RMS-41, Stanford University, 2000.

Cochrane, S.W., Schaad, W.H.: Asessment of earthquake vulnerability of buildings. Tenth World Conference on Earthquake Engineering, 1992.

Cornell, C.A.: Calculating Building Seismic Performance Reliability: A Basis for Multi-Level Design Norms. Eleventh World Conference on Earthquake Engineering. Paper No. 2122, 1996.

D'Ayla, D.F., Spence, R.J.S., Oliveira, C.S., Silva, P.: Vulnerability of buildings in historic town centers: a limit-state approach. Eleventh World Conference on Earthquake Engineering, Acapulco, Mexico. Published by Elsevier Science Ltd, Oxford, U.K., 1996.

Dicleli, M. und Bruneau, M.: Quantitative approach to rapid seismic evaluation of slab-on-girder steel highway bridges. Journal of structural engineering, Vol. 122, Nr. 10, S. 1160-1168, 1996.

DIN-Fachbericht 101: Deutsches Institut für Normung e.V.: Einwirkungen auf Brücken. Berlin 2003.

DIN 4149, Bauten in deutschen Erdbebengebieten. Normenausschuss Bauwesen (NABau) im DIN Deutsches Institut für Normung e.V., Beuth-Verlag, Berlin, April 2005.

DIN EN 1993-1-1, Eurocode 3: Bemessung und Konstruktion von Stahlbauten . Teil 1-1: Allgemeine Bemessungsregeln, Bemessungsregeln für den Hochbau. Deutsche Fassung EN 1993-1-1:2005 + AC:2009. Deutsches Institut für Normung (DIN), Berlin, Dezember 2010.

DIN EN 1998-1: Eurocode 8: Auslegung von Bauwerken gegen Erdbeben – Teil 1: Grundlagen, Erdbebeneinwirkungen und Regeln für Hochbauten. Deutsche Fassung EN 1998-1:2004+AC:2009. Deutsches Institut für Normung (DIN), Berlin, Dezember 2010.

DIN EN 1998-2: Auslegung von Bauwerken gegen Erdbeben – Teil 2: Brücken. Deutsche Fassung EN 1998-2:2005+AC:2010. Deutsches Institut für Normung (DIN), Berlin, Dezember 2010.

DIN EN 1991-1-4: Eurocode 1: Einwirkungen auf Tragwerke, Teil 1-4: Allgemeine Einwirkungen, Windlasten. Deutsche Fassung EN 1991-1-4:2005+A1:2010+AC:2010. Deutsches Institut für Normung (DIN), Berlin, Dezember 2010

Dowrick, D.J., Rhoades, D.A.: Design, Microzoning, Insurance and Planing Lessons from Damage Evaluation in past New Zealand Earthquakes. Eleventh World Conference on Earthquake Engineering, Acapulco, Mexico. Published by Elsevier Science Ltd., Oxford, U.K., 1996.

Elenas, A., Meskouris, K.: Correlation Study between Seismic Acceleration Parameters and Damage Indices of Structures. Engineering Structures 23 (6), pp. 698-704, 2001.

ESCIS: Die Expertenkommission für Sicherheit in der chemischen Industrie in der Schweiz, Behelf zur Ermittlung der Erdbebensicherheit von Bauten und Anlagen der chemischen Industrie – Umsetzung der Norm SIA 160, Beurteilungskriterien, Schutzbedarf. Heft 11, 1994.

FEMA 178: NEHRP Handbook for the Seismic Evaluation of Existing Building. Federal Emergency Management Agency, 1992.

FEMA 273: NEHRP Guidelines for the Seismic Rehabilitation of Buildings. Federal Emergency Management Agency, 1997.

FEMA 302: NEHRP Recommended Provisions for seismic regulations for new buildings and other structures. Federal Emergency Management Agency, 1998.

FEMA 450: Building Seismic Safety Council (BSSC): NEHRP Recommended Provisions for Seismic Regulations for New Buildings and other Structures. 2003.

FEMA: HAZUS99, Technical Manual, Earthquake Loss Estimation Methodology. Federal Emergency Management Agency, Washington, D.C., 1999.

FEMA: Multi-hazard Loss Estimation Methodology (USSAS). HAZUS-MH. USA, Jessup, Maryland 2004.

Gunkel, T.: Bewertung der seismischen Gefährdung von Gebäuden mit der Kapazitätsspektrumsmethode und ökonomische Schadensermittlung. Diplomarbeit am Lehrstuhl für Baustatik und Baudynamik der RWTH-Aachen, 2001.

Gupta, A.: Seismic Demands for Performance Evaluation of Steel Moment Resisting Frame Structures. Dissertation, Stanford University, 1998.

Gupta, A., Krawinkler, H.: Quantitative Performance Assessment for Steel Moment Frame structures under Seismic Loading. Proceedings of the Eleventh European Conference on Earthquake Engineering. Balkema, Rotterdam, 1998.

Han, S. W., Wen, Y. K.: Method of Reliability-Based Seismic Design. In: Equivalent Nonlinear Systems, Journal of Structural Engineering, Vol. 123, No. 3, 1997.

Hellekes, C.: Entwicklung eines Programms zur wirtschaftlichen Vorbemessung von industriellen Rohrleitungen aus Stahl. Diplomarbeit, RWTH-Aachen, 2004.

Kalker, I., Meskouris, K., Sadegh-Azar, H.: Earthquake Risk Assessment in the Framework of Eurocode 8. Im Tagungsband: Earthquake Loss Estimation and Risk Reduction. Bucharest, Romania 24.-26. Oktober 2002.

Karimi, I., Butenweg, C., Toll, B.: Vulnerability Assessment of Industrial Facilities. The tenth international conference on civil, structural and environmental engineering computing, Rom, 2005.

Kishi, O.G., Huo, J.-R., Scott Lawson, R.: Regional Translation of Earthquake Vulnerability Functions. Proceedings of the 6th U.S. National Conference on Earthquake Engineering, Seattle, WA, 1998.

Kosa, K, Tasaki, K.: Detailed investigation of PC Cable-stayed Bridge damaged in the 1999 Taiwan earthquake. In: Proceedings of the 19th US - Japan Bridge Engineering Workshop. Tsukuba Science City, Japan, 27.-29. Oktober 2003.

Kuhlmann, W.: Gesamtkonzept zur Ermittlung der seismischen Vulnerabilität von Bauwerken am Beispiel unterirdischer Rohrleitungen. Dissertation, Lehrstuhl für Baustatik und Baudynamik, 2004.

Liu, A.: Insurance Loss due to Building Damage in Earthquakes. Proceedings of the 6th U.S. National Conference on Earthquake Engineering, Seattle, WA, 1998.

MCEER: Multidisciplinary Center for Earthquake Engineering Research (MCEER): Seismic Reliability Assessment of Critical Facilities: A Handbook, Supporting Documentation, and Model Code Provisions. Technical Report MCEER-99-0008, 1999.

Meskouris, K.: Baudynamik. Ernst & Sohn Verlag, Berlin, 1999.

Meskouris, K., Butenweg, C., Renault, P.: Mehrstufiges Konzept für mehr Erdbebensicherheit. Deutsches IngenieurBlatt, No. 6, Seiten 18-26, 2006.

Meskouris, K., Kuhlmann, W., Mistler. M. et.al: Seismic Vulnerability Assessment of Buildings by the EQ-Fast Software Module: Im Tagungsband: Concrete Structures in Seismic Regions, Athens, Greece, 2003.

Meskouris, K., Sadegh-Azar, H., Bérézowsky, M., Dümling, H., Frenzel, R.: Schnellbewertung der Erdbebengefährdung von Gebäuden. Der Bauingenieur, Band 76, S. 370-376, 2001.

METU: Seismic Hazard Map Ordinates of Turkey. Disaster Management Implementation and Research Center, Program: Improvement of Turkey's Disaster Management System (TUR/94/006).

Ministry of Public Works and Settlement, Government of Republic of Turkey: Specification for Structures to be Built in Disaster Areas-Part III- Earthquake Disaster Prevention. Official Gazette No.23390, 1998.

Murphy, J.R. und O'Brian, L.J.: The correlation of peak ground acceleration with seismic intensity and other physical parameters. Bulletin of the Seismological Society of America, 67, 877-915, 1977.

Oliveira, C.S.; Campos-Costa, A. Sousa, M.L.: Basis for Earthquake Insurance Policies. Eleventh World Conference on Earthquake Engineering, Acapulco, Mexico. Published by Elsevier Science Ltd., Oxford, U.K., 1996.

Park, Y.J., Ang, A.H.S., Wen, Y.K.: Seismic Damage Analysis for Reinforced Concrete Buildings. Journal of Structural Devision, ASCE, Vol. 111, No. 4, pp. 740-757, 1985.

Renault, P., Meskouris, K.: SVBS – An Assessment Tool for Bridges under Seismic Loads. Im Tagungsband: Bridge 2006 - Int. Conf. on Bridge Engineering, Hong-Kong, China, November 2006.

Sabetta, F., Goretti, A., Lucantoni, A.: Empirical Fragility Curves from Damage Surveys and Estimated Strong Ground Motion. Proceedings of the Eleventh European Conference on Earthquake Engineering, 1998.

Sadegh-Azar, H.: Schnellbewertung der Erdbebengefährdung von Gebäuden. Dissertation am Lehrstuhl für Baustatik und Baudynamik der RWTH Aachen, 2002.

Sauter, F., Shah, H.C.: Studies on Earthquake Insurance. Proceedings of the Second U.S. National Conference on Earthquake Engineering, Stanford, California, EERI, Berkeley, California, 1978.

Schmitt, T.: Zusammenhang zwischen seismischen Parametern und der Bauwerksschädigung im Erdbebenfall. Diplomarbeit am Lehrstuhl für Baustatik und Baudynamik der RWTH Aachen, 2000.

Schmitt, T.: PSHA für den Standort Köln. Interne Mitteilung, Bundesanstalt für Geowissenschaften und Rohstoffe 2005.

SEAOC: Recommended Lateral Force Requirements of the Structural Engineers Association of California. Sacramento, California, 1988.

SERGISAI: Seismic Risk evaluation through integrated use of Geographical Information Systems and Artificial Intelligence techniques. Final Report, European Commission Directorate General XII for Science, Research and Development, Contract Number: ENV4 - CT96 – 0279, 1998.

Shelock, K. M., Abrahamson, N.: Comparison of Ground Motion Attenuation Relationships. In: Proceedings of the 6th U.S. National Conference on Earthquake Engineering, Seattle, WA, 1998.

Shome, N.: Probabilistic Seismic Demand Analysis of Nonlinear Structures. Dissertation, Stanford University, Stanford, CA, 1999.

Shome, N., Cornell, C.A., Bazurro, P., Carballo, J.E.: Earthquakes, Records and Nonlinear Responses. Earthquake Spectra, Vol. 14, No. 3, 1998.

Spence, R.J.S., Coburn, R. J. S., Pomonis, A., Sakai, S.: Correlation of ground motion with building damage: The definition of a new damage-based seismic intensity scale. Tenth World Conference on Earthquake Engineering, 1992.

SVBS: Seismic vulnerability benchmark system for bridges. SDA-engineering GmbH, Herzogenrath, 2011.

Talaslidis, D. G., Manolis, G. D., Paraskevopoulos, E., Panagiotopoulos, C., Pelekasis, N., Tsamopoulos, J. A.: Risk analysis of industrial structures under extreme transient loads. Soil Dynamics and Earthquake Engineering Vol.24, page 435-448, 2004.

Talstra, S.: Vulnerabilitätsanalyse einer Hängeseilbrücke. Diplomarbeit, Lehrstuhl für Baustatik und Baudynamik, RWTH Aachen, 2004.

Visseh, Y., Ghafory-Ashtiany, M.: Earthquake insurance and its role in guiding the a seismic construction in Iran. Proceedings of the Eleventh European Conference on Earthquake Engineering, Balkema, Rotterdam, 1998.

Weitkemper, U.: Zur numerischen Untersuchung seismisch erregter Hochbauten mit Aussteifungssystemen aus Stahlbetonwandscheiben. Dissertation, Lehrstuhl für Baustatik und Baudynamik, RWTH Aachen, 2000.

Wolf, J.P.: Foundation Vibration Analysis Using Simple Physical Models. Englewood Cliffs: Prentice Hall 1994.

6 Mauerwerksbauten

Mauerwerksbauten weisen unter seismischer Beanspruchung ein sehr komplexes Verhalten auf, das mit praktikablen Rechenmodellen zurzeit nicht abgebildet werden kann. Deshalb werden traditionell vereinfachte lineare Rechenmodelle angewendet, mit denen die globale Tragfähigkeit von Mauerwerksbauten deutlich unterschätzt wird. Bislang waren die Rechenmodelle meistens ausreichend, um den Nachweis gegen Windbelastungen führen zu können. Die stark vereinfachte Betrachtungsweise führt aber dazu, dass der Erdbebennachweis für traditionelle Grundrisse auch unter den moderaten Erdbebenbelastungen in Deutschland nicht mehr zu führen ist. In zahlreichen Forschungsprojekten wurde deshalb versucht, neue Bemessungs- und Modellierungsansätze zu entwickeln, mit denen die Reserven von Mauerwerksbauten besser ausgenutzt werden können. Im Folgenden wird zunächst das Verhalten von Mauerwerksbauten unter seismischen Belastungen allgemein beschrieben. Darauf aufbauend werden die zur Verfügung stehenden Berechnungsverfahren, die Möglichkeiten der rechnerischen Modellbildung und die Möglichkeiten der Bestimmung von zyklischen Last-Verformungskurven erläutert. Abschließend wird ein statisch nichtlineares Nachweiskonzept vorgestellt, dessen Anwendung an praxisnahen Beispielen demonstriert wird.

6.1 Verhalten von Mauerwerksbauten unter Erdbebenbelastung

Das Verhalten von Mauerwerksbauten unter Erdbebenbelastung wird bedingt durch die spezifischen Versagensmechanismen auf der Wandebene, die Interaktionen zwischen den Wandscheiben sowie zwischen den Wänden und Geschossdecken. Im Folgenden werden diese für das Tragverhalten wesentlichen Aspekte erläutert.

6.1.1 Versagensformen von Mauerwerksscheiben unter seismischer Belastung

Bei seismischer Beanspruchung werden Mauerwerksscheiben zusätzlich zu den planmäßig wirkenden Vertikallasten durch horizontal wirkende Erdbebenkräfte belastet. In Abhängigkeit von den Verhältnissen zwischen Horizontal- und Vertikallasten sowie der Höhe und Länge der Mauerwerksscheiben können sich verschiedene Versagensformen einstellen, die grundsätzlich in Schub-, Druck- und Zugversagen eingeteilt werden können.

Bei kleinen Auflasten tritt Fugenversagen ein, und die Steine bleiben im Regelfall intakt (Bild 6-2, oben links). Die Schubfestigkeit hängt dabei vom Reibungswinkel μ und der Kohäsion bzw. Haftscherfestigkeit k ab (Bild 6-1). Die Haftscherfestigkeit k wird nach Erreichen der Schubfestigkeit exponentiell abgebaut. Der Reibungswinkel μ_0 reduziert sich auf einen Restwert μ_R.

Entweder beschränkt sich der Rissverlauf auf eine einzelne Lagerfuge, oder der Riss verläuft treppenförmig entlang der Stoß- und Lagerfugen in Abhängigkeit der Verbandsausbildung. Die Mauerwerksschubfestigkeit ist also demnach auch vom Format der Steine, dem Überbindemaß und der Fugendicke abhängig. Eine Steigerung der Druckspannung bewirkt nach anfänglichem Fugenversagen auch ein Versagen benachbarter Steine, wodurch ein Rissbild mit Versagen in den Fugen und in den Steinen entsteht.

Bei großen Auflasten und höheren Druckspannungen erfolgt der Bruch ausschließlich durch Steinversagen (Bild 6-2, unten links). Diese Versagensart resultiert aus den unter Schub sich einstellenden Steinrotationen, die große Beanspruchungen bei dem Abschervorgang hervorrufen. Daraus resultieren Hauptzugspannungen im Stein, die zum Versagen führen. Deshalb wird dieses Versagen auch als Steinzugversagen bezeichnet. Sowohl das Fugen- als auch das Steinzugversagen sind Schubversagensformen.

Schubspannung σ_{yy}
Schubfestigkeit
$k - \sigma_{yy} \tan \mu_0$
$-\sigma_{yy} \tan \mu_R$
Scherverschiebung Δv

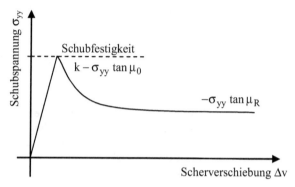

Bild 6-1 Lagerfugenversagen

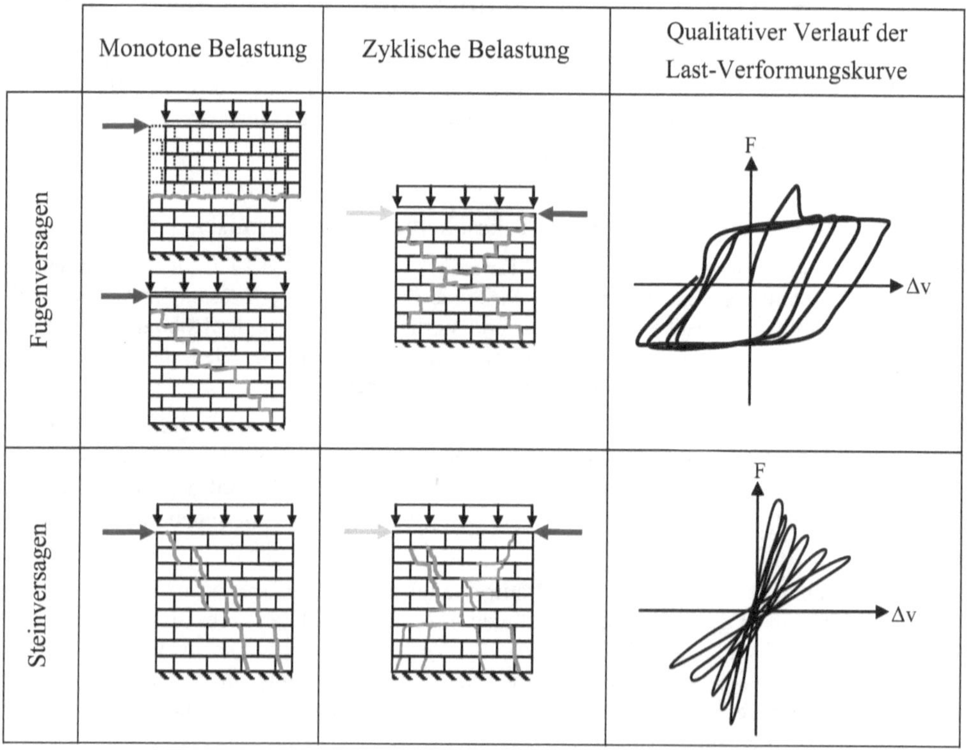

Monotone Belastung
Zyklische Belastung
Qualitativer Verlauf der Last-Verformungskurve
Fugenversagen
Steinversagen
F
Δv
F
Δv

Bild 6-2 Schubversagensformen von Mauerwerkswänden

Bild 6-3 Kreuzrisse im Mauerwerk infolge Erdbebenbeanspruchung

Bei alternierender, zyklischer Belastung entstehen die bekannten Kreuzrisse (Bild 6-3), meistens durch eine Kombination von Fugen- und Steinzugversagen. Die qualitative Gegenüberstellung der Last-Verformungskurven (Hysteresekurven) beider Versagensformen verdeutlicht die unterschiedliche Wirkungsweise bei zyklischen Beanspruchungen.

Beim Gleiten in der Lagerfuge wird Energie durch Reibung dissipiert. Die Hysteresekurven (Bild 6-2, oben rechts) sind füllig, und das Verhalten nach Überschreiten und Abbau der Haftscherfestigkeit kann als duktil bezeichnet werden. Es entspricht in etwa einem elastoplastischem Materialverhalten. Das Steinzugversagen hingegen ist spröde, was sich an den weniger fülligen Hystereseschleifen zeigt. Zudem nehmen in jedem Zyklus sowohl Steifigkeit als auch Tragfähigkeit deutlich ab, so dass sich die Hystereseschleifen „legen".

Schlanke Mauerwerksscheiben werden vor allem auf Biegung beansprucht. Maßgebend für das Versagen sind in diesem Fall die Zug- und Druckfestigkeit des Mauerwerks in den Eckbereichen (Bild 6-4). Die Schubtragfähigkeit spielt dabei eine untergeordnete Rolle. Zyklische Belastungen führen bei schlanken Wänden zu einer Kippbewegung, und es kommt zu einem Wechsel von Klaffungen infolge alternierenden Zug und Druckbelastungen in den Eckbereichen. Die Verformungen sind im Verhältnis zur aufnehmbaren Last groß. Die Hysteresekurven weisen einen stark eingeschnürten, S-förmigen Verlauf auf, da nach anfänglichem Fugenaufreißen wenig Energie dissipiert wird. Im Ursprung nimmt die Steigung der Kurven nur sehr wenig ab. Der S-förmige Verlauf resultiert hierbei nicht hauptsächlich aus der Materialdegradation, sondern aus der Verkleinerung des überdrückten Querschnittsbereichs mit größer werdender Verformung.

Abschließend ist festzuhalten, dass das Gesamtversagen einer Mauerwerksscheibe meistens eine Kombination aus den beschriebenen Versagensarten ist. Die hier beschriebene klare Trennung der Versagensarten aus mechanischer Sicht ist bei den Schadensbildern von seismisch geschädigten Wänden meistens nicht zu beobachten.

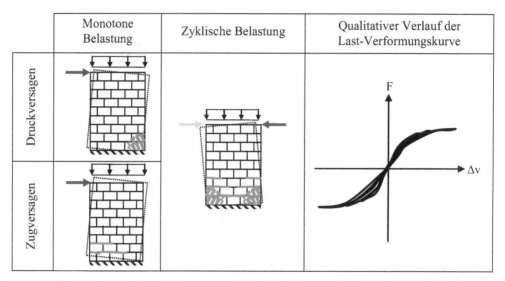

Bild 6-4 Kombiniertes Druck- und Zugversagen infolge Biegebeanspruchung bei schlanken Wänden

6.1.2 Wand-Decken und Wand-Wand Interaktion

Das globale Tragverhalten von Mauerwerksbauten resultiert aus der Konfiguration der Einzelwände im Grundriss in Interaktion mit den Geschossdecken. Bei einer horizontalen Belastung wirken die über mehrere Geschosse verlaufenden Mauerwerkswandscheiben nicht wie im Stahlbetonbau als durchgehende Scheiben mit Zugübertragung, sondern führen geschossweise Wandrotationen aus. Die Wände stellen sich auf und es bilden sich Druckdiagonalen zwischen den Wandecken aus. Durch das Aufstellen der Wände kommt es für die Wand zu einer Einspannwirkung durch die Deckenscheiben. Diese Einspannwirkung ist bei kurzen Wänden durch die größeren Wandrotationen stärker ausgeprägt als bei langen Wänden, die im Wesentlichen über Schub abtragen (Bild 6-5).

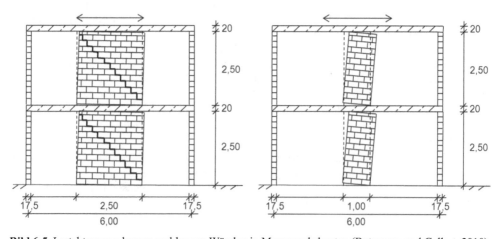

Bild 6-5 Lastabtrag von kurzen und langen Wänden in Mauerwerksbauten (Butenweg und Gellert, 2010)

Die Interaktion zwischen der Schubwand und der Deckenplatte wirkt sich direkt auf die Verteilung der Momente in der Schubwand aus, die durch das Gleichgewicht der Querkräfte und der exzentrisch angreifenden Vertikalkräfte bestimmt werden. Als Maß für die Einspannwirkung wird der Faktor α als Quotient aus Wandhöhe h und der Höhe des Momentennulldurchgangs h_0 verwendet, der geometrisch nicht zwischen Wandkopf und Wandfuß liegen muss (Bild 6-6).

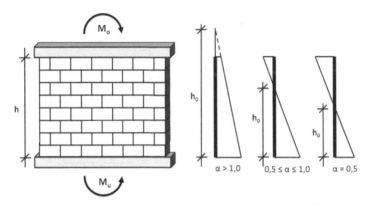

Bild 6-6 Momentenverteilungen in einer Einzelwand und zugehörige Einspanngrad (Gellert, 2010)

In der Regel ist bei üblichen Mauerwerksbauten das Wandfußmoment $|M_u|$ größer als das Wandkopfmoment $|M_o|$ und es ergibt sich für $|M_u| \geq |M_o|$ der Einspanngrad α zu:

$$\alpha = \frac{h_0}{h} = \frac{M_u}{M_u - M_o} \tag{6.1}$$

Durch exzentrisch angreifende Normalkräfte infolge ständiger Lasten ist es aber möglich, dass das Wandfußmoment $|M_u|$ kleiner als das Wandkopfmoment $|M_o|$ wird und daher der Einspanngrad α für $|M_u| < |M_o|$ wie folgt definiert ist:

$$\alpha = \frac{M_u}{M_o - M_u} \tag{6.2}$$

Bei gleicher Beanspruchung der Wand am Wandkopf und am Wandfuß ($M_u = M_o$), beträgt der Einspanngrad unendlich. Theoretisch ist per Definition jeder Einspanngrad zwischen 0,5 und plus unendlich denkbar. Negative Einspanngrade sind ausgeschlossen. In Bild 6-7 und Bild 6-8 werden zur Erläuterung zwei mögliche Verteilungen von Vertikalkräften gezeigt, die sich mit zunehmender horizontaler Verformung der Wandscheiben unter Berücksichtigung des Fugenklaffens einstellen können. Gut zu erkennen ist, dass der kinematische Mechanismus zu einem Aufstellen der Wandscheibe und einer Umlagerung der zunächst gleichmäßigen Verteilung der Vertikalkräfte hin zu den Wandecken führt.

Findet dieser Mechanismus gleichsam am Fuß und Kopf der Wand statt, stellt sich die Wand, wie in Bild 6-7 zu sehen, auf zwei diagonal gegenüberliegende Eckpunkte. Das Moment am Wandkopf entspricht in diesem Fall dem Moment am Wandfuß und der Einspanngrad ergibt sich zu α = 0,5. Findet die Ablösung langsamer oder gar nicht statt und die Deckenplatte bleibt flächig auf der Wandscheibe liegen, so stellt sich ein Einspanngrad mit α = 1,0 ein. Dann ergibt sich die in Bild 6-8 dargestellte Lastzentrierung, da die Resultierende der Vertikallast in der Schwereachse der Wandscheibe liegt und somit das Wandkopfmoment den Wert Null annimmt.

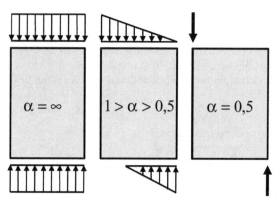

Bild 6-7 Wandscheibe unter Horizontalbelastung: Voll eingespannt

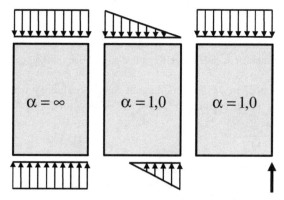

Bild 6-8 Wandscheibe unter Horizontalbelastung: Lastzentrierung

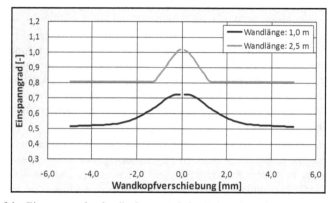

Bild 6-9 Verlauf des Einspanngrades für die Querwände im Erdgeschoss (Butenweg und Gellert, 2010)

Da es sich bei den Erdbebenlasten um zyklische Belastungen handelt, wechselt die Richtung des Aufstellens der Wände und es kommt zu einer Variation des Einspanngrades am Wandkopf und in der Folge zu einer wechselnden Biegebeanspruchung der Decke. In Bild 6-9 sind die Verläufe des Einspanngrades für die Erdgeschosswände dargestellt. Es zeigt sich, dass die kurze Wand (1,0 m) bei einer Verschiebung von etwa 4 mm den vollen Einspanngrad erreicht. Die lange Wand (2,5 m) erreicht den vollen Einspanngrad hingegen nicht, da es bei einer Verschiebung von 1,2 mm zu einem Reibungsversagen zwischen Wand und Decke kommt und danach der Einspanngrad konstant bleibt.

Das komplexe Zusammenspiel von nicht kraftschlüssig verbundenen Längs- und Querwänden wird am Beispiel des in Bild 6-10 dargestellten Erdgeschosses eines zweigeschossigen Gebäudes verdeutlicht. Durch die Wandkonfiguration weisen die Querwände bereits exzentrische Vorbelastungen infolge des Eigengewichts auf. Das führt dazu, dass sich die Entwicklung der Einspanngrade in die Lastrichtungen deutlich unterscheiden.

Eine Belastung in die negative x-Richtung führt für die linke Wand wegen der exzentrischen Vertikallast unmittelbar zu einer vollen Einspannwirkung. Eine Belastung in die positive x-Richtung hebt zunächst die exzentrische Vorbelastung auf und baut dann durch eine Wandrotation in die andere Richtung wieder eine volle Einspannwirkung auf, die jedoch erst bei wesentlich größeren Verformungen erreicht wird. Die Verläufe des Einspanngrads für Querwandlängen von 1,0 m und 2,5 m zeigt Bild 6-11.

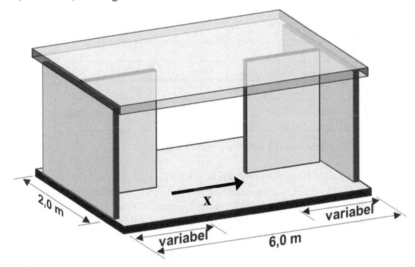

Bild 6-10 Erdgeschoss eines zweigeschossigen Gebäudes (Butenweg und Gellert, 2010)

Gleichzeitig führt eine Belastung in die positive x-Richtung durch die Wandrotation zur Umlagerung von Vertikalkräften der linken Querwand auf die Schubwand, die sich bei größer werdenden Verformungen über Rahmentragwirkung auf die gegenüberliegende Wand umlagern. Umgekehrt führt eine Belastung in negative x-Richtung im kleineren Verformungsbereich zu einer Umlagerung von Vertikalkräften von der Schubwand auf die Querwand. Erst bei größer werdenden Verformungen führt die Wandrotation wieder dazu, dass die Schubwand der Querwand Lasten entzieht und damit stärker belastet wird. Den Verlauf der Wandnormalkraft in Abhängigkeit der Wandkopfverschiebung in positive und negative x-Richtung zeigt Bild 6-12.

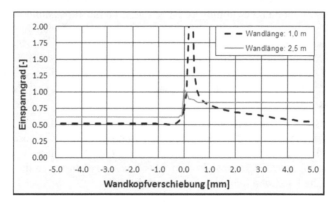

Bild 6-11 Verlauf der Einspanngrade für Querwände mit einer Länge von 1,0 m und 2,5 m

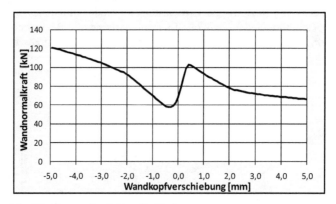

Bild 6-12 Verlauf der Wandnormalkraft über die Verformung

Die Betrachtungen an dem einfachen Grundriss verdeutlichen, dass die bei einer wechselnden Horizontalbelastung aktivierten Kinematiken zu veränderlichen Randbedingungen der Einzelwände führen, welche die Trag- und Verformungsfähigkeiten positiv oder negativ beeinflussen können. Die hier nur ansatzweise beschriebenen Aspekte werden in folgenden Literaturstellen ausführlicher beschrieben: Butenweg et al. (2008), ESECMaSE (2009), Löring (2005).

Da die Erdbebenbelastung nach den Erdbebennormen in zwei Richtungen gleichzeitig wirkend anzusetzen ist, wird die rechnerische Erfassung der oben beschriebenen Einflüsse weiter erschwert. Beispielsweise kann eine Schubwand infolge der Rotation einer orthogonal anschließenden Wand durch die erste Erdbebenkomponente entlastet werden, was zu einer starken Reduzierung des Erdbebenwiderstandes führt.

Bei gleichzeitiger Wirkung der zweiten Erdbebenkomponente kann dies direkt zum Versagen der orthogonal angeschlossenen Schubwand führen (Bild 6-13a). Dieser Fall tritt nicht ein, wenn die erste Erdbebenkomponente in die andere Richtung wirkt (Bild 6-13b). Welche Situationen letztendlich während eines Erdbebens auftreten, ist auf Grund der stochastischen Erdbebeneinwirkung nicht vorhersehbar.

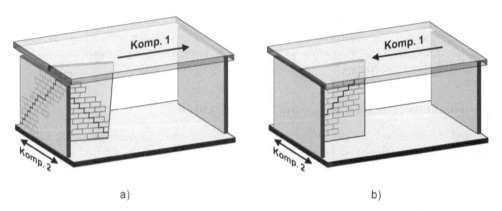

a)   b)

Bild 6-13 a) Versagen der Schubwand in Querrichtung durch Entlastung, b) Ausreichender Widerstand der Schubwand in Querrichtung ohne Entlastung (Butenweg und Gellert, 2010)

6.1.3 Zusammenwirken der Schubwände

Die Interaktion der Schubwände ist entscheidend von dem Verbindungstyp zwischen den Einzelwänden abhängig. Zu unterscheiden sind stumpf gestoßene oder im Verband gemauerte Wände (Bild 6-14).

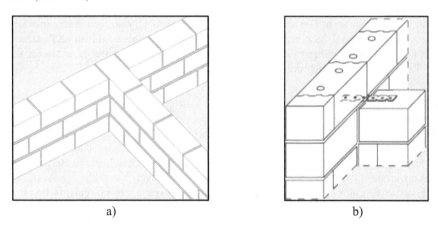

a)   b)

Bild 6-14 a) Kraftschlüssiger Verbandanschluss, b) Stumpfstoßanschluss (Rich, 2004)

Wenn Wandscheiben im Stoßbereich im Verband gemauert werden, trägt der Querschnitt bei einer ausreichenden Verzahnung der Wände als zusammengesetzter Querschnitt die Lasten ab. Zur Sicherstellung der Verzahnungswirkung ist in diesem Fall zusätzlich ein Nachweis der Querkraftübertragung im Anschnitt der Teilquerschnitte zu führen. Die mitwirkende Breite der zusammengesetzten Querschnitte kann anhand der Elastizitätstheorie berechnet werden. Ohne genaueren Nachweis können alternativ konservative Näherungen für die mitwirkende Breite angesetzt werden (DIN 1053, Teil 11-13, 2009; DIN 1053-1, 1996; DIN 1053-100, 2007). Der Aufwand der Ausbildung eines kraftschlüssigen Anschlusses der Querwände kann sich durchaus lohnen, da deutliche Tragfähigkeitssteigerungen erreicht werden können (Moon, 2004).

Mittels Stumpfstoßtechnik hergestelltes Mauerwerk ist aus baupraktischer Sicht einfacher herzustellen, wobei die Stoßfuge aus schallschutztechnischen Gründen vollständig vermörtelt auszuführen ist. Der konstruktive Wandanschluss erfolgt durch eingelegte Edelstahlanker. Bei Stumpfstößen ist rechnerisch immer von entkoppelten Wänden auszugehen.

6.2 Rechenverfahren für Mauerwerksbauten

Für den rechnerischen Nachweis von Mauerwerksbauten unter Erdbebenbelastung können folgende Rechenverfahren zum Einsatz kommen:

- Ersatzkraftverfahren

- Antwortspektrenverfahren

- Pushoverberechnung

- Zeitverlaufsberechnung

Bei Anwendung der Rechenverfahren ist zu beachten, dass die DIN 4149 (2005) nichtlineare statische Berechnungen und Zeitverlaufsberechnungen generell ausschließt, während die DIN EN 1998-1 (2010) alle Verfahren zulässt. Mit Fertigstellung des Nationalen Anwendungsdokumentes DIN EN 1998-1/NA (2011) werden aber ab 2012 auch in Deutschland weitere Rechenverfahren einsetzbar sein. Die theoretischen Grundlagen der genannten Rechenverfahren sind in den Kapiteln 1 und 3 beschrieben. Weiterhin findet sich eine ausführliche Zusammenstellung der normativen Vorgaben bei Anwendung der Verfahren im Kapitel 4. An dieser Stelle sollen die Verfahren nur hinsichtlich der praktischen Anwendung in kurzer Form bewertet werden (Tabelle 6-1).

Als Standardrechenverfahren kommen für Mauerwerksbauten das Ersatzkraftverfahren oder das Antwortspektrenverfahren zur Anwendung. Diese beiden Verfahren bieten aufgrund Ihrer einfachen Handhabung und der vergleichsweise einfachen Modellbildung die Möglichkeit für die üblicherweise kleinen bis mittelgroßen Tragwerke aus Mauerwerk den Nachweis effizient und damit kostengünstig zu führen. Zudem sind die Ergebnisse aus den linearen Berechnungen einfach auszuwerten und zu interpretieren. Nachteilig ist hingegen die schlechte Ausnutzung der Tragwerksreserven, die es bereits in Erdbebenzone 2 schwierig macht, realistische Grundrisse nachzuweisen.

Der Schritt zu einer Nachweisführung mit nichtlinearen Nachweisverfahren wird trotz der sich daraus ergebenden Chancen hinsichtlich der besseren Ausnutzung von Tragwerksreserven üblicherweise als zu aufwändig eingeschätzt. Dies ist insbesondere für die nichtlinearen Zeitverlaufsberechnungen zutreffend. Für übliche Mauerwerksbauten stehen die zeitintensive nichtlineare Modellierung, die langen Rechenzeiten und der große Aufwand in der Auswertung und Interpretation der Ergebnisse in keinem Verhältnis zum Nutzen. Insgesamt ist festzustellen, dass nichtlineare Zeitverlaufsberechnungen für Mauerwerksbauten in der Praxis zurzeit nicht anwendbar sind.

Statisch nichtlineare Pushoverberechnungen werden hingegen für Stahlbeton- oder Stahltragwerke in Ländern mit hohen Erdbebenbelastungen als anerkannte Nachweisverfahren standardmäßig eingesetzt. Die nichtlinearen statischen Verfahren ermöglichen eine gute Ausnutzung der Tragwerksreserven und lassen sich auch für Mauerwerksbauten so aufbereiten, dass eine Anwendung in der Baupraxis möglich ist. Insbesondere durch ein stetig wachsendes Angebot an geeigneten Software Lösungen (ANDILWall, 2011; Lagomarsino et al., 2006; Magenes et al., 2006a; 3muri, 2011; MINEA, 2011) ist die Anwendung verformungsbasierter Verfahren für den Tragwerksplaner eine echte Alternative zur klassischen linearen Nachweisführung. Mit den Softwarelösungen können nichtlineare Tragfähigkeitsreserven ohne spürbare Aufwandssteigerung ausgenutzt werden.

Tabelle 6-1 Bewertung der Berechnungsverfahren für den Nachweis von Mauerwerksbauten

	Berechnungsverfahren			
	Ersatzkraftverfahren	Antwortspektren-verfahren	Pushover-berechnung	Zeitverlaufs-berechnung
Verfahren	statisch	statisch	statisch	dynamisch
Tragwerksmodell	linear	linear	nichtlinear	nichtlinear
	2D	2D, 3D	2D, 3D	2D, 3D
Torsionseinfluss	vereinfachte Ansätze für tatsächliche, zusätzliche und zufällige Torsions-einflüsse	2D: Vereinfachte Ansätze für tatsächliche, zusätzliche und zufällige Torsionsein-flüsse 3D: Modellintern, Beaufschlagung für zufällige Torsionsein-flüsse	2D: Vereinfachte Ansätze für tatsächliche, zusätzliche und zufällige Torsionsein-flüsse 3D: Modellintern, Beaufschlagung für zufällige Torsionsein-flüsse	2D: Vereinfachte Ansätze für tatsäch-liche, zusätzliche und zufällige Tor-sionseinflüsse 3D: Modellintern, Beaufschlagung für zufällige Torsions-einflüsse
Berücksichtigung Nichtlinearitäten	Verhaltensbeiwert	Verhaltensbeiwert	im Modell enthalten	im Modell enthalten
Einwirkung	Antwortspektrum	Antwortspektrum	Antwortspektrum	Zeitverlauf
Berechnung	Tragwerksanalyse mit statischen Ersatzlasten	Modale Analyse mit quadratischer Überla-gerung der Zu-standsgrößen	Pushoverberechnung mit monoton anwach-senden äußeren Kräften	mind. 3 Zeitverlaufs-berechnungen mit statistischer Auswer-tung
Ungenauigkeiten	Modellbildung, Trag-werksdynamik, Material-verhalten	Modellbildung, Tragwerksdynamik, Materialverhalten	Modellbildung, Tragwerksdynamik	Modellbildung
Anforderungen an Regelmäßigkeit	sehr hoch	2D: hoch 3D: keine	2D: hoch 3D: keine	2D: hoch 3D: keine
Nachvollziehbarkeit	sehr gut	gut	gut	schwierig
Ausnutzung Trag-werksreserven	gering	gering	gut	sehr gut
Aufwand	gering	mäßig	vertretbar	sehr hoch

6.3 Berechnungsmodelle für Mauerwerksbauten

Die seismische Berechnung von Mauerwerksbauten kann an einem Ersatzstab, an einem ebenen Rahmenmodell, an einem Pseudo 3D-Modell oder an einem räumlichen Tragwerksmodell erfolgen. In jeder dieser Modellvarianten kann lineares oder nichtlineares Materialverhalten zugrunde gelegt werden. Das Berechnungsmodell für das jeweilige Bauwerk ist in Abhängigkeit vom Rechenverfahren und dem beabsichtigten Modellierungsaufwand zu wählen.

6.3.1 Ersatzstab

Bei dem Ersatzstabverfahren für regelmäßige Mauerwerksgebäude werden die durchgehenden Schubwände durch äquivalente Stäbe abgebildet (Bild 6-15). Hierbei wird auf der sicheren Seite die Einspannwirkung der Riegel vernachlässigt, so dass sich die Steifigkeit des Ersatzstabes aus der Summation der Kragarmsteifigkeiten in die jeweilige Bebenrichtung ergibt. Bei der

Bestimmung der Ersatzsteifigkeiten der Wände sind insbesondere bei längeren Wänden die Schubverformungen zu berücksichtigen. Vereinfacht lassen sich diese nach Müller und Keintzel (1984) durch die Reduzierung der Wandträgheitsmomente I berücksichtigen:

$$I_E = \frac{I}{\left(1 + \frac{3{,}64\,EI}{h^2\,GA}\right)} \tag{6.3}$$

Hierbei sind E das Elastizitätsmoduls, h die Wandhöhe, G das Schubmodul und A die Schubwandfläche. Bei der Berechnung der Kragarmsteifigkeiten sollte von entkoppelten Einzelwänden ausgegangen werden. Zusammengesetzte Querschnitte können nur angesetzt werden, wenn die Schubübertragung zwischen Wand und Querwand durch eine ausreichende Verzahnung sichergestellt ist (Abschnitt 6.1.3).

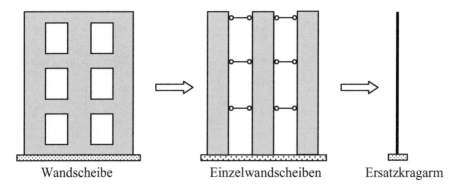

Wandscheibe   Einzelwandscheiben   Ersatzkragarm

Bild 6-15 Gegliederte Wandscheibe, Einzelwandscheiben und Kragarm als Ersatzsystem

6.3.2 Ebenes Rahmenmodell

Wenn die Riegelsteifigkeiten der Sturzbereiche zwischen den durchgehenden Schubwänden der Wandscheiben berücksichtigt werden, ist eine Ersatzsteifigkeit für das sich einstellende Rahmenmodell zu berechnen (Bild 6-16).

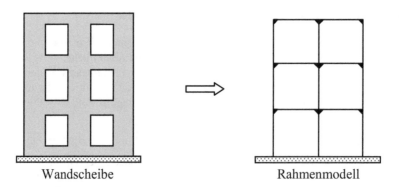

Wandscheibe   Rahmenmodell

Bild 6-16 Wandscheibe mit Rahmen als Ersatzsystem

Berechnungsansätze hierfür werden von Müller und Keintzel (1984) angegeben. Die Abschätzung der Riegelsteifigkeiten ist jedoch nicht trivial, da diese von der Biegesteifigkeit der Decken, von dem vorhandenen Auflastniveau, der Länge der Schubwände und von der Verteilung der Schubwände im Grundriss abhängig ist.

Näherungsweise kann die Berücksichtigung der Riegelsteifigkeiten durch den Ansatz eines Deckenstreifens mit der Breite b erfolgen (Bild 6-17). Die Breite b des Streifens ist dabei auf Grundlage einer Abschätzung der zu erwartenden Einspannwirkung der Decke festzulegen (Meskouris et al., 2008). Hierbei sind die Ausbildung der Sturzbereiche, die Größe und Anordnung von Öffnungen und aussteifend wirkende Querwände zu berücksichtigen. Durch die verschiedenen Einflüsse ergibt sich eine starke Abhängigkeit vom Einzelbauwerk, so dass die Breite des Deckenstreifens nicht durch pauschale Regelungen festgelegt werden kann.

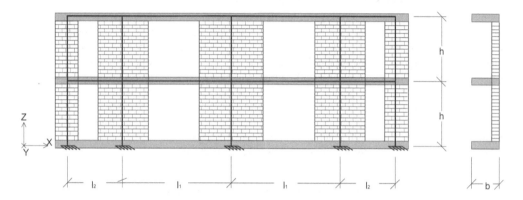

Bild 6-17 Ersatzrahmensystem für eine Mauerwerksscheibe (Gellert, 2010)

Weiterhin ist zu beachten, dass in einem Balkenmodell durch die punktuelle Anbindung der Riegel an die Stützen in den Achsmaßpunkten die Biegesteifigkeit deutlich unterschätzt wird. In der Realität liegt die Decke über die gesamte Wandlänge auf, so dass die freie Riegellänge deutlich geringer ist. Durch die lineare Abnahme der Biegesteifigkeit der Riegel mit der Länge ergeben sich hier weitere Steifigkeitsreserven.

Durch die Verwendung von ebenen Rahmenmodellen ändern sich nicht nur die Momentenverteilungen in den Wänden, sondern es treten infolge der horizontalen Erdbebenkräfte auch zusätzliche Zug- und Druckkräfte in den Stützen des Rahmenmodells auf. Diese sind in den Wandnachweisen zu berücksichtigen. Nachfolgend sind exemplarisch die Momentenverläufe eines Rahmenmodells mit biegeweichen Riegeln (Bild 6-18) und mit unendlich starren Riegeln (Bild 6-19) dargestellt. In der Realität wird sich eine Verteilung zwischen dem Fall des biegeweichen und des unendlich biegesteifen Riegels einstellen.

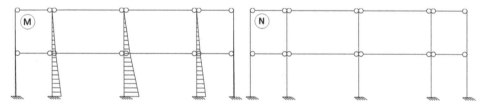

Bild 6-18 Rahmenmodell mit biegeweichen Riegeln (Gellert, 2010)

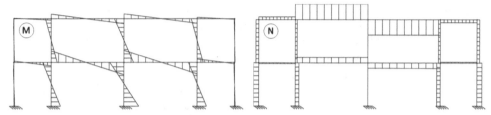

Bild 6-19 Rahmenmodell mit biegestarren Riegeln (Gellert, 2010)

Ebene lineare Rahmentragwerke werden in erster Linie bei der Anwendung des Ersatzkraftverfahren oder des Antwortspektrenverfahren eingesetzt, um die Umverteilungseffekte der Horizontal- und Vertikalkräfte im Tragwerk zu berücksichtigen.

In der FEMA-Richtlinie 356 (2000) werden dem Nachweis von Mauerwerksbauten nichtlineare Rahmenmodelle zugrunde gelegt, wobei die Interaktion zwischen den Wandscheiben und Riegeln konsequent nur durch zwei Randbedingungen beschrieben wird. Es wird entweder von biegeweichen Riegeln (Kragarmmodell) oder einer geschossweisen vollen Einspannung ausgegangen. Somit werden nur die schon erläuterten Grenzfälle der Berücksichtigung der Riegelsteifigkeiten in Betracht gezogen. Diese einfache Annahme bildet die Realität auf Grund der Vielzahl von Einflussparametern nicht ausreichend genau ab. Durch die eindeutig festgelegten Randbedingungen ist es jedoch wesentlich einfacher, die nichtlinearen Eigenschaften der Schubwandscheiben hinsichtlich der Trag- und Verformungsfähigkeit auf Grundlage rechnerischer Simulationen und experimenteller Untersuchungen festzulegen.

6.3.3 Pseudo 3D-Modelle mit äquivalenten Rahmenmodellen

Eine weitere Möglichkeit der Modellierung sind Pseudo 3D-Modelle, die aus einzelnen miteinander gekoppelten Rahmenebenen zusammengesetzt sind. Die einzelnen Rahmenebenen werden hierbei häufig durch äquivalente Rahmenmodelle abgebildet, die sich aus Balkenelementen für Riegel und Stützen zusammensetzen, die in den Knotenpunktbereichen durch starre Elemente („Rigid links") miteinander gekoppelt sind (Bild 6-19).

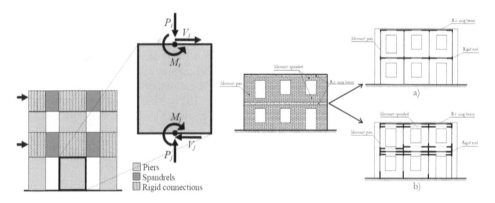

Bild 6-20 Rahmenmodell mit biegestarren Riegeln (3muri, 2011; Morandi, 2006)

Durch die Verbindung der Rahmenebenen mit starren Kopplungselementen entsteht ein Pseudo 3D-System für die Tragwerksanalyse. Diese Art der Modellierung wird insbesondere für die Anwendung statisch nichtlinearer Verfahren verwendet, da die nichtlineare Modellierung mit Balkenelementen einfach und nachvollziehbar ist. Hierbei werden die nichtlinearen Materialeigenschaften über nichtlineare Gelenke oder Makroelemente auf Balkenebene mit elastoplastischen Eigenschaften auf Grundlage analytischer oder experimentell bestimmter Last-Verformungseigenschaften abgebildet (Chen et al., 2006; Brecich et al., 1998; Magenes, 2006b; Morandi, 2006).

   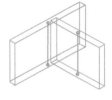

Bild 6-21 Aussteifungsebenen mit starren Kopplungselementen (Morandi, 2006)

Die Pseudo 3D-Modelle mit äquivalenten Rahmen haben in Italien unter anderem durch die Softwarepakete 3muri (2011) und ANDILWall (2011) bereits Eingang in die Baupraxis gefunden. Die äquivalenten Rahmenmodelle sind gut abgestimmt auf die für Südeuropa typische Bauweise mit Ringbalken über allen tragenden Wänden in Kombination mit leichten Deckensystemen. Eine Übertragung dieser Modellbildung auf die in Deutschland übliche Bauweise mit geschosshohen Schubwandscheiben und starren Stahlbetondecken ohne konstruktiv gut ausgebildete Riegelbereiche (Sturzbereiche) über und unter den Fensteröffnungen ist jedoch nicht in einfacher Weise möglich (Schüßler, 2010). Hier zeigt sich, dass im Mauerwerksbau auch die Tradition des Bauens direkten Einfluss auf die Modellbildung hat.

6.3.4 Räumliche Modelle

Räumliche Modelle ermöglichen eine detaillierte Abbildung der Tragwerksgeometrie und erfassen das Schwingungsverhalten realitätsnah. Im Vergleich zu den ebenen Rahmenmodellen bieten sie zudem den Vorteil, dass neben der Lastabtragung in Wandebene auch die Beanspruchung senkrecht zur Wandebene erfasst werden kann. Ein weiterer Vorteil ist, dass der horizontale und vertikale Lastabtrag an einem konsistenten Modell erfolgt und strukturelle Torsionseinflüsse automatisch im Modell berücksichtigt werden.

Bei räumlichen Modellen für Mauerwerksbauten können die Wandscheiben entweder durch Balkenelemente oder durch Schalenelemente abgebildet werden. Vorteil einer Modellierung mit Balkenelementen (Bild 6-22) ist der einfache Modellaufbau und die direkte Verwendung der Balkenschnittkräfte in den Mauerwerksnachweisen. Nachteilig ist, dass mit den Balkenelementen der vertikale Lastabtrag nicht erfasst werden kann, so dass Zusatzbetrachtungen an Ersatzsystemen durchzuführen sind. Demgegenüber wird bei einer Wandmodellierung mit Schalenelementen (Bild 6-23) der vertikale Lastabtrag korrekt erfasst, aber die Ergebnisgrößen in Form von Schalenspannungen können nicht direkt in der Mauerwerksbemessung verwendet werden. Hierzu ist eine Integration der Spannungen in den Bemessungsschnitten der Wand erforderlich. Die Verwendung der beiden räumlichen Modelltypen wird in Kapitel 4 an einem Mehrfamilienhaus demonstriert.

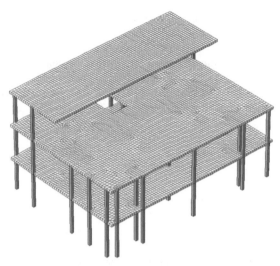

Bild 6-22 Räumliches Modell: Wanddiskretisierung mit Balkenelementen

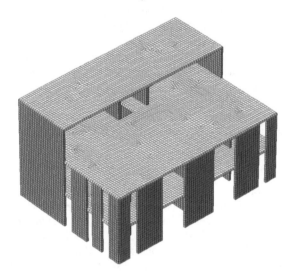

Bild 6-23 Räumliches Modell: Wanddiskretisierung mit Schalenelementen

6.4 Beanspruchungen senkrecht zur Wandebene

6.4.1 Problemstellung

Aus der Ebene heraus belastete tragende und nicht tragende Mauerwerkswände weisen unter dynamischen Belastungen wie Erdbeben ein äußerst komplexes Verhalten auf, das bis heute nur unvollständig untersucht und theoretisch noch nicht vollständig beschrieben ist (Paulay und Priestly, 1992), obwohl erste Wandversuche bereits im Jahre 1802 von Rondolet durchgeführt wurden.

Das Versagen von Wänden aus der Ebene heraus tritt häufig bereits bei Erdbebenbelastungen auf, die deutlich geringer sind als die Belastungen, die zu Schäden in Wandebene führen. Zudem haben Schadensanalysen nach aktuelleren Erdbeben in Europa gezeigt, dass in vielen Fällen das Wandversagen senkrecht zur Wandebene größere Schäden verursacht als die Biege- und Schubversagensformen in Wandebene. Insbesondere bei nicht tragenden Wänden und bei tragenden Wänden mit geringen Auflastniveaus ist ein Versagen aus der Ebene heraus zu beobachten, weshalb Schäden häufig bei den mit geringen Vertikallasten beaufschlagten Wänden in höheren Stockwerken zu beobachten sind. Typisch sind Schäden im Giebelwandbereich, die auch in Deutschland beim Albstadt Erdbeben (1978) auftraten (Bild 6-24).

Bild 6-24 Wandversagen aus der Ebene heraus, Albstadt Erdbeben, 1978 (Foto: Peter Doll)

6.4.2 Normative Nachweise

6.4.2.1 Tragende Schubwände

Die Erdbebennormen und Richtlinien beinhalten keine rechnerischen Konzepte für den Nachweis der Standsicherheit von tragenden Schubwänden bei einem Versagen senkrecht zur Wandebene infolge horizontaler Erdbebenbeanspruchung. An Stelle der rechnerischen Nachweise treten vereinfachte Schlankheitskriterien, durch deren Einhaltung ein Versagen ausgeschlossen werden soll. Die Schlankheitskriterien beruhen auf Erfahrungswerten und sind deshalb als Anhaltswerte zu verstehen. Unabhängig von der Einhaltung der Kriterien sollte einem Versagen aus der Wandebene heraus durch konstruktive Maßnahmen wie der Anordnung von Querwänden oder Pfeilervorlagen sowie der Anordnung von Ringankern vorgebeugt werden. Im Folgenden sind die Schlankheitskriterien nach DIN 4149 (2005), DIN EN 1998-1 (2010), DIN EN 1998-1/NA (2011) und der FEMA-Richtlinie 273 (1997) für tragende Schubwände zusammengestellt. Die vorgegebenen Schlankheitswerte der Regelwerke liegen für unbewehrtes tragendes Mauerwerk etwa in der gleichen Größenordnung.

Tabelle 6-2 Mindestanforderungen an aussteifende Schubwände nach DIN 4149 (2005), Tabelle 14

Erdbebenzone	h_k / t	t [mm]	l [mm]
1	nach DIN 1053-1 (1996)		≥ 740
2	≤ 18	$\geq 150^a$	≥ 980
3	≤ 15	≥ 175	≥ 980
h_k: Knicklänge, t: Wanddicke, l: Wandlänge [a]Wände der Wanddicke ≥ 115 mm dürfen zusätzlich berücksichtigt werden, wenn $h_k/t \leq 15$ ist			

Tabelle 6-3 Mindestanforderungen an Schubwände nach DIN EN 1998-1 (2010), Tabelle 9.2

Mauerwerksart	$t_{ef,min}$ (mm)	$(h_{ef}/t_{ef})_{max}$	$(l/h)_{min}$
Unbewehrt, aus natürlichen Mauersteinen	350	9	0,5
Unbewehrt, aus beliebigen anderen Mauersteinen	240	12	0,4
Unbewehrt, aus beliebigen anderen Mauersteinen bei geringer Seismizität	170	15	0,35
Eingefasstes Mauerwerk	240	15	0,3
Bewehrtes Mauerwerk	240	15	unbegrenzt
Die verwendeten Formelzeichen haben folgende Bedeutung: t_{ef} Wanddicke, DIN EN 1996-1-1 (2010) h_{ef} Knicklänge der Wand, DIN EN 1996-1-1 (2010) h größere lichte Höhe der an die Wand angrenzenden Öffnungen l Länge der Wand.			

Tabelle 6-4 Mindestanforderungen an Schubwände nach DIN EN 1998-1/NA (2011), Tabelle NA.10

Erdbebenzone	h_{ef}/t_{ef}	t_{ef} [mm]	l/h
1	nach DIN EN 1996-1-1 (2010)		$\geq 0,27$
2	≤ 18	$\geq 150^a$	$\geq 0,27$
3	≤ 15	≥ 175	$\geq 0,27$
h_{ef} Knicklänge nach DIN EN 1996-1-1(2010) t_{ef} Wanddicke l Wandlänge			
[a] Wände der Wanddicke ≥ 115 mm dürfen zusätzlich berücksichtigt werden, wenn $h_{ef}/t_{ef} \leq 15$ ist.			

Tabelle 6-5 Mindestanforderungen an die Wandschlankheit h/t nach FEMA 273 (1997), Tabelle 7.3

Wandtypen	$S_{a,max} \leq 0,24g$	$0,24g \leq S_{a,max} \leq 0,37g$	$0,37g \leq S_{a,max} \leq 0,5g$
Wände eines eingeschossigen Gebäudes	20	16	13
Erdgeschosswand eines mehrgeschossigen Gebäude	20	18	15
Dachgeschosswand eines mehrgeschossigen Gebäude	14	14	9
Sonstige Wände	20	16	13
$S_{a,max}$: Maximale Spektralbeschleunigung im Bemessungsspektrum bei T = 1s			

6.4.2.2 Nicht tragende Trennwände

Für nicht tragende Trennwände findet sich in DIN 4149 (2005) und DIN EN 1998-1 (2010) lediglich der Hinweis, dass die seismische Belastung für die Trennwände entsprechend der Vorgaben für nicht tragende Bauteile zu berechnen ist. Damit kann mit den in Kapitel 7, Abschnitt 7.4 angegebenen Berechnungsformeln eine Erdbebenersatzlast für eine einzelne Trennwand berechnet werden. Für diese Erdbebenersatzlast sind die Wand selbst und die Wandanschlüsse nachzuweisen. Wie der Nachweis für die Trennwände erfolgen soll, wird in den genannten Normen nicht angegeben. In der FEMA-Richtlinie 273 (1997) wird grundsätzlich eine kraftschlüssige Verbindung der Wand mit den horizontal angrenzenden Bauteilen gefordert.

Der Nachweis der einzelnen Trennwände ist dann mittels Zeitverlaufsberechnungen durchzuführen, mit denen die Wände am Wandkopf und Wandfuß beaufschlagt werden. Der Nachweis ist erfüllt, wenn die Wandstabilität unter der dynamischen Belastung nachgewiesen werden kann. Hierbei wird ein Aufreißen der Wand durch Plattenbiegung ausdrücklich in Kauf genommen. Ein vereinfachter Nachweis durch den Vergleich mit Grenzwerten für die Wandschlankheiten ist für Trennwände in keinem der Regelwerke zu finden.

6.4.3 Verformungsbasierte Nachweiskonzepte

6.4.3.1 Seismische Belastung der Wände

In den aktuellen Erdbebennormen kann die seismische Belastung von Einzelwänden nur in Form einer Erdbebenersatzlast mit den Berechnungsformeln für nicht tragende Bauteile ermittelt werden (Kapitel 7, Abschnitt 7.4). Die eher empirische Ersatzlast wird in Abhängigkeit der Einbauhöhe, dem Frequenzabstand von Tragstruktur und Einbauten sowie einem dynamischen Erhöhungsfaktor berechnet und stellt eine konservative Näherung der realen Erdbebenbelastung dar. Die Filterwirkung des Gebäudes kann mit den vereinfachten Berechnungsformeln nicht ausreichend genau erfasst werden.

Für eine genauere Ermittlung der seismischen Belastung auf Mauerwerkswände an beliebigen Stellen im Gebäude ist es notwendig, Etagenantwortspektren zu ermitteln. Hierfür sind Zeitverlaufsberechnungen an dreidimensionalen Tragwerksmodellen durchzuführen. Von Menon und Magenes (2008) wurde die Thematik der korrekten seismischen Belastung auf Mauerwerkswände in Gebäuden durch Ermittlung von Etagenspektren intensiv mit Parameterstudien untersucht, um daraus allgemeingültige Ansätze abzuleiten. Diese Arbeiten sind aber noch nicht abgeschlossen und es besteht weiterer Forschungsbedarf.

6.4.3.2 Verformungsbasierte Nachweise

Für den Nachweis von aus der Ebene heraus belasteten Wänden wurden verformungsbasierte Nachweiskonzepte entwickelt (Doherty et al., 2002c; Griffith und Magenes, 2003; Melis, 2002), die auf den Ergebnissen von Rütteltischversuchen basieren. Bild 6-25 zeigt das Ergebnis eines Rütteltischversuchs, bei dem es zum Abreißen der belasteten Wand von den aussteifenden Querwänden gekommen ist (Lagomarsino und Magenes, 2009).

Bild 6-25 Rütteltischversuch: Vollständiger Wandabriss (Lagomarsino und Magenes, 2009)

Aus der statistischen Auswertung von Rütteltischversuchen (Doherty et al., 2000a, 2000b) ist die in Bild 6-26 qualitativ dargestellte nichtlineare Last-Verformungsbeziehung abgeleitet worden. Die Kurve zeigt, dass aus der Ebene heraus belastete Wände nach Erreichen der maximal aufnehmbaren Kraft F_{max} noch ein deutliches Verformungsvermögen bis zum Erreichen der Verschiebung d_u im Instabilitätspunkt aufweisen.

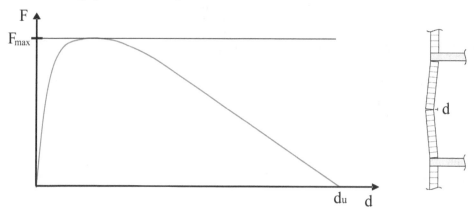

Bild 6-26 Qualitative Last-Verformungskurve von aus der Ebene heraus belasteten Wänden

Das nichtlineare Verhalten kann stark vereinfacht durch eine bilineare Idealisierung abgebildet werden. Besser eignet sich jedoch eine trilineare Idealisierung, bei der die nichtlinearen Versuchskurven durch einen zusätzlichen Plateaubereich zwischen den Grenzverformungen d_1 und d_2 genauer abgebildet werden (Bild 6-27).

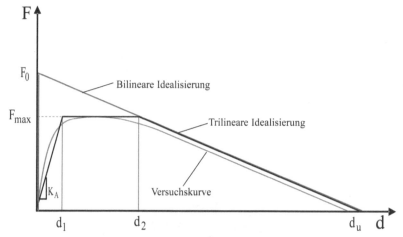

Bild 6-27 Bilineare und trilineare Idealisierung der Versuchskurve

Für die Definition der geeigneteren trilinearen Idealisierung werden die Kraft F_0, die Anfangssteifigkeit K_A und die maximale Verformung d_u im Instabilitätspunkt benötigt. Die Bestimmung der Parameter wird hier am Beispiel einer am Wandkopf und Wandfuß gelenkig gehaltenen Wand erläutert.

Die Kraft F_0 ergibt sich aus der Gleichgewichtsbetrachtung am verformten Wandsystem mit Ansatz eines Gelenks in Wandmitte und unter der Annahme starrer Mauerwerksblöcke ober- und unterhalb des Gelenks (Bild 6-28). Aus dem Momentengleichgewicht der oberen Systemhälfte um das Gelenk in Wandmitte ergibt sich die Kraft F_0 zu:

$$F_0 = 3 \cdot M \cdot g \cdot \frac{t}{h} \tag{6.4}$$

Hierbei sind M die Gesamtmasse der Wand, g die Erdbeschleunigung, t die Wanddicke und h die Wandhöhe. In gleicher Weise können auch andere Randbedingungen für die Wand gewählt werden. Die Herleitungen hierzu werden u.a. von Doherty (2000a) angegeben.

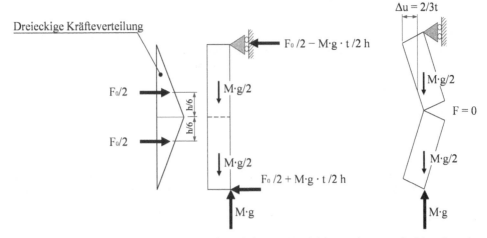

Bild 6-28 Kinematik für eine senkrecht zur Ebene belastete Wand (oben und unten gelenkig gelagert)

Die maximale Verformung d_u wird entweder empirisch auf Grundlage experimentell ermittelter Verformungen ermittelt

oder gleich der maximalen Starrkörperverschiebung gesetzt. Diese stellt sich ein, wenn der Angriffspunkt der Vertikalkraft der oberen Wandhälfte in dem in Wandmitte angenommenen Gelenk über die Wanddicke hinauswandert. Die Grenzverformungen d_1 und d_2 werden von Doherty (2002) in Abhängigkeit des Degradationsgrades in Wandmitte angegeben. Entsprechend des Modells wird ein Aufreißen der Wand durch Plattenbiegung unterstellt. Für eine moderate Degradation können folgende empirisch ermittelte Werte angesetzt werden (Melis, 2002):

$$d_1/d_u = 13\%, \, d_2/d_u = 40\% \tag{6.5}$$

Der Kraftverlauf F(d) kann aus den nun bekannten Werten F_0, d_1, d_2 und d_u berechnet werden:

$$d(t) \leq d_1 : F = \frac{F_0}{d_u} \cdot \frac{(d_u - d_2)}{d_1} \cdot d(t) \tag{6.6}$$

$$d_1 < d(t) \leq d_2 : F = \frac{F_0}{d_u} \cdot (d_u - d_2) \tag{6.7}$$

$$d(t) > d_2 : F = \frac{F_0}{d_u} \cdot (d_u - d(t)) \tag{6.8}$$

Schließlich ergibt sich die Anfangssteifigkeit zu:

$$K_A = \frac{F_0}{d_u} \cdot \frac{(d_u - d_2)}{d_1} \tag{6.9}$$

Damit ist die trilineare Last-Verformungskurve vollständig beschrieben und kann für Berechnungen der Wand als äquivalenter Einmassenschwinger verwendet werden. Die Bewegungsgleichung für den Schwinger bezogen auf die Verformung d_m in Wandmitte lautet (Bild 6-29):

$$a_m + \frac{C}{M} \cdot v_m + \frac{3}{2} \cdot \frac{F(d(t))}{M} = -\frac{3}{2} \cdot a_g \tag{6.10}$$

Den Faktor 3/2 liefert der kinematische Zusammenhang zwischen den Freiheitsgraden d_o, d_u der oberen und unteren Wandhälfte und dem Freiheitsgrad d_m in Wandmitte. Der Dämpfungskoeffizient C des Einmassenschwingers ist wie folgt definiert:

$$C = 2 \cdot M \cdot \omega \cdot \xi \tag{6.11}$$

Die Eigenkreisfrequenz ω ergibt sich zu:

$$\omega = \sqrt{\frac{3}{2} \cdot \frac{K_A}{M}} \tag{6.12}$$

Die Dämpfung ξ kann vereinfachend als konstant angenommen werden oder genauer im Laufe der nichtlinearen Berechnung in Abhängigkeit der aktuellen Verschiebung adaptiv angepasst werden.

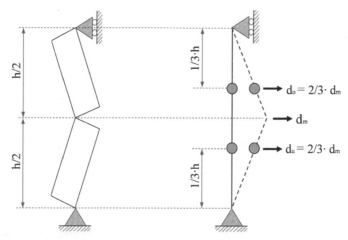

Bild 6-29 Abbildung der Wand als äquivalenter Einmassenschwinger

Mit dem verformungsbasierten Ansatz wurden zahlreiche Parameterstudien durchgeführt und mit Ergebnissen aus Rütteltischversuchen verglichen (Doherty, 2000a). Der Ansatz stellt einen ersten vielversprechenden Schritt dar, das Versagen von Mauerwerkswänden unter Erdbebenbeanspruchung rechnerisch zu beschreiben. Es sind aber noch weitere Forschungsaktivitäten notwendig, um den Ansatz für die Praxis anwendbar zu machen.

6.4.4 Numerische Simulationen

Experimentelle Untersuchungen sind für die Beurteilung des dynamischen Verhaltens von aus der Ebene heraus belasteten Mauerwerkswänden unverzichtbar. Es ist aber aus Zeit- und Kostengründen nicht möglich, sämtliche Konfigurationen von Wandscheiben für variierende Randbedingungen, Wandmaterialien, Steingeometrien, Mörtel, Vermörtelungsarten und Überbindemaße zu testen. Hier bieten sich ergänzende numerische Simulationen an, mit denen die Variationen systematisch untersucht werden können. Der numerische Aufwand für die Simulation ist erheblich, aber bei den heutigen Rechnerleistungen zu bewältigen.

Exemplarisch werden hier die Ergebnisse eines dreidimensionalen Finite-Elemente Modells an zwei Wandscheiben vorgestellt, in dem die einzelnen Mauersteine diskret mit nichtlinearen Materialmodellen abgebildet wurden. Zwischen den einzelnen Steinen wurden Kontaktelemente angeordnet, so dass sich die gewünschten Steinrotationen und damit schließlich auch die Wandkinematik einstellen können. Die Umsetzung des Modells erfolgte mit Abaqus (2011). Die Belastung der Wandscheibe wurde quasi statisch als verteilte Flächenlast auf die Wandscheibe aufgebracht. Die untersuchten Wandscheiben haben eine Wanddicke von 0,24 m und sind 3,0 m hoch. Die kürzere Wandscheibe (l = 1,50 m) ist dreiseitig, die längere Wandscheibe (l = 6,0 m) vierseitig gelenkig gelagert. In Bild 6-30 sind die Verformungsfiguren der Wände als Ergebnis der nichtlinearen Berechnung dargestellt. Mit dem Modell konnte qualitativ eine gute Übereinstimmung der Rissverläufe und Fugenbewegungen mit den experimentellen Untersuchungen erzielt werden. Deutlich zu erkennen sind auch die sich einstellenden Steinrotationen und die Relativverschiebungen zwischen den einzelnen Mauersteinen.

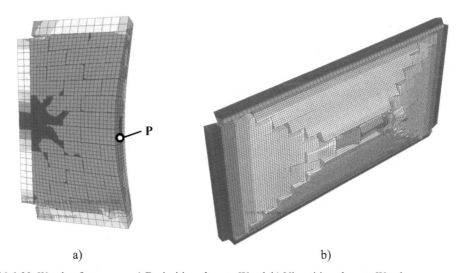

a)   b)

Bild 6-30 Wandverformungen: a) Dreiseitig gelagerte Wand, b) Vierseitig gelagerte Wand

In Bild 6-31 ist die Last-Verformungskurve für den Punkt P auf der nicht gelagerten Längsseite der Wand dargestellt. Die Kurve zeigt, dass sowohl Traglast als auch die Verformungsfähigkeit überschätzt werden. Demnach sind noch weitere Anpassungen des Modells erforderlich. Der Vergleich der Last-Verformungskurven soll deutlich machen, dass auch mit sehr detaillierten Modellen in der Regel immer eine Parameteranpassung auf Grundlage von experimentellen Ergebnissen erforderlich ist. Zudem ist zu bedenken, dass die Versuchsergebnisse auf Grund von Materialinhomogenitäten und unterschiedlicher Ausführungsqualität des Mauerwerks streuen. Deshalb ist der Vergleich mit einer Versuchskurve lediglich ein grober Anhaltspunkt. Eine verlässlichere Aussage kann erst durch den Vergleich mit statistisch ausgewerteten Versuchsdaten der Wände abgeleitet werden.

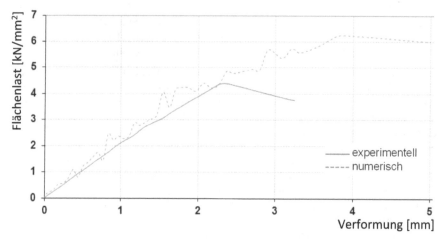

Bild 6-31 Last-Verformungskurve der dreiseitig gelagerten Wand im Punkt P

6.4.5 Forschungsbedarf

Zusammenfassend wird deutlich, dass noch erheblicher Forschungsbedarf in dem Themenbereich senkrecht zur Ebene belasteter Mauerwerkswände besteht. In den Normen sind lediglich vereinfachte Ansätze für tragende Mauerwerkswände auf Grundlage von Schlankheitskriterien zu finden. Rechnerische Ansätze bei Nichteinhaltung der Grenzwerte und für nicht tragende Trennwände existieren in der aktuellen Normengeneration nicht (Abschnitt 6.4.2). Deshalb ist es erforderlich, durch weitere Forschungsaktivitäten ein durchgängiges Nachweiskonzept für senkrecht zur Wandebene belastete tragende und nichttragende Mauerwerkswände zu entwickeln. Die Entwicklung eines Nachweiskonzeptes sollte unter Berücksichtigung folgender Aspekte erfolgen:

- Festlegung von Mindestwanddicken und Schlankheitskriterien in Abhängigkeit der Erdbebengefährdung für tragende und nichttragende Wände, bei deren Erfüllung kein rechnerischer Nachweis notwendig ist.

- Entwicklung von rechnerischen Nachweiskonzepten für den Stabilitätsnachweis von Wänden unter Berücksichtigung der Filterwirkung des Gebäudes. Diese können angewendet werden, wenn beispielsweise bei Bestandsbauten der vereinfachte Nachweis über die Einhaltung der Schlankheitskriterien nicht geführt werden kann.

- Die rechnerischen Nachweiskonzepte sollten sowohl kraft- als auch verformungsbasierte Nachweismöglichkeiten enthalten.

- Die seismische Einwirkung auf Mauerwerkswände in Gebäuden muss ausreichend genau beschrieben werden. Im Rahmen eines neuen Nachweiskonzepts wird es nicht ausreichend sein, die konservativen Näherungsformeln für nicht tragende Bauteile anzuwenden.

6.5 Ermittlung von Last-Verformungskurven für Schubwände

Last-Verformungskurven für Wände aus unbewehrtem Mauerwerk können durch experimentelle Untersuchungen, numerische Simulationen und analytische oder empirische Berechnungsformeln bestimmt werden. Die Bestimmung ist nicht trivial, da der Verlauf der Kurven von der Stein-Mörtel Kombination, dem vertikalen Auflastniveau, der Wandgeometrie und der Rückstellwirkung durch die Decken am Wandkopf abhängig ist. Auf Grund der Vielzahl möglicher Kombinationen stellen experimentelle Untersuchungen immer nur Tastuntersuchungen dar, so dass für eine allgemeine parametrisierte Beschreibung der Kurven ergänzend numerische Simulationen und analytische Ansätze hinzugezogen werden müssen.

Im Folgenden werden zunächst die verschiedenen Möglichkeiten der Ermittlung von zyklischen Last-Verformungskurven vorgestellt und hinsichtlich ihrer Qualität und praktischen Anwendbarkeit bewertet. Im Anschluss wird daraus ein Konzept für die Definition der für nichtlineare Berechnungen benötigten Last-Verformungskurven abgeleitet.

6.5.1 Zyklische Schubwandversuche

Experimentell wurde das Trag- und Verformungsverhalten von Mauerwerkswänden unter zyklischer Schubbeanspruchung seit vielen Jahren in verschiedenen Forschungsvorhaben untersucht (Costa, 2007; DISWALL, 2010; ESECMaSE 2010; Gunkler et al. 2006; Ötes und Löring, 2003; Tomazevic, 2004a, 2004b; Budelmann et al., 2004; Ötes et al., 2004). Insbesondere die Ergebnisse der europäischen Forschungsprojekte DISWALL (2010) und ESECMaSE (2010) haben zu einem besseren Verständnis des Trag- und Verformungsverhaltens von Mauerwerkswänden unter zyklischer Beanspruchung geführt. Durch die Schaffung einheitlicher Versuchsstandards mit reproduzierbaren Randbedingungen im Rahmen des europäischen Forschungsprojekts ESECMaSE (2010) sind die Erkenntnisse aus den Schubwandversuchen erstmals auch auf die Tragwerksebene übertragbar und stehen somit auch für die Anwendung in der Praxis zur Verfügung. Exemplarisch ist in Bild 6-32 der Versuchsstand der Universität Kassel dargestellt (Fehling et al., 2007).

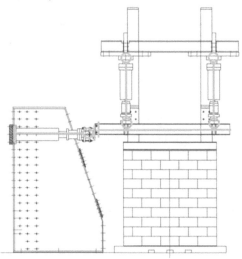

Bild 6-32 Versuchsstand für geschosshohe Wandprüfkörper (Fehling et al., 2007)

Bei der Durchführung der Versuche werden mittels vertikaler hydraulischer Zylinder die Randbedingungen der Deckeneinspannung simuliert. Gleichzeitig wird über einen gelenkig angeschlossenen horizontalen hydraulischen Zylinder eine zyklische Lastgeschichte am Wandkopf aufgebracht (Fehling und Stürz, 2006a, 2006b).

Aufgrund der vielen Einflussparameter und der hohen Kosten ist es allerdings nahezu unmöglich nichtlineare Last-Verformungskurven ausschließlich auf Grundlage experimenteller Untersuchungen zu ermitteln. Vielmehr stellen die Schubwandversuche Tastversuche dar, die in ausreichender Zahl durchgeführt die Grundlage zusätzlicher analytischer oder numerischer Ansätze zur Bestimmung der zyklischen Last-Verformungskurven darstellen.

Nichtlineare zyklische Last-Verformungskurven von Einzelwänden sind für die weitere Verwendung und zur Ableitung von analytischen Ansätzen systematisch hinsichtlich der horizontalen Tragfähigkeit, des Verformungsvermögens und der Energiedissipation auszuwerten. Hierbei werden die Versuchskurven in der Regel unter Verwendung der folgenden drei Parameter bilinear idealisiert:

- Anfangssteifigkeit
- Maximale horizontale Tragfähigkeit
- Maximale Verformung

Bestimmt werden die einzelnen Parameter anhand von Regeln, die auf der Energieäquivalenz zwischen der tatsächlichen Last-Verformungskurve und der idealisierten bilinearen Last-Verformungskurve basieren. Hierzu gibt es verschiedene Ansätze.

Nach DIN EN 1998-1 (2010) sind zunächst die plastische Grenzlast F_y und die maximale zulässige Verschiebung d_{max} festzulegen (Bild 6-33). Im Anschluss daran wird aus der Energieäquivalenz der Flächen unter der wirklichen und idealisierten Last-Verformungskurve die Anfangssteifigkeit der bilinearen Kurvenidealisierung bestimmt, mit der die Fließverschiebung d_y festgelegt wird, die den Übergang zwischen dem elastischen und plastischen Bereich festlegt.

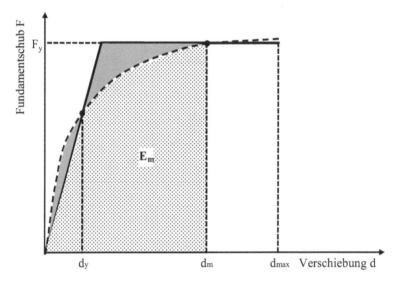

Bild 6-33 Nichtlineare Pushoverkurve mit bilinearer Näherung über Energieäquivalenzbetrachtung

Die Fließverschiebung ergibt sich mit der Verformungsenergie E_m unter der wirklichen Last-Verformungskurve zu:

$$d_y = 2 \cdot \left(d_m - \frac{E_m}{F_y} \right) \tag{6.13}$$

Mit F_y, d_y, d_m und d_{max} ist die bilineare Idealisierung der Last-Verformungskurve eindeutig definiert.

Auf Grundlage des gleichen Prinzips wird von Tomazevic (2006) ein weiterer Ansatz zur Idealisierung der Last-Verformungskurven unbewehrter Mauerwerkswände vorgeschlagen. Hierbei werden als Eingangsgrößen die maximale horizontale Tragfähigkeit V_{max} und die maximale Verschiebung d_{max} benötigt, die direkt aus der Versuchskurve abgelesen werden (Bild 6-34).

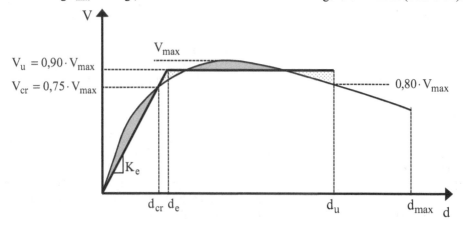

Bild 6-34 Bilineare Idealisierung zyklischer Last-Verformungskurven nach Tomazevic (2006)

Der Wert der maximalen Verschiebung d_u der bilinearen Idealisierung wird bei einer abfallenden Last-Verformungskurve für den Schnittpunkt mit dem 80%-Wert der maximalen Tragfähigkeit V_{max} festgelegt. Bei einer stabilen ansteigenden Kurve kann d_u gleich d_{max} gesetzt werden.

Für die Ermittlung der effektiven Anfangssteifigkeit K_e ist zunächst der Verschiebungswert d_{cr} zu bestimmen, der die Verschiebung bei Entstehen der ersten Risse charakterisiert. Mit Hilfe des zugehörigen Kraftwertes V_{cr} ergibt sich die effektive Steifigkeit zu:

$$K_e = \frac{V_{cr}}{d_{cr}} \tag{6.14}$$

Die Berechnung der maximalen Tragfähigkeit der idealisierten Kurve V_u erfolgt wieder auf Grundlage der Energieäquivalenz:

$$V_u = K_e \left(d_{max} - \sqrt{d_{max}^2 - \frac{2 \cdot A_V}{K_e}} \right) \tag{6.15}$$

Hierbei ist A_V die Fläche unterhalb der Versuchskurve. Dieser Ansatz wurde von Tomazevic (2006) an über 60 Schubwandversuchen angewendet und überprüft. Es zeigt sich, dass sich im

Durchschnitt ein Verhältnis der Werte V_u / V_{max} von 0,9 ergab. Daher kann die Tragfähigkeit V_u auch vereinfachend abgeschätzt werden:

$$V_u = 0,9 \cdot V_{max} \tag{6.16}$$

Weiterhin zeigte sich, dass die horizontale Tragfähigkeit V_{cr} bei Erstrissbildung in der Regel zwischen 60 und 75% der maximalen horizontalen Tragfähigkeit beträgt. Die horizontale Tragfähigkeit V_{cr} kann mit dem Reduktionsfaktor α aus der maximalen horizontalen Tragfähigkeit V_{max} berechnet werden:

$$V_{cr} = \alpha \cdot V_{max} \tag{6.17}$$

Im Mittel gibt Tomazevic den Wert für α mit 0,7 an. Die Auswertung der zyklischen Last-Verformungskurven des Projekts ESECMaSE (2010) ergab für α einen Wert von 0,75. Dieser Wert sollte Anwendung finden, da die Versuche in ESECMaSE (2010) mit den heute gängigen Mauersteinen und Mörteln durchgeführt wurden.

Mit den vorgestellten Idealisierungen lassen sich nichtlineare Verformungskurven in allgemeiner Form durch wenige Parameter bilinear beschreiben. Die bilinearen Idealisierungen können als Eingangswerte für nichtlineare Berechnungen von Mauerwerksbauten verwendet werden.

6.5.2 Nichtlineare Berechnungen

Eine weitere Möglichkeit, das zyklische Verhalten von Mauerwerkswänden zu beschreiben, sind nichtlineare numerische Simulationsmodelle. Diese lassen sich hinsichtlich des Modellierungsansatzes in diskrete und verschmierte Modelle unterteilen. Diskrete Modelle bilden Stein und Mörtel getrennt ab und berücksichtigen das Kontaktverhalten zwischen den Komponenten durch Kontaktelemente. Vereinfachend wird häufig auch die Mörtelschicht zusammen mit dem Verbund zwischen Stein und Mörtel als Interfaceelement abgebildet.

Verschmierte Modelle betrachten das Mauerwerk als homogenes Kontinuum, wobei die spezifischen Versagensformen durch die Definition mehrflächiger Fließfiguren berücksichtigt werden können. In den Arbeiten von Lourenco (1996), Schlegel (2004) und Mistler (2006) findet sich ein umfassender Überblick über die Modellierungsstrategien von Mauerwerk mit Angabe weiterführender Literatur.

Mit den vorhandenen Modellen kann das Trag- und Verformungsverhalten von Mauerwerk unter monotonen Beanspruchungen ausreichend gut simuliert werden. Die Anwendung der Modelle auf zyklische Beanspruchungen ist jedoch mit Problemen behaftet, da über die zyklische Schädigung nur wenige Erkenntnisse vorliegen und für Mauerwerksteine mit Lochmustern noch keine geeigneten Materialmodelle zur Verfügung stehen. Sinnvoll eingesetzt werden können die numerischen Modelle, um die Lücken zwischen den experimentell ermittelten Kurven zu schließen und den Einfluss von Materialstreuungen zu erfassen. Eine Vorhersage des zyklischen Verhaltens ohne eine Kalibrierung der Materialparameter ist mit den aktuell zur Verfügung stehenden Simulationsmodellen nicht möglich.

Derzeit wird im Rahmen eines laufenden AiF-Forschungsprojektes (2011) ein numerisches Modell auf der Mesoebene entwickelt, welches das anisotrope, spröde Verhalten von Mauerwerk durch eine kombinierte Plastizitäts- und Schädigungstheorie mit getrennten Materialformulierungen für Stein und Mörtel abbilden kann (Scheiff, 2006; Bosbach, 2008). Die nichtlinearen Mörteleigenschaften sowie der Verbund zwischen Mauersteinen und Mörtel werden speziellen Interfaceelementen zugewiesen. Die Mauersteine werden mit Kontinuumselementen mit verschmierten Materialeigenschaften unter Berücksichtigung der Orthotropie des Steins abgebildet. Mit dem Modell sollen künftig in Ergänzung zu den Schubwandversuchen und den daraus abgeleiteten analytischen Ansätzen weitere Randbedingungen, aber auch große Wandlängen, die experimentell nicht überprüft werden können, untersucht werden.

6.5.3 Analytische Ansätze der FEMA-Richtlinien

In den FEMA-Richtlinien 306 (1998), FEMA 307 (1998), FEMA 308 (1998) und FEMA 356 (2000) werden Berechnungsformeln für die Ermittlung der maximalen horizontalen Tragfähigkeit und idealisierte Verläufe zur Beschreibung des Verformungsvermögens von Schubwänden in Abhängigkeit von den spezifischen Versagensformen angegeben. Als Versagensformen infolge Schubbelastung werden das Lagerfugenversagen und das Steinzugversagen berücksichtigt. Zusätzlich werden die Kippbewegung der Wand sowie das Zug- und Druckversagen in den Eckbereichen des Wandfußes als mögliche Versagensformen mit in Betracht gezogen. Neben den einzelnen Versagensformen sind in den Richtlinien auch kombinierte Versagensformen definiert. Im Folgenden werden die Berechnungsformeln für die Ermittlung der maximalen horizontalen Tragfähigkeiten und die idealisierten Last-Verformungskurven vorgestellt, die im Wesentlichen auf der FEMA-Richtlinie 306 (1998) basieren.

6.5.3.1 Berechnung der horizontalen Tragfähigkeiten

Kippen der Wand („Rocking")

Ein Kippen der Wand tritt auf, wenn die Lagerfugen am Wandkopf und Wandfuß aufreißen und die Wand ähnlich wie ein starrer Körper eine Kippbewegung durchführt. Die maximale horizontale Tragfähigkeit V_r für das Kippen der Wand wird unter der Annahme eines Zehntels der Wandlänge als Druckzonenlänge berechnet:

$$V_r = 0{,}9 \cdot \alpha_{FEMA} \cdot N_{Ed} \cdot \left(\frac{l}{h_w} \right) \tag{6.18}$$

Hierbei sind N_{Ed} die zentrische Druckkraft, l die Wandlänge und h_w die Wandhöhe. Der Faktor α_{FEMA} berücksichtigt den Einspanngrad ($\alpha_{FEMA} = 1$: eingespannt; $\alpha_{FEMA} = 0{,}5$: gelenkig) am Wandkopf.

Gleiten in der Lagerfuge („Bed joint sliding")

Gleiten in der Lagerfuge tritt ein, wenn die aufnehmbare horizontale Tragfähigkeit der Lagerfugen überschritten wird. Die aufnehmbare horizontale Tragfähigkeit V_{bjs1} ergibt sich aus dem Produkt der Schubfestigkeit f_{vk} mit der vermörtelten Fläche A. Die Schubfestigkeit f_{vk} setzt sich aus der Haftscherfestigkeit f_{vk0} und der von der Druckspannung senkrecht zur Lagerfuge σ_{Dd} abhängigen Haftreibung mit dem Haftreibungskoeffizient μ_{sf} zusammen:

$$V_{bjs1} = f_{vk} \cdot A = \left(f_{vk0} + \mu_{sf} \cdot \sigma_{Dd} \right) \cdot A \tag{6.19}$$

Nach Überschreitung von V_{bjs1} kommt es zum Gleiten in den Lagerfugen und die verbleibende horizontale Tragfähigkeit ergibt sich mit dem Gleitreibungskoeffizienten μ_{df} zu:

$$V_{bjs2} = \mu_{df} \cdot \sigma_{Dd} \cdot A \tag{6.20}$$

Diagonales Zugversagen („Diagonal tension")

Die maximale horizontale Tragfähigkeit für diagonales Zugversagen V_{dt} berechnet sich zu:

$$V_{dt} = f_{dZ} \cdot A \cdot \beta \cdot \sqrt{1 + \frac{\sigma_{Dd}}{f_{dZ}}} \qquad (6.21)$$

Hierbei sind σ_{Dd} die Druckspannung senkrecht zur Lagerfuge und f_{dZ} die diagonale Zugfestigkeit des Mauerwerks. Der Formfaktor β berücksichtigt den Einfluss der Wandgeometrie auf die diagonale Zugfestigkeit. Er wird mit $\beta = 0,67$ für Wände mit $l/h_w < 0,67$, mit $\beta = l/h_w$ für Wände mit $0,67 \leq l/h_w \leq 1,0$ und mit $\beta = 1,0$ für Wände mit $l/h_w > 1,0$ angegeben.

Druckversagen am Wandfuß („Toe crushing")

Die maximale horizontale Tragfähigkeit V_{tc} ergibt sich für das Druckversagen in den Eckbereichen des Wandfußes mit der mittleren Mauerwerksdruckfestigkeit f_d zu:

$$V_{tc} = \alpha \cdot N_{Ed} \cdot \left(\frac{1}{h_w} \right) \left(1 - \frac{\sigma_{Dd}}{f_d} \right) \qquad (6.22)$$

Hierbei berücksichtigt α wiederum den Einspanngrad am Wandkopf ($\alpha_{FEMA} = 1$: eingespannt; $\alpha_{FEMA} = 0,5$: gelenkig).

6.5.3.2 Ermittlung der Verformungsfähigkeiten der Versagensformen

Für die einzelnen Versagensformen werden in den FEMA-Richtlinien zugehörige Verformungsfähigkeiten definiert. Diese werden grundsätzlich in duktile, semi-duktile und spröde Versagensformen unterteilt. Übertragen auf unbewehrtes Mauerwerk sind das „Kippen der Wand" und das „Gleiten in der Lagerfuge" duktile Versagensformen mit einem ausgeprägten Verformungsvermögen. Für diese Versagensformen wird die in Bild 6-35 dargestellte idealisierte Last-Verformungskurve angegeben. Die Ordinate V_{max} und die Konstanten c, d und e sind in Tabelle 6-6 zusammengestellt. Die angegebenen Werte wurden aus Schubwandversuchen abgeleitet und sind daher nicht mit Sicherheitsbeiwerten behaftet. Für eine verhaltensorientierte seismische Auslegung werden die Verformungsfähigkeiten zusätzlich für unterschiedliche Anforderungen an das Tragwerk begrenzt. Unterschieden werden in der FEMA-Richtlinie 356 (2000) die Anforderungen „Life safety" und „Collapse prevention", die in Tabelle 6-6 mit „LS" und „CP" bezeichnet sind.

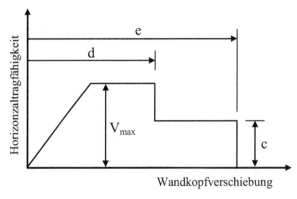

Bild 6-35 Idealisierte Last-Verformungsbeziehung für duktiles Versagen nach FEMA 356 (2000)

Tabelle 6-6 Grenzwerte für die Verformungsfähigkeit nach FEMA-Richtlinien

Bruchbedingung	V_{max}	c	d	e	LS	CP
	[kN]	[kN]	[m]	[m]	[m]	[m]
Gleiten der Lagerfuge	V_{bjs1}	V_{bjs2}	$0{,}004 \cdot h_w$	$0{,}008 \cdot h_w$	$0{,}003 \cdot h_w$	$0{,}004 \cdot h_w$
Kippen der Wand	V_r	$0{,}6 \cdot V_r$	$0{,}004 \cdot h^2{}_w/l$	$0{,}008 \cdot h^2{}_w/l$	$0{,}003 \cdot h^2{}_w/l$	$0{,}004 \cdot h^2{}_w/l$

Neben den duktilen Versagensformen enthält die FEMA-Richtlinie 306 (1998) auch Bedingungen, mit denen der Ablauf des Versagens durch die Kombination von duktilen und nicht duktilen Versagensformen festgelegt wird. Dies soll am Beispiel des in Bild 6-36 dargestellten kombinierten Versagens „Druckversagen am Wandfuß" mit anschließendem „Gleiten in der Lagerfuge" demonstriert werden.

Die horizontale Tragfähigkeit für das „Druckversagen am Wandfuß" V_{tc} liegt in diesem Fall zwischen $0{,}75\ V_{bjs1}$ und $1{,}0\ V_{bjs1}$ und ist größer als V_{bjs2}. Zunächst folgt die Kurve bis zum Erreichen der maximalen horizontalen Tragfähigkeit V_{tc} dem Verschiebungspfad „Gleiten in der Lagerfuge". Anschließend wird der Pfad „Druckversagen am Wandfuß" maßgebend, bis der Last-Verformungsverlauf wieder in den Pfad „Gleiten in der Lagerfuge" und dem damit verbundenen großen Verformungsvermögen übergeht.

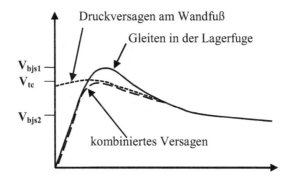

Bild 6-36 Kombination von „Druckversagen am Wandfuß" und „Gleiten in der Lagerfuge"

Insgesamt werden in der FEMA-Richtlinie 306 (1998) fünf kombinierte Versagensformen unterschieden, für welche der Versagensablauf und die Verformungsfähigkeiten angegeben werden. Für die Definition der Versagensformen werden die Schubwände in Abhängigkeit vom Geometrieverhältnis in kurze Wände ($l/h_w \leq 1{,}25$) und lange Wände ($l/h_w > 1{,}25$) unterteilt. Die genaue Definition der Versagensformen auf Grundlage der horizontalen Tragfähigkeiten ist in Abschnitt 7.3.2 der Richtlinie angegeben.

6.5.4 Analytische Ansätze nach DIN EN 1996-1-1 und DIN EN 1998-3

Im Rahmen der europäischen Normung werden für den Nachweis von Tragwerken im Bestand im Anhang C der DIN EN 1998-3 (2010) Kapazitätsmodelle für einzelne Mauerwerkswände definiert. Unterschieden werden Mauerwerkswände unter Biege- und Längskraftbeanspruchung sowie Schubbeanspruchung. Für die Beanspruchungen werden in der DIN EN 1998-3 (2010) maximale horizontale Tragfähigkeiten und maximale Verschiebungen angegeben.

Im Folgenden werden die Berechnungsformeln zur Bestimmung der horizontalen Tragfähig-keiten nach DIN EN 1998-3 (2010) vorgestellt und mit denen aus der DIN EN 1996-1-1 (2010) verglichen. Die Beschreibung der Bruchbedingungen erfolgt in Anlehnung an die Bezeichnun-gen in den deutschen Mauerwerksnormen.

6.5.4.1 Horizontale Tragfähigkeiten der Versagensformen

Die maximale horizontale Tragfähigkeit einer Mauerwerkswand V_{BL} für Biege- und Normal-kraftbeanspruchung wird durch folgende Berechnungsformel bestimmt:

$$V_{BL} = \frac{1}{2} \cdot \frac{N_{Ed}}{h_0} \left(1 - 1{,}15 \frac{\sigma_0}{f_d} \right) \tag{6.23}$$

Hierbei sind l die Wandlänge, N_{Ed} die zentrische Druckkraft, f_d die mittlere Druckfestigkeit des Mauerwerks und σ_0 die mittlere Normalspannung. h_0 entspricht dem Abstand zwischen dem Querschnitt, in dem die Biegekapazität erreicht wird, und dem Wendepunkt der Biegelinie. Die maximale horizontale Tragfähigkeit für Schubversagen V_S berechnet sich zu:

$$V_S = f_{vd} \cdot l' \cdot t \tag{6.24}$$

Der Bemessungswert der Schubfestigkeit f_{vd} wird unter Berücksichtigung der Materialsicher-heiten aus der charakteristischen Schubfestigkeit f_{vk} bestimmt:

$$f_{vk} = f_{vk0} + 0{,}4 \frac{N_{Ed}}{l' \cdot t} \leq 0{,}065 \cdot f_d \tag{6.25}$$

Hierbei sind t die Wanddicke, l' die überdrückte Wandlänge und f_{vk0} die Haftscherfestigkeit. Die Beschränkung der Schubfestigkeit f_{vd} auf $0{,}065 \cdot f_d$ ergibt sich durch die begrenzte Zugfes-tigkeit des Mauerwerks.

Im Vergleich dazu wird nach DIN EN 1996-1-1 (2010) der Bemessungswert der horizontalen Tragfähigkeit V_{Rd} aus der überdrückten Länge l', der Wanddicke t und dem Bemessungswert der Schubfestigkeit f_{vd} berechnet:

$$V_{Rd} = f_{vd} \cdot l' \cdot t \tag{6.26}$$

Die charakteristische Schubfestigkeit f_{vk} wird dabei für Mauerwerksscheiben mit vermörtelten Stoßfugen wie folgt berechnet:

$$f_{vk} = 1{,}0 \cdot f_{vk0} + 0{,}4 \cdot \sigma_0 \leq 0{,}065 \cdot f_b \tag{6.27}$$

Für unvermörtelte Stoßfugen berechnet sich f_{vk} wie folgt:

$$f_{vk} = 0{,}5 \cdot f_{vk0} + 0{,}4 \cdot \sigma_0 \leq 0{,}045 \cdot f_b \tag{6.28}$$

Hierbei sind f_{vk0} die charakteristischen Haftscherfestigkeit, σ_0 die Druckspannung im über-drückten Querschnittsbereich und f_b die normierte Druckfestigkeit. Die Überprüfung der ma-ximalen Schubfestigkeiten für das Steinzugversagen ist durch die einzuhaltenden Grenzwerte in Abhängigkeit der normierten Druckfestigkeit f_b für vermörtelte und unvermörtelte Stoßfugen implizit im Schubnachweis enthalten.

Es ist ersichtlich, dass sich die beiden Ansätze mechanisch sehr ähnlich sind. Die DIN EN 1996-1-1 (2010) berücksichtigt jedoch im Gegensatz zur DIN EN 1998-3 (2010) mo-dernes Mauerwerk mit und ohne Stoßfugenvermörtelung. Die Ansätze der DIN EN 1998-3 (2010) basieren auf wesentlich älteren Versuchen mit Normalmörteln und vermörtelten Stoß-fugen, so dass eine direkte Übertragung auf heutiges Mauerwerk fragwürdig erscheint.

6.5.4.2 Verformungsfähigkeiten der Versagensformen

Zu den Versagensformen werden in der DIN EN 1998-3 (2010) Verformungsgrenzen als Funktion der gegenseitigen Stockwerksverschiebung angegeben. Die Definition ist im Vergleich zum Ansatz der FEMA-Richtlinien vergleichsweise einfach gehalten, da auf eine Berücksichtigung des Nachbruchbereiches vollständig verzichtet wird. Der Ansatz nach DIN EN 1998-3 (2010) beschränkt sich auf eine elasto-plastische Last-Verformungskurve durch Angabe der in Bild 6-35 mit d gekennzeichneten Grenzverschiebungen, die in Tabelle 6-7 getrennt für die Versagensformen angegeben sind.

Bei maßgebender Biegung und Längskraft wird die maximale gegenseitige Stockwerksverschiebung nicht alleine in Abhängigkeit der Wandgeometrie, sondern auch in Abhängigkeit der Biegelinie der Wand begrenzt, da h_0 der Abstand zwischen dem Querschnitt, in dem die Biegekapazität erreicht wird, und dem Wendepunkt der Biegelinie ist. Die Höhe h_0 wird durch die Randbedingungen am Wandkopf bzw. die Wechselwirkung zwischen Wand und restlichem Tragwerk beeinflusst und ist letztlich vom Einspanngrad α abhängig.

Tabelle 6-7 Grenzwerte für die Verformungsfähigkeiten nach DIN EN 1998-3 (2010)

Versagensform	V_{max}	d
	[kN]	[m]
Schubversagen	V_S	$0{,}004 \cdot h_w$
Biegung und Längskraft	V_{BL}	$0{,}008 \cdot h_0/l \cdot h_w$

6.5.5 Analytischer Ansatz auf Grundlage der Versuchsdaten aus ESECMaSE

Auf Grundlage der Versuchsdaten des europäischen Forschungsprojektes ESECMaSE (2010) wurde von Gellert (2010) in einer umfangreichen Auswertung der Versuchsergebnisse ein Approximationsansatz für die bilineare Idealisierung der Last-Verformungskurven von Mauerwerksschubwänden entwickelt. Der Approximationsansatz wurde in Anlehnung an den Ansatz der DIN EN 1998-3 (2010) gewählt, jedoch wurden die Trag- und Verformungsfähigkeiten modifiziert. Mit den Modifikationen lieferte die einfache und übersichtliche Formulierung der Bruchbedingungen in der DIN EN 1998-3 (2010) eine gute Übereinstimmung mit den Versuchsergebnissen der Schubwandversuche.

Grundsätzlich zeigte sich, dass der Ansatz der DIN EN 1998-3 (2010) nicht direkt auf moderne Mauerwerksstoffe angewendet werden kann, da dieser verglichen mit den Versuchsergebnissen des Projektes ESECMaSE (2010) zu hohe Trag- und Verformungsfähigkeiten liefert. Dies ist leicht nachvollziehbar, da die Bruchbedingungen auf Grundlage älterer Schubversuche formuliert wurden. Diese Versuche wurden an Wänden mit Normalmörtel und voller Stoßfugenvermörtelung durchgeführt, was zu einem günstigeren Last-Verformungsverhalten führt.

Mit dem Approximationsansatz können die Trag- und Verformungsfähigkeiten einer Mauerwerkschubwand getrennt für die Bruchbedingungen Schubversagen infolge Reibungsversagen (SS), Schubversagen infolge Steinzugversagen (SZ) und Biegung und Längskraft (BL) ermittelt werden. Im Vergleich zu anderen deutlich komplexeren Ansätzen zur Bestimmung der Horizontaltragfähigkeit liegt der Vorteil des Approximationsansatzes von Gellert (2010) darin, dass nur die Haftscherfestigkeit f_{vk0} und die Mauerwerksdruckfestigkeit f_k als Eingangswerte auf der Materialseite erforderlich sind. Beide Werte werden ohnehin standardmäßig mit gängigen Prüfverfahren ermittelt.

Der Approximationsansatz ist eine bilineare Näherung der Lastverformungskurve, die durch die Anfangssteifigkeit, die maximale horizontale Tragfähigkeit V_{max} und die maximale Verformung d_u definiert ist (Bild 6-37). Die Trag- und Verformungsfähigkeiten sind in Tabelle 6-8 zusammen gestellt, wobei die horizontale Tragfähigkeit der Wand als das Minimum der drei Bruchbedingungen zu ermitteln ist. Entsprechend der maßgebenden Bruchbedingung ist die zugehörige maximale Endverformung d_u anzusetzen. Die Anfangssteifigkeit ist in Abhängigkeit des Mauerwerkmaterials etwa zwischen 20 und 50% der elastischen Steifigkeit anzusetzen. Genauere Informationen finden sich in der Arbeit von Gellert (2010). Die in Tabelle 6-8 angegebenen Endverformungswerte wurden auch in das Nationale Anwendungsdokument DIN EN 1998-1/NA (2011) übernommen und können so in der Praxis verwendet werden.

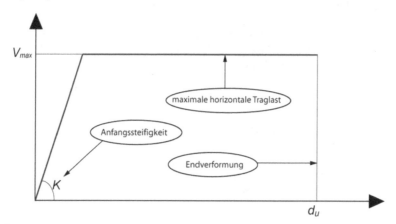

Bild 6-37 Bilineare Idealisierung der Last-Verformungskurven (Schlemmer, 2008)

Tabelle 6-8 Approximationsansatz nach Gellert (2010)

Bruchbedingung		Maximale horizontale Tragfähigkeit V_{max}		Endverformung d_u
Biegung und Längskraft	BL	$\dfrac{l^2 \cdot q_0}{p_v \cdot \alpha \cdot 2 \cdot h_w}\left(1 - 1{,}15 \cdot \dfrac{q_0/t}{f_k}\right)$		$0{,}006 \cdot \dfrac{h_W^2}{l} \cdot \alpha$
Schubversagen infolge Reibungsversagen	SS	unvermörtelte Stoßfugen: $(0{,}5 \cdot f_{vk0} + 0{,}4 \cdot q_0) \cdot l$	vermörtelte Stoßfugen: $(1{,}0 \cdot f_{vk0} + 0{,}4 \cdot q_0) \cdot l$	$0{,}004 \cdot h_w \, ; \sigma_0 \le 0{,}15 \cdot f_k$ $0{,}003 \cdot h_w \, ; \sigma_0 > 0{,}15 \cdot f_k$
Schubversagen infolge Steinzugversagen	SZ	unvermörtelte Stoßfugen: $0{,}045 \cdot f_k \cdot l \cdot t$	vermörtelte Stoßfugen: $0{,}065 \cdot f_k \cdot l \cdot t$	$0{,}004 \cdot h_w \, ; \sigma_0 \le 0{,}15 \cdot f_k$ $0{,}003 \cdot h_w \, ; \sigma_0 > 0{,}15 \cdot f_k$
l	Wandlänge			
h_w	Wandhöhe			
q_0	Vertikallast			
p_v	$p_v = 1{,}3$ für volle Einspannung ($\alpha = 0{,}5$); $p_v = 1{,}0$ für Lastzentrierung ($\alpha = 1{,}0$)			
t	Wanddicke			
σ_0	Mittlere Normalspannung der Wand			
f_k	Mauerwerksdruckfestigkeit			

6.5.6 Datenbankansatz auf Grundlage experimenteller Kurven

Im Allgemeinen liegt auf Grund der hohen Kosten und der großen Anzahl von Variationsmöglichkeiten keine ausreichende Anzahl von Last-Verformungskurven vor. Diese Problematik kann umgangen werden, in dem in Abhängigkeit der Wandgeometrie, der Materialkombination und des vertikalen Auflastniveaus ein Versuchsraster angelegt wird, in dem die Versuchskurven als einzelne Datenpunkte vorliegen (Bild 6-38). Die Lücken in dem Versuchsraster können mit einem speziellen Interpolationsalgorithmus ermittelt werden (Gellert, 2010).

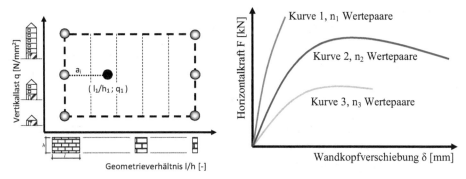

Bild 6-38 Bilineare Idealisierung der Last-Verformungskurven (Gellert und Butenweg, 2008)

Für die Umsetzung wurde für die Last-Verformungskurven aus Versuchen in dem Programm MINEA (2011) spezielles Datenbankschema entwickelt (Bild 6-39). In dieser Datenbank sind die Last-Verformungskurven als Umhüllende der zyklischen Schubwandversuche hinterlegt. Zusätzlich ist jeder Last-Verformungskurve eine spezifische Dämpfungsfunktion zugeordnet, die durch Auswertung der Hysteresekurven zu verschiedenen Verformungszuständen zu ermitteln ist. Das Vorgehen auf Grundlage der Versuchskurven ist empfehlenswert, wenn ausreichend Versuchsdaten vorliegen oder von der Norm stark abweichende Produkte oder Materialien eingesetzt werden und eine Verwendung der Approximation nicht möglich ist.

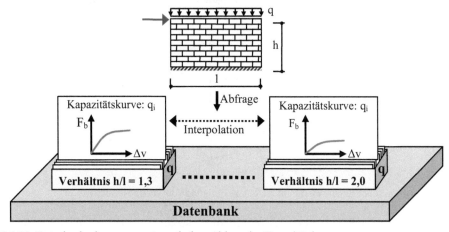

Bild 6-39 Datenbankschema zur systematischen Ablage der Kapazitätskurven

6.6 Verformungsbasierte Bemessung von Mauerwerksbauten

Aufgrund der trendgemäß immer filigraneren Bauweise ist es der Wunsch vieler Architekten und Bauherren, die Anzahl und Abmessungen der aussteifenden Wände zu minimieren. Dies führt dazu, dass das Mauerwerk bis an seine Grenze belastet wird und der Standsicherheitsnachweis auf Basis kraftbasierter Verfahren mit einer pauschalen Abschätzung der dissipativen Eigenschaften und des Verformungsvermögens der Bauwerke über den Verhaltensbeiwert q häufig nicht mehr erbracht werden kann.

Nichtlineare statische Verfahren erhöhen die Genauigkeit und umgehen dennoch komplizierte Zeitverlaufsberechnungen. Nachteilig ist aber, dass das Verfahren bisher gerade in Deutschland und auch in Europa nur selten angewendet wurde. Für Mauerwerksbauten sind nichtlineare statische Verfahren nur im Rahmen von Vulnerabilitätsuntersuchungen angewendet worden (Lang, 2002). Die benötigten Kapazitätskurven wurden hierbei aus statistischem Datenmaterial oder mit einfachen Modellen abgeleitet. Diese Vorgehensweise ist jedoch nicht auf einen normativen Nachweis von Einzelgebäuden übertragbar. Zudem fehlen konkrete Regeln für den Ablauf einer Bemessung von Mauerwerksbauten mit nichtlinearen statischen Verfahren. Bislang wurden eher akademische Beispiele betrachtet, die den in der Praxis häufig vorliegenden unregelmäßigen Grund- und Aufrissformen nicht gerecht werden.

Zur Lösung der beschriebenen Problematik wird nachfolgend ein verformungsbasiertes Nachweisverfahren für Mauerwerk auf Grundlage der Kapazitätsspektrum-Methode vorgestellt. Mit dem Verfahren kann der Nachweis von Mauerwerksbauten auf Grundlage der Kapazitätskurven der einzelnen Schubwände durchgeführt werden. Die Tragwerksreserven werden wesentlich genauer erfasst, da die materialspezifischen Eigenschaften und das dynamische Verhalten des gesamten Tragwerks berücksichtigt werden. Die erforderlichen Kapazitätskurven der Einzelwände können direkt aus Versuchsdaten (Abschnitt 6.5.6) oder auf Grundlage der vorgestellten bilinearen Näherung (Abschnitt 6.5.5) ermittelt werden.

Bisher basierte die allgemein bekannte Kapazitätsspektrum-Methode auf einem zweidimensionalen Einmassenschwinger. Damit blieben Torsionseffekte unberücksichtigt und die Anwendung der Methode war hauptsächlich auf ebene Rahmensysteme beschränkt. Diese Einschränkung wird bei der Anwendung auf Mauerwerksbauten durch die Verwendung eines dreidimensionalen dynamischen Ersatzsystems (Bild 6-40) aufgehoben.

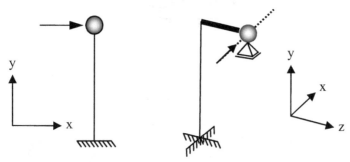

Bild 6-40 Dynamisches Ersatzsystem unter Berücksichtigung von Torsionseffekten

Der Nachweis nach der Kapazitätsspektrum-Methode setzt sich, wie im Kapitel 3.1 allgemein beschrieben, aus der Bestimmung der Kapazitätskurve, der Bestimmung des abgeminderten Antwortspektrums und der anschließenden Überlagerung der Kurven in dem gemeinsamen S_a-S_d - Diagramm zusammen.

6.6.1 Berechnung des Gebäude-Kapazitätsspektrums

6.6.1.1 Vereinfachter Ansatz: Kapazitätskurve bezogen auf das Erdgeschoss

Ist das Gebäude im Aufriss regelmäßig und sind die lastabtragenden Schubwände vom untersten bis zum obersten Geschoss durchgängig und in den einzelnen Etagen durch schubstarre Deckenscheiben verbunden, so kann von einem Versagen im Erdgeschoss ausgegangen werden (Tomazevic et al., 1994). Unter der Annahme, dass die anderen Stockwerke sich weitgehend linear elastisch verhalten, vereinfacht sich das Verfahren wesentlich, da das Kapazitätsspektrum des Bauwerks direkt aus der Last-Verformungskurve des Erdgeschosses abgeleitet werden kann. Die Pushover-Analyse (Berechnung der Last-Verformungskurve) ist in diesem Fall eindeutig, sie braucht nicht für verschiedene Lastverteilungen der horizontal angreifenden Erdbebenlasten durchgeführt werden. Bei der Transformation ist die Steifigkeitsänderung des Erdgeschosses in Abhängigkeit der aktuellen Verformung zu berücksichtigen.

Berechnungsalgorithmus

Die Bestimmung der Pushover-Kurve des Erdgeschosses für eine vorgegebene Erdbebenrichtung setzt voraus, dass die Kapazitätskurven der Einzelwände bekannt sind. Referenzpunkt ist der konstant bleibende Massenschwerpunkt des Stockwerks.

Im Falle symmetrischer Grundrisse mit symmetrischer Massenverteilung lässt sich durch Superposition der Einzelwand-Kapazitätskurven die Gesamtkapazität des Erdgeschosses ermitteln, wenn die angreifende Last in Richtung der Symmetrieachse wirkt. Liegen unregelmäßige Geometrien oder ungleichmäßige Massenverteilungen vor, so stellen sich auch Rotationen und Verformungen senkrecht zur Belastungsrichtung ein. Da die Steifigkeiten der einzelnen Schubwände vom globalen Verformungszustand des Stockwerks abhängig sind, kann die Lage des Steifigkeitsmittelpunktes nicht a priori bestimmt werden, sondern verschiebt sich in Abhängigkeit der Gesamtverschiebung des Systems.

In diesem Fall muss die Gesamtkapazitätskurve des Erdgeschosses durch einen doppelt-iterativen Algorithmus ermittelt werden. Veranschaulicht wird dieser Rechenablauf in Bild 6-41. Zunächst wird dem Erdgeschoss in Belastungsrichtung eine Verformung Δx aufgezwungen und die Reaktionskräfte in allen Schubwänden werden mit Hilfe der Kapazitätskurven der Einzelwände berechnet. Das resultierende Gesamtmoment dieser Kräfte bewirkt dann eine Rotation des Systems um den Massenmittelpunkt.

Das System wird nun solange iterativ um $\Delta\varphi$ gedreht, bis sich das resultierende Moment zu Null ergibt. Die sich dabei einstellenden Ungleichgewichtskräfte senkrecht zur Belastungsrichtung sind durch eine Translation Δy senkrecht zur Achse der ursprünglichen Auslenkung auszugleichen. Diese beiden Schritte werden so lange wiederholt, bis sich das Gesamtsystem im Gleichgewicht befindet. Die aufgezwungene Verformung Δx und die in dieser Richtung resultierende Kraft F_{bi} sind ein Wertepaar der Last-Verformungs-Kurve des Stockwerks. Wird die Auslenkung weiter iterativ vergrößert, lässt sich die gesamte Kapazitätskurve des Erdgeschosses schrittweise ermitteln.

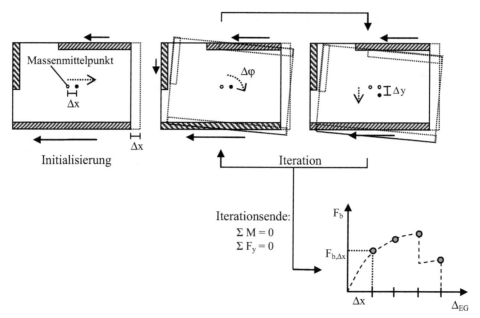

Bild 6-41 Iterative Berechnung der Kapazitätskurve des Erdgeschosses

Transformation in das S_a- S_d-Diagramm

Die Darstellung der Kapazitätskurve im S_a-S_d-Diagramm erfolgt durch eine Transformation analog zu den Gleichungen (3.38) und (3.39), nun aber bezogen auf die Verschiebung des Erdgeschosses; d. h. die Punkte ($F_{b,i}$, $\Delta_{EG,i}$) werden mit Hilfe von Gleichung (6.29) und (6.30) in den zugehörigen Punkt ($S_{a,i}$, $S_{d,i}$) transformiert, wobei $\phi_{1,EG}$ die Grundeigenform-Ordinate auf Höhe des Erdgeschosses ist.

$$S_{a,i} = \frac{F_{b,i}}{M_{Tot,eff} \cdot \alpha_1} \tag{6.29}$$

$$S_{d,i} = \frac{\Delta_{EG,i}}{\beta_1 \cdot \phi_{1,EG}} \tag{6.30}$$

Für die Bestimmung des modalen Anteilsfaktors β_1 und des Massenfaktors α_1 wird die Grundeigenform des Bauwerks benötigt. Diese wird an einem dynamischen Ersatzsystem bestimmt, das das Bauwerk als Mehrmassenschwinger mit horizontalen Freiheitsgraden in den Deckenebenen idealisiert abbildet (Bild 6-42). Dabei wird der Rotationsfreiheitsgrad der Geschossdecken nicht berücksichtigt, da die Decken als starre Scheiben betrachtet werden. Außerdem verhindern die Querwände, die keinen Einfluss auf die horizontale Schubsteifigkeit haben, zusätzlich die Einstellung von Deckenverdrehungen.

Da sich im nichtlinearen Bereich die Grundeigenform in Abhängigkeit der Stockwerksverschiebung ändert, wird diese für jeden Punkt auf der Kapazitätskurve, d. h. für jeden Verformungszustand, neu berechnet. Hierbei werden in der Berechnung gemäß der zu Beginn dieses Abschnitts erwähnten Annahme für das Erdgeschoss die aktuellen Sekantensteifigkeiten aus den Wandkapazitätskurven angesetzt. Sie entsprechen der „mittleren" Steifigkeit des Stockwerks innerhalb eines Schwingungszyklus. Für die übrigen Geschosse werden elastische Geschosssteifigkeiten angesetzt, die aufgrund des unveränderten Aufrisses der elastischen Anfangssteifigkeit des Erdgeschosses entsprechen. Auch wenn sich infolge geringerer Auflasten von unten nach oben abnehmende Geschosssteifigkeiten einstellen, liegt dieser Ansatz auf der sicheren Seite, da sich am Mehrmassenschwinger die zur Überführung in den Einmasseschwinger ungünstigere Haupteigenform einstellt.

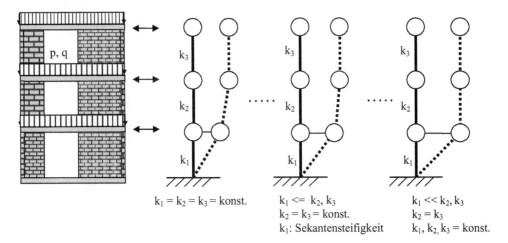

Bild 6-42 Ersatzsystem und Eigenformen vom ungeschädigten Zustand bis zum weichen Erdgeschoss

Die Notwendigkeit, die aktuellen reduzierten Steifigkeiten des Erdgeschosses der Transformation der Kapazitätskurve zum Kapazitätsspektrum zugrunde zu legen, wird durch den Vergleich mit Kapazitätsspektren, die unter der Annahme eines ungeschädigten und eines weichen Erdgeschosses (Bild 6-42) ermittelt wurden, in Bild 6-43 verdeutlicht. Wird die erste Modalform im ungeschädigten Zustand der Transformation zugrunde gelegt, ergeben sich deutlich größere Spektralverschiebungen als für das Modell mit einem weichen Erdgeschoss. Die realitätsnähere Transformation auf Grundlage der mit der Sekantensteifigkeit ermittelten ersten Modalform liegt zwischen diesen beiden Ansätzen. Anzumerken ist, dass ein plötzlicher Steifigkeitsabfall, z.B. durch Versagen einer einzelnen Wand, gleichzeitig zu einer Abnahme der Spektralbeschleunigung und der Spektralverschiebung führt.

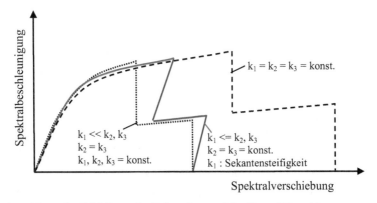

Bild 6-43 Auswirkung der Schädigung im Erdgeschoss auf das Kapazitätsspektrum

6.6.1.2   Genauerer Ansatz: Kapazitätskurve bezogen auf das oberste Geschoss

Adaptive Entwicklung der Pushover-Kurve

Der Vorteil einer nichtlinearen statischen Berechnung gegenüber kraftbasierten linearen Methoden ist, dass in jedem Verformungszustand der aktuelle nichtlineare Zustand des Systems bekannt ist. Dies ist bereits im vorigen Abschnitt ausgenutzt worden, als die Geschosskapazitätskurve in das Spektralverschiebungs-Beschleunigungsdiagramm transformiert und in jedem Verformungszustand die aktuelle Systemsteifigkeit berücksichtigt wurde. Verändert wurde beim vereinfachten Ansatz aber nur die Steifigkeit des Erdgeschosses, wobei die Stockwerkssteifigkeiten der oberen Stockwerke unverändert blieben.

Werden nun alle Stockwerke mit veränderlichen Steifigkeiten berücksichtigt, ist es möglich, nicht nur die aktuellen Steifigkeiten aller Geschosse in jedem Verformungszustand bei der Transformation zu berücksichtigen, sondern es ist auch eine adaptive Anpassung der horizontal angreifenden Lasten möglich. Ein solches Verfahren ist bereits von Gupta et al. (2000) und Bracci et al. (1997) eingeführt worden, und auch Elnashai (2001) bestätigt, dass eine adaptive Anpassung der Kräfteverteilung eine Genauigkeitssteigerung für den sich ergebenden Performance Point mit sich bringt.

Eine adaptive Anpassung der horizontalen Lastverteilung berücksichtigt jeweils die aktuelle Eigenform und damit auch Umlagerungseffekte infolge der Nichtlinearitäten bzw. plötzlichen Systemveränderungen infolge Wandversagen. Eine Pushover-Analyse mit mehreren Ansätzen der Lastverteilung, wie sie in den Normenwerken DIN EN 1998-1 (2010) oder FEMA 356 (2000) vorgeschlagen werden, um sowohl das elastische Verhalten als auch den Versagenszustand zu berücksichtigen, ist demnach nicht mehr erforderlich.

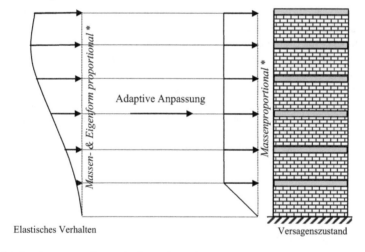

Bild 6-44 Adaptive Anpassung der Auslenkungsform (* Verteilungen nach DIN EN 1998-1 (2010))

Um die Kapazitätskurve auf die Dachverschiebung Δ_{Dach} beziehen zu können, wird das Gebäude als Mehrmassenschwinger mit den horizontalen Stockwerksverschiebungen auf den Geschosshöhen als Systemfreiheitsgrade abgebildet. Vorgegeben wird die Dachverschiebung Δ_{Dach}. Der Lastvektor $\underline{F}$, bestehend aus den einzelnen Lastanteilen F_i, die am Geschoss i angreifen, wird mit einer modalform- und massenproportionalen Verteilungsfunktion multipliziert, so dass die Kräfteaufteilung eine Verformung in Form der ersten Modalform $\underline{\Phi}_1$ hervorruft:

$$f_i = \frac{m_i \cdot \phi_{1,i}}{\sum\limits_{j=1}^{N} m_j \cdot \phi_{1,j}} \tag{6.31}$$

Hierbei sind m_i die Masse des Geschosses i und N die Anzahl der Stockwerke.

In die Gesamtsteifigkeitsmatrix $\underline{K}$ des Gebäudes werden jeweils die Sekantensteifigkeiten der einzelnen Geschosse eingemischt. Nach Vorgabe der Dachverschiebung Δ_{Dach} und der normierten Lastvektorverteilung f_i lassen sich bei bekannter aktueller Sekantensteifigkeit $\underline{K}$ die unbekannten Verschiebungen V_i aller Freiheitsgrade i sowie die unbekannte Summe des Lastvektors ΣP_i, die dem Fundamentschub F_b entspricht, wie folgt berechnen:

$$\begin{pmatrix} f_1 \\ f_2 \\ \dots \\ f_{Dach} \end{pmatrix} \sum\limits_{i=1}^{N} P_i = \underline{K} \cdot \begin{pmatrix} V_1 \\ V_2 \\ \dots \\ \Delta_{Dach} \end{pmatrix} \tag{6.32}$$

Die Berechnung basiert zwar auf einer vorgegebenen Kräfteverteilung, trotzdem wird sie durch Vorgabe der Dachverschiebung weggesteuert durchgeführt.

Die Berechnung erfolgt iterativ: Nach Vorgabe der Dachverschiebungen werden die relativen Stockwerksverschiebungen berechnet. Im Anschluss wird die Steifigkeitsmatrix aktualisiert und die Modalform und damit die Kräfteverteilung wird adaptiv angepasst. Die aktuellen Sekantensteifigkeiten der Geschosse sind für die jeweiligen, berechneten relativen Stockwerksverschiebungen aus den zur Verfügung stehenden Geschosskapazitätskurven abzulesen. Zusätzlich ist sicherzustellen, dass aufgrund von Vorschädigungen der Wände durch Verformungen im nichtlinearen Bereich die Werte der aktuellen Sekantensteifigkeiten nicht die Werte des vorherigen Berechnungsschrittes überschreiten.

6.6.2 Iterative Ermittlung des Performance Point

Bei der Kapazitätsspektrum-Methode wird die seismische Beanspruchung, wie in Kapitel 3.1 beschrieben, durch ein elastisches Antwortspektrum definiert. Dieses kann der anzuwendenden Norm entnommen werden. Der Einfluss der Energiedissipation infolge von nichtlinearem Tragwerksverhalten findet durch die Ermittlung einer äquivalenten elastischen Dämpfung ξ_{eq} und einer entsprechenden Abminderung des elastischen Antwortspektrums Berücksichtigung. Die gesamte effektive viskose Dämpfung ξ_{eff} ergibt sich als Summe der viskosen Bauwerksdämpfung ξ_0 und der äquivalenten viskosen Dämpfung ξ_{eq} infolge hysteretischen Verhaltens.

Um Konvergenzprobleme bei dem im ATC-40 (1996) beschriebenen iterativen Verfahren zur Ermittlung des Performance Point zu vermeiden, erfolgt eine mit steigender Spektralverschiebung fortlaufende Entwicklung des abgeminderten Bemessungsantwortspektrums, die sich als sehr stabil erweist. Damit kann zu jeder Spektralverschiebung ein unterschiedlich abgemindertes Spektrum und so resultierendes Antwortspektrum unter Berücksichtigung der verschiedenen Dämpfungsgrade ermittelt werden (Bild 6-45).

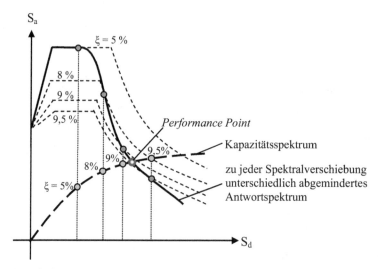

Bild 6-45 Abgemindertes Antwortspektrum

Anstatt für einzelne ausgewählte Punkte wird für jedes Funktionswertepaar des Kapazitäts-spektrums und jeweils fünf weitere dazwischen liegende Punkte entsprechend der in Kapitel 3.1 beschriebenen Vorgehensweise mit einer bilinearen Approximation des Funktionsverlaufes eine äquivalente viskose Dämpfung bestimmt. Im Anschluss wird das reduzierte Antwortspekt-rum berechnet und der Schnittpunkt mit dem Kapazitätsspektrum durch Vergleich der Funkti-onswerte bestimmt. Befindet sich das Kapazitätsspektrum noch im elastischen Bereich der Funktion, erfolgt keine Abminderung. Befindet sich das Kapazitätsspektrum im inelastischen Verformungsbereich, erfolgt eine Abminderung, begründet durch den hysteretischen Dämp-fungsanteil.

Anpassung des materialabhängigen Dämpfungsverhaltens

Die effektive viskose Dämpfung ξ_{eff} des Bauwerks ergibt sich aus der Summe der viskosen Bauwerksdämpfung ξ_0 und der äquivalenten viskosen Dämpfung ξ_{eq} infolge hysteretischen Verhaltens:

$$\xi_{eff} = \xi_0 + \xi_{eq} \qquad (6.33)$$

Die viskose Dämpfung ξ_0 liegt im Bereich zwischen 5 und 7,5 % (Petersen, 1996). Die äquiva-lente viskose Dämpfung ξ_{eq} des gesamten Gebäudes ergibt sich durch die Summation über die hysteretischen Dämpfungsanteile aller Wände. Die hysteretische Dämpfung einer Einzelwand kann als Funktion der Wandkopfverschiebung aus dem Verhältnis der maximalen Dehnungs-energie $E_{So,i}$ zu der Hystereseenergie $E_{D,i}$ berechnet werden:

$$\xi_{eq,i} = \frac{1}{4\pi} \frac{E_{D,i}}{E_{So,i}} \qquad (6.34)$$

Die Dehnungs- und Hystereseenergie können aus den energieäquivalenten Flächenanteilen der zyklischen Last-Verformungskurve der Einzelwand für jeden Verformungszustand ermittelt werden (Bild 6-46a). Daraus resultiert ein verformungsabhängiger Verlauf der äquivalenten viskosen Dämpfung für die einzelnen Mauerwerksscheiben, der exemplarisch in Bild 6-46b dargestellt ist.

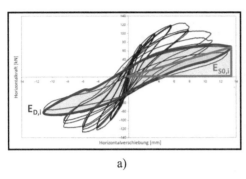
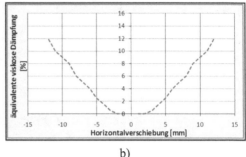

a) b)

Bild 6-46 Ermittlung der hysteretischen Dämpfung einer Einzelwand (Gellert, 2010)

Wenn die zyklischen Last-Verformungskurven der Einzelwände in einer Datenbank vorliegen (Abschnitt 6.5.6), kann zu jedem Verformungszustand der Wände die hysteretische Dämpfung neu berechnet werden. Damit ist die Berechnung der effektiven Dämpfung auf Tragwerksebene durch eine adaptive Anpassung der hysteretischen Dämpfung in Abhängigkeit des Verformungszustandes der Einzelwände im Tragwerk möglich. Die effektive Dämpfung des Tragwerks ergibt sich aus der Summation der mit der Dehnungsenergie gewichteten Einzelwanddämpfungen für den jeweiligen Verformungszustand zu:

$$\xi_{eff} = \xi_0 + \frac{\sum \xi_{eq,i} \cdot E_{S0,i}}{\sum E_{S0,i}}$$ (6.35)

Die Bestimmung und Anpassung der äquivalenten viskosen Dämpfung muss für jeden Verformungszustand des Systems erneut erfolgen, da sich für inelastische Verformungen die Verhältnisse der Wandverformungen untereinander ebenso verändern können, wie die Verhältnisse der Reduktionsfaktoren zueinander, wenn unterschiedliche Materialtypen oder Wandauflasten unterschiedliche Versagensformen hervorrufen.

Wenn keine experimentellen Kurven zur Verfügung stehen, ist eine exakte Bestimmung der Dämpfung aus der Versuchskurve nicht möglich. In diesem Fall ist es sinnvoll, bilineare Kurven mit einem konservativen Dämpfungsansatz zu verwenden. Angesetzt werden sollte eine viskose Bauwerksdämpfung von $\xi_0 = 5\%$ in Kombination mit einem linearen Anstieg der hysteretischen Dämpfungsanteile von 0% (bis zum Übergang vom elastischen in den plastischen Bereich) auf maximal 5% im Bruchzustand der Einzelwand. In Versuchen im Rahmen von ESECMaSE (2010) und auch anderen Versuchsreihen aus Ljubljana (Tomazevic et al., 2004b) hat sich gezeigt, dass der Ansatz dieser Werte eine untere Grenze der in den Versuchen ermittelten Dämpfungswerte darstellt und daher auf der sicheren Seite liegt.

Eine andere Alternative bietet der ATC-40 (1996), der grundsätzlich die Hystereseenergie vereinfachend mit einer bilinearen Approximation der Last-Verformungskurve und damit einer als Parallelogramm idealisierten Hysteresefläche bestimmt (Bild 6-47). Diese Idealisierung ist für Mauerwerk nicht korrekt, da die vorhandene Dämpfung insbesondere bei großen inelastischen Verformungen überschätzt wird. Zur Korrektur für eingeschnürte Hystereseschleifen gibt der ATC-40 (1996) einen materialunabhängigen Abminderungsfaktor von $\kappa = 0{,}33$ an, mit dem die Abweichung von der tatsächlichen Form der Hystereseschleifen kompensiert werden soll. Bild 6-47 verdeutlicht die Abweichung der Hysteresekurven einer Mauerwerkswand von der bilinearen Idealisierung.

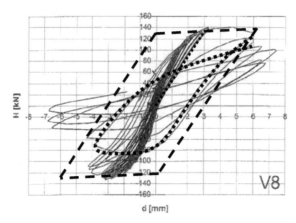

Bild 6-47 Abweichung des hysteretischen Verlaufs von der bilinearen Näherung (Ötes et al., 2003)

6.6.3 Berücksichtigung der normativen Anforderungen

Der Nachweis der Standsicherheit von Mauerwerksbauten setzt sich aus den Nachweisen der Tragfähigkeit und der Gebrauchstauglichkeit zusammen. Um diese Nachweise mit dem verformungsbasierten Konzept führen zu können, ist es notwendig die normativen Anforderungen hinsichtlich der zu berücksichtigenden Massenanteile aus veränderlichen Vertikallasten, der ungewollten Torsionseffekte und der Richtung der Erdbebeneinwirkung zu berücksichtigen.

Die in dem Verfahren anzusetzenden Trägheitsmassen werden entsprechend der nach DIN 4149 (2005) oder DIN 1998-1 (2010) anzusetzenden Vertikallasten ermittelt und direkt bei der Berechnung der Kapazitätskurve und des Kapazitätsspektrums berücksichtigt. Die planmäßigen Torsionswirkungen werden in dem Verfahren automatisch bei der Berechnung der Kapazitätskurve erfasst. Dagegen müssen unplanmäßige Torsionswirkungen, die sich aus der Lageungenauigkeit der Massen und der räumlichen Veränderlichkeit der Erdbebenbewegung ergeben, zusätzlich berücksichtigt werden. Dazu wird der Massenschwerpunkt gegenüber seiner planmäßigen Lage in jeder Richtung um eine zufällige Exzentrizität e_{li} verschoben:

$$e_{li} = \pm 0,05 \, L_i \tag{6.36}$$

wobei L_i die Geschossabmessungen senkrecht zur Einwirkungsrichtung des Erdbebens sind. Die horizontale Erdbebeneinwirkung wird durch zwei zueinander orthogonale Komponenten beschrieben, die als gleichzeitig wirkend zu betrachten sind. Die Kombination der Schnittgrößen kann entweder durch die Quadratwurzel der Quadratsumme oder mit Hilfe der folgenden Kombinationsregel durchgeführt werden (DIN 4149, 2005; DIN EN 1998-1, 2010):

$$\begin{aligned} &E_{Edx} \oplus 0,30 \cdot E_{Edy} \\ &0,30 \cdot E_{Edx} \oplus E_{Edy}, \end{aligned} \tag{6.37}$$

wobei E_{Edx} und E_{Edy} die sich infolge der Erdbebenlast ergebenden Schnittgrößen in Richtung der x- bzw. y-Achse sind. Der Operator $\oplus$ bedeutet „zu kombinieren mit". Diese Kombinationsregel für die orthogonal wirkenden Erdbebenkomponenten kann in den Berechnungsablauf zur Bestimmung der Kapazitätskurve integriert werden. Bei der iterativen Ermittlung des Kräftegleichgewichts muss lediglich gefordert werden, dass die Summe der in senkrechter Richtung aktivierten Kräfte 30 % der aufnehmbaren Kraft in Hauptrichtung beträgt. Während sich das

System ohne Einbeziehung der orthogonalen Belastung rein translatorisch verformen würde, resultiert aus der zusätzlichen Last neben einer Verschiebung in Richtung der Querachse auch eine Verdrehung des Systems, die wiederum zu einer Absenkung der Kapazität in der nachzuweisenden Hauptbelastungsrichtung führt.

Aufgrund der nichtlinearen Kapazitätsverläufe der Wände kann eine orthogonal wirkende Last durch die Verschiebung des Steifigkeitszentrums auch einen günstigen Einfluss auf die erste versagende Wand haben. Deshalb ist es erforderlich, die orthogonale Last in beiden Richtungen getrennt zu untersuchen.

Da die ungünstigste Position des Massenschwerpunktes vorab nicht bestimmt werden kann, ist es zudem notwendig, die zufälligen Massenexzentrizitäten in alle Richtungen anzusetzen, so dass sich vier zu untersuchende Positionen des Massenschwerpunktes ergeben. Zusammen mit den jeweils zwei unterschiedlichen Laststellungen der orthogonal in jede Richtung zusätzlich angreifenden Erdbebenlast ergeben sich somit acht zu untersuchende Einwirkungskombinationen für jede der beiden Bemessungsachsen (Bild 6-48).

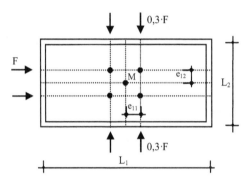

Bild 6-48 Ansatz der orthogonalen Erdbebenlasten und Massenexzentrizitäten

Wie zuvor erwähnt ist der Nachweis der Tragfähigkeit erbracht, wenn für alle Einwirkungskombinationen ein „Performance Point" existiert, ohne dass es zu einem Wandversagen kommt. Für den Nachweis der Gebrauchstauglichkeit kann die Stockwerksverschiebung aus der maximalen Spektralverschiebung aller Einwirkungskombinationen berechnet werden.

6.7 Berechnungsbeispiele für den statisch nichtlinearen Nachweis

6.7.1 Beispiel 1: Dreistöckiges Reihenhaus

Zur Erläuterung des Verfahrens wird ein typisches, dreistöckiges Reihenhaus mit den Abmessungen 6,5 m x 13,0 m und einer lichten Stockwerkshöhe von 2,50 m untersucht. Der Grundriss ist in Bild 6-49 dargestellt.

Das Eigengewicht der Decken beträgt 5 kN/m². In y-Richtung ist das Gebäude durch zwei durchgängige Außenwände ausgesteift, die eine ausreichende Stabilität des Gebäudes in dieser Richtung gewährleisten. Der seismische Nachweis wird daher nur in x-Richtung geführt. In dieser Richtung sind vier 1,25 m lange Außenwände (W2) und zwei 2,50 m lange Innenwände (W1) achsensymmetrisch angeordnet. Alle Wände bestehen aus Hochlochziegeln (HLZ 12/IIa). Eine zufällige Ausmitte wird im Rahmen dieser Untersuchung nicht berücksichtigt, da torsionale Bewegungen des Gebäudes durch die sehr steifen Längswände in y-Richtung verhindert werden.

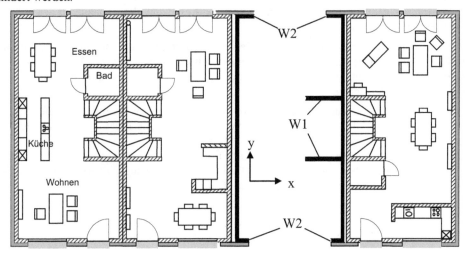

Bild 6-49 Reihenhaus-Grundriss

Die Kapazitätskurven der Einzelwände stammen aus den Versuchsergebnissen von zyklischen Schubwandversuchen der Universität Dortmund (Ötes et al., 2003). Die umhüllende Kapazitätskurve aller Wände des Erdgeschosses weist in x-Richtung eine maximal aufnehmbare Last von 465 kN auf (Bild 6-50).

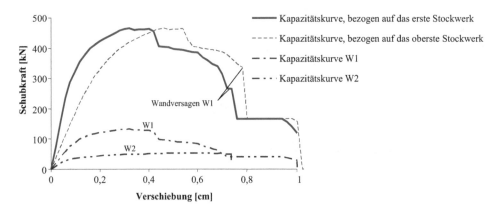

Bild 6-50 Gesamtkapazitätskurve des Erdgeschosses

Nach Transformation der Kapazitätskurve in das Kapazitätsspektrum werden beide Kurven im S_a-S_d-Diagramm überlagert (Bild 6-51). Das Antwortspektrum wurde nach DIN 4149 (2005) für die Erdbebenzone 3 und den Bodentyp B-R angesetzt. Der Schnittpunkt beider Kurven liegt im nichtlinearen Bereich des Kapazitätsspektrums, es tritt aber kein Versagen des Gebäudes ein.

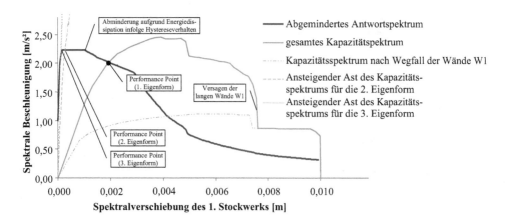

Bild 6-51 Bestimmung des Performance Point für das dreistöckige Reihenhaus

Mit der Kapazitätspektrum-Methode ist es auch möglich, die maximale Erdbebenbelastung zu bestimmen, bei der das Gebäude gerade noch standsicher ist. Dies erfolgt in einem iterativen Prozess durch wiederholende Berechnungen mit dem durch den Bemessungswert der Bodenbeschleunigung a_g skalierten Ausgangsspektrum. Es wird der Punkt ermittelt, in dem sich die beiden Kurven gerade noch schneiden (Bild 6-52). Der maximale Bemessungswert der Bodenbeschleunigung beträgt für das betrachtete Reihenhaus mit den verwendeten Kapazitätskurven $a_{g,max} = 1{,}56$ m/s².

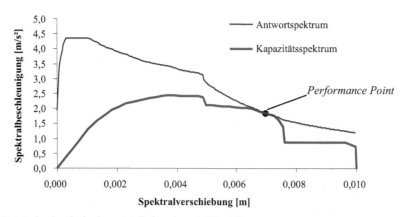

Bild 6-52 Maximal aufnehmbares Erdbeben ($a_g = 1{,}56$ m/s²)

Die zu der Bodenbeschleunigung a_g auftretende maximale aufzunehmende Schubkraft nach dem kraftbasierten Bemessungsansatz ergibt sich für eine Eigenperiode von $T_1 = 0{,}176$ s, einen Verhaltensbeiwert von $q = 1{,}5$ und einen berechneten modalen Anteilsfaktors von $\lambda = 0{,}92$ zu 577 kN. Die maximal aufnehmbare Schubkraft beträgt jedoch gemäß der Kapazitätskurve in Bild 6-50 nur 465 kN. Das Gebäude ist somit nach dem kraftbasierten Bemessungsansatz auf Grundlage des Antwortspektrenverfahrens nicht mehr nachweisbar.

Das Beispiel verdeutlicht, dass der verformungsbasierte Ansatz die vorhandenen plastischen Reserven von Mauerwerk besser ausnutzt und eine rein kraftbasierte Bemessung den realen Tragwerkswiderstand gegen eine seismische Belastung nicht erfassen kann.

Ein quantitativer Vergleich beider Verfahren ist möglich, wenn für das Ergebnis des verformungsbasierten Nachweises der Verhaltensbeiwert q ermittelt wird. Der q-Faktor wird als Verhältnis der Erdbebenkraft H_e bei linear-elastischem Strukturverhalten zu der minimalen seismischen Kraft H_{du} des realen Bauwerks unter Miteinbeziehung plastischer Verformungen bestimmt. Um den q-Faktor entsprechend der vorangestellten Definition zu bestimmen wird das maximale Erdbeben ermittelt, so dass gerade noch kein Systemversagen auftritt. Aus dem sich ergebenden „Performance Point" wird die zugehörige Erdbebenkraft H_{du} ermittelt. Diese wird ins Verhältnis gesetzt zu der Erdbebenkraft H_e, die sich für das Bauwerk bei Ansatz einer konstanten linear elastischen Steifigkeit, die gleich der Anfangssteifigkeit des realen Bauwerks ist, ergibt. Gemäß dieser Definition kann der Verhaltensbeiwert q wie folgt berechnet werden:

$$q = \frac{S_a(T_{elastisch}) \cdot \alpha_{elastisch} \cdot M_{Tot,eff}}{S_a(T_{PerfPoint}) \cdot \alpha_{PerfPoint} \cdot M_{Tot,eff}}, \tag{6.38}$$

wobei $S_a(T)$ die zu T gehörige Spektralbeschleunigung und α das Verhältnis der effektiven modalen Masse zur effektiven Gesamtmasse $M_{Tot,eff}$ des Bauwerks sind. Dabei wurde $\alpha_{elastisch}$ im elastischen Zustand und $\alpha_{PerfPoint}$ im Bereich der maximalen Auslenkung ermittelt. Die Auswertung dieser Gleichung für das betrachtete Beispiel lieferte einen q-Faktor von 2,5. Zu Vergleichszwecken sind in Tabelle 6-9 die q-Faktoren für zwei weitere Bodentypen und für Kalksandsteinmauerwerk angegeben. Allen Berechnungen lagen wiederum die Wandkapazitätskurven aus den an der Universität Dortmund durchgeführten zyklischen Wandschubversuche zugrunde (Ötes et al., 2003).

Tabelle 6-9 q-Faktoren des dreistöckigen Mauerwerkgebäudes

Bodentyp	Material	
	Hochlochziegel (HLZ 12/IIa)	Kalksandstein (KS 20/ DM)
B-R	2,5	3,4
C-R	2,1	2,8
C-S	1,4	1,4

Die Ergebnisse für das untersuchte Mauerwerkgebäude zeigen, dass sich der normativ angegebene pauschale Verhaltensbeiwert von q = 1,5 nur für die Erdbebenzone 3 in Kombination mit den ungünstigsten Untergrundverhältnissen C-S ergibt. Die geringe Abweichung von 0,1 ist im Rahmen der Modellungenauigkeiten vernachlässigbar. Das Verfahren bestätigt daher den Verhaltensbeiwert von 1,5 als konservativen Wert, mit dem auch der ungünstigste Fall abgedeckt ist. Für viele Fälle ergeben sich durch die Ermittlung mit Hilfe der Kapazitätsspektrum-Methode jedoch wesentlich höhere Verhaltensbeiwerte. Zu berücksichtigen ist aber, dass die berechneten Werte nur auf einer einzigen Versuchsreihe von zyklischen Wandversuchen basieren. Die Berechnung dient lediglich dazu aufzuzeigen, dass durch einen verformungsbasierten Nachweis unter Berücksichtigung des sich ändernden Schwingungsverhaltens und der tatsächlichen Wandkonfiguration die Tragwerksreserven besser ausgenutzt werden können. Für einen Standsicherheitsnachweis sind statistisch abgesicherte Kurven zu verwenden. Hierbei ist darauf zu achten, dass die Randbedingungen der zyklischen Schubwandversuche mit denen der hier verwendeten Versuche übereinstimmen.

6.7.2 Beispiel 2: Einfluss der Torsion am Beispiel eines freistehenden Gebäudes

Anhand eines idealisierten, freistehenden Referenzgebäudes mit unterschiedlichen Grundrissen sollen in diesem Abschnitt die Einflüsse aus Torsionswirkungen aufgezeigt und ihre Auswirkungen auf die Form der Kapazitätskurve erläutert werden.

Das Gebäude mit den Außenabmessungen 10,0 m x 15,0 m hat zwei gleiche Geschosse mit einer Geschossmasse von durchschnittlich 95 t, die gleichmäßig verteilt ist. Die Stockwerkshöhe beträgt 2,70 m. Die Schubwände haben jeweils eine Länge von 3,60 m. Untersucht wird das Gebäude mit den in Bild 6-53 skizzierten Grundrissen, in denen der Übersicht wegen nur die tragenden Wände eingezeichnet sind. Berechnet wird die Kapazitätskurve in y-Richtung.

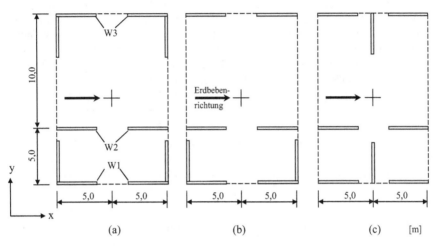

Bild 6-53 Variation der Grundrisskonfiguration

Die drei Grundrisse unterscheiden sich durch die in y-Richtung ausgerichteten Wände: In der Grundrisskonfiguration (a) sind vier Wände an den Außenseiten angeordnet, im Fall (b) nur zwei und in der Konfiguration (c) sind wiederum zwei Wände in y-Richtung vorhanden, die aber in Gebäudemitte angeordnet sind. In allen drei Fällen ist der Steifigkeitsmittelpunkt gegenüber dem in Deckenmitte liegenden Massenschwerpunkt nach unten versetzt.

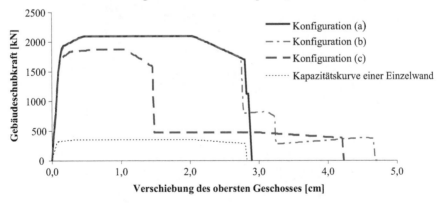

Bild 6-54 Gebäudekapazitätskurven bei unregelmäßigem Grundriss

Die drei Kapazitätskurven für die verschiedenen Grundrisskonfigurationen sind in Bild 6-54 abgebildet. Aus Gründen der Nachvollziehbarkeit wird für alle Wände die gleiche Kapazitätskurve, die in Bild 6-54 gestrichelt eingezeichnet ist, angesetzt. Die Grundrisskonfiguration (a) hat infolge der vier Querwände eine große Torsionssteifigkeit. Die Geschosse verdrehen sich kaum, so dass alle Wände in x-Richtung (Wandpaare W1 – W3) gleichzeitig versagen. Die Gebäude-Kapazitätskurve entspricht in etwa einer linearen Superposition der Einzelwand-Kapazitätskurven. Die maximal aufnehmbare Last entspricht dem 6-fachen der Lastkapazität der Einzelwand. Wandkonfiguration (b) hat zwar auch eine große Torsionssteifigkeit infolge der zwei weit außen angeordneten Wände, dennoch kann sich eine leichte Rotation des Gebäudes im Uhrzeigersinn einstellen, so dass im unteren Geschoss die einzelnen Wandpaare in x-Richtung nacheinander versagen. Selbst wenn nur noch ein Wandpaar in x-Richtung vorhanden ist, ist die Gesamtstabilität noch gewährleistet. Bei der Konfiguration (c) haben die Querwände keinen Anteil an der Torsionssteifigkeit. Dies hat zur Folge, dass das äußere Wandpaar W3 einer wesentlich größeren Verschiebung unterliegt als der Massenschwerpunkt. Demnach ist die Duktilität der Gebäudekapazitätskurve viel kleiner als in den anderen ersten Konfigurationen. Auch ist das aufnehmbare Lastniveau niedriger, da aufgrund der großen Rotationen zwei der Wandpaare ihre maximale Traglast nicht erreichen, bevor das obere Wandpaar versagt. Danach verschiebt sich der Steifigkeitsmittelpunkt sprunghaft nach unten. Beide Wandpaare versagen dann gleichzeitig.

Dieses Beispiel unterstreicht die Notwendigkeit, die Torsionseffekte bei der Ermittlung der Kapazitätskurve zu erfassen. Es zeigt deutlich auf, dass Querwände einen großen Einfluss auf die Kapazität haben, sowohl hinsichtlich der aufnehmbaren Last als auch hinsichtlich der Duktilität.

6.7.3 Beispiel 3: Doppelhaushälfte aus Ziegelmauerwerk

Das verformungsbasierte Nachweiskonzept wurde im Jahr 2009 im Rahmen einer Zustimmung im Einzelfall für eine Doppelhaushälfte aus Ziegelmauerwerk eingesetzt. Innerhalb des Zustimmungsverfahrens erfolgte der verformungsbasierte Nachweis der Doppelhaushälfte auf Grundlage experimentell ermittelter Last-Verformungskurven für die Einzelwände. Im Folgenden werden die Ergebnisse der Zustimmung im Einzelfall vorgestellt und mit dem Nachweisergebnis auf Grundlage von bilinear idealisierten Last-Verformungskurven verglichen.

Bild 6-55 Ansicht der Doppelhaushälften in Ziegelbauweise (Butenweg et al., 2010)

Bild 6-55 zeigt die Ansicht der Objekte, die als zweigeschossige, vollständig unterkellerte Doppelhaushälften ausgeführt werden. Den Grundriss des Hauses zeigt Bild 6-56. Die Innenwände und die Wohnungstrennwand sind bei einer mittleren Geschosshöhe von 2,70 m mit schuboptimierten Hochlochziegeln HLz-12 Z.-17.1-993 (t = 175mm) und die Außenwände mit Wärmedämmziegeln Z.-17.1-889 (t = 300 mm) ausgeführt. Das Dach wird in einer Pultdachkonstruktion mit begrünter Dachfläche ausgeführt. Die Decke über dem Erdgeschoss und die Dachscheibe werden mit Filigranplatten erstellt.

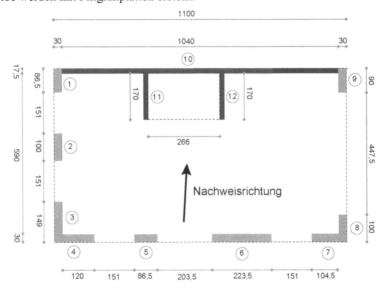

Bild 6-56 Grundriss der Doppelhaushälfte (Butenweg und Gellert, 2010)

Der Nachweis erfolgt nach DIN 4149 (2005) für die Erdbebenzone 3 und Untergrundkombination C-R. Der Erdbebennachweis des Gebäudes kann in reiner Mauerwerksbauweise weder mit den konstruktiven Regeln noch mit dem kraftbasierten vereinfachten Antwortspektrenverfahren erfolgreich geführt werden (Gellert und Butenweg, 2008). Bei Anwendung dieser Standardverfahren müssten die Treppenhauswände in Stahlbeton ausgeführt werden.

6.7.4 Nachweis mit experimentell ermittelten Last-Verformungskurven

Grundlage der Berechnungen sind zyklische Last-Verformungskurven von schuboptimierten Hochlochziegeln HLz-12 Z.-17.1-993 und Wärmedämmziegeln Z.-17.1-889, die an der Universität Kassel durch Schubwandversuche bestimmt wurden. Auf Grundlage der im Grundriss des Hauses vorliegenden Geometrien der Wandscheiben und der vorab ermittelten vertikalen Beanspruchungen aus Eigengewicht und Verkehr wurde für beide Ziegel ein Versuchsraster festgelegt und abgeprüft. Das festgelegte Versuchsraster und die Datenpunkte der Gebäudewände sind in Bild 6-57 getrennt für die beiden Stein-Mörtelkombinationen dargestellt. Eine detaillierte Beschreibung der Ergebnisse der zyklischen Schubwandversuche findet sich in den Unterlagen zur Zustimmung (Gellert und Butenweg, 2008).

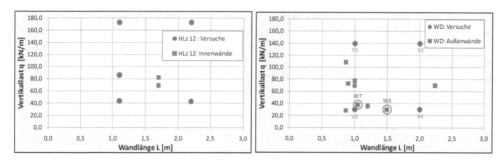

Bild 6-57 Versuchsraster: Innenwände (HLz-12) und Wärmedämmziegel (WD) (Gellert, 2010)

Die Interpolation der Last-Verformungskurven für die Randbedingungen des konkreten untersuchten Objektes erfolgt mit dem von Gellert (2010) entwickelten Interpolationsansatz. Die Funktionsweise wird exemplarisch für die Schubwände W3 und W7 aus Wärmedämmziegeln (WD) erläutert (Bild 6-57). Das Raster der Versuchskurven für dieses Material setzt sich aus vier Einzelwandversuchen V1 bis V4 mit zwei unterschiedlichen Wandlängen und zwei Vertikallastniveaus zusammen. Die Ergebnisse der zyklischen Schubwandversuche mit den zugehörigen Wandlängen und Vertikallasten sind in Bild 6-58 dargestellt.

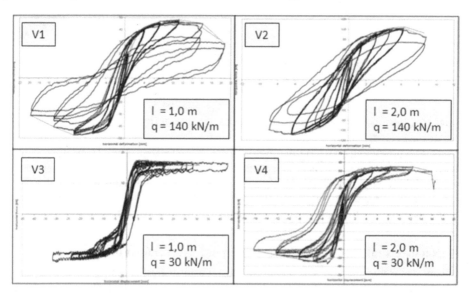

Bild 6-58 Wärmedämmziegel (WD): Zyklische Last-Verformungskurven (Gellert, 2010)

Wie bereits in Abschnitt 6.5.6 beschrieben, werden in der Vorbereitung die zyklischen Last-Verformungskurven der Versuche hinsichtlich ihres Last-Verformungsverhaltens graphisch sowohl im positiven als auch im negativen Verformungsbereich ausgewertet und für die weiteren Berechnungen gemittelt. Die resultierenden Einhüllenden sind in Bild 6-59 mit der daraus interpolierten Kurve der Wandscheibe W7 dargestellt. Die Randbedingungen der Wandscheibe W7 entsprechen mit einer Länge l = 1,05 m und einer vertikalen Belastung von q = 38,1 kN/m (Bild 6-57) in etwa denen der Versuchswand V3.

Die Last-Verformungskurve der Wandscheibe W7 entspricht daher auch im Wesentlichen der der Wandscheibe V3. Durch die etwas höhere vertikale Belastung werden die horizontale Tragfähigkeit im Vergleich zum Versuchsergebnis etwas höher und die Verformungsfähigkeit niedriger abgeschätzt.

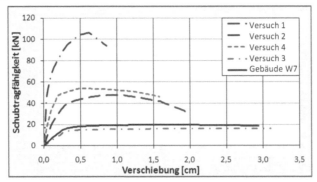

Bild 6-59 Wärmedämmziegel (WD): Versuchskurven und Gebäudekurve W7 (Gellert, 2010)

Die Wandscheibe W3 mit einer Länge von l = 1,49 m und einer vertikale Belastung von q = 30 kN/m liegt im Versuchsraster zwischen den beiden Wandscheiben der Versuche V3 und V4 (Bild 6-57). Die interpolierte Last-Verformungskurve der Wandscheibe W3 ergibt sich daher im Wesentlichen aus der Interpolation dieser beiden Versuchsergebnisse. Sowohl die horizontale Tragfähigkeit als auch die Verformungsfähigkeit liegen genau zwischen den beiden Versuchswerten (Bild 6-60).

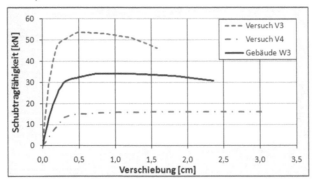

Bild 6-60 Wärmedämmziegel (WD): Versuchskurven und Gebäudekurve W3 (Gellert, 2010)

Mit den interpolierten Last-Verformungskurven der Einzelwände wird der verformungsbasierte Nachweis unter Berücksichtigung aller normativ anzusetzenden Exzentrizitäten in den Hauptrichtungen des Tragwerks geführt. Die Ergebnisse werden im Folgenden nur für die maßgebende Erdbebenrichtung, die im Grundriss in Bild 6-56 dargestellt ist, angegeben.

Dafür wird zunächst die resultierende Last-Verformungskurve durch eine stetige Steigerung der Verformung ermittelt. Die in Bild 6-61 dargestellte Last-Verformungskurve zeigt deutlich ein nichtlineares Last-Verformungsverhalten vor dem Erreichen der maximalen horizontalen Tragfähigkeit von 230 kN. Der danach stufenweise abfallende Verlauf der Last-Verformungskurve resultiert aus dem sukzessiven Versagen der einzelnen Mauerwerkscheiben bei größer werdender Verschiebung. Mit dem Erreichen der maximalen Verformungsfähigkeit der Wandscheibe W1 ist die horizontale Tragfähigkeit des Tragwerks vollständig erschöpft. Es wird deutlich, dass die Wandscheiben W11 und W12 als Hauptschubwände zwar einen Großteil der horizontalen Beanspruchung aufnehmen, aber gleichzeitig die niedrigste Verformungsfähigkeit aufweisen.

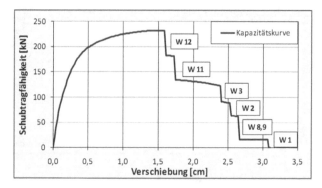

Bild 6-61 Last-Verformungskurve in der maßgebenden Nachweisrichtung (Gellert, 2010)

Der verformungsabhängige Verlauf der Eigenfrequenzen und der Tragwerksdämpfung in Bild 6-62 zeigt, wie stark das nichtlineare Verhalten der einzelnen Schubwände nicht nur das Last-Verformungsverhalten der Gesamtstruktur sondern auch die dynamischen Eigenschaften des Tragwerks beeinflusst. Es ist zu erkennen, dass mit zunehmender Verformung der Einfluss aus der hysteretischen Dämpfung zunimmt und die Eigenfrequenzen infolge der Steifigkeitsdegradation abnehmen.

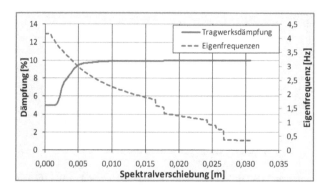

Bild 6-62 Dämpfung und Eigenfrequenz in der maßgebenden Nachweisrichtung (Gellert, 2010)

Die hysteretischen Dämpfungsbeiträge werden hierbei nach dem in Abschnitt 6.6.2 beschriebenen Vorgehen berücksichtigt. Die Dämpfung startet im kleinen Verformungsbereich mit einer viskosen Dämpfung von 5% im schadensfreien Zustand. Mit zunehmender Verformung nehmen die hysteretischen Dämpfungsanteile aus den Schädigungen der Einzelwände zu bis sie ab einer Spektralverschiebung des Tragwerks von etwa 5 mm einen Beitrag von zusätzlichen 5% leisten. Dieser Wert bleibt bei weiterer Verformungszunahme konstant, da er auf der sicheren Seite liegend konservativ auf einen Wert von 5% begrenzt wird.

Die Eigenfrequenz des Tragwerks nimmt mit zunehmender Verformung infolge der zunehmenden Schädigung und der damit verbundenen Steifigkeitsabnahme ab. Durch den sukzessiven Ausfall der einzelnen Wandscheiben erfolgt dies mitunter sprunghaft. Im schadensfreien Zustand wurde mit den Anfangssteifigkeiten der Versuchskurven eine Eigenfrequenz von etwa 13 Hz ermittelt, die nach dem Ausfall der Hauptschubwände W11 und W12 (Bild 6-62) auf 4 Hz abfällt.

Mit der in das S_a-S_d-Diagramm transformierten Last-Verformungskurve aus Bild 6-61 erfolgt die Überlagerung mit der seismischen Belastung in Form des Normspektrums. In Bild 6-63 ist das Ergebnis für maximal 5% hysteretische Dämpfung und ohne den Ansatz von hysteretischer Dämpfung dargestellt. Deutlich ist im Spektrum mit 5% hysteretischer Dämpfung der Einfluss der zusätzlichen Dämpfung bei dem Übergang in den nichtlinearen Bereich zu sehen.

In beiden Berechnungen schneidet das Kapazitätsspektrum das Bemessungsspektrum im aufsteigenden Bereich der Kapazitätskurve, so dass der Erdbebennachweis in der schwächsten Richtung des Gebäudes auch ohne den Ansatz hysteretischer Dämpfung erbracht ist. Des Weiteren ist zu erkennen, dass der ermittelte Schnittpunkt, der Performance Point, ohne Ansatz der hysteretischen Dämpfung für das Bemessungserdbeben bei einer Spektralverschiebung von 10 mm liegt. Damit sind etwa 2/3 der Gesamtverformungskapazität des Gebäudes erreicht.

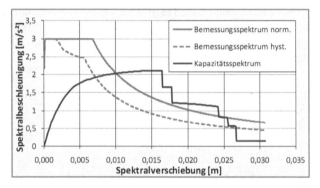

Bild 6-63 Nachweisergebnis mit und ohne Ansatz der hysteretischen Dämpfungsanteile (Gellert, 2010)

6.7.5 Nachweis mit approximierten Last-Verformungskurven

Die Anwendung des Nachweisverfahrens in der Baupraxis setzt voraus, dass die Last-Verformungskurven der Einzelwände ohne aufwändige Schubwandversuche bestimmbar sind. Aus diesem Grund wurde der in Abschnitt 6.5.5 beschriebene Approximationsansatz für die rechnerische Ermittlung der Last-Verformungskurven entwickelt und für eine Vergleichsberechnung auf die Doppelhaushälfte angewendet. Als Eingangswerte werden die erforderlichen Festigkeitswerte für die Wärmedämmziegel (WD) mit einer Mauerwerksdruckfestigkeit $f_k = 2,8$ N/mm², einer Haftscherfestigkeit $f_{vk0} = 0,11$ N/mm² sowie einem Elastizitätsmodul $E = 3000$ N/mm² angegeben. Für die schuboptimierten Hochlochziegel HLz-12 werden $f_k = 6,9$ N/mm², $f_{vk0} = 0,11$ N/mm² und $E = 7600$ N/mm² angesetzt.

Die daraus resultierenden horizontalen Tragfähigkeiten und die maximalen Endverformungen ergeben sich gemäß Tabelle 6-10. Bei der Ermittlung wurde analog zu den experimentellen Randbedingungen eine volle Einspannung der Wandscheiben in die Deckenplatten angenommen.

Tabelle 6-10 Approximierte Tragfähigkeiten und Endverformungen der Schubwände nach Tabelle 6-8

Wand	W1	W2	W3	W4	W5	W6	W7	W8	W9	W10	W11	W12
BL [kN]	5,87	19,85	18,25	13,77	19,63	89,39	11,07	17,97	15,18	519,7	53,53	62,53
SS [kN]	38,46	64,20	67,10	56,52	65,93	135,8	50,16	60,89	56,02	271,5	80,07	88,77
SZ [kN]	32,70	37,80	56,32	45,36	32,70	84,48	39,50	37,80	34,02	565,1	92,37	92,37
d_u [mm]	25,28	21,87	14,68	18,23	25,28	10,80	20,93	21,87	24,30	10,80	12,86	12,86

Die maßgebende Bruchbedingung (grau hinterlegter Wert) ist aufgrund der niedrigen vertikalen Beanspruchungen Biegung und Längskraft (BL). Lediglich die beiden längeren Wände W6 und W10, die beide nicht in der maßgebenden Nachweisrichtung liegen (Bild 6-56), weisen ein Schubversagen auf.

Bild 6-64 zeigt die resultierende Last-Verformungskurve des Tragwerks. Diese weist qualitativ den gleichen Verlauf wie die auf Grundlage der experimentellen Eingangsdaten ermittelte Kurve auf (Bild 6-61). Dennoch ist zu erkennen, dass die errechnete maximale gesamte horizontale Tragfähigkeit mit ca. 200 kN etwa 15% geringer und auch die Verschiebung beim Versagen der beiden Hauptschubwände im Treppenhaus W11 und W12 mit ca. 12,5 mm etwa 30% geringer ist als der vergleichbare Wert auf Grundlage der experimentellen Wanddaten. Insgesamt werden demnach die Tragfähigkeiten und die maximalen Endverformungen mit der Approximation unterschätzt.

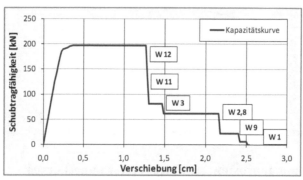

Bild 6-64 Approximierte Last-Verformungskurve in der maßgebenden Nachweisrichtung (Gellert, 2010)

Ebenfalls auf der konservativen Seite liegt die angesetzte Dämpfung. Diese wird gemäß Abschnitt 6.6.2 mit einem hysteretischen Dämpfungsanteile für die Einzelwand von 0% im Übergang elastischer-plastischer Bereich auf maximal 5% im Bruchzustand approximiert. Dies hat nach Wichtung der Dämpfungsanteile der einzelnen Schubwandscheiben einen linearen Anstieg der Tragwerksdämpfung bis auf maximal 10% zur Folge. Der Vergleich der beiden Dämpfungsverläufe, der approximierten Dämpfung in Bild 6-65 und der experimentell ermittelten Dämpfung in Bild 6-62 zeigt, dass bei der Berechnung auf Basis der Approximation die maximal mögliche Tragwerksdämpfung erst bei einer weitaus größeren Verformung erreicht wird. Das hat zur Folge, dass im Nachweispunkt (Bild 6-66) nur etwa 8% Tragwerkdämpfung angesetzt werden.

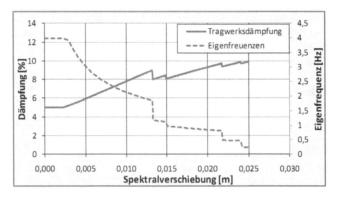

Bild 6-65 Tragwerksdämpfung und Eigenfrequenzen mit approximierten Kurven (Gellert, 2010)

Obwohl konservative Werte für Tragfähigkeiten, maximale Verformungsfähigkeiten und Dämpfungseigenschaften der Einzelwände angesetzt wurden, kann der Nachweis der Doppelhaushälfte auch unter Ansatz der rechnerisch ermittelten Last-Verformungskurven erbracht werden (Bild 6-66). Der Schnittpunkt des Kapazitätsspektrums mit dem Bemessungsspektrum ergibt sich im nichtlinearen Bereich des Kapazitätsspektrums bei einer Spektralverschiebung von 9 mm gefunden. Dies bestätigt die Ergebnisse des Nachweises mit den interpolierten Versuchskurven.

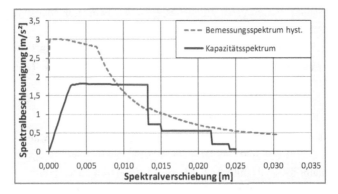

Bild 6-66 Nachweisergebnis mit approximierten Last-Verformungskurven (Gellert, 2010)

6.7.6 Nachweis der Einspannwirkung der Deckenplatte

Für den Standsicherheitsnachweis wurden sowohl Versuchskurven als auch approximierte Last-Verformungskurven verwendet, denen die Annahme einer vollen Einspannung zu Grunde liegt. Aus dieser Annahme ergeben sich Zusatzbeanspruchungen der Decken, die in der Deckenbemessung zu berücksichtigen sind.

Die Detailbemessung für die Deckenbereiche der maßgebenden Wandscheiben W11 und W12 im Treppenhaus ergab für die Decken der Doppelhaushälfte, dass die Zusatzbeanspruchungen von der vorhandenen Bewehrung aufgenommen werden können.

Die Untersuchungen zeigten weiter, dass bei Ansatz einer vollen Wandeinspannung für übliche Reihen- und Einfamilienhäuser in deutschen Erdbebengebieten mit bis zu 2 Vollgeschossen durch das Einlegen einer ausreichend verankerten Bewehrungszulage von 2 Stäben Ø 12 (oben und unten) die Zusatzbeanspruchungen aufgenommen werden können (Schlüter, 2009). Für größere Bauwerke oder besondere Grundrisskonfigurationen ist aber generell ein Nachweis für die zusätzliche Deckenbeanspruchung zu führen.

Literatur Kapitel 6

3muri: Programm für den verformungsbasierten Nachweis von Mauerwerksbauten. http://www.ingware.ch/3muri/index.html, Stand Juni 2011.

Abaqus 6.9: Software. Dassault Systèmes, 2011.

ABK – A Joint Venture: Methodology for the Mitigation of Seismic Hazards in Existing Unreinforced Maonsry Buildings: The Methodology. Topical Report, 1984.

AiF-Projekt: Anwendung der Kapazitätsspektrum-Methode zum Nachweis von Mauerwerksbauten unter Erdbebenbelastung. Lehrstuhl für Baustatik und Baudynamik, RWTH Aachen, AiF-Forschungsvorhaben 15824 N / FSt. 2, 2011.

ANDILWall: Programm für den verformungsbasierten Nachweis von Mauerwerksbauten (auf italienisch), http://www.crsoft.it/andilwall/, Stand 2011.

AS 3700: Masonry Structures. Standards Australia, Homebush, NSW, 2001.

ATC-40: Seismic Evaluation and Retrofit of Concrete Buildings. Applied Technology Council, Vol. 1, 1996.

Bachmann, H., Lang, K.: Zur Erdbebensicherung von Mauerwerksbauten. Institut für Baustatik und Konstruktion, ETH Zürich, Schweiz, 2002.

Bosbach, M.: Implementierung eines nichtlinearen Materialmodells für Mauersteine. Diplomarbeit, Lehrstuhl für Baustatik und Baudynamik, RWTH Aachen, 2008.

Bracci, J. B., Kunnath, S. K., Reinhorn, A. M.: Seismic performance and retrofit evaluation of reinforced concrete structures. ASCE Journal of Structural Engineering, 123, S. 3-10, 1997.

Brencich, A., Gambarotta, L., Lagomarsino, S.: A macroelement approach to the three-dimensional seismic analysis of masonry buildings. 11th European Conference on Earthquake Engineering, Niederlande, Rotterdam, 1998.

Budelmann, H., Gunkler, E., Husemann, U., Becke A.: Rationell hergestellte Wände aus vorgespanntem Mauerwerk mit hohem Erdbebenwiderstand. Abschlussbericht Z 6-5.4-02.18/II 13-800102-18, Braunschweig, 2004.

Butenweg, C., Gellert, C., Reindl, L.: Capacity design of masonry buildings under cyclic loading. Proceeding of Seismic Risk 2008: Earthquake in North-West Europe, Liege, Belgium, 2008.

Butenweg, C., Gellert, C., Meyer, U., Erdbebenbemessung bei Mauerwerksbauten, Mauerwerk Kalender 2010, Verlag Ernst & Sohn, 2010

Butenweg, C., Fäcke, A., Fehling, E.,Gellert, C., Gierga, M., Meyer, U., Rütschlin, A. H., Stürz, J.: Energieeffizient und erdbebensicher Bauen mit monolithischem Ziegelmauerwerk. Mauerwerk 01/10, verlag Ernst & Sohn, 2010.

Chen, S.-Y., Moon, F.L., Yi, T.: A macroelement for the nonlinear analysis of in-plane unreinforced masonry piers. Engineering Structures Vol. 30, pp. 2242-2252, 2008.

Costa, A.: Experimental testing of lateral capacity of masonry piers. An application to seismic assessment of AAC masonry buildings. Dissertation, Universita degli Studi di Pavia, Italy, 2007.

D.I.E. XFEMily: XPLA FEM-Platten, Version 7.08, 2009.

DIN 4149: Bauten in deutschen Erdbebengebieten. Normenausschuss Bauwesen (NABau) im DIN, Deutsches Institut für Normung e.V., Beuth-Verlag, Berlin 2005.

DIN 1053: Mauerwerk - Teil 11-13. Gelbdruck, Normenausschuss Bauwesen (NABau) im DIN, Deutsches Institut für Normung e.V., Beuth-Verlag, 2009.

DIN 1053-1:1996-11 Mauerwerk - Teil 1 - Berechnung und Ausführung. Deutsches Institut für Normung (DIN), Beuth Verlag, 1996.

DIN 1053-100:2007-09 Mauerwerk - Berechnung auf der Grundlage des semiprobabilistischen Sicherheitskonzepts. Deutsches Institut für Normung (DIN), Beuth Verlag, 2007.

DIN EN 1996-1-1, Eurocode 6: Bemessung und Konstruktion von Mauerwerksbauten – Teil 1-1: Allgemeine Regeln für bewehrtes und unbewehrtes Mauerwerk. Deutsche Fassung EN 1996-1-1:2005+AC:2009. Deutsches Institut für Normung (DIN), Berlin, Dezember 2010.

DIN EN 1996-1-1/NA, Eurocode 6: Bemessung und Konstruktion von Mauerwerksbauten – Teil 1-1: Allgemeine Regeln für bewehrtes und unbewehrtes Mauerwerk. Deutsches Institut für Normung (DIN), Berlin, April 2011.

DIN EN 1998-1: Eurocode 8: Auslegung von Bauwerken gegen Erdbeben – Teil 1: Grundlagen, Erdbebeneinwirkungen und Regeln für Hochbauten. Deutsche Fassung EN 1998-1:2004+AC:2009. Deutsches Institut für Normung (DIN), Berlin, Dezember 2010.

DIN EN 1998-1/NA: Nationaler Anhang – National festgelegte Parameter, Eurocode 8: Auslegung von Bauwerken gegen Erdbeben – Teil 1: Grundlagen, Erdbebeneinwirkungen und Regeln für Hochbauten. Deutsches Institut für Normung (DIN), Berlin, Januar 2011.

DIN EN 1998-3: Eurocode 8: Auslegung von Bauwerken gegen Erdbeben – Teil 3: Beurteilung und Ertüchtigung von Gebäuden. Deutsche Fassung EN 1998-3:2005+AC:2010. Deutsches Institut für Normung (DIN), Berlin, Dezember 2010.

DISWALL, Developing innovative systems for reinforced masonry walls, http://diswall.dic.unipd.it, 2010.

Doherty, K. T.: An Investigation of the Weak Links in the Seismic Load Path of Unreinforced Masonry Buildings. PhD Thesis, School of Civil and Environmental Engineering, Adelaide University, Australien, 2000.

Doherty, K. T., Griffith, M. C., Lam, N., Wilson, J.: Displacement-based Seismic Analysis for Out-of-plane Bending of Unreinforced Masonry Walls. Earthquake Engineering and Structural Dynamics, Vol. 31, pp 833-850, 2002.

Doherty, K. T., Lam, N, Griffith, M and Wilson, J.: The modelling of earthquake induced collapse of unreinforced masonry walls combining force and displacement principles. Proceedings of the 12th World Conference on Earthquake Engineering, Auckland, New Zealand, 2000.

Elnashai, A. S.: Advanced inelastic static (pushover) analysis for earthquake applications. Structural Engineering and Mechanics, Vol.12, No.1. 2001.

ESECMaSE, Enhanced Safety and Efficient Construction of Masonry Structures in Europe, http://www.esecmase.org, Stand 2009.

Fehling, E., Schermer, D., Stürz, J.: Test method for masonry walls subjected to in-plane loading. Proceedings of the 2nd International Conference on Advances in Experimental Structural Engineering, Shanghai, China, 2007.

Fehling, E., Stürz, J.: Behaviour of masonry walls made from different types of clay bricks under static-cyclic loading. Proceedings of the 7th International Masonry Conference, London, UK, 2006a.

Fehling, E., Stürz, J.: Seismic resistance of different types of vertically perforated Clay bricks, Proceedings of the First European Conference on Earthquake Engineering and Seismology, Geneva, Switzerland, 2006b.

FEMA 273: NEHRP guidelines for the seismic rehabilitation of buildings. Applied Technology Council (ATC), Redwood City, USA, 1997.

FEMA 306: Applied Technology Council (ATC), Publication No. 306, FEMA 306, Evaluation of earthquake damaged concrete and masonry wall buildings – Basic Procedures Manual. Federal Emergency Management Agency, Washington D.C., USA, 1998.

FEMA 307: Applied Technology Council (ATC), Publication No. 307, FEMA 307, Evaluation of earthquake damaged concrete and masonry wall buildings – Technical Resources. Federal Emergency Management Agency, Washington D.C., USA, 1998.

FEMA 308: Applied Technology Council (ATC), Publication No. 308, FEMA 308, Repair of earthquake damaged concrete and masonry wall buildings. Federal Emergency Management Agency, Washington D.C., USA, 1998.

FEMA 356: Applied Technology Council (ATC), Publication No. 356, Prestandard and Commentary for the seismic rehabilitation of buildings. Federal Emergency Management Agency, Washington D.C., USA, 2000.

Gellert, C.: Nichtlinearer Nachweis von unbewehrten Mauerwerksbauten unter Erdbebeneinwirkung. Dissertation, Lehrstuhl für Baustatik und Baudynamik, RWTH Aachen, 2010.

Gellert, C., Butenweg, C.: Berechnungen zur Zustimmung im Einzelfall – Neubau eines EFH in Doppelhausform inkl. Ergänzungen. Im Auftrag der ARGE Mauerziegel, Lehrstuhl für Baustatik und Baudynamik, RWTH Aachen, 2008.

Griffith, M., Magenes, G.: Accuracy of displacement-based seismic evaluation of unreinforced masonry wall stability. Pacific Conference on Earthquake Engineering, Christchurch, New Zealand, February 13-15 2003.

Gunkler, E., Budelmann, H., Husemann, U.: Zum Erdbebenwiderstand vorgespannter Mauerwerkswände. Mauerwerk, 10/06, Verlag Ernst & Sohn, 2006.

Gupta, B., Eeri, M., Kunnath, K.: Adaptive Spectra-based Pushover procedure for seismic evaluation of structures. Earthquake Spectra, Vol. 16, 2000.

Lagomarsino, S., Penna, A., Galasco, A.: TREMURI Program: Seismic Analysis Program for 3D Masonry Buildings. University of Genoa, 2006.

Lagomarsino, S., Magenes, G.: Evaluation and reduction of the vulnerability of masonry buildings. 2009.

Lang, K.: Seismic vulnerability of existing buildings. Bericht Nr. 273. Institut für Baustatik und Konstruktionen, ETH Zürich, 2002.

Magenes, G., Remino, M., Manzini, M., Morandi, P., Bolognini, D.: SAM II, Software for the Simplified Seismic Analysis of Masonry Buildings. University of Pavia and EUCENTRE, 2006a.

Magenes, G.: Masonry building design in seismic areas: Recent experiences and prospects from a European standpoint. First European Conference on Earthquake Engineering and Seismology, Geneva, Switzerland, 2006b.

Melis, G.: Displacement-based seismic analysis for out of plane bending of unreinforced masonry walls. Dissertation, Rose School, Pavia, Italy, 2002.

Menon, A., Magenes, G.: Out-of-Plane Seismic Response of Unreinforced Masonry – Definition of Seismic Input. Research Report No. ROSE-2008/04, IUSS Press, Italien, 2008.

Meskouris, K., Butenweg, C., Gellert, C.: Erbebensicher Bauen: Kalksandstein. Verlag Bau+Technik GmbH, 2008.

MINEA: Bemessungsprogramm für Mauerwerksbauten. SDA-engineering GmbH, Herzogenrath, http://www.minea-design.de, Stand 2011.

Moon, L.: Seismic Strengthening of low-rise unreinforced masonry structures with flexible diaphragms. Dissertation, Georgia Institute of Technology, USA, 2004.

Morandi, P.: Inconsistencies in codified procedures for seismic design of masonry buildings. Dissertation, Rose School, Pavia, Italy, 2006.

Müller, F.P., Keintzel, E.: Erdbebensicherung von Hochbauten. Verlag Ernst und Sohn, 1978.

Löring, S.: Zum Tragverhalten von Mauerwerksbauten unter Erdbebeneinwirkung. Dissertation, Schriftenreihe Tragkonstruktionen der Universität Dortmund, Lehrstuhl für Tragkonstruktionen, Heft 1, 2005.

Lourenco, P.B.: Computational Strategies for Masonry Structures. Dissertation, Department of Civil Engineering, Delft University Press, Delft, Netherlands, 1996.

Mistler, M., Butenweg, C., Fehling, E., Stürz, J.: Verformungsbasierte seismische Bemessung von Mauerwerksbauten auf Grundlage zyklischer Schubwandversuche. Bauingenieur, DACH-Einlage, S. 1-11, März 2007.

Mistler, M., Butenweg, C., Meskouris, K.: Kapazitätsspektrum-Methode - Beschreibung und Erläuterung des Verfahrens. Bericht, im Auftrag der Deutschen Gesellschaft für Mauerwerksbau e. V. (DGfM), Aachen 2005.

Ötes, A., Löring, S.: Tastversuche zur Identifizierung des Verhaltensfaktors von Mauerwerksbauten für den Erdbebennachweis. Abschlussbericht. Lehrstuhl für Tragkonstruktionen, Universität Dortmund 2003.

Ötes, A., Löring, S., Elsche, B.: Tastversuche an Wänden aus Planfüllziegeln unter simulierter Erdbebeneinwirkung. Abschlussbericht, Universität Dortmund, 2004

Paulay, T., Priestly, M., J., N.: Seismic Design of Reinforced Concrete and Masonry Buildings. J. Wiley, 1992.

Petersen, C.: Dynamik der Baukonstruktionen. Verlag Vieweg & Sohn. Wiesbaden 1996.

Rich, H.: Kalksandstein – Die Mauerfibel. Hrsg.: Bundesverband Kalksandsteinindustrie eV, Hannover –7. Auflage – Düsseldorf: Verlag Bau+Technik GmbH, 2004.

Rondelet, J. B.: Traité Théorique et Pratique de l'Art de Bâtir. Paris, 1802.

Scheiff, G.: Diskrete Modellierung von unbewehrtem Mauerwerk. Diplomarbeit, Lehrstuhl für Baustatik und Baudynamik, RWTH Aachen, 2006.

Schermer, D., Fehling, E., Stürz, J.: Schubprüfungen an geschosshohen Wänden – Grundlagen und Durchführung. Mauerwerk 06/08, Verlag Ernst & Sohn, 2008.

Schlegel, R.: Numerische Berechnung von Mauerwerksbauten in homogenen und diskreten Modellierungsstrategien. Dissertation, Bauhaus Universität Weimar, 2004.

Schlemmer, P.: Ansatz zur Parametrisierung von Last-Verformungskurven für Mauerwerksscheiben. Diplomarbeit, Lehrstuhl für Baustatik und Baudynamik, RWTH Aachen, 2008.

Schlüter, F.H., Fäcke, A.: Gutachten für die Zustimmung im Einzelfall: Nichtlinearer Erdbebennachweis für den Neubau eines Einfamilienhauses. Karlsruhe, Juni 2009.

Schüßler, C.: Vergleich verformungsbasierter Verfahren zur Berechnung von Mauerwerksbauten in Erdbebengebieten. Bachelorarbeit, Lehrstuhl für Baustatik und Baudynamik, RWTH Aachen, 2010.

Shibata, A., Sozen, M., A.: Substitute-Structure Method for Seismic Design in R/C. Journal of Structural Division, Proceedings of the American Society of Civil Engineers, Vol. 102, No. ST1, 1976.

Tomazevic, M.: Earthquake-Resistant Design of Masonry Buildings, Series on Innovation in Structures and Construction – Vol. 1, Imperial College Press, UK, 2006.

Tomazevic, M., Bosiljkov, V., Weiss, P., Klemenc, I.: Experimental research for identification of structural behaviour factor for masonry buildings. Research report No. P 115/00-650-1, Ljubljana, Slovenia, 2004a.

Tomazevic, M., Bosiljkov, V., Lutman, M.: Optimization of shape of masonry units and technology of construction for earthquake resistant masonry buildings. Research Report No. 2153/02, Ljubljana, Slovenia, 2004b.

7 Bauwerke und Komponenten im Anlagenbau

Industrieanlagen müssen auf Grund der kapitalintensiven Verfahrenstechnik und der möglichen Gefahr des Freisetzens von umweltgefährdenden Stoffen in Wasser, Boden und Luft erdbebensicher ausgelegt werden. Eine erdbebensichere Auslegung der Anlagen erfordert Bemessungsregeln für die Tragstruktur der Anlagen, für die nichttragenden verfahrenstechnischen Einbauten und für die Versorgungsbauwerke unter Berücksichtigung der spezifischen Besonderheiten des Anlagenbaus. In Deutschland fehlt zurzeit eine normative Grundlage zur Erdbebenbemessung von Industrieanlagen, da die Erdbebennorm DIN 4149 auf übliche Hochbauten ohne besonderes Gefahrenpotential beschränkt ist. Im Folgenden wird deshalb ein Gesamtkonzept für die erdbebensichere Auslegung von Industrieanlagen auf Grundlage der aktuellen Normkonzepte und des gegenwärtigen Stands der Erdbebenforschung gegeben.

7.1 Einführung

Industrieanlagen setzen sich aus der eigentlichen Tragstruktur (Primärstruktur) und verschiedensten verfahrenstechnischen Komponenten der Prozesstechnik (Sekundärstrukturen) zusammen, die zur Realisierung der komplexen verfahrenstechnischen Prozesse in die Tragstruktur integriert werden und den eigentlichen Wert der Anlagen darstellen. Bild 7-1 zeigt eine typische Industrieanlage mit einer Stahltragstruktur.

Bild 7-1 Typische Konstruktionsweise einer industriellen Anlage (BASF, 2010)

Zusätzlich sind für jede Anlage Versorgungsbauwerke wie freistehende Tanks und Silos erforderlich, die den Materialnachschub sicherstellen. Für eine erdbebensichere Auslegung von Industrieanlagen sind deshalb Bemessungs- und Konstruktionsregeln für die Primärstrukturen, die Sekundärstrukturen und die Versorgungsbauwerke erforderlich. Im Rahmen dieser Regeln sind auch die für die Sicherheit relevanten Interaktionen der genannten Bereiche zu berücksichtigen. Hierbei sind Bedeutungsbeiwerte anzusetzen, die das im Vergleich zu üblichen Hochbauten höhere Risikopotential der Anlagen ausreichend berücksichtigen.

7.2 Sicherheitskonzept auf Grundlage von Bedeutungsbeiwerten

Die in DIN 4149 angegebenen Bedeutungsbeiwerte können nicht auf Industrieanlagen angewendet werden, da diese nur die Schutzziele für übliche Hochbauten beinhalten. Die Wahl eines Bedeutungsbeiwertes für Industrieanlagen ist wesentlich komplexer und sollte differenziert im Hinblick auf die zu erwartenden Auswirkungen erfolgen:

- Auswirkungen auf Menschen

- Auswirkungen auf die Umwelt

- Auswirkungen bei einem Ausfall von Lifeline-Einrichtungen

Eine differenzierte Betrachtung für die Wahl des Verhaltensbeiwertes findet sich zurzeit weder in den nationalen noch internationalen Normen. Ein sinnvoller Ansatz ist in dem von dem Verband der Chemischen Industrie erstellten VCI-Leitfaden (2009) verankert, der in seiner Struktur dem Aufbau der DIN 4149 (2005) entspricht und die Norm in den für Anlagen bedeutsamen Aspekten ergänzt. Im VCI-Leitfaden ist der Bedeutungsbeiwert als Maximum aus Tabelle 7-1 bis Tabelle 7-4 zu ermitteln, in denen die oben aufgeführten Auswirkungen Berücksichtigung finden. Auf Grund der feineren Differenzierung muss der Bedeutungsbeiwert in enger Abstimmung mit den Anlagenbetreibern festgelegt werden. Die Festlegung der Bedeutungsbeiwerte in Tabelle 7-1 bis Tabelle 7-4 erfolgte in interdisziplinärer Expertenabstimmung. Zusätzlich erfolgte ein Vergleich mit den in internationalen Normen angegebenen Bedeutungsbeiwerten.

Die Anwendung von Bedeutungsbeiwerten ist eine einfache lineare Skalierung der normativen Antwortspektren. Diese lineare Skalierung stellt eine grobe Näherung dar, da sich für Erdbeben verschiedener Wiederkehrperioden auf Grund seismologischer und geologischer Gegebenheiten auch die Grenzen der Erdbebenzonen in den Erdbebenkarten ändern. Sinnvoller ist es entsprechend der Risikoeinstufung eine höhere Wiederkehrperiode zu wählen und das Spektrum für die gewählte Wiederkehrperiode auf Grundlage von zugehörigen Erdbebenkarten zu ermitteln. Diese Karten erfassen auch die räumlichen Änderungen der Erdbebenzonen, die sich für unterschiedliche Wiederkehrperioden ergeben.

Gut lässt sich der Unterschied am Beispiel der Erdbebenzone 0 nach DIN 4149 darstellen. Eine lineare Skalierung würde hier auch für höhere Wiederkehrperioden keine Erdbebenbelastung ergeben, da in der Zone 0 keine Bodenbeschleunigungen ausgewiesen sind. Bei der Verwendung von Erdbebenkarten für höhere Wiederkehrperioden kann sich jedoch eine Erdbebenbelastung ergeben, da für die Karten mit anderen Wiederkehrperioden andere Erdbebenkataloge zugrunde gelegt werden.

Tabelle 7-1 Bedeutungsbeiwerte γ_I

γ_I	Korrespondierende Wiederkehrperiode	Überschreitungswahrschein-lichkeit in 50 Jahren	Bedeutungskategorie nach DIN 4149
0,8	225	20 %	I
1,0	475	10 %	II
1,1	630	7,6 %	-
1,2	820	5,9 %	III
1,3	1045	4,7 %	-
1,4	1300	3,8 %	IV
1,5	1600	3,1 %	-
1,6	1945	2,5 %	-

Tabelle 7-2 Bedeutungsbeiwerte γ_I bzgl. des Personenschutzes (VCI, 2009)

		Auswirkungen			
		innerhalb von Anlagen	in der unmittelbaren Umgebung der Anlage (Block innerhalb eines Werkes)*	innerhalb eines Werkes/ Industrieparks (eingezäunt)	außerhalb eines Werkes/ Industrieparks	Großräumige Auswirkungen außerhalb eines Werkes/ Industrieparks
Schadenspotential	nicht flüchtige giftige Stoffe, entzündliche Stoffe	1,0	1,0	1,0	1,0	1,1
	nicht flüchtige sehr giftige Stoffe, leicht- und hochent-zündliche Stoffe	1,0	1,1	1,2	1,2	1,2
	Flüchtige giftige Stoffe, explosive Stoffe, hochent-zündliche verflüssigte Gase	1,1	1,2	1,3	1,4	1,4
	leichtflüchtige sehr giftige Stoffe	1,2	1,3	1,4	1,5	1,6
* ist dem Betriebsbereich gemäß StörfallVO gleichzusetzen					

Tabelle 7-3 Bedeutungsbeiwerte γ_I bzgl. des Umweltschutzes (VCI, 2009)

	Auswirkungen		
	Keine Konsequenzen für die Umwelt außerhalb des Werkes	Geringe Konsequenzen für die Umwelt außerhalb des Werkes	Großräumige Konsequenzen für die Umwelt außerhalb des Werkes
Einfluss auf die Umwelt	1,0	1,2	1,4

Tabelle 7-4 Bedeutungsbeiwerte γ_I für Lifeline-Einrichtungen (VCI, 2009)

	Anforderungen		
	Normale Anforderungen an die Verfügbarkeit	Hohe Anforderungen an die Verfügbarkeit	Sehr hohe Anforderungen an die Verfügbarkeit
Rückhaltesysteme, Verkehrswege, Rettungswege	1,2	1,2	1,2
Lifeline Bauwerke (Feuerwachen, Löschanlagen, Rettungsdienststationen, Energieversorgung, Rohrbrücken)	1,3	1,4	1,4
Notstromversorgung*, Sicherheitssysteme*	1,4	1,5	1,6
*Systeme, die notwendig sind, um betriebliche Prozesse in den sicheren Zustand zu überführen.			

7.3 Auslegung der Primärstruktur

Grundsätzlich sind Industrieanlagen viel mehr als übliche Hochbauten sehr individuell gestaltet, da die Tragstruktur und die Anordnung der Einbauten genau auf die jeweiligen verfahrenstechnischen Prozessanforderungen abgestimmt sind. Dennoch lassen sich Charakteristika zusammenstellen, die sich in vielen Produktionsanlagen finden und eine globale Betrachtung des Themenbereichs „Erdbebeneinwirkung auf Industrieanlagen" erlauben. Typisch im Anlagenbau sind Stahlkonstruktionen, die entweder als biegesteife Rahmen oder Rahmensysteme mit Diagonalaussteifungen ausgeführt werden (Bild 7-1). Eine Aussteifung mit Diagonalen führt zu größeren Horizontalsteifigkeiten und erfordert weniger Material, wohingegen Rahmensysteme weicher sind, aber eine größere Flexibilität für die laufenden Anpassungen der Tragstruktur an die sich stetig ändernden verfahrenstechnischen Anforderungen bieten.

Im Gegensatz zu üblichen Hochbauten können die konstruktiven Empfehlungen für einen erdbebensicheren Entwurf auf Grund der verfahrenstechnischen Erfordernisse im Anlagenbau häufig nicht eingehalten werden. So werden beispielsweise größere Behältermassen in höheren Ebenen angeordnet oder so platziert, dass Massenzentrum und Steifigkeitszentrum einer Ebene und auch übereinander liegender Ebenen deutlich voneinander abweichen. Durch die Verletzung der Regelmäßigkeitskriterien in Grund- und Aufriss wird das Schwingungsverhalten der Anlage häufig durch höhere Eigenformen und insbesondere durch Torsionsschwingungen beeinflusst (Chopra, 1993; Sasaki, 1998). Durch die Wahl eines geeigneten Rechenmodells muss sichergestellt werden, dass die genannten Effekte bei der Ermittlung der seismischen Beanspruchungen Berücksichtigung finden. Die Wahl des Rechenmodells kann nach den bekannten Kriterien der DIN 4149 erfolgen. Wenn eine zweidimensionale Modellierung möglich ist, sollte dieser immer der Vorzug gegeben werden, da bei den für den Anlagenbau typischen häufigen Änderungen an der Tragstruktur ansonsten immer wieder das komplexe dreidimensionale Gesamtsystem analysiert werden muss.

Im Rechenmodell der Tragstruktur ist es in der Regel ausreichend genau, Sekundärstrukturen als Punktmassen in den entsprechenden Stockwerksebenen zu berücksichtigen. Sind starke Interaktionseffekte zwischen Tragwerk und Sekundärstrukturen zu erwarten, sollten die entsprechenden nichttragenden Komponenten mit der Unterkonstruktion im Modell der Tragstruktur abgebildet werden. Ein Beispiel für die Idealisierung einer typischen Rahmenebene mit verfahrenstechnischen Einbauten zeigt Bild 7-2.

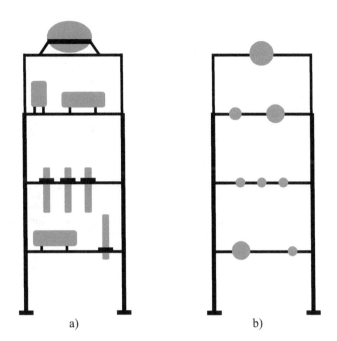

Bild 7-2 a) Rahmenebene mit Einbauten und b) Tragwerksidealisierung

Ein wesentlicher Aspekt für die rechnerische Untersuchung der Erdbebensicherheit ist die realistische Berücksichtigung aller Vertikallasten zur Bestimmung des Bemessungswertes der Erdbebeneinwirkung A_{Ed}. Diese sind abweichend von den für übliche Hochbauten anzuwendenden Regeln nach DIN 4149, Abschnitt 5.5 zu bestimmen, da im Anlagenbau die Masseverteilungen auch von den Füllzuständen der Einbauten und damit von den Betriebsabläufen abhängig sind:

$$\sum G_{kj} \oplus \sum \psi_{Ei} \cdot Q_{ki} \tag{7.1}$$

mit:

$\oplus$	„zu kombinieren mit",
Σ	„die kombinierte Wirkung von",
G_{kj}	charakteristischer Wert der ständigen Einwirkung j,
Q_{ki}	charakteristischer Wert der veränderlichen Einwirkung i,
Ψ_{Ei}	der Kombinationsbeiwert für die veränderliche Einwirkung i.

Der Kombinationsbeiwert Ψ_{Ei} berechnet sich zu

$$\psi_{Ei} = \varphi \cdot \psi_{2,i} \tag{7.2}$$

und berücksichtigt die Wahrscheinlichkeit, dass die veränderlichen Lasten bei Eintritt eines Bebens nicht in voller Größe wirken. Der Beiwert φ für die Lastverteilung im Gebäude kann für Anlagen mit 1,0 angesetzt werden und die Kombinationsbeiwerte $\psi_{2,i}$ können abweichend von Tabelle A.2 der DIN 1055-100 (2001) nach Tabelle 7-5 definiert werden. Die Werte stammen aus dem VCI-Leitfaden und berücksichtigen angelehnt an die DIN 1055-100 die spezifischen Gegebenheiten im Anlagenbau. Grundsätzlich muss die ungünstigste Vertikallastverteilung für den Erdbebenlastfall für den jeweiligen Einzelfall unter Berücksichtigung der spezifischen Betriebsabläufe ermittelt werden. Dies erfordert eine enge Zusammenarbeit von Bauingenieuren und Betriebsingenieuren.

Tabelle 7-5 Kombinationsbeiwerte $\psi_{2,i}$ in Anlehnung an DIN 1055-100, Tabelle A.2 (VCI, 2009)

Einwirkung	Kombinationsbeiwert ψ_2
Verkehrslasten	
Lagerflächen	0,8
Betriebsflächen	0,15
Büroflächen	0,3
Anhängelasten	0,8
Veränderliche Maschinenlasten, Fahrzeuglasten	0,5
Brems- und Anfahrlasten	0
Montagelasten, andere kurzzeitig oder selten auftretende Lasten	0
Betriebslasten	
Veränderliche Betriebslasten	0,6*
Windlasten	0
Temperatureinwirkungen	0
Schneelasten	0,5**
Wahrscheinliche Setzungsdifferenzen des Baugrundes	1,0
* Ständig vorhandene Betriebslasten sind als ständige Last G_k anzusetzen. ** Mögliche Sonderregelungen der Bundesländer sind zu beachten.	

Als Standardrechenverfahren im Anlagenbau sind wie für übliche Hochbauten das vereinfachte und das multimodale Antwortspektrenverfahren anzuwenden. Alternativ zu diesen linearen Rechenverfahren können auch nichtlineare statische Verfahren angewendet werden. Mit diesen verformungsbasierten Verfahren (Freeman, 2004) ist es möglich, die Tragwerksreserven durch die Ermittlung der nichtlinearen Last-Verformungskurve des Tragwerks wesentlich besser auszunutzen als durch die Verwendung des Konzeptes von Verhaltensbeiwerten bei Anwendung linearer Verfahren.

Bei Anwendung statisch nichtlinearer Verfahren ist darauf zu achten, dass durch eine entsprechende konstruktive Durchbildung und Konzeption der Tragwerke die notwendige Verformungsfähigkeit sichergestellt ist. Hierzu sind entsprechend der Kapazitätsbemessung dissipative Tragwerksstellen festzulegen, an denen sich unter der Bemessungserdbebeneinwirkung planmäßig plastische Gelenke ausbilden sollen. Die dissipativen Stellen sind so anzuordnen, dass es nach Ausbildung aller planmäßigen Gelenke zu keinem kinematischen Tragwerksversagen kommt. Zusätzlich müssen sie über ein ausreichendes plastisches Verformungsvermögen verfügen, um die globale Verformungsfähigkeit des Tragwerks sicherzustellen. Die nichtdissipativen Tragwerksbereiche werden mit einem erhöhten Widerstand ausgelegt, damit diese auch bei der Entwicklung von Überfestigkeiten in den plastischen Gelenken planmäßig im elastischen Bereich verbleiben. Eine detaillierte Beschreibung der Kapazitätsbemessung für Stahlbauten findet sich im Kapitel 4, Abschnitt 4.1.10.2.1.

Sind die Rotations- und Verformungsfähigkeiten konstruktiv sichergestellt, so kann der Tragwerksnachweis durch die Ermittlung des Schnittpunktes zwischen der nichtlinearen Last-Verformungskurve des Tragwerks mit dem Antwortspektrum in einem gemeinsamen Spektralverschiebungs-Spektralbeschleunigungsdiagramm erfolgen. Zur Ermittlung dieses Schnittpunktes wird im Anhang B der DIN EN 1998-1 (2010) eine vereinfachte Vorgehensweise vorgeschlagen. Alternativ stehen auch genauere Verfahren zur Verfügung, die international bereits seit vielen Jahren erfolgreich eingesetzt werden (Sasaki, 1998; Freeman, 2004). Eine ausführliche Beschreibung dieser Verfahren beinhaltet das Kapitel 3, Abschnitt 3.1.4.2 und 3.1.4.3.

Die nichtlinearen statischen Verfahren bieten den Vorteil in einfacher Weise eine verhaltensorientierte Bemessung zu realisieren: Durch gleichzeitige Überlagerung der Kapazitätskurve mit den Antwortspektren verschiedener Wiederkehrperioden können mittels einer einzigen Tragwerksanalyse verschiedene Verhaltenszustände überprüft werden (Bild 7-3). Auf diese Weise kann der Ingenieur nicht nur die Tragfähigkeit, sondern durch Vorgaben des Anlagenbetreibers auch definierte Grenzzustände (Performance Levels) der Gebrauchstauglichkeit bzw. Betriebssicherheit überprüfen (Bachmann, 2004). Damit ist eine individuelle Anlagenplanung möglich, bei der Schäden und damit auch Kosten infolge von Reparaturen oder Betriebsausfällen durch Erdbeben mit verschiedenen Auftretenswahrscheinlichkeiten minimiert werden. Nichtlineare Zeitverlaufsberechnungen von Anlagen sind auf Grund des hohen rechnerischen Aufwands sowie der schwierigeren Nachvollziehbarkeit und Prüfbarkeit auf Sonderfälle beschränkt. Sie werden nur bei Bestandsanlagen eingesetzt, bei denen auf Grund von baulichen Änderungen sämtliche Tragwerksreserven mobilisiert werden müssen.

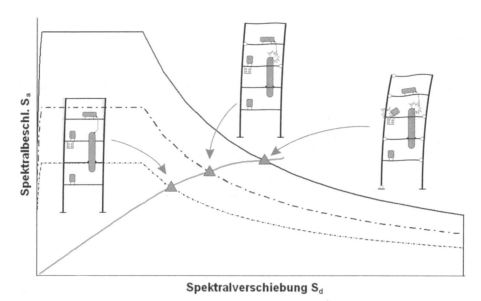

Bild 7-3 Verhaltensorientierte Bemessung von Industrieanlagen (Holtschoppen, 2009a)

7.4 Sekundärstrukturen

Zurückliegende Erdbeben haben gezeigt, dass die Schäden an oder durch Sekundärstrukturen die direkten Schäden am Tragsystem oft weit übersteigen (Villaverde, 1997). Dabei geht es nicht nur um irreparable Schäden an Komponenten, sondern auch um Betriebsunterbrechungen mit großen wirtschaftlichen Folgeschäden. Problematisch im Erdbebenfall sind insbesondere verfahrenstechnische Einbauten eingehauster Tragsysteme, die nicht auf Wind bemessen werden und über Lager verfügen, die zur Abtragung von Horizontallasten nicht geeignet sind. Nachfolgend sind vereinfachte Berechnungsansätze für eine sichere seismische Auslegung von Sekundärstrukturen zusammen gestellt.

7.4.1 Berechnungsansätze

Für die Bemessung sind in den Erdbebennormen häufig vereinfachte Formeln zur Ermittlung statischer Ersatzlasten angegeben. In diesen Formeln wird zur Berechnung der statischen Ersatzlast für Sekundärstrukturen in einer bestimmten Einbauhöhe die Bodenbeschleunigung mit einem höhenabhängigen Faktor und einem Faktor zur Berücksichtigung von Resonanzeffekten zwischen Tragwerk und Einbauten erhöht. Weiterhin werden die Bedeutung der Einbauten durch einen Bedeutungsfaktor und das Energiedissipationsvermögen der Einbauten und deren Verankerungen durch einen Verhaltensbeiwert berücksichtigt. Im Folgenden werden die normativen Ansätze der DIN 4149, der DIN EN 1998-1 (2010), der SIA-Norm (SIA 261, 2003) und der FEMA-Richtlinie 450 (2003) zusammengestellt und vergleichend bewertet.

DIN 4149 (2005)

$$F_a = S_a \cdot m_a \cdot \gamma_a / q_a$$

$$S_a = a_g \cdot \gamma_I \cdot S \left[\frac{3\left(1 + \dfrac{z}{H}\right)}{1 + \left(1 - \dfrac{T_a}{T_1}\right)^2} - 0.5 \right] = a_g \cdot \gamma_I \cdot S \cdot \left[(A_a + 0.5) \cdot A_h - 0.5 \right]$$

$$(7.3)$$

$$A_a = \frac{3}{1 + \left(1 - \dfrac{T_a}{T_1}\right)^2} - 0.5; \quad A_h = 1 + \frac{z}{H}$$

FEMA 450 (2003)

$$F_a = a_i \cdot m_a \cdot \frac{A_{Ti} \cdot A_a \cdot \gamma_a}{q_a}$$

$$(7.4)$$

$$F_a \geq 0.3 \cdot S_{a,max} \cdot \gamma_a \cdot m_a \quad \text{und} \quad F_a \leq 1.6 \cdot S_{a,max} \cdot \gamma_a \cdot m_a$$

A_a nach Bild 7-4

DIN EN 1998-1 (2010)

$$F_a = S_a \cdot m_a \cdot \gamma_a / q_a \geq a_g \cdot S$$

$$S_a = a_g \cdot \gamma_I \cdot S \cdot \left[\frac{3\left(1 + \dfrac{z}{H}\right)}{1 + \left(1 - \dfrac{T_a}{T_1}\right)^2} - 0.5 \right] = a_g \cdot \gamma_I \cdot S \cdot \left[(A_a + 0.5) \cdot A_h - 0.5 \right]$$

$$(7.5)$$

$$A_a = \frac{3}{1 + \left(1 - \dfrac{T_a}{T_1}\right)^2} - 0.5; \quad A_h = 1 + \frac{z}{H}$$

SIA 261 (2003)

$$F_a = S_a \cdot m_a \cdot \gamma_a / q_a$$

$$S_a = a_g \cdot \gamma_I \cdot S \cdot \left[\frac{2\left(1 + \dfrac{z}{H}\right)}{1 + \left(1 - \dfrac{T_a}{T_1}\right)^2} \right] = a_g \cdot \gamma_I \cdot S \cdot A_a \cdot A_h \tag{7.6}$$

$$A_a = \frac{2}{1 + \left(1 - \dfrac{T_a}{T_1}\right)^2}; \quad A_h = 1 + \frac{z}{H}$$

Die in (7.3) bis (7.6) verwendeten Variablen sind:

F_a	Horizontale Erdbebenkraft im Massenschwerpunkt [kN]
m_a	Masse des Bauteils [t]
S_a	Spektralbeschleunigung [m/s^2]
γ_a	Bedeutungsbeiwert des nicht tragenden Bauteils [-]
q_a	Verhaltensbeiwert [-]
a_g	Bodenbeschleunigung [m/s^2]
γ_I	Bedeutungsbeiwert der Primärstruktur [-]
S	Bodenparameter [-]
z	Höhe des Bauteils ab Fundamentoberkante oder Oberkante eines starren Kellergeschosses [m]
H	Höhe der Primärstruktur ab Fundamentoberkante oder Oberkante eines starren Kellergeschosses [m]
T_a	Grundschwingzeit des nicht tragenden Bauteils [s]
T_1	Grundschwingzeit der Primärstruktur [s]
A_a	Dynamischer Erhöhungsfaktor [-]
A_h	Höhenfaktor [-]
A_{Ti}	Faktor zur Berücksichtigung von Torsionseffekten auf Bauwerksebene i [-]
a_i	Resultierende Beschleunigung auf der Bauwerksebene i aus der Analyse des Tragwerks mit dem Antwortspektrenverfahren [m/s²]
$S_{a,max}$	Plateauwert des elastischen Boden-Beschleunigungsspektrums, ermittelt mit dem Bedeutungsfaktor γ_I [m/s²]

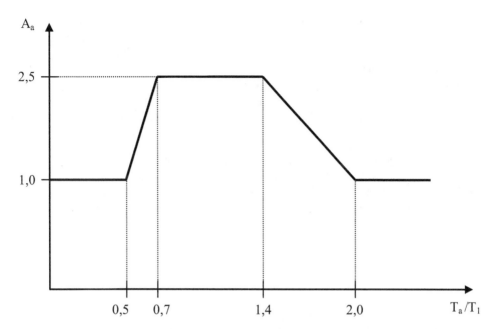

Bild 7-4 Dynamischer Erhöhungsfaktor A_a nach FEMA 450 (2003)

Ein Vergleich der Formeln zeigt, dass die Ansätze der DIN 4149 (2005), der DIN EN 1998-1 (2010) und der SIA 261 sehr ähnlich sind. Diese normativen Ansätze gehen, die erste Eigenschwingform approximierend, von einer linearen Zunahme der Etagenbeschleunigungen über die Bauwerkshöhe aus. Auf Grund der im Anlagenbau unregelmäßigen Masseverteilungen in Grund- und Aufriss und der damit verbundenen Aktivierung von höheren Eigenformen ergibt sich aber häufig ein nichtlinearer Verlauf der Beschleunigungen über die Bauwerkshöhe, der bei Ansatz eines linearen Anstiegs der statischen Ersatzkräfte zu einer Unterschätzung der tatsächlich auf die Einbauten wirkenden Trägheitskräfte führen kann. Um diese Effekte praxisgerecht ohne eine zeitaufwendige Bestimmung von Etagenantwortspektren oder Durchführung von Zeitverlaufsberechnungen ausreichend genau zu erfassen, kann der Ansatz nach der Richtlinie FEMA 450 (2003) angewendet werden.

Dieser Ansatz basiert auf der Berechnung der Etagenbeschleunigung a_i mit dem multimodalen Antwortspektrenverfahren. Werden für die Berechnung dreidimensionale Berechnungsmodelle verwendet, erfasst die Etagenbeschleunigung a_i automatisch die Effekte infolge unregelmäßiger Masseverteilungen und Unregelmäßigkeiten im Grund- und Aufriss, und der Torsionsfaktor A_{Ti} ist mit 1,0 anzusetzen. Bei der Verwendung zweidimensionaler Modelle ist der Faktor A_{Ti} für die Torsionseffekte auf der jeweiligen Ebene i zu berücksichtigen. Auf der sicheren Seite kann dieser Faktor nach FEM 450 (2003) mit $A_{Ti} = 3$ angesetzt werden. Genauer und problemangepasster kann der Faktor A_{Ti} z.B. nach DIN 4149 (2005), Abschnitt 6.2.3.3 berechnet werden:

$$A_{Ti} = (1 \pm e \cdot r_j / r^2) \tag{7.7}$$

Hierbei ist r^2 das Quadrat des Torsionsradius, das dem Verhältnis zwischen Torsionssteifigkeit und Horizontalsteifigkeit in der betrachteten Richtung entspricht. Die Abstände der Aussteifungselemente j zum Steifigkeitsmittelpunkt werden mit r_j bezeichnet; e ist die anzusetzende Exzentrizität, die Anteile aus der tatsächlichen, der zufälligen und der zusätzlichen Exzentrizität zur Berücksichtigung gekoppelter Translations- und Torsionsschwingungen beinhaltet. Die Berechnung der einzelnen Anteile ist in Kapitel 4, Abschnitt 4.1.7 ausführlich beschrieben.

Die Resonanzeffekte zwischen Primär- und Sekundärstruktur werden in den Erdbebennormen in Abhängigkeit des Verhältnisses der Einbautenperiode T_a zu der ersten Eigenperiode des Tragwerks T_1 berücksichtigt. In Bild 7-5 sind die Verläufe der Vergrößerungsfaktoren der unterschiedlichen Normen gegenüber gestellt. Hierbei ist zu beachten, dass die auf den ersten Blick nicht sinnvollen negativen Werte der DIN 4149 für größere Periodenverhältnisse in der DIN EN 1998-1 (2010) durch eine Mindestbemessungskraft abgefangen werden. Da negative Werte unsinnig sind, sollte die Mindestbemessungskraft auch bei Anwendung der DIN 4149 (2005) angesetzt werden. Die Verläufe der verschiedenen Normen sind sich qualitativ ähnlich, wobei die Größe der Resonanzeffekte in einem gewissen Streubereich um das Periodenverhältnis $T_a/T_1 = 1,0$ unterschiedlich bewertet wird.

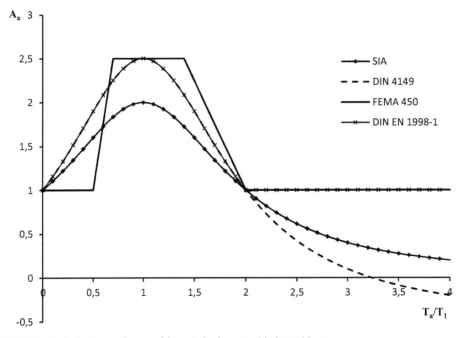

Bild 7-5 Verläufe des Vergrößerungsfaktor A_a in den verschiedenen Normen

Die Verläufe des Vergrößerungsfaktors berücksichtigen nur das Periodenverhältnis in Bezug auf die erste Eigenperiode des Tragwerks. Die Ermittlung des Vergrößerungsfaktors kann nur erfolgen, wenn die Eigenperioden der Einbauten bekannt sind. Diese lassen sich genau nur durch Messungen im Rahmen von Ausschwingversuchen mit den Randbedingungen am Einbauort bestimmen. Alternativ können Rechenmodelle eingesetzt werden, für deren Aufbau genaue Angaben zur Unterkonstruktion und der Einbauten selbst notwendig sind. Da wegen fehlender Informationen die Eigenperioden der Einbauten in der Regel nicht bekannt sind, wird das Periodenverhältnis T_a/T_1 häufig konservativ mit 1 (Resonanz) abgeschätzt. Alternativ dazu sind in der FEMA 450 (2003) und im VCI-Leitfaden Erfahrungswerte für Vergrößerungsfaktoren A_a zusammen mit Verhaltensbeiwerten q_a für verschiedene Komponenten angegeben (Tabelle 7-6). Umfangreiche Variantenberechnungen für typische Rahmensysteme im Anlagenbau (Holtschoppen, 2008, 2009a; Singh, 1998) haben gezeigt, dass insbesondere bei weichen Rahmensystemen mit unregelmäßiger Masseverteilung auch relevante Resonanzeffekte in höheren Eigenformen auftreten können, die bei der Bestimmung des Vergrößerungsfaktors zu berücksichtigen sind. Beispielhaft zeigt Bild 7-6 die Verstärkungseffekte auf den Etagen einer fünfstöckigen Rahmenkonstruktion mit Einbauten (Holtschoppen, 2009a, 2009b). Die Etagenspektren zeigen, dass die Resonanzeffekte in der zweiten Eigenfrequenz ($f_a \approx 3{,}3$ Hz) berücksichtigt werden müssen.

Tabelle 7-6 Parameter A_a und q_a für anlagentechnische und bautechnische Einbauten (VCI, 2009)

Anlagentechnische Komponente	A_a	q_a
Allgemeine mechanische Komponenten		
Druckbehälter	1,5	1,5
Öfen und Kessel	1,0	2,0
Schlanke Komponenten wie kleinere Schornsteine	2,5	2,0
Förderanlagen	2,5	2,0
Schwingungsisolierte Komponenten	1,0	2,5
Rohrleitungssysteme		
stark verformbar (z.B. wärmebemessene Leitungen)	1,5	2,5
bedingt verformbar	1,5	1,5
kaum verformbar (z.B. sprödes Material)	1,5	1,0
Fachwerkkonstruktionen	1,5	2,5
Bautechnische Komponente	**A_a**	**q_a**
Nicht tragende Wände aus Mauerwerk	1,0	1,5
Nicht tragende Wände aus anderen Materialien	1,0	2,0
Attiken und Brüstungen	2,5	2,5
Fassadenelemente und Wandverkleidungen		
stark verformbar (Elemente und Befestigungen)	1,0	2,5
kaum verformbar (Elemente und Befestigungen)	1,0	1,5
Abgehängte Deckenelemente	1,0	2,5

Anmerkungen:

Bei steifen Komponenten (Frequenz > 16 Hz) kann für A_a i. A. ein Wert von 1,0 angenommen werden. Bei flexiblen Komponenten ist für A_a i. A. ein Wert von 2,5 anzunehmen.

Für Komponenten mit geringem plastischem Verformungsvermögen ist für q_a i. A. ein Wert von 1,0 anzunehmen.

Für Komponenten mit hohem plastischem Verformungsvermögen kann für q_a i. A. ein Wert von 2,5 angenommen werden.

Zwischenwerte können sinnvoll angenommen werden.

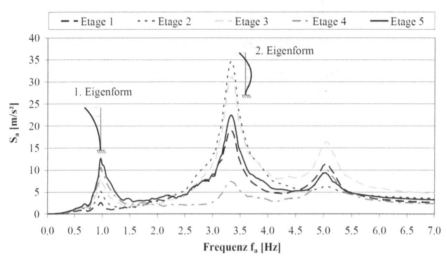

Bild 7-6 Etagenspektren: Fünfstöckige Rahmenkonstruktion mit Einbauten (Holtschoppen, 2009a, 2009b)

Die Resonanzeffekte und die Problematik der Unsicherheiten bei der Bestimmung der Einbautenperioden können praxisgerecht berücksichtigt werden, wenn der multilineare Verlauf des Vergrößerungsfaktors A_a in der Richtlinie FEMA 450 im Bereich $T_a/T_1 < 0{,}7$ modifiziert wird (Bild 7-7). Die theoretisch korrekte Absenkung der dynamischen Vergrößerung auf 1,0 für Sekundärstrukturen, die sehr viel steifer sind als das Tragwerk (gestrichelte Linie), wurde im Diagramm nicht auf ein bestimmtes Periodenverhältnis beziffert, da die Bestimmung der kleinen Periodenverhältnisse mit großen Unsicherheiten behaftet ist. Für sehr steife Komponenten (in amerikanischen Normen wird die Grenze hierfür üblicherweise bei $T_a = 0{,}06$ s bzw. $f_a = 16$ Hz gesetzt) kann jedoch ein Vergrößerungsfaktor von 1,0 individuell vergeben werden. Der Bereich des Vergrößerungsfaktors für Periodenverhältnisse $T_a/T_1 > 1{,}0$ wurde unverändert aus der FEMA 450 übernommen, obwohl die Bemessungskräfte bei größeren Periodenverhältnissen $T_a/T_1 > 2$ etwas zu konservativ sind. Mit dem modifizierten Verlauf ist sichergestellt, dass auch Resonanzeffekte durch höhere Eigenformen abgedeckt werden.

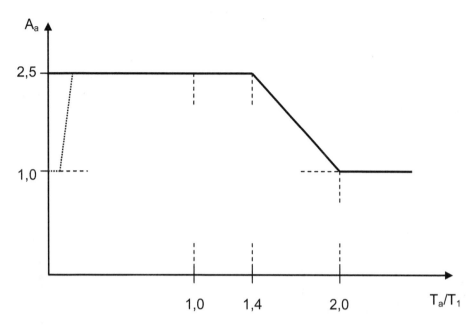

Bild 7-7 Vergrößerungsfaktor A_a mit Berücksichtigung von Resonanzeffekten höherer Eigenformen

Bei genauer Kenntnis der Periodenverhältnisse kann der Vergrößerungsfaktor A_a durch Auswertung der Periodenverhältnisse aller am Schwingungsverhalten maßgebend beteiligten Eigenformen mit den nicht modifizierten Funktionsverläufen des Vergrößerungsfaktors A_a der vorgestellten Normen bestimmt werden. Hierzu ist für jede relevante Eigenform i der zugehörige Vergrößerungsfaktor A_{ai} zu bestimmen. Für die Berechnung der horizontalen Erdbebenkraft F_a ist dann der maximale Vergrößerungsfaktor anzusetzen, der sich aus der Auswertung der Periodenverhältnisse aller maßgebenden Eigenformen ergeben hat.

Unabhängig von den vorgestellten rechnerischen Ansätzen ist die Abschätzung eines Maximalwertes für die horizontalen Erdbebenkraft F_a von großer praktischer Relevanz, da im Planungsstadium keine detaillierten Angaben über den Standort, die Einbauhöhe der Sekundärstruktur im Tragwerk und über die dynamischen Eigenschaften der Primärstruktur bekannt sind. Eine obere Abschätzung der Erdbebenkraft kann nach der Richtlinie FEMA 450 mit den Bezeichnungen der DIN 4149 bzw. der DIN EN 1998-1 (2010) wie folgt berechnet werden:

$$F_{a,max} = 1,6 \cdot S_{a,max} \cdot \gamma_a \cdot m_a = 1,6 \cdot 2,5 \cdot S \cdot a_g \cdot \gamma_a \cdot m_a = 4 \cdot S \cdot a_g \cdot \gamma_I \cdot \gamma_a \cdot m_a \qquad (7.8)$$

Der Maximalwert hat sich in Variantenuntersuchungen (Holtschoppen, 2008) bestätigt und ist darüber hinaus in zahlreichen internationalen Erdbebennormen zu finden (DIN EN 1998-1, 2010; FEMA 450, 2003; UBC, 1997; IBC, 2009). Die Abschätzung wurde auch in das nationale Anwendungsdokument der DIN EN 1998-1 (2010) für Deutschland übernommen (DIN EN 1998-1/NA, 2010).

7.4.2 Berechnungsbeispiel für einen Behälter in einer fünfstöckigen Anlage

Es soll die Bemessungskraft für einen aufgeständerten Behälter auf der obersten Ebene einer fünfstöckigen Produktionsanlage ermittelt werden. Der Behälter hat eine Eigenfrequenz von 5,0 Hz und der Behälterschwerpunkt liegt 1,0 m über der Bühnenebene. Von der Anlage wird exemplarisch eine repräsentative Rahmenebene mit einer Einflussbreite von 5 m betrachtet. Die Anordnung der Einbauten sowie die Querschnitts- und Systemkennwerte können Bild 7-8 entnommen werden. Im Berechnungsmodell werden die Einbauten vereinfacht als konzentrierte Massen auf die Rahmenriegel aufgebracht. Die verteilten Bühnenlasten aus Eigengewicht und Verkehr werden als konzentrierte Massen auf die Stützenköpfe aufgebracht. Neben den Bühnenlasten werden das Eigengewicht der Stützen und Riegel aus Stahl der Güte S235 berücksichtigt.

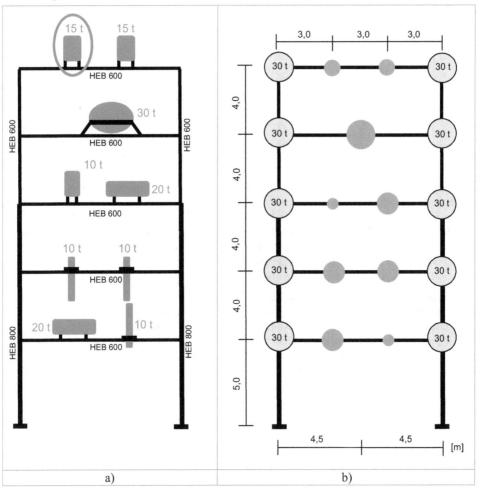

Bild 7-8 Fünfstöckiger Rahmen einer Anlage: a) Rahmen mit Einbauten, b) Berechnungsmodell

Lastannahmen

Eigengewicht der Bühnen:	$8,6 \text{ kN/m}^2$
Verkehrslast der Bühnen:	15 kN/m^2
Eigengewicht Rahmen:	$197,5 \text{ kN}$
Antwortspektrum:	DIN 4149, Erdbebenzone 3, 5% Dämpfung
	Untergrundkombination C-R
Bedeutungsbeiwerte:	Struktur: $\gamma_I = 1,4$; Einbauten $\gamma_a = 1,6$
Verhaltensbeiwerte:	Struktur: $q = 1,0$; Einbauten: $q_a = 1,0$
Masse- und Steifigkeitsverteilung:	Unregelmäßig

Das zugehörige elastische Antwortspektrum ($q = 1$) nach DIN 4149 ist in Bild 7-9 dargestellt. Die Bühnenlasten aus Eigengewicht und 30% der Verkehrslasten werden als konzentrierte Massen auf die Stützenköpfe angesetzt:

$$M_{EG+V} = (5\text{m} \cdot 9\text{m} \cdot (8,6 \text{ kN/m}^2 + 0,3 \cdot 15 \text{ kN/m}^2) / 9,81 \text{ m/s}^2)/2 = 30 \text{ t}$$

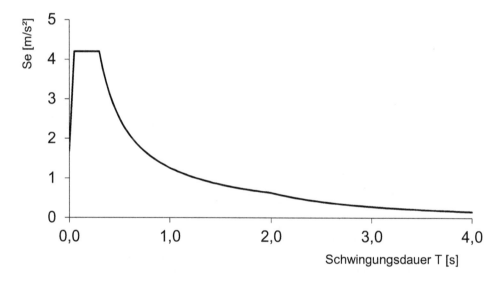

Bild 7-9 Elastisches Antwortspektrum: Erdbebenzone 3, Untergrundkombination C-R, $\gamma_I = 1,4$

Modalanalyse des Rahmensystems und Berechnung der Etagenbeschleunigung

Aus der modalen Analyse ergeben sich die in Bild 7-10 dargestellten ersten drei Eigenformen für den Rahmen.

$$T_1 = 1,18 \text{ s} \qquad\qquad T_2 = 0,36 \text{ s} \qquad\qquad T_3 = 0,18 \text{ s}$$

Bild 7-10 1. bis 3. Eigenform des biegesteifen fünfstöckigen Rahmensystems

Für die Anwendung des multimodalen Ansatzes nach der Richtlinie FEMA 450 wird die Etagenbeschleunigung der Ebene 5 benötigt. Diese wird im Folgenden auf zwei verschiedenen Wegen berechnet:

- Aus den statischen Ersatzlasten nach dem multimodalen Antwortspektrenverfahren
- Aus den ersten drei Eigenvektoren und den zugehörigen Anteilsfaktoren

Die resultierende statische Ersatzlast ergibt sich durch Überlagerung der statischen Ersatzkräfte der drei Eigenformen mit der SRSS-Regel. In Bild 7-11 sind die Ersatzkräfte in den Massen der Stützenköpfe angegeben. Mit den Ersatzkräften auf der Ebene 5 und Division durch die im Modell angesetzte Knotenmasse ergibt sich die Beschleunigung a_5:

$$a_5 = \frac{a_{SRSS}}{(M_{EG+V} + M_{EG,Rahmen})} = \frac{\sqrt{42,36^2 + 48,12^2 + 25,10^2}}{30 + 0,31} = 2,27 \text{ m/s}^2$$

Die Etagenbeschleunigungen können auch mit den i-ten Eigenvektoren $\underline{\Phi}_i$, den Anteilsfaktoren β_i und den Spektralbeschleunigungen $S_{a,i}$ für die jeweilige Eigenform i berechnet werden:

$$\underline{a}_i = S_{a,i} \cdot \beta_i \cdot \underline{\Phi}_i$$

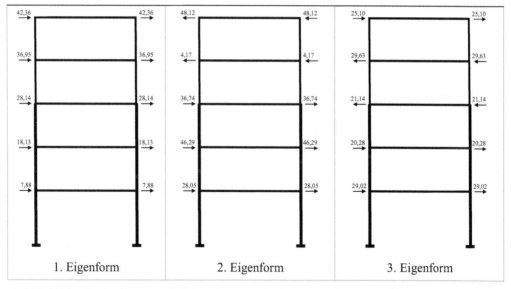

Bild 7-11 Ersatzlasten der ersten drei Eigenformen in den Massen der Stützenköpfe

Der resultierende Beschleunigungsvektor ergibt sich nach der SRSS-Regel für die im vorliegenden Fall berücksichtigten drei Eigenformen zu:

$$\underline{a}_{res} = \sqrt{(\underline{a}_1)^2 + (\underline{a}_2)^2 + (\underline{a}_3)^2}$$

Für die Berechnung der Beschleunigungen aus den Modalformen sind zunächst die Anteilsfaktoren β_i der einzelnen Eigenformen i zu berechnen:

$$\beta_i = \underline{\Phi}_i^T \cdot \underline{M} \cdot \underline{r},$$

wobei $\underline{M}$ die konzentrierte Massenmatrix und $\underline{r}$ der Vektor der Verschiebungen in den wesentlichen Freiheitsgraden bei einer Einheitsverschiebung von Auflagerpunkten in Richtung der Erdbebeneinwirkung sind. Die Anteilsfaktoren werden in der Regel von dem verwendeten Berechnungsprogramm ausgegeben. Ist dies nicht der Fall, so können diese aus den effektiven modalen Massen der einzelnen Eigenformen bestimmt werden. Die effektiven modalen Massen der drei Eigenformen betragen für den hier betrachteten Rahmen:

$$M_1 = 391,88 \text{ t}$$
$$M_2 = 56,78 \text{ t}$$
$$M_3 = 18,91 \text{ t}$$

Die Summe der effektiven modalen Massen beträgt 467,57 t, mit der eine modale Masse von 97% aktiviert wird. Sind die Eigenvektoren auf die Massenmatrix normiert ($\underline{\Phi}^T \cdot \underline{M} \cdot \underline{\Phi} = 1$), können die Anteilsfaktoren direkt aus den effektiven modalen Massen M_i berechnet werden:

$$\beta_1 = \sqrt{391,88} = 19,795$$

$$\beta_2 = \sqrt{56,78} = 7,535$$

$$\beta_3 = \sqrt{18,91} = 4,349$$

Weiterhin werden die Spektralbeschleunigungen der drei Eigenformen benötigt, die aus dem Antwortspektrum abzulesen sind:

$$S_{a,1} = 1,066$$

$$S_{a,2} = 3,505$$

$$S_{a,3} = 4,200$$

Schließlich sind noch die Ordinaten der auf die Massenmatrix normierten Eigenvektoren auf der Ebene 5 aus Bild 7-12 abzulesen:

$$\Phi_{5,1} = 0,0664$$

$$\Phi_{5,2} = 0,0604$$

$$\Phi_{5,3} = 0,0456$$

Die resultierende Etagenbeschleunigung der Ebene 5 berechnet sich damit zu:

$$a_5 = \sqrt{(S_{a,1} \cdot \beta_1 \cdot \Phi_{5,1})^2 + (S_{a,2} \cdot \beta_2 \cdot \Phi_{5,2})^2 + (S_{a,3} \cdot \beta_3 \cdot \Phi_{5,3})^2} =$$

$$= \sqrt{(1,066 \cdot 19,795 \cdot 0,0664)^2 + (3,505 \cdot 7,535 \cdot 0,0604)^2 + (4,200 \cdot 4,349 \cdot 0,0456)^2}$$

$$= 2,28 \ \mathrm{m/s}^2$$

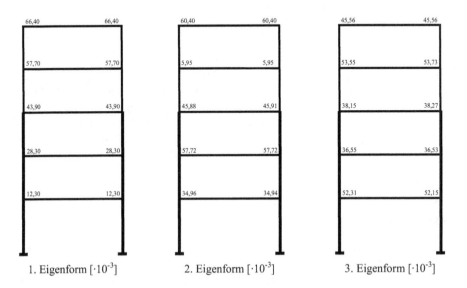

1. Eigenform [·10⁻³]   2. Eigenform [·10⁻³]   3. Eigenform [·10⁻³]

Bild 7-12 Werte der auf die Massenmatrix normierten Eigenvektoren je Stockwerk

Bemessungskräfte für den Behälter auf Ebene 5

Nachfolgend werden die Bemessungskräfte für den Behälter nach den verschiedenen Norman-sätzen bestimmt. Für die Berechnung werden folgende Werte zugrunde gelegt:

Rahmen mit Belastung:

$z = H = 21{,}0$ m

$T_1 = 1{,}18$ s

$\gamma_I = 1{,}4$

$S = 1{,}5$

$a_5 = 2{,}28$ m/s^2

Behälter:

$q_a = 1{,}0$

$\gamma_a = 1{,}6$

$m_a = 15$ t

$T_a = 0{,}2$ s

DIN 4149 (2005) / DIN EN 1998-1 (2010)

$$F_a = S_a \cdot m_a \cdot \gamma_a / q_a = 5{,}46 \cdot 15 \cdot 1{,}6 / 1{,}0 = 131{,}0 \text{ kN}$$

$$S_a = a_g \cdot \gamma_I \cdot S \cdot (A_a + 0{,}5) \cdot A_h - 0{,}5 = 0{,}8 \cdot 1{,}4 \cdot 1{,}5 \cdot (1{,}275 + 0{,}5) \cdot 2{,}0 - 0{,}5 = 5{,}46 \text{ m/s}^2$$

$$A_a = \frac{3}{1 + \left(1 - \dfrac{T_a}{T_1}\right)^2} - 0{,}5 = 1{,}275; \quad A_h = 1 + \frac{z}{H} = 2{,}0$$

SIA 261 (2003)

$$F_a = S_a \cdot m_a \cdot \gamma_a / q_a = 3{,}98 \cdot 15 \cdot 1{,}6 / 1{,}0 = 95{,}52 \text{ kN}$$

$$S_a = a_g \cdot \gamma_I \cdot S \cdot A_a \cdot A_h = 0{,}8 \cdot 1{,}4 \cdot 1{,}5 \cdot 1{,}184 \cdot 2{,}0 = 3{,}98 \text{ m/s}^2$$

$$A_a = \frac{2}{1 + \left(1 - \dfrac{T_a}{T_1}\right)^2} = 1{,}184; \quad A_h = 1 + \frac{z}{H} = 2$$

FEMA 450, nicht modifiziert (2003)

$$F_a = a_5 \cdot m_a \cdot \frac{A_{T5} \cdot A_a \cdot \gamma_a}{q_a} = 2{,}28 \cdot 15 \cdot \frac{1{,}0 \cdot 1{,}0 \cdot 1{,}6}{1{,}0} = 54{,}72 \text{ kN}$$

$$\geq 0{,}3 \cdot S_{a,max} \cdot \gamma_a \cdot m_a = 0{,}3 \cdot 4{,}2 \cdot 1{,}6 \cdot 15 = 30{,}24 \text{ kN}$$

$$\leq 1{,}6 \cdot S_{a,max} \cdot \gamma_a \cdot m_a = 1{,}6 \cdot 4{,}2 \cdot 1{,}6 \cdot 15 = 161{,}28 \text{ kN}$$

$A_a = 1{,}0$ nach Bild 7-4

$$S_{a,max} = 2{,}5 \cdot a_g \cdot \gamma_I \cdot S = 2{,}5 \cdot 0{,}8 \cdot 1{,}4 \cdot 1{,}5 = 4{,}2 \text{ m/s}^2$$

FEMA 450, modifiziert (2009)

$$F_a = a_5 \cdot m_a \cdot \frac{A_{T5} \cdot A_a \cdot \gamma_a}{q_a} = 2,28 \cdot 15 \cdot \frac{1,0 \cdot 2,5 \cdot 1,6}{1,0} = 136,80 \text{ kN}$$

$$\geq 0,3 \cdot S_{a,max} \cdot \gamma_a \cdot m_a = 0,3 \cdot 4,2 \cdot 1,6 \cdot 15 = 30,24 \text{ kN}$$

$$\leq 1,6 \cdot S_{a,max} \cdot \gamma_a \cdot m_a = 1,6 \cdot 4,2 \cdot 1,6 \cdot 15 = 161,28 \text{ kN}$$

$A_a = 2,5$ nach Bild 7-7

$$S_{a,max} = 2,5 \cdot a_g \cdot \gamma_I \cdot S = 2,5 \cdot 0,8 \cdot 1,4 \cdot 1,5 = 4,2 \text{ m/s}^2$$

Die Ergebnisse der Berechnungen zeigen einen relativ großen Streubereich. Deshalb wird zusätzlich zu den Anwendungen der normativen Formeln für das System eine modale Analyse durchgeführt, wobei der Behälter als exzentrisch wirkende Masse über ein Balkenelement angeschlossen wird. Der Schwerpunkt des Behälters liegt 1 m über dem Riegel. Für das Balkenelement wird ein Träger HEB 160 gewählt, der bei Annahme einer starren Einspannung eine Eigenfrequenz von 5,15 Hz liefert. Damit wird die Eigenfrequenz des Behälters von 5 Hz gut abgebildet. Die modale Analyse zeigt, dass sich eine Ersatzkraft von 89,6 kN ergibt. Wesentliche Beiträge zu der horizontalen Erdbebenkraft auf den Behälter liefern die ersten 5 Eigenformen. Die höheren Eigenformen sind demnach nicht vernachlässigbar, da diese im Resonanzbereich mit der Behältereigenfrequenz liegen. Deshalb liegt die nach der FEMA 450 berechnete Kraft nicht auf der sicheren Seite. Die Ansätze nach DIN 4149 (2005), DIN EN 1998 (2010) und der modifizierte FEMA 450 Ansatz liefern konservative Ergebnisse. Eine gute Approximation liefert in diesem Falle auch die Berechnungsformel nach der SIA 261 (2003) mit 95,52 kN.

Zur Bemessung der Unterkonstruktion des Behälters und ihrer Verankerung wird die errechnete Bemessungskraft als statische Ersatzlast in Höhe des Massenmittelpunktes am Behälter angesetzt (Bild 7-13). Der Behälter selbst kann mittels eines statischen Ersatzsystems abgebildet werden, auf welches die Kraft F_a entsprechend der Masse- und Steifigkeitsverteilung zu verteilen ist. Hydrodynamische Effekte durch Flüssigkeitsfüllungen von Einbauten können vernachlässigt werden.

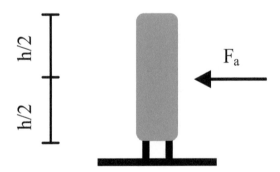

Bild 7-13 Statisches Ersatzsystem des Behälters mit Ersatzkraft

7.5 Silobauwerke

Silobauwerke zur Speicherung von Nahrungs- und Industriegütern dienen zum Ausgleich der Schwankungen zwischen Erzeugung und Verbrauch. Die Simulation des Tragverhaltens von Schüttgutsilos unter Eigengewicht reicht etwa bis in das 19. Jahrhundert zurück. Seitdem sind verschiedene Modelle entwickelt worden, von denen einige in Vorschriften verankert wurden (Martens, 1998). Im Vergleich zur statischen Belastung gestaltet sich die dynamische Simulation des Tragverhaltens von Silobauwerken weitaus komplizierter, da das Schüttgut weder durch ein klassisches elastisches noch durch ein rein plastisches Materialgesetz realitätsnah beschrieben werden kann.

Eine ausreichende Erdbebensicherheit von Silobauwerken ist im Anlagenbau von großer Bedeutung, da strukturelle Schäden häufig Folgeschäden wie Brände, Explosionen oder die Freisetzung giftiger Substanzen in Wasser, Boden und Luft nach sich ziehen. Zudem sind Silos wichtige Versorgungsbauwerke, die durch Speicherung von Nahrungs- und Industriegütern dem Ausgleich von Schwankungen zwischen Erzeugung und Verbrauch dienen und deswegen erdbebensicher ausgelegt werden müssen.

In zurückliegenden Erdbeben sind immer wieder Schäden an Silobauwerken aufgetreten. Eine der Hauptursachen der Schäden ist das Beulversagen der Siloschale im Bereich von konzentrierten Lasteinleitungen (Bild 7-14a) und im Fußbereich von Silos mit Standzargen (Bild 7-14b). Diese Versagensarten treten infolge einer Kombination von vertikalen Druckspannungen, Ringzugspannungen und hohen Schubspannungen im Erdbebenfall auf und werden auch als „elephant foot buckling" bezeichnet.

Silos mit Unterkonstruktionen sind durch die große kopflastig wirkende Silomasse kippgefährdet. Häufige Ursache für einen Verlust der globalen Stabilität durch Kippen sind eine unzureichende Verankerung oder ein Gründungsversagen (Bild 7-15). Ein weiterer Grund für das Versagen von aufgeständerten Silos ist eine nicht ausreichende Bemessung der Unterkonstruktion für die Zusatzbeanspruchungen aus Erdbebeneinwirkung.

Der Nachweis von Schüttgutsilos kann nach DIN EN 1998-4 (2007) auf zwei Wegen erfolgen. Der erste Weg besteht darin, die Belastung durch das Schüttgut im Silo während einer dynamischen Belastung durch statische Ersatzlasten auf die Silowand zu beschreiben. Als Alternative zu dem Ersatzlastverfahren besteht die Möglichkeit, eine Zeitverlaufsberechnung unter Berücksichtigung der Nichtlinearitäten des Schüttguts und der Interaktion des Schüttguts mit der Silowand durchzuführen.

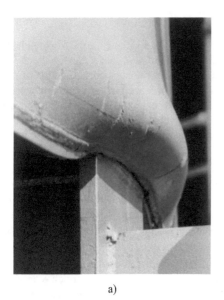

a)   b)

Bild 7-14 a) Beulen im Auflagerbereich (Guggenberger, 1998) und b) Beulen einer Standzarge (Schmidt, 2004; Aufnahmen von J. M. Rotter, Edinburgh)

Bild 7-15 Kollaps eines Silos durch Versagen der Unterkonstruktion (Bruneau, 2001)

7.5.1 Ersatzlastverfahren nach DIN EN 1998-4 (2007)

Die Ermittlung der seismischen Schnittgrößen nach dem Ersatzlastverfahren erfolgt auf Grundlage des normativen Bemessungsspektrums. Im Folgenden werden die Ansätze für die Berechnungen der horizontalen und vertikalen Erdbebenersatzlasten nach DIN EN 1998-4 (2007) erläutert.

Ansatz der horizontalen seismischen Lasten für zylindrische Silos

Die Belastung der Silowände besteht aus einem horizontalen, radialen Druck, der sich aus dem Produkt von Schüttgutmasse und Erdbebenbeschleunigung ergibt. Der zusätzliche Ringdruck (Bild 7-16) auf die Silowand berechnet sich im Falle zylindrischer Silos wie folgt:

$$\Delta_{ph,s} = \Delta_{ph,so} \cdot \cos\theta \tag{7.9}$$

Hierbei ist $\Delta_{ph,so}$ der Referenzdruck, der sich an Punkten auf der Silowand mit der vertikalen Entfernung x von einem flachen Boden oder der Spitze eines konischen oder pyramidenförmigen Trichters ergibt:

$$\text{Silowand:} \quad \Delta_{ph,so} = \alpha(z) \cdot \gamma \cdot \min(r_s^*, 3x) \tag{7.10}$$

$$\text{Silotrichter:} \quad \Delta_{ph,so} = \alpha(z) \cdot \gamma \cdot \min(r_s^*, 3x) / \cos\beta \tag{7.11}$$

mit:

$\alpha(z)$	Verhältnis der Antwortbeschleunigung des Silos mit einer vertikalen Entfernung z von der äquivalenten Oberfläche des Lagerguts zur Erdbeschleunigung
γ	Charakteristischer Wert der Schüttgutwichte
r_s^*	$r_s^* = \min(h_b, d_c / 2)$
h_b	Gesamthöhe des Silos von einem flachen Boden oder der Trichteröffnung bis zur äquivalenten Oberfläche des Lagerguts
d_c	Innenabmessung des Silos parallel zur horizontalen Komponente der seismischen Einwirkung (Innendurchmesser dc in zylindrischen Silos oder Silokammern, horizontale Innenabmessung b parallel zur Horizontalkomponente der seismischen Einwirkung in rechteckigen Silos oder Silokammern)
θ	Umfangswinkel gemessen zur angesetzten Erdbebenrichtung ($0 \le \theta \le 360°$)
β	Neigungswinkel der Trichterwand, gemessen von der Vertikalen oder dem steilsten Neigungswinkel zur Vertikalen der Wand im pyramidenförmigen Trichter

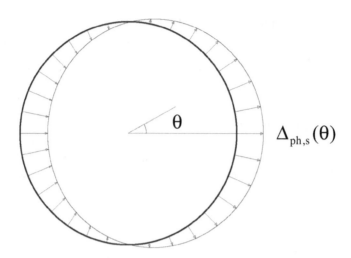

Bild 7-16 Statische Ersatzlast für zylindrische Silos nach DIN EN 1998-4 (2007)

Die Verteilung der statischen Ersatzlast mit einer Kosinusfunktion über den Umfang hat sich als gute ingenieurmäßige Näherung herausgestellt und findet sich in vielen internationalen Normen wieder. Grundsätzlich sind die statischen Ersatzlasten für Erdbeben mit den Füll- und Entleerungslasten immer so zu überlagern, dass sich an keiner Stelle der Siloschale nach innen gerichtete „Sogkräfte" ergeben. Damit ist der Kontakt zwischen Schüttgut und Siloschale immer sichergestellt.

Deutliche Unterschiede in den Lastsätzen liegen in der Verteilung der statischen Ersatzlasten über die Silohöhe vor. Diese Verteilung ist im Laufe der Überarbeitung der europäischen Normen mehrfach geändert worden. Im Eurocode 1, Teil 4 (1995) wurde die statische Ersatzbelastung generell konstant über die Höhe angesetzt und mit den Fülllasten überlagert. Dieser Ansatz findet sich in gleicher Weise auch in der DIN 1055-6 (2005). In den neueren Versionen der DIN EN 1998-4 (2007) wurde der Lastansatz so modifiziert, dass über die Höhe eine veränderliche Beschleunigung durch die Funktion $\alpha(z)$ angesetzt wird. Dazu ist es erforderlich, den Beschleunigungsverlauf über die Höhe vorab zu ermitteln. Ist der Verlauf der Beschleunigung nicht bekannt, kann die Funktion $\alpha(z)$ auch in den neueren Normversionen näherungsweise durch den Wert der Beschleunigung im Massenschwerpunkt ersetzt werden.

Verändert haben sich aber nicht nur die Ansätze der Beschleunigung über die Höhe, sondern auch die Verläufe im unteren und oberen Bereich der Siloschale. In der europäischen Vornorm prEN 1998-4 aus dem Jahr 2004 wurde, wie von Holler (2006) beschrieben, die Verteilung dahingehend geändert, dass im unteren Bereich des Silos bis zu einer von der Silogeometrie abhängigen Höhe keine Belastung anzusetzen ist und im oberen Bereich ein linearer auf Null zulaufender Verlauf unterstellt wird, der die Schüttkegelbildung berücksichtigen sollte.

In der aktuellsten Fassung der DIN EN 1998-4 (2007) wird auf den linearen Ansatz im oberen Silobereich verzichtet. Der Verlauf im unteren Bereich des Silos wurde dahingehend geändert, dass nun ein linearer Verlauf bis zu einer von der Silogeometrie abhängigen Höhe angesetzt wird. In Tabelle 7-7 sind die Lastverläufe der seismischen Ersatzlasten, der Fülllasten und deren Überlagerung exemplarisch für ein Silo mit einer Höhe von 10 m und einem Radius von 5 m dargestellt, um die Unterschiede der einzelnen Normansätze zu verdeutlichen.

Die Gründe für die beschriebenen stetigen Änderungen der Lastansätze sind dadurch zu erklären, dass die Lastansätze für Silos unter Erdbebenbelastung in jüngeren Forschungsvorhaben theoretisch und experimentell intensiv untersucht wurden (Braun, 1997; Wagner, 2002). Die Ergebnisse dieser Forschung sind kontinuierlich in die Normen eingeflossen, so dass der letzte Stand der DIN EN 1998-4 (2007) den aktuellsten Wissensstand repräsentiert. Dieser berücksichtigt im Gegensatz zu den älteren Ansätzen, dass im unteren Bereich der Siloschale die horizontalen Erdbebenlasten bei stark gedrungenen Silos nicht nur über die Siloschale, sondern zu einem großen Teil auch über die Reibung des Schüttgutes weitergeleitet werden. Zusätzlich findet sich auch nur in der aktuellen Normversion ein Ansatz für die Erdbebenlasten in Silotrichtern. Aus den genannten Gründen sollte für heutige Bemessungsaufgaben die DIN EN 1998-4 (2007) verwendet werden.

Ansatz der horizontalen seismischen Lasten für rechteckige Silos

In rechteckigen Silos oder Silokammern sind die zusätzlichen Drücke auf die Wände infolge einer seismischen Einwirkung auf die Silowände zu berücksichtigen. Auf der „abgewandten" Wand senkrecht zur betrachteten horizontalen seismischen Einwirkung ist folgender Druck auf die Silowand anzusetzen:

$$\Delta_{ph,s} = \Delta_{ph,so} \qquad (7.12)$$

Entsprechend ist auf der „zugewandten" Wand senkrecht zur horizontalen Komponente der seismischen Einwirkung ein nach innen gerichteter „Sog" anzusetzen:

$$\Delta_{ph,s} = -\Delta_{ph,so} \qquad (7.13)$$

An den Wänden parallel zur horizontalen Komponente der seismischen Einwirkung ist kein zusätzlicher Druck zu berücksichtigen:

$$\Delta_{ph,s} = 0 \qquad (7.14)$$

Der Referenzdruck $\Delta_{ph,so}$ nach (7.10) bzw. (7.11) wird wie bei den kreiszylindrischen Silos berechnet. Auch bei den rechteckigen Silos sind die horizontalen seismischen Lasten mit den Füll- und Entleerungslasten so zu überlagern, dass sich an keiner Stelle der Siloschale nach innen gerichtete „Sogkräfte" ergeben.

Tabelle 7-7 Vergleich der Ansätze für Erdbebenlasten in zylindrischen Silos

Seismische Ersatzlasten	Fülllasten	Überlagerung
DIN 1055-6 (2005), Eurocode 1, Teil 4 (1995)		
prEN 1998-4 (2004)		
DIN EN 1998-4 (2007) mit konstantem Beschleunigungsverlauf		
DIN EN 1998-4 (2007) mit veränderlichem Beschleunigungsverlauf		

Ansatz der vertikalen seismischen Lasten

Nach DIN EN 1998-4 (2007) ist zusätzlich zur horizontalen Erdbebeneinwirkung auch die vertikale Einwirkung zu berücksichtigen. In der Norm werden aber keinerlei Angaben darüber gemacht, wie die vertikale Einwirkung auf die Siloschale anzusetzen ist. Eine sinnvolle Möglichkeit besteht darin, die zusätzlichen dynamischen Belastungen direkt aus den statischen Lasten für Füllen und Entleeren abzuleiten. Dazu wird ein Skalierungsfaktor C_d berechnet, der das Verhältnis von Spektralbeschleunigung der vertikalen Schwingform und der Erdbeschleunigung darstellt. Messungen und Berechnungen haben gezeigt, dass die erste vertikale Schwingperiode im niedrigen Periodenbereich des Spektrums liegt, so dass auf der sicheren Seite liegend die Spektralbeschleunigung des Spektrumplateaus $S_{av,max}$ angesetzt werden kann. Mit dieser kann der Skalierungsfaktor C_d berechnet werden:

$$C_d = \frac{S_{av,max}}{g} \tag{7.15}$$

Mit C_d sind für Silowände zusätzliche Wandreibungslasten p_w und für Siloböden oder Silotrichter die zusätzlichen Vertikallasten p_v nach Abschnitt 6 der DIN EN 1991-4 (2010) zu berechnen. Damit ergeben sich beispielsweise für den Fülllastzustand eines schlanken Silos (Höhe/Durchmesser ≥ 2) mit waagerechtem Boden folgende Silolasten infolge Erdbeben:

$$p_{wf,av}(z) = C_d \cdot \mu \cdot p_{ho} \cdot Y_J(z)$$
$$p_{vf,av}(z) = C_d \cdot p_{vf} = C_d \cdot p_{ho} / K \cdot Y_J(z) \tag{7.16}$$

mit:

$$p_{ho} = \gamma \cdot K \cdot z_o, \qquad z_o = \frac{A}{K \cdot \mu \cdot U}, \quad Y_J(z) = 1 - e^{-z/z_o}$$

γ	Charakteristischer Wert der Schüttgutwichte
μ	Charakteristischer Wert des Wandreibungskoeffizienten
K	Charakteristischer Wert des Horizontallastverhältnisses
z	Siloguttiefe unterhalb der äquivalenten Schüttgutoberfläche
A	Innere Querschnittsfläche des Silos
U	Umfang der inneren Querschnittsfläche des Silos

Durch die Vertikallasten infolge Erdbeben ergeben sich zusätzliche horizontale Silolasten:

$$p_{hf,av}(z) = C_d \cdot p_{ho} \cdot Y_J(z) \tag{7.17}$$

Die zusätzlichen Silolasten können in gleicher Weise für niedrige Silos, Silos mit mittlerer Schlankheit sowie für steile und flach geneigte Trichter berechnet werden. Die für diese Fälle hier nicht aufgeführten Berechnungsformeln finden sich in der DIN EN 1991-4 (2010). Abschließend sei darauf hingewiesen, dass die zusätzlichen Silolasten infolge Erdbeben auch für die Entleerungslasten berechnet werden können. Welche Lastkonstellation zusammen mit der Erdbebeneinwirkung anzusetzen ist, muss im Einzelfall festgelegt werden. Die Berücksichtigung der vertikalen seismischen Einwirkung nimmt mit zunehmender Erdbebenbelastung an Bedeutung zu, da der Zuwachs der Silolasten nicht mehr durch die höheren Sicherheitsbeiwerte der Gebrauchslastfälle abgedeckt ist.

Kombination der horizontalen und vertikalen seismischen Lasten

Die auf ein Silo einwirkenden Erdbebenlasten in den beiden horizontalen Richtungen und in vertikaler Richtung sind generell als gleichzeitig wirkend zu betrachten. Die gleichzeitige Wirkung darf näherungsweise durch die 30%-Regel nach Abschnitt 4.3.3.5 der DIN EN 1998-1 (2010) erfolgen:

$$1{,}0 \cdot E_{Edx} \oplus 0{,}3 \cdot E_{Edy} \oplus 0{,}3 \cdot E_{Edz}$$
$$0{,}3 \cdot E_{Edx} \oplus 1{,}0 \cdot E_{Edy} \oplus 0{,}3 \cdot E_{Edz} \qquad (7.18)$$
$$0{,}3 \cdot E_{Edx} \oplus 0{,}3 \cdot E_{Edy} \oplus 1{,}0 \cdot E_{Edz}$$

mit:

$\oplus$	„in Kombination mit"
$E_{Edx}, E_{Edy}, E_{Edz}$	Beanspruchungsgrößen der Einwirkungen infolge Erdbebeneinwirkungen in x-, y- und z-Richtung

Abweichend von dieser Regel gibt die DIN EN 1998-4 (2007) vor, dass bei axialsymmetrischen Silos der Ansatz einer Horizontalkomponente zusammen mit der Vertikalkomponente ausreichend ist.

7.5.2 Berechnung der Eigenfrequenzen von Silos

7.5.2.1 Silos mit direkter Lagerung auf einem Gründungskörper

Direkt auf einem Fundament aufgestellte und verankerte Silos verhalten sich vereinfacht wie eingespannte Biegestäbe mit konstanter Massebelegung. Für die Ermittlung der horizontalen Eigenfrequenzen von diesen Silos können die Formeln nach Nottrott (1963) oder Rayleigh (Petersen, 2000) angewendet werden.

Nach Rayleigh ergibt sich die erste horizontale Eigenfrequenz eines Kragbalkens mit konstanter Steifigkeits- und Massebelegung unter Berücksichtigung von Effekten nach Theorie II. Ordnung für eine linear zur Einspannstelle zunehmende Druckkraft D_A zu:

$$f = \frac{1}{2\pi} \cdot 3{,}530 \cdot \frac{1}{h^2} \cdot \sqrt{\frac{EI}{m_L}} \sqrt{1 - \frac{4{,}451}{12{,}461} \frac{D_A \cdot h^2}{EI}} \qquad (7.19)$$

mit:

h	Silohöhe [m]
E	Elastizitätsmodul der Siloschale [kN/m^2]
I	Flächenträgheitsmoment der Siloschale [m^4]
m_L	Masse pro Längeneinheit [t/m]
D_A	Druckkraft am Silofuß: $m_L \cdot h \cdot 9{,}81$ [kN]

Nach Nottrott (1963) berechnet sich die erste horizontale Eigenfrequenz für Silos mit abgestufter Blechdicke wie folgt:

$$f = \frac{1}{2\pi} \cdot \sqrt{\frac{k_{eq}}{m_{eq}}} \qquad (7.20)$$

mit:

k_{eq} Steifigkeit des äquivalenten Einmassenschwingers unter alleiniger Berücksichtigung der Siloschale

m_{eq} Masse des äquivalenten Einmassenschwingers unter Berücksichtigung von Silo und Schüttgut

Die Steifigkeit k_{eq} und Masse m_{eq} des äquivalenten Einmassenschwingers berechnen sich zu:

$$k_{eq} = \frac{3 \cdot E I_u}{h^3} + \frac{2 \cdot (1+F)}{3+F} \qquad (7.21)$$

$$k_{eq} = \frac{1}{4}\left(A_{u,Silo} \cdot \rho_{Silo} \cdot \frac{1+F}{3-F} + A_{sch} \cdot \rho_{Sch}\right) \cdot h \qquad (7.22)$$

mit:

E	Elastizitätsmodul der Siloschale [kN/m^2]
I_u	Flächenträgheitsmoment der Siloschale unten [m^4]
h	Silohöhe [m]
t_o	kleinste Blechdicke oben [m]
t_u	größte Blechdicke unten [m]
F	t_o/ t_u [-]
$A_{u,Silo}$	Querschnittsfläche der Silowand unten: $2\pi\, d_{cm}/2\, t_u$ [m^2]
d_{cm}	Mittlerer Durchmesser der Siloschale [m]
A_{Sch}	Querschnittsfläche des Schüttgutes: $\pi\,(d_c/2)^2$ [m^2]
ρ_{Silo}	Rohdichte Siloschale [t/m^3]
ρ_{Sch}	Rohdichte Schüttgut [t/m^3]

Die angegebenen Berechnungsformeln liefern für schlanke Silos mit einer ausgeprägten Biegeschwingung als erste Schwingform sehr gute Ergebnisse. Gedrungene Silos lassen sich jedoch mit den vereinfachten Kragarmformeln ab einem Schlankheitsverhältnis von $d_c/h = 0,5$ nicht mehr ausreichend genau berechnen, da diese Modelle die Schubverformungen nicht erfassen.

Eine genauere Bestimmung der Eigenfrequenzen kann mit Finite-Elemente Modellen erfolgen. Im Falle des vollen Silos kann die Silowand mit Schalenelementen und das Schüttgut mit Volumenelementen in einem linearen Modell abgebildet werden, wobei das Schüttgut vereinfacht kraftschlüssig an die Silowand angeschlossen wird. Für das leere Silo führt die Modellierung mit Schalenelementen in der Regel zu zahlreichen lokalen Eigenformen, so dass die Berechnung mit einem dünnwandigen Balkenmodell sinnvoller ist. Wenn Balkenmodelle verwendet werden, sollten bei gedrungenen Silos schubweiche Elementformulierungen eingesetzt werden, um die Schubverformungen ausreichend genau zu erfassen.

In Tabelle 7-8 sind für vier Silos die Eigenfrequenzen gemäß der Berechnungsformeln von Rayleigh und Nottrott denen aus FE-Berechnungen gegenübergestellt. Bei den Silos 1 bis 3 handelt es sich um Silos mit waagerechten Böden und bei dem Silo 4 um ein 25 m hohes Silo mit Trichter und einer Füllhöhe von 20 m. Für dieses Silo wurde in den Berechnungsformeln als Kragarmlänge näherungsweise die Füllhöhe von 20 m angesetzt. Die Ergebnisse zeigen für die schlankeren Silos eine sehr gute Übereinstimmung. Im Falle des gedrungenen Silos ergeben sich mit den vereinfachten Berechnungsformeln zu große Eigenfrequenzen, da die Schubverformungen nicht erfasst werden.

Tabelle 7-8 Eigenformen und Eigenfrequenzen [Hz] von vier Modellsilos

Eigenform	Silo 1 h = 10 m, d = 5 m	Silo 2 h = 20 m, d = 5 m	Silo 3 h = 30 m, d = 3 m	Silo 4 h = 25 m, d = 3,60 m
FE-Lösung	6,18 (37,14)	2,22 (11,46)	1,10 (6,20)	2,06 (12,38)
Nottrott	10,59 (50,41)	2,65 (12,60)	1,29 (6,72)	2,23 (9,07)
Rayleigh	10,79 (51,37)	2,69 (12,84)	1,32 (6,85)	2,27 (9,25)
Schüttgut: ρ = 1,70 t/m³, E = 60000 kN/m² Silowand: t = 0,01 m, ρ = 7,85 t/m³, E = 210000000 kN/m² Klammerwerte: Eigenfrequenzen des leeren Silos				

Zusammenfassend kann festgehalten werden, dass für die in der Praxis üblichen Schlankheiten und Ausführungsformen von Silos mit Einspannung auf einem Gründungskörper die vereinfachten Berechnungsformeln ausreichend genaue Ergebnisse liefern. Bei abgestuften Wanddicken führt hierbei der Ansatz von Nottrott zu realitätsnäheren Ergebnissen.

Im Falle gedrungener Silos ergeben sich bei Anwendung der vereinfachten Formeln größere Eigenfrequenzen. Führen diese dazu, dass die Eigenperiode des Silos im ansteigenden Ast des normativen Bemessungsspektrums liegt, sollte auf der sicheren Seite der Plateauwert des Spektrums für die Bemessung angesetzt werden, da die Eigenperioden des Balkenmodells deutlich zu kleine Perioden liefern.

7.5.2.2 Silos mit Unterkonstruktion

Betrachtet wurde bisher nur der Fall von Silos mit direkter Lagerung auf einer Gründung. Silos sind jedoch zur Schüttgutentnahme häufig auf einer Unterkonstruktion aufgelagert, die dann zusammen mit dem Silo das dynamische System bildet.

Unter der Annahme, dass die Unterkonstruktion im Vergleich zum Silo sehr steif ist und sich nicht am Schwingungsverhalten beteiligt, kann eine starre Lagerung an der Silounterkante angenommen werden. In diesem Fall können die in Abschnitt 7.5.2.1 vorgestellten Bemessungsformeln angewendet werden.

Handelt es sich jedoch um eine Unterkonstruktion, die am Schwingungsverhalten maßgeblich beteiligt ist, so muss das Gesamtsystem untersucht werden. Dazu ist es ausreichend, die Unterkonstruktion zusammen mit dem Silo als Stabmodell abzubilden. Die Berücksichtigung des Gesamttragwerks ist notwendig, da nicht vorhergesagt werden kann, ob die Silo- oder die Systemeigenfrequenz bemessungsrelevant ist. Zudem kann es auch bei einem geringeren Frequenzabstand zwischen Silo und Unterkonstruktion zu höheren Belastungen in der Siloschale kommen. Bei Einhaltung der Regelmäßigkeitskriterien nach DIN EN 1998-1 (2010) können die horizontalen Richtungen unabhängig voneinander mit ebenen Systemen untersucht werden.

Die Interaktion soll an einem einfachen Beispiel verdeutlicht werden. Dazu wird das Silo 4 aus Tabelle 7-8 auf eine Unterkonstruktion auf Stahl aufgelagert. Die Gesamtkonstruktion wird als einfaches Balkenmodell abgebildet, wobei der das Silo abbildende Balken mit zusätzlichen Massen zur Berücksichtigung der Schüttgutmasse beaufschlagt wird.

Als maßgebende Eigenfrequenz in Richtung der starken Systemachse (x-Richtung) ergibt sich eine lokale Schwingung des Silos mit einer Frequenz von 0,63 Hz, die 70% der effektiven modalen Masse aktiviert. Zusätzlich ergibt sich eine translatorische Eigenform des Gesamtsystems mit einer Frequenz von 2,38 Hz, bei der 28% der effektiven Gesamtmasse aktiviert werden.

In Richtung der schwachen Systemachse (y-Richtung) ergibt sich als maßgebende Schwingung eine Eigenform des Gesamtsystems mit einer Frequenz von 0,35 Hz, die 98% der effektiven modalen Masse aktiviert.

In vertikaler Richtung (z-Richtung) beträgt die maßgebende Eigenfrequenz 2,65 Hz, wobei 97% der effektiven modalen Masse aktiviert werden. Für das System wird eine Berechnung nach dem Antwortspektrenverfahren mit dem Standortantwortspektrum von Chang Bin in Taiwan durchgeführt. Das Spektrum für Chang Bin, aufgestellt nach der Erdbebennorm für Taiwan (2005), ist in Bild 7-17 dargestellt.

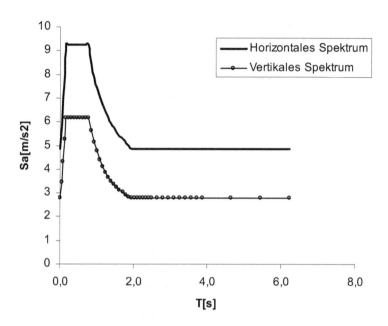

Bild 7-17 Bemessungsspektren für den Standort Chang Bin in Taiwan

Als Berechnungsergebnisse werden die resultierenden Beschleunigungen über die Silohöhe mittels quadratischer Überlagerung nach der SRSS-Regel bestimmt. Tabelle 7-9 zeigt die Verläufe der Beschleunigungen sowie die minimalen und maximalen Beschleunigungen in der Siloschale in x-, y- und z-Richtung. Die größten Beschleunigungswerte werden in diesem Fall in x-Richtung mit einer lokalen Siloschwingung von 0,63 Hz erreicht. In der Schale ergeben sich für die x-Richtung Beschleunigungen zwischen 7,98 m/s^2 (unterer Bereich) und 11,96 m/s^2 (oberer Bereich). In y-Richtung ergeben sich Beschleunigungen zwischen 4,48 m/s^2 (unterer Bereich) und 6,71 m/s^2 (oberer Bereich). Die maximalen Beschleunigungen der beiden Richtungen sind über die gesamte Silohöhe quadratisch oder mit der 30%-Regel miteinander zu überlagern. Mit den resultierenden horizontalen Beschleunigungen können die über die Höhe veränderlichen statischen Ersatzlasten berechnet werden. Alternativ können die statischen Ersatzlasten vereinfacht mit der Beschleunigung im Siloschwerpunkt berechnet werden. In vertikaler Richtung ergibt sich eine Beschleunigung von 6,32 m/s^2 und damit ein dynamischer Erhöhungsfaktor von $C_d = 1,64$ für die Füll- und Entleerungslasten.

Im Vergleich dazu ergibt sich bei Nichtberücksichtigung der Unterkonstruktion eine Eigenfrequenz von 2,23 Hz (Nottrott) bzw. 2,27 Hz (Rayleigh). Mit diesen Eigenfrequenzen ergibt sich aus dem Spektrum (Bild 7-17) eine maximale Spektralbeschleunigung von 9,27 m/s^2. In vertikaler Richtung kann in diesem Fall vereinfacht die maximale Spektralbeschleunigung von 6,18 m/s^2 angesetzt werden.

Tabelle 7-9 Silo mit Unterkonstruktion: Maßgebende Beschleunigungen der Siloschale aus dem
Antwortspektrenverfahren in x-, y- und z-Richtung

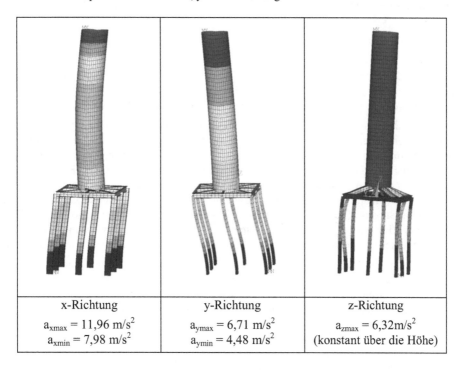

x-Richtung	y-Richtung	z-Richtung
$a_{xmax} = 11,96 \text{ m/s}^2$	$a_{ymax} = 6,71 \text{ m/s}^2$	$a_{zmax} = 6,32 \text{m/s}^2$
$a_{xmin} = 7,98 \text{ m/s}^2$	$a_{ymin} = 4,48 \text{ m/s}^2$	(konstant über die Höhe)

Als Fazit für die Bemessung von Silos auf Unterkonstruktionen kann festgehalten werden, dass die Anwendung des multimodalen Antwortspektrenverfahrens mit einem einfachen Balkenmodell zur Bestimmung der Beschleunigungen über die Silohöhe einen sinnvollen Ansatz mit überschaubarem Modellierungsaufwand darstellt. Durch die Betrachtung des Gesamtsystems werden sämtliche Interaktionen erfasst und das Modell kann gleichzeitig zur Auslegung der Unterkonstruktion herangezogen werden.

Die vereinfachte Betrachtung als eingespannter Kragarm stellt im Regelfall eine konservative Annahme dar, da sich höhere Eigenfrequenzen ergeben, die im oder näher am Plateaubereich der Antwortspektren liegen. Die Annahme ist häufig notwendig, da zum Zeitpunkt der Silobemessung die konstruktive Ausbildung der Unterkonstruktion und das Baumaterial nicht bekannt sind. Im Sinne einer wirtschaftlichen Bemessung und zur Erfassung möglicher ungünstiger Interaktionseffekte bei geringem Frequenzabstand zwischen Silo und Unterkonstruktion ist aber zu empfehlen nach Möglichkeit das Gesamtsystem zu analysieren.

7.5.2.3 Silos in Silobatterien

Besonders schwierig ist die Abschätzung der Eigenfrequenzen von Silos als Bestandteil von Silobatterien, da die auftretenden Schwingungsformen der Silos sich in vielen Fällen nicht eindeutig bestimmen lassen. Grund hierfür sind Interaktionen zwischen den Silos und der Unterkonstruktion der Batterie, variierende Füllzustände und gekoppelte Siloschwingungen durch kraftschlüssige Verbindungen im Dachbereich der Silos. Insgesamt lassen sich die auftretenden Schwingungsformen wie folgt typisieren:

- lokale Schwingungsformen einzelner Silos

- globale Schwingungsformen der gesamten Silobatterie, bei der sich die Silos auf der schwingenden Unterkonstruktion nahezu starr verhalten

- globale Schwingungsformen der gesamten Silobatterie, bei der die Silos an der Gesamtschwingung beteiligt sind

Ist die Gesamtunterkonstruktion sehr starr und sind die Einzelsilos im Dachbereich nicht gekoppelt, dominieren lokale Schwingungsformen der Einzelsilos, und die Eigenfrequenz der Silos kann mit den in Abschnitt 7.5.2.1 angegebenen Formeln berechnet werden.

Beteiligt sich die Unterkonstruktion am Schwingungsverhalten, so können sich zwei Schwingungsformen einstellen. Bei einer im Verhältnis zur Silobiegesteifigkeit kleinen Steifigkeit der Gesamtunterkonstruktion dominiert die Grundeigenfrequenz der Unterkonstruktion f_{uk} das Gesamtschwingungsverhalten, und die Silos verhalten sich nahezu starr. Die Eigenfrequenzen der Einzelsilos und der Unterkonstruktion sind in diesem Fall nahezu identisch (Bild 7-18a). Die zweite Schwingungsform ist eine gekoppelte Schwingung von Unterkonstruktion und Silos. Sind die Silos im Dachbereich hierbei nicht kraftschlüssig verbunden, so sind die Eigenfrequenzen der Einzelsilos f_{silo} unterschiedlich. Liegt eine Kopplung im Dachbereich vor, so kommt es zu einer Gesamtschwingung aller Silos mitsamt der Unterkonstruktion (Bild 7-17b).

Als Fazit kann festgehalten werden, dass die für die Bemessung relevanten Siloeigenfrequenzen auf Grund der vielen Einflussfaktoren in der Regel nicht genau bestimmbar sind und große Streuungen aufweisen. Deshalb ist für die Bemessung zu empfehlen, auf der sicheren Seite die maßgebende Eigenfrequenz der oben aufgeführten drei Schwingungsformen anzusetzen.

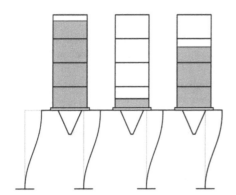
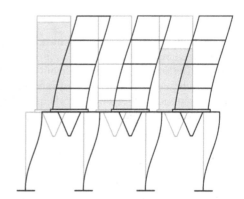

Grundeigenfrequenz Unterkonstruktion

$f_{silo,i} = f_{silo,j} = f_{uk}$

a)

Grundeigenfrequenz Gesamtkonstruktion

$f_{silo,i} \neq f_{silo,j} \neq f_{uk}$ (ohne Kopplung am Silodach)

$f_{silo,i} = f_{silo,j} = f_{uk}$ (mit Kopplung am Silodach)

b)

Bild 7-18 Schwingungsverhalten von Silos in Silobatterien (Rinkens, 2007)

7.5.3 Ansatz der Dämpfung für Silos

In der DIN EN 1998-4 (2007), Abschnitt 2.3.2 sind Empfehlungen für den Ansatz der Dämpfungswerte für die Silostruktur, das Schüttgut und die Gründung angegeben. Aus diesen ist eine gewichtete Dämpfung des Gesamtsystems zu bestimmen. Im Folgenden werden der Ansatz der einzelnen Dämpfungsanteile und die Bestimmung einer gewichteten Dämpfung diskutiert.

7.5.3.1 Strukturdämpfung

Für den Grenzzustand der Tragfähigkeit ist die Dämpfung nach DIN EN 1998-1 (2010) mit 5 % anzusetzen. Die Strukturdämpfung beinhaltet die reine Dämpfung des Materials und die Dämpfung durch Reibung in den Verbindungen. Es ist zu empfehlen, den 5% Dämpfungswert nicht zu erhöhen, insbesondere da bei Ansatz eines q-Faktors bereits ein nichtlinearer Dämpfungsanteil in dem q-Faktor selbst berücksichtigt wird.

7.5.3.2 Dämpfung des Untergrunds

Die Materialdämpfung des Untergrunds ist nach DIN EN 1998-5 (2010), Tabelle 4.1 in Abhängigkeit von der Größe der Bodenverzerrungen anzusetzen. Die Abstrahldämpfung ist aus den vor Ort vorliegenden Verhältnissen experimentell oder rechnerisch (z.B. eindimensionale Wellenausbreitungsmodelle) zu bestimmen. Da jedoch die Spektren bereits Dämpfungseffekte des Baugrunds beinhalten, ist zu empfehlen, für die Ermittlung der Bemessungsschnittgrößen keine zusätzliche Dämpfung des Untergrunds zu berücksichtigen.

7.5.3.3 Dämpfung des Schüttguts

Die Dämpfung des Schüttguts kann für granulare Schüttgüter näherungsweise mit 10 % angesetzt werden, sofern keine genaueren Informationen zur spezifischen Dämpfung vorliegen. Eine genauere Bestimmung der Dämpfung kann durch folgende Tests durchgeführt werden:

- „Resonant Column" Test
- Test mit Vibrationsscherzellen

Diese Tests sind komplex und können nur von hoch spezialisierten experimentellen Einrichtungen verlässlich durchgeführt werden. Deshalb wird auch dieser Dämpfungsanteil in der Regel zu vernachlässigen sein. Für die Berücksichtigung der Schüttgutdämpfung wird an dieser Stelle auf weiterführende Literatur verwiesen: Haack und Tomas (2003); Yanagida et al. (2003).

7.5.3.4 Ansatz einer gewichteten Dämpfung

Aus den einzelnen Dämpfungsanteilen ist nach DIN EN 1998-4 (2007), Abschnitt 2.3.2.4 eine gewichtete Dämpfung zu berechnen. Die gewichtete Dämpfung setzt sich aus den Anteilen der Strukturdämpfung und der Dämpfung des Schüttguts zusammen. Für jede Eigenform kann eine gewichtete äquivalente modale Dämpfung D_j proportional zu den in der Struktur und dem Schüttgut gespeicherten Arbeitsanteilen W_i berechnet werden. Die Arbeit entspricht der Verformungsenergie und kann aus den modalen Verschiebungen Φ und der Steifigkeitsmatrix $\underline{k}_i$ (i für das Schüttgut bzw. die Struktur) berechnet werden:

$$D_j = \frac{\sum_i D_i W_{i,j}}{\sum_i W_{i,j}}, \text{ mit } W_{i,j} = \frac{1}{2} \cdot \underline{\Phi}_j^T \cdot \underline{k}_i \cdot \underline{\Phi}_j \tag{7.23}$$

Die Berechnung einer gewichteten Dämpfung setzt eine Berücksichtigung des Schüttguts im Berechnungsmodell voraus. Dies ist mit einem erheblichen Rechenaufwand verbunden, so dass der Ansatz einer gewichteten Dämpfung auf Ausnahmefälle beschränkt sein dürfte.

7.5.4 Berücksichtigung der Boden-Bauwerk-Interaktion

Die Boden-Bauwerk-Interaktion ist nach DIN EN 1998-5 (2010), Abschnitt 6 in folgenden Fällen zu berücksichtigen:

- schlanke, hohe Bauwerke
- Bauwerke mit massiven oder tief liegenden Gründungen
- Bauwerke mit wesentlichen Effekten nach Theorie II. Ordnung
- Bauwerke auf sehr weichem Untergrund

Im Falle von schlanken Silos sollte demnach die Boden-Bauwerk-Interaktion berücksichtigt werden. Da die Siloberechnung standardmäßig mit dem Antwortspektrenverfahren erfolgt, muss die Boden-Bauwerk-Interaktion durch lineare Feder-Dämpfer-Modelle berücksichtigt werden. Verwendet werden kann das Modell von Wolf (1994), bei dem der Boden als homogenes, linearelastisches, halbunendliches Medium idealisiert wird. Dieses Modell kann für Fundamente auf homogenen sowie geschichteten Böden angewendet werden. Die einfachste Möglichkeit liegt im Ansatz von dynamischen Federkennwerten für die translatorischen und rotatorischen Freiheitsgrade in Kombination mit einem vereinfachten Ansatz für die Abstrahldämpfung (Smoltczyk, 1991). Weitere Modellierungsmöglichkeiten sind in Kapitel 3 ausführlich beschrieben.

7.5.5 Berechnungsbeispiel: Schlankes Silo

Für das in Bild 7-19 dargestellte schlanke Silo erfolgt die Ermittlung der maximalen Beanspruchungen für den Lastfall Erdbeben. Das Silo ist 30 m hoch und hat einen Innendurchmesser von 6,0 m. Die Wandstärke beträgt konstant 8 mm. Die weiteren Eingabeparameter werden wie folgt angesetzt:

Lastannahmen

Wandreibungswinkel:	$\mu = 0,4$
Reibungswinkel des Schüttguts:	$\varphi = 30°$
Schüttgutwichte:	$\gamma = 15 \text{ kN/m}^3$
Horizontallastverhältnis:	$K = 0,45$
Vergrößerungsfaktor:	$c_{pf} = 1,0$
Bodenlastvergrößerungsfaktor:	$c_b = 1,0$

Die maximalen Spannungen ergeben sich auf Grund der konstanten Wandstärke an der Einspannstelle am Silofuß. Die Beanspruchungsermittlung erfolgt exemplarisch auf verschiedenen
Berechnungswegen. Zunächst werden die Beanspruchungen für die in Abschnitt 7.5.1 vorgestellten statischen Ersatzbelastungen mit einem Finite-Elemente Modell aus Schalenelementen
berechnet. Hierbei wird der Beschleunigungsverlauf des Schüttguts über die Höhe als konstant,
linear und entsprechend des Ergebnisses einer multimodalen Vorberechnung am Balkenmodell
angesetzt. Die Berechnungen werden für verschiedene Belastungsniveaus mit und ohne Berücksichtigung der vertikalen Erdbebeneinwirkung durchgeführt. Zusätzlich erfolgt die Ermittlung der Silobeanspruchungen vereinfacht mit einem Balkenmodell. Abschließend werden die
Ergebnisse der verschiedenen Rechenansätze verglichen und bewertet.

Die Überlagerung der seismischen Lasten erfolgt zur Reduzierung des Darstellungsumfangs
ausschließlich für die Fülllasten. Die Entleerungslasten ergeben sich mit entsprechenden Erhöhungsfaktoren aus den Fülllasten, wobei das prinzipielle Vorgehen identisch ist. Mit dem Beispiel wird die Ermittlung der seismischen Lasten demonstriert. Eine Bemessung mit den
ermittelten Silospannungen, die für einige der angesetzten seismischen Belastungen zu einer
Vergrößerung der Silowanddicke führen würde, erfolgt im Rahmen dieses Beispiels nicht.

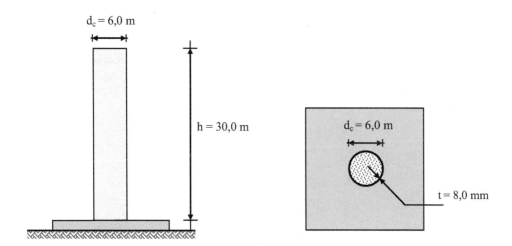

Bild 7-19 Ansicht und Grundriss des schlanken Silos

7.5.5.1 Beanspruchungen infolge Fülllasten

Die Beanspruchungen infolge Füllen werden nach DIN EN 1991-4 (2010) berechnet. Berechnet werden die horizontalen Fülllasten p_{hf}, die Wandreibungslasten p_{wf}, die Vertikallasten p_{vf}
und die summierte Wandreibungslast P_{wf}. Die Lasten sind in Abhängigkeit der Höhe z in Tabelle 7-10 zusammengestellt.

Tabelle 7-10 Statische Lasten nach DIN EN 1991-4 (2007)

z[m]	Y(z)	p_{hf} [kN/m²]	p_{wf} [kN/m²]	p_{vf} [kN/m²]	P_{wf} [kN/m]
0	0,00	0,00	0,00	0,00	0,00
2	0,21	12,00	4,80	26,67	4,99
4	0,38	21,44	8,58	47,65	18,52
6	0,51	28,87	11,55	64,16	38,77
8	0,62	34,71	13,88	77,14	64,29
10	0,70	39,31	15,72	87,35	93,97
12	0,76	42,92	17,17	95,38	126,92
14	0,81	45,77	18,31	101,70	162,45
16	0,85	48,00	19,20	106,67	199,99
18	0,88	49,76	19,91	110,58	239,12
20	0,91	51,15	20,46	113,66	279,51
22	0,93	52,24	20,89	116,08	320,88
24	0,94	53,09	21,24	117,98	363,03
26	0,96	53,77	21,51	119,48	405,78
28	0,97	54,30	21,72	120,66	449,01
30	0,97	54,71	21,89	121,58	492,62

Aus den Silolasten in Tabelle 7-10 können die Ring- und Meridianspannungen für die Fülllasten ermittelt werden. Die Ermittlung erfolgte analytisch und zusätzlich mit einem Finite-Elemente Modell aus Schalenelementen. Das Finite-Elemente Modell unter Ausnutzung der Symmetrie für die Berechnung der Beanspruchungen aus den statischen Ersatzlasten ist in Bild 7-20 dargestellt. Das Ergebnis der Berechnungen mit dem Verlauf der Ring- und Meridianspannungen für die beiden Rechenansätze ist in Bild 7-21 dargestellt. Die Ergebnisse der beiden Ansätze zeigen eine sehr gute Übereinstimmung.

Bild 7-20 Finite-Elemente Modell aus Schalenelementen für Berechnung nach dem Ersatzlastverfahren

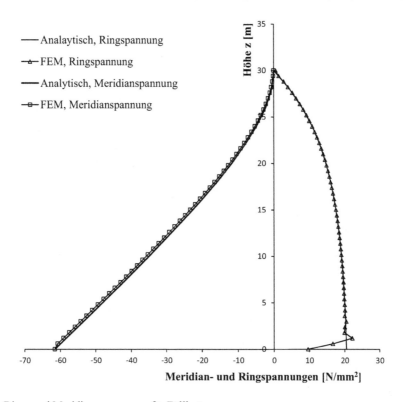

Bild 7-21 Ring- und Meridianspannungen für Fülllasten

7.5.5.1 Beanspruchung infolge Erdbeben für konstanten Beschleunigungsverlauf

Entsprechend der Tabelle 7-7 wird zunächst ein über die Höhe konstanter Beschleunigungsverlauf angenommen. Angesetzt wird ein horizontaler Beschleunigungswert a_h im Massenschwerpunkt von 1 bis 5 m/s². Die Ergebnisse bei Ansatz einer konstanten Horizontalbeschleunigung für die Ring- und Meridianspannungen zeigt Bild Bild 7-22. Es wird deutlich, dass die Ringspannungen infolge der Erdbebeneinwirkung moderat anwachsen. Die Meridianspannungen hingegen zeigen einen starken Zuwachs, der in der Bemessung zu einer größeren Wandstärke führen würde.

Wird zusätzlich die vertikale Erdbebeneinwirkung mit 70% der horizontalen Beschleunigung a_h gleichzeitig berücksichtigt, so ergeben sich bei Ansatz der zusätzlichen vertikalen und horizontalen Lasten mit dem nach (7.15) berechneten Skalierungsfaktor $C_d = 3{,}5/9{,}81 = 0{,}36$ die in Bild 7-23 dargestellten Verläufe. Es wird deutlich, dass die vertikale Bebenkomponente bei höheren Beschleunigungen einen sichtbaren Zuwachs der Schalenspannungen liefert. Generell sollte die vertikale Erdbebeneinwirkung im Rahmen einer Silobemessung auf der sicheren Seite immer berücksichtigt werden. Da der Vertikallastfall lediglich einem mit dem Faktor C_d skalierten Fülllastzustand entspricht, ist der dafür notwendige Mehraufwand gering. In dem Schalenmodell wurden die vertikalen und horizontalen Belastungen in einem Berechnungslastfall angesetzt.

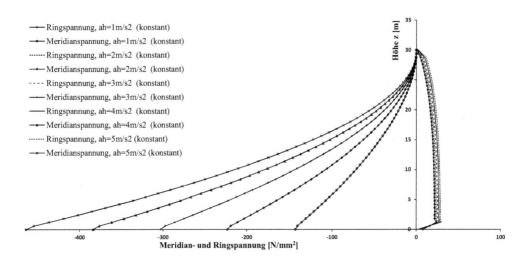

Bild 7-22 Ring- und Meridianspannungen für $a_h = 1$ bis 5 m/s^2

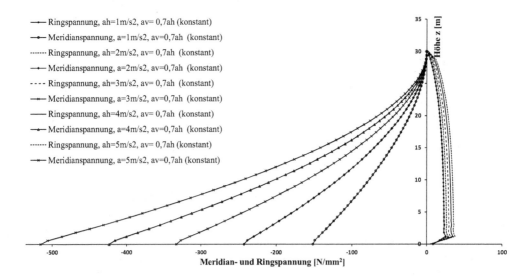

Bild 7-23 Ring- und Meridianspannungen für $a_h = 1$ bis 5 m/s^2 und $a_v = 0,7\ a_h$

7.5.5.2 Beanspruchung infolge Erdbeben für veränderlichen Beschleunigungsverlauf

Im Folgenden wird die Beanspruchung der Siloschale für über die Höhe veränderliche Beschleunigungsverläufe ermittelt. Zum einen wird der Beschleunigungsverlauf linear angesetzt. Zum anderen erfolgt der Ansatz der Beschleunigungen entsprechend der Ergebnisse des multimodalen Antwortspektrenverfahrens an einem vereinfachten Balkenmodell. Als Bemessungsspektrum wird das in Bild 7-24 dargestellte Bemessungsspektrum für einen Standort in Neuseeland mit der Bodenklasse E angesetzt (NZS, 2004).

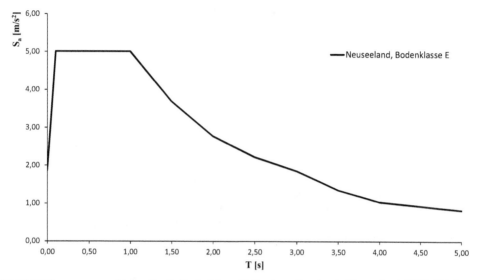

Bild 7-24 Bemessungsspektrum für die Bodenklasse E für einen Standort in Neuseeland (NZS, 2004)

Zur Ermittlung der Beschleunigungsverläufe wird das Silo vereinfacht als Balkenmodell mit 15 konzentrierten Einzelmassen abgebildet, wobei die Einzelmassen das Eigengewicht der Siloschale und des Schüttguts beinhalten (Bild 7-25). Die erste Eigenfrequenz wird für den Mehrmassenschwinger mit 1,0 Hz ermittelt, so dass entsprechend des Spektrums sowohl der ersten als auch allen höheren Eigenfrequenzen eine Spektralbeschleunigung von 5 m/s^2 zugeordnet ist. Der ansteigende Ast im Antwortspektrum wird hier auf Grund der Streuungen bei der Eigenfrequenzbestimmung vernachlässigt.

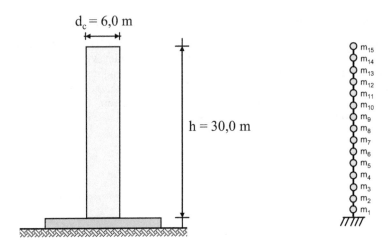

Bild 7-25 Silo mit Ersatzsystem

In Tabelle 7-11 sind die Höhen der Einzelmassen z_i, die Einzelmassen m_i, die Verteilungsfaktoren, die horizontalen Ersatzkräfte H_i, die Beschleunigungen und die Fußmomente zusammengestellt. Der lineare Beschleunigungsverlauf wird mit den Ergebnissen des vereinfachten Antwortspektrenverfahrens ermittelt. Dazu wird der Gesamtfundamentschub von $F_b = 8781,29$ kN massen- und höhenproportional auf das Silo aufgebracht. Aus den Ersatzkräften H_i im Schwerpunkt der Einzelmassen kann dann mit der jeweiligen Einzelmasse die zugehörige Beschleunigung ermittelt werden.

Tabelle 7-11 Eingabeparameter und Ergebnisse des vereinfachten Antwortspektrenverfahrens

Höhe z_i [m]	Schüttgut [t]	Silowand [t]	Einzelmassen m_i [t]	$z_i * m_i$ [tm]	Faktor [-]	H_i [kN]	Beschleunigung [m/s²]	Fußmoment [kNm]
0,00	57,34	1,21	58,54	0,00	0,00	0,00	0,00	0,00
2,00	114,67	2,41	117,08	234,17	0,01	78,06	0,67	156,11
4,00	114,67	2,41	117,08	468,34	0,02	156,11	1,33	624,45
6,00	114,67	2,41	117,08	702,50	0,03	234,17	2,00	1405,01
8,00	114,67	2,41	117,08	936,67	0,04	312,22	2,67	2497,79
10,00	114,67	2,41	117,08	1170,84	0,04	390,28	3,33	3902,80
12,00	114,67	2,41	117,08	1405,01	0,05	468,34	4,00	5620,03
14,00	114,67	2,41	117,08	1639,17	0,06	546,39	4,67	7649,48
16,00	114,67	2,41	117,08	1873,34	0,07	624,45	5,33	9991,16
18,00	114,67	2,41	117,08	2107,51	0,08	702,50	6,00	12645,06
20,00	114,67	2,41	117,08	2341,68	0,09	780,56	6,67	15611,19
22,00	114,67	2,41	117,08	2575,85	0,10	858,62	7,33	18889,54
24,00	114,67	2,41	117,08	2810,01	0,11	936,67	8,00	22480,11
26,00	114,67	2,41	117,08	3044,18	0,12	1014,73	8,67	26382,90
28,00	114,67	2,41	117,08	3278,35	0,12	1092,78	9,33	30597,92
30,00	57,34	1,21	58,54	1756,26	0,07	585,42	10,00	17562,58
Summe	1720,11	36,15	1756,26	26343,88	1,00	8781,29	-	176016,12

Mit dem Mehrmassenschwinger wird zusätzlich eine Berechnung nach dem multimodalen Antwortspektrenverfahren durchgeführt. Es werden insgesamt 10 Eigenfrequenzen berücksichtigt, mit denen etwa 95% der effektiven Masse aktiviert werden. Aus dem multimodalen Antwortspektrenverfahren kann ein genauerer Beschleunigungsverlauf ermittelt werden, der auf einer realitätsnäheren Abbildung des Schwingungsverhaltens durch mehrere Eigenformen basiert. Der Verlauf der Beschleunigungen aus der multimodalen Berechnung im Vergleich zum linearen Ansatz ist in Bild 7-26 dargestellt.

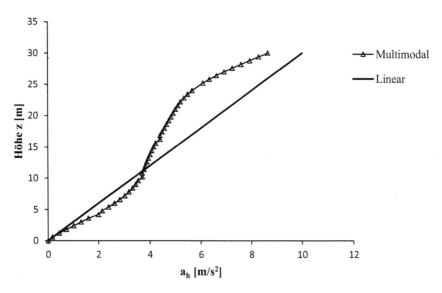

Bild 7-26 Lineare und multimodale Beschleunigungsverläufe

Mit dem über die Höhe variablen Beschleunigungsverlauf wird nach (7.10) die seismische Belastung auf die Silowände ermittelt und als statische Ersatzlast auf das Finite-Elemente Modell mit Schalenelementen (Bild 7-20) aufgebracht. Zusätzlich wird die vertikale Erdbebeneinwirkung mit $a_v = 0{,}7 \cdot a_h = 3{,}5$ m/s^2 berücksichtigt. Die daraus resultierenden Ring- und Meridianspannungen sind in Bild 7-27 im Vergleich zu den Ergebnissen des konstanten und linearen Beschleunigungsansatzes dargestellt.

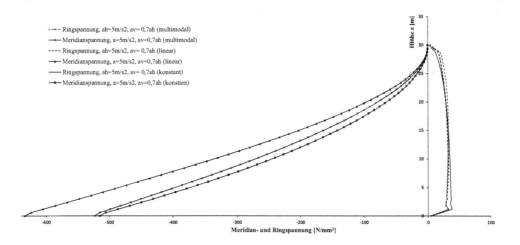

Bild 7-27 Ring- und Meridianspannungen für $a_h = 5$ m/s^2 und $a_v = 3{,}5$ m/s^2

Die Ergebnisse zeigen, dass der lineare Ansatz für die hier vorliegende Silokonstruktion die größten Meridianspannungen liefert, wohingegen der konstante und multimodale Ansatz vergleichbare Ergebnisse liefern. Grund hierfür sind die größeren Beschleunigungen und die ungünstigere Verteilung der Horizontalkräfte über die Höhe. Die Ansätze variieren auch bei den Ringspannungen über die Höhe, wobei die Unterschiede aber nicht so groß wie bei den Meridianspannungen sind.

7.5.5.3 Beanspruchung infolge Erdbeben mit vereinfachtem Berechnungsansatz

Die Berechnung der Silobeanspruchungen infolge Erdbebeneinwirkung erfordert auf Grund der komplexen Lastansätze mit der Überlagerung von Schüttgutlasten und seismischen Lasten eine Finite-Elemente Berechnung mit Schalenelementen. Die Lasteingabe ist von Hand kaum möglich und auch aus wirtschaftlicher Sicht nur darstellbar bei Verwendung spezialisierter Programmmodule oder selbst programmierter Anwendungen.

In der Planungsphase von Silos wird daher häufig auf eine genaue Berechnung verzichtet, und es erfolgt zunächst eine überschlägige Ermittlung der zusätzlichen Silobeanspruchung aus Erdbeben allein auf Grundlage eines Balkenmodells. Dazu wird die maximale Meridianspannung am Fußpunkt des Silos aus dem Einspannmoment der Erdbebenbeanspruchung berechnet. Diese wird im Anschluss mit der Meridianspannung infolge Füll- und Entleerungslasten überlagert.

Eine Ermittlung der zusätzlichen Ringbeanspruchung für die mit einer Kosinusfunktion über den Umfang verteilten horizontalen seismischen Lasten ist am Balkenmodell nicht möglich, so dass dieser Anteil nicht erfasst wird. Die zusätzlichen Ring- und Meridianspannungen infolge vertikaler Erdbebeneinwirkung können jedoch in einfacher Weise durch die Skalierung der Fülllasten berücksichtigt werden.

Im Folgenden werden die Meridianspannungen aus den Einspannmomenten des vereinfachten Antwortspektrenverfahrens, des multimodalen Antwortspektrenverfahrens und für den Ansatz der Gesamthorizontalkraft im Massenschwerpunkt für das betrachtete Silo berechnet. Exemplarisch ergibt sich aus dem vereinfachten Antwortspektrenverfahren mit dem Einspannmoment von 176016,12 kNm (Tabelle 7-11) folgende Meridianspannung:

$$\sigma = \frac{M}{W} = \frac{M}{\frac{1}{r_a} \cdot \left(\frac{\pi}{4} (r_a{}^4 - r_i{}^4) \right)} = \frac{M}{\frac{1}{3,008} \cdot \left(\frac{\pi}{4} (3,008^4 - 3^4) \right)} = \frac{176016,12}{0,226497067} = 777,1 \, \text{N} / \text{mm}^2$$

Die Ergebnisse für das multimodale Antwortspektrenverfahren und den Ansatz der gesamten Erdbebenkraft im Schwerpunkt sind in Tabelle 7-12 mit den Beanspruchungen aus den Fülllasten zusammengestellt. Eine Berücksichtigung der vertikalen Erdbebenlasten erfolgt durch eine Erhöhung der Spannungen aus Fülllasten mit dem Faktor S = 1+C_d = 1,36.

Tabelle 7-12 Beanspruchungen für die vereinfachten Rechenansätze

Erhöhungsfaktor S	S = 1	S = 1,36
Balkenmodell (Multimodales Antwortspektrenverfahren)		
Fußmoment aus Erdbeben [kNm]	117545,47	117545,47
Meridianspannung aus Erdbeben [kN/m²]	-518,97	-518,97
Meridianspannung aus Fülllasten [kN/m²]	-61,58	-83,75
Ringspannung aus Fülllasten [kN/m²]	20,52	27,90
Balkenmodell (Vereinfachtes Antwortspektrenverfahren)		
Fußmoment aus Erdbeben [kNm]	176016,12	176016,12
Meridianspannung aus Erdbeben [kN/m²]	-777,12	-777,12
Meridianspannung aus Fülllasten [kN/m²]	-61,58	-83,75
Ringspannung aus Fülllasten [kN/m²]	20,52	27,90
Balkenmodell (Erdbebenkraft im Massenschwerpunkt)		
Fußmoment aus Erdbeben [kNm]	131719,35	131719,35
Meridianspannung aus Erdbeben [kN/m²]	-581,55	-581,55
Meridianspannung aus Fülllasten [kN/m²]	-61,58	-83,75
Ringspannung aus Fülllasten [kN/m²]	20,52	27,90

Abschließend erfolgt der Vergleich der Ergebnisse aller Rechenansätze. Diese sind für die Kombination aus Fülllasten und Erdbebenlasten in Tabelle 7-13 zusammengestellt. Die von der Theorie her genauesten Ergebnisse liefert das Finite-Elemente Modell mit dem Ansatz veränderlicher Beschleunigungen als Ergebnis einer Berechnung nach dem multimodalen Antwortspektrenverfahren mit einem Balkenmodell. Die gröbste Näherung stellt das als Einmassenschwinger idealisierte Silo dar. Eine Aussage über die Konservativität der Ansätze kann in allgemeiner Form nicht getroffen werden, da die Ergebnisse von vielen Einflussparametern wie dem Schüttgutmaterial, der Silogeometrie und der Spektrumsform abhängen. Es erscheint jedoch sinnvoll, für die Ermittlung der Beanspruchungen ein Schalenmodell mit statischen Ersatzlasten in horizontaler und vertikaler Richtung zu verwenden, um den Einfluss der nicht rotationssymmetrischen seismischen Belastung auf Ring- und Meridianspannungen zu erfassen. Der Ansatz der Beschleunigungen sollte hierbei veränderlich über die Höhe erfolgen. Weiterhin ist ersichtlich, dass die hohen seismischen Lasten in dem betrachteten Silo zu unzulässigen Beanspruchungen in der Siloschale führen, welche die Wahl eines dickeren Bleches und Versteifungen erforderlich machen. Die konstruktive Durchbildung und weitere Bemessung wird jedoch im Rahmen der hier durchgeführten Betrachtungen nicht weiter verfolgt.

Tabelle 7-13 Vergleich der Berechnungsergebnisse der verschiedenen Rechenansätze

	Ringspannung [N/mm²]	Meridianspannung [N/mm²]
FEM (konstant)	37,97	-515,57
FEM (linear)	32,24	-633,64
FEM (multimodal)	32,07	-523,81
Balkenmodell (multimodal)	27,90	-602,72
Ersatzlasten (Mehrmassenmodell)	27,90	-860,87
Ersatzlasten (Einmassenschwinger)	27,90	-665,30

7.5.6 Berechnungsbeispiel: Gedrungenes Silo

Das zweite Berechnungsbeispiel ist ein flach gegründetes, gedrungenes ($h/d_c < 1,5$) Stahlsilo (Bild 7-28). Der Anschluss an das Fundament wird als biegesteif angenommen. Als Schüttgut wird beispielhaft Karlsruher Sand (trockener Sand) gewählt, dessen Materialparameter experimentell ermittelt wurden.

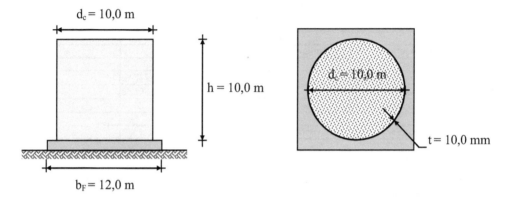

Bild 7-28 Ansicht und Grundriss des Silos

Die Abmessungen und Materialeigenschaften von Silo und Schüttgut sind in Tabelle 7-14 zusammengestellt. Das Fundament wird vereinfacht als starrer Stahlbetonblock mit einer Wichte von 25 kN/m³ abgebildet. Die Lagerung an der Unterkante des Fundaments erfolgt in diesem Fall durch eine Steifigkeitsmatrix, die basierend auf dem Kegelstumpfmodell von Wolf (1994) den elastischen Halbraum unter dem Fundament für eine Scherwellengeschwindigkeit von 500 m/s abbildet. Die zugehörigen Massen- und Dämpfungsanteile sind ebenfalls in der Modellierung berücksichtigt worden. Für die Vorgehensweise nach dem Ersatzlastverfahren ist die Art der Lagerung für die Bestimmung der Eigenfrequenz von Bedeutung, da die Eigenfrequenz die Größe der statischen Ersatzlasten beeinflusst.

Tabelle 7-14 Geometrie und Materialparameter

Silo			
Höhe	h	10,0	m
Innendurchmesser	d_c	10,0	m
Stahlschale	t	10	mm
Elastizitätsmodul	E	210.000	N/mm²
Querkontraktionszahl	v	0,3	[-]
Schüttgut Karlsruher Sand			
Wichte	γ	15,1	kN/m³
Horizontallastverhältnis	K	0,45	[-]
Wandreibungskoeffizient	μ	0,40	[-]

Der Standort des Silos ist Istanbul, für den eine Bodenbeschleunigung a_g von 4,16 m/s^2 anzusetzen ist. Mit dieser Beschleunigung ergeben sich die in Bild 7-29 dargestellten elastischen Antwortspektren in horizontaler und vertikaler Richtung nach DIN EN 1998-1 (2010) für den Spektrumtyp I und die Bodenklasse B.

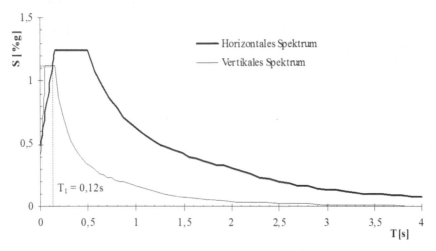

Bild 7-29 Bemessungsspektrum für den Silostandort Istanbul nach DIN EN 1998-4 (2007)

Auf Grund der Dünnwandigkeit des Silos und der damit verbundenen Gefahr des Schalenbeulens wurde auf den Ansatz eines Verhaltensbeiwertes verzichtet (q = 1,0). Für die Bestimmung der ersten Eigenperiode wird ein linear-elastisches Kontinuumsmodell verwendet. Das Schüttgut wird mit Volumenelementen und die Siloschale mit Schalenelementen idealisiert. Der Kontaktbereich zwischen Schüttgut und Silowand wird als starr angenommen (Bild 7-30).

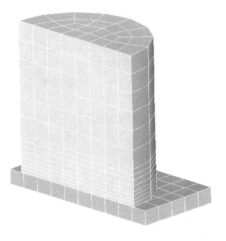

Bild 7-30 FE-Modell für die Modalanalyse

Mit dem Modell ergibt sich unter Berücksichtung der Boden-Bauwerk-Interaktion die erste Eigenperiode zu $T_1 = 0,12$ s. Daraus ergeben sich Spektralbeschleunigungen von $S_{ah} = 10,9$ m/s^2 in horizontaler Richtung und $S_{av} = 11,0$ m/s^2 in vertikaler Richtung. Die horizontale Spektralbeschleunigung wird im Massenschwerpunkt angesetzt und näherungsweise als konstant über die Silohöhe betrachtet. Die erste Eigenperiode liegt im ansteigenden Ast des horizontalen Antwortspektrums. Auf Grund der Unschärfe bei der Berechnung der Eigenperiode sollte für eine praktische Bemessung auf der sicheren Seite der Plateauwert angesetzt werden. Im Rahmen dieses Beispiels wird darauf verzichtet, um einen korrekten Vergleich des Ersatzlastverfahrens mit einer nichtlinearen Simulation des Silos durchführen zu können. Im Rahmen der Untersuchung werden in der Erdbebenkombination folgende Einzellastfälle zu berücksichtigt:

Lastfall 1: Fülllasten

Die Fülllasten sind nach DIN EN 1991-4 (2007) anzusetzen:

$$p_{wf}(z) = \mu \cdot p_{ho} \cdot Y_J(z) = 0,40 \cdot 94,375 \cdot \left(1 - e^{-z/13,89}\right) = 37,75 \cdot \left(1 - e^{-z/13,89}\right)$$

$$p_{vf}(z) = p_{ho} / K \cdot Y_J(z) = 209,72 \cdot \left(1 - e^{-z/13,89}\right)$$

$$p_{hf}(z) = p_{ho} \cdot Y_J(z) = 94,375 \cdot \left(1 - e^{-z/13,89}\right)$$

mit:

$$p_{ho} = \gamma \cdot K \cdot z_0 = 15,1 \cdot 0,45 \cdot 13,89 = 94,375$$

$$z_0 = \frac{A}{K \cdot \mu \cdot U} = \frac{78,450}{0,45 \cdot 0,4 \cdot 31,416} = 13,89$$

$$Y_J(z) = 1 - e^{-z/z_0} = 1 - e^{-z/13,89}$$

Die Schalenspannungen infolge der Silofüllung sind in Bild 7-31 dargestellt. Die Verläufe zeigen die analytisch und mit der Finite-Elemente Methode berechneten Schalenspannungen, die gut übereinstimmen.

Lastfall 2: Horizontale Erdbebeneinwirkung

Die horizontalen Erdbebenlasten ergeben sich nach Abschnitt 7.5.1 zu:

$$\Delta_{ph,s} = \Delta_{ph,so} \cdot \cos\theta$$

mit:

$$\Delta_{ph,so} \qquad \alpha(z) \cdot \gamma \cdot \min(r_s^*, 3x)$$

$$r_s^* \qquad \min(h_b, d_c/2) = 5\,\text{m}$$

$$\alpha(z) \qquad 10{,}9\ \text{m/s}^2 \ (\text{konstant über die Silohöhe})$$

$$\gamma \qquad \text{Wichte: } \gamma = 15{,}1\ \text{kN/m}^3$$

$$x \qquad \text{vertikale Entfernung } x \text{ vom Siloboden}$$

Die Schalenspannungen infolge horizontaler Erdbebeneinwirkung sind in Bild 7-32 dargestellt.

Lastfall 3: Vertikale Erdbebenlasten

Vertikale Erdbebenlasten werden über den Skalierungsfaktor C_d nach (7.15) berücksichtigt:

$$C_d = \frac{S_{av}}{9{,}81} = \frac{11{,}0}{9{,}81} = 1{,}12$$

Mit dem Skalierungsfaktor können die zusätzlichen horizontalen und vertikalen Erdbebenlasten infolge der vertikalen Erdbebeneinwirkung direkt aus den Fülllasten berechnet werden:

$$p_{wf,av}(z) = C_d \cdot \mu \cdot p_{ho} \cdot Y_J(z) = 1{,}12 \cdot 0{,}40 \cdot 94{,}375 \cdot \left(1 - e^{-z/13{,}89}\right) = 42{,}28 \cdot \left(1 - e^{-z/13{,}89}\right)$$

$$p_{vf,av} = C_d \cdot p_{vf} = C_d \cdot p_{ho}/K \cdot Y_J(z) = 209{,}72 \cdot \left(1 - e^{-z/13{,}89}\right)$$

$$p_{hf,av}(z) = C_d \cdot p_{ho} \cdot Y_J(z) = 105{,}7 \cdot \left(1 - e^{-z/13{,}89}\right)$$

Die aus der vertikalen Erdbebeneinwirkung resultierenden Schalenspannungen sind in Bild 7-33 dargestellt.

Nach DIN EN 1998-4 (2007) ist es für axialsymmetrische Silos ausreichend, die Erdbebeneinwirkung in einer horizontalen Richtung mit der vertikalen Erdbebeneinwirkung zu überlagern. Die Überlagerung selbst darf näherungsweise mit der 30%-Regel erfolgen. Die Ergebnisse der maßgebenden Lastfallkombinationen nach der 30%-Regel sind in Bild 7-34 dargestellt. Zum Vergleich ist zusätzlich das Ergebnis der Überlagerung der statischen Fülllasten mit den 1,0-fachen horizontalen und vertikalen Erdbebenlasten dargestellt.

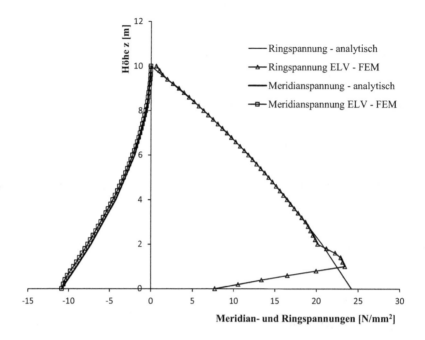

Bild 7-31 Spannungen in der Siloschale infolge Fülllasten

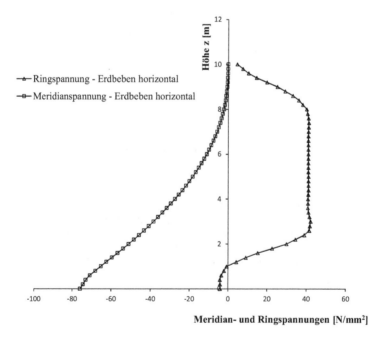

Bild 7-32 Spannungen in der Siloschale infolge horizontaler Erdbebeneinwirkung

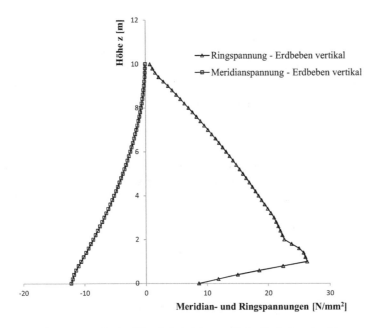

Bild 7-33 Spannungen in der Siloschale infolge vertikaler Erdbebeneinwirkung

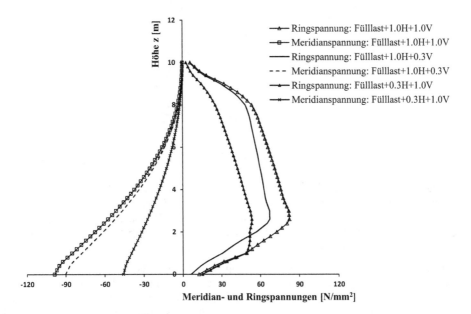

Bild 7-34 Spannungen in der Siloschale für die Erdbebenkombinationen

7.5.7 Numerische Simulation

In der DIN EN 1991-4 (2007) sind spezielle Regeln für die numerische Simulation von Silos unter Erdbebenbelastung angegeben. Im Folgenden werden die Randbedingungen beschrieben, unter denen die numerische Simulation als Nachweis für ein Silobauwerk angewendet werden darf. Anschließend wird das hier verwendete Modell erläutert.

Das für die Ermittlung der seismischen Effekte verwendete Finite-Elemente Modell muss die Steifigkeitsverhältnisse, die Masseverteilung und die geometrischen Eigenschaften des Silos korrekt abbilden. Der Kontaktbereich zwischen dem Schüttgut und der Silowand darf als starr angenommen werden.

Da bei einem Silo unter Erdbebenbelastung große Massen beschleunigt werden, müssen die daraus resultierenden Kräfte sicher in den Baugrund abgeleitet werden. Aus diesem Grund besitzt die Interaktion zwischen Boden und Bauwerk einen nicht zu vernachlässigenden Einfluss.

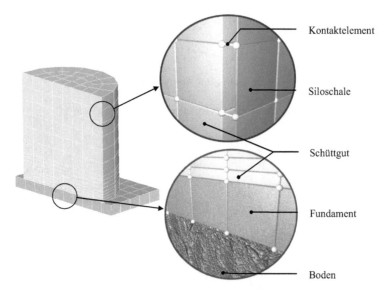

Bild 7-35 FE-Modell des Silos für die nichtlineare Simulation

Das in Bild 7-35 dargestellte Modell setzt sich aus den folgenden fünf Komponenten zusammen: Schüttgut, Siloschale, Kontaktbereich, Fundament und Boden. Das Schüttgut wird durch achtknotige Volumenelemente abgebildet. Das nichtlineare Verhalten des Schüttguts wird hierbei durch ein hypoplastisches Materialgesetz beschrieben, dessen theoretische Grundlagen von Kolymbas (1978) entwickelt und von Gudehus (1996) modifiziert wurden.

Das hypoplastische Stoffgesetz ist vom Ratentyp, d.h. es gilt eine Beziehung zwischen den Raten der Spannungen und den Raten der Deformationen. Wegen der Pfadabhängigkeit wird die Spannungs-Dehnungs-Beziehung mittels Differentialgleichungen beschrieben. Zusätzlich wird im Materialgesetz die intergranulare Dehnung berücksichtigt, um das Verhalten auch unter Lastwechseln realitätsnah abzubilden (Niemunis und Herle, 1997). Die Silowand wird mit vierknotigen Schalenelementen mit linear-elastischem Materialverhalten abgebildet.

Zwischen Silowand und Schüttgut verhindern Kontaktelemente zwischen den Knoten des Schüttguts und den Knoten der Schale die gegenseitige Durchdringung und bilden die Reibung zwischen Wand und Schüttgut durch das Mohr-Coulombsche Gesetz ab. Damit wird der für die Gesamtantwort des Silos wichtige Zwischenbereich zwischen Silowand und Schüttgut physikalisch richtig abgebildet. Wie bereits erläutert, wird unterhalb des als starr angenommen Fundamentes ein elastischer Halbraum angenommen, der mit dem Kegelmodell von Wolf (1994) abgebildet wird. Die Bodeneigenschaften werden ebenfalls durch die Aufstellung einer Steifigkeits-, Dämpfungs- und Massenmatrix für den Boden abgebildet. Für die numerische Simulation des zuvor beschriebenen Beispiels werden auf das Silomodell gleichzeitig ein horizontaler und vertikaler Beschleunigungszeitverlauf aufgebracht. Die angesetzten Beschleunigungszeitverläufe sind in Bild 7-36 dargestellt. Die Zeitverläufe werden synthetisch aus dem in Bild 7-29 dargestellten Bemessungsantwortspektrum generiert. Die Generierung erfolgt mit dem Programm SYNTH (Beispiel 1-7).

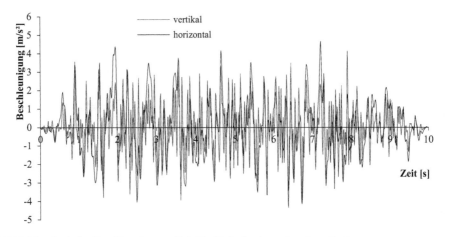

Bild 7-36 Synthetische Beschleunigungs-Zeit-Verläufe (horizontal und vertikal)

In Bild 7-37 bis Bild 7-39 sind die numerisch ermittelten dynamischen Ringspannungen in der Siloschale für die Höhenordinaten z = 0,5 m, z = 2,5 m und z = 7,5 m an jeweils gegenüberliegenden Punkten über die Zeit dargestellt. Die gegenläufigen Spannungsverläufe an den gegenüberliegenden Knoten sind gut erkennbar. Die dynamischen Spannungsverläufe oszillieren um eine Kurve, die mit zunehmender Zeit und Belastung einen positiven Wert anstrebt. Diese Tatsache ist auf die Verdichtung des Schüttguts zurückzuführen, da aus der Druckzunahme im Schüttgut eine Vergrößerung der Ringspannung in der Siloschale resultiert. Der Einfluss der Verdichtung und der daraus resultierenden Verfestigung ist im unteren Bereich des Silos stärker ausgeprägt und nimmt mit zunehmender Höhe ab.

Werden die Spannungsverläufe in der Siloschale für jede Höhenkote ausgewertet, so kann das Gesamtergebnis in Form einer Spannungsumhüllenden dargestellt werden. Bild 7-40 zeigt die Umhüllenden der dynamischen Ring- und Meridianspannungen.

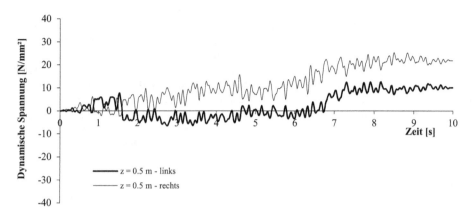

Bild 7-37 Dynamische Ringspannungen in der Siloschale an der Stelle z = 0,5 m

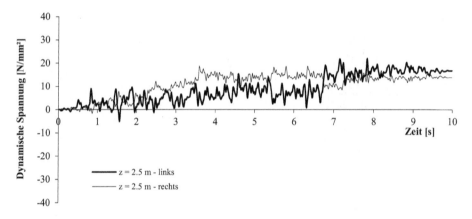

Bild 7-38 Dynamische Ringspannungen in der Siloschale an der Stelle z = 2,5 m

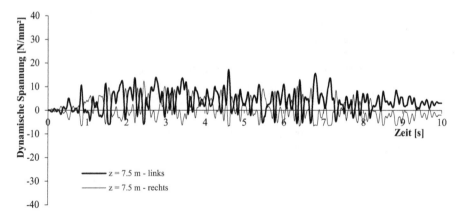

Bild 7-39 Dynamische Ringspannungen in der Siloschale an der Stelle z = 7,5 m

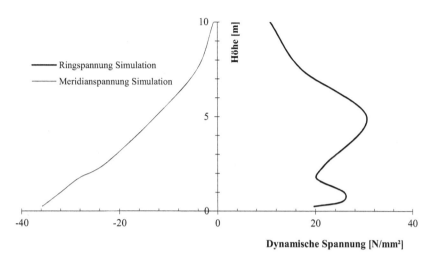

Bild 7-40 Umhüllende der dynamischen Ring- und Meridianspannungen infolge Erdbeben

7.5.8 Vergleich der Verfahren

Die Ergebnisse des Beispiels aus dem Ersatzlastverfahren und der nichtlinearen Zeitverlaufsberechnung werden nun gegenübergestellt. Verglichen werden die Schalenspannungen infolge der statischen Fülllasten und der Erdbebeneinwirkung.

Die Gegenüberstellung der Ring- und Meridianspannungen infolge der Fülllasten in Bild 7-41 zeigt eine gute Übereinstimmung zwischen den analytischen Spannungen, den mit dem Ersatzlastverfahren am finiten Schalenmodell ermittelten Spannungen und den mit dem nichtlinearen Simulationsmodell berechneten Spannungen.

Ein Vergleich der dynamischen Spannungen zwischen dem Ersatzlastverfahren (ELV) und dem nichtlinearen Simulationsmodell erfolgt in Bild 7-42. Da in dem nichtlinearen Simulationsmodell die Zeitverläufe in horizontaler und vertikaler Richtung gleichzeitig wirkend angesetzt werden, ist es erforderlich, den Vergleich mit den Erdbebenkombinationen der beiden Richtungen durchzuführen. Die Kombination der Richtungen erfolgt nach der 30%-Regel. Zusätzlich wird die 1,0-fache Überlagerung der beiden Richtungen betrachtet.

Die Ergebnisse zeigen deutliche Unterschiede. Die nach dem Ersatzlastverfahren ermittelten Erhöhungsfaktoren liegen zwischen dem Faktor 2-3 über den Simulationsergebnissen nach der 30%-Regel, wobei die Kombination 1,0-fache Horizontallasten mit 0,3-fachen Vertikallasten maßgebend ist. Eine 1,0-fache Überlagerung liefert im Vergleich zur Simulationsrechnung noch weiter auf der sicheren Seite liegende Ergebnisse.

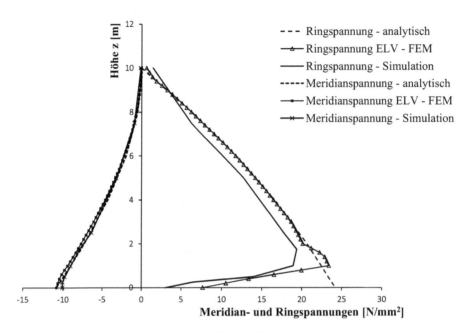

Bild 7-41 Ring- und Meridianspannungen infolge Fülllasten

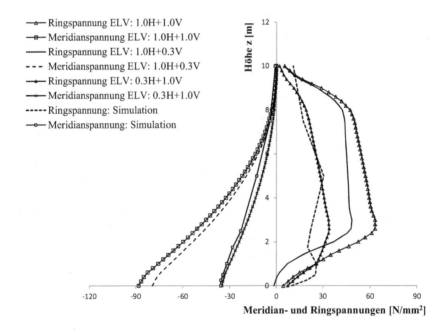

Bild 7-42 Ring- und Meridianspannungen infolge Erdbebeneinwirkung

Die Ursache dafür liegt in den Lastannahmen des Eurocodes, die darauf basieren, dass die anzusetzenden Lasten aus der Horizontalbeschleunigung des Schüttgutes im Wesentlichen über die Siloschale in den Baugrund abgetragen werden. In der Simulation dagegen wird erkennbar, dass ein nicht zu vernachlässigender Teil der horizontalen Lasten aus der Beschleunigung des Schüttguts direkt über Reibung in den Baugrund (bzw. in das Fundament) abgetragen wird.

Dieser Effekt ist bei dem hier betrachteten gedrungenen Silo besonders ausgeprägt und verringert sich mit zunehmendem Verhältnis von Höhe zu Durchmesser. Im Ersatzlastverfahren wird versucht, diesem Effekt Rechnung zu tragen, indem am Silofuß bis zu einer definierten Höhe ein linearer Verlauf der kosinusförmigen Erdbebenbelastung angenommen wird. Mit dieser auch hier berücksichtigten Reduktion der Belastung am Silofuß ergeben sich nach dem Ersatzlastverfahren im Vergleich zur nichtlinearen Simulation immer noch zu konservative Ergebnisse.

Bei schlankeren Silos werden die Unterschiede zwischen den Rechenansätzen deutlich kleiner, und das Ersatzlastverfahren gibt die dynamische Spannungsverteilung gut wieder. Dies zeigten Holler und Meskouris (2006) in weitergehenden experimentellen und numerischen Untersuchungen.

7.6 Tankbauwerke

7.6.1 Einleitung

Werden Tankbauwerke durch seismische Einwirkungen beansprucht, ergeben sich Belastungen aus der Trägheit des eigentlichen Tankbauwerks, durch die gelagerte Flüssigkeit und durch die Interaktion zwischen Fluid und Tankschale. Die Beschreibung und Berechnung dieser Zusammenhänge ist mathematisch anspruchsvoll, weshalb für praktische Problemstellungen vereinfachte Berechnungsverfahren erforderlich sind.

Eines dieser vereinfachten Verfahren wurde 1963 von Housner entwickelt. Der Ansatz von Housner geht von einem starren Tank aus und vernachlässigt den Einfluss von Interaktionsschwingungen zwischen Tank und Fluid vollständig. Die Beanspruchung wird ausschließlich auf Grund der Starrkörperbewegung von Tank und Fluid (impulsiver Lastanteil) sowie der Schwappschwingung des Fluids (konvektiver Lastanteil) ermittelt. Ermittelt werden lediglich der seismisch induzierte Fundamentschub und das Umsturzmoment am Tankfuß. Eine genaue Ermittlung der Schalenbeanspruchung bei unterschiedlichen Schussstärken ist mit dem Ansatz von Housner nicht möglich.

Zahlreiche Analysen von Erdbebenschäden haben gezeigt, dass eine Tankbemessung mit dem Ansatz von Housner insbesondere auf Grund der bei schlanken Tanks nicht vernachlässigbaren Interaktionseffekten nicht zu erdbebensicheren Tankkonstruktionen führt. Aus diesem Grund sollte der Ansatz von Housner nach dem heutigen Kenntnisstand nicht mehr zur Anwendung kommen.

Im informativen Anhang A der DIN EN 1998-4 (2007) wird ein Alternativkonzept zur Tankberechnung vorgeschlagen, das jedoch auf Grund des Berechnungsumfangs noch keinen Eingang in die Bemessungspraxis gefunden hat. Zudem sind für die Nachvollziehbarkeit des Berechnungskonzepts erforderliche Hintergrundinformationen in dem normativen Anhang nicht vollständig dargelegt.

Aus diesem Grund werden im Folgenden die theoretischen Hintergründe des Ersatzlastverfahrens erläutert und die einzelnen infolge Erdbebeneinwirkung auftretenden Druckkomponenten systematisch zusammengestellt.

Im Anschluss daran werden die Druckkomponenten in Form von tabellierten Vorfaktoren beschrieben, wodurch dem Ingenieur eine Tankberechnung ohne Zuhilfenahme komplexer Mathematiksoftware ermöglicht wird (Holtschoppen, 2011).

Die Betrachtung beschränkt sich auf den in der Praxis häufig vorkommenden Fall oberirdischer, stehender, zylindrischer, bodenverankerter Tanks unter atmosphärischem Druck. Zwei Berechnungsbeispiele von seismischen Tankberechnungen demonstrieren die Anwendbarkeit der zunächst theoretisch vorgestellten Berechnungsverfahren.

7.6.2 Grundlagen: Zylindrische Tankbauwerke unter Erdbebenbelastung

Während sich die seismischen Beanspruchungen üblicher Hochbauten im Wesentlichen aus den Trägheitskräften der Tragstruktur und mit ihr verbundener Massen ergeben, treten bei flüssigkeitsgefüllten Tanks verschiedene mehr oder weniger voneinander unabhängige Lastkomponenten auf. Sie resultieren aus der unterschiedlichen Trägheit der Fluidfüllung und des Tankbauwerks sowie aus deren Interaktion. Insbesondere bei weichen Tankkonstruktionen (z.B. schlanken Stahltanks) hat die gemeinsame Biegeschwingung von Fluid und Tank einen wesentlichen Einfluss auf die seismische Beanspruchung der Tankschale.

Alle seismisch induzierten Lastkomponenten für Tanks lassen sich aus dem Strömungspotential Φ für Flüssigkeiten herleiten, für das gilt (Sigloch, 2009):

$$\vec{v} = \text{grad } \Phi = \nabla\Phi = \begin{pmatrix} \partial\Phi/\partial x \\ \partial\Phi/\partial y \\ \partial\Phi/\partial z \end{pmatrix} \tag{7.24}$$

mit: $\vec{v}$ Geschwindigkeitsvektor der Flüssigkeit

∇ Nabla-Operator; $\nabla = \vec{e}_x \cdot \dfrac{\partial}{\partial x} + \vec{e}_y \cdot \dfrac{\partial}{\partial y} + \vec{e}_z \cdot \dfrac{\partial}{\partial z}$

Geht man von einer reibungsfreien, wirbelfreien Bewegung der Flüssigkeit aus, gilt weiterhin:

$$\text{rot } \vec{v} = \nabla \times \vec{v} = 0 \tag{7.25}$$

Aus der Annahme der Inkompressibilität der Flüssigkeit (und damit konstanter Flüssigkeitsdichte) leitet sich die Kontinuitätsgleichung ab:

$$\text{div } \vec{v} = \nabla \, \vec{v} = 0 \tag{7.26}$$

Aus dieser wiederum ergibt sich unter Einsetzen von (7.24) die Laplace-Gleichung für quellenfreie Potentialströmungen:

$$\Delta\Phi = \frac{\partial^2\Phi}{\partial x^2} + \frac{\partial^2\Phi}{\partial y^2} + \frac{\partial^2\Phi}{\partial z^2} = 0 \tag{7.27}$$

Δ: Laplace-Operator; $\Delta = \nabla(\nabla) = \frac{\partial}{\partial x}\left(\frac{\partial}{\partial x}\right) + \frac{\partial}{\partial y}\left(\frac{\partial}{\partial y}\right) + \frac{\partial}{\partial z}\left(\frac{\partial}{\partial z}\right)$

Bei der Betrachtung eines zylindrischen Tanks bietet sich die Darstellung von (7.27) in Zylin-
derkoordinaten nach Bild 7-43 an. Mit diesen kann die Laplace-Gleichung wie folgt ausgedrückt werden (Habenberger, 2001):

$$\Delta\Phi = \frac{\partial^2\Phi}{\partial\xi^2} + \frac{1}{\xi}\cdot\frac{\partial\Phi}{\partial\xi} + \frac{1}{\xi^2}\cdot\frac{\partial^2\Phi}{\partial\theta^2} + \frac{1}{\gamma^2}\cdot\frac{\partial^2\Phi}{\partial\zeta^2} = 0 \qquad (7.28)$$

wobei $\xi = r/R$, sowie $\zeta = z/H$ dimensionslose Koordinaten, θ den Umfangswinkel und $\gamma = H/R$
die Tankschlankheit darstellen (Bild 7-43). Nicht zu verwechseln ist (7.28) mit der gelegentlich in der Literatur zu findenden Darstellung der Laplace-Gleichung ohne die Schlankheit γ
im letzten Term – diese ist nur gültig bei Verwendung dimensionsbehafteter Zylinderkoordina-
ten r, z und θ.

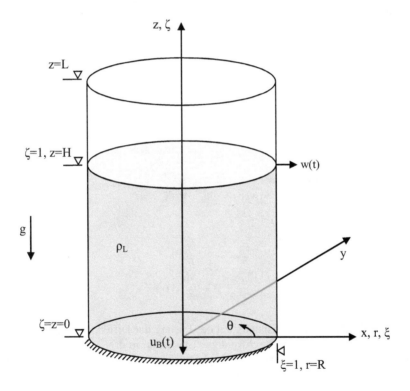

Bild 7-43 Koordinaten des zylindrischen, verankerten Tanks

Der hydrodynamische Druck der Flüssigkeit kann über die zeitliche Ableitung des Geschwindigkeitspotentials dargestellt werden (Habenberger, 2001):

$$p(\xi, \zeta, \theta, t) = -\rho_L \cdot \frac{\partial \Phi}{\delta t} \qquad\qquad (7.29)$$

Es sei an dieser Stelle angemerkt, dass insbesondere die Voraussetzungen für (7.25) (Reibungsfreiheit an der Tankwand) im Allgemeinen nicht gegeben sind. Da dieser Bereich für übliche Tankgeometrien im Vergleich zum gesamten Tankquerschnitt klein ist, ist die Annahme der Reibungsfreiheit der Flüssigkeit zur Aufstellung des Geschwindigkeitspotentials zulässig. Bei Tanks mit extrem kleinem Radius ist die Herleitung der Differentialgleichung diesbezüglich zu überdenken – statt der Eulerschen Betrachtungsweise muss dann ein Ansatz nach Navier-Stokes gewählt werden (Sigloch, 2009). Die Annahme der Inkompressibilität dagegen ist für Flüssigkeiten (im Gegensatz zu Gasen) im Allgemeinen ausreichend genau.

Es müssen für die Differentialgleichung (7.28) Lösungen gefunden werden, welche die vorgegebenen Randbedingungen erfüllen. Die Randbedingungen für eine horizontale Tankanregung können wie folgt formuliert werden:

RB 1:
Radiale Geschwindigkeit an der
Behälterwandung

$$\frac{\partial \Phi}{\partial r} = \frac{1}{R}\frac{\partial \Phi}{\partial \xi} = \frac{\partial w}{\partial t} \qquad \text{für } \xi = 1 \qquad (7.30)$$

RB 2:
Axiale Geschwindigkeit am
Behälterboden

$$\frac{\partial \Phi}{\partial z} = \frac{1}{H}\frac{\partial \Phi}{\partial \zeta} = -\frac{\partial u_B}{\partial t} = 0 \qquad \text{für } \zeta = 0 \qquad (7.31)$$

RB 3a:
„Schwappbedingung" an der
Fluidoberfläche
(aus axialer Geschwindigkeit an der
Fluidoberfläche $\frac{1}{H} \cdot \frac{\partial \Phi}{\partial \zeta} = \frac{\partial u_{\zeta=1}}{\partial t}$ (vgl. RB 2)
und linearisierter Bernoullischer Energiegleichung (7.42)

$$\frac{\partial^2 \Phi}{\partial t^2} + \frac{g}{H}\frac{\partial \Phi}{\partial \zeta} = 0 \qquad \text{für } \zeta = 1$$

$$(7.32)$$

RB 3b:
Keine axiale Bewegung der
Fluidoberfläche

$$p = \frac{\partial \Phi}{\partial t} = 0 \qquad \text{für } \zeta = 1$$

Um obige Randbedingungen vollständig bei der Lösung der Differentialgleichung einbeziehen zu können, wird zum einen das Geschwindigkeitspotential in drei Teilpotentiale aufgeteilt, die jeweils eine inhomogene (rechte Seite $\neq 0$) und zwei homogene Randbedingungen (rechte Seite $= 0$) erfüllen:

$$\Phi = \Phi_1 + \Phi_2 + \Phi_3 \qquad\qquad (7.33)$$

Zum anderen wird der Produktansatz nach Fourier gewählt (Bronstein, Semendjajew, 1996), so dass jeder Faktor nur noch von einer Variablen abhängt:

$$\Phi(\xi, \zeta, \theta, t) = P(\xi) \cdot S(\zeta) \cdot Q(\theta) \cdot F(t) \tag{7.34}$$

An dieser Stelle wird die Annahme getroffen, dass das Geschwindigkeitspotential symmetrisch ist. Auf Grund dessen kann für die Teilfunktion $Q(\theta)$ in Umfangsrichtung eine Fourier-Reihe mit ausschließlich Kosinustermen verwendet werden:

$$Q(\theta) = \sum_{m=0}^{\infty} Q_m \cdot \cos(m \cdot \theta) \tag{7.35}$$

Hierbei wird für perfekte Zylinderschalen bei horizontaler Anregung nur die erste Umfangs-welle aktiviert, so dass die Summation über die Anzahl m der Umfangswellen in (7.35) entfal-len kann (Fischer, Rammerstorfer, 1982). In der Praxis treten üblicherweise baubedingte Abweichungen von einer perfekten Zylinderschale auf, die nachweislich zu Schwingungen höherer Umfangsharmonischen führen (Clough, 1977). Allerdings ist deren Anteil am Gesamt-schwingverhalten auf Grund der geringen Größe der Abweichung in aller Regel klein und wird daher im Rechenansatz vernachlässigt. Während die zeitabhängige Funktion F(t) aus der jewei-ligen inhomogenen Randbedingung bestimmt wird (Habenberger, 2001), verbleiben zwei ge-wöhnliche entkoppelte Differentialgleichungen in $S(\zeta)$ und $P(\xi)$:

$$\frac{1}{S(\zeta)} \frac{d^2 S(\zeta)}{d\zeta^2} = \lambda^2 \tag{7.36}$$

$$\xi^2 \frac{d^2 P(\xi)}{d\xi^2} + \xi \frac{dP(\xi)}{d\xi} + \left(\lambda^2 \xi^2 - m^2\right) \cdot P(\xi) = 0 \tag{7.37}$$

λ: Nullstelle der charakteristischen Gleichung der Zylinderschale
        (s.a. Erläuterungen zu (7.38))

Die Bestimmungsgleichung für den radialen Anteil (7.37) stellt dabei die Besselsche Differen-tialgleichung dar. Zur Lösung von (7.37) muss die Besselfunktion („Zylinderfunktion") ge-wählt werden, die in vielen mathematischen Softwarepaketen oder auch Tabellenkalkulationsprogrammen hinterlegt ist. Die beiden entkoppelten Differentialgleichun-gen sind nur für vorgegebene Randbedingungen lösbar, also für konkret vorgegebene Funktio-nen der Wand- und Bodenverformung w bzw. u_B in den Gleichungen (7.30) und (7.31). Im Folgenden werden die in der Praxis wichtigsten Randbedingungen für seismisch induzierte Tank- und Fluidschwingungen betrachtet. Für diese werden die Druckanteile auf die Tankwan-dung und den Tankboden zusammengestellt. Zur Vereinfachung werden in Abschnitt 7.6.3 die Besselanteile für verschiedene Tankschlankheiten (Verhältnis Füllhöhe zu Radius) ausgewer-tet. Die Ergebnisse dieser Betrachtungen werden tabellarisch in Abschnitt 7.6.12 zusammenge-fasst.

7.6.3 Eindimensionale horizontale Erdbebeneinwirkung

7.6.3.1 Konvektiver Druckanteil (Schwappen)

Eine Schwappschwingung wird erzeugt, wenn der Tank horizontal angeregt wird und sich die Fluidoberfläche frei bewegen kann. Dabei kann mathematisch von einem starren Tank ausgegangen werden, weil die Schwingperioden von Schwappschwingung (große Perioden) und Tankschwingung (relativ kleine Perioden) weit genug auseinander liegen, um von einer Entkopplung der Schwingungen ausgehen zu können. Die Schwappschwingung mit der dazugehörigen Druckverteilung ist in Bild 7-44 qualitativ dargestellt. Diese erzeugt im Wesentlichen Drücke auf die Wandung. Zusätzlich ergibt sich eine Belastung auf den Tankboden, aus der zusätzliche Momente für die Gründung resultieren.

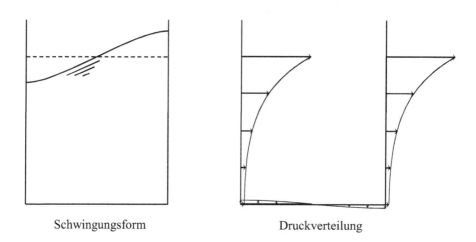

Schwingungsform   Druckverteilung

Bild 7-44 Schwappschwingung mit qualitativer Druckverteilung auf Boden und Wand

Entsprechend (7.35) wird bei allen Druckanteilen lediglich die erste Ringharmonische berücksichtigt – der Umfangsanteil beschränkt sich demnach auf $\cos(1 \cdot \theta)$. Entsprechend (7.30) bis (7.32) gelten folgende Randbedingungen:

RB 1 mit $w(\zeta) = $ konst.   (Annahme einer sich bewegenden, <u>starren Wand</u>)
RB 2   (bodenfester Tank; keine Boden-Bauwerk-Interaktion)
RB 3a   (<u>Schwappschwingung</u> der Fluidoberfläche findet statt)

Daraus ergibt sich der konvektive Druckanteil zu:

$$p_k(\xi, \zeta, \theta, t) = \sum_{n=1}^{\infty} \frac{2 \cdot R \cdot \rho_L}{(\lambda_n^2 - 1)} \left[\frac{J_1(\lambda_n \cdot \xi)}{J_1(\lambda_n)} \right] \left[\frac{\cosh(\lambda_n \cdot \gamma \cdot \zeta)}{\cosh(\lambda_n \cdot \gamma)} \right] [\cos(\theta)] [a_{kn}(t) \cdot \Gamma_{kn}] \qquad (7.38)$$

mit:

p_k	konvektiver Druckanteil aus horizontaler Anregung
n	Summationsindex; Anzahl der berücksichtigten Schwappschwingungsformen
R	Innenradius der Tankwandung
ρ_L	Dichte der Flüssigkeit
J_1	Besselfunktion erster Ordnung nach Bronstein und Semendjajew (1996):

$$J_1(\lambda_n \cdot \xi) = \sum_{k=0}^{\infty} \frac{(-1)^k}{k! \cdot \Gamma(1+k+1)} \cdot \left(\frac{\lambda_n \cdot \xi}{2}\right)^{2k+1}$$

λ_n	Extremstellen der Besselfunktion J_1 erster Ordnung = Nullstellen der Ableitung der Besselfunktion: $\lambda_1 = 1,841$, $\lambda_2 = 5,331$, $\lambda_3 = 8,536$
ξ	dimensionsloser Radius: $\xi = r/R$
ζ	dimensionslose Höhe: $\zeta = z/H$
θ	Umfangswinkel
γ	Schlankheit des Tanks bzw. der „Tankfüllung": $\gamma = H/R$
$a_{kn}(t)$	horizontaler Antwortbeschleunigungszeitverlauf des äquivalenten Einmassenschwingers mit der Periode T_{kn} für die n-te Eigenform der Schwappschwingung. Bei Anwendung des Antwortspektrenverfahrens (Abschnitt 7.6.6) sind die Spektralbeschleunigungen mit den Eigenperioden T_{kn} aus dem elastischen Beschleunigungsanwortspektrum zu bestimmen. Hierbei ist es in der Regel ausreichend, nur die erste Eigenform T_{k1} zu berücksichtigen, die nach (7.41) berechnet werden kann. Die Dämpfung des elastischen Antwortspektrums ist zwischen 0% und 0,5% anzusetzen.
Γ_{kn}	Partizipationsfaktor für den konvektiven Druckanteil für die n-te Eigenform

Wird lediglich die erste Eigenform der schwingenden Flüssigkeit berücksichtigt (n = 1) und die Betrachtung der Druckverteilung auf die Tankschale beschränkt (ξ = 1), entfällt die Summation und (7.38) vereinfacht sich zu

$$p_k(\xi = 1, \zeta, \theta, t) = R \cdot \rho_L \left[0,837 \cdot \frac{\cosh(1,841 \cdot \gamma \cdot \zeta)}{\cosh(1,841 \cdot \gamma)}\right] [\cos(\theta)][a_{k1}(t) \cdot \Gamma_{k1}]. \qquad (7.39)$$

Auf Grund des hydrostatischen Spannungszustandes in der Flüssigkeit wirkt der Druck p_k normal auf die Behälterwandung. Der Partizipationsfaktor Γ_{k1} für die erste Schwappeigenform ergibt sich nach Fischer et al (1991) wie folgt:

$$\Gamma_{k1} = \frac{2 \cdot \sinh(\lambda_1 \cdot \gamma) \cdot [\cosh(\lambda_1 \cdot \gamma) - 1]}{\sinh(\lambda_1 \cdot \gamma) \cdot \cosh(\lambda_1 \cdot \gamma) - \lambda_1 \cdot \gamma} \qquad (7.40)$$

mit:

Γ_{k1}	Partizipationsfaktor des konvektiven Druckanteils für die 1. Eigenform
λ_1	1. Extremstelle der Besselfunktion J_1 erster Ordnung: $\lambda_1 = 1,841$
γ	Schlankheit des Tanks bzw. der „Tankfüllung": $\gamma = H/R$

Die für die Ermittlung der Antwortbeschleunigung a_{kn} erforderliche Eigenperiode T_{kn} der n-ten Schwappschwingung kann nach Fischer, Rammerstorfer (1982) oder Stempniewski (1990) mit der Erdbeschleunigung g berechnet werden:

$$T_{kn} = \frac{2\pi}{\sqrt{\dfrac{g \cdot \lambda_n \cdot \tanh(\lambda_n \cdot \gamma)}{R}}} \tag{7.41}$$

Die weiteren Variablen können den Erläuterungen zu (7.38) entnommen werden. Hinsichtlich der Berechnungsformel für die Eigenperiode der Schwappschwingung ist anzumerken, dass der Tangens Hyperbolicus asymptotisch gegen 1 konvergiert und somit die Schwingzeit der Grund-Schwappschwingung T_{k1} für Schlankheiten $\gamma \geq 1{,}5$ zu $T_{k1} = 1{,}478 \cdot \sqrt{R}$ angenommen werden kann.

Die maximale Höhe $d = u_{max}$ der ersten Schwappschwingung lässt sich aus (7.39) sowie der linearisierten Bernoulli-Gleichung herleiten:

$$\frac{\partial \Phi}{\partial t} + \frac{p_0}{\rho_L} + g \cdot u = 0 \tag{7.42}$$

mit:

$\dfrac{\partial \Phi}{\partial t}$ zeitliche Ableitung des Geschwindigkeitspotentials; $\dfrac{\partial \Phi}{\partial t} = 0$ im Falle maximaler Auslenkung

p_0 atmosphärischer Druck an der freien Oberfläche; der Druck entspricht der Druckordinate p_k bei $\zeta = 1$

g Erdbeschleunigung: $9{,}81$ m/s^2

u axiale Verschiebung der Flüssigkeit an der Oberfläche

Damit ergibt sich die maximale Höhe d bei Berücksichtigung der ersten Eigenform zu:

$$d = 0{,}837 \cdot \frac{S_a(T_{k1})}{g} \cdot R \tag{7.43}$$

mit:

S_a Ordinate des mit 0 bis 0,5% gedämpften elastischen Beschleunigungsantwortspektrums

T_{k1} Eigenperiode der ersten Schwappschwingung; T_{k1} nach (7.41)

7.6.3.2 Impulsiv starrer Druckanteil (Starrkörperverschiebung)

Der impulsiv starre Druckanteil ergibt sich aus der horizontalen Bewegung des als starr angenommenen Tanks zusammen mit dem Fluid. Die Tankbewegung und die resultierende Druckverteilung sind qualitativ in Bild 7-45 dargestellt. Es ergibt sich eine Druckverteilung auf die Tankwand und eine Momentenbeanspruchung des Tankbodens.

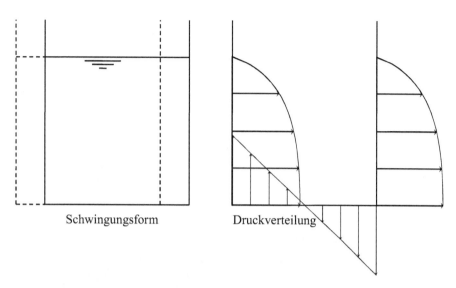

Bild 7-45 Horizontale Starrkörperbewegung mit qualitativer Druckverteilung auf Boden und Wand

Die Schwappschwingung aus Abschnitt 7.6.3.1 wird durch die Wahl von Randbedingung 3b (7.32) aus mathematischer Sicht unterdrückt, da der Schwappanteil bereits separat in dem konvektiven Druckanteil (7.38) berücksichtigt wird. Für den impulsiven starren Anteil gelten folgende Randbedingungen nach (7.30) bis (7.32):

RB 1 mit $w(\zeta)$ = konst.   (Annahme einer sich bewegenden, <u>starren Wand</u>)
RB 2 = 0   (bodenfester Tank; keine Boden-Bauwerk-Interaktion)
RB 3b = 0   (<u>keine</u> Schwappschwingung der Fluidoberfläche)

Damit ergibt sich der impulsiv starre Druckanteil zu:

$$p_{is,h}(\xi, \zeta, \theta, t) = \sum_{n=0}^{\infty} \frac{2 \cdot R \cdot \gamma \cdot \rho_L \cdot (-1)^n}{v_n^2} \left[\frac{I_1\left(\frac{v_n}{\gamma} \cdot \xi\right)}{I_1'\left(\frac{v_n}{\gamma}\right)} \right] [\cos(v_n \cdot \zeta)] [\cos(\theta)] [a_{is,h}(t) \cdot \Gamma_{is,h}] \quad (7.44)$$

mit:

$p_{is,h}$ impulsiv starrer Druckanteil aus horizontaler Anregung

n   Summationsindex

R   Innenradius der Tankwandung

ρ_L Dichte der Flüssigkeit

v_n Hilfswert: $v_n = \frac{2n+1}{2}\pi$

I_1 modifizierte Besselfunktion erster Ordnung; Besselfunktion mit rein imaginärem Argument nach Bronstein und Semendjajew (1996):

$$I_1\left(\frac{v_n}{\gamma}\cdot\xi\right) = \frac{J_1\left(i\cdot\frac{v_n}{\gamma}\cdot\xi\right)}{i^n} = \sum_{k=0}^{\infty}\frac{1}{k!\cdot\Gamma(1+k+1)}\cdot\left(\frac{\frac{v_n}{\gamma}\cdot\xi}{2}\right)^{2k+1}$$

I_1' Ableitung der modifizierten Besselfunktion nach DIN EN 1998-4 (2007)

$$I_1'\left(\frac{v_n}{\gamma}\cdot\xi\right) = I_0\left(\frac{v_n}{\gamma}\cdot\xi\right) - \frac{I_1\left(\frac{v_n\cdot\xi}{\gamma}\right)}{\left(\frac{v_n}{\gamma}\cdot\xi\right)}   \quad I_1'$$

$$= \sum_{k=0}^{\infty}\frac{1}{k!\cdot\Gamma(0+k+1)}\cdot\left(\frac{\frac{v_n\cdot\xi}{\gamma}}{2}\right)^{2k+0} - \frac{\sum_{k=0}^{\infty}\frac{1}{k!\cdot\Gamma(1+k+1)}\cdot\left(\frac{\frac{v_n}{\gamma}\cdot\xi}{2}\right)^{2k+1}}{\frac{v_n}{\gamma}\cdot\xi}$$

γ Schlankheit des Tanks bzw. der „Tankfüllung": $\gamma = H/R$

ξ dimensionsloser Radius: $\xi = r/R$

ζ dimensionslose Höhe: $\zeta = z/H$

θ Umfangswinkel

$a_{is,h}(t)$ horizontaler Bodenbeschleunigungszeitverlauf (Freifeldbeschleunigung). Bei Anwendung des Antwortspektrenverfahrens ist $a_{is,h}(t)$ durch die Spektralbeschleunigung S_a bei der Periode $T = 0$ s zu ersetzen. Nach DIN EN 1998-1 (2010) ergibt sich: $S_a(T = 0) = a_{gR}\cdot S\cdot\gamma_I$

a_{gR} Referenz-Spitzenwert der Bodenbeschleunigung für Baugrundklasse A (Fels)

S Bodenparameter

γ_I Bedeutungsbeiwert des Bauwerks nach DIN EN 1998-1 (2010) bzw. DIN EN 1998-4 (2007)

$\Gamma_{is,h}$ Partizipationsfaktor des impulsiv starren Druckanteils: $\Gamma_{is,h} = 1{,}0$, da sich der starre Tank insgesamt mit dem Boden bewegt.

Durch Beschränkung auf die Betrachtung der Druckverteilung an der Tankwand ($\xi = 1$) vereinfacht sich (7.44) zu:

$$p_{is,h}(\xi = 1, \zeta, \theta, t) = R\cdot\rho_L\cdot\sum_{n=0}^{\infty}\left[\frac{2\cdot\gamma\cdot(-1)^n}{v_n^2}\cdot\frac{I_1\left(\frac{v_n}{\gamma}\right)}{I_1'\left(\frac{v_n}{\gamma}\right)}\cdot\cos(v_n\cdot\zeta)\right][\cos(\theta)][a_{is,h}(t)\cdot\Gamma_{is,h}] \quad (7.45)$$

7.6.3.3 Impulsiv flexibler Druckanteil (Biegeschwingung)

Im Gegensatz zum impulsiv starren Druckanteil wird beim impulsiv flexiblen Druckanteil die Verformbarkeit der Wandschale, die z.B. bei Stahltanks oder schlanken Stahlbetontanks erheblich sein kann, mit berücksichtigt. Hier handelt es sich also um eine gemeinsame Biegeschwingung von Tankwand und mitbewegter Flüssigkeitssäule. In Bild 7-46 ist die gemeinsame Biegeschwingung mit der zugehörigen Druckverteilung qualitativ dargestellt. Es ergibt sich eine Druckverteilung auf die Wandung und eine Momentenbeanspruchung des Tankbodens.

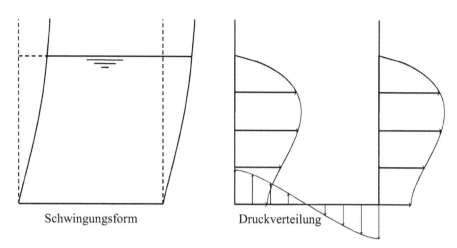

Schwingungsform   Druckverteilung

Bild 7-46 Biegeschwingung von Tank und Fluid mit qualitativer Druckverteilung auf Boden und Wand

Zur Lösung der Potentialgleichung muss die Verformungsfigur als Funktion $w = f(\zeta, t)$ bekannt sein oder iterativ ermittelt werden. Da die Verformungsfigur w von der konkreten Tankgeometrie und Flüssigkeitsfüllung abhängt, ist sie in aller Regel nicht von vorneherein bekannt. Stattdessen müssen Eigenform und Eigenperiode des Tank-Flüssigkeits-Systems durch die Lösung des Eigenwertproblems mittels geeigneter Verfahren ermittelt werden. Ein mögliches Verfahren, das auch im Anhang A des DIN EN 1998-4 (2007) vorgeschlagen wird, beaufschlagt die Masse der Tankschale mit einem iterativ zu ermittelnden zusätzlichen Massenanteil aus der mitbewegten Flüssigkeit und berechnet dann die Verformungsfigur der „trockenen" Schale. Das sogenannte „added-mass-model" wird auch von Fischer et al. (1991) vorgeschlagen. Das Iterationsverfahren bei nicht bekannter Eigenform des Tank-Fluid-Systems wird im Anschluss an die Zusammenstellung der für die Druckverteilung notwendigen Berechnungsformeln kurz dargelegt.

Für das Geschwindigkeitspotential gelten folgende Randbedingungen in Anlehnung an (7.30) bis (7.32):

RB 1 mit $w(\zeta) \neq$ konst.   (<u>Verformung</u> der Behälterwand über die Höhe)

RB 2   (bodenfester Tank; keine Boden-Bauwerks-Interaktion)

RB 3b   (<u>keine</u> Schwappschwingung der Fluidoberfläche)

Daraus ergibt sich der impulsiv flexible Druckanteil zu:

$$p_{if,h}(\xi, \zeta, \theta, t) =$$

$$\sum_{n=0}^{\infty} 2 \cdot R \cdot \rho_L \cdot \left[\frac{I_1\left(\frac{v_n}{\gamma} \cdot \xi\right)}{\frac{v_n}{\gamma} \cdot I_1'\left(\frac{v_n}{\gamma}\right)} \right] \left[\cos(v_n \cdot \zeta) \int_0^1 f(\zeta) \cdot \cos(v_n \cdot \zeta)\, d\zeta \right] [\cos(\theta)] \left[a_{if,h}(t) \cdot \Gamma_{if,h} \right] \qquad (7.46)$$

mit:

$p_{if,h}$ impulsiv flexibler Druckanteil aus der gemeinsamen Biegeschwingung durch horizontale Anregung n   Summationsindex

R   Innenradius der Tankwandung

ρ_L Dichte der Flüssigkeit

I_1 modifizierte Besselfunktion erster Ordnung; Besselfunktion mit rein imaginä-
               rem Argument nach Bronstein und Semendjajew (1996):

$$I_1\left(\frac{v_n}{\gamma}\cdot\xi\right) = \frac{J_1\left(i\cdot\frac{v_n}{\gamma}\cdot\xi\right)}{i^n} = \sum_{k=0}^{\infty}\frac{1}{k!\cdot\Gamma(1+k+1)}\left(\frac{\frac{v_n}{\gamma}\cdot\xi}{2}\right)^{2k+1}$$

I'_1 Ableitung der modifizierten Besselfunktion 1. Ordnung nach DIN EN 1998-4
               (2007)

$$I'_1\left(\frac{v_n}{\gamma}\cdot\xi\right) = \sum_{k=0}^{\infty}\frac{1}{k!\cdot\Gamma(0+k+1)}\cdot\left(\frac{\frac{v_n}{\gamma}\cdot\xi}{2}\right)^{2k+0} - \frac{\sum_{k=0}^{\infty}\frac{1}{k!\cdot\Gamma(1+k+1)}\left(\frac{\frac{v_n}{\gamma}\cdot\xi}{2}\right)^{2k+1}}{\frac{v_n}{\gamma}\cdot\xi}$$

v_n Hilfswert: $v_n = \frac{2n+1}{2}\cdot\pi$

γ Schlankheit des Tanks bzw. der „Tankfüllung": $\gamma = H/R$

ξ dimensionsloser Radius: $\xi = r/R$

$f(\zeta)$ Biegelinie der ersten gemeinsamen (antimetrischen) Schwingungsform
               Tank und Fluid; der Anteil höherer Schwingungsformen wird vernachlässigt

ζ dimensionslose Höhe: $\zeta = z/H$

θ Umfangswinkel

$a_{if,h}(t)$ horizontaler Antwortbeschleunigungszeitverlauf (Relativbeschleunigungs-
               zeitverlauf) des äquivalenten Einmassenschwingers der gemeinsamen Biege-
               schwingung von Tank und Fluid. Bei Anwendung des Antwortspektrenver-
               fahrens (Abschnitt 7.6.6) ist die Spektralbeschleunigung für die erste
               Eigenperiode $T_{if,h,1}$ zu bestimmen. $T_{if,h,1}$ kann näherungsweise nach (7.49)
               bestimmt werden. Alternativ kann $T_{if,h,1}$ mit einer iterativen FE-Berechnung
               der gemeinsamen Biegeschwingung berechnet werden. Als Dämpfung kann
               für Stahltanks nach Kettler (2004) 2% angesetzt werden.

$\Gamma_{if,h}$ Partizipationsfaktor für den impulsiv flexiblen Anteil

Für den impulsiv flexiblen Druckanteil ist die horizontale Antwortbeschleunigung $a_{if,h}(t)$ des Fluid-Tank-Systems relativ zum Boden relevant, da die Starrkörperbeschleunigung bereits in dem impulsiven Druckanteil enthalten ist. Die normativen Beschleunigungsspektren beinhalten jedoch absolute Spektralbeschleunigungen. Die Relativ- und Absolutbeschleunigungsspektren weichen jedoch nur im höheren Periodenbereich wesentlich voneinander ab. Da die erste Ei-genperiode $T_{if,h,1}$ für in der Praxis übliche Tankgeometrien nicht im höheren Periodenbereich liegt, können für die Berechnung des impulsiv flexiblen Druckanteils in guter Näherung die normativen absoluten Beschleunigungsspektren verwendet werden. Diese Empfehlung wird auch von Scharf et al. (1991) und Scharf (1990) gegeben. Sollen Relativspektren verwendet werden, so ist bei der Bestimmung der Relativbeschleunigungsspektren der Anteil der Boden-beschleunigung bei der Aufstellung der Spektren herauszurechnen. Der Partizipationsfaktor $\Gamma_{if,h}$ für den impulsiv flexiblen Druckanteil kann nach Fischer und Rammerstorfer (1982) be-rechnet werden:

$$\Gamma_{if,h} = \frac{\int_0^1 \frac{p_{if,h}(\zeta)}{s(\zeta)} d\zeta}{\int_0^1 \frac{f(\zeta)}{s(\zeta)} \cdot p_{if,h}(\zeta) d\zeta} \quad \text{, für variable Wandstärken } s(\zeta)$$

$$\text{(7.47)}$$

$$\Gamma_{if,h} = \frac{\int_0^1 p_{if,h}(\zeta) d\zeta}{\int_0^1 f(\zeta) \cdot p_{if,h}(\zeta) d\zeta} \quad \text{, für konstante Wandstärken } s(\zeta) = \text{konst.}$$

mit:

$\Gamma_{if,h}$	Partizipationsfaktor des impulsiv flexiblen Druckanteils (Biegeschwingung) infolge horizontaler Erdbebenanregung
$f(\zeta)$	Form der ersten gemeinsamen Biegeschwingung von Tank und Fluid. Der Beitrag höherer Schwingungsformen wird vernachlässigt.
$p_{if,h}(\zeta)$	Druckfunktion des impulsiv flexiblen Druckanteils über die Füllhöhe
$s(\zeta)$	Wandstärke des Tanks
ζ	dimensionslose Höhe: $\zeta = z/H$

Für die Druckverteilung auf die Tankwand ($\xi = 1$) vereinfacht sich (7.46) zu

$$p_{if,h}(\xi = 1, \zeta, \theta, t)$$

$$= R \cdot \rho_L \sum_{n=0}^{\infty} \left[2 \cdot \frac{I_1\left(\frac{\nu_n}{\gamma}\right)}{\frac{\nu_n}{\gamma} I_1'\left(\frac{\nu_n}{\gamma}\right)} \cdot \cos(\nu_n \cdot \zeta) \int_0^1 f(\zeta) \cdot \cos(\nu_n \cdot \zeta) \, d\zeta \right] [\cos(\theta)] [a_{if,h}(t) \cdot \Gamma_{if,h}]$$

$$\text{(7.48)}$$

Die zur Ermittlung der Antwortbeschleunigung $a_{if,h}(t)$ erforderliche erste Eigenperiode $T_{if,h,1}$ der gemeinsamen Schwingung von Tank und Fluid kann nach Rammerstorfer et al. (1988), Rammerstorfer, Fischer (2004), DIN EN 1998-4 (2007) und Sakai et al. (1984) wie folgt angenähert werden:

$$T_{if,h,1} = 2 \cdot F(\gamma) \sqrt{\frac{W_L}{\pi \cdot g \cdot E \cdot s(\zeta = 1/3)}} = 2 \cdot R \cdot F(\gamma) \sqrt{\frac{H \cdot \rho_L}{E \cdot s(\zeta = 1/3)}}$$

$$\text{(7.49)}$$

mit:

W_L	Gewicht der gesamten Fluidmasse: $W_L = \pi \cdot R^2 \cdot H \cdot \rho_L \cdot g$
$F(\gamma)$	statistisch ermittelter Korrekturfaktor: $F(\gamma) = 0{,}157 \cdot \gamma^2 + \gamma + 1{,}49$ nach Rammerstorfer und Fischer (2004)
$s\left(\zeta = \frac{1}{3}\right)$	Tankwanddicke bei 1/3 der Füllhöhe

Dabei ist zu beachten, dass der statistisch ermittelte Korrekturfaktor $F(\gamma)$ in Rammerstorfer et al. (1988) nur für Tanks mit einer Schlankheit $\gamma \leq 4$ angegeben ist. Eigene Untersuchungen haben jedoch gezeigt, dass die Näherungsformel auch für größere Schlankheiten zufriedenstellende Ergebnisse liefert.

Es wurde bereits erwähnt, dass die Form der gemeinsamen Biegeschwingung w = f(ζ) im Allgemeinen nicht genau bekannt ist und deshalb iterativ ermittelt werden muss. Dazu wird zunächst eine Biegeform angenommen, für die gilt:

$$f_{max} = 1 \text{ und } f(\zeta = 0) = 0 \tag{7.50}$$

Mit dieser angenommenen Biegeform wird gemäß (7.48) die resultierende Druckverteilung auf die Tankwand ermittelt. Daraus wiederum wird ein zusätzlicher Massen- bzw. Dichteanteil $\Delta\rho$ aus der Flüssigkeit auf die Tankschale berechnet, dessen Trägheitskräfte auf einen infinitesimalen Tankring dem durch die Flüssigkeit dynamisch aktivierten Druck auf den Tankring äquivalent sind. Nach dem „added-mass-Verfahren" (s.a. Holl, 1987) ergibt sich der zusätzliche Dichteanteil $\Delta\rho^j(\zeta)$ zu:

$$\Delta\rho^j(\zeta) = \frac{p_f^j(\zeta)}{2 \cdot s(\zeta) \cdot f^j(\zeta)} \frac{1}{\cos(\theta) \cdot a_{f,hi}(t) \cdot \Gamma_{if,h}} \tag{7.51}$$

Hierbei sind $p_f^j(\zeta)$ der Druck und $f^j(\zeta)$ die Biegeform im aktuellen Iterationsschritt j. Da die Masseverteilung am Kragarmmodell über den Umfang konstant angenommen wird, kann der Umfangskosinus für die Iteration aus dem Druck herausgekürzt werden. Die Division durch den Beschleunigungswert $a_{if,h}(t)$ ist erforderlich, weil der Druckverlauf $p_f^j(\zeta)$ durch den Beschleunigungsverlauf der betrachteten Eigenform geteilt wird. In anderen Literaturstellen wird (7.51) mitunter in leicht veränderter Form angegeben, was auf die unterschiedliche Formulierung bzw. Normierung des Druckverlaufs zurückzuführen ist (Rammerstorfer et al., 1988). Mit $\rho_s(\zeta)$ als tatsächliche baubedingte Schalendichte ergibt sich die effektive Dichte $\rho^j(\zeta)$ der Tankschale im Iterationsschritt j zu

$$\rho^j(\zeta) = \rho_s(\zeta) + \Delta\rho^j(\zeta). \tag{7.52}$$

Mit dieser korrigierten Schalendichte ist eine erneute Eigenwertanalyse des Tanks durchzuführen und die Biegefunktion $f^j(\zeta)$ zu korrigieren. Die Iteration wird so lange fortgeführt, bis die neue Biegeform keine relevante Veränderung mehr im Vergleich zum vorangegangenen Iterationsschritt erbringt. In der Regel ist dies bereits nach vier bis fünf Schritten der Fall.

Die Anwendung des Iterationsverfahrens ist sehr aufwändig und für die praktische Anwendung wenig geeignet. Denn für die Lösung ist eine Kopplung von spezialisierter Mathematik-Software (für die Ermittlung der aktuellen Druckfunktion) und einer FE-Software (zur Bestimmung der Eigenform des konkreten Tankbauwerks) erforderlich. Für die Übergabe der Berechnungsergebnisse zwischen den Softwarekomponenten ist eine Schnittstellenprogrammierung sinnvoll.

Die iterative Berechnung und Kopplung von FE-Software und Mathematik-Software kann umgangen werden, wenn die Biegeform durch Wahl einer geeigneten Näherungsfunktion als bekannt vorausgesetzt werden kann.

In der Literatur (z.B. Kettler, 2004, Habenberger, 2001) findet sich für die Biegeform ein von der Tankschlankheit abhängiger Näherungsansatz mit drei Funktionen. Als Funktionen werden ein sinusförmiger [$f(\zeta) = \sin((\pi/2) \cdot \zeta)$ für gedrungene Tanks], ein linearer [$f(\zeta) = \zeta$ für schlanke Tanks] und ein kosinusförmiger Biegeverlauf [$f(\zeta) = 1 - \cos((\pi/2) \cdot \zeta)$ für sehr schlanke Tanks] vorgeschlagen. Nachteilig ist jedoch, dass in den Übergangsbereichen der Tankschlankheiten die tatsächliche Eigenform und damit der sich ergebende impulsiv flexible Druckanteil – im Gegensatz zum genaueren iterativen Vorgehen – nur bedingt genau abgebildet wird.

Albert (2009) wählte deshalb zur Lösung des Problems eine quadratische parametrisierte Ansatzfunktion $f(\zeta) = a \cdot \zeta^2 + b \cdot \zeta$, wobei die freien Parameter a und b in der Iteration z.B. über die Modalverformung an zwei Stützstellen iterativ anzupassen sind. Mit den zwei freien Parametern lassen sich die Interaktionsschwingformen in einigen Fällen jedoch nicht realitätsnah genug abbilden.

Von Cornelissen (2010) wurden verschiedene parametrische Funktionen untersucht und verglichen, mit dem Ziel den Verlauf der Biegeschwingung von Tank und Fluid mittels einer einzigen Näherungsfunktion besser abbilden zu können. Als Ergebnis seiner Untersuchungen schlägt er vor, für die Näherungsfunktion einen Ausschnitt aus einer Sinusfunktion zu verwenden. Die Sinusfunktion beinhaltet vier freie Parameter a, b, c und d, so dass die Funktion entlang beider Koordinatenrichtungen skaliert und verschoben werden kann. Die Funktion lautet:

$$f(\zeta) = a \cdot \sin\left(\frac{\pi}{2} \cdot (\zeta - b) \cdot c + d\right) \tag{7.53}$$

Mit diesem Funktionsansatz wurde in zahlreichen Parameteruntersuchungen eine gute Übereinstimmung mit numerischen Berechnungen unter Berücksichtigung der Interaktionsschwingung erzielt. Bei den Untersuchungen stellte sich heraus, dass neben der Tankschlankheit auch die Querdehnzahl ν der Tankwandung, das Verhältnis der Masse des Fluids zur Masse der Tankschale sowie eine veränderliche Wandstärke über die Tankhöhe die Biegeschwingungsform beeinflussen. Es kann aber nachgewiesen werden, dass die letztgenannten Einflüsse vergleichsweise gering sind, und dass eine Parameterbestimmung unter Annahme einer Querdehnzahl von ν = 0,3 (Stahl) bei konstanter Wandstärke und Vernachlässigung der Masse der Behälterschale auf der sicheren Seite liegen, wenn folgende Bedingung erfüllt ist:

$$\frac{R}{t} \geq 60 \cdot \frac{\rho_S}{\rho_L} \tag{7.54}$$

Hierbei sind R der Innenradius des Tanks, t die gemittelte Wandstärke, ρ_S die Dichte der Tankwandung und ρ_L die Fluiddichte. Bei Einhaltung der Bedingung (7.54) können die freien Parameter in Abhängigkeit der Tankschlankheit durch Parameterstudien mit numerischen Tankmodellen und Anwendung der Methode der kleinsten Fehlerquadrate bestimmt werden. Als Ergebnis ergeben sich die in Tabelle 7-15 angegebenen Werte für die freien Parameter. Mit den Parametern a, b, c und d kann die Sinusfunktion als bekannte Biegeform angesetzt werden, so dass die aufwändige Iteration entfällt.

Tabelle 7-15 Freie Parameter a, b, c, d der parametrisierten Sinusfunktion als Eigenformnäherung

γ [-]	a [-]	b [-]	c [-]	d [-]
1,0	-116,7041	-34,2801	0,0851	-115,7037
1,5	2,2033	-0,6111	0,6003	-1,2004
2,0	1,1024	-0,0588	0,8382	-0,0852
3,0	0,6986	0,3384	1,0660	0,3750
4,0	0,6360	0,5073	1,1519	0,5052
5,0	0,6333	0,5978	1,1866	0,5684
6,0	0,6440	0,6521	1,2010	0,6070
8,0	0,6681	0,7113	1,2086	0,6519
10,0	0,6859	0,7414	1,2084	0,6767
12,0	0,6981	0,7589	1,2066	0,6920

7.6.3.4 Praxisbezogene Vereinfachung der Druckanteile durch tabellierte Faktoren

Die in den vorangegangenen Abschnitten allgemein hergeleiteten Druckfunktionen sind auf Grund der mathematisch komplizierten Funktionsanteile für die praktische Bemessung nur mit hohem Aufwand anwendbar. Bei Vergleich der drei Druckanteile ergeben sich jedoch Möglichkeiten der Vereinfachung:

Konvektiver Druckanteil (Schwappen):

$$p_k(\xi = 1, \zeta, \theta, t) = R \cdot \rho_L \sum_{n=1}^{\infty} \frac{2}{(\lambda_n^2 - 1)} \left[\frac{\cosh(\lambda_n \cdot \gamma \cdot \zeta)}{\cosh(\lambda_n \cdot \gamma)} \right] [\cos(\theta)] [a_{kn}(t) \cdot \Gamma_{kn}] \tag{7.55}$$

Impulsiv starrer Druckanteil (Starrkörperverschiebung):

$$p_{is,h}(\xi = 1, \zeta, \theta, t) = R \cdot \rho_L \sum_{n=0}^{\infty} \left[\frac{2 \cdot \gamma \cdot (-1)^n}{v_n^2} \cdot \frac{I_1\left(\frac{v_n}{\gamma}\right)}{I_1'\left(\frac{v_n}{\gamma}\right)} \cos(v_n \cdot \zeta) \right] [\cos(\theta)] [a_{is,h}(t) \cdot \Gamma_{is,h}] \tag{7.56}$$

Impulsiv flexibler Druckanteil (gemeinsame Biegeschwingung):

$$p_{if,h}(\xi = 1, \zeta, \theta, t) = R \cdot \rho_L \sum_{n=0}^{\infty} \left[2 \frac{I_1\left(\frac{v_n}{\gamma}\right)}{\frac{v_n}{\gamma} \cdot I_1'\left(\frac{v_n}{\gamma}\right)} \cos(v_n \cdot \zeta) \int_0^1 f(\zeta) \cdot \cos(v_n \cdot \zeta) \, d\zeta \right]$$
$$\cdot [\cos(\theta)] [a_{if,h}(t) \cdot \Gamma_{if,h}] \tag{7.57}$$

Die drei Druckfunktionen beinhalten den Tankinnenradius R, die Fluidrohdichte ρ_L, Reihenentwicklungen von Kosinushyperbolicus- bzw. Besselfunktionen, den Umfangskosinus $\cos(\theta)$, einen Beschleunigungswert sowie einen Partizipationsfaktor. Eine Vereinfachung und Zusammenfassung der drei Druckanteile kann durch die Tabellierung der Reihenentwicklungen in

Form von Vorfaktoren $C_j(\zeta, \gamma)$ erfolgen. Wird für den konvektiven Druckanteil nur die erste Eigenform berücksichtigt, so ergibt sich mit $a_k(t) = a_{k1}(t)$ und $\Gamma_k = \Gamma_{k1}$:

$$p_j(\xi = 1, \zeta, \theta, t) = R \cdot \rho_L \cdot C_j(\zeta, \gamma) \cdot \cos(\theta) \cdot a_j(t) \cdot \Gamma_j \qquad (7.58)$$

mit:

p_j	Druckanteil j; j = {k; is,h; if,h}
$C_j(\zeta, \gamma)$	tabellierter Vorfaktor des Druckanteils j; der Vorfaktor entspricht dem normierten Druckanteil. Die Tabellen sind in Abschnitt 7.6.12 zusammen gestellt.
$a_j(t)$	Beschleunigungswert des Druckanteils j
Γ_j	Partizipationsfaktor des Druckanteils j

Die Druckordinaten p_j können als statische Lasten in einem Finite-Elemente Modell aufgebracht und als Grundlage für eine Tankbemessung verwendet werden. Grundlage der Tabellierung des Faktors für den impulsiv flexiblen Druckanteil ist die Annahme, dass für das Integral in (7.48) eine geschlossene Lösung gefunden wird. Dies ist möglich, wenn für die Biegeeigenform die in Abschnitt 7.6.3.3 angegebenen nicht parametrisierten Näherungsfunktionen $f(\zeta) = \sin((\pi/2) \cdot \zeta)$, $f(\zeta) = \zeta$ und $f(\zeta) = 1 - \cos((\pi/2) \cdot \zeta)$ verwendet werden. Alternativ kann auch mit dem parametrisierten Sinusansatz (7.53) eine geschlossene Lösung gefunden und der Vorfaktor entsprechend tabelliert werden.

In Diagrammen aufgetragen ergeben sich die normierten Vorfaktoren in Bild 7-47 bis Bild 7-50 Dabei ist zu beachten, dass die Abszissenwerte nicht den Absolutwert des jeweiligen Druckanteils darstellen, sondern noch mit den in (7.58) angegebenen Faktoren zu multiplizieren sind.

Die Vorfaktoren $C_j(\zeta, \gamma)$ sind in Abschnitt 7.6.12 in Tabelle 7-23 bis Tabelle 7-25 für verschiedene Tankschlankheiten tabelliert, wobei für den impulsiv flexiblen Anteil die Biegefunktionen – entsprechend den voranstehenden Erläuterungen – dem jeweils gültigen Schlankheitsbereich zugeordnet sind. Es wurden für gedrungene Tanks ($\gamma < 3$) der sinusförmige Biegeverlauf, für eher schlanke Tanks ($3 \leq \gamma \leq 8$) der lineare Biegeverlauf und für sehr schlanke Tanks ($\gamma > 8$) der kosinusförmige Biegeverlauf angesetzt und daraus die entsprechenden Vorfaktoren ermittelt. Alternativ können die Vorfaktoren $C_j(\zeta, \gamma)$ auch für den parametrisierten Sinusansatz nach (7.58) mit Tabelle 7-26 bestimmt werden.

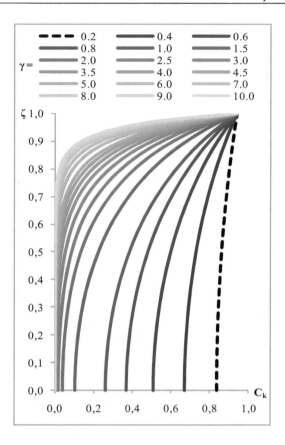

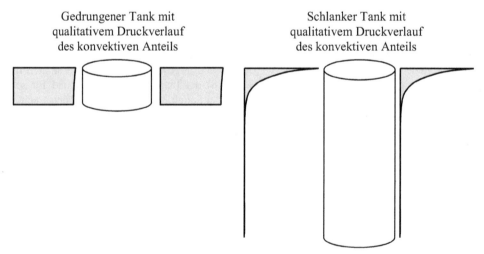

Bild 7-47 Normierter konvektiver Druckanteil C_k nach (7.58), zu multiplizieren mit
$R \cdot \rho_L \cdot \cos(\theta) \cdot a_k(t) \cdot \Gamma_k$

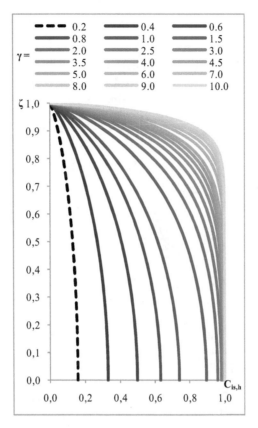

Gedrungener Tank mit
qualitativem Druckverlauf
des impulsiv starren Anteils

Schlanker Tank mit
qualitativem Druckverlauf
des impulsiv starren Anteils

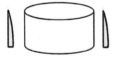

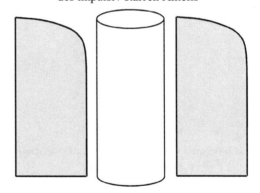

Bild 7-48 Normierter impulsiv starrer Druckanteil $\mathbf{C_{is,h}}$ nach (7.58), zu multiplizieren mit
$\mathbf{R \cdot \rho_L \cdot \cos(\theta) \cdot a_{is,h}(t) \cdot \Gamma_{is,h}}$

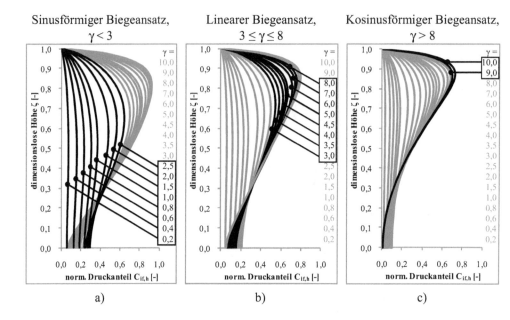

Sinusförmiger Biegeansatz, $\gamma < 3$	Linearer Biegeansatz, $3 \leq \gamma \leq 8$	Kosinusförmiger Biegeansatz, $\gamma > 8$
a)	b)	c)

Gedrungener Tank mit qualitativem Druckverlauf des impulsiv flexiblen Anteils

Schlanker Tank mit qualitativem Druckverlauf des impulsiv flexiblen Anteils

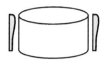

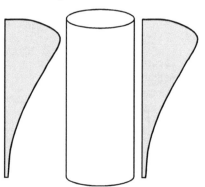

Bild 7-49 Normierter impulsiv flexibler Druckanteil $C_{if,h}$ nach (7.58), zu multiplizieren mit
$R \cdot \rho_L \cdot \cos(\theta) \cdot a_{if,h}(t) \cdot \Gamma_{if,h}$

a) sinusförmiger Biegeformansatz für: $\gamma < 3$ $f(\zeta) = \sin\left(\frac{\pi}{2} \cdot \zeta\right)$

b) linearer Biegeformansatz für: $3 \leq \gamma \leq 8$ $f(\zeta) = \zeta$

c) kosinusförmiger Biegeformansatz für $\gamma > 8$ $f(\zeta) = 1 - \cos\left(\frac{\pi}{2} \cdot \zeta\right)$

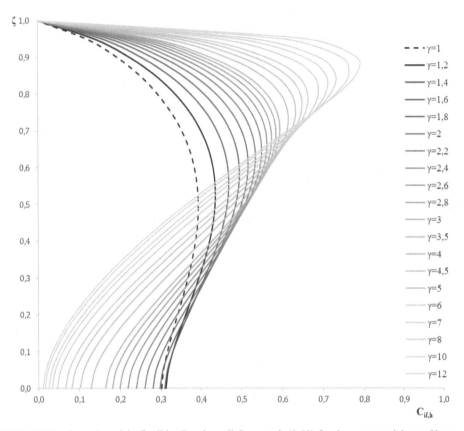

Bild 7-50 Normierter impulsiv flexibler Druckanteil $C_{if,h}$ nach (7.58) für den parametrisierten Sinusansatz nach (7.53), zu multiplizieren mit $R \cdot \rho_L \cdot \cos(\theta) \cdot a_{if,h}(t) \cdot \Gamma_{if,h}$

7.6.3.5 Überlagerung der Druckanteile für eindimensionale horizontale Anregung

Bei der Zeitintegration folgen die einzelnen Druckanteile den als Belastung in der Erdbebenrichtung vorgegebenen Beschleunigungszeitverläufen, sodass die entsprechenden Frequenzen und Schwingungsformen unabhängig voneinander angeregt werden. Damit können die Druckanteile in jedem Lastschritt simultan aufgebracht werden.

Bei der Verwendung des Antwortspektrenverfahrens hingegen wird jeweils der zur Eigenschwingzeit des Belastungsanteils gehörende Maximalwert der Beschleunigung angesetzt. Es muss gewährleistet werden, dass die Überlagerung der Anteile zu einer realistischen Gesamtbeanspruchung führt. Konservativ kann der resultierende horizontale Druck auf die Tankschale nach Rammerstorfer und Fischer (2004) als quadratische Überlagerung der einzelnen Druckanteile ermittelt werden:

$$p_{h,max}(\zeta) = \sqrt{\left(p_k(\zeta)\right)^2 + \left(p_{is,h}(\zeta)\right)^2 + \left(p_{if,h}(\zeta)\right)^2} \qquad\qquad (7.59)$$

mit:

$p_{h,max}$ resultierender Druckanteil im Antwortspektrenverfahren infolge eindimensionaler horizontaler Anregung

Hierbei ist anzumerken, dass es auf Grund des großen Frequenzabstands zwischen der Grundfrequenz der Bodenbewegung und der Eigenfrequenz des konvektiven Anteils zu einer Unterschätzung der seismischen Antwort bei Verwendung der SRSS – Regel kommen kann. Auf der sicheren Seite würde eine Addition der Maxima der impulsiven und des konvektiven Anteils liegen. Da der konvektive Anteil aber im Vergleich zu den impulsiven Anteilen in der Regel wesentlich kleiner ist, erscheint die gewohnte Überlagerung mit der SRSS-Regel ausreichend. In Fällen mit großen Beanspruchungen aus dem konvektiven Anteil sollte der Einfluss einer additiven Überlagerung auf die Bemessung überprüft werden.

7.6.4 Vertikale Erdbebeneinwirkung

Die Druckanteile aus vertikaler Erdbebenanregung lassen sich ebenfalls aus dem Potential der Flüssigkeit und entsprechenden Randbedingungen sowie aus der Bewegungsgleichung der Tankschale herleiten. Auf Grund der Analogie zu den in Abschnitt 7.6.2 beschriebenen Zusammenhängen wird für eine detaillierte mathematische Beschreibung auf Luft (1984), Fischer und Seeber (1988) sowie Tang (1986) verwiesen. Da die Druckanteile aus vertikaler Anregung rotationssymmetrisch sind, haben sie keinen Einfluss auf das Umsturzmoment, beeinflussen aber den Spannungszustand und das Beulverhalten der Tankschale nicht unerheblich.

7.6.4.1 Impulsiv starrer Druckanteil infolge vertikaler Erdbebenanregung

Der impulsive Druckanteil auf eine starre Tankwand entspricht wie schon bei der horizontalen Anregung (Abschnitt 7.6.3) einer Starrkörperverschiebung des Tanks. Der Druckanteil ist rotationssymmetrisch, und der Druckverlauf entspricht qualitativ dem hydrostatischen Druckanteil. In Bild 7-51 ist die vertikale Tankbewegung zusammen mit dem zugehörigen Druckverlauf qualitativ dargestellt. Es ergeben sich ein rotationssymmetrischer Druck auf die Tankwand und ein konstanter Druck auf den Tankboden.

Nach Fischer et al. (1991) kann der Druckanteil mit der Fluiddichte und der vertikalen Bodenbeschleunigung $a_v(t)$ als Funktion über die Tankhöhe beschrieben werden:

$$p_{is,v}(\zeta, t) = \rho_L \left[H \cdot (1-\zeta)\right] \left[a_v(t) \cdot \Gamma_{is,v}\right] \qquad\qquad (7.60)$$

mit:

$p_{is,v}$ impulsiv starrer Druckanteil auf die Behälterschale aus vertikaler Anregung

ρ_L Dichte der Flüssigkeit

H Füllhöhe

ζ dimensionslose Höhe: $\zeta = z/H$

$a_v(t)$ vertikale Bodenbeschleunigung (Freifeldbeschleunigung); bei Anwendung des Antwortspektrenverfahrens ist $a_v(t)$ durch die Spektralbeschleunigung S_{av}

für die Periode T = 0s zu ersetzen. Nach DIN EN 1998-1 (2010) ergibt sich:
$$S_{av}(T=0) = a_{gRv} \cdot S \cdot \gamma_I$$

a_{gRv} Referenz-Spitzenwert der Bodenbeschleunigung für Baugrundklasse A (Fels) in vertikaler Richtung. Für Spektrumtyp I: $a_{gRv} = 0,9 \cdot a_{gR}$; für Spektrumtyp II: $a_{gRv} = 0,45 \cdot a_{gR}$

S Bodenparameter für Vertikalspektrum: $S = 1,0$

γ_I Bedeutungsbeiwert des Bauwerks nach DIN EN 1998-1 (2010) bzw. DIN EN 1998-4 (2007)

$\Gamma_{is,v}$ Partizipationsfaktor des impulsiv starren Druckanteils: $\Gamma_{is,v} = 1,0$, da sich der starre Tank insgesamt mit dem Boden bewegt.

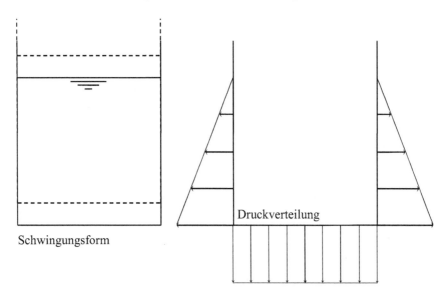

Bild 7-51 Starrkörperbewegung des Tanks mit qualitativer Druckverteilung auf Boden und Wand

7.6.4.2 Impulsiv flexibler Druckanteil infolge vertikaler Erdbebenanregung

Der Druckanteil aus vertikaler Anregung unter Berücksichtigung der Nachgiebigkeit einer flexiblen Tankschale ist ebenfalls rotationssymmetrisch (Habenberger, 2001; Tang, 1986). In Bild 7-52 sind die Schwingungsform des vertikalen flexiblen Anteils und die dazugehörige Druckverteilung qualitativ dargestellt. Es ergeben sich ein rotationssymmetrischer Druck auf die Tankwand und ein zusätzlicher Druckanteil auf den Tankboden.

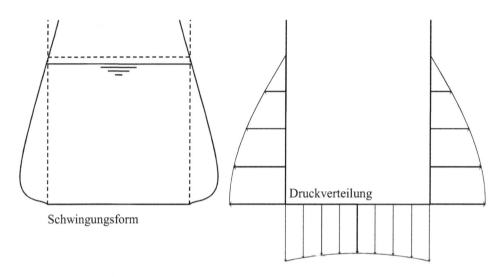

Bild 7-52 Schwingungsform mit „Ausbauchung" und qualitative Druckverteilung auf Boden und Wand

Wie bei der horizontalen Anregung in (7.46) wird die Belastung der Tankschale wieder durch eine von der Höhenkoordinate ζ abhängige Funktion dargestellt:

$$p_{if,v}(\xi, \zeta, t) = \sum_{n=0}^{\infty} 2R \cdot \rho_L \left[\frac{I_0\left(\frac{v_n}{\gamma} \cdot \xi\right)}{\frac{v_n}{\gamma} \cdot I_1\left(\frac{v_n}{\gamma}\right)} \right] \left[\cos(v_n \cdot \zeta) \int_0^1 f(\zeta) \cdot \cos(v_n \cdot \zeta) \, d\zeta \right] \left[a_{if,v}(t) \cdot \Gamma_{if,v} \right] \quad (7.61)$$

mit:

$p_{if,v}$ impulsiv flexibler Druckanteil auf die Behälterschale aus vertikaler Erdbebenanregung

n Summationsindex

R Innenradius der Tankwandung

ρ_L Dichte der Flüssigkeit

I_0 modifizierte Besselfunktion nullter Ordnung (Bronstein, Semendjajew, 1996):

$$I_0\left(\frac{v_n}{\gamma} \cdot \xi\right) = \frac{J_0\left(i \cdot \frac{v_n}{\gamma} \cdot \xi\right)}{i^n} = \sum_{k=0}^{\infty} \frac{1}{k! \cdot \Gamma(0 + k + 1)} \left(\frac{\frac{v_n}{\gamma} \cdot \xi}{2}\right)^{2k+0}$$

I_1 modifizierte Besselfunktion erster Ordnung; s.a. (7.46)

v_n Hilfswert: $v_n = \frac{2n+1}{2} \cdot \pi$

γ Schlankheit des Tanks bzw. der „Tankfüllung": $\gamma = H/R$

ξ dimensionsloser Radius: $\xi = r/R$

ζ dimensionslose Höhe: $\zeta = z/H$

$f(\zeta)$ — Biegelinie der ersten gemeinsamen (rotationssymmetrischen) Schwingungsform von Tank und Fluid; der Anteil höherer Schwingungsformen wird vernachlässigt

$a_{if,v}(t)$ — vertikale Antwortbeschleunigung (Relativbeschleunigung) als Zeitverlauf für die gemeinsame rotationssymmetrische Schwingung von Fluid und Tank. Bei Anwendung des Antwortspektrenverfahrens (Abschnitt 7.6.6)) ist die Spektralbeschleunigung für die Eigenperiode $T_{if,v}$ zu bestimmen. $T_{if,v}$ kann nach (7.62) näherungsweise für die erste Eigenschwingung bestimmt werden. Alternativ kann $T_{if,v}$ mit einer iterativen FE-Berechnung bestimmt werden. Unter Berücksichtigung des Bodens kann nach Rammerstorfer und Fischer (2004) vereinfachend eine Dämpfung von 3% (harter Boden) und 6% (weicher Boden) angesetzt werden.

$\Gamma_{if,v}$ — Partizipationsfaktor für den impulsiv flexiblen Anteil aus vertikaler Erdbebenanregung (7.64)

Die für die Ermittlung der Antwortbeschleunigung $a_{if,v}$ erforderliche Schwingzeit $T_{if,v,1}$ der gemeinsamen Schwingung infolge vertikaler Anregung lässt sich nach Rammerstorfer und Fischer (2004) sowie Habenberger (2001) näherungsweise berechnen:

$$T_{if,v,1} = 4 \cdot R \cdot \sqrt{\frac{\pi \cdot \rho_L}{2} \cdot \frac{1-v^2}{E} \cdot \frac{H}{s\left(\zeta = \frac{1}{3}\right)} \cdot \frac{I_0\left(\frac{\pi}{2 \cdot \gamma}\right)}{I_1\left(\frac{\pi}{2 \cdot \gamma}\right)}} \tag{7.62}$$

mit:

v — Querdehnzahl der Tankschale

E — E-Modul der Tankschale

$s\left(\zeta = \frac{1}{3}\right)$ — Tankwanddicke bei 1/3 der Füllhöhe

Betrachtet man nur die erste gemeinsame Biegeschwingungsform und setzt hierfür einen Verlauf der Form $f(\zeta) = \cos\left(\frac{\pi}{2} \cdot \zeta\right)$ an, nimmt das Integral für das erste Reihenglied den Wert 0,5 an. Alle anderen Reihenglieder ergeben sich zu Null. Da auch hier wieder nur die Druckverteilung auf die Tankwand ($\xi = 1$) von Interesse ist, vereinfacht sich (7.61) zu:

$$p_{if,v}(\zeta, t) = \frac{2}{\pi} \cdot H \cdot \rho_L \left[\frac{I_0\left(\frac{\pi}{2 \cdot \gamma}\right)}{I_1\left(\frac{\pi}{2 \cdot \gamma}\right)}\right] \left[\cos\left(\frac{\pi}{2} \cdot \zeta\right)\right] [a_{if,v}(t) \cdot \Gamma_{if,v}] \tag{7.63}$$

Der Partizipationsfaktor $\Gamma_{if,v}$ für den impulsiv flexiblen Anteil ergibt sich für einen kosinusförmigen Ansatz nach Habenberger (2001) zu:

$$\Gamma_{if,v} = \frac{4}{\pi} \frac{I_1\left(\frac{\pi}{2 \cdot \gamma}\right)}{I_0\left(\frac{\pi}{2 \cdot \gamma}\right)} \tag{7.64}$$

mit:

I_0, I_1 modifizierte Besselfunktion nullter bzw. erster Ordnung; (Bronstein, Semendjajew, 1996); s.a. (7.46), (7.61)

γ Schlankheit des Tanks bzw. der „Tankfüllung": $\gamma = H/R$

Untersuchungen haben gezeigt, dass der Druckverlauf je nach Tankschlankheit stark durch eine Einspannung am Behälterboden beeinflusst wird (Scharf, 1990). Daher empfiehlt Habenberger (2001), die Druckfunktion um einen Korrekturbeiwert zu ergänzen, so dass sich für den impulsiv flexiblen Druckanteil aus vertikaler Erdbebenanregung ein korrigierter Druck ergibt:

$$p_{if,v,korrigiert}(\zeta, t) = \beta(\gamma) \cdot \frac{2}{\pi} \cdot R \cdot \gamma \cdot \rho_L \left[\frac{I_0\left(\frac{\pi}{2 \cdot \gamma}\right)}{I_1\left(\frac{\pi}{2 \cdot \gamma}\right)} \right] \left[\cos\left(\frac{\pi}{2} \cdot \zeta\right) \right] [a_{if,v}(t) \cdot \Gamma_{if,v}] \qquad (7.65)$$

Hierbei ist $\beta(\gamma)$ ein Korrekturfaktor zur Berücksichtigung der Einspannwirkung am Behälterboden:

$$\beta(\gamma) = \begin{cases} 1{,}0 & \text{für } \gamma < 0{,}8 \\ 1{,}078 + 0{,}274 \ln(\gamma) & \text{für } 0{,}8 \leq \gamma \leq 4{,}0 \end{cases}$$

Der Korrekturbeiwert $\beta(\gamma)$ ist empirisch ermittelt und steht bislang nur für Tanks mit einer Schlankheit $\gamma \leq 4$ zur Verfügung. Alle weiteren Variablen sind in (7.61) angegeben. Auch der korrigierte impulsiv flexible Druckanteil aus vertikaler Erdbebeneinwirkung lässt sich nach (7.58) vereinfachen:

$$p_{if,v}(\xi = 1, \zeta, t) = R \cdot \rho_L \cdot 1{,}0 \cdot a_{if,v}(t) \cdot C_{if,v}(\zeta, \gamma) \cdot \Gamma_{if,v}. \qquad (7.66)$$

Der normierte Vorfaktor $C_{if,v}(\zeta, \gamma)$ ist inklusive des Korrekturbeiwerts β nach (7.65) in Bild 7-53 dargestellt und in Tabelle 7-27 für verschiedene Tank-Schlankheiten angegeben. Durch Einsetzen des Partizipationsfaktors $\Gamma_{if,v}$ nach (7.64) in die Druckfunktion $p_{if,v}$ nach (7.65) ($\tilde{p}_{if,v} = p_{if,v} \cdot \Gamma_{if,v}$) ergibt sich folgender in zahlreichen Literaturstellen (DIN EN 1998-4, 2007; Scharf, 1990; Fischer et al., 1991) angegebene Druckverlauf:

$$\tilde{p}_{if,v}(\zeta) = \frac{8}{\pi^2} \cdot \beta(\gamma) \cdot H \cdot \rho_L \left[\cos\left(\frac{\pi}{2} \cdot \zeta\right) \right] S_{a,if,v} \qquad (7.67)$$

Hierbei ist $S_{a,if,v}$ die Spektralbeschleunigung für den impulsiv flexiblen Schwingungsanteil infolge vertikaler Erdbebenanregung.

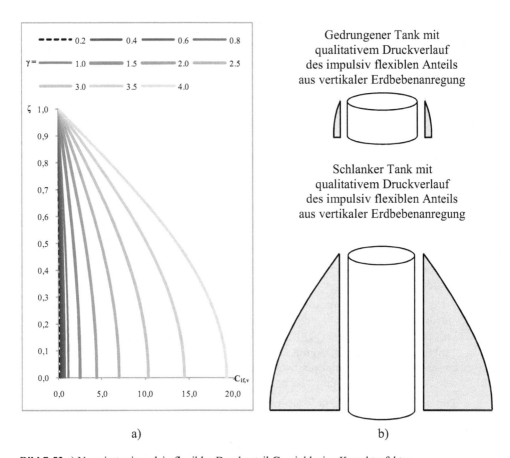

Bild 7-53 a) Normierter impulsiv flexibler Druckanteil $C_{if,v}$ inklusive Korrekturfaktor
$\beta(\gamma)$ nach (7.65), zu multiplizieren mit $\mathbf{R} \cdot \boldsymbol{\rho}_L \cdot \mathbf{1.0} \cdot \mathbf{a_{if,v}(t)} \cdot \boldsymbol{\Gamma_{if,v}}$
b) Qualitative Druckverläufe für vertikale Biegeschwingung: schlanker und gedrungener Tank

7.6.4.3 Überlagerung der Druckanteile für vertikale Erdbebenanregung

Die Überlagerung der beiden Anteile aus vertikaler Erdbebenanregung erfolgt analog zu Abschnitt 7.6.3.5 mit der SRSS-Regel (DIN EN 1998-4, 2007; Scharf, 1990):

$$p_{v,max}(\zeta) = \sqrt{\left(p_{is,v}(\zeta)\right)^2 + \left(p_{if,v}(\zeta)\right)^2} \tag{7.68}$$

7.6.5 Überlagerung der Anteile für die dreidimensionale Erdbebenanregung

In den Abschnitten 7.6.3 und 7.6.4 wurden die resultierenden Druckverläufe getrennt für die eindimensionale horizontale und vertikale Erdbebenanregung hergeleitet. Der horizontale Druckverlauf ist auf Grund der Bodenbewegungen als gleichzeitig wirkend in zwei orthogonalen Richtungen anzusetzen. Damit sind insgesamt drei zeitlich veränderliche Druckverläufe zeitgleich in die Raumrichtungen anzusetzen, die miteinander zu überlagern sind.

Erfolgt eine Zeitverlaufsberechnung, so können drei stochastisch unabhängige Zeitverläufe in die drei Raumrichtungen angesetzt werden. In diesem Fall ergibt sich die Drucküberlagerung in jedem Zeitschritt automatisch.

Von Scharf (1990) wurden exemplarisch Zeitverlaufsberechnungen mit zwei- und dreidimensionaler Erdbebenanregung durchgeführt. Bei zweidimensionaler Anregung zeigte sich, dass das gleichzeitige Auftreten von Druckmaxima in den horizontalen Anregungsrichtungen durch eine quadratische Überlagerung mit der SRSS-Regel nicht gesichert abgedeckt wird. Deshalb empfiehlt er eine additive Überlagerungsvorschrift für die Erdbebenrichtungen. Da der Umfang der Parameterstudien auf einige Zeitverlaufsberechnungen beschränkt war, kann diese Aussage jedoch nicht verallgemeinert werden.

Für die Überlagerung der resultierenden maximalen horizontalen Druckverteilung mit der vertikalen Druckverteilung kann es dazu kommen, dass der maximale oder minimale Druck aus der horizontalen Erdbebenanregung und der maximale oder minimale Druck der vertikalen Erdbebenanregung zeitgleich auftreten. Die verschiedenen Kombinationen von maximalen und minimalen Drücken p_h und p_v lassen sich dabei den typischen Schadensbildern zuordnen (Rammerstorfer, Scharf, 1990):

- Treten die maximale Druckordinate aus horizontaler Erdbebenanregung und die maximale Druckordinate aus vertikaler Erdbebenanregung gleichzeitig auf [$p(\zeta) = p_{stat}(\zeta) + p_h(\zeta) + p_v(\zeta)$], führt dies zu maximalen Umfangszugspannungen am Tankfuß, wo sich überdies große axiale Druckspannungen aus dem Umsturzmoment einstellen. Dies begünstigt plastisches Beulen am Wandfuß, das auch unter dem Namen „elephant foot buckling" bekannt ist (Bild 7-54a, Bild 7-55a).

- Tritt die maximale Druckordinate aus horizontaler Erdbebenanregung gleichzeitig mit der minimalen Druckordinate aus vertikaler Erdbebenanregung auf [$p(\zeta) = p_{stat}(\zeta) + p_h(\zeta) - p_v(\zeta)$], verringert dies den stabilisierenden Innendruck, was zu Axiallastbeulen in Form von „diamond shaped buckling" führen kann (Bild 7-54b, Bild 7-55b).

- Bei der gleichen Lastkonfiguration wie im vorherigen Fall, allerdings an der gegenüberliegenden Tankseite betrachtet, werden beide seismisch induzierten Druckanteile vom hydrostatischen Druck abgezogen [$p(\zeta) = p_{stat}(\zeta) - p_h(\zeta) - p_v(\zeta)$]. Dadurch können insbesondere im oberen Tankbereich Unterdruckbereiche entstehen, die bei geringer Schalendicke zu Manteldruckbeulen führen können (Bild 7-54c, Bild 7-55c).

Abweichend von den von Scharf (1990) vorgestellten Überlegungen und Überlagerungsvorschriften wird in der DIN EN 1991-4 (2007) auf die Überlagerungsregeln für übliche Hochbauten nach DIN EN 1998-1 (2010) verwiesen. Demnach kann die Überlagerung nach DIN EN 1998-1 (2010), Abschnitt 4.3.3.5 entweder durch quadratische Überlagerung oder durch Anwendung der 30%-Regel unter Berücksichtigung aller drei Bebenkomponenten erfolgen.

Die Überlagerungsregeln stellen allesamt Näherungen dar, die komplexen räumlichen Wellenbewegungen des Bodens auf der sicheren Seite für die Bemessung vereinfacht zu berücksichtigen. Smoczynski und Schmitt (2011) zeigten mit umfangreichen Parameterstudien an einer Vielzahl von Schwingern, dass die Anwendung der Überlagerungsregeln der DIN EN 1998-1 (2010) ausreichend genau ist. Deshalb kann auch für Tanks empfohlen werden, diese Überlagerungsregeln anzuwenden.

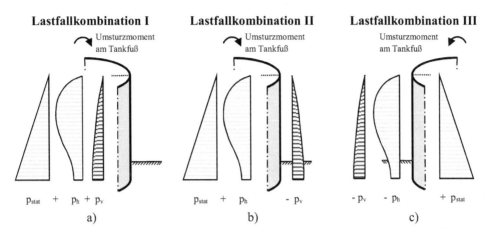

Lastfallkombination I **Lastfallkombination II** **Lastfallkombination III**

Umsturzmoment am Tankfuß   Umsturzmoment am Tankfuß   Umsturzmoment am Tankfuß

p_{stat} + p_h + p_v p_{stat} + p_h − p_v − p_v − p_h + p_{stat}

a)   b)   c)

Bild 7-54 Lastfallkombinationen aus Fluiddruck, horizontaler und vertikaler Erdbebeneinwirkung

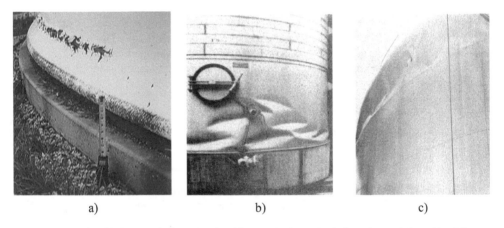

a)   b)   c)

Bild 7-55 Schadensbilder: a) „elephant foot buckling" (ElZeiny, 2000), b) „Diamond shaped buckling"
(Shih, 1981), c) Manteldruckbeulen infolge fehlenden Innendrucks (Shih, 1981)

7.6.6 Aufstellung der Spektren für das Antwortspektrenverfahren

Bei Anwendung des Antwortspektrenverfahrens werden für die einzelnen Druckanteile Bemessungsspektren benötigt. Diese Bemessungsspektren sind für die einzelnen Anteile auf Grund der unterschiedlichen Dämpfungseigenschaften getrennt aufzustellen. Die Dämpfung wird hierbei durch den Dämpfungs-Korrekturbeiwert η berücksichtigt

$$\eta = \sqrt{10/(5 + \xi)} \geq 0{,}55, \tag{7.69}$$

wobei ξ das viskose Dämpfungsverhältnis in Prozent bezeichnet. Anhaltswerte für die entsprechenden Dämpfungswerte sind in Tabelle 7-16 angegeben. Durch Ansatz dieser Dämpfungswerte ist das Energiedissipationsverhalten infolge Reibung in der Flüssigkeit und durch den Tank selbst ausreichend beschrieben.

Tabelle 7-16 Dämpfungswerte der Druckanteile (Scharf, 1990; DIN EN 1998-4, 2007)

Horizontale Druckanteile			Vertikale Druckanteile	
Konvektiv	Impulsiv starr	Impulsiv flexibel	Impulsiv starr	Impulsiv flexibel
$\xi = 0$	$\xi = 0 - 0,5\ \%$	Stahl: $\xi = 1\text{-}2\ \%$ Beton: $\xi = 5\ \%$	$\xi = 0$	Weicher Boden[1]: $\xi = 6\ \%$ Harter Boden[1]: $\xi = 3\ \%$

1) Weicher Boden: Scherwellengeschwindigkeit ≈ 250 m/s; Harter Boden: Scherwellengeschwindigkeit ≈ 1000 m/s

Alternativ zu dem Dämpfungsbeiwert kann für die impulsiven Druckanteile nach DIN EN 1998-1 (2010) das Spektrum auch mit einem Verhaltensbeiwert q abgemindert werden. Für den konvektiven Druckanteil ist q = 1,0 anzusetzen. Für den impulsiven Anteil (starr + flexibel) wird ein Verhaltensbeiwert von $q \geq 1,5$ angegeben.

Bei Ansatz eines Verhaltensbeiwertes für den impulsiven Anteil muss ein entsprechendes Energiedisspationsvermögen des Tanks vorhanden sein. Das erforderliche Energiedissipationsvermögen ist bei Stahltanks in der Regel nicht vorhanden, da die Gefahr des Auftretens der im Abschnitt 7.6.5 beschrieben Beuleffekte besteht.

Bei dünnwandigen Stahltanks sollte deshalb die Bemessung immer mit q = 1,0 durchgeführt werden. Bei Stahlbetontanks kann durch eine entsprechende konstruktive Durchbildung Energiedissipationsvermögen geschaffen werden. Es erscheint aber wenig sinnvoll Tankbauwerke, die üblicherweise als Versorgungsbauwerke dienen, hoch dissipativ auszulegen. Es ist zu empfehlen, den Verhaltensbeiwert mit $q \leq 1,5$ zu wählen.

7.6.7 Fundamentschub und Umsturzmomente

7.6.7.1 Berechnung durch Integration der Druckfunktionen

Zur Bemessung des Tankfundaments ist die Kenntnis des Fundamentschubs und des Umsturzmomentes infolge Erdbebenlast erforderlich. Die einzelnen Anteile dieser Größen ergeben sich aus der Integration der entsprechenden horizontal gerichteten Druckanteile über den Umfang und die Füllhöhe (Fundamentschub) bzw. der zusätzlichen Multiplikation mit dem differentiellen Hebelarm (Umsturzmoment).

Dabei ist zu beachten, dass die Druckanteile nach den Abschnitten 7.6.3 und 7.6.4 normal auf die Tankwand gerichtet sind und demnach für die Ermittlung von Fundamentschub und Umsturzmoment durch die Multiplikation mit $\cos(\theta)$ auf die Erdbebenrichtung umzurechnen sind.

Ebenso ist zu beachten, dass die Druckanteile auf den Tankboden im Falle der horizontalen Erdbebenanregung einen Beitrag zum Umsturzmoment leisten. Die Erdbebenbelastung aus vertikaler Anregung ist rotationssymmetrisch und somit für Fundamentschub und Umsturzmoment irrelevant. Für die modalen Fundamentschub-Anteile ergibt sich folgender Term:

$$F_{b,j} = \int_0^1 2 \int_{-\frac{\pi}{2}}^{+\frac{\pi}{2}} \left[p_j(\xi = 1, \zeta, \theta) \cdot \cos(\theta) \right] R \, d\theta \, H \, d\zeta$$

$$= \pi \cdot R \cdot H \int_0^1 p_j(\xi = 1, \zeta, \theta = 0) \, d\zeta \qquad (7.70)$$

j: Fußzeiger des betrachteten Druckanteils; j = {k; is,h; if,h};

p_k nach (7.39) mit Summationsindex n = 1
$p_{is,h}$ nach (7.45)
$p_{if,h}$ nach (7.48)

Das Umsturzmoment setzt sich aus dem Druck auf Tankwand $p(\xi = 1)$ und Tankboden $p(\zeta = 0)$ zusammen:

$$M_j = \int_0^1 2 \int_{-\frac{\pi}{2}}^{+\frac{\pi}{2}} (H \cdot \zeta) \left[p_j(\xi = 1, \zeta, \theta) \cdot \cos(\theta) \right] R \, d\theta \, H \, d\zeta$$

$$+ \int_0^1 2 \int_{-\frac{\pi}{2}}^{+\frac{\pi}{2}} (R \cdot \xi)^2 \cdot \left[p_j(\xi, \zeta = 0, \theta) \cdot \cos(\theta) \right] R \, d\theta \, d\xi \qquad (7.71)$$

$$= \pi \cdot R \cdot H^2 \int_0^1 \zeta \cdot p_j \, (\xi = 1, \zeta, \theta = 0) \, d\zeta + \pi \cdot R^3 \int_0^1 \xi^2 \cdot p_j(\xi, \zeta = 0, \theta = 0) \, d\xi$$

j: Fußzeiger des Druckanteils: j = {k; is,h; if,h}

$p_{k,h}$ nach (7.39) mit Summationsindex n = 1
$p_{is,h}$ nach (7.45)
$p_{if,h}$ nach (7.48)

Die Berechnung der komplexen Integrale in (7.70) und (7.71) für die einzelnen Druckanteile kann für die praktische Anwendung durch die Angabe von tabellierten Beiwerten stark vereinfacht werden. Hierzu ist für jeden Druckanteil j = {k; is,h; if,h} die Angabe von vier Beiwerten erforderlich:

Beiwert für den Fundamentschub:	$C_{F,j}$
Beiwert für das Umsturzmoment infolge Wanddruck:	$C_{MW,j}$
Beiwert für das Umsturzmoment infolge Bodendruck:	$C_{MB,j}$
Beiwert für Umsturzmoment infolge Wand- und Bodendruck:	$C_{M,j}$
Partizipationsfaktor:	Γ_j

Unter Ansatz der Beiwerte berechnen sich Fundamentschub und Momente zu:

Fundamentschub $F_{b,j}$:

$$F_{b,j} = \pi \cdot R^2 \cdot H \cdot \rho_L \cdot a_j(t) \cdot \Gamma_j \cdot C_{F,j} = m_L \cdot a_j(t) \cdot \Gamma_j \cdot C_{F,j} \tag{7.72}$$

Umsturzmoment $M_{W,j}$ infolge Wanddruck:

$$M_{W,j} = \pi \cdot R^2 \cdot H^2 \cdot \rho_L \cdot a_j(t) \cdot \Gamma_j \cdot C_{MW,j} \tag{7.73}$$

Umsturzmoment $M_{B,j}$ infolge Bodendruck:

$$M_{B,j} = \pi \cdot R^4 \cdot \rho_L \cdot a_j(t) \cdot \Gamma_j \cdot C_{MB,j} \tag{7.74}$$

Umsturzmoment $M_{G,j}$ infolge Wand- und Bodendruck:

$$M_{G,j} = \pi \cdot R^4 \cdot \rho_L \cdot a_j(t) \cdot \Gamma_j \cdot (\gamma^2 \cdot C_{MW,j} + C_{MB,j}) = \pi \cdot R^4 \cdot \rho_L \cdot a_j(t) \cdot \Gamma_j \cdot C_{M,j} \tag{7.75}$$

Die Beiwerte der einzelnen Druckanteile sind in Abschnitt 7.6.12 zusammen mit den Partizipationsfaktoren tabelliert. Tabelle 7-30 enthält die Beiwerte für den konvektiven und den impulsiv starren Druckanteil. Zusätzlich sind die Beiwerte angegeben für den impulsiv flexiblen Druckanteil unter der Annahme eines bereichsweise sinusförmigen, linearen und kosinusförmigen Verlaufs der Interaktionsschwingung zwischen Tank und Fluid. Tabelle 7-31 gibt die Beiwerte für den parametrisierten Sinusverlauf der Interaktionsschwingung an. Ein Vergleich der Beiwerte $C_{M,j}$ für das Umsturzmoment aus Wand- und Bodendruck $M_{G,j}$ ist in den Bild 7-56 bis Bild 7-58 für die einzelnen Druckanteile dargestellt. Die Kurvenverläufe zeigen, dass die bereichsweise kontant gewählten Funktionsverläufe eine gute Übereinstimmung mit dem paramterisierten Sinusansatz aufweisen.

Für die Berechnung des seismischen Gesamtfundamentschubs und des Gesamtumsturzmomentes sind die einzelnen Fundamentschub- und Momentenanteile quadratisch mit der SRSS-Regel zu überlagern:

$$F_b = \sqrt{\left(F_{b,k}\right)^2 + \left(F_{b,is,h}\right)^2 + \left(F_{b,if,h}\right)^2} \tag{7.76}$$

$$M_G = \sqrt{\left(M_{G,k}\right)^2 + \left(M_{G,is,h}\right)^2 + \left(M_{G,if,h}\right)^2} \tag{7.77}$$

Mit den vorgestellten Berechnungsformeln können der Fundamentschub, die Umsturzmomente infolge Wanddrucks und die Umsturzmomente infolge Wand- und Bodendrucks berechnet werden. Die Umsturzmomente infolge Wanddrucks und die Umsturzmomente infolge Wand- und Bodendrucks unterscheiden sich durch die zusätzlichen Momentenwirkungen $M_{B,j}$, die aus den Druckanteilen auf den Tankboden resultieren. Die Momentenanteile $M_{B,j}$ werden für die Ermittlung der Umsturzmomente infolge Wanddrucks nicht berücksichtigt.

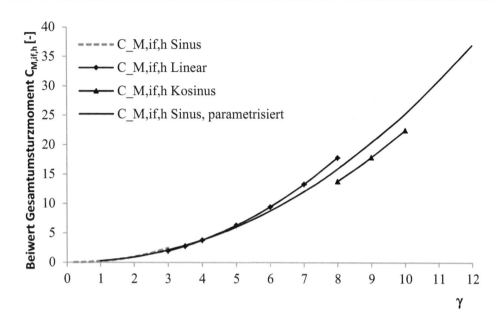

Bild 7-56 Verlauf des Beiwertes $C_{M,if,h}$ für den impulsiv flexiblen Druckanteil

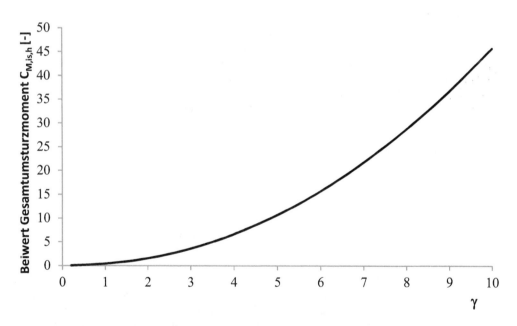

Bild 7-57 Verlauf des Beiwertes $C_{M,is,h}$ für den impulsiv starren Druckanteil

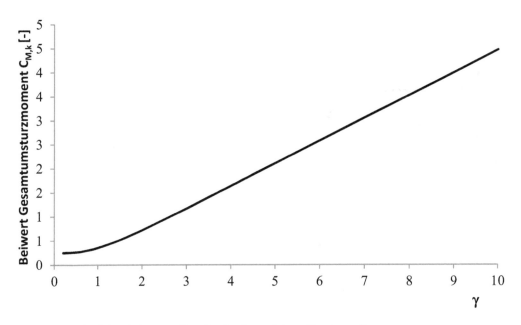

Bild 7-58 Verlauf des Beiwertes $C_{M,k}$ für den konvektiven Druckanteil

7.6.7.2 Vereinfachter Ansatz nach DIN EN 1998-4 (2007), Anhang A.3.2.2

Im Anhang A.3.2.2 der DIN EN 1998-4 (2007) wird ein vereinfachter Ansatz für die Berechnung von Fundamentschub und Umsturzmomenten angegeben. Dieser Ansatz dient dazu, die Beanspruchungen für die Unterkonstruktion oder die Gründung vorab in einfacher Weise zu ermitteln. Die Schalenspannungen lassen sich mit dem Ansatz nicht ausreichend genau bestimmen, da die Verteilung der Druckverläufe nicht ermittelt wird. Im Rahmen dieses Ansatzes werden zunächst die Grundperioden für den impulsiven und den konvektiven Druck bestimmt:

$$T_{ih} = C_i \cdot \frac{\sqrt{\rho_L} \cdot H}{\sqrt{s/R} \cdot \sqrt{E}} \qquad (7.78)$$

$$T_k = C_c \sqrt{R} \qquad (7.79)$$

mit:

H	Bemessungsfüllhöhe
R	Innentankradius
s	äquivalente gleichmäßige Wanddicke (gewichtetes Mittel über die benetzte Höhe der Tankwand; die Wichtung kann proportional zur Dehnung in der Tankwand vorgenommen werden, welche ihr Maximum am Tankfuß hat)
ρ_L	Dichte der Flüssigkeit
E	E-Modul der Tankwand

Die Koeffizienten C_i und C_k sind Tabelle 7-17 zu entnehmen. Der Koeffizient C_i ist dimensionslos. Der Koeffizient C_k hat die Einheit [s/m$^{1/2}$], wenn der Radius R in [m] eingesetzt wird. Die impulsive und die konvektive Masse m_i und m_k sind als Anteile an der Gesamtmasse m angegeben. Weiterhin sind die Ersatzhöhen h_i, h_k bzw. h_{iu}, h_{ku} vom Tankfußpunkt bzw. von der Unterseite der Bodenplatte bis zum Angriffspunkt der Resultierenden des impulsiven und konvektiven Wanddrucks angegeben.

Tabelle 7-17 Koeffizienten C_i und C_k für die Grundperiode, Massen m_i und m_k, Höhen h_i, h_k, h_{iu}, h_{ku}

H/R	C_i [-]	C_k [s/m$^{1/2}$]	m_i/m	m_k/m	h_i/H	h_k/H	h_{iu}/H	h_{ku}/H
0,3	9,28	2,09	0,176	0,824	0,400	0,521	2,640	3,414
0,5	7,74	1,74	0,300	0,700	0,400	0,543	1,460	1,517
0,7	6,97	1,60	0,414	0,586	0,401	0,571	1,009	1,011
1,0	6,36	1,52	0,548	0,452	0,419	0,616	0,721	0,785
1,5	6,06	1,48	0,686	0,314	0,439	0,690	0,555	0,734
2,0	6,21	1,48	0,763	0,237	0,448	0,751	0,500	0,764
2,5	6,56	1,48	0,810	0,190	0,452	0,794	0,480	0,796
3,0	7,03	1,48	0,842	0,158	0,453	0,825	0,472	0,825

Die Gesamtschubkraft ergibt sich aus:

$$F_b = (m_i + m_W + m_D) \cdot S_e(T_i) + m_k \cdot S_e(T_k) \tag{7.80}$$

mit:

F_b	Fundamentschub
m_W	Masse der Tankwand
m_D	Masse des Tankdachs
$S_e(T_i)$	impulsive Spektralbeschleunigung aus dem mit 5 % gedämpften elastischen Antwortspektrum mit 5% Dämpfung
$S_e(T_k)$	konvektive Spektralbeschleunigung aus dem mit 0,5 % gedämpften elastischen Antwortspektrum

Das Umsturzmoment infolge Wanddruck berechnet sich mit den Höhen der Massenschwerpunkte von Tankwand h_W und Tankdach h_D zu:

$$M_W = (m_i \cdot h_i + m_W \cdot h_W + m_D \cdot h_D) \cdot S_e(T_i) + m_k \cdot h_k \cdot S_e(T_k) \tag{7.81}$$

Das Umsturzmoment infolge Wand- und Bodendruck ergibt sich aus:

$$M_G = (m_i \cdot h_{iu} + m_W \cdot h_W + m_D \cdot h_D) \cdot S_e(T_i) + m_k \cdot h_{ku} \cdot S_e(T_k) \tag{7.82}$$

7.6.7.3 Näherungsverfahren nach Housner

Der vereinfachte Ansatz zur Berechnung flüssigkeitsgefüllter Tanks nach Housner (1963) bildet auch heute noch die Grundlage vieler Normen und Richtlinien weltweit (z.B. API 650, 2003). Das Verfahren ist einfach und schnell anwendbar, da es von einem starren bodenfesten Tank unter horizontaler Erdbebenanregung ausgeht. Auf Grund dieser restriktiven Annahme werden nur der konvektive und der impulsiv starre Druckanteil berücksichtigt. Vergangene Erdbeben haben jedoch deutlich gezeigt, dass mit dem Housner-Verfahren bemessene Tanks ein Sicherheitsdefizit aufweisen, da der impulsiv flexible Druckanteil nicht vernachlässigbar ist. Unabhängig davon wird das Verfahren noch immer eingesetzt, da es im Rahmen einer einfachen Handberechnung angewendet werden kann und sowohl auf zylindrische als auch auf rechteckige Tanks anwendbar ist. Das Housner-Verfahren wird hier der Vollständigkeit halber vorgestellt, wohl wissend, dass es insbesondere bei Tankbauwerken mit ausgeprägten gemeinsamen Biegeschwingungen von Tank und Fluid unzureichende Ergebnisse liefert. Einsetzbar ist es nur, wenn die Starrheit der Tanks gegeben ist.

In dem Verfahren wird zwischen gedrungenen und schlanken Tanks unterschieden. Gedrungene Tanks liegen bei einem Verhältnis von H/R < 1,5 für zylindrische Tanks und bei H/L < 1,5 für rechteckige Tanks vor (Bild 7-59). Hierbei ist H die mit Wasser benetzte Höhe des Tanks, R der Tankinnenradius eines zylindrischen Tanks und L die halbe Breite eines rechteckigen Tanks in Erdbebenrichtung. Auf den bodenfesten starren Tank wirkt die Einhängebeschleunigung bei der Periode T = 0 s im Antwortspektrum, die der maximalen Bodenbeschleunigung $\ddot{u}_B$ entspricht.

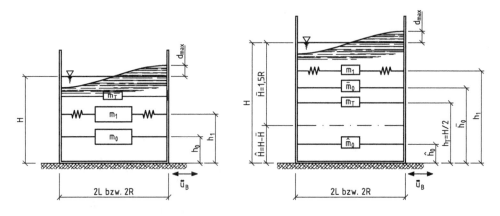

Bild 7-59 Flüssigkeitsmassen bei gedrungenem und schlankem Tank (Meskouris, 1999)

Für gedrungene Tanks sind die impulsive Masse m_0, die konvektive Masse m_1, die zugehörigen konvektiven Hebelarme h_1^k, h_1^g und die impulsiven Hebelarme h_0^k, h_0^g ohne und mit Berücksichtigung des Bodendrucks nach Tabelle 7-18 zu berechnen.

Für schlanke Tanks wird zusätzlich berücksichtigt, dass im Wesentlichen der obere Teil der Wasserfüllung mit einer Höhe von $\bar{H} = 1,5 \cdot R$ bzw. $1,5 \cdot L$ in Bewegung gerät. Durch diese Überlegung ergibt sich eine „gehaltene" Wassermasse $\hat{m}_0$ im unteren Tankbereich. Unter Berücksichtigung dieser Verhältnisse können für den schlanken Tank die impulsiven sowie konvektiven Massen und Hebelarme nach Tabelle 7-19 und Tabelle 7-20 berechnet werden. Sowohl bei gedrungenen als auch bei schlanken Tanks ist zusätzlich auch die dynamische

Wirkung der Tankmasse m_T zu berücksichtigen. Hierbei wird angenommen, dass der Schwerpunkt der Tankmasse auf der Höhe des Schwerpunkts der impulsiven Wassermasse liegt.

Die konvektive Masse ist im Modell mit der Tankwand über eine Feder verbunden, während die impulsiven Massen starr mit der Tankwand verbunden sind (Bild 7-59). Für die Beschreibung der Schwappschwingung kann mit den nachfolgenden Tabellen die Höhe der vertikalen Wellenbewegung der Wasseroberfläche berechnet werden. Hierzu wird auf den Zusammenhang zwischen den Spektralwerten der Verschiebung, Geschwindigkeit und Beschleunigung zurückgegriffen, für die gilt:

$$S_v = S_d \cdot \omega = \frac{S_a}{\omega} \tag{7.83}$$

Die Umsturzmomente infolge des Wanddrucks ergeben sich mit den impulsiven Ersatzlasten P_0, den konvektiven Ersatzlasten P_1 und den zugehörigen Hebelarmen. Die resultierenden Umsturzmomente können mit der SRSS-Regel berechnet werden. Das Umsturzmoment M_W infolge Wanddruck und das Umsturzmoment infolge Wand- und Bodendruck M_G berechnen sich zu:

$$M_W = \sqrt{\left(P_0 \cdot h_0^k\right)^2 + \left(P_1 \cdot h_1^k\right)^2} \tag{7.84}$$

$$M_G = \sqrt{\left(P_0 \cdot h_0^g\right)^2 + \left(P_1 \cdot h_1^g\right)^2} \tag{7.85}$$

Tabelle 7-18 Druckanteile für gedrungene Tanks mit H/R < 1,5 bzw. H/L < 1,5

	Zylindrischer Tank	Rechteckiger Tank
Wassermasse m_w [t]	$m_w = \rho_L \cdot H \cdot R^2 \cdot \pi$	$m_w = \rho_L \cdot H \cdot 2L \cdot B$ (B = andere Tankbreite)
impulsive Wassermasse m_0 [t]	$m_0 = m_w \cdot \left[\dfrac{\tanh(\sqrt{3} \cdot \frac{R}{H})}{\sqrt{3} \cdot \frac{R}{H}} \right]$	$m_0 = m_w \cdot \left[\dfrac{\tanh(\sqrt{3} \cdot \frac{L}{H})}{\sqrt{3} \cdot \frac{L}{H}} \right]$
impulsiver Hebelarm h_0^k [m] ohne Bodendruck	$h_0^k = \dfrac{3}{8} \cdot H$	$h_0^k = \dfrac{3}{8} \cdot H$
impulsiver Hebelarm h_0^g [m] mit Bodendruck	$h_0^g = \dfrac{H}{2 \cdot \left[\dfrac{\tanh(\sqrt{3} \cdot \frac{R}{H})}{\sqrt{3} \cdot \frac{R}{H}} \right]} - \dfrac{H}{8}$	$h_0^g = \dfrac{H}{2 \cdot \left[\dfrac{\tanh(\sqrt{3} \cdot \frac{L}{H})}{\sqrt{3} \cdot \frac{L}{H}} \right]} - \dfrac{H}{8}$
impulsive Ersatzlast P_0 [kN]	$P_0 = \ddot{u}_0 \cdot (m_0 + m_T)$	$P_0 = \ddot{u}_0 \cdot (m_0 + m_T)$
konvektive Wassermasse m_1 [t]	$m_1 = m_w \cdot 0{,}318 \cdot \dfrac{R}{H} \cdot \tanh(1{,}84 \cdot \frac{H}{R})$	$m_1 = m_w \cdot 0{,}527 \cdot \dfrac{L}{H} \cdot \tanh(1{,}58 \cdot \frac{H}{L})$
konvektiver Hebelarm h_1^k [m] ohne Bodendruck	$h_1^k = H \cdot \left[1 - \dfrac{\cosh(1{,}84 \frac{H}{R}) - 1}{1{,}84 \frac{H}{R} \cdot \sinh(1{,}84 \frac{H}{R})} \right]$	$h_1^k = H \cdot \left[1 - \dfrac{\cosh(1{,}58 \frac{H}{L}) - 1}{1{,}58 \frac{H}{L} \cdot \sinh(1{,}58 \frac{H}{L})} \right]$
konvektiver Hebelarm h_1^g [m] mit Bodendruck	$h_1^g = H \cdot \left[1 - \dfrac{\cosh(1{,}84 \frac{H}{R}) - 2{,}01}{1{,}84 \frac{H}{R} \cdot \sinh(1{,}84 \frac{H}{R})} \right]$	$h_1^g = H \cdot \left[1 - \dfrac{\cosh(1{,}58 \frac{H}{L}) - 2}{1{,}58 \frac{H}{L} \cdot \sinh(1{,}58 \frac{H}{L})} \right]$
Eigenfrequenz ω^2 [1/s²]	$\omega^2 = \dfrac{1{,}84 \cdot g}{R} \cdot \tanh(1{,}84 \cdot \frac{H}{R})$	$\omega^2 = \dfrac{1{,}58 \cdot g}{L} \cdot \tanh(1{,}58 \cdot \frac{H}{L})$
maximale horizontale Auslenkung y_{max} [m]	$y_{max} = \dfrac{S_v}{\omega}$	$y_{max} = \dfrac{S_v}{\omega}$
Winkel θ_h [rad]	$\theta_h = 1{,}534 \cdot \dfrac{y_{max}}{R} \cdot \tanh(1{,}84 \cdot \frac{H}{R})$	$\theta_h = 1{,}58 \cdot \dfrac{y_{max}}{L} \cdot \tanh(1{,}58 \cdot \frac{H}{L})$
konvektive Ersatzlast P_1 [kN]	$P_1 = 1{,}2 \cdot m_1 \cdot g \cdot \theta_h \cdot \sin(\omega \cdot t)$	$P_1 = m_1 \cdot g \cdot \theta_h \cdot \sin(\omega \cdot t)$
maximale vertikale Auslenkung d_{max} [m]	$d_{max} = \dfrac{0{,}408 \cdot R \cdot \coth(1{,}84 \cdot \frac{H}{R})}{\dfrac{g}{\omega^2 \cdot \theta_h \cdot R} - 1}$	$d_{max} = \dfrac{0{,}527 \cdot L \cdot \coth(1{,}58 \cdot \frac{H}{L})}{\dfrac{g}{\omega^2 \cdot \theta_h \cdot L} - 1}$

Tabelle 7-19 Impulsiver Druckanteil für schlanke Tanks mit H/R ≥ 1,5 bzw. H/L ≥ 1,5

	Zylindrischer Tank	Rechteckiger Tank
Wassermasse m_w [t]	$m_w = \rho_L \cdot H \cdot R^2 \cdot \pi$	$m_w = \rho_L \cdot H \cdot 2L \cdot B$ (B = andere Tankbreite)
Wasserhöhe des „bewegten" Anteils $\overline{H}$ [m]	$\overline{H} = 1{,}5 \cdot R$	$\overline{H} = 1{,}5 \cdot L$
Wasserhöhe des „gehaltenen" Anteils $\hat{H}$ [m]	$\hat{H} = H - \overline{H}$	$\hat{H} = H - \overline{H}$
„gehaltene" Wassermasse $\hat{m}_0$ [t]	$\hat{m}_0 = \rho_L \cdot \hat{H} \cdot R^2 \cdot \pi$	$\hat{m}_0 = \rho_L \cdot \hat{H} \cdot 2L \cdot B$
„gehaltener" Hebelarm $\hat{h}$ [m]	$\hat{h}_0 = \dfrac{\hat{H}}{2}$	$\hat{h}_0 = \dfrac{\hat{H}}{2}$
„bewegte" Wassermasse $\overline{m}$ [t]	$\overline{m} = \rho_L \cdot \overline{H} \cdot R^2 \cdot \pi$	$\overline{m} = \rho_L \cdot \overline{H} \cdot 2L \cdot B$
impulsive Wassermasse $\overline{m}_0$ [t] aus "bewegtem" Anteil	$\overline{m}_0 = \overline{m} \cdot \left[\dfrac{\tanh(\sqrt{3} \cdot 0{,}667)}{\sqrt{3} \cdot 0{,}667} \right]$ $= \overline{m} \cdot 0{,}7095$	$\overline{m}_0 = \overline{m} \cdot \left[\dfrac{\tanh(\sqrt{3} \cdot 0{,}667)}{\sqrt{3} \cdot 0{,}667} \right]$ $= \overline{m} \cdot 0{,}7095$
impulsiver Hebelarm $\overline{h}_0^k$ [m] ohne Bodendruck	$\overline{h}_0^k = \dfrac{3}{8} \cdot 1{,}5 \cdot R + \hat{H}$	$\overline{h}_0^k = \dfrac{3}{8} \cdot 1{,}5 \cdot L + \hat{H}$
impulsiver Hebelarm $\overline{h}_0^g$ [m] mit Bodendruck	$\overline{h}_0^g = \dfrac{1{,}5 \cdot R}{8} \cdot \left[\dfrac{4}{0{,}7095} - 1 \right] + \hat{H}$	$\overline{h}_0^g = \dfrac{1{,}5 \cdot L}{8} \cdot \left[\dfrac{4}{0{,}7095} - 1 \right] + \hat{H}$
impulsive Wassermasse m_0 [t]	$m_0 = \hat{m}_0 + \overline{m}_0$	$m_0 = \hat{m}_0 + \overline{m}_0$
impulsiver Hebelarm h_0^k [m] ohne Bodendruck	$h_0^k = \dfrac{\hat{m}_0 \cdot \hat{h}_0 + \overline{m}_0 \cdot \overline{h}_0^k}{m_0}$	$h_0^k = \dfrac{\hat{m}_0 \cdot \hat{h}_0 + \overline{m}_0 \cdot \overline{h}_0^k}{m_0}$
impulsiver Hebelarm h_0^g [m] mit Bodendruck	$h_0^g = \dfrac{\hat{m}_0 \cdot \hat{h}_0 + \overline{m}_0 \cdot \overline{h}_0^g}{m_0}$	$h_0^g = \dfrac{\hat{m}_0 \cdot \hat{h}_0 + \overline{m}_0 \cdot \overline{h}_0^g}{m_0}$
impulsive Ersatzlast P_0 [kN]	$P_0 = \ddot{u}_0 \cdot m_0$	$P_0 = \ddot{u}_0 \cdot m_0$

Tabelle 7-20 Konvektiver Druckanteil für schlanke Tanks mit H/R $\geq$ 1,5 bzw. H/L $\geq$ 1,5

	Zylindrischer Tank	Rechteckiger Tank
	Berechnung des konvektiven Anteils	
konvektive Wassermasse m_1 [t]	$m_1 = m_w \cdot 0{,}318 \cdot \dfrac{R}{H} \cdot \tanh(1{,}84 \cdot \frac{H}{R})$	$m_1 = m_w \cdot 0{,}527 \cdot \dfrac{L}{H} \cdot \tanh(1{,}58 \cdot \frac{H}{L})$
konvektiver Hebelarm h_1^k [m] ohne Bodendruck	$h_1^k = H \cdot \left[1 - \dfrac{\cosh(1{,}84 \cdot \frac{H}{R}) - 1}{1{,}84 \cdot \frac{H}{R} \cdot \sinh(1{,}84 \cdot \frac{H}{R})} \right]$	$h_1^k = H \cdot \left[1 - \dfrac{\cosh(1{,}58 \cdot \frac{H}{L}) - 1}{1{,}58 \cdot \frac{H}{L} \cdot \sinh(1{,}58 \cdot \frac{H}{L})} \right]$
konvektiver Hebelarm h_1^g [m] mit Bodendruck	$h_1^g = H \cdot \left[1 - \dfrac{\cosh(1{,}84 \cdot \frac{H}{R}) - 2{,}01}{1{,}84 \cdot \frac{H}{R} \cdot \sinh(1{,}84 \cdot \frac{H}{R})} \right]$	$h_1^g = H \cdot \left[1 - \dfrac{\cosh(1{,}58 \cdot \frac{H}{L}) - 2}{1{,}58 \cdot \frac{H}{L} \cdot \sinh(1{,}58 \cdot \frac{H}{L})} \right]$
Eigenfrequenz ω^2 [1/s^2]	$\omega^2 = \dfrac{1{,}84 \cdot g}{R} \cdot \tanh(1{,}84 \cdot \frac{H}{R})$	$\omega^2 = \dfrac{1{,}58 \cdot g}{L} \cdot \tanh(1{,}58 \cdot \frac{H}{L})$
maximale horizontale Auslenkung y_{max} [m]	$y_{max} = \dfrac{S_v}{\omega}$	$y_{max} = \dfrac{S_v}{\omega}$
Winkel θ_h [rad]	$\theta_h = 1{,}534 \cdot \dfrac{y_{max}}{R} \cdot \tanh(1{,}84 \cdot \frac{H}{R})$	$\theta_h = 1{,}58 \cdot \dfrac{y_{max}}{L} \cdot \tanh(1{,}58 \cdot \frac{H}{L})$
konvektive Ersatzlast P_1 [kN]	$P_1 = 1{,}2 \cdot m_1 \cdot g \cdot \theta_h \cdot \sin(\omega \cdot t)$	$P_1 = m_1 \cdot g \cdot \theta_h \cdot \sin(\omega \cdot t)$
maximale vertikale Auslenkung d_{max} [m]	$d_{max} = \dfrac{0{,}408 \cdot R \cdot \coth(1{,}84 \cdot \frac{H}{R})}{\dfrac{g}{\omega^2 \cdot \theta_h \cdot R} - 1}$	$d_{max} = \dfrac{0{,}527 \cdot L \cdot \coth(1{,}58 \cdot \frac{H}{L})}{\dfrac{g}{\omega^2 \cdot \theta_h \cdot L} - 1}$

7.6.8 Weitere Lastfälle zur Bemessung von Tanks

Bei der seismischen Bemessung eines Tankbauwerkes sind die Beanspruchungen aus Erdbeben selbstverständlich nicht alleinstehend zu berücksichtigen, sondern sie sind mit anderen Lastfällen zu kombinieren. Der Vollständigkeit halber sollen an dieser Stelle kurz die weiteren üblicherweise zu betrachtenden Lastfälle sowie die erforderlichen Überlagerungen erwähnt werden. In Einzelfällen können sich auch Lastfälle aus der speziellen Nutzung des Tanks ergeben, deren Auflistung auf Grund ihrer Individualität an dieser Stelle nicht möglich ist.

7.6.8.1 Lasten aus Eigengewicht

Das Eigengewicht des Tanks setzt sich zusammen aus dem Gewicht von Wandung, Boden und Dach sowie eventuellen Aufbauten und Tankanbauteilen.

7.6.8.2 Hydrostatischer Druck

Der hydrostatische Druck ergibt sich aus der Füllhöhe der Flüssigkeit. Für die Bemessungssituation infolge Erdbeben ist der maximal gefüllte Tank relevant. Der hydrostatische Druck ist linear über die Füllhöhe verteilt und wird maximal am Tankboden.

7.6.8.3 Wind

Zur Ermittlung der Windbelastung wird in aller Regel ein von der Schlankheit der Tankschale und der Anströmrichtung abhängiger Druckbeiwert ermittelt und mit dem höhenabhängigen Geschwindigkeitsdruck multipliziert (Bild 7-60a) (DIN 1055-4, 2005; DIN EN 1991-1-4, 2010). In der Draufsicht ergibt sich dabei infolge von Strömungsablösungen eine Druckverteilung nach Bild 7-60b. Vereinfacht kann die Windlastverteilung nach DIN 18800-4 (2008) auch durch einen konstanten rotationssymmetrischen Manteldruck ersetzt werden. In der seismischen Kombination müssen keine Windlasten berücksichtigt werden.

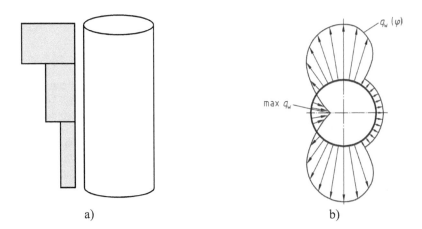

Bild 7-60 Qualitative Winddruckverteilung: a) Verteilung über die Höhe nach DIN 1055-4 (2005),
b) Verteilung im Querschnitt,

7.6.8.4 Schnee

Schneelasten werden auf das Tankdach angesetzt und lassen sich in Abhängigkeit der Dachform und dem Aufstellort des Tanks (Schneelastzone) berechnen (DIN 1055-5, 2005; DIN EN 1991-1-3, 2010). In der seismischen Kombination sind die Schneelasten mit 50% anzusetzen.

7.6.8.5 Lasten aus Setzungen

Ist während der Lebensdauer des Tanks mit ungleichen Setzungen zu rechnen, ist dieser Lastfall bei der Tragwerksberechnung zu berücksichtigen.

7.6.8.6 Temperaturbelastung

Je nach gelagertem Gut können Temperaturbelastungen bemessungsrelevant sein, sofern die gelagerte Flüssigkeit deutlich wärmer oder deutlich kälter als die Umgebung ist. Dies ist im Rechenmodell auch in Kombination mit dem seismischen Lastfall zu berücksichtigen. Die Festigkeitswerte der Materialien sind in Abhängigkeit der Betriebstemperatur anzusetzen.

7.6.8.7 Vorspannung

Der Lastfall Vorspannung ist bei Tankbauwerken aus Stahlbeton zu berücksichtigen. Der Lastfall ist in der Bemessungssituation für Erdbeben zu betrachten.

7.6.8.8 (Gas-) Innendruck

Da sich der vorliegende Beitrag auf Behälter unter atmosphärischem Druck beschränkt, findet der Lastfall Innendruck hier keine Berücksichtigung.

7.6.8.9 Überlagerung der einzelnen Lastfälle

Die Überlagerung der einzelnen Lastfälle für die Bemessungssituation Erdbeben erfolgt nach DIN 1055-100 (2001) bzw. DIN EN 1990 (2010).

7.6.9 Berechnungsbeispiel 1: Schlanker Tank

Zur Verdeutlichung der vorgestellten Rechenansätze wird die Erdbebenbeanspruchung für einen schlanken Stahltank nach dem Antwortspektrenverfahren ermittelt. Als Grundlage wird ein bereits von Gehrig (2004) untersuchtes Tankbauwerk gewählt, um entsprechende Ergebnisvergleiche durchführen zu können. Zunächst werden die genauen Druckverläufe und die Druckverläufe auf Grundlage der tabellierten Vorfaktoren nach Abschnitt 7.6.12 berechnet. Im Anschluss werden der Fundamentschub, die Umsturzmomente infolge der Wanddrücke und die Umsturzmomente infolge Wand- und Bodendruck mit verschiedenen Rechenansätzen ermittelt. Die Beanspruchungen werden aus der Integration der Druckkurven nach Abschnitt 7.6.7.1, mit dem Ansatz von Housner (1963) nach Abschnitt 7.6.7.3 und mit den von Gehrig (2004) angegebenen Berechnungsansätzen ermittelt. Eine Berechnung mit dem vereinfachten Ansatz der DIN EN 1998-4 (2007) nach Abschnitt 7.6.7.2 erfolgt nicht, da dieser für die hier vorliegende Tankschlankheit nicht anwendbar ist. Für die tabellierten Vorfaktoren des impulsiv flexiblen Druckanteils wird entsprechend der Tankschlankheit ein linearer Ansatz der Interaktionsschwingung angenommen.

7.6.9.1 Objektbeschreibung

Der betrachtete Tank hat einen Innenradius von R = 2,35 m, eine Höhe von L = 15,75 m und eine Füllhöhe von H = 14,80 m. Damit ergibt sich eine Tankschlankheit von γ = H/R = 6,3. Da der untere Bereich mit einer kurzen Standzarge und einem Klöppelboden ausgebildet ist, wird entsprechend der Vorgaben von Gehrig mit einer approximierten Schlankheit von γ = H/R = 6,0 gerechnet. Dies entspricht einer Ersatzfüllhöhe von 14,1 m (Bild 7-61).

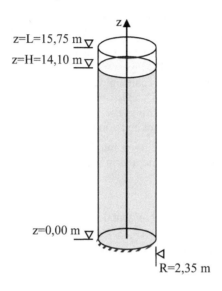

Bild 7-61 Geometrie des betrachteten Tanks

Die Tankwand ist in Schüsse unterschiedlicher Stärke unterteilt, für die Berechnungen wird jedoch eine gemittelte Dicke von t = 3,7 mm angesetzt. Das verwendete Material ist Edelstahl mit einem Elastizitätsmodul von E = 17.000 kN/cm². Der Tank dient der Lagerung von Fruchtsaftkonzentrat mit einer von Dichte ρ_L = 1,35 t/m³. Der Bedeutungsbeiwert wird mit γ_I = 1,2 angesetzt. Das Eigengewicht des Tanks beträgt 14 t. Die Erdbebeneinwirkung wird für den Standort „Konstanz am Bodensee" aus dem elastischen Antwortspektrum nach DIN 4149 ermittelt, wofür sich unter Berücksichtigung der Hinweise in Abschnitt 7.6.6 folgende Eingangswerte ergeben:

Erdbebenzone 2:	a_g = 0,6 m/s²
Untergrundverhältnis C-S:	Untergrundparameter S = 0,75
Kontrollperioden:	T_A = 0 s | T_B = 0,1 s | T_C = 0,5 s | T_D = 2,0 s
Verstärkungsbeiwert:	β_0 = 2,5
Dämpfung konvektiver Druck:	0,5 % => η = 1,348 nach (7.69)
Dämpfung impulsiv flexibler Druck:	2,5 % => η = 1,155 nach (7.69)

7.6.9.2 FE-Modellierung des Tanks

Die Modellierung des Tankbauwerks erfolgt mit Schalenelementen als Zylinder im FE-Programm ANSYS. Zusätzliche Konstruktionselemente wie Steifen oder Windverbände liegen beim betrachteten Tank nicht vor. Der Tank wird am Fußpunkt im Modell fest eingespannt.

7.6.9.3 Berechnung der Druckkurven

Die Berechnung der Druckkurven erfolgt auf zwei Wegen:

- Berücksichtigung der genauen Biegeform der Interaktionsschwingung zwischen Tank und Fluid nach Abschnitt 7.6.3. Hierzu wird eine Programmroutine nach Cornelissen (2010) verwendet, in der das FE-Programm ANSYS mit der Mathematik-Software Maple gekoppelt wurde. Die Berechnung des horizontalen impulsiv flexiblen Druckanteils erfolgt iterativ nach dem „added-mass-model" (7.6.3.3). Für den vertikalen impulsiv flexiblen Druckanteil erfolgt die Berechnung auf Grundlage einer linearen Ansatzfunktion für die Tankschlankheit von 6,0.

- Vergleichend werden die Druckkurven mit Hilfe der in Abschnitt 7.6.12 tabellierten Vorfaktoren berechnet. Für die Biegeform wird hier ein linearer Biegeformansatz gewählt.

Ermittelt werden die Druckkurven für die horizontale und vertikale Erdbebeneinwirkung.

Konvektiver Druckanteil infolge horizontaler Erdbebeneinwirkung

Die erste Eigenperiode ergibt sich nach (7.41) zu:

$$T_{k1} = \frac{2\pi}{\sqrt{\dfrac{g \cdot \lambda_n \cdot \tanh(\lambda_n \cdot \gamma)}{R}}} = \frac{2\pi}{\sqrt{\dfrac{9,81 \cdot 1,841 \cdot \tanh(1,841 \cdot 6)}{2,35}}} = 2,27 \text{ s}$$

Spektrale Antwortbeschleunigung nach DIN 4149 für 0,5% Dämpfung:

$$a_{k1} = a_g \cdot \gamma_I \cdot S \cdot \eta \cdot \beta_0 \cdot \frac{T_C \cdot T_D}{T^2} = 0,6 \cdot 1,2 \cdot 0,75 \cdot 1,348 \cdot 2,5 \cdot \frac{0,5 \cdot 2,0}{2,27^2} = 0,353 \text{ m/s}^2$$

Der Partizipationsfaktor Γ_{k1} der ersten Eigenform ergibt sich mit $\lambda_1 = 1,841$ nach (7.40) zu:

$$\Gamma_{k1} = \frac{2 \cdot \sinh(\lambda_1 \cdot \gamma) \cdot [\cosh(\lambda_1 \cdot \gamma) - 1]}{\sinh(\lambda_1 \cdot \gamma) \cdot \cosh(\lambda_1 \cdot \gamma) - \lambda_1 \cdot \gamma} = 2,0$$

Die Vorfaktoren C_k zur Bestimmung der höhenabhängigen Druckordinaten werden mit Tabelle 7-23 für $\gamma = 6$ bestimmt. Die maximale Druckordinate an der Silooberkante ergibt sich zu:

$$p_k(\xi = 1, \zeta = 1, \theta = 0) = R \cdot \rho_L \cdot C_k(\zeta, \gamma) \cdot \cos(\theta) \cdot a_{k1} \cdot \Gamma_{k1}$$

$$= 2,35 \cdot 1,35 \cdot 0,8371 \cdot 1,0 \cdot 0,353 \cdot 2,0 = 1,87 \text{ kN/m}^2$$

Der resultierende konvektive Druckverlauf ist in Bild 7-62 für $\theta = 0$ dargestellt.

Impulsiv starrer Druckanteil infolge horizontaler Erdbebeneinwirkung

Für den impulsiv starren Druckanteil ist die Einhängebeschleunigung des Antwortspektrums nach DIN 4149 anzusetzen:

$$a_{is,h} = a_g \cdot \gamma_I \cdot S = 0,6 \cdot 1,2 \cdot 0,75 = 0,54 \text{ m/s}^2$$

Die Vorfaktoren $C_{is,h}$ zur Bestimmung der höhenabhängigen Druckordinaten werden mit Tabelle 7-24 für $\gamma = 6$ bestimmt werden. Die maximale Druckordinate am Silofuß ergibt sich zu:

$$p_{is,h}(\xi = 1, \zeta = 0, \theta = 0) = R \cdot \rho_L \cdot C_{is,h}(\zeta, \gamma) \cdot \cos(\theta) \cdot a_{is,h}$$

$$= 2,35 \cdot 1,35 \cdot 1,0 \cdot 1,0 \cdot 0,54 = 1,71 \text{ kN/m}^2$$

Der resultierende impulsiv starre Druckverlauf ist in Bild 7-62 für $\theta = 0$ dargestellt.

Impulsiv flexibler Druckanteil infolge horizontaler Erdbebeneinwirkung

Die Grundschwingzeit der gemeinsamen Biegeschwingung von Tank und Fluid infolge horizontaler Erdbebeneinwirkung ergibt sich aus der FE-Berechnung zu $T_{if,h,1} = 0,373$ s. Vergleichsweise kann die Eigenperiode auch nach der Näherungsformel (7.49) berechnet werden:

$$T_{if,h,1} = 2 \cdot R \cdot F(\gamma) \sqrt{\frac{H \cdot \rho_L}{E \cdot s(\zeta = 1/3)}} = 2 \cdot 2,35 \cdot 13,142 \cdot \sqrt{\frac{14,1 \cdot 1,35}{170e6 \cdot 0,0037}} = 0,34 \text{ s}$$

Mit dieser Schwingzeit berechnet sich die spektrale Antwortbeschleunigung zu:

$$a_{if,h} = a_g \cdot \gamma_I \cdot S \cdot \eta \cdot \beta_0 = 0,6 \cdot 1,2 \cdot 0,75 \cdot 1,155 \cdot 2,5 = 1,56 \text{ m/s}^2$$

Die Vorfaktoren $C_{if,h}$ zur Bestimmung der höhenabhängigen Druckordinaten können mit Tabelle 7-25 für $\gamma = 6$ bestimmt werden. Der Partizipationsfaktor $\Gamma_{if,h}$ ergibt sich aus Tabelle 7-30. Damit kann die maximale Ordinate für die dimensionslose Höhe $\zeta = 0,8$ berechnet werden:

$$p_{if,h}(\xi = 1, \zeta = 0,8, \theta = 0) = R \cdot \rho_L \cdot C_{if,h}(\zeta, \gamma) \cdot \cos(\theta) \cdot a_{if,h} \cdot \Gamma_{if,h}$$

$$= 2,35 \cdot 1,35 \cdot 0,7079 \cdot 1,0 \cdot 1,56 \cdot 1,6348 = 5,73 \text{ kN/m}^2$$

Der resultierende impulsiv flexible Druckverlauf ist in Bild 7-62 für $\theta = 0$ dargestellt. Der auf Grundlage eines linearen Biegeformansatzes ermittelte impulsiv flexible Druckverlauf zeigt eine gute Übereinstimmung mit den genaueren iterativ ermittelten FE-Ergebnissen. Der lineare Ansatz stellt somit eine gute Näherung für den hier betrachteten Tank dar. Beim konvektiven und beim impulsiv starren Druckanteil ergibt sich erwartungsgemäß keine Abweichung zwischen der vollständigen Berechnung mittels der in Abschnitt 7.6.3 angegebenen Gleichungen und der Anwendung der tabellierten Vorfaktoren, da diese auf exakt denselben Gleichungen beruhen.

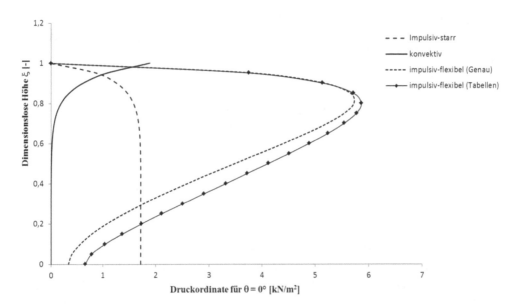

Bild 7-62 Seismisch induzierte Druckverläufe infolge horizontaler Erdbebeneinwirkung

Impulsiv starrer Druckanteil infolge vertikaler Erdbebeneinwirkung

Die Ermittlung des impulsiv starren Druckanteils infolge vertikaler Erdbebeneinwirkung erfolgt nach (7.60), wobei als vertikale Freifeldbeschleunigung gemäß DIN 4149:2005 70% der horizontalen Freifeldbeschleunigung angesetzt wird. Daraus resultiert ein impulsiv starrer Druckanteil von:

$$p_{is,v}(\zeta, t) = \rho_L \cdot [H \cdot (1 - \zeta)][a_v(t) \cdot \Gamma_{is,v}] = 1,35 \cdot [14,1 \cdot (1 - \zeta)] \, 0,378 \cdot 1,0 = 7,195 \cdot (1 - \zeta)$$

Die zugehörige Druckkurve ist in Bild 7-63 dargestellt.

Impulsiv flexibler Druckanteil infolge vertikaler Erdbebeneinwirkung

Für den impulsiv flexiblen Druckanteil aus vertikaler Erdbebeneinwirkung wird die Grundschwingzeit nach (7.62) ermittelt:

$$T_{if,v,I} = 4 \cdot R \sqrt{\frac{\pi \cdot \rho_L}{2} \cdot \frac{1 - v^2}{E} \cdot \frac{H}{s\left(\zeta = \frac{1}{3}\right)} \cdot \frac{I_0\left(\frac{\pi}{2 \cdot \gamma}\right)}{I_1\left(\frac{\pi}{2 \cdot \gamma}\right)}}$$

$$= 4 \cdot 2,35 \sqrt{\frac{\pi \cdot 1,35}{2} \cdot \frac{1 - 0,3^2}{170e6} \cdot \frac{14,10}{0,0037} \cdot \frac{I_0\left(\frac{\pi}{2 \cdot \gamma}\right)}{I_1\left(\frac{\pi}{2 \cdot \gamma}\right)}} = 0,180 \, s$$

Die Eigenperiode liegt zwischen den Kontrollperioden $T_{B,v} = 0,1$ s und $T_{C,v} = 0,2$ s im Plateaubereich des Vertikalspektrums. Daraus ergibt sich für 2,5% Dämpfung folgende spektrale Antwortbeschleunigung nach DIN 4149:2005:

$$a_{if,v} = (0,6 \cdot 0,7) \cdot 1,2 \cdot 0,75 \cdot 1,155 \cdot 2,5 = 1,09 \text{ m/s}^2$$

Der Partizipationsfaktor $\Gamma_{if,v}$ ergibt sich nach (7.64) zu:

$$\Gamma_{if,v} = \frac{4}{\pi} \frac{I_1\left(\frac{\pi}{2 \cdot \gamma}\right)}{I_0\left(\frac{\pi}{2 \cdot \gamma}\right)} = 0,1653$$

Hierbei lassen sich die Werte I_0 und I_1 der Besselfunktion mittels Tabellenwerken, geeigneter Mathematiksoftware oder z.B. Microsoft Excel 2007 berechnen. Alternativ kann der Partizipationsfaktor direkt mit Tabelle 7-29 bestimmt werden. Die Vorfaktoren $C_{if,v}$ zur Bestimmung der höhenabhängigen Druckordinaten können mit Tabelle 7-27 für $\gamma = 6$ bestimmt werden. Damit ergibt sich die maximale Ordinate für die dimensionslose Höhenordinate $\zeta = 0$ nach (7.66):

$$p_{if,v}(\xi = 1, \zeta = 0) = R \cdot \rho_L \cdot 1,0 \cdot a_{if,v}(t) \cdot C_{if,v}(\zeta, \gamma) \cdot \Gamma_{if,v}$$

$$= 2,35 \cdot 1,35 \cdot 1,0 \cdot 1,09 \cdot 46,1736 \cdot 0,1653 = 26,39 \text{ kN/m}^2$$

Der resultierende impulsiv flexible Druckverlauf infolge vertikaler Erdbebeneinwirkung ist in Bild 7-63 dargestellt. Der Druckverlauf unter Verwendung der tabellierten Faktoren stimmt mit dem Druckansatz nach den Bestimmungsgleichungen in Abschnitt 7.6.4 exakt überein, so dass sich mit dem Rechenmodell in ANSYS (Cornelissen, 2010) identische Ergebnisse ergeben.

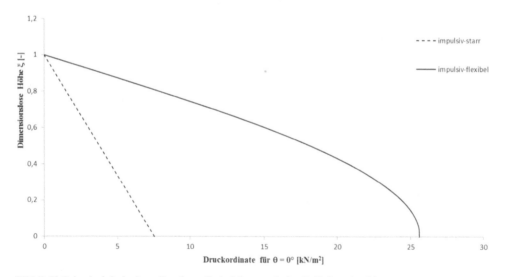

Bild 7-63 Seismisch induzierte Druckanteile infolge vertikaler Erdbebeneinwirkung

7.6.9.4 Fundamentschub und Umsturzmomente mit genauen Druckkurven

Auf Grundlage einer Programmroutine von Cornelissen (2010) werden der Fundamentschub, die Umsturzmomente infolge Wanddruck und die Umsturzmomente infolge Wand- und Bodendruck durch eine Kopplung des FE-Programms ANSYS mit der Mathematik-Software Maple numerisch ermittelt. Hierbei erfolgt die Ermittlung des impulsiv flexiblen horizontalen Druckanteils auf Grundlage des iterativen „added mass models". Die numerisch ermittelten Ergebnisse weisen die größte Genauigkeit auf. Die Druckkurven werden nach den Abschnitten 7.6.3.1 bis 7.6.3.3 ermittelt.

7.6.9.5 Fundamentschub und Umsturzmomente mit tabellierten Druckkurven

Bei Anwendung des vereinfachten Verfahrens mit Hilfe der Tabellenwerte werden der Fundamentschub, die Umsturzmomente infolge der Wanddrücke und die Umsturzmomente infolge Wand- und Bodendruck mit den in Abschnitt 7.6.7 angegebenen Berechnungsformeln unter Verwendung der Vorfaktoren in Tabelle 7-30 berechnet. Alternativ können die mit Hilfe der Tabellen ermittelten Druckverläufe auch als statische Lasten auf ein FE-Modell aufgebracht werden. Fundamentschub und Umsturzmoment ergeben sich dann durch Auswertung der Auflagerkräfte.

Konvektiver Druckanteil

$$F_{b,k} = m_L \cdot a_k(t) \cdot \Gamma_k \cdot C_{F,k} = 244{,}63 \cdot 1{,}35 \cdot 0{,}353 \cdot 2{,}0 \cdot 0{,}0786 = 18{,}33 \text{ kN}$$

$$M_{W,k} = \pi \cdot R^2 \cdot H^2 \cdot \rho_L \cdot a_k(t) \cdot \Gamma_k \cdot C_{MW,k}$$

$$= 3449{,}24 \cdot 1{,}35 \cdot 0{,}353 \cdot 2{,}0 \cdot 0{,}0717 = 235{,}71 \text{ kNm}$$

$$M_{B,k} = \pi \cdot R^4 \cdot \rho_L \cdot a_k(t) \cdot \Gamma_k \cdot C_{MB,k} = 129{,}35 \cdot 0{,}353 \cdot 2{,}0 \cdot 0{,}0 = 0$$

$$M_{G,k} = \pi \cdot R^4 \cdot \rho_L \cdot a_k(t) \cdot \Gamma_k \cdot C_{M,k} = 129{,}347 \cdot 0{,}353 \cdot 2{,}0 \cdot 2{,}5801 = 235{,}61 \text{ kNm}$$

Impulsiv starrer Druckanteil

$$F_{b,is,h} = m_L \cdot a_{is,h}(t) \cdot \Gamma_{is,h} \cdot C_{F,is,h} = 244{,}63 \cdot 1{,}35 \cdot 0{,}54 \cdot 1{,}0 \cdot 0{,}9209 = 164{,}23 \text{ kN}$$

$$M_{W,is,h} = \pi \cdot R^2 \cdot H^2 \cdot \rho_L \cdot a_{is,h}(t) \cdot \Gamma_{is,h} \cdot C_{MW,is,h} = 3449{,}24 \cdot 1{,}35 \cdot 0{,}54 \cdot 1{,}0 \cdot 0{,}4278$$

$$= 1075{,}70 \text{ kNm}$$

$$M_{B,is,h} = \pi \cdot R^4 \cdot \rho_L \cdot a_{is,h}(t) \cdot \Gamma_{is,h} \cdot C_{MB,is,h} = 129{,}35 \cdot 0{,}54 \cdot 1{,}0 \cdot 0{,}25 = 17{,}46 \text{ kNm}$$

$$M_{G,is,h} = \pi \cdot R^4 \cdot \rho_L \cdot a_{is,h}(t) \cdot \Gamma_{is,h} \cdot C_{M,is,h} = 129{,}347 \cdot 0{,}54 \cdot 1{,}0 \cdot 15{,}6508$$

$$= 1093{,}17 \text{ kNm}$$

Impulsiv flexibler Druckanteil

$$F_{b,if,h} = m_L \cdot a_{if,h}(t) \cdot \Gamma_{if,h} \cdot C_{F,if,h} = 244{,}63 \cdot 1{,}35 \cdot 1{,}56 \cdot 1{,}6348 \cdot 0{,}4276$$

$$= 360{,}14 \text{ kN}$$

$$M_{W,if,h} = \pi \cdot R^2 \cdot H^2 \cdot \rho_L \cdot a_{if,h}(t) \cdot \Gamma_{if,h} \cdot C_{MW,if,h}$$

$$= 3449{,}24 \cdot 1{,}35 \cdot 1{,}56 \cdot 1{,}6348 \cdot 0{,}2616 = 3106{,}59 \text{ kNm}$$

$$M_{B,if,h} = \pi \cdot R^4 \cdot \rho_L \cdot a_{if,h}(t) \cdot \Gamma_{if,h} \cdot C_{MB,if,h} = 129{,}35 \cdot 1{,}56 \cdot 1{,}6348 \cdot 0{,}0224 = 7{,}39 \text{ kNm}$$

$$M_{G,if,h} = \pi \cdot R^4 \cdot \rho_L \cdot a_{if,h}(t) \cdot \Gamma_{if,h} \cdot C_{M,if,h}$$

$$= 129{,}347 \cdot 1{,}56 \cdot 1{,}6348 \cdot 9{,}4396 = 3113{,}86 \text{ kNm}$$

7.6.9.6 Fundamentschub und Umsturzmomente nach Housner

Nachfolgend erfolgt die Ermittlung des Fundamentschubs und der Umsturzmomente nach dem Verfahren von Housner (1963), das in Abschnitt 7.6.7.3 zusammengefasst ist.

Grundwerte für die weitere Berechnung:

Tankschlankheit:

$$\frac{H}{R} = 6 > 1{,}5 \quad \Rightarrow \text{schlanker Tank}$$

Wassermasse:

$$m_w = \rho_L \cdot V = 1{,}35 \cdot \pi \cdot 2{,}35^2 \cdot 14{,}10 = 330{,}25 \text{ t}$$

Hilfsgröße:

$$1{,}84 \cdot H / R = 11{,}04$$

Unterteilung der Wassermenge:

$$\overline{H} = 1{,}5 \cdot R = 3{,}53 \text{ m}$$
$$\hat{H} = 14{,}10 - 3{,}53 = 10{,}57 \text{ m}$$

Bestimmung des impulsiven Anteils

„Gehaltener" Wasseranteil:

$$\hat{m}_0 = \rho_L \cdot \pi \cdot R^2 \cdot \hat{H} = 1{,}35 \cdot \pi \cdot 2{,}35^2 \cdot 10{,}57 = 247{,}57 \text{ t}$$

$$\hat{h}_0 = \frac{10{,}57}{2} = 5{,}29 \text{ m}$$

„Bewegter" Wasseranteil:

$$\overline{m} = 1{,}35 \cdot \pi \cdot 2{,}35^2 \cdot 3{,}53 = 82{,}68 \text{ t}$$

$$\overline{m}_0 = \overline{m} \cdot \left[\frac{\tanh(\sqrt{3} \cdot 0{,}667)}{\sqrt{3} \cdot 0{,}667} \right] = 82{,}68 \cdot 0{,}7095 = 58{,}66 \text{ t}$$

$$\overline{h}_0^k = \frac{3}{8} \cdot 1{,}5 \cdot R + \hat{H} = 1{,}32 + 10{,}57 = 11{,}89 \text{ m}$$

$$\overline{h}_0^g = \frac{1{,}5 \cdot R}{8} \cdot \left[\frac{4}{0{,}7095} - 1 \right] + \hat{H} = 0{,}1875 \cdot 2{,}35 \cdot 4{,}634 + 10{,}57 = 12{,}61 \text{ m}$$

$$m_0 = \hat{m}_0 + \overline{m}_0 + m_{Tank} = 247{,}57 + 58{,}66 + 14 = 320{,}23 \text{ t}$$

$$h_0^k = \frac{\hat{m}_0 \cdot \hat{h}_0 + \overline{m}_0 \cdot \overline{h}_0^k + m_{Tank} \cdot \frac{H}{2}}{m_0}$$

$$= \frac{247{,}57 \cdot 5{,}29 + 58{,}66 \cdot 11{,}89 + 14{,}0 \cdot 7{,}05}{320{,}23} = 6{,}58 \text{ m}$$

$$h_0^g = \frac{\hat{m}_0 \cdot \hat{h}_0 + \overline{m}_0 \cdot \overline{h}_0^g + m_{Tank} \cdot \frac{H}{2}}{m_0}$$

$$= \frac{247{,}57 \cdot 5{,}29 + 58{,}66 \cdot 12{,}61 + 14{,}0 \cdot 7{,}05}{320{,}23} = 6{,}71 \text{ m}$$

Ersatzlast mit Einhängebeschleunigung: $S_a(T=0) = 0{,}54 \text{ m/s}^2$:

$$P_0 = 0{,}54 \cdot m_0 = 0{,}54 \cdot 320{,}23 = 172{,}92 \text{ kN}$$

Umsturzmoment infolge Wanddrucks für den impulsiven Druckanteil:

$$M_0^k = 172{,}92 \cdot 6{,}58 = 1137{,}81 \text{ kNm}$$

Umsturzmoment infolge Wand- und Bodendruck für den impulsiven Druckanteil:

$$M_0^g = 172{,}92 \cdot 6{,}71 = 1160{,}29 \text{ kNm}$$

Bestimmung des konvektiven Anteils

$$m_1 = m_w \cdot 0,318 \cdot \frac{R}{H} \cdot \tanh(1,84 \cdot \frac{H}{R}) = 330,25 \cdot 0,318 \cdot 0,1667 \cdot \tanh(11,04) = 17,51 \ t$$

$$h_1^k = H \cdot \left[1 - \frac{\cosh(1,84 \cdot \frac{H}{R}) - 1}{1,84 \cdot \frac{H}{R} \cdot \sinh(1,84 \cdot \frac{H}{R})}\right] = 14,10 \cdot \left[1 - \frac{\cosh(11,04) - 1}{11,04 \cdot \sinh(11,04)}\right] = 12,82 \ m$$

$$h_1^g = H \cdot \left[1 - \frac{\cosh(1,84 \cdot \frac{H}{R}) - 2,01}{1,84 \cdot \frac{H}{R} \cdot \sinh(1,84 \cdot \frac{H}{R})}\right] = 14,10 \cdot \left[1 - \frac{\cosh(11,04) - 2,01}{11,04 \cdot \sinh(11,04)}\right] = 12,82 \ m$$

Eigenfrequenz:

$$\omega^2 = \frac{1,84 \cdot g}{R} \cdot \tanh(1,84 \cdot \frac{H}{R}) = \frac{1,84 \cdot 9,81}{2,35} \cdot \tanh(11,04) = 7,68 / s^2 \Rightarrow \omega = 2,77 \ Hz$$

$$T = \frac{2 \cdot \pi}{\omega} = 2,27 \ s$$

Spektralbeschleunigung:

Antwortspektrum mit 0,5% Dämpfung nach DIN 4149:2005:

$$S_a = a_g \cdot \gamma_I \cdot S \cdot \eta \cdot \beta_0 \cdot \frac{T_C \cdot T_D}{T^2} = 0,6 \cdot 1,2 \cdot 0,75 \cdot 1,348 \cdot 2,5 \cdot \frac{0,5 \cdot 2,0}{2,27^2} = 0,35 \ m/s^2$$

$$S_v = \frac{S_a}{\omega} = \frac{0,35}{2,77} = 0,13 \ m/s$$

Bewegung der Wasseroberfläche:

$$y_{max} = \frac{S_v}{\omega} = \frac{0,13}{2,77} = 0,047 \ m$$

$$\theta_h = 1,534 \cdot \frac{y_{max}}{R} \cdot \tanh(1,84 \cdot \frac{H}{R}) = 1,534 \cdot \frac{0,047}{2,35} \cdot \tanh(11,04) = 0,031 \ rad$$

Vertikale Bewegung:

$$d_{max} = \frac{0,408 \cdot R \cdot \coth(1,84 \cdot \frac{H}{R})}{\frac{g}{\omega^2 \cdot \theta_h \cdot R} - 1} = \frac{0,408 \cdot 2,35 \cdot \coth(11,04)}{\frac{9,81}{7,68 \cdot 0,031 \cdot 2,35} - 1} = 0,055 \ m$$

Ersatzlast:

$$P_1 = 1,2 \cdot m_1 \cdot g \cdot \theta_h \cdot \sin(\omega \cdot t) = 1,2 \cdot 17,51 \cdot 9,81 \cdot 0,031 \cdot \sin(2,77 \cdot t) =$$
$$= 6,39 \text{ kN} \cdot \sin(2,77 \cdot t)$$
$$\max P_1 = 6,39 \text{ kN}$$

Umsturzmoment infolge Wanddruck für den konvektiven Druckanteil:

$$M_1^k = 6,39 \cdot 12,82 = 81,92 \text{ kNm}$$

Umsturzmoment infolge Wand- und Bodendruck für den konvektiven Druckanteil:

$$M_1^g = 6,39 \cdot 12,82 = 81,92 \text{ kNm}$$

Überlagerung der impulsiven und konvektiven Anteile:

$$P = \sqrt{\left(P_0\right)^2 + \left(P_1\right)^2} = \sqrt{172,79^2 + 6,39^2} = 172,91 \text{ kN}$$

$$M_W = \sqrt{\left(M_0^k\right)^2 + \left(M_1^k\right)^2} = \sqrt{1137,81^2 + 81,92^2} = 1140,76 \text{ kNm}$$

$$M_G = \sqrt{\left(M_0^g\right)^2 + \left(M_1^g\right)^2} = \sqrt{1160,29^2 + 81,92^2} = 1163,18 \text{ kNm}$$

7.6.9.7 Fundamentschub und Umsturzmomente nach Gehrig (2004)

Die Berechnung erfolgt nach den von Gehrig (2004) angegebenen Tabellen und Berechnungs-formeln. Die einzelnen Druckanteile ergeben sich für die Schlankheit von $\gamma = 6$ wie nachfol-gend angegeben. Die Bezeichnungen werden aus der Veröffentlichung von Gehrig (2004) übernommen.

Gesamtmasse Inhalt: $m = 3308/9,81 = 337,21$ t

Konvektiver Anteil

$$m_k = 0,076 \cdot m = 25,63 \text{ t}$$
$$h_k = 0,909 \cdot H = 12,82 \text{ m}$$
$$a_k = 0,353 \text{ m/s}^2$$
$$\Gamma_k = 2,0$$
$$Q_k = m_k \cdot a_k \cdot \Gamma_k = 18,09 \text{ kN}$$
$$M_k = \left(m_k \cdot a_k \cdot \Gamma_k\right) \cdot h_k = 231,98 \text{ kNm}$$

Impulsiv starrer Druckanteil

$$m_{is} = 0,921 \cdot m = 310,57\,t$$

$$h_{is} = 0,464 \cdot H = 6,54\,m$$

$$a_{is} = 0,54\,m/s^2$$

$$\Gamma_{is} = 1,0$$

$$Q_{is} = m_{is} \cdot a_{is} \cdot \Gamma_{is} = 167,71\,kN$$

$$M_{is} = (m_{is} \cdot a_{is} \cdot \Gamma_{is}) \cdot h_{is} = 1096,81\,kNm$$

Impulsiv flexibler Druckanteil

$$m_{if} = 0,428 \cdot m = 144,33\,t$$

$$h_{if} = 0,612 \cdot H = 8,63\,m$$

$$a_{if} = 1,56\,m/s^2$$

$$\Gamma_{if} = 1,635$$

$$Q_{if} = m_{if} \cdot a_{if} \cdot \Gamma_{if} = 368,13\,kN$$

$$M_{if} = (m_{if} \cdot a_{if} \cdot \Gamma_{if}) \cdot h_{if} = 3176,95\,kNm$$

Fundamentschub F_b und Umsturzmoment M_W infolge Wanddruck:

$$F_b = \sqrt{(Q_k)^2 + (Q_{is})^2 + (Q_{if})^2} = \sqrt{18,09^2 + 167,71^2 + 368,13^2} = 404,94\ kN$$

$$M_W = \sqrt{(M_k)^2 + (M_{is})^2 + (M_{if})^2} = \sqrt{231,98^2 + 1096,81^2 + 3176,95^2} = 3368,95\ kNm$$

Eine Berechnung des Umsturzmomentes infolge Wand- und Bodendruck ist in Gehrig (2004) nicht angegeben, da die Druckverläufe auf den Boden nicht berücksichtigt werden.

7.6.9.8 Ergebnisvergleich der Verfahren für Fundamentschub und Umsturzmomente

Die Ergebniszusammenstellung in Tabelle 7-21 vergleicht die Fundamentschübe, die Umsturzmomente infolge Wanddruck und die Umsturzmomente infolge Wand- und Bodendruck der einzelnen Druckanteile für die verschiedenen Rechenverfahren. Betrachtet werden dabei, wie oben bereits erwähnt, nur die Druckanteile infolge horizontaler Erdbebenanregung, weil die Anteile infolge vertikaler Anregung wegen ihrer Rotationssymmetrie keinen Beitrag zu den Ergebnisgrößen am Tankfuß liefern.

Es zeigt sich eine gute Übereinstimmung der iterativen Berechnung mit ANSYS mit dem vereinfachten Rechenansatz auf Grundlage der tabellierten Vorwerte. Diese Ergebnisse stimmen auch mit dem Ansatz von Gehrig (2004) gut überein, wobei für diesen Ansatz das Umsturzmoment infolge Wand- und Bodendruck nicht ermittelbar war, da der Bodendruck bei Gehrig (2004) nicht berücksichtigt wird. Die Ergebnisse nach Housner (1963) unterschätzen die Tankbeanspruchung, da der impulsiv flexible Anteil nicht berücksichtigt wird.

Weiterhin kann aus den Ergebnissen abgeleitet werden, dass der konvektive Druckanteil gegenüber den impulsiv starren und impulsiv flexiblen Druckanteilen eine untergeordnete Rolle für die Beanspruchungen am Tankfuß spielt. Zudem lässt sich erkennen, dass bei schlanken Tanks der Anteil des Umsturzmomentes infolge des Bodendrucks relativ gering ist. Dies ist daran zu erkennen, dass die Umsturzmomente aus dem Wanddruck und das Gesamtumsturzmoment sich nur unwesentlich voneinander unterscheiden.

Tabelle 7-21: Ergebnisse für den schlanken Tank

Druckanteil	Kraftgröße	Einheit	ANSYS	Tabellen	Housner	Gehrig
konvektiv	Fundamentschub	[kN]	17,90	18,33	6,39	18,09
	Umsturzmoment aus Wanddruck	[kNm]	229,41	235,61	81,92	231,98
	Umsturzmoment aus Wand- und Bodendruck	[kNm]	229,41	235,61	81,92	-
	Beschleunigung	[m/s²]	0,353	0,353	0,353	0,353
	Partizipationsfaktor	[-]	2,0	2,0	2,0	2,0
impulsiv starr	Fundamentschub	[kN]	160,90	164,23	172,92	167,71
	Umsturzmoment aus Wanddruck	[kNm]	1049,60	1075,70	1137,81	1096,81
	Umsturzmoment aus Wand- und Bodendruck	[kNm]	1066,50	1093,17	1160,29	-
	Beschleunigung	[m/s²]	0,54	0,54	0,54	0,54
	Partizipationsfaktor	[-]	1,0	1,0	1,0	1,0
impulsiv flexibel	Fundamentschub	[kN]	316,90	360,14	-	368,13
	Umsturzmoment aus Wanddruck	[kNm]	2850,1	3106,59	-	3176,95
	Umsturzmoment aus Wand- und Bodendruck	[kNm]	2854,6	3113,86	-	-
	Beschleunigung	[m/s²]	1,56	1,56	-	1,56
	Partizipationsfaktor	[-]	1,6733	1,6348	-	1,635
Überlagert mit SRSS-Regel	Fundamentschub	[kN]	355,86	396,24	172,91	404,94
	Umsturzmoment aus Wanddruck	[kNm]	3045,88	3295,99	1140,76	3368,95
	Umsturzmoment aus Wand- und Bodendruck	[kNm]	3055,94	3308,57	1163,18	-

7.6.9.9 Beurteilung der Spannungen in der Tankschale

Die in Abschnitt 7.6.9.3 ermittelten Druckverläufe werden als statische Lasten auf das FE-Modell des Tanks aufgebracht. Mit einer linear elastischen Berechnung werden die Beanspruchungen der Tankschale ermittelt. Als Ergebnis dieser Berechnungen sind in Bild 7-64 bis Bild 7-66 exemplarisch die maßgebenden Spannungsverläufe über die Tankhöhe für die einzelnen Druckanteile infolge horizontaler und vertikaler Erdbebeneinwirkung dargestellt. Diese Spannungsverläufe sind die Grundlage für eine normative Tankbemessung, auf die an dieser Stelle verzichtet wird.

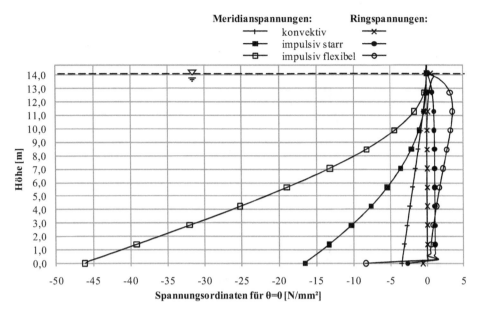

Bild 7-64 Meridian- und Ringspannungen der Druckanteile aus horizontaler Erdbebeneinwirkung

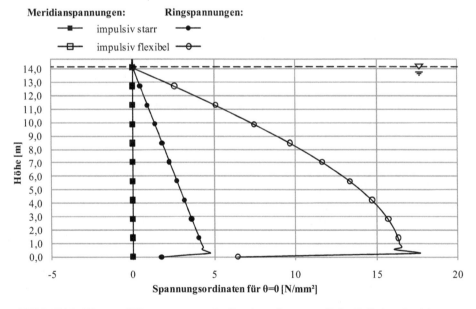

Bild 7-65 Meridian- und Ringspannungen der Druckanteile aus vertikaler Erdbebeneinwirkung

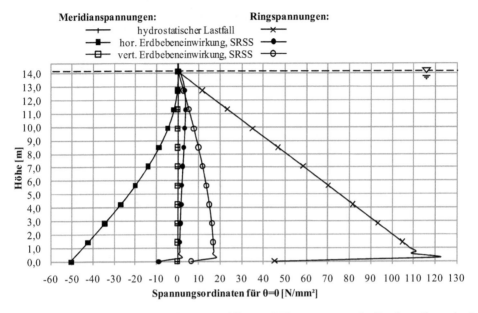

Bild 7-66 Mit der SRSS-Regel überlagerte Meridian- und Ringspannungen der Druckanteile aus horizontaler und vertikaler Erdbebeneinwirkung sowie hydrostatischem Druck

7.6.10 Berechnungsbeispiel 2: Tank mittlerer Schlankheit

Zur weiteren Verdeutlichung der vorgestellten Rechenansätze wird ein zweites Tankbauwerk analysiert. Für dieses Tankbauwerk werden die Fundamentschübe und Umsturzmomente auf Grundlage des von Cornelissen (2010) entwickelten ANSYS-Rechenmodells, mit Hilfe der tabellierten Vorfaktoren nach Abschnitt 7.6.12 und mit dem in Abschnitt 7.6.7.2 vorgestellten Rechenansatz nach DIN EN 1998-4 (2007), Anhang A.3.2.2 ermittelt. Die Ergebnisse werden miteinander verglichen und bewertet. Berücksichtigt wird ausschließlich die horizontale Erdbebeneinwirkung in einer Richtung.

7.6.10.1 Objektbeschreibung

Der betrachtete Tank hat einen Innenradius von $R = 23,0$ m, eine Höhe von $L = 32,0$ m und eine Füllhöhe von $H = 31,5$ m (Bild 7-67). Damit ergibt sich eine Tankschlankheit von $\gamma = H/R = 1,37$.

Die Tankwand ist in Schüsse unterschiedlicher Stärke unterteilt, für die Berechnungen wird jedoch eine gemittelte Dicke von $T = 11,3$ mm angesetzt. Das verwendete Material hat einen Elastizitätsmodul von $E = 20.000$ kN/cm². Der Tank dient der Lagerung einer Flüssigkeit mit einer Dichte $\rho_L = 0,568$ t/m³. Der Bedeutungsbeiwert wird mit $\gamma_I = 1,6$ angesetzt. Die Erdbebeneinwirkung wird nach DIN 4149 (2005) für Erdbebenzone 3 und Untergrundklasse C-R angesetzt. Damit ergeben sich für das elastische Antwortspektrum nach DIN 4149 unter Berücksichtigung der Hinweise in Abschnitt 7.6.6 folgende Eingangswerte:

Erdbebenzone 3: $a_g = 0{,}8 \ \mathrm{m/s^2}$

Untergrundverhältnis C-R: Untergrundparameter $S = 1{,}5$

Kontrollperioden: $T_A = 0 \ \mathrm{s} \mid T_B = 0{,}05 \ \mathrm{s} \mid T_C = 0{,}30 \ \mathrm{s} \mid T_D = 2{,}0 \ \mathrm{s}$

Verstärkungsbeiwert: $\beta_0 = 2{,}5$

Dämpfung konvektiver Druck: $0{,}5 \ \% \ \Rightarrow \eta = 1{,}348$ nach (7.69)

Dämpfung impulsiv flexibler Druck: $2{,}5 \ \% \ \Rightarrow \eta = 1{,}155$ nach (7.69)

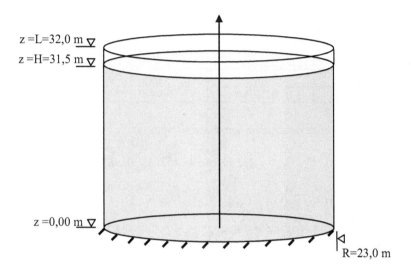

Bild 7-67 Geometrie des betrachteten Tanks

7.6.10.2 FE-Modellierung des Tanks

Die Modellierung des Tankbauwerks erfolgt mit Schalenelementen als Vollzylinder im FE-Programm ANSYS. Zusätzliche Konstruktionselemente wie Steifen oder Windverbände liegen beim betrachteten Tank nicht vor. Der Tank wird am Fußpunkt im Modell fest eingespannt.

7.6.10.3 Fundamentschub und Umsturzmomente mit tabellierten Vorfaktoren

Konvektiver Druckanteil infolge horizontaler Erdbebeneinwirkung

Die erste konvektive Eigenperiode ergibt sich nach (7.41) zu:

$$T_{k1} = \cfrac{2\pi}{\sqrt{\cfrac{g \cdot \lambda_1 \cdot \tanh(\lambda_1 \cdot \gamma)}{R}}} = \cfrac{2\pi}{\sqrt{\cfrac{9{,}81 \cdot 1{,}841 \tanh(1{,}841 \cdot 1{,}37)}{23{,}0}}} = 7{,}137 \ \mathrm{s}$$

Die spektrale Antwortbeschleunigung nach DIN 4149 für 0,5% Dämpfung beträgt:

$$a_{k1} = a_g \cdot \gamma_I \cdot S \cdot \eta \cdot \beta_0 \cdot \frac{T_C \cdot T_D}{T^2} = 0,8 \cdot 1,6 \cdot 1,5 \cdot 1,348 \cdot 2,5 \cdot \frac{0,3 \cdot 2,0}{7,137^2} = 0,0762 \text{ m/s}^2$$

Der Partizipationsfaktor Γ_{k1} der ersten Eigenform ergibt sich mit $\lambda_1 = 1,841$ nach (7.40) zu:

$$\Gamma_{k1} = \frac{2 \cdot \sinh(\lambda_1 \cdot \gamma) \cdot [\cosh(\lambda_1 \cdot \gamma) - 1]}{\sinh(\lambda_1 \cdot \gamma) \cdot \cosh(\lambda_1 \cdot \gamma) - \lambda_1 \cdot \gamma} = 1,798$$

Die tabellierten Vorfaktoren ergeben sich nach Tabelle 7-30 zu:

$C_{F,k}$	$C_{MW,k}$	$C_{MB,k}$	$C_{M,k}$
0,3477	0,2306	0,0429	0,4722

Fundamentschub und Umsturzmomente berechnen sich zu:

$$F_{b,k} = m_L \cdot a_k(t) \cdot \Gamma_k \cdot C_{F,k} = 29734,76 \cdot 0,0762 \cdot 1,798 \cdot 0,3477 = 1416,49 \text{ kN}$$

$$M_{W,k} = \pi \cdot R^2 \cdot H^2 \cdot \rho_L \cdot a_k(t) \cdot \Gamma_k \cdot C_{MW,k}$$

$$= 936644,93 \cdot 0,0762 \cdot 1,798 \cdot 0,2306 = 29592,32 \text{ kNm}$$

$$M_{B,k} = \pi \cdot R^4 \cdot \rho_L \cdot a_k(t) \cdot \Gamma_k \cdot C_{MB,k}$$

$$= 499355,17 \cdot 0,0762 \cdot 1,798 \cdot 0,0429 = 2935,02 \text{ kNm}$$

$$M_{G,k} = \pi \cdot R^4 \cdot \rho_L \cdot a_k(t) \cdot \Gamma_k \cdot C_{M,k}$$

$$= 499355,17 \cdot 0,0762 \cdot 1,798 \cdot 0,4722 = 32305,78 \text{ kNm}$$

Impulsiv starrer Druckanteil infolge horizontaler Erdbebeneinwirkung

Für den impulsiv starren Druckanteil ist die Einhängebeschleunigung des Antwortspektrums nach DIN 4149 (2005) anzusetzen:

$$a_{is,h} = a_g \cdot \gamma_I \cdot S = 0,8 \cdot 1,6 \cdot 1,5 = 1,92 \text{ m/s}^2$$

Der Partizipationsfaktor $\Gamma_{is,h}$ ergibt sich für den impulsiven starren Druckanteil zu 1,0. Die tabellierten Vorfaktoren lassen sich mit Tabelle 7-30 bestimmen:

$C_{F,is,h}$	$C_{MW,is,h}$	$C_{MB,is,h}$	$C_{M,is,h}$
0,6501	0,2673	0,2071	0,7365

Fundamentschub und Umsturzmomente berechnen sich zu:

$$F_{b,is,h} = m_L \cdot a_{is,h}(t) \cdot \Gamma_{is,h} \cdot C_{F,is,h}$$

$$= 29734{,}76 \cdot 1{,}92 \cdot 1{,}0 \cdot 0{,}6501 = 37114{,}69 \text{ kN}$$

$$M_{W,is,h} = \pi \cdot R^2 \cdot H^2 \cdot \rho_L \cdot a_{is,h}(t) \cdot \Gamma_{is,h} \cdot C_{MW,is,h}$$

$$= 936644{,}93 \cdot 1{,}92 \cdot 1{,}0 \cdot 0{,}2673 = 480701{,}17 \text{ kNm}$$

$$M_{B,is,h} = \pi \cdot R^4 \cdot \rho_L \cdot a_{is,h}(t) \cdot \Gamma_k \cdot C_{MB,is,h}$$

$$= 499355{,}17 \cdot 1{,}92 \cdot 1{,}0 \cdot 0{,}2071 = 198559{,}60 \text{ kNm}$$

$$M_{G,is,h} = \pi \cdot R^4 \cdot \rho_L \cdot a_{is,h}(t) \cdot \Gamma_{is,h} \cdot C_{M,is,h}$$

$$= 499355{,}17 \cdot 1{,}92 \cdot 1{,}0 \cdot 0{,}7365 = 706128{,}16 \text{ kNm}$$

Impulsiv flexibler Druckanteil infolge horizontaler Erdbebeneinwirkung

Die Grundschwingzeit der gemeinsamen Biegeschwingung von Tank und Fluid infolge horizontaler Erdbebeneinwirkung ergibt sich nach der Näherungsformel (7.49) zu:

$$T_{if,h} = 2 \cdot R \cdot F(\gamma) \sqrt{\frac{H \cdot \rho_L}{E \cdot s(\zeta = 1/3)}} = 2 \cdot 23{,}0 \cdot 3{,}15 \cdot \sqrt{\frac{31{,}5 \cdot 0{,}568}{200e6 \cdot 0{,}0113}} = 0{,}407 \text{ s}$$

mit:

$$F(\gamma) = 0{,}157 \cdot \gamma^2 + \gamma + 1{,}49 = 3{,}15$$

Zur besseren Vergleichbarkeit der numerischen und der mit Tabellenwerten berechneten Ergebnisse wird im Weiteren die numerisch ermittelte Eigenperiode von 0,357 s angesetzt.

Der Partizipationsfaktor $\Gamma_{is,h}$ kann mit Tabelle 7-30 durch Interpolation berechnet werden:

$$\Gamma_{if,h} = 1{,}5797$$

Mit der Schwingzeit $T_{if,h}$ berechnet sich die spektrale Antwortbeschleunigung zu:

$$a_{if,h} = a_g \cdot \gamma_I \cdot S \cdot \eta \cdot \beta_0 \cdot \frac{T_C}{T} = 0{,}8 \cdot 1{,}6 \cdot 1{,}5 \cdot 1{,}155 \cdot 2{,}5 \cdot \frac{0{,}3}{0{,}357} = 4{,}66 \text{ m/s}^2$$

Die tabellierten Vorfaktoren ergeben sich nach Tabelle 7-30 (Sinusansatz) nach Tabelle 7-31 (parametrisierter Sinusansatz) oder zu:

Vorfaktor	$C_{F,if,h}$	$C_{MW,if,h}$	$C_{MB,if,h}$	$C_{M,if,h}$
Tabelle 7-30	0,3588	0,1734	0,0798	0,4246
Tabelle 7-31	0,3716	0,1778	0,0849	0,4204
Abweichung	3,44%	2,47%	6,01%	0,99%

Die Abweichungen zwischen den Ansätzen sind vernachlässigbar. Im Folgenden wird mit den Vorwerten des linearen Ansatzes weitergerechnet.

$$F_{b,is,h} = m_L \cdot a_{if,h}(t) \cdot \Gamma_{if,h} \cdot C_{F,if,h}$$

$$= 29734,76 \cdot 4,66 \cdot 1,5797 \cdot 0,3588 = 78537,56 \text{ kN}$$

$$M_{W,if,h} = \pi \cdot R^2 \cdot H^2 \cdot \rho_L \cdot a_{if,h}(t) \cdot \Gamma_{if,h} \cdot C_{MW,if,h}$$

$$= 936644,93 \cdot 4,66 \cdot 1,5797 \cdot 0,1734 = 1195596,44 \text{ kNm}$$

$$M_{B,if,h} = \pi \cdot R^4 \cdot \rho_L \cdot a_{kif,h}(t) \cdot \Gamma_k \cdot C_{MB,if,h}$$

$$= 499355,17 \cdot 4,66 \cdot 1,5797 \cdot 0,0798 = 293341,14 \text{ kNm}$$

$$M_{G,if,h} = \pi \cdot R^4 \cdot \rho_L \cdot a_{kif,h}(t) \cdot \Gamma_{if,h} \cdot C_{M,if,h}$$

$$= 499355,17 \cdot 4,66 \cdot 1,5797 \cdot 0,4246 = 1560810,13 \text{ kNm}$$

7.6.10.4 Fundamentschub und Umsturzmomente nach DIN EN 1998-4 (2007)

Im Anhang A.3.2.2 der DIN EN 1998-4 (2007) wird ein vereinfachter Ansatz für die Berechnung von Fundamentschub und Umsturzmomenten angegeben. Dieser Ansatz wurde in Abschnitt 7.6.7.2 beschreiben. Für die Berechnung wird zunächst die Eigenperiode des konvektiven Druckanteils nach (7.79) benötigt:

$$T_k = C_k \sqrt{R} = 1,49 \cdot \sqrt{23} = 7,146 \text{ s}$$

Die spektrale Antwortbeschleunigung nach DIN 4149 für 0,5% Dämpfung beträgt:

$$a_k = a_g \cdot \gamma_1 \cdot S \cdot \eta \cdot \beta_0 \cdot \frac{T_C \cdot T_D}{T^2} = 0,8 \cdot 1,6 \cdot 1,5 \cdot 1,348 \cdot 2,5 \cdot \frac{0,3 \cdot 2,0}{7,146^2} = 0,0760 \text{ m/s}^2$$

Weiterhin wird die Eigenperiode des impulsiven Druckanteils nach (7.78) benötigt:

$$T_i = C_i \cdot \frac{\sqrt{\rho_L} \cdot H}{\sqrt{s/R} \cdot \sqrt{E}} = 6,14 \cdot \frac{\sqrt{0,568} \cdot 31,5}{\sqrt{0,0113 / 23,0} \cdot \sqrt{200e6}} = 0,465 \text{ s}$$

Mit dieser Schwingzeit berechnet sich die spektrale Antwortbeschleunigung zu:

$$a_i = a_g \cdot \gamma_I \cdot S \cdot \eta \cdot \beta_0 \cdot \frac{T_C}{T} = 0,8 \cdot 1,6 \cdot 1,5 \cdot 1,155 \cdot 2,5 \cdot \frac{0,3}{0,465} = 3,577 \text{ m/s}^2$$

Die Gesamtmasse des Tankinhalts beträgt:

$$m = \pi \cdot R^2 \cdot H \cdot \rho_L = 29734,76 \text{ t}$$

Die konvektive Masse und die konvektiven Hebelarme ergeben sich mit Tabelle 7-17 zu:

$$m_k = 0,35 \cdot 29734,76 = 10417,17$$
$$h_k = 0,67 \cdot 31,5 = 21,11 \text{ m}$$
$$h_{ku} = 0,75 \cdot 31,5 = 23,63 \text{ m}$$

Die impulsive Masse und die impulsiven Hebelarme ergeben sich mit Tabelle 7-17 zu:

$$m_i = 0,65 \cdot 29734,76 = 19327,59 \text{ t}$$
$$h_i = 0,43 \cdot 31,5 = 13,55 \text{ m}$$
$$h_{iu} = 0,60 \cdot 31,5 = 18,90 \text{ m}$$

Der konvektive und impulsive Fundamentschub berechnen sich zu:

$$F_{b,k} = m_k \cdot a_k = 10407,17 \cdot 0,0760 = 790,95 \text{ kN}$$
$$F_{b,i} = m_i \cdot a_i = 19327,59 \cdot 3,577 = 69234,79 \text{ kN}$$

Damit können die konvektiven Umsturzmomente infolge Wanddruck und infolge von Wand- und Bodendruck berechnet werden:

$$M_{W,k} = m_k \cdot h_k \cdot a_k = 10407,17 \cdot 21,11 \cdot 0,0760 = 16696,84 \text{ kNm}$$
$$M_{G,k} = m_k \cdot h_{ku} \cdot a_k = 10407,17 \cdot 23,63 \cdot 0,0760 = 18690,03 \text{ kNm}$$

Die impulsiven Umsturzmomente infolge Wanddruck und infolge Wand- und Bodendruck ergeben sich zu:

$$M_{W,i} = m_i \cdot h_i \cdot a_i = 19327,59 \cdot 13,55 \cdot 3,577 = 936776,40 \text{ kNm}$$
$$M_{G,i} = m_i \cdot h_{iu} \cdot a_i = 19327,59 \cdot 18,90 \cdot 3,577 = 1306647,52 \text{ kNm}$$

7.6.10.5 Ergebnisvergleich und Diskussion

Die Berechnungsergebnisse für Fundamentschübe und Umsturzmomente des Tanks mittlerer Schlankheit sind in Tabelle 7-22 zusammengestellt. Die Ergebnisse der genauen Berechnung mit ANSYS und der Berechnung mit tabellierten Vorwerten stimmen sehr gut überein. Der Ansatz nach DIN EN 1998-4 (2007) führt zu geringeren Beanspruchungen. Da in dem Ansatz der impulsiv starre und der impulsiv flexible Druckanteil zusammengefasst sind, ist eine Nachvollziehbarkeit nicht möglich. Das Vorgehen ist zwar sehr einfach, scheint aber nicht immer auf der sicheren Seite zu liegen. Es ist demnach nicht zu empfehlen die endgültige Tankbemessung auf Grundlage dieses vereinfachten Ansatzes durchzuführen.

Weiterhin fällt bei dem zweiten Berechnungsbeispiel auf, dass der Anteil des Momentes aus den auf den Boden wirkenden Druckanteilen im Vergleich zu dem in Abschnitt 7.6.9 betrachteten schlanken Tank deutlich zugenommen hat. Eine Vernachlässigung der Bodenanteile würde zu einer erheblichen Unterschätzung der tatsächlichen Beanspruchungen führen.

Tabelle 7-22: Ergebnisse für den Tank mittlerer Schlankheit

Druckanteil	Kraftgröße	Einheit	ANSYS	Tabellen	DIN EN 1998-4 (2007)
konvektiv	Fundamentschub	[kN]	1336,10	1416,49	790,95
	Umsturzmoment aus Wanddruck	[kNm]	27878,20	29592,32	16696,84
	Umsturzmoment aus Wand- und Bodendruck	[kNm]	30573,80	32305,78	18690,03
	Eigenperiode	[s]	7,137	7,137	7,146
	Beschleunigung	[m/s²]	0,0762	0,0762	0,0760
	Partizipationsfaktor	[-]	1,798	1,798	-
impulsiv starr	Fundamentschub	[kN]	37511,50	37114,69	Druckanteil ist im impulsiv flexiblen Druckanteil enthalten!
	Umsturzmoment aus Wanddruck	[kNm]	484732,80	480701,17	
	Umsturzmoment aus Wand- und Bodendruck	[kNm]	686512,70	706128,16	
	Eigenperiode	[s]	0,00	0,00	
	Beschleunigung	[m/s²]	1,92	1,92	
	Partizipationsfaktor	[-]	1,00	1,00	
impulsiv flexibel	Fundamentschub	[kN]	80199,00	78537,56	69134,79
	Umsturzmoment aus Wanddruck	[kNm]	1207926,90	1195596,44	936776,40
	Umsturzmoment aus Wand- und Bodendruck	[kNm]	1515064,80	1560810,13	1306647,52
	Eigenperiode	[s]	0,357	0,357	0,465
	Beschleunigung	[m/s²]	4,658	4,658	3,577
	Partizipationsfaktor	[-]	1,565	1,580	-
Überlagert mit SRSS-Regel	Fundamentschub	[kN]	88548,16	86877,24	69139,31
	Umsturzmoment aus Wanddruck	[kNm]	1301856,55	1288953,13	936925,19
	Umsturzmoment aus Wand- und Bodendruck	[kNm]	1663627,30	1713414,40	1306781,18

7.6.11 Fazit

Mit dem vereinfachten Verfahren der tabellierten Druckbeiwerte wird dem Anwender eine Möglichkeit gegeben, die einzelnen seismisch induzierten Druckanteile auf die Tankschale in einfacher Weise zu ermitteln und auf das eigene numerische Tankmodell aufzubringen. Die komplizierten Druckformeln, die beispielsweise im DIN EN 1998-4 (2007) angegeben sind, müssen nicht aufwändig implementiert werden, eine Iteration zur Ermittlung des Druckanteils infolge gemeinsamer Schwingung von Tankschale und Flüssigkeit kann unterbleiben. Dadurch wird die Berechnung von Tankbauwerken unter seismischer Belastung sowohl bezüglich der programmtechnischen Umsetzung als auch bezüglich des erforderlichen Zeitaufwands erheblich vereinfacht. Auf der anderen Seite ist das vorgestellte Verfahren deutlich realitätsnäher als das häufig noch verwendete Verfahren nach Housner (1963), bei dem die gemeinsame Biegeschwingung nicht berücksichtigt wird. Dies führt insbesondere bei schlanken Tanks zu einer deutlichen Unterschätzung der Beanspruchungen. Die Anwendung des stark vereinfachten Verfahrens nach DIN EN 1998-4 (2007), Anhang A.3.2.2 (2007) führte in dem Beispiel für den Tank mittlerer Schlankheit zu einer Unterschätzung der Beanspruchungen. Eine Anwendung dieses vereinfachten Ansatzes ist deshalb nicht zu empfehlen.

Zusammenfassend muss festgehalten werden, dass nur fest verankerte Bodentanks betrachtet wurden. In der Praxis sind jedoch nicht sämtliche Tanks verankert, was bei einem Abheben des Tanks zu großen Zusatzbeanspruchungen führen kann. Auch wurden keine aufgeständerten Tanks betrachtet, die einen Sonderfall darstellen. Zudem wurde die Boden-Bauwerk Interaktion nicht berücksichtigt. Die genannten Aspekte erhöhen den Schwierigkeitsgrad der Berechnung nochmals deutlich und werden zurzeit intensiv im Rahmen der Forschung untersucht.

7.6.12 Anhang: Tabellen der einzelnen Druckanteile

Tabelle 7-23: Vorfaktor C_k für den **konvektiven Druckanteil** unter Berücksichtigung der ersten Schwappschwingungsform; zu multiplizieren mit $R \cdot \rho_L \cdot \cos(\theta) \cdot a_k(t) \cdot \Gamma_k$, mit a_k = horizontale Antwortbeschleunigung für die Schwingzeit der ersten Eigenform T_{k1} nach (7.41)

$\zeta=\frac{z}{H}$	$\gamma=0,2$	$\gamma=0,4$	$\gamma=0,6$	$\gamma=0,8$	$\gamma=1,0$	$\gamma=1,5$	$\gamma=2,0$	$\gamma=2,5$	$\gamma=3,0$	$\gamma=3,5$	$\gamma=4,0$	$\gamma=5,0$	$\gamma=6,0$	$\gamma=7,0$	$\gamma=8,0$	$\gamma=9,0$	$\gamma=10$
1,00	0,8371	0,8371	0,8371	0,8371	0,8371	0,8371	0,8371	0,8371	0,8371	0,8371	0,8371	0,8371	0,8371	0,8371	0,8371	0,8371	0,8371
0,95	0,8318	0,8183	0,8012	0,7838	0,7672	0,7300	0,6965	0,6650	0,6351	0,6065	0,5792	0,5283	0,4818	0,4395	0,4008	0,3656	0,3334
0,90	0,8268	0,8007	0,7679	0,7348	0,7039	0,6369	0,5796	0,5284	0,4819	0,4395	0,4008	0,3334	0,2774	0,2307	0,1919	0,1597	0,1328
0,85	0,8220	0,7841	0,7368	0,6898	0,6466	0,5560	0,4825	0,4198	0,3656	0,3184	0,2774	0,2104	0,1597	0,1211	0,0919	0,0697	0,0529
0,80	0,8176	0,7686	0,7080	0,6485	0,5947	0,4857	0,4017	0,3336	0,2774	0,2307	0,1919	0,1328	0,0919	0,0636	0,0440	0,0305	0,0211
0,75	0,8134	0,7541	0,6814	0,6107	0,5479	0,4247	0,3345	0,2651	0,2105	0,1672	0,1328	0,0838	0,0529	0,0334	0,0211	0,0133	0,0084
0,70	0,8095	0,7407	0,6569	0,5763	0,5057	0,3717	0,2788	0,2107	0,1597	0,1211	0,0919	0,0529	0,0305	0,0175	0,0101	0,0058	0,0033
0,65	0,8059	0,7283	0,6343	0,5449	0,4678	0,3259	0,2325	0,1676	0,1212	0,0878	0,0636	0,0334	0,0175	0,0092	0,0048	0,0025	0,0013
0,60	0,8026	0,7168	0,6137	0,5166	0,4339	0,2863	0,1941	0,1333	0,0920	0,0636	0,0440	0,0211	0,0101	0,0048	0,0023	0,0011	0,0005
0,55	0,7995	0,7063	0,5950	0,4910	0,4037	0,2522	0,1623	0,1062	0,0699	0,0461	0,0305	0,0133	0,0058	0,0025	0,0011	0,0005	0,0002
0,50	0,7967	0,6968	0,5780	0,4681	0,3768	0,2228	0,1361	0,0847	0,0531	0,0334	0,0211	0,0084	0,0033	0,0013	0,0005	0,0002	0,0001
0,45	0,7941	0,6883	0,5629	0,4477	0,3532	0,1978	0,1144	0,0676	0,0404	0,0243	0,0146	0,0053	0,0019	0,0007	0,0003	0,0001	0
0,40	0,7919	0,6806	0,5494	0,4298	0,3326	0,1765	0,0967	0,0542	0,0308	0,0176	0,0101	0,0033	0,0011	0,0004	0,0001	0	0
0,35	0,7899	0,6739	0,5377	0,4142	0,3148	0,1586	0,0822	0,0437	0,0236	0,0128	0,0070	0,0021	0,0006	0,0002	0,0001	0	0
0,30	0,7882	0,6681	0,5275	0,4009	0,2996	0,1437	0,0705	0,0355	0,0182	0,0094	0,0049	0,0013	0,0004	0,0001	0	0	0
0,25	0,7867	0,6632	0,5190	0,3897	0,2870	0,1315	0,0613	0,0292	0,0141	0,0069	0,0034	0,0008	0,0002	0,0001	0	0	0
0,20	0,7855	0,6592	0,5121	0,3806	0,2769	0,1219	0,0541	0,0244	0,0112	0,0052	0,0024	0,0005	0,0001	0	0	0	0
0,15	0,7846	0,6561	0,5067	0,3736	0,2690	0,1146	0,0487	0,0209	0,0091	0,0040	0,0018	0,0004	0,0001	0	0	0	0
0,10	0,7839	0,6539	0,5029	0,3686	0,2635	0,1094	0,0450	0,0186	0,0077	0,0032	0,0014	0,0002	0	0	0	0	0
0,05	0,7835	0,6526	0,5006	0,3657	0,2602	0,1064	0,0428	0,0172	0,0069	0,0028	0,0011	0,0002	0	0	0	0	0
0	0,7834	0,6521	0,4998	0,3647	0,2591	0,1054	0,0421	0,0168	0,0067	0,0027	0,0011	0,0002	0	0	0	0	0

Tabelle 7-24: Vorfaktor $C_{is,h}$ für den **impulsiv starren Druckanteil** infolge horizontaler Erdbebenanregung unter Berücksichtigung von 200 Reihengliedern; zu multiplizieren mit $R \cdot \rho_L \cdot \cos(\theta) \cdot a_{is,h}(t) \cdot \Gamma_{is,h}$, mit $a_{is,h}$ = horizontale Bodenbeschleunigung (Freifeldbeschleunigung)

$\zeta=\frac{z}{H}$	$\gamma=0,2$	$\gamma=0,4$	$\gamma=0,6$	$\gamma=0,8$	$\gamma=1,0$	$\gamma=1,5$	$\gamma=2,0$	$\gamma=2,5$	$\gamma=3,0$	$\gamma=3,5$	$\gamma=4,0$	$\gamma=5,0$	$\gamma=6,0$	$\gamma=7,0$	$\gamma=8,0$	$\gamma=9,0$	$\gamma=10$
1,00	0	0	0	0	0	0	0	0	0	0	0	0	0	0	0	0	0
0,95	0,0277	0,0569	0,0864	0,1138	0,1390	0,1934	0,2401	0,2819	0,3202	0,3556	0,3885	0,4481	0,5007	0,5475	0,5893	0,6270	0,6609
0,90	0,0469	0,0965	0,1458	0,1916	0,2327	0,3184	0,3882	0,4481	0,5008	0,5476	0,5895	0,6611	0,7195	0,7674	0,8070	0,8397	0,8667
0,85	0,0625	0,1289	0,1948	0,2553	0,3088	0,4166	0,5002	0,5691	0,6272	0,6769	0,7196	0,7882	0,8397	0,8786	0,9079	0,9302	0,9470
0,80	0,0759	0,1569	0,2369	0,3098	0,3732	0,4970	0,5887	0,6610	0,7195	0,7675	0,8071	0,8669	0,9080	0,9364	0,9560	0,9695	0,9789
0,75	0,0876	0,1813	0,2738	0,3571	0,4286	0,5642	0,6601	0,7322	0,7882	0,8322	0,8669	0,9161	0,9471	0,9666	0,9789	0,9867	0,9916
0,70	0,0980	0,2030	0,3063	0,3987	0,4770	0,6211	0,7182	0,7879	0,8397	0,8786	0,9080	0,9471	0,9695	0,9825	0,9899	0,9942	0,9966
0,65	0,1072	0,2222	0,3352	0,4355	0,5193	0,6694	0,7658	0,8318	0,8786	0,9121	0,9364	0,9666	0,9825	0,9908	0,9952	0,9974	0,9986
0,60	0,1154	0,2394	0,3610	0,4680	0,5565	0,7107	0,8049	0,8664	0,9079	0,9364	0,9560	0,9789	0,9899	0,9952	0,9977	0,9989	0,9995
0,55	0,1227	0,2547	0,3838	0,4968	0,5892	0,7459	0,8371	0,8937	0,9301	0,9539	0,9696	0,9867	0,9942	0,9975	0,9989	0,9995	0,9998
0,50	0,1291	0,2683	0,4041	0,5222	0,6178	0,7759	0,8636	0,9153	0,9469	0,9666	0,9789	0,9916	0,9967	0,9987	0,9995	0,9998	0,9999
0,45	0,1348	0,2803	0,4220	0,5445	0,6427	0,8014	0,8854	0,9324	0,9596	0,9758	0,9854	0,9947	0,9981	0,9993	0,9998	0,9999	1
0,40	0,1399	0,2909	0,4377	0,5640	0,6644	0,8230	0,9033	0,9458	0,9692	0,9824	0,9899	0,9967	0,9989	0,9996	0,9999	1	1
0,35	0,1442	0,3000	0,4512	0,5808	0,6829	0,8411	0,9178	0,9563	0,9764	0,9872	0,9930	0,9979	0,9994	0,9998	1	1	1
0,30	0,1479	0,3078	0,4628	0,5951	0,6986	0,8561	0,9295	0,9645	0,9819	0,9906	0,9951	0,9987	0,9996	0,9999	1	1	1
0,25	0,1510	0,3143	0,4725	0,6070	0,7116	0,8684	0,9388	0,9708	0,9859	0,9931	0,9966	0,9992	0,9998	1	1	1	1
0,20	0,1535	0,3196	0,4803	0,6166	0,7221	0,8781	0,9460	0,9756	0,9888	0,9948	0,9976	0,9995	0,9999	1	1	1	1
0,15	0,1554	0,3237	0,4863	0,6240	0,7301	0,8854	0,9513	0,9791	0,9909	0,9960	0,9982	0,9997	0,9999	1	1	1	1
0,10	0,1568	0,3266	0,4906	0,6292	0,7358	0,8906	0,9550	0,9814	0,9923	0,9968	0,9986	0,9998	1	1	1	1	1
0,05	0,1576	0,3283	0,4932	0,6323	0,7392	0,8936	0,9572	0,9828	0,9931	0,9972	0,9989	0,9998	1	1	1	1	1
0	0,1579	0,3289	0,4940	0,6334	0,7403	0,8946	0,9579	0,9832	0,9933	0,9973	0,9990	0,9998	1	1	1	1	1

Tabelle 7-25: Vorfaktor $C_{if,h}$ für den **impulsiv flexiblen Druckanteil** infolge horizontaler Erdbebenanregung unter Berücksichtigung von 100 Reihengliedern; je nach Schlankheit Ansatz unterschiedlicher Biegeformen; zu multiplizieren mit $R \cdot \rho_L \cdot \cos(\theta) \cdot a_{if,h}(t) \cdot \Gamma_{if,h}$, mit $a_{if,h}$ = horizontale Antwortbeschleunigung für die Grundschwingzeit $T_{if,h,1}$ aus FE-Berechnung oder nach (7.49)

$\zeta=\dfrac{z}{H}$	γ=0,2	γ=0,4	γ=0,6	γ=0,8	γ=1,0	γ=1,5	γ=2,0	γ=2,5	γ=3,0	γ=3,5	γ=4,0	γ=5,0	γ=6,0	γ=7,0	γ=8,0	γ=9,0	γ=10
	$f(\zeta)=\sin((\pi/2)\cdot\zeta)$								$f(\zeta)=\zeta$							$1-\cos\left(\left(\frac{\pi}{2}\right)\cdot\zeta\right)$	
1,00	0	0	0	0	0	0	0	0	0	0	0	0	0	0	0	0	0
0,95	0,0232	0,0472	0,0715	0,0951	0,1176	0,1701	0,2180	0,2621	0,2710	0,3063	0,3392	0,3989	0,4516	0,4986	0,5406	0,5505	0,5845
0,90	0,0373	0,0763	0,1156	0,1534	0,1892	0,2704	0,3422	0,4061	0,4014	0,4478	0,4895	0,5609	0,6192	0,6671	0,7066	0,6840	0,7108
0,85	0,0479	0,0983	0,1490	0,1974	0,2426	0,3429	0,4290	0,5032	0,4785	0,5275	0,5699	0,6385	0,6900	0,7289	0,7583	0,6989	0,7155
0,80	0,0561	0,1154	0,1748	0,2311	0,2831	0,3959	0,4896	0,5681	0,5211	0,5681	0,6073	0,6668	0,7079	0,7362	0,7558	0,6626	0,6715
0,75	0,0625	0,1287	0,1949	0,2572	0,3139	0,4341	0,5309	0,6094	0,5405	0,5832	0,6174	0,6663	0,6972	0,7168	0,7291	0,6071	0,6115
0,70	0,0673	0,1388	0,2102	0,2767	0,3364	0,4599	0,5560	0,6316	0,5428	0,5800	0,6086	0,6472	0,6695	0,6824	0,6898	0,5435	0,5453
0,65	0,0708	0,1463	0,2214	0,2907	0,3521	0,4756	0,5683	0,6388	0,5327	0,5641	0,5874	0,6169	0,6326	0,6409	0,6452	0,4790	0,4795
0,60	0,0732	0,1515	0,2290	0,2998	0,3617	0,4825	0,5695	0,6334	0,5133	0,5391	0,5573	0,5793	0,5900	0,5952	0,5977	0,4155	0,4152
0,55	0,0747	0,1546	0,2335	0,3049	0,3661	0,4819	0,5615	0,6179	0,4873	0,5076	0,5215	0,5373	0,5444	0,5475	0,5489	0,3550	0,3543
0,50	0,0752	0,1559	0,2353	0,3063	0,3661	0,4751	0,5460	0,5940	0,4564	0,4717	0,4818	0,4925	0,4970	0,4988	0,4995	0,2980	0,2971
0,45	0,0750	0,1557	0,2348	0,3046	0,3623	0,4630	0,5242	0,5634	0,4222	0,4329	0,4395	0,4461	0,4486	0,4495	0,4498	0,2452	0,2442
0,40	0,0742	0,1542	0,2323	0,3003	0,3553	0,4467	0,4976	0,5277	0,3858	0,3923	0,3959	0,3990	0,3998	0,4000	0,4001	0,1971	0,1960
0,35	0,0729	0,1517	0,2282	0,2938	0,3458	0,4271	0,4673	0,4881	0,3483	0,3508	0,3516	0,3515	0,3509	0,3505	0,3502	0,1537	0,1525
0,30	0,0712	0,1482	0,2228	0,2858	0,3344	0,4053	0,4348	0,4464	0,3108	0,3094	0,3076	0,3044	0,3024	0,3013	0,3007	0,1158	0,1145
0,25	0,0692	0,1442	0,2165	0,2767	0,3218	0,3824	0,4013	0,4038	0,2740	0,2690	0,2646	0,2582	0,2545	0,2525	0,2514	0,0830	0,0817
0,20	0,0670	0,1399	0,2098	0,2671	0,3088	0,3594	0,3684	0,3623	0,2392	0,2307	0,2237	0,2139	0,2082	0,2050	0,2030	0,0562	0,0549
0,15	0,0649	0,1356	0,2030	0,2576	0,2961	0,3376	0,3375	0,3234	0,2075	0,1956	0,1860	0,1725	0,1643	0,1593	0,1562	0,0349	0,0335
0,10	0,0629	0,1316	0,1969	0,2490	0,2848	0,3186	0,3107	0,2899	0,1805	0,1656	0,1535	0,1362	0,1252	0,1180	0,1131	0,0199	0,0185
0,05	0,0613	0,1284	0,1920	0,2422	0,2759	0,3041	0,2906	0,2646	0,1604	0,1431	0,1288	0,1079	0,0940	0,0843	0,0773	0,0105	0,0091
0	0,0605	0,1269	0,1897	0,2390	0,2718	0,2975	0,2815	0,2532	0,1515	0,1330	0,1176	0,0948	0,0791	0,0679	0,0594	0,0076	0,0062

Tabelle 7-26: Vorfaktor $C_{if,h}$ für den **impulsiv flexiblen Druckanteil** infolge horizontaler Erdbebenanregung; für Biegeformansatz der parametrisierten Sinusfunktion nach (7.53); zu multiplizieren mit $R \cdot \rho_L \cdot \cos(\theta) \cdot a_{if,h}(t) \cdot \Gamma_{if,h}$, mit $a_{if,h}$ = horizontale Antwortbeschleunigung für die Grundschwingzeit $T_{if,h,1}$ aus FE-Berechnung oder nach (7.49)

$\zeta=\dfrac{z}{H}$	γ=1,0	γ=1,2	γ=1,4	γ=1,8	γ=2,2	γ=2,6	γ=3,0	γ=3,5	γ=4,0	γ=4,5	γ=5,0	γ=6,0	γ=7,0	γ=8,0	γ=10,0	γ=10,0	γ=12,0
1,00	0	0	0	0	0	0	0	0	0	0	0	0	0	0	0	0	0
0,95	0,1206	0,1400	0,1590	0,1776	0,2119	0,2416	0,2696	0,2834	0,3154	0,3446	0,3731	0,3993	0,4484	0,4923	0,5320	0,6013	0,6579
0,90	0,1956	0,2261	0,2549	0,2823	0,3293	0,3716	0,4087	0,4261	0,4655	0,5008	0,5330	0,5624	0,6129	0,6556	0,6910	0,7455	0,7835
0,85	0,2513	0,2898	0,3246	0,3562	0,4107	0,4564	0,4953	0,5126	0,5513	0,5844	0,6128	0,6377	0,6779	0,7085	0,7319	0,7631	0,7808
0,80	0,2945	0,3382	0,3764	0,4098	0,4661	0,5114	0,5479	0,5635	0,5970	0,6236	0,6453	0,6629	0,6891	0,7068	0,7185	0,7311	0,7359
0,75	0,3283	0,3747	0,4144	0,4481	0,5032	0,5444	0,5760	0,5889	0,6146	0,6334	0,6471	0,6574	0,6702	0,6766	0,6793	0,6794	0,6769
0,70	0,3542	0,4015	0,4411	0,4741	0,5248	0,5605	0,5856	0,5951	0,6123	0,6230	0,6292	0,6325	0,6336	0,6314	0,6277	0,6200	0,6136
0,65	0,3728	0,4199	0,4584	0,4894	0,5344	0,5632	0,5809	0,5869	0,5957	0,5985	0,5978	0,5953	0,5872	0,5785	0,5706	0,5580	0,5494
0,60	0,3849	0,4312	0,4676	0,4956	0,5337	0,5551	0,5653	0,5678	0,5684	0,5644	0,5505	0,5354	0,5222	0,5114	0,4959	0,4861
0,55	0,3919	0,4362	0,4698	0,4943	0,5248	0,5383	0,5412	0,5404	0,5336	0,5236	0,5123	0,5012	0,4810	0,4648	0,4522	0,4349	0,4244
0,50	0,3944	0,4358	0,4660	0,4868	0,5089	0,5145	0,5106	0,5067	0,4936	0,4786	0,4635	0,4497	0,4259	0,4078	0,3941	0,3759	0,3650
0,45	0,3927	0,4308	0,4572	0,4739	0,4876	0,4855	0,4753	0,4686	0,4500	0,4311	0,4133	0,3975	0,3714	0,3522	0,3381	0,3195	0,3086
0,40	0,3872	0,4219	0,4442	0,4566	0,4620	0,4527	0,4367	0,4276	0,4044	0,3825	0,3627	0,3457	0,3185	0,2989	0,2847	0,2664	0,2556
0,35	0,3787	0,4097	0,4279	0,4359	0,4332	0,4173	0,3961	0,3851	0,3583	0,3341	0,3130	0,2954	0,2678	0,2485	0,2347	0,2169	0,2066
0,30	0,3680	0,3952	0,4091	0,4130	0,4027	0,3806	0,3549	0,3422	0,3125	0,2869	0,2652	0,2474	0,2203	0,2015	0,1883	0,1715	0,1618
0,25	0,3558	0,3790	0,3889	0,3889	0,3713	0,3439	0,3144	0,3004	0,2686	0,2420	0,2201	0,2026	0,1763	0,1586	0,1463	0,1308	0,1219
0,20	0,3424	0,3620	0,3681	0,3645	0,3407	0,3085	0,2760	0,2610	0,2276	0,2006	0,1789	0,1617	0,1368	0,1203	0,1090	0,0950	0,0871
0,15	0,3289	0,3453	0,3481	0,3412	0,3121	0,2761	0,2411	0,2253	0,1909	0,1638	0,1424	0,1259	0,1024	0,0873	0,0771	0,0647	0,0578
0,10	0,3164	0,3300	0,3301	0,3206	0,2874	0,2484	0,2117	0,1953	0,1604	0,1333	0,1124	0,0965	0,0744	0,0604	0,0513	0,0405	0,0346
0,05	0,3065	0,3180	0,3162	0,3049	0,2687	0,2280	0,1902	0,1735	0,1382	0,1113	0,0908	0,0754	0,0543	0,0414	0,0331	0,0233	0,0182
0	0,3018	0,3123	0,3096	0,2977	0,2605	0,2189	0,1807	0,1639	0,1285	0,1018	0,0815	0,0664	0,0458	0,0333	0,0252	0,0160	0,0112

Tabelle 7-27: Vorfaktor $C_{if,v}$ für den **impulsiv flexiblen Druckanteil** infolge vertikaler Erdbebenaregung; Biegeformansatz: $f(\zeta) = \cos(\pi/2 \cdot \zeta)$; inkl. Korrekturfator zur Berücksichtigung der Einspannung am Behälterboden (siehe (7.65); daher sind die Werte für $\gamma > 4$ mit Vorsicht anzuwenden); Vorfaktor ist zu multiplizieren mit $R \cdot \rho_L \cdot a_{if,v}(t) \cdot \Gamma_{if,v}$, mit $a_{if,v}$ = Antwortbeschleunigung der gemeinsamen rotationssymmetrischen Schwingung für die Grundschwingzeit $T_{if,v,1}$ aus FE-Berechnung oder nach (7.62)

$\zeta=\frac{z}{H}$	γ=0,2	γ=0,4	γ=0,6	γ=0,8	γ=1,0	γ=1,5	γ=2,0	γ=2,5	γ=3,0	γ=3,5	γ=4,0	γ=5,0	γ=6,0	γ=7,0	γ=8,0	γ=9,0	γ=10
1,00	0	0	0	0	0	0	0	0	0	0	0	0	0	0	0	0	0
0,95	0,0107	0,0232	0,0386	0,0587	0,0878	0,1925	0,3468	0,5539	0,8161	1,1349	1,5118	2,4447	3,6227	5,0523	6,7390	8,6873	10,9016
0,90	0,0213	0,0463	0,0769	0,1171	0,1751	0,3838	0,6915	1,1044	1,6271	2,2628	3,0143	4,8744	7,2231	10,0735	13,4364	17,3211	21,7359
0,85	0,0318	0,0691	0,1147	0,1748	0,2613	0,5727	1,0318	1,6481	2,4281	3,3767	4,4983	7,2740	10,7790	15,0326	20,0510	25,8481	32,4362
0,80	0,0421	0,0914	0,1519	0,2314	0,3459	0,7581	1,3659	2,1817	3,2141	4,4698	5,9545	9,6287	14,2684	19,8990	26,5420	34,2157	42,9366
0,75	0,0522	0,1132	0,1881	0,2865	0,4283	0,9388	1,6915	2,7018	3,9803	5,5354	7,3740	11,9241	17,6699	24,6428	32,8693	42,3724	53,1722
0,70	0,0619	0,1343	0,2231	0,3399	0,5081	1,1137	2,0067	3,2052	4,7220	6,5668	8,7480	14,1460	20,9624	29,2345	38,9940	50,2678	63,0800
0,65	0,0712	0,1546	0,2568	0,3912	0,5848	1,2818	2,3095	3,6889	5,4345	7,5578	10,0681	16,2807	24,1257	33,6461	44,8782	57,8533	72,5989
0,60	0,0801	0,1739	0,2889	0,4401	0,6579	1,4420	2,5981	4,1498	6,1136	8,5021	11,3261	18,3150	27,1402	37,8502	50,4858	65,0821	81,6702
0,55	0,0885	0,1922	0,3192	0,4863	0,7269	1,5932	2,8706	4,5851	6,7549	9,3941	12,5143	20,2363	29,9874	41,8210	55,7821	71,9097	90,2380
0,50	0,0964	0,2092	0,3475	0,5294	0,7914	1,7347	3,1255	4,9922	7,3546	10,2281	13,6253	22,0329	32,6497	45,5339	60,7345	78,2940	98,2494
0,45	0,1037	0,2250	0,3737	0,5693	0,8511	1,8654	3,3611	5,3685	7,9090	10,9990	14,6523	23,6937	35,1107	48,9661	65,3125	84,1955	105,6551
0,40	0,1103	0,2394	0,3976	0,6057	0,9055	1,9847	3,5759	5,7117	8,4146	11,7022	15,5890	25,2084	37,3553	52,0963	69,4877	89,5779	112,4094
0,35	0,1162	0,2523	0,4190	0,6384	0,9543	2,0917	3,7687	6,0197	8,8683	12,3332	16,4296	26,5677	39,3695	54,9054	73,2346	94,4080	118,4707
0,30	0,1215	0,2636	0,4379	0,6671	0,9973	2,1858	3,9383	6,2905	9,2674	12,8881	17,1689	27,7631	41,1410	57,3760	76,5300	98,6561	123,8015
0,25	0,1259	0,2734	0,4540	0,6917	1,0341	2,2665	4,0836	6,5226	9,6093	13,3636	17,8023	28,7874	42,6589	59,4929	79,3535	102,2960	128,3691
0,20	0,1297	0,2814	0,4674	0,7121	1,0645	2,3331	4,2038	6,7145	9,8919	13,7568	18,3260	29,6342	43,9137	61,2429	81,6877	105,3051	132,1452
0,15	0,1326	0,2877	0,4779	0,7280	1,0883	2,3854	4,2980	6,8650	10,1136	14,0650	18,7367	30,2984	44,8970	62,6154	83,5184	107,6650	135,1066
0,10	0,1346	0,2922	0,4854	0,7395	1,1055	2,4230	4,3657	6,9731	10,2730	14,2866	19,0319	30,7757	45,6052	63,6018	84,8341	109,3612	137,2350
0,05	0,1359	0,2950	0,4899	0,7464	1,1158	2,4456	4,4065	7,0383	10,3689	14,4201	19,2097	31,0632	46,0313	64,1961	85,6268	110,3830	138,5174
0	0,1363	0,2959	0,4914	0,7487	1,1193	2,4532	4,4201	7,0600	10,4010	14,4647	19,2691	31,1593	46,1736	64,3946	85,8916	110,7244	138,9457

Tabelle 7-28: Zur Information: In Tabelle 7-27 bereits eingerechneter Korrekturfaktor zur Berücksichtigung der Einspannung am Behälterboden

γ=0,2	γ=0,4	γ=0,6	γ=0,8	γ=1,0	γ=1,5	γ=2,0	γ=2,5	γ=3,0	γ=3,5	γ=4,0	γ=5,0	γ=6,0	γ=7,0	γ=8,0	γ=9,0	γ=10
1	1	1	1	1,0780	1,1891	1,2679	1,3291	1,3790	1,4213	1,4578	1,5190	1,5689	1,6112	1,6478	1,6800	1,7089

Tabelle 7-29: Partizipationsfaktor $\Gamma_{if,v}$ für den **impulsiv flexiblen Druckanteil infolge vertikaler Erdbebenanregung**

	γ=0,2	γ=0,4	γ=0,6	γ=0,8	γ=1,0	γ=1,5	Γ=2,0	γ=2,5	γ=3,0	γ=3,5	γ=4,0	γ=5,0	γ=6,0	γ=7,0	γ=8,0	γ=9,0	γ=10
$\Gamma_{if,v}$	1,1892	1,0958	0,9896	0,8807	0,7807	0,5893	0,4650	0,3815	0,3224	0,2788	0,2453	0,1976	0,1653	0,1420	0,1244	0,1107	0,0997

Tabelle 7-30: Vorfaktoren $C_{F,j}$, $C_{MW,j}$, $C_{MB,j}$, $C_{M,j}$ und Partizipationsfaktoren Γ_j für den **konvektiven (j = k), impulsiv starren (j = is, h) und impulsiv flexiblen Druckanteil (j = if, h)**; je nach Schlankheit Ansatz unterschiedlicher Biegeformen

Beiwert	γ=0,2	γ=0,4	γ=0,6	γ=0,8	γ=1,0	γ=1,5	γ=2,0	γ=2,5	γ=3,0	γ=3,5	γ=4,0	γ=5,0	γ=6,0	γ=7,0	γ=8,0	γ=9,0	γ=10
	Konvektiver Druckanteil																
$C_{F,k}$	0,8704	0,7541	0,6360	0,5328	0,4493	0,3120	0,2355	0,1886	0,1572	0,1348	0,1179	0,0943	0,0786	0,0674	0,0590	0,0524	0,0472
$C_{MW,k}$	0,4434	0,3985	0,3520	0,3105	0,2758	0,2147	0,1762	0,1494	0,1297	0,1144	0,1023	0,0843	0,0717	0,0623	0,0551	0,0493	0,0447
$C_{MB,k}$	0,2311	0,1924	0,1474	0,1076	0,0764	0,0311	0,0124	0,0050	0,0020	0,0008	0,0003	0,0000	0,0000	0,0000	0,0000	0,0000	0,0000
$C_{M,k}$	0,2488	0,2561	0,2742	0,3063	0,3523	0,5143	0,7170	0,9388	1,1689	1,4023	1,6372	2,1084	2,5801	3,0520	3,5240	3,9963	4,4689
Γ_k	1,5101	1,5389	1,5830	1,6371	1,6954	1,8289	1,9173	1,9635	1,9847	1,9938	1,9975	1,9996	1,9999	2,0000	2,0000	2,0000	2,0000
	Impulsiv starrer Druckanteil																
$C_{F,is,h}$	0,1148	0,2386	0,3591	0,4636	0,5478	0,6861	0,7630	0,8102	0,8418	0,8644	0,8813	0,9051	0,9209	0,9321	0,9406	0,9472	0,9524
$C_{MW,is,h}$	0,0459	0,0952	0,1435	0,1861	0,2214	0,2834	0,3224	0,3494	0,3694	0,3847	0,3969	0,4150	0,4278	0,4372	0,4445	0,4503	0,4549
$C_{MB,is,h}$	0,0172	0,0571	0,1024	0,1424	0,1736	0,2189	0,2376	0,2451	0,2480	0,2492	0,2497	0,2500	0,2500	0,2500	0,2500	0,2500	0,2500
$C_{M,is,h}$	0,0191	0,0723	0,1541	0,2615	0,3950	0,8565	1,5273	2,4290	3,5724	4,9623	6,6008	10,6261	15,6508	21,6749	28,6986	36,7218	45,7444
$\Gamma_{is,h}$	1,0000	1,0000	1,0000	1,0000	1,0000	1,0000	1,0000	1,0000	1,0000	1,0000	1,0000	1,0000	1,0000	1,0000	1,0000	1,0000	1,0000
	Impulsiv flexibler Druckanteil																
Ansatz	$f(\zeta)=\sin((\pi/2)\cdot\zeta)$								$f(\zeta)=\zeta$							$1-\cos\left((\tfrac{\pi}{2})\cdot\zeta\right)$	
$C_{F,if,h}$	0,0620	0,1286	0,1937	0,2510	0,2982	0,3801	0,4306	0,4647	0,3693	0,3846	0,3968	0,4149	0,4276	0,4371	0,4443	0,3151	0,3194
$C_{MW,if,h}$	0,0283	0,0586	0,0885	0,1157	0,1393	0,1854	0,2190	0,2448	0,2074	0,2211	0,2322	0,2493	0,2616	0,2708	0,2779	0,2204	0,2247
$C_{MB,if,h}$	0,0079	0,0258	0,0454	0,0614	0,0724	0,0823	0,0789	0,0713	0,0429	0,0377	0,0333	0,0269	0,0224	0,0192	0,0168	0,0022	0,0018
$C_{M,if,h}$	0,0090	0,0352	0,0772	0,1355	0,2118	0,4994	0,9547	1,6012	1,9094	2,7456	3,7493	6,2598	9,4396	13,2871	17,8012	17,8567	22,4761
$\Gamma_{if,h}$	1,6529	1,6581	1,6545	1,6417	1,6226	1,5646	1,5099	1,4656	1,7807	1,7401	1,7087	1,6642	1,6348	1,6141	1,5989	1,7553	1,7393

Tabelle 7-31: Vorfaktoren $C_{F,if,h}$, $C_{MW,if,h}$, $C_{MB,if,h}$, $C_{M,if,h}$ und Partizipationsfaktor $\Gamma_{if,h}$ für den **impulsiv flexiblen Druckanteil**; parametrisierter Sinusansatz der Biegeform nach Abschnitt 7.6.3.3

Beiwert	γ=1,0	γ=1,2	γ=1,4	γ=1,6	γ=1,8	γ=2,2	γ=2,6	γ=3,0	γ=3,5	γ=4,0	γ=5,0	γ=6,0	γ=7,0	γ=8,0	γ=9,0	γ=10,0	γ=12,0
	Impulsiv flexibler Druckanteil																
Ansatz	**Parametrisierter Sinusansatz**																
$C_{F,if,h}$	0,3215	0,3530	0,3749	0,3893	0,3983	0,4062	0,4065	0,4036	0,3984	0,3931	0,3883	0,3845	0,3788	0,3755	0,3737	0,3724	0,3727
$C_{MW,if,h}$	0,1482	0,1658	0,1799	0,1909	0,1996	0,2121	0,2203	0,2259	0,2308	0,2343	0,2369	0,2391	0,2427	0,2457	0,2483	0,2528	0,2564
$C_{MB,if,h}$	0,0800	0,0846	0,0850	0,0825	0,0782	0,0674	0,0563	0,0465	0,0366	0,0290	0,0233	0,0189	0,0131	0,0095	0,0072	0,0046	0,0032
$C_{M,if,h}$	0,2281	0,3234	0,4375	0,5711	0,7248	1,0940	1,5455	2,0800	2,8638	3,7770	4,8198	5,9962	8,7486	12,0473	15,9008	25,2863	36,9317
$\Gamma_{if,h}$	1,5374	1,5509	1,5623	1,5737	1,5849	1,6060	1,6246	1,6396	1,6536	1,6628	1,6684	1,6708	1,6707	1,6665	1,6608	1,6490	1,6386

Literatur Kapitel 7

Albert, R.: Untersuchung flüssigkeitsgefüllter zylindrischer Tanks unter Erdbebenbelastung. Diplomarbeit, RWTH Aachen, 2009.

American Society of Civil Engineers (ASCE): Minimum design loads for buildings and other structures. SEI/ASCE 7-05, ISBN: 0-7844-0831-9, Reston, VA., 2006.

API 650: Welded Steel Tanks for Oil Storage. American Petroleum Institute (Hrsg.), 2003.

Bachmann, H.: Neue Tendenzen im Erdbebeningenieurwesen. Beton- und Stahlbetonbau, Vol. 99, Heft 5, S. 356-371, 2004.

BASF: http://www.basf.com; Internetseite der BASF SE (online Pressefotos), 2010.

Braun, A.: Schüttgutbeanspruchungen von Silozellen unter Erdbebeneinwirkungen. TU Karlsruhe, 1997.

Bronstein, I.N., Semendjajew, K.A.: Teubner-Taschenbuch der Mathematik.   E. Zeidler (Hrsg.), Teubner Verlagsgesellschaft, ISBN 3-8154-2001-6, 1996.

Bruneau, M.: Building damage from the Marmara, Turkey earthquake of August 17, 1999, Multidisciplinary Center for Earthquake Engineering Research, and Department of Civil, Environmental and Structural Engineering, University at Buffalo, Buffalo, NY 14260, USA, 2001.

Chopra, A. K., Goel, R.: Seismic Code Analysis of Buildings without Locating Centers of Rigidity. Journal of Structural Engineering, Vol. 119 (10), pp. 3039-3055, 1993.

Clough, D.P.: Experimental Evaluation of Seismic Design Methods for Broad Cylindrical Tanks. Report No. UCB/EERC-77/10, University of California, Berkeley, California, 1977.

Cornelissen, P.: Erarbeitung eines vereinfachten impulsiv-flexiblen Lastansatzes für die Berechnung von Tankbauwerken unter Erdbebenlast. Diplomarbeit, RWTH Aachen, 2010.

DIN 4149: Bauten in deutschen Erdbebengebieten. Deutsches Institut für Normung (DIN), Berlin Beuth-Verlag, Berlin, 2005.

DIN 4149 Teil 1: Bauten in deutschen Erdbebengebieten – Lastannahmen, Bemessung und Ausführung üblicher Hochbauten. Deutsches Institut für Normung (DIN), Beuth-Verlag, Berlin 1981.

DIN 1055-4: Einwirkungen auf Tragwerke; Windlasten. Deutsches Institut für Normung (DIN), Beuth-Verlag, Berlin, 2005.

DIN 1055-5: Einwirkungen auf Tragwerke; Schnee- und Eislasten. Deutsches Institut für Normung (DIN), Beuth-Verlag, Berlin, 2005.

DIN 1055-6: Einwirkungen auf Silos und Flüssigkeitsbehälter: Deutsches Institut für Normung (DIN), Beuth-Verlag, Berlin, 2005.

DIN 1055-100: Einwirkungen auf Tragwerke; Grundlagen der Tragwerksplanung, Sicherheitskonzept und Bemessungsregeln. Deutsches Institut für Normung (DIN), Berlin, 2001.

DIN EN 1990: Grundlagen der Tragwerksplanung. Deutsches Institut für Normung (DIN), Berlin, 2010.

DIN EN 1990: Nationaler Anhang, National festgelegte Parameter: Eurocode: Grundlagen der Tragwerksplanung. Deutsches Institut für Normung (DIN), Berlin, 2010.

DIN EN 1991-1-3: Einwirkungen auf Tragwerke, Teil 1-3: Allgemeine Einwirkungen, Schneelasten. Deutsche Fassung EN 1991-1-3:2003 + AC:2009. Deutsches Institut für Normung (DIN), Berlin, Dezember 2010.

DIN EN 1991-1-3/NA: Nationaler Anhang, National festgelegte Parameter: Eurocode 1: Einwirkungen auf Tragwerke, Teil 1-3: Allgemeine Einwirkungen, Schneelasten. Deutsches Institut für Normung (DIN), Berlin, Dezember 2010.

DIN EN 1991-1-4: Einwirkungen auf Tragwerke, Teil 1-4: Allgemeine Einwirkungen, Windlasten. Deutsche Fassung EN 1991-1-4:2005+A1:2010+AC:2010. Deutsches Institut für Normung (DIN), Berlin, Dezember 2010.

DIN EN 1991-1-4/NA: Nationaler Anhang, National festgelegte Parameter: Eurocode 1: Einwirkungen auf Tragwerke, Teil 1-4: Allgemeine Einwirkungen, Windlasten. Deutsches Institut für Normung (DIN), Berlin, Dezember 2010.

DIN EN 1991-4: Eurocode 1: Einwirkungen auf Tragwerke – Teil 4: Einwirkungen auf Silos und Flüssigkeitsbehälter. Deutsche Fassung EN 1991-4:2006. Deutsches Institut für Normung (DIN), Berlin, Dezember 2010.

DIN EN 1991-4/NA: Nationaler Anhang, National festgelegte Parameter: Eurocode 1: Einwirkungen auf Tragwerke – Teil 4: Einwirkungen auf Silos und Flüssigkeitsbehälter. Deutsches Institut für Normung (DIN), Berlin, Dezember 2010.

DIN EN 1998-1: Auslegung von Bauwerken gegen Erdbeben – Teil 1: Grundlagen, Erdbebeneinwirkungen und Regeln für Hochbauten. Deutsche Fassung EN 1998-1:2004+AC:2009. Deutsches Institut für Normung (DIN), Berlin, Dezember 2010.

DIN EN 1998-1/NA: Nationaler Anhang – National festgelegte Parameter: Auslegung von Bauwerken gegen Erdbeben – Teil 1: Grundlagen, Erdbebeneinwirkungen und Regeln für Hochbauten. Deutsches Institut für Normung (DIN), Berlin, Januar 2011.

DIN EN 1998-4: Auslegung von Bauwerken gegen Erdbeben – Teil 4: Silos, Tanks und Pipelines. Deutsche Fassung EN 1998-4:2006. Deutsches Institut für Normung (DIN), Berlin, Januar 2007.

DIN EN 1998-5: Auslegung von Bauwerken gegen Erdbeben Teil 5 : Gründungen, Stützbauwerke und geotechnische Aspekte. Deutsche Fassung EN 1998-5:2004. Deutsches Institut für Normung (DIN), Berlin, Dezember 2010.

DIN EN 1998-5/NA: Nationaler Anhang – National festgelegte Parameter: Auslegung von Bauwerken gegen Erdbeben Teil 5 : Gründungen, Stützbauwerke und geotechnische Aspekte. Entwurfsfassung. Deutsches Institut für Normung (DIN), Berlin, September 2009.

DIN 18800-4: Stahlbauten – Teil 4: Stabilitätsfälle – Schalenbeulen. Deutsches Institut für Normung (DIN), Berlin, November 2008.

El-Zeiny: Nonlinear Time-Dependent Seismic Response of Unanchored Liquid Storage Tanks. Dissertation, University of California, Irvine, CA, 2000.

Eurocode 8, Teil 4: Design of Structures for Earthquake Resistance – Part 4 (prEN 1998-4): Silos, tanks and pipelines. 2004.

FEMA 450: Federal Emergancy Managament Agency: NEHRP recommended provisions for the development of seismic regulations for new buildings and other structures. 2003 Ed. (FEMA 450), American Society of Civil Engineers, 2003.

Fischer, F.D., Rammerstorfer, F.G.: The Stability of Liquid-Filled Cylindrical Shells under Dynamic Loading. In: E. Ramm (Hrsg.): Buckling of Shells. S. 569-597, 1982.

Fischer, F.D., Rammerstorfer, F.G., Scharf, K.: Earthquake Resistant Design of Anchored and Unanchored Liquid Storage Tanks under Three-Dimensional Earthquake Excitation. In: G.I. Schuëller (Hrsg.): Structural Dynamics. Springer Verlag, S. 317-371, 1991.

Fischer, F.D., Seeber, R.: Dynamic Response of Vertically Excited Liquid Storage Tanks Considering Liquid-Soil Interaction. Earthquake Engineering and Structural Dynamics, Vol. 16, pp. 329-342, 1988.

Freeman, S.A.: Review of the Development of the Capacity Spectrum Method. ISET Journal of Earthquake Technology, Vol. 41, No. 1, paper no. 438, pp. 1-13, 2004.

Gehrig, H.: Vereinfachte Berechnung flüssigkeitsgefüllter verankerter Kreiszylinderschalen unter Erdbebenbelastung. Stahlbau, Vol. 73, Heft 1, 2004.

Gudehus, G.: A comprehensive equation for granular materials. Soils and Foundations, Vol. 36, Nr. 1, S. 1-12, 1996.

Guggenberger, W.: Schadensfall, Schadensanalyse und Schadensbehebung eines Silos auf acht Einzelstützen. Stahlbau, Nr. 67, Heft 6, 1998.

Gupta, B., Eeri, M., Kunnath, K.: Adaptive Spectra-based Pushover procedure for seismic evaluation of structures. Earthquake Spectra, Vol. 16, 2000.

Haack, A., Tomas, J.: Untersuchungen zum Dämpfungsverhalten hochdisperser, kohäsiver Pulver. Chemie Ingenieur Technik, Band 75, Nr.11, 2003.

Habenberger, J.: Beitrag zur Berechnung von nachgiebig gelagerten Behältertragwerken unter seismischen Einwirkungen. Dissertation, Weimar, 2001.

Holl, H.J.: Parameteruntersuchung zur Abgrenzung der Anwendbarkeit eines Berechnungskonzeptes für Erdbebenbeanspruchte Tankbauwerke. Heft ILFB – 1/87 der Berichte aus dem Institut für Leichtbau und Flugzeugbau der Technischen Universität Wien, Diplomarbeit, 1987.

Holler, S., Meskouris, K.: Granular Material Silos under dynamic excitation: Numerical simulation and experimental validation. Journal of Structural Engineering, Vol. 132, No. 10, S. 1573-1579, 2006.

Holtschoppen, B., Butenweg, C., Meskouris, K.: Seismic Design of Secondary Structures. Im Tagungsband Seismic Risk 2008 - Earthquakes in North-Western Europe. Liege, 2008

Holtschoppen, B.: Beitrag zur Auslegung von Industrieanlagen auf seismische Belastungen. Dissertation, Lehrstuhl für Baustatik und Baudynamik, RWTH Aachen, 2009a.

Holtschoppen, B., Butenweg, C., Meskouris, K.: Seismic Design of Non-Structural Components in Industrial Facilities. International Journal of Engineering Under Uncertainty: Hazards, Assessment and Mitigation, 2009b.

Holtschoppen, B., Cornelissen, P., Butenweg, C., Meskouris, K.: Vereinfachtes Berechnungsverfahren der Interaktionsschwingung bei flüssigkeitsgefüllten Tankbauwerken unter seismischer Belastung. Tagungsband Baustatik-Baupraxis, Innsbruck, 2011.

Housner, G.W.: The dynamic behaviour of water tanks. Bulletin of the Seismological Society of America, Vol. 53, p. 381-387, 1963.

IBC: International Building Code. International code council, 2009.

Kettler, M.: Earthquake Design of Large Liquid-Filled Steel Storage Tanks. Diplomarbeit, TU Graz, 2004, Vdm Verlag Dr. Müller, ISBN: 978-3639059588, 2008.

Kneubühl, F.K.: Repetitorium der Physik. 5. Auflage, Teubner Verlag, 1994.

Kolymbas, D.: Ein nichtlineares viskoplastisches Stoffgesetz für Böden. Dissertation, Veröffentlichungen des Instituts für Bodenmechanik und Felsmechanik der Universität Fridericiana in Karlsruhe, Heft 77, 1978.

Luft, R.W.: Vertical Accelerations in Prestressed Concrete Tanks. Journal of Structural Engineering, Vol. 110, No. 4, pp. 706-714, 1984.

Martens, P.: Silohandbuch. Wilhelm Ernst&Sohn Verlag: Berlin, 1998.

Meskouris, K.: Baudynamik. Modelle, Methoden, Praxisbeispiele. Bauingenieur-Praxis. Berlin: Ernst & Sohn 1999.

Niemunis, A., Herle, I.: Hypoplastic model for cohesionless soils with elastic strain range. Mechanics of Cohesive-Frictional Materials, Vol. 2, S. 279-299, 1997.

Nottrott, Th.: Schwingende Kamine und ihre Berechnung im Hinblick auf die Beanspruchung durch Kármán-Wirbel. Bautechnik, Heft 12, S. 411-415, 1963.

NZS 1170.5 (2004): Structural Design Actions, Part 5: Earthquake actions. New Zealand. published 22 december 2004.

Petersen, C.: Dynamik der Baukonstruktionen. Vieweg Verlag, Braunschweig/Wiesbaden, 2000.

Rammerstorfer, F.G., Fischer, F.D.: Ein Vorschlag zur Ermittlung von Belastungen und Beanspruchungen von zylindrischen, flüssigkeitsgefüllten Tankbauwerken bei Erdbebeneinwirkung. Neuauflage des Institutsberichtes ILFB-2/90, Institut für Leichtbau und Struktur-Biomechanik (ILSB) der TU Wien, 2004.

Rammerstorfer, F.G., Scharf, K., Fischer, F.D.: Storage tanks under earthquake loading. Applied Mechanics Review, Vol. 43, No. 11, pp. 261-279, Nov. 1990.

Rammerstorfer, F.G., Scharf, K., Fischer, F.D., Seeber, R.: Collapse of Earthquake Excited Tanks. Res Mechanica, Vol. 25, pp. 129-143, 1988.

Rinkens, E.: Automatische Berechnung und Bemessung von Metallsilos mit der FE-Methode nach DIN 1055-6:2005. Diplomarbeit, RWTH-Aachen, 2007.

Sakai, F., Ogawa, H., Isoe, A.: Horizontal, Vertical and Rocking Fluid-Elastic Responses and Design of Cylindrical Liquid Storage Tanks. Proceedings of the 8th World Conference on Earthquake Engineering, 1984.

Sasaki, K.K., Freeman, S.A., Paret, T.F.: Multimode Pushover Procedure (MMP) – A Method to Identify the Effects of Higher Modes in a Pushover Analysis. Proceedings of the 6th U.S. National Conference on Earthquake Engineering, Seattle, Washington, 1998.

Scharf, K. Rammerstorfer, F.G.: Probleme bei der Anwendung der Antwortspektrenmethode für Flüssigkeit-Festkörper-Interaktionsprobleme des Erdbebeningenieurwesens. Zeitschrift für angewandte Mathematik und Mechanik, ISSN 0044-2267, Vol. 71, No. 4, Seiten T160-T165, 1991.

Scharf, K.: Beiträge zur Erfassung des Verhaltens von erdbebenerregten, oberirdischen Tankbauwerken. Dissertation, Wien, Fortschrittsbericht aus der VDI-Reihe 4 Nr. 97, ISBN 3-18-149704-5, VDI-Verlag, 1990.

Schmidt, H.: Schalenbeulen im Stahlbau – Ein spannendes Bemessungsproblem. Essener Unikate, 2004.

Seed, H. B., Lysmer, J: Geotechnical engineering in seismic areas. Bergamo, 1980.

Shih, Choon-Foo: Failure of liquid storage tanks due to earthquake excitation. Dissertation, California Institute of Technology, 1981.

SIA 261: Einwirkungen auf Tragwerke. Schweizerischer Ingenieur- und Architektenverein, Zürich, 2003.

Sigloch, H.: Technische Fluiddynamik. 7. Auflage, Springer Verlag, ISBN 978-3-642-03089-5, 2009.

Singh, M.P., Moreschi, L. M.: Simplified methods for calculating seismic forces for non-structural components. Proceedings of Seminar on Seismic Design, Retrofit, and Performance of Nonstructural Components (ATC-29-1), Applied Technology Council, 1998.

Smoczynski, K., Schmitt, T.: Resultierende Erdbebeneinwirkung aus zwei Horizontalkomponenten. DGEB-Tagung in Hannover, 2011.

Smoltczyk, U.: Grundbau Taschenbuch. Vierte Auflage, Teil 1, Ernst & Sohn, ISBN: 3-433-01085-4, 1991.

Stempniewski, L.: Flüssigkeitsgefüllte Stahlbetonbehälter unter Erdbebeneinwirkung. Dissertation, Karlsruhe, 1990.

Taiwan earthquake code: Seismic Design Code for Buildings in Taiwan. Construction and Planning Agency, Ministry of the Interior, 2005.

Tang, Y.: Studies of Dynamic Response of Liquid Storage Tanks. Dissertation, Rice University Houston, Texas, 1986.

UBC 1997: Uniform Building Code, "UBC 97". Whittier, CA., 1997.

Verband der Chemischen Industrie (VCI): Leitfaden: Der Lastfall Erdbeben im Anlagenbau. Stand 12/2008

Verband der Chemischen Industrie (VCI): Erläuterungen zum Leitfaden: Der Lastfall Erdbeben im Anlagenbau. Stand 12/2008

Villaverde, R.: Seismic design of secondary structures: State of the art. Journal of Structural Engineering, 123(8), pp. 1011-1019, 1997.

Wagner, R.: Seismisch belastete Schüttgutsilos. Dissertation, Lehrstuhl für Baustatik und Baudynamik, RWTH Aachen, 2009.

Wolf, John P.: Foundation vibration analysis using simple physical models. PTR Prentice Hall, Prentice-Hall, Inc., S. 27 ff., 1994.

Yanagida, T., Matchett, A., Asmar, B., Langston, P., Walters, K., Coulthard, M.: Damping characteristics of particulate materials using low intensity vibrations: effects of experimental variables and their interpretation. Journal of Chemical Engineering of Japan, Vol. 36, No. 11, pp. 1339-1346, 2003.

8 Absperrbauwerke

Die seismische Untersuchung von großen Absperrbauwerken wie Erddämmen und Staumauern stellt den Ingenieur auf Grund der Interaktion zwischen Bauwerk und eingestautem Wasser sowie den möglichen geotechnischen Effekten unter dynamischen Einwirkungen vor besondere Probleme bei der Durchführung des seismischen Standsicherheitsnachweises. Im Folgenden wird am Beispiel von Erddämmen eine Möglichkeit des seismischen Standsicherheitsnachweise auf Grundlage linearer Zeitverlaufsberechnungen aufgezeigt.

8.1 Standsicherheitsnachweise für Erddämme

Zur Versorgung der Bevölkerung mit Energie und Trinkwasser werden zahlreiche Talsperren genutzt. Als Absperrbauwerke dienen neben Staumauern bei weiten Tälern Erddämme, die sich harmonisch in die Landschaft einfügen und gleichzeitig wirtschaftlich in der Errichtung sind.

Die Beurteilung der Standsicherheit von Erddämmen im Lastfall Erdbeben stellt eine besondere Aufgabe für den bearbeitenden Ingenieur dar, zum einen weil diese Bauwerke ein beträchtliches Schadenspotential bergen, zum anderen weil die Eigenschaften der im Dammbau verwendeten Materialien schwierig zu erfassen sind. Während für statische Lastfälle zuverlässige Berechnungsmethoden zur Verfügung stehen, mit denen eine Beurteilung der Standsicherheit möglich ist, ist die Behandlung des Erdbebenlastfalls mit den üblichen geotechnischen Verfahren nur schwer möglich.

Die Methode der Finiten Elemente bietet die Möglichkeit einer realistischen Erfassung der Materialgesetze und der Durchführung dynamischer Berechnungen, dennoch ist auch hier die Beurteilung der Standsicherheit nicht trivial. Nachfolgend wird ein geeignetes Verfahren zur Beurteilung der Standsicherheit von Erddämmen für den Lastfall Erdbeben erläutert.

8.1.1 Standsicherheitsnachweise

Zur Beurteilung der Standsicherheit eines Dammes müssen unter anderem der Nachweis gegen Gleiten in der Dammaufstandsfläche sowie der Nachweis der Sicherheit gegen Böschungsbruch geführt werden. Der Nachweis der Böschungsbruchsicherheit kann mit den in der DIN V 4084-100 (1996) angegebenen Verfahren durchgeführt werden. Im Folgenden wird nur das Lamellenverfahren nach Krey-Bishop näher erläutert.

Beim Verfahren nach Krey-Bishop geht man zunächst davon aus, dass sich eine kreisförmige Bruchlinie ausbildet, die als Gleitkreis bezeichnet wird. Dieser Kreis wird in Lamellen unterteilt und die auf jede Lamelle i wirkenden Kräfte werden angetragen (Bild 8-1).

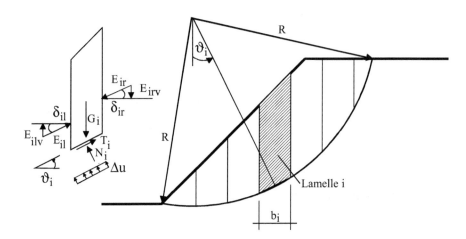

Bild 8-1 Lamellenverfahren nach Krey-Bishop

In dem Verfahren von Krey-Bishop wird davon ausgegangen, dass die Wandreibungswinkel δ_i Null sind und daher die vertikalen Erddruckanteile E_{ilv} und E_{irv} verschwinden. Das Gleichgewicht in vertikaler Richtung lautet damit:

$$G_i = N_i \cos\vartheta_i + T_i \sin\vartheta_i + \Delta u \, b_i \tag{8.1}$$

Hierbei sind die Reaktionskräfte N_i und T_i sind über das Bruchkriterium nach Mohr-Coulomb miteinander verknüpft:

$$T_i = N_i \tan\varphi' + c' \frac{b_i}{\cos\vartheta_i} \tag{8.2}$$

Wird für die Scherparameter ein Sicherheitsbeiwert η_i angesetzt (Regel von Flellenius) und werden eventuell vorhandene Porenwasserüberdrücke Δu berücksichtigt, so ergibt sich aus den Gleichungen (8.1) und (8.2) die Bestimmungsgleichung für die tangentiale Reaktionskraft:

$$T_i = \frac{(G_i - \Delta u \, b_i) \tan\varphi' + c' b_i}{\cos\vartheta_i + \dfrac{1}{\eta_i} \tan\varphi' \sin\vartheta_i} \tag{8.3}$$

Die Berechnung der Böschungsbruchsicherheit η erfolgt durch die Bildung des Verhältnisses von haltenden zu treibenden Momenten um den Mittelpunkt des Gleitkreises:

$$\eta = \frac{\text{Summe der haltenden Momente}}{\text{Summe der treibenden Momente}} = \frac{\sum M_h}{\sum M_{tr}}$$

$$\sum M_h = R \sum T_i + \sum M_s$$

$$\sum M_{tr} = R \sum G_i \sin\vartheta_i + \sum M \tag{8.4}$$

In den Ausdrücken ΣM_s und ΣM sind alle haltenden bzw. treibenden Momente zusammengefasst, die nicht durch die in der Gleitfuge wirkenden Kräfte erzeugt werden (z.B. Verkehrslasten, Ankerkräfte, Strömungskräfte, …).

Wird die Böschung durchströmt, können die in Bild 8-2 dargestellten Ansätze zur Berücksichtigung der Strömungskräfte verwendet werden. Der erste Ansatz (Bild 8-2a) berücksichtigt bei der Bestimmung der Gewichtskraft G_i der Lamelle die Wirkung des Auftriebs durch den Ansatz von γ' (Wichte unter Auftrieb). Beim zweiten Ansatz (Bild 8-2b) wird G_i mit γ_r (Wichte des wassergesättigten Bodens) unter Berücksichtigung zusätzlicher Wasserdrücke entlang des Umfangs ermittelt. Findet eine Durchströmung statt, so kann mit Hilfe eines Strömungsnetzes eine im Schwerpunkt des Gleitkörpers angreifende resultierende Strömungskraft ermittelt werden. Alternativ kann auch aus dem Strömungsnetz der Porenwasserdruck u entlang der Gleitlinie berechnet werden.

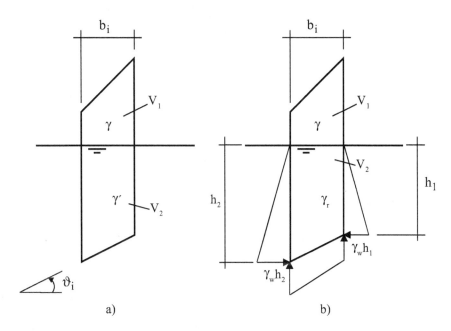

Bild 8-2 Berücksichtigung von Strömungskräften

Für den Lastfall Erdbeben stehen grundsätzlich zwei Berechnungsverfahren zur Verfügung. Dies ist zum einen das pseudostatische Verfahren und zum anderen das dynamische Verfahren auf Grundlage der Finite-Elemente Methode.

8.1.1.1 Pseudostatisches Verfahren

Bei diesem Verfahren wird die Wirkung des Erdbebens durch eine statische Ersatzkraft berücksichtigt, die im Schwerpunkt des Gleitkörpers angreift (Bild 8-3). Mit dem zuvor beschriebenen Verfahren nach Krey-Bishop ergibt sich die Böschungsbruchsicherheit zu:

$$\eta = \frac{R\sum T_i + \sum M_s}{R\sum G_i \sin\vartheta_i + \sum M + (e\,k_v + f\,k_h)\sum G_i} \tag{8.5}$$

Die dynamischen Beiwerte k_v und k_h können näherungsweise entsprechenden Normen entnommen werden. Alternativ wird von Papakyriakopoulos (1982) vorgeschlagen die maximalen

Beschleunigungswerte des Bemessungserdbebens in horizontaler und vertikaler Richtung dividiert durch die Erdbeschleunigung g anzusetzen. Das pseudostatische Verfahren war lange Zeit gängige Praxis. Die Erfahrung hat jedoch gezeigt, dass Dämme, die mit diesem Verfahren als sicher eingestuft wurden, im Erdbebenfall versagen können.

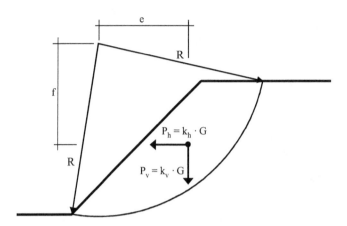

Bild 8-3 Pseudostatisches Verfahren

8.1.1.2 Dynamische Verfahren

Bei der Berechnung der Spannungen und Verformungen von Erddämmen stellt die Finite Element Methode ein bewährtes Hilfsmittel dar. Zum einen können mit ihr statische Lastfälle wie Eigengewicht und Wassereinstau berechnet werden, zum anderen lassen sich damit auch dynamische Lastfälle untersuchen. Aus den ermittelten Spannungszuständen lassen sich dann Aussagen über die Standsicherheit machen. Seed (1980) schlägt eine Methode zur dynamischen Untersuchung von Erddämmen vor, wobei er die Wichtigkeit von Daten über den Spannungszustand vor dem Erdbeben sowie über die statischen und dynamischen Eigenschaften der Dammmaterialien herausstellt. Papakyriakopoulos (1982) und Hupfauf (1991) führten umfangreiche Parameterstudien zur Beschreibung des Spannungszustandes im Innern eines Dammkörpers durch. Beide, wie auch Seed (1980), betonen die Notwendigkeit nichtlinearer Stoffgesetze. Daher sollte zur Beschreibung des Lastfalls Eigengewicht die lagenweise Herstellung des Dammes in der FE-Berechnung simuliert werden, so dass die Spannungsgeschichte der Materialien erfasst wird. Weiterhin wird bei der Spannungs- und Verformungsberechnung üblicherweise davon ausgegangen, dass sich die einzelnen Schüttlagen nur durch die darüber aufgebrachten Lagen verformen. Für homogene Dammkörper ergeben sich im Gegensatz zu den Verformungen kaum Unterschiede in den Spannungen im Innern des Dammes, wenn der Lastfall Eigengewicht in einem oder in mehreren Lastschritten aufgebracht wird (DVWK-Merkblatt, 1998; LUA, 2006). Bei Dämmen mit unterschiedlichen Schüttmaterialien kommt es infolge der unterschiedlichen Steifigkeiten zu Spannungsumlagerungen. Weiche Lehmkerne „hängen" sich beispielsweise an steiferem Schüttmaterial auf, so dass sich die vertikalen Spannungen des Kerns verringern (Hupfauf, 1991). Grenzen Materialien mit stark unterschiedlichen Eigenschaften aneinander (Betonkerndichtung mit anschließender Lehmschüttung), so sollten Kontaktelemente eingefügt werden, die eine gegenseitige Verschiebung der Materialien unter bestimmten Randbedingungen ermöglichen (DVWK-Merkblatt, 1998; LUA, 2006).

Der Lastfall Wassereinstau führt zu einer Entlastung des Schüttmaterials auf der Wasserseite von Dämmen mit innen liegender Dichtung. Die Dichtung selbst wird entweder durch den hydrostatischen Wasserdruck oder durch Strömungskräfte belastet, wie zum Beispiel bei einer planmäßigen Durchströmung des Dichtmaterials bei Lehmkernen. Weitere Erläuterungen zur Modellbildung und Rechenschritten finden sich im DVWK-Merkblatt (1998) und im Merkblatt 58 des LUA (2006).

Zur Beurteilung der Standsicherheit von Dämmen und Böschungen stehen verschiedene kommerzielle Programme zur Verfügung. Sie basieren meist auf dem Verfahren von Krey-Bishop und sind für einfache Geometrien und statische Lastfälle geeignet. Komplexere Strukturen (z.B. Dämme mit Kerndichtungen) und insbesondere dynamische Lastfälle können jedoch mit diesen Programmen nicht behandelt werden.

8.1.2 Berechnung der Gleitsicherheit mit Hilfe der Finite-Elemente Methode

Im vorangegangenen Abschnitt wurden die Vorteile der Methode der finiten Elemente gegenüber dem Verfahren nach Krey-Bishop herausgestellt. Bei der Finite-Elemente Methode erfolgt die Beurteilung der Standsicherheit durch Auswertung von Spannungszuständen. Hierbei kann bislang nur eine Aussage darüber getroffen werden, ob ein Damm oder eine Böschung in dem betrachteten Lastfall versagt oder nicht. Die Bestimmung eines Sicherheitsfaktors ist bei Einsatz der Finite-Elemente Methode im Gegensatz zum Verfahren von Krey-Bishop nicht direkt möglich. Aus diesem Grund wird im Folgenden ein Verfahren vorgestellt, mit dem der vorhandene Sicherheitsfaktors auf Grundlage der Ergebnisse aus Finite-Elemente Berechnungen bestimmt werden kann.

8.1.2.1 Berechnung des Sicherheitsfaktors

Basierend auf dem Verfahren von Krey-Bishop wird von einer kreisförmigen Gleitfläche im Bruchzustand ausgegangen. In Bild 8-4 ist ein solcher Gleitkreis mit einem Finite-Elemente Netz dargestellt. Ist der Spannungszustand innerhalb des Dammes bekannt, so lassen sich die Hauptspannungen derjenigen Elemente, die vom Gleitkreis geschnitten werden, in ihre radialen und tangentialen Anteile bezüglich des Kreises transformieren (Bild 8-5).

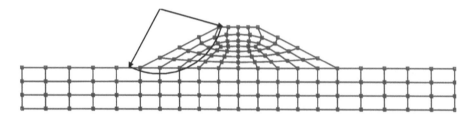

Bild 8-4 FE-Netz mit Gleitkreis

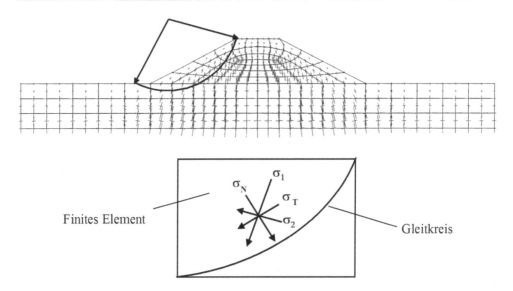

Bild 8-5 Hauptspannungen im Damm und Transformation auf den Gleitkreis

Die Integration der tangentialen Spannungen σ_T über die Gleitkreislinie liefert die treibende Kraft:

$$T_{vorh} = \int_L \sigma_T \, dL \tag{8.6}$$

Die radialen Spannungen σ_N erzeugen, wie oben erläutert, tangentiale Reaktionsspannungen. Diese wirken entgegen den treibenden Spannungen, wenn die Radialspannungen im Element vom Kreismittelpunkt nach außen gerichtet sind. Sind die Spannungen entgegengesetzt gerichtet, d.h. auf den Kreismittelpunkt zu, so treten entlang des betrachteten Segments Zugspannungen normal zur Gleitfläche auf. In diesem Fall sind die Reaktionsspannungen Null. Die Integration der Reaktionsspannungen über die Kreislinie liefert die haltende Kraft T_{zul}:

$$T_{zul} = \int_L \sigma_N \tan\varphi' + c' \, dL \tag{8.7}$$

Die Sicherheit gegen Böschungsbruch lässt sich dann durch das Verhältnis der haltenden zu den treibenden Kräften ermitteln:

$$\eta = \frac{T_{zul}}{T_{vorh}} \tag{8.8}$$

8.1.2.2 Gleitkreis der geringsten Sicherheit

Zur Beurteilung der Standsicherheit muss der Gleitkreis mit der geringsten Sicherheit ermittelt werden. Hierzu wird zunächst der Abstand d eines beliebigen Gleitkreismittelpunktes von der Böschung bestimmt und dann ein sinnvoller minimaler Radius R_{min} ermittelt, so dass der zugehörige Gleitkreis die Böschung gerade berührt (Bild 8-6).

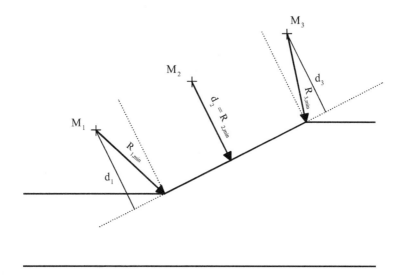

Bild 8-6 Ermittlung des minimalen Radius

Im nächsten Schritt wird ein maximaler Radius berechnet, so dass sichergestellt ist, dass der Fußpunkt und der oberste Punkt der Böschungslinie in der weiteren Berechnung von mindestens einem Gleitkreis erfasst werden. Ausgehend von dem minimalen Radius wird der Radius mit einer festgelegten Schrittweite bis zum maximalen Radius variiert und die Sicherheit der verschiedenen Gleitkreise werden berechnet.

Exemplarisch sind für das in Bild 8-7 dargestellte Beispiel für den Lastfall Verkehrslast die Verläufe der Sicherheiten in Abhängigkeit vom Radius für zwei verschiedene Diskretisierungen in Bild 8-8 dargestellt. Zum einen wird der Einfluss der Diskretisierung deutlich, da die Kurve für das feinere Netz deutlich glatter verläuft, zum anderen ist zu erkennen, dass die Sicherheiten am Rand sehr klein sind und dann mit zunehmendem Radius wieder ansteigen. Für andere Kreismittelpunkte traten in den untersuchten Beispielen immer diese absoluten Minima der Sicherheit in unmittelbarer Nähe des Randes auf, es wurden jedoch auch lokale Minima für weiter innen liegende Kreise berechnet. Die absoluten Randminima sind dadurch gekennzeichnet, dass die Spannungstrajektorien am Rand des Dammes nahezu parallel zur Böschungsneigung verlaufen und somit relativ große treibende Kräfte gegenüber relativ kleinen haltenden Kräften auftreten.

Bild 8-8 zeigt auch, dass dieser Effekt für feinere Netze abnimmt. Weiterhin scheint es wenig sinnvoll, die Böschungsbruchsicherheit für Gleitkreise festzulegen, die nur wenig in die Böschung eindringen. Als sinnvolles Maß sollte daher der rechnerisch ermittelte minimale Radius R_{min} um 0,5 bis 1,0 m vergrößert werden.

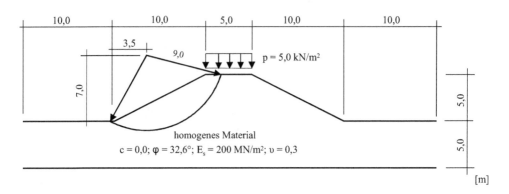

Bild 8-7 Berechnungsbeispiel mit Verkehrsauflast

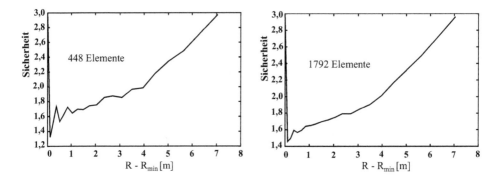

Bild 8-8 Verlauf der Sicherheit über den Radius

Um zunächst einen Gesamtüberblick zu erlangen, wie sich die Sicherheitsfaktoren für verschiedene Gleitkreismittelpunkte verhalten, besteht die Möglichkeit, ein Raster zu erzeugen. Für jeden dieser Rasterpunkte wird der Radius in der oben beschriebenen Art variiert und für jeden Radius der Sicherheitsfaktor bestimmt. Auf diese Weise lassen sich für die durch das Raster festgelegten Gleitkreismittelpunkte die Radien ermitteln, die zu dem Gleitkreis der geringsten Sicherheit gehören. Aus den Sicherheitswerten der einzelnen Gleitkreise lässt sich ein dreidimensionales Bild erzeugen, das den Verlauf der Sicherheit über dem gewählten Raster darstellt.

Bild 8-9 zeigt exemplarisch eine solche Sicherheitsfläche, die für das obige Beispiel erstellt wurde. Um einen geeigneten Darstellungsmaßstab zu erhalten wurde eine obere Schranke für die Sicherheit festgelegt (Bild 8-9, $\eta_{grenz} = 3,0$). Es hat sich herausgestellt, dass sich in diesen Flächen stets ein Tal ausbildet, dessen Achse nahezu senkrecht zur Böschungsneigung verläuft. Aus diesem Grund wird ein s, t-Koordinatensystem verwendet, das seinen Ursprung im Fußpunkt des Dammes hat und dessen s-Koordinate stets positiv in Richtung der Dammkrone entlang der Böschungslinie verläuft (Bild 8-10).

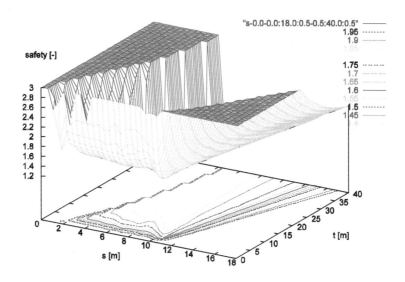

Bild 8-9 Sicherheitsfläche

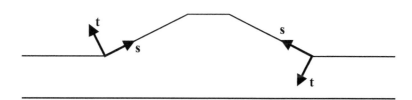

Bild 8-10 s-t Koordinatensysteme

Die Höhenlinien der Sicherheitsflächen entsprechen den Linien gleicher Sicherheit. Betrachtet man ihre Projektion in die s, t-Ebene, so fällt die Monotonie auf, mit der sich die Sicherheitswerte verringern.

Dieses Beispiel sowie Berechnungen an weiteren Beispielen haben gezeigt, dass sich das absolute Minimum der Fläche nur mit relativ hohem numerischem Aufwand berechnen lässt. Dennoch lässt sich immer eine minimale Sicherheitsschranke angeben, die von keinem Gleitkreis unterschritten wird. Für das in Bild 8-7 dargestellte Beispiel lässt sich mit Hilfe der Projektion von Bild 8-9 feststellen, dass für keinen der untersuchten Gleitkreise der Sicherheitsfaktor kleiner als $\eta = 1{,}3$ wird (Bild 8-11).

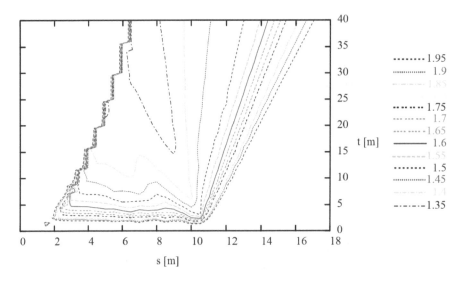

Bild 8-11 Linien gleicher Sicherheit

8.1.3 Berechnungsbeispiel

Im Folgenden sollen die vorgestellten Berechnungsmethoden zur Beurteilung der Standsicherheit anhand eines Dammes noch einmal erläutert werden. Der betrachtete Erddamm hat eine Länge von 165 m und wird durch einen bis zu 4,0 m dicken Lehmkern abgedichtet, der unter der Dammsohle durch den gewachsenen Boden reicht und in den anstehenden Fels einbindet.

8.1.3.1 Modellbildung

Als Berechnungsmodell dient ein repräsentativer Dammquerschnitt (Bild 8-12), der als Grundlage für ein ebenes Rechenmodell verwendet wurde. Aufgrund der großen Ausdehnung des Dammes in seiner Längsrichtung kann von einem ebenen Verzerrungszustand ausgegangen werden.

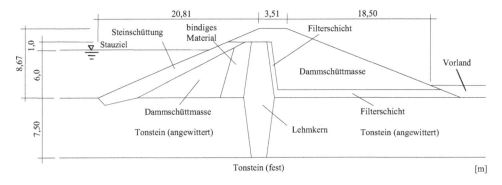

Bild 8-12 Querschnittsskizze mit Materialien

Zur Modellierung des Dammquerschnitts wurden bilineare vierknotige Elemente verwendet. Der Berechnungsausschnitt wurde zu beiden Seiten hin stark ausgedehnt, um einen Einfluss der seitlichen Gleitlagerung auf die Spannungsverteilung im Bereich des Dammes auszuschließen. Der unterhalb des Dammes anstehende feste Tonstein wurde in der Berechnung als feste Lagerung angesetzt.

Bild 8-13 Finite-Elemente Netz bestehend aus 2104 Elementen

Bild 8-13 zeigt die Diskretisierung mit 2104 Elementen. Die zur Berechnung der Spannungen und dem Nachweis der Böschungsbruchsicherheit erforderlichen Bodenkennwerte sind in Tabelle 8-1 zusammengestellt, wobei zum Teil Anhaltswerte aus der Literatur verwendet wurden (EAU, 1990; Smoltczyk, 1991).

Tabelle 8-1 Zusammenstellung der Bodenkennwerte

	γ [kN/m³]	γ' [kN/m³]	γ_r [kN/m³]	φ' [°]	c' [kN/m³]	E_s [MN/m²]	ν [-]
Tonstein (verwittert)	26,0	28,0	18,0	30,0	10,0	2000,0	0,3
Lehmkern	20,0	20,0	10,0	27,5	0,0	20,0	0,4
Bindiges Material	21,0	22,0	12,0	27,5	0,0	15,0	0,4
Steinschüttung, Dammschüttmasse, Filterschicht, Vorland	19,0	21,3	11,3	32,5	0,0	200,0	0,3

Für eine Berechnung mit finiten Elemente werden die in Tabelle 8-1 angegebenen Steifemoduli E_s mit Hilfe der Gleichung

$$E = \left(1 - \frac{2\nu^2}{1-\nu}\right) E_S \qquad (8.9)$$

in E-Moduli umgerechnet. Der Grund dafür ist, dass der Steifemodul E_s im Kompressionsversuch ermittelt wird, bei dem ein ebener Verzerrungszustand herrscht, der in den Materialgesetzen für finite Scheibenelemente verwendete E-Modul jedoch in der Regel eine Eingabe für den ebenen Spannungszustand voraussetzt.

Die nachfolgenden Berechnungen wurden mit linearen Materialgesetzen durchgeführt, die für eine Bodenmodellierung nur eine grobe Näherung darstellen. Im vorliegenden Fall zeigte sich jedoch, dass die Änderungen der Spannungen im Lastfall Erdbeben relativ klein waren und daher das Materialverhalten in guter Approximation linear beschrieben werden konnte.

8.1.3.2 Lastfall Eigengewicht

Die im DVWK-Merkblatt (1998) vorgeschlagene Simulation des schichtweisen Aufbaus des Dammes wurde bei diesem Beispiel nicht durchgeführt, und es wurden auch nicht die in Abschnitt 8.1.1.2 beschriebenen Kontaktelemente, die an den Schichtgrenzen von Materialien mit stark unterschiedlichen Steifigkeiten eingefügt werden sollten, verwendet. Es wurden insgesamt drei Berechnungsmodelle untersucht, in denen die Materialsteifigkeiten variiert wurden, um einen realistischen Spannungszustand für den Lastfall Eigengewicht zu erhalten.

Im ersten Modell wurden die in Tabelle 8-1 angegebenen Materialkennwerte verwendet. Die Berechnungsergebnisse zeigten deutlich die in Abschnitt 8.1.1.2 beschrieben Aufhängeeffekte. Der Lehmkern sowie der Bereich des bindigen Materials besitzen gegenüber den anderen Dammmaterialien eine deutlich geringere Steifigkeit und ein höheres Eigengewicht. Die geringe Steifigkeit und das hohe Eigengewicht würden zu großen Verformungen führen, die jedoch durch das umliegende Material, das genau entgegen gesetzte Eigenschaften besitzt, behindert werden, so dass Zugspannungen im Bereich des Lehmkerns und des bindigen Materials auftreten und sich ein Druckbogen in der darüber liegenden Dammschüttmasse ausbildet. Dieses Phänomen tritt in der Tat bei der Errichtung von Erddämmen auf. Der hier untersuchte Damm ist älteren Datums, so dass davon ausgegangen werden kann, dass dieser Effekt durch zeitabhängige Setzungen und Spannungsumlagerungen in jedem Fall abgeschwächt wurde.

Im zweiten Modell wurden die Steifigkeiten der Dammmaterialien gleichgesetzt. Dadurch werden die im Modell 1 auftretenden Aufhängeeffekte abgeschwächt und der Druckbogen verschwindet. Unterschiedliche Setzungen werden in diesem Model nur noch durch die unterschiedlichen Wichten der Materialien verursacht. Lediglich im Bereich des anstehenden Tonsteins ist der Aufhängeeffekt noch deutlich ausgebildet, da hier noch stark unterschiedliche Steifigkeiten vorliegen. Allgemein stellt sich in diesem Modell ein wesentlich gleichmäßigerer Spannungszustand als im Modell 1 ein.

In einem dritten Modell wurden die Materialsteifigkeiten proportional zu der Wichte des Materials umgerechnet. Als Bezugsgrößen dienten hierbei die Materialdaten des anstehenden Tonsteins. Auf diese Weise wird eine gleichmäßige Setzung der einzelnen Dammmaterialien erreicht. Aufhängeeffekte werden vollständig unterdrückt und es bildet sich ein sehr gleichmäßiger Spannungszustand aus.

Die Variation der Materialsteifigkeiten führt in allen drei Modellen zu plausiblen Spannungszuständen. Im Modell 1 bildet sich ein Spannungszustand aus, wie er bei der Errichtung von Erddämmen beobachtet werden kann. Es ist bekannt, dass durch zeitabhängige Setzungen und nichtlineares Materialverhalten eine Homogenisierung des Spannungszustandes eintritt, was durch das Modell 2 bestätigt wird. Das Modell 3 findet seine Berechtigung dadurch, dass der hier untersuchte Damm schon älter ist und sich im Lauf der Zeit ein homogener Spannungszustand eingestellt haben wird. Für eine Überprüfung der Spannungszustände und damit eine Qualitätsaussage über die Modelle sind zum einen umfangreiche Untersuchungen vor Ort durchzuführen, zum anderen müsste eine Vergleichsrechnung mit komplexeren Methoden erfolgen. Hier wurden die nachfolgenden Berechnungen mit allen drei Modellen durchgeführt, wobei sich jedoch gezeigt hat, dass sich die Ergebnisse der unterschiedlichen Modelle insbesondere im Lastfall Erdbeben qualitativ und quantitativ nur wenig unterscheiden. Aus diesem Grund wird die Darstellung der wesentlichen Ergebnisse auf das Modell 2 beschränkt.

8.1.3.3 Lastfall Wassereinstau

Der Lastfall Wassereinstau wurde durch den Ansatz eines horizontalen hydrostatischen Wasserdrucks auf den Lehmkern abgebildet. Dadurch entstanden wasserseitig horizontale Zugspannungen und luftseitig horizontale Druckspannungen, die Änderungen der horizontalen Spannungen gegenüber dem Lastfall Eigengewicht blieben jedoch klein. Zusätzlich wurde für die wasserseitig liegenden Bereiche des Dammes und des Untergrundes die Wichte unter Auftrieb γ' verwendet, was zu einer Reduzierung der vertikalen Spannungen führte.

8.1.3.4 Nachweis der Böschungsbruchsicherheit für den Lastfall Wassereinstau

Der Nachweis der Böschungsbruchsicherheit erfolgte für den Lastfall Wassereinstau mit dem in Abschnitt 8.1.2 beschrieben Verfahren. Hierzu wurden jeweils für die Wasser- und die Luftseite Sicherheitsflächen erzeugt. Die verwendeten Raster haben einen Punktabstand von 0.5 m in beiden Richtungen und decken den Bereich möglicher Gleitkreismittelpunkte weitläufig ab. Der berechnete minimale Radius wurde um 1,0 m vergrößert, um den Einfluss der Randstörungen auszuschalten. Des Weiteren wurde eine Vergrößerung des maximalen Radius um 4,0 m vorgenommen, um für jeden Rasterpunkt möglichst viele Gleitkreise zu berücksichtigen. In Bild 8-14 sind exemplarisch die Ergebnisse für die Wasserseite dargestellt.

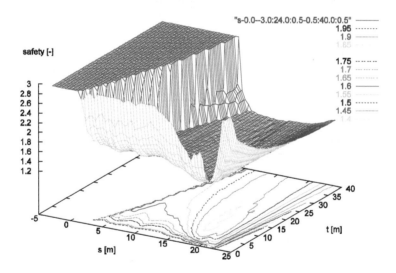

Bild 8-14 Modell 2, Sicherheitsfläche der Wasserseite

Aus den in Bild 8-15 dargestellten Linien gleicher Sicherheit ist abzulesen, dass ein Sicherheitsfaktor von $\eta = 1,35$ von keinem der untersuchten Gleitkreise unterschritten wird. Für die weitere dynamische Berechnung wurden aus den Linien gleicher Sicherheit der Wasser- und Luftseite jeweils Gleitkreise aus den Bereichen der geringsten Sicherheiten ausgewählt.

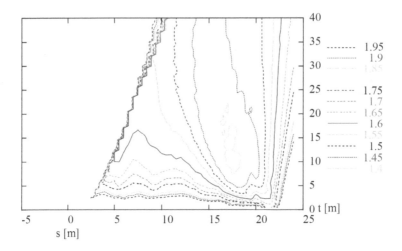

Bild 8-15 Linien gleicher Sicherheit

Für die Wasserseite des Modells 2 sind diese Gleitkreise mit den dazu gehörigen Sicherheits-faktoren in der Tabelle 8-2 dargestellt.

Tabelle 8-2 Ausgewählte Gleitkreise der Wasserseite

Gleitkreis	s-Koordinate [m]	t-Koordinate [m]	Radius [m]	Sicherheitsfaktor [-]
1	17,5	10,0	11,511	1,397
2	17,5	17,0	18,11	1,380
3	16,5	18,5	19,731	1,386

8.1.3.5 Lastfall Erdbeben

Für den Lastfall Erdbeben werden für eine direkte Zeitbereichsintegration oft synthetische Beschleunigungszeitverläufe verwendet, die aus normativen Bemessungsspektren erzeugt werden. Hier wurden jedoch die Beschleunigungen des Roermond-Bebens von 1992, die an der Erdbebenmessstation in Bergheim aufgezeichnet wurden, verwendet. Für die Beurteilung der Standsicherheit wurden die Beschleunigungswerte der Nord-Süd Richtung des Bebens (Bild 8-16) wie die vertikale Komponente (Bild 8-17) in dem Zeitraum von 8,0 bis 30,0 Sekunden als Fußpunktbeschleunigung am Finite-Elemente Modell angesetzt.

Mit Hilfe einer direkten Zeitbereichsintegration wurden die zeitabhängigen Spannungen für den Damm berechnet und mit den Spannungen des Lastfalls Wassereinstau überlagert. Hierzu sei noch angemerkt, dass bei der dynamischen Berechnung für alle drei verwendeten Modelle die Materialkennwerte der Tabelle 8-1 verwendet wurden. Im Gegensatz zu den statischen Lastfällen treten im Lastfall Erdbeben wesentlich kleinere Verformungen auf, so dass Auf-hängeeffekte nicht zu erwarten sind. Eine Verwendung der teilweise erheblich höheren Materialsteifigkeiten in den Modellen 2 und 3 würde zu einer unzulässigen Verfälschung des dynamischen Verhaltens des Dammes führen. Weiterhin wurde für die Dammmaterialien im Bereich der Wasserseite die Wichte des wassergesättigten Bodens γ_r angesetzt, um die dort vorhandene mitschwingende Masse des Wassers zu erfassen. Eine Veränderung des Porenwasserdruckes wurde nicht berücksichtigt. Die Dämpfung wurde auf der sicheren Seite liegend zu 5% angenommen. Für die oben erwähnten ausgewählten Gleitkreise wurden dann die Sicherheiten gegen Böschungsbruch in jedem Zeitschritt des Erdbebens bestimmt.

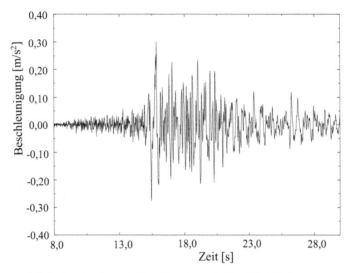

Bild 8-16 Roermond Erdbeben, horizontale Beschleunigung in Nord-Süd Richtung

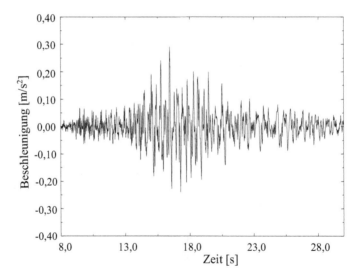

Bild 8-17 Roermond Erdbeben, vertikale Beschleunigung

In Bild 8-18 ist der Verlauf der Sicherheit über die Einwirkungsdauer für den Gleitkreis 1 aus Tabelle 8-2 dargestellt. Für diesen Gleitkreis ergibt sich die geringste Sicherheit zu $\eta = 1,104$ zum Zeitpunkt t = 9,35 s. Es zeigte sich, dass die Sicherheitsverläufe für die auf jeder Seite des Dammes betrachteten Gleitkreise in allen drei Modellen qualitativ gleich waren und die Werte der geringsten Sicherheit zum selben Zeitpunkt auftraten. Die geringsten Sicherheiten der drei Gleitkreise sind für den maßgebenden Zeitpunkt t = 9,35 s in Tabelle 8-3 zusammengestellt.

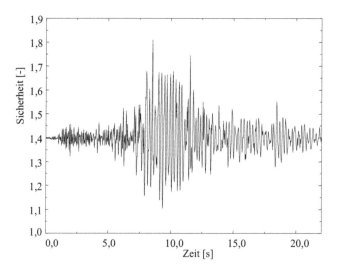

Bild 8-18 Sicherheits-Zeit-Verlauf für Gleitkreis 1, s = 17,5 m; t = 10 m; R = 11,51 m

Tabelle 8-3 Sicherheit zum Zeitpunkt t = 9,35 s

	Gleitkreis 1	Gleitkreis 2	Gleitkreis 3
Sicherheit für t = 9,35 s	1,104	1,068	1,059

Um auszuschließen dass sich im Verlauf des Erdbebens andere Gleitkreise mit geringerer Sicherheit zu bestimmten Zeitpunkten ausbilden, wurde eine umfangreiche Untersuchung der Sicherheitsflächen zu verschiedenen Zeitpunkten des Erdbebens durchgeführt. Diese ergab, dass sich die Form dieser Flächen nicht wesentlich verändert. Zwar bilden sich für bestimmte Zeitintervalle lokale Minima aus, der Bereich der Gleitkreise mit der geringsten Sicherheit ändert sich jedoch wenig. Es konnte dadurch für diesen Damm festgestellt werden, dass der Zeitpunkt t = 9,35 s zur Beurteilung der Böschungsbruchsicherheit im Lastfall Erdbeben maßgebend blieb und somit bestätigte sich das Ergebnis der Sicherheits-Zeit-Verläufe.

Eine Auswertung der Linien gleicher Sicherheit ergab für die Wasserseite, dass ein Sicherheitsfaktor von $\eta = 1,05$ von keinem Gleitkreis unterschritten wird. Dieser Wert stellt eine konservative Beurteilung der Böschungsbruchsicherheit dar. Die Abweichungen zu den Werten der Tabelle 8-3 liegen zwischen 0,9 % (Gleitkreis 3) und 4,8 % (Gleitkreis 1). Für diesen Damm wäre also eine Auswertung der Sicherheits-Zeit-Verläufe der für den statischen Lastfall ermittelten kritischen Gleitkreise ausreichend gewesen.

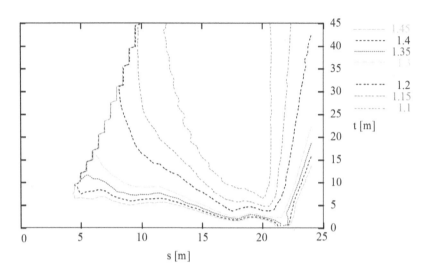

Bild 8-19 Linien gleicher Sicherheit für t = 9,35 s

Literatur Kapitel 8

Deutscher Verband für Wasserwirtschaft und Kulturbau e. V. (DVWK): Berechnungsverfahren für Staudämme, Wechselwirkungen zwischen Bauwerk und Untergrund (Merkblatt), Entwurf, Februar 1998.

DIN V 4084-100: Baugrund - Böschungs- und Geländebruchberechnungen - Teil 100: Berechnung nach dem Konzept mit Teilsicherheitsbeiwerten, April, 1996.

Empfehlungen des Arbeitsausschusses „Ufereinfassungen" (EAU), 8. Aufl., Verlag Ernst und Sohn, 1990

Hupfauf, Bernhard: Das Tragverhalten von Staudämmen in Abhängigkeit von der Dichtungsart, Mitteilungen des Institutes für Bodenmechanik, Felsmechanik und Grundbau an der Fakultät für Bauingenieurwesen und Architektur der Universität Innsbruck, Heft 10, 1991.

Landesumweltamt, LUA, Nordrhein Westfalen, Merkblatt 58: Berücksichtigung von Erdbebenbelastungen nach DIN 19700 in NRW, Essen, 2006.

Papakyriakopoulos, P.: Verhalten von Erd- und Steinschüttdämmen unter Erdbeben (Dissertation), Fachbereich für Bauingenieur- und Vermessungswesen der Technischen Universität Carolo-Wilhelmina zu Braunschweig, 1982.

Seed, H. B., Lysmer, J: Geotechnical engineering in seismic areas, Bergamo, 1980.

Smoltczyk, U.: Grundbau Taschenbuch, Vierte Auflage Teil 1, Ernst & Sohn, ISBN: 3-433-01085-4, 1991

9 Anhang - Programmbeschreibungen

9.1 Übersicht

Name des Programms	Leistung
CMOD	Erzeugt eine viskose Dämpfungsmatrix bei vorgegebenen modalen Dämpfungswerten mit Hilfe des vollständigen modalen Ansatzes nach vorangegangener Bestimmung der Eigenwerte und Eigenformen des ungedämpften Systems
DRIFT	Berechnung der Zeitverläufe der gegenseitigen Stockwerksverschiebungen ebener Rahmen bei vorgegebenen Zeitverläufen der Stockwerksverschiebungen (z.B. Ausgabedatei THMOD.txt des Programms MODBEN oder THNEW.txt des Programms NEWBEN)
EQSOLV	Lösung eines linearen algebraischen Gleichungssystems
FARBIG	Erzeugung eines Beschleunigungszeitverlaufs als mehrfach gefiltertes und moduliertes digitales Rauschen, maximal für 2048 Ordinaten. Der Zeitschritt liegt mit 0,01 s fest
FFT1	Hintransformation einer Zeitreihe vom Zeit- in den Frequenzbereich. Die Anzahl der Punkte der Zeitreihe muss eine Potenz von 2 sein und darf 8192 nicht überschreiten. Es werden die komplexen FOURIER-Koeffizienten ermittelt, dazu ihre Quadrate
FFT2	Rücktransformation einer Zeitreihe vom Frequenz- in den Zeitbereich. Die Anzahl der Punkte der Zeitreihe muss eine Potenz von 2 sein und darf 8192 nicht überschreiten
FTCF	Berechnung der Matrix $\underline{\Phi}^T \cdot \underline{C} \cdot \underline{\Phi}$ mit $\underline{\Phi}$ als Modalmatrix (Eigenvektoren als Spalten) und $\underline{C}$ als Dämpfungsmatrix
INTERP	Erstellung des Lastvektors (rechte Seite) $\underline{P}$ des Differentialgleichungssystems $\underline{M} \cdot \underline{\ddot{V}} + \underline{C} \cdot \underline{\dot{V}} + \underline{K} \cdot \underline{V} = \underline{P}$ bei stückweise linearer gemeinsamer Zeitfunktion aller N Komponenten
INTFOR	Berechnung von Zustandsgrößen eines ebenen Rahmentragwerks bei bekannten Verformungen der wesentlichen Freiheitsgrade
JACOBI	Lösung des allgemeinen Eigenwertproblems $\underline{K} \cdot \underline{\Phi} = \underline{M} \cdot \underline{\Phi} \cdot \omega^2$ mit einer Diagonal-Massenmatrix. Die Eigenvektoren sind derart normiert, dass der Ausdruck $\underline{\Phi}^T \cdot \underline{M} \cdot \underline{\Phi}$ die Einheitsmatrix liefert

KONDEN	Statische Kondensation für ebene Rahmensysteme
LEINM	Zeitverlaufsberechnung beim viskos gedämpften linearen Einmassenschwinger nach dem NEWMARK-Verfahren
LININT	Lineare Interpolation einer durch Punkte gegebenen Funktion
MAMULT	Multiplikation zweier Matrizen, $\underline{C} = \underline{A}\,\underline{B}$
MDA2DE	Modalanalytische seismische Untersuchung ebener Systeme nach dem Antwortspektrenverfahren
MODAL	Modale Analyse eines proportional gedämpften Mehrmassenschwingers nach Lösung des Eigenwertproblems mit Direkter Integration der entkoppelten Modalbeiträge
MODBEN	Seismische Untersuchung ebener Systeme mittels Direkter Integration nach vorangegangener Lösung des Eigenwertproblems
NEWBEN	Seismische Untersuchung ebener Systeme mittels Direkter Integration ohne vorangegangene Lösung des Eigenwertproblems
NEWMAR	Lösung des gekoppelten Differentialgleichungssystems durch implizite direkte Integration nach NEWMARK
NLM	Berechnung der Zeitantwort eines physikalisch nichtlinearen Einmassenschwingers mit einem Federgesetz vom elastisch-ideal plastischen, bilinearen oder UMEMURA-Typ
NLNEW	Nichtlineare seismische Untersuchung ebener Rahmen (Scherbalkenidealisierung) mittels Direkter Integration. Es werden Geschossfedersteifigkeiten ermittelt die sich ab einer einzugebenden gegenseitigen Stockwerksverschiebung nach dem bilinearen Gesetz verhalten
NLSPEC	Ermittlung inelastischer Antwortspektren von Beschleunigungszeitverläufen zu gewünschten Zielduktilitätswerten μ
RAHMEN	Ermittlung der Zustandsgrößen (Verschiebungen und Schnittkräfte) ebener Rahmentragwerke mit beliebig vielen federelastischen Stützungen unter statischer Belastung, bestehend aus Einzelkräften und Einzelmomenten

RECHTE	Ermittlung des Riß-, Fließ- und Bruchmoments eines doppeltbewehrten Stahlbeton-Rechteckquerschnitts ohne Normalkraft, dazu die zugehörigen Verkrümmungen
RLASTV	Ermittlung des Lastvektors (rechte Seite) eines seismisch beanspruchten Rahmentragwerks für mehrere unterschiedliche Fußpunkterregungen
RMATR	Ermittlung der Einflussmatrix $\underline{R}$ für mehrfache Fußpunkterregung von ebenen Tragwerken. Das System hat NS „Strukturfreiheitsgrade", davon NU wesentliche und NPHI unwesentliche (NS = NU + NPHI) und NG mit der Gründung zusammenhängende Freiheitsgrade, deren Nummerierung nach den wesentlichen und den unwesentlichen Strukturfreiheitsgraden erfolgt (algebraisch größte Zahlen)
RSAM	Berechnung horizontaler empirischer Antwortspektren nach dem Modell von Ambraseys et al. (1996).
SEA99	Berechnung horizontaler empirischer Antwortspektren nach dem Modell von Spudich et al. (1999).
SMULT	Das Programm multipliziert eine Matrix mit einem konstanten Faktor
SPECTR	Ermittlung elastischer Antwortspektren von Beschleunigungszeitverläufen
STUETZ	Ermittlung des Interaktionsdiagramms doppelt bewehrter Stahlbeton-Rechteckquerschnitte
SYNTH	Ermittlung eines synthetischen spektrumkompatiblen Beschleunigungszeitverlaufs
UFORM	Formatumformung und Skalierung einer Zeitreihe

9.2 Programmbeschreibungen

CMOD	Erzeugt eine viskose Dämpfungsmatrix bei vorgegebenen modalen Dämpfungswerten mit Hilfe des vollständigen modalen Ansatzes nach vorangegangener Bestimmung der Eigenwerte und Eigenformen des ungedämpften Systems.
Interaktive Eingabe	Anzahl NDU der Freiheitsgrade (Kantenlänge der Matrizen $\underline{K}$, $\underline{M}$ und $\underline{C}$) Anzahl NMOD der zu verwendenden Modalbeiträge
Ein- und Ausgabedateien	Eingabe: MDIAG.txt: Diagonale der Massenmatrix (NDU Werte, formatfrei) PHI.txt: Matrix der Systemeigenvektoren als Ausgabe von JACOBI OMEG.txt: Matrix der Systemeigenwerte als Ausgabe von JACOBI DAEM.txt: Die vorgegebenen NMOD Dämpfungswerte, formatfrei
	Ausgabe: CMATR.txt: Viskose (NDU,NDU)-Dämpfungsmatrix (formatfrei)

DRIFT	Berechnung der Zeitverläufe der gegenseitigen Stockwerksverschiebungen ebener Rahmen bei vorgegebenen Zeitverläufen der Stockwerksverschiebungen (z.B. Ausgabedatei THMOD.txt des Programms MODBEN oder THNEW.txt des Programms NEWBEN)

Interaktive Eingabe	Name der Eingabedatei (z.B. THNEW.txt)
	Anzahl der Zeitschritte (Zeilen der Eingabedatei)
	Anzahl der Stockwerke.

Ein- und Ausgabedateien	Eingabe: THMOD.txt, THNEW.txt oder eine anders genannte Datei mit den Zeitverläufen der Stockwerksverschiebungen und den Zeitpunkten in der ersten Spalte
	Ausgabe: DRIFT.txt: Zeitverläufe der gegenseitigen Stockwerksverschiebungen mit den Zeitpunkten in der ersten Spalte (Format 10E12.4)

EQSOLV	Lösung eines linearen algebraischen Gleichungssystems.

Interaktive Eingabe	Kantenlänge N des Systems (Anzahl der Gleichungen).

Ein- und Ausgabedateien	Eingabe: KOEFMAT.txt: (N, N)-Koeffizientenmatrix, formatfrei RSEITE.txt: Rechte Seite des Gleichungssystems, N Werte (formatfrei)
	Ausgabe: ERGVEKT.txt: Lösungsvektor, N Werte (formatfrei)

FARBIG	Erzeugung eines Beschleunigungszeitverlaufs als mehrfach gefiltertes und moduliertes digitales Rauschen, maximal für 2048 Ordinaten. Der Zeitschritt liegt mit 0,01 s fest.

Interaktive Eingabe	Potenz von 2 für die Anzahl der Werte des Akzelerogramms (max. 11)
	Beliebige ganze Zahl kleiner 256
	Wenn Hochpassfilterung gewünscht wird, eine 1 auf die entsprechende Frage eingeben, sonst 0.
	Ggf. Eingabe der Eckkreisfrequenz des Hochpassfilters
	Wenn Tiefpassfilterung gewünscht wird, eine 1 auf die entsprechende Frage eingeben, sonst 0.
	Ggf. Eingabe der Kanai-Tajimi-Kreisfrequenz für die Tiefpassfilterung
	Ggf. Eingabe der Kanai-Tajimi-Dämpfung
	Wenn Bandpassfilterung gewünscht wird, eine 1 auf die entsprechende Frage eingeben, sonst 0.
	Ggf. Eingabe der hohen Eckkreisfrequenz des Bandpassfilters
	Ggf. Eingabe der tiefen Eckkreisfrequenz des Bandpassfilters
	Eingabe des Zeitpunktes t_A der Modulationsfunktion
	Eingabe des Zeitpunktes t_E der Modulationsfunktion
	Eingabe des Exponenten „a" des aufsteigenden Asts der Modulationsfunktion
	Eingabe des Exponenten „b" des absteigenden Asts der Modulationsfunktion
	Skalierungsfaktor zur Multiplikation der berechneten Beschleunigungen.

Ein- und Ausgabedateien	Eingabe: Keine
	Ausgabe: ACCF.txt: Beschleunigungszeitverlauf mit den Zeitpunkten in der ersten und den Beschleunigungen in der zweiten Spalte, Format 2E16.7

FFT1	Hintransformation einer Zeitreihe vom Zeit- in den Frequenzbereich. Die Anzahl der Punkte der Zeitreihe muss eine Potenz von 2 sein und darf 8192 nicht überschreiten. Es werden die komplexen FOURIER-Koeffizienten ermittelt, dazu ihre Quadrate.
Interaktive Eingabe	Anzahl der in der Eingabedatei ZEITRE.txt vorhandenen Werte der Zeitreihe
	Nächsthöhere Zahl als Potenz von 2 (maximal 8192); die fehlenden Werte werden zu Null angenommen
	Die entsprechende Potenz von 2 (maximal 13 für 8192 Punkte)
	Konstanter Zeitschritt zwischen den Werten der Zeitreihe
Ein- und Ausgabedateien	**Eingabe:** ZEITRE.txt: Enthält die Zeitreihe in zwei Spalten (Zeitpunkte in der ersten, Werte in der zweiten Spalte) im Format 2E16.7
	Ausgabe: OMCOF.txt: Die berechneten komplexen FOURIER- Koeffizienten (N/2 Werte bei N Werten der Zeitreihe inklusive Nullen) im Format 3E16.7, mit den Werten der Kreisfrequenz in der ersten, dem Realteil in der zweiten und dem Imaginärteil in der dritten Spalte OMQUA.txt: In der ersten Spalte stehen die Werte der Kreisfrequenz, in der zweiten die Quadrate der FOURIER- Koeffizienten (Format 2E16.7)

FFT2	Rücktransformation einer Zeitreihe vom Frequenz- in den Zeitbereich. Die Anzahl der Punkte der Zeitreihe muss eine Potenz von 2 sein und darf 8192 nicht überschreiten.
Interaktive Eingabe	Anzahl N der Werte der zu berechnenden Zeitreihe (Potenz von 2). Es werden N/2 komplexe Koeffizienten aus OMCOF.txt eingelesen. Die entsprechende Potenz von 2 (maximal 13 für 8192 Punkte) Konstanter Kreisfrequenzschritt $\Delta\omega = \dfrac{2\pi}{N \cdot \Delta t}$, mit Δt als Zeitschritt.
Ein- und Ausgabedateien	Eingabe: OMCOF.txt: Enthält (N/2) komplexe FOURIER-Koeffizienten im Format 3E16.7, mit den Werten der Kreisfrequenz in der ersten, dem Realteil in der zweiten und dem Imaginärteil in der dritten Spalte.
	Ausgabe: ERGZEI.txt: Die berechnete die Zeitreihe (N Werte) in zwei Spalten (Zeitpunkte in der ersten, Werte in der zweiten Spalte) im Format 2E16.7.

FTCF	Berechnung der Matrix $\underline{\Phi}^T \cdot \underline{C} \cdot \underline{\Phi}$ mit $\underline{\Phi}$ als Modalmatrix (Eigenvektoren als Spalten) und $\underline{C}$ als Dämpfungsmatrix
Interaktive Eingabe	Kantenlänge N der Matrix $\underline{C}$ Anzahl NMOD der zu verwendenden Modalformen (Eigenvektoren).
Ein- und Ausgabedateien	Eingabe: CMATR.txt: (N, N)-Dämpfungsmatrix PHI.txt: (N, N)-Modalmatrix (vom Programm JACOBI erstellt) oder (N, NMOD)-Modalmatrix. Ausgabe: CCMAT.txt: Transformierte (NMOD, NMOD)-Dämpfungsmatrix, spaltenweise abgelegt.

INTERP	Erstellung des Lastvektors (rechte Seite) $\underline{P}$ des Differentialgleichungssystems $\underline{M} \cdot \underline{\ddot{V}} + \underline{C} \cdot \underline{\dot{V}} + \underline{K} \cdot \underline{V} = \underline{P}$ bei stückweise linearer gemeinsamer Zeitfunktion aller N Komponenten.

Interaktive Eingabe	Anzahl der die stückweise lineare Zeitfunktion beschreibenden Punkte (NPKT)
	Interpolationsschrittweite (Zeitschritt)
	Anzahl der zu berechnenden Ordinaten (NANZ)
	Kantenlänge N des Lastvektors (Anzahl der Systemfreiheitsgrade)
	Sind als erste Spalte in der Ausgabedatei die Zeitpunkte auszugeben ? (z.B. wenn ein Plotbild erzeugt werden soll; für die Berechnung darf keine Spalte mit Zeitpunkten ausgegeben werden).

Ein- und Ausgabedateien	Eingabe: FKT.txt: Auf NPKT Zeilen jeweils Zeit und Ordinate der Polygonpunkte von f(t) AMPL.txt: Die N Amplituden von f(t) für die N Komponenten von $\underline{P}$.
	Ausgabe: LASTV.txt: Lastvektor $\underline{P}$ mit oder ohne Zeitpunkte in der ersten Spalte. Im ersten Fall lautet das Format E16.7, 30E12.4, im zweiten Fall werden die Daten für alle NANZ Zeitpunkte satzweise formatfrei ausgegeben.

INTFOR	Berechnung von Zustandsgrößen eines ebenen Rahmentragwerks bei bekannten Verformungen der wesentlichen Freiheitsgrade

Interaktive Eingabe	Anzahl NDU der wesentlichen Freiheitsgrade
	Anzahl NELEM der Elemente
	Anzahl NDPHI der unwesentlichen Freiheitsgrade
	Anzahl NT der Zeitschritte
	Zeitschritt DT
	Nummer des Zeitschritts, für den die Zustandsgrößen berechnet werden sollen
	Angabe, ob die Maximum/Minimumbestimmung für die Horizontalkomponenten (H), für die Vertikalkomponenten (V) oder für die Biegemomente (M) erfolgen soll.
	Angabe darüber, ob der Zeitverlauf einer Zustandsgröße ausgegeben werden soll
	Wenn ja: Angabe der Stabelement-Nr., des Elementendes (1 oder 2) des Stabelements, ob eine Verformung (1) oder eine Schnittkraft (2) ausgewertet werden soll und Angabe der Art der Verformung oder Schnittkraft (H,V, M)
Ein- und Ausgabedateien	Eingabe:
	EKOND.txt: Wie beim Programm KONDEN.
	THISDU.txt: Darin stehen satzweise formatfrei die Verschiebungen in den NDU wesentlichen Freiheitsgraden in allen NT Zeitpunkten, ohne Angabe der Zeitpunkte (THISDU.txt wird vom Programm MODAL oder NEWMAR erzeugt).
	AMAT.txt: Die Matrix A (NDOF · NDU Elemente) zur Ermittlung der Verformungen in allen Freiheitsgraden bei bekannten Verformungen der NDU wesentlichen Freiheitsgrade (Ausgabedatei des Programms KONDEN).
	Ausgabe:
	FORSTA.txt: Nach Stabelementen geordnet die Verformungen und Schnittkräfte an den Element-Endquerschnitten zum angegebenen Zeitpunkt. Alle Zustandsgrößen beziehen sich auf das globale (x, z)-Koordinatensystem und erscheinen in der Reihenfolge (Horizontalkomponente, Vertikalkomponente, Drehung oder Biegemoment) für den Anfangs- und für den Endquerschnitt.
	THHVM.txt: Zeitverlauf einer Schnittkraft oder Verschiebung, im Format 2E16.7 mit den Zeitpunkten in der ersten und den Ordinaten in der zweiten Spalte.
	MAXMIN.txt: Die Datei enthält für jedes Stabelement die ermittelten Maxima und Minima der gewünschten Schnittkraft (H, V oder Biegemoment) an beiden Stabenden mit den Zeitpunkten ihres Auftretens und den gleichzeitig vorhandenen weiteren Schnittkraftkomponenten.

JACOBI	Lösung des allgemeinen Eigenwertproblems $\underline{K} \cdot \underline{\Phi} = \underline{M} \cdot \underline{\Phi} \cdot \omega^2$ mit einer Diagonal-Massenmatrix. Die Eigenvektoren sind derart normiert, dass der Ausdruck $\underline{\Phi}^T \cdot \underline{M} \cdot \underline{\Phi}$ die Einheitsmatrix liefert.
Interaktive Eingabe	Anzahl der Gleichungen (= Kantenlänge der Matrizen $\underline{K}$ und $\underline{M}$)
Ein- und Ausgabedateien	**Eingabe:** KMATR.txt: Kondensierte Steifigkeitsmatrix in den wesentlichen Freiheitsgraden, erstellt vom Programm KONDEN. MDIAG.txt: Diagonale der Massenmatrix (formatfreie Eingabe)
	Ausgabe: AUSJAC.txt: Die berechneten Eigenwerte und Eigenvektoren mit dazugehörigem Text. OMEG.txt: Formatfreie Ausgabe der Werte ω_i, als Eingabedatei für weitere Anwendungen. PHI.txt: Formatfreie Ausgabe der Eigenvektoren, als Eingabedatei für weitere Anwendungen.

KONDEN	Statische Kondensation für ebene Rahmensysteme.

Interaktive Eingabe	Anzahl aller Freiheitsgrade des Tragwerks (NDOF)
	Anzahl der wesentlichen Freiheitsgrade (NDU)
	Anzahl der Stabelemente (NELEM)
	Anzahl der einzubauenden Federmatrizen (NFED)
	Kantenlängen der Federmatrizen (NFED Zahlen).

<table>
<tr><td rowspan="3">Ein- und Ausgabedateien</td><td>

Eingabe:

EKOND.txt: In den ersten NELEM Zeilen stehen formatfrei für jeden Stab die vier Werte EI, ℓ, EA und α. Dabei ist EI die konstante Biegesteifigkeit (z.B. in kNm^2), ℓ die Stablänge (z.B. in m), EA die Dehnsteifigkeit (z.B. in kN) und α der Winkel zwischen der globalen x-Achse und der Stabachse (in Grad, positiv im Gegenuhrzeigersinn). In den nächsten NELEM Zeilen stehen (formatfrei) die Inzidenzvektoren aller Stäbe, das sind die 6 Nummern der Systemfreiheitsgrade, die den lokalen Freiheitsgraden 1 bis 6 des Stabelements (u_1, w_1, φ_1, u_2, w_2, φ_2) entsprechen. Es folgen (formatfrei auf beliebig vielen Zeilen) die NDU Nummern der wesentlichen Freiheitsgrade.

INZFED.txt: NFED Zeilen, jeweils eine für jeden Federinzidenzvektor. Darin stehen nacheinander formatfrei die Nummern der Freiheitsgrade, die durch die jeweilige Federmatrix verknüpft werden.

FEDMAT.txt: In beliebig vielen Zeilen stehen darin (formatfrei) nacheinander die Koeffizienten aller NFED Federmatrizen.

</td></tr>
<tr><td>

Ausgabe:

KMATR.txt: Die ermittelte kondensierte (NDU, NDU)- Steifigkeitsmatrix im Format 6E16.7.

AMAT.txt: Die Matrix A (NDOF · NDU Elemente) zur Ermittlung der Verformungen in allen Freiheitsgraden bei bekannten Verformungen der NDU wesentlichen Freiheitsgrade.

</td></tr>
</table>

LEINM	Zeitverlaufsberechnung beim viskos gedämpften linearen Einmassen-schwinger nach dem NEWMARK-Verfahren.

Interaktive Eingabe	Kreiseigenfrequenz des Einmassenschwingers
	Dämpfungsmaß als Prozentsatz der kritischen Dämpfung (z.B. 0.05 für D=5%)
	Masse des Einmassenschwingers
	Verschiebung zum Zeitpunkt t = 0
	Geschwindigkeit zum Zeitpunkt t = 0
	Anzahl der Zeitschritte der Belastungsfunktion (NANZ)
	Konstante Zeitschrittweite DT
	Erdbeschleunigungen in den verwendeten Einheiten (i.d.R. 9,81 in m/s^2)
	Faktor für die Lastfunktion (z.B. 1/Masse des Einmassenschwingers)

Ein- und Ausgabedateien	Eingabe:
	RHS.txt: Auf NANZ Zeilen jeweils der Zeitpunkt und die Ordinate der Lastfunktion (rechte Seite der Differentialgleichung) mit konstanter Zeitschrittweite DT (Format 2E16.7). Sind die Lastordinaten nicht bereits durch die Masse m des Einmassen-schwingers dividiert worden, sollte (1/m) als Faktor für die Lastfunktion interaktiv eingegeben werden (s. oben).
	Ausgabe:
	TIMHIS.txt: In fünf Spalten (Format 5E14.5) die Zeitpunkte sowie die berechneten Werte der Auslenkung, der Geschwindigkeit, der Beschleunigung (in g) und der Rückstellkraft des Systems.
	MAXL.txt: Maxima (Absolutwerte) von Kräften und Weggrößen mit den dazugehö-rigen Zeitpunkten.

LININT	Lineare Interpolation einer durch mehrere Punkte gegebenen Funktion.
Interaktive Eingabe	Anzahl der die Funktion beschreibenden Wertepaare (NPKT) Konstante Interpolationsschrittweite (DT) Anzahl der zu berechnenden Ordinaten (NANZ)
Ein- und Ausgabedateien	Eingabe: FKT.txt: Auf NPKT Zeilen jeweils Abszisse und Ordinate der Wertepaare der Funktion. Ausgabe: RHS.txt: In zwei Spalten (Format 2E16.7) und NANZ Zeilen die Abszissenwerte (Zeitpunkte) sowie die berechneten Ordinaten im Abstand DT.

MAMULT	Multiplikation zweier Matrizen, $\underline{C} = \underline{A}\,\underline{B}$.
Interaktive Eingabe	Name der Eingabedatei mit der Matrix $\underline{A}$ (max. 12 Zeichen) Name der Eingabedatei mit der Matrix $\underline{B}$ (max. 12 Zeichen) Name der Ausgabedatei, in die $\underline{C} = \underline{A}\,\underline{B}$ geschrieben werden soll (max. 16 Zeichen) Anzahl der Zeilen der Matrix $\underline{A}$ Anzahl der Spalten der Matrix $\underline{A}$ Anzahl der Spalten der Matrix $\underline{B}$
Ein- und Ausgabedateien	Eingabe: Dateiname mit bis zu 12 Zeichen für die Matrix $\underline{A}$ Dateiname mit bis zu 12 Zeichen für die Matrix $\underline{B}$ Ausgabe: Dateiname mit bis zu 16 Zeichen für die Matrix $\underline{C}$

MDA2DE	Modalanalytische seismische Untersuchung ebener Systeme nach dem Antwortspektrenverfahren

Interaktive Eingabe	Anzahl NDU der wesentlichen Freiheitsgrade
	Anzahl NMOD der mitzunehmenden Modalbeiträge
	Faktor für die Massen (zur Skalierung der Werte in MDIAG)
	Kennwert JKN für die einzugebenden Spektralordinaten: 1 für S_d (m), 2 für S_v (m/s), 3 für S_a (g)
	Für jeden Modalbeitrag: Spektralordinate S_d, S_v oder S_a
Ein- und Ausgabedateien	Eingabe:
	MDIAG.txt: Diagonale der Massenmatrix (formatfreie Eingabe)
	OMEG.txt: Enthält die Eigenwerte des Systems
	PHI.txt enthält die Eigenvektoren des Systems; OMEG und PHI werden vom Programm JACOBI erstellt
	RVEKT.txt: NDU Zahlen, formatfrei, darstellend die Verschiebungen in den einzelnen Freiheitsgraden bei einer Einheitsverschiebung des Fußpunkts in Richtung der seismischen Erregung
	Ausgabe:
	ERSATZ.txt: Enthält die modalen Verschiebungen und die statischen Ersatzlasten aller NMOD Modalbeiträge

MODAL	Modale Analyse eines proportional gedämpften Mehrmassenschwingers nach Lösung des Eigenwertproblems mit Direkter Integration der entkoppelten Modalbeiträge

Interaktive Eingabe	Anzahl NDU der wesentlichen Freiheitsgrade
	Anzahl NDPHI der unwesentlichen Freiheitsgrade
	Anzahl NMOD der mitzunehmenden Modalbeiträge
	Anzahl NT der Zeitschritte der Lastfunktion
	Konstante Zeitschrittweite DT
	Dämpfungsgrad der jeweiligen Modalform (z.B. 0,05 für D = 5%)

Ein- und Ausgabedateien	**Eingabe:**
	MDIAG.txt: Diagonale der Massenmatrix (formatfreie Eingabe)
	OMEG.txt: Enthält die Eigenwerte des Systems
	PHI.txt enthält die Eigenvektoren des Systems; OMEG und PHI werden vom Programm JACOBI erstellt
	V0.txt: Verschiebungen in den wesentlichen Freiheitsgraden zum Zeitpunkt t = 0.
	VP0.txt: Geschwindigkeiten in den wesentlichen Freiheitsgraden zum Zeitpunkt t = 0.
	LASTV.txt: Enthält satzweise NT · NDU Werte entsprechend den NDU Komponenten des Lastvektors zu allen NT Zeitpunkten, formatfrei. Die Datei kann z.B. durch das Programm INTERP erzeugt werden (Ausgabemodus ohne Zeitpunkte!).
	AMAT.txt: Die Matrix A (NDOF, NDU) aus KONDEN zur Ermittlung der Verformungen in allen Freiheitsgraden bei bekannten Verformungen der wesentlichen Freiheitsgrade.
	Ausgabe:
	THMOD.txt: Zeitverläufe der Verschiebungen in den NDU wesentlichen Freiheitsgraden, mit den Zeitpunkten als erste Spalte, im Format (F8.4,30E16.7)
	THISDU.txt: Enthält satzweise formatfrei die Verschiebungen in den NDU wesentlichen Freiheitsgraden in allen NT Zeitpunkten, ohne Angabe der Zeitpunkte (THISDU dient als Eingabe für das Programm INTFOR)
	THISDG.txt: Enthält satzweise formatfrei die Verschiebungen in allen (NDU + NDPHI) Freiheitsgraden, ohne Angabe der Zeitpunkte
	MAXM.txt: Maximum der Auslenkung (Absolutwert) mit zugehörigem Zeitpunkt.

MODBEN	Seismische Untersuchung ebener Systeme mittels Direkter Integration nach vorangegangener Lösung des Eigenwertproblems
Interaktive Eingabe	Anzahl NDU der wesentlichen Freiheitsgrade Anzahl NDPHI der unwesentlichen Freiheitsgrade Anzahl NMOD der mitzunehmenden Modalbeiträge Anzahl NT der Zeitschritte Konstante Zeitschrittweite DT Skalierungsfaktor für das Akzelerogramm damit die Ordinaten in m/s^2 erscheinen Dämpfungsgrad der jeweiligen Modalform (z.B. 0,05 für D = 5%)
Ein- und Ausgabedateien	**Eingabe:** MDIAG.txt: Diagonale der Massenmatrix (formatfreie Eingabe) OMEG.txt: Enthält die Eigenwerte des Systems PHI.txt enthält die Eigenvektoren des Systems; OMEG.txt und PHI.txt werden vom Programm JACOBI erstellt V0.txt: Verschiebungen in den wesentlichen Freiheitsgraden zum Zeitpunkt t = 0. VP0.txt: Geschwindigkeiten in den wesentlichen Freiheitsgraden zum Zeitpunkt t = 0. ACC.txt: Enthält das Akzelerogramm im Format 2E16.7, mit den Zeitpunkten in der ersten und den Ordinaten in der zweiten Spalte (NT Zeilen) AMAT.txt: Die Matrix A (NDOF, NDU) aus KONDEN zur Ermittlung der Verformungen in allen Freiheitsgraden bei bekannten Verformungen der wesentlichen Freiheitsgrade. RVEKT.txt: NDU Zahlen, formatfrei, darstellend die Verschiebungen in den einzelnen Freiheitsgraden bei einer Einheitsverschiebung des Fußpunkts in Richtung der seismischen Erregung **Ausgabe:** THMOD.txt: Zeitverläufe der Verschiebungen in den NDU wesentlichen Freiheitsgraden, mit den Zeitpunkten als erste Spalte, im Format (F8.4, 30E16.7) THISDU.txt: Enthält satzweise formatfrei die Verschiebungen in den NDU wesentlichen Freiheitsgraden in allen NT Zeitpunkten, ohne Angabe der Zeitpunkte (THISDU dient als Eingabe für das Programm INTFOR) THISDG.txt: Enthält satzweise formatfrei die Verschiebungen in allen (NDU+NDPHI) Freiheitsgraden, ohne Angabe der Zeitpunkte MAXM.txt: Maximum der Auslenkung (Absolutwert) mit zugehörigem Zeitpunkt.

NEWBEN	Seismische Untersuchung ebener Systeme mittels Direkter Integration ohne vorangegangene Lösung des Eigenwertproblems
Interaktive Eingabe	Anzahl NDU der wesentlichen Freiheitsgrade Anzahl NT der Zeitschritte Konstante Zeitschrittweite DT Skalierungsfaktor für das Akzelerogramm damit die Ordinaten in m/s^2 erscheinen Kennzahl für die Ausgabe: 1 für Verschiebungen, 2 für Geschwindigkeiten, 3 für Beschleunigungen
Ein- und Ausgabedateien	**Eingabe:** MDIAG.txt: Diagonale der Massenmatrix (formatfreie Eingabe) KMATR.txt: Die kondensierte (NDU, NDU)-Steifigkeitsmatrix (Format 6E16.7) aus dem Programm KONDEN. CMATR.txt: Die (NDU, NDU)-Dämpfungsmatrix V0.txt: Verschiebungen in den wesentlichen Freiheitsgraden zum Zeitpunkt t = 0. VP0.txt: Geschwindigkeiten in den wesentlichen Freiheitsgraden zum Zeitpunkt t = 0. ACC.txt: Enthält das Akzelerogramm im Format 2E16.7, mit den Zeitpunkten in der ersten und den Ordinaten in der zweiten Spalte (NT Zeilen) RVEKT.txt: NDU Zahlen, formatfrei, darstellend die Verschiebungen in den einzelnen Freiheitsgraden bei einer Einheitsverschiebung des Fußpunkts in Richtung der seismischen Erregung **Ausgabe:** KONTRL.txt: Kontrollausgabe der Eingabedaten sowie des Maximums (Absolutwert) der Auslenkung THNEW.txt: Zeitverläufe wahlweise von Verschiebungen, Geschwindigkeiten oder Beschleunigungen in den NDU wesentlichen Freiheitsgraden, mit den Zeitpunkten als erste Spalte, im Format (F8.4, 30E16.7) THISDU.txt: Enthält satzweise formatfrei die Verschiebungen in den NDU wesentlichen Freiheitsgraden in allen NT Zeitpunkten, ohne Angabe der Zeitpunkte (THISDU.txt dient als Eingabe für das Programm INTFOR)

NEWMAR	Lösung des gekoppelten Differentialgleichungssystems durch implizite direkte Integration nach NEWMARK

Interaktive Eingabe	Anzahl NDU der wesentlichen Freiheitsgrade
	Anzahl NT der Zeitschritte
	Konstante Zeitschrittweite DT
	Kennzahl für die Ausgabe: 1 für Verschiebungen, 2 für Geschwindigkeiten, 3 für Beschleunigungen

Ein- und Ausgabedateien	Eingabe:
	KMATR.txt: Die kondensierte (NDU, NDU)-Steifigkeitsmatrix (Format 6E14.7) aus dem Programm KONDEN.
	MDIAG.txt: Diagonale der Massenmatrix (formatfreie Eingabe)
	CMATR.txt: Die (NDU, NDU)-Dämpfungsmatrix
	V0.txt: Verschiebungen in den wesentlichen Freiheitsgraden zum Zeitpunkt t = 0.
	VP0.txt: Geschwindigkeiten in den wesentlichen Freiheitsgraden zum Zeitpunkt t = 0.
	LASTV.txt: Enthält satzweise NT · NDU Werte entsprechend den NDU Komponenten des Lastvektors zu allen NT Zeitpunkten, formatfrei. Die Datei kann z.B. durch das Programm INTERP erzeugt werden (Ausgabemodus ohne Zeitpunkte!)
	Ausgabe:
	THNEW.txt: Zeitverläufe wahlweise von Verschiebungen, Geschwindigkeiten oder Beschleunigungen (letztere in m/s^2) in den NDU wesentlichen Freiheitsgraden, mit den Zeitpunkten als erste Spalte, im Format (F8.4, 30E16.7)
	THISDU.txt: Enthält satzweise formatfrei die Verschiebungen in den NDU wesentlichen Freiheitsgraden in allen NT Zeitpunkten, ohne Angabe der Zeitpunkte (THISDU.txt dient als Eingabe für das Programm INTFOR)
	MAXN.txt: Maximum der Verschiebung (Absolutwert) mit zugehörigem Zeitpunkt.

NLM	Berechnung der Zeitantwort eines physikalisch nichtlinearen Einmassenschwingers mit einem Federgesetz vom elastisch-ideal plastischen, bilinearen oder UMEMURA-Typ.

Interaktive Eingabe	Art des Federgesetzes (bilinear, elastisch-ideal plastisch, UMEMURA)
	Verfestigung p als Teil pK der Anfangssteifigkeit K, nur für das bilineare Gesetz
	Kreiseigenfrequenz des Einmassenschwingers
	Dämpfungsmaß als Prozentsatz der kritischen Dämpfung (z.B. 0.05 für D = 5%)
	Masse des Einmassenschwingers
	Verschiebung zum Zeitpunkt t = 0
	Geschwindigkeit zum Zeitpunkt t = 0
	Maximale elastische Federverformung
	Anzahl der Zeitschritte der Belastungsfunktion (NANZ)
	Konstante Zeitschrittweite DT
	Erdbeschleunigungen in den verwendeten Einheiten (i.d.R. 9,81 in m/s^2)
	Faktor für die Lastfunktion (z.B. 1/Masse des Einmassenschwingers)

Ein- und Ausgabedateien	Eingabe:
	RHS.txt: Auf NANZ Zeilen jeweils der Zeitpunkt und die Ordinate der Lastfunktion (rechte Seite der Differentialgleichung) mit konstanter Zeitschrittweite DT (Format 2E16.7). Sind die Lastordinaten nicht bereits durch die Masse m des Einmassenschwingers dividiert worden, sollte (1/m) als Faktor für die Lastfunktion interaktiv eingegeben werden (s. oben).
	Ausgabe:
	THNLM.txt: Enthält in fünf Spalten im Format 5E16.7 die Zeitpunkte, die Auslenkung, die Geschwindigkeit und die Beschleunigung (in g) des Einmassenschwingers, dazu in der 5. Spalte die Rückstellkraft $F_R(t)$
	NLMMX.txt: Erreichte Maxima der Systemantwort (Absolutwerte) mit zugehörigen Zeitpunkten.

NLNEW	Nichtlineare seismische Untersuchung ebener Rahmen (Scherbalkenidealisierung) mittels Direkter Integration. Es werden Geschoßfedersteifigkeiten ermittelt die sich ab einer einzugebenden gegenseitigen Stockwerksverschiebung nach dem bilinearen Gesetz verhalten.

Interaktive Eingabe	Anzahl N der Stockwerke (= Anzahl der wesentlichen Freiheitsgrade) Anzahl NT der Zeitschritte Verfestigung p als Teil pK der Anfangssteifigkeit K für die Stockwerksfedern Konstante Zeitschrittweite DT Skalierungsfaktor für das Akzelerogramm damit die Ordinaten in m/s^2 erscheinen Angabe eines Periodenwertes T_1 und des zugehörigen Dämpfungsmaßes D_1

Ein- und Ausgabedateien	**Eingabe:** MDIAG.txt: Diagonale der Massenmatrix (formatfreie Eingabe) KMATR.txt: Die kondensierte (NDU, NDU)-Steifigkeitsmatrix (Format 6E14.7) aus dem Programm KONDEN. HOEH.txt: Die Höhen aller N Stockwerke (Abstände von der Fundamentebene) UELMAX.txt: Max. elastische gegenseitige Stockwerksverschiebungen (N Werte) ACC.txt: Enthält das Akzelerogramm im Format 2E14.7, mit den Zeitpunkten in der ersten und den Ordinaten in der zweiten Spalte (NT Zeilen) RVEKT.txt: NDU Zahlen, formatfrei, darstellend die Verschiebungen in den einzelnen Freiheitsgraden bei einer Einheitsverschiebung des Fußpunkts in Richtung der seismischen Erregung
	Ausgabe: THNEWNL.txt: Zeitverläufe der N Verschiebungen, mit den Zeitpunkten als erste Spalte, im Format (f8.4, 30e16.7) ERGNLN.txt: Maximalwert (absolut) der Verschiebung. FRUECK.txt: Zeitverläufe der Verschiebungen und Rückstellkräfte in der Erdgeschoßfeder mit den Zeitpunkten in der ersten, der Verschiebung in der zweiten und der Rückstellkraft in der dritten Spalte Format (f8.4, 30e16.7). DUKINF.txt: Enthält Informationen zur maximalen und kumulativen Duktilität der Stockwerksfedern, dazu für die N Stockwerke in vier Spalten die maximale Auslenkung (m), gegenseitige Stockwerksverschiebung (m), Stockwerksquerkraft (kN) und Kippmoment (kNm) im Format (I6, 2F12.7, 2F14.3)

NLSPEC	Ermittlung inelastischer Antwortspektren von Beschleunigungszeitverläufen zu gewünschten Zielduktilitätswerten μ.

Interaktive Eingabe	Angabe der Zielduktilität μ
	Art des Federgesetzes (bilinear, elastisch-ideal plastisch, UMEMURA)
	Verfestigung p als Teil pK der Anfangssteifigkeit K, nur für das bilineare Gesetz
	Dämpfungsgrad D des zu berechnenden Spektrums
	Anzahl NANZ der Punkte des Akzelerogramms (< 9000)
	Konstanter Zeitschritt DT
	Faktor FAKT, um die Beschleunigungsordinaten in der Einheit m/s^2 zu erhalten
	Anfangsperiode
	Periodeninkrement
	Anzahl der zu berechnenden Ordinaten? (< 200)

Ein- und Ausgabedateien	Eingabe:
	ACC.txt: Enthält das Akzelerogramm im Format 2E16.7, mit den Zeitpunkten in der ersten und den Ordinaten in der zweiten Spalte (NT Zeilen)
	Ausgabe:
	NLSPK.txt: Darin stehen in fünf Spalten nebeneinander (Format 5E16.7) die Perioden in s, die Spektralordinaten für Verschiebung (in cm), Pseudo-Relativgeschwindigkeit (in cm/s) und Pseudo-Absolutbeschleunigung (in g), sowie, in Spalte 5, die tatsächlich erreichte Duktilität, die mit der Zielduktilität nicht immer genau übereinstimmt.

RAHMEN	Ermittlung der Zustandsgrößen (Verschiebungen und Schnittkräfte) ebener Rahmentragwerke mit beliebig vielen federelastischen Stützungen unter statischer Belastung, bestehend aus Einzelkräften und Einzelmomenten.
Interaktive Eingabe	Anzahl aller Freiheitsgrade des Tragwerks (NDOF) Anzahl der Stabelemente (NELEM) Anzahl der einzubauenden Federmatrizen (NFED) Kantenlängen der Federmatrizen (NFED Zahlen).

Ein- und Ausgabedateien	Eingabe: ERAHM.txt: In den ersten NELEM Zeilen stehen formatfrei für jeden Stab die vier Werte EI, ℓ, EA und α. Es ist EI die konstante Biegesteifigkeit (z.B. in kNm^2), ℓ die Stablänge (z.B. in m), EA die Dehnsteifigkeit (z.B. in kN) und α der Winkel zwischen der globalen x-Achse und der Stabachse (in Grad, positiv im Gegenuhrzeigersinn). In den nächsten NELEM Zeilen stehen (formatfrei) die Inzidenzvektoren aller Stäbe, das sind die 6 Nummern der Systemfreiheitsgrade, die den lokalen Freiheitsgraden 1 bis 6 des Stabelements (u_1, w_1, φ_1, u_2, w_2, φ_2) entsprechen. Es folgen (formatfrei auf beliebig vielen Zeilen) die NDOF Lastkomponenten (Einzellasten und Einzelmomente) korrespondierend zu den aktiven kinematischen Systemfreiheitsgraden. INZFED.txt: NFED Zeilen, jeweils eine für jeden Federinzidenzvektor. Darin stehen nacheinander formatfrei die Nummern der Freiheitsgrade, die durch die jeweilige Federmatrix verknüpft werden. FEDMAT.txt: In beliebig vielen Zeilen stehen darin (formatfrei) nacheinander die Koeffizienten aller NFED Federmatrizen. Ausgabe: ARAHM.txt: Darin stehen zunächst die ermittelten Verschiebungen in allen NDOF Systemfreiheitsgraden, danach nach Stabelementen geordnet die Verformungen und Schnittkräfte an deren Endquerschnitten. Alle Zustandsgrößen beziehen sich auf das globale (x, z)-Koordinatensystem und erscheinen in der Reihenfolge (Horizontalkomponente, Vertikalkomponente, Drehung oder Biegemoment) für den Anfangs- und für den Endquerschnitt.

RECHTE	Ermittlung des Riss-, Fließ- und Bruchmoments eines doppeltbewehrten Stahlbeton-Rechteckquerschnitts ohne Normalkraft, dazu die zugehörigen Verkrümmungen.
Interaktive Eingabe	Festlegung ob die Eingabedaten aus der Datei EREC.txt eingelesen oder einzeln eingegeben werden sollen. In diesem Fall sind folgende Werte einzugeben: Breite des Rechtecks in m Abstand vom oberen Rand zur unteren (Zug-)bewehrung, in m Querschnitt der unteren Bewehrung in cm^2 Querschnitt der oberen Bewehrung in cm^2 Abstand der unteren Bewehrung (Zugbewehrung) vom unteren Rand, in m Abstand der oberen Bewehrung vom oberen Rand, in m Betonzugfestigkeit f_{tcm} in kN/m^2 Betondruckfestigkeit f_{cm} in kN/m^2 E-Modul des Betons in kN/m^2 E-Modul des Bewehrungsstahls in kN/m^2 Streckgrenze des Bewehrungsstahls in kN/m^2
Ein- und Ausgabedateien	Eingabe: EREC.txt: Die unter „Interaktive Eingabe" beschriebenen Daten, formatfrei auf jeweils eine neue Zeile. Ausgabe: AREC.txt: Neben einem Kontrollausdruck der Eingabedaten die Biegemomente beim Reißen des Betons auf der Zugseite, beim Fließen der Zugbewehrung und beim Versagen des Querschnitts durch Erreichen der Druckstauchung von 0,0035. Zu jedem Moment wird die zugehörige Verkrümmung ausgegeben.

RLASTV	Ermittlung des Lastvektors (rechte Seite) eines seismisch beanspruchten Rahmentragwerks für mehrere unterschiedliche Fußpunkterregungen.

Interaktive Eingabe	Anzahl NS der wesentlichen Freiheitsgrade des Tragwerks (ohne Gründungsfreiheitsgrade) Anzahl NG der Freiheitsgrade der Gründung Anzahl NT der Ordinaten in den verschiedenen Beschleunigungszeitverläufen (für alle gleich) Anzahl der unterschiedlichen Beschleunigungszeitverläufe (höchstens 10)
Ein- und Ausgabedateien	**Eingabe:** NGACC.txt: Darin stehen formatfrei die Nummern (1 bis 10) der Beschleunigungszeitverläufe, die den NG Gründungsfreiheitsgraden in aufsteigender arithmetischer Reihenfolge entsprechen RMATR.txt: Ausgabedatei des Programms RMATR mit den Einflussfunktionen für Einheitsverschiebungen der Gründungsfreiheitsgrade MDIAG.txt: Die Massen der NS wesentlichen Freiheitsgrade des Tragwerks, formatfrei ACC1.txt bis ACC10.txt: Bis zu zehn Dateien von unterschiedlichen Beschleunigungszeitverläufen im Format 2E16.7 mit den Zeitpunkten in der ersten und den Beschleunigungsordinaten (in m/s^2) in der zweiten Spalte.
	Ausgabe: LASTV.txt: Belastungsvektor (rechte Seite) zur Durchführung der Zeitverlaufsberechnung. Es werden satzweise NS Koeffizienten für alle NT Zeitpunkte im Format (30e16.7) ausgegeben.

RMATR	Ermittlung der Einflussmatrix $\underline{R}$ für mehrfache Fußpunkterregung von ebenen Tragwerken. Das System hat NS „Strukturfreiheitsgrade", davon NU wesentliche und NPHI unwesentliche (NS = NU + NPHI) und NG mit der Gründung zusammenhängende Freiheitsgrade, deren Nummerierung nach den wesentlichen und den unwesentlichen Strukturfreiheitsgraden erfolgt (algebraisch größte Zahlen).
Interaktive Eingabe	Anzahl NS der Freiheitsgrade des Tragwerks (im Oberbau, ohne Gründungsfreiheitsgrade) Anzahl NU der wesentlichen Freiheitsgrade der Struktur Anzahl NG der Freiheitsgrade der Gründung Anzahl NELEM der Stabelemente Anzahl der einzubauenden Federmatrizen (NFED) Kantenlängen der Federmatrizen (NFED Zahlen)
Ein- und Ausgabedateien	Eingabe: ERMATR.txt: In den ersten NELEM Zeilen stehen formatfrei für jeden Stab die vier Werte EI, ℓ, EA und α. Es ist EI die konstante Biegesteifigkeit (z.B. in kNm^2), ℓ die Stablänge (z.B. in m), EA die Dehnsteifigkeit (z.B. in kN) und α der Winkel zwischen der globalen x-Achse und der Stabachse (in Grad, positiv im Gegenuhrzeigersinn). In den nächsten NELEM Zeilen stehen (formatfrei) die Inzidenzvektoren aller Stäbe, das sind die 6 Nummern der Systemfreiheitsgrade, die den lokalen Freiheitsgraden 1 bis 6 des Stabelements (u_1, w_1, φ_1, u_2, w_2, φ_2) entsprechen. INZFDG.txt: NFED Zeilen, jeweils eine für jeden Federinzidenzvektor. Darin stehen nacheinander formatfrei die Nummern der Freiheitsgrade, die durch die jeweilige Federmatrix verknüpft werden. FEDMAT.txt: In beliebig vielen Zeilen stehen darin (formatfrei) nacheinander die Koeffizienten aller NFED Federmatrizen. --- Ausgabe: RMATR.txt: Ausgabedatei mit den Einflussfunktionen für Einheitsverschiebungen der Gründungsfreiheitsgrade in einer (NU, NG)-Matrix im Format 6E16.7

RSAM	Berechnung empirischer, horizontaler Antwortspektren nach dem Modell von Ambraseys et al. (1996) Die Spektren werden für eine Dämpfung von 5% berechnet.

Interaktive Eingabe	Joyner-Boore-Entfernung, für die das Antwortspektrum berechnet werden soll. Das Modell ist gültig für Entfernungen zwischen 0 und 200 km
	Oberflächenwellenmagnitude des Bebens, für die das Antwortspektrum berechnet werden soll. Das Modell ist gültig für Magnituden zwischen 4,0 und 7,5
	Name der Ausgabedatei mit den tabellierten Spektralwerten

| Ein- und Ausgabedateien | Eingabe: RSAM_H.DAT mit den Parametern zur Berechnung der Spektren |
| | Ausgabe: Gewählter Dateiname mit bis zu 12 Zeichen (formatfrei) für die Tabelle mit den Werten des Antwortspektrums. Die Tabelle enthält die Spalten: Periode (s), Frequenz (Hz), Beschleunigungsantwort (m/s^2). |

SEA99	Berechnung empirischer, horizontaler Antwortspektren nach dem Modell von Spudich et al. (1999). Die Spektren werden für eine Dämpfung von 5% berechnet.

Interaktive Eingabe	Joyner-Boore Entfernung, für die das Antwortspektrum berechnet werden soll. Das Modell ist gültig für Entfernungen zwischen 0,0 und 100 km
	Momentmagnitude des Bebens, für die das Antwortspektrum berechnet werden soll. Das Modell ist gültig für Magnituden zwischen 5,0 und 7,7
	Auswahl des Untergrundes (r = Festgestein, s = Lockergestein)
	Name der Ausgabedatei mit den tabellierten Spektralwerten

Ein- und Ausgabedateien	Eingabe: SEA99.DAT mit den Parametern zur Berechnung der Spektren
	Ausgabe: Gewählter Dateiname mit bis zu 12 Zeichen (formatfrei) für die Tabelle mit den Werten des Antwortspektrums. Die Tabelle enthält vier Spalten mit der Periode (s), der Frequenz (Hz), der Geschwindigkeitsantwort (cm/s) und der Beschleunigungsantwort (m/s^2). Die maximale Beschleunigungsantwort wird in g und in m/s^2 angezeigt

SMULT	Das Programm multipliziert eine Matrix mit einem konstanten Faktor.
Interaktive Eingabe	Name der Eingabedatei mit der zu skalierenden Matrix (max. 12 Zeichen) Name der Ausgabedatei für die skalierte Matrix (max. 12 Zeichen) Zeilenanzahl der Matrix Spaltenanzahl der Matrix Skalierungsfaktor
Ein- und Ausgabedateien	Eingabe: Gewählter Dateiname mit bis zu 12 Zeichen für die (formatfrei) einzulesende Matrix
	Ausgabe: Gewählter Dateiname mit bis zu 12 Zeichen für die (formatfrei) auszugebende skalierte Matrix.

SPECTR	Ermittlung elastischer Antwortspektren von Beschleunigungszeitverläufen.
Interaktive Eingabe	Dämpfungsgrad D des zu berechnenden Spektrums Anzahl NANZ der Punkte des Akzelerogramms (< 9000) Konstanter Zeitschritt DT Faktor FAKT, um die Beschleunigungsordinaten in der Einheit m/s^2 zu erhalten Anfangsperiode Periodeninkrement Anzahl der zu berechnenden Ordinaten? (< 200)
Ein- und Ausgabedateien	Eingabe: ACC.txt: Enthält das Akzelerogramm im Format 2E16.7, mit den Zeitpunkten in der ersten und den Ordinaten in der zweiten Spalte (NT Zeilen) Ausgabe: SPECTR.txt: Darin stehen in fünf Spalten nebeneinander (Format 5E16.7) die Perioden in s, die Spektralordinaten für Verschiebung (in cm), Pseudo-Relativgeschwindigkeit (in cm/s), Pseudo-Absolutbeschleunigung (in g) und Absolutbeschleunigung, ebenfalls in g. DATEN.txt: Der Wert der Spektralintensität SI des Beschleunigungszeitverlaufs in cm.

STUETZ	Ermittlung des Interaktionsdiagramms doppelt bewehrter Stahlbeton-Rechteckquerschnitte.
Interaktive Eingabe	Keine
Ein- und Ausgabedateien	**Eingabe:** ESTUET.txt: Folgende Daten, formatfrei, jeweils auf einer neuen Zeile: Breite des Rechtecks, in m Gesamthöhe des Rechtecks, in m Abstand der oberen Bewehrung vom oberen Rand, in m Abstand der Zugbewehrung (untere Bewehrung) vom unteren Rand, in m Zugbewehrung (unten) in cm^2 Druckbewehrung (oben) in cm^2 Mittelwert f_{cm} der Zylinderdruckfestigkeit des Betons, in kN/m^2 Mittelwert f_{tcm} der Zugfestigkeit des Betons, in kN/m^2 E-Modul des Bewehrungsstahls in kN/m^2 Streckgrenze des Stahls in kN/m^2.
	Ausgabe: KONTRL.txt: Kontrollausgabe der Eingabedaten INTERA.txt: In vier Spalten (Format 4E16.7) die (M, N)-Wertepaare des Interaktionsdiagramms mit und ohne Normierung. In den Spalten 1 und 2 stehen M und N in kNm bzw. in kN, in den Spalten 3 und 4 die dimensionslosen Werte $M/(f_{cm}\cdot b\cdot h^2)$ bzw. $N/(f_{cm}\cdot b\cdot h)$.

SYNTH	Ermittlung eines synthetischen spektrumkompatiblen Beschleunigungs-zeitverlaufs
Interaktive Eingabe	Keine
Ein- und Ausgabedateien	**Eingabe:** ESYN.txt: Die Datei enthält folgende Daten (formatfrei, jeweils auf einer neuen Zeile): Beliebige ganze Zahl (IY < 1024) Anzahl NK der einzulesenden (T, S_v)-Wertepaare zur Beschreibung des Zielspektrums Anzahl N der Ordinaten des zu erzeugenden Akzelerogramms, wobei die konstante Zeitschrittweite 0,01 s beträgt Nummer des Zeitschritts, mit dem die Anlaufphase der trapezförmigen Intensitätsfunktion endet Nummer des Zeitschritts, mit dem die abklingende Phase der trapezförmigen Intensitätsfunktion beginnt, Anzahl der gewünschten Iterationszyklen, in der Regel 10 bis 20 Perioden TANF und TEND zur Eingrenzung des zu approximierenden Periodenbereichs des Zielspektrums Dämpfung des Zielspektrums NK Wertepaare (T, S_v) zur Beschreibung des Zielspektrums, mit T in s und S_v in cm/s; jeweils ein Wertepaar pro Zeile.. **Ausgabe:** KONTRL.txt: Kontrollausgabe der Eingabedaten ASYN.txt: In zwei Spalten (Format 2E16.7) und N Zeilen das berechnete synthetische Akzelerogramm mit den Zeitpunkten in der ersten und den Beschleunigungsordinaten (in m/s^2) in der zweiten Spalte.

UFORM	Formatumformung und Skalierung einer Zeitreihe
Interaktive Eingabe	Name der Eingabedatei (maximal 12 Zeichen) Name der Ausgabedatei (maximal 12 Zeichen) Anzahl der Werte der Zeitreihe Eingabeformat (z.B. 16X, E16.7) Skalierungsfaktor für die Zeitreihe Entscheidung, ob bei der Ausgabe die Zeitmarken mit ausgegeben werden sollen Konstanter Zeitschritt Ausgabeformat (z.B. 2E16.7)
Ein- und Ausgabedateien	Eingabe: Gewählter Dateiname mit bis zu 12 Zeichen
	Ausgabe: Gewählter Dateiname mit bis zu 12 Zeichen

Sachwortverzeichnis